Kommunaler Entwässerungsbetrieb

Andreas Jessen

Kommunaler Entwässerungsbetrieb

Betriebshandbuch für Führungspersonal

Springer Vieweg

Andreas Jessen
Burgebrach, Deutschland

ISBN 978-3-658-50965-1 ISBN 978-3-658-50966-8 (eBook)
https://doi.org/10.1007/978-3-658-50966-8

Die Deutsche Nationalbibliothek verzeichnet diese Publikation in der Deutschen Nationalbibliografie; detaillierte bibliografische Daten sind im Internet über https://portal.dnb.de abrufbar.

Springer Vieweg ist ein Imprint der eingetragenen Gesellschaft Springer Fachmedien Wiesbaden GmbH und ist ein Teil von Springer Nature.
Die Anschrift der Gesellschaft ist: Abraham-Lincoln-Str. 46, 65189 Wiesbaden, Germany

Inhaltsverzeichnis

Entwässerungsbetrieb – Einleitung 1

Von den insgesamt in Deutschland vorhandenen 10.786 Gemeinden sind nach dem Statistischen Bundesamt 10.504 Gemeinden an eine öffentliche Kanalisation angeschlossen, also 97,4 %. Von den angeschlossenen Einwohnern wiederum haben 96,3 % auch an einen Anschluss an eine zentrale Abwasserbehandlungsanlage (DESTATIS, 2024).

Somit müssen alle diese angeschlossenen Gemeinden einen mehr oder weniger (bei Vergabe von Teilleistungen) ausgeprägten kommunalen Betrieb haben, der sich um den Betrieb und die Unterhaltung dieser Abwasseranlagen kümmert. Die kommunalen Bediensteten müssen bei der Ausübung dieser Aufgaben eine kaum überschaubare Vielzahl von Gesetzen und Verordnungen einhalten, um nicht in Kollision u. a. mit dem Strafrecht zu kommen.

1.1 Gesetzlich vorgeschriebene Aufgaben eines Entwässerungsbetriebs

Die grundlegenden gesetzlich vorgeschriebenen Aufgaben eines Entwässerungsbetriebs umfassen:

1. Abwasserbeseitigung: Die Kommunen sind in der Regel zur Abwasserbeseitigung in ihrem Gemeindegebiet verpflichtet.
2. Gewässerschutz: Der Entwässerungsbetrieb muss sicherstellen, dass das Abwasser die amtlich vorgeschriebenen Anforderungen erfüllt, bevor es in den Vorfluter (Gewässer) eingeleitet wird.

A. Jessen, *Kommunaler Entwässerungsbetrieb*,
https://doi.org/10.1007/978-3-658-50966-8_1

3. Anschluss- und Benutzungszwang: Die Kommunen sind verpflichtet, Grundstücke, die durch einen Kanal erschlossen sind, an das öffentliche Netz anzuschließen; Grundstückseigentümer haben das Recht zum Anschluss.
4. Überwachung und Kontrolle: Wer eine Abwasseranlage betreibt, ist auch verpflichtet, ihren Zustand, Funktionsfähigkeit, die Unterhaltung und den Betrieb selbst zu überwachen.

1.1.1 Direkte Aufgaben eines Entwässerungsbetriebs

Aus den gesetzlich vorgeschriebenen Aufgaben leiten sich die direkten Aufgaben ab, die z. B. Planung und Umsetzung von Entwässerungskonzepten betreffen. Im Folgenden werden diese Aufgaben im Einzelnen beschrieben.

1.1.1.1 Wasserhaushaltsgesetz

Die zentralen Aufgabenbeschreibungen eines Entwässerungsbetriebes sind in den §§ 54 ff des Wasserhaushaltsgesetzes zu finden; es handelt sich um die *Abwasserbeseitigung* und die Einhaltung der gesetzlichen Anforderungen im Umgang mit den *Abwasseranlagen*.

1.1.1.2 Abwasserbeseitigung

Die ***Abwasserbeseitigung*** nach WHG § 54 Abs. 2 umfasst:

- das Sammeln, Fortleiten und Versickern von Abwasser (im Kanalnetz)
- das Behandeln (in der Kläranlage) und das Einleiten in ein Gewässer
- das Entwässern von Klärschlamm in Zusammenhang mit der Abwasserbeseitigung
- die Beseitigung des in Kleinkläranlagen anfallenden Schlamms.

Sammeln, Fortleiten und Versickern von Abwasser

Gesammelt und versickert wird das Abwasser zunächst auf den privaten Grundstücken; es geht hier also um die Grundstücksentwässerung, die in Normen und der Entwässerungssatzung geregelt ist, teilweise ist auch Baurecht betroffen.

Fortleitung findet anschließend in öffentlichen Kanälen statt; dieser Bereich ist ebenfalls über Normen und wenig gesetzlich geregelt.

Behandeln und Einleiten von Abwasser

Hier greifen die Wassergesetze und die Abwasserverordnung, die Grenzwerte für das eingeleitete Wasser vorschreiben. Biologische, chemische und verfahrenstechnische Grundkenntnisse werden zum Verständnis der Grenzwerte und der Behandlungsverfahren benötigt.

Pflicht zur Abwasserbeseitigung auf Grundstücken Die Gemeinden sind i. d. R. zur Abwasserbeseitigung im Rahmen der Selbstverwaltung verpflichtet. Ergänzend zu den Pflichten nach WHG umfasst dabei oft die Verpflichtung zur Abwasserbeseitigung auch das Einsammeln und Abfahren des in abflusslosen Gruben gesammelten Abwassers und die Einleitung und Behandlung in Abwasserbeseitigungsanlagen (siehe z. B. Landeswassergesetz Schleswig-Holstein § 44). Anstelle der Gemeinden obliegt meist den Trägern öffentlicher Verkehrsanlagen die Beseitigung ihrer Abwässer. Das bedeutet, dass die Pflicht der Gemeinde entfällt, zur Beseitigung des Straßenoberflächenwassers, das auf Bundes-, Landes- und Kreisstraßen außerhalb der Ortsdurchfahrten oder außerhalb im Zusammenhang bebauter Ortsteile anfällt.

1.1.1.3 Abwasseranlagen

Die Anforderungen an *Abwasseranlagen* sind ebenfalls gesetzlich geregelt, und zwar in WHG § 60 Abs. 1.

Alle *Abwasseranlagen* sind so

- zu *errichten*,
- zu *betreiben* und
- zu *unterhalten*,

dass die *Anforderungen an die Abwasserbeseitigung* eingehalten werden.

Im Übrigen müssen Abwasserbehandlungsanlagen [...] nach dem Stand der Technik, andere Abwasseranlagen nach den allgemein anerkannten Regeln der Technik errichtet, betrieben und unterhalten werden.

Abwasseranlagen sind die Anlagen zum Sammeln, Fortleiten, Behandeln, usw., wie Kanalnetz, Pumpwerke, Sonderbauwerke, Kläranlage, Schlammbehandlungsanlagen, usw. Die Abwasser-Anlagen bestehen dabei aus Grundstücken mit Wegen und Pflanzungen sowie den baulichen Anlagen wie Hochbauten, Tiefbauten, Becken, Kanälen und Leitungen. Zu den Abwasseranlagen gehören aber auch die technischen Anlagen wie Rechen, Pumpen, Schieber, Räumerbrücken und die zugehörige technische Ausrüstung wie Maschinen-, Elektro- und Steuer-, Mess- u. Regeltechnik.

Errichtung von Abwasseranlagen

In den Landeswassergesetzen werden mehr oder weniger konkrete Ausführungen zur Errichtung von Abwasseranlagen gemacht. Mit der **Errichtung** der Anlagen verbunden ist der große Bereich des Bauens. Hier gibt es die Baugesetze der Länder mit ihren Verordnungen. Diese Bestimmungen gelten zwar als Landesbau-Gesetze nur in dem jeweiligen Bundesland; entsprechen aber im Wesentlichen der einheitlichen Musterbauordnung.

Planung und Bau sind verbunden mit Vergaben dieser Leistungen: BGB (§§ 631 ff, 650a ff, 650p ff), GwB, Vergabeverordnung, HOAI, VOB, usw. sind zu beachten.

Unterhalt und Betriebsstörungen

Zur Unterhaltung der Abwasseranlagen gehört die Erhaltung der Bausubstanz. Zur Unterhaltung von Abwasserbehandlungsanlagen gehören insbesondere auch die notwendigen Vorkehrungen, um Störungen im Betrieb der Anlage und Reparaturen, welche die Ablaufwerte (Konzentrationen und Frachten) verschlechtern, vorzubeugen. Dazu gehört, dass die Abwasseranlagen entsprechend den Regeln der Technik hochwassersicher zu errichten und zu betreiben sind. Das Land Brandenburg hat diese Notwendigkeit im BbgWG – Brandenburgisches Wassergesetz vom 8. Dezember 2004 in § 70 geregelt:

Treten bei Abwasseranlagen Betriebsstörungen ein, die zur Überschreitung von Überwachungswerten geführt haben oder sind Reparaturen unvermeidlich, die eine Überschreitung befürchten lassen, hat der Betreiber die notwendigen Maßnahmen zu treffen, um die nachteiligen Auswirkungen nach Dauer und Umfang möglichst gering zu halten und Wiederholungen zu vermeiden. Das Gleiche gilt, wenn Reparaturen unvermeidlich sind, die eine Überschreitung befürchten lassen.

Das Land Hessen hat in seinem Wassergesetz in § 40 eine ähnliche Regelung getroffen und die unten stehende Verpflichtung zur *Anzeige von Reparaturen* hinzugefügt (HWG v. 06.06.2018). Beide Verpflichtungen sollten auch in den Ländern, in denen die Wassergesetze dies nicht explizit fordern, selbstverständlich sein. Nur so kann eine gute Zusammenarbeit mit den Wasserbehörden entstehen.

Anzeige von Reparaturen

Der Betreiber ist verpflichtet, vorhersehbare Betriebsstörungen Reparaturen im Vorfeld rechtzeitig und bereits eingetretene Betriebsstörungen unverzüglich der zuständigen Wasserbehörde anzuzeigen. Er hat dabei über Ursache, Art, Auswirkungen und voraussichtliche Dauer solcher Betriebsstörungen zu unterrichten, und er hat auch anzugeben, welche der o. g. Vorsorge-Maßnahmen er getroffen hat und noch treffen wird (nach HWG § 40).

Regeln der Technik

Die für die Errichtung und den Betrieb von Abwasseranlagen jeweils in Betracht kommenden Regeln der Technik sind insbesondere auch die technischen Bestimmungen für den Bau, den Betrieb und die Unterhaltung von Abwasseranlagen, die durch das jeweils im Bundesland zuständige Ministerium bzw. von der obersten Wasserbehörde eingeführt werden, soweit sie nicht durch Rechtsverordnung anderweitig bereits festgelegt sind (nach LWG NRW § 56).

1.1.1.4 Effizienter Einsatz von Ressourcen und Energie

Öffentliche Abwasseranlagen können (teilweise explizit) im Rahmen der Anforderungen auch zur Energiegewinnung genutzt werden. Abwasseranlagen sollen so errichtet, betrieben und benutzt werden, dass eine energieeffiziente Betriebsweise ermöglicht wird. Die bei der Abwasserbeseitigung entstehenden Energiepotenziale sind, soweit technisch möglich und wirtschaftlich vertretbar, zu nutzen (AbwV § 3).

1.1.1.5 Beschäftigung von qualifiziertem Personal

Der Betrieb und die Unterhaltung von Abwasser(-behandlungs)-anlagen sind durch Personal in ausreichender Zahl und mit der erforderlichen (geeigneten) beruflichen Qualifikation sicherzustellen. Das gilt auch für die Überwachung der Anlagen (u. a. Landeswassergesetz Schleswig-Holstein, VVWas Bayern).

Das bedeutet, dass das beschäftigte „Personal die erforderliche Ausbildung und Fachkenntnis sowie das Unternehmen die erforderliche Organisation besitzt. Auf die Technische Regel der Deutschen Vereinigung für Wasserwirtschaft, Abwasser und Abfall e. V. Merkblatt DWA-M 1000: Anforderungen an die Qualifikation und die Organisation von

Betreibern von Abwasseranlagen (in der neuesten Fassung) wird hingewiesen“ (VVWas Bayern, Nr 3.2.8.4).

Damit werden die Abwasseranlagen auch zu Arbeitsstätten und die zugehörige Verordnung ist zu beachten. Der große Bereich des Arbeits- u. Gesundheitsschutzes ist zu beachten, in dem Moment, wo Personal beschäftigt wird.

1.1.1.6 Selbstüberwachung (§ 61 WHG)

Wer Abwasser in ein Gewässer oder in eine Abwasseranlage einleitet, ist verpflichtet, das Abwasser nach Maßgabe einer Rechtsverordnung (…) oder der die Abwassereinleitung zulassenden behördlichen Entscheidung durch fachkundiges Personal zu untersuchen oder durch eine geeignete Stelle untersuchen zu lassen (Selbstüberwachung) (Abs. 1).

Wer eine Abwasseranlage betreibt, ist verpflichtet, ihren Zustand, ihre Funktionsfähigkeit, ihre Unterhaltung und ihren Betrieb sowie Art und Menge des Abwassers und der Abwasserinhaltsstoffe selbst zu überwachen. Er hat … hierüber Aufzeichnungen anzufertigen, aufzubewahren und auf Verlangen der zuständigen Behörde vorzulegen (Abs. 2).

Aus der Kläranlage und den Mischwasser- und Regenbecken im Kanalnetz sowie aus Versickerungsanlagen wird das behandelte Abwasser in ein Fließ-Gewässer oder das Grundwasser eingeleitet. Wer behandeltes Abwasser in ein solches Gewässer *einleitet*, ist verpflichtet, das Abwasser nach Maßgabe einer Rechtsverordnung (in Bayern noch die EÜV) oder der die Abwassereinleitung zulassenden behördlichen Entscheidung (Erlaubnis) durch *fachkundiges Personal* selbst zu untersuchen oder durch eine geeignete Stelle untersuchen zu lassen (Selbstüberwachung). Zu untersuchen sind Art und Menge des Abwassers sowie die Abwasserinhaltsstoffe. Aus diesem Grund ist fast auf jeder Kläranlage ein mehr oder weniger leistungsfähiges Labor vorhanden.

Die Überwachung, Analyse und Messung des Abwassers in Kanal und Klärwerk und die ständige Optimierung des Reinigungsprozesses können dabei jeweils unterschiedlich breiten Raum einnehmen. Aber nicht nur das Abwasser ist zu untersuchen, sondern auch die gesamte Anlage. Wer eine *Abwasseranlage* betreibt, ist nämlich verpflichtet,

- ihren Zustand,
- ihre Funktionsfähigkeit,
- ihre Unterhaltung
- und ihren Betrieb

selbst zu überwachen. Und das gilt für jede Abwasseranlage und die zugehörigen Anlagenteile. Der Betreiber hat hierüber Aufzeichnungen anzufertigen, aufzubewahren und auf Verlangen der zuständigen Behörde vorzulegen. Die Details regelt die AbwV, s. u.

Durch die Rechtsverordnung können insbesondere Regelungen über die Ermittlung der Abwassermenge, die Häufigkeit und die Durchführung von Probenahmen, Messungen und Analysen einschließlich der Qualitätssicherung, Aufzeichnungs- und Aufbewahrungspflichten getroffen werden. Da der Bund in der AbwV nicht alles abschließend geregelt hat, gelten hier im Detail auch die jeweiligen Landesverordnungen; in Bayern auch die o. g. EÜV vom 20. September 1995, zuletzt geändert am 25.02.2010, weiter.

1.1.1.7 Klärschlamm-Verordnung

In jeder Kläranlage fällt bei der Abwasserbehandlung Klärschlamm an. Auf der Schlammseite wird von vielen Gemeinden, über das Entwässern von Klärschlamm und die Beseitigung des in Kleinkläranlagen anfallenden Schlamms hinaus, meist mehr getan. Daher sind hier oft weitere individuelle Prozesse, Produkte oder Aufgabenerweiterungen eines Entwässerungsbetriebs wie Schlammfaulung, Gasgewinnung und Stromerzeugung zu finden.

Verschiedene Pflichten für Klärschlammerzeuger und -besitzer sowie Beförderer und Klärschlammnutzer sind in der AbfKlärV genannt. Da diese Prozesse der Klärschlammstabilisierung bzw. -entsorgung oder der Energiegewinnung dienen, könnten sie in dem Betrieb auch als Unterstützungsprozesse angesehen werden. Das zieht in dem Fall auch die Wirksamkeit weiterer Gesetzesbereiche nach sich: BImSchG und viele Verordnungen oder die Energiegesetze.

1.1.1.8 Abwasserabgabengesetze

Für das Einleiten von Abwasser in ein Gewässer ist eine Abgabe zu entrichten (Abwasserabgabe). Sie wird durch die Länder erhoben. Der Abgabepflichtige hat in den Fällen die Zahl der Schadeinheiten des Abwassers zu berechnen und die dazugehörigen Unterlagen der zuständigen Behörde vorzulegen.

1.1.1.9 Gemeindliche Satzungen und Verträge (Zweckverbände)

Durch die gemeindlichen ***Satzungen*** werden die Aufgaben eines Entwässerungsbetriebs für die jeweilige Gemeinde individuell erweitert und präzisiert:

- Entwässerungssatzung
- Beitrags- u. Gebührensatzung
- Fäkalschlammentsorgungssatzung.

Die Gemeinden oder Zweckverbände können die Abwasserbeseitigung durch Satzung (Abwassersatzung/Entwässerungssatzung) regeln und schreiben darin insbesondere vor, wie und in welcher Zusammensetzung und Beschaffenheit ihnen das Abwasser zu überlassen ist und welches Abwasser nicht oder nur mit einer Genehmigung oder nach einer Vorbehandlung überlassen werden darf (nach LWG-S-H § 44 Abs 3).

Die Gemeinden können in der Satzung (EWS) entsprechend ihrem Abwasserbeseitigungskonzept für einzelne Grundstücke oder für bestimmte Teile ihres Gebietes vorschreiben, dass die Nutzungsberechtigten der Grundstücke häusliches Abwasser durch Kleinkläranlagen zu beseitigen haben, wenn die Übernahme des Abwassers technisch oder wegen der unverhältnismäßigen Kosten nicht möglich ist. Dies gilt insbesondere, wenn wegen der Siedlungsstruktur das Abwasser über Kleinkläranlagen beseitigt werden muss und eine gesonderte Beseitigung das Wohl der Allgemeinheit nicht beeinträchtigt (nach LWG-S-H § 45 Abs 2).

Die *Wartung von Kleinkläranlagen* hat i. d. R. deren Betreiber sicherzustellen. Der Betreiber einer Kleinkläranlage, hat in bestimmten Fällen die Wartung der Anlage einem Fachbetrieb zu übertragen. Die Verpflichtung zur *Beseitigung des in Kleinkläranlagen anfallenden Schlamms* bleibt dabei bei der Gemeinde. Die Gemeinden können in ihrer Satzung (ggf. mit einem Abwasserbeseitigungskonzept) die Pflicht zur *Beseitigung von Abwasser* aus gewerblichen Betrieben und anderen Anlagen auf den gewerblichen Betrieb oder die Betreiberin oder den Betreiber der Anlage übertragen, wenn das Abwasser wegen seiner Art oder Menge nicht zusammen mit dem in Haushaltungen anfallenden Abwasser beseitigt werden kann und eine gesonderte Beseitigung des Abwassers das Wohl der Allgemeinheit nicht beeinträchtigt (nach LWG-S-H § 45 Abs 3) und BayWG Art 34). Sollen kommunales Abwasser und Abwasser aus einem gewerblichen Betrieb gemeinsam behandelt werden, kann die Wasserbehörde die Abwasserbehandlung mit Genehmigung der betroffenen Gemeinde und des gewerblichen Betriebes auf diesen übertragen, wenn die Abwasserbehandlung durch den gewerblichen Betrieb zweckmäßiger ist (nach LWG-S-H § 45 (3)).

Die Gemeinden können entsprechend ihrem Abwasserbeseitigungskonzept in der Abwassersatzung vorschreiben, dass und in welcher Weise Niederschlagswasser auf den Grundstücken, auf denen es anfällt, zu versickern, zu verrieseln oder ortsnah in Gewässer einzuleiten ist, sofern dies ohne unverhältnismäßige Kosten möglich und wasserwirtschaftlich sinnvoll ist. Beseitigungspflichtig ist die oder der Nutzungsberechtigte des Grundstücks. Die für die Beseitigung erforderlichen Anlagen müssen den allgemein anerkannten Regeln der Technik entsprechen (nach LWG-S-H § 45 Abs 4).

Für die Erhebung von Gebühren und Entgelten gelten die Vorschriften des jeweiligen Beitrags- u. Gebührensatzung. Der Entwässerungsbetrieb muss i. d. R. dabei mitwirken die technischen Erhebungs-Grundlagen, wie z. B. versiegelte Flächen, Kanalanschlüsse oder Mengen, zu ermitteln.

Verträge mit anderen Gemeinden oder anderen Dritten, z. B. zur Übernahme von Abwasser und/oder dessen Reinigung, sind weitere freiwillige Prozesse einer Gemeinde.

1.1.2 Indirekte Aufgaben – *auch* für einen Entwässerungsbetrieb

1.1.2.1 Baugesetzbuch und Verwaltungsverfahrensgesetz

In verschiedenen Rechtsverfahren wie Planfeststellungen oder BImSchG-Verfahren, unter anderem auch nach § 4 BauGB „Beteiligung der Behörden“, ist ein Entwässerungsbetrieb immer auch ein *Träger öffentlicher Belange (TÖB)*. Jeder TÖB, dessen Aufgabenbereich durch die verschiedenen Planungen berührt werden kann, ist zu unterrichten, zur Äußerung aufzufordern und gibt dann eine Stellungnahme ab, wie sein Aufgabenbereich durch die Planung berührt wird.

1.1.2.2 Statistik-Gesetze

Als Besitzer von vielen Informationen und Daten ist der Entwässerungsbetrieb auf Grund von verschiedenen *Statistik- und Informations-Gesetzen* verpflichtet diese Daten im vorgeschriebenen Umfang nicht nur zu sammeln und zu speichern, sondern auch weiterzugeben.

1.1.2.3 Weitere

Die allgemeinen Aufgaben, die in jedem Betrieb anfallen, wie Personal, Arbeits- und Gesundheitsschutz, Verwaltung, usw. sind auch vom Entwässerungsbetrieb täglich mit zu erledigen.

1.2 Betrieb und Betreiben von Abwasseranlagen

Der Betrieb der Anlagen setzt *Personal, Finanzmittel* und die Beschaffung von und den Umgang mit *Maschinen, Fahrzeugen* und vieler *Hilfsstoffe* voraus. Das sind jeweils große Bereiche mit vielen eigenen Gesetzen und Verordnungen.

Alle **Abwasseranlagen**, sind nach dem WHG u. a. so zu betreiben, dass die Anforderungen an die Abwasserbeseitigung eingehalten werden. Diese Aufgabe wird von den Gemeinden im eigenen Wirkungskreis wahrgenommen; das heißt die Gemeinde bestimmt weitgehend selbst, wie sie die Aufgaben, besonders das Sammeln, Fortleiten und Behandeln des Abwassers, die Klärschlamm-Beseitigung und das Bauen, Unterhalten und *„Betreiben"*, erledigt. Die dabei am häufigsten gewählten Organisationsformen sind der Regie-Betrieb oder der Eigen-Betrieb.

▶ Was genau alles unter dem Begriff „Betrieb" zu verstehen ist, ist im WHG nicht definiert.

Es gibt verschiedene Sichtweisen auf den Begriff *Betrieb* (Tab. 1.1):

- Eine prozessorientierte Sicht: Der Betrieb umfasst einen Prozess, der einen Input (Sach- und Dienstleistungen, Information) transformiert zu einem Output (Sach- und Dienstleistungen, Information).
- Eine anlagenorientierte Sicht: Der Betrieb ist die gesamte Phase von der Herstellung bis zur Verschrottung, Abriss bzw. endgültigen Stilllegung einer Anlage. Es beinhaltet den Normalbetrieb und alle Phasen der Instandhaltung.

Das Betreiben ist bei der ersten Sichtweise der Prozess, der den Input „Abwasser" von der Sammlung über den Transport und die Reinigung transformiert bis zur Einleitung in ein Gewässer, also die Abwasserbeseitigung (s. o.).

Die zweite Definition hat die (Abwasser-)Anlage im Blick; von der Errichtung über den Unterhalt bis zum Abriss. Da eine endgültige Stilllegung (Anschluss an eine andere Kläranlage z. B.) eher selten sein dürfte, geht es hier also um Normalbetrieb und einen Notbetrieb sowie die Instandhaltung und den Austausch von (Teil-)Anlagen.

In einer dritten Sichtweise wird die Organisation im Vordergrund gesehen; also der Regie- oder Eigenbetrieb: *„Ein Betrieb ... ist die organisatorische Einheit, innerhalb derer ein Arbeitgeber allein oder mit seinen Arbeitnehmern mit Hilfe technischer und immaterieller Mittel* [z. B. Genehmigungen, Wissen, Dienstleistungen oder Informationen] *bestimmte arbeitstechnische Zwecke fortgesetzt verfolgt"* (BAG, Beschluss vom 25.05.2005 – 7 ABR 38/04).

Der *arbeitstechnische Zweck* ist hier die Abwasserbeseitigung. Da die Gemeinde-Verwaltung in der Regel nicht durch den Bürgermeister alleine tätig wird, sind für den o. g. fortgesetzten Betrieb sowohl *Mitarbeiter* als auch *technische und immaterielle Mittel* notwendig. Die notwendigen technischen oder materiellen Mittel sind: Bauwerke, Fahrzeuge oder Maschinen aber natürlich auch finanzielle Mittel.

Tab. 1.1 Sichtweisen „Entwässerungs-*Betrieb*"

Betriebs-Prozess Abwasserbeseitigung	**Anlagen-Betrieb Abwasseranlagen**	**Betrieb als Organisation**	
Sammeln, Fortleiten und Versickern von Abwasser	Kanalnetz: Leitungen, Schächte, Pumpwerke, ...	Regiebetrieb, Eigenbetrieb, AöR, Zweckverband GmbH ... usw.	Managementsystem Organisations - Handbuch Dienstanweisungen Betriebsanweisungen Versch. Beauftragte ... usw.
Behandeln von Abwasser	Kläranlage, Regenbecken,...		
Einleiten in ein Gewässer	Einleitungs-, Entlastungsbauwerk		
Entwässern von Klärschlamm			
	- errichten		
Beseitigung des in Kleinkläranlagen anfallenden Schlamms.	- betreiben		
	- unterhalten		
Mögliche Definitionen für den „Betrieb"			
Der Betrieb umfasst einen Prozess, der einen Input (Abwasser, Sach- und Dienstleistungen, Information) transformiert zu einem Output (gereinigtes Abwasser, Schlamm, Abfall, Sach - und Dienstleistungen, Information).	Betrieb ist die gesamte Phase von der Herstellung bis zur Verschrottung, Abriss bzw. endgültigen Stilllegung einer Anlage. Es beinhaltet den Normalbetrieb und alle Phasen der Instandhaltung.	Ein Betrieb ist die organisatorische Einheit, innerhalb derer ein Arbeitgeber mit seinen Arbeitnehmern mit Hilfe technischer und immaterieller Mittel bestimmte arbeitstechnische Zwecke fortgesetzt verfolgt.	
Selbstüberwachung von Abwasser,	**Anlagen und**	**Betrieb**	
Wer Abwasser in ein Gewässer einleitet, ist verpflichtet, das Abwasser zu untersuchen oder untersuchen zu lassen, ...und zwar Art und Menge.	Wer eine Abwasseranlage betreibt, ist verpflichtet, ihren Zustand, ihre Funktionsfähigkeit, ihre Unterhaltung und ihren Betrieb selbst zu überwachen.		

In der Arbeitsstättenverordnung wird das *Betreiben* von Arbeitsstätten wie folgt definiert: es umfasst das *Benutzen, Instandhalten und Optimieren* der Arbeitsstätten sowie die Organisation und Gestaltung der Arbeit einschließlich der Arbeitsabläufe in Arbeitsstätten. Die meisten Abwasseranlagen sind auch gleichzeitig Arbeitsstätten für die o. g. den Prozess durchführenden und/oder unterstützenden Arbeitnehmer.

1.2.1 Betriebs-Unterstützungs-Prozesse

Sogenannte Unterstützungs- oder Hilfsprozesse bzw. Nebenprodukte eines Entwässerungsbetriebs sind die Bereitstellung von Ressourcen, wie Personal, Finanzen und Infrastruktur, und die Bereitstellung der Arbeitsumgebung (Abb. 1.1).

Ohne Gewinnung, Ausbildung, Schulung und Unterweisung des notwendigen Personals sind alle anderen Aufgaben nicht zu erledigen; viele weitere Gesetze sind dabei zu beachten. Mit der Beschäftigung von Personal ist automatisch verbunden, dass der Arbeits- u. Gesundheitsschutz für die Mitarbeiter zu beachten und einzuhalten ist.

Ähnliches gilt auch für die notwendigen Finanzen: als Ressource unbedingt notwendig, aber sowohl auf der Seite der Einnahmen als auch besonders bei der Bewirtschaftung der Ausgaben sind ebenfalls viele Regeln zu beachten.

Zur Infrastruktur gehören beispielsweise Grundstücke, Gebäude, Arbeitsräume, informations- und kommunikationstechnische Ausrüstung (Hardware, Software) sowie unterstützende Dienstleistungen wie Transport, Gebäudereinigung oder Wartung der Haustechnik.

Weitere notwendige Ressourcen eines Entwässerungsbetriebes sind u. a. Informationen, Mitgliedschaften, Lieferanten, Rohstoffe (Strom, Gas, Wasser) sowie Hilfs- und Schmierstoffe.

„Auch die Nutzung der Telefonanlage, der Postverteilung, Abfallentsorgung, Warenannahme, Haustechnik, Schlüsselverwaltung und der Cafeteria ... durch ... deren Mitarbeiter ist ... nicht von maßgeblicher Bedeutung. ... Bei den genannten Einrichtungen handelt es sich nicht um die zur Verfolgung der betrieblichen Zwecke primär erforderlichen Betriebsmittel. Sie erfüllen vielmehr Hilfsfunktionen“ (BAG, Beschluss vom 25.05.2005 – 7 ABR 38/04).

1.3 Anforderungen an den Betrieb

In den Wassergesetzen fehlen die genauen Vorgaben zum Betrieb von Abwasseranlagen. Die Kommunen haben hier also etwas Spielraum. Nicht alle im Folgenden beschriebenen Anforderungen sind direkt vorgeschrieben.

Einige andere gesetzliche Grundlagen regeln jedoch für andere Bereiche die Anforderungen an den Betrieb: Bundesfernstraßengesetz (FStrG), Bayer. Straßen- u. Wegegesetz, Allgemeines Eisenbahngesetz (AEG), Entsorgungsfachbetriebeverordnung (EfbV), Straßenbahn-Bau- und Betriebsordnung (BOStrab). Insbesondere die dort ge-

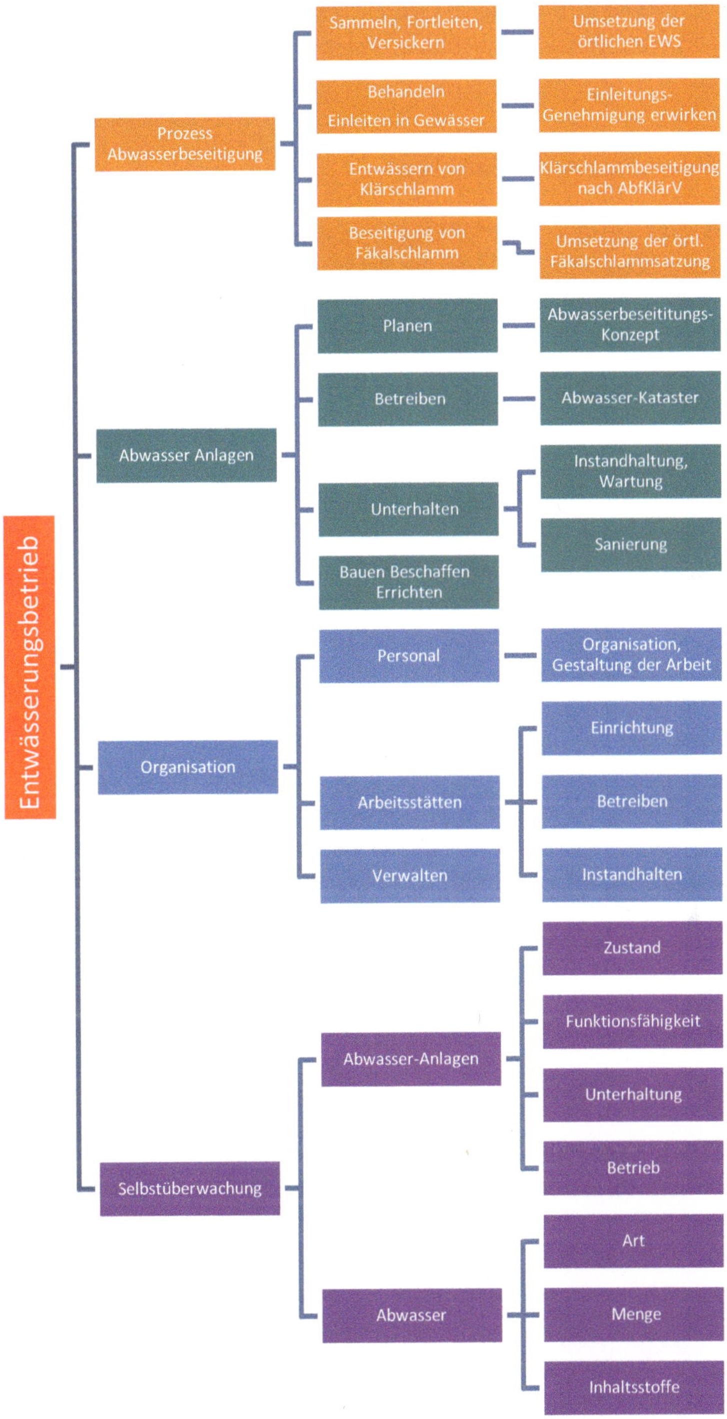

Abb. 1.1 Betriebs-Aufgaben – grober Strukturplan des Entwässerungsbetriebs

fundenen, anderweitig einschlägigen, gesetzlichen Regelungen wurden minimal für den Entwässerungsbetrieb umgeschrieben und ergeben folgende sehr sinnvoll erscheinende Regelungen:

1.3.1 Allgemeine Anforderungen

Betrieb ist die *Gesamtheit aller Maßnahmen*, die der Abwasserbeseitigung dienen, einschließlich der Aus- oder Fortbildung der Betriebsbediensteten und der Instandhaltung der Betriebsanlagen (nach BOStrab § 1 Abs 4).

Betriebsbedienstete sind in der für einen sicheren und ordnungsgemäßen Betrieb erforderlichen Anzahl einzusetzen (nach BOStrab § 4). Der Entwässerungsbetrieb hat dafür zu sorgen, dass die Anforderungen der Sicherheit und Ordnung des Betriebs erfüllt werden. Der Betrieb hat zum Schutz der Beschäftigten die erforderlichen Maßnahmen zur Verhütung von Arbeitsunfällen, Berufskrankheiten und arbeitsbedingten Gesundheitsgefahren sowie für eine wirksame Erste Hilfe zu treffen.

Betriebsanlagen sind alle dem Betrieb dienenden Anlagen, insbesondere die bau-, maschinen- und elektrotechnischen Anlagen und Fahrzeuge für den Abwasserbetrieb, einschließlich der angeschlossenen Werkstätten oder Labore sowie der Hilfsbauwerke (nach BOStrab § 1 Abs 7). Betriebsanlagen, Fahrzeuge oder Teile davon müssen der Abwasserbeseitigung dienen und dabei so beschaffen sein, dass sie den Anforderungen der Sicherheit und Ordnung genügen. Dabei sind sie entsprechend zu betreiben, zu unterhalten und instand zu halten (nach BOStrab § 2 Abs 1).

Fahrzeuge sind Personenfahrzeuge, Lkw, selbstfahrende Arbeitsmaschinen (Saug- u. Spülfahrzeuge, Teleskoplader, Bagger, usw.) und andere Fahrzeuge, die dem Betrieb dienen, sowie deren Anhänger und Aufbauten oder Vorbauten.

1.3.2 Grundregeln

Die Anforderungen an Betriebsabläufe, Betriebsanlagen, Fahrzeuge oder Teile davon gelten als erfüllt,

- wenn die Betriebsabläufe, Betriebsanlagen, Fahrzeuge oder Teile davon hinsichtlich ihrer Durchführung und Beschaffenheit den für sie unmittelbar geltenden Rechtsakten der Europäischen Gemeinschaft oder der Europäischen Union und den geltenden Rechtsvorschriften der Bundesrepublik, der Bundesländer und der Gemeinde entsprechen, oder
- soweit solche Rechtsvorschriften nicht bestehen, wenn der Betrieb, die Betriebsanlagen, Fahrzeuge oder Teile davon nach den von der Genehmigungsbehörde getroffenen Anordnungen sowie nach den jeweils einschlägigen Regeln der Technik gebaut sind und betrieben werden.

1.3.3 Anforderungen an die Durchführung der Abwasserentsorgungs-Tätigkeit

Der Entwässerungsbetrieb hat die für seine Abwasserentsorgungs-Tätigkeit geltenden öffentlich-rechtlichen Vorschriften und die jeweiligen Regeln der Technik zu beachten. Die Gemeinde/der Verband hat den Nachweis zu erbringen, dass die für die Abwasserentsorgung-Tätigkeit des Entwässerungsbetriebes erforderlichen behördlichen Entscheidungen, insbesondere Planfeststellungen, Genehmigungen, Zulassungen, Erlaubnisse und Bewilligungen, vorliegen und die mit ihnen verbundenen Auflagen und sonstigen Anordnungen der zuständigen Behörden erfüllt werden.

1.3.4 Fundstellen der Anforderungen

Die Erfahrung zeigt, dass in Deutschland alles irgendwo rechtlich geregelt ist und Gesetze auf fast alle Fragen eine Antwort bieten. In jahrelanger Kleinarbeit wurden zunächst viele einschlägigen Rechtsvorschriften ausfindig gemacht, dann darauf hin geprüft, ob und wo sie ggf. zutreffend sind und letztlich die für den konkreten Sachverhalt geltenden Anforderungen bzw. Regelungen in das Buch übernommen.

Alle gefundenen und einen Entwässerungsbetrieb betreffenden öffentlich-rechtlichen Regelungen sind in den folgenden Kapiteln dargestellt und zeigen wie sich der Betrieb verhalten muss, um die geltenden gesetzlichen Regeln einzuhalten.

1.4 Aufgaben der technischen Führungskräfte

> „Ein Betreiber muss mindestens über eine für den technischen Bereich verantwortliche technische Führungskraft verfügen. … Die technische Führungskraft muss über die für ihre Funktion erforderlichen Kenntnisse der gesetzlichen und verwaltungs-, zivil- und strafrechtlichen Vorschriften, der einschlägigen Vorschriften zur Arbeitssicherheit und zum Gesundheitsschutz sowie der allgemein anerkannten Regeln der Technik, insbesondere der technischen Regeln der DWA, verfügen, die für Planung, Bau, Betrieb und Instandhaltung der Abwasseranlagen zu beachten sind.“ (DWA-M 1000, Januar 2020)

Bei näherem Hinsehen erweist sich diese lapidare Forderung dann doch als ziemlich problematisch! – Zunächst denkt man wahrscheinlich nur an die Wassergesetze (s. o.); aber bei eingehender Prüfung des gesamten Betriebs-Bereichs sind auch Abfallrecht, Baurecht, Vergaberecht, Unfall- und Arbeitsschutz, usw. zu beachten.

1.5 Gesetzeslage in Deutschland

Der Verfassungsrechts-Professor Karpen (2005) erklärt sogar in *Die Welt* vom 09.05.2005:

> „Wir haben einfach zu viele Gesetze. Im Augenblick gelten für Sie und mich 2197 Bundesgesetze mit 46.777 Einzelvorschriften und 3131 Verordnungen mit 39.197 Einzelvorschrif-

> ten. Hinzu kommen Landesgesetze und Regelungen der Europäischen Union. Insgesamt schätze ich die Zahl aller Einzelvorschriften, die einen Deutschen derzeit binden, auf rund 150.000."

Der Rechtsprofessor Karpen weiter:

> „Der Gedanke, ein Bürger könne aufgrund der Kenntnis all dieser Gesetze rechtstreu sein, ist eine reine Fiktion. Ob der Bürger will oder nicht: Er kann gar nicht in Gänze rechtstreu sein."

Für die verantwortlichen technischen Führungskräfte im Entwässerungsbetrieb kann die fehlende Kenntnis und/oder Umsetzung der Gesetze aber gravierende Folgen haben: Hieraus resultieren nämlich erhebliche Haftungsrisiken sowohl für die Kommune als Betreiber der Abwasseranlage als auch für die in der Kommune verantwortlichen Personen. In Unkenntnis der vielen Gesetze und Verordnungen handelt man persönlich nicht nur schnell *ordnungswidrig* sondern befindet sich dann auch möglicherweise schon im Bereich des *Strafrechts*.

1.6 Gesetzeskonformer Entwässerungs-Betrieb

Sind die notwendigen Kenntnisse der gesetzlichen und behördlichen Vorschriften entsprechend des DWA M 1000 für die technischen Führungskräfte angesichts der Regelungsfreude der EU und der ständigen „Entbürokratisierung" in Deutschland denn dann überhaupt noch möglich? Können die drohenden Probleme und Strafen dann überhaupt abgewendet werden?

Jeder kommunale Entwässerungsbetrieb ist immer auch ein Teil einer Gemeindeverwaltung; und diese ist in einem Rechtsstaat bei ihrer Tätigkeit an Recht und Gesetz gebunden. Jedes Verwaltungshandeln in der Entwässerung muss daher auch entsprechend dieser Vorschriften erfolgen. Die Kenntnis aller Gesetze bleibt laut Karpen wohl eher eine reine Fiktion (s. o.). Die Kenntnis, der für den „normalen" Betrieb notwendigen Vorschriften, ist zwar sicher umfangreich, sollte dagegen aber möglich sein. Nach den obigen Ausführungen sind diese Kenntnisse jedenfalls erforderlich.

Die Betriebsabläufe in den Entwässerungsbetrieben können also die Richtschnur für die Lösung dieser rechtlichen Probleme darstellen!

1.7 Betriebs-Handbuch für die Entwässerung

Ziel jedes Entwässerungsbetriebs muss es sein, dass die Anforderungen an die Abwasserbeseitigung eingehalten werden und beim Betrieb der Abwasseranlagen die für diesen Betrieb benötigten Gesetze und Vorschriften.

Abwasseranlagen unterliegen in Abhängigkeit von ihrer Größe und ihren einzelnen Bestandteilen den unterschiedlichsten Anforderungen, die wahrscheinlich kaum vollständig für alle verschiedenen Anlagentypen dargestellt werden können. Neben diesen technischen Unterschieden gibt es jedoch sehr viele rechtliche Gemeinsamkeiten, die für die weitaus meisten Abwasseranlagen ähnlich oder gleich sind: Die grundsätzlichen Betriebsabläufe in kommunalen Entwässerungsbetrieben müssen nämlich alle sehr ähnlich sein, da die geltenden Gesetze für alle Betriebe gleichmäßig gelten; und zwar meist auch unabhängig von der Größe.

Insgesamt gibt es somit in Deutschland mehr als 6900 Abwasserbeseitigungsbetriebe, die alle damit die im Wesentlichen gleichen Probleme haben dürften, da mindestens die für sie geltenden EU-Verordnungen, Bundes-Gesetze und Unfallverhütungsvorschriften ja auch in allen Bundesländern gleich sind. Die landesrechtlichen Regelungen sind untereinander jeweils relativ ähnlich.

Für die technischen Führungskräfte sowie die sonstigen mit wichtigen Aufgaben betrauten Mitarbeiter sollen in dem hier vorliegenden Betriebs-Handbuch die relevanten Aufgabenfelder mit dem zugehörigen gesetzlichen Hintergrund aufbereitet werden. Die wichtigsten Paragraphen der jeweils einschlägigen Gesetze werden genannt und können im Einzelfall dann bei weiterführenden Fragen nachgeschlagen werden.

Wo die Gesetze den Kommunen Handlungsspielräume einräumen, werden aus den Betriebs-Erfahrungen geeignete Vorschläge gemacht.

Damit sollen die technischen Fachkräfte im Entwässerungsbetrieb die für ihre Funktion erforderlichen Kenntnisse aller relevanter Betriebsabläufe mit den zugehörigen gesetzlichen und behördlichen Vorschriften vermittelt bekommen, die bei Planung, Bau, Instandhaltung und hauptsächlich im täglichen Betrieb der Abwasseranlagen ebenfalls zu beachten sind.

Die verantwortlichen technischen Führungskräfte sollen mit Hilfe dieses Buches in die Lage versetzt werden, besonders die nicht technischen Aufgaben- und Tätigkeitsfelder möglichst entsprechend den relevanten Gesetzen und/oder den geschilderten Erfahrungen zu erledigen.

► Ein Handbuch, das umfassend alle relevanten Aspekte eines kommunalen Entwässerungsbetriebs für die technische Betriebsleitung beschreibt, gibt es bisher noch nicht.

Von der Verwaltung über Umgang mit den Anlagen und Stoffen sowie über Energie, Steuern oder Personal sollen alle für kommunale Abwasser-Betriebe wichtigen Betriebs-Bereiche beschrieben werden.

Bei der Entstehung dieses Handbuchs wurde versucht, zu den o. g. Themen auch die genau hierfür wichtigen Gesetze zu finden, die einschlägigen Paragraphen aufzulisten und ihre Bedeutung für die Betreiber von Abwasseranlagen zu erläutern. Damit werden einerseits die täglichen Verwaltungsabläufe im eigenen Betrieb durchsichtiger, und andererseits auch die Vorgehensweisen der beteiligten (Aufsichts-) Behörden und sonstigen Dienststellen innerhalb und außerhalb der eigenen Gemeinde.

Mit dem Handbuch wäre vermutlich zum ersten Mal für alle Betreiber von Abwasseranlagen, also die Gemeinden oder Zweckverbände, ihre Bürgermeister und verantwortlichen Mitarbeiter eine umfassende Gesamtschau der allermeisten Abläufe im kommunalen Entwässerungsbetrieb erstellt. Für die jeweils Verantwortlichen in den Kommunen sollten so auch die erheblichen persönlichen Risiken angesichts der drohenden Sanktionen aus dem Strafrecht und den Ordnungswidrigkeiten mit ihren einschneidenden finanziellen, dienstrechtlichen und sozialen Konsequenzen erheblich reduziert werden können.

▶ Das Buch stellt mit seinen Teilen alle relevanten Bereiche eines Entwässerungsbetriebes dar, mit denen das Führungspersonal zu tun haben kann.

Das Kapitel „Verwaltung“ zum Beispiel beschreibt den Aufbau und die Aufgaben einer Gemeinde sowie deren Finanzierung. Die verschiedenen Verwaltungsverfahren, mit denen Entwässerung zu tun hat, werden genauso beschrieben wie Satzungen, Haftungs- oder Versicherungsfragen. Straßen und Gewässer sind in diesem Teil genauso wichtig wie öffentliche und private Grundstücke.

Das Betriebs-Handbuch soll sowohl in seiner Gesamtheit gelesen werden können wie auch nur die jeweils für den Leser aktuell wichtigen Kapitel. Die verarbeiteten Stichworte im Teil „Verwaltung“ reichen dabei von *Aktenplan* über *Bürgermeister*, *Elektronikversicherung* und *Grundbuch* bis hin zu *Wasserstraße* und *Zweckvereinbarung*. Zum Beispiel wurden für die *Akten* der Entwässerung die Rechtgrundlagen recherchiert, für wichtige Akten die vorgeschriebenen Aufbewahrungsfristen aufgeführt, die Unterschiede zwischen Registratur und Archiv geklärt und ein Vorschlag für einen Aktenplan der Entwässerung gemacht.

In den Betrieben nehmen Frauen und Männer gleichermaßen verantwortungsvolle Aufgaben wahr. Um das Lesen zu erleichtern, wird in diesem Buch unabhängig davon – wie in den Vorschriften – stets von „der Bürgermeister“, „der Fahrzeugführer“, usw. gesprochen.

Das vorliegende Buch wurde sorgfältig und nach bestem Wissen erstellt und überarbeitet. Es konzentriert sich auf wesentliche Punkte einzelner Vorschriften und Regeln und nennt daher nicht alle Einzelheiten. Schon mit dem Erscheinen des Buchs können sich darüber hinaus die Rechtsgrundlagen oder der Stand der Technik geändert haben. Daher sind der Unternehmer oder ein verantwortlicher Mitarbeiter nicht von der Pflicht und Verantwortung befreit, die Angaben auf Vollständigkeit, Aktualität und Richtigkeit selbst zu überprüfen.

1.8 Gesetze und Verordnungen

letzter Zugriff jeweils 15.08.2024

AbfKlärV Verordnung über die Verwertung von Klärschlamm, Klärschlammgemisch und Klärschlammkompost (Klärschlammverordnung – AbfKlärV), Ausfertigungsdatum: 27.09.2017

BauGB Baugesetzbuch (BauGB), Ausfertigungsdatum: 23.06.1960 in der Fassung der Bekanntmachung vom 3. November 2017

BayWG Bayerisches Wassergesetz, (BayWG), vom 25. Februar 2010

BbgWG Brandenburgisches Wassergesetz (BbgWG), In der Fassung der Bekanntmachung vom 2. März 2012

BGB Bürgerliches Gesetzbuch (BGB), Ausfertigungsdatum: 18.08.1896, Neugefasst durch Bek. v. 02.01.2002

BImSchG Gesetz zum Schutz vor schädlichen Umwelteinwirkungen durch Luftverunreinigungen, Geräusche, Erschütterungen und ähnliche Vorgänge (Bundes-Immissionsschutzgesetz – BImSchG) Ausfertigungsdatum: 15.03.1974

BOStrab Verordnung über den Bau und Betrieb der Straßenbahnen (Straßenbahn-Bau- und Betriebsordnung – BOStrab), Ausfertigungsdatum: 11.12.1987

EÜV EigenüberwachungsverordnungVerordnung zur Eigenüberwachung von Wasserversorgungs- und Abwasseranlagen – Bayern – vom 20. September 1995

HWG Hessisches Wassergesetz (HWG), vom 14. Dezember 2010

LWG NRW Wassergesetz für das Land Nordrhein-Westfalen (Landeswassergesetz – LWG), Stand vom 15.08.2024

LWG S-H Landeswassergesetz (LWG) Schleswig-Holstein, vom 13. November 2019 https://www.gesetze-rechtsprechung.sh.juris.de/perma?j=WasG_SH

VVWas Bayern Verwaltungsvorschrift zum Vollzug des Wasserrechts (VVWas) Bekanntmachung des Bayerischen Staatsministeriums für Umwelt und Verbraucherschutz vom 27. Januar 2014, Az. U4505-2010/2

WHG Gesetz zur Ordnung des Wasserhaushalts, (Wasserhaushaltsgesetz – WHG) vom 31.07.2009

1.9 Literatur

BAnz AT 03.05.2018 B4, Bundesministerium für Umwelt, Naturschutz und nukleare Sicherheit, Bekanntmachung … vom 17. April 2018
https://www.bundesanzeiger.de/pub/de/amtliche-veroeffentlichung?1
Letzter Zugriff 06.04.2023

Bundesarbeitsgericht (BAG), Beschluss vom 25.05.2005 – 7 ABR 38/04
https://lexetius.com/2005,1702
Letzter Zugriff 05.04.2023

BVerfG, Beschluss vom 08.08.1978 – 2 BvL 8/77,
https://lexetius.com/1978,2
Letzter Zugriff 06.04.2023

DESTATIS, Gemeinden mit öffentlicher und privater Abwasserentsorgung
Öffentliche Abwasserentsorgung nach Ländern 2022, Stand: 14. November 2024
https://www.destatis.de/DE/Themen/Gesellschaft-Umwelt/Umwelt/Wasserwirtschaft/Tabellen/ww-02-abwasserentsorgung-2022.html

DWA, DWA-M 1000, Anforderungen an die Qualifikation und die Organisation von Betreibern von Abwasseranlagen, Januar 2020

Ulrich Karpen, „Die Welt“ vom 09.05.2005, „Wir haben einfach zu viele Gesetze“
https://www.welt.de/print-welt/article669663/Wir-haben-einfach-zu-viele-Gesetze.html
Letzter Zugriff 05.04.2023

2 Technische und gesetzliche Normen

Der kommunale Entwässerungsbetrieb als Teil der Gemeinde-Verwaltung ist an eine unübersichtlich große Zahl von technischen Normen und eine mindestens genauso große Zahl von Verordnungen, Gesetzen, Satzungen, usw. gebunden. Das folgende Kapitel versucht einen Überblick zu geben.

2.1 Technische Standards in der Entwässerung

Europäische (EN) und deutsche Normen (DIN) sind genau wie die Arbeits- und Merkblätter der Deutsche Vereinigung für Wasserwirtschaft, Abwasser und Abfall e. V. (DWA) technische Standards; um welche es sich handelt, soll im Folgenden geklärt werden.

2.1.1 Technische Regeln in Gesetzen und Verordnungen

„Auf technische Regeln privater Regelsetzer sollte grundsätzlich mit Hilfe von Generalklauseln Bezug genommen werden. Denn Verweisungen auf technische Regeln privater Regelsetzer sind teils aus verfassungsrechtlichen Gründen unzulässig, teils aus urheberrechtlichen Gründen problematisch. Technische Regeln im Text selbst würden die Rechtsvorschrift mit einer Fülle fachsprachlicher Detailregeln belasten. Zusätzlich entstünde ein erheblicher Novellierungsbedarf, um mit der wissenschaftlichen und technischen Entwicklung Schritt zu halten.

A. Jessen, *Kommunaler Entwässerungsbetrieb*,
https://doi.org/10.1007/978-3-658-50966-8_2

Im Interesse der Verständlichkeit der Vorschriften und einer einheitlichen Rechtsanwendung sollten nur folgende Generalklauseln für technische Regeln verwendet werden:

- ***Allgemein anerkannte Regeln der Technik,***
- ***Stand der Technik** und*
- ***Stand von Wissenschaft und Technik.***

Welche der drei Grundformen zu wählen ist, richtet sich nach dem Gefährdungspotenzial der Materie, die geregelt werden soll, und nach der technischen Beherrschbarkeit dieses Gefährdungspotenzials. Einschränkende Formulierungen wie ‚allgemein anerkannte Regeln der Sicherheitstechnik' sind nur dann sinnvoll, wenn sie zur Klarstellung erforderlich sind. ...

Ein Nachteil der Generalklauseln ist, dass Anwender, Betroffene und Verwaltung erst die infrage kommenden Regeln aus der Fülle der Regeln unterschiedlichster Stellen ermitteln müssen. Dieser Unsicherheit kann begegnet werden, wenn schon im Gesetz oder in der Rechtsverordnung Vorkehrungen – etwa über Vermutungsregeln – getroffen werden, damit der Kreis der auf jeden Fall anwendbaren Regeln näher bestimmt werden kann. Die Rechtsvorschrift kann selbst diejenigen technischen Regeln bezeichnen, bei deren Einhaltung widerleglich vermutet wird, dass damit den Anforderungen der Generalklauseln entsprochen wird" (Bundesministerium der Justiz, Bekanntmachung des Handbuchs der Rechtsförmlichkeit vom September 2008, Rdnrn 252 ff.).

2.1.2 Allgemein anerkannte Regeln der Technik (a.a.R.d.T.)

Was genau die a.a.R.d.T. sind, ist in Gesetzen nicht definiert, daher muss man hier auf andere Festlegungen zurückgreifen.

„Die Generalklausel ‚allgemein anerkannte Regeln der Technik' wird für Fälle mit vergleichsweise geringem Gefährdungspotenzial oder für Fälle verwendet, die auf Grund gesicherter Erfahrungen technisch beherrschbar sind.

***Allgemein anerkannte Regeln der Technik** sind schriftlich fixierte oder mündlich überlieferte technische Festlegungen für Verfahren, Einrichtungen und Betriebsweisen, die nach herrschender Auffassung der beteiligten Kreise (Fachleute, Anwender, Verbraucherinnen und Verbraucher und öffentliche Hand) geeignet sind, das gesetzlich vorgegebene Ziel zu erreichen und die sich in der Praxis allgemein bewährt haben oder deren Bewährung nach herrschender Auffassung in überschaubarer Zeit bevorsteht"* (Bundesministerium der Justiz, 2008).

Ein älteres Urteil des OLG Nürnberg definiert die Regeln der Baukunst und Technik etwas kürzer: *„Allgemein anerkannte Regeln der Baukunst und Technik sind auf wissenschaftlichen Erkenntnissen und praktischen Erfahrungen beruhende, allgemein bekannte, anerkannte und bewährte technische Regeln für den Entwurf, die Ausführung und die Unterhaltung baulicher Anlagen"* (OLG Nürnberg, Urteil vom 25.07.2002 – 13 U 979/02).

*„Die für die **Errichtung und den Betrieb von Abwasseranlagen in Betracht kommenden Regeln der Technik** sind insbesondere die von der obersten Wasserbehörde durch*

Bekanntgabe im Ministerialblatt eingeführten technischen Bestimmungen. ... Unabhängig von einer solchen Einführung sind als allgemein anerkannte Regeln der Technik diejenigen Prinzipien und Lösungen für die Konstruktion, Beschaffenheit und Wirkungsweise von Anlagen anzusehen, die in der Praxis erprobt und bewährt sind und sich bei der Mehrheit der Praktiker durchgesetzt haben" (OVG Münster, Urteil vom 12.03.2009–20 A 1251/07).

2.1.2.1 Allgemein anerkannte Regeln der Technik beim Bauen

Insbesondere beim Bauen sind die anerkannten Regeln der Technik wichtig. So hat der Auftragnehmer nach § 4 VOB/B die Leistung nach dem Vertrag auszuführen, und dabei hat er die anerkannten Regeln der Technik zu beachten. Aber auch der Auftraggeber muss diese kennen, denn der Auftragnehmer hat dem Auftraggeber seine Leistung zum Zeitpunkt der Abnahme frei von Sachmängeln zu verschaffen. Die Leistung ist zur Zeit der Abnahme aber nur dann frei von Sachmängeln, wenn sie u. a. auch den anerkannten Regeln der Technik entspricht (§ 13 VOB/B).

Da es im § 319 des Strafgesetzbuches auch den Straftatbestand der Baugefährdung gibt, ist es für den gesamten Umgang mit baulichen Anlagen wesentlich die allgemein anerkannten Regeln der Technik zu kennen: Wer bei der Planung, Leitung oder Ausführung eines Baues oder des Abbruchs eines Bauwerks gegen die allgemein anerkannten Regeln der Technik verstößt und dadurch Leib oder Leben eines anderen Menschen gefährdet, wird mit Freiheitsstrafe bis zu fünf Jahren oder mit Geldstrafe bestraft.

Ebenso wird bestraft, wer in Ausübung eines Berufs oder Gewerbes bei der Planung, Leitung oder Ausführung eines Vorhabens, technische Einrichtungen in ein Bauwerk einzubauen oder eingebaute Einrichtungen dieser Art zu ändern, gegen die allgemein anerkannten Regeln der Technik verstößt und dadurch Leib oder Leben eines anderen Menschen gefährdet (StGB § 319).

▶ Für den gesamten Umgang mit baulichen Anlagen ist es wichtig, die zahlreichen allgemein anerkannten Regeln der Technik zu kennen und einzuhalten.

2.1.2.2 Allgemeine Technische Vertragsbedingungen für Bauleistungen (VOB/C)

Die VOB Teil C beinhaltet die Allgemeinen Technischen Vertragsbedingungen für Bauleistungen (ATV), die gleichzeitig auch als DIN-Normen herausgegeben werden.

2.1.2.3 Technische Baubestimmungen

Im Baurecht der Bundesländer werden von der obersten Bauaufsichtsbehörde durch öffentliche Bekanntmachung viele wesentliche technischen Regeln als *Technische Baubestimmungen* eingeführt. Mindestens diese sind unbedingt als allgemeine Anforderungen zu beachten (§ 3 MBO).

Das Deutsche Institut für Bautechnik veröffentlicht eine Verwaltungsvorschrift zu den Technischen Baubestimmungen: *„Veröffentlichung der Muster-Verwaltungsvorschrift Technische Baubestimmungen"* (https://www.dibt.de/fileadmin/dibt-website/Dokumente/Referat/P5/Technische_Bestimmungen/MVVTB_2021-1.pdf – Letzter Zugriff 06.04.2023).

2.1.2.4 Normen

„Norm" bezeichnet eine technische Spezifikation, die von einer anerkannten Normungsorganisation zur wiederholten oder ständigen Anwendung angenommen wurde, deren Einhaltung nicht zwingend ist und die unter eine der nachstehenden Kategorien fällt:

a) Internationale Norm: Norm, die von einer internationalen Normungsorganisation angenommen wurde
b) Europäische Norm: Norm, die von einer europäischen Normungsorganisation angenommen wurde
c) Nationale Norm: Norm, die von einer nationalen Normungsorganisation angenommen wurde

und jeweils der Öffentlichkeit zugänglich ist (VERORDNUNG (EU) Nr. 1025/2012 Art 2).

Die europäische Normung wird durch und für die einschlägigen Interessenträger organisiert, und zwar auf der Grundlage nationaler Vertretung (Europäisches Komitee für Normung (CEN) und das Europäisches Komitee für Elektrotechnische Normung (Cenelec)) und direkter Beteiligung (Europäisches Institut für Telekommunikationsnormen (ETSI)), und sie stützt sich auf die von der Welthandelsorganisation (WTO) anerkannten Grundsätze auf dem Gebiet der Normung, nämlich Kohärenz, Transparenz, Offenheit, Konsens, Freiwilligkeit der Anwendung, Unabhängigkeit von Einzelinteressen und Effizienz (im Folgenden „Grundprinzipien"). Nach diesen Grundprinzipien ist es wichtig, dass alle interessierten Kreise, einschließlich der Behörden und der kleineren und mittleren Unternehmen (KMU), angemessen in den nationalen und europäischen Normungsprozess einbezogen werden. Die nationalen Normungsorganisationen sollten außerdem die Mitwirkung von Interessenträgern fördern und erleichtern (VERORDNUNG (EU) Nr. 1025/2012 Grund 2).

Internationale Normungsorganisationen sind:

- Internationale Normenorganisation ISO
- Internationale Elektrotechnische Kommission IEC
- Internationale Fernmeldeunion ITU.

Europäische Normungsorganisationen sind:

- Europäisches Komitee für Normung CEN
- Europäisches Komitee für elektrotechnische Normung Cenelec
- Europäisches Institut für Telekommunikationsnormen ETSI

(VERORDNUNG (EU) Nr. 1025/2012 Art 2).

DIN-Normen des Deutschen Institutes für Normung e. V.

Deutsche Normen, die auch europäische Normen sind, werden mit dem Zusatz EN versehen (Europäische Normen (EN) des Europäischen Komitees für Normung (CEN)): DIN EN.

„Die DIN-Normen sind keine Rechtsnormen, sondern private technische Regelungen mit Empfehlungscharakter. Maßgebend ist nicht, welche DIN-Norm gilt, sondern ob die

Bauausführung zur Zeit der Abnahme den anerkannten Regeln der Technik entspricht. DIN-Normen können die anerkannten Regeln der Technik wiedergeben oder hinter diesen zurückbleiben" (OLG Nürnberg, Urteil vom 25.07.2002 – 13 U 979/02).

Verschiedene Organisationen erstellen für ihre jeweiligen Fachbereiche entsprechende eigene Regelwerke oder Richtlinien. Diese können jeweils auch anerkannte Regeln der Technik für den Bereich darstellen. Solche Regeln können z. B. sein:

- Bestimmungen des Verbandes Verband der Elektrotechnik Elektronik Informationstechnik e. V. (VDE), oft auch DIN VDE Normen
- Regelwerk des Deutschen Verein des Gas- und Wasserfach (DVGW)
- Richtlinien des Deutschen Ausschusses für Stahlbeton: DAfStb-Richtlinien
- Deutscher Ausschuss für Stahlbau: DASt-Richtlinien
- Deutscher Verband für Schweißen und verwandte Verfahren e. V.: DVS-Merkblätter und -Richtlinien
- Technische Richtlinien des Vereins Deutscher Ingenieure (VDI)
- Verband Deutscher Maschinen und Anlagenbau e. V.: VDMA-Einheitsblätter
- Deutsche Vereinigung für Wasserwirtschaft, Abwasser und Abfall e. V.: DWA-Arbeitsblätter und -Merkblätter

Weitere Informationen zu Normen sind in der Broschüre „Kleines 1x1 der Normung" (http://www.dihk-verlag.de/media/md_2F754F80C1C5AECAB718D0A51CCB3694.pdf – Letzter Zugriff 06.04.2023) zu finden.

2.1.2.5 DWA-Arbeitsblätter

Das DWA-Arbeitsblatt *DWA-A 400* vom Mai 2018 beschreibt unter Nr. 4.5:

„Aufgabe der Arbeitsblätter ist es, insbesondere zur Umsetzung gesetzlicher Anforderungen, zu umweltrelevanten und betrieblichen Aufgabenstellungen sowie zu Fragen des Qualitätsmanagements technische Verfahren, Einrichtungen, Betriebsweisen und Maßnahmen zu beschreiben, die sich in ihrer praktischen Anwendung bewährt haben und nach sachverständiger Überzeugung der auf dem betreffenden Fachgebiet tätigen Personen als technisch einwandfreie und wirtschaftliche Lösungen gelten. Die Arbeitsblätter werden von Fachgremien erarbeitet und unterliegen einem förmlichen, öffentlichen und auf Konsens ausgerichteten Anerkennungsverfahren. Veröffentlichte Arbeitsblätter zielen darauf ab, allgemein anerkannte Regeln der Technik zu beschreiben."

► Die obige Aufzählung möglicher Regelwerke, die a.a.R.d.T. darstellen könnten, ist nur beispielhaft und nicht abschließend.

2.1.3 Stand der Technik

„Das Anforderungsniveau bei der Generalklausel ‚Stand der Technik' liegt zwischen dem Anforderungsniveau der Generalklausel ‚allgemein anerkannte Regeln der Technik' und dem Anforderungsniveau der Generalklausel ‚Stand von Wissenschaft und Technik'. Stand

der Technik ist der Entwicklungsstand fortschrittlicher Verfahren, Einrichtungen und Betriebsweisen, der nach herrschender Auffassung führender Fachleute das Erreichen des gesetzlich vorgegebenen Zieles gesichert erscheinen lässt. Verfahren, Einrichtungen und Betriebsweisen oder vergleichbare Verfahren, Einrichtungen und Betriebsweisen müssen sich in der Praxis bewährt haben oder sollten – wenn dies noch nicht der Fall ist – möglichst im Betrieb mit Erfolg erprobt worden sein.

... Im Recht der Europäischen Union wird auch die Formulierung ‚die besten verfügbaren Techniken' verwendet. Dies entspricht weitgehend der Generalklausel ‚Stand der Technik'" (Bundesministerium der Justiz, 2008).

„Der rechtliche Maßstab für das Erlaubte oder Gebotene wird hierdurch an die Front der technischen Entwicklung verlagert, da die allgemeine Anerkennung und die praktische Bewährung allein für den Stand der Technik *nicht ausschlaggebend sind.*

Bei der Formel vom Stand der Technik *gestaltet sich die Feststellung und Beurteilung der maßgeblichen Tatsachen für Behörden und Gerichte allerdings schwieriger. Sie müssen in die Meinungsstreitigkeiten der Techniker eintreten, um zu ermitteln, was technisch notwendig, geeignet, angemessen und vermeidbar ist"* (BVerfG, Beschluss vom 08.08.1978 – 2 BvL 8/77).

2.1.3.1 Stand der Technik nach BImSchG und nach WHG

Stand der Technik ist der Entwicklungsstand fortschrittlicher Verfahren, Einrichtungen oder Betriebsweisen, der die praktische Eignung einer Maßnahme

1. zur Begrenzung von Emissionen in Luft, Wasser und Boden,
2. zur Gewährleistung der Anlagensicherheit,
3. zur Gewährleistung einer umweltverträglichen Abfallentsorgung oder sonst
4. zur Vermeidung oder Verminderung von Auswirkungen auf die Umwelt
5. zur Erreichung eines allgemein hohen Schutzniveaus für die Umwelt insgesamt gesichert erscheinen lässt (BImSchG § 3 u WHG § 3).

Bei der Bestimmung des Standes der Technik sind unter Berücksichtigung der Verhältnismäßigkeit zwischen Aufwand und Nutzen möglicher Maßnahmen sowie des Grundsatzes der Vorsorge und der Vorbeugung, jeweils bezogen auf Anlagen einer bestimmten Art, insbesondere folgende Kriterien zu berücksichtigen (BImSchG Anlage und WHG Anlage 1):

- Einsatz abfallarmer Technologie
- Einsatz weniger gefährlicher Stoffe
- Förderung der Rückgewinnung und Wiederverwertung der bei den einzelnen Verfahren erzeugten und verwendeten Stoffe und gegebenenfalls der Abfälle
- Vergleichbare Verfahren, Vorrichtungen und Betriebsmethoden, die mit Erfolg im Betrieb erprobt wurden
- Fortschritte in der Technologie und in den wissenschaftlichen Erkenntnissen
- Art, Auswirkungen und Menge der jeweiligen Emissionen
- Zeitpunkte der Inbetriebnahme der neuen oder der bestehenden Anlagen
- Die für die Einführung einer besseren verfügbaren Technik erforderliche Zeit

- Verbrauch an Rohstoffen und Art der bei den einzelnen Verfahren verwendeten
- Notwendigkeit, die Gesamtwirkung der Emissionen und die Gefahren für den Menschen und die Umwelt so weit wie möglich zu vermeiden oder zu verringern
- Notwendigkeit, Unfällen vorzubeugen und deren Folgen für den Menschen und die Umwelt zu verringern
- Informationen, die von internationalen Organisationen veröffentlicht werden
- Informationen, die in BVT-Merkblättern enthalten sind

Hinweis
Technische Regeln für Gefahrstoffe, TRGS 460, „Vorgehensweise zur Ermittlung des Standes der Technik": Diese Technische Regel beschreibt eine schrittweise Vorgehensweise zur Ermittlung des Standes der Technik (https://www.baua.de/DE/Angebote/Rechtstexte-und-Technische-Regeln/Regelwerk/TRGS/pdf/TRGS-460.pdf?__blob=publicationFile&v=3 – Letzter Zugriff 06.04.2023).

2.1.4 Die besten verfügbaren Techniken (BVT)

Hintergrundinformationen zum EU-weiten Konzept der „besten verfügbaren Technik" (BVT) und zu dessen Rechtsrahmen, waren auf der Seite des Umweltbundesamtes zu finden:

„Einführung – Beste verfügbare Techniken
Ein zentrales Steuerungselement des Anlagenzulassungsrechts (in der EU) *ist das bewährte Konzept der besten verfügbaren Techniken (BVT). Diese entsprechen dem in Deutschland traditionell verwendeten Begriff des Standes der Technik. Technik bedeutet dabei, sowohl die angewandte Technologie als auch die Art und Weise, wie die Anlage geplant, gebaut, gewartet, betrieben und stillgelegt wird. Die besten verfügbaren Techniken werden für jede betroffene Branche in einem Informationsaustausch zwischen Mitgliedstaaten, Industrie und Umweltverbänden erarbeitet und in BVT-Merkblättern festgelegt"* (UBA, 2010).

2.1.4.1 Beste verfügbare Techniken

Im Sinne der Industrieemissionen-Richtlinie (Richtlinie 2010/75/EU) bezeichnet der Ausdruck *„Beste verfügbare Techniken"* den effizientesten und fortschrittlichsten Entwicklungsstand der Tätigkeiten und entsprechenden Betriebsmethoden, der bestimmte Techniken als praktisch geeignet erscheinen lässt, als Grundlage für die Emissionsgrenzwerte und sonstige Genehmigungsauflagen zu dienen, um Emissionen in und Auswirkungen auf die gesamte Umwelt zu vermeiden oder, wenn dies nicht möglich ist, zu vermindern.

2.1.4.2 BVT-Merkblatt

BVT-Merkblatt ist ein Dokument, das für bestimmte Tätigkeiten erstellt wird und insbesondere die angewandten Techniken, die derzeitigen Emissions- und Verbrauchswerte, alle Zukunftstechniken sowie die Techniken beschreibt, die für die Festlegung der besten verfügbaren Techniken sowie der BVT-Schlussfolgerungen berücksichtigt wurden. (Diese Definition ist sowohl im WHG als auch fast identisch im BImSchG zu finden.)

2.1.4.3 BVT-Schlussfolgerungen

BVT-Schlussfolgerungen sind ein von der Europäischen Kommission erlassenes Dokument, das die Teile eines BVT-Merkblatts mit den Schlussfolgerungen in Bezug auf Folgendes enthält

- die besten verfügbaren Techniken, ihrer Beschreibung und Informationen zur Bewertung ihrer Anwendbarkeit,
- die mit den besten verfügbaren Techniken assoziierten Emissionswerte,
- die zugehörigen Überwachungsmaßnahmen,
- die zugehörigen Verbrauchswerte sowie
- die gegebenenfalls einschlägigen Standortsanierungsmaßnahmen (Richtlinie 2010/75/EU Art 3).

2.1.4.4 Die Umsetzung der BVT-Schlussfolgerungen in Deutschland

„Die Europäische Kommission erarbeitet Merkblätter über die besten verfügbaren Techniken (BVT-Merkblätter) ... Aus den BVT-Merkblättern erstellt die Europäische Kommission entsprechende Durchführungsbeschlüsse, die die Schlussfolgerungen über die besten verfügbaren Techniken (BVT-Schlussfolgerungen) für alle EU-Mitgliedstaaten verbindlich vorgeben. Die in den BVT-Schlussfolgerungen enthaltenen Anforderungen müssen von bestehenden Anlagen vier Jahre nach der Veröffentlichung des Durchführungsbeschlusses eingehalten werden" (BAnz AT 03.05.2018 B4).

In der Abwasserverordnung und den jeweils relevanten Anhängen werden ggf. neue bzw. überarbeitete Anforderungen festgelegt.

2.1.5 Stand von Wissenschaft und Technik

„Die Generalklausel ‚Stand von Wissenschaft und Technik' umschreibt das höchste Anforderungsniveau und wird daher in Fällen mit sehr hohem Gefährdungspotenzial verwendet.

Stand von Wissenschaft und Technik ist der Entwicklungsstand fortschrittlichster Verfahren, Einrichtungen und Betriebsweisen, die nach Auffassung führender Fachleute aus Wissenschaft und Technik auf der Grundlage neuester wissenschaftlich vertretbarer Erkenntnisse im Hinblick auf das gesetzlich vorgegebene Ziel für erforderlich gehalten werden und das Erreichen dieses Ziels gesichert erscheinen lassen" (Bundesministerium der Justiz, 2008).

„§ 7 Abs 2 Nr 3 AtomG geht schließlich noch einen Schritt weiter, indem er auf den Stand von Wissenschaft und Technik abstellt. Mit der Bezugnahme auch auf den Stand der Wissenschaft übt der Gesetzgeber einen noch stärkeren Zwang dahin aus, daß die rechtliche Regelung mit der wissenschaftlichen und technischen Entwicklung Schritt hält. Es muss diejenige Vorsorge gegen Schäden getroffen werden, die nach den neuesten wissenschaftlichen Erkenntnissen für erforderlich gehalten wird. Läßt sie sich technisch noch nicht verwirklichen, darf die Genehmigung nicht erteilt werden; die erforderliche Vorsorge wird mithin nicht durch das technisch gegenwärtig Machbare begrenzt" (BVerfG, Beschluss vom 08.08.1978 – 2 BvL 8/77).

Dieser technische Standard gilt nur für Anlagen, die unter das Atomgesetz fallen, und spielt daher in der Entwässerung keine weitere Rolle.

2.2 Gesetze und Verordnungen

Gemeindeverwaltungen wirken im Wesentlichen als Exekutive im Vollzug von Gesetzen; der kommunale Entwässerungsbetrieb ist i. d. R. ein Teil der Gemeinde-Verwaltung. Aufgrund des Art 20 Abs. 3 des Grundgesetzes für die Bundesrepublik Deutschland ist die vollziehende Gewalt an Gesetz und Recht gebunden. Daher ist es erforderlich, einen Überblick über die Bedeutung der vielen verschiedenen Gesetze und Verordnungen zu bekommen.

2.2.1 Rechtsakte der Europäischen Union

Nach Art. 23 des deutschen *Grundgesetzes* wirkt die Bundesrepublik Deutschland zur Verwirklichung eines vereinten Europas bei der Entwicklung der Europäischen Union mit. Der Bund kann hierzu durch Gesetz Hoheitsrechte an die EU übertragen.

Der Vertrag über die Arbeitsweise der europäischen Union (AEUV) regelt die Arbeitsweise der Union und legt die Bereiche, die Abgrenzung und die Einzelheiten der Ausübung ihrer Zuständigkeiten fest. Im Artikel 2 wird hier zwischen *ausschließlicher und geteilter Zuständigkeit der Union* unterschieden.

Wenn die Verträge der Union für einen bestimmten Bereich eine *ausschließliche Zuständigkeit* übertragen, so kann *nur* die Union gesetzgeberisch tätig werden und verbindliche Rechtsakte erlassen; die Mitgliedstaaten dürfen in einem solchen Fall nur tätig werden, wenn sie von der Union hierzu ermächtigt werden, oder um die Rechtsakte der Union umzusetzen. Die Union hat ausschließliche Zuständigkeit z. B. in den Bereichen: gemeinsame Handelspolitik, Währungspolitik für die Mitgliedstaaten, deren Währung der Euro ist, oder die Erhaltung der biologischen Meeresschätze im Rahmen der gemeinsamen Fischereipolitik.

Wenn die Verträge der Union für einen bestimmten Bereich der EU eine mit den Mitgliedstaaten *geteilte Zuständigkeit* übertragen, so können sowohl die Union als auch die Mitgliedstaaten in diesem Bereich gesetzgeberisch tätig werden und verbindliche Rechtsakte erlassen. Die Mitgliedstaaten können ihre Zuständigkeit wahrnehmen, sofern und soweit die Union ihre Zuständigkeit nicht ausgeübt hat. Die von der Union mit den Mitgliedstaaten geteilte Zuständigkeit erstreckt sich u. a. auf die Hauptbereiche Umwelt, Verbraucherschutz und Verkehr.

In bestimmten Bereichen ist die Union für die Unterstützung, Koordinierung oder Ergänzung der Maßnahmen der Mitgliedstaaten zuständig. U. a. auch zum Schutz und zur Verbesserung der menschlichen Gesundheit können Maßnahmen mit europäischer Zielsetzung getroffen werden.

Im Artikel 288 des o. g. Vertrages (AEUV) werden der Union für die Ausübung ihrer Zuständigkeiten bestimmte Rechtsakte festgelegt; diese heißen *Verordnungen*, *Richtlinien*, Beschlüsse, Empfehlungen und Stellungnahmen.

Die Verordnung hat allgemeine Geltung; sie ist in allen ihren Teilen verbindlich und gilt unmittelbar in jedem Mitgliedstaat.

Ein Beispiel hierfür ist die Verordnung (EG) Nr. 1907/2006 des Europäischen Parlaments und des Rates vom 18. Dezember 2006 zur Registrierung, Bewertung, Zulassung und Beschränkung chemischer Stoffe (REACH). Diese Verordnung beruht auf dem Grundsatz, dass in der EU alle Hersteller, Importeure und nachgeschaltete Anwender sicherstellen müssen, dass sie Stoffe herstellen, in Verkehr bringen und verwenden, die die menschliche Gesundheit oder die Umwelt nicht nachteilig beeinflussen.

Die Richtlinie ist für jeden Mitgliedstaat, an den sie gerichtet wird, hinsichtlich des zu erreichenden Ziels verbindlich, überlässt jedoch den innerstaatlichen Stellen die Wahl der Form und der Mittel.

Ein Beispiel hierfür ist die Richtlinie 2000/60/EG des Europäischen Parlaments und des Rates vom 23. Oktober 2000 zur Schaffung eines Ordnungsrahmens für Maßnahmen der Gemeinschaft im Bereich der Wasserpolitik. Mit der sogenannten „Wasserrahmenrichtlinie" wurden die in allen Mitgliedsstaaten der EU einheitlich geltenden Umweltziele für den Schutz der Gewässer aufgestellt.

Im Artikel 291 AEUV haben sich die Mitgliedstaaten verpflichtet, alle zur Durchführung der verbindlichen Rechtsakte der Union erforderlichen Maßnahmen nach innerstaatlichem Recht zu ergreifen.

Aus dem Blog zur Europawahl 2014, Matthias Klein am 08.05.2014, „Regelt die EU zu viel?" – Dort sagt der Politikwissenschaftler Rainer Eising:

„Im Jahr 2011 hatte die EU einen Rechtsbestand von etwas mehr als 32.000 Rechtsakten, also beispielsweise Richtlinien, Verordnungen oder Verträge. Davon waren insgesamt 1844 Richtlinien oder Rahmengesetze sowie 8471 Verordnungen."

Nach Eising verabschiedete die EU in der Zeit von 2001 bis 2010 im Durchschnitt 181 Richtlinien und Verordnungen pro Jahr; und auch der Deutsche Bundestag kommt im Durch-

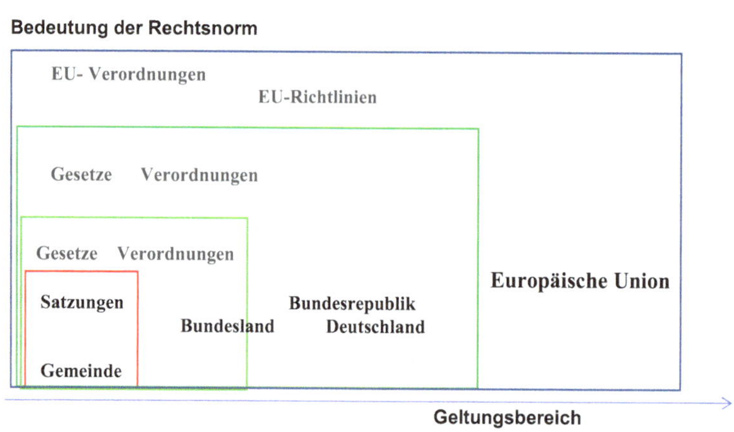

Abb. 2.1 Bedeutung der Rechtsnormen und ihr jeweiliger Geltungsbereich

schnitt auf mehr als 100 Gesetze pro Jahr (Bundeszentrale für politische Bildung, https://www.bpb.de/dialog/europawahlblog-2014/182740/regelt-die-eu-zu-viel, abgerufen am 08.04.2023).

Abb. 2.1 zeigt schematisch die Bedeutung und den Geltungsbereich der verschiedenen Rechtsakte: von den EU-Verordnungen, die direkt gelten, über die EU-Richtlinien, die die Staaten verpflichten, zu den deutschen Gesetzen und Verordnungen, den Landesgesetzen u. -verordnungen bis zu den Satzungen der Gemeinden, die nur im Gemeindegebiet gelten. Nachdem die EU sehr vieles regelt, müssen die Staaten wie Deutschland nachziehen. Die Regelungen in den einzelnen Bundesländern werden sich dadurch immer ähnlicher werden, da die Spielräume für eigene Gesetze und Verordnungen immer enger werden.

2.2.2 Deutsche Rechtsakte

Innerhalb von Deutschland verhält es sich ähnlich wie zwischen der EU und ihren Mitgliedsstaaten. Nach Art 70 des Grundgesetzes haben die Bundes-Länder das Recht zur Gesetzgebung, soweit nicht dem Bunde die Befugnis zur Gesetzgebung verliehen ist. Die Abgrenzung der Zuständigkeit zwischen dem Bund und den Ländern richtet sich nach den Vorschriften des Grundgesetzes über die sogenannte ausschließliche und die konkurrierende Gesetzgebung.

Im Bereich der ausschließlichen Gesetzgebung des Bundes haben die Länder die Befugnis zur Gesetzgebung nur, wenn und soweit sie hierzu in einem Bundesgesetz ausdrücklich ermächtigt werden. Im *Bereich der konkurrierenden Gesetzgebung* haben die Bundes-Länder die Befugnis zur Gesetzgebung, solange und soweit der Bund von seiner Gesetzgebungszuständigkeit nicht durch Gesetz Gebrauch gemacht hat.

Der *Bund hat die ausschließliche Gesetzgebung* u. a. über: die auswärtigen Angelegenheiten und die Verteidigung, die Staatsangehörigkeit, das Währungs-, Geld- und Münzwesen sowie das Postwesen und die Telekommunikation.

Die konkurrierende Gesetzgebung erstreckt sich u. a. auf folgende Gebiete: den Straßenverkehr, das Kraftfahrwesen, die Abfallwirtschaft, die Luftreinhaltung und die Lärmbekämpfung, sowie

- die Statusrechte und -pflichten der Beamten der Länder und Gemeinden
- den Naturschutz und die Landschaftspflege sowie
- den Wasserhaushalt: WHG des Bundes sowie Landeswassergesetze.

Die Bundesgesetze werden vom Bundestag beschlossen. Durch Gesetz können die Bundesregierung, ein Bundesminister oder die Landesregierungen ermächtigt werden, Rechtsverordnungen zu erlassen. Dabei müssen Inhalt, Zweck und Ausmaß der erteilten Ermächtigung im Gesetz bestimmt werden. Die Rechtsgrundlage ist in der Verordnung anzugeben.

Die Länder führen die Bundesgesetze grundsätzlich als eigene Angelegenheit aus. In dem Fall regeln sie auch die Einrichtung der Behörden und das Verwaltungsverfahren.

Nach Art 31 des Grundgesetzes gilt: Bundesrecht bricht Landesrecht. Bundesrecht ist also höherrangig als das Recht der Bundesländer!

2.2.3 Landesrecht

Die Länder haben das Recht der Gesetzgebung, soweit das Grundgesetz nicht dem Bunde Gesetzgebungsbefugnisse verleiht (Art 70 GG). Die Abgrenzung der Zuständigkeit zwischen Bund und Ländern bemisst sich dabei nach den Vorschriften des Grundgesetzes über die ausschließliche und die konkurrierende Gesetzgebung. Im Bereich der konkurrierenden Gesetzgebung haben die Länder die Befugnis zur Gesetzgebung, solange und soweit der Bund von seiner Gesetzgebungszuständigkeit nicht durch Gesetz Gebrauch gemacht hat.

Hat der Bund von seiner Gesetzgebungszuständigkeit Gebrauch gemacht, können die Länder auch hiervon abweichende Regelungen treffen u. a. über den Naturschutz und die Landschaftspflege, die Hochschulzulassung und die Hochschulabschlüsse, aber auch den Wasserhaushalt (ohne stoff- oder anlagenbezogene Regelungen).

Entsprechend der Verfassung des Freistaates Bayern z. B. bedürfen die für alle verbindlichen Gebote und Verbote der Gesetzesform. Die Gesetze in Bayern werden vom Landtag oder vom Volk (Volksentscheid) beschlossen. Die Landesregierungen können auf Grund des Grundgesetzes ebenfalls Rechtsverordnungen erlassen (s. o.). Ein Beispiel sind jeweils die unterschiedlichen Landeswassergesetze und die Eigenüberwachungsverordnungen der Bundesländer.

2.2.4 Gemeinderecht

Nach Art 28 des Grundgesetzes muss den Gemeinden (von den Bundeländern) das Recht gewährleistet sein, alle Angelegenheiten der örtlichen Gemeinschaft im Rahmen der Gesetze in eigener Verantwortung zu regeln. Auch die Gemeindeverbände haben im Rahmen ihres gesetzlichen Aufgabenbereiches nach Maßgabe der Gesetze das Recht der Selbstverwaltung. Über den Artikel 11 der Bayerischen Verfassung wird das z. B. für Bayern gewährleistet. Das Ortsrecht ist in Art. 23 der Gemeindeordnung für den Freistaat Bayern geregelt. Die Gemeinden können demnach zur Regelung ihrer Angelegenheiten *Satzungen* erlassen. In den Satzungen können die bayerischen Gemeinden u. a. insbesondere

- die Benutzung ihres Eigentums und ihrer öffentlichen Einrichtungen regeln,
- aus Gründen des öffentlichen Wohls den Anschluss an die Abwasserbeseitigung zur Pflicht machen,
- die Ersatzvornahme auf Kosten säumiger Verpflichteter für zulässig erklären,
- vorschreiben, dass Eigentümer das Anbringen und Verlegen örtlicher Leitungen für die Abwasserbeseitigung auf ihrem Grundstück zu dulden haben.

Satzungen sind zu unterschreiben und im Amtsblatt der Gemeinde amtlich bekanntzumachen. Satzungen zur Regelung übertragener Angelegenheiten und Verordnungen sind nur in den gesetzlich bestimmten Fällen zulässig. In solchen Satzungen und Verordnungen muss, wie auch im Landesrecht, die Rechtsgrundlage angegeben werden. Die Gemeinden können die zur Durchführung von Gesetzen, Rechtsverordnungen und Satzungen notwendigen Verfügungen an bestimmte Personen erlassen und unter Anwendung der gesetzlichen Zwangsmittel vollziehen. Die wichtigsten Satzungen hier sind die Entwässerungssatzungen der Gemeinden, die zwar vielleicht auf einer Landes-Mustersatzung beruhen, aber doch im Detail viele Unterschiede haben können, z. B. bei Anschlusskanälen, Kontrollschächten oder Versickerung.

In der Abb. 2.2 stehen in der untersten Zeile die Entwässerungsbetriebe in der Gemeinde A oder F. Sie unterliegen den Satzungen ihrer jeweiligen Gemeinde. Diese müssen neben den Landesgesetzen und Verordnungen, hier in Bayern Gde A (grün) und in NRW

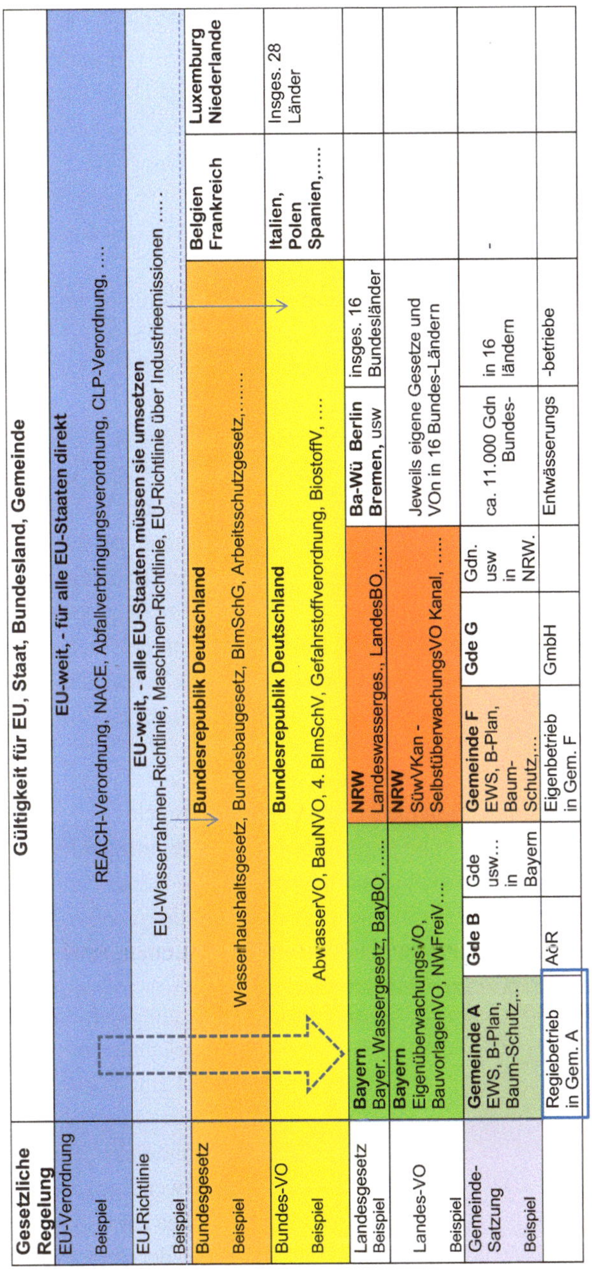

Abb. 2.2 Gültigkeit von Gesetzen, Verordnungen und Satzungen für Entwässerungsbetriebe

Gde F (rot), die Gesetze und Verordnungen des Bundes beachten. Die Bundesrepublik (ocker) wiederum muss, wie die anderen Länder der EU, deren Verordnungen beachten und die Richtlinien der EU umsetzen (blaugrau).

2.2.5 Rechtsprechung durch Gerichte

Neben den Gesetzen und Verordnungen haben aber auch Gerichtsentscheidungen Bedeutung für die Verwaltung. Durch die Gerichte werden unklare Gesetzestexte (unbestimmte Rechtsbegriffe) mehr oder weniger eindeutig ausgelegt. Die Entscheidungen beruhen zwar immer auf Einzelfällen; allgemeine Teile des Urteils sind aber häufig übertragbar, insbesondere wenn die Entscheidung von einem der obersten Gerichte getroffen wurde.

Die rechtsprechende Gewalt in Deutschland wird durch das Bundesverfassungsgericht, durch die nach dem Grundgesetz (Art 95 GG) vorgesehenen Bundesgerichte und durch die Gerichte der Länder ausgeübt.

Für die Gebiete der ordentlichen, der Verwaltungs-, der Finanz-, der Arbeits- und der Sozialgerichtsbarkeit hat der Bund als oberste Gerichtshöfe den Bundesgerichtshof (Karlsruhe), das Bundesverwaltungsgericht (Leipzig), den Bundesfinanzhof (München), das Bundesarbeitsgericht (Erfurt) und das Bundessozialgericht (Kassel) errichtet.

Neben den obersten Bundesgerichten haben auch die Bundesländer oberste Gerichte, deren Entscheidungen ebenfalls hohe Bedeutung haben, solange oberste Bundesgerichte noch nicht in der Angelegenheit allgemeine Entscheidungen getroffen haben.

In Bayern z. B. sind dies der Bay. Verfassungsgerichtshof, die Oberlandesgerichte, der Bay. Verwaltungsgerichtshof, Finanzgerichte, Landesarbeitsgerichte sowie das Bay. Landessozialgericht.

Gerichte haben z. B. erklärt, wie man erkennen kann, wann ein verrohrter Bach noch ein Gewässer ist oder schon Bestandteil des Kanalnetzes geworden ist.

► EU-Verordnungen sowie Bundesgesetze und -verordnungen gelten für das gesamte Bundesgebiet in gleicher Weise. Wo die Bundesländer eigene Gesetze und Verordnungen erlassen haben, gelten diese nur in dem Bundesland.

Hier im Buch wurden meist die jeweiligen Regelungen für das Bundesland Bayern, oft auch Regelungen aus NRW verwendet. An diesen Stellen haben die anderen Bundesländer wahrscheinlich ähnliche Gesetze oder Verordnungen erlassen. Um an solchen Stellen gesetzeskonform zu handeln, ist es unumgänglich, sich mit der jeweiligen Landesregelung zu beschäftigen.

Satzungen sind ebenfalls wichtig, aber sehr speziell da nur im jeweiligen Gemeindegebiet gültig.

2.2.6 Autonomes Recht der Unfallversicherungsträger

Über das Vorschriften- und Regelwerk im Arbeitsschutz sind nähere Ausführungen im ersten Abschnitt des Kapitels *Gesundheitsschutz bei der Arbeit* zu finden: Unfallverhütungs-*Vorschriften* sind Bundesgesetzen gleichgestellt.

2.3 Gesetze

BImSchG Gesetz zum Schutz vor schädlichen Umwelteinwirkungen durch Luftverunreinigungen, Geräusche, Erschütterungen und ähnliche Vorgänge (Bundes-Immissionsschutzgesetz – BImSchG), Ausfertigungsdatum: 15.03.1974, in der Fassung der Bekanntmachung vom 17. Mai 2013

Industrieemissionen-Richtlinie (Richtlinie 2010/75/EU), RICHTLINIE 2010/75/EU DES EUROPÄISCHEN PARLAMENTS UND DES RATES, vom 24. November 2010 über Industrieemissionen (integrierte Vermeidung und Verminderung der Umweltverschmutzung) (Neufassung)

MBO Muster-Bauordnung, – MBO – Fassung November 2002, Zuletzt geändert durch Beschluss der Bauministerkonferenz vom 27.09.2019, IS-ARGEBAU, Das Informationssystem der Bauministerkonferenz

StGB Strafgesetzbuch (StGB) Ausfertigungsdatum: 15.05.1871, in der Fassung der Bekanntmachung vom 13. November 1998

VOB/B Vergabe- und Vertragsordnung für Bauleistungen Teil B: Allgemeine Vertragsbedingungen für die Ausführung von Bauleistungen (VOB/B) Fassung 2016, aufgestellt vom Deutschen Vergabe- und Vertragsausschuss für Bauleistungen (DVA)

VOB/C Vergabe- und Vertragsordnung für Bauleistungen Teil C: (VOB/C) Allgemeine Technische Vertragsbestimmungen für Bauleistungen (ATV), Ausgabe 2016, mit Änderungen 2019

VERORDNUNG (EU) Nr. 1025/2012, VERORDNUNG (EU) Nr. 1025/2012 DES EUROPÄISCHEN PARLAMENTS UND DES RATES, vom 25. Oktober 2012, zur europäischen Normung

WHG Gesetz zur Ordnung des Wasserhaushalts, (Wasserhaushaltsgesetz – WHG) vom 31.07.2009

AEUV Vertrag über die Arbeitsweise der Europäischen Union (AEUV) vom 26.10.2012, Amtsblatt der Europäischen Union C 326/47
https://eur-lex.europa.eu/legal-content/DE/TXT/PDF/?uri=CELEX:12012E/TXT

GG Grundgesetz für die Bundesrepublik Deutschland, Ausfertigungsdatum: 23.05.1949 Stand: Zuletzt geändert durch Art. 1 G v. 19.12.2022
https://www.gesetze-im-internet.de/gg/BJNR000010949.html

GO Gemeindeordnung für den Freistaat Bayern, (Gemeindeordnung – GO) in der Fassung der Bekanntmachung vom 22. August 1998
https://www.gesetze-bayern.de/Content/Document/BayGO

GO NRW Gemeindeordnung für das Land Nordrhein-Westfalen (GO NRW) in der Fassung der Bekanntmachung vom 14. Juli 1994
https://recht.nrw.de/lmi/owa/br_bes_text?anw_nr=2&aufgehoben=N&keyword=&bes_id=6784&show_preview=1

Richtlinie 2000/60/EG des Europäischen Parlaments und des Rates vom 23. Oktober 2000 zur Schaffung eines Ordnungsrahmens für Maßnahmen der Gemeinschaft im Bereich der Wasserpolitik
https://eur-lex.europa.eu/legal-content/DE/TXT/?uri=celex%3A32000L0060

Verordnung (EG) Nr. 1907/2006 DES EUROPÄISCHEN PARLAMENTS UND DES RATES vom 18. Dezember 2006 zur Registrierung, Bewertung, Zulassung und Beschränkung chemischer Stoffe (REACH), …
https://eur-lex.europa.eu/legal-content/DE/TXT/?uri=CELEX:02006R1907-20140410

2.4 Literatur

BAnz AT 03.05.2018 B4, Bundesministerium für Umwelt, Naturschutz und nukleare Sicherheit, Bekanntmachung … vom 17. April 2018
https://www.bundesanzeiger.de/pub/de/amtliche-veroeffentlichung?1
Letzter Zugriff 06.04.2023

Bundesministerium der Justiz, Bekanntmachung des Handbuchs der Rechtsförmlichkeit vom September 2008, Rdnrn 252 ff)
http://www.bmjv.de/SharedDocs/Downloads/DE/PDF/Themenseiten/RechtssetzungBuerokratieabbau/HandbuchDerRechtsfoermlichkeit_deu.pdf?__blob=publicationFile&v=2
Letzter Zugriff 06.04.2023

BVerfG, Beschluss vom 08.08.1978 – 2 BvL 8/77,
https://lexetius.com/1978,2
Letzter Zugriff 06.04.2023

DWA-Arbeitsblatt, DWA-A 400, Mai 2018

OLG Nürnberg, Urteil vom 25.07.2002 – 13 U 979/02
https://www.iww.de/quellenmaterial/id/5523
Letzter Zugriff 06.04.2023

OVG Münster, Urteil vom 12.03.2009–20 A 1251/07
http://www.justiz.nrw.de/nrwe/ovgs/ovg_nrw/j2009/20_A_1251_07urteil20090312.html
Letzter Zugriff 06.04.2023

3 Umgang mit Anlagen

Im § 60 beschreibt das WHG wie Abwasser*anlagen* zu errichten, zu betreiben und zu unterhalten sind. Diese Aufgaben sind mit anderen die zentralen Aufgaben jedes Entwässerungsbetriebes. Im Kap. 3 werden diese Aufgaben unter dem Oberbegriff *Umgang* näher untersucht und erläutert. Was das WHG jedoch leider offen lässt, ist, was es mit dem Begriff „*Anlagen*" meint. Ohne die genaue Vorstellung, was Anlagen sind, erschließt sich auch nicht der Begriff Abwasseranlagen des WHG. Da auch andere Gesetze einen Begriff „Anlagen" verwenden, wurde zunächst untersucht, was diese Gesetze denn damit meinen.

3.1 Allgemeines

3.1.1 Definition von „Anlagen"

Anlagen sind in fast allen Gesetzen nicht eindeutig definiert, sondern nur in verschiedenen Gesetzen umschrieben (Tab. 3.1)!

Anlagevermögen Nach dem Handelsgesetzbuch (§ 266) gehören zum „*Anlage*vermögen" die Gegenstände, die bestimmt sind, dauernd dem Geschäftsbetrieb zu dienen. Anlagen sind hiernach also etwas Dauerhaftes. Solche Anlagen sind u. a. Sachanlagen wie z. B. Grundstücke, technische Anlagen und Maschinen; andere Anlagen, Betriebs- und Geschäftsausstattung oder auch Anlagen im Bau.

Nach dem Bürgerlichen Gesetzbuch (BGB § 94) gehören zu den wesentlichen Bestandteilen eines Grundstücks die mit dem Grund und Boden fest verbundenen Sachen, insbesondere Gebäude. Gebäude wiederum sind selbstständig benutzbare, überdeckte bauliche *Anlagen*, die von Menschen betreten werden können und geeignet oder bestimmt sind, dem

A. Jessen, *Kommunaler Entwässerungsbetrieb*,
https://doi.org/10.1007/978-3-658-50966-8_3

Tab. 3.1 Verschiedene Definitionen zum Thema „Anlagen“ in unterschiedlichen Gesetzen

<table>
<tr><th>Gesetze</th><th colspan="5">Verschiedene Definitionen von „Anlagen“</th></tr>
<tr><td>Handelsgesetzbuch
§ 247 Abs. 2</td><td colspan="5">Anlagevermögen sind nur die
Gegenstände, die bestimmt sind, dauernd dem Geschäftsbetrieb zu dienen</td></tr>
<tr><td>§ 266 HGB</td><td colspan="5">Anlagevermögen: u.a. Sachanlagen: u.a.
Grundstücke, technische Anlagen und Maschinen; andere Anlagen, Betriebs- und Geschäftsausstattung</td></tr>
<tr><td>Bürgerliches
Gesetzbuch (BGB)
§ 94</td><td>Zu den wesentlichen Bestandteilen eines Grundstücks gehören die mit dem Grund und Boden fest verbundenen Sachen, insbesondere Gebäude</td><td>Zu den wesentlichen Bestandteilen eines Gebäudes gehören die zur Herstellung des Gebäudes eingefügten Sachen</td><td colspan="3">(§ 90 BGB) Begriff der „Sache“:

Sachen im Sinne des Gesetzes sind nur körperliche Gegenstände</td></tr>
<tr><td>Bürgerliches
Gesetzbuch (BGB)
§ 95</td><td colspan="3">Zu den Bestandteilen eines Grundstücks gehören solche Sachen <u>nicht,</u> die nur zu einem vorübergehenden Zweck mit dem Grund und Boden verbunden sind.</td><td colspan="2">Sachen, die nur zu einem vorübergehenden Zweck in ein Gebäude eingefügt sind, gehören <u>nicht</u> zu den Bestandteilen des Gebäudes.</td></tr>
<tr><td>BImSchG
§ 3</td><td colspan="5">Anlagen im Sinne dieses Gesetzes sind:
1. Betriebsstätten und sonstige ortsfeste Einrichtungen,
2. Maschinen, Geräte und sonstige ortsveränderliche technische Einrichtungen sowie Fahrzeuge, und
3. Grundstücke, auf denen Stoffe gelagert oder abgelagert oder Arbeiten durchgeführt werden,</td></tr>
<tr><td>Verordnung über Anlagen zum Umgang mit wassergefährdenden Stoffen (AwSV)
§ 2</td><td>Anlagen zum Umgang mit wassergefährdenden Stoffen (Anlagen) sind : ... →

Anlagen können aus mehreren Anlagenteilen bestehen.</td><td>... selbständige und ortsfeste oder ortsfest benutzte Einheiten, in denen wassergefährdende Stoffe gelagert, abgefüllt, ..., behandelt oder im Bereich öffentlicher Einrichtungen verwendet werden</td><td>Als ortsfest oder ortsfest benutzt gelten Einheiten, wenn sie länger als ein halbes Jahr an einem Ort zu einem bestimmten betrieblichen Zweck betrieben werden;</td><td>Unterirdische Anlagen sind Anlagen, bei denen zumindest ein Anlagenteil unterirdisch ist;</td><td>unterirdisch sind Anlagenteile,
1.
die vollständig oder teilweise im Erdreich eingebettet sind oder
2.
die nicht vollständig einsehbar in Bauteilen, die unmittelbar mit dem Erdreich in Berührung stehen, eingebettet sind.</td></tr>
</table>

Schutz von Menschen, Tieren oder Sachen zu dienen (MBO § 2). Bauliche *Anlagen* sind mit dem Erdboden verbundene, aus Bauprodukten hergestellte Anlagen.

Nach AwSV (§ 2) können *Anlagen* aus mehreren Anlagenteilen bestehen. Als ortsfest gelten sie, wenn sie länger als ein halbes Jahr an einem Ort verbleiben.

Nach dem BImSchG sind *Anlagen* im Sinne dieses Gesetzes:

1. Betriebsstätten und sonstige ortsfeste Einrichtungen,
2. Maschinen, Geräte und sonstige ortsveränderliche technische Einrichtungen sowie Fahrzeuge, und
3. Grundstücke, auf denen Arbeiten durchgeführt werden,

Anlage
Nach der Verordnung zur Bestimmung Kritischer Infrastrukturen, § 1 sind ***Anlagen***

- Betriebsstätten und sonstige ortsfeste Einrichtungen, die für die Erbringung einer Dienstleistung (hier: Abwasserbeseitigung) notwendig sind.
- Maschinen, Geräte und sonstige ortsveränderliche Einrichtungen, die für die Erbringung dieser Dienstleistung notwendig sind.

Einer *Anlage* sind alle vorgesehenen Anlagenteile und Verfahrensschritte zuzurechnen, die zum Betrieb notwendig sind, sowie Nebeneinrichtungen, die mit den Anlagenteilen und Verfahrensschritten in einem betriebstechnischen Zusammenhang stehen und die für die Erbringung der Dienstleistung (Abwasserbeseitigung) notwendig sind.

Diese Definition erscheint hier am besten geeignet und wird im Weiteren auch auf die Abwasseranlagen angewendet.

3.1.2 Anlagen im Bereich Entwässerung

3.1.2.1 Abwasserbeseitigung und Abwasseranlagen

Abwasseranlagen sind so zu errichten, zu betreiben und zu unterhalten, dass die Anforderungen an die Abwasserbeseitigung eingehalten werden (§ 60 WHG). Der Begriff ***Abwasseranlagen*** ist im Gesetz nicht näher definiert (s. o.). Was genau das ist, wurde in einer Antwort der Bundesregierung auf eine Kleine Anfrage verschiedener Abgeordneter beantwortet (Bundestagsdrucksache 17/8259). *Der Begriff „Abwasseranlage" umfasst demnach alle* ***Einrichtungen zur Abwasserbeseitigung****, insbesondere zum Sammeln, Fortleiten, Behandeln, Einleiten, Versickern, Verregnen und Verrieseln von Abwasser sowie zum Entwässern von Klärschlamm im Zusammenhang mit der Abwasserbeseitigung.* Der Begriff umfasst damit insbesondere Abwasserleitungen (Kanalisationen) und Abwasserbehandlungsanlagen (Kläranlagen). Eine genauere Definition des Begriffs „Abwasseranlage" ist entsprechend o. g. Antwort nicht geplant, aber auch Pumpwerke, Sonderbauwerke, Schlammbehandlungsanlagen, usw. sind sicher damit gemeint.

Tab. 3.2 Private und öffentliche Abwasserbeseitigungsanlagen zwischen Grundstück und Gewässer

Private Anlagen	***Abwasserbeseitigung (...s-Anlagen)***				**Gewässer**
Grundstücksentwässerung Abwasservorbehandlung	Sammeln	Fortleiten und Versickern	Entwässern von Klärschlamm	Behandeln v. Abwasser und Einleiten →	Gewässer
Grundstück	**Öffentliches Grundstück** (Eigentum der Kommune)				
	Wege Pflanzungen	**Kanalnetz Pumpwerke, Sonderbauwerke**	**Schlammbehandlungsanlagen**	**Kläranlage**	**Einleitungen in ein Gewässer**
Klein-Kläranlage →	Transport	Beseitigung des in Kleinkläranlagen anfallenden Schlamms			
	HOAI				
	Freianlagen Verkehrsanlagen Landschaftsplanung	***Objektplanung*** Ingenieurbauwerke Gebäude und Innenräume		***Fachplanung*** Tragwerksplanung Technische Ausrüstung	

Diese Einrichtungen zur Abwasserbeseitigung können dabei sowohl aus Grundstücken mit Wegen und Pflanzungen als auch aus den baulichen Anlagen wie Hochbauten, Tiefbauten, Kanälen und Leitungen bestehen. Zu den Abwasseranlagen gehören aber auch die technischen Anlagen wie Rechen, Pumpen, Schieber, Räumerbrücken und die zugehörige technische Ausrüstung wie Maschinen-, Elektro- und Steuer-, Mess- u. Regeltechnik.

3.1.2.2 Gliederung der Anlagen im Bereich Entwässerung

In Anlehnung an die Aufteilung nach HOAI wurden die Abwasseranlagen in vier unterschiedliche Anlagen-Gruppen eingeteilt: Bauliche Anlagen, Anlagen der Technischen Ausrüstung, Anlagen der Maschinentechnik (Maschinen) sowie Verkehrs- und Freianlagen. Für die ganze Anlagengruppe oder Teile davon gelten jeweils unterschiedliche Anforderungen aus verschiedenen Rechtsgebieten (Tab. 3.3).

Gebäude und Innenräume (= *typische „Architekten-Bauwerke"*) sind *Bauliche Anlagen*. Im Bereich der Entwässerung gibt es viele verschiedenen Gebäude wie: Sozialgebäude, Gebäude für Werkstätten, Labor, Leitwarte, Meister-Arbeitsplätze, Pumpwerke, Gebäude für Maschinen wie Rechen, Zentrifugen, Schlammentwässerung, BHKW, usw. … Gebäude sind die wichtigsten Baulichen Anlagen nach der Muster-Bauordnung.

Ingenieurbauwerke (§ 41 HOAI) fallen ebenfalls unter die jeweilige Landes-Bauordnung. Ingenieurbauwerke umfassen u. a.:

- Bauwerke und Anlagen der Wasserversorgung, der Abwasserentsorgung und des Wasserbaus
- Bauwerke und Anlagen für Ver- und Entsorgung mit Gasen, Feststoffen und wassergefährdenden Flüssigkeiten sowie der Abfallentsorgung,
- konstruktive Ingenieurbauwerke für Verkehrsanlagen: Straßen, Brücken, Mauern, usw.

Tab. 3.3 Anlagen-Gruppen im Bereich Entwässerung

Anlagen-Gruppen im Bereich Entwässerung			
Bauliche Anlagen	**Anlagen der Technischen Ausrüstung**	**Anlagen der Maschinentechnik**	**Verkehrs- und Freianlagen**
Gebäude und Innenräume **Ingenieur-Bauwerke** Offene Becken Faultürme Stapelbehälter Installationsgänge Bauwerke und Anlagen für Ver- und Entsorgung mit Gasen Bauwerke und Anlagen der Wasserversorgung Bauwerke und Anlagen für Ver- und Entsorgung mit wassergefährdend-en Flüssigkeiten **Kanalanlagen** Sammeln Fortleiten Heben Einleiten Versickern Verregnen Verrieseln Behandeln	Abwasser-, Wasser- und Gasanlagen Lufttechnische Anlagen Wärmeversorgungs-anlagen Kältetechnik/Kühlung Starkstromanlagen Fernmelde- und informationstechnisch e Anlagen Förderanlagen, Aufzüge Gebäudeautomation und Automation von Ingenieurbauwerken **Verfahrenstechn. Anlagen und nutzungsspezif. Anlagen** Küchentechnische Anlagen Wäscherei - und Reinigungsgeräte/-anlagen Labortechnische Anlagen Feuerlöschgeräte/-anlagen Entsorgungsanlagen Medienversorgungsa nlagen Prozesswärme-anlagen Anlagen für Tankstellen Lagertechnische Anlagen	Grob- und Feinrechen, Siebe Räumer für Becken, Krälwerke Faulturmmischer Kammerfilter-pressen u.a. Pressen Zentrifugen Gasspeicher Gasentschwefler BHKW Drucklufterzeuger (Turbos) Oberflächen-belüfter Pumpen Schieber MID Toranlagen	**Konstruktive Ingenieurbauwerke für Verkehrsanlagen:** Straßen Parkflächen Stege und Brücken Stützbauwerke und Gelände-abstützungen **Gestaltungs-elemente der Freianlagen-planung:** Wege und befestigte Flächen Einfache Durchlässe und Uferbefestigungen Flächenhafter Erdbau zur Geländegestaltung Teiche ohne Dämme **Anlagen des Grünordnungs-plans** z.B. Bepflanzung

Anlagen der Maschinentechnik (nach HOAI)

„Bei den Anlagen der Maschinentechnik handelt es sich um Apparate ohne jegliche Anschlusstechnik, die en bloc vom Hersteller geliefert werden, z. B. um Räumer für Absetzbecken bei Kläranlagen und Wasserwerken, um die reinen Stahlbauteile bei Schleusen, um Grob- und Feinrechen, um Kammerfilterpressen, um Oberflächenbelüfter oder Gas-

entschwefler sowie um Gasspeicher von Abwasserbehandlungsanlagen" (Amtliche Begründung zu § 52 HOAI 1996/2002).

Die Anlagengruppen, die zur *Technischen Ausrüstung* gehören, sind im § 53 der HOAI festgelegt. Die *nutzungsspezifischen Anlagen* setzen sich zusammen aus unterschiedlichen nutzungsspezifischen Anlagenarten, die gegenseitig nicht als funktional gleichartig betrachtet werden.

Nach der Maschinenrichtlinie der EU sind das jedoch alles Maschinen.

Freianlagen sind planerisch gestaltete Freiflächen und Freiräume sowie entsprechend gestaltete Anlagen in Verbindung mit Bauwerken oder in Bauwerken und landschaftspflegerische Freianlagenplanungen in Verbindung mit Objekten (HOAI § 39 Abs 1).

Die konkreten Ziele, Erfordernisse und Maßnahmen des Naturschutzes und der Landschaftspflege werden auf der Grundlage der Landschaftsrahmenpläne für die Gebiete der Gemeinden in Landschaftsplänen, für Teile eines Gemeindegebiets in *Grünordnungsplänen* dargestellt (nach § 11 BNatSchG). Ein *Grünordnungsplan* setzt für den Geltungsbereich eines Bebauungsplanes oder einen Teil eines Bebauungsplanes die örtlichen Erfordernisse und Maßnahmen zur Verwirklichung der Ziele des Naturschutzes und der Landschaftspflege fest. Wenn für die Kläranlage z. B. ein Bebauungsplan existiert, sind die Festsetzungen des integrierten Grünordnungsplanes somit verbindlich.

3.2 Bauliche Anlagen (nach Musterbauordnung)

Bauliche Anlagen und das Bauen allgemein fallen in die Gesetzgebungskompetenz der Bundesländer. In den jeweiligen Landes-Bauordnungen werden alle Bau- und Umbaumaßnahmen geregelt. Die Bauordnungen enthalten u. a. auch Bestimmungen über die bautechnische Sicherheit, den Feuerschutz, notwendige Genehmigungen oder die Bauabnahme.

Die Muster-Bauordnung (MBO) stellt eine gemeinsame Grundlage für alle Bauordnungsbestimmungen der Bundesländer dar. Die Muster-Bauordnung gilt für bauliche Anlagen und Bauprodukte (vgl. https://www.bauministerkonferenz.de/verzeichnis.aspx?id=991&o=759O986O991 – Letzter Zugriff 31.03.2023).

▶ Maßgeblich ist jedoch die im jeweiligen Bundesland geltende Bauordnung! Diese kann im Detail von der Muster-Bauordnung abweichen!

Die MBO gilt u. a. *nicht* für Leitungen, die der öffentlichen Abwasserentsorgung dienen, und auch nicht für Kräne und Krananlagen (MBO § 1).

In Tab. 3.4 sind die Baulichen Anlagen entsprechend der MBO dargestellt. Die wichtigsten baulichen Anlagen sind die Gebäude.

Tab. 3.4 Bauliche und sonstige Anlagen

<table>
<tr><th>Bauliche Anlagen</th><th>Sonstige bauliche Anlagen und Einrichtungen</th><th>Grundstücke und andere Anlagen und Einrichtungen</th></tr>
<tr><td rowspan="2">mit dem Erdboden verbunden,

aus Bauprodukten hergestellt</td><td>Aufschüttungen und Abgrabungen</td><td rowspan="5">an die in der Landes-Bauordnung oder in Vorschriften aufgrund dieses Gesetzes Anforderungen gestellt werden

Andere Anlagen: haustechnische Anlagen, wie z.B. Lüftungsanlagen Blitzschutzanlagen Feuerungsanlagen

Einrichtungen: Gegenstände, die der Ausstattung von baulichen und anderen Anlagen dienen</td></tr>
<tr><td>Lagerplätze, Abstellplätze</td></tr>
<tr><td rowspan="3">Gebäude:

selbstständig benutzbar, überdeckt,

können von Menschen betreten werden
<u>und</u>
dienen dem Schutz von Menschen, Tieren oder Sachen</td><td>Stellplätze für Kraftfahrzeuge</td></tr>
<tr><td>Gerüste</td></tr>
<tr><td>Hilfseinrichtungen zur statischen Sicherung von Bauzuständen</td></tr>
</table>

3.2.1 Allgemeine Anforderungen an bauliche Anlagen

Anlagen sind so anzuordnen, zu errichten, zu ändern und instand zu halten, dass

- die öffentliche Sicherheit und Ordnung,
- insbesondere Leben, Gesundheit und
- die natürlichen Lebensgrundlagen,

nicht gefährdet werden. Auch die Sicherheit und Leichtigkeit des öffentlichen Verkehrs darf durch bauliche Anlagen oder deren Nutzung nicht gefährdet werden (MBO § 3).

Bauprodukte und Bauarten dürfen nur verwendet werden, wenn bei ihrer Verwendung die baulichen Anlagen bei ordnungsgemäßer Instandhaltung während einer dem Zweck entsprechenden angemessenen Zeitdauer die Anforderungen der Landesbauordnung erfüllen und gebrauchstauglich sind (MBO § 16b).

3.2.1.1 Technische Baubestimmungen

Die von der obersten Bauaufsichtsbehörde durch öffentliche Bekanntmachung als *Technische Baubestimmungen* eingeführten technischen Regeln sind zu beachten.

Von den Technischen Baubestimmungen kann abgewichen werden, wenn mit einer anderen Lösung in gleichem Maße die allgemeinen Anforderungen erfüllt werden (MBO § 85a).

▶ Unter https://www.bauministerkonferenz.de/verzeichnis.aspx?id=991&o=759O986O991 finden sich die „Muster-Verwaltungsvorschrift Technische Baubestimmungen" und ein „Verzeichnis der jeweils Eingeführten Technische Baubestimmungen". Dieses enthält wichtige Übersichten über die Baubestimmungen und auch die gültigen Technischen Baubestimmungen sind dort in Listen zu finden.

3.2.1.2 Gebäude

Die Gebäude werden in fünf Gebäudeklassen aufgeteilt (MBO § 2). Die erste Teilung erfolgt nach der Höhe: bis 7 m, bis 13 m und höher. Die zweite wichtige Unterteilung erfolgt über die Nutzfläche: je 400 m^2 oder größer. Mit der wachsenden Gebäudeklasse werden die Gebäude also immer höher und größer (Tab. 3.5).

Höhe ist hier das Maß der Fußbodenoberkante des höchstgelegenen Geschosses, in dem ein Aufenthaltsraum möglich ist, über der Geländeoberfläche im Mittel; und nicht – wie man denken könnte – die höchste Stelle. Die Gebäudeklassen sind nämlich die Grundlage für das Brandschutzkonzept (Höhe von Leitern) und die Anforderungen daraus.

Die MBO klärt den Begriff *unterirdisch* nicht eindeutig. Geschosse sind *oberirdische Geschosse*, wenn ihre Deckenoberkanten im Mittel mehr als 1,40 m über die Geländeoberfläche hinausragen; im Übrigen sind sie *Kellergeschosse* (MBO § 2(6)). *Oberirdische* Garagen sind Garagen, deren Fußboden im Mittel nicht mehr als 1,50 m unter oder mindestens an einer Seite in Höhe oder über der Geländeoberfläche liegt. *Unterirdische* Garagen sind Garagen, die die Voraussetzungen des Satzes 1 nicht erfüllen (Bayer. Garagen- und Stellplatzverordnung – GaStellV).

▶ **Unterirdische Anlagenteile**

Unterirdisch nach AwSV § 2 sind Anlagenteile, die vollständig oder teilweise im Erdreich eingebettet sind oder die nicht vollständig einsehbar in Bauteilen, die unmittelbar mit dem Erdreich in Berührung stehen, eingebettet sind.

Tab. 3.5 Zuordnung der Gebäude zu den 5 Gebäudeklassen

Gebäudeklassen				
1	2	3	4	5
freistehende Gebäude mit einer Höhe bis zu 7 m und nicht mehr als zwei Nutzungseinheiten von insgesamt nicht mehr als 400 m²	Gebäude mit einer Höhe bis zu 7 m und nicht mehr als zwei Nutzungseinheiten von insgesamt nicht mehr als 400 m²	sonstige Gebäude mit einer Höhe bis zu 7 m,	Gebäude mit einer Höhe bis zu 13 m und Nutzungseinheiten mit jeweils nicht mehr als 400 m²	sonstige Gebäude einschließlich unterirdischer Gebäude

3.2.1.3 Sonderbauten

Sonderbautensind Anlagen und Räume besonderer Art oder Nutzung; z. B. Hochhäuser, sehr große Gebäude oder Gebäude, in denen sich sehr viele Personen aufhalten (frei nach MBO § 2).

Sonderbauten sind u. a. auch die, die einen der nachfolgenden Tatbestände erfüllen:

- Gebäude mit Räumen, die einer Büro- oder Verwaltungsnutzung dienen und einzeln eine Grundfläche von mehr als 400 m^2 haben,
- bauliche Anlagen, deren Nutzung durch Umgang oder Lagerung von Stoffen mit Explosions- oder erhöhter Brandgefahr verbunden ist,
- Anlagen und Räume, deren Art oder Nutzung mit vergleichbaren Gefahren verbunden sind.

► Auslegungshilfen der Bauministerkonferenz: https://www.bauministerkonferenz.de/verzeichnis.aspx?id=17217&o=759O986O991O17217 (Letzter Zugriff 31.03.2023).

Nach diesen Auslegungshilfen zu den beiden letztgenannten Punkten sind z. B. *Regenbecken* keine Sonderbauten, sondern unterirdische Gebäude der Klasse 5. Faultürme oder Gasbehälter werden vermutlich Sonderbauten sein. Für die notwendige Baugenehmigung und die damit verbundenen zu erfüllenden Auflagen ist die jeweilige Einstufung in eine der beiden Gebäudeklassen entscheidend!

„Maßgebend für eine Entscheidung im konkreten Einzelfall sind stets die jeweiligen landesrechtlichen Regelungen und die dazu ergangene Rechtsprechung sowie die konkreten Umstände des Einzelfalles“ (Bauministerkonferenz, Auslegungshilfen, Fragen-Antwort-Katalog zur Musterbauordnung, s. o.).

3.2.1.4 Schutz gegen schädliche Einflüsse

Bauliche Anlagen müssen so angeordnet, beschaffen und gebrauchstauglich sein, dass durch Wasser, Feuchtigkeit, pflanzliche und tierische Schädlinge sowie andere chemische, physikalische oder biologische Einflüsse Gefahren oder unzumutbare Belästigungen nicht entstehen (MBO § 13). Die Schädlinge könnten im Bereich von Kläranlagen z. B. Ratten, Tauben oder Möwen sein; Belästigungen können z. B. durch den Geruch der Rechengebäude entstehen.

3.2.1.5 Wärme-, Schall- und Erschütterungsschutz

Gebäude müssen einen ihrer Nutzung und den klimatischen Verhältnissen entsprechenden *Wärmeschutz* haben (wichtig z. B. für Faulturm). Gebäude müssen einen ihrer Nutzung entsprechenden *Schallschutz* haben (z. B. BHKW-Gebäude). Geräusche, die von ortsfesten Einrichtungen in baulichen Anlagen oder auf Baugrundstücken ausgehen, sind so zu dämmen, dass Gefahren oder unzumutbare Belästigungen nicht entstehen.

Erschütterungen oder Schwingungen, die von ortsfesten Einrichtungen in baulichen Anlagen oder auf Baugrundstücken ausgehen, sind so zu dämmen, dass Gefahren oder unzumutbare Belästigungen nicht entstehen (MBO § 15).

▶ Geräusche, Erschütterungen oder Schwingungen gehen im Klärwerk von großen Maschinen wie z. B. Pumpen, Zentrifugen oder Verdichtern aus.

Hinweise
Die Bauministerkonferenz gibt die folgenden wichtigen Hinweise:

- Hinweise für die *Überprüfung der Standsicherheit von baulichen Anlagen* durch den Eigentümer/Verfügungsberechtigten: https://www.bauministerkonferenz.de/Dokumente/423016145.pdf
- Hinweise und Beispiele zum Vorgehen beim *Nachweis der Standsicherheit beim Bauen im Bestand*: https://www.bauministerkonferenz.de/Dokumente/42310633.pdf

Letzter Zugriff jeweils 31.03.2023.

3.2.2 Arbeitsstätten

Zur Sicherheit und zum Gesundheitsschutz der Beschäftigten beim Einrichten und Betreiben von Arbeitsstätten legt die Arbeitsstättenverordnung (ArbStättV) fest, was jeder Arbeitgeber zu beachten hat. Der Begriff der Arbeitsstätte ist dabei sehr weit gefasst. Die Regelungen haben, anders als die Bauordnung, nicht die öffentliche Sicherheit und Ordnung oder die natürlichen Lebensgrundlagen im Blick, sondern speziell das Leben und die Gesundheit der Arbeitnehmer – anstatt aller Menschen. Daher gelten Anforderungen in anderen Rechtsvorschriften, insbesondere im Bauordnungsrecht der Länder, vorrangig, soweit sie über die Anforderungen der ArbStättV hinausgehen.

3.2.2.1 Begriffsbestimmung

Arbeitsstätten sind

- (Arbeits-)Räume oder andere Orte in Gebäuden auf dem Gelände eines Betriebes,
- Orte im Freien auf dem Gelände eines Betriebes

sofern sie zur Nutzung für Arbeitsplätze vorgesehen sind.

Zur Arbeitsstätte gehören alle Orte auf dem Gelände eines Betriebes, zu denen Beschäftigte im Rahmen ihrer Arbeit Zugang haben (ArbStättV § 2).

▶ Alle Entwässerungsanlagen sind damit mehr oder weniger auch Arbeitsstätten.

Entscheidend ist also, ob ein Ort zur Nutzung als Arbeitsplatz vorgesehen ist und ob ein Beschäftigter Zugang hat. Demnach ist beispielsweise ein Elektroraum eine Arbeitsstätte für eine Elektrofachkraft, aber nicht für einen sonstigen Beschäftigten, da er dort keinen Zugang haben dürfte.

Zur Arbeitsstätte gehören insbesondere auch:

- Verkehrswege, Fluchtwege, Notausgänge, Lager-, Maschinen- und Nebenräume, Sanitärräume, Kantinen, Pausen- und Bereitschaftsräume, Erste-Hilfe-Räume, Unterkünfte sowie
- *Einrichtungen*, die dem Betreiben der Arbeitsstätte dienen, insbesondere Sicherheitsbeleuchtungen, Feuerlöscheinrichtungen, Versorgungseinrichtungen, Beleuchtungsanlagen, raumlufttechnische Anlagen, Signalanlagen, Energieverteilungsanlagen, Türen und Tore, Fahrsteige, Fahrtreppen, Laderampen und Steigleitern.(ArbStättV § 2).

Besondere Arbeitsstätten
Arbeitsplätze: Bereiche, in denen Beschäftigte im Rahmen ihrer Arbeit tätig sind.
Arbeitsräume: Räume, in denen Arbeitsplätze innerhalb von Gebäuden dauerhaft eingerichtet sind.
Bildschirmarbeitsplätze: befinden sich in Arbeitsräumen und sind mit Bildschirmgeräten und sonstigen Arbeitsmitteln ausgestattet.

3.2.2.2 Einrichten und Betreiben von Arbeitsstätten nach ArbStättV §§ 2–4

Der Arbeitgeber hat dafür zu sorgen, dass Arbeitsstätten so eingerichtet und betrieben werden, dass Gefährdungen für die Sicherheit und die Gesundheit der Beschäftigten möglichst vermieden und verbleibende Gefährdungen möglichst gering gehalten werden.

Das Einrichten ist das Bereitstellen und Ausgestalten der Arbeitsstätte und umfasst insbesondere

- bauliche Maßnahmen oder Veränderungen,
- das Ausstatten mit Maschinen, Anlagen, anderen Arbeitsmitteln und Mobiliar sowie mit Beleuchtungs-, Lüftungs-, Heizungs-, Feuerlösch- und Versorgungseinrichtungen,
- das Anlegen und Kennzeichnen von Verkehrs- und Fluchtwegen sowie das Kennzeichnen von Gefahrenstellen und brandschutztechnischen Ausrüstungen und
- das Festlegen von Arbeitsplätzen.

Betreiben von Arbeitsstätten umfasst das Benutzen, Instandhalten und Optimieren der Arbeitsstätten sowie die Organisation und Gestaltung der Arbeit einschließlich der Arbeitsabläufe in Arbeitsstätten.

Das *Instandhalten* ist die Wartung, Inspektion, Instandsetzung oder Verbesserung der Arbeitsstätten zum Erhalt des baulichen und technischen Zustandes. Der Arbeitgeber hat die Arbeitsstätte instand zu halten und dafür zu sorgen, dass festgestellte Mängel unverzüglich beseitigt werden. Können Mängel, mit denen eine *unmittelbare erhebliche Gefahr* verbunden ist, nicht sofort beseitigt werden, hat er dafür zu sorgen, dass die gefährdeten Beschäftigten ihre Tätigkeit unverzüglich einstellen.

Der Arbeitgeber hat dafür zu sorgen, dass Arbeitsstätten den hygienischen Erfordernissen entsprechend gereinigt werden. Verunreinigungen und Ablagerungen, die zu Gefährdungen führen können, sind unverzüglich zu beseitigen.

Der Arbeitgeber hat die Sicherheitseinrichtungen, insbesondere Sicherheitsbeleuchtung, Brandmelde- und Feuerlöscheinrichtungen, Signalanlagen, Notaggregate und Notschalter sowie raumlufttechnische Anlagen instand zu halten und in regelmäßigen Abständen auf ihre Funktionsfähigkeit prüfen zu lassen.

Der Arbeitgeber hat dafür zu sorgen, dass Verkehrswege, Fluchtwege und Notausgänge ständig freigehalten werden, damit sie jederzeit benutzbar sind. Der Arbeitgeber hat Vorkehrungen so zu treffen, dass die Beschäftigten bei Gefahr sich unverzüglich in Sicherheit bringen und schnell gerettet werden können. Der Arbeitgeber hat außerdem einen Flucht- und Rettungsplan aufzustellen, wenn Lage, Ausdehnung und Art der Benutzung der Arbeitsstätte dies erfordern. Der Plan ist an geeigneten Stellen in der Arbeitsstätte auszulegen oder auszuhängen. In angemessenen Zeitabständen ist entsprechend diesem Plan zu üben.

Der Arbeitgeber hat beim Einrichten und Betreiben von Arbeitsstätten Mittel und Einrichtungen zur Ersten Hilfe zur Verfügung zu stellen und regelmäßig auf ihre Vollständigkeit und Verwendungsfähigkeit prüfen zu lassen.

3.2.2.3 Die Technischen Regeln für Arbeitsstätten (ASR)

Beim Einrichten und Betreiben der Arbeitsstätten hat der Arbeitgeber den Stand der Technik, Arbeitsmedizin und Hygiene, die ergonomischen Anforderungen sowie insbesondere die vom Bundesministerium für Arbeit und Soziales bekannt gemachten Regeln und Erkenntnisse zu berücksichtigen. Bei Einhaltung der bekannt gemachten Regeln ist davon auszugehen, dass die in dieser Verordnung gestellten Anforderungen diesbezüglich erfüllt sind (ArbStättV § 3a).

Bei den Arbeitsstätten sind dies insbesondere die Technischen Regeln für Arbeitsstätten (ASR). Diese konkretisieren die Anforderungen der Arbeitsstättenverordnung (ArbStättV). Die bisher veröffentlichten ASR können bei der Bundesanstalt für Arbeitsschutz und Arbeitsmedizin (BAuA) angesehen und herunterladen werden (https://www.baua.de/DE/Angebote/Rechtstexte-und-Technische-Regeln/Regelwerk/ASR/ASR.html – Letzter Zugriff 31.03.2023).

Zwei allgemeine ASR sind die folgenden:

- ASR V3: Gefährdungsbeurteilung
- ASR V3a.2: Barrierefreie Gestaltung von Arbeitsstätten

Wendet der Arbeitgeber diese Regeln *nicht* an, so muss er durch andere Maßnahmen die gleiche Sicherheit und den gleichen Schutz der Gesundheit der Beschäftigten erreichen (ArbStättV § 3a).

3.2.2.4 Sicherheits- und Gesundheitsschutzkennzeichnung

Sicherheits- und Gesundheitsschutzkennzeichnungen sind einzusetzen, wenn Gefährdungen der Sicherheit und Gesundheit der Beschäftigten nicht durch technische oder organisatorische Maßnahmen vermieden oder ausreichend begrenzt werden können (Ergebnis der

Gefährdungsbeurteilung). Die Kennzeichnung ist je nach der Art der Gefährdung dauerhaft oder vorübergehend auszuführen (ArbStättV Anhang, Nr 1.3).

3.2.3 Arbeitsbedingungen (ArbStättV Anhang)

3.2.3.1 Ausstattung

Jedem Beschäftigten muss mindestens eine Kleiderablage zur Verfügung stehen, sofern keine Umkleideräume vorhanden sind. Kann die Arbeit ganz oder teilweise sitzend verrichtet werden oder lässt es der Arbeitsablauf zu, sich zeitweise zu setzen, sind den Beschäftigten am Arbeitsplatz Sitzgelegenheiten zur Verfügung zu stellen. Können aus betriebstechnischen Gründen keine Sitzgelegenheiten unmittelbar am Arbeitsplatz aufgestellt werden, obwohl es der Arbeitsablauf zulässt, sich zeitweise zu setzen, müssen den Beschäftigten in der Nähe der Arbeitsplätze Sitzgelegenheiten bereitgestellt werden.

3.2.3.2 Beleuchtung/Sicherheitsbeleuchtung

In Arbeitsräumen muss die Stärke des Tageslichteinfalls am Arbeitsplatz je nach Art der Tätigkeit reguliert werden können. Arbeitsstätten, in denen bei Ausfall der Allgemeinbeleuchtung die Sicherheit der Beschäftigten gefährdet werden kann, müssen eine ausreichende Sicherheitsbeleuchtung haben.

3.2.3.3 Raumtemperatur

Fenster, Oberlichter und Glaswände müssen unter Berücksichtigung der Arbeitsverfahren und der Art der Arbeitsstätte eine Abschirmung gegen übermäßige Sonneneinstrahlung ermöglichen.

3.2.3.4 Lüftung

Werden raumlufttechnische Anlagen verwendet, ist sicherzustellen, dass die Beschäftigten keinem störenden Luftzug ausgesetzt sind. Ablagerungen und Verunreinigungen in raumlufttechnischen Anlagen, die zu einer unmittelbaren Gesundheitsgefährdung durch die Raumluft führen können, müssen umgehend beseitigt werden.

3.2.3.5 Besondere Gefährdungen (ArbStättV Anhang)

Bei Arbeiten, aus denen sich im besonderen Maße Gefährdungen für die Beschäftigten ergeben können, müssen geeignete Sicherheitsvorkehrungen getroffen werden. Dies gilt insbesondere für Abbrucharbeiten sowie Montage- oder Demontagearbeiten.

Zur Erfüllung der o. g. Sicherheitsvorkehrungen sind Schutzmaßnahmen erforderlich:

- bei Arbeiten an erhöhten oder tiefer gelegenen Standorten sind Standsicherheit und Stabilität der Arbeitsplätze und ihrer Zugänge auf geeignete Weise zu gewährleisten und zu überprüfen, insbesondere nach einer Veränderung der Höhe oder Tiefe des Arbeitsplatzes,
- bei Aushubarbeiten, Brunnenbauarbeiten, unterirdischen oder Tunnelarbeiten sind die Erd- oder Felswände so abzuböschen, zu verbauen oder anderweitig so zu sichern, dass sie während der einzelnen Bauzustände standsicher sind; vor Beginn von Erdarbeiten sind

geeignete Maßnahmen durchzuführen, um die Gefährdung durch unterirdisch verlegte Kabel und andere Versorgungsleitungen festzustellen und auf ein Mindestmaß zu verringern,
- bei Arbeiten, bei denen Sauerstoffmangel auftreten kann, sind geeignete Maßnahmen zu treffen, um einer Gefahr vorzubeugen und eine wirksame und sofortige Hilfeleistung zu ermöglichen; Einzelarbeitsplätze in Bereichen, in denen erhöhte Gefährdung durch Sauerstoffmangel besteht, sind nur zulässig, wenn diese ständig von außen überwacht werden und alle geeigneten Vorkehrungen getroffen sind, um eine wirksame und sofortige Hilfeleistung zu ermöglichen,
- beim Auf-, Um- sowie Abbau von Spundwänden und Senkkästen angemessene Vorrichtungen vorzusehen, damit sich die Beschäftigten beim Eindringen von Wasser und Material retten können.

Technische Regeln für Arbeitsstätten (ASR)
https://www.baua.de/DE/Angebote/Rechtstexte-und-Technische-Regeln/Regelwerk/ASR/ASR.html (Letzter Zugriff 31.03.2023)

ASR A 1.2	Raumabmessungen und Bewegungsflächen
ASR A 1.3	Sicherheits- und Gesundheitsschutzkennzeichnung
ASR A 3.4	Beleuchtung
ASR A 3.4/7	Sicherheitsbeleuchtung, optische Sicherheitsleitsysteme
ASR A 3.5	Raumtemperatur
ASR A 3.6	Lüftung
ASR A 3.7	Lärm

Aufgelistet sind nur einige der Regeln, nicht alle!

3.2.4 Teile von Gebäuden

3.2.4.1 Aufenthaltsräume

Aufenthaltsräume sind Räume, die zum nicht nur vorübergehenden Aufenthalt von Menschen bestimmt (oder *geeignet*) sind (MBO § 2). Solche dafür bestimmten Räume sind z. B. Arbeitsräume, Büroräume, Kantinen oder Werkstätten.

Keine Aufenthaltsräume dagegen sind z. B. Heizungsräume, Lagerräume, Maschinenräume, Flure und Gänge, Räume für Heizungs-, Lüftungs-, und Beleuchtungseinrichtungen (also z. B. auch Installationsgänge).

Die „*Eignung*" (s. o.) bezieht sich auf die mögliche Nutzung von Räumen wie z. B. ein Raum im Dachgeschoss. Auch sind die letztgenannten Räume meist wegen der Anforderungen an solche nicht als Aufenthaltsraum geeignet, s. u. Aufenthaltsräume müssen nämlich eine lichte Raumhöhe von mindestens 2,40 m haben (nicht Aufenthaltsräume im Dachraum). Aufenthaltsräume müssen zusätzlich ausreichend belüftet und mit Tageslicht belichtet werden können. Sie müssen Fenster mit einem Rohbaumaß der Fensteröffnungen von mindestens 1/8 der Netto-Grundfläche des Raumes haben (MBO § 47).

3.2.4.2 Sanitärräume

Waschräume sind mit einer ausreichenden Anzahl geeigneter Duschen zur Verfügung zu stellen, wenn es die Art der Tätigkeit oder gesundheitliche Gründe erfordern.

Kleiderschränke für Arbeitskleidung und Schutzkleidung sind von Kleiderschränken für persönliche Kleidung und Gegenstände zu trennen, wenn die Umstände dies erfordern. Wasch- und Umkleideräume, die voneinander räumlich getrennt sind, müssen untereinander leicht erreichbar sein (ArbStättV Anhang Nr. 4).

3.2.4.3 Pausen- und Bereitschaftsräume

Bei mehr als zehn Beschäftigten oder wenn die Sicherheit und der Schutz der Gesundheit es erfordern, ist den Beschäftigten ein Pausenraum oder ein entsprechender Pausenbereich zur Verfügung zu stellen. Dies gilt nicht, wenn die Beschäftigten in Büroräumen oder vergleichbaren Arbeitsräumen beschäftigt sind (ArbStättV Anhang, Nr. 4.2).

3.2.4.4 Erste-Hilfe-Räume

Erste-Hilfe-Räume müssen an ihren Zugängen als solche gekennzeichnet und für Personen mit Rettungstransportmitteln leicht zugänglich sein. Sie sind mit den erforderlichen Mitteln und Einrichtungen zur Ersten Hilfe auszustatten. An einer deutlich gekennzeichneten Stelle müssen Anschrift und Telefonnummer der örtlichen Rettungsdienste angegeben sein. Darüber hinaus sind überall dort, wo es die Arbeitsbedingungen erfordern, Mittel und Einrichtungen zur Ersten Hilfe aufzubewahren. Sie müssen leicht zugänglich und einsatzbereit sein. Die Aufbewahrungsstellen müssen als solche gekennzeichnet und gut erreichbar sein (ArbStättV Anhang, Nr. 4.3).

3.2.4.5 Elektrische Betriebsräume

Für die Aufstellung von

- Transformatoren und Schaltanlagen für Nennspannungen über 1 kV,
- ortsfesten Stromerzeugungsaggregaten für bauordnungsrechtlich vorgeschriebene sicherheitstechnische Anlagen und Einrichtungen und
- zentralen Batterieanlagen für bauordnungsrechtlich vorgeschriebene sicherheitstechnische Anlagen und Einrichtungen

in Gebäuden gelten besondere Anforderungen.

Innerhalb von Gebäuden müssen diese elektrischen Anlagen in jeweils eigenen elektrischen Betriebsräumen untergebracht sein. Solche Betriebsräume für elektrische Anlagen (elektrische Betriebsräume) sind Räume, die ausschließlich zur Unterbringung von den o. g. Einrichtungen dienen. Ein *elektrischer Betriebsraum* ist i. d. R. nicht erforderlich für die elektrischen Anlagen in freistehenden Gebäuden und in durch Brandwände abgetrennten Gebäudeteilen, wenn diese nur die o. g. elektrischen Anlagen enthalten.

Die besonderen Anforderungen an elektrische Betriebsräume müssen der im jeweiligen Bundesland geltenden Verordnung über den Bau von Betriebsräumen für elektrische Anlagen (EltBauVO) entnommen werden.

Technische Regeln für diese Arbeitsstätten (ASR)
ASR A 4.1: Sanitärräume
ASR A 4.2: Pausen- und Bereitschaftsräume
ASR A 4.3: Erste-Hilfe-Räume, Mittel und Einrichtungen zur Ersten Hilfe
ASR A 4.4: Unterkünfte

3.2.4.6 Fußböden, Wände, Decken (ArbStättV Anhang, Nr. 1.5)

Alle Arbeitsräume sowie die Sanitär-, Pausen- und Bereitschaftsräume, Kantinen, Erste-Hilfe-Räume und Unterkünfte müssen unter Berücksichtigung der Art des Betriebes und der physischen Belastungen eine angemessene Dämmung gegen Wärme und Kälte sowie eine ausreichende Isolierung gegen Feuchtigkeit aufweisen.

Die Oberflächen der Fußböden, Wände und Decken der Räume müssen so gestaltet sein, dass sie den Erfordernissen des sicheren Betreibens entsprechen sowie leicht und sicher zu reinigen sind. Die Fußböden der Räume dürfen keine Unebenheiten, Löcher, Stolperstellen oder gefährlichen Schrägen aufweisen. Sie müssen gegen Verrutschen gesichert, tragfähig, trittsicher und rutschhemmend sein.

Durchsichtige oder lichtdurchlässige Wände, insbesondere Ganzglaswände in Arbeitsräumen oder im Bereich von Verkehrswegen, müssen deutlich gekennzeichnet sein. Sie müssen entweder aus bruchsicherem Werkstoff bestehen oder so gegen die Arbeitsplätze in Arbeitsräumen oder die Verkehrswege abgeschirmt sein, dass die Beschäftigten nicht mit den Wänden in Berührung kommen und beim Zersplittern der Wände nicht verletzt werden können.

3.2.4.7 Türen, Tore (ArbStättV Anhang, Nr. 1.7)

Durchsichtige Türen müssen in Augenhöhe gekennzeichnet sein. Pendeltüren und -tore müssen durchsichtig sein oder ein Sichtfenster haben. gesichert sein. In unmittelbarer Nähe von Toren, die vorwiegend für den Fahrzeugverkehr bestimmt sind, müssen gut sichtbar gekennzeichnete, stets zugängliche Türen für Fußgänger vorhanden sein. Diese Türen sind nicht erforderlich, wenn der Durchgang durch die Tore für Fußgänger gefahrlos möglich ist.

Kraftbetätigte Türen und Tore müssen sicher benutzbar sein. Dazu gehört, dass sie

- ohne Gefährdung der Beschäftigten bewegt werden oder zum Stillstand kommen können,
- mit selbsttätig wirkenden Sicherungen ausgestattet sind,
- auch von Hand zu öffnen sind, sofern sie sich bei Stromausfall nicht automatisch öffnen.

Technische Regeln für diese Arbeitsstätten (ASR)

ASR A 1.5/1.2:	Fußböden
ASR A 1.6:	Fenster, Oberlichter, lichtdurchlässige Wände
ASR A 1.7:	Türen und Tore
ASR A 1.8:	Verkehrswege

3.2.5 Maßnahmen zum Schutz vor besonderen Gefahren

3.2.5.1 Baulicher Brandschutz (Richtlinie 89/106/EWG, Anh. 1)

Jedes Bauwerk muss derart entworfen und ausgeführt sein, dass bei einem Brand

- die Tragfähigkeit des Bauwerks während eines bestimmten Zeitraums erhalten bleibt;
- die Entstehung und Ausbreitung von Feuer und Rauch innerhalb des Bauwerks begrenzt wird;
- die Ausbreitung von Feuer auf benachbarte Bauwerke begrenzt wird;
- die Bewohner das Bauwerk unverletzt verlassen oder durch andere Maßnahmen gerettet werden können;

die Sicherheit der Rettungsmannschaften berücksichtigt ist.

3.2.5.2 Maßnahmen gegen Brände

Der Entstehung eines Brandes und der Ausbreitung von Feuer und Rauch (Brand- u. Rauchausbreitung) muss vorgebeugt werden und bei einem Brand müssen die Rettung von Menschen sowie wirksame Löscharbeiten möglich sein (MBO § 14). Aufgrund dieser Schutzziele stellt die jeweilige Bauordnung der Länder Anforderungen an die Anzahl und die Beschaffenheit der Wege aus einem Gebäude ins Freie, eben die Rettungswege.

Arbeitsstätten müssen je nach Abmessung und Nutzung, nach der Brandgefährdung vorhandener Einrichtungen und Materialien und nach der größtmöglichen Anzahl anwesender Personen mit einer ausreichenden Anzahl geeigneter Feuerlöscheinrichtungen und erforderlichenfalls Brandmeldern und Alarmanlagen ausgestattet sein. Nicht selbsttätige Feuerlöscheinrichtungen müssen als solche dauerhaft gekennzeichnet, leicht zu erreichen und zu handhaben sein.

Selbsttätig wirkende Feuerlöscheinrichtungen müssen mit Warneinrichtungen ausgerüstet sein, wenn bei ihrem Einsatz Gefahren für die Beschäftigten auftreten können (ArbStättV Anhang, Nr. 2.2).

3.2.5.3 Rettungs-/Fluchtwege und Notausgänge

Im Bauordnungsrecht werden nur die bauliche und die technische Beschaffenheit eines Gebäudes geregelt. Die Rettung von Personen und wirksame Löschmaßnahmen müssen möglich sein und so die Aufgaben der Feuerwehr erleichtert werden.

Ein Rettungsweg ist der notwendige Zugang, der für die Brandbekämpfung, Rettung oder Verletztenbergung freigehalten werden muss. Der Rettungsweg ist so auch *Fluchtweg* für die betroffenen Personen, die vor einer Gefahr (z. B. Brand, Rauch) in einer baulichen Anlage entkommen müssen: Von jeder Stelle eines Aufenthaltsraumes sowie eines Kellergeschosses muss mindestens ein Ausgang in einen notwendigen Treppenraum oder ins Freie in höchstens 35 m Entfernung erreichbar sein.

Der Arbeitgeber hat dafür zu sorgen, dass Verkehrswege, Fluchtwege und Notausgänge ständig freigehalten werden, damit sie jederzeit benutzbar sind. Der Arbeitgeber hat Vorkehrungen so zu treffen, dass die Beschäftigten bei Gefahr sich unverzüglich in Sicherheit bringen und schnell gerettet werden können. Der Arbeitgeber hat einen Flucht- und Rettungsplan aufzustellen, wenn Lage, Ausdehnung und Art der Benutzung der Arbeitsstätte dies erfordern. Der Plan ist an geeigneten Stellen in der Arbeitsstätte auszulegen oder auszuhängen. In angemessenen Zeitabständen ist entsprechend diesem Plan zu üben (ArbStättV § 4 Abs 4).

Fluchtwege und Notausgänge müssen

- sich in Anzahl, Anordnung und Abmessung nach der Nutzung, der Einrichtung und den Abmessungen der Arbeitsstätte sowie nach der höchstmöglichen Anzahl der dort anwesenden Personen richten,
- auf möglichst kurzem Weg ins Freie oder, falls dies nicht möglich ist, in einen gesicherten Bereich führen,
- in angemessener Form und dauerhaft gekennzeichnet sein.

Sie sind mit einer Sicherheitsbeleuchtung auszurüsten, wenn das gefahrlose Verlassen der Arbeitsstätte für die Beschäftigten, insbesondere bei Ausfall der allgemeinen Beleuchtung, nicht gewährleistet ist.

Türen im Verlauf von Fluchtwegen oder Türen von Notausgängen müssen

- sich von innen ohne besondere Hilfsmittel jederzeit leicht öffnen lassen, solange sich Beschäftigte in der Arbeitsstätte befinden,
- in angemessener Form und dauerhaft gekennzeichnet sein.

Türen von Notausgängen müssen sich nach außen öffnen lassen. In Notausgängen, die ausschließlich für den Notfall konzipiert und ausschließlich im Notfall benutzt werden, sind Karussell- und Schiebetüren nicht zulässig (ArbStättV Anhang, Nr. 2.3).

Die Bauordnungen der Länder stellen im Detail verschiedene Anforderungen an die Anzahl und die Beschaffenheit der Rettungswege aus einem Gebäude ins Freie (erster und zweiter Rettungsweg).

3.2.5.4 Treppen, Ausgänge, Bauteile

Darüber hinaus sind weitere Anforderungen an Notwendige Flure, Treppen, Notwendige Treppenräume, Fenster Türen oder sonstige Ausgangsmöglichkeiten gestellt. Auch wichtige Bauteile – wie Wände, Stützen, Decken oder Dächer –, die entweder Teil eines Rettungswegs sein können oder die Standfestigkeit des Gebäudes beeinflussen, müssen bestimmte Anforderungen an Feuerbeständigkeit oder Feuerhemmung erfüllen.

► Die jeweiligen baulichen Anforderungen für jedes spezielle Gebäude müssen der jeweiligen Landesbauordnung entnommen werden.

Technische Regeln für diese Arbeitsstätten
Details zu Arbeitsstätten – unabhängig vom Bundesland:

- ASR A 2.2: Maßnahmen gegen Brände dort *„Nr. 4 Eignung von Feuerlöschern und Löschmitteln"*
- ASR A 2.3: Fluchtwege und Notausgänge, Flucht- und Rettungsplan (https://www.baua.de/DE/Angebote/Rechtstexte-und-Technische-Regeln/Regelwerk/ASR/pdf/ASR-A2-3.pdf?__blob=publicationFile&v=4, Letzter Zugriff 31.03.2023)

3.2.6 Absturzsicherung durch Umwehrungen (= Brüstung oder Geländer)

3.2.6.1 Schutz vor Absturz und herabfallenden Gegenständen

Arbeitsplätze und Verkehrswege, bei denen eine Absturzgefahr für Beschäftigte oder die Gefahr des Herabfallens von Gegenständen besteht, müssen mit Schutzvorrichtungen versehen sein, die verhindern, dass Beschäftigte abstürzen oder durch herabfallende Gegenstände verletzt werden können.

Sind aufgrund der Eigenart des Arbeitsplatzes oder der durchzuführenden Arbeiten Schutzvorrichtungen gegen Absturz nicht geeignet, muss der Arbeitgeber die Sicherheit der Beschäftigten durch andere wirksame Maßnahmen gewährleisten. Eine Absturzgefahr besteht bei einer Absturzhöhe von mehr als 1 Meter (ArbStättV Anhang Nr. 2).

3.2.6.2 Orte für Umwehrungen (MBO § 38)

In, an und auf baulichen Anlagen sind zu umwehren oder mit Brüstungen zu versehen:

1. Flächen, die im Allgemeinen zum Begehen bestimmt sind und unmittelbar an mehr als 1 m tiefer liegende Flächen angrenzen; dies gilt nicht, wenn die Umwehrung dem Zweck der Flächen widerspricht,
2. Nicht begehbare Oberlichte und Glasabdeckungen in Flächen, die im Allgemeinen zum Begehen bestimmt sind, wenn sie weniger als 0,50 m aus diesen Flächen herausragen,
3. Dächer oder Dachteile, die zum auch nur zeitweiligen Aufenthalt von Menschen bestimmt sind,
4. Öffnungen in begehbaren Decken sowie in Dächern oder Dachteilen nach Nummer 3, wenn sie nicht sicher abgedeckt sind,
5. nicht begehbare Glasflächen in Decken sowie in Dächern oder Dachteilen nach Nummer 3,

6. die freien Seiten von Treppenläufen, Treppenabsätzen und Treppenöffnungen (Treppenaugen),
7. Kellerlichtschächte und Betriebsschächte, die an Verkehrsflächen liegen, wenn sie nicht verkehrssicher abgedeckt sind.

In Verkehrsflächen liegende Kellerlichtschächte und Betriebsschächte sind in Höhe der Verkehrsfläche verkehrssicher abzudecken. An und in Verkehrsflächen liegende Abdeckungen müssen gegen unbefugtes Abheben gesichert sein. Fenster, die unmittelbar an Treppen liegen und deren Brüstungen unter der notwendigen Umwehrungshöhe liegen, sind zu sichern.

3.2.6.3 Umwehrungshöhen (MBO § 38)

Fensterbrüstungen von Flächen

- mit einer Absturzhöhe bis zu 12 m müssen mindestens **0,80 m**,
- mit mehr als 12 m Absturzhöhe mindestens **0,90 m** hoch sein.

Geringere Brüstungshöhen sind zulässig, wenn durch andere Vorrichtungen wie Geländer die nach Absatz 4 vorgeschriebenen Mindesthöhen eingehalten werden.

Andere notwendige Umwehrungen müssen folgende Mindesthöhen haben:

1. Umwehrungen zur Sicherung von Öffnungen in begehbaren Decken und Dächern sowie Umwehrungen von Flächen mit einer Absturzhöhe von 1 m bis zu 12 m: **0,90 m**,
2. Umwehrungen von Flächen mit mehr als 12 m Absturzhöhe: **1,10 m**

3.2.6.4 Betreten von Gefahrenbereichen (ArbStättV Anhang Nr. 2)

Arbeitsplätze und Verkehrswege, die an Gefahrenbereiche grenzen, müssen mit Schutzvorrichtungen versehen sein, die verhindern, dass Beschäftigte in die Gefahrenbereiche gelangen. Solche Arbeitsplätze und Verkehrswege müssen gegen unbefugtes Betreten gesichert und gut sichtbar als Gefahrenbereiche gekennzeichnet sein. Zum Schutz derjenigen, die diese Bereiche betreten müssen, sind geeignete Maßnahmen zu treffen.

3.2.7 Arbeiten auf hoch gelegenen Arbeitsplätzen (BetrSichV Anhang Nr. 3)

3.2.7.1 Allgemeine Mindestanforderungen

Diese Anforderungen gelten bei zeitweiligen Arbeiten an hoch gelegenen Arbeitsplätzen unter Verwendung von

- Gerüsten einschließlich deren Auf-, Um- und Abbau,
- Leitern sowie
- von Zugangs- und Positionierungsverfahren unter der Zuhilfenahme von Seilen.

Können zeitweilige Arbeiten an hoch gelegenen Arbeitsplätzen nicht auf sichere Weise und unter angemessenen ergonomischen Bedingungen von einer geeigneten Standfläche aus durchgeführt werden, sind Maßnahmen zu treffen, mit denen die Gefährdung der Beschäftigten so gering wie möglich gehalten wird.

Bei der *Auswahl der Zugangsmittel* zu hoch gelegenen Arbeitsplätzen, an denen zeitweilige Arbeiten ausgeführt werden, sind der zu überwindende Höhenunterschied sowie Art, Dauer und Häufigkeit der Verwendung zu berücksichtigen. Arbeitsstelzen sind grundsätzlich nicht als geeignete Arbeitsmittel anzusehen. Die ausgewählten Zugangsmittel müssen auch die Flucht bei drohender Gefahr ermöglichen. Beim Zugang zum hoch gelegenen Arbeitsplatz sowie beim Abgang von diesem dürfen keine zusätzlichen Absturzgefährdungen entstehen.

Alle Einrichtungen, die als zeitweilige hoch gelegene Arbeitsplätze oder als Zugänge hierzu dienen, müssen insbesondere so beschaffen, bemessen, aufgestellt, unterstützt, ausgesteift und verankert sein, dass sie die bei der vorgesehenen Verwendung anfallenden *Lasten aufnehmen* und ableiten können. Die Einrichtungen dürfen nicht überlastet werden und müssen auch während der einzelnen Bauzustände und der gesamten Nutzungszeit standsicher sein.

Die *Verwendung von Leitern* als hoch gelegene Arbeitsplätze und von Zugangs- und Positionierungsverfahren unter Zuhilfenahme von *Seilen* ist nur in solchen Fällen zulässig, in denen

- wegen der geringen Gefährdung und wegen der geringen Dauer der Verwendung die Verwendung anderer, sichererer Arbeitsmittel nicht verhältnismäßig ist und
- die Gefährdungsbeurteilung ergibt, dass die Arbeiten sicher durchgeführt werden können.

An Arbeitsmitteln mit Absturzgefährdung sind *Absturzsicherungen* vorzusehen. Diese Vorrichtungen müssen so gestaltet und so beschaffen sein, dass Abstürze verhindert und Verletzungen der Beschäftigten so weit wie möglich vermieden werden. Feste Absturzsicherungen dürfen nur an Zugängen zu Leitern oder Treppen unterbrochen werden. Lassen sich im Einzelfall feste Absturzsicherungen nicht verwenden, müssen stattdessen andere Einrichtungen zum Auffangen abstürzender Beschäftigter vorhanden sein (zum Beispiel Auffangnetze). Individuelle Absturzsicherungen für die Beschäftigten sind nur ausnahmsweise im begründeten Einzelfall zulässig.

Kann eine Tätigkeit nur ausgeführt werden, wenn eine *feste Absturzsicherung vorübergehend entfernt* wird, so müssen wirksame Ersatzmaßnahmen für die Sicherheit der Beschäftigten getroffen werden. Die Tätigkeit darf erst ausgeführt werden, wenn diese Maßnahmen umgesetzt worden sind. Ist die Tätigkeit vorübergehend oder endgültig abgeschlossen, müssen die festen Absturzsicherungen unverzüglich wieder angebracht werden.

Zeitweilige Arbeiten an hoch gelegenen Arbeitsplätzen dürfen im Freien unter Verwendung von Gerüsten einschließlich deren Auf-, Um- und Abbau sowie von Leitern und von Zugangs- und Positionierungsverfahren unter der Zuhilfenahme von Seilen nur dann ausgeführt werden, wenn die *Witterungsverhältnisse* die Sicherheit und die Gesundheit der Beschäftigten nicht beeinträchtigen. Insbesondere dürfen die Arbeiten nicht begonnen oder fortgesetzt werden, wenn witterungsbedingt, insbesondere durch starken oder böigen Wind, Vereisung oder Schneeglätte, die Möglichkeit besteht, dass Beschäftigte abstürzen oder durch herabfallende oder umfallende Teile verletzt werden (BetrSichV Anhang Nr. 3).

3.2.7.2 Verwendung von Gerüsten (BetrSichV, Anhang 1, Nr 3)

Beim *Auf- und Abbau von Gerüsten* sind auf der Grundlage der Gefährdungsbeurteilung geeignete Schutzmaßnahmen zu treffen, durch welche die Sicherheit der Beschäftigten stets gewährleistet ist. Kann das gewählte Gerüst nicht nach einer allgemein anerkannten Regelausführung errichtet werden, ist für das Gerüst oder einzelne Bereiche davon eine gesonderte Festigkeits- und Standfestigkeitsberechnung vorzunehmen.

Der für die Gerüstbauarbeiten verantwortliche Arbeitgeber oder eine von ihm bestimmte fachkundige Person hat je nach Komplexität des gewählten Gerüsts einen Plan für Aufbau, Verwendung und Abbau zu erstellen. Dabei kann es sich um eine allgemeine Aufbau- und Verwendungsanleitung handeln, die durch Detailangaben für das jeweilige Gerüst ergänzt wird. Die Standsicherheit des Gerüsts muss sichergestellt sein. Der Arbeitgeber hat dafür zu sorgen, dass Gerüste, die freistehend nicht standsicher sind, vor der Verwendung verankert werden. Die Ständer eines Gerüsts sind vor der Möglichkeit des Verrutschens zu schützen, indem sie an der Auflagefläche durch eine Gleitschutzvorrichtung oder durch ein anderes, gleich geeignetes Mittel fixiert werden. Die belastete Fläche muss eine ausreichende Tragfähigkeit haben. Ein unbeabsichtigtes Fortbewegen von fahrbaren Gerüsten während der Arbeiten an hoch gelegenen Arbeitsplätzen muss durch geeignete Vorrichtungen verhindert werden. Während des Aufenthalts von Beschäftigten auf einem fahrbaren Gerüst darf dieses nicht vom Standort fortbewegt werden.

Die Abmessungen, die Form und die Anordnung der Lauf- und Arbeitsflächen auf Gerüsten müssen für die auszuführende Tätigkeit geeignet sein. Sie müssen an die zu erwartende Beanspruchung angepasst sein und ein gefahrloses Begehen erlauben. Sie sind dicht aneinander und so zu verlegen, dass sie bei normaler Verwendung nicht wippen und nicht verrutschen können. Zwischen den einzelnen Gerüstflächen und dem Seitenschutz darf kein Zwischenraum vorhanden sein, der zu Gefährdungen von Beschäftigten führen kann.

Sind bestimmte Teile eines Gerüsts nicht verwendbar, insbesondere während des Auf-, Ab- oder Umbaus, sind diese Teile mit dem Verbotszeichen „Zutritt verboten“ zu kennzeichnen und durch Absperrungen, die den Zugang zu diesen Teilen verhindern, angemessen abzugrenzen.

Der Arbeitgeber hat dafür zu sorgen, dass Gerüste nur unter der Aufsicht einer fachkundigen Person und nach Unterweisung von fachlich hierfür geeigneten Beschäftigten auf-, ab- oder umgebaut werden. Die Unterweisung hat sich insbesondere zu erstrecken auf Informationen über

- den Plan für den Auf-, Ab- oder Umbau des betreffenden Gerüsts,
- den sicheren Auf-, Ab- oder Umbau des betreffenden Gerüsts,
- vorbeugende Maßnahmen gegen Gefährdungen von Beschäftigten durch Absturz oder des Herabfallens von Gegenständen,
- Sicherheitsvorkehrungen für den Fall, dass sich die Witterungsverhältnisse so verändern, dass die Sicherheit und Gesundheit der betroffenen Beschäftigten beeinträchtigt werden können,
- zulässige Belastungen,
- alle anderen, möglicherweise mit dem Auf-, Ab- oder Umbau verbundenen Gefährdungen.

Der fachkundigen Person, die die Gerüstarbeiten beaufsichtigt, und den betroffenen Beschäftigten muss der vorgesehene Plan mit allen darin enthaltenen Anweisungen vor Beginn der Tätigkeit vorliegen (BetrSichV, Anhang 1, Nr 3).

3.2.7.3 Verwendung von Leitern (BetrSichV Anhang Nr. 3)

Der Arbeitgeber darf Beschäftigten nur solche Leitern zur Verfügung stellen, die nach ihrer Bauart für die jeweils auszuführende Tätigkeit geeignet sind.

Leitern müssen während der Verwendung standsicher und sicher begehbar aufgestellt sein. Leitern müssen zusätzlich gegen Umstürzen gesichert werden, wenn die Art der auszuführenden Tätigkeit dies erfordert. Tragbare Leitern müssen so auf einem tragfähigen, unbeweglichen und ausreichend dimensionierten Untergrund stehen, dass die Stufen in horizontaler Stellung bleiben. Hängeleitern sind gegen unbeabsichtigtes Aushängen zu sichern. Sie müssen sicher und mit Ausnahme von Strickleitern so befestigt sein, dass sie nicht verrutschen oder in eine Pendelbewegung geraten können. Das Verrutschen der Leiterfüße von tragbaren Leitern ist während der Verwendung dieser Leitern entweder durch Fixierung des oberen oder unteren Teils der Holme, durch eine Gleitschutzvorrichtung oder durch eine andere, gleich geeignete Maßnahme zu verhindern. Leitern, die als Aufstieg verwendet werden, müssen so beschaffen sein, dass sie weit genug über die Austrittsstelle hinausragen, sofern nicht andere Vorrichtungen ein sicheres Festhalten erlauben. Aus mehreren Teilen bestehende Steckleitern oder Schiebeleitern sind so zu verwenden, dass die Leiterteile unbeweglich miteinander verbunden bleiben. Fahrbare Leitern sind vor ihrer Verwendung so zu arretieren, dass sie nicht wegrollen können. *Leitern* sind so zu verwenden, dass die Beschäftigten jederzeit sicher stehen und sich sicher festhalten können. Muss auf einer Leiter eine Last getragen werden, darf dies ein sicheres Festhalten nicht verhindern (BetrSichV Anhang Nr. 3).

3.2.7.4 Zugangs- und Positionierungsverfahren unter Zuhilfenahme von Seilen

(z. B. Abseilen an hohen Wänden oder in tiefe Stellen) (BetrSichV Anhang Nr. 3).

Bei der Verwendung eines Zugangs- und Positionierungsverfahrens unter Zuhilfenahme von Seilen müssen folgende Bedingungen erfüllt sein:

- Das System muss aus mindestens zwei getrennt voneinander befestigten Seilen bestehen, wobei eines als Zugangs-, Absenk- und Haltemittel (Arbeitsseil) und das andere als Sicherungsmittel (Sicherungsseil) dient.
- Der Arbeitgeber hat dafür zu sorgen, dass die Beschäftigten geeignete Auffanggurte verwenden, über die sie mit dem Sicherungsseil verbunden sind.
- In dem System ist ein Sitz mit angemessenem Zubehör vorzusehen, der mit dem Arbeitsseil verbunden ist.
- Das Arbeitsseil muss mit sicheren Mitteln für das Auf- und Abseilen ausgerüstet werden. Hierzu gehört ein selbstsicherndes System, das einen Absturz verhindert, wenn Beschäftigte die Kontrolle über ihre Bewegungen verlieren. Das Sicherungsseil ist mit einer bewegungssynchron mitlaufenden, beweglichen Absturzsicherung auszurüsten.

- Werkzeug und anderes Zubehör, das von den Beschäftigten verwendet werden soll, ist an deren Auffanggurt oder Sitz oder unter Rückgriff auf andere, gleich geeignete Mittel so zu befestigen, dass es nicht abfällt und leicht erreichbar ist.
- Die Arbeiten sind sorgfältig zu planen und zu beaufsichtigen. Der Arbeitgeber hat dafür zu sorgen, dass den Beschäftigten bei Bedarf unmittelbar Hilfe geleistet werden kann.
- Die Beschäftigten, die Zugangs- und Positionierungsverfahren unter Zuhilfenahme von Seilen verwenden, müssen in den vorgesehenen Arbeitsverfahren, insbesondere in Bezug auf die Rettungsverfahren, besonders eingewiesen sein.

Abweichend ist die Verwendung eines einzigen Seils zulässig, wenn die Gefährdungsbeurteilung ergibt, dass die Verwendung eines zweiten Seils eine größere Gefährdung bei den Arbeiten darstellen würde, und geeignete Maßnahmen getroffen werden, um die Sicherheit der Beschäftigten auf andere Weise zu gewährleisten. Dies ist in der Dokumentation der Gefährdungsbeurteilung darzulegen (BetrSichV Anhang Nr. 3).

Technische Regel für Arbeitsstätten
- ASR A 2.1: Schutz vor Absturz und herabfallenden Gegenständen, Betreten von Gefahrenbereichen

Technische Regeln für Betriebssicherheit (zugehörige)
- TRBS 2121 (Januar 2007): Gefährdung von Personen durch Absturz – Allgemeine Anforderungen
- TRBS 2121 Teil 1 (Juli 2009): Gefährdungen von Personen durch Absturz – Bereitstellung und Benutzung von Gerüsten
- TRBS 2121 Teil 2 (Januar 2010): Gefährdungen von Personen durch Absturz – Bereitstellung und Benutzung von Leitern
- TRBS 2121 Teil 3 (Juli 2009): Gefährdungen von Personen durch Absturz – Bereitstellung und Benutzung von Zugangs- und Positionierungsverfahren unter Zuhilfenahme von Seilen
- TRBS 2121 Teil 4 (Januar 2010): Gefährdungen von Personen durch Absturz – Heben von Personen mit hierfür nicht vorgesehenen Arbeitsmitteln

3.2.8 Unterhaltung/Instandhaltung

3.2.8.1 Unterhaltung von Grundstücken und bauliche Anlagen

Das Bundesbauministerium beschreibt in den RBBau, Teil C die Unterhaltung der Grundstücke und baulichen Anlagen wie folgt:

„Zur Bauunterhaltung gehören alle konsumtiven Maßnahmen, die der Erhaltung

- *der baulichen Anlagen, einschließlich*
- *der Technischen Anlagen (Betriebstechnik) und*
- *der Außenanlagen*

dienen, jedoch nicht *Wartung und Inspektionen sowie die Herrichtung, die durch eine neue Zweckbestimmung erforderlich wird"* (Bundesministerium für Umwelt, Naturschutz, Bau und Reaktorsicherheit, RBBau, Onlinefassung – Stand 10. Mai 2021).

Das *Lexikon zur öffentlichen Haushalts- und Finanzwirtschaft* (online) definiert konsumtive Ausgaben wie folgt:

„Unter Konsumausgaben (auch: konsumtive Ausgaben) versteht man im Kontext öffentlicher Haushalte all diejenigen Ausgaben, die im jeweils laufenden Haushalts- bzw. Rechnungsjahr einen Nutzen stiften. Konsumausgaben fallen z. B. für die Verwaltung oder die Gebäudebewirtschaftung an.

Beispiele für Konsumausgaben:

- *Ausgaben für Personal*
- *Ausgaben für Strom*
- *Ausgaben für Mieten*
- *Ausgaben für Büromaterial*

Gegensatz: Investitionsausgaben" (Andreas Burth, HaushaltsSteuerung.de, Lexikon zur öffentlichen Haushalts- und Finanzwirtschaft (online)).

In Verwaltungen wird statt von „Kosumausgaben" wohl eher von Verwaltungskosten oder laufenden Kosten gesprochen, also den Ausgaben, die in einem Wirtschaftsplan im dortigen Erfolgsplan und nicht im Investitionsplan aufgelistet sind. Wichtig ist in diesem Zusammenhang, dass diese Kosten auch der *Erhaltung der Anlagen* dienen (s. o.).

3.2.8.2 Gebäude im Abwasserbereich

Gebäude sind selbständig benutzbare, überdeckte bauliche Anlagen, die von Menschen betreten werden können; also in der Regel Hochbauten, wie z. B. Betriebsgebäude, Labor, Werkstätten, Rechengebäude, Messstationen, usw.

Zur *Gebäudeklasse 5* gehören auch unterirdische Gebäude. Solche sind im Bereich der Abwasserbeseitigung häufig vorhanden: z. B. Pumpwerke, Regenbecken oder Installationsgänge.

Anlagen und Räume besonderer Art oder Nutzung sind Sonderbauten. Solche Sonderbauten sind z. B. bauliche Anlagen, deren Nutzung durch Umgang mit oder Lagerung von Stoffen mit Explosions- oder erhöhter Brandgefahr verbunden ist.

Sonderbauten in der Entwässerung könnten sein: Gasbehälter, Faultürme, Heizöllager, usw.

3.2.8.3 Instandhaltung

Nach § 3 MBO sind Anlagen unter Berücksichtigung insbesondere der anerkannten Regeln der Baukunst, so zu errichten, zu ändern und instand zu halten, *dass die öffentliche Sicherheit und Ordnung, insbesondere Leben und Gesundheit, und die natürlichen Lebensgrundlagen nicht gefährdet werden* (Verkehrssicherheit, s. u.). Sie müssen bei ordnungsgemäßer Instandhaltung diese Anforderungen *dauerhaft* erfüllen und ohne Missstände benutzbar sein.

Statt *Unterhaltung* wird hier der Begriff *Instandhaltung* verwendet, wohl weil es um Anlagen allgemein geht, während bei Gebäuden wohl mehr von Unterhaltung gesprochen wird. Dabei sind die von der obersten Bauaufsichtsbehörde (z. B. in Bayern vom Staatsministerium des Innern, für Bau und Verkehr) durch öffentliche Bekanntmachung als Technische Baubestimmungen eingeführten technischen Regeln zu beachten.

Bauprodukte und Bauarten dürfen dabei nur verwendet werden, wenn bei ihrer Verwendung die baulichen Anlagen *bei ordnungsgemäßer Instandhaltung während einer dem Zweck entsprechenden angemessenen Zeitdauer* die Anforderungen des jeweiligen Bau-Gesetzes (in Bayern BayBO) erfüllen und gebrauchstauglich sind.

Nach § 6 Abs. 1 der bayerischen Eigenbetriebsverordnung (EBV) werden für Eigenbetriebe zusätzlich Maßnahmen zur Erhaltung des Vermögens und der Leistungsfähigkeit gefordert: Für die dauernde technische und wirtschaftliche Leistungsfähigkeit des Eigenbetriebs ist zu sorgen. Insbesondere sind alle notwendigen Instandhaltungsarbeiten rechtzeitig durchzuführen.

Nach Art. 74 der Bayerischen Gemeindeordnung sind die Vermögensgegenstände einer Gemeinde *pfleglich und wirtschaftlich zu verwalten*; das heißt ebenfalls, dass sie rechtzeitig instand zu halten sind und nicht verfallen dürfen.

3.2.8.4 Haftung bei mangelhafter Unterhaltung (BGB § 836)

Wird durch den Einsturz eines Gebäudes oder eines anderen mit einem Grundstück verbundenen Werkes oder durch die Ablösung von Teilen des Gebäudes oder des Werkes ein Mensch getötet, der Körper oder die Gesundheit eines Menschen verletzt oder eine Sache beschädigt, so ist der Besitzer des Grundstücks, sofern der Einsturz oder die Ablösung die *Folge mangelhafter Unterhaltung* ist, verpflichtet, dem Verletzten den daraus entstehenden Schaden zu ersetzen. Die Ersatzpflicht tritt nicht ein, wenn der Besitzer zum Zwecke der Abwendung der Gefahr die im Verkehr erforderliche Sorgfalt beobachtet hat.

3.2.8.5 Standsicherheit

Sowohl § 12 der Musterbauordnung (MBO) als auch Artikel 10 der Bayerischen Bauordnung (BayBO) fordern, dass jede bauliche Anlage im Ganzen, in ihren einzelnen Teilen und für sich allein standsicher sein muss. Auch bei einer ordnungsgemäßen Bauausführung und einem ordnungsgemäßen Bauunterhalt bleibt das Risiko, dass bauliche Anlagen durch „Alterung" beeinträchtigt werden oder bei extremen Einwirkungen zum Beispiel durch Naturgewalten versagen können. Die Standsicherheit ist jedoch während der gesamten Lebensdauer einer baulichen Anlage zu gewährleisten; die Verantwortung hierfür liegt beim Eigentümer beziehungsweise beim Verfügungsberechtigten.

„Standsicherheit" für sich stellt aber einen sogenannten unbestimmten Rechtsbegriff dar; die am Bau Beteiligten müssen sich daher an den allgemein anerkannten Regeln der Baukunst und Technik, Technischen Baubestimmungen, bautechnische Richtlinien, Merkblättern, Empfehlungen usw. orientieren (s. o.).

Unter anderem hat die „Bauministerkonferenz, Konferenz der für Städtebau, Bau- und Wohnungswesen zuständigen Minister und Senatoren der Länder (Argebau)" (Fassung September 2006) folgende ***Hinweise für die Überprüfung der Standsicherheit von baulichen Anlagen durch den Eigentümer/Verfügungsberechtigten*** herausgegeben:

„Die folgenden Hinweise erläutern für Eigentümer/Verfügungsberechtigte und Baufachleute, bei welchen baulichen Anlagen eine regelmäßige Überprüfung der Standsicherheit empfohlen wird, wie dabei vorgegangen werden kann und was dabei beachtet werden sollte. … Bei Ingenieurbauwerken wie Brücken, Stützbauwerken etc., die nicht dem öffentlichen

Verkehr dienen, wird die Überprüfung der Standsicherheit nach der Norm DIN 1076 ‚Ingenieurbauwerke im Zuge von Straßen und Wegen – Überwachung und Prüfung' empfohlen. ...

3. Bauwerks-/Objektbuch
Eine wesentliche Grundlage für die Überprüfung ist das Vorhalten der wichtigsten Daten und Konstruktionszeichnungen der baulichen Anlage. Hierfür hat sich das Anlegen und Fortführen einer Dokumentation, zum Beispiel eines Bauwerks-/Objektbuches bewährt, in das sich alle tragwerksrelevanten Änderungen und Instandsetzungen sowie alle Überprüfungen eintragen lassen.

Zum Inhalt des Bauwerks-/Objektbuches gehören zum Beispiel:

Konstruktionszeichnungen des Bestandes mit statischen Positionen und den Tragwerksabmessungen, den Bewehrungsquerschnitten, der Feuerwiderstandsfähigkeit der Bauteile, der Art und Güte des Materials, den Lastannahmen (insbesondere Schneelasten) sowie Besonderheiten der Konstruktion; Konstruktionszeichnungen des Bestands für die Fassade; Angabe des Herstellungsjahrs, der Kategorie nach Tabelle 1, der zugrunde liegenden Normen, allgemeinen bauaufsichtlichen Zulassungen und Zustimmungen im Einzelfall; Prüfberichte/Sachverständigenbescheinigungen.

Der Anhang zum Bauwerks-/Objektbuch kann enthalten oder auf folgende archivierte Unterlagen hinweisen: geprüfte Konstruktionspläne und statische Berechnung; ggf. Überwachungsprotokolle und Liste der ausführenden Firmen" (Bauministerkonferenz, Hinweise für die Überprüfung der Standsicherheit von baulichen Anlagen durch den Eigentümer/Verfügungsberechtigten, Fassung September 2006).

In Tabelle 2 der o. g. Hinweise sind auch Anhaltswerte für Zeitintervalle für die jeweilige Art der Überprüfung genannt. Die dort genannten Bauwerke sind zwar nicht die in der Entwässerung üblichen Bauwerke, geben aber gemeinsam mit den in der DIN 1076 genannten Werten einen Anhalt für die Häufigkeit der jeweiligen Überprüfung und die notwendige Qualifikation der Prüfer (Kap. 4). Für den Regelfall werden im Kap. 4 in Abhängigkeit vom Bauwerks-Material auch verschiedene Überprüfungen empfohlen.

► Die Standsicherheit besonders von tiefen und ständig gefüllten Bauwerken, wie Belebungsbecken, Vor- oder Nachklärbecken oder Faultürmen könnte im Fall des Entleerens für Inspektionen z. B. durch *Auftrieb* bei hohem Grundwasser gefährdet sein. Auch eventuelle *Rückverankerungen* durch permanente Anker sollten bei einem Wegfall des Innendrucks im Auge behalten werden. Diese Besonderheiten sollten z. B. in dem *Bauwerksbuch* unbedingt vermerkt sein.

3.2.8.6 Weitere Anforderungen

Schutz gegen Einwirkungen (Art. 11 BayBO)
Bauliche Anlagen sind so instand zu halten, dass durch

- Wasser, Feuchtigkeit,
- pflanzliche und tierische Schädlinge sowie
- andere chemische, physikalische oder biologische Einflüsse

Gefahren oder unzumutbare Belästigungen nicht entstehen.

Brandschutz (Art. 12 BayBO)
Bauliche Anlagen sind so instand zu halten, dass

- der Entstehung eines Brandes und
- der Ausbreitung von Feuer und Rauch (Brandausbreitung)

vorgebeugt wird und bei einem Brand

- die Rettung von Menschen und Tieren sowie
- wirksame Löscharbeiten

möglich sind.

In RBBau (s. o.) weiter:
„Zur Bauunterhaltung in Liegenschaften des Bundes ist die hausverwaltende Dienststelle verpflichtet, soweit nicht diese Pflicht einem Dritten auferlegt ist oder eine Sonderregelung besteht … Die Bauunterhaltspflicht beginnt mit dem Tag der Übernahme bzw. Teilübernahme von baulichen Anlagen, soweit nicht Gewährleistungsansprüche zu beachten sind“ (Bundesministerium für Umwelt, Naturschutz, Bau und Reaktorsicherheit RBBau, Onlinefassung – Stand 10. Mai 2021).

► Damit weisen die Richtlinien des Bundes indirekt auf ein Problem hin, das auch in größeren kommunalen (Stadt-)Verwaltungen manchmal bestehen kann: die Verteilung von Aufgaben des Unterhalts auf verschiedene Dienststellen (z. B. Entwässerungsbetrieb, Hochbau- oder Liegenschaftsverwaltung, Tiefbauamt, usw.) und manchmal leider auch ohne eine klare Zuständigkeitsregelung. Häufig wird auch die erstmalige bauliche Errichtung durch Neubau-Ämter oder -Abteilungen abgewickelt und anschließend werden die Neuanlagen an eine andere (Unterhalts-)Dienststelle übergeben. Der Entwässerungsbetrieb als der letztlich Zuständige muss hier sehr aufmerksam sein!

Hinweis
Interessant insbesondere für unterirdische Bauwerke, die eventuell Brücken nach DIN sind, hat das Bundesministerium für Verkehr, Bau und Stadtentwicklung *„Richtlinien für die Erhaltung von Ingenieurbauten, RI-ERH-ING“* den *„Leitfaden Objektbezogene Schadensanalyse (OSA)“* herausgegeben: https://www.bast.de/DE/Publikationen/Regelwerke/Ingenieurbau/Erhaltung/RI-ERH-ING.html
https://www.bast.de/DE/Publikationen/Regelwerke/Ingenieurbau/Erhaltung/RI-ERH-ING-OSA-Leitfaden-Erhaltung.pdf;jsessionid=A574AE2E937C7B7CE75A4D6DEBEE719A.live11313?__blob=publicationFile&v=3
Letzter Zugriff jeweils 31.03.2023

3.3 Anlagen der Abwasserentsorgung

3.3.1 Definition: Abwasseranlagen = Anlagen zur Abwasserbeseitigung

Die Abwasserbeseitigung umfasst nach § 54 WHG:

- das Sammeln, Fortleiten und Versickern von Abwasser (im Kanalnetz) sowie
- das Behandeln (in der Kläranlage) und das Einleiten in ein Gewässer
- das Entwässern von Klärschlamm in Zusammenhang mit der Abwasserbeseitigung
- die Beseitigung des in Kleinkläranlagen anfallenden Schlamms.

Alle Abwasseranlagen sind dabei so

- zu errichten,
- zu betreiben und
- zu unterhalten,

dass die Anforderungen an die Abwasserbeseitigung eingehalten werden (§ 60 WHG).

Der Begriff ***Abwasseranlagen*** ist im Gesetz aber nicht weiter definiert. Was genau das ist, wurde in einer Antwort der Bundesregierung auf eine Kleine Anfrage verschiedener Abgeordneter beantwortet (Bundestagsdrucksache 17/8298).

▸ Abwasseranlage

„Der Begriff ‚Abwasseranlage' umfasst alle Einrichtungen zur Abwasserbeseitigung, insbesondere zum Sammeln, Fortleiten, Behandeln, Einleiten, Versickern, Verregnen und Verrieseln von Abwasser sowie zum Entwässern von Klärschlamm im Zusammenhang mit der Abwasserbeseitigung" (Deutscher Bundestag Drucksache 17/8298, Antwort der Bundesregierung).

Eine genauere Definition des Begriffs „Abwasseranlage" durch den Bund ist entsprechend o. g. Antwort nicht geplant, aber auch Pumpwerke, Sonderbauwerke, Schlammbehandlungsanlagen, usw. sind damit sicher gemeint.

Die Abwasser-Anlagen können auch aus Grundstücken mit Wegen und Pflanzungen sowie den baulichen Anlagen wie Hochbauten, Tiefbauten, Kanälen und Leitungen bestehen. Zu den Abwasseranlagen gehören die technischen Anlagen wie Rechen, Pumpen, Schieber, Räumerbrücken und die zugehörige technische Ausrüstung wie Maschinen-, Elektro- und Steuer-, Mess- u. Regeltechnik.

Da die Gemeinden ihre Angelegenheiten selbst ordnen und verwalten, hat der Staat auch die genauere Beschreibung der verschiedenen Abwasseranlagen den Gemeinden überlassen. Dadurch gibt es in den Bundesländern jeweils eigene und leicht verschiedene *Muster-Entwässerungs-/Abwasserbeseitigungs-Satzungen*, die wiederum durch die Gemeinden (weiter unterschiedlich) als Satzung beschlossen wurden. Maßgeblich ist in der jeweiligen Gemeinde also nur die dort gültige Satzung; hier werden die Abwasseranlagen genauer definiert.

3.3.2 Öffentliche Anlagen

3.3.2.1 Öffentliche Einrichtung/Abwasseranlage

Die Gemeinde betreibt eine ***öffentliche*** Einrichtung zur Abwasserbeseitigung (Entwässerungseinrichtung), besonders auch als Abgrenzung zu den vielen angeschlossenen *privaten* Einrichtungen, den *Grundstücksentwässerungsanlagen*. Art und Umfang der öffentlichen Entwässerungseinrichtung bestimmt die Gemeinde selbst. So überlässt die Gemeinde der Verwaltung die genaue Festlegung im Detail oder hat sie in der Entwässerungssatzung geregelt.

Eine genauere Festlegung dort könnte z. B. lauten:

a) Zur öffentlichen Abwasseranlage gehören alle von der Gemeinde selbst (oder in ihrem Auftrag) betriebenen Anlagen, die dem Sammeln, Fortleiten, Behandeln und Einleiten von Abwasser sowie der Verwertung oder Beseitigung der bei der gemeindlichen Abwasserbeseitigung anfallenden Rückstände dienen.
b) Zur öffentlichen Abwasseranlage gehören ferner die Grundstücksanschlussleitungen (Alternativen: sie gehören nicht dazu, nur bis zur Grundstücksgrenze, bis zum Anschlussschacht, s. u.).
c) In den Gebieten, in denen die Abwasserbeseitigung durch ein Druckentwässerungsnetz erfolgt und sich Teile eines solchen Netzes auf den Privatgrundstücken befinden, gehören die Hausanschlussleitungen einschließlich der Druckstationen nicht zur öffentlichen Abwasseranlage.
d) Nicht zur öffentlichen Abwasseranlage im Sinne dieser Satzung gehören Kleinkläranlagen und abflusslose Gruben.

3.3.2.2 Bauwerke der Kanalisation

Nach der Selbstüberwachungsverordnung Abwasser – SüwVO Abw in NRW sind solche Bauwerke insbesondere:

- Kanäle und Schächte,
- Düker,
- Pumpwerke und Druckleitungen,
- Regenüberläufe,
- Regenklärbecken,
- Regenüberlaufbecken,
- Stauraumkanäle,
- Einleitungsbauwerke,
- Hochwasserverschlüsse,
- Regenrückhaltebecken,
- Rückhalteräume für Störfälle im Bereich der Industrie,
- Übergabepunkte zwischen verschiedenen Betreibern und
- Abscheideeinrichtungen (zum Beispiel Leichtflüssigkeitsabscheider, Sandfänge) für gewerbliche Netze (SüwVO Abw NRW).

Kanäle sind Mischwasserkanäle, Schmutzwasserkanäle oder Regenwasserkanäle einschließlich der Sonderbauwerke wie z. B. Schächte, Regenbecken, Pumpwerke, Regenüberläufe.

- Schmutzwasserkanäle
  dienen ausschließlich der Aufnahme und Ableitung von Schmutzwasser.
- Mischwasserkanäle
  sind zur Aufnahme und Ableitung von Niederschlags- und Schmutzwasser bestimmt.
- Regenwasserkanäle

dienen ausschließlich der Aufnahme und Ableitung von Niederschlagswasser.

Mischsystem Im Mischsystem werden Schmutz- und Niederschlagswasser gemeinsam gesammelt und fortgeleitet.

Trennsystem Im Trennsystem werden Schmutz- und Niederschlagswasser getrennt gesammelt und fortgeleitet.

Sammelkläranlage ist eine Anlage zur Reinigung des in den Kanälen gesammelten Abwassers einschließlich der Ableitung zum Gewässer.

Abwasserbehandlungsanlage ist eine Einrichtung, die dazu dient, die Schädlichkeit des Abwassers zu vermindern oder zu beseitigen; ihr steht eine Einrichtung gleich, die dazu dient, die Entstehung von Abwasser ganz oder teilweise zu verhindern (AbwAG § 2).

3.3.2.3 Grundstücksanschlüsse/-anschlussleitungen

Dabei handelt es sich

- bei Freispiegelkanälen: die Leitungen vom Kanal bis zum Kontrollschacht.
- bei Druckentwässerung: die Leitungen vom Kanal bis zum Abwassersammelschacht.
- bei Unterdruckentwässerung: die Leitungen vom Kanal bis einschließlich des Hausanschlussschachts (Muster EWS Bayern, § 3 Nr. 7).

Für die Grundstücksanschlüsse gibt es die folgenden alternativen Regelungen. Zur öffentlichen Entwässerungseinrichtung gehören

- auch die Grundstücksanschlüsse (vollständige Kommunalregie)
- nicht die Grundstücksanschlüsse (vollständige Anliegerregie).
- auch die im öffentlichen Straßengrund liegenden Teile der Grundstücksanschlüsse.

Bei dieser teilweisen Kommunal- und teilweisen Anliegerregie ist die Grundstücksgrenze auch die Grenze der Zuständigkeit.

In Nordrhein-Westfalen (NRW) wird z. B. unterschieden (Städte- u Gemeindebund NRW, Muster-Abwasserbeseitigungssatzung (Entwässerungssatzung), Stand: 12.09.2016):

a) ***Grundstücksanschlussleitungen*** sind die Leitungen von der öffentlichen Sammelleitung bis zur Grenze des jeweils anzuschließenden Grundstücks.
b) ***Hausanschlussleitungen*** sind die Leitungen von der privaten Grundstücksgrenze bis zu dem Gebäude oder dem Ort auf dem Grundstück, wo das Abwasser anfällt.

Zu den Hausanschlussleitungen gehören auch Leitungen unter der Bodenplatte des Gebäudes auf dem Grundstück, in dem Abwasser anfällt, sowie die Einsteigschächte mit Zugang für Personal und die Inspektionsöffnungen. Bei Druckentwässerungsnetzen ist die Druckstation (inklusive Druckpumpe) auf dem privaten Grundstück Bestandteil der Hausanschlussleitung.

3.3.3 Private Anlagen

Ein (privates) Grundstück ist – unabhängig von der Eintragung im Grundbuch – jeder zusammenhängende Grundbesitz, der eine selbständige wirtschaftliche Einheit bildet. Befinden sich auf einem Grundstück mehrere bauliche Anlagen, so kann die Gemeinde für jede dieser Anlagen die Anwendung der für Grundstücke maßgeblichen Vorschriften der EW-Satzung verlangen (NRW, Mustersatzung, s. o., § 2 Nr. 13).

Grundstücksentwässerungsanlagen (Mustersatzung Bayern)
Dabei handelt es sich um

- Freispiegelkanäle:
  Einrichtungen eines Grundstücks, die der Beseitigung des Abwassers dienen, bis einschließlich des Kontrollschachts. Hierzu zählt auch die im Bedarfsfall erforderliche Hebeanlage zur ordnungsgemäßen Entwässerung eines Grundstücks (§ 9 Abs. 4).
- Druckentwässerung:
  Einrichtungen eines Grundstücks, die der Beseitigung des Abwassers dienen, bis einschließlich des Abwassersammelschachts.
- Unterdruckentwässerung:
  Einrichtungen eines Grundstücks, die der Beseitigung des Abwassers dienen, bis zum Hausanschlussschacht

(Muster für eine gemeindliche Entwässerungssatzung, Bekanntmachung des Bayerischen Staatsministeriums des Innern vom 6. März 2012).

Haustechnische Abwasseranlagen sind die Einrichtungen innerhalb und an zu entwässernden Gebäuden, die der Sammlung, Vorbehandlung, Prüfung, Rückhaltung und Ableitung des Abwassers auf dem Grundstück dienen (z. B. Abwasserrohre im Gebäude, Dachrinnen, Hebeanlage). Sie gehören nicht zur öffentlichen Abwasseranlage (NRW, § 3 Nr. 8).

Druckentwässerungsnetze sind zusammenhängende Leitungsnetze, in denen der Transport von Abwasser einer Mehrzahl von Grundstücken durch von Pumpen oder Kompressoren erzeugten Druck erfolgt. Die Druckpumpen und Pumpenschächte sind regelmäßig technisch notwendige Bestandteile des jeweiligen Gesamtnetzes, sie sind jedoch Bestandteil der Hausanschlussleitung, die nicht zur öffentlichen Abwasseranlage gehört (NRW, § 3 Nr 9).

Kontrollschacht (Bayern) ist ein Übergabeschacht, der zur Kontrolle und Wartung der Anlage dient.

- **Abwassersammelschacht** (bei Druckentwässerung) ist ein Schachtbauwerk mit Pumpen- und Steuerungsanlage.
- **Hausanschlussschacht** (bei Unterdruckentwässerung) ist ein Schachtbauwerk mit einem als Vorlagebehälter dienenden Stauraum sowie einer Absaugventileinheit.

Insbesondere in engen Altstadtgebieten treten immer wieder Fälle auf, in denen tatsächlich kein Kontrollschacht vorhanden ist und dessen nachträgliche Errichtung etwa aus baulichen Gründen nicht (mehr) in Betracht kommt. In diesen Fällen kann die Gemeinde eine alternative Abgrenzung der Grundstücksentwässerungsanlage vom Grundstücksanschluss vornehmen. Statt des Kontrollschachts könnte als Grenze beispielsweise der Beginn des öffentlichen Straßengrundes vorgesehen werden.

Messschacht (Bayern) ist eine Einrichtung für die Messung des Abwasserabflusses oder die Entnahme von Abwasserproben.

Private Abwasserbehandlungsanlage (Bayern) ist eine Einrichtung, die dazu dient, die Schädlichkeit des Abwassers vor Einleitung in den Kanal zu vermindern oder zu beseitigen. Hierzu zählen insbesondere Kleinkläranlagen zur Reinigung häuslichen Abwassers sowie Anlagen zur (Vor-)Behandlung gewerblichen oder industriellen Abwassers.

Ebenfalls von der Regelung erfasst sind Vorbehandlungsanlagen im Fall der Indirekteinleitung (in das öffentliche Netz).

Abscheider (NRW) sind Fettabscheider, Leicht- und Schwerflüssigkeitsabscheider, Stärkeabscheider und ähnliche Vorrichtungen, die das Eindringen schädlicher Stoffe in die öffentliche Abwasseranlage durch Abscheiden aus dem Abwasser verhindern.

Hier wurden abwechselnd die Definitionen der Bundesländer Bayern und NRW zitiert, die diese in ihren Muster-Entwässerungssatzungen verwenden (Städte- und Gemeindebund NRW, Muster einer Abwasserbeseitigungssatzung und Bayerisches Staatsministerium des Innern, Muster einer Entwässerungssatzung).

3.3.4 Bestimmung zu einem Bestandteil der öffentlichen Abwasseranlage (= Widmung)

Die Widmung im Straßenrecht ist die Verfügung, durch die Straßen, Wege und Plätze die Eigenschaft einer öffentlichen Straße erhalten. Sie ist öffentlich bekanntzumachen. Die Widmung einer Straße für den öffentlichen Verkehr verfügt der Träger der Straßenbaulast. Eine Bekanntmachung ist entbehrlich, wenn die zur Widmung vorgesehenen Straßen in den im Planfeststellungsverfahren ausgelegten Plänen als solche kenntlich gemacht worden sind (FStrG § 2).

Diese *formale Widmung* gibt es im Bereich des Wasserrechts nicht. Aber mit der Frage der „Widmung" von Abwasseranlagen zur öffentlichen Abwasseranlage haben sich bereits diverse Gerichte in verschiedenen Instanzen beschäftigt. Inhalt sämtlicher Darstellungen war, dass für die Frage, ob ein Kanal Teil der öffentlichen Entwässerungseinrichtung ist, allein entscheidend ist, ob dieser zum entwässerungsrechtlichen Zweck

- technisch geeignet ist *und* ob er
- durch Widmung zum Bestandteil der öffentlichen Abwasseranlage bestimmt worden ist.

„Dabei sei die Widmung nicht formgebunden und könne auch konkludent erfolgen. Hinsichtlich der Widmung müsse lediglich der (nach außen wahrnehmbare) Wille der Stadt/Gemeinde(-Verwaltung) erkennbar sein, die fragliche Anlage als Teil der gemeindlichen Entwässerungsanlage in Anspruch nehmen zu wollen. Diesen Widmungswillen könne eine Stadt u. a. dadurch zu erkennen geben, dass sie für das Einleiten von Abwasser in eine bestimmte Anlage Entwässerungsgebühren verlange" (vgl. OVG NRW, Urteil vom 05.09.1986 – Az. 2 A 2955/83 – Gemeindehaushalt 1987, Seite 187 und OVG Lüneburg, Beschluss vom 18.08.2015 – 9 LA 1/14).

Die Gemeinde betreibt eine **öffentliche** Einrichtung zur Abwasserbeseitigung. Art und Umfang der öffentlichen Entwässerungseinrichtung bestimmt die Gemeinde selbst (Bayerisches Staatsministerium des Innern, Muster einer Entwässerungssatzung).

3.3.5 Grundsätze der Abwasserbeseitigung

Abwasser ist so zu beseitigen, dass das Wohl der Allgemeinheit nicht beeinträchtigt wird. Dem Wohl der Allgemeinheit kann auch die Beseitigung von häuslichem Abwasser durch dezentrale Anlagen (Kleinkläranlagen) entsprechen (WHG § 55). Aus dem zweiten Satz kann geschlossen werden, dass Abwasser in der Regel nur durch zentrale Anlagen dem Wohl der Allgemeinheit entsprechend beseitigt werden kann.

Niederschlagswasser soll ortsnah versickert, verrieselt oder direkt oder über eine Kanalisation ohne Vermischung mit Schmutzwasser in ein Gewässer eingeleitet werden, soweit dem weder wasserrechtliche noch sonstige öffentlich-rechtliche Vorschriften noch wasserwirtschaftliche Belange entgegenstehen (WHG § 55).

Daraus ist abzuleiten, dass Niederschlagswasser bevorzugt ortsnah, also in der Nähe der Anfallstelle und damit möglichst auf dem Privatgrundstück versickert oder genutzt wird. Oft lassen die örtlichen Bodenverhältnisse eine Versickerung nicht zu, dann soll es direkt oder über eine Kanalisation ohne Vermischung mit Schmutzwasser in ein Gewässer eingeleitet werden. Für die Gemeinden bedeutet dies, dass möglichst Trennkanalisation zu betreiben ist, und dass auch dezentral gemeindliche Versickerungseinrichtungen errichtet werden müssen (z. B. eine je Baugebiet).

Die wasserrechtlichen oder sonstigen öffentlich-rechtlichen Vorschriften oder die wasserwirtschaftlichen Belange, die dem entgegenstehen könnten, sind folgende:

- Niederschlagswasser von Metalldächern, von stark befahrenen Straßen oder von Industrie- oder Gewerbeflächen kann zu stark verschmutzt sein für eine Versickerung oder Einleitung
- die Untergrundverhältnisse lassen aufgrund von vorhandenen Altlasten keine Versickerung zu
- die Gemeinde muss zur Refinanzierung der vorhandenen Abwasseranlagen den Anschluss- u. Benutzungszwang ausüben.

Die Gemeinde sollte durch Satzung (EWS) festsetzen, dass und in welcher Weise das Niederschlagswasser zu versickern, zu verrieseln oder in ein Gewässer einzuleiten ist. Diese Festsetzungen könnten z. B. auch in einen Bebauungsplan aufgenommen werden, der ja ebenfalls eine gemeindliche Satzung ist.

Flüssige Stoffe, die kein Abwasser sind, können mit Abwasser beseitigt werden, wenn eine solche Entsorgung der Stoffe umweltverträglicher ist als eine Entsorgung als Abfall und wasserwirtschaftliche Belange nicht entgegenstehen (WHG § 55 (3)). Hier sind z. B. flüssige Lebensmittel gemeint, die aus irgendeinem Grund nicht mehr genießbar sind, und so zu Abfallstoffen geworden sind, z. B. Säfte, Bier, Milch, …. Diese Abfälle können in einer Kläranlage – dort in der Belebung oder im Faulturm – oft umweltverträglich und meist zum Vorteil der Kläranlage (Gasgewinnung, Kohlenstoff in der Denitrifikation) verwertet werden. Voraussetzung ist aber fast immer eine kontrollierte und direkte Einleitung in diese Prozessschritte.

3.3.6 Pflicht und Umfang der Abwasserbeseitigung

Abwasser ist von den juristischen Personen des öffentlichen Rechts zu beseitigen, die nach Landesrecht hierzu verpflichtet sind (= Abwasserbeseitigungspflichtige) (WHG § 56). Zur Abwasserbeseitigung sind i. d. R. die Gemeinden verpflichtet. Die Aufgabe wird von den Gemeinden im eigenen Wirkungskreis wahrgenommen. Pflicht und Umfang der gemeindlichen Abwasserbeseitigung wird z. B. im § 46 LWG-NRW genauer beschrieben. Sie umfasst danach insbesondere:

1. die Planung der abwassertechnischen Erschließung von Grundstücken, deren Bebaubarkeit nach Maßgabe des Baugesetzbuches durch einen Bebauungsplan, einen Vorhaben- und Erschließungsplan begründet worden ist;
2. das Sammeln und das Fortleiten von Abwasser, das auf einem Grundstück des Gemeindegebietes anfällt, sowie die Aufstellung und Fortschreibung von Plänen;
3. das Behandeln und die Einleitung des übernommenen Abwassers sowie die Aufbereitung des durch die Abwasserbehandlung anfallenden Klärschlamms für seine ordnungsgemäße Verwertung oder Beseitigung;
4. die Errichtung und den Betrieb sowie die Erweiterung oder die Anpassung der für die Abwasserbeseitigung notwendigen Anlagen an die gesetzlichen Anforderungen;

5. das Einsammeln und Abfahren des in Kleinkläranlagen anfallenden Schlamms und dessen Aufbereitung für eine ordnungsgemäße Verwertung oder Beseitigung und
6. die Aufstellung und Vorlage des Abwasserbeseitigungskonzeptes.

Durch Satzung können Gemeinden oder Zweckverbände bestimmen, dass die Übernahme des Abwassers abgelehnt werden darf,

- wenn das Abwasser wegen seiner Art oder Menge besser von demjenigen behandelt wird, bei dem es anfällt,
- wenn eine gesonderte Behandlung des Abwassers wegen der Siedlungsstruktur das Wohl der Allgemeinheit nicht beeinträchtigt oder
- solange eine Übernahme des Abwassers technisch oder wegen des unverhältnismäßig hohen Aufwands nicht möglich ist.

Gemeinden in NRW sind sogar verpflichtet, die Grundstückseigentümer über ihre Pflichten nach Wasserhaushaltsgesetzes zu unterrichten und zu beraten.

Die Länder können bestimmen, unter welchen Voraussetzungen die Abwasserbeseitigung anderen Abwasserbeseitigungspflichtigen obliegt. Das betrifft meist die Träger öffentlicher Verkehrsanlagen: Zur Beseitigung von Niederschlagswasser, das von Straßenoberflächen außerhalb im Zusammenhang bebauter Ortsteile anfällt, ist i. d. R. nach Landesrecht der Träger der Straßenbaulast verpflichtet. Weitere Verpflichtete müssen dem jeweiligen Landesrecht entnommen werden. Die zur Abwasserbeseitigung Verpflichteten können sich oft auch zur Erfüllung ihrer Pflichten Dritter bedienen.

Unterhaltung der Abwasseranlagen
Abwasseranlagen sind nach § 60 WHG (bundesweit!) nach den folgenden Grundsätzen zu unterhalten:

1. Abwasseranlagen sind so zu unterhalten, dass die Anforderungen an die Abwasserbeseitigung eingehalten werden.
2. Im Übrigen müssen Abwasserbehandlungsanlagen nach dem *Stand der Technik*,
3. andere Abwasseranlagen nach den *allgemein anerkannten Regeln der Technik* unterhalten werden.

Die Unternehmer haben wasserwirtschaftliche Anlagen in dem bewilligten, erlaubten, genehmigten, planfestgestellten oder plangenehmigten Zustand zu erhalten. Sonstige Anlagen sind so zu unterhalten, dass schädliche Gewässerveränderungen vermieden werden (BayWG § 37, also bayernweit).

Nordrhein-Westfalen hat sich zum Thema Unterhalt wesentlich detaillierter im Landes-Wassergesetz geäußert. Diese Regelung sollte inhaltlich ebenfalls in anderen Bundesländern genauso angewendet werden können:

Zur Unterhaltung der Abwasseranlagen gehört auch die Erhaltung der Bausubstanz.

Zur Unterhaltung von Abwasserbehandlungsanlagen gehören insbesondere die notwendigen Vorkehrungen, um Störungen im Betrieb der Anlage und Reparaturen, welche die Ablaufwerte (Konzentrationen und Frachten) verschlechtern, vorzubeugen. Bei Betriebsstörungen, die zur Überschreitung von Ablaufwerten geführt haben, oder bei unvermeidlichen Reparaturen, die eine Überschreitung befürchten lassen, hat der Betreiber die notwendigen Maßnahmen zu treffen, um die nachteiligen Auswirkungen nach Dauer und Umfang möglichst gering zu halten und Wiederholungen möglichst zu vermeiden. Er ist verpflichtet, die zuständige Behörde über solche Reparaturen rechtzeitig, sowie über Ursache, Art, Auswirkungen und voraussichtliche Dauer solcher Betriebsstörungen unverzüglich zu unterrichten. Er hat auch anzugeben, welche Maßnahmen er getroffen hat und noch treffen wird. Der Betrieb und die Unterhaltung von Abwasserbehandlungsanlagen sind durch Personal mit der erforderlichen beruflichen Qualifikation sicherzustellen (LWG NRW § 56).

3.3.6.1 Umgang mit Indirekteinleitern

Private Haushalte oder Betriebe, die ihr Abwasser in eine öffentliche Abwasseranlage einleiten, müssen die Anschluss- und Benutzungsbedingungen der örtlichen Entwässerungssatzung beachten.

Die Gemeinde prüft, ob die geplante Grundstücksentwässerungsanlage den Bestimmungen ihrer Satzung entspricht. Ist das der Fall, erteilt die Gemeinde schriftlich ihre Zustimmung; in der Regel wird diese unter Bedingungen und Auflagen erteilt. Dabei wird geprüft, ob die Grundstücksentwässerungsanlage und die Abwasserbehandlungsanlage nach den allgemein anerkannten Regeln der Technik geplant und gebaut werden soll, u. a.:

- Kontrollschächte geplant und an der richtigen Stelle
- Korrekte Anschlüsse oder Falscheinleitung
- Hebeanlage erforderlich
- Rückstausicherung korrekt eingeplant
- Fettabscheider oder Ölabscheider in richtiger Größe und an richtiger Stelle

In die öffentliche Abwasseranlage dürfen i. d. R. solche Stoffe und Abwässer nicht eingeleitet werden, die aufgrund ihrer Inhaltsstoffe

- die öffentliche Sicherheit oder Ordnung gefährden oder
- das in der öffentlichen Abwasseranlage beschäftige Personal gefährden oder gesundheitlich beeinträchtigen oder
- die Abwasseranlage in ihrem Bestand angreifen oder ihre Funktionsfähigkeit oder
- Unterhaltung gefährden, erschweren oder behindern oder
- den Betrieb der Abwasserbehandlung erheblich erschweren oder verteuern oder
- die Klärschlammbehandlung, -beseitigung oder -verwertung beeinträchtigen oder verteuern oder
- die Abwasserreinigungsprozesse in der Abwasserbehandlungsanlage so erheblich stören, dass dadurch die Anforderungen der wasserrechtlichen Einleitungserlaubnis nicht eingehalten werden können.

sich sonst schädlich auf die Umwelt, insbesondere die Gewässer, auswirken (Muster EWS NRW § 7 und Muster EWS Bayern § 15).

Wesentliche Hinweise dazu liefert das DWA Merkblatt – M 115.

3.3.6.2 Indirekteinleiter-Genehmigung

Darüber hinaus bedarf das Einleiten von Abwasser in öffentliche Abwasseranlagen der Genehmigung durch die zuständige (Wasser-)Behörde, soweit an das Abwasser in der Abwasserverordnung in ihrer jeweils geltenden Fassung Anforderungen für den Ort des Anfalls des Abwassers oder vor seiner Vermischung festgelegt sind. In diesen Fällen enthält das Abwasser Schadstoffe, die von der öffentlichen Anlage nicht oder nur unzureichend behandelt werden können.

In Rechtsvorschriften einiger Länder kann die Genehmigung der (Wasser-)Behörde durch eine Genehmigung des Betreibers einer öffentlichen Abwasseranlage ersetzt werden.

Eine Genehmigung für eine Indirekteinleitung darf u. a. nur erteilt werden, wenn Abwasseranlagen oder sonstige Einrichtungen errichtet und betrieben werden, die erforderlich sind, um durch eine Vorbehandlung die Einhaltung der Anforderungen sicherzustellen.

Zusätzliche Anforderungen für Industriekläranlagen – IED-Anlagen („Industrial Emissions Directive") sind in der EU-Richtlinie 2010/75 geregelt.

Grundsätzlich darf industrielles oder gewerbliches Abwasser in ein Gewässer nur eingeleitet werden, wenn die Schadstofffracht so gering gehalten wird, wie dies nach Prüfung der Verhältnisse im Einzelfall möglich ist, z. B. durch

- den Einsatz Wasser sparender Verfahren bei Wasch- und Reinigungsvorgängen,
- die Indirektkühlung,
- den Einsatz von schadstoffarmen Betriebs- und Hilfsstoffen sowie
- die prozessintegrierte Rückführung von Stoffen.

Die Einhaltung der Anforderungen ist i. d. R. durch ein betriebliches Abwasserkataster, durch ein Betriebstagebuch oder in anderer geeigneter Weise zu dokumentieren. Die Inhalte des betrieblichen Abwasserkatasters und des Betriebstagebuches können auf vorhandene Dokumentationen Bezug nehmen.

Betreiber von bestimmten Anlagen entsprechend der Industriekläranlagen-Zulassungs- und Überwachungsverordnung müssen darüber hinaus entsprechend den Anforderungen in Teil H der branchenspezifischen Anhänge der Abwasser-Verordnung einen Jahresbericht erstellen.

Sind Anforderungen *vor der Vermischung* festgelegt, ist eine Vermischung zum Zwecke der gemeinsamen Behandlung zulässig, wenn insgesamt mindestens die gleiche Verminderung der Schadstofffracht je Parameter wie bei getrennter Einhaltung der jeweiligen Anforderungen erreicht wird. Sind Anforderungen für den *Ort des Anfalls* von Abwasser festgelegt, ist eine Vermischung erst zulässig, wenn diese Anforderungen eingehalten werden. Werden Abwasserströme, für die unterschiedliche Anforderungen gelten, gemeinsam eingeleitet, ist für jeden Parameter die jeweils maßgebende Anforderung durch Mischungsrechnung zu ermitteln (AbwV § 3).

3.3.6.3 Anforderungen an Abwasseranlagen

Abwasseranlagen sind so zu errichten, zu betreiben und zu unterhalten, dass die Anforderungen an die Abwasserbeseitigung eingehalten werden. Im Übrigen müssen vor allem industrielle Abwasserbehandlungsanlagen (IED) nach dem *Stand der Technik*, und andere Abwasseranlagen (u. a. alle kommunalen Anlagen) nach den *allgemein anerkannten Regeln der Technik* errichtet, betrieben und unterhalten werden. Diese technischen Standards sind in Kap. 2 näher erläutert.

Entsprechen vorhandene Abwasseranlagen nicht den o. g. Anforderungen, so sind die erforderlichen Maßnahmen innerhalb angemessener Fristen durchzuführen. Die Errichtung, der Betrieb und die wesentliche Änderung verschiedener Abwasser*behandlungs*anlagen bedürfen zusätzlich einer Genehmigung.

3.3.6.4 Allgemeine Anforderungen (AbwV § 3)

Die Anforderungen der AbwV dürfen nicht durch Verfahren erreicht werden, bei denen *Umweltbelastungen* in andere Umweltmedien wie Luft oder Boden entgegen dem Stand der Technik *verlagert* werden.

Der *Chemikalien*einsatz, die *Abluftemissionen* und die Menge des anfallenden *Schlammes* sind so gering wie möglich zu halten.

Abwasseranlagen sollen so errichtet, betrieben und benutzt werden, dass eine *energieeffiziente Betriebsweise* ermöglicht wird. Die bei der Abwasserbeseitigung entstehenden *Energiepotenziale* sind, soweit technisch möglich und wirtschaftlich vertretbar, zu *nutzen*.

Als Konzentrationswerte festgelegte Anforderungen dürfen *nicht* entgegen dem Stand der Technik *durch Verdünnung* erreicht werden.

3.3.6.5 Bezugspunkte der Anforderungen (AbwV § 5)

Die Anforderungen beziehen sich auf die Stelle, an der das Abwasser in das Gewässer eingeleitet wird, und, soweit in den Anhängen der AbwV bestimmt, auch auf den Ort des Anfalls des Abwassers oder den Ort vor seiner Vermischung. Der Einleitungsstelle steht der Ablauf der Abwasseranlage, in der das Abwasser letztmalig behandelt wird, gleich.

Ort vor der Vermischung ist auch die Einleitungsstelle in eine öffentliche Abwasseranlage.

Findet keine Vermischung des Abwassers mit anderem Abwasser statt, gelten Anforderungen, die sich auf den Ort vor seiner Vermischung beziehen, für die Einleitungsstelle in das Gewässer.

3.3.6.6 Einhaltung der Anforderungen (AbwV § 6)

Ist ein in der wasserrechtlichen Zulassung festgesetzter Wert nach dem Ergebnis einer Überprüfung *im Rahmen der staatlichen Überwachung* nicht eingehalten, gilt er dennoch als eingehalten, wenn die Ergebnisse dieser und der vier vorausgegangenen *staatlichen Überprüfungen* in vier Fällen den jeweils maßgebenden Wert nicht überschreiten und kein Ergebnis den Wert um mehr als 100 Prozent übersteigt. Überprüfungen, die länger als drei Jahre zurückliegen, bleiben unberücksichtigt.

Ein in der wasserrechtlichen Zulassung festgesetzter Wert für z. B. den Chemischen Sauerstoffbedarf (CSB) gilt auch als eingehalten, wenn der vierfache gemessene Wert des gesamten organisch gebundenen Kohlenstoffs (TOC), bestimmt in Milligramm je Liter, diesen Wert nicht überschreitet.

Ein in der wasserrechtlichen Zulassung festgesetzter Wert für Stickstoff, gesamt, als Summe von Ammonium-, Nitrit- und Nitratstickstoff (N_{ges}) gilt auch als eingehalten, wenn der gemessene Wert des Gesamten gebundenen Stickstoffs (TN_b) den für N_{ges} festgesetzten Wert nicht überschreitet.

Wird bei der Überwachung eine Überschreitung eines in der wasserrechtlichen Zulassung festgesetzten Wertes für die Giftigkeit gegenüber Fischeiern, Daphnien, Algen und Leuchtbakterien festgestellt, kann dieser Wert unter bestimmten Voraussetzungen dennoch als eingehalten gelten.

Soweit in den Anhängen der AbwV nichts anderes bestimmt ist, können die Bundes-Länder zulassen, dass den Ergebnissen der staatlichen Überwachung Ergebnisse gleichgestellt werden, die der Einleiter aufgrund eines behördlich anerkannten Überwachungsverfahrens ermittelt.

3.3.7 Selbstüberwachung der Abwasseranlagen (WHG § 61)

Wer eine Abwasseranlage betreibt, ist verpflichtet, ihren Zustand, ihre Funktionsfähigkeit, ihre Unterhaltung und ihren Betrieb sowie Art und Menge des Abwassers und der Abwasserinhaltsstoffe selbst zu überwachen. Er hat nach Maßgabe einer (Bundes-)Rechtsverordnung hierüber Aufzeichnungen anzufertigen, aufzubewahren und auf Verlangen der zuständigen Behörde vorzulegen.

3.3.7.1 Betriebliche Dokumentationen

Die Anforderungen für kommunale Anlagen ergeben sich aus den Eigen- bzw. Selbst-Überwachungs-Verordnungen der jeweiligen Bundesländer bis der Bund das ggf. zentral durch die o. g. Verordnung geregelt hat. Die sich aus der AbwV ergebenden Anforderungen für Industrieanlagen sind unten aufgeführt.

3.3.7.2 Betriebliches Abwasserkataster

Das betriebliche Abwasserkataster ist die Dokumentation derjenigen Grunddaten und Verfahren eines Betriebes oder mehrerer an einem Standort zusammengefasster Betriebe, die Einfluss auf die Menge und die Beschaffenheit des Abwassers sowie die damit verbundenen Umweltaspekte haben (AbwV § 2). Das betriebliche Abwasserkataster dient dazu, nachzuweisen, dass die allgemeinen abwasserrelevanten Anforderungen grundsätzlich eingehalten werden können.

Inhalte des betrieblichen Abwasserkatasters sind in der Regel (nach AbwV Anlage 2):

- Allgemeine Angaben zum Betrieb, insbesondere die Anzahl der Anlagen nach dem Bundes-Immissionsschutzgesetz oder nach § 60 des Wasserhaushaltsgesetzes, die zugelassenen Produktions- bzw. Maschinenkapazitäten
- Beschreibung der abwasserrelevanten Prozesse und der Abwasservorbehandlungsverfahren mit Übersichtsplan, Entwässerungsplan, Fließschemata der verfahrenstechni-

schen Anlagen, Darstellung der Stoffströme sowie Angabe der Art und Menge der eingesetzten abwasserrelevanten Roh- und Hilfsstoffe,
- Beschreibung und Bilanzierung der Abwasserteilströme einschließlich der Darstellung der Fließwege von der Anfallstelle des Abwassers bis zur Einleitungs- bzw. Übergabestelle mit Angabe der Volumenströme sowie der Schadstoffkonzentrationen und -frachten,
- Übersicht über die abwasserrelevanten Jahresmassenströme, z. B. in Kilogramm Schadstoff pro Kilogramm hergestelltes Produkt, sofern produktionsspezifische Frachten im betreffenden Anhang vorgegeben sind,
- Beschreibung der Abwasserbehandlungsanlagen und -einleitungen sowie der Messeinrichtungen und Probenahmestellen,
- Verzeichnis der wasserrechtlichen Zulassungen.

Bei abwasserrelevanten Änderungen ist eine Aktualisierung vorzunehmen.

3.3.7.3 Betriebstagebuch

Das Betriebstagebuch ist die Dokumentation aller betrieblichen und anlagenbezogenen Daten der Selbstüberwachung und Wartung, die zur betrieblichen Kontrolle, Steuerung und Regelung der Abwasseranlagen und zur Überprüfung der Einhaltung der rechtlichen Anforderungen und der wasserrechtlichen Zulassung erforderlich sind.

Inhalte des Betriebstagebuches sind in der Regel (nach AbwV Anlage 2):

- Angabe des prozessbezogenen Wasserverbrauchs und Angabe des Energieverbrauchs der Abwasseranlagen,
- Angabe der Produktionsmengen und Angaben zur Auslastung der Produktionsanlagen,
- Angabe der tatsächlich angefallenen und der eingeleiteten Abwassermengen als Teilstrom und Gesamtstrom,
- Probenahmeprotokolle sowie Angabe der Untersuchungsergebnisse und Messwerte aus der Selbstüberwachung,
- Dokumentation der eingesetzten abwasserrelevanten Roh- und Hilfsstoffe mit Angabe der Art, Menge und Dosierung,
- Angaben zu abwasserrelevanten Betriebsvorgängen, insbesondere zu In- und Außerbetriebnahmen, Wartungs- und Instandhaltungsmaßnahmen, Reparaturen, Dichtheitsprüfungen, Anlagenreinigungen sowie zu Schlammentsorgungen und zur Entsorgung von Reststoffen mit Kontroll- und Entsorgungsnachweisen sowie Angaben zu Störungen des bestimmungsgemäßen Betriebs und zu deren Auswirkungen auf die Abwassereinleitung,
- Angaben zu durchgeführten Maßnahmen zur Einhaltung der allgemeinen stoff- und mengenbezogenen Anforderungen der Abwasserverordnung.

3.3.8 Gesundheitsschutz bei Abwasseranlagen

UVV „Abwassertechnische Anlagen"
Die beiden **Unfallverhütungsvorschriften Nr. 21 und 22** sind relativ ähnlich. In Nr. 22 sind die Durchführungsanweisungen direkt unter der jeweiligen Vorschrift, während in Nr. 21 erst der Vorschriftentext kommt und dann erst die Anweisungen:

- DGUV Vorschrift 22, Abwassertechnische Anlagen, mit Durchführungsanweisungen: Februar 1994; Fassung vom Januar 1997 hat am Ende eine Gesetzes- und Vorschriftensammlung.
- DGUV Vorschrift 21 DA, Durchführungsanweisungen zur Unfallverhütungsvorschrift Abwassertechnische Anlagen (Alt: BGV C5) Unfallverhütungsvorschrift Abwassertechnische Anlagen (BG ETEM) vom Oktober 1995, Fassung vom Januar 1997 hat am Ende ein umfangreiches Stichwortverzeichnis.

Regeln und Informationen der DGUV
- DGUV Regel 103-602, Branche Abwasserentsorgung vom März 2020
- DGUV Regel 103-003, Arbeiten in umschlossenen Räumen von abwassertechnischen Anlagen vom September 2008
- DGUV Regel 103-004, Arbeiten in umschlossenen Räumen von abwassertechnischen Anlagen, bisher GUV-R 126 vom Juni 2007
- DGUV Regel 103-008, Steiggänge für Behälter und umschlossene Räume vom Mai 2007
- DGUV Information 203-051, Sicherheit und Gesundheitsschutz im Abwasserbereich, Unterweisungshilfen vom Januar 2010
- DGUV Information 203-063, Gefährdungs- und Belastungs-Katalog – Beurteilung von Gefährdungen und Belastungen am Arbeitsplatz in der Abwasserentsorgung Ausgabedatum: Okt. 2022

DGUV-Regel 113-001, Explosionsschutz-Regeln (EX-RL)
Sammlung technischer Regeln für das Vermeiden der Gefahren durch explosionsfähige Atmosphäre mit Beispielsammlung zur Einteilung explosionsgefährdeter Bereiche in Zonen vom August 2021 Gliederung der neuen Beispielsammlung: ab Nr. 4.1 Abwassertechnische Anlagen (https://www.bgrci.de/fileadmin/BGRCI/Downloads/DL_Praevention/Explosionsschutzportal/Dokumente/EX_RL_Beispielsammlung/28_Punkt_4_aktualisiert.pdf).

► Die Publikationen der DGUV zum Thema Abwasser finden sich im Fachbereich Energie, Textil, Elektro, Medienerzeugnisse (ETEM: https://publikationen.dguv.de/regelwerk/publikationen-nach-fachbereich/energie-textil-elektro-medienerzeugnisse-etem/abwasser/ Letzter Zugriff jeweils 01.04.2023)

3.3.9 Technische Standards für Abwasseranlagen

Eine Erlaubnis für das Einleiten von Abwasser in Gewässer (Direkteinleitung) darf nur erteilt werden, wenn

1. die Menge und Schädlichkeit des Abwassers so gering gehalten wird, wie dies bei Einhaltung der jeweils in Betracht kommenden Verfahren nach dem Stand der Technik möglich ist,
2. die Einleitung mit den Anforderungen an die Gewässereigenschaften und sonstigen rechtlichen Anforderungen vereinbar ist und
3. Abwasseranlagen oder sonstige Einrichtungen errichtet und betrieben werden, die erforderlich sind, um die Einhaltung der Anforderungen sicherzustellen (WHG §§ 57)

Durch die Abwasserverordnung werden an das Einleiten von Abwasser in Gewässer Mindestanforderungen konkret festgelegt (im Anhang 1 für häusliches und kommunales Abwasser). Diese entsprechen dem geforderten *Stand der Technik.*

Wenn die Einhaltung der Anforderungen sichergestellt ist, müssen alle kommunalen Abwasser-Anlagen nach den *allgemein anerkannten Regeln der Technik* errichtet, betrieben und unterhalten werden (s. o.).

3.3.10 Genehmigungen

3.3.10.1 Einleitungserlaubnis für Gewässer

Eine Erlaubnis für das Einleiten von Abwasser in Gewässer (Direkteinleitung) darf u. a. nur erteilt werden, wenn Abwasseranlagen oder sonstige Einrichtungen errichtet und betrieben werden, die erforderlich sind, um die Einhaltung der rechtlichen Anforderungen sicherzustellen. Eine der weiteren Anforderungen ist, dass die Menge und Schädlichkeit des Abwassers so gering gehalten wird, wie dies bei Einhaltung der jeweils in Betracht kommenden Verfahren nach dem *Stand der Technik* möglich ist.

Abwasseranlagen (Kanalnetz und Kläranlage) müssen nach den *allgemein anerkannten Regeln der Technik* errichtet, betrieben und unterhalten werden, so dass die Anforderungen an die Abwasserbeseitigung eingehalten werden. Das einschlägige Regelwerk der Technik ist u. a. in den Arbeits- u. Merkblättern der DWA zu finden.

Entsprechen vorhandene Abwasseranlagen nicht den Anforderungen, so sind die erforderlichen Maßnahmen innerhalb angemessener Fristen durchzuführen.

3.3.10.2 Genehmigung einer Abwasserbehandlungsanlage (WHG § 60(3))

Die Errichtung, der Betrieb und die wesentliche Änderung einer Abwasserbehandlungsanlage bedürfen einer *Genehmigung*, wenn für die Anlage nach dem Gesetz über die Umweltverträglichkeitsprüfung eine Verpflichtung zur Durchführung einer Umweltverträglichkeitsprüfung besteht.

3.3.10.3 Gehobene Erlaubnis für Kanal und Klärwerk

Aus einer Kläranlage sowie aus den Mischwasser- und Regenwasserentlastungsbauwerken erfolgen Einleitungen von behandeltem Abwasser in ein Gewässer. Die Erlaubnis dafür kann als gehobene Erlaubnis erteilt werden, wenn hierfür ein öffentliches Interesse oder ein berechtigtes Interesse des Gewässerbenutzers besteht (WHG § 15).

▶ Die für die Gewässer-Benutzungen notwendigen Erlaubnisse müssen aufgrund der Befristung spätestens alle 20 Jahre wieder erneuert werden.

3.3.10.4 Genehmigung von (sonstigen) Anlagen

In Bayern ist für bestimmte Anlagen im 60-m-Bereich von Gewässern I. und II. Ordnung eine Genehmigung erforderlich. Die Genehmigung wird unbefristet erteilt (BayWG Art. 20).

Die o. g. Entlastungsbauwerke sind nicht solche sonstigen Anlagen, da sie ja der Benutzung dienen.

Beide o. g. Arten der Genehmigung sowie die Verfahren werden im Kap. 5 „Verwaltung" detailliert behandelt.

3.3.11 UVP-Pflicht für Kläranlagen?

3.3.11.1 Ausgangslage

Kläranlagen sind nach § 60 WHG so zu errichten und zu betreiben, dass die Anforderungen an die Abwasserbeseitigung eingehalten werden.

Nach § 56 WHG in Verbindung mit Art. 34 BayWG ist in Bayern eine Gemeinde auch zur Abwasserbeseitigung verpflichtet.

Kläranlagen, insbesondere größerer Städte, bestehen oft spätestens seit den 1960er Jahren und damit in der Regel seit weit mehr als 20 Jahren an dem gleichen Standort. Mit einem Wasserrechts-Bescheid wurde meist eine Gehobene Erlaubnis zur Benutzung eines Gewässers erteilt. Diese Erlaubnis endete dann aber spätestens jeweils nach 20 Jahren. Daher ist auch der anschließende Weiterbetrieb der Kläranlage an dem Standort notwendig. Eine erneute Erlaubnis für den künftigen weiteren Betrieb wird also erforderlich.

Eine Erlaubnis kann für ein *Vorhaben*, das nach dem Gesetz über die Umweltverträglichkeitsprüfung (UVPG) einer solchen Prüfung unterliegt, nur in einem Verfahren erteilt werden, das den Anforderungen des UVP-Gesetzes entspricht (§ 11 WHG). Jedes o. g. *Vorhaben* für eine Kläranlage mit einer Größe von 150.000 EW oder mehr wäre damit nach Nr. 13.1.1 der Anlage 1 zum UVPG grundsätzlich UVP-pflichtig; kleinere Anlagen unterliegen entweder der Pflicht zur allgemeinen Vorprüfung des Einzelfalls (10.000 EW bis < 150.000 EW) oder der Pflicht zu einer standortbezogenen Vorprüfung des Einzelfalls (2000 EW bis < 10.000 EW). Eine Kläranlage unter 2000 EW fällt nicht unter das UVPG.

▶ Es ist zu prüfen, ob ein *Vorhaben* nach dem UVPG vorliegt.

3.3.11.2 „Projekt" nach Richtlinie 2011/92/EU

Das deutsche UVPG setzt eine EU-Richtlinie um; und zwar die Richtlinie 2011/92/EU des Europäischen Parlaments und des Rates vom 13. Dezember 2011 über die Umweltverträglichkeitsprüfung bei bestimmten öffentlichen und privaten Projekten.

Gründe für diese Richtlinie waren u. a.:

- „Bei allen technischen Planungs- und Entscheidungsprozessen sollten die Auswirkungen auf die Umwelt so früh wie möglich berücksichtigt werden." (Grund 2)
- „Die Mitgliedstaaten können Schwellenwerte oder Kriterien festlegen, um zu bestimmen, welche dieser Projekte wegen der Erheblichkeit ihrer Auswirkungen auf die Umwelt einer Prüfung unterzogen werden sollten." (Grund 10)
- „Die Umweltauswirkungen eines Projekts sollten mit Rücksicht auf folgende Bestrebungen geprüft werden: die menschliche Gesundheit zu schützen, durch eine Verbesserung der Umweltbedingungen zur Lebensqualität beizutragen, für die Erhaltung der Artenvielfalt zu sorgen und die Reproduktionsfähigkeit des Ökosystems als Grundlage allen Lebens zu erhalten." (Grund 14)

Gegenstand der o. g. EU-Richtlinie ist die Umweltverträglichkeitsprüfung bei öffentlichen und privaten Projekten, die möglicherweise erhebliche Auswirkungen auf die Umwelt haben. Im Sinne dieser Richtlinie gilt für „Projekte" folgende Begriffsbestimmung:

- Errichtung von baulichen oder sonstigen Anlagen
- Sonstige Eingriffe in Natur und Landschaft

Die EU-Richtlinie spricht also von *Projekten* mit erheblichen Auswirkungen auf die Umwelt; es geht um das möglichst frühzeitige Erkennen dieser Auswirkungen und um deren Vermeidung sowie ggf. einer Verbesserung der Umweltbedingungen. Vor allem wird von (einmaligen!) *Projekten* gesprochen: der Errichtung von Anlagen oder sonstigen Eingriffen in Natur und Landschaft.

3.3.11.3 „Vorhaben" nach deutschem UVPG

Deutschland hat die EU-Richtlinie wie folgt umgesetzt:

- Das Projekt wird nun als *Vorhaben* bezeichnet und aus den zwei unterschiedlichen Projekten der EU-Richtlinie sind etwas detaillierter insgesamt 6 verschiedene *Vorhaben* geworden.
- Die sonstigen Anlagen wurden präzisiert als technische Anlagen; und geprüft werden soll bei diesen Anlagen nicht nur der Bau sondern gemeinsam damit auch der Betrieb.

Aber auch eine Änderung der Anlage einschließlich der Erweiterung fallen unter den Begriff *Vorhaben*.

Ein Vorhaben nach UVPG § 2 Abs. 2 ist nach Nr. 1

- die neue Errichtung *und* der Betrieb einer technischen Anlage (z. B. Kläranlage, Steinbruch),
- der Bau einer sonstigen Anlage (z. B. Hafen, Bundesstraße) oder
- eine sonstige in Natur und Landschaft eingreifende Maßnahme.

Ein Vorhaben (nach Nr. 2) ist auch die **Änderung** einschließlich der Erweiterung,

- der Lage, der Beschaffenheit *oder* des Betriebes einer vorhandenen technischen Anlage
- der Lage oder der Beschaffenheit einer sonstigen Anlage,
- der Durchführung einer sonstigen in Natur und Landschaft eingreifenden Maßnahme.

Besonders hinzuweisen ist hier auf die besonders wichtige Bedeutung der beiden Wörter *und* und *oder*. Diese Wörter wurden an der jeweils verwendeten Stelle absichtlich vom Gesetzgeber gewählt: Bei den erstmaligen Bauten von technischen Anlagen sollen der Bau *und* der Betrieb gemeinsam geprüft werden; bei einer späteren Erweiterung oder Änderung der Anlage soll auch der Betrieb für sich geprüft werden können. Auch in der Anlage zum UVPG wird unter der Nr. 13.1 das Wort „und" verwendet: „Errichtung und Betrieb einer Abwasserbehandlungsanlage". Hier hätte ebenfalls das Wort oder stehen können, hier steht absichtlich „*und*" da das bei einem Neubau der technischen Anlage gemeinsam zu sehen ist.

3.3.11.4 UVP bei erneuter Erlaubnis-Beantragung?

Bei dem Auslaufen einer Erlaubnis für eine Kläranlage ist rechtzeitig eine erneute Erlaubnis zu beantragen. Die Errichtung, der Betrieb und die wesentliche Änderung einer Abwasserbehandlungsanlage bedürfen einer Genehmigung, wenn für die Anlage nach dem Gesetz über die Umweltverträglichkeitsprüfung eine Verpflichtung zur Durchführung einer Umweltverträglichkeitsprüfung besteht (§ 60 Abs. 3 WHG). Daraus haben viele Wasserbehörden abgeleitet, dass es auch bei einer neuen Betriebs-Erlaubnis in jedem Fall eine UVP geben muss, bei Kläranlagen, die von ihrer Größe unter das UVPG fallen. Dies lässt sich, wie oben erläutert, weder vom Sinn noch vom Buchstaben des UVP-Gesetzes rechtfertigen!

Um eine *Neubaumaßnahme* handelt es sich beim künftigen Weiter-Betrieb einer vorhandenen Kläranlage nicht. Auch eine „Änderung" des Betriebes ist meist nicht geplant, sondern nur eine Fortführung des bisherigen Betriebes. Damit ist auch der Sinn einer Umweltverträglichkeitsprüfung, nämlich dass einmalige Projekte wegen der Erheblichkeit ihrer Auswirkungen auf die Umwelt einer Prüfung unterzogen werden sollten, ist hier nicht gegeben. Die neuen Auswirkungen sind unbedeutend bzw. gar nicht vorhanden. Auch sollen die Auswirkungen so früh wie möglich berücksichtigt werden; sie sind aber schon seit mindestens 20 Jahren (Bestand der Kläranlage, alte Erlaubnis) bekannt.

Für den oben zitierten § 60 Abs. 3 WHG gibt es nun zwei Auslegungsmöglichkeiten:

1. Die Genehmigung der Anlage ist nur erforderlich, wenn auch die Verpflichtung zur Durchführung der UVP besteht, oder
2. die Genehmigung ist nur erforderlich für eine Anlagengröße über 150.000 EW

Ob diese spezielle Anlagen-Genehmigung nun erforderlich ist oder nicht, eine Verpflichtung zu einer UVP besteht jedenfalls dann nicht, wenn weder eine Änderung des Betriebs noch eine Erweiterung der Anlage notwendig ist.

▶ Die erneute wasserrechtliche Erlaubnis ist für die Gewässerbenutzung durch das Einbringen und Einleiten von Stoffen in das Gewässer in jedem Fall erforderlich! (§§ 8 u. 9 WHG)

Eine „alte“ Kläranlage läuft schon seit mindestens 20 Jahren mehr oder weniger problemlos.

In dem folgenden Rechts-Verfahren werden auch die Träger öffentlicher Belange gehört. Eventuelle Umweltprobleme, wie Lärm oder Geruchsemissionen können nicht in einem problematischen Umfang aufgetreten sein, denn sonst hätte mit Hilfe des BImSchG seit Jahren eingegriffen werden können bzw. müssen. Eventuelle Hinweise im Laufe der notwendigen öffentlichen Auslegung können durch Auflagen und Nebenbestimmungen in der Genehmigung geregelt werden.

3.3.11.5 Neuere EU-Richtlinie zur UVP

Für die neuere „Richtlinie 2014/52/EU des Europäischen Parlaments und des Rates vom 16. April 2014 zur Änderung der Richtlinie 2011/92/EU über die Umweltverträglichkeitsprüfung bei bestimmten öffentlichen und privaten Projekten“ gab es u. a. auch die Begründung Nr. 31:

> „Um die Qualität des Verfahrens zur Umweltverträglichkeitsprüfung zu erhöhen und die Einbeziehung von Umweltaspekten bereits in einem frühen Projektentwurfsstadium zu ermöglichen, sollte der vom Projektträger für das Projekt zu erstellende UVP-Bericht eine Beschreibung vernünftiger Alternativen zu dem Projekt enthalten, die vom Projektträger untersucht wurden, einschließlich, soweit angemessen, einer Übersicht über die voraussichtliche Entwicklung des aktuellen Umweltzustands bei Nichtdurchführung des Projekts (Basisszenario).“

Für die weitere Genehmigung einer Kläranlage an dem vorhandenen Standort gibt es in der Regel keine vernünftige Alternative, und auch die Entwicklung des Gewässers bei Einstellung des Kläranlagenbetriebs lässt sicher keinen besseren Umweltzustand erwarten.

▶ Eine erneute Prüfung von Umweltauswirkungen ergibt für den weiteren Betrieb einer vorhandenen Anlage keinen Sinn! Eine reine Anschluss-Genehmigung für eine Kläranlage nach Ablauf der Erlaubnis (z. B. nach 20 Jahren) ohne wesentliche Änderung des Betriebs bedarf keiner UVP, da dieser Fall nicht vom UVPG erfasst ist. Das haben das Bundesverwaltungsgericht (Urteil vom 02.11.2017, AZ.: 7 C 25/15) und die Vorinstanz VGH Kassel (9 C 217/13.T vom 14.07.2015) festgestellt. Hier sind insbesondere die Ziffern 50 bis 52 und 62 wichtig; im Urteil des BVG besonders Ziffern 22–25!

3.3.12 Unterhaltungspflichten bei wasserwirtschaftlichen Anlagen

Wasserwirtschaftliche Anlagen müssen in dem erlaubten, genehmigten, planfestgestellten oder plangenehmigten Zustand erhalten werden. Sonstige Anlagen sind so zu unterhalten, dass schädliche Gewässerveränderungen vermieden werden.

Den Unternehmern von Wasserbenutzungsanlagen oder sonstigen Anlagen in oder an Gewässern obliegt zusätzlich die Unterhaltung des Gewässers insoweit, als sie durch diese Anlagen bedingt ist. Die Unterhaltung der Anlagen am Gewässer und der Ufer- bzw. Gewässerabschnitte, meist 5 m unter- u. oberhalb der Anlage, ist dauerhaft erforderlich. Details regelt jedoch die jeweilige Anlagen-Genehmigung (WHG § 36, BayWG Art. 37).

3.3.13 Auswirkungen der Abwasseranlagen auf anliegende Grundstücke

Der Eigentümer eines (Nachbar-)Grundstücks kann die Zuführung von Gasen, Dämpfen, Gerüchen, Rauch, Ruß, Wärme, Geräusch, Erschütterungen und ähnliche von einem anderen Grundstück (Kläranlage, z. B.) ausgehende Einwirkungen insoweit nicht verbieten, als die Einwirkung die Benutzung seines Grundstücks nicht oder *nur unwesentlich* beeinträchtigt. Eine *unwesentliche* Beeinträchtigung liegt in der Regel vor, wenn die in Gesetzen oder Rechtsverordnungen festgelegten Grenz- oder Richtwerte von den nach diesen Vorschriften ermittelten und bewerteten Einwirkungen nicht überschritten werden. Gleiches gilt für Werte in allgemeinen Verwaltungsvorschriften, die nach § 48 des Bundes-Immissionsschutzgesetzes erlassen worden sind und den Stand der Technik wiedergeben.

Das Gleiche gilt insoweit, als eine *wesentliche* Beeinträchtigung durch eine ortsübliche Benutzung des anderen Grundstücks herbeigeführt wird und nicht durch Maßnahmen verhindert werden kann, die Benutzern dieser Art wirtschaftlich zumutbar sind.

Hat der Eigentümer hiernach eine Einwirkung zu dulden, so kann er von dem Benutzer des anderen Grundstücks einen angemessenen Ausgleich in Geld verlangen, wenn die Einwirkung eine ortsübliche Benutzung seines Grundstücks oder dessen Ertrag über das zumutbare Maß hinaus beeinträchtigt. Die Zuführung durch eine besondere Leitung ist unzulässig (BGB § 906).

Hiernach wäre zu klären,

- ob eine Kläranlage an der Stelle eine ortsübliche Benutzung darstellt und
- ob die Beeinträchtigung des Nachbargrundstücks nicht durch Maßnahmen verhindert werden kann (z. B. Abdeckung der Becken, Einhausungen, Luftfilter, usw.).

Zusätzlich wäre dann zu klären, ob das (Nachbar-)Grundstück tatsächlich beeinträchtigt ist, und ob der Ausgleich in Geld somit gerechtfertigt ist.

3.4 Telekommunikations-Anlagen im Kanal oder im Kanalgraben

Aufgrund der Richtlinie 2014/61/EU über Maßnahmen zur Reduzierung der Kosten des Ausbaus von Hochgeschwindigkeitsnetzen für die elektronische Kommunikation wurde das deutsche Telekommunikationsgesetz (TKG) geändert. Die EU glaubte, dass es für die Betreiber elektronischer Kommunikationsnetze, insbesondere für neue Marktteilnehmer, effizienter sein kann, beim Ausbau elektronischer Kommunikationsnetze bestehende physische Infrastrukturen weiter zu nutzen, auch diejenigen anderer Versorgungsbereiche.

Außerdem sollten auch die damit verbundenen gesellschaftlichen und ökologischen Kosten (Umweltverschmutzung, sonstige Belästigungen, Verkehrsüberlastung) beträchtlich verringert werden können. Daher sollte die EU-Richtlinie nicht nur für Betreiber öffentlicher Kommunikationsnetze gelten, sondern auch für alle Eigentümer oder Inhaber von Nutzungsrechten an großen, vorhandenen Infrastrukturen, die sich für die Aufnahme von Komponenten elektronischer Kommunikationsnetze eignen, zum Beispiel physische Netze in den Bereichen Strom, Gas, Wasser, Abwasser und Kanalisationssysteme, Fernwärme und Verkehr (Richtlinie 2014/61/EU, Grund 13). In das Telekommunikationsgesetz (TKG) sind daher auch Regelungen eingeflossen, die u. a. auch die öffentlichen Kanalnetze betreffen.

3.4.1 Wegerechte

Der Grundsatz der Benutzung öffentlicher Wege bestand schon länger. Der Bund ist nun befugt, Verkehrswege für die öffentlichen Zwecken dienenden Telekommunikationslinien unentgeltlich zu benutzen, soweit dadurch nicht der Widmungszweck der Verkehrswege dauernd beschränkt wird (Nutzungsberechtigung). Als Verkehrswege gelten nun öffentliche Wege, Plätze, Brücken und Tunnel sowie die öffentlichen Gewässer (TKG § 125).

► Für die Verlegung oder die Änderung von Telekommunikationslinien ist die schriftliche oder elektronische Zustimmung des Trägers der Wegebaulast erforderlich.

Die Zustimmung gilt nach Ablauf einer Frist von drei Monaten nach Eingang des vollständigen Antrags als erteilt (TKG § 127).

3.4.2 Rücksichtnahme auf Wegeunterhaltung (TKG § 129)

Bei der Benutzung der Verkehrswege ist eine Erschwerung ihrer Unterhaltung (also auch der zum Weg gehörenden Entwässerung) nach Möglichkeit zu vermeiden. Wird die Unterhaltung erschwert, so hat der Nutzungsberechtigte dem Unterhaltungspflichtigen die aus der Erschwerung erwachsenden Kosten zu ersetzen. Der Nutzungsberechtigte (TK-Linie) hat dem Unterhaltungspflichtigen die Auslagen für die von ihm vorgenommene Instandsetzung zu vergüten und den durch die Arbeiten an den Telekommunikationslinien entstandenen Schaden zu ersetzen.

3.4.3 Notwendige Änderung (TKG § 130)

Ergibt sich nach Errichtung einer Telekommunikationslinie, dass sie die Vornahme der zu seiner Unterhaltung erforderlichen Arbeiten verhindert oder die Ausführung einer von dem Unterhaltungspflichtigen beabsichtigten Änderung des Verkehrsweges entgegensteht, so ist die Telekommunikationslinie, soweit erforderlich, abzuändern oder zu beseitigen. In diesen Fällen hat der Nutzungsberechtigte die gebotenen Maßnahmen an der Telekommunikationslinie auf seine Kosten zu bewirken.

3.4.4 Besondere Anlagen (z. B. Kanäle) (TKG § 132)

Die Telekommunikationslinien (TKL) sind so auszuführen, dass sie vorhandene besondere Anlagen, wie der Wegeunterhaltung dienende Einrichtungen oder *Kanalisationsleitungen* und dergleichen, nicht störend beeinflussen. Die aus der Herstellung erforderlicher Schutzvorkehrungen erwachsenden Kosten hat der Nutzungsberechtigte (TKL) zu tragen. Die Verlegung oder Veränderung vorhandener besonderer Anlagen kann nur gegen Entschädigung und nur dann verlangt werden, wenn die Benutzung des Verkehrsweges für die Telekommunikationslinie sonst unterbleiben müsste und die besondere Anlage anderweitig ihrem Zweck entsprechend untergebracht werden kann.

Auch beim Vorliegen dieser Voraussetzungen hat die Benutzung des Verkehrsweges für die Telekommunikationslinie zu unterbleiben, wenn der aus der Verlegung oder Veränderung der besonderen Anlage entstehende Schaden gegenüber den Kosten, welche dem Nutzungsberechtigten aus der Benutzung eines anderen ihm zur Verfügung stehenden Verkehrsweges erwachsen, unverhältnismäßig groß ist.

► Diese Absätze finden auf solche *in der Vorbereitung befindliche besondere Anlagen*, deren Herstellung im öffentlichen Interesse liegt, entsprechende Anwendung.

3.4.5 Spätere besondere Anlagen (TKG § 133, Abs 1–3)

Spätere besondere Anlagen sind nach Möglichkeit so auszuführen, dass sie die vorhandenen Telekommunikationslinien nicht störend beeinflussen. Der Inhaber oder Betreiber einer späteren besonderen Anlage kann vom Nutzungsberechtigten verlangen, dass eine Telekommunikationslinie auf dessen Kosten verlegt oder verändert wird, wenn

1. ohne die Verlegung oder Veränderung die Errichtung der späteren besonderen Anlage unterbleiben müsste oder wesentlich erschwert würde,
2. die Errichtung der späteren besonderen Anlage aus Gründen des öffentlichen Interesses, insbesondere aus volkswirtschaftlichen Gründen oder wegen Verkehrsrücksichten, von den Wegeunterhaltspflichtigen oder unter ihrer überwiegenden Beteiligung vollständig oder überwiegend ausgeführt werden soll und
3. die Kosten des Nutzungsberechtigten nicht unverhältnismäßig sind.

Liegen nur die ersten beiden Voraussetzungen vor, so kann eine Verlegung oder Veränderung auch dann verlangt werden, wenn der Inhaber oder Betreiber der späteren besonderen Anlage die Kosten teilweise erstattet, so dass die vom Nutzungsberechtigten zu tragenden Kosten verhältnismäßig ausfallen. Muss wegen einer solchen späteren besonderen Anlage die schon vorhandene Telekommunikationslinie mit Schutzvorkehrungen versehen werden, so sind die dadurch entstehenden Kosten von dem Nutzungsberechtigten zu tragen.

3.4.6 Mitnutzung öffentlicher Versorgungsnetze (TKG § 138, Abs 1–4)

Eigentümer oder Betreiber öffentlicher Telekommunikationsnetze können bei den Eigentümern oder Betreibern öffentlicher Versorgungsnetze die Mitnutzung der passiven Netzinfrastrukturen der öffentlichen Versorgungsnetze für den Einbau von Komponenten digitaler Hochgeschwindigkeitsnetze beantragen. Zu den öffentlichen Versorgungsnetzen zählen auch neu entstehende, schon betriebene oder bereits stillgelegte physische Infrastrukturen zur Abwasserbehandlung und -entsorgung sowie die Kanalisationssysteme.

Der Antrag muss folgende Angaben enthalten:

- eine detaillierte Beschreibung des Projekts und der Komponenten des öffentlichen Versorgungsnetzes, für die die Mitnutzung beantragt wird,
- einen genauen Zeitplan für die Umsetzung der beantragten Mitnutzung und
- die Angabe des Gebiets, das mit digitalen Hochgeschwindigkeitsnetzen erschlossen werden soll.

Eigentümer oder Betreiber öffentlicher Versorgungsnetze müssen solchen Antragstellern innerhalb von zwei Monaten nach Antragseingang ein Angebot über die Mitnutzung ihrer passiven Netzinfrastrukturen für den Einbau von Komponenten digitaler Hochgeschwindigkeitsnetze unterbreiten.

Das Angebot über die Mitnutzung hat insbesondere Folgendes zu enthalten:

- faire und angemessene Bedingungen für die Mitnutzung, insbesondere in Bezug auf den Preis für die Bereitstellung und Nutzung des Versorgungsnetzes sowie in Bezug auf die zu leistenden Sicherheiten und Vertragsstrafen,
- die operative und organisatorische Umsetzung der Mitnutzung; die Umsetzung umfasst die Art und Weise des Einbaus der Komponenten digitaler Hochgeschwindigkeitsnetze, die Dokumentationspflichten und den Zeitpunkt oder den Zeitraum der Bauarbeiten,
- die Verantwortlichkeiten einschließlich der Möglichkeit, Dritte zu beauftragen.

Das Angebot kann besondere Vereinbarungen zur Haftung beim Einbau der Netzkomponenten und zu Instandhaltungen, Änderungen, Erweiterungen, Verlegungen und Störungen enthalten. Die Mitnutzung ist so auszugestalten, dass sie den Anforderungen der öffentlichen Sicherheit und der öffentlichen Gesundheit sowie den anerkannten Regeln der Technik genügt. Eigentümer oder Betreiber öffentlicher Versorgungsnetze haben geschlossene Verträge über Mitnutzungen innerhalb von zwei Monaten nach deren Abschluss der Bundesnetzagentur zur Kenntnis zu geben.

3.4.7 Ablehnung der Mitnutzung, Versagungsgründe (TKG § 141, Abs 1–2)

Gibt der Eigentümer oder Betreiber des öffentlichen Versorgungsnetzes kein Angebot über die Mitnutzung ab, so hat er innerhalb der oben genannten Frist dem Antragsteller nachzuweisen, dass einer Mitnutzung objektive, transparente und verhältnismäßige Gründe entgegenstehen.

Der Antrag auf Mitnutzung darf nur abgelehnt werden, wenn einer der folgenden Gründe vorliegt:

- die *fehlende technische Eignung* der passiven Netzinfrastrukturen für die beabsichtigte Unterbringung der Komponenten digitaler Hochgeschwindigkeitsnetze,
- der zum Zeitpunkt des Antragseingangs *fehlende oder der zukünftig fehlende Platz* für die beabsichtigte Unterbringung der Komponenten digitaler Hochgeschwindigkeitsnetze im öffentlichen Versorgungsnetz; den zukünftig fehlenden Platz hat der Eigentümer oder Betreiber des öffentlichen Versorgungsnetzes anhand der Investitionsplanung für die nächsten fünf Jahre ab Antragstellung konkret darzulegen,
- konkrete Anhaltspunkte dafür, dass die beantragte Mitnutzung die öffentliche Sicherheit oder die öffentliche Gesundheit gefährdet,
- konkrete Anhaltspunkte dafür, dass die beantragte Mitnutzung die Integrität oder Sicherheit bereits bestehender öffentlicher Versorgungsnetze, insbesondere nationaler kritischer Infrastrukturen, gefährdet;
- Anhaltspunkte für eine zu erwartende erhebliche Störung des Versorgungsdienstes durch die geplanten Telekommunikationsdienste,
- die Verfügbarkeit tragfähiger Alternativen zur beantragten Mitnutzung passiver Netzinfrastrukturen, soweit der Eigentümer oder Betreiber des öffentlichen Versorgungsnetzes diese Alternativen anbietet, sie sich für die Bereitstellung digitaler Hochgeschwindigkeitsnetze eignen und die Mitnutzung zu fairen und angemessenen Bedingungen gewährt wird; als Alternativen können geeignete Vorleistungsprodukte für Telekommunikationsdienste, der Zugang zu bestehenden Telekommunikationsnetzen oder die Mitnutzung anderer als der beantragten passiven Netzinfrastrukturen angeboten werden,
- der Überbau von bestehenden Glasfasernetzen, die einen diskriminierungsfreien, offenen Netzzugang zur Verfügung stellen.

3.4.8 Technische Gründe gegen Leitungen im Kanal

Die DWA hatte (vermutlich 2013/14) eine Stellungnahme zu dem Vorschlag der europäischen Kommission für eine Verordnung des europäischen Parlamentes und des Rates über Maßnahmen zur Reduzierung der Kosten des Ausbaues von Hochgeschwindigkeitsnetzen für die elektronische Kommunikation vom 26.03.2013/COM (2013) abgegeben. Diese wird teilweise zitiert. Die DWA hatte eine kritische Haltung, dem Gesetzesentwurf gegenüber:

> *„Die Erfahrungen in der Vergangenheit mit entsprechenden Vorhaben zeigen jedoch, dass die Nutzung von wasserwirtschaftlichen Infrastrukturen, insbesondere die Einbringung von Kabeln in Abwasserleitungen zu gravierenden Problemen führen kann. Eine kritische Betrachtung und Bewertung dieser Verfahren ist daher angezeigt. Oft ergibt auch eine Abwägung der finanziellen Vorteile der Nutzung vorhandener Infrastruktur mit den finanziellen Nachteilen durch den zusätzlichen Aufwand beim Betrieb bzw. der Instandhaltung und Sanierung eine negative Bilanz zu Lasten der … zu fördernden Verfahren. Es ist daher fraglich, ob gesamtwirtschaftlich betrachtet, hier beachtliche finanzielle Vorteile generiert werden können.*

Die DWA möchte sich im Folgenden auf generelle technische Probleme bei der Abwasserbeseitigung und auf einige rechtliche und wirtschaftliche Kritikpunkte des konkreten Entwurfs beschränken, die sie veranlassen, den Verordnungsentwurf in seiner derzeitigen Gestalt abzulehnen.

Abwasserkanäle dienen der sicheren und dauerhaften Abwasserableitung. Wichtigstes Ziel bei Planung, Bau und Betrieb ist der ungehinderte Abwasserabfluss. Zu diesem Zweck müssen Abwasserkanäle frei von Abflusshindernissen sein. Auf diese Aufgabenstellung ist das Regelwerk der europäischen und nationalen Normen ausgelegt.

Die nachträgliche Installation von Einbauten wie z. B. Leitungssysteme von Hochgeschwindigkeitsinfrastrukturen für die elektronische Kommunikation (Kabelsysteme) gefährdet oft die sichere Funktion der Abwasserkanäle und führt meist zu erheblichen Nachteilen für die Kanalnetzbetreiber.

Durch den nachträglichen Einbau von Kabelsystemen in Abwasserkanälen entstehen insbesondere folgende technische Probleme:

- *Verringerung des freien Querschnitts und damit verbunden ein Verlust an hydraulischer Leistungsfähigkeit*
- *Einschränkung der Einsatzmöglichkeiten von Geräten zur Kanalinspektion und -sanierung insbesondere bei kleinen Nennweiten*
- *Beeinträchtigung der Kanalreinigung mit dem Hochdruckreinigungsverfahren in Folge der hydraulischen Belastung der Kabelsysteme durch die Spülwasserstrahlen sowie die mechanische Gefährdung durch Reinigungsdüsen, Spül- und Saugschläuche*
- *Ausschluss von Reinigungsverfahren z. B. mit Kanalfräsen und Wurzelschneidgeräten, die den gesamten Rohrquerschnitt erfassen*
- *Schwächung bzw. mögliche Beschädigung des Rohrmaterials durch die Befestigung der Kabelsysteme*
- *Ausschluss der Dichtheitsprüfung von Abwasserkanälen mit sog. Muffenprüfgeräten*
- *Erhebliche Einschränkung der Sanierung von Abwasserkanälen mit Reparatur- und Renovierungsverfahren; durch die Kabelsysteme können die meisten der bewährten Sanierungsverfahren nicht mehr bzw. nur mit großen Einschränkungen eingesetzt werden*
- *Erheblich Einschränkung bei dem nachträglichen Einbau von Hausanschlüssen*
- *Umbau bzw. Sonderlösungen bei allen Absperrarmaturen im Kanalnetz*
- *Ausschluss des Einsatzes von Absperrblasen, die insbesondere bei Unfällen mit wassergefährdenden Stoffen oder zur Durchführung von Instandhaltungsmaßnahmen erforderlich sind, um Überflutungen oder unzulässige Einleitungen in Kläranlagen und Gewässer zu vermeiden*
- *Mögliche Gefährdung des Explosionsschutzes bei der Installation und dem Betrieb von Kabelsystemen*
- *Ungeklärte Wechselwirkungen zwischen den Abwasserinhaltsstoffen und den Materialien der Kabelsysteme*
- *Gesicherte Erkenntnisse und anerkannte europäische Normen zum Einbau der Kabelsysteme in Abwasserkanälen liegen nicht vor*

Die Aufzählung zeigt, dass der Einbau von Kabelsystemen in bestehende Kanäle mit zahlreichen technischen Erschwernissen beim Betrieb, der Instandhaltung und bei der Sanierung verbunden ist. Auch die Sicherheit der Abwasserableitung wird beeinträchtigt und die Einsatzmöglichkeiten der bewährten Verfahren zur Kanalinspektion und -sanierung werden in erheblicher Weise eingeschränkt. Dies gilt selbst dann, wenn man davon ausgeht, dass eine hervorragende Zusammenarbeit bzw. Abstimmung und Kommunikation zwischen den beiden Netzbetreibern besteht.

Sanierungsmaßnahmen an einem der beiden Systeme führen zu Unterbrechungen des jeweils anderen Systems. Dadurch wird die Ver- und Entsorgungssicherheit für die Nutzer dieser Systeme häufiger beeinträchtigt. Dem muss mit sehr aufwändigen Provisorien entgegengewirkt werden, um die Ver- bzw. Entsorgung während der Baumaßnahme aufrecht zu erhalten.

Besonders gravierend wird die Problematik bei Schäden im Kanalnetz, die zur Aufrechterhaltung der Abwasserableitung, zur Vermeidung von Gewässerverunreinigungen oder aus Gründen der Standsicherheit ein sofortiges Eingreifen durch Austausch von beschädigten Kanalrohren erforderlich machen. Durch die Kabelsysteme wird die Handlungsfähigkeit der Kanalnetzbetreiber gerade bei Störungen in ganz erheblicher Weise eingeschränkt.

Neben den technischen Problemen ergeben sich aus der Nutzung der Abwasserkanäle mit Kabelsystemen auch weitreichende rechtliche und wirtschaftliche Probleme:

....

- *Die Betreiber von Abwassernetzen haben ihre Kanäle häufig in fremden Grundstücken verlegt und die zugehörigen vereinbarten Leitungsführungsrechte mit den Eigentümern grundbuchrechtlich gesichert. Diese Vereinbarungen decken nicht die Kabelleitungen ab und müssten daher neu vereinbart werden.*
- *Durch die Installation der Kabelsysteme entstehen zusätzliche haftungsrechtliche Probleme, z. B. wenn bei Schäden an Kanälen durch andere Tiefbaumaßnahmen die Kabelsysteme ebenfalls beschädigt werden.*
- *Die Kanalnetzbetreiber überprüfen regelmäßig den Zustand ihrer Anlagen und erstellen Sanierungsprogramme, die mit Prioritätensetzungen und der Zuordnung von Durchführungszeiträumen verbunden sind. Durch den Einbau von Kabelsystemen ergibt sich die Notwendigkeit, schadhafte Kanäle abweichend von diesen langfristigen, strategischen Planungen zu sanieren. Damit können auch weitreichende Verschiebungen in der Finanzplanung der Kanalnetzbetreiber verbunden sein.*

Ziel des Verordnungsentwurfs ist eine Reduzierung der Kosten des Ausbaus der Hochgeschwindigkeitsnetze. Langfristig müssen aber die Bau-, Betriebs- und Instandhaltungskosten beider Systeme in ihrer Gesamtheit betrachtet werden. Unabhängig von der regelmäßig geringen technischen Eignung der Abwasserkanäle zur Aufnahme von Kabelsystemen wird eine übergreifende und langfristige Wirtschaftlichkeitsbetrachtung unter Beachtung aller Kostenfaktoren mit hoher Wahrscheinlichkeit gegen einen Einbau von Kabeln in bestehende Kanäle sprechen.

Die bestehenden Kanalnetze sind für die Aufnahme von Kabelsystemen technisch schlecht geeignet. Die Betriebssicherheit und die Möglichkeiten der Instandhaltung werden durch Kabelsysteme in unzumutbarer Weise beeinträchtigt und erschwert. Jedenfalls führen Sie zu Kosten, die einen Einbau der Kabel in die Kanäle kaum mehr wirtschaftlich erscheinen lassen.

Die DWA geht daher davon aus, dass das Ziel der Verordnung, einen kosteneffizienten Ausbau der Hochgeschwindigkeitskabelnetze zu ermöglichen, im Bereich der bestehenden Abwassernetze in der Praxis nicht erreichbar ist" (DWA: Stellungnahme zu dem Vorschlag der europäischen Kommission für eine Verordnung des europäischen Parlamentes und des Rates über Maßnahmen zur Reduzierung der Kosten des Ausbaues von Hochgeschwindigkeitsnetzen für die elektronische Kommunikation vom 26.03.2013/COM (2013) 147 final).

3.4.9 Haftungsvereinbarungen im Abwasserbereich beim Breitbandausbau (TKG § 138)

Eigentümer oder Betreiber öffentlicher Telekommunikationsnetze können bei den Eigentümern oder Betreibern öffentlicher Versorgungsnetze die Mitbenutzung der passiven Netzinfrastrukturen der öffentlichen Versorgungsnetze für den Einbau von Komponenten digitaler Hochgeschwindigkeitsnetze beantragen. Bei einigen Gemeinden bestand die Sorge, dass ihnen bei einem Rohrbruch oder einer später fälligen Sanierung zusätzliche Kosten entstehen könnten, falls Glasfaserkabel an den öffentlichen Abwasserleitungen angebracht sind.

Die Eigentümer oder Betreiber öffentlicher Versorgungsnetze müssen antragstellenden Telekommunikationsbetreibern ein Angebot über die Mitbenutzung ihrer passiven Netzinfrastrukturen für den Einbau von Komponenten digitaler Hochgeschwindigkeitsnetze unterbreiten. In dem Angebot sollten auch besondere Vereinbarungen zur Haftung beim Einbau der Netzkomponenten und zu Instandhaltungen, Änderungen, Erweiterungen, Verlegungen und Störungen vorgesehen werden.

3.4.10 Zusammenfassung der Möglichkeiten der Kanalnetzbetreiber

Begehren Unternehmen, die öffentliche Kommunikationsnetze bereitstellen oder für die Bereitstellung von öffentlichen Kommunikationsnetzen zugelassen sind in einem bestimmten Gebiet Zugang zu Kanal-Infrastrukturen, müssen die Kanal-Netzbetreiber ein Angebot zu fairen und angemessenen Bedingungen (einschließlich Preisangebot) für die gemeinsame Nutzung ihrer Einrichtungen vorlegen; es sei denn, der Zugang könnte aus den im Gesetz genannten objektiven Gründen (fast nur: fehlender oder der zukünftig fehlender Platz) tatsächlich verweigert werden.

Jedoch können verschiedene Faktoren die Bedingungen der Zugangsgewährung beeinflussen u. a.:

- zusätzliche Instandhaltungs- und Anpassungskosten,
- notwendige vorbeugende Sicherheitsvorkehrungen zur Begrenzung negativer Auswirkungen auf die Netzsicherheit, -sicherung und -integrität,
- spezifische Haftungsvorkehrungen für den Schadensfall,
- Verwendung staatlicher Zuschüsse, die für den Bau der Infrastrukturen gewährt wurden (einschließlich daran geknüpfter oder in den nationalen Rechtsvorschriften im Einklang mit dem Unionsrecht vorgesehener besonderer Bedingungen),
- die Fähigkeit, Infrastrukturkapazitäten bereitzustellen oder anzubieten, die den für öffentliche Dienstleistungen geltenden Verpflichtungen entsprechen, oder
- Einschränkungen aufgrund nationaler Vorschriften zum Schutz der Umwelt, der Gesundheit der Bevölkerung und der öffentlichen Sicherheit oder zur Verwirklichung von Stadt- und Raumplanungszielen.

Die in Abschn. 3.4.8 von der DWA aufgelisteten technischen Gründe gegen TK-Leitungen im Kanal beeinflussen massiv die Zugangsbedingungen. Da der Zugang meist kaum verweigert werden kann, wird er bei Berücksichtigung aller technischen Eventualitäten in der Regel vermutlich wirtschaftlich uninteressant. Siehe unter Pkt. 3.4.8, letzte Aussagen der DWA (letzten beiden Absätze).

Zusätzlicher Hinweis
DWA Stellungnahme vom 09.04.2018: „Breitbandausbau-Konsultation der BNetzA zu Entgelten für Mitbenutzung/Mitverlegung" https://relaunch.dwa.de/files/_media/content/01_DIE_DWA/Politikinformationen/Stellungnahmen/DWA_Stell_Breitbandausbau%20Entgelte%2020180409%20fin.pdf – Letzter Zugriff 02.04.2023

3.4.11 Gemeinsame Baumaßnahmen

3.4.11.1 Informationen über Bauarbeiten an öffentlichen Versorgungsnetzen (TKG § 142)

Eigentümer oder Betreiber öffentlicher Telekommunikationsnetze können bei den Eigentümern oder Betreibern öffentlicher Versorgungsnetze die Erteilung von Informationen über geplante oder laufende Bauarbeiten an öffentlichen Versorgungsnetzen beantragen, um eine Koordinierung dieser Bauarbeiten mit Bauarbeiten zum Ausbau digitaler Hochgeschwindigkeitsnetze zu prüfen. Der Antrag muss erkennen lassen, in welchem Gebiet der Einbau von Komponenten digitaler Hochgeschwindigkeitsnetze vorgesehen ist. Eigentümer oder Betreiber öffentlicher Versorgungsnetze erteilen solchen Antragstellern innerhalb von zwei Wochen ab dem Tag des Antragseingangs die beantragten Informationen. Die Erteilung erfolgt unter verhältnismäßigen, diskriminierungsfreien und transparenten Bedingungen.

Die Informationen müssen folgende Angaben zu laufenden und geplanten Bauarbeiten an passiven Netzinfrastrukturen öffentlicher Versorgungsnetze enthalten, für die bereits eine Genehmigung erteilt wurde oder ein Genehmigungsverfahren anhängig ist:

- die geografische Lage des Standortes und die Art der Bauarbeiten,
- die betroffenen Netzkomponenten,
- den geschätzten Beginn und die geplante Dauer der Bauarbeiten und
- Kontaktdaten eines oder mehrerer Ansprechpartner des Eigentümers oder Betreibers des öffentlichen Versorgungsnetzes.

Ist innerhalb von sechs Monaten nach Eingang des Antrages auf Erteilung der Informationen ein Antrag auf Genehmigung der Bauarbeiten vorgesehen, so müssen auch zu diesen Bauarbeiten die o. g. Informationen erteilt werden.

Der Antrag kann ganz oder teilweise abgelehnt werden, u. a. soweit konkrete Anhaltspunkte dafür vorliegen, dass

- Bauarbeiten betroffen sind, deren anfänglich geplante Dauer acht Wochen nicht überschreitet,
- die Koordinierung von Bauarbeiten unzumutbar ist

Anstelle einer Erteilung der Informationen genügt ein Verweis auf eine bereits erfolgte Veröffentlichung, wenn

- der Bauherr die beantragten Informationen bereits selbst elektronisch öffentlich zugänglich gemacht hat oder
- der Zugang zu diesen Informationen bereits über die Bundesnetzagentur gewährleistet ist.

Innerhalb der oben genannten Frist sind die Informationen auch der Bundesnetzagentur als zentraler Informationsstelle zu übermitteln. Die Bundesnetzagentur macht diese Informationen anderen Interessenten, die ein berechtigtes Interesse an der Einsichtnahme haben, in geeigneter Form zugänglich.

3.4.11.2 Koordinierung von Bauarbeiten (TKG § 143)

Eigentümer oder Betreiber öffentlicher Versorgungsnetze können mit Eigentümern oder Betreibern öffentlicher Telekommunikationsnetze im Hinblick auf den Ausbau der Komponenten von digitalen Hochgeschwindigkeitsnetzen Vereinbarungen über die Koordinierung von Bauarbeiten schließen.

Eigentümer oder Betreiber öffentlicher Telekommunikationsnetze können bei den Eigentümern oder Betreibern öffentlicher Versorgungsnetze die Koordinierung von Bauarbeiten beantragen. Im Antrag sind Art und Umfang der zu koordinierenden Bauarbeiten und die zu errichtenden Komponenten digitaler Hochgeschwindigkeitsnetze zu benennen. Eigentümer oder Betreiber öffentlicher Versorgungsnetze, die ganz oder teilweise aus öffentlichen Mitteln finanzierte Bauarbeiten direkt oder indirekt ausführen, haben zumutbaren Anträgen nach zu transparenten und diskriminierungsfreien Bedingungen stattzugeben.

Anträge sind insbesondere zumutbar, sofern

- dadurch keine zusätzlichen Kosten für die ursprünglich geplanten Bauarbeiten verursacht werden; eine geringfügige zeitliche Verzögerung der Planung und geringfügige Mehraufwendungen für die Bearbeitung des Koordinierungsantrags gelten nicht als zusätzliche Kosten der ursprünglich geplanten Bauarbeiten,
- die Kontrolle über die Koordinierung der Arbeiten nicht behindert wird,
- der Koordinierungsantrag so früh wie möglich, spätestens aber einen Monat vor Einreichung des endgültigen Projektantrags bei der zuständigen Genehmigungsbehörde gestellt wird und Bauarbeiten betrifft, deren anfänglich geplante Dauer acht Wochen überschreitet.

Hinweis
Die Bundesnetzagentur veröffentlicht Grundsätze dafür, wie die Kosten, die mit der Koordinierung von Bauarbeiten verbunden sind, auf den Eigentümer oder Betreiber des öffentlichen Telekommunikationsnetzes umgelegt werden sollen: „*Grundsätze nach § 143 Abs. 6 TKG zur Umlegung der mit der Koordinierung von Bauarbeiten verbundenen Kosten*“ (https://www.bundesnetzagentur.de/DE/Beschlusskammern/BK11/BK11_51_Gds_Mitverlegung/Download/Grundsaetze_143_VI_TKG_Download.pdf?__blob=publicationFile&v=2 – Letzter Zugriff 02.04.2023)

Der Antrag kann u. a. ganz oder teilweise abgelehnt werden, soweit der Betreiber des öffentlichen Versorgungsnetzes zur Koordinierung der Bauarbeiten unverhältnismäßige Maßnahmen ergreifen müsste, um die ihm durch Gesetz oder aufgrund eines Gesetzes auferlegten Schutzpflichten zu erfüllen (TKG § 143).

3.4.11.3 Mitverlegung (TKG § 146)
Eigentümer oder Betreiber öffentlicher Versorgungsnetze können im Rahmen von Bauarbeiten passive Netzinfrastrukturen sowie Glasfaserkabel mitverlegen, um eine Mitnutzung im Sinne dieses Abschnitts oder den Betrieb eines digitalen Hochgeschwindigkeitsnetzes zu ermöglichen. Im Rahmen der Erschließung von Neubaugebieten ist durch Straßenbaulastträger stets sicherzustellen, dass geeignete passive Netzinfrastrukturen für ein Netz mit sehr hoher Kapazität mitverlegt werden.

3.5 Technische (Gebäude-)Ausrüstung

3.5.1 Allgemeines

Während die HOAI bei verschiedenen Anlagen von Technischer (Gebäude-)Ausrüstung spricht, sprechen die Bauordnungen auch von anderen Anlagen und Einrichtungen; siehe dazu Tab. 3.6. Der Begriff *Technische Gebäudeausrüstung* wird in der Bauordnung nur als Überschrift für den Abschnitt im Gesetz verwendet.

Einrichten ist nach Arbeitsstätten-VO § 2 (9) das Bereitstellen und Ausgestalten der Arbeitsstätte. Das Einrichten umfasst u. a.:

- Bauliche Maßnahmen oder Veränderungen
- Das Ausstatten mit Maschinen, Anlagen, anderen Arbeitsmitteln und Mobiliar sowie mit Beleuchtungs-, Lüftungs-, Heizungs-, Feuerlösch- und Versorgungseinrichtungen
- Das Anlegen und Kennzeichnen von Verkehrs- und Fluchtwegen sowie das Kennzeichnen von Gefahrenstellen und brandschutztechnischen Ausrüstungen

Tab. 3.6 Gegenüberstellung von Anlagen der Technischen Ausrüstung nach HOAI § 53 und der Technischen Gebäudeausrüstung nach Muster-Bauordnung §§ 39–46

Anlagen der Technischen Ausrüstung **nach HOAI § 53**	**Technische Gebäudeausrüstung** **nach Muster-Bauordnung §§ 39–46**
Abwasser-, Wasser- und Gasanlagen,	Sanitäre Anlagen, Wasserzähler Kleinkläranlagen, Gruben
Wärmeversorgungsanlagen,	Feuerungsanlagen, sonstige Anlagen zur Wärmeerzeugung, Brennstoffversorgung
Lufttechnische Anlagen,	Lüftungsanlagen
Starkstromanlagen,	
Fernmelde- und informationstechnische Anlagen,	Leitungsanlagen, Installationsschächte und -kanäle
Förderanlagen,	Aufzüge
Nutzungsspezifische Anlagen Küchentechnische Anlagen Wäscherei- und Reinigungsgeräte/-anlagen Labortechnische Anlagen Feuerlöschgeräte/-anlagen Entsorgungsanlagen Medienversorgungsanlagen Prozesswärmeanlagen Anlagen für Tankstellen Lagertechnische Anlagen	Aufbewahrung fester Abfallstoffe
Verfahrenstechnische Anlagen	
Gebäudeautomation und Automation von Ingenieurbauwerken	
	Blitzschutzanlagen

Die jeweilige Bauordnung gilt für bauliche Anlagen und Bauprodukte. Sie gilt aber auch für *andere Anlagen und Einrichtungen*, an die in der Bauordnung (BO) oder in Vorschriften aufgrund dieses Gesetzes Anforderungen gestellt werden. Es muss also immer eine Rechtsnorm z. B. in der Landes-BO oder in einer Vorschrift aufgrund der Landes-BO geben. Das gilt z. B. für Leitungsanlagen, Lüftungsanlagen, Installationsschächte und -kanäle, Feuerungsanlagen, sonstige Anlagen zur Wärmeerzeugung und Brennstoffversorgung, Sanitäre Anlagen oder Blitzschutzanlagen.

Vorschriften aufgrund der Bauordnung sind z. B. (https://www.bauministerkonferenz.de/verzeichnis.aspx?id=991&o=759O986O991 – Letzter Zugriff 02.04.2023):

- Feuerungs(-anlagen)-verordnung
- Richtlinie über brandschutztechnische Anforderungen an Leitungsanlagen

- Richtlinie über brandschutztechnische Anforderungen an Systemböden/Muster-Systembödenrichtlinie (MSysBöR)
- Lüftungsanlagen-Richtlinie
- Verordnung über den Bau von Betriebsräumen für elektrische Anlagen

3.5.2 Kühlanlagen

3.5.2.1 Problem

Kühlanlagen und Wärmetauscher sind in Kläranlagen an verschiedenen Stellen im Einsatz: Sie werden zum Kühlen von Klärgas (sog. Kaltwassersätze), zum Heizen oder zur Kühlung verwendet.

„Legionellen sind natürlich vorkommende Wasserbakterien, die aus der Umwelt in geringen Konzentrationen in technische Wassersysteme gelangen, und sich dort unter günstigen Bedingungen stark vermehren können. Verdunstungskühlanlagen, Kühltürme und Nassabscheider können dann die legionellen-haltigen Wassertröpfchen zur Kühlung von Gebäuden und auch als Kühlsysteme oder als Notkühler der BHKW oder Gasmaschinen. Wasser wird in vielen dieser technischen Prozesse (Aerosole) emittieren, die beim Einatmen bei Menschen zu schweren Lungenentzündungen sogar mit Todesfolge führen können. Bundesweit waren 2016 zehn Tote sicher auf Infektionen mit Legionellen aus Verdunstungskühlanlagen zurückzuführen" (Bundesrat Drucksache 242/17 vom 23.03.2017).

3.5.2.2 Umgang mit den Kühlanlagen

Nachdem sich der Eintrag von Legionellen in das Wassersystem der o. g. Kühlanlagen selbst nicht verhindern lässt, sollen durch die 42. BImSchV bundeseinheitlich Gefahren dieser Anlagen nach dem Stand der Technik verhindert werden, sowie schädliche Umwelteinwirkungen auf ein Mindestmaß beschränkt werden.

Die 42. BImSchV gilt für die Errichtung, die Beschaffenheit und den Betrieb von Verdunstungskühlanlagen, Kühltürmen und Nassabscheidern, wenn dort Wasser verrieselt oder versprüht wird oder anderweitig in Kontakt mit der Atmosphäre kommen kann. Die Verordnung gilt unabhängig davon, ob die Verdunstungskühlanlagen, Kühltürme und Nassabscheider als selbständige Anlagen oder als Anlagenteile oder Nebeneinrichtungen anderer Anlagen betrieben werden.

Der Nassabscheider ist ein Abscheider, der dem Entfernen fester, flüssiger und gasförmiger Verunreinigungen aus einem Abgas mit Hilfe einer Waschflüssigkeit dient, wobei die Verunreinigungen an die in die Abgasströmung eingebrachte Waschflüssigkeit gebunden und mit dieser zusammen abgeschieden werden; nicht erfasst sind insbesondere Abscheider, bei denen die Reinigungsleistung durch Mikroorganismen bewirkt wird, wie Biofilter oder Rieselbettfilter, unbeschadet einer gegebenenfalls vorhandenen Berieselung des Filters zur Lebenserhaltung der die Abscheideleistung erbringenden Mikroorganismen (42. BImSchV § 2 Nr 7).

Die Verdunstungskühlanlage ist eine Anlage, bei der durch Verdunstung von Wasser Wärme an die Umgebungsluft abgeführt wird, insbesondere bestehend aus einer Verrieselungs- oder Verregnungseinrichtung für Kühlwasser und einem Wärmeübertrager, ausgenommen Kühltürme (42. BImSchV § 2 Nr 11).

„Nassabscheider und Kühltürme dienen der Abführung von Prozesswärme aus technischen Prozessen an die Umgebungsluft. Diese Anlagen kommen in unterschiedlichen Ausführungen sowohl in Industrieanlagen sowie zur Klimatisierung großer (Büro-)Gebäude, ... zum Einsatz. ... Für Nassabscheider und Verdunstungskühlanlagen liegen mit den VDI-Richtlinien 3679 Blatt 1 und 2047 Blatt 2 technische Regelwerke vor, die den Stand der Technik für einen hygienisch einwandfreien Betrieb dieser Anlagen beschreiben. Dazu gehört die Einhaltung bestimmter baulicher, organisatorischer und betrieblicher Voraussetzungen sowie regelmäßige betriebsinterne Überprüfungen und Kontrollen des hygienischen Zustands der Anlagen durch externe mikrobiologische Untersuchungen des Kühl- und Waschwassers. ... Die Anforderungen an Kühltürme werden leistungsabhängig unterschieden“ (Bundesrat Drucksache 242/17 vom 23.03.2017, Begründung).

3.5.2.3 Verschiedene Ausnahmen (42. BImSchV § 1)

Bestimmte Anlagen sind vom Anwendungsbereich der 42. BImSchV (§ 1) ausgenommen, für die aufgrund ihrer Bau- oder Betriebsweise oder der im Betrieb gegebenen Umgebungsbedingungen die Möglichkeit der Vermehrung von Legionellen bzw. deren möglicher Austrag gering erachtet wird. Anlagen im Bereich von Kläranlagen könnten unter diese Ausnahmen fallen.

Die Verordnung gilt *nicht* für

- Verdunstungskühlanlagen, bei denen Kondenswasserbildung durch Taupunktunterschreitung möglich ist, insbesondere Anlagen mit Kaltwassersätzen,
- Wärmeübertrager, in denen
  - das die Prozesswärme aufnehmende Fluid ausschließlich in einem geschlossenen Kreislauf geführt wird und
  - die Prozesswärme ausschließlich direkt über Luftwärmeübertragung an die zur Kühlung herangeführte Luft übertragen wird,
- Befeuchtungseinrichtungen in Raumlufttechnischen Anlagen, die integrierter Bestandteil der luftführenden Bereiche dieser Anlagen sind und die bei Bedarf auch zur adiabaten Kühlung eingesetzt werden,
- Anlagen, in denen das Nutzwasser und die Verrieselungsflächen eine dauerhaft konstante Temperatur von 60 Grad Celsius oder mehr haben,
- Nassabscheider, in denen das Nutzwasser dauerhaft einen pH-Wert von 4 oder weniger oder einen pH-Wert von 10 oder mehr hat,
- Nassabscheider, bei denen das Abgas nach Verlassen des Abscheiders für mindestens 10 Sekunden auf mindestens 72 Grad Celsius erhitzt wird, wodurch sichergestellt ist, dass trockenes Abgas abgeleitet wird,
- Anlagen, in denen das Nutzwasser dauerhaft eine Salzkonzentration von mehr als 100 Gramm Halogenide je Liter hat,
- Nassabscheider, die ausschließlich mit Frischwasser im Durchlaufbetrieb betrieben werden, und
- Anlagen, die in einer Halle stehen und in diese emittieren.

3.5.2.4 Pflichten der Betreiber nach der 42. BImSchV

Die 42. BImSchV regelt sowohl technische Anforderungen an die jeweiligen betroffenen Anlagen als auch konkrete Pflichten und Vorgaben für die Anlagenbetreiber wie z. B.:

- Anzeige- bzw. Meldepflicht bzgl. der Bestands- oder Neu-Anlagen,
- Betreiberpflichten bzgl. Eigenüberwachung und deren Dokumentation (Führen eines Betriebstagebuchs, Dokumentation der Beprobungen),
- Pflichten bei Störungen des Betriebs,
- Informationspflicht bei Überschreitung von Maßnahmenwerten und
- Anforderungen an die Errichtung, Beschaffenheit und Betrieb der Anlagen,
- regelmäßige mikrobiologische Laboruntersuchungen des Nutzwassers durch akkreditierte Prüflabore (Legionellen-Untersuchung),
- Maßnahmen und Informationspflichten bei Anstieg des Legionellenbefalls bzw. bei Überschreitung von Prüf- und Maßnahmenwerten,
- alle fünf Jahre Überprüfung des ordnungsgemäßen Anlagenbetriebes durch einen öffentlich bestellten und vereidigten Sachverständigen oder eine akkreditierte Inspektionsstelle.

Falls die örtlich vorhandenen Kühlanlagen nicht unter die o. g. Ausnahmen fallen, müssen die Anlagenbetreiber die in diesem Abschnitt genannten Pflichten erfüllen. In diesem Fall müssen die Details dem Text der Verordnung entnommen werden.

Hinweis
Links zur Information, z. B.:
https://www.lfu.bayern.de/luft/legionellen/index.htm
https://www.umwelt.niedersachsen.de/startseite/themen/technischer_umweltschutz/luftreinhaltung/anlagenbezogene_luftreinhaltung/42-bimschv-verordnung-ueber-verdunstungskuehlanlagen-kuehltuerme-und-nassabscheider-166812.html
https://www.schleswig-holstein.de/DE/Fachinhalte/I/immissionsschutz/42BImSchV.html
(Letzter Zugriff jeweils 02.04.2023)

3.5.3 Trinkwassererwärmungsanlagen und Legionellen

Die Betreiber von Dusch-Anlagen auf Kläranlagen oder in kommunalen Bauhöfen sind aufgrund der potentiellen Gefährdung durch Legionellen spätestens nach der Novellierung der Trinkwasser-VOwohl auch verpflichtet die notwendigen Untersuchungen durchzuführen und künftig die Gefährdung der Mitarbeiter aus dieser Quelle im Auge zu behalten.

Die Trinkwasser-VO verpflichtet kommunale Betreiber jedoch nicht direkt zu solchen Untersuchungen. Da es dort aber Duschen und Sprühnebel gibt, ist die **mögliche Gefährdung** jedoch mindestens so hoch wie z. B. in Mehrfamilienhäusern.

3.5.3.1 Anforderungen an Trinkwasser

Trinkwasser muss so beschaffen sein, dass durch seinen Genuss oder Gebrauch eine Schädigung der menschlichen Gesundheit insbesondere durch Krankheitserreger nicht zu besorgen ist (IfSG § 37).

Mikroorganismen, die das Trinkwasser verunreinigen oder seine Beschaffenheit nachteilig beeinflussen können, dürfen in Trinkwasser nur in Konzentrationen enthalten sein, die so niedrig sind, wie dies mit im Einzelfall angemessenem Aufwand unter Einhaltung mindestens der allgemein anerkannten Regeln der Technik möglich ist (TrinkwV § 6 (5)).

Im Falle der Nichteinhaltung von Grenzwerten, der Nichterfüllung von Anforderungen sowie der Überschreitung von technischen Maßnahmenwerten sind bestimmte Maßnahmen notwendig: z. B. bei Nichteinhaltung des technischen Maßnahmenwertes für Legionellen (Legionella spec.) 100/100 ml wird eine Ortsbesichtigung mit Gefährdungsanalyse notwendig (entspr. TrinkwV Anl. 3, Teil II).

Der Betreiber einer Wasserversorgungsanlage darf Wasser nicht als Trinkwasser abgeben und anderen nicht zur Verfügung stellen, wenn die gesetzlichen Grenzwerte oder Höchstwerte nicht eingehalten sind (TrinkwV § 49 (1)).

3.5.3.2 Großanlagen zur Trinkwassererwärmung

Die Trinkwasserverordnung § 31 Nr. 1 spricht von großen Anlagen zur Trinkwassererwärmung, wenn es sich um eine der beiden folgenden Anlagen handelt:

- Speicher-Trinkwassererwärmer oder zentralem Durchfluss-Trinkwassererwärmer jeweils mit einem Inhalt von mehr als 400 Litern oder
- einem Inhalt von mehr als 3 Litern in mindestens einer Rohrleitung zwischen Abgang des Trinkwassererwärmers und Entnahmestelle; nicht berücksichtigt wird der Inhalt einer Zirkulationsleitung;

Solche großen Anlagen dürften in den Sanitärbereichen vieler Kläranlagen oder Bauhöfe anzutreffen sein.

3.5.3.3 Erkrankung durch Legionellen

Nach einer Mitteilung des Umweltbundesamtes von 2011 erkranken mindestens 20–32.000 Personen in Deutschland an Lungenentzündungen, die durch Legionellen hervorgerufen werden; bis zu 15 % der Fälle enden sogar tödlich. Damit ist die Legionellose eine der bedeutendsten Krankheiten, die durch Wasser übertragen werden kann. Legionellen vermehren sich besonders in einem Temperaturbereich von 25–55 Grad Celsius, wenn das Wasser tagelang stagniert wie z. B. in selten genutzten Leitungssträngen. Seit November

2011 schreibt die Trinkwasser-Verordnung (TrinkwV) daher strengere Anforderungen vor. Eine Untersuchungspflicht wurde nun u. a. auch auf Mietshäuser und andere gewerblich genutzte Gebäude ausgedehnt. Schutzmaßnahmen müssen jetzt besonders beachtet werden in größeren Anlagen.

3.5.3.4 Mögliches Vorkommen von Legionellen

Legionellen sind Bakterien, die sich überall im Wasser befinden können. In kaltem Wasser liegen sie zwar in einer ungefährlichen Konzentration von (1–100 KBE*/100 ml Wasser) vor, sie vermehren sich aber vorzugsweise in einem Temperaturbereich von 30 bis 45 °C. Dies sind genau die bevorzugten Temperaturen zum Duschen. Nach bisher vorliegenden Erkenntnissen sind Infektionsquellen vor allem nicht regelmäßig durchströmte aerosolerzeugende Wassersysteme, in denen Dampf oder Sprühnebel entstehen und in denen die vorhandenen Legionellen Zeit zur Vermehrung hatten. Das Einatmen von legionellenhaltigem Wasserdampf z. B. unter der Dusche kann dann zu der sogenannten Legionärskrankheit führen.

3.5.3.5 Untersuchungspflichten in Bezug auf Legionella spec. (TrinkwV § 14b)

Der Unternehmer und der sonstige Inhaber einer Wasserversorgungsanlage (Anlage zur ständigen Wasserverteilung: Anlagen der Trinkwasser-Installation, aus denen Trinkwasser aus einer Anlage an Verbraucher abgegeben wird) haben das Trinkwasser in der Wasserversorgungsanlage auf den Parameter Legionella spec. durch systemische Untersuchungen zu untersuchen oder untersuchen zu lassen, wenn

1. aus der Wasserversorgungsanlage Trinkwasser im Rahmen einer ***gewerblichen*** oder ***öffentlichen*** Tätigkeit abgegeben wird,
2. sich in der Wasserversorgungsanlage eine Großanlage zur Trinkwassererwärmung befindet und
3. die Wasserversorgungsanlage Duschen oder andere Einrichtungen enthält, in denen es zu einer Vernebelung des Trinkwassers kommt.

Hinweise

Empfehlung des Umweltbundesamtes: Systemische Untersuchungen von Trinkwasser-Installationen auf Legionellen nach Trinkwasserverordnung – Probennahme, Untersuchungsgang und Angabe des Ergebnisses (https://www.umweltbundesamt.de/sites/default/files/medien/421/dokumente/twk_08_1-0-18_endfassung_uba-empfehlung_systemische_untersuchung_legionellen.pdf).

Mitteilung des Umweltbundesamtes zur Kollision der Trinkwasserverordnung mit dem Gebäudeenergiegesetz: (https://www.umweltbundesamt.de/sites/default/files/medien/5620/dokumente/anlage_2_dokument_mitteilung_zum_gebaeudeenergie gesetz_ii_3.5_final.pdf).

(Letzter Zugriff jeweils 02.04.2023)

3.5.3.6 Keine Melde- oder Untersuchungspflicht (TrinkwV § 13 (2) Nr. 4)

Bestimmte Großanlagen sind dem Gesundheitsamt zu melden. Diese Meldepflicht fällt für kommunale Kläranlagen in der Regel aus:

- *Gewerbliche Tätigkeit* ist die unmittelbare oder mittelbare, zielgerichtete Trinkwasserbereitstellung im Rahmen einer selbstständigen, regelmäßigen und in Gewinnerzielungsabsicht ausgeübten Tätigkeit.
- *Öffentliche Tätigkeit* ist die Trinkwasserbereitstellung für einen unbestimmten, wechselnden und nicht durch persönliche Beziehungen verbundenen Personenkreis;

Weder die öffentliche noch eine gewerbliche Tätigkeit im Sinn der TrinkwV ist hier gegeben, da es sich bei den Personen, die die Anlagen nutzen, um einen bestimmten und regelmäßig gleichen Personenkreis, nämlich die Mitarbeiter handelt; Gewinnerzielungsabsicht ist meist ebenfalls nicht gegeben. Das Gleiche gilt für die Untersuchungspflicht. Die meisten Kläranlagen oder Bauhöfe dürften daher auch *nicht* unmittelbar unter den Geltungsbereich der TrinkwV fallen.

Nach BGV A1 (§ 2) gehört es aber unabhängig davon zu den Grundpflichten des Unternehmers die erforderlichen Maßnahmen zur Verhütung von Berufskrankheiten und arbeitsbedingten Gesundheitsgefahren zu treffen.

Die Duschen auf Kläranlagen werden als Teil der Arbeit zur Verfügung gestellt und genutzt. Bei einer „Gefährdungsanalyse" also einer „systematische Ermittlung von Gefährdungen und Ereignissen in den Prozessen" kommt man aber trotzdem zu einer *möglichen* Gefährdung der Mitarbeiter auch in Kläranlagen oder Bauhöfen durch Legionellen durch Trinkwasser und zwar im Bereich der Duschen in den Umkleidebereichen, die nach der Arbeitsstättenverordnung überall vorhanden sein sollten.

Eine Untersuchungspflicht nach § 14 b TrinkwV besteht für Duschen oder andere Anlagen, bei denen es zu einer Vernebelung des Trinkwassers kommt.

Die in der Trinkwasser-VO geregelte Größe der Trinkwassererwärmungsanlagen nämlich 400 l Behälterinhalt oder 3 l Leitungsinhalt wird sehr häufig in Kläranlagen und Bauhöfen vorhanden sein; damit ist mindestens eine potentielle Gefährdung sicher auch sehr häufig gegeben. Aufgrund der grundsätzlichen Gefährdung sollte man also, so wie es auch die TrinkwV für ähnliche Anlagen vorsieht, die entsprechenden Warmwasser-Anlagen durch ein geeignetes Labor mindestens einmal jährlich untersuchen lassen.

Beim Erreichen oder der Überschreitung des technischen Maßnahmenwertes von 100 KBE ist eine Überprüfung der Wasserversorgungsanlage im Sinne einer Gefährdungsanalyse erforderlich, um eine Gesundheitsgefährdung der Mitarbeiter auszuschließen. Auch eine Meldung an das Gesundheitsamt scheint mindestens dann angezeigt, wenn der technische Maßnahmenwert überschritten wird.

Sind bei den jährlichen Untersuchungen und bei qualifizierter Probenahme in drei aufeinanderfolgenden Jahren keine Beanstandungen festgestellt worden, kann man in Anlehnung an § 14 TrinkwV längere Untersuchungsintervalle festlegen, wenn die Anlage und die Betriebsweise nicht verändert werden. Absprachen mit dem Gesundheitsamt dazu erscheinen sinnvoll. In Anlehnung an § 21 der TrinkwV sollten auch die Mitarbeiter über die Ergebnisse der Untersuchungen informiert werden.

3.5.4 Informationstechnische Anlagen

Ein Netz- und Informationssystemwird von der EU (Richtlinie (EU) 2016/1148, Art 4) definiert als:

- ein elektronisches Kommunikationsnetz
- eine Vorrichtung oder eine Gruppe miteinander verbundener oder zusammenhängender Vorrichtungen, die einzeln oder zu mehreren auf der Grundlage eines Programms die automatische Verarbeitung digitaler Daten durchführen, oder
- digitale Daten, die von den oben genannten Elementen zum Zwecke ihres Betriebs, ihrer Nutzung, ihres Schutzes und ihrer Pflege gespeichert, verarbeitet, abgerufen oder übertragen werden

Netz- und Informationssysteme mit den zugehörigen Diensten spielen eine zentrale Rolle in der Gesellschaft und auch in der Entwässerung: Automatisierungstechnik (SPS) ist unverzichtbar in fast allen technischen Anlagen. Mittlerweile ist auf jeder größeren Kläranlage ein Prozessleitsystem im Einsatz; an das Prozessleitsystem werden Messdaten übertragen; es wird Fernwirktechnik zur Überwachung und Steuerung von Außenstationen im Kanalnetz eigesetzt.

3.5.4.1 IT-Sicherheit für die Prozessleit-, Fernwirk- und Automatisierungstechnik

Für wirtschaftliche und gesellschaftliche Tätigkeiten und insbesondere für das Funktionieren des Binnenmarkts ist es für die EU daher von entscheidender Bedeutung, dass diese Systeme verlässlich und sicher sind (Richtlinie (EU) 2016/1148 Grund 1).

Die Tragweite, Häufigkeit und Auswirkungen von Sicherheitsvorfällen nehmen zu und stellen eine erhebliche Bedrohung für den störungsfreien Betrieb von Netz- und Informationssystemen dar. Diese Systeme können auch zu einem Angriffsziel vorsätzlich schädigender Handlungen werden, die auf die Störung oder den Ausfall des Betriebs der Systeme gerichtet sind. Solche Sicherheitsvorfälle können die Ausübung wirtschaftlicher Tätigkeiten beeinträchtigen, beträchtliche finanzielle Verluste verursachen, das Vertrauen der Nutzer untergraben und der Wirtschaft der Union großen Schaden zufügen (Richtlinie (EU) 2016/1148 Grund 2).

Die EU hat daher die Richtlinie (EU) 2016/1148 über Maßnahmen zur Gewährleistung eines hohen gemeinsamen Sicherheitsniveaus von Netz- und Informationssystemen in der Union beschlossen. In der Folge hat der Bundestag das Gesetz über das Bundesamt für Sicherheit in der Informationstechnik (BSI-Gesetz – BSIG) beschlossen:

> *„Defizite im Bereich der IT-Sicherheit sind abzubauen. Insbesondere Betreiber Kritischer Infrastrukturen sind wegen der weitreichenden gesellschaftlichen Folgen, die ein Ausfall oder eine Beeinträchtigung ihrer Infrastrukturen nach sich ziehen kann, und ihrer insoweit besonderen Verantwortung für das Gemeinwohl zu verpflichten, ein Mindestniveau an IT-Sicherheit einzuhalten und dem BSI IT-Sicherheitsvorfälle zu melden“* (Deutscher

Bundestag Drucksache 18/4096, Gesetzentwurf der Bundesregierung, Entwurf eines Gesetzes zur Erhöhung der Sicherheit informationstechnischer Systeme (IT-Sicherheitsgesetz), Buchst. B).

3.5.4.2 Sicherheit in der Informationstechnik

Die Informationstechnik umfasst nach BSI-Gesetz alle technischen Mittel zur Verarbeitung oder Übertragung von Informationen. Sicherheit in der Informationstechnik bedeutet die Einhaltung bestimmter Sicherheitsstandards, die die Verfügbarkeit, Unversehrtheit oder Vertraulichkeit von Informationen betreffen, durch Sicherheitsvorkehrungen

- in informationstechnischen Systemen, Komponenten oder Prozessen oder
- bei der Anwendung von informationstechnischen Systemen, Komponenten oder Prozessen (BSIG § 2)

3.5.4.3 Bundesamt für Sicherheit in der Informationstechnik (BSIG § 3)

Das Bundesamt ist zuständig für die Informationssicherheit auf nationaler Ebene. Hierzu nimmt es u. a. folgende Aufgaben wahr:

- Beratung und Warnung in Fragen der Sicherheit in der Informationstechnik
- Erarbeitung von Mindeststandards für die Sicherheit der Informationstechnik des Bundes. Das Bundesministerium des Innern kann im Benehmen mit dem IT-Rat diese Mindeststandards ganz oder teilweise als allgemeine Verwaltungsvorschriften für alle Stellen des Bundes erlassen.
- Bereitstellung technischer Richtlinien, die von den Stellen des Bundes als Rahmen für die Entwicklung sachgerechter Anforderungen an Auftragnehmer (Eignung) und IT-Produkte (Spezifikation) für die Durchführung von Vergabeverfahren berücksichtigt werden.
- Koordinierung der Zusammenarbeit zum Schutz der Sicherheit in der Informationstechnik *Kritischer Infrastrukturen* im Verbund mit der Privatwirtschaft;
- Aufgaben als zentrale Stelle für die Sicherheit in der Informationstechnik *Kritischer Infrastrukturen* und digitaler Dienste;

3.5.4.4 Kritische Infrastrukturen

Kritische Infrastrukturen sind Einrichtungen, Anlagen oder Teile davon, die

- den Sektoren Energie, Informationstechnik und Telekommunikation, Transport und Verkehr, Gesundheit, *Wasser*, Ernährung, Finanz- und Versicherungswesen sowie Siedlungsabfallentsorgung angehören und
- von hoher Bedeutung für das Funktionieren des Gemeinwesens sind, weil durch ihren Ausfall oder ihre Beeinträchtigung erhebliche Versorgungsengpässe oder Gefährdungen für die öffentliche Sicherheit eintreten würden.

Die Kritischen Infrastrukturen werden durch eine Rechtsverordnung näher bestimmt (BSIG § 2).

Die EU spricht von **Betreibern wesentlicher Dienste** statt von Kritischer Infrastruktur. Kriterien zur Ermittlung von Betreibern wesentlicher Dienste sind folgende:

- Eine Einrichtung stellt einen Dienst bereit, der für die Aufrechterhaltung kritischer gesellschaftlicher und/oder wirtschaftlicher Tätigkeiten unerlässlich ist;
- *die Bereitstellung dieses Dienstes ist abhängig von Netz- und Informationssystemen;*
- ein Sicherheitsvorfall würde eine erhebliche Störung bei der Bereitstellung dieses Dienstes bewirken (Richtlinie (EU) 2016/1148, Art. 5 (2)).

Kritische Dienstleistung (BSI-KritisV §§ 2–3)
Kritische Dienstleistung ist eine Dienstleistung zur Versorgung der Allgemeinheit, deren Ausfall oder Beeinträchtigung zu erheblichen Versorgungsengpässen oder zu Gefährdungen der öffentlichen Sicherheit führen würde.

Wegen ihrer besonderen Bedeutung für das Funktionieren des Gemeinwesens sind im Sektor Wasser kritische Dienstleistungen die Trinkwasserversorgung und **die Beseitigung von Abwasser der Allgemeinheit (Abwasserbeseitigung)**. Die Abwasserbeseitigung wird in den Bereichen Siedlungsentwässerung, Abwasserbehandlung und Gewässereinleitung sowie Steuerung und Überwachung erbracht.

Die Leitzentrale ist eine Anlage, insbesondere eine Leitwarte, Leitstelle oder Prozessleitwarte, in der ein oder mehrere Prozessschritte auch räumlich verteilter Anlagen zentral überwacht und/oder gesteuert werden können.

Die Kanalisation ist ein Netz von Rohrleitungen und Zusatzbauten (zum Beispiel Regenüberlaufbecken, Regenrückhaltebecken, Regenklärbecken und Pumpstationen), das Abwasser von Anschlusskanälen zu Kläranlagen oder zu anderen Entsorgungsstellen ableitet.

Bei der Kläranlage handelt es sich um eine Anlage, in der Abwasser physikalisch, biologisch oder chemisch behandelt wird. Die Anlagen zur Gewässereinleitung (zum Beispiel Hochwasserpumpwerke und Ableitungskanäle) werden als Bestandteil der Kläranlage angesehen (BSI-KritisV Anh. 2).

▶ Kritische Infrastrukturen
Dies sind Anlagen oder Teile davon, die den oben genannten Kategorien zuzuordnen sind ***und den Schwellenwert erreichen*** oder überschreiten.

Für die Anlagenkategorien Abwasserbeseitigung und Kanalisation sind die Schwellenwerte der nachfolgenden Tab. 3.7 zu entnehmen.

> *„Der Schwellenwert von 500.000 versorgten Menschen wurde deswegen gewählt, weil ein Ausfall oder eine Beeinträchtigung der Versorgung von 500.000 oder mehr Menschen mit einer (lebens-)wichtigen Dienstleistung (z. B. der Strom- oder Wasserversorgung) zu einer Versorgungskrise in der Bundesrepublik Deutschland führen könnte, die nicht ohne Weiteres gelöst werden*

Tab. 3.7 Anlagenkategorien und Schwellenwerte

Spalte A	Spalte B	Spalte C	Spalte D
Nr.	Anlagenkategorie	Bemessungskriterium	Schwellenwert
2.	**Abwasserbeseitigung**		
2.1	Siedlungsentwässerung		
2.1.1	**Kanalisation**	Angeschlossene Einwohner	500 000
2.2	Abwasserbehandlung und Gewässereinleitung		
2.2.1	**Kläranlage**	Ausbaugröße in Einwohnerwerten	500 000
2.3	Steuerun g und Überwachung		
2.3.1	**Leitzentrale**	Ausbaugrößen der gesteuerten/überwachten Anlagen in Einwohnerwerten	500 000

kann. Ausfälle oder Beeinträchtigungen von Anlagen in dieser Größenordnung sind daher für Deutschland besonders kritisch und sollen daher möglichst verhindert werden" (Bundesamt für Sicherheit in der Informationstechnik, Schutz Kritischer Infrastrukturen durch IT-Sicherheitsgesetz und UP KRITIS, Broschüre, Stand März 2017).

▶ **Anlagen (BSI-KritisV § 1) sind:**

- Betriebsstätten und sonstige ortsfeste Einrichtungen, die für die Erbringung einer kritischen Dienstleistung notwendig sind.
- Maschinen, Geräte und sonstige ortsveränderliche Einrichtungen, die für die Erbringung einer kritischen Dienstleistung notwendig sind.
- Einer Anlage sind alle vorgesehenen Anlagenteile und Verfahrensschritte zuzurechnen, die zum Betrieb notwendig sind, sowie Nebeneinrichtungen, die mit den Anlagenteilen und Verfahrensschritten in einem betriebstechnischen Zusammenhang stehen und die für die Erbringung einer kritischen Dienstleistung notwendig sind.

3.5.4.5 Pflichten der Betreiber Kritischer Infrastrukturen (BSIG § 8a)

Betreiber Kritischer Infrastrukturen sind verpflichtet, *angemessene organisatorische und technische Vorkehrungen* zur Vermeidung von Störungen der Verfügbarkeit, Integrität, Authentizität und Vertraulichkeit ihre informationstechnischen Systeme, Komponenten oder Prozesse zu treffen, die für die Funktionsfähigkeit der von ihnen betriebenen Kritischen Infrastrukturen maßgeblich sind. Dabei soll der *Stand der Technik* eingehalten werden. Organisatorische und technische Vorkehrungen sind angemessen, wenn der dafür erforderliche Aufwand nicht außer Verhältnis zu den Folgen eines Ausfalls oder einer Beeinträchtigung der betroffenen Kritischen Infrastruktur steht.

Die Betreiber Kritischer Infrastrukturen und ihre Branchenverbände können *branchenspezifische Sicherheitsstandards* zur Gewährleistung der Anforderungen vorschlagen (DWA-Standard, s. u.). Das Bundesamt stellt auf Antrag fest, ob diese geeignet sind die

Anforderungen zu gewährleisten. Die Betreiber Kritischer Infrastrukturen haben mindestens *alle zwei Jahre die Erfüllung der Anforderungen auf geeignete Weise nachzuweisen.* Der Nachweis kann durch Sicherheitsaudits, Prüfungen oder Zertifizierungen erfolgen. Die Betreiber übermitteln dem Bundesamt die Ergebnisse der durchgeführten Audits, Prüfungen oder Zertifizierungen einschließlich der dabei aufgedeckten Sicherheitsmängel. Das Bundesamt kann die Vorlage der Dokumentation, die der Überprüfung zugrunde gelegt wurde, verlangen. Es kann bei Sicherheitsmängeln die *Beseitigung der Sicherheitsmängel* verlangen.

3.5.4.6 Störungs-Meldungen (BSIG § 8b)

Die Betreiber Kritischer Infrastrukturen haben die folgenden Störungen unverzüglich an das Bundesamt zu melden:

- Störungen der Verfügbarkeit, Integrität, Authentizität und Vertraulichkeit ihrer informationstechnischen Systeme, Komponenten oder Prozesse, *die zu einem Ausfall oder zu einer erheblichen Beeinträchtigung* der Funktionsfähigkeit der von ihnen betriebenen Kritischen Infrastrukturen geführt haben
- *Erhebliche* Störungen der Verfügbarkeit, Integrität, Authentizität und Vertraulichkeit ihrer informationstechnischen Systeme, Komponenten oder Prozesse, die zu einem Ausfall oder zu einer erheblichen Beeinträchtigung der Funktionsfähigkeit der von ihnen betriebenen Kritischen Infrastrukturen führen können

Die Meldung muss Angaben zu der Störung, zu möglichen grenzübergreifenden Auswirkungen sowie zu den technischen Rahmenbedingungen, insbesondere der vermuteten oder tatsächlichen Ursache, der betroffenen Informationstechnik, der Art der betroffenen Einrichtung oder Anlage sowie zur erbrachten kritischen Dienstleistung und zu den Auswirkungen der Störung auf diese Dienstleistung enthalten. Die Nennung des Betreibers ist nur dann erforderlich, wenn die Störung tatsächlich zu einem Ausfall oder einer Beeinträchtigung der Funktionsfähigkeit der Kritischen Infrastruktur geführt hat.

3.5.4.7 Gehört die Abwasserbeseitigung zur Kritischen Infrastruktur?

Fehlende Übereinstimmung mit der Richtlinie (EU) 2016/1148

Die EU hat die Richtlinie (EU) 2016/1148 über Maßnahmen zur Gewährleistung eines hohen gemeinsamen Sicherheitsniveaus von Netz- und Informationssystemen in der Union in Erwägung u. a. der folgenden Gründe beschlossen:

(19) Die Mitgliedstaaten sollten (zwar) dafür zuständig sein, zu ermitteln, welche Einrichtungen die Kriterien der Definition des Begriffs „Betreiber wesentlicher Dienste" erfüllen. … Damit ein einheitlicher Ansatz gewährleistet ist, sollte die Definition des Begriffs „Betreiber wesentlicher Dienste" in allen Mitgliedstaaten kohärent angewendet werden.

(20) Bei der Beurteilung, ob eine Einrichtung einen Dienst erbringt, der für die Aufrechterhaltung kritischer gesellschaftlicher oder wirtschaftlicher Tätigkeiten wesentlich ist, sollte ausreichen, dass geprüft wird, ob die betreffende Einrichtung einen Dienst erbringt, der in der Liste der wesentlichen Dienste aufgeführt ist.

(28) Zusätzlich zu den sektorübergreifenden Faktoren sollten auch sektorspezifische Faktoren berücksichtigt werden, um zu bestimmen, ob ein Sicherheitsvorfall zu erheblichen Störungen bei der Bereitstellung eines Dienstes führen würde. … bei der Wassergewinnung, -aufbereitung und -versorgung die Wassermenge, die Anzahl und die Arten der belieferten Verbraucher, einschließlich beispielsweise Krankenhäuser, öffentliche Dienstleister oder Einzelpersonen sowie das Vorhandensein alternativer Wasserquellen zur Versorgung desselben geografischen Gebiets.

Die EU hat als wesentlichen Dienst den Sektor Trinkwasserlieferung und -versorgung festgelegt. Sie spricht wörtlich von: *Lieferanten von und Unternehmen der Versorgung mit „Wasser für den menschlichen Gebrauch" im Sinne des Artikels 2 Nummer 1 Buchstabe a der Richtlinie 98/83/EG. Die Bundesrepublik hat als Kritische Infrastrukturen im BSI-Gesetz daraus abgeleitet den Sektor Wasser festgelegt und als Untersektor davon die Abwasserbeseitigung dazu genommen.* Entgegen den Gründen 19 und 28 (s. o.) wird hier der Begriff für den Sektor *Trinkwasserlieferung und -versorgung* nicht kohärent angewendet: aus Trinkwasser wurde *Wasser*, allgemein und zusätzlich die *Abwasserbeseitigung* als wesentlicher Dienst hinzugenommen!

Das verstößt auch gegen Grund 20, da die Abwasserbeseitigung nicht in der Liste der wesentlichen Dienste aufgeführt ist. In der Richtlinie (EU) 2016/1148 ist im Grund 20 auch zu finden: „Außerdem sollte dargelegt werden, dass die Erbringung des wesentlichen Dienstes von Netz- und Informationssystemen abhängt."

Im Bereich der Kanalnetze werden in Sonderbauwerken wie Pumpwerken oder Regenbecken verstärkt MSR-Techniken eingesetzt, Daten übertragen und Anlagen gesteuert. Allerdings ist die wesentliche Aufgabe die Sammlung und Ableitung der Abwässer nicht von Netz- und Informationssystemen abhängig. Diese Aufgabe funktioniert, wie in der Vergangenheit auch, zur Not ohne diese Systeme. Mit Steuerung oder Schaltung von Hand und vor Ort könnten ausfallende Techniken wieder in Funktion gesetzt werden. Mehr noch als im Kanalnetz haben in den Kläranlagen die Netz- und Informationssysteme Einzug gehalten. Aber auch hier gilt, dass die wesentlichen Reinigungs-Funktionen durch Bakterien und Becken erfüllt werden. Die MSR-Technik ist ein wichtiges Hilfsmittel, aber auch hier gilt, dass die Erbringung des wesentlichen Dienstes nicht von Netz- und Informationssystemen abhängt, sondern von den vorhandenen Bauwerken, Maschinen und Mitarbeitern.

Fehlende Übereinstimmung mit dem BSI-Gesetz

Kritische Infrastrukturen sollen von hoher Bedeutung für das Funktionieren des Gemeinwesens sein, weil durch ihren Ausfall oder ihre Beeinträchtigung *erhebliche Versorgungsengpässe oder Gefährdungen für die öffentliche Sicherheit* eintreten würden.

Im Bereich Entwässerung können keine Versorgungsengpässe entstehen, sondern höchstens kurzfristige Entsorgungsengpässe, aber die werden wohl kaum als erheblich eingestuft werden können. Auch die öffentliche Sicherheit kann wohl kaum gefährdet werden, wenn in der Kläranlage vielleicht kurzfristig mal ein Grenzwert für einen zu reinigenden Stoff nicht eingehalten werden kann. Die Abwasserbeseitigung sollte nicht als Kritische Infrastruktur eingestuft werden, da sie insbesondere von den vorhandenen Bauwerken und dem technischen Personal abhängt, aber nur bedingt von den informationstechnischen Hilfsmitteln.

Tatsächlich werden die Entwässerungsbetriebe, meist abhängig von der Größe, auch mehr und mehr mit Informationstechnischen Anlagen ausgerüstet; daher macht es durchaus Sinn sich intensiv mit der Sicherheit dieser Anlagen zu beschäftigen.

Hinweise
Das Bundesamt Sicherheit in der Informationstechnik (BSI) hat *Beispielkonzepte* erstellt:

- IT-Sicherheitsleitlinie
- Richtlinie zur IT-Nutzung
- Richtlinie zur Internet- und E-Mail-Nutzung
- Richtlinie zum Outsourcing
- Sicherheitshinweise für IT-Benutzer
- Sicherheitshinweise für Administratoren
- Viren-Schutzkonzept
- Notfallvorsorgekonzept
- Archivierungskonzept

Die o. g. Hilfsmittel und weitere andere können auf den Seiten des Bundesamt für Sicherheit in der Informationstechnik (BSI) angesehen und heruntergeladen werden: https://www.bsi.bund.de/DE/Themen/Unternehmen-und-Organisationen/Standards-und-Zertifizierung/Technische-Richtlinien/technische-richtlinien_node.html
Letzter Zugriff jeweils 02.04.2023

Das BSI erarbeitet *Mindeststandards* für die Sicherheit der Informationstechnik des Bundes. Diese Mindeststandards definieren ein konkretes Mindestniveau für die Informationssicherheit: https://www.bsi.bund.de/SharedDocs/Downloads/DE/BSI/Publikationen/Broschueren/Mindeststandards_Bund.pdf?__blob=publicationFile&v=1%23:~:text=BSI%20sogenannte%20Mindeststandards%20f%C3%BCr%20die%20Bundesverwaltung.%20Sie%20definieren,die%20in%20der%20gesamten%20Bundesverwaltung%20vorausgesetzt%20werden%20kann. Letzter Zugriff 02.04.2023

DWA-Merkblatt: DWA-M 1060, IT-Sicherheit – Branchenstandard Wasser/Abwasser

3.5.5 Steigleitern, Steigeisengänge (ArbStättV Anh. 1.11)

Steigleitern und Steigeisengänge müssen sicher benutzbar sein. Dazu gehört, dass sie

- nach Notwendigkeit über Schutzvorrichtungen gegen Absturz, vorzugsweise über Steigschutzeinrichtungen verfügen,
- an ihren Austrittsstellen eine Haltevorrichtung haben,
- nach Notwendigkeit in angemessenen Abständen mit Ruhebühnen ausgerüstet sind.

3.5.6 Leitungsanlagen, Installationsschächte und -kanäle (MBO § 40)

Leitungen dürfen durch raumabschließende Bauteile, für die eine Feuerwiderstandsfähigkeit vorgeschrieben ist, nur hindurchgeführt werden, wenn eine Brandausbreitung ausreichend lang nicht zu befürchten ist oder Vorkehrungen hiergegen getroffen sind; dies gilt nicht innerhalb derselben Nutzungseinheit mit nicht mehr als insgesamt 400 m^2 in nicht mehr als zwei Geschossen. Für Installationsschächte und -kanäle gilt das entsprechend.

3.5.7 Lüftungsanlagen, Installationsschächte und -kanäle (MBO § 41)

Lüftungsleitungen sowie deren Bekleidungen und Dämmstoffe müssen aus nichtbrennbaren Baustoffen bestehen; brennbare Baustoffe sind zulässig, wenn ein Beitrag der Lüftungsleitung zur Brandentstehung und Brandweiterleitung nicht zu befürchten ist. Lüftungsleitungen dürfen raumabschließende Bauteile, für die eine Feuerwiderstandsfähigkeit vorgeschrieben ist, nur überbrücken, wenn eine Brandausbreitung ausreichend lang nicht zu befürchten ist oder wenn Vorkehrungen hiergegen getroffen sind. Lüftungsanlagen sind so herzustellen, dass sie Gerüche und Staub nicht in andere Räume übertragen. Für Installationsschächte und -kanäle gilt das entsprechend.

3.5.8 Sicherheitseinrichtungen (ArbStättV § 4)

Der Arbeitgeber hat die Sicherheitseinrichtungen, insbesondere *Sicherheitsbeleuchtung, Brandmelde- und Feuerlöscheinrichtungen, Signalanlagen, Notaggregate und Notschalter* sowie *raumlufttechnische Anlagen* instand zu halten und in regelmäßigen Abständen auf ihre Funktionsfähigkeit prüfen zu lassen.

3.5.9 Blitzschutzanlagen (MBO § 46)

Bauliche Anlagen, bei denen nach Lage, Bauart oder Nutzung Blitzschlag leicht eintreten oder zu schweren Folgen führen kann, sind mit dauernd wirksamen Blitzschutzanlagen zu versehen.

3.5.10 Bildschirmarbeitsplätze

3.5.10.1 Allgemeine Anforderungen (ArbStättV Anh. 6.1)

Der Arbeitgeber hat dafür zu sorgen, dass die Tätigkeiten der Beschäftigten an Bildschirmgeräten insbesondere durch andere Tätigkeiten oder regelmäßige *Erholungszeiten* unterbrochen werden. Die Bildschirmgeräte sind so aufzustellen und zu betreiben, dass die Oberflächen frei von störenden Reflexionen und Blendungen sind.

Die *Arbeitstische oder Arbeitsflächen* müssen eine reflexionsarme Oberfläche haben und so aufgestellt werden, dass die Oberflächen bei der Arbeit frei von störenden Reflexionen und Blendungen sind. Die Arbeitsflächen sind entsprechend der Arbeitsaufgabe so zu bemessen, dass alle Eingabemittel auf der Arbeitsfläche variabel angeordnet werden können und eine flexible Anordnung des Bildschirms, des Schriftguts und der sonstigen Arbeitsmittel möglich ist. Die Arbeitsfläche vor der Tastatur muss ein Auflegen der Handballen ermöglichen.

Auf Wunsch der Beschäftigten hat der Arbeitgeber eine *Fußstütze* und einen Manuskripthalter zur Verfügung zu stellen, wenn eine ergonomisch günstige Arbeitshaltung auf andere Art und Weise nicht erreicht werden kann.

Die *Beleuchtung* muss der Art der Arbeitsaufgabe entsprechen und an das Sehvermögen der Beschäftigten angepasst sein; ein angemessener Kontrast zwischen Bildschirm und Arbeitsumgebung ist zu gewährleisten. Durch die Gestaltung des Bildschirmarbeitsplatzes sowie der Auslegung und der Anordnung der Beleuchtung sind störende Blendungen, Reflexionen oder Spiegelungen auf dem Bildschirm und den sonstigen Arbeitsmitteln zu vermeiden. Die Arbeitsmittel dürfen nicht zu einer erhöhten, gesundheitlich unzuträglichen *Wärmebelastung* am Arbeitsplatz führen.

3.5.10.2 Anforderungen an Bildschirme und Bildschirmgeräte (ArbStättV Anh. 6.2)

Die Text- und Grafikdarstellungen auf dem Bildschirm müssen entsprechend der Arbeitsaufgabe und dem Sehabstand scharf und deutlich sowie ausreichend groß sein. Der Zeichen- und der Zeilenabstand müssen angemessen sein. Die Zeichengröße und der Zeilenabstand müssen auf dem Bildschirm individuell eingestellt werden können.

Das auf dem Bildschirm dargestellte Bild muss flimmerfrei sein. Das Bild darf keine Verzerrungen aufweisen. Die Helligkeit der Bildschirmanzeige und der Kontrast der Text- und Grafikdarstellungen auf dem Bildschirm müssen von den Beschäftigten einfach eingestellt werden können. Sie müssen den Verhältnissen der Arbeitsumgebung individuell angepasst werden können.

3.5.10.3 Arbeitsmittel für die ortsgebundene Verwendung an Arbeitsplätzen (ArbStättV Anh. 6.3)

Bildschirme müssen frei und leicht dreh- und neigbar sein sowie über reflexionsarme Oberflächen verfügen. Bildschirme, die über reflektierende Oberflächen verfügen, dürfen nur dann betrieben werden, wenn dies aus zwingenden aufgabenbezogenen Gründen erforderlich ist.

Tastaturen müssen die folgenden Eigenschaften aufweisen

- sie müssen vom Bildschirm getrennte Einheiten sein,
- sie müssen neigbar sein,
- die Oberflächen müssen reflexionsarm sein,
- die Form und der Anschlag der Tasten müssen den Arbeitsaufgaben angemessen sein und eine ergonomische Bedienung ermöglichen,
- die Beschriftung der Tasten muss sich vom Untergrund deutlich abheben und bei normaler Arbeitshaltung gut lesbar sein.

3.5.11 Anforderungen und Maßnahmen für Arbeitsstätten

Die Arbeitsstättenverordnung enthält im Anhang Schutzziele und meist allgemein gehaltene Anforderungen an die folgenden Punkte:

„1	***Allgemeine Anforderungen***
1.1	*Anforderungen an Konstruktion und Festigkeit von Gebäuden*
1.2	*Abmessungen von Räumen, Luftraum*
1.3	*Sicherheits- und Gesundheitsschutzkennzeichnung*
1.4	*Energieverteilungsanlagen*
1.5	*Fußböden, Wände, Decken, Dächer*
1.6	*Fenster, Oberlichter*
1.7	*Türen, Tore*
1.8	*Verkehrswege*
1.9	*Fahrtreppen, Fahrsteig*
1.10	*Laderampen*
1.11	*Steigleitern, Steigeisengänge*
…	
4	***Sanitär-, Pausen- und Bereitschaftsräume, Kantinen, Erste-Hilfe-Räume und Unterkünfte***
4.1	*Sanitärräume*
4.2	*Pausen- und Bereitschaftsräume*
4.3	*Erste-Hilfe-Räume*
4.4	*Unterkünfte*
5	***Ergänzende Anforderungen und Maßnahmen für besondere Arbeitsstätten und Arbeitsplätze***
5.1	*Arbeitsplätze in nicht allseits umschlossenen Arbeitsstätten und Arbeitsplätze im Freien*
5.2	*Baustellen*
6	***Maßnahmen zur Gestaltung von Bildschirmarbeitsplätzen***
6.1	*Allgemeine Anforderungen an Bildschirmarbeitsplätze*
6.2	*Allgemeine Anforderungen an Bildschirme und Bildschirmgeräte*
6.3	*Anforderungen an Bildschirmgeräte und Arbeitsmittel für die ortsgebundene Verwendung an Arbeitsplätzen*
6.4	*Anforderungen an tragbare Bildschirmgeräte für die ortsveränderliche Verwendung an Arbeitsplätzen*
6.5	*Anforderungen an die Benutzerfreundlichkeit von Bildschirmarbeitsplätzen“*

Hinweis

Die „Leitlinien zur Arbeitsstättenverordnung“ LV 40 des Länderausschuss für Arbeitsschutz und Sicherheitstechnik (LASI) klären Auslegungsfragen und liefern schutzzielorientierte Klarstellungen: https://lasi-info.com/publikationen/lasi-veroeffentlichungen?tx_ikanoslasipublications_publications%5Baction%5D=show&tx_ikanoslasipublications_publications%5Bcontroller%5D=Publication&tx_ikanoslasipublications_publications%5Bpublication%5D=44&cHash=858b65c4364fcd41fcee582e930de6f0. Letzter Zugriff 02.04.2023

3.6 Anlagen der Maschinen-Technik

3.6.1 Maschinen

Maschinen sind in Entwässerungsbetrieben vielfach vorhanden: Pumpen, Krananlagen, Kompressoren, Rechen, Pressen, Waschanlagen, Zentrifugen, Krählwerke, Räumerbrücken, Aufzüge, BHKW (Gasmaschinen), Motoren für Schieber, usw.

„Bei Anlagen der Maschinentechnik handelt es sich um Anlagen ohne jegliche Anschlusstechnik, die als Einheit vom Hersteller geliefert werden, zum Beispiel um Räumer für Absetzbecken bei Kläranlagen und Wasserwerken, Kammerfilterpressen, um Oberflächenbelüfter oder Gasentschwefler sowie um Gasspeicher von Abwasserbehandlungsanlagen. Dazu zählen auch die reinen Stahlbauteile bei Schleusen und Wehren und die Grob- und Feinrechen" (Bundesratsdrucksache 334/13 vom 07.06.2013, Amtliche Begründung zur HOAI).

Maschinen sind als Bestandteile von Abwasseranlagen, wie diese, *zu errichten, zu unterhalten und zu betreiben*, um die Anforderungen an die Abwasserbeseitigung einzuhalten (nach § 60 WHG).

Bei den Maschinen spricht man jedoch von *Montage, Aufbau und Anschluss* der Maschine sowie von *Inbetriebnahme, Wartung und Instandsetzung* der Maschine.

Jeweils eine Maschine im Sinne der EU-Maschinenrichtlinie 2006/42/EG ist:

- eine mit einem anderen Antriebssystem als der unmittelbar eingesetzten menschlichen oder tierischen Kraft ausgestattete oder dafür vorgesehene Gesamtheit miteinander verbundener Teile oder Vorrichtungen, von denen mindestens eines bzw. eine beweglich ist und die für eine bestimmte Anwendung zusammengefügt sind;
- eine Gesamtheit im Sinne des ersten Gedankenstrichs, der lediglich die Teile fehlen, die sie mit ihrem Einsatzort oder mit ihren Energie- und Antriebsquellen verbinden;
- eine einbaufertige Gesamtheit im Sinne des ersten und zweiten Gedankenstrichs, die erst nach Anbringung auf einem Beförderungsmittel oder Installation in einem Gebäude oder Bauwerk funktionsfähig ist;
- eine Gesamtheit von Maschinen im Sinne des ersten, zweiten und dritten Gedankenstrichs oder von unvollständigen Maschinen, die, damit sie zusammenwirken, so angeordnet sind und betätigt werden, dass sie als Gesamtheit funktionieren.

3.6.1.1 Gesamtheit von Maschinen

Das Bundesministeriums für Arbeit und Soziales hat im GMBl 2011 ein Interpretationspapier veröffentlicht. Dieses gibt Hilfestellung bei der Interpretation der Begriffsbestimmung „Gesamtheit von Maschinen" und beschreibt in einem Ablaufschema, ob es sich im Einzelfall um eine Gesamtheit von Maschinen im Sinne der Maschinenrichtlinie handelt.

„In der MRL bzw. der Neunten Verordnung zum Geräte- und Produktsicherheitsgesetz (Maschinenverordnung – 9. GPSGV) als der entsprechenden Umsetzung der MRL in deutsches Recht, wird der Begriff ‚Maschine' sehr weit gefasst. Auch eine ‚Gesamtheit von Maschinen',

*die im allgemeinen Sprachgebrauch als Maschinenanlage, verkettete Anlage oder komplexe Anlage bezeichnet wird, ist eine Maschine im Sinne der MRL. Eine ,**Gesamtheit von Maschinen**' in diesem Sinne kann z. B. eine Maschinenanlage in der Metallverarbeitung, eine Papiermaschine, eine Fertigungsstraße in der Automobilindustrie aber auch eine Anlage in der Nahrungsmittelproduktion sein.*

... In diesem Zusammenhang stellt sich die Frage, unter welchen Voraussetzungen zusammenwirkende Maschinen und/oder unvollständige Maschinen als ,Gesamtheit von Maschinen' im Sinne der MRL gelten.

Dieses Papier gibt eine Hilfestellung bei der Interpretation der Begriffsbestimmung ,Gesamtheit von Maschinen' gemäß der MRL und beschreibt anhand eines Ablaufschemas die Vorgehensweise für die Entscheidung, ob es sich im Einzelfall um eine Gesamtheit von Maschinen im Sinne der MRL handelt" (Bundesministeriums für Arbeit und Soziales, GMBl 2011 S. 233, Interpretationspapier zum Thema „Gesamtheit von Maschinen", Bek. d. BMAS IIIb5-39607-3 vom 05.05.2011).

Maschinen müssen bestimmte Anforderungen erfüllen, wenn sie auf dem Markt bereitgestellt werden. Das Nähere dazu ergibt sich aus dem Produktsicherheitsgesetz (ProdSG) in Verbindung mit der Neunten Verordnung zum ProdSG (Maschinenverordnung – 9. ProdSV). Mit dem Gesetz und der Verordnung wurde die europäische Rechtsvorschrift für Maschinen, die Maschinenrichtlinie 2006/42/EG, in deutsches Recht umgesetzt.

Die Maschinen-Verordnung (9. ProdSV) gilt, neben den Maschinen, auch für die Bereitstellung auf dem Markt und die Inbetriebnahme von folgenden neuen Produkten:

1. Maschinen,
2. auswechselbare Ausrüstungen,
3. Sicherheitsbauteile,
4. Lastaufnahmemittel,
5. Ketten, Seile und Gurte,
6. abnehmbare Gelenkwellen und
7. unvollständige Maschinen.

Was genau unter diesen Begriffen zu verstehen ist, und weitere Begriffe und Erläuterungen, sind aber wieder nur direkt in der EU-Maschinenrichtlinie im Art. 2 und im Anhang I unter Nr. 1.1.1 zu finden:

- ***Auswechselbare Ausrüstung*** meint eine Vorrichtung, die der Bediener einer Maschine oder Zugmaschine nach deren Inbetriebnahme selbst an ihr anbringt, um ihre Funktion zu ändern oder zu erweitern, sofern diese Ausrüstung kein Werkzeug ist;
- ***Sicherheitsbauteil*** meint ein Bauteil,
  - das zur Gewährleistung einer Sicherheitsfunktion dient,
  - gesondert in Verkehr gebracht wird,
  - dessen Ausfall und/oder Fehlfunktion die Sicherheit von Personen gefährdet und
  - das für das Funktionieren der Maschine nicht erforderlich ist oder durch für das Funktionieren der Maschine übliche Bauteile ersetzt werden kann.

Eine nicht erschöpfende Liste von Sicherheitsbauteilen findet sich in Anhang V der MRL. Dazu gehören z. B.:

- Schutzeinrichtungen für abnehmbare Gelenkwellen.
- Schutzeinrichtungen zur Personendetektion.
- Schutzaufbau gegen herabfallende Gegenstände (FOPS).
- Logikeinheiten zur Gewährleistung der Sicherheitsfunktionen.
- Zweihandschaltungen.
- Trennende und nichttrennende Schutzeinrichtungen zum Schutz von Personen vor beweglichen Teilen, die direkt am Arbeitsprozess beteiligt sind.
- Einrichtungen zur Überlastsicherung und Bewegungsbegrenzung bei Hebezeugen.
- Personen-Rückhalteeinrichtungen für Sitze.
- NOT-HALT-Befehlsgeräte.
- Ableitungssysteme, die eine potenziell gefährliche elektrostatische Aufladung verhindern.
- Energiebegrenzer
- Systeme zur Beseitigung von Emissionen von Maschinen
- Systeme und Einrichtungen zur Verminderung von Lärm- und Vibrationsemissionen.

Ein „Lastaufnahmemittel" ist ein nicht zum Hebezeug gehörendes Bauteil oder Ausrüstungsteil, das das Ergreifen der Last ermöglicht und das zwischen Maschine und Last oder an der Last selbst angebracht wird oder das dazu bestimmt ist, ein integraler Bestandteil der Last zu werden, und das gesondert in Verkehr gebracht wird; als Lastaufnahmemittel gelten auch **Anschlagmittel** und ihre Bestandteile (9. ProdSV § 2).

Ketten, Seile und Gurte für Hebezwecke sind als Teil von Hebezeugen oder Lastaufnahmemitteln entwickelte und hergestellte Ketten, Seile und Gurte (9. ProdSV § 2).

Eine „Abnehmbare Gelenkwelle" ist ein abnehmbares Bauteil zur Kraftübertragung zwischen einer Antriebs- oder Zugmaschine und einer anderen Maschine, das die ersten Festlager beider Maschinen verbindet. Wird die Vorrichtung zusammen mit der Schutzeinrichtung in Verkehr gebracht, ist diese Kombination als ein einziges Erzeugnis anzusehen (9. ProdSV § 2).

Eine „Unvollständige Maschine" ist eine Gesamtheit, die fast eine Maschine bildet, für sich genommen aber keine bestimmte Funktion erfüllen kann. Ein Antriebssystem stellt eine unvollständige Maschine dar. Eine unvollständige Maschine ist nur dazu bestimmt, in andere Maschinen oder in andere unvollständige Maschinen oder Ausrüstungen eingebaut oder mit ihnen zusammengefügt zu werden, um zusammen mit ihnen eine Maschine im Sinne dieser Richtlinie zu bilden (9. ProdSV § 2).

Die Hersteller dürfen die o. g. Maschinen nur in den Verkehr bringen, wenn sie bei ordnungsgemäßer Installation und Wartung und bei bestimmungsgemäßer Verwendung die Sicherheit und die Gesundheit von Personen und Gütern und auch die Umwelt nicht gefährden. Dazu müssen die Maschinen den in Anhang I der EU-Maschinen-Richtlinie aufgeführten Sicherheits- und Gesundheitsschutzanforderungen entsprechen. Die Maschine und jedes ihrer Bestandteile müssen z. B. so verpackt oder konstruiert sein, dass sie sicher und ohne Beschädigung gelagert werden können, sowie sicher gehandhabt und auch transportiert werden können. Insbesondere müssen auch die erforderlichen *Informationen*, wie eine *Betriebsanleitung* im Sinne des Anhangs I der EU-Richtlinie 2006/42/EG, zur Verfügung gestellt werden (insbes. Nr. 1.7.4.1 und 1.7.4.2).

3.6.1.2 Inhalt der Betriebsanleitung (nach RICHTLINIE 2006/42/EG)

Jeder Maschine muss eine Betriebsanleitung in der Sprache beiliegen, in dem die Maschine in Verkehr gebracht und/oder in Betrieb genommen wird.

Jede Betriebsanleitung muss folgende u. a. Mindestangaben enthalten:

- Firmenname und vollständige Anschrift des Herstellers
- eine allgemeine Beschreibung der Maschine;
- eine Beschreibung der bestimmungsgemäßen Verwendung der Maschine
- **Anleitungen zur Montage, zum Aufbau und zum Anschluss der Maschine**, einschließlich der Zeichnungen, Schaltpläne und der Befestigungen, sowie Angabe des Maschinengestells oder der Anlage, auf das bzw. in die die Maschine montiert werden soll;
- Installations- und Montagevorschriften zur Verminderung von Lärm und Vibrationen
- Hinweise zur **Inbetriebnahme** und zum **Betrieb** der Maschine
- **die für Verwendung, Wartung und Instandsetzung der Maschine und zur Überprüfung ihres ordnungsgemäßen Funktionierens erforderlichen Zeichnungen, Schaltpläne, Beschreibungen und Erläuterungen**;
- die wesentlichen Merkmale der Werkzeuge, die an der Maschine angebracht werden können;
- **Beschreibung der vom Benutzer durchzuführenden Einrichtungs- und Wartungsarbeiten sowie der zu treffenden vorbeugenden Wartungsmaßnahmen**;
- Anweisungen zum sicheren Einrichten und Warten einschließlich der dabei zu treffenden Schutzmaßnahmen;
- **Hinweise zur Ausbildung bzw. Einarbeitung des Bedienungspersonals**
- eine Beschreibung des Arbeitsplatzes bzw. der Arbeitsplätze, die voraussichtlich vom Bedienungspersonal eingenommen werden;
- Spezifikationen der zu verwendenden **Ersatzteile**, wenn diese sich auf die Sicherheit und Gesundheit des Bedienungspersonals auswirken
- Angaben zu Restrisiken, die trotz der Maßnahmen zur Integration der Sicherheit bei der Konstruktion, trotz der Sicherheitsvorkehrungen und trotz der ergänzenden Schutzmaßnahmen noch verbleiben;
- Anleitung für die vom Benutzer zu treffenden Schutzmaßnahmen, gegebenenfalls einschließlich der bereitzustellenden persönlichen Schutzausrüstung;
- Angaben zur Luftschallemission der Maschine

(RICHTLINIE 2006/42/EG vom 17. Mai 2006 über Maschinen …, Punkt 1.7.4.2).

„Bedienungspersonal“ sind die Personen, die für Installation, Betrieb, Einrichten, Wartung, Reinigung, Reparatur oder Transport von Maschinen zuständig sind (RICHTLINIE 2006/42/EG vom 17. Mai 2006 über Maschinen …, Punkt 1.1.1).

Während der Erörterung der Maschinenrichtlinie im Rat und im Europäischen Parlament erklärte sich die Kommission bereit, einen Leitfaden für die Anwendung dieser Richtlinie zu erarbeiten. Zweck dieses Leitfadens ist, die Konzepte und Anforderungen der Richtlinie 2006/42/EG zu erläutern, um auf diese Weise für eine einheitliche Auslegung und Anwendung in der gesamten EU zu sorgen.

Der „Leitfaden für die Anwendung der Maschinenrichtlinie 2006/42/EG" der Europäischen Kommission UNTERNEHMEN UND INDUSTRIE liegt in der 2.2 Auflage vom Oktober 2019 vor.

Der § 272 des Leitfadens beschäftigt sich mit „Einstellung, Wartung und Ersatzteilen" zu Nr. 1.7.4.2. r)–t) im Anhang I der Maschinenrichtlinie:

„Nach Nummer 1.7.4.2 Buchstabe r ist der Hersteller verpflichtet, die Einstell- und Wartungsarbeiten zu beschreiben, die vom Benutzer durchgeführt werden müssen.

Insbesondere müssen in der Betriebsanleitung die durchzuführenden Einstell- und Wartungsarbeiten sowie deren Häufigkeit angegeben werden.

In der Betriebsanleitung sind die Bestandteile oder Bauteile der Maschine anzugeben, die regelmäßig auf übermäßigen Verschleiß kontrolliert werden müssen, ferner sind die Häufigkeit dieser Kontrollen (nach Nutzungsdauer oder Zyklen) sowie die Art der erforderlichen Prüfungen oder Versuche und die dabei zu verwendenden Einrichtungen anzugeben. Außerdem müssen Kriterien für Reparatur bzw. Ersatz von verschlissenen Bauteilen angegeben werden ... In der Betriebsanleitung müssen die erforderlichen Methoden und Verfahrensweisen angegeben werden, die für eine sichere Durchführung der Einstell- und Wartungsarbeiten eingehalten werden müssen. Außerdem sind die geeigneten Schutzmaßnahmen und Vorsichtsmaßnahmen während der Wartungsarbeiten anzugeben. In der Betriebsanleitung sind gegebenenfalls folgende Informationen anzugeben:

Informationen zur Trennung von Energiequellen, zum Abschließen der Trenneinrichtung, zur Ableitung von Restenergie und zur Überprüfung des sicheren Maschinenzustands ...Sicherheitsmaßnahmen bei Wartungsarbeiten, die bei laufender Maschine durchgeführt werden müssen; Verfahren für den sicheren Ausbau oder Austausch von Bauteilenerforderliche Vorsichtsmaßnahmen bei der Reinigung von Innenteilen, die gefährliche Substanzen enthalten habenZugänge, die bei in Ausnahmefällen notwendigen Reparaturen genutzt werden müssen ... Nummer 1.7.4.2 Buchstabe t verweist auf Informationen über Ersatzeile.

*Grundsätzlich ist die **Lieferung von Ersatzteilen** nicht durch die Bestimmungen der Maschinenrichtlinie gedeckt und unterliegt somit den vertraglichen Vereinbarungen zwischen Hersteller und Benutzer.*

Wenn jedoch Verschleißteile zum Schutz von Gesundheit und Sicherheit der Benutzer ausgetauscht werden müssen, sind die technischen Daten der entsprechenden Teile in der Betriebsanleitung anzugeben."

▶ Bei Anwendung des Leitfadens ist zu beachten, dass ausschließlich die Maschinenrichtlinie und deren Texte (und nicht der o. g. Leitfaden!) für die Umsetzung ihrer Bestimmungen in einzelstaatliches Recht rechtsverbindlich geworden sind.

3.6.1.3 Bereitstellen von Maschinen

Die BG ETEM stellt eine interessante Broschüre zur Verfügung. Hinzuweisen ist auf die Checklisten im Anhang dieser Broschüre, die ergänzende Hinweise, z. B. zum Einkauf, zur Inbetriebnahme oder zum Eigenbau von Maschinen, geben.

Bereitstellen von Maschinen, Erfolgreich planen, beschaffen, in Betrieb nehmen, verändern, Berufsgenossenschaft Energie Textil Elektro Medienerzeugnisse, September 2019, Bestell-Nr. MB046.

3.6.2 Instandhaltung und Wartung

3.6.2.1 Instandhaltung

Instandhaltungen sind, nach HOAI, Maßnahmen zur Erhaltung des Soll-Zustandes eines Objekts (HOAI § 2).

Die „Grundlagen der Instandhaltung" werden in DIN 31051:2012-09 geregelt. Diese Norm gliedert die Instandhaltung in verschiedene Grundmaßnahmen und definiert Begriffe, die in Ergänzung zur europäischen DIN EN 13306 zum Verständnis notwendig sind.

Die Instandhaltung umfasst nach DIN 31051 während des Lebenszyklus einer Betrachtungseinheit die Feststellung und Beurteilung des Ist-Zustandes von technischen Systemen, Bauelementen, oder Geräten sowie alle Maßnahmen zur Erhaltung oder Wiederherstellung des funktionsfähigen Soll-Zustandes.

Nach der DIN 31051 wird die Instandhaltung in die vier Grundmaßnahmen aufgeteilt:

1. Inspektion,
2. Wartung,
3. Instandsetzung,
4. Schwachstellenbeseitigung/Verbesserung.

3.6.2.2 Inspektion bzw. Überprüfung

Aus der Betriebsanleitung von Maschinen müssen sich die notwendigen Maßnahmen zur *Überprüfung des ordnungsgemäßen Funktionierens* ergeben (s. o.).

Die DIN 31051 verwendet das Wort „Inspektion": Fortgesetzte (regelmäßige) Maßnahmen zur Feststellung und Beurteilung des Istzustandes einer Bau-Einheit (Maschine) einschließlich der Bestimmung der Ursachen der Abnutzung und dem Ableiten der notwendigen Konsequenzen für eine künftige Nutzung. Die Inspektion ist i. d. R. in Wartungs- und Instandhaltungsverträgen mit enthalten. Je nach sicherheitstechnischer Bedeutung der jeweiligen Anlage muss eine Inspektion mehr oder weniger intensiv durchgeführt werden.

Die TRBS 1201 z. B. beschäftigt sich mit „Prüfungen von Arbeitsmitteln und überwachungsbedürftigen Anlagen". Demnach umfasst die Prüfung eines Prüfgegenstandes

1. die Ermittlung des Istzustandes,
2. den Vergleich des Istzustandes mit dem Sollzustand sowie
3. die Bewertung der Abweichung des Istzustandes vom Sollzustand.

Als Prüfarten werden unterschieden nach der Methode und dem Verfahren der Durchführung in Ordnungsprüfungen und technische Prüfungen. Bei der Ordnungsprüfung wird u. a. festgestellt, ob die erforderlichen Unterlagen vorhanden sind, ob die technischen Unterlagen mit der Ausführung übereinstimmen und die Betriebsbedingungen seit der letzten Prüfung geändert worden sind. Nach § 17 BetrSichV sind für die betroffenen Anlagen Prüfaufzeichnungen und -bescheinigungen zu führen. Die Aufzeichnungen und Prüfbescheinigungen müssen mindestens Auskunft geben über

1. Anlagenidentifikation,
2. Prüfdatum,
3. Art der Prüfung,
4. Prüfungsgrundlagen,
5. Prüfumfang,
6. Eignung und Funktionsfähigkeit der technischen Maßnahmen sowie Eignung der organisatorischen Maßnahmen,
7. Ergebnis der Prüfung und
8. die Fristen für die nächsten wiederkehrenden Prüfung
9. Name und Unterschrift des Prüfers.

Bei der technischen Prüfung werden die (sicherheitstechnisch) relevanten Merkmale eines Prüfgegenstandes auf Zustand, Vorhandensein und Funktion am Objekt selbst mit geeigneten Verfahren geprüft. Hierzu gehören beispielsweise u. a. die folgenden Prüfarten:

- äußere oder innere Sichtprüfung,
- Funktions- und Wirksamkeitsprüfung,
- Prüfung mit Mess- und Prüfmitteln

Je nach sicherheitstechnischer Bedeutung der Anlage müssen die Personen, die die Überprüfungen durchführen, unterschiedliche Fach-Kenntnisse aufweisen und zur Durchführung der jeweiligen Prüfung befähigt sein (BetrSichV §§ 14–17).

3.6.2.3 Wartung

Wartungs-Maßnahmen dienen zur „*Verzögerung des Abbaus des vorhandenen Abnutzungsvorrates*“ (DIN 31051). Sie werden während des Betriebs der technischen Anlage durchgeführt. Die Wartung erfolgt in regelmäßigen Abständen entweder nach Ablauf einer Zeitdauer oder einer bestimmten Laufleistung der Maschine. Dabei sollte die Wartung unbedingt nach Vorschrift der Hersteller aus der Bedienungsanleitung (s. o.) durchgeführt werden.

Die verschiedenen Teil-Maßnahmen der Wartung könnten insbesondere beinhalten:

- Erstellung eines Wartungsplans entsprechend der Bedienungsanleitung des Herstellers
- Vorbereitung der Wartung einschl. erforderlicher Schutzmaßnahmen zur Sicherung des Wartungspersonals
- Durchführung von notwendigen Prüfungen oder Messungen

- Durchführung der Wartung (z. B. Reinigen, Nachstellen, Schmieren, Konservieren, Nachfüllen oder Auswechseln und Ersetzen von Betriebsstoffen/Verbrauchsmitteln wie z. B. Kraftstoff, Schmierstoff oder Wasser)
- planmäßiges Austauschen von Verschleißteilen (z. B. Filter oder Dichtungen)
- Prüfung der Maschinenfunktion nach erfolgter Wartung
- abschließender Wartungsbericht.

3.6.2.4 Instandsetzung oder Reparatur

Instandsetzungen sind nach HOAI: Maßnahmen zur Wiederherstellung des zum bestimmungsgemäßen Gebrauch geeigneten Zustandes (Soll-Zustandes) eines Objekts (HOAI § 2). *Instandsetzung* beinhaltet nach DIN 31051 die Maßnahmen zur Rückführung einer Betrachtungseinheit in den funktionsfähigen Zustand mit Ausnahme von Verbesserungen.

Unter dem aus dem Lateinischen (*reparare*: wiederherstellen) stammenden Wort **Reparatur** wird der Vorgang verstanden, durch den bei einer defekten Maschine oder Anlage die bisherige *Funktion wiederhergestellt* wird. Damit dürften beide Begriffe für den gleichen Vorgang gelten.

Im Zuge von den o. g. regelmäßigen *Wartungs*arbeiten werden auch kleinere Defekte häufig mit behoben (sog. kleine Instandsetzung) und Verschleißteile ersetzt. Dies lässt sich auch im Zuge von Wartungsverträgen durch Firmen halbwegs zuverlässig kalkulieren. Zur Instandsetzung gehört jedoch auch der Ersatz von defekten Teilen. Dabei können gleich zwei Probleme auftreten; einerseits die Kalkulation der Reparatur-Kosten und anderseits die Beschaffung eines passenden Ersatzteils, insbesondere ab einem gewissen Alter der Maschine/Anlage.

Da vor einer Beauftragung einer Firma i. d. R. mindestens drei Angebote eingeholt werden sollen, müssten neben dem Hersteller der Maschine noch weitere qualifizierte Firmen gefunden werden, die in der Lage wären, die Maschine fachgerecht zu reparieren. In einem schriftlichen Kostenvoranschlag werden dann statt einer Endsumme nur veranschlagte Arbeitsstunden, Stundensatz, Wegpauschale und die kleinste verrechnete Zeiteinheit angegeben. Preise werden oft ohne Mehrwertsteuer angegeben. Die notwendigen Ersatzteile werden bei speziellen Maschinen oft nur vom Hersteller angeboten. Die Beschaffung der erforderlichen Ersatzteile kann darüber hinaus einige Wochen in Anspruch nehmen, da es fast keine Lagerhaltung mehr gibt.

▶ Ein Funktionstest gehört nach jeder Reparatur zum Standardprogramm und ist Voraussetzung für die Abnahme der Leistung durch den AG. Anschließend beginnt die Gewährleistung. Nach § 634a BGB verjähren die Mängelansprüche bei einem Werk, dessen Erfolg in der Herstellung, Wartung oder Veränderung einer Sache besteht, in zwei Jahren.

3.6.2.5 Schwachstellenbeseitigung

Wie der Name schon sagt, wird hier eine Schwachstelle im laufenden Betrieb vorausgesetzt: also eine Maschine, z. B. Pumpe, die immer wieder aus einem bestimmten Grund ausfällt. Wenn dann der Grund hierfür, also die Schwachstelle, gefunden wird, dann kommt deren Beseitigung eventuell zum Tragen.

Schwachstellenbeseitigung (gemäß DIN 31051)
„Maßnahmen zur Verbesserung einer Betrachtungseinheit in der Weise, dass das Erreichen einer festgelegten Abnutzungsgrenze mit einer Wahrscheinlichkeit zu erwarten ist, die im Rahmen der geforderten Verfügbarkeit liegt.“

Wenn die Gewährleistungsfrist abgelaufen ist, aber die betriebsgewöhnliche Nutzungsdauer noch lange nicht erreicht ist, muss der Nutzen der Schwachstellenbeseitigung in Relation gesetzt werden zum Aufwand für die Schwachstellenbeseitigung; und evtl. sogar gleich eine neue Maschine beschafft werden.

3.6.2.6 Gewährleistung

Eine **Wartung durch den Hersteller**, bzw. dessen Personal, hat auch einen erheblichen Einfluss auf die Dauer der Gewährleistung: Nach VOB/B § 13 Abs. 4 beträgt die reguläre Verjährungsfrist für Mängelansprüche für Bauwerke 4 Jahre, für die technischen Anlagen aber nur 2 Jahre.

Ist für Teile von *maschinellen und elektrotechnischen/elektronischen Anlagen*, bei denen die *Wartung* Einfluss auf Sicherheit und Funktionsfähigkeit hat, nichts anderes vereinbart, beträgt für diese Anlagenteile die Verjährungsfrist für Mängelansprüche abweichend von Nummer 1 *zwei Jahre*, wenn der Auftraggeber sich dafür entschieden hat, dem Auftragnehmer die Wartung für die Dauer der Verjährungsfrist nicht zu übertragen (VOB/B § 13 Abs. 4 Nr. 2).

Die fachgerechte *Wartung durch den Auftragnehmer* ist also die Voraussetzung zur möglichen Verlängerung der Gewährleistung von zwei auf vier Jahre.

Für Anlagen bzw. Anlagenteile *ohne* Einfluss auf Sicherheit und Funktionsfähigkeit gilt immer die Regelverjährungsfrist von 4 Jahren; für diese müsste insoweit grundsätzlich keine Instandhaltung (Wartung) mit ausgeschrieben werden.

3.6.2.7 Instandhaltungs-Konzepte

Folgende Ziele werden durch die Instandhaltung meist verfolgt:

- Ständige Verfügbarkeit der Gesamt-Anlage
- Vermeidung von Störungen und Ausfällen
- Erhöhung der Betriebssicherheit
- Maximale Nutzungsdauer der Maschinen und Anlagen
- Vorausschauende Planung von Einsatzzeiten und Kosten

Instandhaltung ist immer dort besonders wichtig, wo das Versagen der technischen Systeme zu strafrechtlichen Folgen führen kann. Abwasser-Anlagen müssen ständig einsatzfähig sein, da Abwasser ständig fließt. Ein Ausfall einer Abwasserbehandlungsanlage bedeutet eine mögliche Gewässerverschmutzung, daher nimmt die Instandhaltung der technischen Anlagen beim Betrieb von Abwasseranlagen meist einen größeren Raum ein. Ein *Wartungs- und Instandhaltungskonzept* muss damit primär die Aufgabe haben, eine möglichst hohe Verfügbarkeit der technischen Anlagen zu gewährleisten, um so ungeplante Anlagenausfälle zu vermeiden. Daher darf die Instandhaltung auch nicht als ein notwendiges Übel oder als Kostenverursacher angesehen werden.

Dabei kommt der betriebsinternen Anlagen-Kenntnis eine sehr große Bedeutung zu. Da das Grundgerüst eines Instandhaltungssystems auf standardisierten Maßnahmen beruht, wird hierdurch entweder in wesentlichem Umfang die notwendige Kenntnis und Erfahrung der eigenen Mitarbeiter oder aber der ausführenden Firmen gebildet. Wissen und Ortskenntnis sind die wichtigsten Voraussetzungen, wenn es darum geht, bei den unvermeidlichen Störungen möglichst schnell die Ursache der Störung zu finden, einen Notfallbetrieb sicher zu stellen und eine Lösung der Probleme herbeizuführen. Hier ist besonders das Wissen der eigenen Mitarbeiter zur Bewertung und Einstufung der jeweiligen kritischen Systemzustände gefragt, denn nur jemand mit Erfahrung im täglichen Umgang mit den betroffenen Maschinen und der Gesamtanlage kann die aktuelle Situation auch richtig bewerten.

Die klassischen Berufe zur Instandhaltung im Bereich Entwässerung sind eine Lehre (z. B. Schlosser, Elektriker) mit einer ggf. anschließenden Meisterausbildung. Zwei dieser Berufe heißen z. B. *Industriemechaniker* und *Elektroniker für Betriebstechnik*. In vielen Kläranlagen sind Personen mit diesen Ausbildungsrichtungen in entsprechenden Werkstätten beschäftigt und werden in größeren Anlagen auch ausgebildet (siehe auch Abschn. 6.9.4 Ausbildung).

Bei einer Vergabe der Wartungsarbeiten an private Instandhaltungsunternehmen gehen diese Kenntnisse und Erfahrungen der eigenen Mitarbeiter im Umgang mit den Maschinen verloren.

Wenn man die Ziele verfolgt, wenige Maschinen-Stillstände und kurze Instandsetzungszeiten zu erreichen, müssen bei den regelmäßigen Wartungen und Inspektionen auch die notwendigen Verschleiß- und Ersatzteile vorliegen. Dafür wiederum ist es sinnvoll möglichst viele ähnliche oder besser gleiche Aggregate von wenigen Herstellern im Einsatz zu haben. Da viele Hersteller auch keine Lagerhaltung mehr betreiben, und Teile erst nach Bestellung fertigen, macht es Sinn, einige wichtige Bauteile, die zur Erhaltung der erforderlichen Maschinenverfügbarkeit notwendig sind, als Ersatzteile zu lagern.

In der Praxis werden unterschiedliche Instandhaltungsstrategien angewendet. Die gängigsten sind: *Reparatur erst nach Ausfall* der Anlage (z. B. bei Leuchtmitteln) oder eine *vorausschauende Wartung*.

Neben dem technischen Aspekt steht auch die Betrachtung der betrieblichen Kosten, die für den Wartungs- und Instandhaltungsbereich anfallen. Bei einem Maschinenausfall kommen auf einen Entwässerungs-Betrieb nicht nur die Kosten zu, die durch mögliche Reparaturarbeiten oder eine Neubeschaffung defekter Bauteile entstehen, sondern während des Ausfalls können auch mehrere mögliche Folgekosten den Betrieb treffen:

- wenn die Ablaufwerte der Kläranlage nicht eingehalten werden, drohen im Ergebnis neben den strafrechtlichen Konsequenzen auch erhöhte Abwasserabgaben.
- sollte die Gasproduktion zurückgehen oder das BHKW nicht funktionsfähig sein, muss während der Reparaturzeit mehr teurer Strom zugekauft werden.
- ein Ausfall der Schlammentwässerung führt zu höheren Lagerungskosten, wenn die Behälter oder Flächen für die Zwischenlagerung überhaupt vorhanden sind
- usw.

Diese jeweiligen potentiellen Kosten wiederum könnten den Wartungskosten direkt gegenübergestellt werden.

Wenn Teile der Wartung oder der Instandhaltung an private Firmen vergeben werden sollen, empfiehlt es sich entsprechende Vertragsmuster der AMEV zu verwenden. Die AMEV ist der „Arbeitskreis Maschinen- und Elektrotechnik staatlicher und kommunaler Verwaltungen". Die AMEV beschäftigt sich mit dem Technikbereich im Bauwesen, Stromversorgung, Beleuchtung, Telekommunikation und der sich rasch entwickelnden Automationstechnik. Das ist im Wesentlichen die technische Gebäudeausrüstung nach § 51 HOAI. Aber auch aktuelle Arbeitsthemen wie Energieeinsparung, LED – Beleuchtung, Einsatzmöglichkeiten natürlich Kältemittel, oder Erfahrungen mit neuen KWK-Technologien Brennstoffzellen, Mikrogasturbinen, Mikro-BHKW in öffentlichen Liegenschaften werden dort behandelt. Dies ist der Internetseite (12.10.2022) des AMEV zu entnehmen: https://amev-online.de/AMEVInhalt/Funktionsnavigation/Wir/AMEV-Aufgaben/ – Letzter Zugriff 03.04.2023.

3.6.2.8 Wartungsverträge

*„Der AMEV hat die Aufgabe, die Liegenschafts- und Hochbauverwaltungen des Bundes, der Länder und der **kommunalen Selbstverwaltungskörperschaften** unter Beachtung der jeweiligen Eigenverantwortung bei der Planung und Durchführung ihrer Bauaufgaben sowie dem Betrieb ihrer Anlagen der Technischen Ausrüstung zu unterstützen. Hierbei werden insbesondere folgende Aufgaben wahrgenommen:*

- *Erarbeitung von Empfehlungen für Planung, Erstellung und Betrieb von Anlagen der Technischen Ausrüstung*
- *Erfahrungsaustausch einschließlich Auswertung*
- *Mitwirkung bei und gegenseitige Unterrichtung über TGA-relevanten Vorschriften und Regelwerke*
- *Praxisbezogene Grundlagen- und Grunddatenermittlung*
- *Erarbeitung von Kosten- und sonstigen Richtwerten*
- *Förderung der Anwendung der automatisierten Datenverarbeitung*
- *Weiterentwicklung des Vergabewesens; Mitarbeit im DVA*
- *Vorschläge zur Vertragsgestaltung für Leistungen freiberuflich tätiger Ingenieure*
- *Empfehlungen zur Aus- und Fortbildung von Fachkräften*
- *Gegenseitige Unterrichtung über Forschungsvorhaben und Forschungsergebnisse mit dem Ziel einer abgestimmten Umsetzung in die Praxis*

Dabei werden der jeweils neueste Stand der Technik, die haushaltsrechtlich gebotene Wirtschaftlichkeit und andere wichtige Zielsetzungen wie Klimaschutz und Energieeinsparung besonders berücksichtigt" (Arbeitskreis Maschinen- und Elektrotechnik staatlicher und kommunaler Verwaltungen, AMEV-Portal).

Die AMEV hat u. a. auch jeweils einen Vertrag für Leistungen der Instandhaltung (Instandhaltung 2014) oder nur für Wartung, Inspektion und damit verbundene kleinen Instandsetzungsarbeiten (Wartung 2014) von technischen Anlagen und Einrichtungen in öffentlichen Gebäuden erarbeitet. Diese und viele weitere nützliche Broschüren können von der Internet-Seite der AMEV kostenlos heruntergeladen werden. Die Broschüren werden regelmäßig überarbeitet, so dass es jeweils einen neuen Stand geben kann. Im Oktober 2022 waren die folgenden Broschüren aktuell.

Broschüren

Broschüren	Beschreibung
Aufzug 2022	Hinweise für Planung, Ausschreibung und Verwendung von **Aufzugsanlagen** in öffentlichen Gebäuden
Aufzug-Service 2018	Vertragsmuster für Instandhaltung sowie andere Leistungen für Aufzugsanlagen in öffentlichen Gebäuden
Beleuchtung 2019	Hinweise für die Beleuchtung öffentlicher Gebäude
BMA 2019	Planung, Bau und Betrieb von **Brandmeldeanlagen (BMA)** in öffentlichen Gebäuden
EltAnlagen 2020	Planung und Bau von **Elektroanlagen** in öffentlichen Gebäuden
EMA/ÜMA 2019	Planung, Bau und Betrieb von **Gefahrenmeldeanlagen** für Einbruch Überfall und Geländeüberwachung in öffentlichen Gebäuden
Energie 2010	Hinweise zum Energiemanagement in öffentlichen Gebäuden
EnMess 2001	**Messgeräte** für Energie und Medien
Ersatzstrom 2006	Hinweise zur Ausführung von **Ersatzstromversorgungs**anlagen in öffentlichen Gebäuden
Gebäudeautomation 2019	Hinweise für Planung, Ausführung und Betrieb der **Gebäudeautomation** in öffentlichen Gebäuden
Heizanlagenbau 2016	Hinweise zum Planen und Bauen von **Wärmeversorgungsanlagen** für öffentliche Gebäude
Heizbetrieb 2001	Hinweise für das Bedienen und Betreiben von heiztechnischen Anlagen in öffentlichen Gebäuden
Instand GMA 2018	Vertragsmuster für **Instandhaltung von Gefahrenmeldeanlagen** (Brand, Einbruch, Überfall und sonstige Alarmanlagen) in öffentlichen Gebäuden
Instandhaltung 2014	Vertrag für Leistungen der Instandhaltung (Wartung, Inspektion, Instandsetzung von technischen Anlagen und Einrichtungen in öffentlichen Gebäuden)
Kälte 2017	Planung, Ausführung und Betrieb von **Kälteanlagen** und Kühlgeräten für öffentliche Gebäuden
Prüfung Gasanlagen 2019	Sicherheitstechnische Prüfung von **Gasanlagen** für öffentliche Liegenschaften
RLT-Anlagenbau 2018	Hinweise zur Planung und Ausführung von R**aumluft-technischen Anlagen** für öffentliche Gebäude
Sanitäranlagen 2021	Planung, Ausführung und Bedienung von **Sanitäranlagen** in öffentlichen Gebäuden
Telekommunikation 2019	Planung, Bau und Betrieb von Telekommunikationsanlagen in öffentlichen Gebäuden
TGA Kosten Betreiben 2013	Ermittlung der Kosten für das Betreiben von technischen Anlagen in öffentlichen Gebäuden
TK-Service 2010 (Ausgabe 2014)	Vertragsmuster für Instandhaltung sowie andere Leistungen für Telekommunikationsanlagen und Einrichtungen in öffentlichen Gebäuden.
Wartung 2018	Wartung, Inspektion und damit verbundene kleine Instandsetzungsarbeiten von technischen Anlagen und Einrichtungen in öffentlichen Gebäuden.

Das Bundesministerium für Umwelt, Naturschutz, Bau und Reaktorsicherheit hat z. B. die Empfehlung „Instandhaltung 2014“, AMEV – Empfehlung „Vertrag für Leistungen der Instandhaltung (Wartung, Inspektion, Instandsetzung von technischen Anlagen und Einrichtungen in öffentlichen Gebäuden)“ am 01.10.2014 den obersten Baubehörden der Bundesländer zur Einführung empfohlen. Das gilt auch für die meisten anderen Broschüren der AMEV. Dieser und andere Einführungserlasse können ebenfalls auf der Seite der AMEV eingesehen oder von dort heruntergeladen werden. Die übrigen AMEV-Broschüren sind meist Hinweise zu Planung, Bau, Ausführung und Betrieb oder Bedienung der jeweiligen Anlagen.

Im *VHB Bayern – Ausgabe Okt. 2019 – Handbuch für die Vergabe und Durchführung von Bauleistungen durch Behörden des Freistaates Bayern* sind im Anhang 7 einige Vertragsmuster ebenfalls als eingeführt aufgelistet.

3.6.3 Hinweise auf Gesetze, Vorschriften und Normen

9. ProdSV	Neunte Verordnung zum Produktsicherheitsgesetz (Maschinenverordnung)
12. ProdSV	Zwölfte Verordnung zum Produktsicherheitsgesetz (Aufzugsverordnung)
BetrSichV	Betriebssicherheitsverordnung
DGUV Information 213-054	Sicherheitskonzepte und Schutzeinrichtungen
DIN 57100*DIN VDE 0100	Errichten von Starkstromanlagen mit Nennspannungen bis 1000 V
DIN EN 61511-Reihe*VDE 0810	Funktionale Sicherheit; Sicherheitstechnische Systeme für die Prozessindustrie
DIN EN 954-1	Sicherheit von Maschinen – sicherheitsbezogene Teile von Steuerungen – Teil 1: Allgemeine Gestaltungsleitsätze (*zurückgezogen, Nachfolgedokument DIN EN ISO 13849-1 (2007-02)*)
DIN EN 50522*VDE 0101-2	Erdung von Starkstromanlagen mit Nennwechselspannungen über 1 kV
DIN EN 60204-1*VDE 0113-1	Sicherheit von Maschinen; elektrische Ausrüstung von Maschinen; Teil 1: Allgemeine Anforderungen
DIN EN 61936-1*VDE 0101-1	Starkstromanlagen mit Nennwechselspannungen über 1 kV – Teil 1: Allgemeine Bestimmungen
DIN EN 62061*VDE 0113-50	Sicherheit von Maschinen; Funktionale Sicherheit sicherheitsbezogener elektrischer, elektronischer und programmierbarer elektronischer Steuerungssysteme
DIN EN ISO 13849-Reihe	Sicherheit von Maschinen; Sicherheitsbezogene Teile von Steuerungen
VDI/VDE 2180-Reihe	Sicherung von Anlagen der Verfahrenstechnik mit Mitteln der Prozessleittechnik (PLT)
Leitfaden für die Anwendung der Maschinenrichtlinie 2006/42/EG; Auflage 2.2.; Juni 2010 Interpretationspapier zum Thema „Gesamtheit von Maschinen“ – Bek. D. BMAS v. 05.05.2011, IIIb5-39607-3 –	

https://www.bmas.de/SharedDocs/Downloads/DE/Arbeitsschutz/leitfaden-fuer-anwendung-maschinenrichtlinie-2006-42-eg.pdf?__blob=publicationFile&v=1 – Letzter Zugriff 03.04.2023

Prüfungen nach DIN-Normen, DGUV-Vorschriften & mehr

- DGUV Vorschrift 3 DIN 0701/0702 (ehem. BGV A3), ortsveränderliche elektrische Betriebsmittel
- DGUV Vorschrift 3 DIN 0113-1 (ehem. BGV A3), ortsfeste elektrische Maschinen und Anlagen
- VDE 0100/0105, Elektroinstallationen
- VDE 0100/0105, Fehlerstromschutzeinrichtungen
- DIN EN ISO 9712 (ehem. DIN EN 473), Thermografie
- DGUV Information 208-016 (ehem. BGV D36), Leiter und Tritte
- DGUV Vorschrift 68 (ehem. BGV D27), Flurförderzeuge, Stapler
- DGUV Vorschrift 52 (ehem. BGV D6), Hebezeuge
- DGUV Vorschrift 54 (ehem. BGV D8), Winden, Hub- und Zuggeräte
- ASR A1.6/ASR A1.7 (ehem. BGR 232), Kraftbetätigte Fenster, Türen und Tore
- DGUV Regel 108-007 (ehem. BGR 234), Lagereinrichtung
- DIN 14.4064, Feuerlöscher

BG-Regel „Betreiben von Arbeitsmitteln" (BGR 500): http://publikationen.dguv.de/dguv/pdf/10002/bgr500.pdf (Letzter Zugriff 03.04.2023).

3.6.4 BImSchG-Anlagen

Zweck des Bundes-Immissionsschutz-Gesetzes ist es, Menschen, Tiere und Pflanzen, den Boden, das Wasser, die Atmosphäre sowie Kultur- und sonstige Sachgüter vor schädlichen Umwelteinwirkungen zu schützen und dem Entstehen schädlicher Umwelteinwirkungen vorzubeugen.

Soweit es sich um genehmigungsbedürftige Anlagen handelt, dient dieses Gesetz auch

- der integrierten Vermeidung und Verminderung schädlicher Umwelteinwirkungen durch Emissionen in Luft, Wasser und Boden unter Einbeziehung der Abfallwirtschaft, um ein hohes Schutzniveau für die Umwelt insgesamt zu erreichen, sowie
- dem Schutz und der Vorsorge gegen Gefahren, erhebliche Nachteile und erhebliche

Belästigungen, die auf andere Weise herbeigeführt werden (BImSchG § 1).

3.6.4.1 Genehmigungsbedürftige Anlagen

Die Errichtung und der Betrieb von Anlagen, die auf Grund ihrer Beschaffenheit oder ihres Betriebs in besonderem Maße geeignet sind, schädliche Umwelteinwirkungen hervorzurufen oder in anderer Weise die Allgemeinheit oder die Nachbarschaft zu gefährden, erheblich zu benachteiligen oder erheblich zu belästigen, bedürfen einer Genehmigung (BImSchG § 4).

In der Verordnung über genehmigungsbedürftige Anlagen (4. BImSchV) sind im Anhang die nach dem BImSchG genehmigungsbedürftigen Anlagen genannt. Dabei bedürfen sowohl die Errichtung als auch der Betrieb der dort genannten Anlagen einer Genehmigung, soweit sie länger als 1 Jahr betrieben werden. Da die Genehmigungsbedürftigkeit vom

Erreichen oder Überschreiten einer bestimmten Leistungsgrenze oder Anlagengröße abhängt, ist jeweils auf den rechtlich und tatsächlich möglichen Betriebsumfang der Anlage abzustellen. Soll die für die Genehmigungsbedürftigkeit maßgebende Leistungsgrenze oder Anlagengröße durch die Erweiterung einer bestehenden Anlage erstmals überschritten werden, bedarf die gesamte Anlage der Genehmigung.

Das Genehmigungserfordernis erstreckt sich auf alle vorgesehenen

- **Anlagenteile** und **Verfahrensschritte**, die zum Betrieb notwendig sind, und
- **Nebeneinrichtungen**, die mit den Anlagenteilen und Verfahrensschritten in einem räumlichen und betriebstechnischen Zusammenhang stehen und die von Bedeutung sein können für
  - das Entstehen schädlicher Umwelteinwirkungen,
  - die Vorsorge gegen schädliche Umwelteinwirkungen oder
  - das Entstehen sonstiger Gefahren, erheblicher Nachteile oder erheblicher Belästigungen (4. BImSchV § 1 (2))

Bei den Genehmigungsverfahren wird in normale Verfahren mit Öffentlichkeitsbeteiligung oder in vereinfachte Verfahren ohne Öffentlichkeitsbeteiligung unterschieden.

3.6.4.2 Genehmigungsbedürftige Anlagen im Entwässerungsbereich (auf Klärwerken)

BHKW, Gasmaschinen Anlagen zur Erzeugung von Strom, Dampf, Warmwasser, Prozesswärme oder erhitztem Abgas in einer Verbrennungseinrichtung (wie z. B. Heizkraftwerk, Gasturbinenanlage, Verbrennungsmotoranlage) einschließlich zugehöriger Dampfkessel durch den Einsatz von u. a.

- gasförmigen Brennstoffen, insbesondere Klärgas, Biogas mit einer Feuerungswärmeleistung von 1 Megawatt bis 10 MW, bei Verbrennungsmotoranlagen oder Gasturbinenanlagen (Nr. 1.2.2.2) oder
- Heizöl mit einer Feuerungswärmeleistung von 1 Megawatt bis 20 MW (Nr. 1.2.3.2) (4. BImSchV Anhang 1)

Gasbehälter Anlagen, die der Lagerung von Stoffen und Gemischen, die bei einer Temperatur von 293,15 Kelvin und einem Standarddruck von 101,3 Kilopascal vollständig gasförmig vorliegen und dabei einen Explosionsbereich mit Luft haben (entzündbare Gase), in Behältern mit einem Fassungsvermögen von

- 50 Tonnen oder mehr: Genehmigungsverfahren (Nr. 9.1.1.1),
- 3 Tonnen bis weniger als 50 Tonnen: Vereinfachtes Verfahren (Nr. 9.1.1.2)

Heizöllagerung, ab 10.000 Tonnen Anlagen, die der Lagerung von Flüssigkeiten dienen mit einem Fassungsvermögen von 10.000 Tonnen oder mehr, soweit die Flüssigkeiten einen Flammpunkt von 373,15 Kelvin oder weniger haben (Heizöl: 328,15 Kelvin): Genehmigungsverfahren (4. BImSchV, Anhang 1, Nr. 9.2.1).

Nachdem zu den Anlagen die Betriebsstätten und sonstige ortsfeste Einrichtungen, die Maschinen, Geräte und Grundstücke, auf denen Arbeiten durchgeführt werden, die Emissionen verursachen können, gehören, sind dies am Beispiel des BHKW: das Grundstück mit Gebäude und Inhalt.

3.6.4.3 Pflichten der Betreiber

Die Pflichten der Betreiber genehmigungsbedürftiger Anlagen und nicht genehmigungsbedürftiger Anlagen unterscheiden sich im unterschiedlich hohen Aufwand zum Schutz der Umwelt und Umgebung (s. Tab. 3.8).

3.6.4.4 (Wesentliche) Änderung genehmigungsbedürftiger Anlagen

Die Änderung der Lage, der Beschaffenheit oder des Betriebs einer genehmigungsbedürftigen Anlage ist, sofern eine Genehmigung nicht beantragt wird, der zuständigen Behörde mindestens einen Monat, bevor mit der Änderung begonnen werden soll, *schriftlich anzuzeigen*, wenn sich die Änderung auf oben genannte Schutzgüter auswirken kann (BImSchG § 15). Eine solche Änderung bedarf der *Genehmigung*, wenn dadurch nachteilige Auswirkungen hervorgerufen werden können und diese erheblich sein können (wesentliche Änderung).

Tab. 3.8 Unterschiedliche Pflichten der Betreiber von Anlagen

Pflichten der Betreiber (nach BImSchG § 5, § 22)	
genehmigungsbedürftiger Anlagen	**nicht genehmigungsbedürftiger Anlagen**
sind so zu errichten und zu betreiben, dass zur Gewährleistung eines hohen Schutzniveaus für die Umwelt insgesamt	sind so zu errichten und zu betreiben, dass
schädliche Umwelteinwirkungen und sonstige Gefahren, erhebliche Nachteile und erhebliche Belästigungen für die Allgemeinheit und die Nachbarschaft nicht hervorgerufen werden können;	schädliche Umwelteinwirkungen, die nach dem *Stand der Technik* vermeidbar sind verhindert werden,
Vorsorge gegen schädliche Umwelteinwirkungen und sonstige Gefahren, erhebliche Nachteile und erhebliche Belästigungen getroffen wird, insbesondere durch die dem *Stand der Technik* entsprechenden Maßnahmen;	nach dem *Stand der Technik* unvermeidbare schädliche Umwelteinwirkungen auf ein Mindestmaß beschränkt werden und
Abfälle vermeiden, nicht zu vermeidende Abfälle verwertet und nicht zu verwertende Abfälle ohne Beeinträchtigung des Wohls der Allgemeinheit beseitigt werden;	die beim Betrieb der Anlagen entstehenden Abfälle ordnungsgemäß beseitigt werden können
Energie sparsam und effizient verwendet wird.	

Die **Genehmigung ist stets erforderlich**, wenn die Änderung oder Erweiterung des Betriebs einer genehmigungsbedürftigen Anlage für sich genommen die Leistungsgrenzen oder Anlagengrößen des Anhangs zur Verordnung über genehmigungsbedürftige Anlagen erreichen.

Eine **Genehmigung ist nicht erforderlich**, wenn durch die Änderung hervorgerufene nachteilige Auswirkungen offensichtlich gering sind (BImSchG § 16).

Beabsichtigt der Betreiber, den Betrieb einer genehmigungsbedürftigen Anlage **einzustellen**, so hat er dies unter Angabe des Zeitpunktes der Einstellung der zuständigen Behörde unverzüglich anzuzeigen (BImSchG § 15).

3.6.4.5 Erlöschen der Genehmigung

Die Genehmigung erlischt, wenn eine Anlage während eines Zeitraums von mehr als drei Jahren nicht mehr betrieben worden ist (BImSchG § 18).

3.6.4.6 Emissionsmessungen und -erklärung

Der Betreiber einer genehmigungsbedürftigen Anlage ist verpflichtet, der zuständigen Behörde Angaben zu machen über Art, Menge, räumliche und zeitliche Verteilung der Luftverunreinigungen, die von der Anlage in einem bestimmten Zeitraum ausgegangen sind, sowie über die Austrittsbedingungen ((Emissionserklärung) § 27).

Die zuständige Behörde kann bei genehmigungsbedürftigen Anlagen nach der Inbetriebnahme oder einer Änderung und sodann nach Ablauf eines Zeitraums von jeweils drei Jahren Anordnungen treffen. Die zuständige Behörde kann bei genehmigungsbedürftigen Anlagen anordnen, dass statt durch Einzelmessungen oder neben solchen Messungen bestimmte Emissionen oder Immissionen fortlaufend ermittelt werden (BImschG § 28). Die Erklärung muss entsprechend der Verordnung über Emissionserklärungen (11. BImSchV) abgeben werden. Der Betreiber einer Anlage hat eine Emissionserklärung abzugeben, die inhaltlich dem dortigen Anhang entspricht. Die Emissionen der o. g. Anlagen sind z. B. anzugeben für Quecksilber, Arsen, Cadmium und andere sehr giftige Stoffe.

3.6.4.7 Anordnung sicherheitstechnischer Prüfungen (BImSchG § 29a)

Die zuständige Behörde kann anordnen, dass der Betreiber einer genehmigungsbedürftigen Anlage oder einer Anlage innerhalb eines Betriebsbereichs einen Sachverständigen mit der Durchführung bestimmter sicherheitstechnischer Prüfungen sowie Prüfungen von sicherheitstechnischen Unterlagen beauftragt.

Prüfungen können angeordnet werden:

- für einen Zeitpunkt während der Errichtung oder sonst vor der Inbetriebnahme der Anlage,
- für einen Zeitpunkt nach deren Inbetriebnahme,
- in regelmäßigen Abständen,
- im Falle einer Betriebseinstellung oder
- wenn Anhaltspunkte dafür bestehen, dass bestimmte sicherheitstechnische Anforderungen nicht erfüllt werden.

3.6.4.8 Überwachung (BImSchG § 52)

Eigentümer und Betreiber von Anlagen sowie Eigentümer und Besitzer von Grundstücken, auf denen Anlagen betrieben werden, sind verpflichtet, den Angehörigen der zuständigen Behörde und deren Beauftragten den Zutritt zu den Grundstücken und die Vornahme von Prüfungen einschließlich der Ermittlung von Emissionen und Immissionen zu gestatten sowie die Auskünfte zu erteilen und die Unterlagen vorzulegen, die zur Erfüllung ihrer Aufgaben erforderlich sind. Betreiber von Anlagen, für die ein Immissionsschutzbeauftragter oder ein Störfallbeauftragter bestellt ist, haben diesen auf Verlangen der zuständigen Behörde zu solchen Überwachungsmaßnahmen hinzuzuziehen. Zusätzlich müssen Arbeitskräfte sowie Hilfsmittel, insbesondere Treibstoffe und Antriebsaggregate, bereitgestellt werden.

3.6.4.9 Bestellung eines Betriebsbeauftragten für Immissionsschutz

Betreiber genehmigungsbedürftiger Anlagen haben einen oder mehrere Betriebsbeauftragte für Immissionsschutz (Immissionsschutzbeauftragte) zu bestellen, sofern dies im Hinblick auf die Art oder die Größe der Anlagen wegen der

- von den Anlagen ausgehenden Emissionen,
- technischen Probleme der Emissionsbegrenzung oder
- Eignung der Erzeugnisse, bei bestimmungsgemäßer Verwendung schädliche Umwelteinwirkungen durch Luftverunreinigungen, Geräusche oder Erschütterungen hervorzurufen, erforderlich ist (BImSchG § 53).

Details dazu regelt die Fünfte Verordnung zur Durchführung des Bundes-Immissionsschutzgesetzes (Verordnung über Immissionsschutz- und Störfallbeauftragte – 5. BImSchV).

► Für die o. g. nach BImSchG genehmigungsbedürftigen Anlagen auf Kläranlagen ist eine Bestellung i. d. R. nicht erforderlich.

Hinweis: Technische Regel für Anlagensicherheit (TRAS)

Sicherheitstechnische Anforderungen an Biogasanlagen – Fassung 12/2018 – TRAS 120

Nach § 51a BImSchG wird beim Bundesministerium für Umwelt, Naturschutz und nukleare Sicherheit eine *Kommission für Anlagensicherheit (KAS)* gebildet. Sie schlägt dem Stand der Sicherheitstechnik entsprechende Regeln vor (https://www.kas-bmu.de/tras-endgueltige-version.html – Letzter Zugriff 03.04.2023).

► Achtung: **Biogas** hier ist **nicht** gleich **Klärgas**; insoweit gilt die TRAS 120 nicht.

Diese TRAS gilt jedoch für die Biogasanlagen, die Teil von nach § 60 des Wasserhaushaltsgesetzes (WHG) genehmigten Abwasserbehandlungsanlagen sind und *nicht ausschließlich* der anaeroben Behandlung von Abwasser und Klärschlamm dienen (z. B. zusätzliche Annahme von Abfällen, Fett, usw.). Wenn also in der Kläranlage der o. g. Abfall angenommen wird, dann wird das dort gewonnene Klärgas zu Biogas und fällt unter die TRAS 120.

3.6.5 Heben von Lasten

In Nr. 2 von Anhang 1 der BetrSichV finden sich besondere Vorschriften für die Verwendung von Arbeitsmitteln zum Heben von Lasten:

3.6.5.1 Verwendung von Arbeitsmitteln zum Heben von Lasten

Der Arbeitgeber hat dafür zu sorgen, dass die Standsicherheit und Festigkeit von Arbeitsmitteln zum Heben von Lasten, ihrer Lastaufnahmeeinrichtungen und gegebenenfalls abnehmbarer Teile jederzeit sichergestellt sind. Hierbei hat er auch besondere Bedingungen wie Witterung, Transport, Auf- und Abbau, mögliche Ausfälle und vorgesehene Prüfungen, auch mit Prüflast, zu berücksichtigen. Sofern nach der Gefährdungsbeurteilung erforderlich, hat der Arbeitgeber Arbeitsmittel mit einer Einrichtung zu versehen, die ein Überschreiten der zulässigen Tragfähigkeit verhindert. Auch sind Belastungen der Aufhängepunkte oder der Verankerungspunkte an den tragenden Teilen zu berücksichtigen.

Demontierbare und mobile Arbeitsmittel zum Heben von Lasten müssen so aufgestellt und verwendet werden, dass die Standsicherheit des Arbeitsmittels gewährleistet ist und dessen Kippen, Verschieben oder Abrutschen verhindert wird. Der Arbeitgeber hat dafür zu sorgen, dass die korrekte Durchführung der Maßnahmen von einem hierzu *besonders eingewiesenen Beschäftigten* überprüft wird.

Der Arbeitgeber hat dafür zu sorgen, dass Arbeitsmittel zum Heben von Lasten mit einem deutlich sichtbaren *Hinweis auf die zulässige Tragfähigkeit* versehen sind. Sofern unterschiedliche Betriebszustände möglich sind, ist die zulässige Tragfähigkeit für die einzelnen Betriebszustände anzugeben. Lastaufnahmeeinrichtungen sind so zu kennzeichnen, dass ihre für eine sichere Verwendung grundlegenden Eigenschaften zu erkennen sind. Arbeitsmittel zum Heben von Beschäftigten müssen hierfür geeignet sein sowie deutlich sichtbar mit Hinweisen auf diesen Verwendungszweck gekennzeichnet werden.

Der Arbeitgeber hat Maßnahmen zu treffen, die verhindern, dass Lasten

- sich ungewollt gefährlich verlagern, herabstürzen oder
- unbeabsichtigt ausgehakt werden können.

Wenn der Aufenthalt von Beschäftigten im Gefahrenbereich nicht verhindert werden kann, muss gewährleistet sein, dass Befehlseinrichtungen zur Steuerung von Bewegungen nach ihrer Betätigung von selbst in die Nullstellung zurückgehen und die eingeleitete Bewegung unverzüglich unterbrochen wird.

Das flurgesteuerte Arbeitsmittel zum Heben von Lasten muss für den steuernden Beschäftigten bei maximaler Fahrgeschwindigkeit jederzeit beherrschbar sein.

Der Arbeitgeber hat dafür zu sorgen, dass Arbeitsmittel zum Heben von Lasten bei Hub-, Fahr- und Drehbewegungen abgebremst und ungewollte Bewegungen des Arbeitsmittels verhindert werden können.

Kraftbetriebene Hubbewegungen des Arbeitsmittels zum Heben von Lasten müssen begrenzt sein.

Können beim Verwenden von Arbeitsmitteln zum Heben von Lasten Beschäftigte gefährdet werden und befindet sich die Befehlseinrichtung nicht in der Nähe der Last, müssen die Arbeitsmittel mit Warneinrichtungen ausgerüstet sein.

Der Rückschlag von Betätigungseinrichtungen handbetriebener Arbeitsmittel zum Heben von Lasten muss begrenzt sein.

Beim *Heben oder Fortbewegen von Beschäftigten* sind insbesondere die folgenden besonderen Maßnahmen zu treffen:

- Gefährdungen durch Absturz eines Lastaufnahmemittels sind mit geeigneten Vorrichtungen zu verhindern. Lastaufnahmemittel sind an jedem Arbeitstag auf einwandfreien Zustand zu überprüfen.
- Das Herausfallen von Beschäftigten aus dem Personenaufnahmemittel des Arbeitsmittels zum Heben von Lasten ist zu verhindern.
- Gefährdungen durch Quetschen oder Einklemmen der Beschäftigten oder Zusammenstoß von Beschäftigten mit Gegenständen sind zu vermeiden.
- Bei Störungen im Personenaufnahmemittel sind festsitzende Beschäftigte vor Gefährdungen zu schützen und müssen gefahrlos befreit werden können.

Der Arbeitgeber hat dafür zu sorgen, dass das *Heben von Beschäftigten nur mit hierfür vorgesehenen Arbeitsmitteln* einschließlich der notwendigen Zusatzausrüstungen erfolgt. Abweichend davon ist das Heben von Beschäftigten mit hierfür nicht vorgesehenen Arbeitsmitteln ausnahmsweise zulässig, wenn

- die Sicherheit der Beschäftigten auf andere Weise gewährleistet ist,
- bei der Tätigkeit eine angemessene Aufsicht durch einen anwesenden besonders eingewiesenen Beschäftigten sichergestellt ist,
- der Steuerstand des Arbeitsmittels ständig besetzt ist,
- der mit der Steuerung des Arbeitsmittels beauftragte Beschäftigte hierfür besonders eingewiesen ist,
- sichere Mittel zur Verständigung zur Verfügung stehen und
- ein Bergungsplan für den Gefahrenfall vorliegt.

Der Arbeitgeber hat dafür zu sorgen, dass

- Beschäftigte nicht durch hängende Lasten gefährdet werden, insbesondere hängende Lasten nicht über ungeschützte Bereiche, an denen sich für gewöhnlich Beschäftigte aufhalten, bewegt werden,
- Lasten sicher angeschlagen werden,
- Lasten, Lastaufnahme- sowie Anschlagmittel sich nicht unbeabsichtigt lösen oder verschieben können,
- den Beschäftigten bei der Verwendung von Lastaufnahme- und Anschlagmitteln angemessene Informationen über deren Eigenschaften und zulässigen Einsatzgebiete zur Verfügung stehen,

- Verbindungen von Anschlagmitteln deutlich gekennzeichnet sind, sofern sie nach der Verwendung nicht getrennt werden,
- Lastaufnahme- und Anschlagmittel entsprechend den zu handhabenden Lasten, den Greifpunkten, den Einhakvorrichtungen, den Witterungsbedingungen sowie der Art und Weise des Anschlagens ausgewählt werden und
- Lasten nicht mit kraftschlüssig wirkenden Lastaufnahmemitteln über ungeschützte Beschäftigte geführt werden.

Lastaufnahme- und Anschlagmittel sind so aufzubewahren, dass sie nicht beschädigt werden können und ihre Funktionsfähigkeit nicht beeinträchtigt werden kann (BetrSichV Anhang 1 Nr. 2).

3.6.5.2 Besondere Vorschriften für die Verwendung von Arbeitsmitteln zum Heben von nicht geführten Lasten

► **Eine Geführte Last** ist eine Last, die während ihrer gesamten Bewegung an starren Führungselementen oder an beweglichen Führungselementen, deren Lage im Raum durch Festpunkte bestimmt wird, geführt wird (Richtlinie 2006/42/EG über Maschinen, Anh. I, Nr 4.1.1).

Überschneiden sich die Aktionsbereiche von Arbeitsmitteln zum Heben von nicht geführten Lasten, sind geeignete Maßnahmen zu treffen, um Gefährdungen durch Zusammenstöße der Arbeitsmittel zu verhindern. Ebenso sind geeignete Maßnahmen zu treffen, um Gefährdungen von Beschäftigten durch Zusammenstöße von diesen mit nichtgeführten Lasten zu verhindern (BetrSichV Anhang 1 Nr. 2).

Es sind geeignete Maßnahmen gegen Gefährdungen von Beschäftigten durch Abstürzen von nicht geführten Lasten zu treffen. Kann der Beschäftigte, der ein Arbeitsmittel zum Heben von nicht geführten Lasten steuert, die Last weder direkt noch durch Zusatzgeräte über den gesamten Weg beobachten, ist er von einem anderen Beschäftigten einzuweisen (BetrSichV Anhang 1 Nr. 2).

Der Arbeitgeber hat dafür zu sorgen, dass

- nicht geführte Lasten sicher von Hand ein- und ausgehängt werden können,
- die Beschäftigten den Hebe- und Transportvorgang direkt oder indirekt steuern können,
- alle Hebevorgänge mit nicht geführten Lasten so geplant und durchgeführt werden, dass die Sicherheit der Beschäftigten gewährleistet ist. Soll eine nicht geführte Last gleichzeitig durch zwei oder mehrere Arbeitsmittel angehoben werden, ist ein Verfahren festzulegen und zu überwachen, das die Zusammenarbeit der Beschäftigten sicherstellt,
- nur solche Arbeitsmittel zum Heben von nicht geführten Lasten eingesetzt werden, die diese Lasten auch bei einem teilweisen oder vollständigen Energieausfall sicher halten; ist dies nicht möglich, sind geeignete Maßnahmen zu treffen, damit

die Sicherheit der Beschäftigten gewährleistet ist. Hängende, nicht geführte Lasten müssen ständig beobachtet werden, es sei denn, der Zugang zum Gefahrenbereich wird verhindert, die Last wurde sicher eingehängt und wird im hängenden Zustand sicher gehalten,

- die Verwendung von Arbeitsmitteln zum Heben von nicht geführten Lasten im Freien eingestellt wird, wenn die Witterungsbedingungen die sichere Verwendung des Arbeitsmittels beeinträchtigen, und
- die vom Hersteller des Arbeitsmittels zum Heben nicht geführter Lasten vorgegebenen Maßnahmen getroffen werden; dies gilt insbesondere für Maßnahmen gegen das Umkippen des Arbeitsmittels. (BetrSichV Anhang 1 Nr. 2)

3.6.6 Prüfung von Kranen (BetrSichV Anhang 3)

Dieser Abschnitt gilt für Prüfungen folgender Krane (Hebezeuge): Laufkatzen, Ausleger-, Dreh-, Derrick-, Brücken-, Wandlauf-, Portal-, Schwenkarm-, Turmdreh-, Fahrzeug-, Lkw-, Lade-, Lkw-Anbau-, Schwimm-, Offshore- und Kabelkrane.

Für Lkw-Ladekrane, deren Lastmoment mehr als 300 Kilonewtonmeter oder deren Auslegerlänge mehr als 15 Meter beträgt, gelten die Prüfvorschriften, wie sie in diesem Abschnitt für Fahrzeugkrane festgelegt sind. Die Prüfungen sind mit dem Ziel durchzuführen, den Schutz der Beschäftigten vor Gefährdungen durch die genannten Krane sicherzustellen (BetrSichV Anhang 3 Nr. 1).

3.6.6.1 Prüfsachverständige (BetrSichV Anhang 3 Nr. 2)

Prüfsachverständige sind zur Prüfung befähigte Personen, die zusätzlich

- eine abgeschlossene Ausbildung als Ingenieur haben oder vergleichbare Kenntnisse und Erfahrungen in der Fachrichtung aufweisen, auf die sich ihre Tätigkeit bezieht,
- mindestens drei Jahre Erfahrung in der Konstruktion, dem Bau, der Instandhaltung oder der Prüfung von Kranen haben und davon mindestens ein halbes Jahr an der Prüftätigkeit eines Prüfsachverständigen beteiligt waren,
- ausreichende Kenntnisse über die einschlägigen Vorschriften und Regeln besitzen,
- über die für die Prüfung erforderlichen Einrichtungen und Unterlagen verfügen und

ihre fachlichen Kenntnisse auf aktuellem Stand halten.

3.6.6.2 Prüffristen, Prüfzuständigkeiten und Prüfaufzeichnungen

Für kraftbetriebene Krane gelten die in Tab. 3.9 festgelegten Prüffristen und Prüfzuständigkeiten. Für handbetriebene oder teilkraftbetriebene Krane gelten gesonderte Prüffristen und Prüfzuständigkeiten. Aufzeichnungen sind über die gesamte Verwendungsdauer des Arbeitsmittels aufzubewahren. Die in der Tab. 3.9 genannten Krane sind nach außergewöhnlichen Ereignissen durch eine zur Prüfung befähigte Person und nach Änderungen durch einen Prüfsachverständigen zu prüfen.

Tab. 3.9 Prüffristen und Prüfzuständigkeiten für einige Krane (nach BetrSichV Anhang 3)

Kran	**Prüfung nach der Montage, Installation und vor der ersten Inbetriebnahme**	**Wiederkehrende Prüfung**
Laufkatzen	Prüfsachverständiger	mindestens jährlich durch eine zur Prüfung befähigte Person nach § 2 Absatz 6
Ausleger- und Drehkrane	Prüfsachverständiger	mindestens jährlich durch eine zur Prüfung befähigte Person nach § 2 Absatz 6
Fahrzeugkrane	Prüfung entfällt wegen § 14 Absatz 1 Satz 3	mindestens jährlich durch eine zur Prüfung befähigte Person nach § 2 Absatz 6 und mindestens alle 4 Betriebsjahre, im 13. Betriebsjahr und danach mindestens jährlich durch einen Prüfsachverständigen
Lkw-Ladekrane a) grundsätzlich	Prüfung entfällt wegen § 14 Absatz 1 Satz 3	mindestens jährlich durch eine zur Prüfung befähigte Person nach § 2 Absatz 6
b) mit mehr als 300 kNm Lastmoment oder mit mehr als 15 m Auslegerlänge	Prüfung entfällt wegen § 14 Absatz 1 Satz 3	mindestens jährlich durch eine zur Prüfung befähigte Person nach § 2 Absatz 6 und mindestens alle 4 Betriebsjahre, im 13. Betriebsjahr und danach mindestens jährlich durch einen Prüfsachverständigen
Lkw - Anbaukrane	Prüfung entfällt wegen § 14 Absatz 1 Satz 3	mindestens jährlich durch eine zur Prüfung befähigte Person nach § 2 Absatz 6 und mindestens alle 4 Betriebsjahre durch einen Prüfsachverständigen

3.6.7 Lastaufnahmeeinrichtungen (einschließlich Seile, Ketten und Anschlagmittel)

Die Berufsgenossenschaft Holz und Metall äußert sich zu Lastaufnahmeeinrichtungen auf ihrer Internetseite „Krane, Hebezeuge, Seile, Ketten, Anschlagmittel" (12.10.2022):

„Lastaufnahmeeinrichtungen sind ein wichtiges Verbindungsglied zwischen Kran und Transportgut. Dabei fasst die Bezeichnung ‚Lastaufnahmeeinrichtung' die drei folgenden Begriffe zusammen:

- *Lastaufnahmemittel (kein Teil des Krans): z. B. C-Haken, Pfannen, Greifer, Lasthebemagnete oder Vakuumheber*
- *Anschlagmittel (kein Teil des Krans): z. B. Endlosseile, Hebebänder, Hakenketten, Seilgehänge und lösbare Verbindungsteile (wie z. B. Schäkel)*
- *Tragmittel: dauernd mit dem Kran verbundene Einrichtungen zum Aufnehmen von Lastaufnahmemitteln, Anschlagmitteln oder Lasten, z. B. Kranhaken sowie fest eingescherte Greifer oder Traversen*

Auch bei den Lastaufnahmeeinrichtungen muss auf die Auswahl, wie z. B. Tragfähigkeit, Eignung geachtet werden. Ein sicherer Lasttransport ist nur mit intakten Lastaufnahmeeinrichtungen möglich. Deshalb sind auch hier entsprechende Prüfungen z. B. Prüfung vor der ersten Inbetriebnahme, regelmäßige Prüfungen, außerordentliche Prüfungen erforderlich. Diese müssen entsprechend dokumentiert sein.

Bestimmungen zu Prüfungsanforderungen sind in der DGUV Regel 109-017 und § 3 Absatz 3 der Betriebssicherheitsverordnung (BetrSichV) sowie in der Betriebsanleitung enthalten.

Besondere Aufmerksamkeit ist erforderlich, wenn Lasten kraftschlüssig angeschlagen (durch z. B. Reib-, Saug- oder Magnetkräfte) werden."

3.6.8 Weiterführende Informationen und Downloads

3.6.8.1 Vorschriften

- DGUV Vorschrift 52: Krane
- DGUV Vorschrift 54: Winden, Hub- und Zuggeräte

3.6.8.2 BG-Regeln

- DGUV Regel 100-500: Betreiben von Arbeitsmitteln
- DGUV Regel 109-004: Rundstahlketten als Anschlagmittel in Feuerverzinkereien
- DGUV Regel 109-005: Gebrauch von Anschlag-Drahtseilen
- DGUV Regel 109-006: Gebrauch von Anschlag-Faserseilen
- DGUV Regel 109-017: Betreiben von Lastaufnahmemitteln und Anschlagmitteln im Hebezeugbetrieb

3.6.8.3 BG-Informationen

- DGUV Information 209-012: Kranführer
- DGUV Information 209-013: Anschläger
- DGUV Information 209-021: Belastungstabellen für Anschlagmittel
- DGUV Information 209-061: Gebrauch von Hebebändern und Rundschlingen aus Chemiefasern
- DGUV Information 209-062: Kettenkarteikarte: Montierte Anschlagkette aus Einzelteilen
- DGUV Information 209-063: Kettenkarteikarte: Hebezeugkette bzw. Anschlagkette mit eingeschweißten Aufhänge- und Endgliedern

3.6.9 Überwachungsbedürftige Anlagen (ÜAnlG)

3.6.9.1 Festlegungen

► **Überwachungsbedürftige Anlagen** sind Anlagen, die gewerblichen oder wirtschaftlichen Zwecken dienen oder durch die Beschäftigte gefährdet werden können und von denen beim Betrieb erhebliche Risiken für die Sicherheit und die Gesundheit insbesondere Beschäftigter ausgehen können und die deshalb in einer Rechtsverordnung als überwachungsbedürftige Anlagen bestimmt sind (ÜAnlG § 2).

Solche Anlagen sind zum Beispiel:

- Druckbehälteranlagen außer Dampfkesseln,
- Aufzugsanlagen,
- Anlagen in explosionsgefährdeten Bereichen,

Anlagen zur Lagerung, Abfüllung und Beförderung von brennbaren Flüssigkeiten gehören dazu, wenn sie erlaubnispflichtig sind. Das ist der Fall, wenn es sich handelt um Räume oder Bereiche einschließlich der in ihnen vorgesehenen ortsfesten Behälter und sonstiger Lagereinrichtungen, die dazu bestimmt sind, dass in ihnen entzündbare Flüssigkeiten mit einem Gesamtrauminhalt von mehr als 10.000 Litern gelagert werden (Lageranlagen). Dampfkesselanlagen und Leitungen unter innerem Überdruck für brennbare, ätzende oder giftige Gase, Dämpfe oder Flüssigkeiten gehören unter bestimmten Umständen ebenfalls zu den überwachungsbedürftigen Anlagen. Zu den überwachungsbedürftigen Anlagen gehören aber immer auch deren Mess-, Steuer- und Regeleinrichtungen, die dem sicheren Betrieb dieser überwachungs-bedürftigen Anlagen dienen. Zu den Druckbehälteranlagen und den Leitungen unter innerem Überdruck gehören deren Energieanlagen jeweils *nicht*.

Ein Katalog überwachungsbedürftiger Anlagen soll in einer Rechtsverordnung bestimmt werden (ÜAnlG § 31).

3.6.9.2 Umgang mit überwachungsbedürftigen Anlagen

Je nachdem um welche Anlage es sich handelt, kann festgelegt sein, dass

- die Errichtung solcher Anlagen, ihre Inbetriebnahme, die Vornahme von Änderungen an bestehenden Anlagen und sonstige die Anlagen betreffenden Umstände angezeigt und der Anzeige bestimmte Unterlagen beigefügt werden müssen;
- die Errichtung solcher Anlagen, ihr Betrieb sowie die Vornahme von Änderungen an bestehenden Anlagen der Erlaubnis einer zuständigen Behörde bedürfen;
- solche Anlagen oder Teile von solchen Anlagen nach einer Bauartprüfung allgemein zugelassen und mit der allgemeinen Zulassung Auflagen zum Betrieb und zur Wartung verbunden werden können;
- solche Anlagen, insbesondere die Errichtung, die Herstellung, die Bauart, die Werkstoffe, die Ausrüstung und die Unterhaltung sowie ihr Betrieb, bestimmten, dem Stand der Technik entsprechenden Anforderungen genügen müssen;
- solche Anlagen einer Prüfung vor Inbetriebnahme, regelmäßig wiederkehrenden Prüfungen und Prüfungen auf Grund behördlicher Anordnungen unterliegen.

Errichtung umfasst die Montage und Installation am Verwendungsort (BetrSichV § 2).

Die überwachungsbedürftigen Anlagen zählen neben sonstigen Anlagen, die für die Arbeit verwendet werden, auch zu den *Arbeitsmitteln*. Damit fällt auch jegliche Tätigkeit an den Anlagen, wie das Montieren und Installieren, Bedienen, An- oder Abschalten oder Einstellen, Gebrauchen, Betreiben, Instandhalten, Reinigen, Prüfen, Umbauen, Erproben, Demontieren, Transportieren und Überwachen unter die BetrSichV.

Instandhaltung ist die Gesamtheit aller Maßnahmen zur Erhaltung des sicheren Zustands oder der Rückführung in diesen. Instandhaltung umfasst insbesondere Inspektion, Wartung und Instandsetzung (BetrSichV § 2).

3.6.9.3 Prüfung vor Inbetriebnahme und vor Wiederinbetriebnahme nach prüfpflichtigen Änderungen (BetrSichV § 15)

Der Arbeitgeber hat sicherzustellen, dass überwachungsbedürftige Anlagen vor erstmaliger Inbetriebnahme und vor Wiederinbetriebnahme nach prüfpflichtigen Änderungen geprüft werden.

Bei dieser Prüfung ist festzustellen,

- ob die für die Prüfung benötigten technischen Unterlagen, wie beispielsweise eine EG-Konformitätserklärung, vorhanden sind und ihr Inhalt plausibel ist und
- ob die Anlage einschließlich der Anlagenteile entsprechend dieser Verordnung errichtet oder geändert worden ist und sich auch unter Berücksichtigung der Aufstellbedingungen in einem sicheren Zustand befindet.

Die Prüfung ist nach den Vorgaben der BetrSichV § 15 durchzuführen.

Bei den Prüfungen ist auch festzustellen, ob die getroffenen sicherheitstechnischen Maßnahmen geeignet und funktionsfähig sind und ob die Frist für die nächste wiederkehrende Prüfung zutreffend festgelegt wurde.

3.6.9.4 Wiederkehrende Prüfung (BetrSichV § 16)

Der Arbeitgeber hat sicherzustellen, dass überwachungsbedürftige Anlagen wiederkehrend auf ihren sicheren Zustand hinsichtlich des Betriebs geprüft werden. Bei der wiederkehrenden Prüfung ist auch zu überprüfen, ob die Frist für die nächste wiederkehrende Prüfung zutreffend festgelegt wurde.

3.6.9.5 Prüfungsfristen

Der Arbeitgeber hat *Art und Umfang* erforderlicher Prüfungen von Arbeitsmitteln sowie die *Fristen von wiederkehrenden Prüfungen* zu ermitteln und festzulegen, soweit die BetrSichV nicht bereits entsprechende Vorgaben enthält. Die Fristen für die wiederkehrenden Prüfungen sind so festzulegen, dass die Arbeitsmittel bis zur nächsten festgelegten Prüfung sicher verwendet werden können.

Bei der Festlegung der Fristen für die wiederkehrenden Prüfungen dürfen die in Anhang 2 der BetrSichV für Aufzüge, Anlagen in explosionsgefährdeten Bereichen und Druckanlagen genannten *Höchstfristen* nicht überschritten werden (BetrSichV § 3).

3.6.9.6 Prüfaufzeichnungen und -bescheinigungen (BetrSichV §§ 15–17)

Der Arbeitgeber hat dafür zu sorgen, dass die Ergebnisse der Prüfungen aufgezeichnet werden. Sofern die jeweilige Prüfung von einer zugelassenen Überwachungsstelle durchzuführen ist, ist von dieser eine *Prüfbescheinigung* über das Ergebnis der Prüfung zu fordern. Aufzeichnungen und Prüfbescheinigungen müssen mindestens Auskunft geben über

- Anlagenidentifikation,
- Prüfdatum,
- Art der Prüfung,
- Prüfungsgrundlagen,
- Prüfumfang,
- Eignung und Funktion der technischen Schutzmaßnahmen sowie Eignung der organisatorischen Schutzmaßnahmen,
- Ergebnis der Prüfung,
- Frist bis zur nächsten wiederkehrenden Prüfung
- Name und Unterschrift des Prüfers, bei Prüfung durch zugelassene Überwachungsstellen zusätzlich Name der zugelassenen Überwachungsstelle; bei ausschließlich elektronisch übermittelten Dokumenten die elektronische Signatur.

Aufzeichnungen und Prüfbescheinigungen sind während der gesamten Verwendungsdauer am Betriebsort der überwachungsbedürftigen Anlage aufzubewahren und der zuständigen Behörde auf Verlangen vorzulegen. Sie können auch in elektronischer Form aufbewahrt werden.

3.6.9.7 Zugelassene Überwachungsstelle (ZÜS)

Der Betreiber einer überwachungsbedürftigen Anlage hat mit den Prüfungen eine zugelassene Überwachungsstelle zu beauftragen (ÜAnlG § 7).

Zugelassene Überwachungsstelleist jede von der zuständigen Landesbehörde als Prüfstelle für einen bestimmten Aufgabenbereich dem Bundesministerium für Arbeit und Soziales benannte und bekannt gemachte Überwachungsstelle. Diese ZÜS werden von der Bundesanstalt für Arbeitsschutz und Arbeitsmedizin (BAuA) bekannt gemacht: https://www.baua.de/DE/Aufgaben/Gesetzliche-und-hoheitliche-Aufgaben/Produktsicherheitsgesetz/Zugelassene-Ueberwachungsstellen.html (Letzter Zugriff 03.04.2023).

Die Zulassung kann unter Bedingungen erteilt und mit Auflagen verbunden werden. Sie ist befristet und kann mit dem Vorbehalt des Widerrufs sowie nachträglicher Auflagen erteilt werden.

3.6.9.8 Zur Prüfung befähigte Personen

In bestimmten Fällen können Prüfungen auch *von einer zur Prüfung befähigten Person* durchgeführt werden. Darüber hinaus können alle Prüfungen nach prüfpflichtigen Änderungen, die nicht die Bauart oder die Betriebsweise einer überwachungsbedürftigen Anlage betreffen, von einer zur Prüfung befähigten Person durchgeführt werden. Der Arbeitgeber hat zu ermitteln und festzulegen, welche Voraussetzungen die zur Prüfung befähigten Personen erfüllen müssen, die von ihm mit den Prüfungen von Arbeitsmitteln zu beauftragen sind (BetrSichV § 3). Da der Arbeitgeber/Betreiber die befähigten Personen benennt und mit der Prüfung beauftragt, liegt die Verantwortung für die sachgerechte Auswahl stets auch beim Arbeitgeber/Betreiber.

► Die erforderliche Qualifikation von befähigten Personen ist in den *TRBS 1203* und *TRBS 1203 Teil 1* beschrieben.

Eine zur Prüfung befähigte Person ist eine Person, die durch ihre Berufsausbildung, ihre Berufserfahrung und ihre zeitnahe berufliche Tätigkeit über die erforderlichen Kenntnisse verfügt. Zur Durchführung von Prüfungen an Geräten, Schutzsystemen oder Sicherheits-, Kontroll- oder Regelvorrichtungen müssen die zur Prüfung befähigten Personen zusätzlich über eine behördliche Anerkennung einer der Prüfaufgabe entsprechenden Qualifikation und über die für die Prüfung erforderlichen Prüfeinrichtungen verfügen.

3.6.9.9 Gesetz über überwachungsbedürftige Anlagen (ÜAnlG)

Das Gesetz über überwachungsbedürftige Anlagen gilt für die Errichtung, die Änderung und den Betrieb überwachungsbedürftiger Anlagen. Es dient dazu, beim Betrieb überwachungsbedürftiger Anlagen die Sicherheit und den Gesundheitsschutz der Beschäftigten und anderer Personen zu gewährleisten, die sich im Gefahrenbereich einer solchen Anlage befinden.

Bis zur Bestimmung eines Katalogs überwachungsbedürftiger Anlagen in einer Rechtsverordnung gelten die bisher genannten überwachungsbedürftigen Anlagen als überwachungsbedürftige Anlagen im Sinne dieses Gesetzes.

3.6.10 Aufzüge

3.6.10.1 Personenaufzüge

Nach der Aufzugsverordnung – 12. ProdSV gelten die folgenden Begriffsbestimmungen:

Aufzug ist sowohl ein Hebezeug, das zwischen festgelegten Ebenen mittels eines *Lastträgers* verkehrt, der sich an starren, gegenüber der Horizontalen um mehr als 15° geneigten Führungen entlang fortbewegt, als auch eine Hebeeinrichtung, die sich nicht zwingend an starren Führungen entlang, jedoch in einer räumlich vollständig festgelegten Bahn bewegt.

Ein Lastträger ist der Teil des Aufzugs, in dem die Personen oder Güter zur Aufwärts- oder Abwärtsbeförderung untergebracht sind.

Die o. g. Verordnung gilt für Aufzüge, die Gebäude und Bauten dauerhaft bedienen und bestimmt sind

- zur Personenbeförderung;
- zur Personen- und Güterbeförderung oder nur zur Güterbeförderung

Auf Aufzüge, die nur zur Güterbeförderung bestimmt sind, ist die Aufzugs-Verordnung nur dann anzuwenden, wenn die Aufzüge über betretbare Lastträger verfügen sowie über Steuereinrichtungen, die im Innern des Lastträgers oder in Reichweite einer dort befindlichen Person angeordnet sind. Betretbar ist ein Lastträger, wenn eine Person ohne Schwierigkeit in den Lastträger einsteigen kann (12. ProdSV § 1–2).

3.6.10.2 Besondere Vorschriften für Aufzugsanlagen (BetrSichV Anhang 1, Nr. 4)

Wer eine Aufzugsanlage betreibt, hat Instandhaltungsmaßnahmen unter Berücksichtigung von Art und Intensität der Nutzung der Anlage zu treffen. Im unmittelbaren Bereich einer Aufzugsanlage dürfen keine Einrichtungen vorhanden sein, die den sicheren Betrieb gefährden können. Der Triebwerksraum einer Aufzugsanlage darf nur zugangsberechtigten Personen zugänglich sein. Wer eine Aufzugsanlage betreibt, hat sie regelmäßig einer Inaugenscheinnahme und Funktionskontrolle zu unterziehen.

3.6.10.3 Bauliche Anforderungen (MBO § 39)

Aufzüge im Innern von Gebäuden müssen eigene Fahrschächte haben, um eine Brandausbreitung in andere Geschosse ausreichend lang zu verhindern. In einem Fahrschacht dürfen bis zu drei Aufzüge liegen. Neben den für die Sicherheit und den Betrieb des Aufzugs erforderlichen Leitungen oder Einrichtungen dürfen keine weiteren Leitungen oder Einrichtungen im Aufzugsschacht verlegt oder installiert werden. Im unmittelbaren Bereich einer Aufzugsanlage dürfen keine Einrichtungen vorhanden sein, die den sicheren Betrieb gefährden können. Der Triebwerksraum einer Aufzugsanlage darf nur zugangsberechtigten Personen zugänglich sein.

3.6.10.4 Notfall-Vorsorge (BetrSichV Anhang 1, Nr. 4)

Wer eine Personen-Aufzugsanlage betreibt, hat dafür zu sorgen, dass im Fahrkorb der Aufzugsanlage ein *Zweiwege-Kommunikationssystem* wirksam ist, über das ein *Notdienst* ständig erreicht werden kann. Bei solchen Aufzugsanlagen ist ein Notfallplan anzufertigen und einem Notdienst vor der Inbetriebnahme zur Verfügung zu stellen, damit dieser auf Notrufe unverzüglich angemessen reagieren und umgehend sachgerechte Hilfemaßnahmen einleiten kann. Sofern kein Notdienst vorhanden sein muss, ist ein Notfallplan in der Nähe der Aufzugsanlage anzubringen.

Dieser **Notfallplan** muss mindestens enthalten:

- Standort der Aufzugsanlage,
- Verantwortlichen Arbeitgeber,
- Personen, die Zugang zu allen Einrichtungen der Anlage haben,
- Personen, die eine Befreiung Eingeschlossener vornehmen können,
- Kontaktdaten der Personen, die Erste Hilfe leisten können (zum Beispiel Notarzt oder Feuerwehr),
- Voraussichtlicher Beginn einer Befreiung und
- Notbefreiungsanleitung für die Aufzugsanlage.

Die Notbefreiungsanleitung und die zur Befreiung Eingeschlossener erforderlichen Einrichtungen sind vor der Inbetriebnahme in unmittelbarer Nähe der Anlage bereitzustellen. Wer eine Aufzugsanlage betreibt, in der eine Person eingeschlossen werden kann, hat dafür zu sorgen, dass diese Hilfe herbeirufen kann.

3.6.10.5 Pflichten des Montagebetriebs (12. ProdSV § 5)

Montagebetrieb ist die natürliche oder juristische Person, die die Verantwortung für den Entwurf, die Herstellung, den Einbau und das Inverkehrbringen eines Aufzugs übernommen hat.

Der *Montagebetrieb*

- stellt sicher, dass ein Aufzug nach den wesentlichen Gesundheitsschutz- und Sicherheitsanforderungen entworfen, hergestellt, eingebaut und geprüft wurde.
- stellt eine EU-Konformitätserklärung aus und bringt die CE-Kennzeichnung in dem Fahrkorb an.
- hat dafür zu sorgen, dass seine Aufzüge eine Typen-, Chargen- oder Seriennummer oder eine andere Information zu ihrer Identifikation tragen.
- hat seinen Namen, seinen eingetragenen Handelsnamen oder seine eingetragene Handelsmarke sowie seine Postanschrift auf dem Aufzug anzubringen.
- hat dafür zu sorgen, dass dem Aufzug die Betriebsanleitung in deutscher Sprache beigefügt ist.

Alle Kennzeichnungen und die Betriebsanleitung müssen klar, verständlich und deutlich sein.

3.6.10.6 Prüfvorschriften für alle Aufzugsanlagen (BetrSichV Anhang 2 Abschn. 2)

Aufzugsanlagen gehören zu überwachungsbedürftigen Anlagen. Wer eine Aufzugsanlage betreibt, hat sie regelmäßig einer Inaugenscheinnahme und Funktionskontrolle zu unterziehen. Instandhaltungsmaßnahmen sind unter Berücksichtigung von Art und Intensität der Nutzung der Anlage durchzuführen. Die folgenden Prüfvorschriften sind neben den o. g. Personenaufzügen auch anzuwenden u. a. auf

- Baustellenaufzüge (Maschinen, die vorübergehend ein- oder angebaut werden, um Personen oder Personen und Güter während Bau- oder Instandsetzungsarbeiten auf die unterschiedlichen Stockwerksebenen eines Gebäudes oder Ebenen eines Gerüsts oder Bauwerks zu befördern)
- Maschinen, die ortsfest und dauerhaft montiert, installiert und verwendet werden; hierzu gehören auch Gebäuden zugeordnete Anlagen, die dazu bestimmt sind, Personen mit und ohne Arbeitsgerät und Material aufzunehmen, und deren an Tragmitteln hängende Arbeitsbühnen durch Hubwerke oder durch Hubwerke und Fahrwerke bewegt werden (Fassadenbefahranlagen).

Die oben aufgeführten Aufzugsanlagen sind vor der erstmaligen Inbetriebnahme und nach prüfpflichtigen Änderungen sowie für wiederkehrend zu prüfen. Die Prüfungen sind mit dem Ziel durchzuführen, den sicheren Betrieb der Aufzugsanlage bis zur nächsten Prüfung zu gewährleisten. Zur Prüfung gehören auch alle aufzugsexternen Sicherheitseinrichtungen, die für die sichere Verwendung der Aufzugsanlage erforderlich sind.

3.6.10.7 Prüfung von Aufzugsanlagen vor Inbetriebnahme und nach prüfpflichtigen Änderungen (BetrSichV Anhang 2 Abschn. 2 Nr. 3)

Aufzugsanlagen sind vor erstmaliger Inbetriebnahme von einer zugelassenen Überwachungsstelle zu prüfen. Aufzugsanlagen sind vor Wiederinbetriebnahme nach prüfpflichtigen Änderungen von einer zugelassenen Überwachungsstelle zu prüfen.

Bei der Prüfung ist festzustellen, ob

- die technischen Unterlagen, wie beispielsweise die EG-Konformitätserklärung und der Notfallplan, vorhanden sind und der Inhalt der Notbefreiungsanleitung plausibel ist,
- die Aufzugsanlage entsprechend dieser Verordnung errichtet wurde und sicher verwendet werden kann und
- die elektrische Anlage der Aufzugsanlage vorschriftsmäßig und, soweit erforderlich, die Notrufweiterleitung an eine ständig besetzte Stelle gewährleistet ist.

Die Prüfung nach einer prüfpflichtigen Änderung darf sich darauf beschränken zu prüfen, ob die Aufzugsanlage vorschriftsmäßig geändert wurde und sicher funktioniert.

3.6.10.8 Wiederkehrende Prüfungen von Aufzugsanlagen (BetrSichV Anhang 2, Nr. 4)

Aufzugsanlagen sind regelmäßig wiederkehrend von einer *zugelassenen Überwachungsstelle* zu prüfen (*Hauptprüfung*). Die Prüfung schließt die Prüfung der Sicherheit der elektrischen Anlage, soweit dies für die Beurteilung der sicheren Verwendung der Aufzugsanlage erforderlich ist, mit ein.

Die Fristen für die wiederkehrenden Prüfungen sind vom Arbeitgeber unter Berücksichtigung der erforderlichen Instandhaltungsmaßnahmen festzulegen. Die Prüffrist darf *zwei Jahre* nicht überschreiten. Stellt die zugelassene Überwachungsstelle bei einer Prüfung fest, dass die Prüffrist unzutreffend festgelegt ist, hat der Arbeitgeber in Abstimmung mit der zugelassenen Überwachungsstelle die Prüffrist zu verkürzen. Ist der Arbeitgeber mit der Verkürzung nicht einverstanden, hat er eine Entscheidung der zuständigen Behörde herbeizuführen.

Zusätzlich zu der o. g. Hauptprüfung ist in der Mitte des Prüfzeitraums zwischen zwei Haupt-Prüfungen eine Prüfung durchzuführen (*Zwischenprüfung*). Diese Prüfung umfasst Sicht- und einfache Funktionsprüfungen sicherheitstechnischer Einrichtungen und die Prüfung ausgewählter sicherheitsrelevanter Bauteile. Die Prüfung ist von einer zugelassenen Überwachungsstelle durchzuführen.

3.6.10.9 Prüfplakette (BetrSichV § 17)

In der Kabine von Aufzugsanlagen muss eine Kennzeichnung, zum Beispiel in Form einer *Prüfplakette*, deutlich sichtbar und dauerhaft angebracht sein, aus der sich Monat und Jahr der nächsten wiederkehrenden Prüfung sowie der Name der prüfenden Stelle ergibt.

Technische Regeln für Betriebssicherheit

- TRBS 1201 Teil 4 (März 2019): Prüfung von überwachungsbedürftigen Anlagen – Prüfung von Aufzugsanlagen
- TRBS 3121 (Oktober 2018): Betrieb von Aufzugsanlagen
- TRBS 1121 (August 2012): Änderungen und wesentliche Veränderungen von Aufzugsanlagen
- TRBS 2181 (Januar 2007): Schutz vor Gefährdungen beim Eingeschlossensein in Personenaufnahmemitteln

3.6.11 Mobile selbstfahrende oder nicht selbstfahrende Arbeitsmittel (BetrSichV Anhang 1)

Selbstfahrende Arbeitsmittel sind z. B. Kanalspülfahrzeuge, Schneeräumgeräte, Bagger, Teleskopstapler oder Mähgeräte. Nicht selbstfahrend sind z. B. Anhänger für diese Fahrzeuge. Nur beschränkt mobil aber selbstfahrend sind z. B. Räumerbrücken.

Mobile Arbeitsmittel müssen so ausgerüstet sein, dass die Gefährdung für mitfahrende Beschäftigte so gering wie möglich gehalten wird. Dies gilt auch für die Gefährdungen der Beschäftigten durch Kontakt mit Rädern und Ketten. Gefährdungen durch plötzliches Blockieren von Energieübertragungsvorrichtungen zwischen mobilen Arbeitsmitteln und ihren technischen Zusatzausrüstungen oder Anhängern sind durch technische Maßnahmen zu vermeiden. Sofern dies nicht möglich ist, sind andere Maßnahmen zu ergreifen, die eine Gefährdung der Beschäftigten verhindern. Es sind Maßnahmen zu treffen, die die Beschädigung der Energieübertragungsvorrichtungen verhindern.

Der Arbeitgeber hat dafür zu sorgen, dass bei mobilen Arbeitsmitteln mitfahrende Beschäftigte nur auf sicheren und für diesen Zweck ausgerüsteten Plätzen mitfahren. Besteht die Möglichkeit des Kippens oder Überschlagens des Arbeitsmittels, hat der Arbeitgeber durch folgende Einrichtungen sicherzustellen, dass mitfahrende Beschäftigte nicht durch Überschlagen oder Kippen des Arbeitsmittels gefährdet werden:

- eine Einrichtung, die verhindert, dass das Arbeitsmittel um mehr als eine Vierteldrehung kippt,
- eine Einrichtung, die gewährleistet, dass ein ausreichender Freiraum um mitfahrende Beschäftigte erhalten bleibt, sofern die Kippbewegung mehr als eine Vierteldrehung ausmachen kann, oder
- eine andere Einrichtung mit gleicher Schutzwirkung.

Falls beim Überschlagen oder Kippen des Arbeitsmittels ein mitfahrender Beschäftigter zwischen Teilen des Arbeitsmittels und dem Boden eingequetscht werden kann, muss ein Rückhaltesystem für den mitfahrenden Beschäftigten vorhanden sein.

Der Arbeitgeber hat dafür zu sorgen, dass bei Flurförderzeugen Einrichtungen vorhanden sind, die Gefährdungen aufsitzender Beschäftigter infolge Kippens oder Überschlagens der Flurförderzeuge verhindern. Solche Einrichtungen sind zum Beispiel

- eine Fahrerkabine,
- Einrichtungen, die das Kippen oder Überschlagen verhindern,
- Einrichtungen, die gewährleisten, dass bei kippenden oder sich überschlagenden Flurförderzeugen für die aufsitzenden Beschäftigten zwischen Flur und Teilen der Flurförderzeuge ein ausreichender Freiraum verbleibt, oder
- Einrichtungen, durch die die Beschäftigten auf dem Fahrersitz gehalten werden, sodass sie von Teilen umstürzender Flurförderzeuge nicht erfasst werden können.

Der Arbeitgeber hat vor der ersten Verwendung von mobilen selbstfahrenden Arbeitsmitteln Maßnahmen zu treffen, damit sie

- gegen unerlaubtes Ingangsetzen gesichert werden können,
- so ausgerüstet sind, dass das Ein- und Aussteigen sowie Auf- und Absteigen Beschäftigter gefahrlos möglich ist,
- mit Vorrichtungen versehen sind, die den Schaden durch einen möglichen Zusammenstoß mehrerer schienengebundener Arbeitsmittel so weit wie möglich verringern,

- mit einer Bremseinrichtung versehen sind; sofern erforderlich, muss zusätzlich eine Feststelleinrichtung vorhanden sein und eine über leicht zugängliche Befehlseinrichtungen oder eine Automatik ausgelöste Notbremsvorrichtung das Abbremsen und Anhalten im Fall des Versagens der Hauptbremsvorrichtung ermöglichen,
- über geeignete Hilfsvorrichtungen, wie zum Beispiel Kamera-Monitor-Systeme verfügen, die eine Überwachung des Fahrwegs gewährleisten, falls die direkte Sicht des Fahrers nicht ausreicht, um die Sicherheit anderer Beschäftigter zu gewährleisten,
- beim Einsatz bei Dunkelheit mit einer Beleuchtungsvorrichtung versehen sind, die für die durchzuführenden Arbeiten geeignet ist und ausreichend Sicherheit für die Beschäftigten bietet,
- sofern durch sie selbst oder ihre Anhänger oder Ladungen eine Gefährdung durch Brand besteht, ausreichende Brandbekämpfungseinrichtungen besitzen, es sei denn, am Einsatzort sind solche Brandbekämpfungseinrichtungen in ausreichend kurzer Entfernung vorhanden,
- sofern sie ferngesteuert sind, automatisch anhalten, wenn sie aus dem Kontrollbereich der Steuerung herausfahren,
- sofern sie automatisch gesteuert sind und unter normalen Einsatzbedingungen mit Beschäftigten zusammenstoßen oder diese einklemmen können, mit entsprechenden Schutzvorrichtungen ausgerüstet sind, es sei denn, dass andere geeignete Vorrichtungen die Möglichkeiten eines Zusammenstoßes vermeiden, und
- so ausgerüstet sind, dass mitzuführende Lasten und Einrichtungen gegen unkontrollierte Bewegungen gesichert werden können.

Der Arbeitgeber hat dafür zu sorgen, dass sich Beschäftigte nicht im Gefahrenbereich selbstfahrender Arbeitsmittel aufhalten. Ist die Anwesenheit aus betrieblichen Gründen unvermeidlich, hat der Arbeitgeber Maßnahmen zu treffen, um Gefährdungen der Beschäftigten so gering wie möglich zu halten. Der Arbeitgeber hat dafür zu sorgen, dass die Geschwindigkeit von mobilen Arbeitsmitteln, die durch Mitgänger geführt werden, durch den Mitgänger angepasst werden kann. Sie müssen beim Loslassen der Befehlseinrichtungen selbsttätig unverzüglich zum Stillstand kommen.

Der Arbeitgeber hat dafür zu sorgen, dass Verbindungseinrichtungen mobiler Arbeitsmittel, die miteinander verbunden sind,

- gegen unbeabsichtigtes Lösen gesichert sind und
- sich gefahrlos und leicht betätigen lassen.

Der Arbeitgeber hat Vorkehrungen zu treffen, damit mobile Arbeitsmittel oder Zusatzausrüstungen miteinander verbunden oder voneinander getrennt werden können, ohne die Beschäftigten zu gefährden. Solche Verbindungen dürfen sich nicht unbeabsichtigt lösen können. Der Arbeitgeber hat dafür zu sorgen, dass

- selbstfahrende Arbeitsmittel nur von Beschäftigten geführt werden, die hierfür geeignet sind und eine angemessene Unterweisung erhalten haben,
- für die Verwendung mobiler Arbeitsmittel in einem Arbeitsbereich geeignete Verkehrsregeln festgelegt und eingehalten werden,

- bei der Verwendung von mobilen Arbeitsmitteln mit Verbrennungsmotor eine gesundheitlich unbedenkliche Atemluft vorhanden ist,
- mobile Arbeitsmittel so abgestellt und beim Transport sowie bei der Be- und Entladung so gesichert werden, dass unbeabsichtigte Bewegungen der Arbeitsmittel, die zu Gefährdungen der Beschäftigten führen können, vermieden werden.(BetrSichV Anhang 1)

Zu den selbstfahrenden Arbeitsmaschinen siehe auch Kap. 8 Fahrten und Transporte.

3.6.12 Druckanlagen

Druck ist hier die physikalische Größe; der auf den Atmosphärendruck bezogene Druck, d. h. ein Überdruck.

Im Sinne der Richtlinie 2014/68/EU Art. 2 über Druckgeräte bezeichnen die Begriffe: **Ausrüstungsteile mit Sicherheitsfunktion** Einrichtungen, die zum Schutz des Druckgeräts bei einem Überschreiten der zulässigen Grenzen bestimmt sind. Solche Einrichtungen umfassen:

- Einrichtungen zur unmittelbaren Druckbegrenzung wie Sicherheitsventile, Berstscheibenabsicherungen, Knickstäbe, gesteuerte Sicherheitseinrichtungen (CSPRS) und
- Begrenzungseinrichtungen, die entweder Korrekturvorrichtungen auslösen oder ein Abschalten oder Abschalten und Sperren bewirken wie Druck-, Temperatur- oder Fluidniveauschalter sowie mess- und regeltechnische Schutzeinrichtungen (SRMCR).

Baugruppen sind mehrere Druckgeräte, die von einem Hersteller zu einer zusammenhängenden funktionalen Einheit verbunden werden. Diese Baugruppen können von einfachen Baugruppen wie einem Schnellkochtopf bis zu komplexen Baugruppen wie einem Wasserrohrkessel reichen.

Behälter ist ein geschlossenes Bauteil, das zur Aufnahme von unter Druck stehenden Fluiden ausgelegt und gebaut ist, einschließlich der direkt angebrachten Teile bis hin zur Vorrichtung für den Anschluss an andere Geräte; ein Behälter kann mehrere Druckräume aufweisen.

Druckgeräte sind Behälter, Rohrleitungen, Ausrüstungsteile mit Sicherheitsfunktion und druckhaltende Ausrüstungsteile, gegebenenfalls einschließlich an drucktragenden Teilen angebrachter Elemente, wie z. B. Flansche, Stutzen, Kupplungen, Trageelemente, Hebeösen.

Druckhaltende Ausrüstungsteile sind Einrichtungen mit einer Betriebsfunktion, die ein druckbeaufschlagtes Gehäuse aufweisen.

Fluide sind Gase, Flüssigkeiten und Dämpfe als reine Phase sowie deren Gemische; Fluide können eine Suspension von Feststoffen enthalten.

Rohrleitungen sind zur Durchleitung von Fluiden bestimmte Leitungsbauteile, die für den Einbau in ein Drucksystem miteinander verbunden sind; zu Rohrleitungen zählen insbesondere Rohre oder Rohrsysteme, Rohrformteile, Ausrüstungsteile, Ausdehnungsstücke, Schlauchleitungen oder gegebenenfalls andere druckhaltende Teile; Wärmetauscher aus Rohren zum Kühlen oder Erhitzen von Luft sind Rohrleitungen gleichgestellt (Richtlinie 2014/68/EU Art. 2).

3.6.12.1 Einstufung von Druckgeräten (Richtlinie 2014/68/EU Art. 13)

Druckgeräte werden nach zunehmendem Gefahrenpotential in Kategorien eingestuft. Neben Druck und Volumen (bei Rohrleitungen die Nennweite DN) sind dabei unter anderem auch die Fluidgruppe und der Aggregatzustand wichtig. Für die Einstufung sind die *Fluide* in folgende zwei Gruppen eingeteilt:

- **Gruppe 1**, die aus Stoffen und Gemischen besteht, welche als gefährlich eingestuft sind, weil von ihnen physikalische Gefahren oder Gesundheitsgefahren ausgehen, (z. B.: explosive Stoffe, entzündbare Gase oder Flüssigkeiten, toxische Stoffe)
- **Gruppe 2**, alle sonstigen nicht gefährlichen Stoffe und Gemische

3.6.12.2 Einfache Druckbehälter (Richtlinie 2014/29/EU Art. 1)

In der o. g. Richtlinie über die Bereitstellung einfacher Druckbehälter, die für serienmäßig hergestellte *einfache Druckbehälter* (im Folgenden „Behälter" genannt) gilt, werden diese u. a. mit folgenden Merkmalen beschrieben:

- Behälter sind geschweißte Behälter, die dazu bestimmt sind, einem relativen Innendruck von mehr als 0,5 bar ausgesetzt zu sein und Luft oder Stickstoff aufzunehmen, jedoch keiner Flammeneinwirkung ausgesetzt werden.
- der maximale Betriebsdruck des Behälters liegt bei 30 bar oder darunter, und das Produkt aus diesem Druck und dem Fassungsvermögen des Behälters (PS × V) beträgt höchstens 10.000 bar · L;
- die niedrigste Betriebstemperatur liegt nicht unter −50 °C und die maximale Betriebstemperatur bei Behältern aus Stahl nicht über 300 °C und bei Behältern aus Aluminium oder Aluminiumlegierung nicht über 100 °C.

3.6.12.3 Ortsbewegliche Druckgeräte

Die Richtlinie 2010/35/EU über *ortsbewegliche Druckgeräte* enthält ausführliche Vorschriften für diese ortsbeweglichen Druckgeräte. Es geht hier um alle Druckgefäße und gegebenenfalls ihre Ventile und anderen Zubehörteile, die als gefährliche Güter im Binnenland befördert werden. Dabei handelt es sich um Tanks, wie Aufsetztanks, Tankcontainer, Tanks von Tankwagen, Tanks von Eisenbahnkesselwagen oder Gascontainer mit mehreren Elementen (MEGC). Weiter sind auch bestimmte nahtlose oder geschweißte Gasflaschen aus Stahl oder Aluminium, Großflaschen, Kyro-Behälter, Druckfässer, Flaschenbündel oder nicht nachfüllbare Gaspatronen als ortsbewegliche Druckgeräte eingestuft.

3.6.12.4 Druckanlage

Unter einer **Druckanlage** versteht die BetrSichV eine größere Anlage, die aus verschiedenen Teilen, wie z. B. Behältern oder Rohrleitungen zusammengesetzt ist und als Ganzes funktioniert (Tab. 3.10). Die gesamte Anlage oder Teile davon stehen unter einem erhöhten Innen-Druck. Druckgeräte, die einem Druck von höchstens 0,5 bar ausgesetzt sind, weisen

Tab. 3.10 Druckanlagen nach BetrSichV

<table>
<tr><td colspan="12">Druckanlagen</td></tr>
<tr>
<td colspan="3">Dampfkesselanlagen,

die beheizte überhitzungsgefährdete Druckgeräte zur Erzeugung von Dampf oder Heißwasser mit einer Temperatur von mehr als 110 Grad Celsius beinhalten</td>
<td colspan="3">Druckbehälteranlagen

außer Dampfkessel</td>
<td colspan="3">Anlagen zur Abfüllung
von verdichteten, verflüssigten oder unter Druck gelösten Gasen einschließlich der Lager- und Vorratsbehälter (Füllanlagen), die dazu bestimmt sind, dass in ihnen bestimmte Behälter, Geräte oder Fahrzeuge befüllt werden</td>
<td colspan="3">Rohrleitungsanlagen unter innerem Überdruck

Für Gase, Dämpfe oder Flüssigkeiten</td>
</tr>
<tr><td colspan="12">Druckanlagen müssen zugleich sein oder enthalten:</td></tr>
<tr>
<td colspan="4">Druckgeräte im Sinne der Richtlinie 2014/68/EU, z.B.:
Druckgeräte und Baugruppen mit einem maximal zulässigen Druck von über 0,5 bar,</td>
<td colspan="4">ortsbewegliche Druckgeräte im Sinne der Richtlinie 2010/35/EU, z.B.:
Gefäße (Gas-Flaschen, Großflaschen, Kyro-Behälter), Aufsetztanks, Tankcontainer, Tanks von Tankwagen,</td>
<td colspan="4">einfache Druckbehälter im Sinne der Richtlinie 2014/29/EU, z.B.:
serienmäßig hergestellte einfache Druckbehälter mit einem relativen Überdruck von mehr als 0,5 bar bestimmt für ausschließlich Luft oder Stickstoff</td>
</tr>
<tr><td colspan="12">Zu einer Druckanlage gehören auch der Aufstellungsbereich und dessen Umgebung, soweit diese für die sichere Verwendung von Bedeutung sind, bei Dampfkesselanlagen insbesondere der Aufstellungsraum</td></tr>
<tr><td colspan="12">Anlagenteile von Druckanlagen
Wie z.B. Druckgeräte, die Druckbehälter sind oder die Dampf- oder Heißwassererzeuger sind
• Rohrleitungen
• einfache Druckbehälter
• ortsbewegliche Druckgeräte
Den Anlagenteilen sind ihre Ausrüstungsteile zugeordnet sowie alle weiteren, die Sicherheit beeinflussenden Ausrüstungsteile</td></tr>
</table>

kein bedeutendes Druckrisiko auf. Somit stellen die EU-Richtlinien auf Druckgeräte mit einem maximal zulässigen Druck (PS) von mehr als 0,5 bar ab. Der Begriff Druckanlage dient folglich als Überbegriff für alle Arten von Anlagen, von denen Teile unter Druck stehen. Wegen der möglichen Gefahr, die von diesen Anlagen ausgehen, gibt es in der BetrSichV besondere Vorschriften für Druckanlagen und sie gehören zu den überwachungsbedürftigen Anlagen.
Dampfkesselanlagengehören zu den Druckanlagen, wenn sie beheizte überhitzungsgefährdete Druckgeräte zur Erzeugung von Dampf oder Heißwasser mit einer Temperatur von mehr als 110 Grad Celsius beinhalten.

3.6.12.5 Bestandteile von Druckanlagen

Während die 6. und die 14. ProdSV eher auf einzelne Teile (Geräte, Behälter) abstellt, so wie auch die EU-Richtlinien, wird von der BetrSichV zum Schutz der Beschäftigten die gesamte Anlage betrachtet. Druckanlagen müssen entweder selbst solche Teile sein oder die in den Richtlinien beschriebenen Teile enthalten (Druckgeräte, ortsbewegliche Druckgeräte, einfache Druckbehälter). Zu einer Druckanlage gehören daneben auch Rohrleitungen und andere Anlagenteile sowie der Aufstellungsbereich und dessen Umgebung. Zu allen überwachungsbedürftigen Anlagen gehören auch Mess-, Steuer- und Regeleinrichtungen, die dem sicheren Betrieb dieser überwachungsbedürftigen Anlagen dienen.

Die EU-Richtlinien (Richtlinie 2014/68/EU, Richtlinie 2010/35/EU und Richtlinie 2014/29/EU) zum Thema „Druckgeräte“ sollen sicherstellen, dass durch die erfassten Druckgeräte und Baugruppen ein hohes Schutz-Niveau für die Gesundheit und Sicherheit von Menschen sowie für Haus- und Nutztiere und andere Güter gewährleistet wird. Die EU-Richtlinien wurden in Deutschland umgesetzt durch das Produktsicherheitsgesetz und die 14. ProdSV (Druckgeräteverordnung) sowie die 6. ProdSV (Verordnung über einfache Druckbehälter). Diese gilt u. a. *nicht* für Feuerlöscher.

Die Richtlinie 2014/68/EU und die 14. ProdSV gelten u. a. *nicht* für:

- Netze für die Versorgung, die Verteilung und den Abfluss von Wasser und ihre Geräte sowie Triebwasserwege in Wasserkraftanlagen wie Druckrohre, -stollen und -schächte sowie die betreffenden Ausrüstungsteile;
- Aerosolpackungen
- Geräte, die zum Betrieb von Fahrzeugen vorgesehen sind,
- Geräte mit Gehäusen und Teilen von Maschinen, bei denen die Abmessungen, die Wahl der Werkstoffe und die Bauvorschriften in erster Linie auf Anforderungen an ausreichende Festigkeit, Formsteifigkeit und Stabilität gegenüber statischen und dynamischen Betriebsbeanspruchungen oder auf anderen funktionsbezogenen Kriterien beruhen und bei denen der Druck keinen wesentlichen Faktor für die Konstruktion darstellt; zu diesen Geräten können zählen:
  - Motoren, einschließlich Turbinen und Motoren mit innerer Verbrennung;
  - Dampfmaschinen, Gas- oder Dampfturbinen, Turbogeneratoren, Verdichter, Pumpen und Stelleinrichtungen;

- Gehäuse für elektrische Hochspannungsbetriebsmittel wie Schaltgeräte, Steuer- und Regelgeräte, Transformatoren und umlaufende Maschinen;
- Druckgeräte, die aus einer flexiblen Umhüllung bestehen, z. B. Luftreifen, Luftkissen, Spielbälle, aufblasbare Boote und andere ähnliche Druckgeräte;
- Flaschen und Dosen für kohlensäurehaltige Getränke, die für den Endverbrauch bestimmt sind;
- Heizkörper und Rohrleitungen in Warmwasserheizsystemen;
- Behälter für Flüssigkeiten mit einem Gasdruck über der Flüssigkeit von höchstens 0,5 bar (14. ProdSV § 1)

3.6.12.6 Gefährdungen durch Dampf und Druck

Nach TRBS 2141 bestehen u. a. verschiedene Gefährdungen von Arbeitnehmern oder Dritten durch Dampf und Druck:

- Aufgrund des Zerknalls oder Berstens einer Druckanlage:
  - Druckwellen
  - wegfliegende Teile
  - schlagende Leitungen
- Aufgrund freigesetzter Medien Gefährdungen durch
  - Ersticken
  - Vergiften
  - Verätzen
  - Verbrennen
  - Erfrieren

3.6.12.7 Überwachung von Druckanlagen

Druckanlagen sind als überwachungsbedürftige Anlagen auch Arbeitsmittel nach BetrSichV. Der Arbeitgeber hat daher sicherzustellen, dass überwachungsbedürftige Anlagen vor erstmaliger Inbetriebnahme, vor Wiederinbetriebnahme nach prüfpflichtigen Änderungen und wiederkehrend auf ihren sicheren Zustand hinsichtlich des Betriebs geprüft werden.

Die Prüfungen sind mit dem Ziel durchzuführen, den sicheren Betrieb der Druckanlage bis zur nächsten Prüfung zu gewährleisten. Bei der Prüfung sind die sicherheitsrelevanten Aufstellungs- und Umgebungsbedingungen sowie bei Dampfkesselanlagen der Aufstellungsraum einzubeziehen. Bei den Prüfungen sind auch die Eignung und die Funktion der nach dieser Verordnung und der Gefahrstoffverordnung getroffenen technischen Schutzmaßnahmen festzustellen.

Für die Erprobung von Druckanlagen ist ein *schriftliches Arbeitsprogramm* aufzustellen. Darin sind die einzelnen Schritte und die hierfür aufgrund der Gefährdungsbeurteilung festzulegenden Maßnahmen aufzunehmen, damit die mit der Erprobung verbundenen Risiken so gering wie möglich bleiben (BetrSichV Anh. 1).

Die Betriebssicherheitsverordnung enthält im Abschnitt 4 des Anhangs 2 Prüfvorschriften für überwachungsbedürftige Druckanlagen.

Welche der **Prüfungen durch eine zugelassenen Überwachungsstelle (ZÜS)** durchgeführt werden müssen oder auch durch eine zur Prüfung befähigte Person durchgeführt werden dürfen, wird dort in verschiedenen Tabellen detailliert dargestellt. Die Prüfungen sind abhängig von der Zuordnung der Druckgeräte zu vier verschiedenen Kategorien. Maßgebend für die Einstufung sind:

- ihr maximal zulässiger Druck PS;
- das für sie maßgebliche Volumen V bzw. ihre Nennweite DN;
- die Gruppe der Fluide, für die sie bestimmt sind.

Die geringsten Anforderungen werden bei geringem Druck, kleinem Volumen und harmlosen Fluiden gestellt.

Die **Höchstfristen** für die wiederkehrenden Prüfungen von verschiedenen Anlagen durch eine zugelassene Überwachungsstelle sind in der BetrSichV festgelegt:

- Äußere Prüfung: 1 bis 5 Jahre
- Innere Prüfung: 3 bis 5 Jahre
- Festigkeitsprüfung: 5 bis 10 Jahre

Für Anlagenteile, die wiederkehrend von einer zur Prüfung befähigten Person geprüft werden dürfen, darf die vom Arbeitgeber im Rahmen einer Gefährdungsbeurteilung festzulegende Prüffrist höchstens zehn Jahre betragen. Die Frist der Festigkeitsprüfungen kann abweichend auch auf max. 15 Jahre verlängert werden, wenn im Rahmen der äußeren beziehungsweise inneren Prüfung nachgewiesen wird, dass die Anlage sicher betrieben werden kann. Der Nachweis ist in der Dokumentation der Gefährdungsbeurteilung darzulegen.

Eine **zur Prüfung von Druckanlagen befähigte Person** muss über eine einschlägige technische Berufsausbildung verfügen und besondere Kenntnisse über Druckgefährdungen nachweisen. Details sind im Anhang 2 der BetrSichV dargestellt Für die verschiedensten Druckbehälter und Anlagenteile sind dort ebenfalls die unterschiedlichsten Anforderungen festgelegt. Diese müssen dort für jede Anlage separat überprüft werden.

3.6.12.8 Besondere Prüfanforderungen für bestimmte Anlagen und Anlagenteile

Für die in den Nummern 6.1 bis 6.35 (BetrSichV, Anh. 2) genannten Anlagen und Anlagenteile sind jeweils besondere Prüfanforderungen einzuhalten. U. a. die folgenden Nummern könnten für Entwässerungsbetriebe in Frage kommen:

6.2 Kälte- und Wärmepumpenanlagen
6.3 Kondenstöpfe und Abscheider für Gasblasen
6.6 Nicht direkt beheizte Wärmeerzeuger und Ausdehnungsgefäße in Heizungs- und Kälteanlagen
6.9 **Flaschen für Atemschutzgeräte**

6.10 Druckbehälter mit Gaspolster in Druckflüssigkeitsanlagen

6.13 **Druckbehälter von Feuerlöschgeräten** und Löschmittelbehältern

6.13.1 Bei **tragbaren Feuerlöschern**, die als funktionsfertige Baugruppe in Verkehr gebracht werden, entfällt die Prüfung vor Inbetriebnahme. Die wiederkehrenden Prüfungen dürfen bei tragbaren Feuerlöschern von einer zur Prüfung befähigten Person durchgeführt werden, wenn das Produkt aus maximal zulässigem Druck PS und maßgeblichem Volumen V höchstens 1000 Bar · Liter beträgt.

6.16 Fahrzeugbehälter für flüssige Güter

6.16.4 **Straßenfahrzeugbehälter für flüssige Güter**

6.23 Druckbehälter in Wärmeübertragungsanlagen

6.26 **Wassererwärmungsanlagen für Trink- oder Brauchwasser**

Bei Druckbehältern, die der Beheizung von geschlossenen Wasserräumen in Wassererwärmungsanlagen mit einer zulässigen maximalen Temperatur des Heizmittels von höchstens 110 Grad Celsius dienen, können die Prüfung vor der erstmaligen Inbetriebnahme oder nach einer prüfpflichtigen Änderung und die wiederkehrenden Prüfungen von einer zur Prüfung befähigten Person vorgenommen werden.

Wiederkehrende Prüfungen sind jährlich durchzuführen, wenn Wärmeträgermedien gefährliche Stoffe oder Gemische enthalten.

6.28 Plattenwärmetauscher

6.32 Ortsfeste Füllanlagen für Gase

6.34 Ortsbewegliche Druckgeräte

Hinweise

Publikationen des DGUV

Unter dem folgenden Link zum DGUV finden sich u. a. die folgenden Veröffentlichungen des DGUV: https://dguv.de/fb-rci/sachgebiete/verfahren_druck/publikationen/index.jsp – Letzter Zugriff 03.04.2023

Kategorie		Titel	Ausgabe
DGUV Regel	113-020	Hydraulik-Schlauchleitungen und Hydraulik-Flüssigkeiten – Regeln für den sicheren Einsatz	10/2017
DGUV Information	213-058	Leitfaden Druckgeräte (Merkblatt T 024 der Reihe „Sichere Technik“)	12/2011
DGUV Information	213-062	Druckprüfung von Druckbehältern und Rohrleitungen Flüssigkeitsdruckprüfungen, Gasdruckprüfungen (Merkblatt T 039 der Reihe „Sichere Technik“)	4/2012

Technische Regeln für Betriebssicherheit (TRBS)

- TRBS 1201: Prüfungen und Kontrollen von Arbeitsmitteln und überwachungsbedürftigen Anlagen
- TRBS 1201 Teil 2: Prüfungen bei Gefährdungen durch Dampf und Druck
- TRBS 2141: Gefährdungen durch Dampf und Druck
- TRBS 3145/TRGS 745: Ortsbewegliche Druckgasbehälter – Füllen, Bereithalten, innerbetriebliche Beförderung, Entleeren
- TRBS 3146/TRGS 746: Ortsfeste Druckanlagen für Gase

3.7 Verkehrs- und Freianlagen

Verkehrsanlagen sind Anlagen des Straßenverkehrs (HOAI § 45) und

Freianlagen sind planerisch gestaltete Freiflächen und Freiräume sowie entsprechend gestaltete Anlagen in Verbindung mit Bauwerken oder in Bauwerken (HOAI § 39). Solche Anlagen spielen insbesondere für Kanäle als auch für Kläranlagen eine große Rolle, da sie die Bauwerke verbinden bzw. um sie herum liegen.

3.7.1 Arbeiten an Kanalanlagen im Straßen-Verkehr

3.7.1.1 Arbeitsstellen

Wer eine Abwasseranlage betreibt, ist verpflichtet, u. a. auch die Kanäle auf ihren Zustand, ihre Funktionsfähigkeit, ihre Unterhaltung und ihren Betrieb selbst zu überwachen (WHG § 61 Selbstüberwachung). Die meisten Kanäle und Schächte liegen jedoch in Straßen. Arbeiten zur Kontrolle dieser Anlagen entsprechend der Selbstüberwachungs-Vorschrift müssen daher im Straßenraum ausgeführt werden. Das gilt auch für Arbeiten zur Reinigung der Kanäle.

Maßgebende Rechtsgrundlage für alle verkehrslenkenden, -beschränkenden oder -verbietenden Maßnahmen auf öffentlichen Verkehrsflächen oder auf Privatgrund mit tatsächlich-öffentlichem Verkehr aus Anlass von Arbeiten im Straßenraum, z. B. Bauarbeiten, ist die Straßenverkehrs-Ordnung (STVO). Das Bundesministerium für Verkehr hat zusätzlich die „*Richtlinien für die verkehrsrechtliche Sicherung von Arbeitsstellen an Straßen (RSA 21)*“ Ausgabe 2021, bekannt gemacht und bittet die Obersten Straßenbaubehörden der Länder diese im Bereich der Bundesstraßen einzuführen (https://bmdv.bund.de/SharedDocs/DE/Anlage/StB/ars-aktuell/allgemeines-rundschreiben-strassenbau-2021-24.pdf?__blob=publicationFile – Letzter Zugriff 03.04.2023).

▶ Die RSA 21 ersetzt die lange geltende RSA 95. Die neue RSA ist nicht mehr frei zugänglich.

Technische Regeln für Arbeitsstätten:

- Anforderungen an Arbeitsplätze und Verkehrswege auf Baustellen im Grenzbereich zum Straßenverkehr – Straßenbaustellen, ASR A5.2
- Handlungshilfe für das Zusammenwirken von ASR A5.2 und RSA bei der Planung von Straßenbaustellen im Grenzbereich zum Straßenverkehr (https://www.bast.de/DE/Publikationen/Fachveroeffentlichungen/Verkehrstechnik/Downloads/V-Handlungshilfe-ASR-RSA.pdf;jsessionid=9CAD98E0B6F7330277449B1130C41C11.live11314?__blob=publicationFile&v=13 – Letzter Zugriff 03.04.2023)

▶ Die RSA 21 regelt mehr die Verkehrssicherheit, während die ASR auf die Sicherung der Arbeitsstelle ausgerichtet ist.

Die folgenden Regelungen entstammen noch aus der jetzt alten RSA 95:

*„**Sicherungsmaßnahmen** an Arbeitsstellen dienen dem Schutz der Verkehrsteilnehmer (Verkehrsbereich) und der Arbeitskräfte sowie der Geräte und Maschinen in der Arbeitsstelle (Arbeitsbereich).“*

3.7.1.2 Gelbes Blinklicht an Fahrzeugen

„Gelbes Blinklicht warnt vor Gefahren. Es kann ortsfest oder von Fahrzeugen aus verwendet werden. Die Verwendung von Fahrzeugen aus ist u. a. nur zulässig, um vor Arbeitsstellen oder vor ungewöhnlich langsam fahrenden Fahrzeugen zu warnen.“

3.7.1.3 Verkehrszeichen und Verkehrseinrichtungen

„Die Straßenverkehrsbehörden können zur Durchführung von Arbeiten im Straßenraum die Benutzung bestimmter Straßen oder Straßenstrecken beschränken oder verbieten und den Verkehr umleiten.

Vor dem Beginn von Arbeiten, die sich auf den Straßenverkehr auswirken, müssen die Unternehmer – die Bauunternehmer unter Vorlage eines Verkehrszeichenplans – von der zuständigen Behörde Anordnungen darüber einholen, wie ihre Arbeitsstellen abzusperren und zu kennzeichnen sind, ob und wie der Verkehr, auch bei teilweiser Straßensperrung, zu beschränken, zu leiten und zu regeln ist, ferner ob und wie sie gesperrte Straßen und Umleitungen zu kennzeichnen haben. Sie haben diese Anordnungen zu befolgen und Lichtzeichenanlagen zu bedienen.

Sind Straßen als Vorfahrtstraßen oder als Verkehrsumleitungen gekennzeichnet, bedürfen Baumaßnahmen, durch welche die Fahrbahn eingeengt wird, der Zustimmung der Straßenverkehrsbehörde; ausgenommen sind Notmaßnahmen.

Die Zustimmung gilt als erteilt, wenn sich die Behörde nicht innerhalb einer Woche nach Eingang des Antrags zu der Maßnahme geäußert hat.“

In den ***RSA*** 95 werden für Standardsituationen die Absicherung von Arbeitsstellen in Regelplänen dargestellt. Die RSA stellen derzeit die Grundlage für Bauunternehmen, Bauherren und anordnende Behörden sowohl bei der Arbeitsvorbereitung als auch bei Absicherung von Straßenbaustellen dar. Auf folgende wesentliche Teile der RSA 95 wird hingewiesen:

„1.2 Planung der Arbeitsstellen

Arbeiten an verkehrsreichen Straßen sollen nach Möglichkeit in verkehrsschwachen Zeiten ausgeführt werden. Bei Arbeitsstellen von längerer Dauer ist dabei zu prüfen, ob Zeiten mit starkem Reiseverkehr für die Ausführung der Arbeiten günstig sind. Bei der Planung kurzfristiger Arbeiten sind die Spitzen des Berufs- und Ausflugsverkehrs zu beachten. …

*Die **Verkehrssicherungspflicht** obliegt demjenigen, der im öffentlichen Straßenraum Arbeiten ausführt oder ausführen läßt. Die Verkehrssicherungspflicht des Unternehmers, im Regelfall des Bauunternehmers, besteht neben derjenigen des Straßenbaulastträgers und der Verkehrsregelungspflicht der Straßenverkehrsbehörde; sie endet erst dann, wenn der Unternehmer nicht mehr die tatsächliche Herrschaft über die Arbeitsstelle ausübt. Sie betrifft den gesamten Arbeitsstellenbereich.*

Gemäß § 49 Abs. 4 Nr. 3 StVO handelt ordnungswidrig, ‚wer vorsätzlich oder fahrlässig entgegen § 45 Abs. 6 StVO mit Arbeiten beginnt, ohne zuvor Anordnungen eingeholt zu haben, diese Anordnungen nicht befolgt oder Lichtzeichenanlagen nicht bedient' (Bundesministerium für Verkehr, Bau- und Wohnungswesen – Abteilung Straßenbau: Richtlinien für die Sicherung von Arbeitsstellen an Straßen; Ausgabe 1995).

1.3.3 Weitere Rechtsgrundsätze

Neben den speziellen Vorschriften des Straßenverkehrsrechts sind bei der Einrichtung und Absicherung von Arbeitsstellen auf Straßen eine Reihe verwaltungsrechtlicher und zivilrechtlicher Vorschriften und Bestimmungen des BGB zu beachten.

Von besonderer Bedeutung ist die fehlerfreie Ermessensausübung durch die Straßenverkehrs- und Straßenbaubehörde. Ihre Anordnungen bezüglich der Einrichtung und Absicherung von Arbeitsstellen müssen sich daher am Grundsatz der Verhältnismäßigkeit messen lassen. Dies gilt für die Anordnung oder Genehmigung der Baumaßnahme und die dadurch hervorgerufene Belastung Dritter ebenso wie für das Maß der angeordneten Verkehrsbeschränkung. Fehlerfreie Ermessensausübung verlangt in erster Linie die Interessenabwägung der durch den Verwaltungsakt Betroffenen.

Im Ergebnis müssen die die Einrichtung der Arbeitsstelle begründenden Belange überwiegen.

Die Nutzungsinteressen der die Straße gemeingebräuchlich benutzenden Verkehrsteilnehmer können dabei in der Regel unberücksichtigt bleiben.

Ein Anspruch auf unveränderte Nutzungsmöglichkeit der Straße besteht für sie nicht. Behinderungen des Verkehrsablaufs durch arbeitsstellenbedingte Verlangsamungen und Stauungen bzw. Umleitungen müssen sie grundsätzlich hinnehmen.

Demgegenüber sind die Belange von Anliegern, die in besonderem Maße auf die Nutzung der Straße angewiesen sind, in die Abwägung einzubeziehen. Dies gilt vor allem für an der Straße liegende Gewerbebetriebe. Der Verhältnismäßigkeitsgrundsatz verlangt, dass die zur Erreichung des Ziels am wenigsten belastende (aber noch wirksame) Eingriffsmöglichkeit genutzt wird“ (Bundesministerium für Verkehr, Bau- und Wohnungswesen – Abteilung Straßenbau: Richtlinien für die Sicherung von Arbeitsstellen an Straßen; Ausgabe 1995).

3.7.1.4 Sonderrechte (StVO § 35 Abs. 6)

Fahrzeuge, die dem Bau, der Unterhaltung oder Reinigung der Anlagen im Straßenraum dienen und durch weiß-rot-weiße Warneinrichtungen gekennzeichnet sind, haben nach § 35 Abs. 6 StVO *Sonderrechte*. Sie dürfen auf allen Straßen und Straßenteilen und auf jeder Straßenseite in jeder Richtung zu allen Zeiten fahren und halten, soweit ihr Einsatz dies erfordert.

Personen, die hierbei eingesetzt sind oder Straßen oder in deren Raum befindliche Anlagen zu beaufsichtigen haben, müssen bei ihrer Arbeit außerhalb von Gehwegen und Absperrungen auffällige Warnkleidung tragen.

3.7.1.5 Verkehrsrechtliche Zuständigkeiten

Die **Straßenbaubehörden** können zur Durchführung von Straßenbauarbeiten Verkehrsverbote und -beschränkungen anordnen, den Verkehr umleiten und ihn durch Markierungen und Leiteinrichtungen lenken (StVO § 45). Die Straßenbaubehörde wird im Regelfall von dieser Möglichkeit Gebrauch machen.

Die *Straßenbaubehörde* ist für innerörtliche Straßen i. d. R. **die Gemeinde**, vertreten z. B. durch das Tiefbauamt. Wenn hier auch der Entwässerungsbetrieb angesiedelt ist, und er für das Tiefbauamt die Reinigung und Inspektion der Kanäle wahrnimmt, die auch die Straßenentwässerungsfunktion erfüllen, könnte der Entwässerungsbetrieb auch Teil der Straßenbaubehörde sein und damit die verkehrsregelnden Maßnahmen selber anordnen.

Dazu erforderlich ist natürlich eine ausreichende Schulung der in diesem Bereich verantwortlichen Mitarbeiter.

*„Eine ausdrückliche Zustimmung der **Straßenverkehrsbehörde** ist dann einzuholen, wenn die Fahrbahn auf als Vorfahrtstraßen oder als Verkehrsumleitungen gekennzeichneten Straßen eingeengt wird. Der Straßenverkehrsbehörde ist dazu ein Antrag vorzulegen, der Angaben über Ausmaß und voraussichtliche Auswirkungen der Baumaßnahme enthält. Die straßenverkehrsbehördliche Zustimmung gilt dann als erteilt, wenn sich die Straßenverkehrsbehörde nicht innerhalb einer Woche nach Eingang des Antrages zu der Maßnahme äußert. Ausgenommen vom Zustimmungsvorbehalt sind die laufende Straßenunterhaltung und Notmaßnahmen"* (BUNDESMINISTERIUM FÜR VERKEHR, BAU- UND WOHNUNGSWESEN – Abteilung Straßenbau: Richtlinien für die Sicherung von Arbeitsstellen an Straßen; Ausgabe 1995).

Alternativ kommt für alle Entwässerungsbetriebe oder Zweckverbände die folgende Möglichkeit in Betracht.

„Bei Straßenbauarbeiten von geringer verkehrlicher Auswirkung, bei denen die Anordnung verkehrlicher Maßnahmen auf der Grundlage von Regelplänen erfolgt, kann von einer vorherigen Unterrichtung der Straßenverkehrsbehörde abgesehen werden, wenn diese einem derartigen Verfahren zugestimmt hat" (Bundesministerium für Verkehr, Bau- und Wohnungswesen – Abteilung Straßenbau: Richtlinien für die Sicherung von Arbeitsstellen an Straßen; Ausgabe 1995).

Die o. g. Kanalinspektionen oder -reinigungsarbeiten werden i. d. R. solche Arbeiten von geringer verkehrlicher Auswirkung sein.

„Für Versorgungsträger und für Unternehmer, die im Rahmen von Verträgen für einen längeren Zeitraum mit der Durchführung von Arbeiten im Straßenraum beauftragt sind, kann die zuständige Behörde auf Antrag ein vereinfachtes Verfahren festlegen.

Dieses Verfahren kann insbesondere bei Arbeitsstellen angewandt werden, die keine wesentlichen Eingriffe in den Verkehrsablauf zur Folge haben und stets gleichartige Sicherungsmaßnahmen nach sich ziehen, d. h. vorrangig bei Arbeitsstellen von kürzerer Dauer.

Mit der Festlegung des vereinbarten Verfahrens ist die Zusage der Anordnungsbehörde verbunden, künftig die Prüfung und Anordnung der für die jeweilige Örtlichkeit erforderlichen Maßnahmen in der Regel innerhalb von 3 Arbeitstagen vorzunehmen, sofern nicht ausnahmsweise ganz besondere Umstände vorliegen, die einer längerfristigen Prüfung bedürfen" (BUNDESMINISTERIUM FÜR VERKEHR, BAU- UND WOHNUNGSWESEN –Abteilung Straßenbau: Richtlinien für die Sicherung von Arbeitsstellen an Straßen; Ausgabe 1995).

3.7.1.6 Arbeitssicherheit

Durch die Arbeiten wird einerseits der Straßenverkehr gefährdet und umgekehrt gefährdet andererseits der Straßenverkehr in besonderem Maße die arbeitenden Personen. Neben der StVO und den RSA gilt für die Arbeitnehmer im Straßenraum das Arbeitsschutzgesetz. Hiernach hat der Arbeitgeber, ebenso wie für feste Arbeitsplätze in einem Betrieb oder für Arbeitsplätze auf einer Baustelle, eine Gefährdungsbeurteilung durchzuführen. Daraus abgeleitet sind die Arbeitsschutzmaßnahmen festzulegen, die Wirksamkeit der festgelegten Maßnahmen zu überprüfen und ggf. die Maßnahmen anzupassen. Zusätzlich gilt für das Arbeiten mit Kanalspülfahrzeugen oder die Schacht-Kontrollen auch die Betriebssicherheitsverordnung. Danach sind in die Beurteilung alle Gefährdungen einzubeziehen, die von der Arbeitsumgebung ausgehen, also auch der Straßenverkehr. Für Standardsituationen wird die Absicherung von *Arbeitsstellen* in Regelplänen dargestellt. Die RSA stellen sowohl bei der Arbeitsvorbereitung als auch bei Absicherung von Straßenbaustellen die Grundlage dar und trägt auch zum Schutz der Beschäftigten an den Kanalspülfahrzeugen im Straßenraum bei.

Eine Straße ist derzeit jedoch *keine* Arbeitsstätte im Sinne der ArbStättV, da dort weder ein Betriebsgelände besteht noch es sich bei den o. g. Arbeiten um eine Baustelle handelt.

Die ***ASR A5.2*** *„Anforderungen an Arbeitsplätze und Verkehrswege auf Baustellen im Grenzbereich zum Straßenverkehr – Straßenbaustellen"* dient dem Schutz von Beschäftigten auf Baustellen vor Gefährdungen durch den fließenden Verkehr im Grenzbereich zum Straßenverkehr. Diese Arbeitsstättenregel *„gilt für das Einrichten, Betreiben und den Abbau von Arbeitsplätzen und Verkehrswegen auf Baustellen im Grenzbereich zum Straßenverkehr, bei denen durch den fließenden Verkehr Gefährdungen für die Beschäftigten entstehen können. Sie findet auch Anwendung für die dazugehörenden Verkehrssicherungsarbeiten."*

Die Arbeitsstättenregel *„unterstützt bei der Ermittlung und Beurteilung dieser Gefährdungen sowie bei der Planung und Umsetzung von Schutzmaßnahmen zur Gestaltung sicherer Arbeitsplätze und Verkehrswege auf Baustellen im Grenzbereich zum Straßenverkehr"* (ASR A5.2).

3.7.1.7 Technische Regeln für Arbeitsstätten

ASR A5.2 Anforderungen an Arbeitsplätze und Verkehrswege auf Baustellen im Grenzbereich zum Straßenverkehr – Straßenbaustellen. Die Technischen Regeln für Arbeitsstätten ASR A5.2 „Straßenbaustellen" sind bei der DGUV und der baua zu finden; ebenso die Kommentare zur Anwendung:

- https://www.dguv.de/fb-bauwesen/sachgebiete/tiefbau/erd-und-strassenbau/asr-5-2/index.jsp
- https://www.baua.de/DE/Angebote/Rechtstexte-und-Technische-Regeln/Regelwerk/ASR/pdf/ASR-A5-2.pdf?__blob=publicationFile&v=3

(Letzter Zugriff jeweils 03.04.2023).

Die RSA 95 gelten bis zur Einführung der RSA 21, die ASR A5.2 kommt hinzu.

Die ASR A5.2 regelt die arbeitsschutzrechtlichen Anforderungen, während die RSA nur die verkehrsrechtlichen Belange einer Arbeitsstelle im Straßenraum behandeln.

Beide Vorgaben müssen jedoch bei der Planung und Ausführung von Arbeitsstellen an Straßen gleichermaßen berücksichtigt werden – im Falle des Arbeitsschutzes die ASR A5.2 als „Stand der Technik" und in verkehrsrechtlicher Hinsicht die RSA (95 oder) 21 nebst den zwischenzeitlich erfolgten Anpassungen (z. B. Regelpläne zu Warnschwellen und Nachtbaustellen), sowie dem erforderlichen Abgleich mit StVO und VwV-StVO.

Straßenbaustellen im Sinne dieser ASR sind *„Baustellen, auf denen im Grenzbereich zum Straßenverkehr Arbeiten auf, neben, unter, über oder im Straßenkörper sowie an baulichen Anlagen im Zuge von Straßen durchgeführt und dazu öffentliche oder nicht öffentliche Verkehrsflächen vorübergehend ganz oder teilweise abgesperrt werden. Zu diesen Arbeiten zählen z. B. auch Reinigen von Verkehrseinrichtungen, Grünpflege, Arbeiten an Versorgungsleitungen, Vermessungsarbeiten, Bauwerksprüfungen, Sanierungsarbeiten."*

▶ Der in dieser ASR verwendete Begriff „Straßenbaustelle" entspricht dem in den RSA verwendeten Begriff „Arbeitsstelle".

*„**Straßenbaustellen längerer Dauer** sind Straßenbaustellen, die mindestens einen Kalendertag durchgehend und ortsfest aufrechterhalten werden.*

…

***Straßenbaustellen kürzerer Dauer** sind Straßenbaustellen, die nur über eine begrenzte Stundenzahl bei Tageshelligkeit (Tagesbaustellen) oder während der Dunkelheit (Nachtbaustellen) betrieben werden, auch wenn die Arbeiten an den folgenden Tagen fortgesetzt werden"* (ASR A5.2).

Das wird in der Regel für Kanalreinigungsarbeiten gelten.

Hinweise
Die beiden folgenden Unfallverhütungsvorschriften gelten neben dem staatlichen Recht für Maßnahmen im Straßenverkehr:
DGUV Vorschrift 48 Straßenreinigung
DGUV Vorschrift 38 Bauarbeiten

3.7.2 Grundstücke

Baugrundstücke müssen für bauliche Anlagen geeignet sein.

Gebäude dürfen auf einem Grundstück nur errichtet werden, wenn das Grundstück in angemessener Breite an einer befahrbaren öffentlichen Verkehrsfläche liegt oder, wenn das Grundstück eine befahrbare, öffentlich-rechtlich gesicherte Zufahrt zu einer befahrbaren öffentlichen Verkehrsfläche hat (MBO § 4).

3.7.2.1 Zugänge und Zufahrten auf den Grundstücken (MBO § 5)

Von öffentlichen Verkehrsflächen ist insbesondere für die Feuerwehr ein geradliniger Zu- oder Durch**gang** zu rückwärtigen Gebäuden zu schaffen. Zu Gebäuden, bei denen die Oberkante der Brüstung von zum Anleitern bestimmten Fenstern oder Stellen mehr als 8 m über Gelände liegt (z. B. Faulturm), ist anstelle eines Zu- oder Durchgangs eine Zu- oder Durch**fahrt** zu schaffen; ggf. ist für die Personenrettung der Einsatz von Hubrettungsfahrzeugen erforderlich, dann sind die dafür erforderlichen Aufstell- und Bewegungsflächen vorzusehen.

Bei Gebäuden, die ganz oder mit Teilen mehr als 50 m von einer öffentlichen Verkehrsfläche entfernt sind (Das ist für größere Kläranlagen die Regel), sind Zufahrten oder Durchfahrten zu den vor und hinter den Gebäuden gelegenen Grundstücksteilen und Bewegungsflächen herzustellen, wenn sie aus Gründen des Feuerwehreinsatzes erforderlich sind. Zu- und Durchfahrten, Aufstellflächen und Bewegungsflächen müssen für Feuerwehrfahrzeuge ausreichend befestigt und tragfähig sein; sie sind als solche zu kennzeichnen und ständig frei zu halten.

3.7.2.2 Standsicherheit (MBO § 12)

Jede bauliche Anlage muss im Ganzen und in ihren einzelnen Teilen für sich allein standsicher sein. Die Standsicherheit anderer baulicher Anlagen und die Tragfähigkeit des Baugrundes der Nachbargrundstücke dürfen nicht gefährdet werden.

3.7.2.3 Verkehrssicherheit (MBO § 16)

Bauliche Anlagen und die dem Verkehr dienenden nicht überbauten Flächen von bebauten Grundstücken müssen verkehrssicher sein. Hierdurch wird die Verkehrssicherungspflicht auch auf die unbebauten Grundstücksflächen ausgedehnt, die dem Verkehr dienen; in Kläranlagen und Pumpwerken also die Zufahrten und die im Gelände liegenden Straßen und

Wege. Die Sicherheit und Leichtigkeit des öffentlichen Verkehrs darf durch bauliche Anlagen und deren Nutzung nicht gefährdet werden. Hierdurch werden also besonders die öffentlichen Straßen und Wege neben Grundstücken der Entwässerung geschützt.

3.7.3 Verkehrssicherungspflicht

Nach § 836 BGB haftet der Besitzer für Schäden, die von seinem Grundstück ausgehen. Die Ersatzpflicht tritt aber nicht ein, wenn der Besitzer die im Verkehr erforderliche Sorgfalt beobachtet hat. Mit **Verkehrssicherung** ist also „*die im Verkehr erforderliche Sorgfalt*“ gemeint.

In der ***Richtlinie für die Überwachung der Verkehrssicherheit von baulichen Anlagen des Bundes (RÜV)*** wird unter Nr. 3 Verantwortlichkeiten für die Gebäudesicherheit folgendes geschrieben:

„Im Bauordnungsrecht der Länder ist festgelegt, dass für die Standsicherheit des Gebäudebestandes grundsätzlich der Eigentümer verantwortlich ist.

Aus der Verkehrssicherungspflicht nach §§ 823,836 bis 838 BGB ergibt sich die Verpflichtung zum sicheren Erhalt von Bauwerken und baulichen Anlagen.

Aus dem Eigentum, der Nutzung und dem Betrieb von baulichen Anlagen können sich Gefahren für Leib und Leben oder sonstige Rechte von Personen oder für die Umwelt ergeben.

Deshalb wird den

- *Grundstücksbesitzern,*
- *Gebäudebesitzern oder*
- *sonstigen Gebäudeunterhaltungspflichtigen*

vom Gesetzgeber die Verantwortung dafür auferlegt, ***alle erforderlichen und zumutbaren Maßnahmen zu ergreifen, um diese Gefahren oder Nachteile zu vermeiden oder zu verringern“*** (Bundesministerium für Verkehr, Bau und Stadtentwicklung, Richtlinie für die Überwachung der Verkehrssicherheit von baulichen Anlagen des Bundes (RÜV)).

Bei gemeindlichen Abwasseranlagen ist die Gemeinde i. d. R. auch Grundstückseigentümer.

Auch bei Eigenbetrieben ist verkehrssicherungspflichtig jeweils die Gemeinde, wenn diese Pflicht nicht explizit dem Eigenbetrieb übertragen wurde!

3.7.3.1 Bäume

Häufig stehen Bäume an der Grundstücksgrenze von Kläranlagen, Pumpstationen oder Regenbecken und ragen mit ihren Ästen auch in den öffentlichen Straßenraum. Dann besteht eine Gefährdung vom Grundstück nach außen hin u. a. durch herabstürzende Äste.

Der Bundesgerichtshof BGH hat sich in seiner Entscheidung vom 06.03.2014, Nr. III ZR 352/13 zu den Grenzen der Verkehrssicherungspflichten einer Gemeinde bei gesunden Straßenbäumen geäußert:

> ***„Der Verkehrssicherungspflichtige muss daher Bäume oder Teile von ihnen entfernen, die den Verkehr konkret gefährden, insbesondere wenn sie nicht mehr standsicher sind oder herabzustürzen drohen.***

Allerdings stellt jeder Baum an einer Straße oder an einem öffentlichen Parkplatz eine mögliche Gefahr dar. Einerseits können auch völlig gesunde Bäume vom Sturm, selbst bei nicht außergewöhnlicher Windstärke, entwurzelt oder geknickt oder Teile von ihnen abgebrochen werden; auch Schneeauflage oder starker Regen können zum Absturz selbst von größeren Ästen führen.

Andererseits ist die Erkrankung oder Vermorschung eines Baums von außen nicht immer erkennbar.

Das gebietet aber nicht die Entfernung aller Bäume aus der Nähe von Straßen und öffentlichen Parkplätzen oder eine besonders gründliche Untersuchung jedes einzelnen Baums.

Der Umfang der notwendigen Überwachung und Sicherung kann nicht an dem gemessen werden, was zur Beseitigung jeder Gefahr erforderlich ist; es ist unmöglich, den Verkehr völlig risikolos zu gestalten. Dieser muss gewisse Gefahren, die nicht durch menschliches Handeln entstehen, sondern auf Gegebenheiten der Natur selbst beruhen, als unvermeidlich hinnehmen.

Die Behörden genügen daher ihrer Sicherungs- und Überwachungspflicht, wenn sie – außer der stets gebotenen regelmäßigen Beobachtung auf trockenes Laub, dürre Äste, Beschädigungen oder Frostrisse – eine eingehende Untersuchung dort vornehmen, wo besondere Umstände – wie das Alter des Baums, sein Erhaltungszustand, die Eigenart seiner Stellung oder sein statischer Aufbau oder ähnliches – sie dem Einsichtigen angezeigt erscheinen lassen" (BGH, 2014).

Die Forschungsgesellschaft Landschaftsentwicklung Landschaftsbau e. V. (FLL) hat *Richtlinien für Regelkontrollen zur Überprüfung der Verkehrssicherheit von Bäumen – Baumkontrollrichtlinie* herausgebracht. In dieser Richtlinie wird die Häufigkeit der regelmäßigen Kontrollen zur Überprüfung der Verkehrssicherheit von Bäumen beschrieben und auch die Anforderungen an die Kontrolleure benannt. Schon die Regelkontrolle als Sichtkontrolle ist eine fachlich qualifizierte Inaugenscheinnahme, die vom Boden aus stattfindet. Die *Baumkontrolleure* müssen dabei über ausreichende Fachkenntnisse verfügen; eine praktische Einarbeitung und regelmäßige Vertiefung der fachlichen Kenntnisse werden außerdem gefordert.

Solche Fachleute sind in kommunalen Garten- oder Forstämtern meist vorhanden, in den Entwässerungsbetrieben wohl eher nicht.

Das Schneiden der Bäume ist nicht zu jeder Zeit erlaubt. Das Bundesnaturschutzgesetz (BNatSchG) regelt in § 39 Abs. 5 das Folgende:

> Es ist verboten Bäume … Hecken, lebende Zäune, Gebüsche und andere Gehölze **in der Zeit vom 1. März bis zum 30. September** abzuschneiden [gemeint ist wohl: fällen; Anm. d. Autors] oder auf den Stock zu setzen; zulässig sind schonende Form- und Pflegeschnitte zur Beseitigung des Zuwachses der Pflanzen oder zur Gesunderhaltung von Bäumen (BNatSchG).

Ebenfalls zu beachten sind möglicherweise örtlich geltende Baumschutzsatzungen.

Regelungen zu Bäumen finden sich auch in Kap. 11 Pflanzen und Tiere.

3.7.3.2 Einzäunung

Aus Gründen der Verkehrssicherung müssen die Grundstücke von Abwasseranlagen vor unbefugtem Zutritt geschützt werden. Daher sind die Anlagen sinnvollerweise mit Zäunen zu versehen. Oft sind Aussagen dazu auch in dem entsprechenden Wasserrechtsbescheid zu finden. Diese sind zu beachten.

Das Bayerische Landesamt für Umwelt macht in seinem Merkblatt Nr. 4.0/1 exakte Vorgaben für die Einzäunung von kommunalen Kläranlagen im Hinblick auf den Unfallschutz:

> *„Der Betriebsbereich von Kläranlagen herkömmlicher Bauweise ist mit massiven Pfosten und Maschendraht von mindestens 1,8 m Höhe sowie darüber in 1–2 Reihen gespannten Stacheldraht zu umzäunen, so dass die Gesamthöhe des Zaunes etwa 2,0 m beträgt.*
>
> *Wohnungen z. B. des Kläranlagenbetriebspersonals dürfen nicht mit in den Betriebsbereich einbezogen werden"* (Bayerisches Landesamt für Umwelt, Merkblatt Nr. 4.0/1).

Separat gelegene offene Regenbecken sind sicher in ähnlicher Weise ebenfalls vor unbefugtem Betreten zu schützen.

3.7.3.3 Winterliche Räum- u. Streupflicht

Durch das Räumen und Streuen werden Straßen im Winter verkehrssicher gehalten. Diese Pflicht trifft bei den *öffentlichen* Straßen und Wegen, die zu den Abwasseranlagen führen, den Straßenbaulastträger, also meist die Gemeinde (Bauhof).

Nach dem Art. 51 des Bayerischen Straßen- und Wegegesetz (BayStrWG) haben die Gemeinden aber nur *innerhalb der geschlossenen Ortslage* und nach ihrer Leistungsfähigkeit die öffentlichen Straßen zu von Schnee zu räumen und bei Glätte zu streuen, wenn das dringend erforderlich ist und nicht andere auf Grund sonstiger Rechtsvorschriften (insbesondere der Verkehrssicherungspflicht) hierzu verpflichtet sind.

Da Abwasseranlagen häufig eher abseits der geschlossenen Ortslage liegen, ist die winterliche Räum- u. Streupflicht der jeweiligen Zufahrt sicher im Einzelfall zwischen den gemeindlichen Dienst-Stellen abzusprechen, besser schriftlich zu regeln.

Innerhalb der „privaten" Grundstücke der Abwasseranlagen sind dann wohl meist die Entwässerungsbetriebe selbst zuständig. Allerdings muss die Entwässerung dieser Pflicht i. d. R. auch aus Gründen des Arbeitsschutzes nachkommen. Wenn aber auch private Dritte, wie z. B. Postzusteller oder Baufirmen, im Gelände einer Abwasseranlage die Straßen und Wege benutzen, ist der Winterdienst auch aus Gründen der Verkehrssicherheit notwendig (s. o. MBO § 16).

Nach Art. 51 BayStrWG sollen dabei vorrangig umweltfreundliche Streumittel verwendet werden. Die Verwendung von Streusalz und umweltschädlichen anderen Stoffen ist so auf das aus Gründen der Verkehrssicherheit notwendige Maß zu beschränken.

3.8 Gesetze

42. BImSchV Vierte Verordnung zur Durchführung des Bundes-Immissionsschutzgesetzes (Verordnung über genehmigungsbedürftige Anlagen – 4. BImSchV), Ausfertigungsdatum: 02.05.2013, Neugefasst durch Bek. v. 31.05.2017

5. BImSchV Fünfte Verordnung zur Durchführung des Bundes-Immissionsschutzgesetzes (Verordnung über Immissionsschutz- und Störfallbeauftragte – 5. BImSchV) Ausfertigungsdatum: 30.07.1993

9. ProdSV Neunte Verordnung zum Produktsicherheitsgesetz (Maschinenverordnung) (9. ProdSV)
Ausfertigungsdatum: 12.05.1993

11. BImSchV Elfte Verordnung zur Durchführung des Bundes-Immissionsschutzgesetzes (Verordnung über Emissionserklärungen) (11. BImSchV), Ausfertigungsdatum: 29.04.2004, Neugefasst durch Bek. v. 05.03.2007

12. ProdSV Zwölfte Verordnung zum Produktsicherheitsgesetz, (Aufzugsverordnung – 12. ProdSV)
Ausfertigungsdatum: 06.04.2016

14. ProdSV – Druckgeräteverordnung Vierzehnte Verordnung zum Produktsicherheitsgesetz, (Druckgeräteverordnung – 14. ProdSV), Ausfertigungsdatum: 13.05.2015

42. BImSchV Zweiundvierzigste Verordnung zur Durchführung des Bundes-Immissionsschutzgesetzes (Verordnung über Verdunstungskühlanlagen, Kühltürme und Nassabscheider – 42. BImSchV)
Ausfertigungsdatum: 12.07.2017

AbwAG Gesetz über Abgaben für das Einleiten von Abwasser in Gewässer (Abwasserabgabengesetz – AbwAG), Ausfertigungsdatum: 13.09.1976

AbwV Verordnung über Anforderungen an das Einleiten von Abwasser in Gewässer (Abwasserverordnung – AbwV), Ausfertigungsdatum: 21.03.1997, Neugefasst durch Bek. v. 17.06.2004

ArbStättV Arbeitsstättenverordnung (ArbStättV), Verordnung über Arbeitsstätten (Arbeitsstättenverordnung ArbStättV),
Ausfertigungsdatum: 12.08.2004

AwSV Verordnung über Anlagen zum Umgang mit wassergefährdenden Stoffen (AwSV), Ausfertigungsdatum: 18.04.2017

BayGO Gemeindeordnung für den Freistaat Bayern, (Gemeindeordnung – GO) in der Fassung der Bekanntmachung vom 22. August 1998

BayBO Bayerische Bauordnung (BayBO) in der Fassung der Bekanntmachung vom 14. August 2007

Bay EBV (Bayerische) Eigenbetriebsverordnung (EBV), Vom 29. Mai 1987

(Bayerische) GaStellV Verordnung über den Bau und Betrieb von Garagen sowie über die Zahl der notwendigen Stellplätze
(Garagen- und Stellplatzverordnung – GaStellV), Vom 30. November 1993
https://www.gesetze-bayern.de/Content/Document/BayGaV

BayStrWG Bayerisches Straßen- und Wegegesetz (BayStrWG) in der Fassung der Bekanntmachung vom 5. Oktober 1981

BayWG Bayerisches Wassergesetz, (BayWG), vom 25. Februar 2010

BetrSichV Verordnung über Sicherheit und Gesundheitsschutz bei der Verwendung von Arbeitsmitteln (Betriebssicherheitsverordnung – BetrSichV), Ausfertigungsdatum: 03.02.2015

BGB Bürgerliches Gesetzbuch (BGB), Ausfertigungsdatum: 18.08.1896, Neugefasst durch Bek. v. 02.01.2002

BImSchG Gesetz zum Schutz vor schädlichen Umwelteinwirkungen durch Luftverunreinigungen, Geräusche, Erschütterungen und ähnliche Vorgänge (Bundes-Immissionsschutzgesetz – BImSchG), Ausfertigungsdatum: 15.03.1974, in der Fassung der Bekanntmachung vom 17. Mai 2013

BNatSchG Gesetz über Naturschutz und Landschaftspflege (Bundesnaturschutzgesetz – BNatSchG)
Ausfertigungsdatum: 29.07.2009

BSIG Gesetz über das Bundesamt für Sicherheit in der Informationstechnik (BSI-Gesetz – BSIG)
Ausfertigungsdatum: 14.08.2009

BSI-KritisV Verordnung zur Bestimmung Kritischer Infrastrukturen nach dem BSI-Gesetz (BSI-Kritisverordnung – BSI-KritisV), Ausfertigungsdatum: 22.04.2016

DGUV Vorschrift 1 (alt: BGV A1) Grundsätze der Prävention, Ausgabedatum: 2013.11, Herausgeber: DGUV

DGUV Vorschrift 21, Abwassertechnische Anlagen Ausgabedatum: 1995.10, aktualisierte Fassung: 1997.01, Herausgeber: DGUV

DGUV Vorschrift 22, Abwassertechnische Anlagen Ausgabedatum: 1994.02, aktualisierte Fassung: 1997.01, Herausgeber: DGUV

DGUV Vorschrift 52: Krane DGUV Vorschrift 52 Unfallverhütungsvorschrift Krane, vom 1. Dezember 1974, in der Fassung vom 1. Oktober 2000

DGUV Vorschrift 54 Winden, Hub- und Zuggeräte, Herausgeberin Berufsgenossenschaft Holz und Metall, November 2013,

EltBauV (Bayerische) Verordnung über den Bau von Betriebsräumen für elektrische Anlagen (EltBauVO)
Vom 13. April 1977

Handelsgesetzbuch (HGB) Ausfertigungsdatum: 10.05.1897, Zuletzt geändert durch Art. 2 G v. 11.04.2024

HOAI Verordnung über die Honorare für Architekten- und Ingenieurleistungen (Honorarordnung für Architekten und Ingenieure – HOAI), Ausfertigungsdatum: 10.07.2013

Industrieemissionen-Richtlinie (Richtlinie 2010/75/EU), RICHTLINIE 2010/75/EU DES EUROPÄISCHEN PARLAMENTS UND DES RATES, vom 24. November 2010 über Industrieemissionen (integrierte Vermeidung und Verminderung der Umweltverschmutzung) (Neufassung)

Landes-Wassergesetz NRW Wassergesetz für das Land Nordrhein-Westfalen (Landeswassergesetz – LWG), Stand vom 15.08.2024

Muster-EWS NRW Muster einer Abwasserbeseitigungssatzung, (Entwässerungssatzung), NRW, Stand: 28.07.2021
Städte- und Gemeindebund Nordrhein-Westfalen

ProdSG Gesetz über die Bereitstellung von Produkten auf dem Markt, (Produktsicherheitsgesetz – ProdSG),
Ausfertigungsdatum: 27.07.2021, (Ersetzt ProdSG 2011)

Richtlinie 2006/42/EG des Europäischen Parlaments und des Rates vom 17. Mai 2006 über Maschinen und zur Änderung der Richtlinie 95/16/EG (Neufassung)

Richtlinie 2010/35/EU (ortsbewegliche Druckgeräte)Richtlinie 2010/35/EU des Europäischen Parlaments und des Rates vom 16. Juni 2010 über ortsbewegliche Druckgeräte und zur Aufhebung der Richtlinien des Rates 76/767/EWG, 84/525/EWG, 84/526/EWG, 84/527/EWG und 1999/36/EG

Richtlinie 2011/92/EU des Europäischen Parlaments und des Rates vom 13. Dezember 2011 über die Umweltverträglichkeitsprüfung

Richtlinie 2014/61/EU über Maßnahmen zur Reduzierung der Kosten des Ausbaus von Hochgeschwindigkeitsnetzen für die elektronische Kommunikation

Richtlinie 2014/68/EU (Druckgeräte) RICHTLINIE 2014/68/EU des Europäischen Parlaments und des Rates vom 15. Mai 2014
zur Harmonisierung der Rechtsvorschriften der Mitgliedstaaten über die Bereitstellung von Druckgeräten auf dem Markt (Neufassung)

Richtlinie (EU) 2016/1148 des Europäischen Parlaments und des Rates vom 6. Juli 2016 über Maßnahmen zur Gewährleistung eines hohen gemeinsamen Sicherheitsniveaus von Netz- und Informationssystemen in der Union

Richtlinie bgb/EU des Europäischen Parlaments und des Rates vom 16. April 2014 zur Änderung der Richtlinie 2011/92/EU über die Umweltverträglichkeitsprüfung bei bestimmten öffentlichen und privaten Projekten

StVO Straßenverkehrs-Ordnung (StVO), Ausfertigungsdatum: 06.03.2013
Konstitutive Neufassung gem. V v. 06.03.2013

SüwVO Abw (NRW) Verordnung zur Selbstüberwachung von Abwasseranlagen (des Landes NRW) – Selbstüberwachungsverordnung Abwasser – SüwVO Abw, Vom 17. Oktober 2013

TKG Telekommunikationsgesetz (TKG), Ausfertigungsdatum: 23.06.2021, Ersetzt G v. 22.06.2004 (TKG 2004)

TrinkwV Verordnung über die Qualität von Wasser für den menschlichen Gebrauch (Trinkwasserverordnung – TrinkwV), Ausfertigungsdatum: 20.06.2023, Ersetzt TrinkwV 2001

ÜAnlG Gesetz über überwachungsbedürftige Anlagen (ÜAnlG), Ausfertigungsdatum: 27.07.2021

UVPG Gesetz über die Umweltverträglichkeitsprüfung (UVPG), Ausfertigungsdatum: 12.02.1990, Neugefasst durch Bek. v. 18.03.2021

VOB/B, Vergabe- und Vertragsordnung für Bauleistungen Teil B: Allgemeine Vertragsbedingungen für die Ausführung von Bauleistungen (VOB/B) Fassung 2016, aufgestellt vom Deutschen Vergabe- und Vertragsausschuss für Bauleistungen (DVA)

VwV-StVO Allgemeine Verwaltungsvorschrift zur Straßenverkehrs-Ordnung (VwV-StVO) Vom 26. Januar 2001, In der Fassung vom 8. November 2021

WHG Gesetz zur Ordnung des Wasserhaushalts, (Wasserhaushaltsgesetz – WHG) vom 31.07.2009

3.9 Literatur

Andreas Burth, HaushaltsSteuerung.de, Lexikon zur öffentlichen Haushalts- und Finanzwirtschaft (online)
https://www.haushaltssteuerung.de/lexikon-konsumausgaben.html
Letzter Zugriff 31.03.2023

Anforderungen an Arbeitsplätze und Verkehrswege auf Baustellen im Grenzbereich zum Straßenverkehr – Straßenbaustellen, Technische Regeln für Arbeitsstätten, ASR A5.2 Ausgabe: Dezember 2018

Arbeitskreis Maschinen- und Elektrotechnik staatlicher und kommunaler Verwaltungen, AMEV-Portal
https://amev-online.de/AMEVInhalt/Funktionsnavigation/Wir/AMEV-Aufgaben/
Letzter Zugriff 03.04.2023

Bauministerkonferenz, Hinweise für die Überprüfung der Standsicherheit von baulichen Anlagen durch den Eigentümer/Verfügungsberechtigten, Fassung September 2006

Baumkontrollrichtlinie
Richtlinien für Regelkontrollen zur Überprüfung der Verkehrssicherheit von Bäumen, Forschungsgesellschaft Landschaftsentwicklung Landschaftsbau e. V. (FLL), Dezember 2004

Bayerische Landesamt für Umwelt, Merkblatt Nr. 4.0/1, Einzäunung von kommunalen Kläranlagen im Hinblick auf den Unfallschutz, Stand: 01. März 2010, alte Nummer: 4.0-1, Ansprechpartner: Referat 67
https://www.lfu.bayern.de/wasser/merkblattsammlung/teil4_oberirdische_gewaesser/doc/nr_401.pdf

Berufsgenossenschaft Holz und Metall, „Krane, Hebezeuge, Seile, Ketten, Anschlagmittel"
https://www.bghm.de/arbeitsschuetzer/fach-themen/krane-hebezeuge-seile-ketten-anschlagmittel/
Letzter Zugriff 03.04.2023

Bundesamt für Sicherheit in der Informationstechnik, Schutz Kritischer Infrastrukturen durch IT-Sicherheitsgesetz und UP KRITIS, Broschüre, Stand März 2017

Bundesgerichtshof BGH, Entscheidung vom 06.03.2014, Nr. III ZR 352/13
http://juris.bundesgerichtshof.de/cgi-bin/rechtsprechung/document.py?Gericht=bgh&Art=en&sid=acb39119466468ebffa12ec11fd38660&nr=67207&pos=0&anz=1

Bundesministerium für Arbeit und Soziales, Interpretationspapier zum Thema „Gesamtheit von Maschinen“, GMBl 2011 Nr. 12, S. 233
https://www.bmas.de/SharedDocs/Downloads/DE/interpretationspapier-gesamtheit-von-maschinen.pdf;jsessionid=52D8F986B1EECE454EDBBA4023F5E83E?__blob=publicationFile&v=2
Letzter Zugriff 02.04.2023

Bundesministerium für Umwelt, Naturschutz, Bau und Reaktorsicherheit
RBBau, Onlinefassung – Stand 10. Mai 2021,
https://www.fib-bund.de/Inhalt/Richtlinien/RBBau/RBBau_Onlinefassung_Stand_10.05.2021.pdf
Letzter Zugriff 31.03.2023

Bundesrat, Drucksache 242/17 vom 23.03.2017
https://www.bundesrat.de/SharedDocs/drucksachen/2017/0201-0300/242-17.pdf?__blob=publicationFile&v=9

Bundesratsdrucksache 334/13 vom 07.06.2013, Amtliche Begründung zur HOAI
https://dserver.bundestag.de/brd/2013/0334-13.pdf
Letzter Zugriff 02.04.2023

Bundesverwaltungsgericht, Urteil vom 02.11.2017, AZ.: 7 C 25/15
https://www.bverwg.de/021117U7C25.15.0

Deutscher Bundestag Drucksache 17/8298, Antwort der Bundesregierung vom 03.01.2012, Stand der Rechtsverordnungen zum Wasserhaushaltsgesetz
https://dserver.bundestag.de/btd/17/082/1708298.pdf

Deutscher Bundestag, Drucksache 18/4096
Entwurf eines Gesetzes zur Erhöhung der Sicherheit informationstechnischer Systeme (IT-Sicherheitsgesetz)
http://dip21.bundestag.de/dip21/btd/18/040/1804096.pdf
Letzter Zugriff 02.04.2023

DWA: Stellungnahme zu dem Vorschlag der europäischen Kommission für eine Verordnung des europäischen Parlamentes und des Rates über Maßnahmen zur Reduzierung der Kosten des Ausbaues von Hochgeschwindigkeitsnetzen für die elektronische Kommunikation vom 26.03.2013/COM (2013) 147 final

Leitfaden für die Anwendung der Maschinenrichtlinie 2006/42/EG
Europäische Kommission, Generaldirektion Binnenmarkt, Industrie, Unternehmertum und KMU, Industrieller Wandel und moderne Wertschöpfungsketten – Fortgeschrittene Ingenieurstechnik- und Fertigungssysteme, Auflage 2.3 – April 2024, (Aktualisierung der 2. Auflage), https://www.bmas.de/SharedDocs/Downloads/DE/Arbeitsschutz/leitfaden-

fuer-anwendung-maschinenrichtlinie-2006-42-eg.pdf;jsessionid=F9B9FBC71F44CB6D6886884B22F32ED6.delivery2-master?__blob=publicationFile&v=1
Letzter Zugriff 02.04.2023

Muster-EWS Bayern
Bayerisches Staatsministerium des Innern,
Muster einer Satzung für die öffentliche Entwässerungseinrichtung der Gemeinde (Stadt, Markt, Zweckverband) – (Entwässerungssatzung – EWS, Bayern)
Bekanntmachung des Bayerischen Staatsministeriums des Innern vom 6. März 2012
https://www.stmi.bayern.de/assets/stmi/kub/kommunen/entwaesserungssatzung_muster.pdf
Letzter Zugriff 31.03.2023

OVG Lüneburg, Beschluss vom 18.08.2015 – 9 LA 1/14

OVG NRW, Urteil vom 05.09.1986 – Az. 2 A 2955/83 –
Gemeindehaushalt 1987, Seite 187

Richtlinien zur verkehrsrechtlichen Sicherung von Arbeitsstellen an Straßen – Ausgabe 2021 (RSA 21) Allgemeinen Rundschreiben Straßenbau (ARS Nr. 24/2021) im Verkehrsblatt (Heft 03/2022) am 15. Februar 2022 veröffentlicht. Die RSA 21 ersetzt damit die RSA 95

RÜV
Richtlinie für die Überwachung der Verkehrssicherheit von baulichen Anlagen des Bundes – Herausgegeben vom Bundesministerium für Verkehr, Bau und Stadtentwicklung, Abteilung Bauwesen, Bauwirtschaft und Bundesbauten, Stand: 31. März 2006
https://www.fib-bund.de/Inhalt/Richtlinien/RUV/
Letzter Zugriff 03.04.2023

Städte- und Gemeindebund NRW, Muster einer Abwasserbeseitigungssatzung
https://kommunalagentur.nrw/wp-content/uploads/2021/07/Muster-Abwasserbeseitigungs-satzung-Endversion-28-07-2021.pdf
Letzter Zugriff 31.03.2023

TRBS 1201 „Prüfungen von Arbeitsmitteln und überwachungsbedürftigen Anlagen" – Ausschuss für Betriebssicherheit – ABS-Geschäftsführung – BAuA
Ausgabe: März 2019
Technische Regeln für Betriebssicherheit, Prüfungen und Kontrollen von Arbeitsmitteln und Überwachungsbedürftigen Anlagen

TRBS 1203
Technische Regeln für Betriebssicherheit, Zur Prüfung befähigte Personen – Ausschuss für Betriebssicherheit – ABS-Geschäftsführung – BAuA – https://www.baua.de/abs –
Ausgabe: März 2019

TRBS 2141
Technische Regeln für Betriebssicherheit, Gefährdungen durch Dampf und Druck – Ausschuss für Betriebssicherheit – ABS-Geschäftsführung – BAuA – https://www.baua.de – Ausgabe: März 2019

VHB Bayern, Handbuch für die Vergabe und Durchführung von Bauleistungen durch Behörden des Freistaates Bayern, Ausgabe Oktober 2019

Wartung, Inspektion und damit verbundene kleine Instandsetzungsarbeiten von technischen Anlagen und Einrichtungen in öffentlichen Gebäuden (Instandsetzung 2014), Lfd. Nr.: 126 Arbeitskreis Maschinen- und Elektrotechnik staatlicher und kommunaler Verwaltungen (AMEV), Stand Okt. 2021

4 Umgang mit Stoffen

In Kläranlagen wird Abwasser als größte Menge eines Stoffes eingeleitet. Zum großen Teil abhängig davon müssen weitere Stoffe, Strom zur Reinigung des Abwassers und Wärme in Form von Heizöl oder Gas zur Beheizung der Faultürme und Gebäude, zugeführt werden. Fällmittel, Flockungshilfsmittel und Schmieröl sowie sonstige Betriebsstoffe und Wasser stellen weitere Stoffströme in eine Abwasseranlage hinein dar. Mit allen diesen Stoffen muss im Betrieb umgegangen werden.

Das gereinigte Abwasser verlässt anschließend als größter Stoffstrom die Anlage und wird in ein Gewässer eingeleitet. Überschüssiger Strom wird in ein Stromnetz eingespeist. Klärschlamm kann landwirtschaftlich verwertet werden oder wird als Abfall thermisch verwertet. Andere Abfallstoffe, wie Altöl oder Batterien, verlassen die Abwasseranlage ebenfalls. In Abb. 4.1 sind diese zu- und abfließenden Stoffströme schematisch dargestellt. Mit den ein- und ausgehenden Stoffen muss ein Betrieb umgehen.

4.1 Abwasser und gereinigtes Abwasser

„Abwasser“ ist nach § 54 WHG definiert als das durch häuslichen, gewerblichen, landwirtschaftlichen oder sonstigen Gebrauch in seinen Eigenschaften veränderte Wasser und das bei Trockenwetter damit zusammen abfließende Wasser (Schmutzwasser), sowie das von Niederschlägen aus dem Bereich von bebauten oder befestigten Flächen gesammelt abfließende Wasser (Niederschlagswasser).

Aus *Trinkwasser* wird also durch menschlichen oder gewerblichen Gebrauch und der damit verbundenen Anreicherung mit vielen Stoffen *„Abwasser“*; genauso wie das relativ saubere *Regenwasser*, das z. B. durch Staub oder Abrieb von Straßenflächen oder durch Abfälle verunreinigt wird.

A. Jessen, *Kommunaler Entwässerungsbetrieb*,
https://doi.org/10.1007/978-3-658-50966-8_4

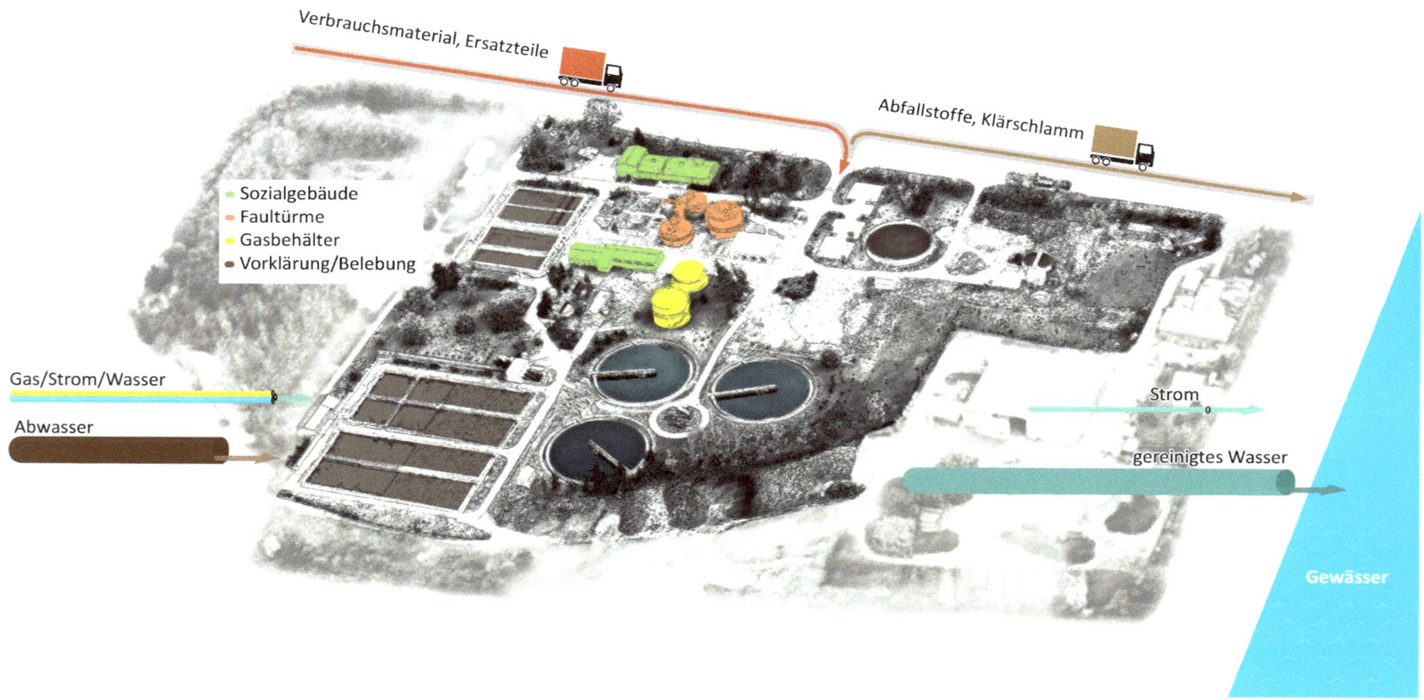

Abb. 4.1 Schema einer Kläranlage mit Stoffströmen. (Graphik: Stefan Mähringer, nach Idee des Autors)

▶ Die Anforderungen an den Umgang mit wassergefährdenden Stoffen (§ 62 WHG) gelten nicht für Anlagen zum Umgang mit Abwasser: Abwasser gilt nicht als ein solcher wassergefährdender Stoff.

4.1.1 Inhaltsstoffe

Die Schmutzstoffe im Abwasser sind anorganische Stoffe und organische Verbindungen; diese liegen in gelöster oder ungelöster Form vor. Das Abwasser gelangt mehr oder weniger vorgereinigt in ein Gewässer.

Aus Sicht des Gewässers kann man folgende Unterscheidung bei den Stoffen treffen:

- **Nährstoffe** fördern das Pflanzenwachstum und damit die die Eutrophierung der Gewässer.
- **Zehrstoffe** biologisch abbaubar und führen bei den Abbauprozessen zu einer Sauerstoffzehrung im Gewässer.
- **Schadstoffe** wie etwa Arzneimittel, Spritzmittel oder Schwermetalle schädigen Fauna oder Flora im Gewässer.
- **Störstoffe** wie etwa Split, Sand, Ton aus Baustellen oder Salz aus dem Winterdienst oder größere Abfallstoffe.

Insbesondere die letzten beiden Stoffgruppen schaden oder stören nicht nur im Gewässer, sondern auch an wesentlichen anderen Stellen.

Das auf und in den Abwasseranlagen tätige Personal muss vor Schäden, Gefahren und Gefährdungen durch z. B. brennbare oder explosive Stoffe, Säuren, Laugen, hohe Temperaturen und gesundheitsgefährdende Stoffe geschützt werden. Die meisten der o. g. Stoffe gefährden zusätzlich auch die Abwasseranlagen in ihrem Bestand. Ihre Funktionsfähigkeit wird u. a. durch feste Abfälle, erhärtende Stoffe (wie z. B. Zement, Kalk oder Kunstharze) oder Öle und Fette beeinträchtigt. Schwierigkeiten bei der Schlammbehandlung und -verwertung verursachen neben den Schwermetallen auch Schwerflüssigkeiten, z. B. Dichlormethan oder Trichlorethen und vor allem giftige Stoffe und Salze, da diese die biologischen Prozesse (z. B. Faulung) behindern.

4.1.1.1 Spurenstoffe im Abwasser

Durch Fortschritte in der Analytik können Chemiker heute mittlerweile auch geringste Stoffkonzentrationen im Wasser nachweisen. Spurenstoffe oder Mikroverunreinigungen sind chemische Substanzen, die in geringsten Konzentrationen vorkommen. Diese Stoffe gelangen meist durch den Gebrauch von Alltagsprodukten in die Gewässer. Da durch die moderne Analysentechnik praktisch überall Alles zu finden ist, muss man unbedingt auf die gefundene Konzentration eines Stoffes achten und diese in Relation setzen z. B. mit Grenzwerten aus der Trinkwasserverordnung, der Abwasserverordnung oder der LAWA.

4.1.1.2 Biologische Inhaltsstoffe – Biostoffe

Mikroorganismen sind alle zellulären oder nichtzellulären mikroskopisch oder submikroskopisch kleinen biologischen Einheiten, die zur Vermehrung oder zur Weitergabe von genetischem Material fähig sind, insbesondere Bakterien, Viren, Protozoen und Pilze (BioStoffV § 2).

Da insbesondere häusliches Abwasser im Wesentlichen aus Haushaltungen oder gewerblichen Einrichtungen wie Gemeinschaftsunterkünften, Hotels, Gaststätten, Campingplätzen, Krankenhäusern oder Bürogebäuden stammt, sind auch biologische Stoffe im Abwasser enthalten. Diese stammen u. a. aus den menschlichen Ausscheidungen und können über das Abwasser auch ggf. weiter verbreitet werden.

Solche Biostoffe (Mikroorganismen, Zellkulturen und Endoparasiten einschließlich ihrer gentechnisch veränderten Formen) können den Menschen durch Infektionen, übertragbare Krankheiten, Toxinbildung, sensibilisierende oder sonstige, die Gesundheit schädigende Wirkungen gefährden.

4.1.2 Anforderungen an das Abwasser vor der Einleitung ins Kanalnetz

4.1.2.1 Niederschlagswasser

Niederschlagswasser soll zwar grundsätzlich ortsnah versickert, verrieselt oder direkt oder über eine Kanalisation ohne Vermischung mit Schmutzwasser in ein Gewässer eingeleitet werden (WHG § 55), allerdings gelingt das oft nicht. Dann muss das zu Abwasser gewordene Regenwasser gemeinsam mit dem Schmutzwasser abgeleitet werden. In Gebieten mit Mischkanalisation stehen meist keine separaten Regenkanäle zur Verfügung oder Versickerung ist aufgrund der Bodenverhältnisse oder des Abstands zu Nachbargebäuden nicht möglich. Niederschlagswasser aus Gewerbebetrieben kann oft auch wegen der zu erwartenden schlechten Qualität nicht versickert (ins Grundwasser eingeleitet) werden. Für die gering dimensionierten Schmutzwasserkanäle bei Trennsystem kann Niederschlagswasser dann hydraulische Probleme verursachen. In diesen Fällen wird die Einleitung auf eine bestimmte Menge (l/s) begrenzt und der Rest muss auf den Grundstücken zurückgehalten werden.

4.1.2.2 Flüssige (Abfall-)Stoffe

Flüssige Stoffe, die kein Abwasser sind, können manchmal gemeinsam mit Abwasser beseitigt werden, wenn eine solche Entsorgung der Stoffe umweltverträglicher ist als eine Entsorgung als Abfall und wasserwirtschaftliche Belange nicht entgegenstehen. Solche Stoffe können z. B. aus der Lebensmittelindustrie oder aus der Reinigung von Schiffs-Laderäumen kommen. Weitere Ausführungen hierzu beim Thema Abfall (s. u.).

4.1.3 Vorbehandlung von gewerblichem und industriellem Abwasser

Zum Schutz der gemeindlichen Abwasseranlagen kann nicht jedes Abwasser ins Kanalnetz eingeleitet werden. Gewerbliches und industrielles Abwasser muss in einigen Fällen vorbehandelt werden. In diesen Fällen ist nicht nur die gemeindliche Entwässerungssatzung (EWS) einschlägig sondern auch das Wasserrecht, im Folgenden aber nur indirekt.

4.1.3.1 BImSchV-Anlagen

Die Errichtung und der Betrieb der im Anhang zur Vierten Verordnung zur Durchführung des Bundes-Immissionsschutzgesetzes (Verordnung über genehmigungsbedürftige Anlagen – 4. BImSchV § 1) genannten (Industrie-)Anlagen bedürfen einer Genehmigung.

Diese Genehmigung erstreckt sich dabei auf alle vorgesehenen

1. Anlagenteile und Verfahrensschritte, die zum Betrieb notwendig sind, und
2. Nebeneinrichtungen, die mit diesen Anlagenteilen und Verfahrensschritten in einem räumlichen und betriebstechnischen Zusammenhang stehen und die von Bedeutung sein können für
   a) das Entstehen schädlicher Umwelteinwirkungen,
   b) die Vorsorge gegen schädliche Umwelteinwirkungen oder
   c) das Entstehen sonstiger Gefahren, erheblicher Nachteile oder erheblicher Belästigungen.

In der Gesamt-Anlagen-Genehmigung ist damit auch die Genehmigung der privaten Abwasser-Anlagen und der Vorbehandlungsanlagen enthalten. Der Entwässerungsbetrieb in dessen öffentl. Abwasser-Anlagen eingeleitet wird, ist in dem Verfahren beteiligt und kann Auflagen machen.

4.1.3.2 Anlagen nach der Industrieemissions-Richtlinie IED-Abwasserbehandlungsanlagen (Industrial Emissions Directive)

Auch die Errichtung, der Betrieb und die wesentliche Änderung weiterer Abwasserbehandlungsanlagen bedürfen einer Genehmigung und zwar nach § 60 WHG. Dies ist der Fall, wenn in der Anlage Abwasser behandelt wird, das zwar aus Anlagen nach der Industrieemissions-Richtlinie stammt, aber durch die Genehmigung nach der o. g. BImSchV die Abwasserbehandlungsanlage nicht erfasst wird.

► Bayerisches Landesamt für Umwelt, Merkblatt Nr. 4.5/1, Dezember 2014
„Abwassereinleitungen aus Industrie und Gewerbe"

4.1.3.3 Rechtsverfahren

Sowohl in dem BImschG- als auch in dem Wasserrechts-Verfahren ist die staatl. Wasserwirtschaftsverwaltung als Fachbehörde beteiligt. Da in den Verfahren deren Belange im Wesentlichen deckungsgleich sind mit den kommunalen Interessen, sollten die Stellungnahmen koordiniert werden.

Die Industriekläranlagen-Zulassungs- und Überwachungsverordnung – IZÜV regelt die Häufigkeit der staatlichen Überwachung solcher Anlagen. Demnach stellen die zuständigen Behörden zur Überwachung bzw. Überprüfung der Einhaltung der Erlaubnis oder Genehmigung Überwachungspläne und Überwachungsprogramme für die regelmäßigen Überwachungen der Erlaubnisse und Genehmigungen in ihrem Zuständigkeitsbereich auf (§§ 8–9).

Die Verordnung über Anforderungen an das Einleiten von Abwasser in Gewässer (Abwasserverordnung – AbwV) bestimmt zwar die Mindestanforderungen für das Einleiten von Abwasser in Gewässer aus den in den Anhängen bestimmten Herkunftsbereichen, aber auch die Anforderungen an die Errichtung, den Betrieb und die Benutzung von Abwasseranlagen. Neben den allgemeinen Anforderungen dieser Verordnung, den in den Anhängen genannten Betreiberpflichten und den in den Anhängen gekennzeichneten Emissionsgrenzwerten, die vom Einleiter einzuhalten sind, gibt es weitere Anforderungen. Diese übrigen Anforderungen der Anhänge der AbwV, die sich auch auf den Ort des Anfalls des Abwassers oder den Ort vor seiner Vermischung beziehen können, sind bei der Erteilung einer wasserrechtlichen Zulassung für das Einleiten von Abwasser festzusetzen. Der „Ort vor der Vermischung" ist auch die Einleitungsstelle in eine öffentliche Abwasseranlage (meist ein Kanal).

Derzeit gibt es fast 60 Anhänge zur Abwasserverordnung. Häufig relevant werden:

Anhang 9 Herstellung von Beschichtungsstoffen und Lackharzen
Anhang 18 Zuckerherstellung
Anhang 28 Herstellung von Papier und Pappe
Anhang 33 Wäsche von Abgasen aus der Verbrennung von Abfällen
Anhang 47 Wäsche von Rauchgasen aus Feuerungsanlagen
Anhang 51 Oberirdische Ablagerung von Abfällen

Viele der o. g. Anhänge sind wie folgt gegliedert:

A Anwendungsbereich
B Allgemeine Anforderungen
C Anforderungen an das Abwasser für die Einleitungsstelle
D Anforderungen an das Abwasser vor Vermischung
E Anforderungen für den Ort des Anfalls
F Anforderungen für vorhandene Einleitungen

Wenn ein Betrieb im Einzugsgebiet einer Kläranlage liegt, ist also zu prüfen, ob er in den Anwendungsbereich eines Anhangs fällt. Wenn das der Fall ist, müsste die Wasserbehörde die Anforderungen mindestens nach B und D gestellt haben.

Auch hier macht eine enge Zusammenarbeit mit der staatl. Wasserbehörde Sinn; u. a. um keine späteren Doppel-Beprobungen bei der Überwachung durchzuführen.

4.1.3.4 Biologisch abbaubares Industrieabwasser

In der Richtlinie 91/271/EWG über die Behandlung von kommunalem Abwasser werden auch Industriebranchen genannt, die vor allem biologisch abbaubares Industrieabwasser produzieren. Das sind folgende Industriebranchen:

1. Milchverarbeitung
2. Herstellung von Obst- und Gemüseprodukten
3. Herstellung von Erfrischungsgetränken und Getränkeabfüllung
4. Kartoffelverarbeitung

5. Fleischwarenindustrie
6. Brauereien
7. Herstellung von Alkohol und alkoholischen Getränken
8. Herstellung von Tierfutter aus Pflanzenerzeugnissen
9. Herstellung von Hautleim, Gelatine und Knochenleim
10. Mälzereien
11. Fischverarbeitungsindustrie

Das Abwasser aus diesen Branchen enthält vor allem die Stoffe, die auch in einer kommunalen Kläranlage gereinigt werden können (Absetzbare Stoffe, BSB, CSB, P, N, Fette, usw.). Meist sind hier jedoch die Konzentrationen und/oder Frachten dieser Stoffe so hoch, dass sie Probleme auf der kommunalen Kläranlage oder gar schon im Kanalnetz verursachen (Säuren, Laugen).

4.1.3.5 Sonstige gewerbliche Abwasser-Einleiter und EWS

Auch das Abwasser von den sonstigen gewerblichen und industriellen Einleitern (ohne die o. g. Genehmigungen) enthält ebenfalls Stoffe, die sich negativ auf die Abwasserbeseitigung auswirken (s. o.) können. Die Folgen, wie Korrosionserscheinungen und Geruchsbelästigungen in der Kanalisation, Störungen der Reinigungsprozesse in der Kläranlage oder eine Schadstoffbelastung des Klärschlamms oder des gereinigten Abwassers, sind bereits genannt. Aus diesem Grund sollten insbesondere in der Entwässerungssatzung (EWS) der Gemeinde Grenzwerte für fast alle Schadstoffe festgelegt werden.

Die Gemeinde prüft in der Regel, ob die geplante Grundstücksentwässerungsanlage den Bestimmungen ihrer Entwässerungs-Satzung entspricht. Ist das der Fall, erteilt die Gemeinde schriftlich ihre Zustimmung; die Zustimmung kann unter Bedingungen und Auflagen erteilt werden. Dies ist nach dem „Muster für eine gemeindliche Entwässerungssatzung" (Bekanntmachung des Bayerischen Staatsministeriums des Innern) so geregelt. In anderen Bundesländern wird es ähnliche Regelungen geben.

Die gemeindliche Entwässerungssatzung (EWS) ist die für den Abwasserbetrieb wichtigste Rechtsgrundlage in diesem Zusammenhang.

Das einschlägige technische Regelwerk dazu ist das Merkblatt der DWA-M 115 „Indirekteinleitung nicht häuslichen Abwassers" (Mehrere Teile).

▶ Zu den Satzungen (EWS) in den jeweiligen Bundesländern gibt es zahlreiche juristische Kommentierungen.

4.1.3.6 Direkteinleiter – Indirekteinleiter

Im § 57 Wasserhaushaltsgesetz wurde hinter den Worten „Einleiten von Abwasser in Gewässer" der Klammerzusatz „(Direkteinleitung)" angefügt und damit die bisher übliche Begriffsbestimmung für eine unmittelbare Einleitung in ein Gewässer auch so genannt und klargestellt. Im folgenden § 58 des WHG wird zusätzlich das Einleiten von Abwasser in öffentliche Abwasseranlagen als Indirekteinleitung bezeichnet. *Indirekt* heißt also Einleitung nicht direkt ins Gewässer, sondern über eine öffentliche Abwasseranlage.

4.1.4 Abwasserreinigung/-behandlung

Die Stadtentwässerung und Umweltanalytik Nürnberg (SUN) beschreibt die für eine Kläranlage relevanten Stoffe auf ihrer Internetseite im Januar 2023 wie folgt:

> ***Schmutzstoffe und Schadstoffe im Abwasser „Phosphorverbindungen***
>
> *Phosphorverbindungen wirken, wie Nitrat, ebenfalls als Dünger auf die Pflanzenwelt im Gewässer. Auch hier ist verstärktes Pflanzenwachstum und schließlich Sauerstoffmangel die Folge.*
>
> *Der größte Teil des im Abwasser enthaltenen Phosphors ist anorganisch und im Wasser gelöst. Die im Abwasserbereich gültigen Rechtsvorschriften legen den Parameter ‚Gesamtphosphor' als Summe der Konzentrationen von anorganischen und organischen Phosphorverbindungen fest.*
>
> ***Stickstoffverbindungen***
>
> *Stickstoffverbindungen wirken in zwei unterschiedlichen Weisen auf das Gewässer. Ammonium (NH4+) verbraucht bei seiner Umwandlung in Nitrat (NO3−) den im Wasser gelösten Sauerstoff. Dies führt zu Sauerstoffmangel im Gewässer. Das entstandene Nitrat führt dann zu einer Überdüngung der Gewässer und somit zu verstärktem Pflanzenwachstum. Beim Absterben der Pflanzen wird Sauerstoff verbraucht, so dass sich der Sauerstoffmangel noch weiter verschärft. Eine wichtige Stufe der Abwasserreinigung ist deshalb die Entfernung von Stickstoffverbindungen. Die organischen Stickstoffverbindungen im Abwasser werden bereits in der Kanalisation fast vollständig in anorganischen Ammonium-Stickstoff (NH4+) umgewandelt. Die Rechtsvorschriften im Abwasserbereich legen deshalb den Parameter ‚Gesamtstickstoff' als Summe der Konzentrationen von Ammonium-Stickstoff, Nitrit-Stickstoff und Nitrat-Stickstoff fest.*
>
> ***Kohlenstoffverbindungen***
>
> *Mikroorganismen verbrauchen beim Abbau von Kohlenstoffverbindungen den Sauerstoff, der im Wasser gelöst ist. Dabei entstehen Kohlendioxid (CO2) und Schlamm. Findet dieser Abbau im Gewässer statt, führt dies zu Sauerstoffmangel. Die Lebensbedingungen für Fische und andere Wassertiere verschlechtern sich dadurch erheblich. Die Abwasserreinigung nimmt den Prozess des Kohlenstoffabbaus vorweg.*
>
> *Der biochemische Sauerstoffbedarf (BSB) erfasst den Sauerstoffverbrauch von Mikroorganismen, welche die leicht abbaubaren Kohlenstoffverbindungen oxidieren. Als Untersuchungszeitraum sind hier 5 Tage festgelegt.*
>
> *Der chemische Sauerstoffbedarf (CSB) gibt demgegenüber die Sauerstoffmenge an, die für die Oxidation aller organischen Verbindungen im Wasser einschließlich der nicht biologisch abbaubaren Stoffe verbraucht wird.*
>
> *Das Verhältnis von CSB zu BSB ist ein Maßstab für die biologische Abbaubarkeit des Abwassers: Je größer der Abstand zwischen (niedrigerem) BSB zu (höherem) CSB, desto schlechter ist es um die Abbaubarkeit bestellt.*
>
> ***Schwermetalle***
>
> *Auf Grundlage der gesetzlichen Regelungen zur Klärschlammverwertung gelten als Schwermetalle die chemischen Elemente Cadmium (Cd), Chrom (Cr), Kupfer (Cu), Quecksilber (Hg), Nickel (Ni), Blei (Pb), und Zink (Zn). Je nach Fragestellung können jedoch auch weitere Metalle als Schwermetalle gelten.*

Die Schwermetalle lagern sich im Wesentlichen an die Partikel des Klärschlamms an (Bakterienmasse, Feststoffe). Die Konzentration im Abwasser ist sehr gering. Erhöhte Schwermetallkonzentrationen machen die landwirtschaftliche Verwertung des Klärschlamms unmöglich.

Organische Schadstoffe

Zu den organischen Schadstoffen zählen künstlich hergestellte Kohlenstoffverbindungen, welche die Halogene Chlor, Fluor, Brom oder Jod enthalten. Sie lassen sich in verschiedene Gruppen einteilen:

- *Leicht flüchtige Halogenkohlenwasserstoffe (LHKW)*
- *Benzol-Toluol-Xylol-Verbindungen (BTX)*
- *Polychlorierte Biphenyle (PCB)*
- *Polyzyklische aromatische Kohlenwasserstoffe (PAK)*

Auf Grund ihrer Eigenschaften lagern sich organische Schadstoffe im Wesentlichen an die Partikel des Klärschlamms an. Dessen regelmäßige Untersuchung auf den Summenparameter AOX (Adsorbierbare Organisch gebundene Halogene) zielt auf den Nachweis von organischen Schadstoffen im kommunalen Abwasser. Die Umweltanalytik Nürnberg führt auch gezielte Untersuchungen auf andere organische Schadstoffe durch, wenn sich im Rahmen der Industrieabwasserüberwachung konkrete Verdachtsmomente ergeben.

Die Konzentration organischer Schadstoffe im gereinigten Abwasser liegt meist unter der Nachweisgrenze der gebräuchlichen Analyseverfahren. Um diese Schadstoffe dennoch nachweisen zu können, kommen Fischtestverfahren zur Anreicherung der Schadstoffe (‚Bioakkumulationsverfahren') zum Einsatz.

Absetzbare Stoffe

Die Bestimmung des Gehalts an absetzbaren Stoffen ist ein frühes Verfahren zur Beurteilung der Abwasserreinigung in Kläranlagen. Der Anteil an absetzbaren Stoffen (ml/l) wird an verschiedenen Stellen in der Kläranlage gemessen, um die Reinigungsleistung feststellen zu können. Die Messung erfolgt in einem spitz zulaufenden Glastrichter, dem sogenannten ‚Imhofftrichter'.

Abfiltrierbare Stoffe

Die Menge der nicht gelösten Stoffe im Abwasser. Gemessen wird in der Regel die Menge (mg/l) im gereinigten Abwasser vor Einleitung in das Gewässer.

PH-Wert

Der pH-Wert bei der biologischen Abwasserreinigung muss zwischen 6 und 8 liegen. Bei kommunalem Abwasser ist dies jedoch immer der Fall. Niedrigere oder höhere Werte sind ein Hinweis auf ernste Störungen im Kanalnetz (z. B. unerlaubte Schadstoffeinleitungen). Die biologische Abwasserreinigung verändert jedoch auch den pH-Wert des Abwassers, so dass die Messung des pH-Wertes einen Rückschluss auf den ordnungsgemäßen Betriebsablauf in der Kläranlage erlaubt.

Leitfähigkeit

Die Leitfähigkeit des Abwassers ist ein Maß für dessen Gehalt an Salzen (z. B. Chlorid, Sulfat, Nitrat) und somit für die Verschmutzung des Abwassers.

Sichttiefe/Trübung

Die Messung der Sichttiefe oder Trübung ist ein einfaches Verfahren zur Beurteilung der Reinigungsleistung von Kläranlagen. Es kam bereits in der Frühzeit der Abwasserreinigung zur Anwendung. Je größer die Sichttiefe, desto sauberer ist das Abwasser.

Spektraler Absorptionskoeffizient

Der Spektrale Absorptionskoeffizient (SAK) kennzeichnet sie Färbung des Abwassers und ist ein indirektes Maß für den biologisch nicht abbaubaren Anteil des gelösten Kohlenstoffs im Abwasser" (Stadtentwässerung und Umweltanalytik Nürnberg (SUN)).

4.1.4.1 Kommunale Abwasserbehandlung

Abwasser ist so zu beseitigen, dass das Wohl der Allgemeinheit nicht beeinträchtigt wird (WHG § 55). Kommunale Abwasseranlagen (Kanalnetz und Kläranlage) müssen nach den allgemein anerkannten Regeln der Technik errichtet, betrieben und unterhalten werden, so dass die Anforderungen an die Abwasserbeseitigung eingehalten werden (WHG § 60). Hier ist das Regelwerk der Technik in den Arbeits- u. Merkblättern der DWA einschlägig.

4.1.4.2 Mindest-Anforderungen an die Reinigung

Durch Rechtsverordnung können an das Einleiten von Abwasser in Gewässer Anforderungen festgelegt werden, die dem *Stand der Technik* entsprechen. Die „Verordnung über Anforderungen an das Einleiten von Abwasser in Gewässer" (Abwasserverordnung – AbwV) bestimmt die *Mindestanforderungen* für das Einleiten von Abwasser in Gewässer aus den in den Anhängen bestimmten Herkunftsbereichen sowie Anforderungen an die Errichtung, den Betrieb und die Benutzung von Abwasseranlagen.

- Die allgemeinen Anforderungen dieser Verordnung,
- die in den Anhängen genannten Betreiberpflichten und
- die in den Anhängen gekennzeichneten Emissionsgrenzwerte

sind vom Einleiter einzuhalten, soweit nicht *weitergehende Anforderungen in der wasserrechtlichen Zulassung* für das Einleiten von Abwasser festgelegt sind.

Die AbwV bestimmt im Anhang 1 die Mindestanforderungen für das Einleiten von kommunalem Abwasser in Gewässer sowie Anforderungen an die Errichtung, den Betrieb und die Benutzung von Abwasseranlagen. Die allgemeinen Anforderungen dieser Verordnung, die im Anhang 1 genannten Betreiberpflichten und die dort aufgelisteten Emissionsgrenzwerte sind von der Kläranlage einzuhalten, soweit nicht weitergehende Anforderungen in der jeweiligen Erlaubnis für das Einleiten festgelegt sind. Die Anforderungen beziehen sich auf die Stelle, an der das Abwasser in das Gewässer eingeleitet wird.

Zu den Allgemeine Anforderungen gehört, dass Abwasser in ein Gewässer nur eingeleitet werden darf, wenn die Schadstofffracht so gering gehalten wird, wie dies nach Prüfung der Verhältnisse im Einzelfall möglich ist.

Die Ergebnisse dürfen nicht durch Verfahren erreicht werden, bei denen Umweltbelastungen in andere Umweltmedien wie Luft oder Boden entgegen dem Stand der Technik verlagert werden. Der Chemikalieneinsatz, die Abluftemissionen und die Menge des anfallenden Schlammes sind so gering wie möglich zu halten. Als Konzentrationswerte festgelegte Anforderungen dürfen nicht entgegen dem Stand der Technik durch Verdünnung erreicht werden.

Der Anhang 1 der AbwV: „Häusliches und kommunales Abwasser“ gilt für Abwasser,

- das im Wesentlichen aus Haushaltungen oder ähnlichen Einrichtungen wie Gemeinschaftsunterkünften, Hotels, Gaststätten, Campingplätzen, Krankenhäusern, Bürogebäuden stammt (häusliches Abwasser)
  oder aus Anlagen stammt, die anderen als den genannten Zwecken dienen, sofern es häuslichem Abwasser entspricht,
- das in Kanalisationen gesammelt wird und im Wesentlichen aus den oben genannten Einrichtungen und Anlagen sowie aus Anlagen stammt, die gewerblichen oder landwirtschaftlichen Zwecken dienen, sofern die Schädlichkeit dieses Abwassers mittels biologischer Verfahren mit gleichem Erfolg wie bei häuslichem Abwasser verringert werden kann (kommunales Abwasser),

An das Abwasser werden für die Einleitung in das Gewässer die, in Tab. 4.1 aufgeführten, (Mindest-)Anforderungen gestellt.

Tab. 4.1 Mindestanforderungen an das Abwasser für die Einleitungsstelle in das Gewässer (AbwV, Anh. 1)

Proben nach Größenklassen der Abwasserbehandlungsanlagen	Chemischer Sauerstofff-bedarf (CSB)	Biochemischer Sauerstoff-bedarf in 5 Tagen (BSB_5)	Ammonium-stickstoff (NH_4-N)	Stickstoff, gesamt, als Summe von Ammonium-, Nitrit- und Nitrat-stickstoff (N_{ges})	Phosphor gesamt (P_{ges})
	mg/l	mg/l	mg/l	mg/l	mg/l
	Qualifizierte Stichprobe oder 2-Stunden-Mischprobe				
Größenklasse 1 kleiner als 60 kg/d BSB_5 (roh)	150	40	-	-	-
Größenklasse 2 60 bis 300 kg/d BSB_5 (roh)	110	25		-	-
Größenklasse 3 größer als 300 bis 600 kg/d BSB_5 (roh)	90	20	10	-	-
Größenklasse 4 größer als 600 bis 6 000 kg/d BSB_5 (roh)	90	20	10	18	2
Größenklasse 5 größer als 6 000 kg/d BSB_5 (roh)	75	15	10	13	1

Tab. 4.2 Größenklassen Zuordnungswerte

Größenklasse	Kapazität in EW
1	< 1000
2	1000–5000
3	5001–10.000
4	10.001–100.000
5	> 100.000

4.1.4.3 Größenklassen der Kläranlagen (AbwV, Anh. 1)

Die Zuordnung eines Einleiters in eine der in oben festgelegten Größenklassen richtet sich nach den Bemessungswerten der Abwasserbehandlungsanlage, wobei die BSB_5-Fracht des unbehandelten Schmutzwassers – BSB_5 (roh) – der o. g. Tab. 4.1 zugrunde gelegt wird.

In Fällen, in denen als Bemessungswert für eine Abwasserbehandlungsanlage allein der BSB_5-Wert des sedimentierten Schmutzwassers zugrunde gelegt ist, sind folgende Werte für die Einstufung maßgebend:

- Größenklasse 1 kleiner als 40 kg/d BSB_5 (sed.)
- Größenklasse 2 40 bis 200 kg/d BSB_5 (sed.)
- Größenklasse 3 größer als 200 kg/d bis 400 kg/d BSB_5 (sed.)
- Größenklasse 4 größer als 400 bis 4000 kg/d BSB_5 (sed.)
- Größenklasse 5 größer als 4000 kg/d BSB_5 (sed.).

Bei unbehandeltem Abwasser wird ein BSB-Wert von 60 g/EW zugrunde gelegt. Für vorgeklärtes Abwasser entspricht das, bei einer Absetzwirkung von einem Drittel, den 40 g/EW. Somit ergeben sich die Werte aus Tab. 4.2 in EW.

Die Zuordnung einer Kläranlage zu einer Größenklasse hat entsprechend der oberen Tabelle eine entscheidende Auswirkung auf die notwendige Reinigungsleistung.

4.1.5 Einleiten von gereinigtem Abwasser in Gewässer

Die Benutzung eines Gewässers bedarf der Erlaubnis; solch eine Benutzung ist auch das Einbringen und Einleiten von Stoffen in Gewässer (§§ 8 u. 9 WHG). Eine Erlaubnis für das Einleiten von Abwasser in Gewässer (Direkteinleitung) darf nach § 57 WHG nur erteilt werden, wenn die folgenden drei Anforderungen eingehalten werden

- die Menge und Schädlichkeit des Abwassers so gering gehalten wird, wie dies bei Einhaltung der jeweils in Betracht kommenden Verfahren nach dem **Stand der Technik** möglich ist,
- die Einleitung mit den Anforderungen an die Gewässereigenschaften und sonstigen rechtlichen Anforderungen vereinbar ist und
- Abwasseranlagen oder sonstige Einrichtungen errichtet und betrieben werden, die erforderlich sind, um die Einhaltung dieser Anforderungen sicherzustellen.

Die Erlaubnis kann als „*gehobene Erlaubnis*“ für eine Dauer von 20 Jahren erteilt werden, wenn hierfür ein öffentliches Interesse oder ein berechtigtes Interesse des Gewässerbenutzers besteht. Das ist bei der öffentlichen Abwasserbeseitigung der Fall (WHG § 15). Nach Ablauf der Erlaubnis für die Regen- und Mischwasser-Einleitungen aus dem Kanalnetz oder der Erlaubnis für die Kläranlagen-Einleitung ist diese jeweils erneut zu beantragen. Bei Kanalisationen benötigt nur der Träger der Kanalisation als Direkteinleiter (s. o.) in das Gewässer die wasserrechtliche Erlaubnis.

An dieser Stelle wird auf das Merkblatt Nr. 4.4/22 des Bayerisches Landesamt für Umwelt (Stand: 15. Februar 2013) „Anforderungen an die Einleitungen von häuslichem und kommunalem Abwasser sowie an Einleitungen aus Kanalisationen“ hingewiesen. Für andere Bundesländer sind ähnliche Anforderungen zu erwarten.

4.1.6 Arbeitssicherheit

Die „Verordnung zum Schutz vor Gefahrstoffen“ (Gefahrstoffverordnung – GefStoffV) gilt nicht für biologische Arbeitsstoffe im Sinne der Biostoffverordnung (§ 1). Abwasser ist demnach *kein „Gefahrstoff“*; es stellt aber trotzdem eine Gefahr für Beschäftigte dar.

Aufgrund der im Abwasser enthaltenen biologischen Stoffe (s. o.), wie den Mikroorganismen (Bakterien, Viren, Protozoen und Pilze) wird Abwasser für die Bereich Entwässerung und Abwasserbehandlung tätigen Personen zu einem Biologischen Arbeitsstoff (Biostoff) und fällt damit unter die „Verordnung über Sicherheit und Gesundheitsschutz bei Tätigkeiten mit Biologischen Arbeitsstoffen“ (Biostoffverordnung – BioStoffV).

► Zum Thema Arbeitssicherheit wird auch auf die DGUV Vorschrift 22 (bisher: GUV-V C 5) „Abwassertechnische Anlagen“ verwiesen. Da es sich um eine Vorschrift handelt, hat sie gesetzlichen Charakter; der Inhalt ist zu beachten!

4.2 Biostoffe = biologische Arbeitsstoffe

„Im Bereich von abwassertechnischen Anlagen werden Tätigkeiten ausgeführt, bei denen Beschäftigte mit Abwasser, Klärschlamm, Materialien und Gegenständen umgehen, die biologische Arbeitsstoffe enthalten oder freisetzen (Aerosole) bzw. denen diese Stoffe anhaften.

Prozessbedingt findet eine Vermehrung bestimmter biologischer Arbeitsstoffe statt. Beschäftigte kommen dabei mit biologischen Arbeitsstoffen in Kontakt, ohne dass diese Tätigkeiten auf diese ausgerichtet sind.

Die auftretenden biologischen Arbeitsstoffe sind nicht abschließend der Spezies nach bekannt und es kommt zu einer mikrobiellen Mischexposition der Beschäftigten, wobei die Expositionsverhältnisse zeitlich starken Schwankungen unterliegen und auch räumlich sehr unterschiedlich sein können.“ ...

„Beispiele für Tätigkeiten mit möglicher Exposition gegenüber sensibilisierenden und toxischen biologischen Arbeitsstoffen sind z. B. manuelle Reinigungsarbeiten auf Anlagen und in Bauwerken wie

- *manuelles Ablösen von Anbackungen*
- *Hochdruckreinigungsarbeiten*
- *Tätigkeiten mit Klärschlamm"*

(TRBA 220, 4.2 Gefährdungen durch biologische Arbeitsstoffe).

4.2.1 Begriffe nach BioStoffV

Die „*Verordnung über Sicherheit und Gesundheitsschutz bei Tätigkeiten mit Biologischen Arbeitsstoffen* (Biostoffverordnung – BioStoffV)" gilt für solche o. g. Tätigkeiten mit Biologischen Arbeitsstoffen (Biostoffen). Sie regelt Maßnahmen zum Schutz von Sicherheit und Gesundheit der Arbeitnehmer und anderer Personen gegen Gefährdungen durch biologische Arbeitsstoffe, denen sie aufgrund der Exposition gegenüber diesen Stoffen bei der Arbeit ausgesetzt sind oder sein können, einschließlich der Vorbeugung gegen eine solche Gefährdung (§ 1).

Biostoffe sind Mikroorganismen, Zellkulturen und Endoparasiten, die den Menschen durch Infektionen, übertragbare Krankheiten, Toxinbildung, sensibilisierende oder sonstige, die Gesundheit schädigende Wirkungen gefährden können.

Mikroorganismen sind mikroskopisch kleine biologischen Einheiten, die zur Vermehrung oder zur Weitergabe von genetischem Material fähig sind, insbesondere Bakterien, Viren, Protozoen und Pilze.

Tätigkeiten sind u. a. das *Verwenden* von Biostoffen, insbesondere das Ge- und Verbrauchen, das Be- und Verarbeiten, das Ab- und Umfüllen, das Mischen und Abtrennen sowie das innerbetriebliche Befördern, das Aufbewahren einschließlich des Lagerns und das Entsorgen sowie die *berufliche Arbeit* mit Produkten, Gegenständen oder Materialien, wenn aufgrund dieser Arbeiten Biostoffe auftreten oder freigesetzt werden und Beschäftigte damit in Kontakt kommen können. Den Beschäftigten stehen auch Schüler und Studierende gleich, sofern sie Tätigkeiten mit Biostoffen durchführen.

Fachkundig ist, wer zur Ausübung einer bestimmten Aufgabe befähigt ist. Die Anforderungen an die Fachkunde sind abhängig von der jeweiligen Art der Aufgabe und der Höhe der Gefährdung. Die für die Fachkunde erforderlichen Kenntnisse sind durch eine geeignete Berufsausbildung und eine zeitnahe einschlägige berufliche Tätigkeit nachzuweisen. In Abhängigkeit von der Aufgabe und der Höhe der Gefährdung kann zusätzlich die Teilnahme an spezifischen Fortbildungsmaßnahmen erforderlich sein (§ 2). Dazu siehe unten: TRBA 200.

Stand der Technik ist der Entwicklungsstand fortschrittlicher Verfahren, Einrichtungen oder Betriebsweisen, der die praktische Eignung einer Maßnahme zum Schutz von Sicherheit und Gesundheit der Beschäftigten gesichert erscheinen lässt. Bei der Bestimmung des Standes der Technik sind insbesondere vergleichbare Verfahren, Einrichtungen oder Betriebsweisen heranzuziehen, die mit Erfolg in der Praxis erprobt worden sind.

Schutzstufen orientieren sich an der Risikogruppe des jeweiligen Biostoffs und sind ein Maßstab für die Höhe der Infektionsgefährdung einer Tätigkeit. Entsprechend den Risikogruppen werden vier Schutzstufen unterschieden (§ 2).

Biostoffe werden entsprechend dem von ihnen ausgehenden Infektionsrisiko in eine von vier **Risikogruppen** eingestuft: von *Risikogruppe 1* (Biostoffe, bei denen es unwahrscheinlich ist, dass sie beim Menschen eine Krankheit hervorrufen), bis *Risikogruppe 4* (Biostoffe, die eine schwere Krankheit beim Menschen hervorrufen und eine ernste Gefahr darstellen) – (§ 3). Nach TRBA 220 sind fast alle relevanten Bakterien und Viren im Abwasser in Risikogruppe 2 eingestuft.

4.2.2 Gefährdungsbeurteilung nach BioStoffV

Der Arbeitgeber hat die Gefährdung der Beschäftigten durch die Tätigkeiten mit Biostoffen vor Aufnahme der Tätigkeit zu beurteilen. *Die Gefährdungsbeurteilung ist fachkundig durchzuführen.* Verfügt der Arbeitgeber nicht selbst über die entsprechenden Kenntnisse, so hat er sich fachkundig beraten zu lassen (§ 3) (siehe auch TRBA 200).

Die Gefährdungsbeurteilung muss aktualisiert werden, wenn maßgebliche Veränderungen der Arbeitsbedingungen oder neue Erkenntnisse dies erfordern. Ansonsten hat der Arbeitgeber die Gefährdungsbeurteilung mindestens jedes zweite Jahr zu überprüfen und bei Bedarf zu aktualisieren (§ 4).

Für jede Tätigkeit, bei der eine Exposition gegenüber biologischen Arbeitsstoffen auftreten kann, müssen u. a. die Art, das Ausmaß und die Dauer der Exposition der Arbeitnehmer, Risikogruppen und Übertragungswege der Biostoffe, Arbeitsverfahren, usw. ermittelt werden, damit alle Risiken für die Sicherheit oder die Gesundheit der Arbeitnehmer abgeschätzt und entsprechende Maßnahmen festgelegt werden können (Richtlinie 2000/54/EG, Art 3(2)).

Kann bei diesen Tätigkeiten eine der in § 4 BiostoffV genannten Informationen nicht ermittelt werden, weil das Spektrum der auftretenden Biostoffe Schwankungen unterliegt oder Art, Dauer, Höhe oder Häufigkeit der Exposition wechseln können, so hat der Arbeitgeber die für die Gefährdungsbeurteilung und Festlegung der Schutzmaßnahmen erforderlichen Informationen insbesondere zu ermitteln auf der Grundlage von Bekanntmachungen, Erfahrungen aus vergleichbaren Tätigkeiten oder sonstigen gesicherten arbeitswissenschaftlichen Erkenntnissen (§ 6).

Tätigkeiten mit Schutzstufenzuordnung Bei Tätigkeiten in Laboratorien sollte mindestens die Schutzstufe 2 gewählt werden.

Tätigkeiten ohne Schutzstufenzuordnung Bestimmte Tätigkeiten müssen keiner Schutzstufe zugeordnet werden. Zu diesen Tätigkeiten gehören beispielsweise Reinigungs- und Sanierungsarbeiten, Tätigkeiten in der Abwasser- und Abfallwirtschaft sowie in Biogasanlagen.

Dokumentation der Gefährdungsbeurteilung Der Arbeitgeber hat die Gefährdungsbeurteilung unabhängig von der Zahl der Beschäftigten erstmals vor Aufnahme der Tätigkeit sowie danach jede Aktualisierung zu dokumentieren. Die Dokumentation der Gefährdungsbeurteilung umfasst insbesondere u. a. Angaben zu: Art der Tätigkeit einschließlich der Expositionsbedingungen, den festgelegten Schutzstufen, den zu ergreifenden Schutzmaßnahmen (§ 7).

4.2.3 Verringerung der Risiken (Richtlinie 2000/54/EG)

Zeigen die Ergebnisse der Gefährdungs-Abschätzung ein Risiko für die Sicherheit oder die Gesundheit der Arbeitnehmer, so muss die Exposition der Arbeitnehmer vermieden werden. Ist dies in Anbetracht der Tätigkeit technisch nicht durchführbar, so ist die Gefahr einer Exposition so weit zu verringern, wie dies zum angemessenen Schutz von Gesundheit und Sicherheit der betroffenen Arbeitnehmer erforderlich ist. Zu diesem Zweck sind insbesondere folgende Maßnahmen zu treffen:

- Begrenzung der Anzahl der tatsächlich oder möglicherweise exponierten Arbeitnehmer;
- Gestaltung der Arbeitsverfahren und der technischen Maßnahmen mit dem Ziel, am Arbeitsplatz die Freisetzung von biologischen Arbeitsstoffen zu vermeiden oder möglichst gering zu halten;
- kollektive und/oder persönliche Schutzmaßnahmen;
- Hygienemaßnahmen, die mit dem Ziel der Verhütung oder Verringerung der Gefahr einer unbeabsichtigten Übertragung oder Freisetzung eines biologischen Arbeitsstoffes vom Arbeitsplatz aus vereinbar sind;

Weitere notwendige Maßnahmen können sein:

- Verwendung des Symbols für Biogefährdung (s. u.) und geeigneter anderer Warnzeichen;
- Vorkehrungen für Unfälle mit biologischen Arbeitsstoffen;
- Gewährleistung der Sicherheit beim Sammeln sowie bei der Lagerung und der Beseitigung des Abfalls durch die Arbeitnehmer, z. B. durch Verwendung sicherer und deutlich erkennbarer Behälter;
- Vorkehrungen für den sicheren Umgang mit und den sicheren Transport von biologischen Arbeitsstoffen am Arbeitsplatz.

(Richtlinie 2000/54/EG über den Schutz der Arbeitnehmer gegen Gefährdung durch biologische Arbeitsstoffe bei der Arbeit, Art 6).

4.2.4 Grundpflichten der Arbeitgeber nach BioStoffV § 8

Der Arbeitgeber hat die Belange des Arbeitsschutzes in Bezug auf Tätigkeiten mit Biostoffen in seine betriebliche Organisation einzubinden und hierfür die erforderlichen personellen, finanziellen und organisatorischen Voraussetzungen zu schaffen. Dabei hat er die Vertretungen der Beschäftigten in geeigneter Form zu beteiligen. Der Arbeitgeber hat geeignete Maßnahmen zu ergreifen, um bei den Beschäftigten ein Sicherheitsbewusstsein zu schaffen und den innerbetrieblichen Arbeitsschutz bei Tätigkeiten mit Biostoffen fortzuentwickeln.

Der Arbeitgeber darf eine Tätigkeit mit Biostoffen erst aufnehmen lassen, nachdem die Gefährdungsbeurteilung durchgeführt und die erforderlichen Maßnahmen ergriffen wurden.

Der Arbeitgeber hat u. a. vor Aufnahme der Tätigkeit

- Arbeitsverfahren und Arbeitsmittel so auszuwählen oder zu gestalten, dass Biostoffe am Arbeitsplatz nicht frei werden, wenn die Gefährdung der Beschäftigten nicht ausgeschlossen werden kann,
- *die Exposition der Beschäftigten durch geeignete bauliche, technische und organisatorische Maßnahmen auf ein Minimum zu reduzieren,*
- *zusätzlich persönliche Schutzausrüstung zur Verfügung zu stellen*, wenn die o. g. Maßnahmen nicht ausreichen, um die Gefährdung auszuschließen oder ausreichend zu verringern.

Der Arbeitgeber hat die Funktion der technischen Schutzmaßnahmen regelmäßig und deren Wirksamkeit mindestens jedes zweite Jahr zu überprüfen. Die Ergebnisse und das Datum der Wirksamkeitsprüfung sind in der Dokumentation zu vermerken.

4.2.5 Hygienemaßnahmen und individuelle Schutzmaßnahmen

Die Arbeitgeber sind verpflichtet, für die Tätigkeiten bei denen die Gesundheit oder Sicherheit der Arbeitnehmer aufgrund ihrer Arbeit mit biologischen Arbeitsstoffen gefährdet ist, geeignete Maßnahmen zu treffen, um zu gewährleisten, dass

- die Arbeitnehmer in den Arbeitsbereichen, in denen die Gefahr einer Kontamination durch biologische Arbeitsstoffe besteht, weder essen noch trinken;
- den Arbeitnehmern geeignete Schutzkleidung oder sonstige geeignete Spezialkleidung zur Verfügung gestellt wird;
- den Arbeitnehmern geeignete und angemessene Toiletten und Waschgelegenheiten zur Verfügung gestellt werden, die auch Augenspülungen und/oder Hautantiseptika umfassen können;
- die notwendigen Schutzausrüstungen
  - an einem dafür vorgesehenen Ort sachgerecht aufbewahrt werden;
  - nach Möglichkeit vor Gebrauch, in jedem Fall jedoch nach jedem Gebrauch überprüft und gereinigt werden;
  - vor erneutem Gebrauch, falls sie schadhaft sind, ausgebessert oder ausgetauscht werden. …

Arbeitskleidung und persönliche Schutzausrüstung, einschließlich Schutzkleidung, die möglicherweise durch biologische Arbeitsstoffe kontaminiert wurde, sind bei Verlassen des Arbeitsbereichs abzulegen und getrennt von anderen Kleidungsstücken aufzubewahren.

Der Arbeitgeber hat für die Desinfektion, Reinigung oder erforderlichenfalls Vernichtung der betreffenden Kleidung und persönlichen Schutzausrüstung Sorge zu tragen. Die Kosten für die Maßnahmen dürfen nicht zu Lasten der Arbeitnehmer gehen (Richtlinie 2000/54/EG, Art 8).

Bei allen Tätigkeiten mit Biostoffen müssen mindestens die allgemeinen Hygienemaßnahmen eingehalten werden. Insbesondere hat der Arbeitgeber dafür zu sorgen, dass

1. Arbeitsplätze und Arbeitsmittel in einem dem Arbeitsablauf entsprechenden sauberen Zustand gehalten und regelmäßig gereinigt werden,
2. Fußböden und Oberflächen von Arbeitsmitteln und Arbeitsflächen leicht zu reinigen sind.
3. Waschgelegenheiten zur Verfügung stehen,
4. vom Arbeitsplatz getrennte Umkleidemöglichkeiten vorhanden sind, sofern Arbeitskleidung erforderlich ist; die Arbeitskleidung ist regelmäßig sowie bei Bedarf zu wechseln und zu reinigen.

Bei Tätigkeiten in Laboratorien hat der Arbeitgeber für die Schutzstufe über die o. g. Maßnahmen hinaus spezielle Hygienemaßnahmen entsprechend den bekannt gegebenen Regeln und Erkenntnissen zu berücksichtigen (BioStoffV § 9).

4.2.6 Betriebsanweisung (BioStoffV § 14)

Der Arbeitgeber hat auf der Grundlage der Gefährdungsbeurteilung vor Aufnahme der Tätigkeit eine schriftliche Betriebsanweisung arbeitsbereichs- und biostoffbezogen zu erstellen. Die Betriebsanweisung ist den Beschäftigten zur Verfügung zu stellen. Sie muss in einer für die Beschäftigten verständlichen Form und Sprache verfasst sein und insbesondere folgende Informationen enthalten:

1. die mit den vorgesehenen Tätigkeiten verbundenen Gefahren für die Beschäftigten, insbesondere zu
   a) der Art der Tätigkeit,
   b) den am Arbeitsplatz verwendeten oder auftretenden, tätigkeitsrelevanten Biostoffen einschließlich der Risikogruppe, Übertragungswege und gesundheitlichen Wirkungen,
2. Informationen über Schutzmaßnahmen und Verhaltensregeln, die die Beschäftigten zu ihrem eigenen Schutz und zum Schutz anderer Beschäftigter am Arbeitsplatz durchzuführen oder einzuhalten haben; dazu gehören insbesondere
   a) innerbetriebliche Hygienevorgaben,
   b) Informationen über Maßnahmen, die zur Verhütung einer Exposition zu ergreifen sind, einschließlich der richtigen Verwendung scharfer oder spitzer medizinischer Instrumente,
   c) Informationen zum Tragen, Verwenden und Ablegen persönlicher Schutzausrüstung einschließlich Schutzkleidung,

3. Anweisungen zum Verhalten und zu Maßnahmen bei Verletzungen, bei Unfällen und Betriebsstörungen sowie zu deren innerbetrieblicher Meldung und zur Ersten Hilfe,
4. Informationen zur sachgerechten Inaktivierung oder Entsorgung von Biostoffen und kontaminierten Gegenständen, Materialien oder Arbeitsmitteln.

Die Betriebsanweisung muss bei jeder maßgeblichen Veränderung der Arbeitsbedingungen aktualisiert werden.

4.2.7 Unterrichtung und Unterweisung der Arbeitnehmer

Der Arbeitgeber trifft geeignete Maßnahmen, um zu gewährleisten, dass die Arbeitnehmer und/oder ihre Vertreter im Unternehmen oder Betrieb, insbesondere auf der Grundlage der jeweils aktuellen Betriebsanweisung eine ausreichende angemessene Unterweisung auf der Grundlage aller verfügbaren Auskünfte erhalten in Bezug auf

- mögliche Gefahren für die Gesundheit;
- Maßnahmen, die zur Verhütung einer Exposition zu ergreifen sind;
- Hygienevorschriften;
- das Tragen und Benutzen von Schutzausrüstung und Schutzkleidung;
- Maßnahmen, die von den Arbeitnehmern bei Zwischenfällen und zur Verhütung von Zwischenfällen zu treffen sind (Richtlinie 2000/54/EG, Art 9).

Die Unterweisung muss

- am Anfang der Tätigkeit erteilt werden bei der der Arbeitnehmer in Kontakt mit biologischen Arbeitsstoffen kommt,
- an die Entwicklung der Gefahrenmomente und an die Entstehung neuer Gefahren angepasst sein und
- regelmäßig wiederholt werden (Richtlinie 2000/54/EG, Art 9).

Die Unterweisung ist so durchzuführen, dass bei den Beschäftigten ein Sicherheitsbewusstsein geschaffen wird. Die Beschäftigten sind auch über die Voraussetzungen zu informieren, unter denen sie Anspruch auf arbeitsmedizinische Vorsorge nach der Verordnung zur arbeitsmedizinischen Vorsorge haben. Im Rahmen der Unterweisung ist auch eine allgemeine arbeitsmedizinische Beratung durchzuführen mit Hinweisen zu besonderen Gefährdungen zum Beispiel bei verminderter Immunabwehr.

Soweit erforderlich ist bei der Beratung der Arbeitsmediziner zu beteiligen.

Die Unterweisung muss vor Aufnahme der Beschäftigung und danach mindestens jährlich arbeitsplatzbezogen durchgeführt werden sowie in einer für die Beschäftigten verständlichen Form und Sprache erfolgen. Inhalt und Zeitpunkt der Unterweisung hat der

Abb. 4.2 Symbol für die Gefährdung durch biologische Arbeitsstoffe (BioStoffV Anh. 1)

Arbeitgeber schriftlich festzuhalten und sich von den unterwiesenen Beschäftigten durch Unterschrift bestätigen zu lassen (BioStoffV § 14).

Abb. 4.2 zeigt das Symbol für Gefährdung durch biologische Arbeitsstoffe, das z. B. in Laboratorien der Kläranlagen zu finden sein müsste.

4.2.8 Technische Regeln Biologische Arbeitsstoffe (TRBA)

▶ Der Arbeitgeber hat die Schutzmaßnahmen auf der Grundlage der Gefährdungsbeurteilung nach dem *Stand der Technik* sowie nach gesicherten wissenschaftlichen Erkenntnissen festzulegen und zu ergreifen. Dazu hat er die Vorschriften der BiostoffV zu beachten und die bekannt gegebenen Regeln (= TRBA) und Erkenntnisse zu berücksichtigen (BioStoffV § 8).

Beim Bundesministerium für Arbeit und Soziales ist ein Ausschuss für Biologische Arbeitsstoffe (ABAS) gebildet. Zu den Aufgaben des Ausschusses gehört es, den Stand der Wissenschaft, Technik, Arbeitsmedizin und Arbeitshygiene sowie sonstige gesicherte Erkenntnisse für Tätigkeiten mit Biostoffen zu ermitteln und entsprechende Empfehlungen auszusprechen und dazu die dem jeweiligen Stand von Technik und Medizin entsprechenden Regeln zu erarbeiten. Nach Prüfung gibt das Bundesministerium für Arbeit und Soziales die vom Ausschuss ermittelten Regeln im Gemeinsamen Ministerialblatt bekannt. Die *Bundesanstalt für Arbeitsschutz und Arbeitsmedizin (baua)* führt die Geschäfte des Ausschusses (nach BioStoffV § 19).

Bei Einhaltung der o. g. Regeln und Erkenntnisse ist davon auszugehen, dass die gestellten Anforderungen erfüllt sind (Vermutungswirkung). Von diesen Regeln und Erkenntnissen kann abgewichen werden, wenn durch andere Maßnahmen zumindest in vergleichbarer Weise der Schutz von Sicherheit und Gesundheit der Beschäftigten gewährleistet wird (BioStoffV § 8).

Hinweis
Die in diesem Zusammenhang wichtigsten Regeln

- TRBA 220 – Sicherheit und Gesundheit bei Tätigkeiten mit biologischen Arbeitsstoffen in abwassertechnischen Anlagen (Nachfolger der *GUV-Regel 145, Umgang mit biologischen Arbeitsstoffen in abwassertechnischen Anlagen*)
  Inhalt
  1. Anwendungsbereich
  2. Allgemeines
  3. Begriffsbestimmungen
  4. Gefährdungsbeurteilung
     4.1 Allgemeines
     4.2 Gefährdungen durch biologische Arbeitsstoffe
     4.3 Tätigkeiten in abwassertechnischen Anlagen
     4.4 Durchführung der Gefährdungsbeurteilung
  5. Schutzmaßnahmen
     5.1 Allgemeine Grundsätze
     5.2 auliche und technische Maßnahmen
     5.3 Organisatorische Maßnahmen
     5.4 Hygienische Maßnahmen
     5.5 Persönliche Schutzausrüstungen
  6. Arbeitsmedizinische Prävention
     6.1 Beteiligung an der Gefährdungsbeurteilung
     6.2 Arbeitsmedizinische Beratung
     6.3 Arbeitsmedizinische Vorsorge
  7. Anhang
     Anhang 1: Mögliche Krankheitserreger im Abwasser
     Anhang 2: Tabellarische Übersichten über mögliche Krankheitserreger im Abwasser
- TRBA 400 – Handlungsanleitung zur Gefährdungsbeurteilung und für die Unterrichtung der Beschäftigten bei Tätigkeiten mit biologischen Arbeitsstoffen
- TRBA 500 – Grundlegende Maßnahmen bei Tätigkeiten mit biologischen Arbeitsstoffen
- TRBA 200 – Anforderungen an die Fachkunde nach Biostoffverordnung
- TRBA 100 – Schutzmaßnahmen für Tätigkeiten mit biologischen Arbeitsstoffen in Laboratorien

Eine Übersicht über den Stand aller Technischen Regeln und Beschlüsse für Biologische Arbeitsstoffe ist bei der baua zu finden: https://www.baua.de/DE/Angebote/Rechtstexte-und-Technische-Regeln/Regelwerk/TRBA/TRBA.html (Letzter Zugriff 03.04.2023).

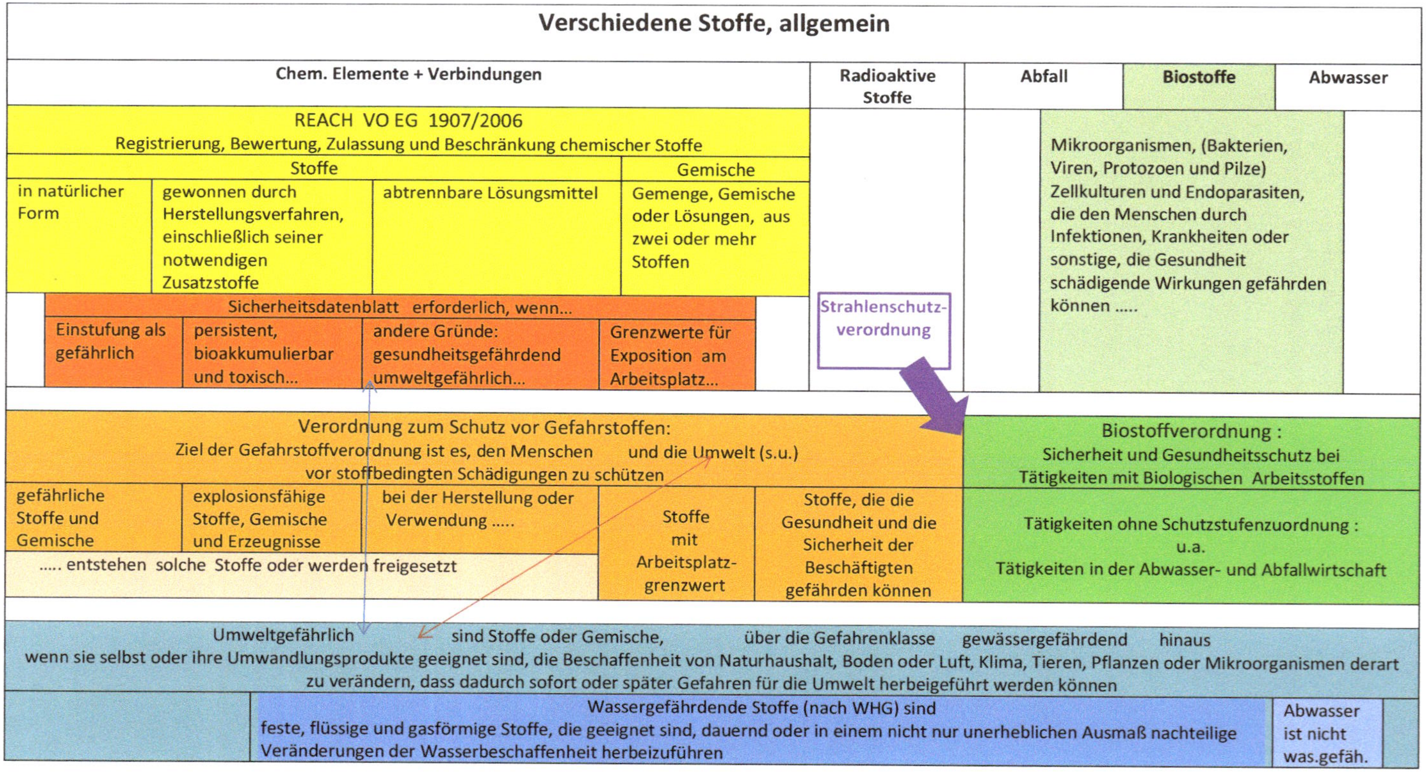

Abb. 4.3 Verschiedene Stoffe sowie Gesetze und Verordnungen und deren Schutzziele; Tabellenmitte: Mensch; Tabelle unten: Umwelt

4.3 Verschiedene Stoffe

Neben dem Abwasser und den Abfällen (s. u.) spielen verschiedenste chemische Stoffe im allgemeinen Klärwerksbetrieb eine Rolle. Die jeweiligen Mengen sind teilweise relativ klein, dafür sind die Stoffe aber umso gefährlicher. Einen Überblick bietet Abb. 4.3.

4.3.1 REACH-Verordnung

Die Verordnung (EG) Nr. 1907/2006 des Europäischen Parlaments und des Rates vom 18. Dezember 2006 zur Registrierung, Bewertung, Zulassung und Beschränkung chemischer Stoffe (REACH) wird kurz REACH-Verordnung genannt.

REACH bedeutet: **R**egistrierung (Anmeldung), **E**valuierung (Bewertung) und **A**utorisierung (Zulassung) von **Ch**emikalien. Die Bestimmungen gelten direkt und zwar europaweit für die Herstellung, das Inverkehrbringen und die Verwendung von *chemischen Stoffen*, Gemischen oder in Erzeugnissen. Ziel der REACH-Verordnung ist es, ein hohes Schutzniveau für die menschliche Gesundheit und für die Umwelt sicherzustellen. Die Verordnung beruht auf dem Grundsatz, dass Hersteller, Importeure und auch die späteren Anwender sicherstellen müssen, dass sie Stoffe herstellen, in Verkehr bringen und verwenden, die die menschliche Gesundheit oder die Umwelt nicht nachteilig beeinflussen; den Bestimmungen liegt das Vorsorgeprinzip zugrunde (Art. 1).

Entwässerungsbetriebe als „Nachgeschalteter Anwender" oder „Abnehmer" eines chemischen Erzeugnisses verwenden meist im Rahmen ihrer gewerblichen Tätigkeit einen Stoff als solchen oder in einem Gemisch (Art 3).

Verwendung ist dabei das Verarbeiten, Formulieren, Verbrauchen, Lagern, Bereithalten, Behandeln, Abfüllen in Behältnisse, Umfüllen von einem Behältnis in ein anderes, Mischen, Herstellen eines Erzeugnisses oder jeder andere Gebrauch.

Der Lieferant eines Stoffes oder eines Gemischs muss i. d. R. dem Abnehmer des Stoffes oder des Gemischs ein sogenanntes *Sicherheitsdatenblatt* zur Verfügung stellen (Art. 33). In Anhang II der Verordnung sind die Anforderungen an die Inhalte des Sicherheitsdatenblatts genannt. Auf Ersuchen eines Verbrauchers muss auch jeder Lieferant eines Erzeugnisses, das einen „gefährlichen" Stoff in einer Konzentration von mehr als 0,1 Massenprozent enthält, dem Verbraucher die ihm vorliegenden, für eine sichere Verwendung des Erzeugnisses ausreichenden, Informationen zur Verfügung stellen, muss aber mindestens den Namen des betreffenden Stoffes angeben (Art. 31).

4.3.1.1 Pflicht zur Aufbewahrung von Informationen

Auch jeder nachgeschaltete Anwender trägt sämtliche, für seine Aufgabenerfüllung erforderlichen Informationen zusammen und hält sie während eines Zeitraums von *mindestens zehn Jahren* nach der letzten Lieferung oder Verwendung des Stoffes oder des Gemischs zur Verfügung (Art. 36).

4.3.1.2 Anwendung

Die EU-Verordnung gilt u. a. *nicht* für

- radioaktive Stoffe und nicht-isolierte Zwischenprodukte,
- die Beförderung gefährlicher Stoffe und Gemische im Straßenverkehr,
- Abfall (Art. 2).

4.3.2 CLP-Verordnung

Die Verordnung (EG) Nr. 1272/2008 des Europäischen Parlaments und des Rates über die Einstufung, Kennzeichnung und Verpackung von Stoffen und Gemischen (CLP: Classification, Labelling and Packaging-Verordnung) wird kurz als CLP-Verordnung bezeichnet. Diese europäische Verordnung steht in direktem Zusammenhang mit der o. g. REACH-Verordnung. Die nach den dortigen Regeln hergestellten Stoffe verlassen den Herstellungsbetrieb und werden in Verkehr gebracht. Die CLP-Verordnung regelt die Einstufung, Kennzeichnung und Verpackung von Stoffen und Gemischen. Vor dem Inverkehrbringen müssen Hersteller, Importeure und nachgeschaltete Anwender Stoffe oder Gemische einstufen (Art. 4).

Als gefährlich eingestufte Stoffe und Gemische sollen ihrer Einstufung gemäß gekennzeichnet und verpackt werden, damit ein angemessener Schutz sichergestellt ist und die Abnehmer wesentliche Informationen erhalten, indem sie auf die Gefahreneigenschaften eines Stoffes oder Gemisches aufmerksam gemacht werden (Grund 39). *Gefährliche Chemikalien* werden mit insgesamt neun möglichen Gefahrensymbolen markiert; im Anhang V werden die Gefahrenpiktogramme für die einzelnen *Gefahrenklassen* dargestellt.

Benennung der Piktogramme (Abb. 4.4):

GHS01: Explodierende Bombe
GHS02: Flamme
GHS03: Flamme über Kreis
GHS04: Gasflasche
GHS05: Ätzwirkung
GHS06: Totenkopf mit gekreuzten Knochen
GHS07: Ausrufezeichen
GHS08: Gesundheitsgefahr
GHS09: Umwelt

Die Piktogramme bestehen alle aus auf der Spitze stehenden Quadraten mit weißem Hintergrund und rotem Rand, die in der Mitte eine schwarze Zeichnung enthalten.

Das Kennzeichnungsetikett enthält neben den relevanten Gefahrenpiktogrammen zur Vermittlung einer bestimmten Information über die betreffende Gefahr noch weitere Informationen entsprechend der Einstufung des gefährlichen Stoffes oder Gemisches: Signalwörter, Gefahrenhinweise, Sicherheitshinweise sowie ggf. ergänzende Informationen auf dem Kennzeichnungsetikett.

Die H- und P-Sätze sind kurze Sätze (Hinweise, Feststellungen) mit wichtigen Sicherheitsinformationen für die Kennzeichnung der jeweiligen Gefahrstoffe.

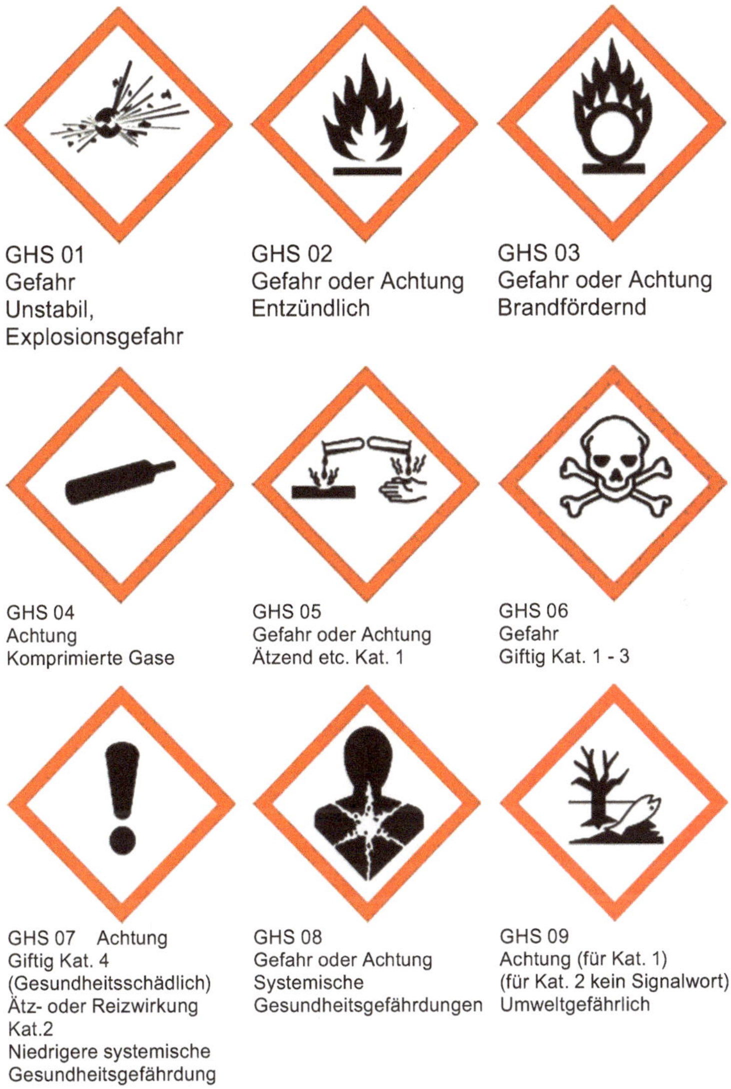

Abb. 4.4 Gefahrensymbole und Ihre Benennung

Die **Gefahrenhinweise H** („hazard statement") haben verschiedene dreistellige Nummern, wobei die erste Ziffer bedeutet:

2 = Physikalische Gefahren
3 = Gesundheitsgefahren
4 = Umweltgefahren

Während die H-Sätze international gültig sind, gelten die zusätzlichen EUH-Sätze nur in den Ländern der EU.

ANHANG III der CLP-Verordnung enthält die Liste der Gefahrenhinweise, ergänzenden Gefahrenmerkmale und ergänzenden Kennzeichnungselemente gelistet in allen EU-Sprachen.

Die **Sicherheitshinweise P** („precautionary statement") haben ebenfalls dreistellige Nummern, wobei die erste Ziffer bedeutet:

1 = Allgemein
2 = Vorsorgemaßnahmen
3 = Reaktion
4 = Lagerhinweise
5 = Entsorgung

Die Sicherheitshinweise, gelistet in allen EU-Sprachen, sind in Anhang IV der Vorschrift angegeben.

4.4 Gefährliche Stoffe und Gefahrstoffe (ChemG)

Im Sinne des Chemikalien-Gesetzes ist ein *Stoff* ein chemisches Element und dessen Verbindungen, in natürlicher Form oder gewonnen durch ein Herstellungsverfahren. Zweck dieses Gesetzes ist es, den Menschen und die Umwelt vor schädlichen Einwirkungen gefährlicher Stoffe und Gemische zu schützen (§ 1).

Gemische oder Lösungen bestehen aus zwei oder mehr Stoffen (§ 3).

Gefährliche Stoffe oder gefährliche Gemische (Abb. 4.5) sind diejenigen Stoffe oder Gemische, die die in der Verordnung (EG) Nr. 1272/2008 dargelegten Kriterien für physikalische Gefahren oder Gesundheitsgefahren erfüllen (Physikalische Gefahren sind z. B. Entzündung, Brand oder Explosion).

Als umweltgefährlich gelten sie, wenn sie die Kriterien für Umweltgefahren und weitere Gefahren erfüllen oder sie selbst oder deren Umwandlungsprodukte geeignet sind, die Beschaffenheit des Naturhaushaltes, von Wasser, Boden oder Luft, Klima, Tieren, Pflanzen oder Mikroorganismen derart zu verändern, dass dadurch sofort oder später Gefahren für die Umwelt herbeigeführt werden können (§ 3a).

► **Gefährlich** sind Stoffe oder Gemische, die die Kriterien für physikalische Gefahren oder Gesundheitsgefahren erfüllen oder umweltgefährlich sind.

4.4.1 Einstufung von Gefährlichen Stoffen und Gemischen (CLP-Verordnung)

Der Anhang 1 der CLP-Verordnung (EG) Nr. 1272/2008 beschreibt die Kriterien für die Einstufung in Gefahrenklassen und in ihre Differenzierungen und enthält zusätzliche Vorschriften darüber, wie diese Kriterien erfüllt werden können.

Gefährliche Stoffe und gefährliche Gemische					
Physikalische Gefahren		Gesundheitsgefahren		Umwelt-gefährlich a)	Umwelt-gefährlich b)
2.1	Explosive Stoffe/Gemische und Erzeugnisse mit Explosivstoff	3.1	Akute Toxizität (oral, dermal und inhalativ)	Umwelt-gefahren	selbst oder deren Umwandlungs-produkte sonst geeignet sind, die Beschaffenheit des Naturhaushaltes, von Wasser, Boden oder Luft, Klima, Tieren, Pflanzen oder Mikroorganismen derart zu verändern, dass dadurch sofort oder später Gefahren für die Umwelt herbeigeführt werden können
2.2	Entzündbare Gase	3.2	Ätz-/Reizwirkung auf die Haut	4.1	
2.3	Aerosole	3.3	Schwere Augenschädigung/ Augenreizung	Gewässer-gefährdend (akut und langfristig)	
2.4	Oxidierende Gase	3.4	Sensibilisierung der Atemwege oder der Haut		
2.5	Gase unter Druck	3.5	Keimzellmutagenität		
2.6	Entzündbare Flüssigkeiten	3.6	Karzinogenität		
2.7	Entzündbare Feststoffe	3.7	Reproduktionstoxizität		
2.8	Selbstzersetzliche Stoffe und Gemische	3.8	Spezifische Zielorgan-Toxizität, einmalige Exposition (STOT SE)	Weitere Gefahren	
2.9	Pyrophore Flüssigkeiten	3.9	Spezifische Zielorgan-Toxizität, wiederholte Exposition (STOT RE)	5.1	
2.10	Pyrophore Feststoffe	3.10	Aspirationsgefahr	Die Ozon-schicht schädigend	
2.11	Selbsterhitzungsfähige Stoffe und Gemische				
2.12	Stoffe und Gemische, die in Berührung mit Wasser entzündbare Gase entwickeln				
2.13	Oxidierende Flüssigkeiten				
2.14	Oxidierende Feststoffe				Chemikalien – Gesetz und GefStoffV
2.15	Organische Peroxide		CLP - Verordnung (EG) Nr. 1272/2008		
2.16	Korrosiv gegenüber Metallen				

Abb. 4.5 Gefährliche Stoffe und die von ihnen ausgehenden Gefahren

4.4.1.1 Physikalische Gefahren

Anhang 1 Teil 2 der CLP Verordnung beschreibt die Physikalischen Gefahren:
Explosive Stoffe/Gemische und Erzeugnisse mit Explosivstoff (Abschn. 2.1) „Zur Klasse der explosiven Stoffe/Gemische und Erzeugnisse mit Explosivstoff gehören

a) explosive Stoffe und Gemische,
b) Erzeugnisse mit Explosivstoff, und
c) Stoffe, Gemische und Erzeugnisse, die hergestellt werden, um eine praktische Wirkung durch Explosion oder eine pyrotechnische Wirkung hervorzurufen."

Explosive Stoffe/Gemische feste oder flüssige Stoffe oder Stoffgemische, die durch chemische Reaktion Gase solcher Temperatur, solchen Drucks und solcher Geschwindigkeit entwickeln können, dass hierdurch in der Umgebung Zerstörungen eintreten. Dazu gehören auch pyrotechnische Stoffe, selbst wenn sie kein Gas entwickeln.

Pyrotechnische Stoffe/Gemische Stoffe oder Stoffgemische, mit denen eine Wirkung in Form von Wärme, Licht, Schall, Gas, Nebel oder Rauch oder einer Kombination dieser Wirkungen als Folge nicht detonativer, selbstunterhaltender, exothermer chemischer Reaktionen erzielt werden soll (Abschn. 2.1.1.2).

Entzündbare Gase (Abschn. 2.2) Gase oder Gasgemische, die in Luft bei 20 °C und einem Standarddruck von 101,3 kPa einen Explosionsbereich haben.

Entzündbare Aerosole (Abschn. 2.3) alle nicht nachfüllbaren Behälter aus Metall, Glas oder Kunststoff, einschließlich des darin enthaltenen verdichteten, verflüssigten oder unter Druck gelösten Gases mit oder ohne Flüssigkeit, Paste oder Pulver, die mit einer Entnahmevorrichtung versehen sind, die es ermöglicht, ihren Inhalt in Form von in Gas suspendierten festen oder flüssigen Partikeln als Schaum, Paste, Pulver oder in flüssigem oder gasförmigem Zustand austreten zu lassen.

Oxidierende Gase (Abschn. 2.4) alle Gase oder Gasgemische, die im Allgemeinen durch Lieferung von Sauerstoff die Verbrennung anderer Materialien eher verursachen oder begünstigen können als Luft.

Gase unter Druck (Abschn. 2.5) Gase, die in einem Behältnis unter einem Druck von 200 kPa (Überdruck) oder mehr enthalten sind oder die verflüssigt oder verflüssigt und tiefgekühlt sind. Dazu gehören verdichtete, verflüssigte, gelöste und tiefgekühlt verflüssigte Gase.

Entzündbare Flüssigkeiten (Abschn. 2.6) Flüssigkeiten mit einem Flammpunkt von maximal 60°C.

Entzündbare Feststoffe (Abschn. 2) Feststoff, der leicht brennbar ist oder durch Reibung Brand verursachen oder fördern kann.

Leicht brennbare Feststoffe pulverförmige, körnige oder pastöse Stoffe oder Gemische, die gefährlich sind, wenn sie durch kurzen Kontakt mit einer Zündquelle wie einem brennenden Streichholz leicht entzündet werden können und die Flammen sich rasch ausbreiten (Abschn. 2.7.1.1).

Selbstzersetzliche Stoffe und Gemische (9 Abschn. 2.8 9) thermisch instabile, flüssige oder feste Stoffe oder Gemische, die sich auch ohne Beteiligung von Sauerstoff (Luft) stark exotherm zersetzen können. Diese Definition schließt Stoffe oder Gemische aus, die als explosive Stoffe/Gemische, als organische Peroxide oder als oxidierend eingestuft wurden. Selbstzersetzliche Stoffe oder Gemische werden als Stoffe oder Gemische mit explosiven Eigenschaften angesehen, wenn die Formulierungen im Laborversuch leicht detonieren, schnell deflagrieren oder bei Erhitzen unter Einschluss heftig reagieren.

Pyrophore Flüssigkeiten (9, Abschn. 2.9 9) flüssige Stoffe oder Gemische, die schon in kleinen Mengen dazu neigen, sich in Berührung mit Luft innerhalb von fünf Minuten zu entzünden.

Pyrophore Feststoffe (9 Abschn. 2.10 9) feste Stoffe oder Gemische, die schon in kleinen Mengen dazu neigen, sich in Berührung mit Luft bereits innerhalb von fünf Minuten zu entzünden.

Selbsterhitzungsfähige Stoffe und Gemische (Abschn. 2.1199) flüssige oder feste Stoffe oder Gemische, die keine pyrophoren Flüssigkeiten oder Feststoffe sind und die dazu neigen, sich in Berührung mit Luft ohne Energiezufuhr selbst zu erhitzen; derartige Stoffe oder Gemische unterscheiden sich von pyrophoren Flüssigkeiten oder Feststoffen darin, dass sie sich nur in großen Mengen (mehrere Kilogramm) und nach einem längeren Zeitraum (Stunden oder Tage) entzünden. Die Selbsterhitzung von Stoffen oder Gemischen, die zur Selbstentzündung führt, wird durch Reaktion des Stoffes oder Gemisches mit dem Luftsauerstoff und durch die Tatsache verursacht, dass die entwickelte Wärme nicht schnell genug nach außen abgeführt wird. Die Selbstentzündung tritt ein, wenn die Menge der entstandenen Wärme größer ist als die der abgeführten und die Selbstentzündungstemperatur erreicht ist.

Stoffe und Gemische, die in Berührung mit Wasser entzündbare Gase entwickeln (Abschn. 2.12) feste oder flüssige Stoffe oder Gemische, die dazu neigen, sich durch Reaktion mit Wasser spontan zu entzünden oder in gefährlichen Mengen entzündbare Gase zu entwickeln.

Oxidierende Flüssigkeiten (Abschn. 2.13) flüssige Stoffe oder Gemische, die, obwohl selbst nicht notwendigerweise brennbar, im Allgemeinen durch die Abgabe von Sauerstoff einen Brand anderer Materialien verursachen oder unterstützen können.

Oxidierende Feststoffe (Abschn. 2.14) feste Stoffe oder Gemische, die, obwohl selbst nicht notwendigerweise brennbar, aber im Allgemeinen durch Abgabe von Sauerstoff einen Brand anderer Materialien verursachen oder unterstützen können.

Organische Peroxide (Abschn. 2.15) flüssige oder feste organische Stoffe, die die bivalente Struktur –O–O– enthalten und als Wasserstoffperoxid-Derivate gelten können, bei denen eines der Wasserstoffatome oder beide durch organische Radikale ersetzt wurden. Der Begriff organische Peroxide umfasst auch Gemische (Formulierungen) mit mindestens einem organischen Peroxid. Organische Peroxide sind thermisch instabile Stoffe oder Gemische, die einer selbstbeschleunigenden exothermen Zersetzung unterliegen können. Ferner können sie eine oder mehrere der folgenden Eigenschaften aufweisen:

i) zu explosiver Zersetzung neigen,
ii) schnell brennen,
iii) schlag- oder reibempfindlich sein,
iv) mit anderen Stoffen gefährlich reagieren.

Ein organisches Peroxid wird als Stoff oder Gemisch mit explosiven Eigenschaften angesehen, wenn das Gemisch (die Formulierung) im Laborversuch dazu neigt, zu detonieren, schnell zu deflagrieren oder bei Erhitzen unter Einschluss eine heftige Wirkung zu zeigen.

Korrosiv gegenüber Metallen (Abschn. 2.16) Gegenüber Metallen korrosive Stoffe oder Gemische wirken auf Metalle chemisch ein und beschädigen oder zerstören sie sogar.

4.4.1.2 Gesundheitsgefahren

Gesundheitsgefahren sind in Anhang 1 Teil 3 der CLP-Verordnung behandelt.

Akute Toxizität (Teil 3.1) jene schädlichen Wirkungen, die auftreten, wenn ein Stoff oder Gemisch in einer Einzeldosis oder innerhalb von 24 Stunden in mehreren Dosen oral oder dermal verabreicht oder 4 Stunden lang eingeatmet wird. Die Gefahrenklasse akute Toxizität wird differenziert nach:

- akuter oraler Toxizität,
- akuter dermaler Toxizität,
- akuter inhalativer Toxizität.

Ätz-/Reizwirkung auf die Haut (Teil 3.2) das Erzeugen einer irreversiblen Hautschädigung, d. h. einer offensichtlichen, durch die Epidermis bis in die Dermis reichenden Nekrose durch Applikation einer Prüfsubstanz für eine Dauer von bis zu 4 Stunden. Reaktionen auf Ätzwirkungen sind durch Geschwüre, Blutungen, blutige Verschorfungen und am Ende des Beobachtungszeitraums von 14 Tagen als Verfärbung durch Ausbleichen der Haut, komplett haarlose Bereiche und Narben gekennzeichnet. Zur Beurteilung unklarer Schädigungen sind histopathologische Untersuchungen zu berücksichtigen.

Reizwirkung auf die Haut (Hautreizung) das Erzeugen einer reversiblen Hautschädigung durch Applikation einer Prüfsubstanz für eine Dauer von bis zu 4 Stunden.

Schwere Augenschädigung/Augenreizung (Teil 3.3) das Erzeugen von Gewebeschäden im Auge oder eine schwerwiegende Verschlechterung des Sehvermögens nach Applikation eines Prüfstoffes auf die Oberfläche des Auges, die innerhalb von 21 Tagen nach Applikation nicht vollständig reversibel sind.

Augenreizung das Erzeugen von Veränderungen am Auge nach Applikation eines Prüfstoffes auf die Oberfläche des Auges, die innerhalb von 21 Tagen nach der Applikation vollständig reversibel sind.

Sensibilisierung der Atemwege oder der Haut (Teil 3.4) Ein Inhalationsallergen ist ein Stoff, der bei Einatmen eine Überempfindlichkeit der Atemwege verursacht. Ein Hautallergen ist ein Stoff, der bei Hautkontakt eine allergische Reaktion auslöst.

Die Gefahrenklasse der Sensibilisierung von Atemwegen oder Haut gliedert sich in:

- Sensibilisierung der Atemwege,
- Sensibilisierung der Haut.

Keimzellmutagenität (Teil 3.5) Eine Mutation ist eine dauerhafte Veränderung von Menge oder Struktur des genetischen Materials einer Zelle. Der Begriff Mutation gilt sowohl für vererbbare genetische Veränderungen, die sich im Phänotyp ausdrücken können, als auch für die zugrunde liegenden DNA-Veränderungen, sofern sie bekannt sind (einschließlich spezifischer Basenpaar-Veränderungen und chromosomaler Translokationen). Die Begriffe mutagen/keimzellmutagen und Mutagen werden bei Stoffen verwendet, die zu einer gesteigerten Mutationshäufigkeit in Populationen von Zellen und/oder Organismen führen.

Karzinogenität (Teil 3.6) Ein Stoff oder ein Gemisch, der/das Krebs erzeugen oder die Krebshäufigkeit erhöhen kann, wird als karzinogen angesehen. Bei Stoffen, die in ordnungsgemäß durchgeführten Tierstudien gutartige und bösartige Tumore induziert haben, ist ebenfalls von der Annahme auszugehen, dass die Exposition eines Menschen gegenüber dem Stoff wahrscheinlich Krebs erzeugen kann, sofern nicht eindeutige Nachweise dafür vorliegen, dass der Mechanismus der Tumorbildung beim Menschen nicht von Bedeutung ist.

Reproduktionstoxizität (Teil 3.7) Beeinträchtigungen von Sexualfunktion und Fruchtbarkeit bei Mann und Frau sowie Entwicklungstoxizität bei den Nachkommen. Bei diesem Einstufungssystem wird die Reproduktionstoxizität folgendermaßen unterteilt:

a) Beeinträchtigung von Sexualfunktion und Fruchtbarkeit,
b) Entwicklungsschäden bei den Nachkommen.

Einige reproduktionstoxische Wirkungen lassen sich nicht klar der Beeinträchtigung von Sexualfunktion und Fruchtbarkeit oder der Entwicklungstoxizität zuordnen. Stoffe mit diesen Wirkungen bzw. Gemische, die solche Stoffe enthalten, werden trotzdem als reproduktionstoxisch eingestuft.

Spezifische Zielorgan-Toxizität (einmalige Exposition) (Teil 3.8) die spezifische nichtletale Zielorgan-Toxizität nach einmaliger Exposition gegenüber einem Stoff oder Gemisch. Dazu gehören alle eindeutigen Auswirkungen auf die Gesundheit, die Körperfunktionen beeinträchtigen können, unabhängig davon, ob sie reversibel oder irreversibel sind, unmittelbar und/oder verzögert auftreten. Eine Einstufung bedeutet, dass der Stoff oder das Gemisch eine spezifische Zielorgan-Toxizität besitzt und damit die Gesundheit von exponierten Personen beeinträchtigt werden kann. Eine spezifische Zielorgan-Toxizität kann über sämtliche beim Menschen relevanten Expositionswege auftreten, d. h. hauptsächlich oral, dermal oder nach Inhalation.

Spezifische Zielorgan-Toxizität (wiederholte Exposition) (Teil 3.9) die spezifische Zielorgan-Toxizität nach wiederholter Exposition gegenüber einem Stoff oder einem Gemisch. Dazu gehören alle eindeutigen Auswirkungen auf die Gesundheit, die Körperfunktionen beeinträchtigen können, unabhängig davon, ob sie reversibel oder irreversibel sind, unmittelbar und/oder verzögert auftreten. Einstufung aufgrund der Zielorgan-Toxizität (wiederholte Exposition) bedeutet, dass ein Stoff toxisch auf ein spezifisches Zielorgan wirkt und damit die Gesundheit von exponierten Personen beeinträchtigen kann.

Aspirationsgefahr (Teil 3.10) Diese Kriterien beschreiben die Einstufung von Stoffen oder Gemischen, die beim Menschen aspirationstoxisch wirken können.

Aspirationdas Eindringen eines flüssigen oder festen Stoffes oder Gemisches direkt über die Mund- oder Nasenhöhle oder indirekt durch Erbrechen in die Luftröhre und den unteren Atemtrakt.

Die Aspirationstoxizität führt zu schwerwiegenden akuten Wirkungen, etwa durch Chemikalien hervorgerufene Pneumonie, Lungenschädigungen unterschiedlicher Schwere oder Tod durch Aspiration. Die Aspiration setzt mit dem Einatmen während eines Atemzugs ein, wobei sich der Fremdkörper oder -stoff an der Schnittstelle des oberen Atemtrakts und des Verdauungstrakts im Rachen-Kehlkopf-Raum befindet.

4.4.1.3 Umweltgefahren

Umweltgefahren sind im Anhang 1, Teil 4 der CLP-Verordnung beschrieben.

Gewässergefährdend (Teil 4.1):

Akute aquatische Toxizität die intrinsische Eigenschaft eines Stoffes, einen Organismus bei kurzzeitiger Exposition zu schädigen.

Verfügbarkeit eines Stoffes das Ausmaß, in dem dieser Stoff zu einer löslichen oder dissoziierten Spezies wird. Bei Metallen handelt es sich dabei um das Ausmaß, in dem der

Anteil von Metallionen in einer metallischen Verbindung (Mo) von der übrigen Verbindung (Molekül) dissoziieren kann.

Bioverfügbarkeit (oder biologische Verfügbarkeit) das Ausmaß, in dem ein Stoff von einem Organismus resorbiert und in einem Bereich innerhalb dieses Organismus verteilt wird. Sie hängt von den physikalisch-chemischen Eigenschaften des Stoffes, von Anatomie und Physiologie des Organismus, der Pharmakokinetik und dem Expositionsweg ab. Die Verfügbarkeit ist keine Voraussetzung für die Bioverfügbarkeit.

Bioakkumulation das Nettoergebnis von Aufnahme, Umwandlung und Ausscheidung eines Stoffes in einem Organismus über sämtliche Expositionswege (d. h. Luft, Wasser, Sediment/Boden und Nahrung).

Biokonzentration das Nettoergebnis von Aufnahme, Umwandlung und Ausscheidung eines Stoffes in einem Organismus durch Exposition über das Wasser.

Chronische aquatische Toxizität die intrinsische Eigenschaft eines Stoffes, schädliche Wirkungen bei Wasserorganismen hervorzurufen im Zuge von Expositionen, die im Verhältnis zum Lebenszyklus des Organismus bestimmt werden.

Abbau die Zersetzung organischer Moleküle in kleinere Moleküle und schließlich in Kohlendioxid, Wasser und Salze (Anhang 1, Teil 4.1 – CLP-Verordnung).

Gewässergefährdend ist wie folgt differenziert:

- akut gewässergefährdend,
- chronisch (langfristig) gewässergefährdend.

Folgende Grundelemente werden für die Einstufung aufgrund von Gefahren für die aquatische Umwelt verwendet:

- akute aquatische Toxizität,
- potenzielle oder tatsächliche Bioakkumulation,
- Abbau (biotisch oder abiotisch) bei organischen Chemikalien sowie
- chronische aquatische Toxizität.

Für die Einstufung von Stoffen und Gemischen aufgrund ihrer Umweltgefahren müssen ihre Gefahren für die aquatische Umwelt ermittelt werden. Als aquatische Umwelt sind die aquatischen Organismen, die im Wasser leben, und das aquatische Ökosystem, zu dem sie gehören, zu betrachten. Die Basis für die Gefahrenermittlung ist daher die aquatische Toxizität des Stoffes oder Gemisches, auch wenn diese unter Berücksichtigung weiterer Informationen über das Abbau- und das Bioakkumulationsverhalten geändert werden soll, falls dies angezeigt ist (Anhang 1, Teil 4.1 – CLP-Verordnung).

4.4.1.4 Zusätzliche EU-Gefahrenklasse

Ausführungen hierzu finden sich im Anhang 1, Teil 5 der CLP-Verordnung.

Die Ozonschicht schädigend (Teil 5.1) *Ein die Ozonschicht schädigender Stoff* ist ein Stoff, der aufgrund der verfügbaren Nachweise über seine Eigenschaften sowie seinen erwarteten oder beobachteten Verbleib bzw. sein erwartetes oder beobachtetes Verhalten in der Umwelt eine Gefahr für die Struktur und/oder die Funktionsweise der stratosphärischen Ozonschicht darstellen kann. Hierzu gehören Stoffe, die zu einem Abbau der Ozonschicht führen.

4.4.2 Gefahrstoffe

Nach der Verordnung zum Schutz vor Gefahrstoffen (Gefahrstoffverordnung – GefStoffV) sind *Gefahrstoffe* noch umfangreicher definiert als die gefährlichen Stoffe (Abb. 4.6).

Gefahrstoffe nach Gefahrstoffverordnung				
1	2	3	4	5
gefährliche Stoffe und Gemische nach § 3:	Stoffe, Gemische und Erzeugnisse, die explosionsfähig sind,	Stoffe, Gemische und Erzeugnisse, aus denen bei der Herstellung oder Verwendung Stoffe nach Nummer 1 oder Nummer 2 entstehen oder freigesetzt werden,	Stoffe und Gemische, die die Kriterien nach den Nummern 1 bis 3 nicht erfüllen, aber auf Grund ihrer physikalisch-chemischen, chemischen oder toxischen Eigenschaften und der Art und Weise, wie sie am Arbeitsplatz vorhanden sind oder verwendet werden, die Gesundheit und die Sicherheit der Beschäftigten gefährden können,	alle Stoffe, denen ein Arbeitsplatz-grenzwert zugewiesen worden ist.
Gefährlich sind: Stoffe, Gemische und bestimmte Erzeugnisse, die den in Anhang I der Verordnung (EG) Nr. 1272/2008 dargelegten Kriterien entsprechen. REACH-VO	Entsprechend Verordnung (EG) Nr. 1272/2008 : Explosive Stoffe/Gemische und Erzeugnisse mit Explosivstoff			

Abb. 4.6 Systematik der Gefahrstoffe nach Gefahrstoffverordnung

Gefahrstoffe sind demnach sowohl die *gefährlichen* Stoffe und Gemische nach der REACH-VO (s. o.) als auch Stoffe, Gemische und Erzeugnisse, die *explosionsfähig* sind, sowie Stoffe, Gemische und Erzeugnisse, aus denen bei der Herstellung oder Verwendung gefährliche oder explosionsfähige Stoffe entstehen oder freigesetzt werden. Neben den reinen Stoffen und Gemisches sind also hier auch die Erzeugnisse daraus mit einbezogen sowie die Herstellungs- und Verwendungsprozesse. Gefahrstoffe sind auch Stoffe und Gemische, die auf Grund ihrer physikalisch-chemischen, chemischen oder toxischen Eigenschaften und der Art und Weise, wie sie am Arbeitsplatz vorhanden sind oder verwendet werden, *die Gesundheit und die Sicherheit der Beschäftigten gefährden* können und auch alle Stoffe, denen ein Arbeitsplatzgrenzwert zugewiesen worden ist (GefStoffV § 2).

Nicht genannt sind hier die biologischen Eigenschaften; Tätigkeiten mit biologischen Arbeitsstoffen (Biostoffen) sind in der BioStoffV geregelt.

Die Definitionen für „krebserzeugend, keimzellmutagen oder reproduktionstoxisch" sind weiter gefasst als in EU-Regelungen, ebenso die Definition für „Organische Peroxide".

In Entwässerungsbetrieben und besonders in Kläranlagen sind Gefahrstoffe reichlich vorhanden. Die größten Einzelmengen sind das Biogas, Gas oder Öl zum Heizen und Flockungs- oder Fällmittel (Fe-III oder Al-III). Reinigungs- und Schmiermittel sind ebenfalls in größeren Gebinden zahlreich vorhanden. Weitere Stoffe können sein: Kühl- u. Gleitmittel, Korrosionsschutz, Dichtungs- u. Klebemittel. Die Gebindegrößen reichen hier von einigen 100 ml bis zu mehreren Litern.

Gase zum Schweißen oder Treibstoffe können genauso zu den Gefahrstoffen wie auch zu den *Gefahrgütern* gehören, da sie von der Entwässerung aktiv transportiert werden. Die größte Gesamt-Menge von Gefahrstoffen wird jedoch als jeweilige Kleinmenge von Chemikalien im Klärwerks-Labor vorhanden sein. Gefährliche Stäube können z. B. beim Bohren, Schleifen, Schneiden oder Spritzen in Werkstätten entstehen.

4.4.3 Gefahrstoffverordnung (GefStoffV)

Ziel der Gefahrstoffverordnung ist es, den Menschen und die Umwelt vor stoffbedingten Schädigungen zu schützen. Dies erfolgt u. a. durch Regelungen zur Einstufung, Kennzeichnung und Verpackung gefährlicher Stoffe und Gemische mit Hilfe der Sicherheitsdatenblätter, den Gefahrenpiktogrammen und den zusätzlichen Warnhinweisen (Sätze). Maßnahmen zum Schutz der Beschäftigten und anderer Personen bei Tätigkeiten mit Gefahrstoffen sind ebenso enthalten wie Beschränkungen für das Verwenden bestimmter gefährlicher Stoffe, Gemische und Erzeugnisse (GefStoffV § 1).

Die **Gefährlichkeitsmerkmale** sind im § 3 der Verordnung im Einzelnen aufgezählt.

Mit dem Inkrafttreten der Gefahrstoffverordnung wurde ein gesundheitsbasiertes Grenzwertkonzept eingeführt, die sogenannten *Arbeitsplatzgrenzwerte* (AGW-Werte). Gefahrstoffe sind daher auch alle Stoffe, denen ein Arbeitsplatzgrenzwert zugewiesen worden ist. Diese sind in der **TRGS 900** aufgeführt.

Für die **Einstufung, Kennzeichnung u. Verpackung** der Gefahrstoffe sind verantwortlich:

- Hersteller (§ 4 GefstoffV und § 13 ChemG)
- Einführer (§ 4 GefstoffV und § 13 ChemG)
- Lieferant (nach § 13 ChemG)
- ***Arbeitgeber (§ 8 Abs. 2 GefStoffV) in seinem Betrieb***

► Im Rahmen einer Gefährdungsbeurteilung als Bestandteil der Beurteilung der Arbeitsbedingungen nach § 5 des Arbeitsschutzgesetzes hat der Arbeitgeber festzustellen, ob die Beschäftigten Tätigkeiten mit Gefahrstoffen ausüben oder, ob bei Tätigkeiten Gefahrstoffe entstehen oder freigesetzt werden können (GefStoffV § 6 (1)).

Tätigkeit ist praktisch jede Arbeit mit Stoffen (Definition in § GefStoffV 2 (5)).

Bei der **Gefährdungsbeurteilung** sind vom Arbeitgeber unter anderem gefährliche Eigenschaften von verwendeten Stoffen mit Hilfe eines Sicherheitsdatenblatt, das für alle Stoffe vorliegen muss, zu beurteilen (GefStoffV § 6). Ebenso ist ein Verzeichnis der im Betrieb verwendeten Gefahrstoffe zu führen.

Die umfangreichen Kriterien für eine Gefährdungsbeurteilung im Einzelnen sind im § 6 und besonders im Absatz 1 und 8 genannt.

Unabhängig von der Zahl der Beschäftigten hat der Arbeitgeber die Gefährdungsbeurteilung erstmals vor Aufnahme der Tätigkeit zu dokumentieren. Die Gefährdungsbeurteilung ist regelmäßig zu überprüfen und bei Bedarf zu aktualisieren. Sie ist umgehend zu aktualisieren, wenn maßgebliche Veränderungen oder neue Informationen dies erfordern (GefStoffV § 6).

TRGS 400: Es empfiehlt sich die „Gefährdungsbeurteilung für Tätigkeiten mit Gefahrstoffen" entsprechend TRGS 400 durchzuführen. Die TRGS konkretisieren im Rahmen ihres Anwendungsbereichs Anforderungen der GefStoffV. Bei Einhaltung der Technischen Regeln kann der Arbeitgeber insoweit davon ausgehen, dass die entsprechenden Anforderungen der Verordnung erfüllt sind (TRGS 400).

► Die Gefährdungsbeurteilung darf nur von fachkundigen Personen durchgeführt werden. Verfügt der Arbeitgeber nicht selbst über die entsprechenden Kenntnisse, so hat er sich *fachkundig* beraten zu lassen (GefStoffV § 6 (11)).

Fachkundig ist, wer eine passende Berufsausbildung und -erfahrung hat, sowie durch Teilnahme an spezifischer Fortbildung über die erforderlichen Fachkenntnisse verfügt; dies könnten z. B. Fachkraft für Arbeitssicherheit oder Betriebsarzt sein (GefStoffV § 2 (16) und § 6 (11)).

Die Paragraphen 7 bis 10 enthalten konkrete Pflicht-Maßnahmen für den Arbeitgeber, die in Abhängigkeit von den auftretenden Gefährdungen bei Tätigkeiten mit Gefahrstoffen umzusetzen sind.

Oberste Grundpflicht ist jedoch (GefStoffV § 7(1)): Der Arbeitgeber darf eine Tätigkeit mit Gefahrstoffen erst aufnehmen lassen, nachdem eine Gefährdungsbeurteilung nach § 6 durchgeführt und die erforderlichen Schutzmaßnahmen nach Abschnitt 4 ergriffen worden sind. Die dort genannten Maßnahmenpakete bauen aufeinander auf. Grundpflichten bei der Durchführung von Schutzmaßnahmen in § 7

- Gefährdungsbeurteilung
- Austausch der Stoffe gegen ungefährlichere
- Gefahrenreduzierung
- Verschiedene Schutzmaßnahmen

Allgemeine Schutzmaßnahmen in GefStoffV § 8

- Arbeitsplatz, -organisation, -mittel
- Hygiene
- Trennung von Sozialbereichen
- Aufbewahrung und Lagerung der Gefahrstoffe

Ergibt sich aus der Gefährdungsbeurteilung für bestimmte Tätigkeiten insgesamt eine nur geringe Gefährdung der Beschäftigten und reichen die nach § 8 zu ergreifenden Maßnahmen zum Schutz der Beschäftigten aus, so müssen keine weiteren Maßnahmen ergriffen werden (GefStoffV § 6 (13)).

Zusätzliche Schutzmaßnahmen bei besonderen Gefährdungen in GefStoffV § 9.

Sind die o. g. allgemeinen Schutzmaßnahmen nicht ausreichend, um Gefährdungen durch Einatmen, Aufnahme über die Haut oder Verschlucken entgegenzuwirken, hat der Arbeitgeber zusätzliche Maßnahmen zu ergreifen, z. B.:

- Geschlossene Systeme
- Persönliche Schutzausrüstung
- „Schwarz-Weiß-Bereiche" für Kleidung

Besondere Schutzmaßnahmen bei

- Tätigkeiten mit krebserzeugenden, erbgutverändernden und fruchtbarkeitsgefährdenden Gefahrstoffen in § 10 oder bei
- Brand- u. Explosionsgefahr in GefStoffV § 11
  - Arbeitsplatzmessungen
  - Luftabsaugung
  - Zündquellenbeseitigung

Der Arbeitgeber hat die Funktion und die Wirksamkeit der technischen Schutzmaßnahmen regelmäßig, mindestens jedoch jedes dritte Jahr, zu überprüfen.

Das Ergebnis der Prüfungen ist aufzuzeichnen und vorzugsweise zusammen mit der Dokumentation aufzubewahren (GefStoffV § 7 (7)).

- Wenn Tätigkeiten mit Gefahrstoffen von einer oder einem Beschäftigten allein ausgeübt werden, hat der Arbeitgeber zusätzliche Schutzmaßnahmen zu ergreifen oder eine angemessene Aufsicht zu gewährleisten (GefStoffV § 10 (7)). Dies kann auch durch den Einsatz technischer Mittel sichergestellt werden.

Für den Fall von Betriebsstörungen, Unfällen und Notfällen sind die Regelungen in § 13 zu treffen: Durchführung von Sicherheitsübungen in regelmäßigen Abständen; Bereitstellung angemessener Erste-Hilfe-Einrichtungen; schnellstmögliche Wiederherstellung der normalen Betriebsabläufe; Schutzausrüstung; Bereitstellung von Warn- und Kommunikationssystemen zur Anzeige einer erhöhten Gefährdung; Information betriebsfremder Unfall- und Notfalldienste über innerbetriebliche Notfallmaßnahmen.

Mit der Unterrichtung und Unterweisung der Beschäftigten befasst sich § 14. Hierzu gehört die jeweils aktuelle schriftliche Betriebsanweisung für die Beschäftigten in verständlicher Form und Sprache. Die Unterweisung muss mündlich vor Aufnahme der Beschäftigung und danach bei jeder maßgeblichen Veränderung der Arbeitsbedingungen, aber mindestens jährlich arbeitsplatzbezogen erfolgen. Teil dieser Unterweisung ist eine arbeitsmedizinische Beratung und ggf. der Anspruch auf Vorsorgeuntersuchungen.

Die Zusammenarbeit verschiedener Firmen regelt § 15. Der Arbeitgeber ist verantwortlich, dass nur Fremdfirmen herangezogen werden, die über die erforderliche Fachkenntnis und Erfahrung verfügen, und über die jeweils spezifischen Gefahren informiert sind. Die Zusammenarbeit mehrerer Firmen muss koordiniert werden.

- Da praktisch in jedem Entwässerungsbetrieb Gefahrstoffe verwendet werden, muss die Gefahrstoffverordnung unbedingt beachtet werden!

4.4.4 Gefährliche Güter (Gefahrgut)

Gefährliche Stoffe (s. o.) und ***Gefahrstoffe*** (s. o.) sollten nicht verwechselt werden mit gefährlichen Gütern (= Gefahrgut).

Gefährliche Güter im Sinne des Gesetzes über die Beförderung gefährlicher Güter (*Gefahrgut*beförderungsgesetz – GGBefG) sind Stoffe und Gegenstände, von denen auf Grund ihrer Natur, ihrer Eigenschaften oder ihres Zustandes im Zusammenhang mit der Beförderung Gefahren für die öffentliche Sicherheit oder Ordnung, insbesondere für die Allgemeinheit, für wichtige Gemeingüter, für Leben und Gesundheit von Menschen sowie für Tiere und Sachen ausgehen können (§ 2). In der Anlage zur Bekanntmachung der Neufassung der Anlagen A und B des Europäischen Übereinkommens vom 30. September 1957 über die internationale Beförderung gefährlicher Güter auf der Straße (ADR) sind u. a. auch die „*Umweltgefährdenden Stoffe* (aquatische Umwelt)“ näher definiert (Nr. 2.2.9.1.10).

Anliefern der Stoffe in den Betrieb	***Nutzung der Stoffe innerhalb des Betriebes***	***Versenden der Stoffe aus dem Betrieb nach außen***
Auftraggeber des Absenders ist das Unternehmen, das einen Absender beauftragt, als solcher aufzutreten und Gefahrgut selbst oder durch einen Dritten zu versenden;		***Absender*** ist das Unternehmen, das selbst oder für einen Dritten gefährliche Güter versendet. Erfolgt die Beförderung auf Grund eines Beförderungsvertrages, gilt als Absender der Absender nach diesem Vertrag.
Entlader: Das Unternehmen, das a) einen Container, Schüttgut- oder Tankcontainer oder ortsbeweglichen Tank von einem Fahrzeug absetzt oder b) verpackte gefährliche Güter, Kleincontainer oder ortsbewegliche Tanks aus oder von einem Fahrzeug oder Container entlädt oder c) gefährliche Güter aus einem Tank (Tankfahrzeug, Aufsetztank, ortsbeweglicher Tank oder Tankcontainer) oder aus einem Fahrzeug, Großcontainer oder Kleincontainer für Güter in loser Schüttung oder einem Schüttgut-Container entleert.	***Beförderer:*** Das Unternehmen, das die Beförderung (hier intern! z.B. vom KW zu einem PW) mit oder ohne Beförderungsvertrag durchführt. ***Abfüllen*** ist das Befüllen von Behältern oder Verpackungen mit wassergefährdenden Stoffen. ***Behandeln*** ist das Einwirken auf wassergefährdende Stoffe, um deren Eigenschaften zu verändern.	***Befüller*** ist das Unternehmen, das die gefährlichen Güter in a) einen Tank (Tankfahrzeug, Aufsetztank, Kesselwagen, Wagen mit abnehmbaren Tanks, ortsbeweglicher Tank oder Tankcontainer), c) einen Groß- oder Kleincontainer für Güter in loser Schüttung, d) einen Schüttgut-Container, e) ein Fahrzeug für Güter in loser Schüttung, k) einen Ladetank einfüllt. ***Befüller*** ist auch das Unternehmen, das als unmittelbarer Besitzer das gefährliche Gut dem Beförderer zur Beförderung übergibt oder selbst befördert;
Empfänger: Der Empfänger gemäß Beförderungsvertrag. Bezeichnet der Empfänger gemäß den für den Beförderungsvertrag geltenden Bestimmungen einen Dritten, so gilt dieser als Empfänger im Sinne des ADR. Erfolgt die Beförderung ohne Beförderungsvertrag, so ist Empfänger das Unternehmen, welches die gefährlichen Güter bei der Ankunft übernimmt.	***Verwenden*** ist das Anwenden, Gebrauchen und Verbrauchen von wassergefährdenden Stoffen unter Ausnutzung ihrer Eigenschaften im Bereich der gewerblichen Wirtschaft und im Bereich öffentlicher Einrichtungen.	***Verlader:*** Das Unternehmen, das a) verpackte gefährliche Güter, Kleincontainer oder ortsbewegliche Tanks in oder auf ein Fahrzeug oder einen Container verlädt oder b) einen Container, Schüttgut-Container, … oder ortsbeweglichen Tank auf ein Fahrzeug verlädt. Verlader ist auch das Unternehmen, das als unmittelbarer Besitzer das gefährliche Gut dem Beförderer zur Beförderung übergibt oder selbst befördert
	Lagern ist das Vorhalten von wassergefährdenden Stoffen zur weiteren Nutzung, Abgabe oder Entsorgung.	***Verpacker*** ist das Unternehmen, das die gefährlichen Güter in Verpackungen einschließlich Großverpackungen und IBC einfüllt oder die Versandstücke zur Beförderung vorbereitet. Verpacker ist auch das Unternehmen, das gefährliche Güter verpacken lässt oder das Versandstücke oder deren Kennzeichnung oder Bezettelung ändert oder ändern lässt;

Abb. 4.7 Aufgaben und Funktionen eines Entwässerungsbetriebs bei Transport von Gefahrgut oder Umgang mit wassergefährdenden Stoffen

- Die Kennzeichnung von Gefahrgut mit Piktogrammen ist auf die Transportgefahren abgestimmt (Informationen über den Stoff und dessen Gefahren); sie ist nicht identisch mit den Kennzeichnungen nach CLP-Verordnung.

Die **GefStoffV** gilt für alle Tätigkeiten, bei denen Beschäftigte oder andere Personen Gefährdungen ihrer Gesundheit und Sicherheit durch Stoffe, Gemische oder Erzeugnisse ausgesetzt sein können. Sie ist auch anzuwenden auf Tätigkeiten, die im Zusammenhang mit der Beförderung von Stoffen, Gemischen und Erzeugnissen ausgeübt werden (§ 1(3) GefStoffV).

Abb. 4.7 gibt einen Überblick über Aufgaben und Funktionen eines Entwässerungsbetriebs bei Transport von Gefahrgut oder Umgang wassergefährdenden Stoffen.

Die Vorschriften des Gefahrgutbeförderungsgesetzes und der darauf gestützten Rechtsverordnungen bleiben unberührt und gelten davon unabhängig. Weitere Erläuterungen dazu sind im Zusammenhang mit dem Kapitel Fahren und Transport zu finden.

4.4.5 Umgang mit Gefahrstoffen

Zum Umgang mit Gefahrstoffen auf Bauhöfen im öffentlichen Dienst und in Werkstätten, wie sie ebenfalls in Bauhöfen oder Kläranlagen üblich sind, hat die DGUV (alt: BGI/GUV) mehrere interessante Informationsschriften herausgegeben. Diese setzen insbesondere im Teil 2 jeweils unterschiedliche Schwerpunkte und können je nach den Aufgaben und nach Größe des Bauhofs oder der Werkstätten mehr oder weniger wichtig sein.

Hinweis
Inhaltsverzeichnis (Auszug) aus Gefahrstoffe auf Bauhöfen, DGUV Information 213-030

1.1 Gefahrstoffe
1.2 Verantwortung und Pflichten bei Tätigkeiten mit Gefahrstoffen
1.3 Allgemeine Anforderungen bei Tätigkeiten mit Gefahrstoffen
1.4 Gefährdungsermittlung und Festlegung von Schutzmaßnahmen
1.5 Betriebsanweisung und Unterweisung
1.6 Schutzmaßnahmen bei Tätigkeiten mit Gefahrstoffen
1.7 Arbeitsmedizinische Vorsorge
1.8 Verbote und Beschäftigungsbeschränkungen
1.9 Lagerung gefährlicher Stoffe
  1.9.3 Lagerung entzündbarer Flüssigkeiten
  1.9.6 Lagerung von Dieselkraftstoff und Altölen
  1.9.7 Lagerung von Druckgasbehälter
1.10 Transport gefährlicher Stoffe
1.11 Umweltgerechte Entsorgung von Gefahrstoffen

2 Typische Gefahrstoffe auf dem Bauhof
2.1 Gefahrstoffe in Verbindung mit der Fahrzeugtechnik
 2.1.1 Öle und Schmierstoffe
 2.1.2 Otto- und Dieselkraftstoff
 2.1.3 Dieselmotor-Emissionen
 2.1.4 Warten von Starter-Batterien
 2.1.5 Kühlerflüssigkeit
2.2. Gefahrstoffe im Außeneinsatz

usw.

Gefahrstoffe in Werkstätten, DGUV Information 213-033 – Inhaltsverzeichnis (Auszug!)

1 Allgemeiner Teil
1.2 Verantwortung und Pflichten bei Tätigkeiten mit Gefahrstoffen
1.3 Allgemeine Anforderungen bei Tätigkeiten mit Gefahrstoffen
1.4 Gefährdungsermittlung und Festlegung von Schutzmaßnahmen
1.5 Betriebsanweisung und Unterweisung
1.6 Schutzmaßnahmen bei Tätigkeiten mit Gefahrstoffen
 1.6.1 Ersatzstoffe und Ersatzverfahren
 1.6.2 Technische Schutzmaßnahmen
 1.6.3 Organisatorische Maßnahmen
1.7 Arbeitsmedizinische Vorsorge
1.8 Verbote und Beschäftigungsbeschränkungen
2 Fachspezifischer Teil
2.1 Gefahrstoffe in der Holzbearbeitung
2.2 Gefahrstoffe bei schweißtechnischen Arbeiten
2.3 Gefahrstoffe bei der zerspanenden Metallbearbeitung
2.4 Gefahrstoffe zur Oberflächenbehandlung
2.5 Gefahrstoffe zur Oberflächenreinigung
2.6 Gefahrstoffe bei der Kunststoff- be- und -verarbeitung

Verschiedene Anhänge

4.4.5.1 Tätigkeiten mit Gefahrstoffen in Hochschulen, BGI/GUV-I-8666

„An Hochschulen ... erfolgen ... vielfältige Tätigkeiten mit Gefahrstoffen, aber auch in vielen anderen hochschulinternen Arbeitsbereichen, wie z. B. in ***Werkstätten****, Glasbläsereien, Ateliers, Fotolabors etc. In den zuletzt genannten Bereichen sind überwiegend Tätigkeiten mit Gefahrstoffen nach standardisierten Arbeitsverfahren typisch,* ***wie sie auch außerhalb der Hochschulen vielerorts anzutreffen*** *sind.*

Im Bereich von Forschung und Lehre sind jedoch einige Besonderheiten zu berücksichtigen:

- *Die Vielfalt an Gefahrstoffen, mit denen umgegangen wird, ist groß; ihre Einzelmengen sind meistens klein.* **[wie in einem KW-Labor]**
- *Typisch sind ständig wechselnde Betriebsbedingungen; die mögliche Exposition der Beschäftigten ist sowohl hinsichtlich Dauer als auch Wiederkehr sehr unterschiedlich*

(…) [ebenfalls wie in einem KW-*Labor*].

In Bereichen, in denen Tätigkeiten mit wenigen und meist den gleichen Gefahrstoffen erfolgen, sind auf Einzelstoffe bezogene Schutzmaßnahmen sinnvoll. In Bereichen, in denen die Zahl der Gefahrstoffe groß ist und ständig wechselt, ist der Schutz durch geeignete technische und bauliche Ausstattung, entsprechende Arbeitsmethoden und stoffklassenbezogene Schutzmaßnahmen zu erreichen. Unabhängig davon, wie die Auswahl der Schutzmaßnahmen erfolgt, muss das Ziel sein, die Exposition der Beschäftigten und damit die Gefährdung zu minimieren" (BGI/GUV-I-8666; Auszug).

Die Informationsschrift enthält nützliche Aussagen zu Verantwortlichkeiten, Pflichten des Arbeitgebers und der Beschäftigten sowie allgemeine Betriebsbestimmungen.

▶ Tätigkeiten mit Gefahrstoffen – Informationen für Beschäftigte, DGUV Information 213-079
Sicheres Arbeiten in Laboratorien, DGUV Information 213-850

4.4.5.2 Unterrichtung und Unterweisung der Beschäftigten

Nach § 14 der GefStoffV gibt es eine besondere Pflicht des Arbeitgebers zur Unterrichtung und Unterweisung der Beschäftigten. Der Arbeitgeber hat u. a. sicherzustellen, dass den Beschäftigten eine *schriftliche Betriebsanweisung* in einer für die Beschäftigten verständlichen Form und Sprache zugänglich gemacht wird. Dazu gehören auch Informationen über die am Arbeitsplatz vorhandenen oder entstehenden Gefahrstoffe, wie beispielsweise die Bezeichnung der Gefahrstoffe, ihre Kennzeichnung sowie mögliche Gefährdungen der Gesundheit und der Sicherheit sowie Informationen über angemessene Vorsichtsmaßregeln und Maßnahmen, die die Beschäftigten zu ihrem eigenen Schutz und zum Schutz der anderen Beschäftigten am Arbeitsplatz durchzuführen haben (Abs 1 Nr 1–2).

4.4.5.3 Zusätzliche Schutzmaßnahmen bei Umgang mit Gefahrstoffen

Nach § 9 der GefStoffV hat der Arbeitgeber in verschiedenen Fällen *persönliche Schutzausrüstung* bereitzustellen. Der Arbeitgeber hat *getrennte Aufbewahrungsmöglichkeiten für die Arbeits- oder Schutzkleidung einerseits und die Straßenkleidung andererseits* zur Verfügung zu stellen und er hat die durch Gefahrstoffe verunreinigte *Arbeitskleidung zu reinigen.* Wenn Tätigkeiten mit Gefahrstoffen von einer oder *einem Beschäftigten allein* ausgeübt werden, hat der Arbeitgeber zusätzliche Schutzmaßnahmen zu ergreifen – z. B. durch den Einsatz technischer Mittel.

Der Arbeitgeber hat geeignete Maßnahmen zu ergreifen, die gewährleisten, dass Arbeitsbereiche, in denen eine erhöhte Gefährdung der Beschäftigten besteht, *nur den Beschäftig-*

ten zugänglich sind, die sie zur Ausübung ihrer Arbeit oder zur Durchführung bestimmter Aufgaben betreten müssen (Elektroräume, Gefahrstofflager, …) (Abs 4–7).

4.4.5.4 Gefahrstoff-Informationssystem der BG BAU – GISBAU

Das Gefahrstoff-Informationssystem der BG BAU – GISBAU – bietet:

- umfassende Informationen über Gefahrstoffe beim Bauen, Renovieren und Reinigen,
- Betriebsanweisungen gemäß § 14 der Gefahrstoffverordnung,
- Handlungsanleitungen und Broschüren zur Gefahrstoffproblematik.

4.5 Technische Regeln für Gefahrstoffe (TRGS)

Zu den Grundpflichten des Arbeitgebers gehört, dass er die bekannt gegebenen Regeln (TRGS) und Erkenntnisse berücksichtigt. Bei Einhaltung dieser Regeln und Erkenntnisse ist in der Regel davon auszugehen, dass die Anforderungen erfüllt sind. Von diesen Regeln und Erkenntnissen kann abgewichen werden, wenn durch andere Maßnahmen zumindest in vergleichbarer Weise der Schutz der Gesundheit und die Sicherheit der Beschäftigten gewährleistet werden (§ 7 GefStoffV).

Übersicht über die Bekanntmachung zu Technischen Regeln

- Allgemeines, Aufbau und Anwendung
- Technische Regeln der Reihe 200 (Inverkehrbringen von Stoffen, Zubereitungen und Erzeugnissen)
- Technische Regeln der Reihe 400 (Gefährdungsbeurteilung)
- Technische Regeln der Reihe 500 (Schutzmaßnahmen bei Tätigkeiten mit Gefahrstoffen)
- Technische Regeln der Reihe 600 (Ersatzstoffe und Ersatzverfahren)
- Technische Regeln der Reihe 700 und 800 (Brand- und Explosionsschutz)
- Technische Regeln der Reihe 900 (Grenzwerte, Einstufungen, Begründungen und weitere Beschlüsse des AGS)

https://www.baua.de/DE/Angebote/Rechtstexte-und-Technische-Regeln/Regelwerk/TRGS/TRGS.html#Start (Letzter Zugriff 03.04.2023).

Hinweis

Einige hier zutreffende Regeln

- TRGS 201 Einstufung und Kennzeichnung bei Tätigkeiten mit Gefahrstoffen
- TRGS 400 Gefährdungsbeurteilung für Tätigkeiten mit Gefahrstoffen
- TRGS 401 Gefährdung durch Hautkontakt – Ermittlung, Beurteilung, Maßnahmen
- TRGS 402 Ermitteln und Beurteilen der Gefährdungen bei Tätigkeiten mit Gefahrstoffen: Inhalative Exposition

- TRGS 407 Tätigkeiten mit Gasen – Gefährdungsbeurteilung
- TRGS 500 Schutzmaßnahmen
- TRGS 509 Lagern von flüssigen und festen Gefahrstoffen in ortsfesten Behältern sowie Füll- und Entleerstellen für ortsbewegliche Behälter
- TRGS 510 Lagerung von Gefahrstoffen in ortsbeweglichen Behältern
- TRGS 520 Errichtung und Betrieb von Sammelstellen und Zwischenlagern für Kleinmengen gefährlicher Abfälle
- TRGS 526 Laboratorien
- TRGS 528 Schweißtechnische Arbeiten
- TRGS 555 Betriebsanweisung und Information der Beschäftigten
- TRGS 900 Arbeitsplatzgrenzwerte
- BekGS 901 Kriterien zur Ableitung von Arbeitsplatzgrenzwerten
- TRGS 903 Biologische Grenzwerte (BGW)

4.6 Sicherheitsdatenblatt

„Das Sicherheitsdatenblatt ist das zentrale Mittel zur Kommunikation von sicherheitsbezogenen Informationen über Stoffe und Gemische in der Lieferkette. Es richtet sich an berufliche Anwender und enthält Angaben zu den Substanzeigenschaften und zum sicheren Umgang mit dem Stoff oder Gemisch“ (UBA, Sicherheitsdatenblatt, letzter Zugriff 02.01.2024).

4.6.1 Allgemeine Anforderungen an die Erstellung

Ein Sicherheitsdatenblatts muss über die *Gefahren* eines Stoffs oder eines Gemischs informieren sowie *Angaben über die sichere Lagerung, Handhabung und Entsorgung* des Stoffs oder des Gemischs enthalten. Das Sicherheitsdatenblatt muss die Verwender in die Lage versetzen, die erforderlichen Maßnahmen

- zum Schutz der menschlichen Gesundheit und
- der Sicherheit am Arbeitsplatz sowie
- zum Schutz der Umwelt

zu ergreifen.

Insbesondere müssen Sicherheitsdatenblätter einem Arbeitgeber ermöglichen festzustellen, ob es am Arbeitsplatz gefährliche chemische Arbeitsstoffe gibt, und die Risiken zu bewerten, die durch die Verwendung dieser Stoffe für die Sicherheit und die Gesundheit der Arbeitnehmer entstehen (https://www.gefahrgut-online.de/fm/3576/EU_VO_453_2010_Anhang-I-Aenderung_REACH_V-Anhang-II.pdf – Letzter Zugriff 03.04.2023, sowie L 133/4 Amtsblatt der Europäischen Union vom 31.05.2010, Anhang II).

4.6.2 Bereitstellungspflicht

Der *Lieferant* eines Stoffes oder eines Gemischs stellt dem *Abnehmer* des Stoffes oder des Gemischs ein Sicherheitsdatenblatt nach Anhang II zur Verfügung (*Artikel 31 REACH-VO*). Die Verordnung (EU) 2015/830 der Kommission vom 28. Mai 2015 hat den ursprünglichen Anhang II neu gefasst.

Wenn der Stoff oder das Gemisch die Kriterien für die Einstufung als gefährlich erfüllen oder wenn der Stoff persistent, bioakkumulierbar und toxisch oder sehr persistent und sehr bioakkumulierbar ist, und wenn der Stoff zulassungspflichtig ist, ist dies z. B. *Pflicht des Lieferanten.*

In bestimmten Fällen, wenn z. B. die Inhaltsstoffe weniger gefährlich sind, stellt der Lieferant dem Abnehmer *auf dessen Verlangen* ein Sicherheitsdatenblatt zur Verfügung.

4.6.3 Pflicht zur Weitergabe von Informationen über Stoffe in Erzeugnissen

Jeder Lieferant eines Erzeugnisses, das einen gefährlichen Stoff in einer Konzentration von mehr als 0,1 Massenprozent enthält, stellt dem Abnehmer des Erzeugnisses die ihm vorliegenden, für eine sichere Verwendung des Erzeugnisses ausreichenden Informationen zur Verfügung, gibt aber mindestens den Namen des betreffenden Stoffes an (REACH-VO Artikel 33).

4.6.4 Gefährdungsbeurteilung

Aufgrund des § 6 Abs. 2 der Gefahrstoffverordnung hat der Arbeitgeber sich die für eine Gefährdungsbeurteilung notwendigen Informationen beim Lieferanten zu beschaffen. Sofern die REACH-Verordnung also keine Informationspflicht vorsieht (s. o.), hat der *Lieferant dem Arbeitgeber* auf Anfrage nach GefStoffV die für die Gefährdungsbeurteilung notwendigen Informationen über die Gefahrstoffe zur Verfügung zu stellen.

Der *Arbeitgeber* hat sich die für die Gefährdungsbeurteilung notwendigen Informationen beim Lieferanten oder aus anderen, ihm mit zumutbarem Aufwand zugänglichen Quellen zu beschaffen; dazu gehören auch die Informationen zu Stoffen oder Gemischen, für die kein Sicherheitsdatenblatt zu erstellen ist (GefStoffV § 6 Abs. 2).

Stoffe und Gemische, die nicht von einem Lieferanten eingestuft und gekennzeichnet worden sind, beispielsweise innerbetrieblich hergestellte Stoffe oder Gemische, hat der Arbeitgeber selbst einzustufen. Zumindest aber hat er die von den Stoffen oder Gemischen ausgehenden Gefährdungen der Beschäftigten zu ermitteln (GefStoffV § 6 Abs. 3).

4.6.5 Sprache und Textform

Das Sicherheitsdatenblatt wird in der Amtssprache des Mitgliedstaates vorgelegt, in dem der Stoff oder das Gemisch in Verkehr gebracht wird. Die Angaben auf dem Sicherheitsdatenblatt sind einfach, klar und präzise abzufassen; sie müssen die besonderen Erfordernisse und Kenntnisse des Verwenderkreises berücksichtigen (REACH-VO Artikel 31).

4.6.6 Inhalt

Das Sicherheitsdatenblatt muss folgende 16 Rubriken enthalten:

1. Bezeichnung des Stoffes bzw. des Gemischs und Firmenbezeichnung;
2. mögliche Gefahren;
3. Zusammensetzung/Angaben zu Bestandteilen;
4. Erste-Hilfe-Maßnahmen;
5. Maßnahmen zur Brandbekämpfung;
6. Maßnahmen bei unbeabsichtigter Freisetzung;
7. Handhabung und Lagerung;
8. Begrenzung und Überwachung der Exposition/Persönliche Schutzausrüstung;
9. physikalische und chemische Eigenschaften;
10. Stabilität und Reaktivität;
11. toxikologische Angaben;
12. Umweltbezogene Angaben;
13. Hinweise zur Entsorgung;
14. Angaben zum Transport;
15. Rechtsvorschriften;
16. sonstige Angaben

(REACH-VO Artikel 31).

4.6.7 Form

Das Sicherheitsdatenblatt wird auf Papier oder elektronisch kostenlos zur Verfügung gestellt, und zwar spätestens an dem Tag, an dem der Stoff oder das Gemisch erstmals geliefert wird. Der Umfang eines Sicherheitsdatenblatts ist nicht festgelegt. Wie lang ein Sicherheitsdatenblatt ist, hängt von der von einem Stoff oder Gemisch ausgehenden Gefahr und den verfügbaren Informationen ab (REACH-VO Artikel 31 Abs 8 und Anhang Annex II Teil A Nr. 0.3.1).

4.6.8 Aktualität

Auf der ersten Seite ist das *Datum* anzugeben, an dem das Sicherheitsdatenblatt erstellt wurde. Das Sicherheitsdatenblatt muss *unverzüglich aktualisiert* werden, sobald neue Informationen, die Auswirkungen auf die Risikomanagementmaßnahmen haben können, oder neue Informationen über Gefährdungen verfügbar werden. Nach einer Überarbeitung eines Sicherheitsdatenblatts sind die Abnehmer bei Übermittlung der neuen überarbeiteten Fassung in Abschnitt 16 des Sicherheitsdatenblatts auf die Änderungen aufmerksam zu machen, sofern die Änderungen nicht andernorts angegeben sind (REACH-VO Artikel 31).

4.7 Lagerung von Gefahrstoffen

Lagern oder Lagerungist das Vorhalten (Aufbewahren) von (wassergefährdenden) Stoffen zur späteren Verwendung/zur weiteren Nutzung, Abgabe oder Entsorgung (nach AwSV § 2 und TRGS 510).

Lagersind Gebäude, Bereiche oder Räume in Gebäuden oder Bereiche im Freien, die dazu bestimmt sind, dass in ihnen Gefahrstoffe (in ortsfesten Behältern/TRGS 509) gelagert werden. Hierzu zählen auch Container oder Schränke (nur TRGS 510).

Eine wesentliche Unterscheidung wird also auch getroffen zwischen *Lagerung in ortsfesten Behältern* (i. d. R. z. B. Heizöl, Klärgas oder Fällmittel) und Lagerung in ortsbeweglichen Behältern. Die AwSV spricht von „*Fass- und Gebindelager*" bei Lageranlagen für ortsbewegliche Behälter und Verpackungen, deren Einzelvolumen 1,25 Kubikmeter nicht überschreitet. Solche Fass- u. Gebindelager mit Aerosolpackungen (Spraydosen), Farbdosen, Fässern, Kanistern, Druckgaskartuschen, Gasflaschen usw. befinden sich meist in Werkstätten oder Kellerräumen von Entwässerungsbetrieben oder Bauhöfen.

4.7.1 Allgemeine Schutzmaßnahmen

Allgemeine Anforderungen an Lageranlagen für Gefahrstoffe werden in § 8 GefStoffV definiert:

> Der Arbeitgeber hat sicherzustellen, dass Gefahrstoffe so aufbewahrt oder gelagert werden, dass sie weder die menschliche Gesundheit noch die Umwelt gefährden.
>
> Er hat dabei wirksame Vorkehrungen zu treffen, um Missbrauch oder Fehlgebrauch zu verhindern. Insbesondere dürfen Gefahrstoffe nicht in solchen Behältern aufbewahrt oder gelagert werden, durch deren Form oder Bezeichnung der Inhalt mit Lebensmitteln verwechselt werden kann.
>
> Sie dürfen nur übersichtlich geordnet und nicht in unmittelbarer Nähe von Arznei-, Lebens- oder Futtermitteln, einschließlich deren Zusatzstoffe, aufbewahrt oder gelagert werden. Bei der Aufbewahrung zur Abgabe oder zur sofortigen Verwendung muss eine Kennzeichnung (auf dem Behälter) deutlich sichtbar und lesbar angebracht sein.
>
> Der Arbeitgeber hat sicherzustellen, dass Gefahrstoffe, die nicht mehr benötigt werden, und entleerte Behälter, die noch Reste von Gefahrstoffen enthalten können, sicher gehandhabt, vom Arbeitsplatz entfernt und sachgerecht gelagert oder entsorgt werden. Der Arbeitgeber hat sicherzustellen, dass durch Verwendung verschließbarer Behälter eine sichere Lagerung, Handhabung und Beförderung von Gefahrstoffen auch bei der Abfallentsorgung gewährleistet ist.

4.7.2 Mögliche Genehmigungs-Erfordernisse

4.7.2.1 Erlaubnispflicht nach BetrSichV

Räume oder Bereiche mit ortsfesten Behältern und sonstigen Lagereinrichtungen für entzündbare Flüssigkeiten mit einem Gesamtrauminhalt von mehr als 10.000 Litern (Lageranlagen) bedürfen einer Erlaubnis der zuständigen Behörde. Erlaubnispflichtig sind dabei die Errichtung und der Betrieb sowie die Änderungen der Bauart oder Betriebsweise, welche die Sicherheit der Anlage beeinflussen (§ 18). Das wäre z. B. bei sehr großen Heizöllagern der Fall.

▶ Für den Betrieb eines Lagers könnten neben dieser Erlaubnis auch noch andere Genehmigungen erforderlich sein.

4.7.2.2 BImSchG-Genehmigung

Zweck des Bundes-Immissionsschutzgesetzes (§ 1) und der Verordnungen ist es, Menschen, Tiere und Pflanzen, den Boden, das Wasser, die Atmosphäre sowie Kultur- und sonstige Sachgüter vor schädlichen Umwelteinwirkungen zu schützen. Die Errichtung und der Betrieb von bestimmten Lager-Anlagen für Stoffe oder Gemische, bedürfen demnach einer Genehmigung, wenn sie länger als zwölf Monate an demselben Ort betrieben werden. Relevant sein könnten hier Anlagen, die der Lagerung von **über drei Tonnen entzündbaren Gasen** in Behältern dienen. Dabei geht es um Gase, die bei einer Temperatur von 293,15 Kelvin und einem Standarddruck von 101,3 Kilopascal vollständig gasförmig vorliegen und dabei einen Explosionsbereich in Luft haben. Ausnahme wäre, wenn es sich ausschließlich um Einzelbehältnisse mit einem Volumen von jeweils nicht mehr als 1 Liter handelt (4. BImSchV, § 1 in Verbindung mit Anhang 1, Nr. 9.1.1.2).

▶ Diese Regelung wird nur sehr große Kläranlagen betreffen, mit einem Gesamtvolumen der Gasspeicher und Leitungen von über 6000 m^3.

Beispielrechnung

Sowohl die o. g. Temperatur (= 20 °C) als auch der Druck (mittlere Luftdruck der Atmosphäre auf Meereshöhe) sind „Normalbedingungen" für Nm^3 (Norm-m^3).

Klärgas enthält nur einen Teil entzündbares Gas: Methan (60–70 Vol-%); der Rest ist Kohlenstoffdioxid (25–35 Vol-%) und Stickstoff (1–10 Vol-%). Schwefelwasserstoff, Wasserstoff und Sauerstoff liegen jeweils im Bereich unter einem Prozent.

Methan (CH_4) hat eine Dichte von 0,717 kg/m^3 (Wert bei 0 °C nicht 20 °C). Bei einem Gesamtvolumen der Gasspeicher und Leitungen über etwa 6000 m^3 kommt die Anlage in den Bereich der notwendigen BImSchG-Genehmigung:

$6000 \times 0{,}7 = 4200$ m^3 max. Methan-Anteil am Gesamtvolumen des Klärgases

Das Gewicht des Methans (= entzündbares Gas) beträgt: $4200\ \text{m}^3 \times 0{,}717\ \text{kg/m}^3 = 3011$ kg – das Gewicht läge damit über den o. g. 3 Tonnen.

4.7.3 Wasserrechtliche Eignungsfeststellung

Grundsätzlich dürfen Anlagen zum Lagern (oder Abfüllen) wassergefährdender Stoffe nur errichtet und betrieben werden, wenn ihre Eignung von der zuständigen Behörde festgestellt worden ist. Die Eignungsfeststellung *entfällt* unter bestimmten Umständen (§ 63 WHG), u. a. wenn für die Anlage eine Genehmigung nach baurechtlichen Vorschriften erteilt worden ist und die wasserrechtlichen Anforderungen zu berücksichtigen waren. Die Eignungsfeststellung *entfällt* ebenfalls für Anlagen, Anlagenteile oder technische Schutzvorkehrungen, wenn diese die entsprechenden Vorschriften über die Verwendung von Bauprodukten, Bauarten oder Bausätzen einhalten und so auch die Einhaltung der wasserrechtlichen Anforderungen zum Schutz der Gewässer sichergestellt wird. Meist werden für Lageranlagen solche Produkte verwendet, so dass die separate Eignungsfeststellung entfallen kann.

4.7.4 Wasserrechtliche Anforderungen (AwSV)

Heizölverbraucheranlagen sind Lageranlagen und im Bereich der gewerblichen Wirtschaft und öffentlicher Einrichtungen auch Verwendungsanlagen,

- die dem Beheizen oder Kühlen von Geschäfts- und sonstigen Arbeitsräumen oder dem Erwärmen von Wasser dienen,
- deren Jahresverbrauch an Heizöl leicht (Heizöl EL) nach DIN 51603 1100 Kubikmeter nicht übersteigt und
- deren Behälter jährlich höchstens viermal befüllt werden.

Notstromanlagen stehen Heizölverbraucheranlagen gleich (§ 2).

Abfüllflächen von Heizölverbraucheranlagen brauchen keine Rückhaltung, wenn die Anlage aus entspr. zugelassenen Straßentankwagen im Vollschlauchsystem befüllt wird und hierbei eine zugelassene selbsttätig schließende Abfüllsicherung und ein Grenzwertgeber verwendet werden (§ 32).

4.7.5 Anforderungen an Fass- und Gebindelager (AwSV)

Fass- und Gebindelager sind Lageranlagen für ortsbewegliche Behälter und Verpackungen, deren Einzelvolumen 1,25 Kubikmeter nicht überschreitet (§ 2). In solchen Lagern müssen die wassergefährdenden Stoffe in dicht verschlossenen Behältern oder Verpackungen gelagert werden, die gefahrgutrechtlich zugelassen sind oder gegen die Flüssigkeiten beständig und gegen Beschädigung, im Freien auch gegen Witterungseinflüsse, geschützt sind (§ 31).

Solche Fass- und Gebindelager mit einem Gesamt-Volumen bis 100 m^3 müssen über eine Rückhalteeinrichtung mit einem Rückhaltevolumen verfügen von mindestens 10 % von Vges, wenigstens jedoch von dem Rauminhalt des größten Behältnisses.

Bei besonderen Fass- und Gebindelagern: nur für kleine Behälter und Verpackungen mit einem Einzelvolumen von bis zu 20 Litern oder für restentleerte Behälter und Verpackungen ist eine flüssigkeitsundurchlässige Fläche ohne definiertes Rückhaltevolumen ausreichend, sofern ausgetretene wassergefährdende Stoffe schnell aufgenommen werden können und die Schadenbeseitigung mit einfachen betrieblichen Mitteln gefahrlos möglich ist (§ 31).

4.7.6 Bauliche Anforderungen an Lager entsprechend Musterbauordnung

4.7.6.1 Grundsätzliche Anforderungen

Bauliche Anlagen sind so anzuordnen, zu errichten, zu ändern und instand zu halten, dass die öffentliche Sicherheit und Ordnung, insbesondere Leben, Gesundheit und die natürlichen Lebensgrundlagen, nicht gefährdet werden (§ 3). Dabei sind die Grundanforderungen an Bauwerke gemäß der „Verordnung (EU) Nr. 305/2011 zur Festlegung harmonisierter Bedingungen für die Vermarktung von Bauprodukten" zu berücksichtigen. Diese *Grundanforderungen* sind im Anhang I festgelegt: Bauwerke müssen als Ganzes und in ihren Teilen für deren Verwendungszweck tauglich sein. Dabei ist insbesondere der Gesundheit und der Sicherheit der involvierten Personen Rechnung zu tragen; und zwar während des gesamten Lebenszyklus der Bauwerke. Die *Grundanforderungen* beziehen sich u. a. auf die Themen

- Mechanische Festigkeit und Standsicherheit
- Brandschutz
- Hygiene, Gesundheit und Umweltschutz
- Sicherheit und Barrierefreiheit bei der Nutzung

Entsprechend der Musterbauordnung (MBO § 2) sind bauliche Anlagen, deren Nutzung durch Umgang oder Lagerung von Stoffen mit Explosions- oder erhöhter Brandgefahr verbunden ist, *Sonderbauten*.

4.7.6.2 Notwendige Treppenräume

In notwendigen Treppenräumen müssen Öffnungen u. a. zu Werkstätten, Lager- und ähnlichen Räumen sowie zu sonstigen Räumen und Nutzungseinheiten mit einer Fläche von mehr als 200 m^2, mindestens feuerhemmende, rauchdichte und selbstschließende Abschlüsse haben (MBO § 35).

4.7.6.3 Notwendige Flure

Die Wände notwendiger Flure müssen als raumabschließende Bauteile feuerhemmend, in Kellergeschossen, deren tragende und aussteifende Bauteile feuerbeständig sein müssen, feuerbeständig sein. Öffnungen zu Lagerbereichen im Kellergeschoss müssen feuerhemmende, dicht- und selbstschließende Abschlüsse haben (MBO § 36).

4.7.6.4 Brennstoffversorgung für Feuerungsanlagen

Behälter und Rohrleitungen für brennbare Gase und Flüssigkeiten müssen betriebssicher und brandsicher sein. Diese Behälter sowie feste Brennstoffe sind so aufzustellen oder zu lagern, dass keine Gefahren oder unzumutbaren Belästigungen entstehen (MBO § 42).

4.7.6.5 Aufbewahrung fester Abfallstoffe

Feste Abfallstoffe dürfen innerhalb von Gebäuden *vorübergehend* aufbewahrt werden. In Gebäuden der Gebäudeklassen 3 bis 5 gilt das jedoch nur, wenn die dafür bestimmten Räume erhöhte Brandschutzanforderungen erfüllen (MBO § 45).

4.7.7 Allgemeine Anforderungen an den Lagerbetrieb

„*Die Betreiberin/der Betreiber des Lagers hat den bestimmungsgemäßen Betrieb sicherzustellen, insbesondere darf er keine Produkte mit solchen Eigenschaften und in Mengen lagern, die von der Genehmigung nicht erfasst sind. Zur Beurteilung des bestimmungsgemäßen Betriebes der Lageranlage sind also die Betriebsgenehmigung der Anlage einschließlich der Antragsunterlagen, der Nachträge sowie der Nebenbestimmungen, Auflagen, Befristungen und die in der Genehmigung in Bezug genommenen Bau- und Betriebsvorschriften heranzuziehen. ... Sollen Änderungen im Betriebsablauf vorgenommen werden (z. B. andere Stoffe, größere Mengen, andere Tätigkeiten (z. B. Um- oder Abfüllen, Probenahmen), bauliche Änderungen), ist zu prüfen, ob diese durch die Genehmigungen abgedeckt sind*“ (DGUV, Lagerung von Gefahrstoffen, M 062, Stand: November 2013).

4.7.8 Technische und berufsgenossenschaftliche Regeln

Neben den o. g. Rechtsvorschriften müssen auch die folgenden Technischen Regeln und das berufsgenossenschaftliche Merkblatt unbedingt beachtet werden.

TRGS 509 Lagern von flüssigen und festen Gefahrstoffen in ortsfesten Behältern sowie Füll- und Entleerstellen für ortsbewegliche Behälter.

Hinweis

Inhalt der TRGS 509

1. Anwendungsbereich
2. Begriffsbestimmungen
3. Gefährdungsbeurteilung
4. Maßnahmen für die Sicherheit und den Gesundheitsschutz
5. Bauliche Anforderungen an Lager, Füll- und Entleerstellen
6. Abstandsregelungen
7. Notwendigkeit von Ausrüstungsteilen und Anforderungen
8. Zusätzliche Anforderungen an Schutzmaßnahmen für bestimmte Flüssigkeiten und Feststoffe mit Brandgefahr
9. Zusätzliche Anforderungen bei dem Lagern und Abfüllen entzündbarer Flüssigkeiten mit einem Flammpunkt ≤ 55 °C
10. Zusätzliche Maßnahmen zum Explosionsschutz für bestimmte Flüssigkeiten und Feststoffe

11. Zusätzliche Anforderungen beim Lagern und Abfüllen von bestimmten Stoffen mit erhöhter Gefährdung
12. Zusammenlagerung

Anlage 1: Ergänzende Anforderungen an die Ausrüstung von Tanks sowie Füll- und Entleerstellen für brennbare Flüssigkeiten
Anlage 2: Festlegung von explosionsgefährdeten Bereichen bei der Lagerung und Abfüllung brennbarer Flüssigkeiten mit einem Flammpunkt ≤ 55 °C
Anlage 3: Aktive Lagerung brennbarer Flüssigkeiten mit einem Flammpunkt ≤ 55 °C in ortsbeweglichen Behältern

TRBS 3146/TRGS 746 Ortsfeste Druckanlagen für Gase: Diese Technische Regel gilt für ortsfeste Druckanlagen zur Lagerung von Gasen einschließlich Errichten, Aufstellen, Befüllen, Entleeren, Instandhalten, Stillsetzen und Demontieren.

TRGS 510 Lagerung von Gefahrstoffen *in ortsbeweglichen Behältern* (Ausgabe Dezember 2020).

Hinweis
Inhalt der TRGS 510

1. Anwendungsbereich
2. Begriffsbestimmungen
3. Gefährdungsbeurteilung
4. Allgemeine Maßnahmen
5. Zusätzliche Schutzmaßnahmen bei der Lagerung in Lagern
6. Besondere Brandschutzmaßnahmen
7. Zusätzliche Maßnahmen für spezielle Gefahrstoffe
8. Lagerung akut toxischer Gefahrstoffe
9. Lagerung oxidierender Flüssigkeiten und Feststoffe
10. Lagerung von Gasen unter Druck
11. Lagerung von Druckgaskartuschen und Aerosolpackungen
12. Lagerung entzündbarer Flüssigkeiten
13. Zusammenlagerung, Getrenntlagerung und Separatlagerung

Anhang 1: Lagerung in Sicherheitsschränken
Anhang 2: Zuordnung der Lagerklassen
Literaturhinweise

Zusammenlagerung Die TRGS 510 – Zusammenlagerungstabelle kann wesentlich größer als in der TRGS auch im Netz heruntergeladen werden: https://www.kayser.de/upload/shop

pictures_56/tinymce/KAY_Umwelt_Zusammenlagerungstabelle.pdf (PRAXISINFO 10 der KAYSER GmbH Letzter Zugriff 03.04.2023).

Bereitstellen und Lagern BAUA Schutzleitfaden La-101: https://www.baua.de/DE/Themen/Chemikalien-Biostoffe/Gefahrstoffe/EMKG/pdf/Schutzleitfaden-LA101.html (Letzter Zugriff 01.08.2024).

Lagerung von Gefahrstoffen M 062 der Berufsgenossenschaft Rohstoffe und chemische Industrie (Stand: November 2013): https://downloadcenter.bgrci.de/resource/downloadcenter/downloads/M062_Gesamtdokument.pdf (Letzter Zugriff 03.04.2023).

4.8 Explosionsfähige Stoffe und Gemische (GefStoffV)

Nach der Gefahrstoffverordnung sind Stoffe, Gemische und Erzeugnisse, die explosionsfähig sind, Gefahrstoffe.

Ein explosionsfähiges Gemisch ist demnach ein Gemisch aus brennbaren Gasen, Dämpfen, Nebeln oder aufgewirbelten Stäuben und Luft oder einem anderen Oxidationsmittel, das nach Wirksamwerden einer Zündquelle in einer sich selbsttätig fortpflanzenden Flammenausbreitung reagiert, sodass im Allgemeinen ein sprunghafter Temperatur- und Druckanstieg hervorgerufen wird (§ 2 (10)).

Die drei Voraussetzungen für eine Explosion sind also das Vorhandensein von

- explosionsfähigem Gase (oder Dämpfe, Nebel oder Staub)
- Luft (Sauerstoff) oder anderes Oxidationsmittel
- Zündquelle oder Flamme, mechanischer oder elektrischer Funke.

Gefährlich wird ein explosionsfähiges Gemisch, wenn es in solcher Menge auftritt, dass besondere Schutzmaßnahmen für die Aufrechterhaltung der Gesundheit und Sicherheit der Beschäftigten oder anderer Personen erforderlich werden (§ 2 (12)).

Wenn ein gefährliches explosionsfähiges Gemisch mit Luft als Oxidationsmittel unter atmosphärischen Bedingungen (Umgebungstemperatur von −20 °C bis +60 °C und Druck von 0,8 Bar bis 1,1 Bar) auftreten kann, wird von *gefährlicher explosionsfähiger Atmosphäre* gesprochen (§ 2). Der Gefahrenbereich, in dem eine gefährliche explosionsfähige Atmosphäre auftreten kann, ist ein *explosionsgefährdeter Bereich.*

► Solche explosionsgefährdeten Gefahrenbereiche sind typischerweise im Bereich der Kanalisation, der Kläranlage und um Gasbehälter vorhanden!

BGN-Branchenwissen, Leitfaden ATEX 137: https://vorschriften.bgn-branchenwissen.de/daten/gv/atex137lf/1.htm (Letzter Zugriff 03.04.2023)

4.8.1 Besondere Schutzmaßnahmen (GefStoffV Anhang I)

Der Arbeitgeber hat bei Tätigkeiten mit explosiven Stoffen sowohl die normalen Vorschriften der GefStoffV als auch die jeweiligen speziellen Vorschriften zu beachten. Die besonderen Schutzmaßnahmen sind in Anhang I, Nr. 1 der GefStoffV im Einzelnen beschrieben. Zur Vermeidung von Brand- und Explosionsgefährdungen hat der Arbeitgeber Maßnahmen nach folgender Rangfolge zu ergreifen:

1. gefährliche **Mengen oder Konzentrationen** von Gefahrstoffen, die zu Brand- oder Explosionsgefährdungen führen können, sind zu **vermeiden**, bzw. so zu begrenzen, dass die Gefährdung so gering wie möglich ist.
2. **Zündquellen** oder Bedingungen, die Brände oder Explosionen auslösen können, sind zu **vermeiden**,
3. schädliche **Auswirkungen** von Bränden oder Explosionen auf die Gesundheit und Sicherheit der Beschäftigten und anderer Personen sind so weit wie möglich zu **verringern**.

4.8.1.1 Maßnahmen gegen frei werdende Gefahrstoffe

Gefahrstoffe in Arbeitsmitteln und Anlagen müssen sicher zurückgehalten werden und Zustände wie gefährliche Temperaturen, Über- und Unterdrücke, Überfüllungen, Korrosionen sowie andere gefährliche Zustände sollen vermieden werden. Trotzdem austretende Gefahrstoffströme müssen von einem schnell und ungehindert erreichbaren Ort aus durch Stillsetzen der Förderung unterbrochen werden können, also am besten automatisch begrenzt oder unterbrochen werden. Die ggf. frei werdenden Gefahrstoffe sind an ihrer Austritts- oder Entstehungsstelle gefahrlos zu beseitigen, soweit dies nach dem Stand der Technik möglich ist. Ausgetretene flüssige Gefahrstoffe sind aufzufangen. Flüssigkeitslachen sind gefahrlos zu beseitigen (Nr 1.2).

4.8.1.2 Arbeitsbereiche

Arbeitsbereiche, Arbeitsplätze, Arbeitsmittel und deren Verbindungen untereinander müssen grundsätzlich so konstruiert, errichtet, zusammengebaut, installiert, verwendet und instandgehalten werden, dass keine Brand- und Explosionsgefährdungen auftreten (§ 11).

Arbeitsbereiche mit Brand- oder Explosionsgefährdungen sind

- mit **Flucht- und Rettungswegen** sowie **Ausgängen** in ausreichender Zahl so auszustatten, dass die Beschäftigten die Arbeitsbereiche im Gefahrenfall schnell, ungehindert und sicher verlassen und Verunglückte jederzeit gerettet werden können,
- so zu gestalten und auszulegen, dass die **Übertragung** von Explosionen sowie die Auswirkungen von Bränden und Explosionen auf benachbarte Bereiche **vermieden** werden (Nr 1.3).

4.8.1.3 Gaswarngeräte

Durch geeignete Maßnahmen ist zu gewährleisten, dass Personen im Gefahrenfall rechtzeitig, angemessen, leicht wahrnehmbar und unmissverständlich gewarnt werden können (Nr 1.3).

4.8.1.4 Notfalleinrichtungen

Soweit nach der Gefährdungsbeurteilung erforderlich,

- muss es bei Energieausfall möglich sein, die Geräte und Schutzsysteme unabhängig vom übrigen Betriebssystem in einem sicheren Betriebszustand zu halten (Notstromversorgung)
- müssen im Automatikbetrieb laufende Geräte und Schutzsysteme, die vom bestimmungsgemäßen Betrieb abweichen, unter *sicheren* Bedingungen von Hand abgeschaltet werden können und
- müssen gespeicherte Energien beim Betätigen der Notabschalteinrichtungen so schnell und sicher wie möglich abgebaut oder isoliert werden (Nr 1.3 (4)).

4.8.1.5 Organisatorische Maßnahmen

Bei Tätigkeiten mit Gefahrstoffen, die zu Brand- oder Explosionsgefährdungen führen können, dürfen nur

- zuverlässige,
- mit den Tätigkeiten vertraute,
- den dabei auftretenden Gefährdungen vertraute und
- den erforderlichen Schutzmaßnahmen vertraute und
- entsprechend unterwiesene

Beschäftigte zum Einsatz kommen.

Bei *besonders gefährlichen Tätigkeiten* kann ein Arbeitsfreigabesystem mit besonderen schriftlichen Anweisungen des Arbeitgebers anzuwenden sein, oder es müssen zusätzlich gesonderte Personen mit der Aufsichtsführung zu beauftragt werden (Nr 1.4).

4.8.1.6 Tätigkeiten in Bereichen mit gefährlichen explosionsfähigen Gemischen

Im Kanalnetz oder im Umfeld von Gasbehältern kann auch nach Durchführung aller notwendigen Maßnahmen die Bildung gefährlicher explosionsfähiger Gemische nicht sicher verhindert werden. Daher sind Schutzmaßnahmen zu ergreifen, um eine Zündung zu vermeiden. Arbeitsbereiche, in denen gefährliche explosionsfähige Atmosphäre auftreten kann, sind an ihren Zugängen mit einem Warnzeichen zu kennzeichnen. Für die Festlegung von Maßnahmen und die Auswahl der Arbeitsmittel wird der Arbeitgeber normalerweise explosionsgefährdete Bereiche in Zonen einteilen und entsprechende Zuordnungen vornehmen (Nr 1.6).

4.8.1.7 Zoneneinteilung explosionsgefährdeter Bereiche

- **Zone 0** ist ein **Bereich**, in dem gefährliche explosionsfähige Atmosphäre als Gemisch aus Luft und brennbaren Gasen, Dämpfen oder Nebeln ständig, über lange Zeiträume oder häufig vorhanden ist.
- **Zone 1** ist ein Bereich, in dem sich im Normalbetrieb gelegentlich eine gefährliche explosionsfähige Atmosphäre als Gemisch aus Luft und brennbaren Gasen, Dämpfen oder Nebeln bilden kann.
- **Zone 2** ist ein Bereich, in dem im Normalbetrieb eine gefährliche explosionsfähige Atmosphäre als Gemisch aus Luft und brennbaren Gasen, Dämpfen oder Nebeln normalerweise nicht auftritt, und wenn doch, dann nur selten und für kurze Zeit.

Die Zoneneinteilung ist in der Dokumentation der Gefährdungsbeurteilung (Explosionsschutzdokument) zu dokumentieren (Nr. 1.7).

4.8.1.8 Einrichtungen und Geräte in explosionsgefährdeten Bereichen (ATEX)

Alle Arbeitsmittel einschließlich Anlagen und Geräte, Schutzsysteme und den dazugehörigen Verbindungsvorrichtungen dürfen nur in Betrieb genommen werden, wenn aus der Dokumentation der Gefährdungsbeurteilung hervorgeht, dass sie in explosionsgefährdeten Bereichen sicher verwendet werden können (Nr. 1.8).

Das sind Geräte und Schutzsysteme entsprechend den Kategorien der sogenannten ATEX-Richtlinie (Richtlinie 2014/34/EU) – ATEX ist die Abkürzung für EXplosive ATmosphäre.

Die „Elfte Verordnung zum Produktsicherheitsgesetz“ (Explosionsschutzprodukteverordnung – 11. ProdSV) dient in Deutschland der Umsetzung der Richtlinie 2014/34/EU für Geräte und Schutzsysteme zur bestimmungsgemäßen Verwendung in explosionsgefährdeten Bereichen.

Mit „***Gerät***“ sind gemeint: Maschinen, Betriebsmittel, stationäre oder ortsbewegliche Vorrichtungen, Steuerungs- und Ausrüstungsteile sowie Warn- und Vorbeugungssysteme, die einzeln oder kombiniert zur Erzeugung, Übertragung, Speicherung, Messung, Regelung und Umwandlung von Energie und zur Verarbeitung von Werkstoffen bestimmt sind und die eigene potentielle Zündquellen aufweisen und dadurch eine Explosion verursachen können. Diese Geräte werden in *drei Gerätekategorien* eingeteilt. Die Gerätekategorie ist eine Kategorie, in die Geräte entsprechend dem erforderlichen Maß an Sicherheit, das gewährleistet werden muss, eingestuft werden (Richtlinie 2014/34/EU Art. 2).

Die **Gerätekategorie 1** umfasst Geräte, die konstruktiv so gestaltet sind, dass sie ein sehr hohes Maß an Sicherheit gewährleisten. Geräte dieser Kategorie sind zur Verwendung in Bereichen bestimmt, in denen eine explosionsfähige Atmosphäre ständig oder langzeitig oder häufig vorhanden ist. Geräte dieser Kategorie müssen selbst bei selten auftretenden Gerätestörungen das erforderliche Maß an Sicherheit gewährleisten und weisen daher Explosionsschutzmaßnahmen auf, so dass

- beim Versagen einer apparativen Schutzmaßnahme mindestens eine zweite unabhängige apparative Schutzmaßnahme die erforderliche Sicherheit gewährleistet oder
- beim Auftreten von zwei unabhängigen Fehlern die erforderliche Sicherheit gewährleistet wird. ...

Die **Gerätekategorie 2** umfasst Geräte, die konstruktiv so gestaltet sind, dass sie ein hohes Maß an Sicherheit gewährleisten. Geräte dieser Kategorie sind zur Verwendung in Bereichen bestimmt, in denen damit zu rechnen ist, dass eine explosionsfähige Atmosphäre gelegentlich auftritt. Die apparativen Explosionsschutzmaßnahmen dieser Kategorie gewährleisten selbst bei häufigen Gerätestörungen oder Fehlerzuständen, die üblicherweise zu erwarten sind, das erforderliche Maß an Sicherheit. ...

Die **Gerätekategorie 3** umfasst Geräte, die konstruktiv so gestaltet sind, dass sie ein Normalmaß an Sicherheit gewährleisten. Geräte dieser Kategorie sind zur Verwendung in Bereichen bestimmt, in denen nicht damit zu rechnen ist, dass eine explosionsfähige Atmosphäre auftritt, aber wenn sie dennoch auftritt, dann aller Wahrscheinlichkeit nach nur selten und während eines kurzen Zeitraums. Geräte dieser Kategorie gewährleisten bei normalem Betrieb das erforderliche Maß an Sicherheit (Richtlinie 2014/34/EU ATEX 114 Anhang I Nr 2).

In den verschiedenen Ex-Zonen (s. o.) sind folgende Kategorien von Geräten zu verwenden:

- in Zone 0: nur Geräte der Kategorie 1 (sehr hohe Sicherheit),
- in Zone 1: Geräte der Kategorie 1 oder der Kategorie 2 (hohe Sicherheit),
- in Zone 2: Geräte der Kategorien 1, 2 oder 3 (normale Sicherheit)

Für Arbeiten in Ex-Bereichen **ohne Zoneneinteilung**, insbesondere

- zeitlich und örtlich begrenzte Tätigkeiten, bei denen nur für die Dauer dieser Tätigkeiten mit dem Auftreten gefährlicher explosionsfähiger Atmosphäre gerechnet werden muss,
- An- und Abfahrprozesse in Anlagen, die nur sehr selten oder ausnahmsweise durchgeführt werden müssen und
- Errichtungs- oder Instandhaltungsarbeiten

sind die Maßnahmen auf der Grundlage der Gefährdungsbeurteilung festzulegen und durchzuführen (GefStoffV Anhang I Nr. 1.8).

4.8.1.9 Explosionsschutzdokument (GefStoffV § 6)

Der Arbeitgeber hat festzustellen, ob

- die verwendeten Stoffe, Gemische und Erzeugnisse
- bei Tätigkeiten,
- auch unter Berücksichtigung verwendeter Arbeitsmittel, Verfahren und der Arbeitsumgebung
- sowie ihrer möglichen Wechselwirkungen, zu Brand- oder Explosionsgefährdungen führen können. (Abs 4)

Dabei hat er zu beurteilen,

1. ob gefährliche Mengen oder Konzentrationen von Gefahrstoffen auftreten,
2. ob Zündquellen oder Bedingungen, die Brände oder Explosionen auslösen können, vorhanden sind und
3. ob schädliche Auswirkungen von Bränden oder Explosionen auf die Gesundheit und Sicherheit der Beschäftigten möglich sind.

Insbesondere hat er zu ermitteln, ob die Stoffe, Gemische und Erzeugnisse auf Grund ihrer Eigenschaften und der Art und Weise, wie sie am Arbeitsplatz vorhanden sind oder verwendet werden, explosionsfähige Gemische bilden können. Im Fall von *nicht atmosphärischen Bedingungen* sind auch die möglichen Veränderungen der für den Explosionsschutz relevanten sicherheitstechnischen Kenngrößen zu ermitteln und zu berücksichtigen (Abs 4).

Bei der Dokumentation nach GefStoffV hat der Arbeitgeber in Abhängigkeit der o. g. Feststellungen die Gefährdungen durch gefährliche explosionsfähige Gemische besonders auszuweisen (Explosionsschutzdokument). Daraus muss insbesondere hervorgehen,

1. dass die Explosionsgefährdungen ermittelt und einer Bewertung unterzogen worden sind,
2. dass angemessene Vorkehrungen getroffen werden, um die Ziele des Explosionsschutzes zu erreichen (Darlegung eines Explosionsschutzkonzeptes),
3. ob und welche Bereiche in Ex-Zonen eingeteilt wurden,
4. für welche Bereiche besondere Explosionsschutzmaßnahmen getroffen wurden; diese Schutzmaßnahmen sind auch vor der erstmaligen Verwendung von Arbeitsmitteln im Explosionsschutzdokument zu dokumentieren,
5. dass der Arbeitgeber bei der Instandhaltung und Änderung von Arbeitsmitteln alle erforderlichen Maßnahmen getroffen hat, damit diese Instandhaltungsarbeiten sicher durchgeführt werden können.
6. wie bei Einsatz von Fremdfirmen die Vorgaben nach § 15 GefStoffV zur Zusammenarbeit verschiedener Firmen umgesetzt werden und
7. welche regelmäßigen Überprüfungen bzgl. Funktion und die Wirksamkeit der technischen Schutzmaßnahmen und welche besonderen Prüfungen zum Explosionsschutz nach der Betriebssicherheitsverordnung durchzuführen (s. o.) sind.

Die Gefährdungsbeurteilung darf nur von *fachkundigen Personen* durchgeführt werden. Verfügt der Arbeitgeber nicht selbst über die entsprechenden Kenntnisse, so hat er sich fachkundig beraten zu lassen. Fachkundig können insbesondere die Fachkraft für Arbeitssicherheit und die Betriebsärztin oder der Betriebsarzt sein (Abs 11). [Vorsicht: könnten sie aber auch nicht sein!].

4.8.2 Prüfvorschriften bei Explosionsgefährdungen

Überwachungsbedürftige Anlagen, Arbeitsmittel und Maßnahmen in explosionsgefährdeten Bereichen sind vor erstmaliger Inbetriebnahme, vor Wiederinbetriebnahme nach prüfpflichtigen Änderungen und wiederkehrend entsprechend Anhang 2 der BetrSichV zu prüfen. Der Arbeitgeber hat dies sicherzustellen. Die Prüfungen sind mit dem Ziel durchzuführen, den Schutz vor Gefährdungen durch Explosionen und Brände mindestens bis zur nächsten Prüfung sicherzustellen; bei den Prüfungen sind auch die Eignung und die Funktion der technischen Schutzmaßnahmen festzustellen. Die Prüfung von Anlagen in explosionsgefährdeten Bereichen und Überprüfung von Arbeitsplätzen in explosionsgefährdeten Bereichen erfolgt nach TRBS 1201.

- Die Prüfungen sind grundsätzlich von einer zugelassenen Überwachungsstelle (ZÜS) durchzuführen.

Sofern dies im Anhang 2 vorgesehen ist, können die Prüfungen auch von einer zur Prüfung befähigten Person durchgeführt werden. Darüber hinaus können alle Prüfungen nach prüfpflichtigen Änderungen, die nicht die Bauart oder die Betriebsweise einer überwachungsbedürftigen Anlage betreffen, von einer zur Prüfung befähigten Person durchgeführt werden (GefStoffV §§ 15,16).

4.8.2.1 Zugelassene Überwachungsstelle (ZÜS)

Zugelassene Überwachungsstellen sind Prüfstellen, die von der Zulassungsbehörde für einen bestimmten Aufgabenbereich als Prüfstellen für überwachungsbedürftige Anlagen zugelassen sind.

Der Betreiber einer überwachungsbedürftigen Anlage hat mit den Prüfungen eine zugelassene Überwachungsstelle zu beauftragen (ÜAnlG § 7).

Die Bundesanstalt für Arbeitsschutz und Arbeitsmedizin gibt die zugelassenen Überwachungsstellen der Öffentlichkeit auf elektronischem Weg bekannt (ÜAnlG § 19): https://www.baua.de/DE/Aufgaben/Gesetzliche-und-hoheitliche-Aufgaben/Produktsicherheitsgesetz/Zugelassene-Ueberwachungsstellen.html (Letzter Zugriff 03.04.2023).

Die Befugnis kann unter Bedingungen erteilt und mit Auflagen verbunden werden. Sie ist befristet und kann mit dem Vorbehalt des Widerrufs sowie nachträglicher Auflagen erteilt werden (ÜAnlG § 19).

4.8.2.2 Zur Prüfung befähigte Personen

Da der Arbeitgeber/Betreiber die befähigten Personen benennt und mit der Prüfung beauftragt, liegt die Verantwortung für die sachgerechte Auswahl stets auch beim Arbeitgeber/Betreiber (BetrSichV § 3). Die erforderliche Qualifikation von befähigten Personen ist in den TRBS 1203 beschrieben. Eine zur *Prüfung befähigte Person* ist eine Person, die durch ihre Berufsausbildung, ihre Berufserfahrung und ihre zeitnahe berufliche Tätigkeit über die erforderlichen Kenntnisse verfügt. Zur Durchführung von Prüfungen an Geräten, Schutzsystemen oder Sicherheits-, Kontroll- oder Regelvorrichtungen müssen die zur Prüfung befähigten Personen zusätzlich über eine behördliche Anerkennung einer der Prüfaufgabe entsprechenden Qualifikation und über die für die Prüfung erforderlichen Prüfeinrichtungen verfügen. Die Anforderungen im Einzelnen sind in Abb. 4.8 aufgelistet.

Prüfungen	Ausbildung	Erfahrung	Kenntnisse	Zusätzliche Qualifikationen
Wiederkehrende Prüfungen von Bestandteilen von Anlagen in explosionsgefährdeten Bereichen	eine einschlägige technische Berufsausbildung oder eine andere für die vorgesehenen Prüfungsaufgaben ausreichende technische Qualifikation	mindestens einjährige Erfahrung mit der Herstellung, dem Zusammenbau, dem Betrieb oder der Instandhaltung der zu prüfenden Anlagen oder Anlagenkomponenten	Kenntnisse über Explosionsgefährdungen durch Teilnahme an Schulungen oder Unterweisungen auf aktuellem Stand	Keine
Prüfungen von Geräten, Schutzsystemen oder Sicherheits-, Kontroll- oder Regelvorrichtungen **nach einer Instandsetzung**	Oben genannte Grundqualifikationen und zusätzlich: → Oder nach der Instandsetzung : Prüfung durch den Hersteller und Bestätigung			eine behördliche Anerkennung einer der Prüfaufgabe entsprechenden Qualifikation und Verfügung über die für die Prüfung erforderlichen Prüfeinrichtungen
Prüfung von (Gesamt-) Anlagen **vor der erstmaligen Inbetriebnahme und** vor der Wiederinbetriebnahme nach prüfpflichtigen Änderungen und **Wiederkehrende Prüfungen mindestens alle sechs Jahre**	Alternative Qualifikation: a) ein einschlägiges **Studium**, b) eine einschlägige Berufsausbildung, c) eine vergleichbare technische Qualifikation oder d) eine andere technische Qualifikation mit langjähriger Erfahrung auf dem Gebiet der Sicherheitstechnik	**Einschlägige Berufserfahrung** aus einer zeitnahen Tätigkeit nachweisen	**Umfassende** Kenntnisse des Explosionsschutzes einschließlich des zugehörigen Regelwerkes	Kenntnisse zum Explosionsschutz auf **aktuellem** Stand und Fortbildung durch **regelmäßige Teilnahme an einem einschlägigen Erfahrungsaustausch** auf dem Gebiet des Explosionsschutzes

Abb. 4.8 In explosionsgefährdeten Bereichen zur Prüfung befähigte Personen und ihre erforderlichen Qualifikationen abhängig von der jeweiligen Prüfung

4.8.2.3 Prüfungen von Anlagen in explosionsgefährdeten Bereichen

Anlagen in explosionsgefährdeten Bereichen sind die Gesamtheit der explosionsschutzrelevanten Arbeitsmittel einschließlich der Verbindungselemente sowie der explosionsschutzrelevanten Gebäudeteile (BetrSichV Anhang 2 Abschn. 3). Solche Anlagen in explosionsgefährdeten Bereichen sind vor der erstmaligen Inbetriebnahme und vor der Wiederinbetriebnahme nach prüfpflichtigen Änderungen auf Explosionssicherheit zu prüfen. Daneben sind die Anlagen mindestens **alle sechs Jahre** zu prüfen. Hierbei sind das im Explosionsschutzdokument dargelegte Explosionsschutzkonzept und die Zoneneinteilung zu berücksichtigen. Bei der Prüfung ist festzustellen, ob

- die für die Prüfung benötigten technischen Unterlagen (z. B. EG-Konformitätserklärung) vollständig vorhanden sind und ihr Inhalt plausibel ist,
- die Anlage entsprechend der Betriebssicherheitsverordnung errichtet wurde und in einem sicheren Zustand ist und sicher verwendet werden kann,
- das Instandhaltungskonzept geeignet ist und angewendet wird,
- die festgelegten technischen Maßnahmen geeignet und funktionsfähig sind,
- die festgelegten organisatorischen Maßnahmen geeignet sind
- die notwendigen (Wiederholungs-)Prüfungen für die Anlage und ihre Teile durchgeführt und die dabei festgestellten Mängel behoben wurden.

Geräte, Schutzsysteme, Sicherheits-, Kontroll- und Regelvorrichtungen mit ihren Verbindungseinrichtungen sind **mindestens alle drei Jahre** zu prüfen. Lüftungsanlagen, Gaswarneinrichtungen und Inertisierungseinrichtungen sind wiederkehrend **jährlich** zu prüfen (BetrSichV Anhang 2 Abschn. 4).

4.8.2.4 Übergangsvorschriften

Durch das *Gesetz zur Anpassung des Produktsicherheitsgesetzes und zur Neuordnung des Rechts der überwachungsbedürftigen Anlagen vom 27.07.2021* wurde im Artikel 1 das Produktsicherheitsgesetz neu gefasst. Mit Artikel 3 des Gesetzes wurde das neue Gesetz über überwachungsbedürftige Anlagen (ÜAnlG) im Hinblick auf den sicheren Betrieb solcher Anlagen erlassen. Mit Artikel 7 des Gesetzes wurde die Betriebssicherheitsverordnung (BetrSichV) redaktionell an das neue ÜAnlG angepasst: https://www.bmas.de/DE/Service/Gesetze-und-Gesetzesvorhaben/gesetz-zur-anpassung-des-produktsicherheitsgesetz.html (BMAS, Letzter Zugriff 03.04.2023).

Bis zur Bestimmung eines Katalogs überwachungsbedürftiger Anlagen in einer Rechtsverordnung gemäß § 31 Satz 2 Nummer 1 gelten die in § 2 Nummer 30 des Produktsicherheitsgesetzes genannten überwachungsbedürftigen Anlagen als überwachungsbedürftige Anlagen im Sinne dieses Gesetzes. Eine vor dem Inkrafttreten dieses Gesetzes erteilte Zulassung als zugelassene Überwachungsstelle gilt als solche fort (ÜAnlG § 34).

Hinweis: Wichtige technische Regelwerke

- TRBS 1112 Teil 1 Explosionsgefährdungen bei und durch Instandhaltungsarbeiten – Beurteilung und Schutzmaßnahmen
- TRBS 1122 Änderungen von Gasfüllanlagen, Lageranlagen, Füllstellen, Tankstellen und Flugfeldbetankungsanlagen – Ermittlung der Prüfpflicht nach Anhang 2 Abschnitt 3 BetrSichV und der Erlaubnispflicht gemäß § 18 BetrSichV
- TRBS 1123 Prüfpflichtige Änderungen von Anlagen in explosionsgefährdeten Bereichen – Ermittlung der Prüfnotwendigkeit gemäß § 15 Absatz 1 BetrSichV
- TRBS 1201 Prüfungen und Kontrollen von Arbeitsmitteln und überwachungsbedürftigen Anlagen
- TRBS 1201 Teil 1 Prüfung von Anlagen in explosionsgefährdeten Bereichen
- TRBS 1201 Teil 3 (Januar 2018) Instandsetzung an Geräten, Schutzsystemen, Sicherheits-, Kontroll- und Regelvorrichtungen im Sinne der Richtlinie 2014/34/EU (ATEX)
- TRBS 1203 Zur Prüfung befähigte Personen
- TRGS 720 (TRBS 2152 alt) Gefährliche explosionsfähige Atmosphäre – Allgemeines –
- TRGS 721 (TRBS 2152 Teil 1 alt) Gefährliche explosionsfähige Atmosphäre – Beurteilung der Explosionsgefährdung –
- TRGS 722 (TRBS 2152 Teil 2 alt) Vermeidung oder Einschränkung gefährlicher explosionsfähiger Atmosphäre
- TRGS 723 (TRBS 2152 Teil 3 alt) Gefährliche explosionsfähige Atmosphäre – Vermeidung der Entzündung gefährlicher explosionsfähiger Atmosphäre
- TRGS 407 Tätigkeiten mit Gasen – Gefährdungsbeurteilung
- TRGS 510 Lagerung von Gefahrstoffen in ortsbeweglichen Behältern
- TRGS 725 Gefährliche, explosionsfähige Atmosphäre – Mess-, Steuer- und Regeleinrichtungen im Rahmen von Explosionsschutzmaßnahmen
- TRGS 727 Vermeidung von Zündgefahren infolge elektrostatischer Aufladungen EMKG-Leitfaden Dokumentation der Explosionsgefährdungen nach § 6 Absatz 9 GefStoffV

Explosionsschutz-Regeln (EX-RL) DGUV Regel 113-001 der Berufsgenossenschaft Rohstoffe und chemische Industrie (BG RCI):
http://www.bgrci.de/exinfode/dokumente/explosionsschutz-regeln-ex-rl-dguv-regel-113-001/

Gliederung der Beispielsammlung:
https://www.bgrci.de/fileadmin/BGRCI/Downloads/DL_Praevention/Explosionsschutzportal/DGUV_Regel_113-001/Neue_Gliederung_der_neuen_Beispielsammlung.pdf

Beispiele aus dem Bereich Abwassertechnische Anlagen (Wichtig und hilfreich): https://www.bgrci.de/fileadmin/BGRCI/Downloads/DL_Praevention/Explosionsschutzportal/DGUV_Regel_113-001/Punkt_4_EX-RL_-_Beispielsammlung_13.03.2017.pdf
Letzter Zugriff jeweils 03.04.2023

DWA-M 217 Explosionsschutz für abwassertechnische Anlagen

4.8.3 Wassergefährdende Stoffe

Grundsätzlich ist jeder verpflichtet, bei allen Maßnahmen, mit denen Einwirkungen auf ein Gewässer verbunden sein können, die nach den Umständen erforderliche Sorgfalt anzuwenden, um eine nachteilige Veränderung der Gewässereigenschaften zu vermeiden.

Als Gewässer gilt auch das Grundwasser (WHG § 5)!

Die technischen Anforderungen bestehen u. a. darin, dass Behälter, in denen sich wassergefährdende Stoffe befinden, während der gesamten Betriebszeit dicht sind und der Betreiber dafür Sorge zu tragen hat, dass dieser Zustand erhalten bleibt. Beim Umgang mit wassergefährdenden Stoffen gelten darüber hinaus aber noch weitergehende konkrete Anforderungen.

► „Abwasser" fällt nicht in die Kategorie der wassergefährdenden Stoffe (§ 62, Abs. 6 WHG).

4.8.3.1 Wassergefährdung

Wassergefährdend sind alle festen, flüssigen und gasförmigen Stoffe oder Gemische, die eine dauernde oder eine erhebliche nachteilige Veränderung der Wasserbeschaffenheit herbeiführen könnten (WHG § 62). Beispiele hierfür sind Säuren, Laugen, Mineralölprodukte, flüssige Kohlenwasserstoffe, Alkohole oder Gifte.

Stoffe und Gemische werden entsprechend ihrer Gefährlichkeit als *nicht wassergefährdend* (z. B. Methan, Bitumen) oder in eine der folgenden *Wassergefährdungsklassen* eingestuft:

Wassergefährdungsklasse 1	schwach wassergefährdend	z. B. Eisen(III)-chlorid, Salzsäure
Wassergefährdungsklasse 2	deutlich wassergefährdend	z. B. Heizöl EL, Ammoniak
Wassergefährdungsklasse 3	stark wassergefährdend	z. B. Ottokraftstoffe, Altöl

Solange Stoffe und Gemische nicht eingestuft sind, gelten sie aus Vorsorgegründen als *stark wassergefährdend* (AwSV § 3).

Beabsichtigt ein Betreiber, in einer Anlage mit einem Stoff umzugehen, hat er diesen zunächst entweder als nicht wassergefährdend oder in eine der drei Wassergefährdungsklassen einzustufen (AwSV § 4). Dies gilt nicht, wenn das Ergebnis einer solchen Einstufung schon vorliegt und vom Umweltbundesamt veröffentlicht wurde. Alle bisher in eine

Wassergefährdungsklasse oder als nicht-wassergefährdend eingestuften Stoffe können z. B. in der online-Datenbank „*Rigoletto*“ des Umweltbundesamtes recherchiert werden. Da die Daten dem europäischen Gefahrstoffrecht entsprechen, ergibt sich die Einstufung in der Regel auch aus dem Sicherheitsdatenblatt des verwendeten Stoffs oder Gemische, und zwar im Abschnitt 12 „Umweltbezogene Angaben“ oder im Abschnitt 15 bei den nationalen „Rechtsvorschriften“. Abhängig von der verwendeten Menge und der Wassergefährdungsklasse folgen verschiedene Forderungen an die sicherheitstechnische Ausrüstung der Anlagen und an den Umgang mit den Stoffen.

4.8.3.2 Umgang mit wassergefährdenden Stoffen

Unter „Umgang“ wird verstanden: Lagern, Abfüllen, Umschlagen, Herstellen, Behandeln und Verwenden wassergefährdender Stoffe.

Mindestens einer dieser folgenden Vorgänge des Umgangs mit wassergefährdenden Stoffen findet in der Regel auch in Entwässerungsbetrieben statt:

- „Lagern“ ist das Vorhalten von wassergefährdenden Stoffen zur weiteren Nutzung, Abgabe oder Entsorgung
- „Abfüllen“ ist das Befüllen von Behältern oder Verpackungen mit wassergefährdenden Stoffen
- „Verwenden“ ist das Anwenden, Gebrauchen und Verbrauchen von wassergefährdenden Stoffen unter Ausnutzung ihrer Eigenschaften u. a. im Bereich öffentlicher Einrichtungen (AwSV § 2).

4.8.3.3 Verordnung über Anlagen zum Umgang mit wassergefährdenden Stoffen (AwSV)

Am 1. August 2017 trat die Verordnung über Anlagen zum Umgang mit wassergefährdenden Stoffen (AwSV) in Kraft. Die Bundes-Verordnung löste die 16 bisher geltenden Länder-Verordnungen ab (VAwS) und regelt einheitlich die Einstufung von Stoffen und Gemischen nach ihrer Gefährlichkeit, die technischen und organisatorischen Anforderungen an Anlagen, die mit diesen Stoffen und Gemischen umgehen, sowie die Pflichten der Betreiber dieser Anlagen. Auch die Bundes-Verwaltungsvorschrift zum Wasserhaushaltsgesetz über die Einstufung wassergefährdender Stoffe in Wassergefährdungsklassen (VwVwS) wird durch die AwSV ersetzt. Eine grundsätzliche Erleichterung für kleine Betriebe stellt die Bagatellgrenze dar: Unabhängig von der Wassergefährdungsklasse sind außerhalb von Schutzgebieten oberirdische Anlagen mit einem Volumen von weniger als 220 Liter flüssige Stoffe oder weniger als 200 kg gasförmige oder feste Stoffe von den Anforderungen der Verordnung ausgenommen (AwSV § 1).

4.8.4 Anlagen

Anlagen zum Umgang mit wassergefährdenden Stoffen sind selbständige und ortsfeste oder ortsfest benutzte Einheiten, in denen wassergefährdende Stoffe gelagert, abgefüllt, umgeschlagen, hergestellt, behandelt oder verwendet werden. Das gilt auch für Rohrleitungsanlagen, die den Bereich eines Werksgeländes nicht überschreiten und Zubehör einer solchen Anlage sind. Als ortsfest oder ortsfest benutzt gelten dabei Einheiten, wenn sie länger als ein halbes Jahr an einem Ort zu einem bestimmten betrieblichen Zweck betrieben werden. Anlagen können aus mehreren Anlagenteilen bestehen (AwSV § 2 Abs 9).

Anlagen zum Umgang mit wassergefährdenden Stoffen sind damit nicht identisch mit den Anlagen nach dem sonstigen Wasserrecht, dem Immissionsschutzrecht oder dem Baurecht.

4.8.4.1 Anforderungen an Anlagen

Anlagen zum Umgang mit wassergefährdenden Stoffen dürfen nur entsprechend den allgemein anerkannten Regeln der Technik beschaffen sein sowie errichtet, unterhalten, betrieben und stillgelegt werden, so dass eine nachteilige Veränderung der Eigenschaften von Gewässern nicht zu besorgen ist (WHG § 62). Anlagen müssen dicht, standsicher und gegenüber den zu erwartenden mechanischen, thermischen und chemischen Einflüssen hinreichend widerstandsfähig sein. Anlagen müssen daher so geplant und errichtet werden, beschaffen sein und betrieben werden, dass

- wassergefährdende Stoffe nicht austreten können,
- Undichtheiten aller Anlagenteile schnell und zuverlässig erkennbar sind,
- austretende wassergefährdende Stoffe schnell und zuverlässig zurückgehalten sowie ordnungsgemäß entsorgt werden (AwSV § 17).

Solche Anlagen zum Umgang mit wassergefährdenden Stoffen sind in der Regel gleichzeitig auch bauliche Anlagen und fallen damit unter die Bauordnungen der Bundesländer. Diese ähneln sich aber sehr: Nach der Muster-Bauordnung (MBO) sind „Bauliche Anlagen“ mit dem Erdboden verbundene, aus Bauprodukten hergestellte Anlagen (MBO § 2). „Bauprodukte“ wiederum sind Produkte, Baustoffe, Bauteile und Anlagen sowie Bausätze, die hergestellt werden, um dauerhaft in bauliche Anlagen eingebaut zu werden und auch aus Produkten, Baustoffen, Bauteilen sowie Bausätzen vorgefertigte Anlagen, die hergestellt werden, um mit dem Erdboden verbunden zu werden. Bauprodukte dürfen nur verwendet werden, wenn bei ihrer Verwendung die baulichen Anlagen bei ordnungsgemäßer Instandhaltung während einer dem Zweck entsprechenden angemessenen Zeitdauer die Anforderungen erfüllen und gebrauchstauglich sind. Bauprodukte anderer Vertragsstaaten dürfen verwendet werden, wenn das geforderte Schutzniveau gleichermaßen dauerhaft erreicht wird (MBO § 16b). Ein Bauprodukt, das die CE-Kennzeichnung trägt, darf verwendet werden, wenn die erklärten Leistungen den festgelegten Anforderungen für diese Verwendung entsprechen.

Für folgende serienmäßig hergestellte Bauprodukte und folgende Bauarten sind aber auch zusätzlich hinsichtlich wasserrechtlicher Anforderungen Verwendbarkeits-, Anwendbarkeits- und Übereinstimmungsnachweise zu führen; und zwar für folgende ortsfest verwendete Anlagen zum Lagern, Abfüllen und Umschlagen von wassergefährdenden Stoffen:

a) Auffangwannen und -vorrichtungen sowie vorgefertigte Teile für Auffangräume und -flächen,
b) Abdichtungsmittel für Auffangwannen, -vorrichtungen, -räume und für Flächen,
c) Behälter,
d) Innenbeschichtungen und Auskleidungen für Behälter und Rohre,

e) Rohre, zugehörige Formstücke, Dichtmittel, Armaturen und
f) Sicherheitseinrichtungen (BauPAV).

Für folgende Bauarten und für folgende serienmäßig hergestellte Bauprodukte sind auch hinsichtlich wasserrechtlicher Anforderungen Anwendbarkeitsnachweise, Verwendbarkeitsnachweise sowie Übereinstimmungserklärungen zu führen.

Abwasserbehandlungsanlagen
a) Kleinkläranlagen, die für einen durchschnittlichen Anfall von Abwässern bis zu 8 m^3/ Tag bemessen sind,
b) Leichtflüssigkeitsabscheider für Benzin und Öl,
c) Fettabscheider,
d) Amalgamabscheider für Zahnarztpraxen,
e) bis i) weitere Anlagen (BauPAV).

Dies ist in Bayern in der Verordnung über bauordnungsrechtliche Regelungen für Bauprodukte und Bauarten (Bauprodukte- und Bauartenverordnung – BauPAV § 12) geregelt; die gleiche Verordnung heißt in den meisten Bundesländern WasBauPVO. In NRW oder Ba-Wü siehe z. B. WasBauPVO § 1.

4.8.4.2 Anforderungen an die Rückhaltung wassergefährdender Stoffe (AwSV § 18)

Anlagen müssen ausgetretene wassergefährdende Stoffe zurückhalten. Das gilt nicht, wenn es sich um eine doppelwandige Anlage handelt. Einwandige unterirdische Behälter für flüssige wassergefährdende Stoffe sind unzulässig.

Rückhalteeinrichtungen müssen flüssigkeitsundurchlässig sein und dürfen keine Abläufe haben. Auf ein Rückhaltevolumen kann bei oberirdischen Anlagen zum Umgang mit wassergefährdenden Stoffen der Wassergefährdungsklasse 1 mit einem Volumen bis 1000 Liter verzichtet werden, sofern sich diese auf einer Fläche befinden, die den betriebstechnischen Anforderungen genügt, und eine Leckerkennung gewährleistet ist, oder flüssigkeitsundurchlässig ausgebildet ist Dies könnte z. B. bei einem Fällmittel in einem IBC der Fall sein.

4.8.4.3 Anlagendokumentation (AwSV § 43)

Der Betreiber hat eine Anlagendokumentation zu führen, in der die wesentlichen Informationen über die Anlage enthalten sind. Hierzu zählen insbesondere auch die u. g. Angaben zum Aufbau und zur Abgrenzung der Anlage, zu den eingesetzten Stoffen, zur Bauart und zu den Werkstoffen der einzelnen Anlagenteile, zu Sicherheitseinrichtungen und Schutzvorkehrungen, zur Löschwasserrückhaltung, zur Standsicherheit und den durchgeführten Eigenüberwachungen bzw. Fremdprüfungen.

4.8.4.4 Bestimmung und Abgrenzung von Anlagen (AwSV § 14)

Der Betreiber einer Anlage hat zu dokumentieren, welche Anlagenteile zu der Anlage gehören und wo die Schnittstellen zu anderen Anlagen sind Zu einer Anlage gehören dabei alle Anlagenteile, die in einem engen funktionalen oder verfahrenstechnischen Zusammenhang miteinander stehen. Dies sind auch die Flächen einschließlich ihrer Einrichtungen, die dem

Volumen in m³ bzw. Masse in t	Wasser-gefährdungs-klasse (WGK) 1	WGK 2	WGK 3
bis 0,22 m³ oder 0,2 t	Stufe A	Stufe A	Stufe A
mehr als 0,22 m³ oder 0,2 t bis 1	Stufe A	Stufe A	Stufe B
mehr als 1 bis 10	Stufe A	Stufe B	Stufe C
mehr als 10 bis 100	Stufe A	Stufe C	Stufe D
mehr als 100 bis 1.000	Stufe B	Stufe D	Stufe D
mehr als 1.000	Stufe C	Stufe D	Stufe D

Abb. 4.9 Gefährdungsstufen

Lagern oder dem regelmäßigen Abstellen von wassergefährdenden Stoffen in Behältern oder Verpackungen dienen.

4.8.4.5 Gefährdungsstufen von Anlagen (AwSV § 39)

Betreiber haben Anlagen entsprechend Abb. 4.9 einer Gefährdungsstufe zuzuordnen (§ 39). Bei flüssigen Stoffen ist das für die jeweilige Anlage maßgebende Volumen zugrunde zu legen, bei gasförmigen und festen Stoffen die für die jeweilige Anlage maßgebende Masse.

Die Einstufung in die Gefährdungsstufen A bis D ist entscheidend für die Anforderungen an die Anlage: je höher die WGK und je größer das Volumen desto höher die Anforderungen an die Anlage.

4.8.4.6 Eignungsfeststellung

Grundsätzlich dürfen Anlagen zum Lagern oder Abfüllen wassergefährdender Stoffe nur errichtet und betrieben werden, wenn ihre Eignung von der zuständigen Behörde festgestellt worden ist. Die Eignungsfeststellung entfällt unter bestimmten Umständen, u. a. wenn für die Anlage eine Genehmigung nach baurechtlichen Vorschriften erteilt worden ist und die wasserrechtlichen Anforderungen zu berücksichtigen waren (§ 63 WHG). Für Anlagen zum Lagern, Abfüllen oder Umschlagen flüssiger oder fester wassergefährdender Stoffe der Gefährdungsstufe A ist die Eignungsfeststellung z. B. nicht erforderlich; genau wie für Heizölverbraucheranlagen. Damit entfällt die Eignungsfeststellung bei Anlagen bis zu 100 m³ (oder t) für Fäll- oder Flockungshilfsmittel in WGK 1 (Stufe A, Tabelle oben).

4.8.4.7 Betriebsanweisung ab Gefährdungsstufe B

Der Betreiber hat eine Betriebsanweisung vorzuhalten, die einen Überwachungs-, Instandhaltungs- und Notfallplan enthält und Sofortmaßnahmen zur Abwehr nachteiliger Veränderungen der Eigenschaften von Gewässern festlegt. Der Plan ist mit den Stellen abzustimmen, die im Rahmen des Notfallplans und der Sofortmaßnahmen beteiligt sind. Der Betreiber hat die Einhaltung der Betriebsanweisung und deren Aktualisierung sicherzustellen. Die Betriebsanweisung muss daher dem Betriebspersonal der Anlage jederzeit zugänglich sein. Das Betriebspersonal der Anlage ist vor Aufnahme der Tätigkeit und dann regelmäßig in angemessenen Zeitabständen, mindestens jedoch einmal jährlich, zu unterweisen, wie es sich laut Betriebsanweisung zu verhalten hat. Die Durchführung der Unterweisung ist vom

Betreiber zu dokumentieren (AwSV § 44). Das alles gilt u. a. nicht für Anlagen der Gefährdungsstufe A oder für Heizölverbraucheranlagen. Stattdessen ist bei diesen ein Merkblatt zu Betriebs- und Verhaltensvorschriften zu verwenden.

4.8.4.8 Überwachungs- und Prüfpflichten des Betreibers

Der Betreiber hat die Dichtheit der Anlage und die Funktionsfähigkeit der Sicherheitseinrichtungen regelmäßig selbst zu kontrollieren. Die zuständige Behörde kann im Einzelfall anordnen, dass der Betreiber einen Überwachungsvertrag mit einem Fachbetrieb abschließt, wenn er selbst nicht die erforderliche Sachkunde besitzt und auch nicht über sachkundiges Personal verfügt (AwSV § 46).

Zusätzlich haben Betreiber Anlagen zu bestimmten unterschiedlichen Prüfzeitpunkten und -intervallen (je nach Lage außerhalb oder innerhalb von Schutzgebieten oder Überschwemmungsgebieten) auf ihren ordnungsgemäßen Zustand von *Sachverständigen* prüfen zu lassen. Anlagen, bei denen ein erheblicher oder ein gefährlicher Mangel festgestellt worden ist, müssen nach Beseitigung des Mangels erneut geprüft werden (AwSV § 47).

4.8.4.9 Sachverständige

Mit der Bestellung wird dem Sachverständigen ein Bestellungsschreiben ausgehändigt. Die Bestellung kann auf bestimmte Tätigkeitsbereiche beschränkt werden; das sollte aus dem Bestellungsschreiben hervorgehen (AwSV § 53). Die bestellten Sachverständigen müssen regelmäßig, mindestens alle zwei Jahre, an Fortbildungsveranstaltungen teilnehmen (AwSV § 60).

4.8.4.10 Fachbetriebspflicht

Bestimmte Anlagen einschließlich der zu ihnen gehörenden Anlagenteile dürfen nur von Fachbetrieben errichtet, von innen gereinigt, instandgesetzt und stillgelegt werden; u. a. auch Heizölverbraucheranlagen der Gefährdungsstufe B (1000–10.000 Liter).

Ausnahmen gelten für Tätigkeiten an Anlagen oder Anlagenteilen, die keine unmittelbare Bedeutung für die Anlagensicherheit haben; diese müssen nicht von Fachbetrieben ausgeführt werden (AwSV § 45).

4.8.4.11 Regeln der Technik

Den o. g. allgemein anerkannten Regeln der Technik entsprechende Regeln sind

- insbesondere die technischen Regeln wassergefährdender Stoffe der Deutschen Vereinigung für Wasserwirtschaft, Abwasser und Abfall e. V. (DWA): TRwS 779, TRwS 780, ff. entspricht DWA-A 779, DWA-A 780 ff.
- technische Regeln, die in der Musterliste der technischen Baubestimmungen oder in der Bauregelliste des Deutschen Instituts für Bautechnik (DIBt) aufgeführt sind,
- DIN-Normen und EN-Normen, soweit sie den Gewässerschutz betreffen und nicht in der Bauregelliste des Deutschen Instituts für Bautechnik aufgeführt sind (AwSV § 15).

4.8.4.12 Rückhaltung bei Brandereignissen

Anlagen müssen so geplant, errichtet und betrieben werden, dass die bei Brandereignissen austretenden wassergefährdenden Stoffe, Lösch-, Berieselungs- und Kühlwasser sowie die entstehenden Verbrennungsprodukte mit wassergefährdenden Eigenschaften nach den allgemein anerkannten Regeln der Technik zurückgehalten werden. Das gilt nicht für Anlagen, bei denen eine Brandentstehung nicht zu erwarten ist, und für Heizölverbraucheranlagen (AwSV § 20).

Eine allgemein anerkannte Regel der Technik ist das Arbeitsblatt DWA-A 779 „Technische Regel wassergefährdender Stoffe (TRwS), Allgemeine Technische Regelungen" vom April 2006. Dort ist unter Nr. 8.2 folgendes geregelt:

> *„Bemessungsgrundsätze für die Löschwasserrückhaltung beim Lagern wassergefährdender Stoffe enthält die Löschwasserrückhalterichtlinie (LöRüRL). Die Rückhaltung von Löschwasser ist bei Lageranlagen mit Mengen an wassergefährdenden Stoffen je Lagerabschnitt unterhalb der Mengenschwellen nach Ziffer 2.1 der LöRüRL im Regelfall nicht erforderlich."*

In der LöRüRL wiederum ist festgelegt:

> *„2.1 Diese Richtlinie gilt für bauliche Anlagen, in oder auf denen wassergefährdende Stoffe*
>
> *der Wassergefährdungsklasse WGK 1 mit mehr als 100 t je Lagerabschnitt oderder Wassergefährdungsklasse WGK 2 mit mehr als 10 t je Lagerabschnitt oderder Wassergefährdungsklasse WGK 3 mit mehr als 1 t je Lagerabschnittgelagert werden.*
>
> *Werden wassergefährdende Stoffe unterschiedlicher Wassergefährdungsklasse zusammen gelagert, so gilt für die Feststellung, ob die bauliche Anlage dem Geltungsbereich unterliegt.*
>
> *1 t WGK 3-Stoff als 10 t WGK 2-Stoff und1 t WGK 2-Stoff als 10 t WGK 1-Stoff.Die auf eine Wassergefährdungsklasse umgerechneten Mengen sind zu addieren."*

▶ Richtlinie zur Bemessung von Löschwasser-Rückhalteanlagen beim Lagern wassergefährdender Stoffe (Löschwasser-Rückhalte-Richtlinie – LöRüRL): https://www.umweltpakt.bayern.de/wasser/recht/bayern/306/loeruerl-loeschwasser-rueckhalte-richtlinie (Letzter Zugriff 03.04.2023)

4.9 Brennbare Stoffe und Brennstoffe

Früher wurde von *brennbaren Stoffen* gesprochen, heute von *Entzündbarkeit* der Stoffe. Der Anhang 1 der CLP-Verordnung (EG) Nr. 1272/2008 beschreibt die Kriterien für die Einstufung von Stoffen in Gefahrenklassen und in ihre Differenzierungen und enthält zusätzliche Vorschriften darüber, wie diese Kriterien erfüllt werden können. Einige wichtige Stoffgruppen sind die folgenden:

Entzündbare Gase Gase oder Gasgemische, die in Luft bei 20 °C und einem Standarddruck von 101,3 kPa einen Explosionsbereich haben.

Entzündbare Aerosole Aerosole, d. h. Aerosolpackungen: alle nicht nachfüllbaren Behälter aus Metall, Glas oder Kunststoff, einschließlich des darin enthaltenen verdichteten, verflüssigten oder unter Druck gelösten Gases mit oder ohne Flüssigkeit, Paste oder Pulver, die mit einer Entnahmevorrichtung versehen sind, die es ermöglicht, ihren Inhalt in Form von in Gas suspendierten festen oder flüssigen Partikeln als Schaum, Paste, Pulver oder in flüssigem oder gasförmigem Zustand austreten zu lassen.

Aerosole kommen für eine Einstufung als *entzündbar* in Betracht, sobald sie einen beliebigen Bestandteil enthalten, der anhand der in diesem Teil enthaltenen Kriterien als entzündbar eingestuft wurde, d. h.:

- Flüssigkeiten mit einem Flammpunkt von $\leq$ 93 °C
- entzündbare Gase
- entzündbare Feststoffe

Ein Aerosol wird u. a. anhand seiner Bestandteile und seiner chemischen Verbrennungswärme in eine der beiden Kategorien entzündbar oder extrem entzündbar eingestuft (Verordnung (EG) Nr. 1272/2008 Anh 1 Teil 1 Nr 2.3).

Entzündbare Flüssigkeiten Zur Einstufung entzündbarer Flüssigkeiten sind Daten über den Flammpunkt und den Siedebeginn erforderlich. *Entzündbare Flüssigkeiten* sind Flüssigkeiten mit einem Flammpunkt von maximal 60°C.

Entzündbare Feststoffe Feststoff, der leicht brennbar ist oder durch Reibung Brand **verursachen oder fördern kann**.

Leicht brennbare Feststoffe sind pulverförmige, körnige oder pastöse Stoffe oder Gemische, die gefährlich sind, wenn sie durch kurzen Kontakt mit einer Zündquelle wie einem brennenden Streichholz leicht entzündet werden können und die Flammen sich rasch ausbreiten (Verordnung (EG) Nr. 1272/2008 Anh 1 Teil 1 Nr 2.6) Weiter wird unterschieden in (normal) *entzündbar, leicht* und *extrem entzündbar*. Fast alle solche Stoffe werden mit dem GHS-Piktogramm gekennzeichnet (Abb. 4.10). Dazu werden die folgenden Gefahrenhinweise verwendet:

Gase: extrem entzündbar H220 und entzündbar H221

Aerosol: extrem entzündbares H222 und entzündbares H223

Flüssigkeit und Dampf: extrem entzündbar H224, leicht entzündbar H225 und (normal) entzündbar H226

Feststoffe: entzündbar H228

Abb. 4.10 GHS 02 – Flamme, Gefahr oder Achtung Entzündlich

Im Abschnitt 9 „***Physikalische und chemische Eigenschaften***“ des Sicherheitsdatenblatts werden die relevanten Daten zu dem Stoff oder dem Gemisch beschrieben, z. B.:

- Aussehen: Der Aggregatzustand (fest, flüssig, gasförmig) und die Farbe des Stoffs oder des Gemischs im Lieferzustand
- Schmelzpunkt/Gefrierpunkt
- Siedebeginn und Siedebereich
- Flammpunkt
- Entzündbarkeit (fest, gasförmig)
- obere/untere Entzündbarkeits- oder Explosionsgrenzen
- Dampfdruck
- Selbstentzündungstemperatur
- explosive Eigenschaften
- toxidierende Eigenschaften

Der Begriff **„Brennbare Gefahrstoffe“** wird in der TRGS 800 verwendet und ist noch umfassender definiert.

4.9.1 Brennstoffe (1. BImSchV § 3)

In Feuerungsanlagen dürfen nur die folgenden Brennstoffe eingesetzt werden; dabei wird unterschieden zwischen festen, flüssigen und gasförmigen Stoffen.

- Steinkohlen, nicht pechgebundene **Steinkohlenbriketts**, Steinkohlenkoks,
- Braunkohlen, **Braunkohlenbriketts**, Braunkohlenkoks,
- Brenntorf, Presslinge aus Brenntorf,
- Grill-Holzkohle, Grill-Holzkohlebriketts nach DIN EN 1860
- naturbelassenes stückiges Holz einschließlich anhaftender Rinde, insbesondere in Form von Scheitholz und Hackschnitzeln, sowie Reisig und Zapfen,
- naturbelassenes nicht stückiges Holz, insbesondere in Form von Sägemehl, Spänen und Schleifstaub, sowie Rinde,
- Presslinge aus naturbelassenem Holz in Form von Holzbriketts oder in Form von Holzpellets sowie andere Holzbriketts oder Holzpellets aus naturbelassenem Holz,
- gestrichenes, lackiertes oder beschichtetes Holz sowie daraus anfallende Reste, soweit keine Holzschutzmittel aufgetragen oder infolge einer Behandlung enthalten sind und Beschichtungen keine halogenorganischen Verbindungen oder Schwermetalle enthalten,
- Sperrholz, Spanplatten, Faserplatten oder sonst verleimtes Holz sowie daraus anfallende Reste, soweit keine Holzschutzmittel aufgetragen oder infolge einer Behandlung enthalten sind und Beschichtungen keine halogenorganischen Verbindungen oder Schwermetalle enthalten,
- Stroh und ähnliche pflanzliche Stoffe, nicht als Lebensmittel bestimmtes Getreide wie Getreidekörner und Getreidebruchkörner, Getreideganzpflanzen, Getreideausputz, Getreidespelzen und Getreidehalmreste sowie Pellets aus den vorgenannten Brennstoffen,

- **Heizöl leicht (Heizöl EL) nach DIN 51603-1**, Ausgabe August 2008, und andere leichte Heizöle mit gleichwertiger Qualität sowie Methanol, Ethanol, naturbelassene Pflanzenöle oder Pflanzenölmethylester,
- **Gase der öffentlichen Gasversorgung**, naturbelassenes Erdgas oder Erdölgas mit vergleichbaren Schwefelgehalten sowie Flüssiggas oder Wasserstoff,
- **Klärgas** mit einem Volumengehalt an Schwefelverbindungen bis zu 1 Promille, angegeben als Schwefel, oder Biogas aus der Landwirtschaft,
- Koksofengas, Grubengas, Stahlgas, Hochofengas, Raffineriegas und Synthesegas mit einem Volumengehalt an Schwefelverbindungen bis zu 1 Promille, angegeben als Schwefel, sowie
- nachwachsende Rohstoffe

4.9.2 Brennstofflagerung (FeuV Bayern § 11)

Unter bestimmten Umständen ist die Lagerung von Brennstoffen nur in besonderen Brennstofflagerräumen erlaubt. Je Gebäude oder Brandabschnitt darf die Lagerung von z. B.

- festen Brennstoffen in einer Menge von mehr als 15.000 kg oder
- Heizöl und Dieselkraftstoff in Behältern mit mehr als insgesamt 5000 l

nur in besonderen Räumen (Brennstofflagerräumen) erfolgen, die *nicht* zu anderen Zwecken genutzt werden dürfen. Das heißt umgekehrt, dass kleinere Mengen auch in Räumen mit anderer Nutzung gelagert werden können.

Das *maximale Fassungsvermögen* der Lager-Behälter darf insgesamt 100.000 l Heizöl oder Dieselkraftstoff oder 6500 l Flüssiggas je Brennstofflagerraum und 30.000 l Flüssiggas je Gebäude oder Brandabschnitt nicht überschreiten. *Wände und Stützen* von Brennstofflagerräumen sowie *Decken* über oder unter ihnen müssen feuerbeständig sein. Öffnungen in Decken und Wänden müssen, soweit sie nicht unmittelbar ins Freie führen, mindestens feuerhemmende und selbstschließende Abschlüsse haben. Durch Decken und Wände von Brennstofflagerräumen dürfen keine Leitungen geführt werden, ausgenommen Leitungen, die zum Betrieb dieser Räume erforderlich sind sowie Heizrohrleitungen, Wasserleitungen und Abwasserleitungen. Brennstofflagerräume für flüssige Brennstoffe müssen zusätzlich gelüftet und von der Feuerwehr vom Freien aus beschäumt werden können.

4.9.2.1 Brennstofflagerung außerhalb von Brennstofflagerräumen (FeuV Bayern § 12)

Feste Brennstoffe sowie Behälter zur Lagerung von brennbaren Gasen und Flüssigkeiten dürfen *nicht*

- in notwendigen Treppenräumen,
- in Räumen zwischen notwendigen Treppenräumen und Ausgängen ins Freie und
- in notwendigen Fluren

gelagert oder aufgestellt werden.

Grundsätzlich dürfen bis zu 1000 l Heizöl oder Dieselkraftstoff in Räumen außerhalb von Wohnungen gelagert werden. Unter zusätzlichen Randbedingungen sind auch bis zu 5000 l je Gebäude oder Brandabschnitt möglich.

4.9.2.2 Sonstige Anforderungen entspr. Feuerungsverordnung

Die Anforderungen der Feuerungsverordnungen der Bundesländer sind ähnlich, z. B. auch die FeuVO NRW, und treffen Regelungen u. a. zu:

- Verbrennungsluftversorgung
- Aufstellung von Feuerstätten, Gasleitungsanlagen
- Aufstellräume für Feuerstätten
- Heizräume
- Abgasanlagen
- Abstände von Abgasanlagen zu brennbaren Bauteilen
- Abführung von Abgasen
- Wärmepumpen, Blockheizkraftwerke, und ortsfeste Verbrennungsmotoren
- Brennstofflagerung in Brennstofflagerräumen
- Brennstofflagerung außerhalb von Brennstofflagerräumen
- Flüssiggasanlagen und Dampfkesselanlagen

4.9.3 Feuerungsanlagen (Heizungsanlagen)

Die 1. BImSchV regelt die Errichtung, die Beschaffenheit und den Betrieb von kleinen und mittleren Feuerungsanlagen, die nicht unter die Genehmigungspflicht des § 4 des Bundes-Immissionsschutzgesetzes fallen. Das sind alle Heizungen vom häuslichen Bereich bis zu den mittleren Heizungsanlagen von 10 MW Leistung. Dort wird eine Feuerungsanlage definiert als eine Anlage, bei der durch Verfeuerung von Brennstoffen Wärme erzeugt wird. Zu der Feuerungsanlage gehören neben der eigentlichen Feuerstätte, soweit vorhanden, Einrichtungen zur Verbrennungsluftzuführung, Verbindungsstück und Abgaseinrichtung (z. B. Schornstein) (§ 2).

Feuerungsanlagen dürfen nur betrieben werden, wenn sie sich in einem ordnungsgemäßen technischen Zustand (betriebssicher und brandsicher) befinden. Behälter und Rohrleitungen für brennbare Gase und Flüssigkeiten müssen ebenfalls betriebssicher und brandsicher sein. Diese Behälter (Lagetanks) sowie feste Brennstoffe sind so aufzustellen oder zu lagern, dass keine Gefahren oder unzumutbaren Belästigungen entstehen (MBO § 42). Sie dürfen nur mit den festen Brennstoffen betrieben werden, für deren Einsatz sie nach Angaben des Herstellers geeignet sind. Größere Anlagen mit einer Nennwärmeleistung von 4 Kilowatt oder mehr müssen bestimmte Emissionsgrenzwerte für Staub und Kohlenstoffmonoxid (CO) einhalten.

Öl- und Gasfeuerungsanlagen zur Beheizung von Gebäuden oder Räumen mit Wasser als Wärmeträger und einer Feuerungswärmeleistung unter 1 Megawatt, die nach 2010 errichtet wurden, müssen im Abgas bestimmte Stickstoffoxid-Werte einhalten. Neben allgemeinen Anforderungen finden sich in der 1. BImSchV Regelungen für Ölfeuerungsanlagen mit Verdampfungsbrenner und mit Zerstäubungsbrenner sowie zu Gasfeuerungsanlagen. Weiter sind dort Reglungen zu finden zur Begrenzung der Abgasverluste sowie zur Eigenüberwachung und Fremdüberwachung und Vorschriften zu Messeinrichtungen.

Damit die öffentliche Sicherheit und Ordnung, insbesondere Leben und Gesundheit, nicht gefährdet werden, haben auch die Bauordnungen der Bundesländer Regelungen zu Feuerungsanlagen, sonstige Anlagen zur Wärmeerzeugung und zur Brennstoffversorgung getroffen. Nach § 42 MBO dürfen Feuerstätten nur in Räumen aufgestellt werden, wenn nach der Art der Feuerstätte und nach Lage, Größe, baulicher Beschaffenheit und Nutzung der Räume Gefahren nicht entstehen.

Abgase von Feuerstätten sind durch Abgasleitungen, Schornsteine und Verbindungsstücke (Abgasanlagen) so abzuführen, dass keine Gefahren oder unzumutbaren Belästigungen entstehen. Abgasanlagen sind in solcher Zahl und Lage und so herzustellen, dass die Feuerstätten des Gebäudes ordnungsgemäß angeschlossen werden können. Sie müssen leicht gereinigt werden können (§ 42 MBO).

4.9.3.1 Betrieb von Feuerstätten (Bay VVB § 3)

Feuerstätten sind so zu betreiben, dass sie nicht brandgefährlich werden können. Sie müssen ausreichend beaufsichtigt werden. Feuerstätten dürfen *nicht* betrieben werden an Orten,

- an denen größere Mengen leicht entzündbarer Stoffe hergestellt, verarbeitet oder aufbewahrt werden, oder
- an denen gefährliche explosionsfähige Gas-, Dampf-, Nebel- oder Staubluftgemische auftreten können.

4.9.3.2 Blockheizkraftwerke und ortsfeste Verbrennungsmotoren (MBO § 42)

Für die Aufstellung von ortsfesten Verbrennungsmotoren, Blockheizkraftwerken, Brennstoffzellen und Verdichtern sowie die Ableitung ihrer Verbrennungsgase gelten die o. g. Anforderungen entsprechend. Auch für die Aufstellung von Blockheizkraftwerken in Gebäuden und von ortsfesten Verbrennungsmotoren gelten ähnliche Anforderungen an die Luftversorgung, die Räume und die Aufstellung wie bei den Feuerstätten. Die Verbrennungsgase von Blockheizkraftwerken und ortsfesten Verbrennungsmotoren in Gebäuden sind durch eigene, dichte Leitungen über Dach abzuleiten.

4.10 Brandschutz

Viele Stoffe sind brennbar; daher ist zum Schutz der Mitarbeiter und Anlagen auf den Schutz vor Bränden zu achten!

4.10.1 Anforderungen an Bauwerke

In der EU-Verordnung Nr. 305/2011 Anh. I werden u. a. Grundanforderungen an Bauwerke gestellt. Das Bauwerk muss derart entworfen und ausgeführt sein, dass bei einem Brand

- die Tragfähigkeit des Bauwerks während eines bestimmten Zeitraums erhalten bleibt;
- die Entstehung und Ausbreitung von Feuer und Rauch innerhalb des Bauwerks begrenzt wird;

- die Ausbreitung von Feuer auf benachbarte Bauwerke begrenzt wird;
- die Bewohner das Bauwerk unverletzt verlassen oder durch andere Maßnahmen gerettet werden können;
- die Sicherheit der Rettungsmannschaften berücksichtigt ist.

In den Bauordnungen der Bundesländer bzw. der Musterbauordnung § 14 wird das weiter präzisiert: Bauliche Anlagen sind so anzuordnen, zu errichten, zu ändern und instand zu halten, dass der Entstehung eines Brandes und der Ausbreitung von Feuer und Rauch (Brandausbreitung) vorgebeugt wird und bei einem Brand die Rettung von Menschen und Tieren sowie wirksame Löscharbeiten möglich sind.

4.10.2 Anforderungen an das Brandverhalten von Baustoffen und Bauteilen (MBO)

Baustoffe werden nach den Anforderungen an ihr Brandverhalten unterschieden in

- nichtbrennbare,
- schwerentflammbare,
- normalentflammbare.

Baustoffe, die nicht mindestens normalentflammbar sind (leichtentflammbare Baustoffe), dürfen nicht verwendet werden; dies gilt nicht, wenn sie in Verbindung mit anderen Baustoffen nicht leichtentflammbar sind.

Bauteile werden nach den Anforderungen an ihre Feuerwiderstandsfähigkeit unterschieden in

- feuerbeständige,
- hochfeuerhemmende,
- feuerhemmende;

Die Feuerwiderstandsfähigkeit bezieht sich bei tragenden und aussteifenden Bauteilen auf deren Standsicherheit im Brandfall, bei raumabschließenden Bauteilen (z. B. Türen) auf deren Widerstand gegen die Brandausbreitung.

Bauteile werden zusätzlich nach dem Brandverhalten ihrer Baustoffe unterschieden in

1. Bauteile aus *nicht*brennbaren Baustoffen,
2. Bauteile, deren tragende und aussteifende Teile aus *nicht* brennbaren Baustoffen bestehen und die bei raumabschließenden Bauteilen zusätzlich eine in Bauteilebene durchgehende Schicht aus *nicht*brennbaren Baustoffen haben,
3. Bauteile, deren tragende und aussteifende Teile aus brennbaren Baustoffen bestehen und die allseitig eine brandschutztechnisch wirksame Bekleidung aus *nicht*brennbaren Baustoffen (Brandschutzbekleidung) und Dämmstoffe aus nichtbrennbaren Baustoffen haben,
4. Bauteile aus brennbaren Baustoffen (MBO § 26).

Neben den allgemeinen Anforderungen sind im fünften Abschnitt der Muster-Bauordnung auch detaillierte Anforderungen genannt u. a. zu

- Rettungswegen,
- notwendige Treppenräumen und Fluren sowie zu
- Ausgängen, Fenster und Türen (MBO §§ 33–37).

4.11 Verhalten zur Brand-Vermeidung (VVB Bayern)

In Bayern stellt die „Verordnung über die Verhütung von Bränden" (VVB) einige grundsätzliche Minimal-Anforderungen. Die Verordnung findet *keine* Anwendung, wenn bundesrechtliche oder besondere landesrechtliche Vorschriften bestehen; insbesondere, wenn z. B. das Chemikaliengesetz, das Arbeitsschutzgesetz oder das Produktsicherheitsgesetz bereits Regelungen zur Brand-Verhütung enthalten (§ 1).

4.11.1 Löschen von Bränden

Wer einen Brand wahrnimmt, hat ihn sofort zu löschen und Personen, die gefährdet werden, zu warnen, wenn es zumutbar ist, insbesondere ohne erhebliche eigene Gefahr und ohne Verletzung anderer wichtiger Pflichten. Kann die Person den Brand nicht sofort löschen, so hat sie unverzüglich die Feuerwehr herbeizurufen. Wer die Feuerwehr gerufen hat, hat die Einsatzkräfte, sofern möglich und zumutbar, einzuweisen (§ 2).

4.11.2 Zündhölzer, Kleingeräte, offenes Licht, Beleuchtungsgeräte

Zündhölzer und andere Kleingeräte mit offener Flamme oder offenes Licht dürfen in Räumen, in denen leicht entzündbare oder explosionsgefährliche Stoffe hergestellt, verarbeitet oder aufbewahrt werden oder in denen gefährliche explosionsfähige Gas-, Dampf-, Nebel- oder Staubluftgemische auftreten können, sowie an sonstigen Orten, in deren Nähe sich leicht entzündbare Stoffe befinden, nicht benutzt werden (§ 6).

4.11.3 Rauchen, Rauchverbot

Das Rauchen ist verboten an Orten, an denen

- leicht entzündbare Stoffe hergestellt, verarbeitet oder aufbewahrt werden,
- gefährliche explosionsfähige Gas-, Dampf-, Nebel- oder Staubluftgemische auftreten oder
- sonstige explosionsgefährliche Stoffe vorhanden sein können.

Brennende Zigarren oder Zigaretten, Pfeifenglut oder Rauchzeugasche dürfen nicht so weggelegt oder weggeworfen werden, dass eine Brandgefahr entsteht (VVB § 7).

4.11.4 Verbrennungsmotoren

Zugmaschinen und sonstige bewegliche Arbeitsmaschinen mit Verbrennungsmotoren dürfen nicht in Räumen betrieben werden, in denen gefährliche explosionsfähige Gas-, Dampf-, Nebel- oder Staubluftgemische auftreten können. Ortsfest dürfen sie nicht in Räumen betrieben werden, in denen leicht entzündbare Stoffe hergestellt, aufbewahrt oder verarbeitet werden (VVB § 10).

4.11.5 Feuergefährliche Arbeitsgeräte

Arbeiten mit Schneidbrennern, Schweiß- oder Lötgeräten, Schneid- oder Schleifgeräten, Trennschleifern, Bunsenbrennern oder ähnlichen Geräten, die Funken oder offene Flammen erzeugen, dürfen dort, wo sie eine Brandgefahr hervorrufen können, nur unter ständiger Aufsicht einer mit den örtlichen Verhältnissen vertrauten, fachkundigen Person ausgeführt werden. Die genannten Arbeiten dürfen ferner nur ausgeführt werden, wenn Löschwasser und geeignete Löschgeräte in ausreichender Menge bereitgestellt und ausreichende Maßnahmen gegen die Entzündung brennbarer Stoffe getroffen oder diese entfernt worden sind.

Werden Schneidbrenner, Bunsenbrenner, Schweiß- oder Lötgeräte während der Arbeit abgelegt, so ist die offene Flamme ständig zu beobachten. Die Geräte sind auf einer geeigneten Ablage abzulegen. Nach Abschluss der Arbeiten ist gründlich zu prüfen, ob im Gefahrenbereich liegende Gebäudeteile oder sonstige Gegenstände brennen, schwelen oder übermäßig erwärmt sind.

Auf Fugen und Risse ist hierbei besonders zu achten. Diese Prüfung muss anschließend noch mindestens zwei Stunden lang in kürzeren Abständen nach Beendigung der Arbeiten wiederholt werden. Brand- und Glimmstellen sind sorgfältig abzulöschen. Sind sie schwer zugänglich oder besteht sonst Brandverdacht, so ist unverzüglich die Feuerwehr herbeizurufen (VVB § 11). Andere elektrische Geräte, bei denen während des Betriebs hohe Temperaturen entstehen können, sind während des Betriebs ausreichend zu beaufsichtigen. Sie sind so zu benutzen und abzustellen, dass auch bei übermäßiger Erwärmung keine Gegenstände entzündet werden können (VVB § 8).

4.11.6 Lagerung leicht entzündbarer fester Stoffe in Gebäuden

Leicht entzündbare feste Stoffe dürfen nicht gelagert werden in Treppenräumen, notwendigen Fluren, Durchfahrten und in nicht ausgebauten Dachräumen (§ 13).

4.11.7 Lagerung brennbarer fester Stoffe im Freien

Lager brennbarer fester Stoffe von mehr als 100 m^3 Lagergut im Freien müssen von Gebäuden mindestens 10 m entfernt sein, es sei denn, dass sie an überragende Brandwände angrenzen.

Wenn sie mehr als 3000 m^3 Lagergut enthalten, sind sie in Lager von höchstens 3000 m^3 zu unterteilen, die voneinander mindestens 10 m entfernt oder durch überragende Brandwände geschieden sind. Zwischenräume zwischen Gebäuden dürfen zum Lagern brennbarer fester Stoffe nicht benutzt werden, wenn hierdurch die Gefahr einer Brandübertragung entsteht (VVB § 14).

4.11.8 Sonstige selbstentzündliche Stoffe

Öl- oder fettgetränkte Faserstoffe dürfen nur in dicht schließenden, nicht brennbaren oder sonst brandsicheren Behältern aufbewahrt werden. Die Behälter sind von brennbaren Stoffen mindestens 50 cm entfernt aufzubewahren. Sägemehl oder ähnliche Stoffe, die zum Aufnehmen oder Aufsaugen von Öl oder anderen fetthaltigen oder leicht entzündbaren Stoffen benutzt worden sind, sind nach Gebrauch unverzüglich fachgerecht zu entsorgen. Ungelöschter Kalk ist so zu lagern, dass er weder feucht werden noch mit brennbaren Stoffen in Berührung kommen kann (VVB § 17).

4.11.9 Nicht ausgebaute Dachräume, Luken, Kamine

In nicht ausgebauten Dachräumen dürfen Gegenstände nur so gelagert werden, dass noch ausreichende Bewegungsfreiheit besteht, insbesondere ein ungehinderter Zugang zu den Kaminen und zum Dachraum am Dachfuß durchgängig möglich ist.

An Kaminen dürfen keine brennbaren Stoffe gelagert werden (VVB § 21).

4.11.10 Rettungswege

Zu- und Ausgänge, Durchfahrten, Durchgänge, Treppenräume und Verkehrswege, die bei einem Brand als erster oder zweiter Rettungsweg vorgesehen sind, sind freizuhalten. Türen von Rettungswegen und Notausgängen aus Räumen und Gebäuden, die dem Aufenthalt einer größeren Anzahl von Menschen dienen, dürfen, solange die Räume und Gebäude benutzt werden, in Fluchtrichtung nicht versperrt werden. Hinweise auf Ausgänge und Rettungswegzeichen dürfen nicht verstellt, verhängt oder unkenntlich gemacht werden. Elektrische Geräte wie Kopierer oder Verkaufsautomaten dürfen in notwendigen Treppenräumen nicht betrieben werden; gleiches gilt für Computerarbeitsplätze (VVB § 22).

4.12 Arbeitssicherheit und Brände

Neben den o. g. baurechtlichen Anforderungen an Bauwerke und ihre jeweilige Nutzung existieren auch umfangreiche Anforderungen aus dem Bereich Arbeitssicherheit. Beim Baurecht soll eine Brandentstehung oder -ausbreitung verhindert werden und es steht so die Sicherheit der Gebäude, der innen oder außerhalb befindlichen Personen und anderer Gebäude im Vordergrund.

Beim Arbeitsschutzrecht geht es um den sicheren Arbeitsplatz und die Tätigkeit der handelnden Personen.

Da die Vorschriften sich ergänzen, sind beide Rechtsbereiche zu beachten und die jeweils strengeren Forderungen sind umzusetzen (BAUA: Erläuterungen zentraler Aussagen der TRGS 800 „Brandschutzmaßnahmen", https://www.baua.de/DE/Angebote/Regelwerk/TRGS/TRGS-800 (Letzter Zugriff 07.08.2024)).

4.13 Beurteilung der Brandgefährdung

> *„Die Brandgefährdung muss beurteilt werden, wenn brennbare oder oxidierende Gefahrstoffe in den zu beurteilenden Bereichen bei den zu beurteilenden Betriebszuständen vorhanden sein können"* (TRGS 800 Nr. 3.3).

Solche Stoffe sind in der Kläranlage vielfach vorhanden, z. B. Klärgas im Faulturm und in Gasleitungen und Gasspeichern, Schweißgas in Werkstätten, Heizöl ….

4.13.1 Normale Brandgefährdung = Geringe Gefährdung

Ergibt sich aus der Gefährdungsbeurteilung für bestimmte Tätigkeiten auf Grund

- der gefährlichen Eigenschaften des Gefahrstoffs,
- einer geringen verwendeten Stoffmenge,
- einer nach Höhe und Dauer niedrigen Exposition und
- der Arbeitsbedingungen

insgesamt eine nur geringe (= *normale!*) Gefährdung der Beschäftigten und reichen die nach § 6 zu ergreifenden Maßnahmen zum Schutz der Beschäftigten aus, so müssen keine weiteren Maßnahmen des Abschnitts 4 ergriffen werden (§ 6 Abs 13 Gefahrstoffverordnung).

> *„Tätigkeiten mit **geringer Gefährdung** sind Tätigkeiten, bei denen aufgrund der dem Gefahrstoff zugeordneten Gefährlichkeitsmerkmale, der Arbeitsbedingungen, einer nur geringen verwendeten Stoffmenge und einer nach Höhe und Dauer niedrigen Exposition Maßnahmen nach § 8 GefStoffV zum Schutz der Beschäftigen ausreichen:*
>
> 1. *Ein eindeutiger Maßstab für ‚geringe Menge' lässt sich allgemeingültig nicht angeben, da hierzu auch die gefährlichen Stoffeigenschaften, das Freisetzungsvermögen des Gefahrstoffes und die konkreten Tätigkeiten zu berücksichtigen sind.*
> 2. *Bei der Beurteilung der Höhe und Dauer der Exposition sind inhalative und dermale Beiträge zu berücksichtigen. Eine niedrige inhalative Exposition kann z. B. bei Feststoffen unter Einsatz emissionsarmer Verwendungsformen wie Pasten, Wachse, Granulate, Pellets oder Masterbatches vorliegen."*

„Beispiele für Tätigkeiten mit geringer Gefährdung sind:

1. *Verwendung von Gefahrstoffen, die für den privaten Endverbraucher im Einzelhandel in Selbstbedienung erhältlich sind (‚Haushaltsprodukte'), wenn sie unter für Haushalte üblichen Bedingungen (geringe Menge und kurze Expositionsdauer) verwendet werden,*
2. *Ausbesserung kleiner Lackschäden mit Lackstiften oder*
3. *Verwendung und Aufbewahrung haushaltsüblicher Mengen von Klebstoffen"* (TRGS 400, 6.2 Tätigkeiten mit geringer Gefährdung).

*„**Normale Brandgefährdung** liegt vor, wenn*

eingestufte brennbare oder oxidierende Gefahrstoffe in nur geringer Menge vorhanden sind, die Wahrscheinlichkeit einer Brandentstehung, die Geschwindigkeit der Brandausbreitung und die damit verbundene Gefährdungvon Beschäftigten und anderen Personen durch Rauch oder Wärme vergleichbar gering sind wie z. B. bei einer Büronutzung" (TRGS 800, 3.3 Beurteilung der Brandgefährdung).

„Ergibt die Beurteilung, dass nur eine normale Brandgefährdung vorliegt, sind nach dieser Regel keine zusätzlichen Maßnahmen erforderlich. Dabei wird vorausgesetzt, dass der Schutz Beschäftigter und anderer Personen über die Maßnahmen nach Arbeitsstättenverordnung, Betriebssicherheitsverordnung und Bauordnungsrecht ausreicht" (TRGS 800, 4.2 Brandschutzmaßnahmen).

Bei Tätigkeiten mit geringer Gefährdung kann auf eine detaillierte Dokumentation der Gefährdungsbeurteilung verzichtet werden In diesem Fall ist es ausreichend, wenn die beurteilten Arbeitsbereiche und Tätigkeiten sowie der Zeitpunkt und die Personen, welche die Gefährdungsbeurteilung durchgeführt haben oder daran beteiligt waren, festgehalten werden (§ 6 (10) GefStoffV).

4.13.2 Substitution brennbarer Stoffe

Der Arbeitgeber hat auf der Grundlage des Ergebnisses der Substitutionsprüfung vorrangig eine Substitution durchzuführen. Er hat Gefahrstoffe oder Verfahren durch Stoffe, Gemische oder Erzeugnisse oder Verfahren zu ersetzen, die unter den jeweiligen Verwendungsbedingungen für die Gesundheit und Sicherheit der Beschäftigten nicht oder weniger gefährlich sind (§ 7 Abs. 3 GefStoffV). Somit sollten z. B. leichtentflammbare flüssige Stoffe möglichst durch nichtbrennbare Produkte oder solche mit geringerer Gefahrklasse ersetzt werden.

4.13.3 Beispiele für allgemeine Schutzmaßnahmen nach § 8 GefStoffV

Zu einer geeigneten Gestaltung des Arbeitsplatzes und geeigneten Arbeitsorganisation, z. B. für eventuell notwendige Um- und Abfüllarbeiten, könnte die Verwendung von fest installierten Rohrleitungen und Pumpen gehören. Diese und auch eventuelle Absaugleitungen sollten aus nichtbrennbaren und korrosionsbeständigen Materialien hergestellt werden.

Angemessene Hygienemaßnahmen, insbesondere zur Vermeidung von Kontaminationen, und die regelmäßige Reinigung des Arbeitsplatzes werden gefordert; daher muss die Handhabung brennbarer Flüssigkeiten mit besonderer Sauberkeit und Ordnung durchgeführt werden.

Die Begrenzung der am Arbeitsplatz vorhandenen Gefahrstoffe auf die Menge, die für den Fortgang der Tätigkeiten erforderlich ist, verlangt, dass maximal die für den Fortgang der Arbeit (Tagesbedarf) notwendigen brennbaren Materialien bereitgestellt werden.

Zu den Vorkehrungen für die sichere Handhabung, Lagerung und Beförderung von Gefahrstoffen gehört, dass grundsätzlich auch für brennbare Stoffe möglichst kleine Lagerflächen und geringe Stapelhöhen angestrebt werden. Zusätzlich sollten die gelagerten Stoffe so angeordnet werden, dass die planmäßigen Verkehrswege und damit die möglichen Angriffswege für die Feuerwehr unbedingt immer freigehalten werden.

Oft werden brennbare und nichtbrennbare Stoffe zusammen gelagert. Dann könnten durch eine geschickte Lagerorganisation die Lagerflächen der brennbaren Stoffe durch die Flächen für die nichtbrennbaren Stoffe unterteilt werden.

Grundsätzlich sollten in Kellerräumen möglichst wenig brennbare Stoffe aufbewahrt werden. Da Kellerräume dennoch häufig zu Lagerzwecken genutzt werden, sind besonders kleine Brandabschnitte vorzusehen. Dies ist erforderlich, da Kellerbrände sehr schwer zu bekämpfen sind. Gerade in solchen Lagern sollten daher unbedingt Brandmeldeanlagen, Feuerlöschanlagen und maschinelle Rauchabzugseinrichtungen installiert werden.

Der Arbeitgeber hat u. a. sicherzustellen, dass Apparaturen und Rohrleitungen so gekennzeichnet sind, dass mindestens die enthaltenen Gefahrstoffe sowie die davon ausgehenden Gefahren eindeutig identifizierbar sind. Das trifft besonders auf die in Kläranlagen in großer Zahl vorhandenen Leitungen zu, wie vor allem die Rohrleitungen für das Klärgas.

Der Arbeitgeber hat sicherzustellen, dass Gefahrstoffe so aufbewahrt oder gelagert werden, dass sie weder die menschliche Gesundheit noch die Umwelt gefährden. Anlagen für Gase, wie die Gasspeicher oder die Gasfackel, müssen daher zu anderen Gebäuden sowie zu möglichen Brandlasten außerhalb der Gasanlagen und zu öffentlichen und den internen Verkehrswegen ausreichende Sicherheitsabstände einhalten.

Um eine sichere Handhabung von Gefahrstoffen auch bei der Abfallentsorgung zu gewährleisten und um Explosionen in der Kanalisation zu vermeiden, dürfen Behälter besonders mit brennbaren Flüssigkeiten nicht in Ausgüsse und Kanäle entleert werden.

4.13.4 Erhöhte oder hohe Brandgefährdung

*„**Hohe Brandgefährdung** liegt vor, wenn*

- *brennbare oder oxidierende Gefahrstoffe in nicht nur geringer Menge vorhanden sind,*
- *mit hoher Wahrscheinlichkeit mit einer Brandentstehung zu rechnen ist, und*
- *eine schnelle und unkontrollierbare Brandausbreitung oder eine große Rauch- oder Wärmefreisetzung zu erwarten ist.*

Hohe Brandgefährdung kann z. B. vorliegen in Arbeitsbereichen bei:

...

3. Prozessen mit und Lagerung von Gefahrstoffen mit erhöhten Gefahren der Selbstentzündung,

...

14. Lackieranlagen und Lacktrockner, die mit brennbaren Lösemitteln betrieben werden,

...

17. Wärmeträgerölanlagen,
18. Lager für brennbare oder oxidierende Gefahrstoffe in nicht nur geringer Menge,
19. Tätigkeiten mit brandfördernden, leicht entzündlichen, hochentzündlichen oder selbstentzündlichen Gefahrstoffen in nicht nur geringer Menge in geschlossenen Räumen, insbesondere dann, wenn sie sich in unmittelbarer Nähe von Menschen befinden oder
20. Baustellen mit Feuerarbeiten unter besonderen örtlichen und betrieblichen Bedingungen" (TRGS 800).

*„**Erhöhte Brandgefährdung** liegt dann vor, wenn ein Kriterium der normalen Brandgefährdung nicht erfüllt ist oder nicht alle Kriterien für die hohe Brandgefährdung erfüllt sind"* (TRGS 800).

4.13.5 Besondere Schutzmaßnahmen gegen Brand- und Explosionsgefährdungen

Bei den „Besondere Vorschriften für bestimmte Gefahrstoffe und Tätigkeiten" im Anhang I der GefstoffV werden unter Nummer 1 die Brand- und Explosionsgefährdungen zusammengefasst. Der Arbeitgeber hat Gefährdungen zu vermeiden bzw. so weit wie möglich zu verringern; dies gilt insbesondere bei Tätigkeiten, bei denen es zu Brand- und Explosionsgefährdungen kommen kann. Daher hat der Arbeitgeber Maßnahmen nach folgender Rangfolge zu ergreifen:

1. gefährliche Mengen oder Konzentrationen von Gefahrstoffen, die zu Brand- oder Explosionsgefährdungen führen können, sind zu vermeiden,
2. Zündquellen oder Bedingungen, die Brände oder Explosionen auslösen können, sind zu vermeiden,
3. schädliche Auswirkungen von Bränden oder Explosionen auf die Gesundheit und Sicherheit der Beschäftigten und anderer Personen sind so weit wie möglich zu verringern.

Arbeitsbereiche, Arbeitsplätze, Arbeitsmittel und deren Verbindungen untereinander müssen so konstruiert, errichtet, zusammengebaut, installiert, verwendet und instand gehalten werden, dass keine Brand- und Explosionsgefährdungen auftreten (§ 11 GefStoffV). Zum Schutz gegen das unbeabsichtigte Freisetzen von Gefahrstoffen, die zu Brand- oder Explosionsgefährdungen führen können, müssen z. B. Gefahrstoffströme automatisch begrenzt oder unterbrochen werden können und ausgetretene flüssige Gefahrstoffe sind aufzufangen. Weitere Forderungen beziehen sich auf Flucht- und Rettungswege, Feuerlöscheinrichtungen, Rauchverbote, Warneinrichtungen, und auf organisatorische Maßnahmen. Zu den

Tab. 4.3 Beispiele für Schutzmaßnahmen

Normale Brandgefährdung	Erhöhte Brandgefährdung	Hohe Brandgefährdung
Grundpflichten nach ArbStättV, Betr-SichV und Bauordnungsrecht	zusätzlich zu den Grundpflichten	zusätzlich zu den Grundpflichten und zu Pflichten bei erhöhter Brandgefährdung
Maßnahmen entsprechend Tab 1 der TRGS 800		

Schutzmaßnahmen für die Lagerung werden ebenfalls wichtige Aussagen gemacht: z. B. dürfen Gefahrstoffe nicht zusammen gelagert werden, wenn dies zu einer Erhöhung der Brand- oder Explosionsgefährdung führen kann (GefStoffV Anh I Nr 1). Die in Anhang I genannten Maßnahmen werden in der TRGS 800 weiter konkretisiert (vgl. auch Tab. 4.3):

> *„Bei **erhöhter** oder **hoher Brandgefährdung** sind über Absatz 1* (s. o.) *hinausgehende Maßnahmen anzuwenden. Diese können unter Berücksichtigung der in Tabelle 1 genannten Beispiele ausgewählt werden. Dabei sind die in der Tabelle genannten Beispiele für Maßnahmen bei erhöhter oder hoher Brandgefährdung teilweise aufeinander aufbauend und beschreiben das Schutzniveau der festzulegenden Maßnahmen. Die Maßnahmen bei hoher Brandgefährdung können dabei auch die Maßnahmen bei erhöhter Brandgefährdung ersetzen."*

Hinweis: Wichtige technische Regeln

TRGS 800: Brandschutzmaßnahmen – Inhalt:

1. Anwendungsbereich
2. Begriffsbestimmungen
3. Informationsermittlung und Gefährdungsbeurteilung
4. Festlegen von Maßnahmen
5. Überprüfung der Wirksamkeit von Schutzmaßnahmen
6. Dokumentation

Anlage 1 Notwendige Kenntnisse zur fachkundigen Durchführung der Gefährdungsbeurteilung
Anlage 2 Mögliche Zündquellen
Anlage 3 Prüfliste für die Durchführung einer Gefährdungsbeurteilung

Dazu gibt es zusätzlich von der Bundesanstalt für Arbeitsschutz und Arbeitsmedizin: Erläuterungen zentraler Aussagen der TRGS 800 „Brandschutzmaßnahmen".

TRGS 407: Tätigkeiten mit Gasen – Gefährdungsbeurteilung
TRGS 509: Lagern von flüssigen und festen Gefahrstoffen in ortsfesten Behältern sowie Füll- und Entleerstellen für ortsbewegliche Behälter

TRGS 510:	Lagerung von Gefahrstoffen in ortsbeweglichen Behältern
TRGS 727:	Vermeidung von Zündgefahren infolge elektrostatischer Aufladungen
TRGS 745/TRBS 3145:	Ortsbewegliche Druckgasbehälter – Füllen, Bereithalten, innerbetriebliche Beförderung, Entleeren
TRGS 746/TRBS 3146:	Ortsfeste Druckanlagen für Gase

Vorschriften und Regeln der DGUV:
DGUV Vorschrift 79 DA: Verwendung von Flüssiggas, mit Durchführungsanweisungen (http://publikationen.dguv.de/dguv/xparts/documents/Vorschrift79da.pdf)

Umgang mit Gasen
Zusammenstellung von wichtigen Informationen und Schriften der Fach-Organisationen, UV-Träger, Behörden und aus der Industrie zum sicheren Umgang mit Gasen:

- Anlagen/Anlagentechnik für Gase
- Lagern von Gasflaschen
- Transport von Gasflaschen
- Umgang mit Gasen/Gasflaschen
- Tiefkalt verflüssigte Gase
- Sauerstoff
- Acetylen
- Flüssiggas und brennbare Gase

Umgang mit Gasen – BG RCI
(https://www.bgrci.de/gase-unter-druck/gase-wissen/umgang-mit-gasen/)

Umgang mit Druckgasflaschen und brennbaren Gasen
Praxishilfen der VBG, Verwaltungs-Berufsgenossenschaft (VBG), gesetzliche Unfallversicherung, Hamburg:
https://www.vbg.de/zeitarbeit-fb/infos/73_umd/
(Letzter Zugriff jeweils 04.04.2023)

4.14 Abfälle

Viele verschiedene Abfälle fallen in Entwässerungsbetrieben ständig an: die offensichtlichsten sind Klärschlamm, Rechengut oder Kanalspülgut. In kleineren Mengen fallen z. B. aber auch Abfälle aus dem Labor, den Werkstätten oder auch aus dem Sozialbereich an.

Abfälle sind alle die Stoffe oder Gegenstände, deren sich sein Besitzer entledigt, entledigen will oder entledigen muss (KrWG § 3). Das Kreislaufwirtschaftsgesetz gibt allerdings bei allen Maßnahmen die folgende Reihenfolge als Abfallhierarchie vor: Vermeidung, Vorbereitung zur Wiederverwendung, Recycling, sonstige Verwertung, (d. h. insbesondere energetische Verwertung und Verfüllung) und erst als letzte Möglichkeit die Beseitigung. Ausgehend von dieser Rangfolge soll diejenige Maßnahme Vorrang haben, die den Schutz von Mensch und Umwelt unter Berücksichtigung des Vorsorge- und Nachhaltigkeitsprinzips am besten gewährleistet (KrWG § 6).

Für einige *besondere Abfälle* ist die schadlose Verwertung z. B. in der Gewerbeabfallverordnung, Klärschlammverordnung oder der Altölverordnung geregelt. Abfallerzeuger und -besitzer sind dabei in der Regel selbst für die ordnungsgemäße Abfallentsorgung verantwortlich.

Haushaltsähnliche Abfälle, die nicht verwertet werden, sind zur Entsorgung den öffentlich-rechtlichen Entsorgungsträgern zu überlassen; näheres dazu wird in den Satzungen der Landkreise und kreisfreien Städte bestimmt (KrWG § 17).

Hinweis
Gründung und Zweck der Bund/Länder-Arbeitsgemeinschaft Abfall (LAGA)

„*Die LAGA ist ein Arbeitsgremium der Umweltministerkonferenz (UMK) und wurde am 2. Juli 1963 mit der Zielsetzung gegründet, einen möglichst ländereinheitlichen Vollzug des Abfallrechts in der Bundesrepublik Deutschland sicherzustellen.*

…

Zur Fortentwicklung gesetzlicher Bestimmungen sowie zur Wahrnehmung der Länderinteressen in internationalen Gremien entwickelt sie Vorschläge und gibt Anregungen. Mit den Merkblättern, Richtlinien und Informationsschriften veröffentlicht die LAGA unverzichtbare Leitlinien für den Vollzug des Abfallrechts.“ (LAGA Startseite, https://www.laga-online.de/Startseite-3.html, letzter Zugriff 03.01.2024)

4.14.1 Kreislaufwirtschaftsgesetz

Das „Gesetz zur Förderung der Kreislaufwirtschaft und Sicherung der umweltverträglichen Bewirtschaftung von Abfällen (Kreislaufwirtschaftsgesetz – KrWG)“ gilt für die Vermeidung, die Verwertung und die Beseitigung von Abfällen sowie sonstige Maßnahmen der Abfallbewirtschaftung.

Die Vorschriften dieses Gesetzes gelten jedoch *nicht* für einige wichtige Ausnahmen:

- gasförmige Stoffe, die nicht in Behältern gefasst sind (z. B. Ausgasungen aus Belebungsbecken),
- Stoffe, sobald sie in Gewässer oder Abwasseranlagen eingeleitet oder eingebracht werden (dann gilt das Wasserrecht!),
- Böden am Ursprungsort (Böden in situ), einschließlich nicht ausgehobener, kontaminierter Böden und Bauwerke, die dauerhaft mit dem Grund und Boden verbunden sind (fällt unter Wasser- o. Bodenschutzrecht),

- nicht kontaminiertes Bodenmaterial und andere natürlich vorkommende Materialien, die bei Bauarbeiten ausgehoben wurden, sofern sichergestellt ist, dass die Materialien in ihrem natürlichen Zustand an dem Ort, an dem sie ausgehoben wurden, für Bauzwecke verwendet werden,
- Sedimente, die zum Zweck der Bewirtschaftung von Gewässern, der Unterhaltung oder des Ausbaus von Wasserstraßen sowie der Vorbeugung gegen Überschwemmungen oder der Abschwächung der Auswirkungen von Überschwemmungen und Dürren oder zur Landgewinnung innerhalb von Oberflächengewässern umgelagert werden, sofern die Sedimente nachweislich nicht gefährlich sind,
- die Erfassung und Übergabe von Schiffsabfällen und Ladungsrückständen, soweit dies auf Grund internationaler oder supranationaler Übereinkommen durch Bundes- oder Landesrecht geregelt wird (z. B. CDNI-Abkommen, s. u.),
- das Aufsuchen, Bergen, Befördern, Lagern, Behandeln und Vernichten von Kampfmitteln (KrWG § 2)

4.14.2 Verschiedene Begriffe des Gesetzes (KrWG § 3)

Abfälle sind alle Stoffe oder Gegenstände, derer sich ihr Besitzer entledigt, entledigen will oder entledigen muss.

Eine Entledigung wird angenommen, wenn der Besitzer Stoffe oder Gegenstände einer Verwertung oder einer Beseitigung zuführt oder die tatsächliche Sachherrschaft aufgibt. Der Besitzer muss sich von Stoffen oder Gegenständen entledigen, wenn

- diese nicht mehr entsprechend ihrer ursprünglichen Zweckbestimmung verwendet werden,
- auf Grund ihres konkreten Zustandes geeignet sind, gegenwärtig oder künftig das Wohl der Allgemeinheit, insbesondere die Umwelt, zu gefährden und
- deren Gefährdungspotenzial nur durch eine ordnungsgemäße und schadlose Verwertung oder gemeinwohlverträgliche Beseitigung

ausgeschlossen werden kann.

Verschiedene Abfallarten wie z. B. **Inertabfälle** und **Bioabfälle** werden im Gesetz genauer definiert; sie spielen ggf. für den Leser ebenfalls eine Rolle.

Erzeuger von Abfällen ist jede natürliche oder juristische Person, durch deren Tätigkeit Abfälle anfallen (Ersterzeuger) oder die Vorbehandlungen, Mischungen oder sonstige Behandlungen vornimmt, die eine Veränderung der Beschaffenheit oder der Zusammensetzung dieser Abfälle bewirken (Zweiterzeuger).

Besitzer von Abfällen ist jede natürliche oder juristische Person, die die tatsächliche Sachherrschaft über Abfälle hat.

Sammler von Abfällen ist jede natürliche oder juristische Person, die gewerbsmäßig Abfälle sammelt. *Sammlung* ist das Einsammeln von Abfällen, einschließlich deren vorläufiger Sortierung und vorläufiger Lagerung zum Zweck der Beförderung zu einer Abfallbehandlungsanlage.

Vermeidung, **Wiederverwendung**, **Verwertung** und **Beseitigung** werden ebenfalls definiert.

4.14.3 Grundsätze und Pflichten der Erzeuger und Besitzer von Abfällen

Die Erzeuger oder Besitzer von Abfällen sind zur Verwertung ihrer Abfälle verpflichtet. Die Verwertung von Abfällen hat Vorrang vor deren Beseitigung. Der Vorrang entfällt, wenn die Beseitigung der Abfälle den Schutz von Mensch und Umwelt am besten gewährleistet (KrWG § 6).

Die *Verwertung* von Abfällen, insbesondere durch ihre Einbindung in Erzeugnisse, hat ordnungsgemäß und schadlos zu erfolgen. Die Pflicht zur Verwertung von Abfällen ist zu erfüllen, soweit dies technisch möglich und wirtschaftlich zumutbar ist. Bei der Erfüllung der Verwertungspflicht hat diejenige der Verwertungsmaßnahmen Vorrang, die den Schutz von Mensch und Umwelt am besten gewährleistet. Zwischen mehreren gleichrangigen Verwertungsmaßnahmen besteht ein Wahlrecht des Erzeugers oder Besitzers von Abfällen (KrWG § 7).

Abfälle sind grundsätzlich *getrennt zu halten* und zu behandeln. Die Vermischung, einschließlich der Verdünnung, gefährlicher Abfälle mit anderen Kategorien von gefährlichen Abfällen oder mit anderen Abfällen, Stoffen oder Materialien ist unzulässig (KrWG § 9a). Zum Zweck des ordnungsgemäßen, schadlosen und hochwertigen Recyclings sind Papier-, Metall-, Kunststoff- und Glasabfälle getrennt zu sammeln, soweit dies technisch möglich und wirtschaftlich zumutbar ist (KrWG § 14).

Erzeuger oder Besitzer von Abfällen sind verpflichtet, diese Abfälle den nach Landesrecht zur Entsorgung verpflichteten juristischen Personen (öffentlich-rechtliche Entsorgungsträger) zu überlassen, soweit sie die Abfälle nicht in eigenen Anlagen beseitigen. Diese Befugnis zur Beseitigung der Abfälle in den eigenen Anlagen besteht nicht, wenn die Überlassung der Abfälle an den öffentlich-rechtlichen Entsorgungsträger auf Grund überwiegender öffentlicher Interessen erforderlich ist. Die Überlassungspflicht besteht u. a. *nicht* für Abfälle,

- die einer gesetzlichen Rücknahme- oder Rückgabepflicht unterliegen,
  Ausnahme: die öffentlich-rechtlichen Entsorgungsträger wirken an der Rücknahme mit z. B. durch eine Wertstofftonne,
- die in Wahrnehmung der Produktverantwortung vom Hersteller freiwillig zurückgenommen werden (KrWG § 17).

Die Eigentümer und Besitzer von Grundstücken, auf denen überlassungspflichtige Abfälle anfallen, sind verpflichtet, das Aufstellen von zur Erfassung notwendigen Behältnissen sowie das Betreten des Grundstücks zum Zweck des Einsammelns und zur Überwachung des Getrennthaltens und der Verwertung von Abfällen zu dulden (KrWG § 19).

4.14.4 Europäisches Abfallverzeichnis (AVV)

Abfälle müssen vom Abfallerzeuger entsprechend ihrer Herkunft und ihrer wesentlichen Inhalts- und Schadstoffe einer Rubrik des Europäischen Abfallverzeichnis zugeordnet werden (Abfallverzeichnisverordnung – AVV). Die Zuordnung zu einer *gefährlichen* (mit einem Sternchen (*) versehen) oder eben nicht gefährlichen Abfallart ist maßgebend für den Entsorgungsweg und die Überwachung der Abfallentsorgung. Zur Bezeichnung sind die Abfälle den im Abfallverzeichnis mit einem sechsstelligen Abfallschlüssel und der Abfallbezeichnung gekennzeichneten folgenden 20 Abfallarten zuzuordnen:

1. Abfälle, die beim … Ausbeuten und Gewinnen … von Bodenschätzen entstehen
2. Abfälle aus Landwirtschaft, Gartenbau, … (*)
3. Abfälle aus der Holzbearbeitung … (*)
4. Abfälle aus der Leder-, Pelz- und Textilindustrie
5. Abfälle aus der Erdölraffination, Erdgasreinigung und Kohlepyrolyse
6. Abfälle aus anorganisch-chemischen Prozessen (*)
7. Abfälle aus organisch-chemischen Prozessen (*)
8. Abfälle aus … Anwendung … von Beschichtungen (Farben, Lacke, Email), Klebstoffen, Dichtmassen … (*)
9. Abfälle aus der fotografischen Industrie
10. Abfälle aus thermischen Prozessen
11. Abfälle aus der chemischen Oberflächenbearbeitung und Beschichtung von Metallen und anderen Werkstoffen … (*)
12. Abfälle aus Prozessen der mechanischen … Oberflächenbearbeitung von Metallen und Kunststoffen (*)
13. Ölabfälle und Abfälle aus flüssigen Brennstoffen … (*)
14. Abfälle aus organischen Lösemitteln, Kühlmitteln und Treibgasen …
15. Verpackungsabfall, Aufsaugmassen, Wischtücher, Filtermaterialien und Schutzkleidung … (*)
16. Abfälle, die nicht anderswo im Verzeichnis aufgeführt sind
17. Bau- und Abbruchabfälle (einschließlich Aushub von verunreinigten Standorten) (*)
18. Abfälle aus der humanmedizinischen oder tierärztlichen Versorgung …
19. Abfälle aus …, öffentlichen Abwasserbehandlungsanlagen (*) sowie der Aufbereitung von … Wasser für industrielle Zwecke
20. Siedlungsabfälle (Haushaltsabfälle und ähnliche gewerbliche … Abfälle …), einschließlich getrennt gesammelter Fraktionen (*)

Die verschiedenen Abfallarten sind in dem Abfallverzeichnis vollständig definiert durch die zweistelligen Kapitel (s. o.), die vierstelligen Gruppen, den sechsstelligen Abfallschlüssel und die Abfallbezeichnung. Die Aufnahme eines Stoffes oder Gegenstandes in das Abfallverzeichnis bedeutet nicht automatisch, dass dieser Stoff oder Gegenstand unter allen Umständen Abfall ist. Stoffe oder Gegenstände sind nur dann Abfälle, wenn sich der Besitzer ihrer entledigt, entledigen will oder entledigen muss. Ein Stoff oder Material ist auch dann als Abfall anzusehen, wenn hierfür eine bestimmte Behandlung (z. B. Sortierung, Kompostierung, chemisch-physikalische Vorbehandlung oder thermische Behandlung), Verwertung oder Beseitigung vorgesehen oder erforderlich ist.

Ein Abfall ist gemäß der Systematik des Abfallverzeichnisses nach den folgenden vier Schritten einer Abfallart zuzuordnen (Anlage Nr. 3.1):

1. Bestimmung der Abfallart nach der Herkunft in den Kapiteln 01 bis 12 oder 17 bis 20 und des entsprechenden sechsstelligen Abfallschlüssels. Abfälle aus einer bestimmten Anlage sind je nach Herkunft entsprechend der Tätigkeit gegebenenfalls mehreren Kapiteln zuzuordnen.
   Beispiel: So kann ein Automobilhersteller seine Abfälle je nach Prozessstufe unter Kapitel 12 (Abfälle aus Prozessen der mechanischen Formgebung und Oberflächenbearbeitung von Metallen), 11 (anorganische metallhaltige Abfälle aus der Metallbearbeitung und -beschichtung) und 08 (Abfälle aus der Anwendung von Überzügen) finden.
2. Lässt sich in den Kapiteln 01 bis 12 und 17 bis 20 keine passende Abfallart finden, so müssen zur Bestimmung des Abfalls die Kapitel 13, 14 und 15 geprüft werden.
3. Passt auch keine dieser Abfallarten, so ist der Abfall gemäß Kapitel 16 zu bestimmen.
4. Fällt der Abfall auch nicht unter Kapitel 16, so ist die Abfallart, deren Abfallschlüssel mit den Ziffern 99 (Abfälle anderweitig nicht genannt = (a. n. g.)) endet, in dem Teil des Abfallverzeichnisses zu verwenden, der der in Schritt 1 bestimmten abfallerzeugenden Tätigkeit entspricht.

Entsprechend dem unter 1. genannten Beispiel des Automobilherstellers fallen die *Abfälle eines Entwässerungsbetriebes* unter mehrere der 20 Kapitel des Abfallverzeichnisses. Mögliche Kapitel der o. g. Auflistung (s. o.). sind wie folgt markiert: (*)

Die häufigsten Abfälle dürften sein:

19. Abfälle aus … öffentlichen Abwasserbehandlungsanlagen …
    - 19 08 Abfälle aus Abwasserbehandlungsanlagen a. n. g.
        - 19 08 01 Sieb- und Rechenrückstände
        - 19 08 02 Sandfangrückstände
        - 19 08 05 Schlämme aus der Behandlung von kommunalem Abwasser
20. Siedlungsabfälle (Haushaltsabfälle und ähnliche gewerbliche … Abfälle …) …
    - 20 03 Andere Siedlungsabfälle
        - 20 03 01 gemischte Siedlungsabfälle
        - 20 03 04 Fäkalschlamm
        - 20 03 06 Abfälle aus der Kanalreinigung

4.14.5 Gefährliche Abfälle (AVV)

Die Abfallarten im Abfallverzeichnis, deren Abfallschlüssel mit einem Sternchen (*) versehen sind, sind als *gefährlich* eingestuft. Im Folgenden sind einige gefährliche Abfallarten aufgelistet, die auch aus dem Bereich eines Entwässerungsbetriebes stammen könnten:

4.14.5.1 Abfälle aus anorganisch-chemischen Prozessen

0601 Abfälle aus Herstellung, Zubereitung, Vertrieb und **Anwendung (HZVA) von Säuren**

06 01 01* Schwefelsäure und schweflige Säure

06 01 02* Salzsäure

06 01 03* Flusssäure

06 01 04* Phosphorsäure und phosphorige Säure

06 01 05* Salpetersäure und salpetrige Säure

06 01 06* andere Säuren

0602 Abfälle aus HZVA **von Basen**

06 02 01* Calciumhydroxid

06 02 03* Ammoniumhydroxid

06 02 04* Natrium- und Kaliumhydroxid

06 02 05* andere Basen

4.14.5.2 Abfälle aus Herstellung, Zubereitung, Vertrieb und Anwendung (HZVA) von Beschichtungen – (Farben, Lacke, Email), Klebstoffen, Dichtmassen und Druckfarben

08 01 Abfälle aus HZVA und Entfernung von Farben und Lacken

08 01 11* Farb- und Lackabfälle, die organische Lösemittel oder andere gefährliche Stoffe enthalten

08 01 13* Farb- und Lackschlämme, die organische Lösemittel oder andere gefährliche Stoffe enthalten

08 01 17* Abfälle aus der Farb- oder Lackentfernung, die organische Lösemittel oder andere gefährliche Stoffe enthalten

08 04 Abfälle aus HZVA von Klebstoffen und Dichtmassen (einschließlich wasserabweisender Materialien)

08 04 09* Klebstoff- und Dichtmassenabfälle, die organische Lösemittel oder andere gefährliche Stoffe enthalten

4.14.5.3 Abfälle aus der chemischen Oberflächenbearbeitung und Beschichtung von Metallen und anderen Werkstoffen; Nichteisenhydrometallurgie

11 01 Abfälle aus der chemischen Oberflächenbearbeitung und Beschichtung von Metallen und anderen Werkstoffen (z. B. Galvanik, Verzinkung, Beizen, Ätzen, Phosphatieren, alkalisches Entfetten und Anodisierung)

11 01 05* saure Beizlösungen

11 01 06* Säuren a. n. g.

11 01 07* alkalische Beizlösungen

11 01 08* Phosphatierschlämme

11 01 13* Abfälle aus der Entfettung, die gefährliche Stoffe enthalten

4.14.5.4 Abfälle aus Prozessen der mechanischen Formgebung sowie der physikalischen und mechanischen Oberflächenbearbeitung vom Metallen und Kunststoffen

12 01 Abfälle aus Prozessen der mechanischen Formgebung sowie der physikalischen und mechanischen Oberflächenbearbeitung von Metallen und Kunststoffen

12 01 06* halogenhaltige Bearbeitungsöle auf Mineralölbasis (außer Emulsionen und Lösungen)
12 01 07* halogenfreie Bearbeitungsöle auf Mineralölbasis (außer Emulsionen und Lösungen)
12 01 08* halogenhaltige Bearbeitungsemulsionen und -lösungen
12 01 09* halogenfreie Bearbeitungsemulsionen und -lösungen
12 01 10* synthetische Bearbeitungsöle
12 01 12* gebrauchte Wachse und Fette
12 01 14* Bearbeitungsschlämme, die gefährliche Stoffe enthalten
12 01 16* Strahlmittelabfälle, die gefährliche Stoffe enthalten
12 01 18* ölhaltige Metallschlämme (Schleif-, Hon- und Läppschlämme)
12 01 19* biologisch leicht abbaubare Bearbeitungsöle
12 01 20* gebrauchte Hon- und Schleifmittel, die gefährliche Stoffe enthalten

4.14.5.5 Ölabfälle und Abfälle aus flüssigen Brennstoffen

13 01 Abfälle von Hydraulikölen

13 01 01* Hydrauliköle, die PCB enthalten
13 01 04* chlorierte Emulsionen
13 01 05* nichtchlorierte Emulsionen
13 01 09* chlorierte Hydrauliköle auf Mineralölbasis
13 01 10* nichtchlorierte Hydrauliköle auf Mineralölbasis
13 01 11* synthetische Hydrauliköle
13 01 12* biologisch leicht abbaubare Hydrauliköle
13 01 13* andere Hydrauliköle

13 02 Abfälle von Maschinen-, Getriebe- und Schmierölen

13 02 04* chlorierte Maschinen-, Getriebe- und Schmieröle auf Mineralölbasis
13 02 05* nichtchlorierte Maschinen-, Getriebe- und Schmieröle auf Mineralölbasis
13 02 06* synthetische Maschinen-, Getriebe- und Schmieröle
13 02 07* biologisch leicht abbaubare Maschinen-, Getriebe- und Schmieröle
13 02 08* andere Maschinen-, Getriebe- und Schmieröle

13 05 Inhalte von Öl-/Wasserabscheidern

13 05 01* feste Abfälle aus Sandfanganlagen und Öl-/Wasserabscheidern
13 05 02* Schlämme aus Öl-/Wasserabscheidern
13 05 03* Schlämme aus Einlaufschächten
13 05 06* Öle aus Öl-/Wasserabscheidern
13 05 07* öliges Wasser aus Öl-/Wasserabscheidern
13 05 08* Abfallgemische aus Sandfanganlagen und Öl-/Wasserabscheidern

Tab. 4.4 Gefahrenrelevante Eigenschaften von Abfällen, Beschreibung laut Anhang III der Abfallrahmenrichtlinie

HP1	Explosiv
HP2	brandfördernd
HP3	Entzündbar
HP4	Reizend – Hautreizung und Augenschädigung
HP5	Spezifische Zielorgan-Toxizität (STOT)/Aspirationsgefahr
HP6	akute Toxizität
HP7	karzinogen
HP8	ätzend
HP9	infektiös
HP10	reproduktionstoxisch
HP11	Mutagen
HP12	Freisetzung eines akut toxischen Gases
HP13	sensibilisierend
HP14	ökotoxisch
HP15	Abfall, der eine der oben genannten gefahrenrelevanten Eigenschaften entwickeln kann, die der ursprüngliche Abfall nicht unmittelbar aufweist

13 07 Abfälle aus flüssigen Brennstoffen

13 07 01* Heizöl und Diesel
13 07 02* Benzin
13 07 03* andere Brennstoffe (einschließlich Gemische)

19 08 Abfälle aus Abwasserbehandlungsanlagen a. n. g.

19 08 06* gesättigte oder verbrauchte Ionenaustauscherharze
19 08 07* Lösungen und Schlämme aus der Regeneration von Ionenaustauschern
19 08 08* schwermetallhaltige Abfälle aus Membransystemen
19 08 10* Fett- und Ölmischungen aus Ölabscheidern mit Ausnahme derjenigen, die unter 19 08 08 fallen
19 08 11* Schlämme aus der biologischen Behandlung von industriellem Abwasser, die Gefährliche Stoffe enthalten
19 08 13* Schlämme aus einer anderen Behandlung von industriellem Abwasser, die gefährliche Stoffe enthalten

Ein Abfall wird im Abfallverzeichnis dann als *gefährlich* eingestuft, wenn dieser Abfall relevante gefährliche Stoffe enthält, aufgrund derer er eine oder mehrere der aufgeführten gefahrenrelevanten Eigenschaften HP 1 bis HP 15 aufweist (Tab. 4.4).

4.14.5.6 Gefahrenrelevante Eigenschaften von Abfällen

Die Erzeuger, Besitzer, Sammler, Beförderer und Entsorger von gefährlichen Abfällen haben sowohl der zuständigen Behörde gegenüber als auch untereinander die ordnungsgemäße Entsorgung gefährlicher Abfälle nachzuweisen (KrWG § 50).

4.14.5.7 Nachweis über die Entsorgung von gefährlichen Abfällen

Die „Verordnung über die Nachweisführung bei der Entsorgung von Abfällen (Nachweisverordnung – NachwV)“ gilt für die Führung von Nachweisen und Registern; und betrifft u. a. die Erzeuger oder Besitzer von Abfällen (Abfallerzeuger). Wer nachweispflichtige Abfälle zur Entsorgung in eine Abfallentsorgungsanlage bringen oder dort solche Abfälle annehmen will, hat vor Beginn der Abfallentsorgung die Zulässigkeit der vorgesehenen Entsorgung durch einen Entsorgungsnachweis zu belegen (NachwV § 3). Von der Nachweispflicht ausgenommen sind Abfallerzeuger, wenn bei ihnen nicht mehr als *insgesamt zwei Tonnen gefährlicher Abfälle (Kleinmengen) jährlich* anfallen (NachwV § 2).

Der Nachweis über die Zulässigkeit der vorgesehenen Entsorgung kann alternativ von einem Einsammler (Holen der Abfälle von verschiedenen Besitzern in einem Gebiet) durch einen *Sammelentsorgungsnachweis* geführt werden, wenn die einzusammelnden Abfälle

1. denselben Abfallschlüssel haben,
2. den gleichen Entsorgungsweg haben,
3. in ihrer Zusammensetzung den im Sammelentsorgungsnachweis genannten Maßgaben für die Sammelcharge entsprechen und
4. die bei dem einzelnen Abfallerzeuger am jeweiligen Standort anfallende *Abfallmenge 20 Tonnen je Abfallschlüssel und Kalenderjahr* nicht übersteigt.

Die den Abfallerzeuger treffenden Pflichten sind in diesem Fall durch den Einsammler zu erfüllen (NachwV § 9). Diese Möglichkeit wird wohl von den meisten Entwässerungsbetrieben wahrgenommen werden können, wenn sie nicht bereits als Kleinmengen-Erzeuger von dieser Nachweispflicht ganz ausgenommen sind.

Im nächsten Schritt ist die ***Nachweisführung*** über die tatsächlich durchgeführte Entsorgung und den Verbleib der entsorgten Abfälle notwendig. Diese erfolgt durch Begleitscheine oder – hier meistens – durch Übernahmescheine im Fall der Sammelentsorgung. Der Übernahmeschein besteht aus zwei Ausfertigungen. Davon sind die Ausfertigung 1 (weiß) als Beleg für das Register des Abfallerzeugers, und die Ausfertigung 2 (gelb) als Beleg für das Register des Einsammlers bestimmt. Der Abfallerzeuger sowie der Einsammler haben die Übernahmescheine spätestens bei Übernahme der Abfälle durch den Einsammler auszufüllen. Auch die ordnungsgemäße Entsorgung von Kleinmengen gefährlicher Abfälle muss durch den Abfallerzeuger und den Abfallentsorger durch die Führung eines Übernahmescheins nachgewiesen werden (NachwV § 16).

Die Nachweisführung (vgl. Abb. 4.11) muss grundsätzlich elektronisch erfolgen. Davon abweichend darf die Führung der Übernahmescheine auch unter Verwendung der hierfür vorgesehenen Formblätter erfolgen (NachwV § 21).

Erzeuger, Besitzer, Sammler, Beförderer, Händler und Makler von gefährlichen Abfällen haben ein ***Register*** zu führen, in dem folgende Angaben verzeichnet sind:

1. die Menge, die Art und der Ursprung der Abfälle sowie
2. die Bestimmung, die Häufigkeit der Sammlung, die Beförderungsart sowie die Art der Verwertung oder Beseitigung (KrWG § 49).

Nachweis über die Zulässigkeit der vorgesehenen Entsorgung (= Vorabkontrolle)	
Entsorgungsnachweis § 3-8 NachwV	**Sammelentsorgungsnachweis** § 9 NachwV
Nachweis führen - Abfallbeförderer - Abfallentsorger	Nachweis wird durch Einsammler geführt - auch für Kleinmengen-Erzeuger Pflichten des Abfallerzeugers hat Einsammler
Erklärung des Abfallerzeugers bei größeren Mengen	Voraussetzungen der zu entsorgenden Abfälle: 1. haben denselben Abfallschlüssel, 2. haben den gleichen Entsorgungsweg, 3. Zusammensetzung entsprechend Sammel-entsorgungsnachweis 4. je Abfallerzeuger und je Standort anfallende Abfallmenge max. 20 Tonnen je Abfallschlüssel und Kalenderjahr

Nachweisführung über die durchgeführte Entsorgung (= Verbleibskontrolle)	
Begleitschein besteht aus sechs Ausfertigungen	**Übernahmeschein bei Sammelentsorgung** Der Übernahmeschein besteht aus zwei Ausfertigungen. 1. die Ausfertigung 1 (weiß) als Beleg für das Register des Abfallerzeugers, 2. die Ausfertigung 2 (gelb) als Beleg für das Register des Einsammlers

Registerführung über die Entsorgung von Abfällen
Erzeuger, Besitzer, Sammler, Beförderer und Entsorger von gefährlichen Abfällen haben sowohl der zuständigen Behörde gegenüber als auch untereinander die ordnungsgemäße Entsorgung gefährlicher Abfälle nachzuweisen.
Register enthält Angaben über - die Menge, die Art und den Ursprung sowie - die Bestimmung, die Häufigkeit der Sammlung, die Beförderungsart sowie die Art der Verwertung oder Beseitigung Belege oder Angaben müssen vollständig und in der jeweils aktuellen Version sein Sachlich und zeitlich geordnete Darstellung der registerpflichtigen Entsorgungsvorgänge
Aufbewahrungsfrist: mindestens drei Jahre ab Eintragung in das Register
Abfallerzeuger, die zur Führung von Nachweisen nicht verpflichtet sind, registrieren jede Abgabe von Abfällen, indem sie für jede Abfallart und jede Anfallstelle des Abfalls ein eigenes Verzeichnis erstellen, entspr. § 24 (6) NachwV

Abb. 4.11 Nachweisführung über die Entsorgung von gefährlichen Abfällen

Die Erzeuger von Kleinmengen gefährlicher Abfälle, die Abfallerzeuger, die gefährliche Abfälle einem Einsammler übergeben, sowie die Abfallentsorger, welche Kleinmengen gefährlicher Abfälle annehmen, führen die Register, indem sie die für sie bestimmten Ausfertigungen der Übernahmescheine spätestens zehn Kalendertage nach Erhalt nach Abfallarten getrennt und in zeitlicher Reihenfolge geordnet abheften und in die Register einstellen (NachwV § 24). Auf Verlangen der zuständigen Behörde sind die Register vorzulegen oder Angaben aus diesen Registern mitzuteilen. In ein Register eingetragene Angaben oder eingestellte Belege über gefährliche Abfälle haben die Erzeuger und Besitzer von Abfällen mindestens drei Jahre, jeweils ab dem Zeitpunkt der Eintragung oder Einstellung in das Register gerechnet, aufzubewahren. Die Register können auch elektronisch geführt werden (KrWG § 49). Die Nachweisführung über die Entsorgung von gefährlichen Abfällen hat entsprechend Abb. 4.11 zu erfolgen.

4.15 Klärschlamm

Klärschlamm ist ein Abfall aus der abgeschlossenen Behandlung von Abwasser in Abwasserbehandlungsanlagen; – auch wenn er entwässert oder getrocknet, sowie in Pflanzenbeeten oder in sonstiger Form behandelt worden ist. Klärschlamm besteht aus Wasser sowie aus organischen und mineralischen Stoffen, ausgenommen Rechen-, Sieb- und Sandfangrückständen.

Klärschlammbehandlung umfasst Maßnahmen zur biologischen, physikalischen oder chemischen Stabilisierung von Klärschlamm.

Rohschlamm ist nicht stabilisierter oder teilstabilisierter Schlamm, der einer Abwasserbehandlungsanlage vor Abschluss der Abwasserbehandlung entnommen wird (AbfKlärV § 2). Die Abgabe und das Auf- oder Einbringen von Rohschlamm ist *nicht* zulässig (AbfKlärV § 15).

Klärschlamm verlässt nach dem gereinigten Abwasser als zweitgrößter Stoffstrom eine Kläranlage.

> *„Insgesamt fielen im Jahr 2016 rund 1,8 Millionen Tonnen Klärschlamm in öffentlichen Abwasserbehandlungsanlagen an. Davon wurden 65 % verbrannt; die restlichen 35 % wurden überwiegend in der Landwirtschaft (24 %) oder beim Landschaftsbau (10 %) stofflich verwertet. Langfristig geht die Verwertung von Klärschlamm in der Landwirtschaft zurück"* (Statistisches Bundesamt; Pressemitteilung Nr. 449 vom 12.12.2017).

Dabei ist die Entsorgungsart in den verschiedenen Bundesländern sehr unterschiedlich: während in den Stadtstaaten Berlin und Hamburg 100 % thermisch behandelt werden, sind das in den Flächenstaaten Thüringen und Mecklenburg-Vorpommern unter 10 %.

Die Richtlinie 86/278/EWG über den Schutz der Umwelt und insbesondere der Böden bei der Verwendung von Klärschlamm in der Landwirtschaft legt Vorschriften für den Einsatz von Klärschlamm als Düngemittel in der Landwirtschaft fest, um zu verhindern, dass dieser durch eine Beeinträchtigung der Qualität des Bodens sowie des Oberflächen- und Grundwassers die Umwelt und die menschliche Gesundheit schädigt. Zu diesem Zweck werden Grenzwerte für die Konzentrationen von verschiedenen Schwermetallen in den Böden festgelegt, die für Pflanzen und Menschen giftig sein können. Die Verwendung der Klärschlämme ist verboten, wenn die Konzentration in den Böden die festgelegten Grenzwerte überschreitet.

Die „Verordnung über die Verwertung von Klärschlamm, Klärschlammgemisch und Klärschlammkompost (Klärschlammverordnung – AbfKlärV)" setzt das in Deutschland um und regelt bisher

- das Auf- oder Einbringen von Klärschlamm auf oder in einen Boden als Düngemittel, Kultursubstrat, Bodenhilfsstoff oder Pflanzenhilfsmittel.
- die Abgabe von Klärschlamm, Behandlung und Untersuchung solchen Klärschlamms
- die Untersuchung des Bodens, auf oder in den Klärschlamm, Klärschlammgemisch und Klärschlammkompost auf- oder eingebracht werden sollen. Die Vorschriften des Düngerechts gelten nebenher zusätzlich.

4.15.1 Verwertung (AbfKlärV)

Der Betreiber einer Abwasserbehandlungsanlage ist auch ein Klärschlammerzeuger. Er hat den in seiner Abwasserbehandlungsanlage anfallenden Klärschlamm möglichst hochwertig zu verwerten, soweit dies technisch möglich und wirtschaftlich zumutbar ist. Hierbei sind eine Rückgewinnung von Phosphor und eine Rückführung des gewonnenen Phosphors oder der phosphorhaltigen Klärschlammverbrennungsasche in den Wirtschaftskreislauf anzustreben (§ 3). Die Verwertung Klärschlamm hat nach den Anforderungen der AbfklärV zu erfolgen. Neben den Grenzwerten der Düngemittelverordnung und einem Höchstgehalt für Kupfer sind dabei zusätzliche Grenzwerte einzuhalten.

4.15.2 Untersuchungen (AbfKlärV)

Der Klärschlammerzeuger hat vor der erstmaligen Auf- oder Einbringung des Klärschlamms auf der Aufbringungsfläche die Bodenart bestimmen zu lassen (§ 4). Darüber hinaus hat der Klärschlammerzeuger den Klärschlamm und den Boden u. a. auf Schwermetalle, den pH-Wert und auf den Phosphatgehalt untersuchen zu lassen. Die Bodenuntersuchungen sind mindestens alle zehn Jahre zu wiederholen. Die Untersuchung des Klärschlamms ist je angefangene 250 Tonnen Trockenmasse, höchstens jedoch einmal monatlich durchführen zu lassen (§ 5). Bei kleineren Abwasserbehandlungsanlagen erfolgen die Untersuchungen im geringeren Umfang.

4.15.3 Aufbringen (AbfKlärV)

Das Auf- oder Einbringen des Klärschlamms, des Klärschlammgemischs oder des Klärschlammkomposts auf oder in den Boden ist nur zulässig, wenn die Bodenuntersuchung ergibt, dass bestimmte Vorsorgewerte nicht überschritten werden (§ 7). Der Klärschlammerzeuger, der die Auf- oder Einbringung eines Klärschlamms auf einen Boden beabsichtigt, darf den Klärschlamm nur unter bestimmten Randbedingungen bezüglich der Fläche, Menge oder Zeit bereitstellen. Die Bereitstellung muss auch so zu erfolgen, dass ein oberflächiger Abfluss des Klärschlamms ausgeschlossen ist (§ 13). Das Auf- oder Einbringen eines Klärschlamms ist *nicht zulässig* auf oder in viele Böden, wie z. B. Grünland oder Gemüseanbauflächen, und auch nicht in Wasserschutzgebieten und u. a. in gesetzlich geschützten Biotopen (§ 15).

4.15.4 Führen eines Registers (AbfKlärV § 34)

Der Klärschlammerzeuger hat für das jeweilige Kalenderjahr ein Register zu führen, das u. a. Angaben enthalten muss zu

- Ergebnissen der durchgeführten Bodenuntersuchungen,
- die insgesamt in einer Abwasserbehandlungsanlage erzeugten und die abgegeben Klärschlammmengen
- Eigenschaften der Klärschlämme

Die Angaben sind bis zum 15. März des Folgejahres für das vorherige Kalenderjahr an die für die Auf- oder Einbringungsfläche zuständige Behörde elektronisch zu übermitteln.

4.15.5 Phosphorrückgewinnung

In der Klärschlammverordnung sind im Hinblick auf die Planbarkeit drei zeitliche Stufen zur Phosphorrückgewinnung vorgesehen: 2023, 2029 und 2032.

Ab 2023 Berichtspflichten und Phosphoruntersuchungen Klärschlammerzeuger, die im Kalenderjahr 2023 eine Abwasserbehandlungsanlage betreiben, haben der zuständigen Behörde einen Bericht über die geplanten und eingeleiteten Maßnahmen zur Sicherstellung der ab 1. Januar 2029 durchzuführenden Phosphorrückgewinnung vorzulegen Proben des anfallenden Klärschlamms auf den Phosphorgehalt und den Gehalt an basisch wirksamen Stoffen untersuchen zu lassen (§ 3a).

Ab 2029 Phosphorrückgewinnung für Kläranlagen > 100.000 EW Jeder Klärschlammerzeuger hat je angefangene 500 Tonnen Klärschlamm-Trockenmasse, höchstens jedoch in Abständen von sechs Monaten, Proben des in seiner Abwasserbehandlungsanlage erzeugten Klärschlamms zusätzlich auf den Phosphorgehalt und den Gehalt an basisch wirksamen Stoffen untersuchen zu lassen.

Wenn der Klärschlamm einen Phosphorgehalt von *20 Gramm oder mehr* je Kilogramm Trockenmasse aufweist, hat der Klärschlammerzeuger den Klärschlamm entweder unmittelbar

- einer Phosphorrückgewinnung zuzuführen oder
- einer thermischen Vorbehandlung in einer Klärschlammverbrennungsanlage oder einer Klärschlamm-Mitverbrennungsanlage zuzuführen. Dort muss dann der Phosphor zurückgewonnen werden.

Wenn der Klärschlamm einen Phosphorgehalt von *weniger als 20 Gramm* je Kilogramm Trockenmasse aufweist, oder bereits einer Phosphorrückgewinnung nach unterzogen wurde, kann er auch einer anderweitigen Abfallentsorgung zugeführt werden. Eine Verwertung des Klärschlamms auf oder in Böden ist dann aber nicht mehr zulässig.

Nach *Schaum u. Demmelbauer* kann im Mittel von einer Konzentration von 30 g P/kg ausgegangen werden (DWA-Bayern, Mitglieder-Rundbrief, Dez. 2017).

Abwasserbehandlungsanlagen mit einer Ausbaugröße von bis zu 100.000 EW können den anfallenden Klärschlamm unabhängig vom Phosphorgehalt noch weiterhin auf oder in Böden verwerten.

Zur Phosphorrückgewinnung aus Klärschlamm ist ein Verfahren anzuwenden, das eine Reduzierung des Phosphorgehalts im Klärschlamm

- um mindestens 50 Prozent oder
- auf weniger als 20 Gramm je Kilogramm Trockenmasse

gewährleistet. Bei einem Phosphorgehalt von mehr als 40 Gramm reicht auch ein Rückgewinnungsverfahren um mindestens 50 %.

► Die Durchführung der Phosphorrückgewinnung ist in das Register aufzunehmen.

Ab 2032 Phosphorrückgewinnung auch für Kläranlagen > 50.000 EW Ab 2032 gelten die o. g. Regeln auch für die kleineren Kläranlagen zwischen 50.000 und 100.000 EW.

4.16 Bau- und Abbruchabfälle (GewAbfV)

Bau- und Abbruchabfälle sind bei Bau- und Abbrucharbeiten anfallende mineralische und weitere nicht mineralische Abfälle (Kapitel 17 der Anlage der Abfallverzeichnis-Verordnung) mit Ausnahme von Boden (einschließlich Aushub von verunreinigten Standorten) Steinen und Baggergut (§ 2).

Erzeuger und Besitzer von Bau- und Abbruchabfällen haben mindestens die folgenden Abfallfraktionen jeweils getrennt zu sammeln, zu befördern und vorrangig der Vorbereitung zur Wiederverwendung oder dem Recycling zuzuführen:

1. Glas
2. Kunststoff
3. Metalle, einschließlich Legierungen
4. Holz
5. Dämmmaterial
6. Bitumengemische
7. Baustoffe auf Gipsbasis
8. Beton
9. Ziegel und
10. Fliesen und Keramik.

Die Pflichten entfallen, soweit die getrennte Sammlung der jeweiligen Abfallfraktion *technisch nicht möglich* oder *wirtschaftlich nicht zumutbar* ist. *Technisch nicht möglich* ist die getrennte Sammlung insbesondere dann, wenn für eine Aufstellung der Abfallbehälter für die getrennte Sammlung nicht genug Platz zur Verfügung steht (§ 3).

Die getrennte Sammlung ist dann *wirtschaftlich nicht zumutbar*, wenn die Kosten für die getrennte Sammlung, insbesondere auf Grund einer hohen Verschmutzung oder einer sehr geringen Menge der jeweiligen Abfallfraktion, außer Verhältnis zu den Kosten für eine gemischte Sammlung und eine anschließende Vorbehandlung oder Aufbereitung stehen. Erzeuger und Besitzer haben die Erfüllung der Pflichten oder, im Fall der Abweichung von diesen Pflichten, das Vorliegen der Voraussetzungen zu dokumentieren. Die Dokumentation ist wie folgt vorzunehmen:

1. für die getrennte Sammlung durch Lagepläne, Lichtbilder, Praxisbelege, wie Liefer- oder Wiegescheine oder ähnliche Dokumente,
2. für die Zuführung der getrennt gesammelten Abfälle zur Vorbereitung zur Wiederverwendung oder zum Recycling durch eine Erklärung desjenigen, der die Abfälle übernimmt, wobei die Erklärung dessen Namen und Anschrift sowie die Masse und den beabsichtigten Verbleib des Abfalls zu enthalten hat, und
3. für das Abweichen von der Pflicht zur getrennten Sammlung durch eine Darlegung der technischen Unmöglichkeit oder der wirtschaftlichen Unzumutbarkeit.

Die Dokumentation ist auf Verlangen der zuständigen Behörde vorzulegen.

Die o. g. Pflichten gelten nicht für Bau- und Abbruchmaßnahmen, bei denen das Volumen der insgesamt anfallenden Abfälle 10 Kubikmeter nicht überschreitet (§ 8).

Erzeuger und Besitzer solcher nicht getrennt gehaltenen Abfälle sind verpflichtet,

- Gemische, die überwiegend Kunststoffe, Metalle, einschließlich Legierungen, oder Holz enthalten, unverzüglich einer Vorbehandlungsanlage zuzuführen und
- Gemische, die überwiegend Beton, Ziegel, Fliesen oder Keramik enthalten, unverzüglich einer Aufbereitungsanlage zuzuführen.

Bestimmte Randbedingungen sind jeweils einzuhalten (§ 9).

4.17 Boden

Beim Bau von Becken, Pumpwerken oder Kanälen wird der dort jeweils vorhandene Boden in seiner Lage und in seinen Lagerungseigenschaften verändert. Durch die Herstellung der notwendigen Baugruben für die Bauwerke wird der vorhandene Boden gelöst, gefördert, geladen und oft auch anderer Boden eingebaut und verdichtet. Dabei bleibt in der Regel verdrängter Boden übrig; dieser kann entweder an gleicher oder anderer Stelle wieder verwendet werden oder muss ggf. auch als Abfall entsorgt werden. Je nach der Konstellation fällt der Boden unter die Regelungen des Bodenschutz- und/oder des Abfall-Rechts. Das ist für die weitere Verwendung und Behandlung des Bodens von wesentlicher Bedeutung.

Boden im Sinne des Bundes-Bodenschutzgesetzes ist die obere Schicht der Erdkruste, soweit sie Träger der verschiedenen genannten Bodenfunktionen ist. Unter anderem sind dies auch die Nutzungsfunktionen als Fläche für Siedlung und Erholung und als Standort für sonstige wirtschaftliche und öffentliche Nutzungen, Verkehr, Ver- und Entsorgung (BBodSchG § 2).

Bodenmaterial im Sinne der Bundes-Bodenschutz- und Altlastenverordnung ist Material aus solchen Böden und deren Ausgangssubstraten einschließlich Mutterboden, das im Zusammenhang mit Baumaßnahmen oder anderen Veränderungen der Erdoberfläche ausgehoben, abgeschoben oder behandelt wird (BBodSchV § 2).

Die Vorschriften des Kreislaufwirtschaftsgesetzes gelten u. a. nicht für

- Böden am Ursprungsort (Böden in situ), einschließlich nicht ausgehobener, kontaminierter Böden und Bauwerke, die dauerhaft mit dem Grund und Boden verbunden sind. (Diese fallen unter die o. g. Bodenschutzregelungen.)
- nicht kontaminiertes Bodenmaterial und andere natürlich vorkommende Materialien, die bei Bauarbeiten ausgehoben wurden, sofern sichergestellt ist, dass die Materialien in ihrem natürlichen Zustand an dem Ort, an dem sie ausgehoben wurden, für Bauzwecke verwendet werden [– sind also kein Abfall!] (KrWG § 2).

Bei diesem Boden oder Bodenmaterialien ist also das Abfall-Recht nicht anwendbar.

▶ Boden wird also dann *nicht zu Abfall*, wenn er entweder an Ort und Stelle verbleibt oder, wenn er bei Bauarbeiten ausgehoben wurde, und im natürlichen Zustand an dem Ort auch für Bauzwecke wieder verwendet wird.

Dabei kann darüber diskutiert werden, wie weit das Wort „*Ort*" gefasst werden kann. Hilfreich ist hier die o. g. Boden-Definition, die auch die Nutzungsfunktionen als Fläche für Siedlung und als Standort für sonstige wirtschaftliche und öffentliche Nutzungen, Verkehr, Ver- und Entsorgung beinhaltet. Daher sollte der Begriff „Ort" bei einem kommunalen Betrieb auch als der übliche Begriff für „Ort" gleich Gemeinde oder Stadt gesehen werden, wenn der Boden aus solchen besiedelten und bebauten Flächen oder aus Verkehrsflächen stammt. Voraussetzung dabei ist natürlich, dass es sich um nicht kontaminierten Boden handelt.

4.17.1 Boden als Abfall

Boden wird dann zu Abfall, wenn sich der Besitzer des Bodens entledigt, entledigen will oder entledigen muss. Eine ***Entledigung*** wird angenommen, wenn der Besitzer den Boden einer Verwertungs- oder einer Beseitigungs-Anlage zuführt. Der Besitzer ***muss*** sich des Bodens entledigen, wenn dieser auf Grund des konkreten Zustandes geeignet ist, gegenwärtig oder künftig das Wohl der Allgemeinheit, insbesondere die Umwelt, zu gefährden (§ 3 KrWG).

In der Abfallverzeichnis-Verordnung findet sich unter Kapitel 17. Bau- und Abbruchabfälle auch die Nr. 17 05 Boden (einschließlich Aushub von verunreinigten Standorten), Steine und Baggergut. Hier wird unterschieden in:

17 05 03* Boden und Steine, die gefährliche Stoffe enthalten
17 05 04 Boden und Steine mit Ausnahme derjenigen, die unter 17 05 03 fallen

▶ Boden wird also als belasteter Boden, der gefährliche Stoffe enthält, immer zu Abfall für den momentanen Besitzer; aber auch unbelasteter Boden wird zu Abfall, wenn der Besitzer den Boden entsorgen will.

4.17.2 Belasteter Boden

Boden und Steine, die gefährliche Stoffe enthalten, sind gleichzeitig auch „Gefährliche Abfälle" (s. o.), da sie in der AVV mit Stern versehen sind (17 05 03*). Aber woher weiß man, ob der vorhandene Boden belastet ist? Hier kann man auf die Behörden vertrauen: Liegen der zuständigen Behörde Anhaltspunkte dafür vor, dass eine schädliche Bodenveränderung oder Altlast vorliegt, so soll sie zur Ermittlung des Sachverhalts die geeigneten Maßnahmen ergreifen (Gefährdungsabschätzung). Werden dabei bestimmte festgesetzte Prüfwerte überschritten, soll die zuständige Behörde die notwendigen Maßnahmen treffen, um festzustellen, ob eine schädliche Bodenveränderung oder Altlast vorliegt (§ 9 BBodSchG). Umgekehrt gilt auch: Wenn bisher nichts veranlasst wurde, kann man wohl zunächst davon ausgehen, dass der zuständigen Behörde keine Anhaltspunkte dafür vorliegen, dass eine schädliche Bodenveränderung oder Altlast vorhanden ist. Entsprechend der Abfallhierarchie ist **Vermeidung** vorrangig: also direkter Wiedereinbau vor Ort. Überschüssiger Boden kann häufig nicht direkt auf der Baustelle gelagert werden und muss daher auf eine geeignete Zwischenlager-Fläche transportiert werden. Dort beginnt die Vorbereitung zur Wiederverwendung: Die spätere Zuordnung des Bodens in eine der Einbauklassen setzt voraus, dass der Boden, sortiert in verschiedenen Haufwerken, auf dem Zwischenlager lagert. Insbesondere nach Korngrößenverteilung sollten Sande, Tone und Schluffe getrennt werden. Weitere Merkmale sind die Farbe, Konsistenz und der Geruch des Materials. Das Ziel muss sein, möglichst homogene Haufwerke zu separieren, die getrennt nach den jeweiligen Teilchargen, separat beprobt werden können.

Die Anzahl der dann zu entnehmenden Einzel-, Misch- und Sammelproben richtet sich nach der Menge (Volumen, Masse) des zu untersuchenden Prüfgutes.

Sie erfolgt nach der *Mitteilung der Länderarbeitsgemeinschaft Abfall (LAGA) 32*:

„LAGA PN 98 Richtlinie für das Vorgehen bei physikalischen, chemischen und biologischen Untersuchungen im Zusammenhang mit der Verwertung/Beseitigung von Abfällen."

Wenn das Bodenmaterial bei weiteren kommunalen Baumaßnahmen gebraucht wird, kann *unbelasteter* Erdaushub (nach Aussieben von größeren Steinen) uneingeschränkt wiederverwertet werden (beispielsweise als Dichtungsmaterial beim Deichbau oder für einen Rückhaltebecken-Damm oder für einen Lärmschutzwall).

Was als unbelastet oder belastet zu werten ist, wurde von der LAGA geregelt. Die *LAGA Mitteilung 20 „Anforderungen an die stoffliche Verwertung von mineralischen Reststoffen/Abfällen – Technische Regeln"* ist auf der Website der LAGA zu finden.

„Zuordnungswerte: Zulässige Schadstoffkonzentrationen im Eluat (Eluatkonzentrationen) bzw. zulässige Schadstoffgehalte im Feststoff (Feststoffgehalte), die für den Einbau eines Ab-

falls festgelegt werden, damit dieser unter den für die jeweilige Einbauklasse vorgegebenen Anforderungen eingebaut/verwendet werden kann. ...

Um zumindest einen Teil dieser Abfälle schadlos verwerten zu können, wird neben dem eingeschränkten offenen Einbau auch ein eingeschränkter Einbau mit definierten technischen Sicherungsmaßnahmen vorgesehen. Damit ergeben sich die folgenden Einbauklassen:

- *Einbauklasse 1 (Zuordnungswerte Z 1.1 und Z 1.2): Eingeschränkter offener Einbau (wasserdurchlässige Bauweise),*
- *Einbauklasse 2 (Zuordnungswerte Z 2): Eingeschränkter Einbau mit definierten technischen Sicherungsmaßnahmen (nicht oder nur gering wasserdurchlässige Bauweise).*

(Kommentar: Wenn die Werte größer als Z 2 sind, bleibt nur die Abfallbeseitigung!)

Einen Sonderfall stellt die uneingeschränkte Verwertung von geeignetem Bodenmaterial in bodenähnlichen Anwendungen (Verfüllung von Abgrabungen und Abfallverwertung im Landschaftsbau außerhalb von Bauwerken) dar (Einbauklasse 0).

Diese Einbauklassen berücksichtigen die Herkunft und Beschaffenheit der Abfälle sowie die Art des Einbaus und die Standortbedingungen am Einbauort. Durch Beschränkungen der Einbaumöglichkeiten und organisatorische Sicherungsmaßnahmen soll eine großräumige Schadstoffverteilung verhindert werden. Die Einbauklassen werden durch Zuordnungswerte im Eluat (Eluatkonzentrationen) und im Feststoff (Feststoffgehalte) begrenzt" (LAGA Mitteilung 20 „Anforderungen an die stoffliche Verwertung von mineralischen Reststoffen/Abfällen").

Bei der Anwendung sind die Vorbemerkung (Stand 05.06.2012, s. o.) und landesspezifische Hinweise zu berücksichtigen, da die Anwendung in den Bundesländern unterschiedlich gehandhabt wird! In Bayern gilt z. B. auch das Merkblatt des LfU: „Beprobung von Boden und Bauschutt" (Stand Nov 2017).

Die Verwertung von Abfällen, insbesondere durch ihre Einbindung in Erzeugnisse, hat *ordnungsgemäß und schadlos* zu erfolgen. Die Verwertung erfolgt *ordnungsgemäß*, wenn sie im Einklang mit den Vorschriften dieses Gesetzes und anderen öffentlich-rechtlichen Vorschriften steht. Sie erfolgt *schadlos*, wenn nach der Beschaffenheit der Abfälle, dem Ausmaß der Verunreinigungen und der Art der Verwertung Beeinträchtigungen des Wohls der Allgemeinheit nicht zu erwarten sind, insbesondere keine Schadstoffanreicherung im Wertstoffkreislauf erfolgt (KrWG § 7). Dies sollte bei Anwendung der LAGA-Regeln gewährleistet sein.

4.17.3 Zwischenlagerplatz für Boden

Die Erzeuger oder Besitzer von Abfällen sind zur Verwertung ihrer Abfälle verpflichtet. Die Verwertung von Abfällen hat Vorrang vor deren Beseitigung. Vorbereitung zur Wiederverwendung ist jedes Verwertungsverfahren der Prüfung, Reinigung oder Reparatur, bei dem Erzeugnisse oder Bestandteile von Erzeugnissen, die zu Abfällen geworden sind, so vorbereitet werden, dass sie ohne weitere Vorbehandlung wieder für denselben Zweck verwendet werden können, für den sie ursprünglich bestimmt waren (KrWG § 3). Um das zu gewährleisten ist eine Zwischenlagerung von ausgebautem Boden notwendig! Dort erfolgt die Bildung von homogenen Haufwerken und deren Beprobung. Dies ist die Vorbereitung zur Wiederverwendung.

Der Wille zur Entledigung ist erst dann anzunehmen, wenn die ursprüngliche Zweckbestimmung entfällt, ohne dass ein neuer Verwendungszweck *unmittelbar* an deren Stelle tritt. Da zuerst eine Beprobung erfolgen muss, und dann je Haufwerk eine weitere geeignete Baumaßnahme (je nach Einstufung Z 0 bis Z 2) gefunden werden muss, ist „unmittelbar" hier ein längerer Zeitraum. Für die Beurteilung der Zweckbestimmung ist im Zweifel nach KrWG die Auffassung des Erzeugers oder Besitzers unter Berücksichtigung der Verkehrsanschauung zugrunde zu legen.

Ein notwendiges Zwischenlager im Gemeindegebiet sollte eine umzäunte und befestigte Fläche sein. Der Boden lagert am zweckmäßigsten unter Dach oder muss mit Folie abgedeckt werden, um eine Auslaugung durch Niederschläge zu vermeiden. Die Pflichten der Betreiber von genehmigungsbedürftigen und nicht genehmigungsbedürftigen Anlagen nach dem Bundes-Immissionsschutzgesetz, diese so zu errichten und zu betreiben, dass Abfälle vermieden, verwertet oder beseitigt werden, richten sich nach den Vorschriften des Bundes-Immissionsschutzgesetzes. Die Genehmigung solcher Anlagen könnte erfolgen nach der 4. BImschV.

Für bestimmte Anlagen ist jeweils ein Vereinfachtes Verfahren gemäß § 19 BImSchG (ohne Öffentlichkeitsbeteiligung) erforderlich. Das bedeutet: Anlagen für unter 30 t gefährlicher Abfälle oder für weniger als 100 t nicht gefährlicher Abfälle sind genehmigungsfrei nach BImSchG. Allerdings kommt trotzdem eine Baugenehmigung für die Fläche in Frage. Nach der Bayerischen Bauordnung z. B. handelt es sich um eine bauliche Anlage, da sie eine mit dem Erdboden verbundene und aus Bauprodukten hergestellte Anlage ist. Als bauliche Anlagen gelten auch Lagerplätze (BayBO Art 2). Keiner Baugenehmigung, Zustimmung und Bauüberwachung nach diesem Gesetz bedürfen Anlagen, wenn sie nach dem BImSchG einer Genehmigung bedürfen (s. o.). Verfahrensfrei sind auch sonstige Lager- und Abstellplätze mit einer Fläche bis zu 300 m^2 und deren Zufahrten, außer im Außenbereich (BayBO Art 57).

4.17.4 Boden aus Kanalbau in der freien Landschaft

Zur Herstellung einer durchwurzelbaren Bodenschicht dürfen in und auf Böden nur Bodenmaterial sowie Baggergut nach DIN 19731 und Gemische von Bodenmaterial mit solchen Abfällen, die die stofflichen Qualitätsanforderungen erfüllen, auf- und eingebracht werden. Die Zwischenlagerung und die Umlagerung von Bodenmaterial auf Grundstücken im Rahmen der Errichtung oder des Umbaus von baulichen und betrieblichen Anlagen unterliegen nicht den Regelungen dieses Paragraphen, wenn das Bodenmaterial am Herkunftsort wiederverwendet wird (BBodSchV § 12).

4.18 Altöl (AltölV)

Die stoffliche und die energetische Verwertung sowie die Beseitigung von Altöl sind durch die Altölverordnung (AltölV) geregelt. Diese Verordnung gilt für Erzeuger, Besitzer, Einsammler und Beförderer von Altöl (§ 1).

Altöle sind Öle, die als Abfall anfallen und die ganz oder teilweise aus Mineralöl, synthetischem oder biogenem Öl bestehen (§ 1a).

Der Aufbereitung von Altölen wird Vorrang vor sonstigen Entsorgungsverfahren eingeräumt; zur Aufbereitung geeignet sind Altöle der *Sammelkategorie 1* (s. u.) (§ 2).

PCB/PCT-haltiges Altöl, das zugleich PCB ist, ist dagegen entsprechend PCB/PCT-Abfallverordnung zu beseitigen. Altöl wird dann auch gleichzeitig als „PCB" eingestuft, wenn es insgesamt mehr als 50 mg/kg der PCB-Stoffe enthält. Solange der Verdacht besteht, dass das so ist, gilt es als PCB, bis das Gegenteil durch den Abfallerzeuger oder Abfallbesitzer bewiesen ist (§ 1). Öle auf der Basis von PCB, die insbesondere in Transformatoren, Kondensatoren oder Hydraulikanlagen enthalten sein können, müssen getrennt von anderen Altölen gehalten und getrennt einer Entsorgung zugeführt werden (§ 4).

4.18.1 Vermischungsverbote (AltölV § 4)

Auch Altöle unterschiedlicher Sammelkategorien dürfen grundsätzlich nicht untereinander gemischt werden; ebenso wenig dürfen Altöle mit anderen Abfällen vermischt werden.

Darüber hinaus kann es erforderlich sein, Altöle der vier Sammelkategorien sogar nach Abfallschlüsseln getrennt zu halten, wenn dies

- in der Genehmigung für die Altölentsorgungsanlage oder
- in der Bestätigung des Entsorgungsnachweises oder
- in der Bestätigung des Sammelentsorgungsnachweises

angeordnet ist.

4.18.2 Ausnahmen vom Vermischungsverbot (NachwV)

Die Führung eines Sammelentsorgungsnachweises für eingesammelte Altöle ist dann zulässig, wenn die Altöle derselben Sammelkategorie oder den Sammelkategorien 2 bis 4 angehören.

Das Vermischungsverbot gilt in diesem Fall (für Altöle der Sammelkategorien 2 bis 4) nicht, wenn die Entsorgung der Altöle in einer Entsorgungsanlage erfolgt, in deren Zulassung eine Vermischung der Altöle vorgesehen ist und die ordnungsgemäße Entsorgung der vermischten Altöle durch einen Sammelentsorgungsnachweis bestätigt worden ist. Auch dann darf die bei dem einzelnen Altölerzeuger eingesammelte Altölmenge 20 Tonnen je Sammelkategorie und Kalenderjahr nicht übersteigen (§ 9). Liegt ein Sammelentsorgungsnachweis für die Entsorgung von Altölen mit mehr als einem Abfallschlüssel vor, haben der Einsammler und der Abfallerzeuger im Abfallschlüsselfeld des Übernahmescheins den prägenden Abfallschlüssel einzutragen und im Mehrzweckfeld „Frei für Vermerke" die Abfallschlüssel der tatsächlich auf der Grundlage dieses Übernahmescheins übernommenen Öl-Abfälle (§ 11).

4.18.3 Ergänzende Erklärungen zur Nachweisführung (AltölV § 6)

Wer Altöle an Unternehmen der Altölsammlung zum Zwecke der Aufbereitung oder energetischen Verwertung abgibt, hat eine zusätzliche Erklärung nach AltölV über die Entsorgung von Altölen abzugeben; neben den Vorschriften der Nachweisverordnung.

Hinweis: Zuordnung von Abfallschlüsseln der Altöle zu einer Sammelkategorie (AltölV Anlage 1)

Sammelkategorie 1:

13 01 10	nichtchlorierte Hydrauliköle auf Mineralölbasis
13 02 05	nichtchlorierte Maschinen-, Getriebe- und Schmieröle auf Mineralölbasis
13 02 06	synthetische Maschinen-, Getriebe- und Schmieröle
13 02 08	andere Maschinen-, Getriebe- und Schmieröle
13 03 07	nichtchlorierte Isolier- und Wärmeübertragungsöle auf Mineralölbasis

Sammelkategorie 2:

12 01 07	halogenfreie Bearbeitungsöle auf Mineralölbasis (außer Emulsionen und Lösungen)
12 01 10	synthetische Bearbeitungsöle
13 01 11	synthetische Hydrauliköle
13 01 13	andere Hydrauliköle

Sammelkategorie 3:

12 01 06	halogenhaltige Bearbeitungsöle auf Mineralölbasis (außer Emulsionen und Lösungen)
13 01 01	Hydrauliköle, die PCB enthalten, mit einem PCB-Gehalt von nicht mehr als 50 mg/kg
13 01 09	chlorierte Hydrauliköle auf Mineralölbasis
13 02 04	chloriere Maschinen-, Getriebe- und Schmieröle auf Mineralölbasis
13 03 01	Isolier- und Wärmeübertragungsöle, die PCB enthalten, mit einem PCB-Gehalt von nicht mehr als 50 mg/kg
13 03 06	chlorierte Isolier- und Wärmeübertragungsöle auf Mineralölbasis mit Ausnahme derjenigen, die unter 13 03 01 fallen

Sammelkategorie 4:

13 01 12	biologisch leicht abbaubare Hydrauliköle
13 02 07	biologisch leicht abbaubare Maschinen-, Getriebe- und Schmieröle
13 03 08	synthetische Isolier- und Wärmeübertragungsöle
13 03 09	biologisch leicht abbaubare Isolier- und Wärmeübertragungsöle
13 03 10	andere Isolier- und Wärmeübertragungsöle
13 05 06	Öle aus Öl-/Wasserabscheidern
13 07 01	Heizöl und Diesel

4.19 Entsorgung von Batterien

Zuverlässige Batterien und Akkumulatoren sind eine wesentliche Voraussetzung für die Sicherheit vieler Produkte und Geräte sowie eine sehr wichtige Energiequelle im Bereich von Kanalnetz und Kläranlage. Es wird unterschieden zwischen Gerätebatterien und -akkumulatoren einerseits und Industrie- und Fahrzeugbatterien und -akkumulatoren andererseits.

Die Entsorgung von alten Batterien ist geregelt durch das „Gesetz über das Inverkehrbringen, die Rücknahme und die umweltverträgliche Entsorgung von Batterien und Akkumulatoren (Batteriegesetz – BattG)". Demnach sind folgende Begriffe definiert:

Batterien sind aus einer oder mehreren nicht wiederaufladbaren Primärzellen oder aus wiederaufladbaren Sekundärzellen (Akkumulatoren) bestehende Quellen elektrischer Energie, die durch unmittelbare Umwandlung chemischer Energie gewonnen wird.

Batteriesatz ist eine Gruppe von Batterien, die so miteinander verbunden oder in einem Außengehäuse zusammengebaut sind, dass sie eine vollständige, vom Endnutzer nicht zu trennende oder zu öffnende Einheit bilden. Batteriesätze sind Batterien im Sinne dieses Gesetzes.

Fahrzeugbatterien sind Batterien, die für den Anlasser, die Beleuchtung oder für die Zündung von Fahrzeugen bestimmt sind.

Industriebatterien sind Batterien, die ausschließlich für industrielle, gewerbliche oder landwirtschaftliche Zwecke, für Elektrofahrzeuge jeder Art oder zum Vortrieb von Hybridfahrzeugen bestimmt sind. Fahrzeugbatterien sind keine Industriebatterien (BattG § 2). Unter **Industriebatterien und -akkumulatoren** fallen Batterien und Akkumulatoren für die Not- oder Reservestromversorgung. Ferner zählen dazu Batterien und Akkumulatoren für Strichcodelesegeräte, Videotechnik für Fernsehsender und Studios, Gruben- und Taucherlampen an Helmen oder Kanallampen.

Batterien und Akkumulatoren für Sicherheitssysteme von elektrisch betätigten Türen, mit denen das Blockieren der Tür oder das Einklemmen von Personen verhindert werden soll, Batterien und Akkumulatoren für unterschiedlichste Geräte in der Mess-, Steuer- und Regelungstechnik sowie Batterien und Akkumulatoren zur Verwendung bei Solarmodulen sowie weiteren photovoltaischen und sonstigen Anwendungen im Bereich der erneuerbaren Energien. Unter Industriebatterien und -akkumulatoren fallen ferner Batterien und Akkumulatoren für Fahrzeuge mit Elektroantrieb, wie Autos, Rollstühle, Fahrräder und FTS-Fahrzeuge. Über diese Beispielliste hinaus sollten alle Batterien und Akkumulatoren, die nicht gekapselt sind und keine Fahrzeugbatterien sind, als Industriebatterien eingestuft werden (Richtlinie 2006/66/EG Grund 9).

Gerätebatterien sind Batterien, die gekapselt sind und in der Hand gehalten werden können. Fahrzeug- und Industriebatterien sind keine Gerätebatterien.

Unter Gerätebatterien oder -akkumulatoren fallen Monozellenbatterien (z. B. vom Typ AA oder AAA) sowie Batterien und Akkumulatoren, die von Verbrauchern oder gewerblich für Mobiltelefone, tragbare Computer, schnurlose Elektrowerkzeuge oder Haushaltsgeräte wie elektrische Zahnbürsten, Rasierer und tragbare Staubsauger (und auch für vergleichbare Geräte in Geschäften und Büros) verwendet werden, und alle Batterien oder Akkumulatoren, die Verbraucher für die üblichen Zwecke im Haushalt möglicherweise benutzen.

Zu den **schnurlosen Elektrowerkzeugen** zählen z. B. Geräte, die zum Drehen, Fräsen, Schleifen, Zerkleinern, Sägen, Schneiden, Abscheren, Bohren, Lochen, Stanzen, Hämmern, Nieten, Schrauben, Polieren oder zu einer ähnlichen Bearbeitung von Holz, Metall und sonstigen Werkstoffen sowie zum Mähen, zum Schneiden verwendet werden (Richtlinie 2006/66/EG Grund 10).

Sonstige Auf Batterien, die keine Fahrzeug-, Industrie- oder Gerätebatterien sind, sind die Vorschriften über Industriebatterien anzuwenden (BattG § 2).

Mit dem Batteriegesetz soll die allgemeine Umweltverträglichkeit von Batterien und Akkumulatoren gefördert werden, so dass sie geringere Mengen gefährlicher Stoffe bzw. weniger umweltbelastende Stoffe, insbesondere als Ersatzstoffe für Quecksilber, Cadmium und Blei, enthalten. Für die Alt-Batterien soll ein hohes Recyclingniveau sichergestellt und eine hohe stoffliche Verwertung erreicht werden. Für die unterschiedlichen Batterie- und Akkumulatorenarten sind daher unterschiedliche Sammelsysteme vorgesehen.

4.19.1 Pflichten der Beteiligten (BattG)

Besitzer von Altbatterien und -akkumulatoren haben diese möglichst weitgehend getrennt zu sammeln einer und vom unsortierten Siedlungsabfall getrennten Erfassung zuzuführen; das gilt nicht für Altbatterien, die in andere Produkte eingebaut sind.

Geräte-Altbatterien werden über Sammelstellen, die dem Gemeinsamen Rücknahmesystem oder einem herstellereigenen Rücknahmesystem angeschlossen sind, erfasst.

Industrie-Altbatterien und Fahrzeug-Altbatterien werden über die Vertreiber, die öffentlich-rechtlichen Entsorgungsträger und über die Behandlungseinrichtungen erfasst. Gewerbliche Endnutzer oder öffentliche Einrichtungen können die bei ihnen anfallenden Fahrzeug-Altbatterien unmittelbar den Herstellern oder gewerblichen Altbatterieentsorgern überlassen (mit entspr. Vereinbarungen). Die Behandlung und auch eine vorübergehende Lagerung muss an Standorten mit undurchlässigen Oberflächen und geeigneter wetterbeständiger Abdeckung oder in geeigneten Behältern erfolgen (BattG § 14).

Die Hersteller sind verpflichtet, die so erfassten Geräte-Altbatterien unentgeltlich zurückzunehmen und zu verwerten (BattG § 5). Die anschließende Behandlung muss mindestens die Entfernung aller Flüssigkeiten und Säuren umfassen, und soll ein Höchstmaß an Recycling der Schwermetalle erreichen (BattG § 14).

4.20 Siedlungsabfälle (GewAbfV)

4.20.1 Gewerbliche Siedlungsabfälle

Die Gewerbeabfallverordnung – GewAbfV regelt u. a. die Bewirtschaftung, insbesondere die Erfassung, die Vorbehandlung, die Vorbereitung zur Wiederverwendung und die Verwertung von Siedlungsabfällen aus anderen Herkunftsbereichen als privaten Haushaltungen (Kapitel 20 der Anlage der Abfallverzeichnis-Verordnung). Sie gilt insbesondere für Erzeuger und Besitzer gewerblicher Abfälle sowie von Abfällen aus öffentlichen Einrichtungen, die Abfällen aus privaten Haushaltungen auf Grund ihrer Beschaffenheit oder Zusammensetzung ähnlich sind.

4.20.2 Siedlungsabfälle aus privaten Haushaltungen

Dies sind Abfälle, die in privaten Haushalten im Rahmen der privaten Lebensführung anfallen, insbesondere in Wohnungen und zugehörigen Grundstücks- oder Gebäudeteilen sowie in anderen vergleichbaren Anfallorten, wie z. B. Wohnheimen (§ 2).

4.20.3 Getrennte Sammlung

Erzeuger und Besitzer von gewerblichen Siedlungsabfällen haben mehrere verschiedene Abfallfraktionen jeweils getrennt zu sammeln und zu befördern sowie vorrangig der Vorbereitung zur Wiederverwendung oder dem Recycling zuzuführen. Diese Getrenntsammlungspflicht gilt mindestens für die folgenden Abfallfraktionen:

1. Papier, Pappe und Karton mit Ausnahme von Hygienepapier,
2. Glas,
3. Kunststoffe,
4. Metalle,
5. Holz,
6. Textilien,
7. Bioabfälle

(§ 3).

Die Pflichten entfallen, wenn die getrennte Sammlung der jeweiligen Abfallfraktion *technisch nicht möglich* oder *wirtschaftlich nicht zumutbar* ist.

Technisch nicht möglich ist die getrennte Sammlung insbesondere dann, wenn für eine Aufstellung der Abfallbehälter für die getrennte Sammlung nicht genug Platz zur Verfügung steht; – damit entfällt das wohl in der Regel für die meisten Entwässerungsbetriebe.

Wirtschaftlich nicht zumutbar ist die getrennte Sammlung dann, wenn die Kosten für die getrennte Sammlung, insbesondere auf Grund einer sehr geringen Menge der jeweiligen

Abfallfraktion, außer Verhältnis zu den Kosten für eine gemischte Sammlung und eine anschließende Vorbehandlung stehen.

Wenn die o. g. Getrenntsammelpflicht entfällt, sind Erzeuger und Besitzer der nicht getrennt gehaltenen Abfälle verpflichtet, diese grundsätzlich einer Vorbehandlungsanlage zuzuführen. Unter bestimmten Umständen sind hier Ausnahmen möglich und verschiedenes ist zu beachten (§ 4).

4.20.4 Dokumentation (GewAbfV § 4)

Erzeuger und Besitzer haben die Erfüllung der Pflichten und/oder, im Fall der Abweichung von diesen Pflichten, das Vorliegen der Gründe zu dokumentieren. Die Dokumentation ist wie folgt vorzunehmen:

1. für die getrennte Sammlung durch Lagepläne, Lichtbilder, Praxisbelege, wie Liefer- oder Wiegescheine oder ähnliche Dokumente,
2. für die Zuführung der getrennt gesammelten Abfälle zur Vorbereitung zur Wiederverwendung oder zum Recycling durch eine Erklärung desjenigen, der die Abfälle übernimmt, wobei die Erklärung dessen Namen und Anschrift sowie die Masse und den beabsichtigten Verbleib des Abfalls zu enthalten hat, und
3. für das Abweichen von der Pflicht zur getrennten Sammlung durch eine Darlegung der technischen Unmöglichkeit oder der wirtschaftlichen Unzumutbarkeit.

Die Dokumentation ist auf Verlangen der zuständigen Behörde vorzulegen.

4.20.5 Überlassung von gewerblichen Siedlungsabfällen (GewAbfV § 7)

Erzeuger und Besitzer von gewerblichen Siedlungsabfällen, die nicht verwertet werden, haben diese dem zuständigen öffentlich-rechtlichen Entsorgungsträger zu überlassen. Dafür sind die Abfallbehälter des öffentlich-rechtlichen Entsorgungsträgers entsprechend der jeweiligen örtlichen Satzung zu nutzen.

4.21 Betriebsbeauftragte für Abfall

Entsprechend der Verordnung über Betriebsbeauftragte für Abfall (Abfallbeauftragtenverordnung – AbfBeauftrV) haben u. a. die Betreiber von Abwasserbehandlungsanlagen der **Größenklasse 5** dann einen betriebsangehörigen Abfallbeauftragten zu bestellen, wenn Abfälle verwertet oder beseitigt werden.

> *„Sofern weitere Behandlungsschritte, wie beispielsweise die Herstellung eines Klärschlammkompostes oder die Zuführung der Klärschlämme in Faultürme unter zusätzlichem Einsatz von Bioabfällen auf dem Betriebsgelände der Abwasserbehandlungsanlage erfolgen, handelt es sich um eine Abfallverwertung, die den Regelungen des KrWG unterfällt. Für Anlagen, die*

Verwertungsmaßnahmen von Abfällen vornehmen, ist die Bestellung eines Abfallbeauftragten geboten" (Bundesrat Drucksache 477/16, Zweite Verordnung zur Fortentwicklung der abfallrechtlichen Überwachung, S. 134, Begründung der Änderungen).

4.22 Schiffsabfälle nach CDNI

Annahme und Abgabe von Abfällen aufgrund des „Übereinkommen über die Sammlung, Abgabe und Annahme von Abfällen in der Rhein- und Binnenschifffahrt (CDNI)" Die hier relevanten Abfälle sind flüssig und teilweise grundsätzlich auch Abwasser-ähnlich. In Gemeinden an Wasserstraßen mit Häfen können diese Abfälle angeliefert werden und die Betreiber der Abwasseranlagen mit der weiteren Behandlung beauftragt werden. Das Übereinkommen über die Sammlung, Annahme und Abgabe von Abfällen in der Rhein- und Binnenschifffahrt (CDNI) wurde schon 1996 von Belgien, Deutschland, Frankreich, Luxemburg, den Niederlanden und der Schweiz unterzeichnet. Ziel dieses Übereinkommens ist es, zum Umweltschutz, zur Verbesserung der Sicherheit der Binnenschifffahrt und der Gewässerqualität sowie zur Gesundheit des Schiffspersonals und der Verkehrsnutzer beizutragen. Das CDNI sieht dementsprechend ein *grundsätzliches* Verbot der Einbringung und Einleitung von Schiffsabfällen und Ladungsteilen in Gewässer vor. Viele Ausnahmen von diesem Verbot sind aber möglich. Das Übereinkommen gilt in Deutschland auf allen dem allgemeinen Verkehr dienenden Binnenwasserstraßen, mit Ausnahme des deutschen Teils des Bodensees und der Rheinstrecke oberhalb Rheinfelden. In Bayern sind Main, Donau und M-D-Kanal betroffen. Deutschland hat sich danach verpflichtet, an den genannten Wasserstraßen ein ausreichend dichtes Netz von Annahmestellen einzurichten oder einrichten zu lassen. Mit dem *Ausführungsgesetz zu dem Übereinkommen vom 9. September 1996 über die Sammlung, Abgabe und Annahme von Abfällen in der Rhein- und Binnenschifffahrt (Binnenschifffahrt-Abfallübereinkommen-Ausführungsgesetz – BinSchAbfÜbkAG)* hat Deutschland diese Verpflichtung umgesetzt. Die Betreiber von Häfen und gewerbsmäßig betriebenen, befestigten Umschlagstellen, die an den oben genannten Wasserstraßen liegen, haben nach dem Gesetz Annahmestellen für Hausmüll, Slops und übrigen Sonderabfall sowie häusliches Abwasser von Fahrgastschiffen (Begriffe im Sinne des Übereinkommens) einzurichten. Die weitere Entsorgung der den Annahmestellen übergebenen Abfälle bestimmt sich nach dem jeweils geltenden Abfall- und Abwasserrecht.

Das CDNI-Abkommen definiert die verschiedenen Begriffe und unterscheidet die Schiffsabfälle in Abfälle aus dem Ladungsbereich und Schiffsbetriebsabfälle (SBA). Diese wiederum werden unterschieden in sonstige SBA und die öl- u. fetthaltigen SBA und Bilgenwasser (Abb. 4.12).

Zu den ölhaltigen Schiffsabfällen zählen sowohl feste wie auch flüssige öl- und fetthaltige Abfälle wie Schmiermittel und Altöle aus dem Motorbereich und Bilgenwasser. Unter Bilgenwasser versteht man jenes Wasser, das sich in der Bilge (der Raum unter

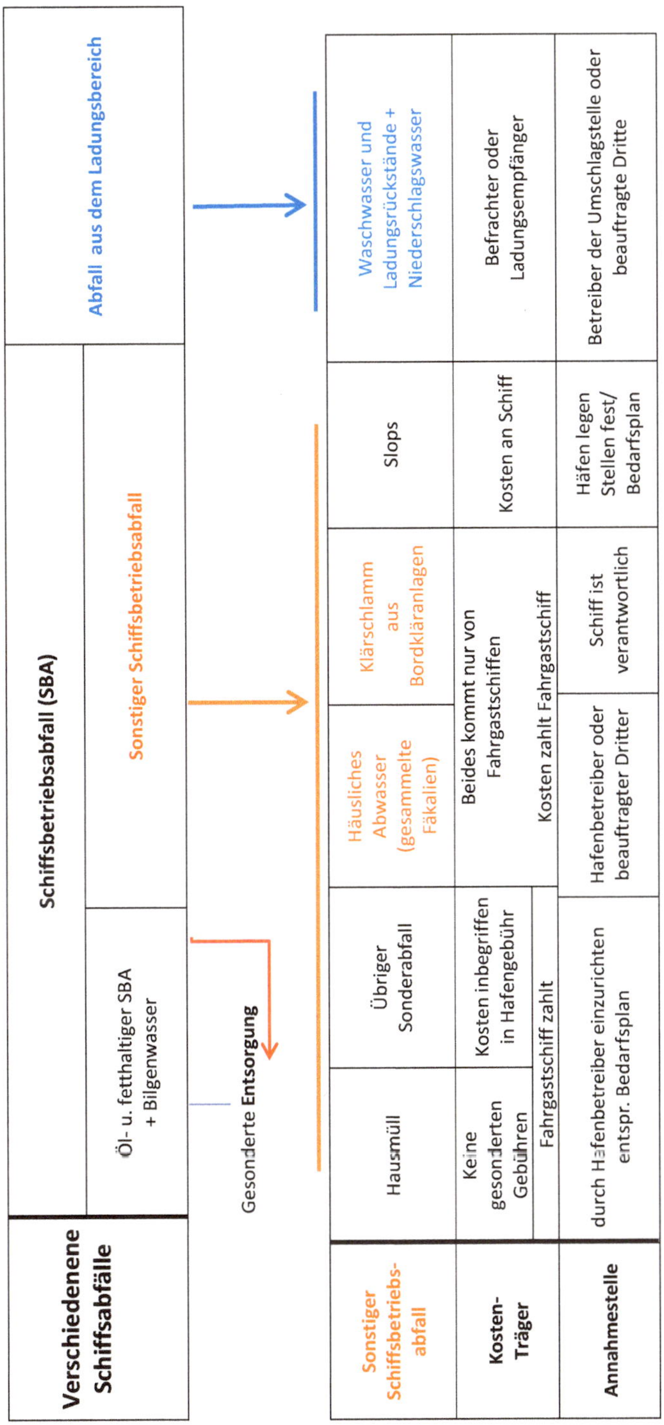

Abb. 4.12 Schiffsabfälle, Annahmestellen und Kostentragung

dem Motor im hinteren Schiffsteil) sammelt. Es handelt sich dabei um Wasser, das durch herabtropfenden Treibstoff, Schmiermittel, Fett etc. verunreinigt ist. Diese Abfälle müssen abgepumpt und fachgerecht entsorgt werden, was entweder stationär oder mobil über spezielle Bilgenentölungsboote geschehen kann. Diese Abfälle dürften demnach hier keine weitere Rolle spielen.

Hausmüll und haushaltsähnliche Abfälle entstehen im Lebensumfeld der Besatzung und setzen sich aus den üblichen organischen (Küchenabfälle) und anorganischen Abfällen zusammen. Dieses können recycelbare Altstoffe (Altpapier, Glas, Kunststoff, Metalle) und ungefährliche Restabfälle (Rest- und Sperrmüll) sein, welche aber möglichst getrennt gesammelt und abgegeben werden sollen.

Die übrigen Sonderabfälle sind gefährliche Abfälle; sie fallen sowohl im haushaltsähnlichen Bereich als Problemstoffe, als auch beim Betrieb der Schiffe in Form ölhaltiger (wie z. B. Ölfilter oder Putzlappen) oder sonstiger gefährlicher Schiffsabfälle an. Diese Problemstoffe sind Reste von im Haushalt verwendeten Anstrichen, Chemikalien (Reinigungsmittel, Desinfektionsmittel, Altmedikamente etc.), ölhaltige Abfälle, Spraydosen, Batterien oder bestimmte Elektroaltgeräte.

Die beiden letztgenannten Gruppen von Abfällen – Hausmüll und sonstige Sonderabfälle – dürfen an allen Häfen und Umschlagstationen abgegeben werden. Die Kosten werden den Schiffen nicht gesondert verrechnet, damit kein Anreiz zur Entsorgung im Gewässer gegeben ist. Fahrgastschiffen werden diese Kosten wegen der größeren Mengen jedoch gesondert verrechnet.

Weiterhin ist von Fahrgastschiffen auch mit häuslichem Abwasser aus Fäkalsammeltanks oder aber mit Überschussschlamm aus den Bordkläranlagen zu rechnen. Fahrgastschiffe (erst ab 50 Personen!) müssen die Abwässer entweder vorklären, was angeblich die meisten Schiffe tun, oder aber die gesammelten Abwässer abgeben. Normale Frachtschiffe leiten diese Abwässer ungeklärt in die Gewässer ein. Die Kosten für die Entsorgung von diesen Abwässern werden den Fahrgastschiffen gesondert verrechnet.

Einige Häfen nehmen über die Landungsbrücken (oft keine integrierten Leitungen) nichts an, sondern überlassen es den Schiffen sich im Bedarfsfall um Abholung durch Saugfahrzeuge zu kümmern. Um zu vermeiden, dass private Entsorger die Abwässer übernehmen und es dann, einige Straßenzüge weiter, trotzdem über das kommunale Kanalnetz entsorgen, sollte die jeweilige Fäkalschlamm-Entsorgungs-Satzung so geändert werden, dass die Entsorgungspflicht durch die Kommune vorgeschrieben wird.

Slops sind als ein pumpfähiges oder nicht pumpfähiges Gemisch aus verschiedenen Ladungsrückständen und Waschwasserresten, Rost und Schlamm definiert. Das vermutlich dickflüssige Gemisch scheint aus Pumpensümpfen zu stammen, in denen sich der dickere Schlamm abgesetzt hat. Das Gemisch bleibt nach dem Waschen im Pumpensumpf als Rest und scheint eher Kanalräumgut oder Sonderabfall als Abwasser zu sein. Wenn Slops im Hafen ankommen sollten, erscheint z. B. eine gemeinsame Entsorgung mit Kanalspülgut und Kehrgut als eine ggf. mögliche sinnvolle Variante.

Waschwasser entsteht im Ladungsbereich. Die Laderäume für trockene oder die Ladetanks für flüssige Ladung sind entweder besenrein bzw. nachgelenzt oder vakuumrein zu waschen. Für die Einleitung von dem Gemisch aus Waschwasser, Niederschlagswasser oder Ballastwasser mit den jeweiligen besonderen Ladungsrückständen aus Laderäumen oder Ladetanks sind, abhängig von dem Ladungsgut und dem geforderten Entladungsstandard der Laderäume oder Ladetanks, in den CDNI Annahmevorschriften angegeben: ELWIS – Anhang III – Anhang III – Entladungsstandards und Abgabe-/Annahmevorschriften für die Zulässigkeit der Einleitung von Waschwasser mit Ladungsrückständen (https://www.elwis.de/DE/Schifffahrtsrecht/Abfalluebereinkommen/CDNI/Anlagen/Anlage-2/Anhaenge/Anhang-III/Anhang-III-page.html) (Letzter Zugriff 04.04.2023).

Je nach Güterart der Ladung ist dann die Einleitung des Gemisches in das Gewässer erlaubt oder nicht. In diesem Fall soll dann eine Einleitung in die Kanalisation oder eine Kläranlage möglich sein; teilweise ist eine Sonderbehandlung erforderlich. Bei der Sonderbehandlung S hängt das Behandlungsverfahren von der Art des Ladungsgutes ab, z. B. Aufspritzen auf die Lagerhaltung, Abfuhr zu einer Kläranlage oder Aufbereitung in einer geeigneten Abwasserbehandlungsanlage; da scheint aber dann je nach Material auch evtl. eine echte vorgeschaltete Vorbehandlung vor einer Indirekteinleitung notwendig zu sein.

Nach den CDNI Annahmevorschriften sind u. a. auch folgende Stoffe zu erwarten: Rohe Häute und Felle, Kautschuk, Zucker, Margarine und andere Speisefette, Mehl, Grieß und Grütze aus Getreide, Futtermittel einschl. Nahrungsmittelabfälle, Ölsaaten und Ölfrüchte, Pflanzliche und tierische Öle und Fette, Stein- oder Braukohle (auch als Briketts oder Koks) und Düngemittel wie Natriumnitrat (Natronsalpeter), natürliche nichtmineralische Düngemittel sowie verschiedenste chemische Düngemittel mit Phosphat, Kali oder Stickstoff, usw. Diese genannten Stoffe lassen u. a. auch hohe oder sehr hohe Belastungen erwarten im Bereich der für die Kläranlage relevanten Parameter CSB, absetzbare Stoffe sowie N oder P.

► Da jedoch nicht im Einzelfall geprüft werden kann, welche Ladung bzw. welcher Reinigungsstandard vorliegt, wird immer eine Beprobung der Abwässer sinnvoll sein.

Die Betreiber jeder Umschlagstelle im Hafen sind per Gesetz zur Annahme der Waschwässer verpflichtet; können aber auch Dritte hiermit beauftragen. Die Kosten für die Entsorgung der Waschwässer müssen jedoch Befrachter oder Ladungsempfänger tragen. Über die Abfallbehörde sollte der jeweilige Hafenbetreiber aufgefordert werden mitzuteilen, wo solche Abwässer anfallen und wie damit umgegangen wird. Auch hier muss das Ziel sein zu vermeiden, dass diese Abwässer unkontrolliert und kostenfrei über das Kanalnetz im Hafen entsorgt werden.

Slops und der übrige Sonderabfall müssen nicht von allen Häfen und Umschlagstellen angenommen werden. Die Betreiber von Häfen und gewerbsmäßig betriebenen, befestigten Umschlagsstellen hatten bis zum 31. Oktober 2014 ein für die betrieblichen Belange der Binnenschifffahrt bedarfsgerechtes Netz an Abfallentsorgungseinrichtungen für Slops und übrigen Sonderabfall zu schaffen, um die ordnungsgemäße Abfallentsorgung entsprechend den auf den Schiffen anfallenden Abfällen ausreichend sicherzustellen.

4.22.1 Rechtliche Einordnung

Sowohl das CDNI-Abkommen wie auch das deutsche Ausführungsgesetz sprechen von **Abfällen**. Die Vorschriften des KrW-Gesetzes gelten jedoch *nicht* für einige wichtige Ausnahmen:

- Stoffe, sobald sie in Gewässer oder Abwasseranlagen eingeleitet oder eingebracht werden (dann gilt das Wasserrecht!),
- die Erfassung und Übergabe von Schiffsabfällen und Ladungsrückständen, soweit dies auf Grund internationaler oder supranationaler Übereinkommen durch Bundes- oder Landesrecht geregelt wird (z. B. CDNI-Abkommen, s. u.),

Bis zum Einbringen der Abfälle in eine Kläranlage gelten die abfallrechtlichen Bestimmungen. Dies bedeutet, dass die Abfallsubstrate nur zur Verwertung angenommen werden dürfen und nur, wenn der Kläranlagenbetreiber als Verwerter für den entsprechenden Abfall anerkannt ist. Etwaige Überlassungspflichten nach § 17 Krw-/AbfG sind zu beachten. Ob eine Überlassungspflicht besteht, hat die Kreisverwaltungsbehörde zu beurteilen.

► Die Verbringung der Abfälle bis zur Kläranlage unterliegt den abfallrechtlichen Dokumentationspflichten.

Flüssige Abfälle, die entsprechend CDNI nicht in ein Gewässer/Wasserstraße gelangen dürfen, sind grundsätzlich auch *wassergefährdende Stoffe* im Sinne des § 62 WHG. Die Sammel-, Umschlags- u. Lager-Anlagen sind entsprechend zu bauen und betreiben. Nach Untersuchung der Abfälle und der entsprechenden Einstufung in eine Wassergefährdungsklasse könnte es sich im Einzelfall ergeben, dass die Abfälle dann doch nicht unter die §§ 62 u. 63 WHG fallen.

Nach § 55 (3) WHG können flüssige Stoffe, die kein Abwasser sind, gemeinsam mit Abwasser beseitigt werden, wenn eine solche Entsorgung der Stoffe umweltverträglicher ist als eine Entsorgung als Abfall und wasserwirtschaftliche Belange nicht entgegenstehen. Diese beiden Tatbestände wären ebenfalls durch die Kreisverwaltungsbehörde zu prüfen und ggf. festzustellen.

4.22.2 Übernahme von Waschwasser aus Schiffsladeräumen

Aus Erfahrungen bayerischer Städte wird das u. a. wie folgt praktiziert: Der Entwässerungsbetrieb ist mind. einen Tag zuvor telefonisch/per Fax über die beabsichtigte Einleitung der genannten Abwässer (hier: Waschwässer aus Transport von landwirtschaftlichem Dünger) zu informieren. Die angelandeten Abwässer (Abfälle) werden in IBC-Containern aufgefangen (pro Schiff ca. 4–5 m^3). Der Containerinhalt ist gedrosselt über einen Zeitraum von mehreren Std. einzuleiten, eine stoßweise Zuführung der Gesamtmenge ist unzulässig. Dabei ist insbesondere eine max. Fracht an P und N ist einzuhalten (Beprobungen ergaben: Stickstoffbelastung mit max. 2500 mg/l).

Die Anzahl der Einleitungen (hier: 50–80 Schiffsladungen/a) sind anhand von Endladebescheinigungen zum Jahresende vom Hafenbetreiber der Entwässerung unaufgefordert vorzulegen, Rechnung wird gestellt.

Von einigen Betreibern wird auch eine Direktanlieferung ins Klärwerk bevorzugt. Dadurch ist eine Mengenerfassung wegen der Gebührenberechnung möglich und die kontrollierte Einleitung erfolgt über die Kläranlage.

Bei einer Einleitung in die öffentliche Kanalisation sind die Grenzwerte der Entwässerungssatzung einzuhalten. Problematisch sind die unterschiedlichen möglichen Schiffsfrachten, die auch unterschiedlichste Belastung der Waschwässer erzeugen können. Umfangreiche Analytik der Proben aus den Containern ist die Folge.

4.23 Gesetze

1. BImSchV Erste Verordnung zur Durchführung des Bundes-Immissionsschutzgesetzes (Verordnung über kleine und mittlere Feuerungsanlagen – 1. BImSchV)
Ausfertigungsdatum: 26.01.2010

4. BImSchV Vierte Verordnung zur Durchführung des Bundes-Immissionsschutzgesetzes (Verordnung über genehmigungsbedürftige Anlagen – 4. BImSchV), Ausfertigungsdatum: 02.05.2013, Neugefasst durch Bek. v. 31.05.2017

4. BimSchV Vierte Verordnung zur Durchführung des Bundes-Immissionsschutzgesetzes (Verordnung über genehmigungsbedürftige Anlagen – 4. BImSchV)
Ausfertigungsdatum: 02.05.2013, Neugefasst durch Bek. v. 31.05.2017

11. ProdSV Elfte Verordnung zum Produktsicherheitsgesetz (Explosionsschutzprodukteverordnung – 11. ProdSV), Ausfertigungsdatum: 06.01.2016

AbfKlärV Verordnung über die Verwertung von Klärschlamm, Klärschlammgemisch und Klärschlammkompost (Klärschlammverordnung – AbfKlärV), Ausfertigungsdatum: 27.09.2017

AbwV Verordnung über Anforderungen an das Einleiten von Abwasser in Gewässer (Abwasserverordnung – AbwV), Ausfertigungsdatum: 21.03.1997, Neugefasst durch Bek. v. 17.06.2004

ADR Europäisches Übereinkommen vom 30. September 1957 über die internationale Beförderung gefährlicher Güter auf der Straße (ADR) und seine Anlagen A und B
Ausfertigungsdatum: 30.09.1957, Geändert durch Protokoll v. 13.05.2019

AltölV Altölverordnung (AltölV) Altölverordnung (AltölV) Ausfertigungsdatum: 27.10.1987, Neugefasst durch Bek. v. 16.04.2002

AVV Verordnung über das Europäische Abfallverzeichnis (Abfallverzeichnisverordnung – AVV), Ausfertigungsdatum: 10.12.2001

AwSV Verordnung über Anlagen zum Umgang mit wassergefährdenden Stoffen (AwSV), Ausfertigungsdatum: 18.04.2017

BattG Gesetz über das Inverkehrbringen, die Rücknahme und die umweltverträgliche Entsorgung von Batterien und Akkumulatoren (Batteriegesetz – BattG), Ausfertigungsdatum: 25.06.2009

BauPAV (Bayern) Verordnung über bauordnungsrechtliche Regelungen für Bauprodukte und Bauarten (Bauprodukte- und Bauartenverordnung – BauPAV), vom 20. September 1999 entspricht der ähnlichen Vorschrift in vielen anderen Bundesländern, die dort heißt: WasBauPVO
(Verordnung zur Feststellung der wasserrechtlichen Eignung von Bauprodukten und Bauarten durch Nachweise nach der Landesbauordnung (WasBauPVO)), Vom 6. März 2000 (hier: NRW)

BayBO Bayerische Bauordnung (BayBO)
in der Fassung der Bekanntmachung vom 14. August 2007

BBodSchG Gesetz zum Schutz vor schädlichen Bodenveränderungen und zur Sanierung von Altlasten (Bundes-Bodenschutzgesetz – BBodSchG), Ausfertigungsdatum: 17.03.1998

BetrSichV Verordnung über Sicherheit und Gesundheitsschutz bei der Verwendung von Arbeitsmitteln (Betriebssicherheitsverordnung – BetrSichV), Ausfertigungsdatum: 03.02.2015

BImSchG Gesetz zum Schutz vor schädlichen Umwelteinwirkungen durch Luftverunreinigungen, Geräusche, Erschütterungen und ähnliche Vorgänge (Bundes-Immissionsschutzgesetz – BImSchG) Ausfertigungsdatum: 15.03.1974

BioStoffV Verordnung über Sicherheit und Gesundheitsschutz bei Tätigkeiten mit Biologischen Arbeitsstoffen (Biostoffverordnung – BioStoffV), Ausfertigungsdatum: 15.07.2013

CDNI Übereinkommen über die Sammlung, Abgabe und Annahme von Abfällen in der Rhein- und Binnenschifffahrt, vom 09. September 1996 (BGBl. 2003 II Seite 1799), zuletzt geändert durch Achte Verordnung zu dem Übereinkommen vom 09. September 1996 er die Sammlung, Abgabe und Annahme in der Rhein- und Binnenschifffahrt (8. CDNI-Verordnung – 8. CDNI-V) vom 16. Dezember 2022 (BGBl. II Seite 691), Straßburger Abfallübereinkommen (CDNI)

ChemG Gesetz zum Schutz vor gefährlichen Stoffen 1 (Chemikaliengesetz ChemG), Ausfertigungsdatum: 16.09.1980, Neugefasst durch Bek. v. 28.08.2013

DGUV Vorschrift 22, Abwassertechnische Anlagen Ausgabedatum: 1994.02, aktualisierte Fassung: 1997.01, Herausgeber: DGUV, (bisher: GUV-V C 5)

Feuerungsverordnungen der Bundesländer Bayern: Feuerungsverordnung (FeuV), vom 11. November 2007
NRW: Feuerungsverordnung (FeuVO NRW), Vom 10. Dezember 2018
Hessen: Verordnung über Feuerungsanlagen und Brennstofflagerung (Feuerungsverordnung – FeuV), Vom 15. Oktober 2020

GefStoffV Verordnung zum Schutz vor Gefahrstoffen (Gefahrstoffverordnung – GefStoffV) Ausfertigungsdatum: 26.11.2010

GewAbfV Verordnung über die Bewirtschaftung von gewerblichen Siedlungsabfällen und von bestimmten Bau- und Abbruchabfällen (Gewerbeabfallverordnung – GewAbfV), Ausfertigungsdatum: 18.04.2017

GGBefG Gesetz über die Beförderung gefährlicher Güter (Gefahrgutbeförderungsgesetz – GGBefG), Ausfertigungsdatum: 06.08.1975, Neugefasst durch Bek. v. 07.07.2009

Industrieemissionen-Richtlinie (Richtlinie 2010/75/EU) RICHTLINIE 2010/75/EU DES EUROPÄISCHEN PARLAMENTS UND DES RATES, vom 24. November 2010 über Industrieemissionen (integrierte Vermeidung und Verminderung der Umweltverschmutzung = Industrial Emissions Directive (IED)) (Neufassung)

IZÜV Verordnung zur Regelung des Verfahrens bei Zulassung und Überwachung industrieller Abwasserbehandlungsanlagen und Gewässerbenutzungen (Industriekläranlagen-Zulassungs- und Überwachungsverordnung – IZÜV)
Ausfertigungsdatum: 02.05.2013

KrWG Gesetz zur Förderung der Kreislaufwirtschaft und Sicherung der umweltverträglichen Bewirtschaftung von Abfällen (Kreislaufwirtschaftsgesetz – KrWG)
Ausfertigungsdatum: 24.02.2012

LöRüRl Richtlinie zur Bemessung von Löschwasser-Rückhalteanlagen beim Lagern wassergefährdender Stoffe (Löschwasser-Rückhalte-Richtlinie – LöRüRL)
(Bayern: Fassung August 1992), (NRW: RdErl. d. Ministeriums für Bauen und Wohnen v. 14.10.1992 – II A 5 – 190.6); auch in anderen Bundesländern vorhanden

MBO Muster-Bauordnung, – MBO –, Fassung November 2002, Zuletzt geändert durch Beschluss der Bauministerkonferenz vom 27.09.2019, IS-ARGEBAU, Das Informationssystem der Bauministerkonferenz

Muster-EWS Bayern Muster für eine gemeindliche Entwässerungssatzung (Bayern) Bekanntmachung des Bayerischen Staatsministeriums des Innern vom 6. März 2012

NachwV Verordnung über die Nachweisführung bei der Entsorgung von Abfällen (Nachweisverordnung – NachwV), Ausfertigungsdatum: 20.10.2006

ProdSG Gesetz über die Bereitstellung von Produkten auf dem Markt, (Produktsicherheitsgesetz – ProdSG),
Ausfertigungsdatum: 27.07.2021, (Ersetzt ProdSG 2011)

Richtlinie 2000/54/EG, Richtlinie 2000/54/EG des Europäischen Parlaments und des Rates vom 18. September 2000 über den Schutz der Arbeitnehmer gegen Gefährdung durch biologische Arbeitsstoffe bei der Arbeit

Richtlinie 2006/66/EG Richtlinie 2006/66/EG des Europäischen Parlaments und des Rates vom 6. September 2006 über Batterien und Akkumulatoren sowie Altbatterien und Altakkumulatoren und zur Aufhebung der Richtlinie 91/157/EWG (Text von Bedeutung für den EWR)

Richtlinie 2011/92/EU des Europäischen Parlaments und des Rates vom 13. Dezember 2011 über die Umweltverträglichkeitsprüfung

Richtlinie 2014/34/EU des Europäischen Parlaments und des Rates vom 26. Februar 2014 zur Harmonisierung der Rechtsvorschriften der Mitgliedstaaten für Geräte und Schutzsysteme zur bestimmungsgemäßen Verwendung in explosionsgefährdeten Bereichen (Neufassung)

Richtlinie 2014/34/EU für Geräte und Schutzsysteme zur bestimmungsgemäßen Verwendung in explosionsgefährdeten Bereichen, ATEX-Richtlinie
(ATEX ist die Abkürzung für EXplosive ATmosphäre)

Richtlinie 2014/52/EU des Europäischen Parlaments und des Rates vom 16. April 2014 zur Änderung der Richtlinie 2011/92/EU über die Umweltverträglichkeitsprüfung bei bestimmten öffentlichen und privaten Projekten

Richtlinie 86/278/EWG des Rates vom 12. Juni 1986 über den Schutz der Umwelt und insbesondere der Böden bei der Verwendung von Klärschlamm in der Landwirtschaft

Richtlinie 91/271/EWG über die Behandlung von kommunalem Abwasser
Richtlinie 91/271/EWG des Rates vom 21. Mai 1991 über die Behandlung von kommunalem Abwasser

StrlSchV Verordnung zum Schutz vor der schädlichen Wirkung ionisierender Strahlung (Strahlenschutzverordnung – StrlSchV), Ausfertigungsdatum: 29.11.2020

ÜAnlG Gesetz über überwachungsbedürftige Anlagen (ÜAnlG), Ausfertigungsdatum: 27.07.2021

UVPG Gesetz über die Umweltverträglichkeitsprüfung (UVPG), Ausfertigungsdatum: 12.02.1990, Neugefasst durch Bek. v. 18.03.2021

Verordnung (EG) Nr. 1272/2008 des Europäischen Parlaments und des Rates vom 16. Dezember 2008 über die Einstufung, Kennzeichnung und Verpackung von Stoffen und Gemischen, zur Änderung und Aufhebung der Richtlinien 67/548/EWG und 1999/45/EG und zur Änderung der Verordnung (EG) Nr. 1907/2006 (Text von Bedeutung für den EWR)

Verordnung (EG) Nr. 1272/2008 über die Einstufung, Kennzeichnung und Verpackung von Stoffen und Gemischen
(CLP: Classification, Labelling and Packaging-Verordnung)

Verordnung (EG) Nr. 1907/2006 DES EUROPÄISCHEN PARLAMENTS UND DES RATES vom 18. Dezember 2006 zur Registrierung, Bewertung, Zulassung und Beschränkung chemischer Stoffe (REACH), …
https://eur-lex.europa.eu/legal-content/DE/TXT/?uri=CELEX:02006R1907-20140410

Verordnung (EU) Nr. 305/2011 zur Festlegung harmonisierter Bedingungen für die Vermarktung von Bauprodukten, Verordnung (EU) Nr. 305/2011 des Europäischen Parlaments und des Rates vom 9. März 2011 zur Festlegung harmonisierter Bedingungen für die Vermarktung von Bauprodukten und …

Verordnung über die Verhütung von Bränden (VVB), Bayern, vom 29. April 1981

WHG Gesetz zur Ordnung des Wasserhaushalts, (Wasserhaushaltsgesetz – WHG) vom 31.07.2009

4.24 Literatur

Bayerisches Landesamt für Umwelt, Merkblatt Nr. 4.5/1
Stand: September 2020, Ansprechpartner: Referat 68

Beprobung von Boden und Bauschutt, Merkblatt des Bayerisches Landesamt für Umwelt, Ansprechpartner: Referat 35, Stand November 2017

BG BAU, GISBAU Gefahrstoff-Informationssystem
https://www.bgbau.de/themen/sicherheit-und-gesundheit/gefahrstoffe/gisbau
Letzter Zugriff 03.04.2023

Bundesrat Drucksache 477/16
Vom 24.08.2016, Verordnung der Bundesregierung, Zweite Verordnung zur Fortentwicklung der abfallrechtlichen Überwachung

Bundesrat Drucksache 477/16,
Zweite Verordnung zur Fortentwicklung der abfallrechtlichen Überwachung, S. 134, Begründung der Änderungen
https://www.bundesrat.de/SharedDocs/drucksachen/2016/0401-0500/477-16.pdf?__blob=publicationFile&v=5

DGUV, Lagerung von Gefahrstoffen, M 062, Stand: November 2013
https://publikationen.dguv.de/regelwerk/dguv-informationen/2933/lagerung-von-gefahrstoffen-merkblatt-m-062
Letzter Zugriff 03.04.2023

DGUV, Lagerung von Gefahrstoffen, M 062, Stand: November 2013
Neu: DGUV Information 213-084, Lagerung von Gefahrstoffen,
Ausgabedatum: 2023.08, Herausgeber: BG RCI

DWA-Bayern, Mitglieder-Rundbrief, Dez. 2017

DWA-M 115
DWA-M 115-1 „Indirekteinleitung nicht häuslichen Abwassers", 3 Teile

GUV-I-8666
Tätigkeiten mit Gefahrstoffen in Hochschulen, Deutsche Gesetzliche Unfallversicherung e. V. (DGUV), Information 8666, BGI/GUV-I 8666, Juli 2013
(mittlerweile: in Teilen nicht mehr gültig!) https://publikationen.dguv.de/widgets/pdf/download/article/2770
Letzter Zugriff 03.04.2023

LAGA PN 98
Richtlinie für das Vorgehen bei physikalischen, chemischen und biologischen Untersuchungen im Zusammenhang mit der Verwertung/Beseitigung von Abfällen,
Mitteilung der Länderarbeitsgemeinschaft Abfall (LAGA) 32, Stand: Mai 2019

LAGA, Mitteilung der Länderarbeitsgemeinschaft Abfall (LAGA) 20
Anforderungen an die stoffliche Verwertung von mineralischen Abfällen – Technische Regeln – Allgemeiner Teil, Überarbeitung Endfassung vom 06.11.2003
https://www.laga-online.de/Publikationen-50-Mitteilungen.html
Letzter Zugriff 04.04.2023

LAGA, Über die LAGA
https://www.laga-online.de/Publikationen-50-Mitteilungen.html
Letzter Zugriff 04.04.2023

Merkblatt Nr. 4.4/22 des Bayerisches Landesamt für Umwelt (Stand: 15. Februar 2013), Anforderungen an die Einleitungen von Schmutz-, Misch- und Niederschlagswasser (neuer Stand: 2023)

Stadtentwässerung und Umweltanalytik Nürnberg (SUN), Schmutzstoffe und Schadstoffe im Abwasser
https://www.nuernberg.de/internet/sun/abwasser_schadstoffe.html
Letzter Zugriff 03.04.2023

Statistisches Bundesamt; Pressemitteilung Nr. 449 vom 12.12.2017

Technischer Leitfaden zur Abfalleinstufung (2018/C 124/01)
INFORMATIONEN DER ORGANE, EINRICHTUNGEN UND SONSTIGEN STELLEN DER EUROPÄISCHEN UNION, EUROPÄISCHE KOMMISSION
Bekanntmachung der Kommission – Technischer Leitfaden zur Abfalleinstufung (2018/C 124/01)

TRBA 220, 4.2 Gefährdungen durch biologische Arbeitsstoffe
https://www.baua.de/DE/Angebote/Rechtstexte-und-Technische-Regeln/Regelwerk/TRBA/TRBA-220.html
Letzter Zugriff 03.04.2023

TRBS 1203
Technische Regeln für Betriebssicherheit, Zur Prüfung befähigte Personen – Ausschuss für Betriebssicherheit – ABS-Geschäftsführung – BAuA – https://www.baua.de/abs – Ausgabe: März 2019

TRGS 400
Gefährdungsbeurteilung für Tätigkeiten mit Gefahrstoffen, Ausgabe Juli 2017
file:///C:/Users/49176/Downloads/TRGS-400-2.pdf
Letzter Zugriff 03.04.2023

TRGS 800
Brandschutzmaßnahmen, Ausgabe: Dezember 2010
file:///C:/Users/49176/Downloads/TRGS-800-1.pdf
Letzter Zugriff 03.04.2023

Umweltbundesamt, Sicherheitsdatenblatt
https://www.umweltbundesamt.de/sicherheitsdatenblatt
Letzter Zugriff 03.04.2023

5 Verwaltung

Neben den zu verwaltenden Abwasseranlagen und den daraus erwachsenden Aufgaben ergeben sich zwangsläufig auch weitere Verwaltungsaufgaben: die Gebühren müssen ermittelt, eingenommen und sinnvoll ausgegeben werden. U. a. auch dafür ist Personal vonnöten, das wiederum organisiert werden muss. Ein- u. ausgehender Schriftverkehr muss ebenfalls verwaltet werden. Viele weitere Verwaltungsaufgaben fallen in einem Entwässerungsbetrieb an und werden in diesem Kapitel näher beschrieben.

5.1 Gemeinden und ihr Wirkungskreis

Jeder Entwässerungsbetrieb ist Teil einer Gemeindeverwaltung. Er kann dort, je nach Betriebsform, mehr oder weniger eingebunden sein. In der Gemeinde entscheiden Bürgermeister und Gemeinderat fast immer über Finanzmittel, Gesamtpläne oder Personal. Daher ist es unbedingt wichtig zu wissen, welche Stellen oder Ämter es in einer Kommunalverwaltung gibt und wie diese Stellen arbeiten.

5.1.1 Aufgaben einer Gemeinde

Nach Art. 28 Abs. 2 des Grundgesetzes muss den Gemeinden das Recht gewährleistet sein, alle Angelegenheiten der örtlichen Gemeinschaft im Rahmen der Gesetze in eigener Verantwortung zu regeln. Daher sind die Grundregeln in den 16 Landesverfassungen und die Details in den jeweiligen Gemeinden zu finden. Die Aufgaben der Gemeinden in Bayern sind in Art. 6 bis 9 der Bayer. Gemeindeordnung geregelt. Die Gemeinde erfüllt danach in ihrem Gebiet eigene und übertragene Angelegenheiten.

A. Jessen, *Kommunaler Entwässerungsbetrieb*,
https://doi.org/10.1007/978-3-658-50966-8_5

Der eigene Wirkungskreis der Gemeinden umfasst alle Angelegenheiten der örtlichen Gemeinschaft nach Art. 83 Abs. 1 der Bayer. Verfassung. In Angelegenheiten des eigenen Wirkungskreises handeln die Gemeinden nach eigenem Ermessen. Sie sind nur an die gesetzlichen Vorschriften gebunden. Diese Selbstverwaltungsangelegenheiten sind z. B. der örtliche Verkehr nebst Straßen- und Wegebau; die Versorgung der Bevölkerung mit Wasser, Gas und Strom, Ortsplanung, Feuerschutz, Denkmalpflege. Darüber hinaus sind den Gemeinden im eigenen Wirkungskreis aufgrund anderer Gesetze Aufgaben übertragen, wie die Mitwirkung bei der Abfallentsorgung und eben auch die Abwasserbeseitigung.

Der übertragene Wirkungskreis der Gemeinden umfasst alle Angelegenheiten, die ein Gesetz den Gemeinden zuweist. Diese Aufgaben werden den Gemeinden durch den Bund oder den Freistaat übertragen; das sind z. B. Wahlen, öffentliche Sicherheit und Ordnung oder Standesamt. Für die Erledigung dieser übertragenen Angelegenheiten können die zuständigen Staatsbehörden den Gemeinden Weisungen erteilen (Abb. 5.1).

Abb. 5.1 „Aufgaben der Kommunen" nach einer Graphik der Landeszentrale für politische Bildung, Baden-Württemberg

Kreisfreie Städte, über 50.000 Einwohner, erfüllen auch die normal den Landkreisen obliegenden Aufgaben des eigenen und des übertragenen Wirkungskreises; das sind z. B. die Abfallbeseitigung oder der Bau von Kreisstraßen. Eine kreisfreie Stadt erfüllt im übertragenen Wirkungskreis zusätzlich auch alle Aufgaben, die sonst vom Landratsamt als der unteren staatlichen Verwaltungsbehörde wahrzunehmen sind; sie ist insoweit Kreisverwaltungsbehörde. Diese Aufgaben sind z. B. die Bauaufsicht sowie untere Wasser-, Naturschutz- oder Straßenverkehrsbehörde.

Übersteigt eine Pflichtaufgabe die Leistungsfähigkeit einer Gemeinde, so ist die Aufgabe in kommunaler Zusammenarbeit zu erfüllen (Art 57 Abs. 3 BayGO). Mögliche Formen der Zusammenarbeit sind die Bildung eines Zweckverbandes oder einer Verwaltungsgemeinschaft oder die Zusammenarbeit durch eine Zweckvereinbarung (z. B. Überlassung von Abwasser zur Reinigung).

5.1.2 Gemeinderat (Bayern)

Der Gemeinderat ist das Hauptorgan der Gemeinde. Er legt die Grundsätze für die Verwaltung der Gemeinde fest, fasst wichtige Beschlüsse, kontrolliert den Haushalt und überwacht die Verwaltung (BayGO Art. 29–30). Die Mitglieder des Gemeinde- oder Stadtrats-Gremiums werden von den Bürgern der Gemeinde auf sechs Jahre gewählt. In Städten führen die Gemeinderäte die Bezeichnung Stadträte. Die Anzahl der Gemeinderäte ist von der Einwohnerzahl abhängig und liegt nach Art 31 BayGO zwischen 8 und 60. Die Gemeinde- bzw. Stadträte üben ihre Tätigkeit ehrenamtlich aus. Sie erhalten aber eine Aufwandsentschädigung. Unter dem Vorsitz des Bürgermeisters bzw. Oberbürgermeisters beraten und entscheiden die Gemeinderäte über die Belange der Gemeinde.

Die wichtigsten Rechte des Gemeinderats nach BayGO Art. 32 sind:

- das Satzungsrecht (das „Gesetzgebungsrecht" der Gemeinde),
- das Etatrecht, also die Verfügung über Einnahmen und Ausgaben,
- die Planungshoheit über das Gemeindegebiet (Bebauungspläne),
- die Personalhoheit (die Einstellung von Gemeindebediensteten).

Wichtige Satzungen einer Gemeinde sind Bebauungspläne, die Entwässerungssatzung (EWS), die Beitrags- und Gebührensatzung zur EWS und sowie z. B. Baumschutzsatzung oder Schneeräumsatzung. Diese Satzungen sind die „Gesetze einer Gemeinde", gelten nur im Gemeindegebiet und binden Gemeinde-Bürger und die Verwaltung, die für den Vollzug der Satzungen zuständig ist.

Der Gemeinderat kann vorberatende Ausschüsse bilden; er kann die Verwaltung bestimmter Geschäftszweige oder die Erledigung einzelner Angelegenheiten aber auch beschließenden Ausschüssen (Gemeindesenaten) übertragen (BayGO Art 32). Dies ist z. B. der Werkausschuss eines Eigenbetriebs. Der Gemeinderat gibt sich dazu eine Geschäftsordnung (BayGO Art 45); darin werden die Aufgaben der Ausschüsse oder Senate geregelt. Mögliche Senate oder Ausschüsse können eingerichtet sein z. B. für Grundsatzangelegenheiten, Personal, Finanzen, Gemeindeentwicklung, Vergaben und Bauen, Wirtschaft, Umwelt oder Werksenate von Eigenbetrieben. In kleineren Gemeinden werden die Angelegenheiten von weniger Senaten getroffen, die dann für mehrere der genannten Bereiche zuständig sein können. Der Ferienausschuss kann jedoch keine Aufgaben erledigen, die dem Werkausschuss obliegen (BayGO Art 32 Abs 4). Die Sitzungen der Gremien sind öffentlich, soweit nicht Rücksichten auf das Wohl der Allgemeinheit oder auf berechtigte Ansprüche einzelner entgegenstehen (nicht öffentlich).

5.1.3 Bürgermeister (Bgm.)

Der Bgm. hat die stärkste Position in der Gemeinde. Er wird direkt vom Volk für eine Amtszeit von sechs Jahren gewählt. In kreisfreien Gemeinden und in Großen Kreisstädten führt er die Amtsbezeichnung „Oberbürgermeister" (BayGo Art 34–39). Im Amt sind drei wichtige Funktionen vereinigt:

- Der Bgm. ist stimmberechtigte/r Vorsitzende/r des Gemeinderates nebst aller seiner Ausschüsse, bis auf den Rechnungsprüfungsausschuss;
- Er ist Leiter der Gemeindeverwaltung und erledigt in eigener Zuständigkeit die den Gemeinden auf Grund eines Bundesgesetzes übertragenen hoheitlichen Aufgaben;
- Er vertritt die Gemeinde nach außen in allen laufenden Angelegenheiten, die für die Gemeinde keine grundsätzliche Bedeutung haben und keine erheblichen Verpflichtungen erwarten lassen.

Als einziges Mitglied des Gemeinderats ist der Bürgermeister in allen drei Phasen des kommunalen Geschehens entscheidend mit dabei:

- in der Phase der Entscheidungsvorbereitung durch die Verwaltung
- bei der Vorbereitung und rechtsgültigen Entscheidung im Gemeinderat,
- bei der Entscheidungsausführung durch die Verwaltung.

Außerdem hat der Bürgermeister das Recht an Stelle des Gemeinderats oder eines Ausschusses dringliche Anordnungen zu treffen und unaufschiebbare Geschäfte zu besorgen (§ 37 Abs. 3 GO). Üblicherweise legt der Gemeinderat eine gewisse Summe fest, bis zu der der Bürgermeister über eine Maßnahme entscheiden kann.

5.1.4 Kommunal-Verwaltung (Bayern)

Nach Art. 57 BayGO sollen die Gemeinden im eigenen Wirkungskreis „*in den Grenzen ihrer Leistungsfähigkeit*" die öffentlichen Einrichtungen schaffen und erhalten, die nach den örtlichen Verhältnissen erforderlich sind. Die Gemeinden sind verpflichtet, für den ordnungsgemäßen Gang der Geschäfte zu sorgen und die dafür erforderlichen Einrichtungen zu schaffen; dazu gehört in erster Linie auch eine funktionierende Gemeindeverwaltung. Zur Erledigung seiner Geschäfte bedient sich der Bürgermeister aller Bediensteten einer Gemeinde, also der Gemeindeverwaltung. Er weist ihnen ihr Arbeitsgebiet zu und kann ihnen hierbei auch das Zeichnungsrecht übertragen. Der Bürgermeister führt als Leiter der Verwaltung die Dienstaufsicht über die Beamten und Beschäftigten der Stadt und ist Dienstvorgesetzter der städtischen Beamten (Art. 42, 37 Abs. 4, 43 Abs. 3 GO). Die gemeindliche Verwaltungstätigkeit muss mit der Verfassung und den Gesetzen im Einklang stehen. Sie darf nur von sachlichen Gesichtspunkten geleitet sein (Art 56 GO).

Nach Art. 42 BayGO müssen die Gemeinden das *fachlich geeignete Verwaltungspersonal* anstellen, das erforderlich ist, um den ordnungsgemäßen Gang der Geschäfte zu gewährleisten. Dabei ergibt es sich von selbst, dass auch die Größe der Verwaltung mit der Größe der Gemeinde wächst. Kleine Gemeinden beschäftigen ca. 10 Mitarbeiter inclusive Bauhof. Bei der Stadt München arbeiten alleine in der Entwässerung mehr als 850 Personen. Daraus folgend ist auch die finanzielle Eingruppierung der Beschäftigten, abhängig von der Spitzenposition des Bürgermeisters, in großen Städten höher als in kleinen Gemeinden. Welche fachliche Eignung für die Aufgabenerledigung und wieviel Personen dafür erforderlich sind, das bleibt den Gemeinden selbst überlassen.

Erklärungen, durch welche die Gemeinde verpflichtet werden soll (z. B. Verträge), bedürfen der Schriftform (Art 38 GO); das gilt nur nicht für ständig wiederkehrende Geschäfte des täglichen Lebens, die finanziell von unerheblicher Bedeutung sind. Die Erklärungen sind grundsätzlich durch den ersten Bürgermeister zu unterzeichnen. Sie können aber auch auf Grund einer schriftlichen Vollmacht von Gemeindebediensteten unterzeichnet werden (Art 38 GO). Das ist in größeren Gemeinden sicher gängige Praxis, setzt aber die schriftliche Vollmacht durch den Bürgermeister voraus.

Die Gemeindeverwaltung gewährleistet, dass die Aufgaben, die die Gemeinde zu erfüllen hat, ausgeführt werden. Sie ist insoweit auch für die Umsetzung der vom Gemeinderat gefällten Beschlüsse verantwortlich.

5.1.5 Allgemeine Geschäftsordnung, AGO (früher: Dienstordnung, ADO)

Eine Dienstordnung oder Geschäftsordnung einer Stadt/Gemeinde gilt für alle Beschäftigten einer Gemeindeverwaltung und hat *innerdienstlichen* Charakter. Sie dient als Grundlage für den ordnungsgemäßen Ablauf des Dienstbetriebs und zur Gewährleistung eines rationellen Ablaufs der Verwaltungsgeschäfte. Sie soll auch dazu beitragen, dass sich die Verwaltungstätigkeit an einheitlichen Grundsätzen orientiert, effektiv, wirtschaftlich und bürgernah ist. Bürgernähe hat allerdings immer dort ihre Grenze, wo eine wohlwollende Auslegung von Rechtsvorschriften mit dem Gebot des rechtmäßigen Handelns nicht mehr vereinbar oder wo die Pflicht zur unparteiischen, objektiven Aufgabenerfüllung zum Wohl der Allgemeinheit verletzt wäre. Im Sinne einer Dienstordnung sind Mitarbeiterinnen und Mitarbeiter alle Beamtinnen und Beamte, tariflich Beschäftigte (Angestellte und Arbeiter) sowie die Führungskräfte wie Dezernenten, Referenten, Amtsleiter sowie Sachgebietsleiter.

Grundlage für alle kommunalen Dienstordnungen ist die AGO (früher ADO) für die Behörden des Freistaat Bayern. Die Allgemeine Geschäftsordnung (AGO) gilt für alle Stellen im Freistaat Bayern, die Aufgaben der öffentlichen Verwaltung wahrnehmen (Behörde). Die AGO enthält Rahmenvorschriften, die die Kommunen für ihren Bereich ergänzen können. Die Verwaltungs-Aufgaben sind demnach im Rahmen der Rechtsordnung allgemeinwohlbezogen, zielorientiert, wirtschaftlich und sparsam, bürgerfreundlich, umweltgerecht, sozialverträglich und mitarbeiterbezogen zu erfüllen. In der AGO sind Regelungen u. a. zu folgenden Themenbereichen zu finden:

1. Bürgerorientierte Verwaltung: Öffnungszeiten, Medien- und Öffentlichkeitsarbeit, Auskünfte, Akteneinsicht
2. Ablauforganisation: Einsatz der Informations- und Kommunikationstechnik, Kommunikation mit Behörden und mit Dritten
3. Geschäftsgang: Behandlung der Eingänge, Weitergabe, Grundsätze der Sachbearbeitung, Abstimmung, Federführung, Beteiligung
4. Förmliche Bearbeitung der Vorgänge: Vordrucke und Arbeitshilfen für standardisierte Arbeitsvorgänge, Formale und Sprachliche Gestaltungsregeln
5. Unterschriftsbefugnis, Verantwortung, Form der Unterschrift, Dienstsiegel
6. Dienstgebäude, Diensteinrichtungen, Benutzung und Unterhaltung, Gestaltung von Arbeitsplätzen, Dienstkraftfahrzeuge, Dienstausweis

▶ Gemeinden in Bayern wird empfohlen, nach dieser Geschäftsordnung zu verfahren.

Im Rahmen der kommunalen Selbstverwaltung haben jedoch Kommunen i. d. R. jeweils ihre eigene Dienst- oder Geschäftsordnung erlassen. Diese speziellere Regelung geht der allgemeineren vor und ist unbedingt zu beachten.

Weitere Informationen zum Thema Organisation finden sich im Teil Personal.

5.1.6 Organisation der Verwaltung

Die Kommunale Gemeinschaftsstelle für Verwaltungsmanagement (KGSt) in Köln befasst sich mit Führung, Steuerung und Organisation der Kommunalverwaltung; die KGSt ist das von Städten, Gemeinden und Kreisen bundesweit getragene Entwicklungszentrum des kommunalen Managements. Der Aufgabengliederungsplan der KGSt empfiehlt im Wesentlichen folgende Verwaltungsgliederung:

1. Allgemeine Verwaltung
2. Finanzen
3. Recht, Sicherheit und Ordnung

4. Schule und Kultur
5. Soziales und Gesundheit
6. Bauverwaltung
7. Stadtreinigung/Öffentliche Einrichtungen/Eigenbetriebe
8. Wirtschaft und Verkehr

Die von der KGSt vorgeschlagene Gliederung wurde in vielen Gemeinden in dieser grundsätzlichen Form eingeführt. Abweichungen davon sind aber die Regel. Dies ist begründet durch unterschiedliche örtliche Gegebenheiten (z. B. Schwimmbad oder Schule) und durch die örtlich handelnden Personen in Politik und Verwaltung. Auch hier gilt wieder, dass kleinere Gemeinden Aufgabenbereiche zusammenfassen werden.

Im Organigramm in Abb. 5.2 ist die Verwaltung einer kleineren Gemeinde und in Abb. 5.3 eher eine Stadtverwaltung dargestellt. Die Bereiche werden teilweise als Referate, Dezernate oder Fachbereiche bezeichnet. Darunter sind diesen Bereichen Ämter oder Sachgebiete zugeordnet, die von Amtsleiter/innen oder Sachgebietsleiter/innen geführt werden.

5.1.7 Zusammenarbeit der Beteiligten in einer Gemeinde

Der Bürgermeister ist die zentrale Stelle, die sowohl den Gemeinderat als auch die Verwaltung leitet. Als Vorsitzender und Mitglied des Gemeinderats und als Chef der Verwaltung steht er in dieser Doppelfunktion zwischen den politischen Gremien und der Verwaltung (Abb. 5.4).

Der erste Bürgermeister legt die Tagesordnung für die Sitzungen des Gemeinderats fest und bereitet die Beratungsgegenstände vor. Zur Vorbereitung einer Sitzung gehört, dass dann in der Regel die Verwaltung die Vorlagen für die Beschlüsse der politischen Gremien

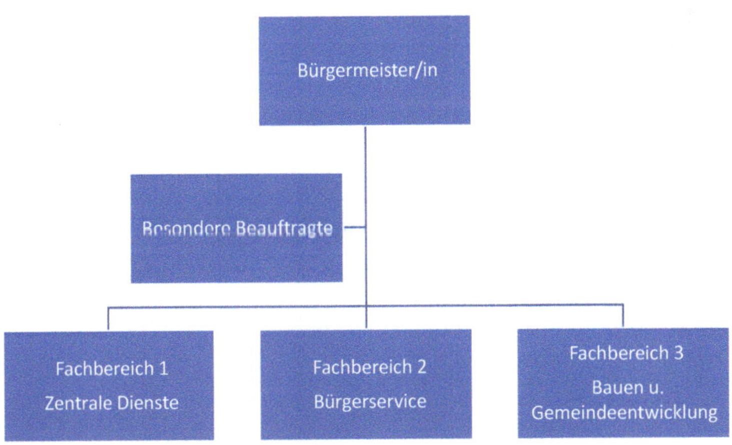

Abb. 5.2 Organigramm einer kleinen Gemeinde

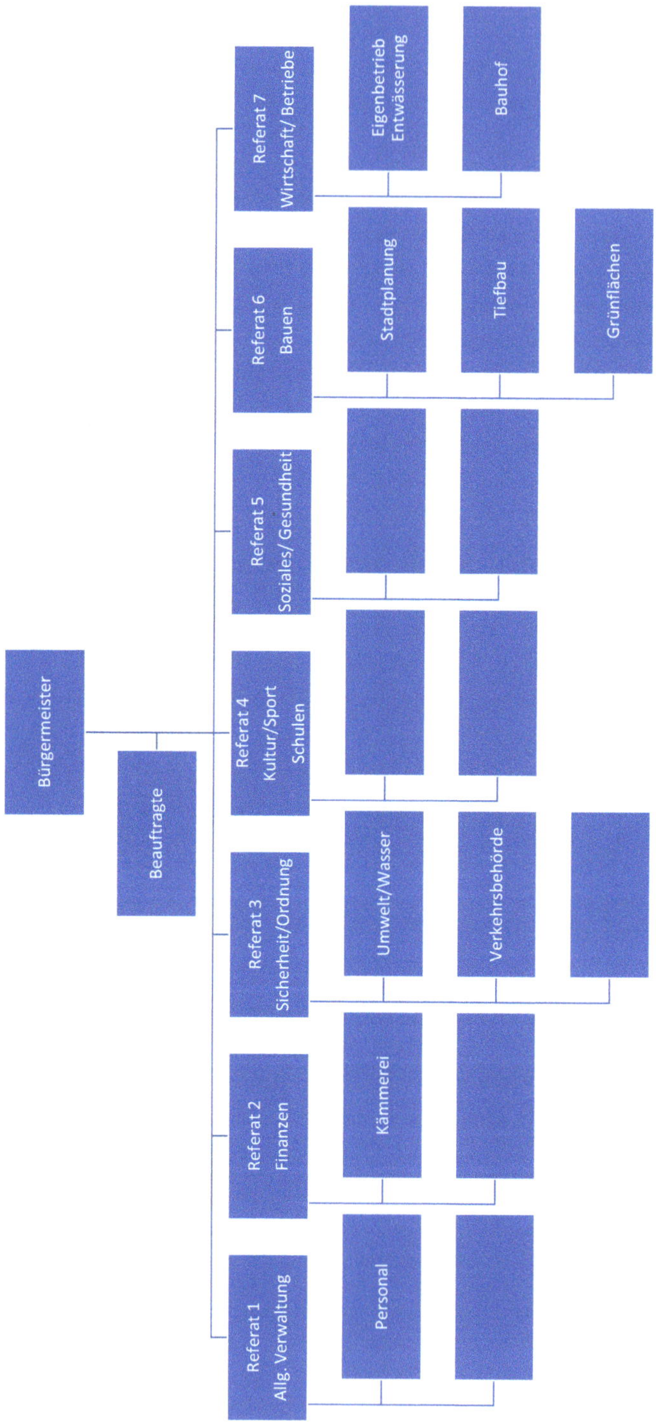

Abb. 5.3 Organigramm einer Stadtverwaltung

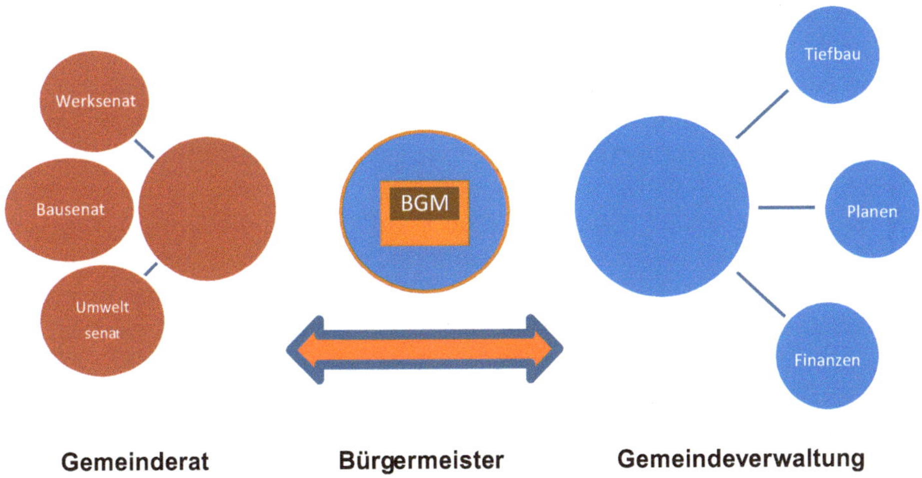

Abb. 5.4 Bürgermeister (BGM) als Gemeinderats-Vorsitzender und als Chef der Verwaltung

erstellt. Die Vorlagen müssen den derzeitigen Sachverhalt schildern, alle maßgeblichen tatsächlichen und rechtlichen Gesichtspunkte der Beratungsgegenstände darstellen, sowie über mögliche Entscheidungsalternativen aufklären. Darüber hinaus müssen die Ziele des Verwaltungsvorschlags dargestellt und die geplante zeitliche Abarbeitung der Verwaltung erläutert werden. In den Vorlagen sollten auch die Auswirkungen auf die Bürger und auf die Gemeinde-Finanzen aufgezeigt werden, sowie aus welcher Haushaltsstelle die entstehenden Kosten gedeckt werden sollen.

► Wenn ortsansässige Firmen von den Aufträgen profitieren, ist das für Gemeinderäte wichtig. Das geplante weitere Vorgehen sowie Beginn und Ende der Maßnahmen sollten genauso erwähnt werden.

In den Vorlagen werden die Entscheidungen des Gemeinderats vorbereitet, in dem die Sachverhalte dargestellt werden und die Beschlüsse vorgeschlagen werden. Abhängig von dem örtlichen politischen Gremium müssen die Sitzungsvorlagen entweder möglichst umfangreich und detailliert sein oder eher kurz und knapp, da in der Regel nur wenig Zeit zum Lesen ist. Die Vorschläge für die Beschlüsse könnten zum Beispiel wie folgt formuliert werden:

1. *Der Gemeinderat nimmt vom Vortrag der Verwaltung Kenntnis.*
2. *Der Gemeinderat beauftragt die Verwaltung mit ...*
3. *Die Haushaltsmittel stehen auf HH-Stelle ... zur Verfügung, oder werden freigegeben, ...*
4. *Nach Abschluss von ... berichtet die Verwaltung erneut.*
5. *Der Beschluss des Ausschusses wird an den Gemeinderat zur endgültigen Beschlussfassung überwiesen.*
6. *Der Ausschuss für ... empfiehlt dem Gemeinderat entsprechend zu beschließen.*

Nachdem die Texte über den zuständigen Referenten oder die Dezernentin an den Bürgermeister zur Freigabe gegangen sind, wird der TOP in die jeweilige Tagesordnung für die Sitzung aufgenommen.

Die Sitzungsvorlage wird anschließend an die Vertreter des Gemeinderates oder des zuständigen Senats verteilt. In den Fraktionen der im Gemeinderat vertretenen politischen Parteien werden die TOPs vor den Sitzungen diskutiert. Die jeweiligen Fraktionssprecher der Parteien befassen sich in der Regel mit den Sachverhalten der Sitzungsvorlage und tragen diese in ihren Parteigremien vor. Nach der Meinungsbildung zu dem Thema tragen die Fraktionssprecher in den Sitzungen dann die Haltung der politischen Partei vor und erläutern, warum sie für oder gegen den Beschlussvorschlag der Verwaltung stimmen werden.

Nach Beschlussfassung könnte der Punkt dann von einem vorberatenden Senat an den gesamten Gemeinderat überwiesen werden, um dort den endgültigen Beschluss zu fassen. Manchmal werden Punkte in sogenannter 2. Lesung auf eine spätere Sitzung verschoben. In dem Fall sind weitere Stellungnahmen von Fachstellen einzuholen, eine Ortseinsicht oder andere weitere Erkenntnisse erforderlich vor einer endgültigen Entscheidung des Gremiums.

Der Bürgermeister vollzieht dann die Beschlüsse des Stadtrates. Nachdem der Beschluss vom Bürgermeister unterschrieben ist, wird er für die Verwaltung wirksam und muss umgesetzt werden.

Die von den beschließenden Senaten anstelle des gesamten Gemeinderats getroffenen Entscheidungen werden erst nach einer Woche verbindlich, wenn keine Nachprüfung in dieser Frist beantragt wird (Art 32 Abs. 3 BayGO). Dies ist insbesondere von Bedeutung für Bauaufträge, da hier die Zuschlags-/Bindefrist nach § 18 VOB läuft, innerhalb derer ein Bauauftrag bei dem Bieter eingegangen sein muss. Nach dieser Frist ist der Bieter nicht mehr an sein Angebot gebunden, was zu einer deutlichen Verteuerung führen kann.

Der Gemeinderat kann dem ersten Bürgermeister durch die Geschäftsordnung Angelegenheiten zur selbständigen Erledigung übertragen (Art 37 Abs 2 BayGO). In diesen Fällen entscheidet dann der Bürgermeister oder ein beauftragter Referent oder Amtsleiter ohne Beratung im Gemeinderat.

In einer *Geschäftsordnung für den Gemeinderat* werden Details zu den Aufgaben der Senate und des Bürgermeisters in jeder Legislaturperiode durch den Gemeinderat neu geregelt.

5.1.8 Verwaltungsgemeinschaft (Bay VGemO)

Das *Gesetz über die kommunale Zusammenarbeit (KommZG)* regelt in Bayern den Zusammenschluss von Gemeinden zu Verwaltungsgemeinschaften. Verwaltungsgemeinschaften stehen für ihren Aufgabenbereich Gemeinden gleich (Art 1). Weitere Details dazu werden in der Verwaltungsgemeinschaftsordnung für den Freistaat Bayern (Verwaltungsgemeinschaftsordnung, VGemO) geregelt. Die Verwaltungsgemeinschaft ist ein Zusammenschluss benachbarter kreisangehöriger Gemeinden unter Aufrechterhaltung des Bestands der beteiligten Gemeinden. Sie dient der Stärkung der Leistungs- und Verwaltungskraft ihrer Mitglieder (Art 1). Verwaltungsgemeinschaften werden durch Gesetz gebildet oder erweitert.

Mehrere Gemeinden haben nicht mehr jeweils eine eigene sondern nur noch eine gemeinsame Verwaltung. Die Aufgaben werden in Art. 4 VGemO wie folgt geregelt: Die Verwaltungsgemeinschaft nimmt alle Angelegenheiten des übertragenen Wirkungskreises ihrer Mitgliedsgemeinden wahr, ausgenommen den Erlass von Satzungen und Verordnungen. Die Mitgliedsgemeinden der Verwaltungsgemeinschaft erfüllen die Aufgaben des eigenen Wirkungskreises. Die Verwaltungsgemeinschaft führt dabei die Aufgaben als Behörde der jeweiligen Mitgliedsgemeinde nach deren Weisung aus. Der Verwaltungsgemeinschaft obliegen die verwaltungsmäßige Vorbereitung und der verwaltungsmäßige Vollzug der Beschlüsse der Mitgliedsgemeinden sowie die Besorgung der laufenden Verwaltungsangelegenheiten, die für die Mitgliedsgemeinden keine grundsätzliche Bedeutung haben und keine erheblichen Verpflichtungen erwarten lassen (Art. 4).

5.1.9 Einfache Arbeitsgemeinschaften

Nach Art. 4 KommZG (Bayern) können Gemeinden durch öffentlich-rechtlichen Vertrag auch nur eine Arbeitsgemeinschaft bilden. Die Arbeitsgemeinschaft befasst sich mit dann Angelegenheiten, welche die an ihr Beteiligten gemeinsam berühren. Sie dient insbesondere dazu, Planungen der einzelnen Beteiligten und das Tätigwerden von Einrichtungen (z. B. gemeinsame Spülfahrzeuge) aufeinander abzustimmen, gemeinsame Flächennutzungspläne vorzubereiten und die gemeinsame wirtschaftliche und zweckmäßige Erfüllung der Aufgaben (z. B. wirtschaftliche Kanalreinigung) in einem größeren nachbarlichen Gebiet sicherzustellen. Durch die Beteiligung an einer Arbeitsgemeinschaft werden die Rechte und Pflichten der beteiligten Gemeinden als Träger von Aufgaben und Befugnissen gegenüber Dritten nicht berührt. In einem öffentlich-rechtlichen Vertrag werden die Aufgaben der Arbeitsgemeinschaft und die Geschäftsordnung sowie die Deckung des Finanzbedarfs geregelt.

5.2 Betriebsformen der Abwasserbeseitigung

Nach Art. 34 BayWG sind in Bayern grundsätzlich die Gemeinden zur Abwasserbeseitigung verpflichtet. Durch das in Art. 28 Abs. 2 Grundgesetz verankerte Selbstverwaltungsrecht der Kommunen wird diesen ermöglicht, ihren Aufgaben in verschiedenen Rechts- und Betriebsformen nachzukommen.

- Ausnahme ist hier das Land Rheinland-Pfalz, das vorschreibt, dass Einrichtungen und Anlagen der Abwasserbeseitigung als **Eigenbetriebe** zu führen sind (§ 86 GemO Rheinland-Pfalz).

Die Gemeinden können sich auch zur Erfüllung dieser Aufgabe Dritter bedienen, ohne allerdings die Aufgabe selbst auf den Dritten übertragen zu können. Abhängig von den kommunalen Zielen können Rechts- und Betriebsformen sowohl des Privat- als auch des öffentlichen Rechts als Alternativen für die kommunale Abwasserbeseitigung gewählt wer-

Tab. 5.1 Übersicht zu den Rechts- und Betriebsformen

öffentlich-rechtlich:	privatrechtlich:
Regiebetrieb	GmbH
Eigenbetrieb	gGmbH
Zweckverband	GmbH & Co. KG
Anstalt öffentlichen Rechts	AG

den. Grundsätzlich kommen die in Tab. 5.1 genannten öffentlich-rechtlichen oder privatrechtlichen Rechtsformen in Betracht (BayGO Art. 86).

Je nach der gewählten Betriebsform kann der Betrieb mehr oder weniger abhängig von der Rest-Verwaltung der Gemeinde agieren.

5.2.1 Regiebetrieb

Einen Regiebetrieb nennt man z. B. die Wahrnehmung der Abwasserbeseitigung von der Gemeinde durch Einrichtungen innerhalb der allgemeinen Verwaltung (BayGO Art 88 Abs. 6). Er ist, wie jedes *normale* Amt, Teil der allgemeinen Verwaltung der Kommune und ohne eigene Rechtspersönlichkeit. Der Regiebetrieb ist vollständig in die die allgemeine Verwaltungsorganisation eingegliedert, z. B. in einem Tiefbauamt, Baubetriebsamt oder Bauhof. Der Regiebetrieb unterliegt daher auch komplett den verwaltungsinternen Anordnungen der zuständigen Gemeindeverwaltungsorgane. Mit den Gebühren erhobene Abschreibungen und Eigenkapitalzinsen wie auch die Ausgaben fließen vollständig in den Gesamthaushalt der Gemeinde ein, daher wird der Regiebetrieb auch als Bruttobetrieb bezeichnet. Das Anlagevermögen ist nicht gesondert ausgewiesen, und die Haushaltsrechnungen werden kameralistisch geführt.

5.2.2 Eigenbetrieb

Der Eigenbetrieb ist aus der allgemeinen Verwaltung der Gemeinde ausgegliedert und wird als Sondervermögen behandelt. Der Eigenbetrieb hat eine eigenständige Wirtschaftsführung und Vermögensverwaltung und wird nicht im Haushaltsplan der Gemeinde geführt. Er hat stattdessen einen eigenen Wirtschaftsplan und eine eigene Buchführung. Hier müssen die Regeln der kaufmännischen doppelten Buchführung angewandt werden. Unterlagen für die Kostenrechnung sind aber wie auch beim Regiebetrieb zu führen. Genau wie der Regiebetrieb ist auch der Eigenbetrieb nicht steuerpflichtig. Details auch zur Wirtschaftsführung und zum Rechnungswesen sind in der bayerischen Eigenbetriebsverordnung (EBV) und in den Verwaltungsvorschriften zur Eigenbetriebsverordnung (VwVEBV) geregelt. Der Betrieb ist aber noch ohne eigene Rechtspersönlichkeit (keine gesonderte juristische Person des öffentlichen Rechts). Rechtsträger des Personals, des Vermögens und der Schulden ist die Gemeinde.

Der Eigenbetrieb hat aber eine von der allgemeinen Verwaltung abweichende Organisationsstruktur. Für Eigenbetriebe bestellt der Gemeinderat nach Art. 88 GO eine Werkleitung und einen Werkausschuss. Die Werkleitung führt die laufenden Geschäfte des Eigenbetriebs.

Sie ist insoweit zur Vertretung nach außen befugt; der Gemeinderat kann ihr mit Zustimmung des ersten Bürgermeisters weitere Vertretungsbefugnisse übertragen. Die Werkleitung ist auch Dienstvorgesetzter der Beamten im Eigenbetrieb und führt die Dienstaufsicht über sie und die im Eigenbetrieb tätigen Arbeitnehmer. Die Werkleitung leitet den Eigenbetrieb selbständig und ist für die wirtschaftliche Führung verantwortlich. Im Übrigen beschließt über die Angelegenheiten des Eigenbetriebs der Werkausschuss, soweit nicht der Gemeinderat sich die Entscheidung allgemein vorbehält oder im Einzelfall an sich zieht. Politische Einflussmöglichkeiten bleiben somit über den Werksenat erhalten; durch weitreichende Befugnisse der Werkleitung ist aber ein verminderter Einfluss der Gemeinde im Vergleich zum Regiebetrieb gegeben.

Diese Form der Abwasserbeseitigung wird durch eine erhöhte Selbständigkeit und Unabhängigkeit geprägt. Die Angelegenheiten eines jeden Eigenbetriebs müssen durch eine Betriebssatzung geregelt werden; die genauen örtlichen Regelungen zum Eigenbetrieb finden sich also in der jeweiligen Betriebssatzung einer jeden Gemeinde. Sämtliche Lieferungen, Leistungen und Kredite sind auch im Verhältnis zwischen dem Eigenbetrieb und der Gemeinde, einem anderen Eigenbetrieb oder Kommunalunternehmen der Gemeinde oder einer Gesellschaft, an der die Gemeinde beteiligt ist, angemessen zu vergüten (Bay EBV § 7). Nach § 24 EBV ist gleichzeitig mit dem Jahresabschluss ist ein Lagebericht aufzustellen. Im Lagebericht ist dabei u. a. auch einzugehen auf:

- die Änderungen im Bestand der zum Eigenbetrieb gehörenden Grundstücke und grundstücksgleichen Rechte,
- die Änderungen in Bestand, Leistungsfähigkeit und Ausnutzungsgrad der wichtigsten Anlagen,
- den Stand der Anlagen im Bau und der geplanten Bauvorhaben.

Mustersatzungen für Eigenbetriebe
Eine mit dem Bayerischen Staatsministerium des Innern, dem Bayerischen Gemeindetag, dem Bayerischen Städtetag, dem Verband der Bayerischen Energie- und Wasserwirtschaft e. V. (VBEW), wie auch dem Bayerischen Kommunalen Prüfungsverband erarbeitete Mustersatzung für Eigenbetriebe gibt der Verband Kommunaler Unternehmen (VKU) heraus: https://www.rehm-verlag.de/eLine/portal/start.xav?start=%2f%2f*%5b%40attr_id%3d%27ko_khwb_79822e117a29ed46baf70344651bb5a3%27%20and%20%40outline_id%3d%27ko_khwb%27%5d (letzter Zugriff 04.04.2023).

„Der VKU NRW hat am 1. Dezember 2021 gemeinsam mit dem Städte- und Gemeindebund NRW, dem Städtetag NRW und der Kommunal Agentur NRW eine überarbeitete und aktualisierte Mustersatzung für Eigenbetriebe in NRW veröffentlicht" (VKU).

https://www.vku.de/verband/struktur/vku-in-den-laendern/nordrhein-westfalen/newsletter/q42021/aktualisierte-mustersatzungen-fuer-eigenbetriebe-und-fuer-anstalten-des-oeffentlichen-rechts-in-nrw/?sword_list%5B0%5D=uploads&cHash=369d0f5d080708d9bc74d79d386a5b23

(letzter Zugriff 10.03.2025)

5.2.3 Zweckvereinbarung (Bay KommZG Art. 7–16)

Für die kommunale Zusammenarbeit gibt es mehrere Möglichkeiten; es können

- kommunale Arbeitsgemeinschaften (s. o.) gegründet,
- Zweckvereinbarungen geschlossen und
- Zweckverbände (s. u.) sowie
- gemeinsame Kommunalunternehmen gebildet werden.

Auch im Rahmen einer Zweckvereinbarung gibt es wieder zwei Möglichkeiten: eine Gemeinde wird für andere tätig oder alle lösen die Aufgabe gemeinschaftlich. Auf Grund einer Zweckvereinbarung können die Beteiligten einer Gebietskörperschaft einzelne oder alle mit einem bestimmten Zweck zusammenhängenden Aufgaben (z. B. Abwasserbeseitigung) übertragen; eine Gebietskörperschaft kann dabei insbesondere gestatten, dass die Übrigen eine von ihr betriebene Einrichtung (z. B. Klärwerk) mitbenutzen.

Wird einer Gebietskörperschaft durch Zweckvereinbarung eine Aufgabe übertragen, so gehen auch die zur Erfüllung dieser Aufgabe notwendigen Befugnisse auf sie über, wenn nicht in der Zweckvereinbarung ausdrücklich etwas anderes bestimmt wird. Die übrigen Beteiligten werden durch die Zweckvereinbarung dann von ihrer gesetzlichen Pflicht insoweit befreit. Die Gemeinden können Aufgaben auch *gemeinschaftlich* durchführen und hierzu gemeinschaftliche Einrichtungen schaffen oder betreiben. Durch die Zweckvereinbarung kann der Gebietskörperschaft, auf die die Aufgaben übergehen, das Recht übertragen werden, zur Erfüllung dieser Aufgaben Satzungen und Verordnungen auch für das Gebiet der übrigen Beteiligten zu erlassen (KommZG Bayern Art 11). Durch kommunale Arbeitsgemeinschaften und Zweckvereinbarungen entstehen keine neuen Rechtspersönlichkeiten. Eine solche Zweckvereinbarung wird von den beteiligten Gemeinden unterschrieben und die Vereinbarung bildet dann die Handlungsgrundlage. Die Gemeinden, die eine solche Vereinbarung schließen, sind aber dadurch noch kein Zweckverband.

5.2.4 Zweckverband (Art. 17–48 KommZG)

Für die kommunale Zusammenarbeit z. B. auf dem Gebiet der Abwasserbeseitigung, Wasserversorgung oder Abfallbeseitigung können aber auch Zweckverbände gebildet werden (KommZG). Sind die Einzugsgebiete von Gemeinden zu klein, um eine wirtschaftliche Abwasserbeseitigung durchzuführen, ist es den Gemeinden möglich, sich zu einem organisatorisch und rechtlich selbständigen kommunalen Zweckverband zusammenzuschließen. Zweckverbände sind Körperschaften des öffentlichen Rechts. Sie verwalten ihre Angelegenheiten unter eigener Verantwortung. In diesem gemeindeübergreifenden Unternehmen sind dann alle dem Verband angehörenden Gemeinden Mitglied. Gemeinden können ihm einzelne Aufgaben oder alle mit einem bestimmten Zweck zusammenhängenden Aufgaben übertragen. Die Rechtsverhältnisse des Zweckverbands werden durch eine *Verbandssatzung* geregelt.

Die Rechte und Pflichten der Verbandsmitglieder bezüglich der übertragenen Aufgaben gehen auf den Zweckverband über. Der Einfluss der Gemeinden ist aber durch die Verbandsversammlung, dem obersten Organ des Zweckverbandes, gegeben. Der Zweckverband kann an Stelle der Verbandsmitglieder Satzungen (z. B. EWS) und Verordnungen für das übertragene Aufgabengebiet erlassen. Zweckverbände können auch Dienstherr von Beamten sein. Notwendige Organe des Zweckverbands sind die *Verbandsversammlung* und ein/e Verbandsvorsitzende/r. Die Verbandssatzung kann auch regeln, ob und wie ein Verbandsausschuss und weitere beschließende Ausschüsse gebildet werden. Die Verbandsversammlung besteht aus dem Verbandsvorsitzenden und den übrigen Verbandsräten.

Der Verbandsvorsitzende vertritt den Zweckverband nach außen. Er bereitet die Beratungsgegenstände der Verbandsversammlung vor und führt dort den Vorsitz. Der Verbandsvorsitzende vollzieht ferner die Beschlüsse der Verbandsversammlung und erledigt in eigener Zuständigkeit alle Angelegenheiten, die nach der Gemeindeordnung kraft Gesetzes dem ersten Bürgermeister zukommen. Der Verbandsvorsitzende führt auch die Dienstaufsicht über die Dienstkräfte des Zweckverbands und er ist Dienstvorgesetzter der Beamten.

Der Zweckverband wird i. d. R. eine Geschäftsstelle unterhalten. Die Geschäftsstelle unterstützt den Verbandsvorsitzenden nach seinen Weisungen bei den Angelegenheiten der laufenden Verwaltung. Die Geschäftsstelle wird durch eine leitende Person geführt (Geschäftsleiter) oder durch den Verbandsvorsitzenden. Die Verbandsversammlung kann dem Geschäftsleiter durch Beschluss mit Zustimmung des Verbandsvorsitzenden weitere Angelegenheiten zur selbständigen Erledigung übertragen. Soweit die Verbandsversammlung dem Geschäftsleiter Aufgaben übertragen hat, ist er zur Vertretung des Zweckverbands nach außen berechtigt. Der Geschäftsleiter nimmt an den Sitzungen der Verbandsversammlung beratend teil.

Der Zweckverband hat viele Parallelen zum Eigenbetrieb und weist deshalb weitgehend die gleichen Vor- und Nachteile auf. Unterschiede ergeben sich durch die rechtliche Selbständigkeit und den Umstand, dass der Einfluss einzelner Gemeinden gemindert ist. Im Finanzierungsbereich ergeben sich Unterschiede gegenüber dem Eigenbetrieb in der Person des Kreditnehmers. Die Aufnahme von Krediten zu Konditionen eines Kommunalkredites ist aber auch weiterhin möglich. Diese werden dann aber vom Zweckverband aufgenommen, da die rechtliche Selbständigkeit gegeben ist; sie tauchen damit aber auch nicht mehr als Schulden im Haushalt der Gemeinde auf.

5.2.5 Anstalt des öffentlichen Rechts (Kommunalunternehmen)

Nach Art. 89 Bay GO kann die Gemeinde selbständige Unternehmen in der Rechtsform einer Anstalt des öffentlichen Rechts (Kommunalunternehmen) errichten oder bestehende Regie- und Eigenbetriebe in Kommunalunternehmen umwandeln. Das Kommunalunternehmen kann sich an anderen Unternehmen beteiligen, wenn das dem Unternehmenszweck dient.

► Eine Anstalt öffentlichen Rechts besitzt im Vergleich zu den o. g. öffentlich-rechtlichen Betriebsformen „Regiebetrieb" und „Eigenbetrieb" eine eigene Rechtspersönlichkeit.

Die Gemeinde regelt die Rechtsverhältnisse des Kommunalunternehmens durch eine *Unternehmenssatzung*. Diese Satzung muss Bestimmungen über den Namen und die Aufgaben des Unternehmens, die Anzahl der Mitglieder des Vorstands und des Verwaltungsrats und die Höhe des Stammkapitals enthalten. Die Gemeinde haftet für die Verbindlichkeiten des Kommunalunternehmens unbeschränkt (Gewährträgerschaft).

Das Kommunalunternehmen wird von einem Vorstand in eigener Verantwortung geleitet. Der Vorstand vertritt das Kommunalunternehmen nach außen. Die Geschäftsführung des Vorstands wird von einem Verwaltungsrat überwacht. Der Verwaltungsrat bestellt den Vorstand auf höchstens fünf Jahre.

Die Mitwirkung des Gemeinderates wird weiter eingeschränkt; die Unternehmenssatzung kann vorsehen, dass der Gemeinderat den Mitgliedern des Verwaltungsrats in bestimmten Fällen Weisungen erteilen kann. Der Verwaltungsrat besteht aus dem vorsitzenden Mitglied (i. d. R. der erste Bürgermeister) und den übrigen Mitgliedern. Das vorsitzende Mitglied und die übrigen Mitglieder des Verwaltungsrats werden vom Gemeinderat für sechs Jahre bestellt.

Folgende Wesentliche Vorteile des öffentlichen Rechts bleiben erhalten:

- ein Anschluss- und Benutzungszwang kann zugunsten der Anstalt bestimmt werden;
- der Anstalt können hoheitliche Aufgaben übertragen werden (Satzungsrecht);
- ihr kann die Befugnis zur Erhebung von kommunalen Abgaben übertragen werden;
- sie kann der Kommunalaufsicht unterstellt werden.

5.2.6 Gemeindliche Unternehmen

Eine Gemeinde darf nach Art. 87 Bay GO ein Unternehmen nur errichten, übernehmen oder wesentlich erweitern, wenn ein öffentlicher Zweck das Unternehmen, insbesondere zur Erfüllung gesetzlicher Verpflichtungen oder Aufgaben, erfordert. Die dem Unternehmen zu übertragenden Aufgaben müssen für die Wahrnehmung außerhalb der allgemeinen Verwaltung geeignet sein. Eine wesentliche Einschränkung für die Gemeinden ist, dass bei einem Tätigwerden außerhalb der kommunalen Daseinsvorsorge der Zweck nicht ebenso gut und wirtschaftlich durch einen anderen (Privaten) erfüllt wird oder erfüllt werden kann. Weiterhin entsprechen alle Tätigkeiten oder Tätigkeitsbereiche, mit denen die Gemeinde oder ihre Unternehmen an dem vom Wettbewerb beherrschten Wirtschaftsleben teilnehmen, um Gewinn zu erzielen, keinem öffentlichen Zweck und sind somit für Gemeinden ausgeschlossen. Gemeindliche Unternehmen dürfen keine wesentliche Schädigung und keine Aufsaugung selbständiger Betriebe in Landwirtschaft, Handwerk, Handel, Gewerbe und Industrie bewirken (BayGO Art 95).

Privatrechtliche Unternehmensformen spielen im kommunalen Abwasserbereich nur eine untergeordnete Rolle und sind insoweit bisher kaum relevant. Der Abwasserbereich ist im Wesentlichen in Regiebetrieben, Eigenbetrieben und Zweckverbänden sowie wenigen Anstalten öffentlichen Rechts organisiert. Auch wenn der Abwasserbetrieb vielfach gemeindlichen Stadtwerken (GmbH) zugeordnet ist, wird er meist in Form eines Eigenbetriebs geführt.

5.2.7 Zusammenfassung

Eigenbetriebe und Kommunalunternehmen sind unter Beachtung betriebswirtschaftlicher Grundsätze und des Grundsatzes der Sparsamkeit und Wirtschaftlichkeit so zu führen, dass der öffentliche Zweck mit möglichst geringem Ressourceneinsatz erfüllt wird.

Aus steuerlicher Sicht sind Abwasserentsorger in der Rechtsform einer Anstalt des öffentlichen Rechts, wie auch in den anderen öffentlich-rechtlichen Betriebsformen, *hoheitlich* tätig. Bei der Besteuerung der Kommunen stellt nämlich das Steuerrecht nicht auf die Rechtsform, sondern vielmehr auf die Art der Tätigkeit ab. Auch wirtschaftlich unselbstständige Regie- und Eigenbetriebe unterliegen grundsätzlich der Körperschaft- und Umsatzsteuer; und zwar immer dann, wenn sie der Einnahmeerzielung dienen (nicht erforderlich: Gewinnerzielungsabsicht!) und sich aus der Betätigung der Kommune wirtschaftlich herausheben. Man spricht dann von Betrieben gewerblicher Art (BgA). Auch ein städtisches Amt oder eine Abteilung kann ein BgA und damit steuerpflichtig sein.

Solange kein Betrieb gewerblicher Art vorliegt, unterliegen die o. g. Betriebe aber weder der Ertragssteuer noch sind die von ihnen erbrachten Leistungen umsatzsteuerpflichtig. Dementsprechend sind auch Vorsteuerbeträge, z. B. aus Investitionskosten, nicht abziehbar.

Im Heft 2/99 des Bayerischen Landesamtes für Wasserwirtschaft: „Beiträge und Gebühren für die Abwasserbeseitigung in Bayern – Stand 1998“ wurde über die Organisationsformen Folgendes geschrieben:

„Aus diesen Gegenüberstellungen ist klar ersichtlich, daß der kommunale Regiebetrieb sowohl im Bereich der Kanalisation als auch im Bereich der Kläranlage mit weitem Abstand die am häufigsten anzutreffende Organisationsform ist. Insbesondere im Bereich der Abwasserbehandlung sind verbreitet auch Zweckverbände tätig; die zugehörigen Kanalisationen sind jedoch häufig noch in kommunaler Hand.

Eine Anzahl von Kommunen praktizieren bei der Abwasserbehandlung eine übergemeindliche Zusammenarbeit mittels Anschlussvertrag mit einer benachbarten Kommune.

[Kommentar: das ist dann eine Zweckvereinbarung.]

Privatisierte Betriebsformen sind dagegen in Bayern derzeit nur in wenigen Ausnahmefällen anzutreffen. ...

Der Regiebetrieb ist der Regelfall bei der Abwasserableitung und -behandlung. Eigenbetriebe sind in Gemeinden mit weniger als 5000 Einwohner nicht vorhanden; 50 % der Gemeinden mit mehr als 100.000 Einwohner sind jedoch in dieser Betriebsform organisiert“ (Bayer. Landesamt für Wasserwirtschaft, 1998).

Leider fehlen aktuelle auf Bayern bezogene Erhebungen. Die von der DWA durchgeführten bundesweiten Untersuchungen liefern für Bayern wohl eher keine repräsentativen Ergebnisse den „Wirtschaftsdaten der Abwasserbeseitigung, Ausgabe 2014“ zufolge (DWA, 2014).

Die o. g. Aussagen des damaligen LfW sind wahrscheinlich auch heute im Wesentlichen noch gültig.

5.3 Vorgehen und Handeln einer Verwaltung

Behörden und Verwaltungen arbeiten alle nach bestimmten Regeln. Wenn man diese Regeln kennt, versteht man leichter was in einem Verfahren warum passiert.

5.3.1 Verwaltungsverfahren

Als bayerisches Verwaltungsverfahrensgesetz (BayVwVfG) wird das Gesetz bezeichnet, das die Verwaltungsverfahren der Behörden des Freistaats einschließlich der Behörden der Kreise und Gemeinden regelt. Die Verwaltungsverfahrensgesetze des Bundes (VwVfG) und der Bundesländer sollen Rechtsstaatlichkeit und Effektivität der Verwaltung in Deutschland gewährleisten. Im VwVfG finden sich grundsätzliche Aussagen, unabhängig von den genauen Tätigkeitsbereichen der Behörden. Die dort festgeschriebenen Verfahrensregelungen garantieren der Allgemeinheit, dass alle Behörden unter Einhaltung vorgegebener und gesetzlich verankerter Grundsätze zu sachgerechten Entscheidungen kommen. Darüber hinaus schafft das VwVfG für die Bürger eine verlässliche Grundlage, dass auch ihre individuellen Interessen ausreichend bei den Entscheidungen der Verwaltung Berücksichtigung finden.

Eine der wichtigsten gesetzlichen Regelungen ist dabei die Definition des ***Verwaltungsaktes***: Ein Verwaltungsakt ist jede Verfügung, Entscheidung oder andere hoheitliche Maßnahme, die eine Behörde zur Regelung eines Einzelfalls auf dem Gebiet des öffentlichen Rechts trifft und die auf unmittelbare Rechtswirkung nach außen gerichtet ist (VwVfG § 35). Hierbei ist eine Anhörung der Betroffenen zwingend.

Im Bereich Entwässerung sind Verwaltungsakte beim Vollzug der Entwässerungssatzung gegenüber Grundstückseigentümern üblich. Andererseits ist die Entwässerung Betroffener eines Verwaltungsaktes, wenn zum Beispiel ein Genehmigungsbescheid der Wasserbehörde ergeht.

Nach § 37 (3) Verwaltungsverfahrensgesetz (VwVfG) muss ein schriftlicher Verwaltungsakt die Unterschrift oder die Namenswiedergabe des Behördenleiters, seines Vertreters oder seines Beauftragten enthalten. Dies wäre dann eine Verbindung zwischen dem Verwaltungsverfahren, das nach außen wirkt, und der Dienstordnung, die innerhalb der Behörde regeln muss, wer den Verwaltungsakt, also das Schreiben, unterzeichnet. Im VwVf-Gesetz geht es weiter um Anwendungsbereiche und örtliche Zuständigkeit; ebenso werden im Verwaltungsgesetz allgemeine Vorschriften über das Verwaltungsverfahren, Fristen, Termine, Verfahrensarten, Planfeststellungsverfahren und Rechtsbehelfsverfahren behandelt.

► Die Verwaltungsverfahrensgesetze des Bundes und der Länder sind inhaltlich im Wesentlichen übereinstimmend. Ändert der Bund sein VwVfG, so folgen auch die Länder dem in der Regel später nach.

5.3.2 Beteiligte im Verwaltungsverfahren

5.3.2.1 Beteiligte

Beteiligte sind

- Antragsteller und Antragsgegner,
- diejenigen, an die die Behörde den Verwaltungsakt richten will oder gerichtet hat,
- diejenigen, mit denen die Behörde einen öffentlich-rechtlichen Vertrag schließen will oder geschlossen hat,
- diejenigen, die nach von der Behörde zu dem Verfahren hinzugezogen worden sind.

Die Behörde kann von Amts wegen oder auf Antrag diejenigen, deren rechtliche Interessen durch den Ausgang des Verfahrens berührt werden können, als Beteiligte hinzuziehen (VwVfg § 13).

5.3.2.2 Behörde

Behörde im Sinne des Verwaltungsverfahrens-Gesetzes (Bund, § 1 Abs. 4) ist jede Stelle, die Aufgaben der öffentlichen Verwaltung wahrnimmt. Damit ist auch ein Entwässerungsbetrieb oder ein Zweckverband in diesem Sinn eine Behörde. Im Vollzug einer Entwässerungssatzung, der von der Entwässerung als Behörde ausgeht, ist das leicht einsehbar. In externen Verwaltungsverfahren wird ein Entwässerungsbetrieb meist aber leider nicht direkt beteiligt, sondern nur als Teil einer Kommunalverwaltung. Hier ist es daher wichtig den zentralen Stellen innerhalb der Kommunalverwaltung, die für die beteiligte Kommune Stellungnahmen bündeln, rechtzeitig die Betroffenheit von Kanal oder Klärwerk zu verdeutlichen.

5.3.2.3 Träger öffentlicher Belange (TÖB)

Träger öffentlicher Belange sind die Verwalter öffentlicher Sachbereiche, deren Anhörung und Einbeziehung bei bestimmten (Bau-)Vorhaben gesetzlich vorgeschrieben ist. Diese Stellen sind von den Gemeinden gemäß Baugesetzbuch (BauGB § 4) einzuschalten, sofern der Aufgabenbereich der jeweiligen TÖB durch die Planungen der Gemeinden berührt ist. Zu den Trägern öffentlicher Belange gehören natürlich auch Entwässerungsbetriebe.

Sowohl die Gemeinden mit ihren Bebauungsplänen als auch die sonstigen Verfahrensträger (s. u.) sollen ihre jeweilige Planung den Behörden und den Trägern öffentlicher Belange in geeigneter Weise zur Kenntnis bringen, so dass diese in die Lage versetzt werden, zu erkennen, ob und inwieweit ihre Belange von der Planung berührt werden. Auch im Verwaltungsverfahrensgesetz (VwVfG § 74) wird im Abs. 6 von den Trägern öffentlicher Belange, deren Aufgabenbereich berührt wird, gesprochen. Alle Träger öffentlicher Belange haben in der Regel ihre Stellungnahmen innerhalb einer bestimmten Frist (meist eines Monats) abzugeben und sich dabei auf ihren Aufgabenbereich (s. o.) zu beschränken.

Nach § 1 Abs. 6 BauGB sind bei der Aufstellung der Bauleitpläne insbesondere zu berücksichtigen:

> 1. die allgemeinen Anforderungen an gesunde Wohn- und Arbeitsverhältnisse und die Sicherheit der Wohn- und Arbeitsbevölkerung, …
> 7. die Belange des Umweltschutzes, insbesondere …
> c) umweltbezogene Auswirkungen auf den Menschen und seine Gesundheit sowie die Bevölkerung insgesamt,
> e) die Vermeidung von Emissionen sowie der sachgerechte Umgang mit Abfällen und Abwässern, …
> 8. die Belange der Versorgung, insbesondere mit Energie und Wasser, einschließlich der Versorgungssicherheit, …
> 12. die Belange des Hochwasserschutzes (§ 1 Abs. 6 BauGB).

Die hier genannten Punkte betreffen alle mehr oder weniger direkt die Entwässerung. Bei einer Stellungnahme zu einem B-Plan müsste man also dazu jeweils Aussagen treffen.

5.3.2.4 Sonstige Beteiligung

Nach § 13 Verwaltungsverfahrensgesetz (VwVfG) sind Beteiligte an einem Verwaltungsverfahren:

1. Antragsteller und Antragsgegner,
2. diejenigen, an die die Behörde den Verwaltungsakt richten will oder gerichtet hat,
3. diejenigen, mit denen die Behörde einen öffentlich-rechtlichen Vertrag schließen will oder geschlossen hat,
4. diejenigen, deren rechtliche Interessen durch den Ausgang des Verfahrens berührt werden, und von der Behörde zu dem Verfahren hinzugezogen worden sind.

Je nach Art des Verwaltungsverfahrens kann ein Entwässerungsbetrieb also auf die verschiedenste Weise beteiligt sein.

5.3.3 Förmliches Verwaltungsverfahren

Das förmliche Verwaltungsverfahren nach §§ 63 bis 71 VwVfG findet immer dann statt, wenn es durch eine Rechtsvorschrift (z. B. WHG) angeordnet ist. In der Regel setzt das förmliche Verwaltungsverfahren einen Antrag voraus, der schriftlich mit den notwendigen Unterlagen bei der zuständigen Behörde zu stellen ist.

Im förmlichen Verwaltungsverfahren ist den Beteiligten dann Gelegenheit zu geben, sich vor der Entscheidung zu äußern. Das heißt dass die Beteiligten auch die notwendigen Unterlagen zur Prüfung bekommen müssen. Aufgrund der o. g. Verpflichtung zur Anhörung von Beteiligten sollte dann auch zu dem Vorhaben eine Stellungnahme aus Sicht einer Entwässerung abgegeben werden. Die gesetzten Fristen sind dabei unbedingt zu beachten. Darüber hinaus ist den Beteiligten auch Gelegenheit zu geben, der Vernehmung von

Zeugen und Sachverständigen und der Einnahme des Augenscheins (Ortsbesichtigung) beizuwohnen und hierbei sachdienliche Fragen zu stellen; ein schriftlich oder elektronisch vorliegendes Gutachten soll ihnen zugänglich gemacht werden.

Die Behörde entscheidet in der Regel erst nach mündlicher Verhandlung mit den Beteiligten. Auch hierzu kann öffentlich eingeladen werden. Die folgende mündliche Verhandlung allerdings ist nicht öffentlich. In einigen Fällen (entspr. § 67 (2)) kann die Verhandlung jedoch auch entfallen. Die Behörde entscheidet anschließend unter Würdigung des Gesamtergebnisses des Verfahrens. Verwaltungsakte, die das förmliche Verfahren abschließen, sind schriftlich zu erlassen, schriftlich zu begründen und den Beteiligten zuzustellen.

Zur Anfechtung der Entscheidung kann vor einem Verwaltungsgericht Klage erhoben werden gegen einen solchen Verwaltungsakt, der in einem förmlichen Verwaltungsverfahren erlassenen wurde.

5.3.3.1 Planfeststellungsverfahren (§§ 72 bis 78 des VwVfG)

Ist ein Planfeststellungsverfahren durch Rechtsvorschrift angeordnet, so gelten hierfür die §§ 72 bis 78 des VwVfG; mit der wichtigen Ausnahme, dass das Wiederaufgreifen des Verfahrens ausgeschlossen ist. Das schließt eine Aufhebung oder Änderung eines unanfechtbaren Verwaltungsakts aus. Ein weiterer wesentlicher Unterschied zum gewöhnlichen Verwaltungsverfahren besteht in der umfassenden ***Beteiligung von Bürgern***, deren Belange durch das Vorhaben betroffen sind.

Der Träger des Vorhabens hat den Plan bei der Anhörungsbehörde zur Durchführung des Anhörungsverfahrens einzureichen. Der Plan besteht aus den Zeichnungen und Erläuterungen, die das Vorhaben, seinen Anlass und auch die von dem Vorhaben betroffenen Grundstücke und Anlagen erkennen lassen (§ 73 Abs 1). Dies ist sehr wichtig, aber – insbesondere bei umfangreichen Vorhaben – oft nicht für alle Einzelheiten der Fall. Daher müssen ggf. Pläne nachgefordert und die Unterlagen somit ergänzt werden.

Innerhalb eines Monats nach Zugang des vollständigen Plans fordert die Anhörungsbehörde die Behörden, deren Aufgabenbereich durch das Vorhaben berührt wird, zur Stellungnahme auf. Die Anhörungsbehörde veranlasst weiterhin, dass der Plan in den Gemeinden, in denen sich das Vorhaben auswirkt, ausgelegt wird. Diese Gemeinden haben dann den Plan für die Dauer eines Monats zur Einsicht auszulegen (§ 73 Abs 2). In den Gemeinden ist die Auslegung vorher ortsüblich bekanntzumachen. In der Bekanntmachung ist auch darauf hinzuweisen, wo und in welchem Zeitraum der Plan zur Einsicht ausgelegt ist (§ 73 Abs 5). Die öffentliche Bekanntmachung erfolgt im amtlichen Veröffentlichungsblatt der Gemeinden und außerdem in den örtlichen Tageszeitungen, die in dem Bereich verbreitet sind, in dem sich die Entscheidung voraussichtlich auswirken wird (§ 72 Abs 2).

Solche amtlichen Veröffentlichungen sollten sorgsam gelesen werden und dann ggf. auch die ausgelegten Pläne unbedingt eingesehen werden.

▶ Auf eine Auslegung kann dann verzichtet werden, wenn der Kreis der Betroffenen bekannt ist und ihnen innerhalb angemessener Frist Gelegenheit gegeben wird, den Plan einzusehen (§ 73 Abs 3).

Die beteiligten Behörden haben ihre Stellungnahmen innerhalb einer von der Anhörungsbehörde zu setzenden Frist von maximal drei Monaten abzugeben (Abs 3a). Das kann sich als schwierig erweisen, wenn eine große Kommune viele interne Stellen beteiligen muss, aber nur wenige vollständige Pläne vorliegen. Ggf. sollten weitere Plansätze nachgefordert werden oder um Fristverlängerung gebeten werden. Stellungnahmen, die nach Ablauf der Frist eingehen, sind zu berücksichtigen, wenn der Planfeststellungsbehörde die vorgebrachten Belange bekannt sind oder hätten bekannt sein müssen oder für die Rechtmäßigkeit der Entscheidung von Bedeutung sind; im Übrigen können sie berücksichtigt werden (Abs 3a).

Jeder, dessen Belange durch das Vorhaben berührt werden, kann bis zwei Wochen nach Ablauf der Auslegungsfrist schriftlich oder zur Niederschrift bei der Anhörungsbehörde oder bei der Gemeinde Einwendungen gegen den Plan erheben. Eine von der Anhörungsbehörde bestimmte Einwendungsfrist ist einzuhalten (Abs 4). Mit Ablauf der Einwendungsfrist sind alle Einwendungen ausgeschlossen, die nicht auf besonderen privatrechtlichen Titeln beruhen. Hierauf ist in der Bekanntmachung der Auslegung oder bei der Bekanntgabe der Einwendungsfrist hinzuweisen (Abs 4).

Rechtzeitig erhobene Einwendungen der betroffenen Bürger und die Stellungnahmen der Behörden werden, ähnlich wie im förmlichen Verwaltungsverfahren, in einem mündlichen Termin gemeinsam erörtert. Dieser Erörterungstermin ersetzt die einfache Anhörung des gewöhnlichen Verwaltungsverfahrens. Der Erörterungstermin ist mindestens eine Woche vorher ortsüblich bekanntzumachen. Die Behörden, der Träger des Vorhabens und diejenigen, die Einwendungen erhoben haben, sind von dem Erörterungstermin zu benachrichtigen (§ 73 Abs 6). Durch die Bürger- und Behördenbeteiligung soll die Feststellungsbehörde in die Lage versetzt werden, die betroffenen Belange zu erkennen und sachgerecht bewerten zu können.

Mit dem Planfeststellungs-Beschluss wird die Zulässigkeit des Vorhabens einschließlich der notwendigen Folgemaßnahmen an anderen Anlagen im Hinblick auf alle von ihm berührten öffentlichen Belange festgestellt. Neben der Planfeststellung sind andere behördliche Entscheidungen, insbesondere öffentlich-rechtliche Genehmigungen, Verleihungen, Erlaubnisse, Bewilligungen, Zustimmungen und Planfeststellungen daher nicht erforderlich. Durch die Planfeststellung werden alle öffentlich-rechtlichen Beziehungen zwischen dem Träger des Vorhabens und den durch den Plan Betroffenen rechtsgestaltend geregelt; (§ 75 Abs 1)

- nicht jedoch die privatrechtlichen Belange!

Damit entfaltet die Planfeststellung eine umfassende formelle Konzentrationswirkung. Dadurch besteht auch die Pflicht für die Feststellungsbehörde die Übereinstimmung aller öffentlich-rechtlicher Vorschriften, die in den anderen eingeschlossenen behördlichen Gestattungsverfahren zu prüfen wären, mit dem Vorhaben zu ermitteln. Aufgabe der beteiligten Behörden ist es also die Feststellungsbehörde über die sonstigen Genehmigungen wie z. B. eine wasserrechtliche Erlaubnis zu informieren. Diese Genehmigungen werden gemeinsam mit dem Planfeststellungsbeschluss ausgesprochen. Eine Vielzahl von öffentlich-rechtlichen Einzelverfahren (z. B. nach dem Bundes-Immissionsschutzgesetz oder dem Baugesetzbuch) entfällt dadurch bzw. wird gemeinsam mit der Planfeststellung geregelt.

Der Planfeststellungsbeschluss ist dem Träger des Vorhabens, den bekannten Betroffenen und denjenigen, über deren Einwendungen entschieden worden ist, zuzustellen. Eine Ausfertigung des Beschlusses ist mit einer Rechtsbehelfsbelehrung und einer Ausfertigung des festgestellten Plans in den Gemeinden zwei Wochen zur Einsicht auszulegen (§ 74 Abs 4). Die abschließende Entscheidung des Planfeststellungsverfahrens, der Planfeststellungsbeschluss, kann innerhalb von ca. 4 Wochen durch eine Verwaltungsklage angefochten werden. Diese Klage beim Verwaltungsgericht bewirkt, dass der festgestellte Plan bis zu einer rechtskräftigen Gerichtsentscheidung nicht ausgeführt werden darf.

Ist der Planfeststellungsbeschluss unanfechtbar geworden, so sind Ansprüche auf Unterlassung des Vorhabens, auf Beseitigung oder Änderung der Anlagen oder auf Unterlassung ihrer Benutzung ausgeschlossen (§ 75 Abs 2).

Wird mit der Realisierung des Plans nicht innerhalb von fünf Jahren nach Unanfechtbarkeit begonnen, so tritt der Beschluss außer Kraft. Diese Frist kann jedoch auf Antrag vorher von der Planfeststellungsbehörde einmal um höchstens fünf Jahre verlängert werden.

Verfahrensschritte der Planfeststellung
Planerstellung durch den Vorhabenträger

Antragstellung und Einreichen des Planes bei d. Anhörungsbehörde (§ 73 Abs. 1 VwVfG)

Anhörungsverfahren (§ 73 Abs. 2 VwVfG) Einholen von Stellungnahmen betroffener Behörden

Öffentliche Auslegung in betroffenen Gemeinden (§ 73 Abs. 3 VwVfG) Einwendungen von betroffenen Gemeinden oder Personen

Erörterungstermin (§ 73 Abs. 6 VwVfG) Erörterung mit Anhörungsbehörde, Vorhabenträger, berührten Behörden und Betroffenen

Weiterleitung der Anhörungsergebnisse (§ 73 Abs. 9 VwVfG) Die Anhörungsbehörde gibt eine Stellungnahme zum Ergebnis des Anhörungsverfahrens ab und leitet diese mit dem Plan, den Stellungnahmen der Behörden und den nicht erledigten Einwendungen der Planfeststellungsbehörde zu.

Planfeststellungsbeschluss der Planfeststellungsbehörde (§ 74 VwVfG) schließt alle sonstigen erforderlichen öffentlich-rechtlichen Genehmigungen ein

Zustellung und Auslegung des Planfeststellungsbeschlusses dem Träger des Vorhabens und den Betroffenen zustellen. Eine Ausfertigung mit Rechtsbehelfsbelehrung und Plan ist in den Gemeinden zwei Wochen zur Einsicht auszulegen

Mögliche Klagen beim Verwaltungsgericht

Vorhaben, die einer Planfeststellung bedürfen:

- Bundesautobahnen und Bundesstraßen nach den §§ 17–17e Bundesfernstraßengesetz (FStrG) sowie Staatsstraßen nach Art. 36 Bayerisches Straßen- und Wegegesetz (BayStrWG). Bei Kreisstraßen und Gemeindeverbindungsstraßen ist die Planfeststellung durchzuführen, wenn es sich um Straßen von besonderer Bedeutung handelt.
- Bundeswasserstraßen nach den §§ 14–14e Bundeswasserstraßengesetz (WaStrG)
- Eisenbahnverkehrsanlagen nach den §§ 18–18e Allgemeines Eisenbahngesetz (AEG)
- Straßen- und U-Bahnen nach den §§ 28–29 Personenbeförderungsgesetz (PBefG)
- Hochspannungsfreileitungen über 110 kV oder größere Gasversorgungsleitungen (ab DN 300 mm), nach den §§ 43–46 Energiewirtschaftsgesetz (EnWG)
- Gewässerausbau, Deichbau nach den §§ 67–70 Wasserhaushaltsgesetz (WHG)
- Plan über die gemeinschaftlichen und öffentlichen Anlagen, insbesondere über die Änderung von öffentlichen Wegen und Straßen sowie über die wasserwirtschaftlichen Anlagen (Wege- und Gewässerplan) nach § 41 Flurbereinigungsgesetz (FlurbG)

Nach Art. 38 Abs. 3 Bayerisches Straßen- und Wegegesetz (BayStrWG) entfallen Planfeststellung und Plangenehmigung für Straßen, soweit für das von der Baumaßnahme berührte Gebiet ein Bebauungsplan besteht, der bestimmten Anforderungen entspricht, und unter Mitwirkung der Straßenbaubehörde zustande gekommen ist.

5.3.3.2 Verfahren der Bauleitplanung (BauGB)

Nach dem Bau-Gesetz-Buch (BauGB § 1) ist es Aufgabe der Bauleitplanung, die bauliche und sonstige Nutzung der Grundstücke in der Gemeinde vorzubereiten und zu leiten. Bauleitpläne sind der Flächennutzungsplan (vorbereitender Bauleitplan) und der Bebauungsplan (verbindlicher Bauleitplan).

Die Bauleitpläne sind von der Gemeinde in eigener Verantwortung aufzustellen. Dies erfolgt z. B. durch das Stadtplanungsamt. Der Beschluss der Gemeinde, einen Bauleitplan aufzustellen, ist ortsüblich bekannt zu machen. Die Gemeinde hat dem Entwurf des Bauleitplans eine Begründung beizufügen. In ihr sind entsprechend dem Stand des Verfahrens die Ziele, Zwecke und wesentlichen Auswirkungen des Bauleitplans darzulegen (§ 2a).

Die Behörden und sonstigen Träger öffentlicher Belange – deren Aufgabenbereich durch die Planung berührt werden kann – sind entsprechend *möglichst frühzeitig* über die allgemeinen Ziele und Zwecke der Planung, sich wesentlich *unterscheidende Lösungen*, die für die Neugestaltung oder Entwicklung eines Gebiets in Betracht kommen, und die voraussichtlichen Auswirkungen der Planung zu unterrichten und zur *Äußerung aufzufordern*. (Frühzeitige Beteiligung nach § 4 Abs. 1 BauGB.) Nach Prüfung und Berücksichtigung der Vorschläge wird der evtl. geänderte Plan-Entwurf erstellt und erneut öffentlich ausgelegt. Die Gemeinde holt dann zum Planentwurf und der Begründung erneut die Stellungnahmen der Behörden und sonstigen Träger öffentlicher Belange ein. Sie haben ihre Stellungnahmen *innerhalb eines Monats* abzugeben. (Beteiligung der Öffentlichkeit und der TÖB nach § 4 Abs. 2 BauGB.) Die Gemeinde soll diese Frist bei Vorliegen eines wichtigen Grundes angemessen verlängern. In den Stellungnahmen sollen sich die Behörden und sonstigen Träger öffentlicher Belange *auf ihren Aufgabenbereich* beschränken.

Sie haben auch über von ihnen beabsichtigte oder bereits eingeleitete Planungen und sonstige Maßnahmen sowie deren zeitliche Abwicklung zu informieren, wenn diese für die städtebauliche Entwicklung und Ordnung des Gebiets bedeutsam sein können. Verfügen sie über weitere wichtige Informationen, die für die Ermittlung und Bewertung des Abwägungsmaterials zweckdienlich sind, haben sie diese Informationen ebenfalls zur Verfügung zu stellen. Die o. g. Vorschriften über die Öffentlichkeits- und Behördenbeteiligung dienen der vollständigen Ermittlung und zutreffenden Bewertung der von der Planung berührten Belange und der Information der Öffentlichkeit (§ 4a). Wird der Entwurf des Bauleitplans nach dem Verfahren wesentlich geändert oder ergänzt, ist er erneut auszulegen und es sind die Stellungnahmen erneut einzuholen.

Nach Abwägung der vorgebrachten Anregungen beschließt der Gemeinderat den Bebauungsplan als Satzung (§ 10). Nach öffentlicher Bekanntmachung stellt der B-Plan dann für jedermann verbindliches Ortsrecht dar. Insbesondere die Verwaltung ist dann verpflichtet entsprechend vorzugehen, z. B. die neuen zur Erschließung notwendigen Kanäle zu bauen.

Öffentliche Planungsträger, die beteiligt worden sind, haben ihre Planungen dem Flächennutzungsplan insoweit anzupassen, als sie diesem Plan nicht widersprochen haben (§ 7).

5.3.3.3 BImSchG – Genehmigungsverfahren

Auch das „Gesetz zum Schutz vor schädlichen Umwelteinwirkungen durch Luftverunreinigungen, Geräusche, Erschütterungen und ähnliche Vorgänge" (Bundes-Immissionsschutzgesetz – BimSchG) beinhaltet ein Genehmigungsverfahren. Die Vorschriften dieses Gesetzes gelten u. a. für die Errichtung und den Betrieb von Anlagen.

Anlagen im Sinne des Gesetzes sind:

1. Betriebsstätten und sonstige ortsfeste Einrichtungen
2. Maschinen und Geräte
3. Grundstücke, auf denen Stoffe gelagert oder abgelagert oder Arbeiten durchgeführt werden, die Emissionen verursachen können (BimSchG § 3).

Die Errichtung und der Betrieb von Anlagen, die auf Grund ihrer Beschaffenheit oder ihres Betriebs in besonderem Maße geeignet sind, schädliche Umwelteinwirkungen hervorzurufen oder in anderer Weise die Allgemeinheit oder die Nachbarschaft zu gefährden, erheblich zu benachteiligen oder erheblich zu belästigen, bedürfen einer Genehmigung (BimSchG § 4). In der „Verordnung über genehmigungsbedürftige Anlagen" – 4. BimSchV – sind diese Anlagen im Einzelnen aufgelistet.

Zweck des BimSch-Gesetzes ist es beim Bau solcher Anlagen, Menschen, Tiere und Pflanzen, den Boden, das Wasser, die Atmosphäre sowie Kultur- und sonstige Sachgüter vor schädlichen Umwelteinwirkungen zu schützen und dem Entstehen schädlicher Umwelteinwirkungen vorzubeugen (BimSchG § 1).

Das Genehmigungsverfahren ist darum ein sehr aufwendiges Verfahren, weil darin sämtliche Umweltauswirkungen einer Anlage berücksichtigt und gewürdigt werden müssen. Das

Verfahren läuft ähnlich ab wie eine Planfeststellung. Die „Neunte Verordnung zur Durchführung des Bundes-Immissionsschutzgesetzes" (Verordnung über das Genehmigungsverfahren – 9. BimSchV) regelt Details dazu. Das Genehmigungsverfahren (§ 10) setzt einen schriftlichen Antrag voraus. Dem Antrag sind die zur Prüfung erforderlichen Zeichnungen, Erläuterungen, Pläne, Fließschemata und Beschreibungen von Maßnahmen und Betriebsweisen und sonstige Unterlagen beizufügen. An die Antragstellung schließt sich die unverzügliche Vollständigkeitsprüfung an. Reichen die Unterlagen für die Prüfung nicht aus, so hat sie der Antragsteller auf Verlangen der zuständigen Behörde innerhalb einer angemessenen Frist zu ergänzen. Die Genehmigungsbehörde soll dazu die Antragsunterlagen rechtzeitig ggf. mit konkreten Fragestellungen den Fachbehörden zuleiten.

Sind die Unterlagen des Antragstellers vollständig, so hat die zuständige Behörde das Vorhaben in ihrem amtlichen Veröffentlichungsblatt und außerdem entweder im Internet oder in örtlichen Tageszeitungen, die im Bereich des Standortes der Anlage verbreitet sind, öffentlich bekannt zu machen. Die **Prüfphase** beinhaltet auch eine Öffentlichkeitsbeteiligung, sofern es sich bei dem Vorhaben um ein förmliches Genehmigungsverfahren handelt. Der **Antrag** und die vom Antragsteller vorgelegten Unterlagen sowie die entscheidungserheblichen Berichte und Empfehlungen sind nach der Bekanntmachung einen Monat zur Einsicht auszulegen.

Die für die Erteilung der Genehmigung zuständige Behörde (Genehmigungsbehörde) holt die Stellungnahmen der Behörden ein, deren Aufgabenbereich durch das Vorhaben berührt wird. Soweit für das Vorhaben Eine Zulassung nach anderen Gesetzen vorgeschrieben ist, hat die Genehmigungsbehörde eine vollständige Koordinierung der Zulassungsverfahren sowie der Inhalts- und Nebenbestimmungen sicherzustellen.

Nach Ablauf der **Einwendungsfrist** kann die Genehmigungsbehörde die rechtzeitig gegen das Vorhaben erhobenen Einwendungen mit dem Antragsteller und denjenigen, die Einwendungen erhoben haben, erörtern. Über den Genehmigungsantrag ist nach Eingang des Antrags und der vollständigen Unterlagen innerhalb einer Frist von sieben Monaten, in vereinfachten Verfahren innerhalb einer Frist von drei Monaten, zu entscheiden.

Der **Genehmigungsbescheid** ist schriftlich zu erlassen, schriftlich zu begründen und dem Antragsteller und den Personen, die Einwendungen erhoben haben, zuzustellen und ggf. öffentlich bekannt zu machen. Die **Genehmigung** kann unter Bedingungen erteilt und mit Auflagen verbunden werden, soweit dies erforderlich ist, um die Erfüllung der Genehmigungsvoraussetzungen sicherzustellen. Des Weiteren müssen in der Genehmigung die erforderlichen Nebenbestimmungen, insbesondere Festlegungen zu erforderlichen Emissionsbegrenzungen, enthalten sein. Die Genehmigungsbehörde hat die Koordinierungspflicht für parallele Zulassungsverfahren (z. B. Baugenehmigung, wasserrechtliche oder EWS-Genehmigungen) zu beachten. Die BImSch-Genehmigung schließt andere die Anlage betreffende behördliche Entscheidungen ein, insbesondere öffentlich-rechtliche Genehmigungen, Zulassungen, Verleihungen, Erlaubnisse und Bewilligungen mit Ausnahme von Planfeststellungen, behördlichen Entscheidungen auf Grund von wasserrechtlichen Erlaubnissen und Bewilligungen des Wasserhaushaltsgesetzes (BimSchG § 13).

▶ Ein BimSch-Verfahren kann z. B. für ein BHKW im Klärwerk erforderlich sein.
Bei Industrieanlagen ist die Entwässerung als Beteiligter im Verfahren wegen der EWS-Genehmigung zu hören oder als Nachbar einer solchen Anlage.

5.3.4 Hinweise zu Prüfungen für Stellungnahmen der Entwässerung

5.3.4.1 B-Pläne

Zu beachten sind insbesondere die Darstellungen im Plan sowie die Bedeutung jeder einzelnen Linie, Flächenfarbe usw., aber auch die Festsetzungen im Plan und die textliche Begründung. Um den Plan und die Erläuterungen parallel lesen zu können, ist es daher fast unumgänglich die Unterlagen nicht nur digital, sondern auch in Papierform vor sich zu haben. Die folgenden Fragen sind häufig zu klären:

- Sind Finanzmittel für evtl. notwendige Kanalplanung u. -bau eingeplant und verfügbar, ab wann?
- Ist das neue oder geänderte Baugebiet in Hydraulik und Schmutzfrachtberechnung vom Kanalnetz berücksichtigt? Sind die Genehmigungen für die Einleitungen dann noch korrekt (andere EW und andere Flächen)? Liegt es in Fließrichtung oben im Gebiet, fließt das Wasser überall durch. Sind ggf. Neuberechnungen erforderlich? Ist die Kläranlage noch ausreichend für die Aufnahme des zusätzlichen Abwassers?
- Wie erreicht zufließendes Wasser von außen das B-Gebiet: wild, über Dränagen, Gräben oder Gewässer? Wie fließt das künftig weiter? Darf nicht in den SW- oder MW-Kanal eingeleitet werden.
- Ist evtl. der Grundwasserstand bekannt? Wie ist dessen Flurabstand? Liegen Kanäle dann im Grundwasser? Künftige mögliche Hausdränagen dürfen nicht an die Kanäle anschließen?
- Tiefenlage des vorhandenen Kanal-Netzes beachten. Sind neue Kanal-Anschlüsse höhenmäßig möglich? Private Kellerentwässerung erforderlich? Ggf. Fläche für öffentliches Pumpwerk erforderlich?
- Trennsystem für außen liegende Gebiete; Mischsystem, wenn von Mischsystem umgeben.
- Rückhaltungs- oder Versickerungsflächen für Niederschlagswasser erforderlich?
- Sind öffentliche oder private Straßen/Wege/Grünflächen zur Kanalerschließung vorhanden? Kanäle sollten nur in öffentlichen Flächen liegen: Kanäle in Privatgrund haben sich nicht bewährt wg. Späterer Überbauung und möglicher Zufahrt zur Wartung der Kanäle.
- Sind notfalls Leitungsrechte (Geh-, Fahr-, und Leitungsrechte) in Privatflächen vorhanden bzw. mindestens im B-Plan festgesetzt?
- Sind Wegbreite und Tragfähigkeit der künftigen öffentlichen Wege ausreichend für Spülfahrzeuge? Ggf. Müssen Weg und Kanal privat werden statt öffentlich; oder Wege verändert werden!
- Sind Wendemöglichkeiten für Spül- (u. Müllfahrzeuge) gegeben oder so ausreichend?

- Sind Tiefgaragen oder Zufahrten im Bereich von Kanälen? Sind Anker aus Rückverankerungen von tiefen Bauwerken im Bereich von Straßen oder Kanälen?
- Bei Neubebauung alter Industrieflächen: Sind alte Keller, Fundamente, Leitungen, Altlasten im Straßen- und Kanalbereich vorhanden? Entfernen meist teuer, Lage oft unbekannt! Auf Beseitigung sollte bestanden werden.
- Öffentliche oder private Bäume ausreichend weit vom Kanal? Ggf. Ist Wurzelabschirmung erforderlich?

5.3.4.2 Planfeststellungen

Inhalts- und Anhänge-Verzeichnis und Erläuterungsbericht sollten gelesen werden, Lagepläne, Anlagen-, Bauwerks- und Grunderwerbs-Verzeichnisse müssen genau geprüft werden, Wasserrechtliche Tatbestände sowie den Erläuterungsbericht Entwässerung und die hydrotechnische Berechnung müssen gelesen und geprüft werden. Auf diese Weise sollten die wichtigen von den für die Entwässerung unwichtigen Planunterlagen getrennt und nur die wichtigen Unterlagen weiter betrachtet werden.

Wird im *eigenen aktuellen* Kanallageplan (Bestand) die neu geplante Trassenführung eingezeichnet, werden die möglichen Kollisionspunkte mit dem Kanalnetz am besten deutlich. Als nächstes stellt sich die Frage: Sind an diesen Kreuzungspunkten auch ausreichende Detailpläne und Beschreibungen vorhanden, die die Betroffenheit der Entwässerung eindeutig erkennen lassen? Müssen ggf. weitere Pläne und Erläuterungen nachgefordert werden? Falls ja, muss das baldmöglichst und präzise passieren. Dabei wird man sich auf die vorliegenden Pläne vom … mit Änderungsdatum vom … beziehen. Es ist genau zu schreiben, was vorliegt und was fehlt.

Sind **eigene/kommunale Grundstücke** (Klärwerk, Pumpwerke, Grundstücke mit Kanälen) durch die Baumaßnahmen betroffen? Hierfür muss das Grundstücksverzeichnis geprüft werden, ebenso das Grunderwerbsverzeichnis, hier finden sich Hinweise auf eventuelle Dienstbarkeiten, und vorübergehende Grundinanspruchnahmen.

Bahn- bzw. Straßenkörper und dessen Entwässerung Wie erfolgt die Entwässerung: mit Einleitung in Vorfluter oder über dezentrale Versickerung, Rückhaltung, oder Einleitung ins Kanalnetz; Ist eine Vorbehandlung (Abscheider) des Abwassers notwendig? Ist ein, Sandfang, vorhanden, wird eine Drosselung erforderlich? Wer ist zuständig für den künftigen Unterhalt der neuen Anlagen: der Vorhabenträger oder die Entwässerung? Im Bauwerksverzeichnis sind bisheriger und künftiger Eigentümer sowie bisheriger und künftiger Unter-/Erhaltungspflichtiger eingetragen. Dies ist daher sehr sorgfältig zu studieren.

Sind in den Regelquerschnitten von Straßen, neuen parallelen Wegen, Geh- und Radwegen, öffentlichen Feldwegen/Wirtschaftswegen Kanäle eingezeichnet oder Entwässerungsgräben seitlich, Sind geplante Bäume zu nah an kommunalen Kanälen?

Höhenpläne der Straßen und Wirtschaftswege: ist deren Entwässerung in freiem Gefälle oder nur mit Pumpwerken möglich? Insbesondere bei hohem Grundwasser können Grundwasserwannen mit Pumpwerken erforderlich werden: wohin erfolgt die Einleitung von dort, wer unterhält künftig die Bauwerke?

Tunnel können sehr nahe an parallel verlaufenden Kanälen vorbeigehen; diese sind dann gesondert zu sichern. Tunnel können auch Kanalstrecken kreuzen. Wenn sie unter den

Kanälen verlaufen, ist hauptsächlich das Bauverfahren interessant: Erschütterungen oder spätere Setzungen durch Bodenauflockerungen sind zu beachten. Wenn die Tunnel genau in der Tiefe der Kanäle verlaufen, dann sind Verlegungen und Sonderlösungen notwendig.

Ingenieurbauwerke wie Eisenbahnbrücken (EÜ), Straßenbrücken, Überführung einer Straße, Unterführung Straße, Stützwände, Geh- und Radwegunterführungen, Böschungssicherungen oder auch Hochbauten können mit ihren Gründungen (z. B. Pfähle) in dem Bereich von vorhandenen Kanälen liegen.

Lagepläne zum Schallschutz, Schallschutzanlagen: auch hier sind durch evtl. notwendige tiefere Gründungen von hohen Wänden Kollisionen mit Kanälen möglich.

Zu Ver- und Entsorgungsleitungen werden i. d. R. Aussagen notwendig und in der Erläuterung vorhanden sein. Sind alle vorhandenen öffentlichen Kanäle vollständig und richtig (Lage, Tiefe, Durchmesser) eingezeichnet und berücksichtigt?

Streckenausrüstung: wie Elektrische Anlagen für Bahnstrom, Oberleitungsanlagen, Elektrische Energieanlagen, Bahnstromversorgungsanlagen, Signal- und Telekommunikationsanlagen sowie auch Baustelleneinrichtungsflächen und -zufahrten, Transportwege oder Erschütterungen durch die Bauphase (Spundwand rammen, Bodenverdichtung) könnten Auswirkungen auf eigene Flächen oder Bauwerke bzw. Kanäle haben und auch die Unterhaltung oder den Zufahrts-Verkehr zu Flächen oder Kanälen beeinträchtigen. Das muss jeweils genau geprüft werden.

5.3.4.3 Wasserstraßen und Gewässerausbau

Zusätzlich zu den o. g. Problembereichen können im Bereich von Gewässern folgende Gesichtspunkte wichtig sein: Ufermauern und deren Gründungen, Dichtwände oder Schlitzwände oder deren Rückverankerungen können in den Bereich von Kanälen kommen. Mischwasserentlastungen oder Regenwassereinleitungen im Uferbereich müssen ggf. verlegt werden. Düker von Kanälen könnten bei Gewässervertiefungen tiefer gelegt werden müssen, Düker-Ober- oder -Unterhaupt bei Verbreiterungen verlegt werden müssen.

5.3.4.4 BImSchG-Anlagen

Zusätzlich zu den o. g. Problembereichen können im Bereich von Anlagen folgende Gesichtspunkte wichtig sein: Hauptsächlich sind sicher die Probleme mit den Abwässern aus diesen Anlagen: Abwässer können gefährliche Stoffe enthalten, die einer Vorbehandlung bedürfen; die Abwässer sollten getrennt geführt werden, um die Vorbehandlung zu ermöglichen (Regen-, Schmutz-, betriebliche Sonderabwässer) Entwässerung von problematischen Schlämmen oder Abluftreinigung bzw. -wäsche können ebenfalls weitere problematische Abwässer erzeugen.

Messschächte zur Probenahme oder zur Mengenmessung können notwendig werden.

Die Abwasser-Verordnung (AbwV) bestimmt in vielen Fällen die Mindestanforderungen für das Einleiten von Abwasser in ein Gewässer oder ins Kanalnetz entspr. den dort in den verschiedenen Anhängen bestimmten Herkunftsbereichen sowie Anforderungen an die Errichtung, den Betrieb und die Benutzung von Abwasseranlagen. Die allgemeinen Anforderungen dieser Verordnung und die in den Anhängen gekennzeichneten Emissionsgrenzwerte sind vom Einleiter einzuhalten, sowie die in der wasserrechtlichen Zulassung festgelegten

Anforderungen an das Einleiten von Abwasser. Hier ist eine rechtzeitige und intensive Zusammenarbeit mit dem Wasserwirtschaftsamt und der Wasserbehörde sinnvoll, auch wenn kein Anhang der AbwV einschlägig sein sollte, aber problematisches Abwasser anfällt.

5.3.5 Weitere (Wasserrechtliche) Verwaltungsverfahren

5.3.5.1 Gehobene Erlaubnis für Kanal oder Klärwerk

Die Erlaubnis gewährt die Befugnis, ein Gewässer zu einem bestimmten Zweck in einer nach Art und Maß bestimmten Weise zu benutzen. Inhalts- und Nebenbestimmungen sind hier, auch nachträglich, sowie auch um nachteilige Wirkungen für andere zu vermeiden oder auszugleichen, zulässig. Die Erlaubnis kann als gehobene Erlaubnis erteilt werden, wenn hierfür ein öffentliches Interesse oder ein berechtigtes Interesse des Gewässerbenutzers besteht (WHG § 15). Ein öffentliches Interesse ist dann gegeben, wenn die Benutzung des Gewässers den Zwecken der öffentlichen Abwasserbeseitigung dienen soll (Bay VVWas 2.1.10.1). Das ist also für den Betrieb von Kanalnetzen und Kläranlagen der Fall. Die Erlaubnis ist zu versagen, wenn schädliche, auch durch Nebenbestimmungen nicht vermeidbare oder nicht ausgleichbare Gewässerveränderungen zu erwarten sind oder andere Anforderungen nach öffentlich-rechtlichen Vorschriften nicht erfüllt werden (WHG § 12). Inhalts- und Nebenbestimmungen sind auch nachträglich sowie auch zu dem Zweck zulässig, nachteilige Wirkungen für andere zu vermeiden oder auszugleichen. Die gehobene Erlaubnis kann nur in einem Verfahren erteilt werden, in dem die Betroffenen und die beteiligten Behörden Einwendungen geltend machen können. Nach Art 69 BayWG gelten für das Verfahren für eine Gehobene Erlaubnis Art. 72 bis 78 BayVwVfG entsprechend, also entsprechend dem Planfeststellungsverfahren (s. o.). Besteht eine Verpflichtung zur Durchführung einer Umweltverträglichkeitsprüfung, muss das Verfahren auch den Anforderungen des Gesetzes über die Umweltverträglichkeitsprüfung entsprechen.

► Eine Gehobene Erlaubnis ist immer widerruflich und in der Regel auf maximal 20 Jahre befristet, dann ist sie erneut zu beantragen.

5.3.5.2 Genehmigung von Anlagen im 60 m-Bereich von Gewässern I u. II Ordnung

Anlagen in, an, über und unter oberirdischen Gewässern sind nach § 36 WHG so zu errichten, zu betreiben, zu unterhalten und stillzulegen, dass keine schädlichen Gewässerveränderungen zu erwarten sind und die Gewässerunterhaltung nicht mehr als unvermeidbar erschwert wird.

Darüber hinaus ist wichtig, wie diese Anlagen im Fall von Hochwasser im Gewässer den Abfluss ggf. negativ beeinflussen können: Reduzierung von Retentionsraum, Umlenken des Hochwassers, Hindernis für Treibgut oder Eis, usw. Solche Anlagen sind insbesondere bauliche Anlagen wie Gebäude, Brücken, Stege, Unterführungen und Anlegestellen oder Leitungsanlagen z. B. Gewässer-Düker.

Nach Art. 20 BayWG dürfen solche Anlagen an *Gewässern erster oder zweiter Ordnung* nur mit Genehmigung der Kreisverwaltungsbehörde errichtet, wesentlich geändert oder stillgelegt werden. Genehmigungspflichtig sind Anlagen, die *weniger als sechzig Meter von der Uferlinie* entfernt sind oder die die Unterhaltung oder den Ausbau beeinträchtigen können.

Sofern eine o. g. Anlage aber der Gewässerbenutzung, dem Gewässerausbau oder der Unterhaltung dient, sind die entsprechenden Zulassungsverfahren vorrangig. Dies trifft für Einleitungsstellen von Abwasser aus Kanal oder Kläranlage zu (Benutzung u. ggf. Ausbau); dann ist hierfür neben der Erlaubnis für die Einleitung keine gesonderte Genehmigung erforderlich.

Sofern eine Baugenehmigung oder eine bauaufsichtliche Zustimmung notwendig ist, entfällt die wasserrechtliche Anlagengenehmigungspflicht ebenfalls. Dies trifft z. B. für Gebäude zu. Deshalb ist z. B. ein oberirdisches Gebäude eines Pumpwerks nur baugenehmigungspflichtig; die wasserrechtlichen Belange werden dann, wie oben, im Baugenehmigungsverfahren mitgeprüft.

Bei dem Verfahren der Anlagengenehmigung z. B. für einen Gewässer-Düker handelt es sich um ein nicht förmliches Verwaltungsverfahren nach Art. 10 BayVwVfG.

5.3.5.3 Wasserrechtliches Genehmigungs-Verfahren

Das BayWG bestimmt im Teil 6 bezüglich der Zuständigkeit in den Verfahren: Das Landesamt für Umwelt und die Wasserwirtschaftsämter sind wasserwirtschaftliche Fachbehörden. Sie wirken in der Regel beim Vollzug des Wasserhaushaltsgesetzes und des BayWG mit (Art 63).

Die für die Entscheidung oder Regelung der Verwaltungsbehörde erforderlichen Pläne mit Beilagen hat der vorzulegen, der die Entscheidung beantragt oder in dessen Interesse sie ergehen soll. Art und Zahl der in den einzelnen Verfahren erforderlichen Pläne und Beilagen bestimmt in Bayern das Staatsministerium durch Rechtsverordnung. Dies ist durch die „*Verordnung über Pläne und Beilagen in wasserrechtlichen Verfahren (WPBV)*“ vom 13. März 2000 erfolgt. Hier sind je nach Verfahren die erforderlichen Unterlagen aufgelistet. Zu den grundsätzlichen Pflichten des Vorhabenträgers gehört: Vorhaben, für die ein wasserrechtliches Verfahren durchzuführen ist, sind in Plänen und Beilagen (Unterlagen) so darzulegen, dass das Vorhaben selbst und seine Auswirkungen, insbesondere auf den Wasserhaushalt, die Gewässereigenschaften, den Zustand der Gewässer und andere Umweltbereiche, ersichtlich sind.

5.3.6 Umweltverträglichkeitsprüfung (UVPG)

Zweck des „*Gesetzes über die Umweltverträglichkeitsprüfung (UVPG)*“ ist es, sicherzustellen, dass bei bestimmten Vorhaben nach einheitlichen Grundsätzen die Auswirkungen auf die Umwelt im Rahmen von Umweltprüfungen (Umweltverträglichkeitsprüfung) frühzeitig und umfassend ermittelt, beschrieben und bewertet werden und die Ergebnisse der durchgeführten Umweltprüfungen so früh wie möglich berücksichtigt werden.

▶ Die Umweltverträglichkeitsprüfung ist ein unselbständiger Teil von anderen verwaltungsbehördlichen Verfahren, die der Entscheidung über die Zulässigkeit von Vorhaben dienen (§ 4).

Umweltprüfungen umfassen die Ermittlung, Beschreibung und Bewertung der erheblichen Auswirkungen eines Vorhabens oder eines Plans oder Programms auf die Schutzgüter. Sie dienen einer wirksamen Umweltvorsorge nach Maßgabe der geltenden Gesetze und werden nach einheitlichen Grundsätzen sowie unter Beteiligung der Öffentlichkeit durchgeführt (§ 3). Ein Vorhaben in diesem Sinne ist sowohl die Errichtung *und* der Betrieb einer technischen Anlage (u. a. Kläranlage) als auch die Änderung, einschließlich der Erweiterung, der Lage, der Beschaffenheit oder des Betriebs einer vorhandenen technischen Anlage (§ 2). Die UVP-pflichtigen technischen Anlagen sind in Anlage 1 zum Gesetz gelistet. Abhängig von der Größe der Kläranlage bestehen unterschiedliche Anforderungen (Nr 13.1). Zulassungs-Entscheidungen im Sinne des Gesetzes sind u. a. die gehobene Erlaubnis, eine Genehmigung oder ein Planfeststellungsbeschluss.

Die Verpflichtung zur Durchführung einer Umweltverträglichkeitsprüfung besteht auch für die Änderung oder Erweiterung eines Vorhabens, für das als solches bereits eine UVP-Pflicht besteht, wenn eine Vorprüfung des Einzelfalls ergibt, dass die Änderung oder Erweiterung erhebliche nachteilige Umweltauswirkungen haben kann; in die Vorprüfung sind auch frühere Änderungen oder Erweiterungen des UVP-pflichtigen Vorhabens einzubeziehen, für die nach der jeweils geltenden Fassung dieses Gesetzes keine Umweltverträglichkeitsprüfung durchgeführt worden ist (§ 2). Die (Neu-)Errichtung und der Betrieb oder auch die wesentliche Änderung einer bestehenden Abwasserbehandlungsanlage bedürfen einer Genehmigung, wenn für die Anlage nach dem Gesetz über die Umweltverträglichkeitsprüfung eine Verpflichtung zur Durchführung einer Umweltverträglichkeitsprüfung besteht.

▶ Eine reine Anschluss-Genehmigung für eine Kläranlage nach Ablauf der Einleitungs-Erlaubnis (z. B. nach 20 Jahren) ohne wesentliche Änderung des Betriebs oder der Kläranlage bedarf keiner UVP, da dieser Fall nicht vom UVPG erfasst ist. Das haben das Bundesverwaltungsgericht (Urteil vom 02.11.2017, AZ.: 7 C 25/15) und die Vorinstanz VGH Kassel (9 C 217/13.T vom 14.07.2015) festgestellt. Hier sind insbesondere die Ziffern 50 bis 52 und 62 wichtig!

5.3.6.1 Verfahrensablauf (UVPG § 5)

Die zuständige (Wasser-)Behörde stellt auf Antrag des Trägers eines Vorhabens andernfalls nach Beginn des Verfahrens, das der Entscheidung über die Zulässigkeit des Vorhabens dient, unverzüglich fest, ob für das Vorhaben eine Verpflichtung zur Durchführung einer Umweltverträglichkeitsprüfung besteht Diese Feststellung ist der Öffentlichkeit zugänglich zu machen; soll eine Umweltverträglichkeitsprüfung unterbleiben, ist dies bekannt zu geben. Die Feststellung ist nicht selbständig anfechtbar.

5.3.6.2 Unterrichtung über voraussichtlich beizubringende Unterlagen (UVPG § 15)

Auf Antrag des Vorhabenträgers oder selbständig vor Beginn des Verfahrens berät und unterrichtet die zuständige Behörde den Vorhabenträger auf der Grundlage geeigneter Angaben zum Vorhaben frühzeitig über Inhalt und Umfang der voraussichtlich beizubringenden Unterlagen. Vor der Unterrichtung gibt die Genehmigungs-Behörde dem Träger des Vorhabens sowie den anderen zu beteiligenden Behörden Gelegenheit zu einer Besprechung über Inhalt und Umfang der Unterlagen (sog. Scoping-Termin). Die Besprechung soll sich auch auf Gegenstand, Umfang und Methoden der Umweltverträglichkeitsprüfung sowie sonstige für die Durchführung der Umweltverträglichkeitsprüfung erhebliche Fragen erstrecken. Das Ergebnis der Besprechung ist von der zuständigen Behörde zu dokumentieren.

5.3.6.3 Vorlage der Unterlagen des Trägers des Vorhabens

Der Vorhabenträger hat der zuständigen Behörde einen Bericht zu den voraussichtlichen Umweltauswirkungen des Vorhabens (UVP-Bericht) vorzulegen, der dort genannte Mindest-Angaben enthält (UVPG § 16). Inhalt und Umfang der Unterlagen bestimmen sich nach den Rechtsvorschriften, die für die Entscheidung über die Zulässigkeit des Vorhabens maßgebend sind. Die „Verordnung über Pläne und Beilagen in wasserrechtlichen Verfahren (WPBV)“ enthält eine Auflistung über die im Allgemeinen vorzulegenden Unterlagen und auch für den speziellen Fall der UVP.

5.3.6.4 Beteiligung anderer Behörden (UVPG § 17)

Die zuständige Behörde unterrichtet die Behörden, deren umweltbezogener Aufgabenbereich durch das Vorhaben berührt wird, über das Vorhaben, übermittelt ihnen den UVP-Bericht und holt ihre Stellungnahmen ein.

5.3.6.5 Beteiligung der Öffentlichkeit (UVPG § 18)

Die zuständige Behörde hat die Öffentlichkeit zu den Umweltauswirkungen des Vorhabens zu beteiligen. Der betroffenen Öffentlichkeit wird im Rahmen der Beteiligung Gelegenheit zur Äußerung gegeben.

5.3.6.6 Zusammenfassende Darstellung der Umweltauswirkungen (UVPG § 24)

Die zuständige Behörde erarbeitet auf der Grundlage der Unterlagen, der behördlichen Stellungnahmen sowie der Äußerungen der betroffenen Öffentlichkeit eine zusammenfassende Darstellung der Umweltauswirkungen des Vorhabens sowie der Maßnahmen, mit denen erhebliche nachteilige Umweltauswirkungen vermieden, vermindert oder ausgeglichen werden, einschließlich der Ersatzmaßnahmen bei Eingriffen in Natur und Landschaft. Die zusammenfassende Darstellung ist möglichst innerhalb eines Monats nach Abschluss der Erörterung im Beteiligungsverfahren zu erarbeiten.

5.3.6.7 Bewertung der Umweltauswirkungen (UVPG § 25)

Die zuständige Behörde bewertet die Umweltauswirkungen des Vorhabens auf der Grundlage der zusammenfassenden Darstellung und berücksichtigt diese Bewertung bei der Entscheidung über die Zulässigkeit des Vorhabens.

5.4 Aktenpläne und Archive

Wichtige Unterlagen in einem Entwässerungsbetrieb sind Schriftstücke, Genehmigungen, Satzungen, Urkunden und vor allem Straßen-, Kanal-, und/oder Grundstücks-Akten. Auf Grund der verwalteten Bauwerke sind aber auch andere Unterlagen sehr wichtig wie Bauentwürfe, Baugrunduntersuchungen, Statiken, Berechnungen, Karten, Pläne, Bild- oder Filmmaterial und sonstige Datenträger sowie Dateien, (z. B. Kanaldatenbank) einschließlich der zu ihrer Auswertung erforderlichen Programme. Generalentwässerungspläne, Hydraulische oder Schmutzfrachtberechnungen oder Auswertungen von Luftbildern aus Befliegungsdaten stellen neben ihrer Bedeutung auch einen großen finanziellen Gegenwert dar. Alle diese Unterlagen nehmen schnell einen großen Raumbedarf in Anspruch und bedürfen eines Ordnungsplans, um schnell gefunden werden zu können. Manche Unterlagen verlieren auch schnell an Aktualität, sind aber trotzdem möglicherweise archivwürdig.

▶ Über die Grundlagen der kommunalen Schriftgutverwaltung gibt die KGSt in Köln Unterlagen und Seminare heraus. Auf diese wird verwiesen.

Im § 27 der „Allgemeine Geschäftsordnung für die Behörden des Freistaates Bayern (AGO)“ wird die Schriftgutverwaltung geregelt. Demnach sollen sachlich zusammengehörige Dokumente innerhalb der Akten vorgangsweise und innerhalb eines Vorgangs in zeitlicher Reihenfolge abgelegt werden. Aus praktischen Gründen liegt bei Mitarbeitern meist das aktuellste Schriftstück zuoberst; man spricht dann von einer kaufmännischen Heftung. Bei umgekehrter zeitlicher Reihenfolge, also chronologisch, spricht man von einer Amtsheftung; diese wird in Registraturen und Archiven verwendet.

Die Vorgänge werden nach einem Aktenplan verwaltet und aufbewahrt. Für zusammenhängende Verwaltungsbereiche sollen einheitliche Aktenpläne eingeführt werden (AGO § 27).

„Ein Aktenplan ist die Regelung der systematischen Ordnung des gesamten Schriftgutes (der Akten) einer Verwaltung, eines Unternehmens oder einer sonstigen Organisation. Ziel des Aktenplanes ist die übersichtliche, nachvollziehbare und wirtschaftliche Ordnung des Schriftgutes“ (Wikipedia, Aktenplan).

Nach dem Einheitsaktenplan für die bayerischen Gemeinden ist ein ***Aktenplan***: *„Vorausschauend konzipierte Rahmengliederung – basierend auf der Aufgabenstellung einer Behörde oder eines Behördentyps (z. B. aller Landratsämter) – zur Organisation der Ablage des bei der Aufgabenerledigung anfallenden – papierenen oder elektronischen – Schriftguts. Ein Aktenplan ist auch unabdingbare Voraussetzung für die effiziente IT-gestützte Schriftgutverwaltung“* (Generaldirektion der Staatlichen Archive Bayerns, Einheitsaktenplan).

Staatliche Behörden verwenden in der Regel eigene gemeinsame Aktenpläne.

Neben der Aktenführung bei Mitarbeitern der kommunalen Ämter in der Verwaltung gibt es auch Akten in einer zentralen Registratur; diese ist nicht zu verwechseln mit dem Archiv. Während die Registratur Akten nur vorübergehend verwaltet, sammelt ein Archiv bedeutsame Unterlagen und bewahrt sie für die Nachwelt auf. Nach Art. 13 Bayerisches Archivgesetz (BayArchivG) regeln auch die Gemeinden, Landkreise und Bezirke und die sonstigen kommunalen Körperschaften, Anstalten und Stiftungen des öffentlichen Rechts und ihre Vereinigungen die Archivierung der bei ihnen erwachsenen Unterlagen in eigener Zuständigkeit. Die Staatlichen Archive Bayerns haben aber einen „Einheitsaktenplan für die bayerischen Gemeinden und Landratsämter mit Verzeichnis der Aufbewahrungsfristen" (EAPlAufbew) mit Stand 01.04.2011 veröffentlicht.

„Die Anwendung dieses Aufbewahrungsfristenverzeichnisses wird vom Bayerischen Gemeindetag, Bayerischen Städtetag, Bayerischen Landkreistag und von der Generaldirektion der Staatlichen Archive Bayerns empfohlen. Eingeführt werden sollte es nicht nur bei Landkreisen, Städten, Gemeinden, Verwaltungsgemeinschaften und Zweckverbänden, sondern auch bei Eigenbetrieben, Kommunalunternehmen und Beteiligungsgesellschaften. Wie dem Einheitsaktenplan wird ihm quasi amtlicher Charakter zugeschrieben."

Die Staatlichen Archive Bayerns gehen dabei davon aus, dass die Ablage von Verwaltungsschriftgut nach Aktenzeichen – auch und gerade in elektronischen Systemen – einer Ablage nach Stich- und Schlagwörtern weit überlegen ist. Daher soll der Einheitsaktenplan auch bei elektronischer Vorgangsbearbeitung eingesetzt werden.

5.4.1 Aufbewahrungsfristen und Archive

Nach § 27 AGO sind Vorgänge nach Abschluss der Bearbeitung bis zu ihrer Aussonderung so aufzubewahren, dass die datenschutzrechtlichen Anforderungen gewahrt werden, sie nicht verändert werden können, sie jederzeit wiederherstellbar sind und Berechtigte stets darauf zugreifen können.

Die Aufbewahrungsfristen laufen üblicherweise von 1 bis 6, 10, 15 oder 30 Jahre. In manchen Fällen wird auch durch die Kennzeichnung mit „d" eine dauerhafte Aufbewahrung verfügt. Die Aufbewahrungsfrist beginnt bei Schriftgut in Papierform und bei elektronischen Akten in der Regel mit dem Schluss des Kalenderjahres, in dem die Akte abgeschlossen worden ist.

Nach der „Richtlinie über die Aufbewahrung von Schriftgut in der Verwaltung des Freistaats Thüringen" (Thüringer Staatsanzeiger Nr. 30/2014 – https://www.landesrecht.thueringen.de/bsth/document/VVTH-VVTH000008524) sind z. B. verschiedene Unterlagen *dauerhaft* aufzubewahren:

> *„1.2 Urkunden über den Erwerb, die Entziehung und die Aufgabe des Eigentums an Grundstücken (mit Lageplänen) und Gebäuden*
>
> *1.3 Urkunden über Rechte an Grundstücken und andere dauernden Rechte, Verträge über dauernde Lasten und Verbindlichkeiten*
>
> …
>
> *5.8 Bestandkräftige Verwaltungsakte mit Dauerwirkung*
>
> …

2.1 Konstruktionspläne für Hochbauten und Brückenbauwerke (auch auf Mikrofilm o. a. Speichermedien), Prüfberichte für Brücken, Baugrundgutachten

Gilt sicher auch für sonstige Sonderbauwerke, wie Kläranlagen usw. …

…

2.3 Unterlagen über Baugenehmigungs-, Bauausführungs- und Konstruktionsunterlagen von Verkehrsanlagen bei der zuständigen Straßenbauverwaltung

[Gilt sicher auch für wasserwirtschaftl. Anlagen]

…

7.5 Akten über Verwaltungsverfahren nach dem Bundes-Immissionsschutzgesetz (BImSchG)

Genehmigung, wesentliche Änderung, nachträgliche Anordnung, Untersagung, Stilllegung und Beseitigung und Widerruf nach §§ 4, 16, 17, 20, 21 BImSchGAnzeigen nach §§ 15 und 67 Abs. 2 und 67a BImSchGAusnahmegenehmigungen nach dem BImSchG i. V. m. den hierzu ergangenen VerordnungenStellungnahmen/Gutachten i. V. m. der 9. BImSchV…

7.12 Unterlagen über Erlaubnisse, Bewilligungen, alte Rechte und Befugnisse,

Planfeststellungen, Plangenehmigungen, Zwangsrechte, Übertragungen

der Gewässerunterhaltungspflicht (Wasserrecht)

30 Jahre aufzubewahren sind danach z. B.:

Organigramme, Geschäftsverteilungspläne sowie Aktenpläne und Geschäftsordnungen nebst den dazugehören Unterlagen

…

5.1 Unterlagen von geschichtlicher Bedeutung,

…

1.15 Unterlagen über Berufskrankheitsverfahren und über arbeitsmedizinische sowie gewerbehygienische Probleme in Betrieben; jedoch Abweichung bspw. nach § 14 Abs. 3 Nr. 4 GefStoffV

1.16 Unterlagen über Anzeigen und Genehmigungen von Arbeiten mit vermehrungsfähigen Krankheitserregern nach dem Bundesseuchenschutzgesetz/Infektionsschutzgesetz in Laboratorien der Sicherheitsstufe 2–4 (Laborzulassungen)

…

1.18 Arbeitsmedizinische Gesundheitsunterlagen von ärztlich zu überwachenden beruflich strahlenexponierter Personen nach der letzten Überwachungsmaßnahme

…

1.21 Jahresgeschäftsstatistiken über den vorbeugenden Gefahrenschutz,

…

2.9 Bestätigung als oberster Betriebsleiter eines Eisenbahnunternehmens, als Betriebsleiter (sicher wohl auch eines Entwässerungsbereichs)

…

2.13 Beförderung gefährlicher Güter

…

7.14 Unterlagen über Bauartzulassungen nach dem Wasserrecht, sogar 50 Jahre

7.15 Unterlagen über Abwasserbeseitigungspläne"

(Thüringer Ministerium für Inneres und Kommunales, Richtlinie über die Aufbewahrung von Schriftgut in der Verwaltung des Freistaats Thüringen).

Für häufig vorkommende **Bauunterlagen** gibt es in der „Richtlinie für die Durchführung von Liegenschafts- und Bauaufgaben des Landes Rheinland-Pfalz", Ausgabe 2021 herausgegeben durch das Ministerium der Finanzen Rheinland-Pfalz, Hinweise wie damit umzugehen ist. In Anlehnung an Nr F 2, die in Tab. 5.2 wiedergegebenen Empfehlungen.

Für die überwiegende Masse der vorhandenen Aktenplankennzeichen haben die im EAPlAufbew genannten Aufbewahrungsfristen nur einen Empfehlungscharakter. Das Auf-

Tab. 5.2 Aufbewahrungsfristen für verschiedene Bau-Unterlagen

Bezeichnung der Unterlagen	Aufbewahrungsfrist
Baurechnungen	
Rechnungslegungsunterlagen über Neu-, Um- und Erweiterungsbauten	5 Jahre nach dem Abschluss der Prüfung durch den Landesrechnungshof oder BKPV bzw. 7 Jahre nach Rechnungslegung
Rechnungslegungsunterlagen über Bauunterhaltungsarbeiten, Instandhaltung und Instandsetzung einschl. energiesparender Maßnahmen sowie Schadstoff-Sanierungsmaßnahmen	5 Jahre nach Abschluss des Jahres, in dem Rechnung gelegt worden ist
Vergabeunterlagen	
Die unberücksichtigt gebliebenen Angebote der drei mindestfordernden Bieter einschl. der hierzu gehörenden Unterlagen. Soweit der Auftrag nicht dem mindestfordernden Bieter erteilt worden ist, sind alle preisgünstigeren Angebote aufzubewahren	Entsprechend den oben genannten Fristen
Pläne, technische Unterlagen	
Bautagebuch	10 Jahre
Bauunterlagen für Grundstücksakten	30 Jahre
Entwürfe, Ausführungspläne	30 Jahre

bewahrungsfristenverzeichnis an sich ist also keine Vorschrift. Nur in einigen Bereichen gibt es auch Vorschriften für die Aufbewahrungsfristen; auf diese wird verwiesen. Gesetzlich wird z. B. in Bayern im § 82 KommHV die Aufbewahrung von Unterlagen (Jahresrechnung, Bücher und Belege) und die Aufbewahrungsfristen geregelt: demnach sind die Bücher und Belege sicher und geordnet aufzubewahren. Die Jahresrechnung z. B. ist dauernd aufzubewahren. Die Bücher sind zehn Jahre, die Belege sechs Jahre aufzubewahren. Die Fristen beginnen am 1. Januar des der Aufstellung der Jahresrechnung folgenden Haushaltsjahres. In Thüringen ist die Aufbewahrung der Jahresrechnung, Bücher und Belege etwas abweichend geregelt: Die Bücher sind zehn Jahre, die Belege fünf Jahre aufzubewahren (ThürGemHV § 82). Nach Art. 6 BayArchivG haben alle Behörden, Gerichte und sonstigen öffentlichen Stellen des Freistaates Bayern dem zuständigen staatlichen Archiv die Unterlagen zur Übernahme anzubieten, die sie zur Erfüllung ihrer Aufgaben nicht mehr benötigen. Dies ist in der Regel 30 Jahre nach Entstehung der Unterlagen anzunehmen. Die amtlichen Stellen des Landes NRW haben dem Landesarchiv alle Unterlagen zur Übernahme anzubieten, die sie zur Erfüllung ihrer Aufgaben nicht mehr benötigen. Die Anbietung erfolgt grundsätzlich nach Ablauf der Verwahrungs- bzw. Aufbewahrungsfristen. Unabhängig davon sind alle Unterlagen spätestens dreißig Jahre nach ihrer Entstehung dem Landesarchiv anzubieten, sofern keine anderen Rechtsvorschriften längere Aufbewahrungsfristen bei den anbietungspflichtigen Stellen festlegen (ArchivG NRW § 4).

Mit dem Ablauf der Aufbewahrungsfristen gemäß EAPlAufbew sind somit auch alle kommunalen Vorgänge und Akten dem zuständigen Archiv zur Übernahme anzubieten. Über die endgültige Aufbewahrung dort entscheidet dann das zuständige kommunale oder staatliche Archiv. Auch hier ist die 30 Jahres-Frist ebenfalls anzunehmen, so dass auch kommunale Dienststellen nach spätestens 30 Jahren ihre dauerhaft wichtigen Unterlagen an das örtlich zuständige Archiv abgeben müssten.

Archivgut sind nach Art. 2 Bayerisches Archivgesetz (BayArchivG) alle archivwürdigen Unterlagen einschließlich der Hilfsmittel zu ihrer Nutzung, die bei Behörden und sonstigen öffentlichen Stellen erwachsen sind.

Unterlagen sind dabei vor allem Akten, Urkunden und andere Einzelschriftstücke, Karten, Pläne, Bild-, Film- und Tonmaterial und sonstige Datenträger sowie Dateien einschließlich der zu ihrer Auswertung erforderlichen Programme.

Über die *Archivwürdigkeit* aller Unterlagen entscheidet *nur* das jeweils zuständige Archiv. Das können sowohl staatliche als auch sonstige Archive sein.

Eine Übersicht über sehr viele weitere Aufbewahrungsfristen bietet der Bericht Nr. 4/2006 der Kommunalen Gemeinschaftsstelle (KGSt) mit dem Titel „Aufbewahrungsfristen für Kommunalverwaltungen". Er kann als Arbeitshilfe für die Festsetzung von Aufbewahrungsfristen empfohlen werden und steht gedruckt und digital zur Verfügung (https://www.boenen.de/fileadmin/media/dokumente/FB_I/Information_Datenschutz-Grundverordnung/Fachbereich_I/KGST-Aufbewahrungsfristen.pdf – Letzter Zugriff 04.04.2023).

Wie im Einheitsaktenplan ist auch das Aufbewahrungsfristenverzeichnis der KGSt nach Stichwortalphabet sortiert. Die gleichzeitige Einbindung des Fristenverzeichnisses in eine kommunalen Aktenplan ermöglicht eine automatisierte Terminüberwachung und Aussonderung und kann so zu erheblichen Effizienzgewinnen führen. Das EAPl-Aufbewahrungsfristenverzeichnis gilt sowohl für papierbasierte Akten als auch für IT-gestützte Akten- und Vorgangsbearbeitungssysteme. Im „Einheitsaktenplan für die bayerischen Gemeinden und Landratsämter" wird das Thema Eigenbetriebe unter der Nummer 87 und das Thema Abwasser unter der Nummer 632 geführt. Danach werden dann noch 8 weitere Ziffern verwendet von 632-0 bis 632-7:

632 Abwasser

- *6320 Rechtsgrundlagen, Satzungen, technische Vorschriften*
- *6321 Kanalnetz, Kanalbauwerke – Bau, Unterhalt*
- *6322 Abwasserkataster, Bestandspläne*
- *6323 Kläranlagen*
- *6324 Kleinkläranlagen, private Kläranlagen*
- *6325 Kanalhausanschlüsse*
- *6326 Straßenentwässerung*
- *6327 Abwasserzweckverbände*

Die damit verbundenen Überschriften decken jedoch die Belange einer Entwässerung nicht besonders praxisnah und ausreichend umfangreich ab. Im Folgenden werden daher geeignetere Überschriften verwendet und ein vollständiger Plan vorgeschlagen, der für die jeweiligen Belange einer jeden Kommune oder eines Zweckverbandes angepasst werden kann, indem Untergruppen weggelassen oder neue ergänzt werden.

5.4.2 Möglicher Aktenplan der Abteilung Entwässerung

Hinweis; Möglicher Aktenplan der Abteilung Entwässerung

632…		***Abwasser entspr. EApl (s. o.)***
632-	*0*	***Verwaltung***
	1	***Abwassersammlung u. Grundstücksentwässerung***
	2	***Abwasserableitung***
	3	***Pumpwerke***
	4	***Sonderbauwerke***
	5	***Abwasserreinigung***
	6	***Sonderaufgaben***
	7	***Wasserwirtschaft***
	8	***Verschiedenes***
	9	***… noch zu belegen***

632-	***0***	***Verwaltung***
	01	***Recht***
		1 Gesetze u. Verordnungen
		2 Kommunale Satzung
	02	***Organisation***
		1 Geschäftsverteilung
		2 Dienstanweisungen
		3 Dienstreisen
	03	***Personal***
		1 Arbeitsplatzbeschreibungen
		2 Höhergruppierung
		3 Aus- u. Fortbildung
		4 Arbeitssicherheit
		5 ABM-Maßnahmen
	04	***Finanzen***
		1 Haushaltspläne
		2 Betriebsabrechnung
		3 Gebühren u. Beiträge
		4 Abgaben
		5 Förderrichtlinien
	05	***Politische Gremien u. Arbeitsgruppen***
		1 Städtetag /Jahreszahl
		2 Umweltausschuss
		3 Bauausschuss
		4 Werksenat
		5 Arbeitsgruppe Umwelt
		6 Beiträge zu OB-Schreiben
	06	***Vereine und Verbände***
		1 DWA
		2 Güteschutz Kanalbau
	07	***Rechnungsprüfungen***
	08	***Stellungnahmen als Träger öffentlicher Belange***
		1 Bebauungspläne
		2 Planfeststellungen
		3 BImschG-Verfahren
632-	***1***	***Abwassersammlung und Grundstücksentwässerung***
	11	***Rechtsgrundlagen und Technische Vorschriften***
		***1** Entwässerungssatzung*
		***2** DIN/EN-Normen*
	12	***Gewerbebetriebe mit Abwasservorbehandlung***
		1** Öl- und Benzinabscheider **/Name
		2** Fettabscheider **/Name
		***3** Flotationen*
		***4** Neutralisationen*
		5 ...
		6 Abwasserkataster Betriebe

632-	*13*	***Hauskläranlagen***	
	14	***Sammelgruben***	
	15	***Private Sammelkanäle***	***/Straßenname***
632-	*2*	***Abwasserableitung***	
	20	***Allgemeines***	
		1 Schriftverkehr	
		2 Bauen und Sanierung	
		3 Abwasser	
		4 Kanalnetz	
		5 Kanaldatenbank/Abwasserkataster	
	21	***Kanalbau in Straßen (Straßenakten)***	***21/Straßenname***
	22	***Kanalreinigung (Dolenreinigung)***	
		1 Richtlinien	
		2 Reinigung des Kanalnetzes	
		3 Reinigung der Straßensinkkästen	
	23	***Inspektion des Netzes***	
		1 Filme und Dokumentationen	
		2 Firmenverträge, Schriftverkehr	
	24	***Sammler/Hauptsiele***	***24/Name***
	25	***Nebenkanäle***	***25/Straßenname***
	26	***Druckleitungen und Düker***	
	27	***Reine Straßenentwässerungskanäle und verrohrte Gewässer***	
	28	***Gemeinschaftsanlagen mit Nachbargemeinden***	
		1 Verträge und Vereinbarungen	***-281/Gemeindename***
		2 Kostenfragen	
	29	***Gestattungsverträge Kanal und Leitungsrechte***	
		1 Bahn	
		2 Straßenbauamt	
		3 Wasser- und Schifffahrtsamt	
		4 Private Eigentümer-Leitungsrechte	
632-	*3*	***Pumpwerke***	
	301/Name		
	302/Name		
	303/Name	*...*	
		1 Gebäude/Bauwerk	
		2 Pumpen	
		3 Maschinentechnik:Krane, Schieber, usw.	
		4 Elektrotechnik, Schaltanlagen, usw.	
		5 Außenanlagen	
		6 Wartungsverträge	
		7 Betriebsstoffe	
		8 Bau- u. Konstruktionspläne	
		9 Genehmigung, Abnahme, Verträge	

632-	***4***	***Sonderbauwerke***	
	41	*Rückhaltebecken*	***41/Name***
	42	*Entlastungsbauwerke*	***42/Name***
	43	*Versickerungsanlagen*	
	44	*Messstationen*	
		1 Gebäude/Bauwerk	
		2 Maschinentechnik: Pumpen, Krane, Schieber, usw.	
		3 Elektrotechnik, Schaltanlagen, usw.	
		4 Heizung, Lüftung, Sanitär	
		5 Außenanlagen und Blitzschutz	
		6 Wartungsverträge	
		7 Betriebsstoffe	
		8 Bau- u. Konstruktionspläne	
		9 Genehmigung, Abnahme, Verträge	
	Weitere Unterteilungen möglich bei den technischen Anlagen:		
		Rechts-, Verwaltungs-, Technikvorschriften	
		Betrieb und Einsparungen	
		Beschaffung	
		Abbruch und Entsorgung von Anlagen	
		Einzelakten der Anlagen in den jeweiligen Gebäuden	
632-	***5***	***Abwasserreinigung***	
	50	***Allgemeines***	
		1 Rechtsgrundlagen	
		2 Technische Grundlagen	
		3 Verträge	
		4 Grunderwerb	
		5 Wasserrechtliche Genehmigungen	
		6 BImSch-Genehmigungen	
		7 Sonstigen Genehmigungen	
		8 Personalangelegenheiten	
	51	***Klärwerk – Wasserseite***	
		1 Eingangsbereich	
			11 Zwischenspeicherbecken
			12 Einlaufpumpwerk
			13 Messstation
		2 Vorreinigung	
			21 Rechen
			22 Sandfang/Fettfang
			23 Vorklärbecken
			24 Transportleitungen u. -gerinne

632-	*51*	***3 Biologische Reinigung***	
			31 1. Stufe: Belebung/ Tropfkörper
			32 2. Stufe: Belebung/ Tropfkörper
			33 Denitrifikation
			34 Schlammpumpwerk
			35 Transportleitungen und -gerinne
			36 Gebläsestation
			37 Nachklärung
			38 Schönungsteiche
			39 Auslaufleitungen oder -gerinne
	52	***Klärschlamm***	
		1 Schlammsammlung	
			1 Schlammabzug Vorklärung
			2 Schlammabzug Nachklärung
			3 Annahmestation Fremdschlamm
		2 Schlammentwässerung	
			1 Voreindicker
			2 Nacheindicker
			3 Maschinelle Entwässerung
		3 Schlammfaulung	
			1 Turm 1
			2 Turm 2
		4 Schlammstapelbehälter	
		5 Desintegration	
		6 Klärschlamm-Beseitigung	
			1 Halle
			2 Container
			3 Verträge
	53	***Klärgas***	
		1 Gasmessung	
		2 Gasreinigung	
		3 Gasfackel	
		4 Gasspeicher	
		5 Gasmaschinen	
		6 BHKW – Gebäude	
		7 Gasleitungen	

632-	*54*	***Mess- u. Regel-Einrichtungen***	
			1 Computer
			2 Regeltechnik
			3 Messstationen
			4 Fischtestbecken-Auslauf
	55	***Versorgung***	
		1 Strom	
		2 Gas	
		3 Wärme	
		4 Installationsgänge	
			41 Abschnitt von … bis …
			42 Abschnitt von … bis …
		5 Lüftungs- und Klimaanlagen	
		6 Fernmelde-, Blitzschutz-, Antennenanlagen	
		7 Abwasser-, Entwässerungsanlagen	
	56	***Arbeits- und Sozialräume und Geräte***	
		1 Labor	
		2 Schlosser Werkstatt	
		3 Elekto – Werkstatt	
			Je Werkstatt:
			Betriebseinrichtungen
			Maschinen
			Geräte, Werkzeuge
		4 Sozialgebäude	
			41 Büros
			42 Sanitäre Anlagen
			43 Trockenräume
			44 Gemeinschaftsräume
			45 Vortragsräume
		5 Garagen und Lager	
		6 Materialien	
			1 Baustoffe/Rohre
			2 Betriebsstoffe
			3 Bestandsnachweis
		7 Fahrzeuge	
			71 Kraftfahrzeuge
			72 Spezialfahrzeuge
			73 Fahrräder
		8 Kleingeräte	

632-	***57***	***Reststoffe***	
	58	***Sonderabwässer***	
		1 Stapelbehälter	
		2 Übergabestation	
		3 Leitungen	
		4 Verträge	
	59	***Außenanlagen***	
		1 Planung, Entwurf, Ausführung, Unterhaltung	
		2 Einfriedigung	
			21 Zaunanlage
			22 Tore
			23 Überwachungsanlagen
		3 Bäume und Sträucher	
		4 Grünanlagen	
		5 Straßen und Wege	
			51 Straßenreinigung
			52 Streupflicht, Schnee-beseitigung
		6 Beleuchtung	
			61 Beleuchtungsplan
			62 Beschaffung, Unterhaltung
			63 Notbeleuchtung
			64 Beleuchtungskontrollen
Für jedes dieser Bauwerke kann dann als zusätzliche weitere Unterteilung die oben genannte von 4 – Sonderbauwerke verwendet werden. Diese muss dann individuell auf die Besonderheiten der Anlagen angepasst werden.			
632-	***6***	***Sonderaufgaben***	
632-	*7*	***Wasserwirtschaft***	
	71	***Hydrologie***	
		1 Niederschlagsmessungen	
		2 Abflüsse Vorfluter	
		3 Grundwasserpegel	
	72	***Gewässergütemessungen***	
	73	***Wasserentnahmen***	
	74	***Anlagen an und im Gewässer***	
632-	***8***	***Verschiedenes***	
Beispiele für Aktennummern:			
632 033		*= Aus- u. Fortbildung*	
632 052/15		*= Umweltausschuss im Jahr 2015*	
632 15/Wiesengrund		*= privater Sammelkanal in der Straße Wiesengrund*	
632 584		*= Verträge zu Sonderabwasser auf der Kläranlage*	

5.5 Finanzen

„Ohne Moos, nichts los!" und „Beim Geld hört die Freundschaft auf!" Diese beiden Sprichwörter umreißen ungefähr die Bedeutung des folgenden Kapitels. Einerseits braucht ein Entwässerungsbetrieb unbedingt Einnahmen, um seine Ausgaben decken zu können. Anderseits trifft das zweite Sprichwort besonders auch für den Umgang mit öffentlichen Mitteln zu. Daher sind einige wichtige Regeln unbedingt zu beachten, sonst könnte es leicht (auch privat) teuer werden.

5.5.1 Grundsätze

Die Gemeinden haben nach Art. 22 der Bayerischen Gemeindeordnung das Recht, ihr Finanzwesen im Rahmen der gesetzlichen Bestimmungen selbst zu regeln. Die Gemeinden haben ihre Haushaltswirtschaft so zu planen und zu führen, dass die stetige *Erfüllung ihrer Aufgaben* gesichert ist. Gemeinden sind insbesondere befugt, zur Deckung des notwendigen Finanzbedarfs Abgaben zu erheben oder haben auch das Recht zur Erhebung eigener Steuern. Darüber hinaus werden den Gemeinden vom Staat zur Erfüllung ihrer Aufgaben weitere Mittel zugewiesen.

Die Haushaltswirtschaft ist wirtschaftlich, effizient und sparsam zu führen. Der Haushalt muss in jedem Jahr in Planung und Rechnung ausgeglichen sein.

Die Gemeinde erhebt Abgaben nach den gesetzlichen Vorschriften. Sie hat die zur Erfüllung ihrer Aufgaben erforderlichen Finanzmittel soweit vertretbar und geboten, aus selbst zu bestimmenden Entgelten für die von ihr erbrachten Leistungen, sowie im Übrigen aus Steuern zu beschaffen, soweit die sonstigen Finanzmittel nicht ausreichen (GO NRW §§ 77). Daher sollen gemeindliche Aufgaben ggf. auch daraufhin untersucht werden, ob und in welchem Umfang sie durch nichtkommunale Stellen, insbesondere durch private Dritte oder unter Heranziehung Dritter, mindestens ebenso gut erledigt werden können. Solche Aufgaben könnten z. B. sein die Müllabfuhr oder die Kanalreinigung oder Kanal-TV, die in der Praxis sowohl durch Kommunen als auch durch Private erledigt werden. Die beiden letzteren erledigen die meisten größeren Städte mit eigenem Personal; kleinere Gemeinden vergeben diese Leistungen meist. Bei diesen Aufgaben ist offensichtlich die Wirtschaftlichkeit von der Länge des gemeindlichen Kanalnetzes abhängig und der geforderten Häufigkeit und Qualität der Aufgabenerledigung.

Die wesentlichen einschlägigen Haushaltsgrundsätze können dem Haushaltsgrundsätzegesetz (HGrG) entnommen werden. Die weiteren allgemeinen *Haushaltsgrundsätze* sowie die sonstigen wichtigen Finanzbestimmungen für die Kommunen sind jedoch in Art. 61 ff Gemeindeordnung (BayGO) geregelt.

Der Grundsatz der Einheit und Vollständigkeit *des Haushaltsplans* verlangt einerseits, dass Einnahmen, Ausgaben und Verpflichtungsermächtigungen einer Gemeinde in einem Haushaltsplan zusammenzufassen sind. Andererseits ist eine vollständige Aufnahme sämtlicher erwarteter Einnahmen, Ausgaben und voraussichtlich benötigter Verpflichtungsermächtigungen gefordert. Eine Ausnahme davon ist z. B. für kaufmännisch geführte Eigenbetriebe zulässig, hierfür wird ein eigener Wirtschaftsplan aufgestellt.

Der Grundsatz der Vorherigkeit und Rechtzeitigkeit verlangt, dass der Haushaltsplan vor Beginn des Haushaltsjahres, auf das er sich bezieht, vom Gemeinderat beschlossen werden muss. Dieses Prinzip verlangt auch die Feststellung des Haushaltsplans rechtzeitig vor Beginn des Haushaltsjahres, damit der Plan Ende November der Rechtsaufsicht zur Prüfung vorgelegt werden kann. Damit ergibt sich für die Verwaltung, dass die Haushaltsansätze für das Folgejahr meist schon im August gemeldet und abgeschätzt werden müssen. Die ersten Ausgaben des neuen Haushaltsplans können erst nach dessen Genehmigung, also etwa April/Mai des aktuellen Jahres geleistet werden.

Der Grundsatz der Jährlichkeit und zeitlichen Bindung bedeutet, dass die Ausgaben und Einnahmen für jedes Haushaltsjahr in einem Haushaltsplan aufzustellen sind und der Plan dann auch nur für das eine Jahr gilt. Ausgenommen sind Ausgaben, für die Übertragbarkeit entweder generell (Ausgaben für Investitionen) oder durch besondere Erklärung im Haushaltsplan zugelassen ist (Übertragbarkeit von Ausgaben) (nach HGrG § 15).

Nach dem Grundsatz der Fälligkeit dürfen nur solche Ausgaben im Haushaltsplan veranschlagt werden, die in dem Haushaltsjahr auch fällig und kassenwirksam werden (nach HGrG § 8).

Die Grundsätze der Sparsamkeit und Wirtschaftlichkeit verlangen möglichst wenig Finanzmittel zu verbrauchen. Die Wirtschaftlichkeit des Mitteleinsatzes verlangt dabei ein bestimmtes Ziel mit möglichst wenig Mitteln zu erreichen und gleichzeitig mit den eingesetzten Mitteln einen möglichst großen Nutzen zu erzielen (nach HGrG § 6).

Die Grundsätze der Haushaltswahrheit und der Haushaltsklarheit verlangen eine nachvollziehbare systematische, aussagefähige Gliederung des Haushaltsplans und die Kennzeichnung seiner Einzelansätze. Einnahmen sollen nach Entstehungsgrund und Ausgaben nach ihrem Zweck getrennt veranschlagt werden (nach HGrG § 10, § 11).

Das Bruttoprinzip verlangt Einnahmen und Ausgaben getrennt voneinander zu berechnen und nicht die beiden miteinander zu verrechnen (nach HGrG § 12).

Der Haushaltsplan ist die Grundlage für die kommunale Haushalts- und Wirtschaftsführung. Sie kann dazu entweder nach den Grundsätzen der *doppelten kommunalen Buchführung* oder nach den Grundsätzen der *Kameralistik* (meistens vorhanden) geführt werden. Der Haushaltsplan dient der Feststellung und Deckung des Finanzbedarfs, der zur Erfüllung der gemeindlichen Aufgaben im Bewilligungszeitraum voraussichtlich notwendig ist.

5.5.2 Haushaltsplan und/oder Wirtschaftsplan

5.5.2.1 Haushaltssatzung

Die Gemeinde hat für jedes Haushaltsjahr eine *Haushaltssatzung* zu erlassen. Diese enthält die Festsetzung des Haushaltsplans unter Angabe

a) des Gesamtbetrags der Erträge und Aufwendungen des Haushaltsjahres sowie des Gesamtbetrags der Einzahlungen und Auszahlungen aus laufender Verwaltungstätigkeit, aus der Investitionstätigkeit bei Haushaltswirtschaft nach den Grundsätzen der doppelten kommunalen Buchführung (also z. B. auch bei Eigenbetrieben) oder
b) des Gesamtbetrags der Einnahmen und Ausgaben des Haushaltsjahres bei Haushaltswirtschaft nach den Grundsätzen der Kameralistik (Bay GO Art 63 oder GO NRW § 78).

Die Angaben sind *getrennt* für das Haushaltswesen der Gemeinde und die Wirtschaftsführung von Eigenbetrieben zu machen.

Der Gemeinderat beschließt über die Haushaltssatzung samt ihren Anlagen in öffentlicher Sitzung. Die gemeindliche Haushaltssatzung ist dann der jeweiligen Rechtsaufsichtsbehörde vorzulegen. Haushaltssatzungen mit genehmigungspflichtigen Bestandteilen sind nach der Genehmigung amtlich bekanntzumachen (Bay GO Art 65). Der Haushaltsplan ermächtigt die Gemeinde-Verwaltung, Ausgaben zu leisten und Verpflichtungen einzugehen. Die Haushaltssatzung tritt mit Beginn des Haushaltsjahres in Kraft und gilt für das Haushaltsjahr (Art 63). Ist die Haushaltssatzung bei Beginn des Haushaltsjahres (Kalenderjahr) noch nicht bekanntgemacht, so darf die Gemeinde im Rahmen der *vorläufigen Haushaltsführung* trotzdem finanzielle Leistungen erbringen, zu denen sie *rechtlich verpflichtet* ist oder die für die *Weiterführung* notwendiger Aufgaben *unaufschiebbar* sind. Bauten, Beschaffungen und sonstige Leistungen des Finanzhaushalts beziehungsweise des Vermögenshaushalts, für die im Haushaltsplan eines Vorjahres Beträge vorgesehen waren, dürfen ebenfalls fortgesetzt werden (Bay GO Art 69).

Die Gemeinde hat ihrer Haushaltswirtschaft auch eine *fünfjährige Finanzplanung* zugrunde zu legen. Als Unterlage für die Finanzplanung ist ein Investitionsprogramm aufzustellen. Hier sind auch die jeweils notwendigen Baumaßnahmen der Entwässerung einzuplanen, soweit das vorausschauend möglich ist. Das erste Planungsjahr der Finanzplanung ist das jeweils laufende Haushaltsjahr; das Konzept kann also jährlich angepasst und optimiert werden (Bay GO Art 70).

5.5.2.2 Haushaltsplan/Wirtschaftsplan

Der Haushaltsplan, als das eigentlich wichtige Werk, enthält alle im Haushaltsjahr für die Erfüllung der Aufgaben der Gemeinde voraussichtlich

1. anfallenden Erträge, eingehenden Einzahlungen, entstehenden Aufwendungen sowie zu leistenden Auszahlungen bei Haushaltswirtschaft nach den Grundsätzen der doppelten kommunalen Buchführung, (*Wirtschaftsplan*) oder
2. zu erwartenden Einnahmen und zu leistenden Ausgaben bei Haushaltswirtschaft nach den Grundsätzen der Kameralistik, (Haushaltsplan) und
3. benötigten *Verpflichtungsermächtigungen* (s. u.).

Der Haushaltsplan/Wirtschaftsplan ist

- bei Haushaltswirtschaft nach den Grundsätzen der doppelten kommunalen Buchführung in einen Ergebnishaushalt und einen Finanzhaushalt,
- bei Haushaltswirtschaft nach den Grundsätzen der Kameralistik in einen Verwaltungshaushalt und einen Vermögenshaushalt zu gliedern. Diese gliedern sich wiederum nach Aufgabenbereichen in Einzelpläne, Abschnitte und Unterabschnitte.

Je nachdem also ob es sich um Haushalts- oder Wirtschaftsplan handelt, sind jeweils andere Begriffe zu verwenden. Der Haushaltsplan muss ausgeglichen sein. Er ist Grundlage für die Haushaltswirtschaft der Gemeinde und für die Haushaltsführung verbindlich. Ansprüche und Verbindlichkeiten Dritter werden durch ihn weder begründet noch aufgehoben (Bay GO Art 64).

Überplanmäßige (also Erhöhung von vorhandenen Ansätzen) und außerplanmäßige (also im Plan nicht vorgesehene) Aufwendungen und Auszahlungen beziehungsweise Ausgaben sind nur zulässig, wenn sie unabweisbar sind und die Deckung (durch Einnahmen oder nicht erforderliche Ausgaben) gewährleistet ist. Sind sie erheblich, sind sie vom Gemeinderat zu beschließen (BayGO Art 66).

Der **Stellenplan** für die Beamten und Arbeitnehmer der Gemeinde ist ebenfalls Teil des Haushaltsplans (BayGO Art 64).

5.5.2.3 Verpflichtungsermächtigungen (VE) (Bay GO Art 67)

VE sind *Verpflichtungen* der Gemeinde zur Leistung von Auszahlungen beziehungsweise Ausgaben für Investitionen in künftigen Jahren. Diese sind erforderlich, wenn z. B. größere Baumaßnahmen über mehrere Jahre laufen, aber in einem Auftrag vergeben werden müssen. Dann kann der Auftrag erteilt werden, wenn die im Haushaltsjahr notwendigen Zahlungen im aktuellen Haushaltsplan ausgewiesen werden und für die Folgejahre VE in der jeweils notwendigen Größe eingetragen sind, so dass insgesamt die über die Bauzeit notwendigen Kosten im Haushalt gedeckt sind. Die Verpflichtungsermächtigungen dürfen in der Regel zu Lasten der dem Haushaltsjahr *folgenden drei Jahre* vorgesehen werden, in Ausnahmefällen bis zum *Abschluss einer Maßnahme*. Es ist anzugeben, wie sich die Belastungen voraussichtlich auf die künftigen Jahre verteilen werden. Notwendigkeit, Höhe und Deckungsfähigkeit der Verpflichtungsermächtigungen sind zu erläutern.

5.5.2.4 Nachtragshaushalt (nach Bay GO Art 68)

Unter einem Nachtragshaushalt versteht man die nachträgliche Veränderung eines bereits beschlossenen Haushaltsplans einer Gemeinde im Falle einer deutlichen Abweichung vom Haushaltsplan. Der Nachtragshaushalt wird dann erforderlich, wenn außer- oder überplanmäßige Ausgaben oder außer- bzw. überplanmäßige Einnahmen bzw. Mindereinnahmen absehbar sind. Die Gemeinde hat unverzüglich eine Nachtragshaushaltssatzung zu erlassen, wenn

- bisher nicht veranschlagte oder zusätzliche Aufwendungen beziehungsweise Ausgaben in einem im Verhältnis zu den Gesamtaufwendungen und -auszahlungen beziehungsweise Gesamtausgaben des Haushaltsplans erheblichen Umfang geleistet werden müssen,

- Auszahlungen des Finanzhaushalts beziehungsweise Ausgaben des Vermögenshaushalts für bisher nicht veranschlagte Investitionen geleistet werden sollen,
- Beamte oder Arbeitnehmer eingestellt, befördert oder in eine höhere Entgeltgruppe eingestuft werden sollen und der Stellenplan die entsprechenden Stellen nicht enthält.

Ein Nachtragsaushalt ist nicht erforderlich, für

- den Erwerb von beweglichen Sachen des Anlagevermögens und Baumaßnahmen, soweit die Auszahlungen beziehungsweise Ausgaben nicht erheblich und unabweisbar sind,
- Abweichungen vom Stellenplan und die Leistung höherer Personalausgaben, die auf Grund des Beamten- oder Tarifrechts oder für die Erfüllung neuer Aufgaben notwendig werden.

Die „Verordnung über das Haushalts-, Kassen- und Rechnungswesen der Gemeinden, der Landkreise und der Bezirke nach den Grundsätzen der Kameralistik *bzw. Doppik* (Kommunalhaushaltsverordnung – Kameralistik – KommHV-Kameralistik)“ sowie die Verwaltungsvorschriften jeweils dazu, die VV-KommHV, enthalten sehr viele Detailregelungen zu den im Titel der Verordnung genannten Themen (Bayern).

Andere Bundesländer regeln das z. B. in:

- Kommunalhaushaltsverordnung Nordrhein-Westfalen – KomHVO NRW
- Sächsische Kommunalhaushaltsverordnung

5.5.2.5 Erwerb und Verwaltung von Vermögen, Bestandsverzeichnis

Die Gemeinde soll Vermögensgegenstände nur erwerben, wenn das zur Erfüllung ihrer Aufgaben erforderlich ist. *Die Vermögensgegenstände sind pfleglich und wirtschaftlich zu verwalten* und ordnungsgemäß nachzuweisen (Bay GO Art 74 oder GO NRW § 90).

Wesentliche Vermögensgegenstände einer Gemeinde sind Grundstücke, Wälder, Straßen, Gebäude, usw. Die Gemeinden haben über ihre Grundstücke, grundstücksgleichen Rechte und beweglichen Sachen *Bestandsverzeichnisse* zu führen. Aus den Verzeichnissen müssen Art und Menge sowie Lage oder Standort der Gegenstände ersichtlich sein (Bay KommHV-Kameralistik § 75 oder GO NRW § 91 oder BaWü GemHVO § 37).

Nach § 94 BGB sind die *wesentlichen Bestandteile eines Grundstücks* oder Gebäudes wie folgt definiert: Zu den wesentlichen Bestandteilen eines Grundstücks gehören die mit dem Grund und Boden fest verbundenen Sachen, insbesondere Gebäude. Zu den wesentlichen Bestandteilen eines Gebäudes wiederum gehören die zur Herstellung des Gebäudes eingefügten Sachen. Damit sind die Kanäle, Sonderbauwerke oder die Kläranlage als wesentliche Bestandteile von Grundstücken über den Begriff mit erfasst.

Über Grundstücke, grundstücksgleiche Rechte und bewegliche Sachen, die kostenrechnenden Einrichtungen dienen (also auch Entwässerung), sind gesondert für jede Einrichtung *Anlagenachweise* zu führen. In die Anlagenachweise sind die Anschaffungs- oder Herstellungskosten und die Abschreibungen aufzunehmen (KommHV-Kameralistik § 76).

Im Bereich der Entwässerung sind die wesentlichsten Teile des Anlagevermögens das Kanalnetz und die Kläranlage.

> Investitionen sind Ausgaben für die Veränderung des Anlagevermögens.

Verzeichnisse brauchen nicht geführt zu werden, soweit sich der Bestand aus Anlagenachweisen ergibt oder bei beweglichen Sachen, deren Anschaffungs- oder Herstellungskosten im Einzelfall oder für die Sachgesamtheit wertmäßig die Abschreibungsgrenze für geringwertige Wirtschaftsgüter nicht überschreiten und über den Bestand von Vorräten eine ausreichende Kontrolle gewährleistet ist oder die Vorräte zum alsbaldigen Verbrauch bestimmt sind (KommHV-Kameralistik § 75). Das sind nicht mehr als ca. 100–800 Euro ohne Umsatzsteuer; je nach Bundesland.

5.5.2.6 Veräußerung von Vermögen

Die Gemeinde darf Vermögensgegenstände, die sie zur Erfüllung ihrer Aufgaben nicht [mehr] braucht, veräußern; allerdings nur zu ihrem vollen Wert (GemO BaWü § 92). Die Verschenkung bzw. unentgeltliche Überlassung von Gemeindevermögen sind unzulässig. Ausnahmen sind möglich in Erfüllung von Gemeindeaufgaben oder herkömmlicher Anstandspflichten (z. B. Abschiedsgeschenk für Bgm.); sie fallen nicht unter das Verbot (Bay GO Art 75).

5.5.2.7 Rücklagen, Rückstellungen

Bei Haushaltswirtschaft nach den Grundsätzen der doppelten kommunalen Buchführung hat die Gemeinde ihre stetige Zahlungsfähigkeit sicherzustellen. Überschüsse der Ergebnisrechnung sind den Rücklagen zuzuführen, soweit nicht Fehlbeträge aus Vorjahren auszugleichen sind. Bei Haushaltswirtschaft nach den Grundsätzen der doppelten kommunalen Buchführung sind für ungewisse Verbindlichkeiten und unterlassene Aufwendungen für Instandhaltung Rückstellungen zu bilden (Bay GO Art 76).

Die Kalkulation der Gebühreneinnahmen der Entwässerung z. B. hängt massiv von der verbrauchten Wassermenge ab, die naturgemäß kaum präzise im Voraus geschätzt werden kann; andererseits werden z. B. geplante Ausgaben in dem HH-Jahr noch nicht getätigt. Im Ergebnis können so zum Jahresende Überschüsse vorhanden sein, die dann als Rücklagen im Folgejahr mit verrechnet werden können.

5.5.2.8 Kosten- und Leistungsrechnung

Zur Unterstützung der Verwaltungssteuerung und für die Beurteilung der Wirtschaftlichkeit und Leistungsfähigkeit bei der Aufgabenerfüllung für alle Verwaltungsbereiche soll eine Kosten- und Leistungsrechnung geführt werden; im Falle der Doppik ist diese verpflichtend (Bay KommHV-Kameralistik § 11a).

„Die Kosten- und Leistungsrechnung dient der internen Steuerung des Verwaltungsgeschehens. Sie wird in kostenrechnenden Bereichen regelmäßig durchgeführt und stellt darüber hinaus zusätzliche Informationen für den kommunalen Haushalt zur Verfügung. Sie ist ein Instrument zur ständigen Wirtschaftlichkeitskontrolle bei der Leistungserbringung“ (Ministerium des Innern des Landes Brandenburg, Leitfaden für die Erstellung von kommunalen Wirtschaftlichkeitsuntersuchungen).

Für Einrichtungen, die in der Regel aus Entgelten finanziert werden (kostenrechnende Einrichtungen), sind im Verwaltungshaushalt auch angemessene *Abschreibungen* sowie eine angemessene *Verzinsung des Anlagekapitals* zu veranschlagen. Im Bereich Entwässerung sind diese in erheblicher Größenordnung wegen des hohen Anlagevermögens von Kanalnetz und Klärwerk. Die Ausgestaltung im Einzelnen ist nach den örtlichen Bedürfnissen durch Dienstanweisung zu regeln.

5.5.2.9 Kämmerei

Die Kämmerei ist meist ein eigenes Amt mit der Nummer 20 in einer Gemeindeverwaltung. Hier werden die o. g. Aufgaben zum Vollzug des Haushalts durchgeführt (mindestens in einem Regiebetrieb).

Für die Entwässerung als kostenrechnender Einheit können die Aufgaben auch teilweise oder vollständig in einem Eigenbetrieb oder einem Bauverwaltungsamt durchgeführt werden.

5.5.3 Einnahmen und Ausgaben (Bay KommHV-Kameralistik § 7)

Die Einnahmen und Ausgaben sind in Höhe der im jeweiligen Haushaltsjahr zu erwartenden oder voraussichtlich zu leistenden Beträge zu veranschlagen; sie sind sorgfältig zu schätzen, soweit sie nicht errechenbar sind. Die Einnahmen und Ausgaben sind in voller Höhe und jeweils getrennt voneinander zu veranschlagen. Die Einnahmen sind einzeln nach ihrem Entstehungsgrund, die Ausgaben nach Einzelzwecken zu veranschlagen. Die Zwecke müssen hinreichend bestimmt sein. Im Verwaltungshaushalt dürfen geringfügige Beträge für verschiedene Zwecke als vermischte Einnahmen oder vermischte Ausgaben aber auch zusammengefasst ohne nähere Angabe des Verwendungszwecks veranschlagt werden. Im Vermögenshaushalt sind die einzelnen Investitionen jeweils getrennt zu veranschlagen.

5.5.3.1 Einnahmen

Die Einnahmen einer Kommune setzen sich aus Steuern, Gebühren und Abgaben, Zuweisungen und Umlagen zusammen. Die Steuern machen davon etwa die Hälfte der Gesamteinnahmen aus. Wesentlich für die Gemeinden sind die Gewerbesteuer, die kommunalen Anteile an der Einkommensteuer und die Grundsteuer.

Steuern

Steuern sind nach § 3 AO Geldleistungen, die nicht eine Gegenleistung für eine besondere Leistung darstellen und von einem öffentlich-rechtlichen Gemeinwesen zur Erzielung von Einnahmen allen Bürgern auferlegt werden. Grundsteuer und Gewerbesteuer werden als Realsteuern bezeichnet.

Abgaben

Für den Bereich Entwässerung sind hier jedoch die Abgaben wichtiger. Die Gemeinden sind berechtigt, nach dem *Kommunalabgabengesetz (KAG)* Abgaben zu erheben. Solche Abgaben sind auch die im Folgenden genannten Beiträge und Gebühren. Die Abgaben werden jeweils auf Grund einer besonderen Abgabesatzung erhoben. In der Regel hat das

Staatsministerium des Innern dazu auch Mustersatzungen erlassen (Bay KAG Art 2 oder KAG Brandenburg §§ 1–2).

Beiträge
Beiträge sind (eher einmalige) Geldleistungen zur Deckung des Aufwands für die Herstellung, Anschaffung, Erweiterung, den Ausbau oder die Verbesserung öffentlicher Einrichtungen und Anlagen (hier: Kanal und Kläranlage). Sie werden von den Grundstückseigentümern und/oder Erbbauberechtigten erhoben. Durch die Möglichkeit der Inanspruchnahme der Einrichtungen und Anlagen muss jedoch für den Grundstückseigentümer/Erbbauberechtigten ein besonderer bzw. wirtschaftlicher Vorteil entstehen. Dieser liegt beim Kanalbaubeitrag in der Möglichkeit eines Kanalanschlusses an den öffentlichen Kanal, der dem anliegenden Grundstück einen Erschließungsvorteil bringt.

Beitragsmaßstäbe sind insbesondere die Art und das Maß der baulichen oder sonstigen Nutzung sowie die Grundstücksflächen (KAG NRW § 8). Ändern sich die für die Beitragsbemessung maßgeblichen Umstände nachträglich und erhöht sich dadurch der Vorteil, so entsteht damit auch ein zusätzlicher Beitrag. Die Beitragspflichtigen sind daher verpflichtet maßgebliche Veränderungen zu melden. Kommt die Einrichtung (Kanal, Straße, …) auch der Allgemeinheit zugute, so ist in der Abgabesatzung eine Eigenbeteiligung der Gemeinde vorzusehen. Die Eigenbeteiligung muss die Vorteile für die Allgemeinheit angemessen berücksichtigen (Bay KAG Art 5).

Bei den Straßen wird dies über die Bedeutung der Straße im Gesamtnetz berücksichtigt; je wichtiger die Straße desto höher der Anteil der Gemeinde. Genauso muss dies auch gesehen werden für die Bedeutung des Kanals in der Straße; je größer der Kanal-Durchmesser und je näher zur Kläranlage gelegen, desto höher ist die überregionale Bedeutung des Kanals für die Durchleitung von Schmutz- und auch von Regenwasser.

Beiträge können nur aufgrund von Satzungen erhoben werden. Ein Beispiel für eine solche Satzung stellt die *Muster-Satzung einer Beitrags- und Gebührensatzung zur Entwässerungssatzung (BGS/EWS)* dar. Diese wurde mit einer Bekanntmachung des Bayerischen Staatsministeriums des Innern vom 20. Mai 2008 veröffentlicht.

Kanalbaubeiträge werden direkt im o. g. Zusammenhang mit Kanal(neu)baumaßnahmen erhoben.

Erschließungsbeiträge oder Straßenausbaubeiträge hängen über die Straßenentwässerung indirekt auch mit der Entwässerung zusammen. Die Straßenentwässerung ist nach Art. 2 BayStrWG Bestandteil einer Straße. Wenn also durch Kanalerweiterungen auch die Straßenentwässerung im Regen- oder Mischkanal verbessert wird, können dafür Straßenausbaubeiträge fällig werden. Erschließungsanlagen im Sinne des § 127 Abs. 2 BauGB sind Parkflächen und Grünanlagen sowie nach Satzung meist auch die Straßenbeleuchtung; vor allem aber die öffentlichen zum Anbau bestimmten Straßen, Wege und Plätze und damit auch deren Entwässerungseinrichtungen. Das sind insbesondere die Regeneinläufe und deren Anschlusskanäle sowie die Ableitungskanäle. Bei einem Regenkanal ist das vereinfacht der halbe Kanal; die andere Hälfte ist für die Regenentwässerung der privaten Grundstücke. Bei einem Mischwasserkanal ergibt sich somit vereinfacht dann noch ein Viertel des Querschnitts: 50 % für Schmutzwasser, 25 % für privates Regenwasser, 25 % für die Straßenentwässerung.

Gebühren

Gebühren sind Geldleistungen, die die Kommunen als Gegenleistung für die tatsächliche (im Falle des Kanalnetzes regelmäßige) Inanspruchnahme ihrer öffentlichen Einrichtungen und Anlagen (Benutzungsgebühren) erheben oder die für eine einzelne besondere Leistung/Amtshandlung oder sonstige Tätigkeit – der Verwaltung (Verwaltungsgebühren) erhoben werden (KAG NRW § 4). Die Gegenleistung für die *Entwässerungsgebühren* ist die tatsächliche Benutzung des Kanalnetzes und der Kläranlage, also eine Abwassereinleitung, durch den Bürger. Gebühren können nur aufgrund von Satzungen erhoben werden. Jede Gemeinde muss also eine eigene BGS/EWS haben, die der o. g. Mustersatzung ähnlich sein wird.

Nach der Muster-BGS/EWS sind eine *Grundgebühr und Einleitungsgebühren* möglich. Eine *Grundgebühr* kann zur Deckung der verbrauchsunabhängigen Kosten (Vorhaltekosten für Kanal und Klärwerk) erhoben werden. Bei den *Einleitungsgebühren* gibt es entweder eine gemeinsame Gebühr für Schmutzwasser und Niederschlagswasser oder jeweils eine separate Gebühr für die beiden Abwasserarten. Die gerechtere und mittlerweile bei fast allen größeren Städten eingeführte Art ist die getrennte oder gesplittete Gebühr. Diese wird einerseits für Schmutzwasser in Abhängigkeit von der verbrauchten Trinkwassermenge erhoben; andererseits für Niederschlagswasser in Abhängigkeit von den an den Kanal angeschlossenen versiegelten Flächen.

Wichtig sind hier die gemeindlichen Satzungen zu dem Thema: Beitrags- und Gebührensatzung zur Entwässerungssatzung (BGS/EWS), Erschließungssatzung, Straßenausbaubeitragssatzung.

Die DWA veröffentlicht regelmäßig „*Wirtschaftsdaten der Abwasserbeseitigung*“ als Ergebnisse von durchgeführten gemeinsamen Umfragen der Deutschen Vereinigung für Wasserwirtschaft, Abwasser und Abfall e. V. (DWA) und des Deutschen Städtetages sowie des Deutschen Städte- und Gemeindebundes. Hier können weitere Informationen zu dem Thema nachgelesen werden.

5.5.3.2 Ausgaben und Kosten

Ausgaben

Ausgaben dürfen nur soweit und nicht eher geleistet werden, als sie zur wirtschaftlichen und sparsamen Verwaltung erforderlich sind. Die Ausgabemittel sind so zu bewirtschaften, dass sie zur Deckung aller Ausgaben ausreichen, die unter die einzelne Zweckbestimmung fallen (Bundeshaushaltsordnung § 34).

Das Gebührenaufkommen soll nach Art. 8 Abs. 2 Bay KAG die nach betriebswirtschaftlichen Grundsätzen ansatzfähigen Kosten einschließlich der Kosten für die Ermittlung und Anforderung von einrichtungsbezogenen Abgaben decken.

Kosten (Bay KAG Art. 8)

Zu den Kosten gehören insbesondere angemessene *Abschreibungen* und eine angemessene *Verzinsung* des Anlagekapitals. Den Abschreibungen zugrunde zu legen sind die *Anschaffungs- und Herstellungskosten* oder *Wiederbeschaffungszeitwerte*, die jeweils um Beiträge

(z. B. Kanalbaubeiträge) und ähnliche Entgelte zu kürzen sind und um Zuwendungen gekürzt werden können.

Anschaffungskosten sind die Aufwendungen, einschließlich Nebenkosten, um einen Vermögensgegenstand zu erwerben und in einen betriebsbereiten Zustand zu versetzen.

Herstellungskosten sind die Aufwendungen, die durch den Verbrauch von Gütern und die Inanspruchnahme von Diensten für die Herstellung eines Vermögensgegenstands entstehen. Dazu gehören die Materialkosten und die Fertigungskosten (HGB § 255). Dies sind also die tatsächlich benötigten Bau- und Beschaffungskosten.

Wiederbeschaffungszeitwert Unter dem Begriff „Wiederbeschaffungszeitwert" ist der Betrag zu verstehen, der aufzuwenden wäre, wenn das Anlagegut zu den jeweils aktuellen Preisen neu gekauft würde (Bekanntmachung des Bayerischen Staatsministeriums des Innern, Zu Art. 8 Abs. 3 Satz 2 KAG).

Wiederbeschaffungswert ist (nach DWA-M 811) der Wert, der aufzuwenden ist, um einen vorhandenen (historischen) Vermögensgegenstand bei Ablauf seiner betriebsgewöhnlichen Nutzungsdauer durch einen gegebenenfalls unter Berücksichtigung des technischen Fortschritts nach Art und Funktion gleichwertigen neuen Vermögensgegenstand zu ersetzen. – Das sind also z. B. die Neubau-Kosten, die ein Kanalbau in 50 Jahren kosten wird.

Da das Kanalnetz und die Kläranlage oft mit zu den größten Anlagevermögen einer Gemeinde gehören, kann man sich vorstellen, dass Abschreibung und Verzinsung einen Großteil der Kosten ausmachen. Je nach Ansatz entweder der Anschaffungs- und Herstellungskosten oder der Wiederbeschaffungszeitwerte für das Anlagevermögen kann dieses um einige Millionen Euro differieren. Ebenfalls starken Einfluss auf die Kosten hat der Ansatz der betriebsgewöhnlichen Nutzungsdauer für das Kanalnetz. Nachdem selbst die Fachleute nicht einig sind, ob Kanäle eine Nutzungsdauer von 40, 50, 80 oder gar 100 Jahren haben, werden auch durch diese Zahlen die Abschreibungen und die Laufzeit der Zinsen massiv beeinflusst.

► Nach den o. g. DWA *„Wirtschaftsdaten der Abwasserbeseitigung" 2014 gilt:*

- *„**Abschreibungen und Zinsen** machen mit einem Anteil von 45 Prozent an den Gesamtkosten den größten Kostenblock bei der Abwasserbeseitigung aus.*
- ***Personalkosten** schlagen mit 19 Prozent,*
- ***Materialaufwand** einschließlich Kosten für Roh-, Hilfs- und Betriebsstoffe mit 22 Prozent zu Buche,*
- *während rund 4 Prozent der Kosten auf die **Entsorgung des Klärschlamms und sonstiger Abfälle** entfallen (ohne den zugehörigen Anteil an Abschreibungen und Zinsen).*
- *Die **Abwasserabgabe** macht ebenfalls einen Anteil von 2 Prozent aus."*

Der fehlende sonstige betriebliche Aufwand macht 8 % der Gesamtkosten aus. Wenn man neben Abschreibung und Verzinsung die Personalkosten ebenfalls als Fixkosten annimmt, dann sind etwa zwei Drittel der Kosten selbst durch eine sparsame Betriebsführung überhaupt nicht mehr beeinflussbar.

Die o. g. Kostenblöcke fallen also auf jeden Fall an, unabhängig von der eingeleiteten und behandelten Abwassermenge! Das spricht sehr für die oben genannte im KAG erlaubte Grundgebühr zur Deckung der verbrauchsunabhängigen Kosten. Diese wird bisher jedoch noch selten erhoben.

5.5.4 Kassengeschäfte und Auszahlungen

5.5.4.1 Gemeindekasse

Die Gemeindekasse erledigt alle Kassengeschäfte der Gemeinde (BayGO Art. 100), insbesondere die Annahme der Einzahlungen und die Leistung der Auszahlungen, also auch die Bezahlung von Rechnungen. Die Kasse darf grundsätzlich nur auf Grund einer schriftlichen Anordnung (Kassenanordnung) die oben genannten Kassengeschäfte erledigen. Sie darf Kassenanordnungen, die in der Form nicht den Vorschriften entsprechen oder die sonst zu Bedenken Anlass geben, erst ausführen, wenn die anordnende Stelle die Anordnung berichtigt hat oder sie aufrechterhält (Bay KommHV-Doppik § 45). Die Kasse hat die Auszahlungen erst zu den Fälligkeitstagen zu leisten. Forderungen eines Empfangsberechtigten sollen dabei gegen Forderungen der Gemeinde aufgerechnet werden (SächsKomKBVO § 16). Aufgabe der Kasse ist auch die Verwahrung von Wertgegenständen. Urkunden, die Vermögensrechte verbriefen oder nachweisen, sind von der Kasse ebenso zu verwahren wie Kostenmarken und andere Wertzeichen mit Ausnahme von Postwertzeichen oder Bürgschaftsurkunden (Bay KommHV-Kameralistik § 59). Über die Annahme und Auslieferung der zu verwahrenden Wertgegenstände ist Buch zu führen. Die Annahme und Auslieferung sind zu quittieren (Bay KommHV-Doppik § 55).

Die Gemeindekasse kann ein eigenes Amt sein oder auch in der Kämmerei integriert sein; die Aufgabe kann auch außerhalb der Gemeindeverwaltung erfüllt werden (GemO BaWü§ 93).

5.5.4.2 Auszahlungen

Wenn eine Beschaffung stattgefunden hat und eine Rechnung für einen Kauf oder eine Baumaßnahme vorliegt, muss die Rechnung geprüft werden und dann daraus eine Kassenanordnung zur Auszahlung einer Summe durch die Gemeindekasse an den jeweils Berechtigten werden. Die dazu notwendigen Vorgänge sind in den folgenden Abschnitten besprochen.

5.5.4.3 Sachliche und rechnerische Feststellung von Kassenanordnungen (Bay KommHV-Doppik § 37)

Alle eine Buchung auslösenden Vorfälle, insbesondere jeder Anspruch und jede Zahlungsverpflichtung sind auf ihren Grund und ihre Höhe zu prüfen. Die Richtigkeit ist schriftlich oder durch eine elektronische Signatur zu bescheinigen (sachliche und rechnerische Feststellung). Bedarf es einer Annahmeanordnung oder Auszahlungsanordnung, ist die sachliche und rechnerische Feststellung vor Erteilung der Anordnung zu treffen.

5.5.4.4 Zahlungsanordnungen (Bay KommHV-Doppik § 35)

Die Zahlungsanordnung muss folgendes enthalten:

1. die Bezeichnung der Kasse, gegebenenfalls auch der Zahlstelle, die die Einzahlung annehmen oder die Auszahlung leisten soll,
2. den anzunehmenden oder auszuzahlenden Betrag in Ziffern und, soweit die Zahlungsanordnung manuell erstellt wird, bei Euro-Beträgen ab 500 Euro auch in Buchstaben,
3. den Grund der Zahlung,
4. den Zahlungspflichtigen oder Empfangsberechtigten,
5. den Fälligkeitstag,
6. die Buchungsstelle und das Haushaltsjahr,
7. die sachliche und rechnerische Feststellung,
8. das Datum der Anordnung,
9. die Unterschrift des Anordnungsberechtigten (Abs 1).

Zahlungsanordnungen sind *unverzüglich* zu erteilen, sobald die Verpflichtung zur Leistung, der Zahlungspflichtige oder Empfangsberechtigte, der Betrag und die Fälligkeit feststehen. (Ein Grund hierfür ist die Möglichkeit, eventuelle Skonti ziehen zu können!) Auszahlungsanordnungen zulasten des Haushalts dürfen nur erteilt werden, wenn die haushaltsrechtlichen Voraussetzungen vorliegen (Mittel eingeplant und noch nicht ausgegeben, Haushalt schon freigegeben). Das ist in der Auszahlungsanordnung zu bestätigen (Abs 3–4).

5.5.4.5 Dienstanweisungen erforderlich (Bay KommHV-Kameralistik § 38)

Sowohl die Befugnis, Kassenanordnungen zu erteilen (Anordnungsbefugnis), als auch die Befugnis für die sachliche und rechnerische Feststellung und deren Form werden jeweils durch eine Dienstanweisung geregelt; Form und Umfang der Befugnis ist dabei mit zu bestimmen. Solche Dienstanweisungen könnten z. B. in *allgemeinen Finanzwirtschaftsbestimmungen* einer Kommune geregelt sein. Die Namen und Unterschriften der Beschäftigten, die Anordnungen erteilen dürfen (je Organisationseinheit meist nur einer, z. B. der Leiter), Form und Umfang der Anordnungsbefugnis sowie deren Wegfall sind außerdem der Kasse schriftlich oder beim Einsatz elektronischer Verfahren in geeigneter Weise elektronisch mitzuteilen. Wer die sachliche und rechnerische Feststellung trifft, soll nicht auch die Auszahlungsanordnung erteilen.

5.5.5 Vergabe von Aufträgen

Nach § 30 Haushaltsgrundsätzegesetz (HGrG) muss beim Bund und den Ländern dem Abschluss von Verträgen über Lieferungen und Leistungen eine öffentliche Ausschreibung vorausgehen. Nach z. B. nach der für die bayerischen Gemeinden gültigen KommHV § 31 muss der *Vergabe von Aufträgen* eine öffentliche Ausschreibung vorausgehen, sofern nicht eine beschränkte Ausschreibung oder eine freihändige Vergabe in Frage kommen.

▶ Die Verordnung über die Vergabe öffentlicher Aufträge (Vergabeverordnung – VgV) gilt nur für Aufträge, deren geschätzte Auftragssumme ohne Umsatzsteuer die Schwellenwerte erreicht oder überschreitet.

Unterhalb der Schwellenwerte gelten nur die VOB und die Unterschwellenvergabeverordnung (UVgO). Ingenieurleistungen dagegen sind schöpferische Leistungen, die nur einem Leistungswettbewerb aber keinem Preiswettbewerb unterliegen dürfen.

Darüber hinaus haben auch viele Kommunen eigene Vergabe-Richtlinien erlassen. Der Regelfall ist die öffentliche Ausschreibung; wenn davon abgewichen werden kann, dann sind trotzdem in der Regel 5–8 Angebote einzuholen. Für die Erteilung von Aufträgen kann ein Stadtratsbeschluss, der Beschluss eines Bau-, Vergabe- oder Werksausschusses, die Unterschrift des Bürgermeisters, eines Amts- oder Werkleiters usw. notwendig sein. Wer einen Kauf-, Beschaffungs- oder Bauauftrag auslösen kann und damit die Beschaffung von Gegenständen oder Leistungen muss durch eine Dienstanweisung dafür beauftragt sein. Hier kommt es in der Regel auf die Zuständigkeit für die Verantwortung einer bestimmten Finanzsumme an. Das sollte auch in der Vergabe-Richtlinie der Kommune geregelt sein.

Der Zuschlag soll auf das unter Berücksichtigung aller Gesichtspunkte *wirtschaftlichste Angebot* erteilt werden; der Preis allein ist nicht entscheidend (VOB § 16d Wertung).

Bei der Vergabe von Aufträgen und auch dem Abschluss von Verträgen sind in Bayern die Vergabegrundsätze anzuwenden, die das Staatsministerium des Innern im Einvernehmen mit dem Staatsministerium der Finanzen, … bekanntgibt (Bay KommHV-Doppik § 30 Abs 2).

Hinweise

Vergabe von Aufträgen im kommunalen Bereich (Bayern)
https://www.gesetze-bayern.de/Content/Document/BayVV_73_I_2325/True
Dort wird den kommunalen Auftraggebern u. a. auch die Anwendung der drei Vergabe-Handbücher für die Durchführung von Bauaufgaben (VHB), Lieferleistungen (VHL) und Freiberuflichen Leistungen (VHF) empfohlen. In diesen umfangreichen Werken sind sehr viele wichtige Details geregelt.

Vergabegrundsätze Kommunen (NRW)
https://www.vergabe.nrw.de/wirtschaft/vergabegrundsaetze-kommunen-nrw-1

Hinweise zur Vergabe von Aufträgen im kommunalen Bereich (Sachsen)
https://www.revosax.sachsen.de/vorschrift/1699-Bek-Hinweise-zur-Vergabe-von-Auftraegen-im-kommunalen-Bereich
(Letzter Zugriff jeweils 04.04.2023)

5.5.6 Rechnungsprüfung

Das Finanzwesen von Kommunen, Zweckverbänden und Eigenbetrieben wird durch eine örtliche und eine überörtliche Prüfung kontrolliert. Erfasst werden können die gesamte Wirtschaftsführung der Kommunen einschließlich der Bauausgaben und ihre unternehmerischen Betätigungen.

Der Jahresabschluss beziehungsweise die Jahresrechnung sowie die Jahresabschlüsse der Eigenbetriebe und mit kaufmännischem Rechnungswesen werden entweder vom Gemeinderat oder von einem Rechnungsprüfungsausschuss geprüft. Das ist die örtliche Rechnungsprüfung nach

- Art. 103 der Bayerischen Gemeindeordnung bzw.
- § 101 der GO NRW.

Eine Abschlussprüfung umfasst die Vollständigkeit und Ordnungsmäßigkeit des Jahresabschlusses und des Lageberichts sowie die Ordnungsmäßigkeit der Geschäftsführung und die wirtschaftlichen Verhältnisse. Bei den Baumaßnahmen z. B. können von den Planungen und den Ingenieurverträgen über die Vergabe von Bauleistungen auch die technische Abwicklung des Bauprojekts geprüft werden.

Kreisfreie Gemeinden müssen nach Art. 104 Bay GO dazu ein Rechnungsprüfungsamt einrichten. Kreisangehörige Gemeinden, können für die örtliche Prüfung ein Rechnungsprüfungsamt einrichten. Die überörtlichen Rechnungs- und Kassenprüfungen werden bei den Mitgliedern des *Bayerischen Kommunalen Prüfungsverbands (BKPV)* durch diesen Verband, bei den übrigen Gemeinden durch die staatlichen Rechnungsprüfungsstellen der Landratsämter durchgeführt (überörtliche Prüfungsorgane, nach Art 105 Bay GO). Gemeinden mit mehr als 5000 Einwohnern sowie Kommunen mit doppelter Haushaltsführung und Zweckverbände sind in der Regel Mitglied des BKPV.

Der Bayerische Kommunale Prüfungsverband (Prüfungsverband) ist eine rechtsfähige Körperschaft des öffentlichen Rechts mit Sitz in München. Die Aufgaben des Bayerischen Kommunalen Prüfungsverbandes ergeben sich aus dem *Gesetz über den Bayerischen Kommunalen Prüfungsverband (PrVbG)*. Schwerpunktaufgaben sind danach die überörtliche Rechnungs- und Kassenprüfungen bei den Mitgliedern in einem Turnus von drei bis vier Jahren oder auf Ersuchen der Rechtsaufsichtsbehörde. Bei kommunalen Wirtschaftsbetrieben, die Mitglieder des BKPV sind, werden in der Regel jährliche Abschlussprüfungen oder besondere Prüfungen auf Antrag durchgeführt. Die Arbeit der Prüfer wird dabei nach festgelegten Stunden- oder Tagessätzen verrechnet.

Weitere Rechnungsprüfungen können bei Abwasserabgaben oder bei staatlich geförderten Baumaßnahmen mit Zuwendungen des Freistaats oder der EU durch staatliche Rechnungsprüfungsstellen erfolgen. Die Staatlichen Rechnungsprüfungsämter sind dem Bayerischen Obersten Rechnungshof nachgeordnete Behörden, arbeiten nach dessen Weisung und haben ihren Sitz an den Bezirksregierungen. Geprüft wird die ordnungsgemäße Erhebung oder Verwendung der staatlichen Finanzmittel (z. B. bei Zuwendungen nach RZWas).

Grundsätzlich geht es darum, das Verwaltungshandeln (hier der staatlichen Stellen) auf Rechtmäßigkeit, Zweckmäßigkeit und Wirtschaftlichkeit zu überprüfen. Geprüft werden kann die Einhaltung der Gesetze, des Haushaltsplanes und der Verwaltungsvorschriften; auch der Personalaufwand oder die Wirksamkeit der Aufgabenerfüllung kann Gegenstand von Prüfungen sein. In Art. 106 der Bay GO ist der Inhalt der Rechnungs- und Kassenprüfungen festgelegt:

Die Rechnungsprüfung erstreckt sich danach auf die Einhaltung der für die Wirtschaftsführung geltenden Vorschriften und Grundsätze, insbesondere darauf, ob

1. die Haushaltsansätze entsprechend Haushaltsplan eingehalten worden sind,
2. die Einnahmen und Ausgaben begründet und belegt sind
3. wirtschaftlich und sparsam verfahren wird,
4. die Aufgaben mit geringerem Personal- oder Sachaufwand oder auf andere Weise wirksamer erfüllt werden können (Art. 106 Bay GO).

Die Wirtschaftsführung von Eigenbetrieben wird entsprechend diesen Anforderungen ebenfalls geprüft (nach Art. 106 Abs 3 Bay GO). Die Abschlussprüfung bei Eigenbetrieben und Kommunalunternehmen wird entweder vom Bayerischen Kommunalen Prüfungsverband oder von einem Wirtschaftsprüfer bzw. von einer Wirtschaftsprüfungsgesellschaft durchgeführt (nach Art. 107 Bay GO).

Die Rechnungsprüfer der Gemeinde und die überörtlichen Prüfer können verlangen, dass ihnen Unterlagen, die sie zur Erfüllung ihrer Aufgaben für erforderlich halten, vorgelegt oder ihnen innerhalb einer bestimmten Frist übersandt werden. Auskünfte müssen den beauftragten Prüfern ebenfalls erteilt werden. Sowohl der BKPV als auch in der Regel die örtlichen Rechnungsprüfungsämter haben neben den Verwaltungs-Prüfern auch Fachleute mit technischer Ausbildung. Das Prüfungsergebnis wird in einem Prüfungsbericht dokumentiert.

Im Ausräumungsverfahren wird der geprüften Stelle Gelegenheit gegeben, sich zum Prüfungsbericht zu äußern. Anschließend müssen ggf. zu viel gezahlte Beträge von Dritten an die Kommune oder zu viel gezahlte Fördermittel von der Kommune an den Freistaat zurückgezahlt werden sowie evtl. falsches Handeln korrigiert werden. Schließlich erfolgt noch ein zusammenfassender Bericht des Rechnungsprüfungsamtes an die Politik bzw. an die Verwaltungsspitze.

In den folgenden überörtlichen Prüfungen drei bis vier Jahre später wird in der Regel dann auch überprüft, ob und wie vorher Bemängeltes noch vorhanden oder abgestellt ist.

▶ Für schwierige und teure Projekte hat es sich bewährt, zur Absicherung des Verwaltungshandelns und zur Überzeugung der politischen Gremien den BKPV bereits im Planungsstadium einzubinden.

Grundsätzliches findet sich in den jährlichen Geschäftsberichten des BKPV.

Hinweise
Weitere Detailinformationen zur örtlichen Rechnungsprüfung finden sich im „*Leitfaden Rechnungsprüfung – Vom Haushaltsansatz zur örtlichen Rechnungsprüfung*" der Hanns-Seidel-Stiftung (https://www.hss.de/fileadmin/media/downloads/Publikationen/LF4-Rechnungspruefung.pdf).

Aufgaben und Stellung der örtlichen Rechnungsprüfung sind abhängig vom Bundesland; dazu siehe auch Internetseite der KGSt (https://www.kgst.de/aufgaben-und-stellung-der-oertlichen-rechnungsprufung).
(Letzter Zugriff jeweils 04.04.2023)

5.6 Grundstücke

Alle Anlagen einer Entwässerung liegen auf öffentlichen oder privaten Grundstücken. Je nach den verschiedenen Eigentümern hat das unterschiedliche Auswirkungen auf die Sicherheit, dass das auch so bleibt. Wegen der langen Lebensdauer eines Kanalnetzes kann sich da im Laufe der Jahre immer auch mal etwas ändern. Was dabei zu beachten ist, wird im Folgenden geschildert.

5.6.1 Grundsätzliches

5.6.1.1 Gebäude als wesentliche Bestandteile eines Grundstücks

Zu den *wesentlichen* Bestandteilen eines Grundstücks gehören die mit dem Grund und Boden fest verbundenen Sachen, insbesondere *Gebäude* (BGB § 94). Zu den wesentlichen Bestandteilen eines Gebäudes wiederum gehören die zur Herstellung des Gebäudes eingefügten Sachen. Daher werden neben Gebäuden auch Kanäle oder unterirdische Bauwerke zu wesentlichen Bestandteilen von Grundstücken und müssen z. B. beim Verkauf nicht gesondert erwähnt werden. Leitungen, die in Ausübung eines Rechtes an dem fremden Grundstück (BGB § 95), also z. B. aufgrund einer beschränkten persönlichen Dienstbarkeit (s. u.), verlegt worden sind, können auch sogenannte „Scheinbestandteile" sein.

5.6.1.2 Rechte als Bestandteile eines Grundstücks

Grundstücke können sich im Eigentum befinden und auch mit Rechten belastet werden. Rechte, die mit dem Eigentum an einem Grundstück verbunden sind, gelten ebenfalls als Bestandteile eines Grundstücks (BGB § 96). Allgemeine Vorschriften über Rechte an Grundstücken finden sich ab § 873 BGB.

5.6.1.3 Eigentumsübertragung/Auflassung

Zur Übertragung des Eigentums an einem Grundstück oder zur Belastung eines Grundstücks mit einem Recht sowie zur Übertragung oder Belastung eines solchen Rechts ist die

Einigung des Berechtigten und des anderen Teils (Eigentümer) über den Eintritt der Rechtsänderung *und* die Eintragung der Rechtsänderung in das Grundbuch erforderlich (BGB § 873). Die zur Übertragung des Eigentums an einem Grundstück erforderliche Einigung des Veräußerers und des Erwerbers (heißt nach BGB § 925: Auflassung) muss bei gleichzeitiger Anwesenheit beider Teile vor einer zuständigen Stelle erklärt werden. Zur Entgegennahme der Auflassung ist u. a. jeder Notar zuständig.

5.6.2 Grundbuch

Nach § 3 Grundbuchordnung erhält jedes Grundstück im Grundbuch eine besondere Stelle (Grundbuchblatt). Das Grundbuchblatt ist für das Grundstück als das Grundbuch im Sinne des Bürgerlichen Gesetzbuchs anzusehen. Die Grundstücke des Bundes, der Länder, der Gemeinden und anderer Kommunalverbände, der Kirchen, Klöster und Schulen, die Wasserläufe, die öffentlichen Wege, sowie die Grundstücke, welche einem dem öffentlichen Verkehr dienenden Bahnunternehmen gewidmet sind, erhalten ein Grundbuchblatt nur auf Antrag des Eigentümers oder eines Berechtigten (Grundbuchordnung § 3 Abs. 2). Die Einsicht des Grundbuchs ist jedem gestattet, der ein berechtigtes Interesse darlegt. Die Grundbuchämter dürfen auch ein Verzeichnis der Eigentümer der Grundstücke führen. Eine Verpflichtung der Grundbuchämter, diese Verzeichnisse auf dem neuesten Stand zu halten, besteht aber nicht; eine Haftung bei nicht richtiger Auskunft besteht ebenfalls nicht (GBO §§ 12 u 12a). Aktuelle Verzeichnisse der Grundeigentümer sind eher bei den Stellen zu erwarten, die die Grundsteuern für die Grundstücke erheben (meist Kämmerei).

Nach ***Grundbuchverfügung – GBV*** § 4 besteht jedes Grundbuchblatt aus der Aufschrift, dem Bestandsverzeichnis und drei Abteilungen. In der zweiten Abteilung davon werden eingetragen alle Belastungen des Grundstücks oder eines Anteils am Grundstück, sowie die Beschränkung des Verfügungsrechts des Eigentümers sowie die das Eigentum betreffenden Vormerkungen und Widersprüche (GBV § 10).

Zugunsten desjenigen, welcher ein Recht an einem Grundstück oder ein Recht an einem solchen Recht durch Rechtsgeschäft erwirbt, gilt der Inhalt des Grundbuchs als richtig, es sei denn, dass ein Widerspruch gegen die Richtigkeit eingetragen oder die Unrichtigkeit dem Erwerber bekannt ist. Ist der Berechtigte in der Verfügung über ein im Grundbuch eingetragenes Recht zugunsten einer bestimmten Person beschränkt, so ist die Beschränkung dem Erwerber gegenüber nur wirksam, wenn sie aus dem Grundbuch ersichtlich oder dem Erwerber bekannt ist (§ 892 BGB, Öffentlicher Glaube des Grundbuchs).

Grundstücke mit Bauwerken der Entwässerung sollten sich im Eigentum der Gemeinde oder des Zweckverbandes befinden. Sie können insbesondere bei *Kanal-Kreuzungen* mit z. B. Bundesstraßen aber auch im Eigentum einer anderen staatlichen Stelle wie Bundesrepublik, Freistaat oder der Bahn sein. Entwässerungsbauwerke liegen aber manchmal auch auf privaten Grundstücken, wie dies vielfach bei aus Erschließungsverträgen übernommenen Kanälen vorkommt. Jede der Möglichkeiten bietet gewisse Risiken für die

Entwässerung, da für die meisten Bürger (wie auch Architekten oder Verwaltungsleute) Kanäle leider unsichtbar sind und für sie Straßen nur „asphaltierte Flächen" darstellen. Insbesondere bei einer möglichen späteren Veräußerung der Grundstücke können dann einige Schwierigkeiten auftreten, meist zum Nachteil der Entwässerung.

5.6.2.1 Grundstücke im öffentlichen Eigentum

Der Eigentümer einer Sache kann, soweit nicht das Gesetz oder Rechte Dritter entgegenstehen, mit der Sache nach Belieben verfahren und andere von jeder Einwirkung ausschließen (BGB § 903). Kläranlagen, Pumpwerke und andere sichtbare Hochbauten befinden sich daher sinnvollerweise auf Grundstücken im Eigentum der Gemeinde oder des Zweckverbandes. Bei „unsichtbaren" Bauwerken wie Regenbecken, Mischwasserbehandlungsanlagen oder auch Kanälen ist dies umso wichtiger.

Auf Grund von § 3 Abs. 2 Grundbuchordnung haben in der Regel alle gemeindlichen Flächen, die Bundesstraßen, die Bundeswasserstraßen, die Gewässer I. und II. Ordnung oder auch die Grundstücke der deutschen Bahn DB *keine* eigenen Grundbuchblätter (s. o.). Eventuelle Leitungsrechte könnten somit dort auch nicht eingetragen werden. Stattdessen schließen alle zuständigen Stellen wie z. B. Staatliches Bauamt, Wasserwirtschaftsamt, Wasser- u. Schifffahrtsamt oder DB Liegenschaften jeweils *Gestattungsverträge* mit dem Träger der Entwässerung ab. Damit werden unter den jeweiligen Bedingungen der Grundeigentümer die Flächennutzungen für die Kanalkreuzungen privatrechtlich gestattet. Daneben sind i. d. R. auch noch öffentlich-rechtliche Genehmigungen erforderlich.

Bei den gemeindlichen Flächen, die auch gleichzeitig noch *öffentlich* genutzt werden, wie Straßen, Plätze oder Spielplätze, ist durch die Nutzung auch eine relativ dauerhafte Sicherung der Kanäle gewährleistet. Bei kommunalen Flächen, die *keiner* öffentlichen Nutzung zugänglich sind, sieht das jedoch anders aus. Genauso wie die Kommune die Fläche erworben hat, könnte sie die Fläche auch wieder verkaufen wollen. „Unsichtbare" Kanäle oder unterirdische Bauwerke werden dabei leicht übersehen und unabsichtlich mitverkauft, da, wie oben beschrieben, auch im Grundbuch dazu keine Hinweise zu finden sind. Aber auch die Flächennutzungen von Bundesstraßen, Bahnlinien oder Gewässern können im Laufe der Lebensdauer von Kanälen (bis zu 100 Jahren) einer Änderung unterworfen werden. Hier kommt es nun auf die Dienststellen an, die die jeweiligen Liegenschaften verwalten (bei einer Kommune meist das Liegenschaftsamt). Sie müssten ähnliche Arbeiten verrichten wie ein Grundbuchamt, und eventuelle Rechte aus den o. g. Verträgen gemeinsam mit dem Grundstück verwalten. Im Falle weiterer Rechte oder eines Grundstücks-Verkaufs müssten die anderen älteren Rechte sichtbar werden und auffallen, um auch berücksichtigt zu werden.

5.6.2.2 Grundstücke im privaten Eigentum

Kommunen versuchen aus Kostengründen zunehmend möglichst wenig Flächen zu besitzen, die in der Folge zu unterhalten sind z. B. durch Winterdienst, Baumschnitt, usw. Vorher müssten die Flächen ja auch noch mit den knappen Finanzmitteln erworben werden. Daher kommt es häufig vor, dass in Baugebieten öffentliche Kanäle in privaten Wegen oder auch durch private Grundstücke verlaufen. Besonders private Erschließungsträger bieten häufig solche Lösungen an. Andererseits ist es manchmal unvermeidlich private Grundstücke zu nutzen, wenn z. B. eine lange Transportkanalleitung teilweise Felder, Wiesen oder Hausgärten unvermeidbar kreuzt und deren Besitzer zu einem Verkauf nicht bereit sind. In diesen privaten Flächen müssen die Kanal-Leitungen und sonstigen Bauwerke zunächst gebaut und später unterhalten, ggf. saniert oder neu gebaut werden können. Dazu müssen die Flächen in bestimmten Abständen begangen und mit Baugerät und Arbeitsmaschinen befahren werden können. In diesem Fall muss für das betroffene Privat-Grundstück ein sogenanntes **Geh-, Fahr- und Leitungsrecht** erworben werden und zugunsten des Entwässerungsbetriebs oder der Gemeinde ins Grundbuch eingetragen werden.

5.6.3 Dienstbarkeiten

5.6.3.1 Grunddienstbarkeiten

In § 1018 BGB wird der Inhalt einer Grunddienstbarkeit wie folgt definiert: Ein Grundstück kann zugunsten des jeweiligen Eigentümers eines anderen Grundstücks belastet werden. *(Das eine Grundstück dient dann dem anderen, dem sogenannten „herrschenden".)* Die Belastung sieht so aus, dass das Grundstück in einzelnen Beziehungen benutzt werden darf oder dass auf dem Grundstück gewisse Handlungen nicht vorgenommen werden dürfen oder dass die Ausübung eines Rechts ausgeschlossen ist. Eine Grunddienstbarkeit kann nur in einer Belastung des *dienenden* Grundstücks bestehen, die für die Benutzung des *herrschenden* Grundstücks einen Vorteil bietet. In diesem Fall dient das Recht also einem Grundstück (daher: *Grund*dienstbarkeit).

5.6.3.2 Beschränkte persönliche Dienstbarkeit

Das Recht kann auch einer (juristischen) *Person*, wie z. B. einem Entwässerungsbetrieb, (daher: *persönliche* Dienstbarkeit) dienen.

Beschränkt ist die Dienstbarkeit, weil es nur einen genau zu beschreibenden beschränkten Vorteil für die Person bringt. In § 1090 BGB ist der Inhalt der *beschränkten persönlichen Dienstbarkeit* definiert: Ein Grundstück kann in der Weise belastet werden, dass derjenige, zu dessen Gunsten die Belastung erfolgt, berechtigt ist, das Grundstück in einzelnen Beziehungen zu benutzen, oder dass ihm eine sonstige Befugnis zusteht, die den Inhalt einer Grunddienstbarkeit bilden kann (beschränkte persönliche Dienstbarkeit). Der Umfang einer beschränkten persönlichen Dienstbarkeit bestimmt sich nach dem persönlichen Bedürfnis des Berechtigten.

Nach § 1092 ist eine beschränkte persönliche Dienstbarkeit grundsätzlich nicht übertragbar. Steht aber einer juristischen Person eine beschränkte persönliche Dienstbarkeit zu, die dazu berechtigt, ein Grundstück u. a. für Anlagen zur Fortleitung von Abwasser einschließlich aller dazugehörigen Anlagen, die der Fortleitung unmittelbar dienen, zu benutzen, so ist die Dienstbarkeit übertragbar (z. B. auf einen Rechtsnachfolger). Dann werden aus den im Grundstück verlegten Leitungen, die vorher wesentliche Bestandteile waren, wieder *Scheinbestandteile* (s. o.), die den Besitzer wechseln.

5.6.3.3 Gemeinsame Regelungen für Dienstbarkeiten (BGB §§ 1020 ff)

Bei der Ausübung einer Grunddienstbarkeit hat der Berechtigte das Interesse des Eigentümers des belasteten Grundstücks tunlichst zu schonen. Die Anlagen sind in ordnungsmäßigem Zustand zu erhalten, soweit das Interesse des Eigentümers es erfordert.

Die Belastung eines Grundstückes durch eine Dienstbarkeit ist angemessen zu entschädigen. Die Höhe der Entschädigung ergibt sich aus der Wertminderung des belasteten Grundstücks sowie aus dem wirtschaftlichen Nachteil. Wesentliche Parameter für die Bewertung des mit einem Leitungsrecht belasteten Grundstücks können sein:

- die noch mögliche Nutzung des belasteten Grundstücks
- ggf. Auswirkung der Belastung auf das Gesamtgrundstück
- Größe und Lage des Rechts und ggf. eines Schutzstreifens im Grundstück
- Art der Leitung bzw. der damit verbundenen Beschränkungen
- tatsächlich belastete Fläche (die größer als der Schutzstreifen sein kann)

Ein von einem Entwässerungsbetrieb benötigtes Geh-, Fahr- u. Leitungsrecht wird also in der Regel als *beschränkt persönliche Dienstbarkeit* entsprechend BGB §§ 1090 ff im Grundbuch gesichert. Einzelne, meist private, Grundstücke dagegen werden üblicherweise mit Hilfe einer *Grunddienstbarkeit* entsprechend BGB §§ 1018 ff erschlossen. Das Geh-, Fahr- u. Leitungsrecht auf dem vorderen Grundstück z. B. dient hier dann der Erschließung bzw. Bebauung eines dahinter liegenden Grundstücks.

Beispiel: Dienstbarkeit für die Stadt bzw. Gemeinde

1. Die Grundeigentümerin am Flurstück ...bestellt hiermit an den nachstehend näher bezeichneten Teilflächen (dienendes Grundstück)für die Stadt ...eine beschränkt persönliche Dienstbarkeit folgenden Inhalts:
   a) Die Stadt ... ist berechtigt, jederzeit und unentgeltlich auf den Flächen, welche in dem als Anlage ... beigefügten Lageplan rot (Beispiel-Farbe) unterlegt und gekennzeichnet sind, vorhandene Ver- und Entsorgungsleitungen zu nutzen bzw. Ver- und Entsorgungsleitungen einzulegen und dauernd dort zu belassen, hierzu und zum Zwecke der Wartung und Reparatur der Leitung das dienende Grundstück zu betreten und aufzugraben bzw. durch Beauftragte betreten und aufgraben zu lassen. Hierbei ist jeweils der vorher bestehende Zustand auf Kosten des Berechtigten unverzüglich wieder herzustellen.
   Der jeweilige Eigentümer und Besitzer des dienenden Grundstücks ist verpflichtet, alle Maßnahmen, welche den Bestand oder Betrieb der vorbezeichneten Anlagen gefährden können, zu unterlassen, insbesondere bei Errichtung von Gebäuden genügend Abstand vom Leitungsweg einzuhalten und diese nicht zu überbauen, desgleichen bei Anpflanzungen von Bäumen den Leitungsweg möglichst zu meiden.
   Der Leitungsweg ist in der dem dieser Urkunde als Anlage ... beigefügten Lageplan rot unterlegt und gekennzeichnet.

b) Die Stadt … ist ferner berechtigt, jederzeit und unentgeltlich über die Flächen, welche in dem als Anlage … beigefügten Lageplan rot unterlegt und gekennzeichnet sind, zu gehen und mit Fahrzeugen aller Art zu fahren. Für die rot unterlegte und gekennzeichnete Fläche beträgt die Breite des Ausübungsbereichs 5 Meter. (Bei großen Kanälen oder bei Trennsystem z. B.: jeweils 2,50 m seitlich der Kanäle.)
Der jeweilige Eigentümer und Besitzer des dienenden Grundstücks ist verpflichtet, alle Maßnahmen, welche die Ausübung des Geh- und Fahrtrechts gefährden können, zu unterlassen, insbesondere den Fahrweg nicht zu überbauen und den Fahrweg von Anpflanzungen freizuhalten.
Die Unterhaltung, Ausbesserung und Erneuerung der Fuhr obliegt dem Eigentümer des herrschenden Grundstücks. Schäden, die bei der Ausübung des vorbestellten Geh- und Fahrtrechtes entstehen, trägt der Berechtigte.
c) Die Stadt … ist jederzeit berechtigt, die Ausübung der Rechte aus dieser Dienstbarkeit entgeltlich oder unentgeltlich Dritten zu überlassen.

2. Der Eigentümer des dienenden Grundstücks verpflichtet sich, die vorstehend bestellte Dienstbarkeit nach Vorliegen des amtlichen Messungsergebnisses mit dessen Anerkennung zur Eintragung in das Grundbuch zu bewilligen und zu beantragen, und zwar an nächstoffener Rangstelle in Abteilung II des Grundbuchs, jedoch im Rang vor Rechten der Abteilung III des Grundbuchs. Die zu belastenden Flurstücke werden im Zuge der Beurkundung der Messungsanerkennung und Auflassung genau bezeichnet.
3. Bis zur Eintragung gelten die vorstehenden Regelungen in schuldrechtlicher Weise. ◀

5.6.3.4 Vorsicht: Bebauung trotz Leitungsrecht

Ist auf dem belasteten Grundstück eine Anlage, durch welche die Grunddienstbarkeit beeinträchtigt wird, errichtet worden, so unterliegt der Anspruch des Berechtigten auf Beseitigung der Beeinträchtigung der Verjährung, auch wenn die Dienstbarkeit im Grundbuch eingetragen ist. Mit der Verjährung des Anspruchs erlischt die Dienstbarkeit, soweit der Bestand der Anlage mit ihr in Widerspruch steht (§ 1028 BGB).

Wenn also der Eigentümer des belasteten Grundstücks eine bauliche Anlage, z. B. eine Garage, auf der Kanalleitung errichtet, dann kann deren Beseitigung nur innerhalb der Verjährungsfrist verlangt werden. Die Grundbucheintragung nützt dann auch nichts mehr. Das BGB sagt aber nicht, wann die Verjährung beginnt; mit Beginn der Baumaßnahme oder mit Kenntnis der Beeinträchtigung durch den Leitungsrechtsinhaber. Da im Rahmen der Baugenehmigung oder sogar Bau-Freistellung das Grundbuch sicher nicht eingesehen wird, kann die Entwässerung nur hoffen, dass ein EWS-Antrag gestellt werden muss und wird. In dem Fall müsste dann unbedingt die Überbauung des öffentlichen Kanals auffallen. Die EWS-Genehmigung und die privatrechtliche Genehmigung wegen des eingetragenen Geh-, Fahr- u. Leitungsrechts müssten verweigert werden. Ansonsten müssten die gequerten und so belasteten Privat-Grundstücke regelmäßig, z. B. einmal im Jahr durch kommunales Personal besichtigt werden.

Zwar stehen auch dem Berechtigten nach § 1027 gewisse Rechte zu, wenn eine Grunddienstbarkeit beeinträchtigt wird. Der Eigentümer des Rechts kann von dem Störer auch die Beseitigung der Beeinträchtigung verlangen. Die spätere Beseitigung von einmal errichteten baulichen Anlagen zugunsten einer unterirdischen Leitung bei Gericht durch zu setzten, wird sich aber in der Regel als schwierig erweisen.

5.6.3.5 Leitungsrechte im Bebauungsplan

Nach § 9 BauGB können aus städtebaulichen Gründen über einen Bebauungsplan festgesetzt werden:

13. die Führung von oberirdischen oder unterirdischen Versorgungsanlagen und -leitungen;
14. die Flächen für die Abwasserbeseitigung, einschließlich der Rückhaltung und Versickerung von Niederschlagswasser

    ...
21. die mit Geh-, Fahr- und Leitungsrechten zugunsten der Allgemeinheit oder eines Erschließungsträgers zu belastenden Flächen (§ 9 BauGB).

Durch diese Festsetzungen werden *nur* die planungsrechtlichen Voraussetzungen für eine spätere Inanspruchnahme der Flächen geschaffen. Gleichzeitig werden auch widersprechende Nutzungen durch den B-Plan verhindert, da die Festsetzung den Eigentümer hindert, das Grundstück in anderer Weise zu nutzen. Mit der Rechtskraft des Bebauungsplans wird dagegen noch kein tatsächliches Nutzungsrecht für das Begehen, Überfahren sowie das Verlegen und Unterhalten von Leitungen begründet. Das kann nur durch einen Vertrag oder durch die Bestellung von dinglichen Rechten im Grundbuch erfolgen (s. o.) oder notfalls auch im Wege einer Enteignung, dann aber natürlich gegen entsprechende Entschädigung.

Sind in einem Bebauungsplan solche Flächen mit besonderem Nutzungszweck festgesetzt, ist der Eigentümer aber nach § 40 BauGB in jedem Fall zu entschädigen, soweit ihm Vermögensnachteile entstehen. Zur Zahlung der Entschädigung ist der Begünstigte verpflichtet, wenn er mit der Festsetzung zu seinen Gunsten einverstanden ist.

5.6.3.6 Anforderungen an das Leitungsrecht oder Begründung im B-Plan:

Die mit Geh-, Fahr- und Leitungsrechten zu belastende Fläche dient der Unterbringung einer öffentlichen Kanalleitung. Der Streifen von *ca.* 6 m Breite (jeweils 2,50 m links und rechts der Leitungstrasse, – genau angeben!) ist von jeglicher *Bebauung* freizuhalten. Die *Bepflanzung des Schutzstreifens* mit tiefwurzelnden Bäumen oder Sträuchern ist zum Schutz der Leitung nicht gestattet. *Abgrabungen* zur Geländeregulierung sind im Leitungsbereich zu unterlassen (in steilen Gelände-Bereichen ist frostsichere Tiefe notwendig). Die Trasse sollte zum Zweck der Kontrolle und zu Wartungszwecken (jederzeit, mindestens aber, wenn ein Schacht in der Trasse liegt) auch mit schweren Fahrzeugen zugänglich sein. Auch eine Reparatur im Havariefall oder der Austausch der Leitung müssen möglich sein.

5.7 Straßen

Straßen sind aus Sicht eines Betreibers einer Entwässerungseinrichtung in doppelter Hinsicht wichtig. Einerseits sind Straßen, Wege und Plätze versiegelte öffentliche Flächen, die neben den privaten Flächen, jeweils etwa 50 % des anfallenden Niederschlagswassers liefern. Andererseits liegen die gemeindlichen Kanäle zum weitaus größten Teil in Straßen, also in öffentlichem Grund und Boden. Wenn die Kanäle in Straßen neu gebaut oder saniert werden müssen, ist es daher wichtig zu wissen: wer ist zu beteiligen, wer ist zuständig, wer erteilt die notwendigen Erlaubnisse, usw. …

5.7.1 Straßenklassen und die zuständigen Träger der Straßenbaulast

Die Straßengesetze: Bundesfernstraßengesetz und Bayerisches Straßen- u. Wegegesetz, (Landesgesetze) bestimmen je nach Verkehrsbedeutung der Straßen im Straßennetz verschiedene *Straßenklassen* und einen *Träger der Straßenbaulast.* Die *Straßenklassen* sind einerseits Fernstraßen wie Bundesautobahnen und Bundesstraßen, sowie regional bedeutend die Bayerischen Staatsstraßen, Kreisstraßen, Gemeindestraßen und sonstige öffentliche Straßen und Wege. Durch „Widmung" der Straßenbaubehörde wird eine neue Straße einer dieser Klassen zugeordnet, durch eine „Umstufung" kann sie später auch einer anderen Klasse zugeordnet werden. In einem Bestandsverzeichnis wird dies festgehalten (FStrG § 2). Private Straßen oder Privatwege sind aber von den oben genannten Straßenklassen abzugrenzen. Sie sind nicht gewidmet und somit auch nicht in einem Straßenbestandsverzeichnis eingetragen. Die *Straßenbaulast* umfasst alle mit dem Bau und der Unterhaltung der Straße zusammenhängenden Aufgaben (FStrG § 3). Die *Straßenbaubehörden* nehmen die hoheitlichen Aufgaben wahr, die sich aus der Straßenbaulast ergeben. Straßenbaubehörde ist für die Bundesautobahnen die Autobahn GmbH des Bundes; für die Bundes-, Staats- und teilweise auch die Kreisstraßen die staatlichen Bauämter der Bundesländer; im Übrigen sind die Landkreise mit ihren Bauämtern für die Kreisstraßen und sonst meistens die Gemeinden für Gemeindestraßen zuständig.

5.7.2 Baulast bei Ortsdurchfahrten

Die Baulast ist auf der freien Strecke relativ eindeutig geregelt (s. o.). Die überregionalen Straßen, die durch bebaute Orte führen, haben innerorts sogenannte Ortsdurchfahrten. Eine Ortsdurchfahrt ist der Teil einer Bundes-, Staats- und Kreisstraße, der innerhalb der geschlossenen Ortslage liegt, und auch zur Erschließung der anliegenden Grundstücke bestimmt ist oder der mehrfachen Verknüpfung des Ortsstraßennetzes dient. Geschlossene Ortslage ist der Teil des Gemeindegebiets, der in geschlossener oder offener Bauweise zusammenhängend bebaut ist (FStrG § 5). Die Ortsdurchfahrt als Unterhaltungsgrenze ist meist gekennzeichnet durch die an Grenzsteine erinnernden mit den Großbuchstaben OD gekennzeichneten Steine. Für Ortsdurchfahrten richtet sich die *Straßen-Baulast* nach der Größe und Leistungsfähigkeit der Gemeinden. Hat die Gemeinde mehr als 80.000 Einwohner, so ist sie auch für die *Bundesstraßen* Träger der Baulast im Bereich der Ortsdurchfahrt. Gemeinden mit über 50.000 Einwohnern können diese Baulast durch Erklärung erhalten. Meist ist die Gemeinde jedoch nur Baulastträger für Gehwege und Parkplätze. Die Fahrbahn und die Radwege sind dann in der Baulast des Bundes (FStrG § 5). Die Ortsdurchfahrtsgrenze ist nicht identisch mit dem bekannten gelben Schild mit schwarzer Schrift an

Ortsein- u. -ausgängen. Dieses sind die als „Orts-Schilder" bekannten Ortstafeln nach der Straßenverkehrsordnung (Zeichen 310 und 311 nach Anlage 3 zu § 42 Abs. 2 StVO). Diese zeigen nur für den Verkehr Anfang und Ende der geschlossenen Ortschaft an. Im Zug von *Staats- und von Kreisstraßen* sind Gemeinden mit mehr als 25.000 Einwohnern Träger der Straßenbaulast für die Ortsdurchfahrten. Bei einer Einwohnerzahl unter 25.000 hat die Gemeinde nur die Baulast für die Gehwege, Parkplätze und u. U. die Radwege. Für die Fahrbahn bleibt dann das Staatliche Bauamt Straßenbaubehörde; bei Kreisstraßen nur, wenn die Baulast vom Landkreis übertragen wurde (BayStrWG Art 42). Bei den *Gemeindestraßen* ist die Gemeinde Baulastträger; bei den sonstigen Straßen und Wegen können auch Eigentümer und Anlieger verpflichtet sein. Nach DIfU befinden sich in Bayern 400 km Bundesstraßen, 461 km Staatsstraßen, 343 km Kreisstraßen und 103.706 km Gemeindestraßen in der Baulast von Gemeinden (Deutsches Institut für Urbanistik gGmbH, 2015, Erstellung einer Geodatenbank aller Brücken und Straßen Deutschlands in kommunaler Baulast auf Basis von Open-Street-Map-Daten, Tabelle 13, https://difu.de/publikationen/2014/erstellung-einer-geodatenbank-aller-bruecken-und-strassen-deutschlands-in-kommunaler-baulast-auf, Letzter Zugriff 04.04.2023).

5.7.3 Nutzung des Straßenraums

Die Benutzung der Straßen für den Verkehr – im Rahmen ihrer Widmung – ist jedermann kostenfrei gestattet (Gemeingebrauch). Die Benutzung der Straßen über diesen Gemeingebrauch hinaus bedarf der Erlaubnis der Straßenbaubehörde (*Sondernutzung*); dafür können Sondernutzungsgebühren erhoben werden. Eine Sondernutzung liegt nur aber nur vor, wenn sich die Benutzung auf den *Verkehrsraum* auswirken kann. Hochbauten bzw. Bauliche Anlagen dürfen in bestimmten Entfernungen von Straßen grundsätzlich nicht errichtet werden (FStrG § 9, BayStrWG Art 23). Die Mindest-Entfernung ist abhängig von der Bedeutung der Straße (Straßenklasse). Das Bauverbot gilt nicht innerhalb von Ortsdurchfahrten zur Erschließung der anliegenden Grundstücke. Über mögliche Ausnahmen wird die Entscheidung entweder in einem Baugenehmigungsverfahren durch die untere Bauaufsichtsbehörde im Einvernehmen mit der Straßenbaubehörde getroffen oder, wenn kein Baugenehmigungsverfahren durchgeführt wird, in einem eigenen Verfahren nur durch die Straßenbaubehörde entschieden.

Eine Benutzung (von Bundesfernstraßen), die weder Gemeingebrauch noch Sondernutzung ist, ist eine sonstige Benutzung; diese richtet sich nach *bürgerlichem Recht*. Als eine sonstige Benutzung gilt auch eine Beeinträchtigung des Gemeingebrauchs von nur kurzer Dauer für Zwecke der öffentlichen Versorgung (FStrG § 8 Abs. 10), also z. B. auch Kanalbau. Kanäle liegen deutlich unter der Straße. Somit wird die Straße weder durch Gemeingebrauch noch durch Sondernutzung genutzt. Da Kanäle auch keine baulichen Anlagen im Sinne der BayBO sind und ohne Baugenehmigung gebaut werden können, ist in der Regel also eine gesonderte Genehmigung der Straßenbaubehörde notwendig. Auch für Straßen, die unter das Bayerische Straßen- u. Wegegesetz fallen, gilt das in ähnlicher Weise: Die Benutzung der Straßen für Zwecke der öffentlichen Versorgung regelt sich stets nach bürgerlichem Recht, es sei denn, dass der Gemeingebrauch nicht nur für kurze Dauer beeinträchtigt wird (Sondernutzung nach bürgerlichem Recht nach Art. 22 BayStrWG Abs. 2).

Soweit die Gemeinde nicht Träger der Straßenbaulast für die Ortsdurchfahrten ist, hat der Träger der Straßenbaulast die Verlegung von Leitungen, die der öffentlichen Versorgung einschließlich der Abwasserbeseitigung dienen, auf Antrag der Gemeinde unentgeltlich zu gestatten, wenn die Verlegung in seine Straßenteile erforderlich ist. Im Übrigen dürfen solche Leitungen nur mit Zustimmung der Gemeinde in den Ortsdurchfahrten verlegt werden. Die Gemeinde kann die Zustimmung nur aus wichtigem Grunde verweigern (StrWG S-H § 28). Der Abschluss eines solchen privatrechtlichen Gestattungsvertrages ist schriftlich bei der Straßenbauverwaltung zu beantragen. Im Antrag ist das geplante Vorhaben detailliert zu beschreiben. Dem Antrag sollten folgende Anlagen beigefügt werden: Lageplan, Grundrisse, Ansichten oder Schnitte des geplanten Vorhabens, Bauzeichnungen mit Bemaßung, Ausführungspläne, Fotos.

5.7.4 Privatrechtliche Gestattung der Flächennutzung

Da die Baulastträger in der Regel auch die Stellen sind, die die Flächen für den Bund, Land/Freistaat, Landkreis oder Gemeinde verwalten, müssen Aufgrabungen in Straßen oder Straßenkreuzungen mit diesen Stellen rechtlich abgesichert werden. Meist werden von den öffentlichen Stellen aber keine Grundbucheintragungen vorgenommen (s. o.), sondern es werden nur Gestattungsvereinbarungen getroffen. Das hat den Nachteil, dass im Grundbuch dann natürlich auch keine Auskunft über Leitungsrechte zu finden sind, sondern die Baulastträger ein funktionierendes Auskunftssystem haben müssen.

Eine unterirdische Nutzung der öffentlichen Straßenflächen kann durch die zugehörige Straßenentwässerung erfolgen, die auch noch ein Bestandteil der Straße ist. Darüber hinaus können jedoch noch viele weitere Leitungen in einer Straße liegen: Wasser, Gas, Strom, Licht, Telekommunikation, Abwasser, Fernwärme, usw. Die Gemeinden selbst, die Kirchen, die Bundeswehr, die US-Army und viele andere Stellen könnten im Bereich ihrer Einrichtungen und Gebäude ebenfalls Leitungen verlegt haben. Diese Leitungen müssen nicht zwangsläufig nur von öffentlichen örtlichen oder überregionalen Ver- u. Entsorgungsträgern stammen, sondern können auch private Leitungen sein, die sowohl parallel zur Straße wie auch senkrecht dazu als Hausanschlüsse verlaufen können; – und leider auch in jedem anderen Winkel zur Straßenrichtung! Kanäle liegen in der Regel tiefer als die o. g. Leitungen. Wenn die Kanäle also mit einem offenen Bauverfahren erreicht werden sollen, müssen vorher ggf. die oberhalb liegenden oder kreuzenden Leitungen umgelegt oder gesichert werden. Es ist nicht immer ganz leicht alle jeweils betroffenen Stellen zu finden. Auch wissen nicht alle Leitungsträger genau ob und wo ihre Leitungen zu finden sind. In jedem Fall sollten in einem Instruktionsverfahren die geplanten Baumaßnahmen allen bekannten Stellen mitgeteilt werden und deren Bestandspläne und Stellungnahmen eingeholt werden.

In den o. g. Gestattungs-Verträgen können z. B. die Dokumentation der späteren Leitungen, die ordnungsgemäße Unterhaltung, die Haftung für Schäden, Folgepflichten und -kosten bei Änderung der Straße sowie die technischen Bedingungen für die Wiederherstellung der Straße nach der Leitungsverlegung geregelt werden. Für die Aufgrabungen ist bei der *Straßenverkehrsbehörde* zusätzlich ein Antrag auf eine verkehrliche Anordnung zu stellen (s. u.).

Hinweis
Das Bundesministerium für Verkehr und digitale Infrastruktur hat zu dem Thema „*Richtlinien für die Benutzung der Bundesfernstraßen in der Baulast des Bundes (Stand: März 2020)*" veröffentlicht. Diese enthalten im Anhang folgende wichtige Anlagen:

Anlage B 4: Technische Bestimmungen für Arbeiten im Bereich der Straße
Anlage D 2: Muster eines Straßenbenutzungsvertrages für Leitungen der öffentlichen Versorgung in Bundesfernstraßen (MuV 1987)

Im Internet waren diese unter folgender Adresse abrufbar:
https://www.bmdv.bund.de/SharedDocs/DE/Anlage/StB/nutzungsrichtlinien-03-2020.html
(Letzter Zugriff 04.04.2023)

5.7.5 Anordnungen der Straßenverkehrsbehörden

Sämtliche Arbeitsstellen im tatsächlich öffentlich genutzten Verkehrsraum bedürfen zusätzlich einer *verkehrsrechtlichen Genehmigung*, neben den o. g. Gestattungen des Straßenbaulastträgers. Entsprechend den §§ 44 u. 45 der Straßenverkehrs-Ordnung (StVO) können die Straßenverkehrsbehörden die Benutzung bestimmter Straßen oder Straßenstrecken zur Durchführung von Arbeiten im Straßenraum beschränken oder verbieten und den Verkehr umleiten. Im Übrigen bestimmen die Straßenverkehrsbehörden wo und welche Verkehrszeichen und Verkehrseinrichtungen anzubringen und zu entfernen sind. Vor dem Beginn von Arbeiten, die sich auf den Straßenverkehr auswirken, müssen die Unternehmer – die Bauunternehmer, unter Vorlage eines Verkehrszeichenplans – von der zuständigen Behörde Anordnungen darüber einholen, wie ihre Arbeitsstellen abzusperren und zu kennzeichnen sind (StVO § 45 Abs 6).

Solch eine verkehrsrechtliche Anordnung enthält die Auflagen für die Sicherheit und Leichtigkeit des Verkehrs. Die Anordnungen können festlegen, ob und wie der Verkehr, auch bei teilweiser Straßensperrung, zu beschränken, zu leiten und zu regeln ist; ferner ob und wie die Unternehmer gesperrte Straßen und Umleitungen durch notwendige regelnde Verkehrszeichen und Verkehrseinrichtungen zu kennzeichnen haben. Die Anordnungen sind zu befolgen und erforderlichenfalls auch Lichtzeichenanlagen (Ampeln) zu bedienen.

Mit dem Gesetz über Zuständigkeiten im Verkehrswesen (ZustGVerk) hat Bayern geregelt welche Stellen für den Vollzug der StVO zuständig sind. Die Gemeinden sind demnach *örtliche* Straßenverkehrsbehörden. Die örtlichen Straßenverkehrsbehörden sind in ihrem Gemeindegebiet zuständig für Gemeindestraßen und sonstige öffentliche Straßen. Die Landratsämter sind Fachaufsichtsbehörden für die kreisangehörigen Gemeinden als örtliche Straßenverkehrsbehörde. Die Landratsämter, die kreisfreien Gemeinden und die Großen Kreisstädte sind in ihrem Zuständigkeitsbereich *untere* Straßenverkehrsbehörden; für die Bundesautobahnen jedoch das Fernstraßen-Bundesamt (FBA).

Die „*Verordnung über Zuständigkeiten im Bereich Verkehr (ZustVO-Verkehr)*", Niedersachsen, stellt beispielhaft Regelung in einem anderen Bundesland dar.

5.7.6 Sondernutzungsgebühren und Konzessionsabgaben

Nach § 8 (3) FStrG und nach Art 18 (2a) BayStrWG können für Sondernutzungen Sondernutzungsgebühren erhoben werden. Sie stehen in Ortsdurchfahrten den Gemeinden, im Übrigen dem Träger der Straßenbaulast zu. Das Staatsministerium des Innern regelt die Erhebung und Höhe der Sondernutzungsgebühren durch Rechtsverordnung, soweit sie dem Freistaat Bayern als Träger der Straßenbaulast zustehen. Die Landkreise und Gemeinden können dies durch Satzung regeln, soweit ihnen die Sondernutzungsgebühren zustehen. Für die Bemessung der Sondernutzungsgebühren sind Art und Ausmaß der Einwirkung auf die Straße und den Gemeingebrauch sowie das wirtschaftliche Interesse des Gebührenschuldners zu berücksichtigen.

Im Gesetz über die Elektrizitäts- und Gasversorgung (Energiewirtschaftsgesetz – EnWG) ist im § 46 Wegenutzungsverträge folgendes geregelt: Gemeinden haben ihre öffentlichen Verkehrswege für die Verlegung und den Betrieb von Leitungen, einschließlich Fernwirkleitungen zur Netzsteuerung und Zubehör, zur unmittelbaren Versorgung von Letztverbrauchern im Gemeindegebiet diskriminierungsfrei durch Vertrag zur Verfügung zu stellen. Unbeschadet ihrer Verpflichtungen nach Satz 1 können die Gemeinden den Abschluss von Verträgen ablehnen, solange das Energieversorgungsunternehmen die Zahlung von Konzessionsabgaben in Höhe der Höchstsätze verweigert und eine Einigung über die Höhe der Konzessionsabgaben noch nicht erzielt ist.

Konzessionsabgaben sind die Entgelte, die Energieversorgungsunternehmen (EVU) oder Wasserversorgungsunternehmen (WVU) an Gemeinden dafür zahlen, dass diese ihnen das Recht (Konzession) einräumen öffentliche Wege zu nutzen. Die Wege und Straßen werden für die Verlegung und den Betrieb von Leitungen genutzt, die der unmittelbaren Versorgung von Letztverbrauchern im Gemeindegebiet mit Strom, Gas und Wasser dienen. Die Konzessionsabgabenverordnung (KAV) und das Energiewirtschaftsgesetz (EnWG § 48) regeln nur die Zulässigkeit dieser Abgaben für Gas und Strom, nicht aber für Wasser. Rechtsgrundlage hierfür ist die sogenannte „*Anordnung über die Zulässigkeit von Konzessionsabgaben der Unternehmen und Betriebe zur Versorgung mit Elektrizität, Gas und Wasser an Gemeinden und Gemeindeverbände*" von 1941. Diese wurde durch o. g. Gesetze bezüglich Gas und Strom aufgehoben, ist dann aber für Wasser noch immer gültig und regelt in § 1: „*Von der Verkündung dieser Anordnung ab dürfen Konzessionsabgaben von Unternehmen und Betrieben zur Versorgung mit Elektrizität, Gas oder Wasser (Versorgungsunternehmen) an Gemeinden, Gemeindeverbände oder Zweckverbände nicht neu eingeführt oder erhöht werden.*"

Somit entfällt eine Konzessionsabgabe für Abwasser, da es hierfür keine Rechtsgrundlage gibt.

Konzessionsverträge mit Gas-, Wasser- oder Strom-Unternehmen werden oft sehr langfristig (20–30 Jahre) abgeschlossen. Wenn aber mal ein Neuabschluss geplant ist, sollten wegen der gemeinsamen Nutzung des Raums unter Straßen auch Entwässerungsbetriebe unbedingt beteiligt werden. Wichtige Regelungen sollten zu folgenden Themen getroffen werden: Lage und Tiefe der anderen Leitungen in der Straße, Mindest-Abstände zum Kanal, Kreuzungen, Kosten usw.

5.8 Bahnanlagen

Seit dem Beginn des Eisenbahnbaus in Deutschland, etwa ab dem Jahr 1840, durchscheiden Bahnlinien Stadtgebiete und Landschaften. Die vorhandenen Gewässer mussten damals bereits von der Bahn unter den Bahngleisen durchgeführt werden. Nachdem die modernen Kanalnetze meist aber ab Anfang des 20. Jahrhunderts entstanden sind, sind also diese Kreuzungen mit Bahnlinien erst entstanden als die Bahn bereits vorhanden war. Je nach Bauzeit des Kanals waren für den Bau der Bahn damals die jeweiligen Länderbahnen wie die Badischen-, Bayerischen-, Oldenburgischen-, Sächsischen-, Württembergischen Staatseisenbahnen oder die Mecklenburgische Landeseisenbahn oder die Preußisch-Hessische Eisenbahngemeinschaft zuständig. Nachfolger der einzelnen Länderbahnen waren nach dem Jahr 1920 die Deutschen Reichseisenbahnen, nach dem 2. Weltkrieg dann die Deutsche Bundesbahn im Westen und die Deutsche Reichsbahn im Osten. Heute sind die Deutsche Bahn AG und auch verschiedene Privatbahnen für den Betrieb der Bahnlinien zuständig.

5.8.1 Entwässerung

Bahnanlagen sind nach § 4 der Eisenbahn-Bau- und Betriebsordnung (EBO) alle Grundstücke, Bauwerke und sonstigen Einrichtungen einer Eisenbahn, die unter Berücksichtigung der örtlichen Verhältnisse zur Abwicklung oder Sicherung des Reise- oder Güterverkehrs auf der Schiene erforderlich sind. Aus Sicht von Entwässerungsbetrieben sind *Bahnanlagen* im Wesentlichen befestigte Flächen, von denen Niederschlagswasser eingeleitet wird. Zu den Eisenbahnbetriebsanlagen gehören aber insbesondere auch betriebliche Abwasseranlagen, die der Behandlung und Beseitigung der in den Betriebsanlagen anfallenden Abwässer dienen (VV BAU).

Wenn in Teilbereichen der Bahntrassen durchlässige Böden z. B. aus sandigen und kiesigen Schichten anstehen, die eine großflächige Versickerung des anfallenden Niederschlagswassers zulassen, wird meist eine Entwässerung über dezentrale Versickerung im Bereich der Bahnseitengräben erfolgen. Wenn der Untergrund der Bahntrasse aus überwiegend dichten Schichten besteht, die nur wenige Versickerungsmöglichkeiten für das anfallende Oberflächenwasser bieten, wird eine Entwässerung mit Einleitung in Vorfluter erfolgen. In diesen Bereichen wird das im Gleisbereich anfallende Niederschlagswasser, soweit es nicht über die Dammböschungen ins Gelände abgeführt werden kann, über Tiefenentwässerungsleitungen und Bahnseitengräben gesammelt und in die kreuzenden Vorfluter oder kommunale Kanäle abgeleitet. Insoweit sind dies mehr oder weniger gewöhnliche Grundstücksentwässerungsanlagen des jeweiligen Bahnbetreibers. Dort wo das Gleisbett in Bereichen mit hohem Grundwasser liegt, sind sogenannte Tiefenentwässerungen (Drainagen) unter den Schienen eingebaut. Deren Lage, Länge und Verlauf ist bei alten Gleisanlagen allerdings eventuell schwer aufzufinden.

5.8.2 Kreuzungen

Schwieriger wird es, wenn Kanäle eine Bahnanlage kreuzen. Die alten *Kreuzungsverträge* zwischen der damals jeweils zuständigen Bahn und der Gemeinde als Kanal- oder Straßenbetreiber sind bei den teilweise 100 und mehr Jahre alten Eisenbahnunter- oder -überführungen möglicherweise immer noch gültig, wenn die Kanäle ebenfalls das Alter haben und die Kreuzungsbauwerke unverändert erhalten geblieben sind. Grundbucheinträge zu Gunsten des Kanals gibt es in der Regel nicht, sondern statt dessen einen Gestattungsvertrag der Bahn. Da fast immer die Kanäle später hinzugekommen sind (Ausnahme: verrohrte Gewässer) ist davon auszugehen, dass das jeweils zuständige Eisenbahnunternehmen (s. o.) die Randbedingungen im Vertrag praktisch vorgegeben hat. Bei neueren Bahnlinien oder Straßen sind die Unterhaltslasten an Kreuzungs-Bauwerken möglicherweise auch in einem Planfeststellungsverfahren nach Eisenbahn- oder Straßenrecht geregelt worden. Dann ist im Vorfeld des Vertrags zunächst der Planfeststellungsbeschluss maßgebend.

5.8.3 Kreuzungen von Eisenbahn und Straße (EBKrG)

Das Eisenbahnkreuzungsgesetz (EBKrG) heißt in der Langform „Gesetz über Kreuzungen von Eisenbahnen und Straßen". Das ist wichtig, da entgegen der Annahme nicht jede Kreuzung mit einer Eisenbahnlinie hier geregelt wird, sondern nur die Kreuzung mit einer Straße. Diese Kreuzungen sind entweder *höhengleich (Bahnübergänge)* oder *nicht höhengleich (Überführungen)*. Um Verwechselungen zu vermeiden, wird aus Sicht der Bahn von Eisenbahn-Überführung oder Eisenbahn-Unterführung gesprochen. Beteiligte an einer Kreuzung sind das Unternehmen, das die Baulast des Schienenwegs der kreuzenden Eisenbahn trägt, und der Baulastträger der kreuzenden Straße. Wenn aber ein Abwasserkanal in der Straße liegt, ist die Kreuzung des Kanals mit der Bahn über die Straße mit erfasst, da der Kanal i. d. R. auch der Straßenentwässerung dient. Die weitere Regelung ist dann ggf. zwischen dem Träger der Straßenbaulast und dem Entwässerungsbetrieb zu treffen.

Erfordert die Linienführung einer neu zu bauenden Straße oder Eisenbahn eine Kreuzung, so hat der jeweils andere Beteiligte die neue Kreuzungsanlage zu dulden (§ 4). Wird solch eine neue Kreuzung hergestellt, so hat der Beteiligte, dessen Verkehrsweg neu hinzukommt, die Kosten der Kreuzungsanlage zu tragen; dazu gehören auch die Kosten für die notwendigen Änderungen des jeweils anderen Verkehrswegs (§ 11). Über Art, Umfang und Durchführung der Kreuzungsbaumaßnahme sowie über die Verteilung der Kosten sollen die Beteiligten eine Vereinbarung treffen (§ 5). In dieser *Kreuzungs-Vereinbarung* sollte dann auch der Unterhalt des Kanals geregelt sein. Meist wird der Unterhalt beim Entwässerungsbetrieb liegen. Wenn auch Niederschlagswasser der Bahn eingeleitet wird, könnte es eventuell eine abweichende Regelung geben. Kommt eine Vereinbarung nicht zustande, so kann jeder Beteiligte eine Anordnung in einem Kreuzungsrechtsverfahren beantragen (§ 6).

Manche Kreuzungsbauwerke gehen in die Tiefe, um die Lage des oben liegenden Verkehrswegs zu erhalten. In dem Fall greift das Bauwerk eventuell in das Grundwasser ein. Die dann notwendige Grundwasserwanne muss mit Hilfe eines Regenwasser-Pumpwerks entwässert werden. Bau, Betrieb und Unterhalt des Pumpwerks liegen beim Träger des tief liegenden Verkehrswegs. Für die Bemessung der Niederschlagswasser-Gebühr ist die Fläche der Grundwasserwanne maßgebend.

5.8.4 Kreuzungen von Eisenbahn und Kanal

Bei einer Kreuzung von neuem Kanal und bestehender Bahnlinie ist das betroffene Grundstück immer im Besitz der Bahn. In diesem Fall wird keine Kreuzungsvereinbarung sondern ein *Gestattungsvertrag zu den Bedingungen der Bahn* geschlossen.

Nach § 93 WHG kann die zuständige Behörde Eigentümer von Grundstücken, also auch die Bahn, verpflichten, das Durchleiten von Abwasser sowie die Errichtung und Unterhaltung der dazu dienenden Anlagen zu dulden, soweit dies zur Abwasserbeseitigung erforderlich ist. Das gilt allerdings nur, wenn das Vorhaben anders nicht ebenso zweckmäßig oder nur mit erheblichem Mehraufwand durchgeführt werden kann, und der von dem Vorhaben zu erwartende Nutzen erheblich größer als der Nachteil des Betroffenen ist. Dieser Nachweis ist aber nicht unbedingt erforderlich, da der Fall Leitungskreuzung mit Bahn als Regelfall von der Bahn durch Kreuzungsrichtlinien geregelt ist (s. Kapitel Neubau).

Nach § 4 Abs. 3 Allgemeines Eisenbahngesetz (AEG) sind die Eisenbahnen verpflichtet, ihren Betrieb sicher zu führen und die Eisenbahninfrastruktur sicher zu bauen und in betriebssicherem Zustand zu halten. Daher gelten im Bereich der Eisenbahnen besondere Anforderungen des Eisenbahn-Bundesamtes, die insbesondere in der „Verwaltungsvorschrift über die Bauaufsicht im Ingenieurbau, Oberbau und Hochbau (VV BAU)“ geregelt sind. In § 29 der VV BAU ist die Aufbewahrung der Unterlagen und die spätere Einsichtnahme geregelt: Wichtige Dokumente sind demnach vom Eisenbahn-Bundesamt streckenbezogen so lange aufzubewahren, bis die betreffenden baulichen Anlagen beseitigt sind. Eine Einsichtnahme durch andere am Bau Beteiligte ist zulässig; insbesondere bei alten Vereinbarungen oder Entwässerungsplänen könnte das hilfreich sein.

5.8.5 Verbreiterung von Bahnanlagen durch Neubau weiterer Schienenstränge

Der BGH hat in seinem Urteil vom 23.01.2014 – III ZR 94/13 in Bezug auf neue Kreuzungen der Bahn mit bestehenden Wasserleitungen ein richtungsweisendes Urteil gefällt. Die Klägerin in diesem Fall betreibt das bundesweite Eisenbahnschienennetz. Die Beklagte ist ein Wasserversorgungsunternehmen. Die Parteien streiten über die Kosten, die für die Verlegung einer Trinkwasserleitung der Beklagten im Zuge des Ausbaus einer Bahnstrecke anfielen:

„Leitsatz:

1. Es handelt es sich um die Herstellung einer neuen Kreuzung mit DB-Gelände (§ 1 Abs. 3 WKR 56), wenn auf von einer Wasserleitung durchquerten Grundstücken, die bislang nicht DB-Gelände sind, Eigentum oder ein Nutzungsrecht der Bahn entsteht.

Kosten, die anfallen, weil die Wasserleitung infolge der Bebauung des Grundstücks mit Verkehrs- und Betriebsanlagen der Bahn (§ 1 Abs. 4 Buchst. a WKR 56) verändert werden muss, hat danach gemäß § 5 Abs. 1 WKR 56 die Bahn zu tragen.

Dies gilt auch, wenn vorhandenes Bahngelände auf unmittelbar angrenzende Flurstücke ausgedehnt wird und sich die bisherigen und die neuen Grundstücke hernach aufgrund der tatsächlich-technischen Gegebenheiten als ein einheitliches Bahngelände darstellen (amtlicher Leitsatz).“

Der damalige Vertrag wurde unter Zugrundelegung der „Richtlinien über Kreuzungen von Wasserleitungen eines Unternehmens der öffentlichen Wasserversorgung (WVU) mit DB-Gelände oder DB-Wasserleitungen“ aus dem Jahr 1956 (WKR 56 oder Wasserleitungskreuzungsrichtlinien) geschlossen. Diese sind zwar heute nicht mehr gültig und treffen auf Kanäle auch nicht direkt zu, aber Kreuzungen von Kanälen mit Bahn-Grundstücken sollten sich nicht anders verhalten als Kreuzungen mit Wasserleitungen. Da hier entsprechend dem Verursacherprinzip die Bahn eine neue Kreuzung erstellt, sollte das höchstrichterliche Urteil auch für andere Kreuzungen mit der Bahn anwendbar sein. Wenn ein ähnlicher Fall eintritt: Bahn verbreitert ihre Strecken auf eine schon bestehende Kanalkreuzung, dann sollte anhand des Urteils geprüft werden, ob der hier vorliegende Fall nicht eventuell angewendet werden könnte. Auch nach § 11 des Gesetzes über Kreuzungen von Eisenbahnen und Straßen (EBKrG) hat ja der Beteiligte, dessen Verkehrsweg neu hinzukommt, die Kosten der Kreuzungsanlage zu tragen, wenn eine neue Kreuzung hergestellt wird. Zu ihnen gehören auch die Kosten der durch die neue Kreuzung notwendigen Änderungen des anderen Verkehrswegs.

5.8.6 Neubau von Kanal-Kreuzungen mit Bahnanlagen

Die Verlegung von Ver- und Entsorgungs-Leitungen (z. B. Gas, Wasser, Strom, Abwasser) im Bereich von Bahnanlagen der Deutschen Bahn ist an spezifische technische und rechtliche Rahmenbedingungen geknüpft, die bei Planung und Durchführung der Baumaßnahme zu beachten sind. Die Deutsche Bahn AG hat deshalb eine „Checkliste zur Verlegung von Leitungen auf Gelände der Deutschen Bahn (DB AG)“, 2014 bundesweit einheitlich eingeführt. Aus der Checkliste, Stand 2017 geht folgendes hervor:

„Die rechtlichen und technischen Grundsatze bzw. Regelungen über die Planung, Antragstellung und Realisierung einer Leitungskreuzung auf DB-Grundstucken sind in den sogenannten Kreuzungsrichtlinien verankert.

Diese Richtlinien sind zwischen der DB und den Dachverbänden der Unternehmen der öffentlichen Versorgung (z. B. BDEW) abgestimmt und maßgeblich zu beachten.

Es handelt sich dabei u. a. um die:

- *Gas- und Wasserleitungskreuzungsrichtlinien (Ril 877, GWKR 2012)*
- *Stromleitungskreuzungsrichtlinien (Ril 178, SKR 2000)*
- ...

Hinweis: Bei Verlegung von Leitungen außerhalb des Geltungsbereichs der o. g. Richtlinien werden Gestattungsvertrage, gemäß DB-interner Regularien abgeschlossen."

Für Abwasserkanäle gäbe es demnach keine abgestimmten Kreuzungsrichtlinien. Die „Gas- und Wasserleitungskreuzungsrichtlinien (Ril 877, GWKR 2012)" wurden jedoch zwischen der DB und dem Bundesverband der Energie- u. Wasserwirtschaft (BDEW) vereinbart. Entsprechend der Vereinbarung wird dort die Nutzung der DB Grundstücke auch für Abwasserleitungen der öffentlichen Abwasserentsorgung geregelt; die Richtlinien gelten seit 2012 also auch für neue Kreuzungen von Leitungen der Abwasserentsorgung mit DB-Gelände.

Die Checkliste der DB *„Verlegung von Leitungen auf Gelände der Deutschen Bahn"* ***(DB Netz AG 2017)*** liefert Informationen zu:

- den Ansprechpartnern bei den verantwortlichen Stellen innerhalb des DB-Konzerns insbesondere bei DB Immobilien und DB Netz AG (Technisches Baurecht)
- die grundlegenden geltenden Kreuzungsrichtlinien (z. B. Gas- und Wasserleitungskreuzungsrichtlinien, Stromleitungskreuzungsrichtlinien)
- Verfahrensabläufe im Rahmen der Zulassung einer Leitungskreuzung und der Technischen Abstimmung
- dem Umfang der einzureichenden technischen Unterlagen (Antragsunterlagen, Technische Nachweise) usw.

Unter anderem geht daraus hervor, dass wenn durch die Kanalbaumaßnahme Gefahren für die Sicherheit des Bahnbetriebs ausgehen, i. d. R. eine **besondere Betriebs- und Bauanweisung (Betra)** erforderlich wird. Die *Betra* regelt die spezifischen betrieblichen Sicherheitsbelange des Bahnbetriebes während der jeweiligen Bauarbeiten. Die Erstellung einer *Betra* ist durch einen sogenannten *„Bauüberwacher Bahn"* zu beantragen. Sie erfordert auf Seiten der DB wegen des zusätzlichen organisatorischen Aufwandes eine Bearbeitungszeit von *mindestens 6–14 Wochen*. Die Aufgaben des Bauüberwacher Bahn sind u. a. in den VV Bau geregelt.

Entsprechend der ***„Verwaltungsvorschrift über die Bauaufsicht im Ingenieurbau, Oberbau und Hochbau (VV BAU)"*** des Eisenbahn-Bundesamtes gibt es besondere Vorschriften für Bauprodukte, Bauarten, Komponenten und Bauverfahren im Bereich der Bahnanlagen. Nach § 11 dürfen diese dort nur verwendet werden, wenn sie zuvor vom Eisenbahn-Bundesamt zugelassen oder ihrer Verwendung im Einzelfall zugestimmt worden ist. So soll erreicht werden, dass die baulichen Anlagen bei ordnungsgemäßer Instandhaltung mindestens während einer angemessenen Zeitdauer gebrauchstauglich sind. Für die verwendeten Kanalrohre und Bauverfahren ist dies im Fall des Neubaus unbedingt zu beachten.

5.9 Gewässer

Gewässer sind hier hauptsächlich als Vorfluter für die Einleitungsstellen aus dem Kanalnetz oder der Kläranlage wichtig. Wenn Gewässer empfindlich sind, können die Anforderungen an die Einleitung verschärft werden. Aus Gewässern wird häufig auch Brauch-Wasser entnommen z. B. zu Spülzwecken. Gewässer können auch als Fremdwasser ober- und unterirdisch dem Kanalnetz zufließen. Was man über die Gewässer daher wissen muss, steht im Folgenden.

5.9.1 Einteilung

In § 2 WHG werden die verschiedenen Gewässertypen genannt, die es nach dem Gesetz gibt, und für die es auch anzuwenden ist:

1. oberirdische Gewässer,
2. Küstengewässer,
3. Grundwasser

Nachdem Einleitungen von Abwasser ins Grundwasser kaum genehmigungsfähig sind, werden im Folgenden nur noch die *oberirdischen* Gewässer weiter betrachtet.

Oberirdische Gewässer sind als das ständig oder zeitweilig in Betten fließende oder stehende oder aus Quellen wild abfließende Wasser definiert. Nach Art. 2 BayWG werden die oberirdischen Gewässer, mit Ausnahme des aus Quellen wild abfließenden Wassers, nach ihrer wasserwirtschaftlichen Bedeutung weiter eingeteilt in Gewässer verschiedener Ordnung.

1. Gewässer erster Ordnung (Gew. I): die Bundeswasserstraßen und die in dem BayWG anliegenden Verzeichnis (Anlage 1) aufgeführten landesweit bedeutenden Gewässer,
2. Gewässer zweiter Ordnung (Gew. II): Gewässer, die wasserwirtschaftlich, insbesondere wegen ihrer Wasser-, Geschiebe-, Schwebstoff- oder Eisführung, wegen ihrer ökologischen Funktionen oder wegen ihrer Nutzbarkeit von größerer Bedeutung sind. Das Staatsministerium ist ermächtigt, durch Rechtsverordnung das Verzeichnis der Gewässer zweiter Ordnung und ein Wildbachverzeichnis aufzustellen.
3. Wildbäche und Gewässer dritter Ordnung (Gew. III): In das Verzeichnis der Wildbäche sind die Gewässer dritter Ordnung eingetragen, die zumindest streckenweise wildbachtypische Eigenschaften aufweisen. Gew. III. Ordnung sind dann auch alle anderen Gewässer, die nicht im Einzelnen gelistet sind.

Altarme, die mit dem jeweiligen Gewässer bei Mittelwasserstand verbunden sind, Nebenarme, Flutmulden, Hafengewässer und ähnliche Verzweigungen eines Gewässers (ausgenommen Seitenkanäle) gehören zu der Ordnung des Gewässers, das dieses an der Stelle hat, an der das Seitengewässer vom Hauptgewässer abzweigt (BayWG Art 2). Die Wassergesetze gelten somit auch für Teile der Gewässer.

Kleine Gewässer von wasserwirtschaftlich untergeordneter Bedeutung, insbesondere Straßenseitengräben als Bestandteil von Straßen, oder Be- und Entwässerungsgräben sind dagegen teilweise ausgenommen.

▶ In Niedersachsen z. B. ist es wie in Bayern; in NRW dagegen gibt es nur Gewässer erster und zweiter Ordnung sowie Sonstige Gewässer, und keine Gew. III.

In Bayern in der VVWas Nr. 1.2.1 wird *„wasserwirtschaftlich untergeordnete Bedeutung" definiert*:

Ob Be- oder Entwässerungsgräben, Teiche oder Weiher tatsächlich von wasserwirtschaftlich untergeordneter Bedeutung sind, richtet sich insbesondere nach ihrem bestehenden ökologischen Wert, dem oberirdischen Einzugsgebiet, ihren Wirkungen auf den Wasserhaushalt und ihren Nutzungen.

Kriterien für ein Gew. III. Ordnung sind insbesondere auch, wenn sie ein Einzugsgebiet von mehr als 50 ha aufweisen oder wenn sie der Einleitung von häuslichem oder gewerblichem Abwasser dienen. Im Zweifel ist eine Äußerung des zuständigen Wasserwirtschaftsamtes zur Frage der wasserwirtschaftlichen Bedeutung einzuholen. Nach Nr. 1.2.2 VVWas (Bayern) sind *Straßenseitengräben* keine Gewässer, sondern als Bestandteil der Straße Abwasseranlagen. Natürliche oder künstliche Gewässer, die abschnittsweise entlang einer Straße verlaufen und dabei auch die Funktion eines Straßenseitengrabens übernehmen, bleiben dagegen Gewässer im Sinn der Wassergesetze.

5.9.2 Bundeswasserstraße (WaStrG)

Bundeswasserstraßen nach dem Bundeswasserstraßengesetz (WaStrG) sind die Binnenwasserstraßen des Bundes, die dem allgemeinen (Schiffs-)Verkehr dienen und die Seewasserstraßen. Als Binnenwasserstraßen gelten die in der Anlage 1 zum Gesetz aufgeführten Wasserstraßen. (Das sind in Bayern z. B. – in Fließrichtung – der Main ab Bamberg, die Donau ab Kehlheim und der Main-Donau-Kanal sowie Teile von Altmühl, Regen und Regnitz.) Dazu gehören auch alle Gewässerteile,

- die mit der Bundeswasserstraße in ihrem Erscheinungsbild als natürliche Einheit anzusehen sind,
- mit der Bundeswasserstraße durch einen Wasser-zu- oder -abfluss in Verbindung stehen, und
- im Eigentum des Bundes stehen (§ 1).

5.9.3 Gewässerbewirtschaftung

Die Gewässer sind nach § 6 WHG nachhaltig zu bewirtschaften, insbesondere auch mit dem Ziel, ihre Funktions- und Leistungsfähigkeit als Bestandteil des Naturhaushalts und als Lebensraum für Tiere und Pflanzen zu erhalten und zu verbessern, insbesondere durch Schutz vor nachteiligen Veränderungen von Gewässereigenschaften. Gewässer, die sich in einem natürlichen oder naturnahen Zustand befinden, sollen in diesem Zustand erhalten bleiben. In § 29 WHG sind die Bewirtschaftungsziele vorgegeben: ein guter ökologischer und ein guter chemischer Zustand der oberirdischen Gewässer sowie ein gutes ökologisches Potenzial und ein guter chemischer Zustand der *künstlichen und erheblich* veränderten Gewässer waren bis zum Ende 2015 zu erreichen. Die meisten Bundeswasserstraßen sind „erheblich veränderte" und „künstliche" Gewässer. Bei der Gewässerbewirtschaftung sind sie somit Sonderfälle. Diese sollten bis zum Ende 2015 das „gute ökologische Potenzial" aufweisen. Die Ziele des Jahres 2015 sind auch bisher nicht erreicht worden; die Ziele jedoch bleiben! Der chemische Zustand von Fließgewässern wird auf Grundlage von Umweltqualitätsnormen (UQN) beurteilt. Wird eine solche Norm überschritten, kann der Bach oder der Fluss den guten Zustand nicht erreichen. Dann werden von den zuständigen Behörden Maßnahmen zur Senkung der Stoffeinträge ergriffen, die Auswirkungen auf die Einleitungen haben können. Die zuständige Behörde kann die o. g. Frist unter bestimmten Umständen auch verlängern; dies wird wegen der fortgeschrittenen Zeit wohl erfolgen müssen. Darüber hinaus sind abweichende Bewirtschaftungsziele in § 30 und Ausnahmen von den Bewirtschaftungszielen in § 31 WHG genannt.

Nach den §§ 5 u. 6 der *Verordnung zum Schutz der Oberflächengewässer (Oberflächengewässerverordnung – OGewV)* des Bundes erfolgt die Einstufung des ökologischen Zustands und des ökologischen Potenzials sowie des chemischen Zustands. Die **Einstufung des ökologischen Zustands** eines Oberflächenwasserkörpers richtet sich nach den dort in Anlage 3 aufgeführten Qualitätskomponenten. Die zuständige Behörde stuft den ökologischen Zustand eines Oberflächenwasserkörpers in die Klassen sehr guter, guter, mäßiger, unbefriedigender oder schlechter Zustand ein. Die **Einstufung des ökologischen Potenzials** eines künstlichen oder erheblich veränderten Oberflächenwasserkörpers richtet sich auch nach verschiedenen Qualitätskomponenten und wird in die Klassen höchstes, gutes, mäßiges, unbefriedigendes oder schlechtes Potenzial eingestuft. Die zuständige Behörde stellt den ökologischen Zustand oder das ökologische Potenzial eines Gewässers auf einer gesonderten Karte dar. Die Einstufung des ökologischen Zustandes erfolgt u. a. anhand folgender Qualitätskomponenten (QK):

- Biologische QK: Fische, Gewässerflora
- Chemische QK: Temperatur, Sauerstoffgehalt, Nährstoffe N, P.

Der „gute ökologische Zustand" ist erreicht, wenn alle biologischen Qualitätskomponenten mindestens mit „gut" bewertet werden, die festgelegten Schadstoff-Konzentrationen eingehalten werden, und die Funktionsfähigkeit des Ökosystems gewährleistet ist.

5.9.4 Benutzung eines Gewässers

Nach § 8 WHG bedarf die Benutzung eines Gewässers der Erlaubnis. Hier ist nur die Eigenschaft des Gewässers maßgebend und nicht die Gewässer-Ordnung. Nach § 9 WHG sind u. a. Benutzungen im Sinne dieses Gesetzes:

- das Entnehmen und Ableiten von Wasser
- das Einbringen und Einleiten von Stoffen in Gewässer (durch Kanal oder Klärwerk).

Als Benutzungen gelten auch

- das Aufstauen, Absenken und Umleiten von Grundwasser durch Anlagen (z. B. durch Tiefgaragen, tiefe Keller oder Pfahlgründungen)
- Maßnahmen, die geeignet sind, dauernd oder in einem nicht nur unerheblichen Ausmaß nachteilige Veränderungen der Wasserbeschaffenheit herbeizuführen.

Die Einleitungen des Klärwerks, aus Mischwasserentlastungen und aus Regenkanälen sind die wichtigsten Benutzungen der Gewässer eines Entwässerungsbetriebs. Hierfür ist in der Regel jeweils eine Gehobene Erlaubnis erforderlich. Da sie meist nach spätestens 20 Jahren ausläuft, ist hier unbedingt darauf zu achten, rechtzeitig alles zu tun, um eine erneute Erlaubnis zu bekommen (s. u.).

5.9.5 Gewässerverunreinigung

Im § 324 des Strafgesetzbuchs (StGB) ist Gewässerverunreinigung als eine der Straftaten gegen die Umwelt genannt: Wer *unbefugt* ein Gewässer verunreinigt oder sonst dessen Eigenschaften nachteilig verändert, wird mit Freiheitsstrafe bis zu fünf Jahren oder mit Geldstrafe bestraft (§ 324 StGB). Auch der Versuch ist strafbar; bei Fahrlässigkeit reduziert sich nur das Strafmaß. Die Befugnis ein Gewässer legal zu verunreinigen ist in diesem Fall wohl die o. g. notwendige wasserrechtliche Einleitungs-Erlaubnis.

5.9.6 Eigentum und Unterhalt

Das Eigentum an einem Gewässer erster oder zweiter Ordnung hat in der Regel der Freistaat Bayern bzw. das jeweilige Bundesland, bei Bundeswasserstraßen der Bund; die übrigen Gewässer sind in der Regel im Eigentum von Gemeinden oder Dritter. Bildet ein fließendes Gewässer kein selbstständiges Grundstück, so ist es Bestandteil der Ufergrundstücke. Das Wasser eines fließenden oberirdischen Gewässers und das Grundwasser sind nicht eigentumsfähig (§ 4 WHG). Das Grundeigentum berechtigt nicht zu einer Gewässerbenutzung, die einer behördlichen Zulassung bedarf.

Nach Art. 22 BayWG obliegt die Unterhaltung

1. der Gewässer erster Ordnung dem Freistaat Bayern unbeschadet der Aufgaben des Bundes als Eigentümer von Bundeswasserstraßen,
2. der Gewässer zweiter Ordnung dem Freistaat Bayern,
3. der Gewässer dritter Ordnung den Gemeinden als eigene Aufgabe, soweit nicht Wasser- und Bodenverbände dafür bestehen, in gemeindefreien Gebieten den Eigentümern.

Anstelle des Trägers der Unterhaltungslast nach Nr. 3 obliegt dem Freistaat Bayern die Unterhaltung der ausgebauten und als solche im Wildbachverzeichnis eingetragenen Wildbachstrecken. Bei Baumaßnahmen am Gewässer sind Eigentümer und Unterhaltspflichtige dann auf jeden Fall zu beteiligen.

Sonder-Unterhalt: Den Unternehmern von Wasserbenutzungsanlagen oder sonstigen Anlagen in oder an Gewässern obliegt die Unterhaltung des Gewässers insoweit, als sie durch diese Anlagen bedingt ist (BayWG Art 40 Abs 3). Durch den Genehmigungsbescheid wird bei einer Einleitungsstelle der Einleiter unterhaltspflichtig z. B. für das Gewässer-Ufer 5 m oberhalb und 10 m unterhalb der Einleitungsstelle. Die speziellen Unterhaltsregeln außerhalb von Bayern müssen den jeweiligen Wassergesetzen der anderen Bundesländer entnommen werden.

5.9.7 Wasserbuch

Nach § 87 WHG sind über die Gewässer Wasserbücher zu führen. In das Wasserbuch sind insbesondere einzutragen:

1. erteilte Erlaubnisse, die nicht nur vorübergehenden Zwecken dienen sowie Planfeststellungsbeschlüsse und Plangenehmigungen,
2. Wasserschutzgebiete,
3. Risikogebiete und festgesetzte Überschwemmungsgebiete.

Die Wasserbücher werden bei den Kreisverwaltungsbehörden geführt. Bei Unklarheiten z. B. über vorhandene Erlaubnisse oder Festsetzungen aus alten Planfeststellungen kann eine Nachfrage dort hilfreich sein.

5.9.8 Gewässeraufsicht

Nach § 100 WHG ist es Aufgabe der Gewässeraufsicht, die Gewässer sowie die Erfüllung der öffentlich-rechtlichen Verpflichtungen zu überwachen. Die zuständige Behörde ordnet auch die Maßnahmen an, die im Einzelfall notwendig sind, um Beeinträchtigungen des Wasserhaushalts zu vermeiden oder zu beseitigen oder die Erfüllung von Verpflichtungen sicherzustellen. Zulassungen, wie z. B. Erlaubnisse sind regelmäßig sowie aus besonderem Anlass durch die Gewässeraufsicht zu überprüfen und, soweit erforderlich, anzupassen.

Nach § 101 WHG hat die Gewässeraufsicht einige Befugnisse. Bedienstete und Beauftragte der zuständigen Behörde sind im Rahmen der Gewässeraufsicht befugt:

- technische Ermittlungen und Prüfungen vorzunehmen,
- zu verlangen, dass Auskünfte erteilt, Unterlagen vorgelegt und Arbeitskräfte, Werkzeuge und sonstige technische Hilfsmittel zur Verfügung gestellt werden,
- Betriebsgrundstücke und -räume während und außerhalb der Betriebszeit unter bestimmten Umständen zu betreten. Das Grundrecht der Unverletzlichkeit der Wohnung (Artikel 13 des Grundgesetzes) wird damit entsprechend eingeschränkt.

Nach Art. 58 BayWG obliegt die *Gewässeraufsicht* (in Bayern) den Kreisverwaltungsbehörden. Die *technische* Gewässeraufsicht obliegt den Wasserwirtschaftsämtern soweit nicht Fachaufgaben den Kreisverwaltungsbehörden übertragen sind. Die technische Gewässeraufsicht

- ermittelt die für die Wasserwirtschaft notwendigen Daten und Grundlagen (gewässerkundliches Messwesen). Sie gibt dann auch Gutachten zu solchen Daten ab, und ermittelt z. B. Werte wie HQ 100, MW oder NW.
- überwacht die Gewässer sowie die sie beeinflussenden Anlagen und Nutzungen stichprobenartig, objektbezogen und nach pflichtgemäßem Ermessen (Gewässer- und Anlagenüberwachung).

Die für die technische Gewässeraufsicht zuständigen Behörden (Wasserwirtschaftsämter) können *private Sachverständige* oder Prüflaboratorien mit Kontrollen, Messungen und Untersuchungen beauftragen; die Beauftragten handeln dann im Namen und auf Weisung der Behörde (BayWG Art. 58). Die Betreiber von Abwasseranlagen, aus denen erlaubnispflichtig in Gewässer oder genehmigungspflichtig in öffentliche Abwasseranlagen eingeleitet wird, müssen nach Art. 59 BayWG die Kosten der behördlichen Überwachung tragen. Die Kosten können auch als Pauschalbeträge entsprechend Kostengesetz erhoben werden. Die vorgeschriebene *Häufigkeit* der Technischen Gewässeraufsicht bei Abwasseranlagen ergibt sich aus Anlage 2 zum BayWG: so soll z. B. kommunales und biologisch abbaubares Abwasser von mehr als 10.000 EW 3× jährlich überwacht werden.

5.9.9 Verrohrtes Gewässer oder Kanal

Diese Frage hat das Bundesverwaltungsgericht mit seiner Entscheidung vom 27.01.2011, Aktenzeichen: 7 C 3/10 höchstrichterlich geklärt. Im Folgenden wird im Wesentlichen aus dieser Entscheidung zitiert:

„Kennzeichnend für ein oberirdisches Gewässer ist danach die nicht nur gelegentliche Wasseransammlung in einem Gewässerbett.“ Mit dem Begriff des Gewässerbettes ist „eine äußerlich erkennbare, natürliche oder künstliche Begrenzung des Wassers in einer Eintiefung an der Erdoberfläche gemeint. Befindet sich das Wasser an einem solchen Ort, ist es in den natürlichen Wasserkreislauf eingebunden und hat Anteil an den Gewässerfunktionen.“

An der Einordnung als oberirdisches Gewässer ändert auch eine Unterbrechung im oberirdischen Wasserlauf durch unterirdische Teilstrecken – etwa in Felsdurchlässen oder -höhlungen, in Rohren, Tunneln oder Dükern – zunächst nichts. Eine Wasserführung wird erst dann aus dem wasserrechtlichen Regelungsregime entlassen, wenn mit dem Wegfall des Gewässerbettes eine *Absonderung vom natürlichen Wasserhaushalt* einhergeht.

„Der Maßstab für den Verlust der Gewässereigenschaft ist letztlich die Absonderung vom natürlichen Gewässerhaushalt, die sich insbesondere in der Beeinträchtigung der Gewässerfunktionen zeigt.

Ob diese bei einer Unterbrechung der offenen Wasserführung (durch eine Rohrleitung) von einem solchen Gewicht ist, dass der Zusammenhang mit dem Wasserhaushalt gelöst erscheint, muss sich daran messen lassen, ob das Wasser (nach der Rohrleitung) weiterhin in den natürlichen Wasserkreislauf eingebunden ist.

Hierfür ist unbeachtlich, ob das Gewässer vor und nach der unterirdischen Wasserführung rechtlich identisch ist. Vielmehr kann die Einbindung in den natürlichen Wasserkreislauf bei einer funktionsbezogenen, an den tatsächlichen Gegebenheiten orientierten Betrachtungsweise auch dann zu bejahen sein, wenn die unterirdische Wasserführung das Wasser von einem Gewässer in das nächste leitet." (Ein Gewässer kann also auch über eine Rohrleitung in ein anderes Gewässer münden!).

„Demgegenüber endet die Gewässereigenschaft, wenn der Wasserlauf vollständig in eine Abwasseranlage einbezogen wird" (Bundesverwaltungsgericht, Entscheidung vom 27.01.2011, Aktenzeichen: 7 C 3/10).

5.10 Haftung und Versicherung

Einerseits gehen von den gemeindlichen Entwässerungsanlagen Gefahren für Dritte aus, wie Überflutung von Kellern oder auch Gewässerverunreinigungen; darüber hinaus sind auch die gemeindlichen Mitarbeiter gefährdet durch mögliche Unfälle oder berufsbedingte Krankheiten. Andererseits können aber auch Gefahren von außen auf diese Anlagen einwirken.

Für die möglichen Schäden, die durch die Gefahren dann der Gemeinde, ihren Mitarbeitern oder Dritten entstehen, muss zunächst meist die Gemeinde haften. Daneben sind auch Haftungen aus geschlossenen Verträgen (z. B. mit an das Klärwerk angeschlossenen Gemeinden) möglich. Hier haftet eine Gemeinde, wenn sie ihren eingegangenen Verpflichtungen nicht nachkommt.

Gegen fast alle Schäden aber können sich die Gemeinde oder auch leitende Mitarbeiter bei einer Versicherungsgesellschaft versichern. Viele verschiedene Versicherungen bei ggf. unterschiedlichen Versicherungsgesellschaften können zu einem unübersichtlichen Gewirr und zu hohen laufenden Kosten führen. Doppelversicherungen sind möglich; laufende Investitionen z. B. in die Anlagen verändern die zu versichernden Gebäude- und Sachwerte.

Verkehrssicherungspflicht

> *„Eine gesetzliche Definition des Begriffes ‚Verkehrssicherung' gibt es nicht, obwohl der Begriff eine große praktische Bedeutung hat. Ausgehend von der Frage, bei welchem Verhalten oder Unterlassen eine derartige Verletzungshandlung gesehen werden kann, haben die Gerichte den Grundsatz entwickelt, dass derjenige, der eine Gefahrenquelle schafft, vorhält oder in sonstiger Weise hierfür verantwortlich ist, Schutzmaßnahmen zu treffen hat. Er ist also verkehrssicherungspflichtig. Erfüllt er diese Pflicht nicht, hat er Schadensersatz zu leisten"* (DWA-M 616).

5.10.1 Haftung

5.10.1.1 Allgemeine Haftung der Gemeinde statt ihrer Mitarbeiter

Grundsätzlich gilt nach § 823 BGB die allgemeine Schadensersatzpflicht: Wer vorsätzlich oder fahrlässig das Leben, den Körper, die Gesundheit, die Freiheit, das Eigentum oder ein sonstiges Recht eines anderen widerrechtlich verletzt, ist dem anderen zum Ersatz des daraus entstehenden Schadens verpflichtet.

Nach Art 34 des Grundgesetzes für die Bundesrepublik Deutschland verhält es sich bei einer Gemeinde jedoch anders: Verletzt jemand in Ausübung eines ihm anvertrauten öffentlichen Amtes (also der Mitarbeiter einer Gemeinde) die ihm einem Dritten gegenüber obliegende Amtspflicht, so trifft die Verantwortlichkeit grundsätzlich den Staat oder die Körperschaft, in deren Dienst er steht (also die Gemeinde oder den Zweckverband).

Bei **Vorsatz** *oder* **grober Fahrlässigkeit** *bleibt der Rückgriff* (der Gemeinde auf den Mitarbeiter) *vorbehalten.* In **Ausübung eines öffentlichen Amtes** bedeutet hier, dass der Mitarbeiter hoheitlich tätig ist. Wenn er allerdings nur privatrechtlich (fiskalisch) handelt, trifft der Artikel 34 des GG nicht zu.

Über den § 31 BGB in Verbindung mit § 89 BGB haftet aber auch hier die Gemeinde nach außen. § 31 BGB besagt: Der Verein ist für den Schaden verantwortlich, den der Vorstand, ein Mitglied des Vorstands oder ein anderer verfassungsmäßig berufener Vertreter durch eine in Ausführung der ihm zustehenden Verrichtungen begangene, zum Schadensersatz verpflichtende Handlung einem Dritten zufügt.

Über den § 89 BGB findet diese Vorschrift auf die Gemeinden und Verbände entsprechende Anwendung. Damit haftet zunächst immer die Gemeinde gegenüber Dritten; bzw. das Verhalten der Mitarbeiter wird ihr zugerechnet. Allerdings kann in den verschiedenen Fällen auch der Mitarbeiter in Regress genommen werden. Mindestens bei Vorsatz oder grober Fahrlässigkeit bleibt der Rückgriff der Gemeinde auf den Mitarbeiter vorbehalten. Die Schadensursache muss also detailliert geprüft werden.

5.10.1.2 Haftung als Aufsichtspflichtiger bzw. Ausbildungsbetrieb

Nach § 832 BGB haftet die Gemeinde auch als Aufsichtspflichtige, wenn sie minderjährige Personen beschäftigt oder ausbildet: Wer kraft Gesetzes zur Führung der Aufsicht über eine Person verpflichtet ist, die wegen Minderjährigkeit der Beaufsichtigung bedarf, ist zum Ersatz des Schadens verpflichtet, den diese Person einem Dritten widerrechtlich zufügt. Die Ersatzpflicht tritt nicht ein, wenn er seiner Aufsichtspflicht genügt oder wenn der Schaden auch bei gehöriger Aufsichtsführung entstanden sein würde. Wenn also ausgebildet wird, z. B. Fachkräfte für Abwassertechnik, dann müsste auch dieses in einer Haftpflicht-Versicherung mit berücksichtigt werden.

5.10.1.3 Haftung als Grundstücksbesitzer

Nach § 836 BGB haftet der Grundstücksbesitzer für die Gefahren, die von seinem Grundstück ausgehen: *Wird durch den* **Einsturz** *eines* Gebäudes oder eines anderen mit einem Grundstück verbundenen Werkes oder durch die Ablösung von Teilen des Gebäudes oder des Werkes ein Mensch getötet, der Körper oder die Gesundheit eines Menschen verletzt oder eine Sache beschädigt, so ist der Besitzer des Grundstücks, sofern der Einsturz oder die Ablösung die Folge *fehlerhafter Errichtung* oder *mangelhafter Unterhaltung* ist, verpflichtet, dem Verletzten den daraus entstehenden Schaden zu ersetzen.

Die Ersatzpflicht tritt nicht ein, wenn der Besitzer zum Zwecke der Abwendung der Gefahr die im Verkehr erforderliche Sorgfalt beobachtet hat. Hier kommt es also darauf an, dass die Bauwerke weder fehlerhaft errichtet noch mangelhaft unterhalten worden sind, und auch zusätzlich die erforderliche Sorgfalt angewandt wurde. Das Gleiche gilt auch für Gebäude oder Kanäle, die sich auf fremden Grundstücken befinden. Auch diese sind ordnungsgemäß zu bauen und zu unterhalten (§§ 837 u. 838 BGB). Das Letztere trifft dann auch für die auf dem Grundstück befindlichen *Bäume* zu. Die Gemeinden genügen dann ihrer Sicherungs- und Überwachungspflicht, wenn sie neben einer regelmäßigen Beobachtung z. B. auf trockenes Laub im Sommer, dürre Äste, Beschädigungen oder Frostrisse die Bäume dann fachkundig untersuchen, wenn besondere Umstände wie das Alter des Baums dies angezeigt erscheinen lassen:

„Ein natürlicher Astbruch, für den vorher keine besonderen Anzeichen bestanden haben, gehört auch bei hierfür anfälligeren Baumarten grundsätzlich zu den naturgebundenen und daher hinzunehmenden Lebensrisiken. Eine straßenverkehrssicherungspflichtige Gemeinde muss daher bei gesunden Straßenbäumen auch dann keine besonderen Schutzmaßnahmen ergreifen, wenn bei diesen – wie z. B. bei der Pappel oder bei anderen Weichhölzern – ein erhöhtes Risiko besteht, dass im gesunden Zustand Äste abbrechen und Schäden verursacht werden können" (Bundesgerichtshof in Karlsruhe, Urteil vom 6. März 2014 – III ZR 352/13).

▶ **„Richtlinien für Baumkontrollen zu Überprüfung zur Verkehrssicherheit –** Baumkontrollrichtlinien" (FLL)

5.10.1.4 Haftung als Inhaber des Kanalnetzes

Nach § 2 Haftpflichtgesetz (HaftPflG) besteht eine Haftung des Anlageninhabers einer Kanalisation für die Wirkungen, die vom Abwasser ausgehen, und für technisches Versagen der Kanalisation: Wird durch die Wirkungen von Gasen, Dämpfen oder Flüssigkeiten, die von einer Rohrleitungsanlage ausgehen, ein Mensch getötet, der Körper oder die Gesundheit eines Menschen verletzt oder eine Sache beschädigt, so ist der Inhaber der Anlage verpflichtet, den daraus entstehenden Schaden zu ersetzen. Das gleiche gilt, wenn der Schaden, ohne auf den Wirkungen der Gase, Dämpfe oder Flüssigkeiten zu beruhen, auf das Vorhandensein einer solchen Anlage zurückzuführen ist, es sei denn, dass sich diese zur Zeit der Schadensverursachung in ordnungsmäßigem Zustand befand. Auch eine gemeindliche Abwasserkanalisation gehört nach ständiger Rechtsprechung des BGH zu den Rohrleitungsanlagen im Sinne des § 2 Abs. 1 HPflG. Der BGH hat im genannten Urteil entschieden:

„Die durch eine chemische Reaktion der Abwässer entstandenen giftigen Gase sind ferner ‚von' der Anlage ausgegangen.

Die Wirkungshaftung des § 2 Abs. 1 Satz 1 HPflG setzt voraus, dass sich die mit dem konzentrierten Transport von Wasser oder anderen Flüssigkeiten in einer Rohrleitungsanlage typischerweise verbundene besondere Betriebsgefahr verwirklicht hat.

Hierbei haftet der Anlagebetreiber für jede Wirkung des in der Anlage transportierten Stoffes, sei sie physikalischer oder chemischer Natur.

Es liegt daher noch innerhalb des Schutzbereichs der Norm, wenn hier nicht unmittelbar die transportierten Abwässer, sondern in weiterer Folge erst der durch ihr Zusammentreffen entstandene Schwefelwasserstoff den Tod und die Verletzung der Bauarbeiter verursacht hat.

Unerheblich ist weiter, dass sich die Unfälle noch innerhalb der Rohrleitungsanlage ereignet haben und das schadensursächliche Gas die Anlage nicht verlassen hatte.

Notwendig ist lediglich ein Zusammenhang mit der Funktion der Anlage und den mit ihr verbundenen Gefahren, im vorliegenden Fall dem Transport der mit unterschiedlichen Stoffen versetzten und infolgedessen miteinander reagierenden Abwässer. Dieser Zusammenhang ist, wie dargelegt, gewahrt.

***Durch die Gefährdungshaftung geschützt sind auch die unmittelbar beim Betrieb der Anlage Beschäftigten*"** (BGH, Urteil vom 30.04.2008, Aktenzeichen: III ZR 5/07).

5.10.1.5 Haftung als Halter von Kraftfahrzeugen und Anhängern

Fast alle Gemeinden haben eigene Fahrzeuge als reine Fortbewegungsmittel für Mitarbeiter, zum Transport von Material oder als Arbeitsmaschinen; in größeren Gemeinden sind Saug- und Spülfahrzeuge oder Kanal-TV im Einsatz. Von allen diesen Fahrzeugen gehen im Straßenverkehr auch Gefahren aus. Daher verpflichtet das *Gesetz über die Pflichtversicherung für Kraftfahrzeughalter (Pflichtversicherungsgesetz, PflVG)* sogar jeden Halter eines Kraftfahrzeugs oder Anhängers, für sich, den Eigentümer und den Fahrer eine Haftpflichtversicherung zur Deckung der durch den Gebrauch des Fahrzeugs verursachten Personenschäden, Sachschäden und sonstigen Vermögensschäden abzuschließen und aufrechtzuerhalten, wenn das Fahrzeug auf öffentlichen Wegen oder Plätzen verwendet wird (StVG § 1 u. PflG § 1).

Wenn ein Fahrzeug z. B. nur innerhalb der Kläranlage, also nicht auf öffentlichen Straßen, benutzt wird, würde das also nicht gelten. Nach § 2 entfällt die Pflichtversicherung ebenfalls für

- Gemeinden mit mehr als einhunderttausend Einwohnern,
- die Gemeindeverbände sowie Zweckverbände, denen ausschließlich Körperschaften des öffentlichen Rechts angehören.

Bei diesen beiden wird unterstellt, dass sie groß genug wären eventuelle Folgeschäden durch Fahrzeuge komplett selbst zu tragen.

Halter von bestimmten besonderen Fahrzeugen sind ebenfalls ausgenommen:

- Kraftfahrzeuge, deren durch die Bauart bestimmte Höchstgeschwindigkeit sechs Kilometer je Stunde nicht übersteigt,
- selbstfahrenden Arbeitsmaschinen und Staplern, deren Höchstgeschwindigkeit 20 Kilometer je Stunde nicht übersteigt, wenn sie nicht den Vorschriften der Fahrzeug-Zulassungsverordnung unterliegen,
- Anhänger, die den Vorschriften über das Zulassungsverfahren nicht unterliegen.

5.10.2 Mögliche Risiken oder Gefahren

Der *DUDEN* (http://www.duden.de/rechtschreibung/Risiko) definiert das **Risiko** wie folgt: *„möglicher negativer Ausgang bei einer Unternehmung, mit dem Nachteile, Verlust, Schäden verbunden sind;* oder *mit einem Vorhaben, Unternehmen o. Ä. verbundenes Wagnis.*"

Hinweis

Das *Gesetz über die Beaufsichtigung der Versicherungsunternehmen (Versicherungsaufsichtsgesetz – VAG)* hat in der Anlage A die für den Bereich der Versicherungen relevanten Risiken aufgelistet, und u. a. folgende Einteilung der Risiken nach Sparten vorgenommen:

1. **Unfall**
2. **Krankheit**
3. **Landfahrzeug-Kasko (ohne Schienenfahrzeuge)**

...

7. **Transportgüter**
8. **Feuer- und Elementarschäden**
   Das sind sämtliche Sachschäden (soweit sie nicht unter die Nummern 3 bis 7 fallen), die verursacht werden durch:
   a) Feuer
   b) Explosion
   c) Sturm
   d) andere Elementarschäden außer Sturm
   e) Kernenergie
   f) Bodensenkungen und Erdrutsch
9. **Hagel-, Frost- und sonstige Sachschäden**
   Sämtliche Sachschäden (soweit sie nicht unter die Nummern 3 bis 7 fallen), die außer durch Hagel oder Frost durch Ursachen aller Art (wie beispielsweise Diebstahl) hervorgerufen werden, soweit diese Ursachen nicht unter Nummer 8 erfasst sind
10. **Haftpflicht für Landfahrzeuge mit eigenem Antrieb**

...

13. **Allgemeine Haftpflicht**
    Alle sonstigen Haftpflichtfälle, die nicht unter die Nummern 10 bis 12 fallen
14. **Kredit**
15. **Kaution**
16. **Verschiedene finanzielle Verluste**
    a) Berufsrisiken
    b) ungenügende Einkommen (allgemein)
    c) Schlechtwetter
    d) Gewinnausfall
    e) laufende Unkosten allgemeiner Art
    f) unvorhergesehene Geschäftsunkosten
    g) Wertverluste
    h) Miet- oder Einkommensausfall
    i) indirekte kommerzielle Verluste außer den bereits erwähnten
    j) nichtkommerzielle Geldverluste
    k) sonstige finanzielle Verluste

Das *Versicherungsvertragsgesetz – VVG* definiert im § 210 einige der o. g. Risikobereiche als **Großrisiken** für verschiedene Versicherungsarten, u. a. unter der Nr. 3 die o. g. folgenden Risiken:

- Landfahrzeug-Kasko
- Feuer- und Elementarschäden
- Hagel-, Frost- und sonstige Sachschäden
- Haftpflicht für Landfahrzeuge mit eigenem Antrieb
- Allgemeine Haftpflicht
- Verschiedene finanzielle Verluste

für Sach-, Haftpflicht- und sonstigen Schadensversicherungen bei Versicherungsnehmern, die mindestens zwei der folgenden drei Merkmale überschreiten, (also größeren Unternehmen):

a) 6.800.000 Euro Bilanzsumme,
b) 13.600.000 Euro Nettoumsatzerlöse,
c) im Durchschnitt 250 Arbeitnehmer pro Wirtschaftsjahr.

(VVG § 210 in Verbindung mit VAG Anlage 1).

Größere Entwässerungsbetriebe fallen in diesen Bereich. Mit *Großrisiko* ist hier wohl gemeint, dass in solchen größeren Betrieben auch von einer erhöhten Eintrittswahrscheinlichkeit auszugehen ist.

5.10.3 Versicherungen

5.10.3.1 Versicherungsunternehmen

Versicherungsunternehmen verpflichten sich mit dem Versicherungsvertrag, ein bestimmtes Risiko (s. o.) des Versicherungsnehmers oder eines Dritten durch eine (finanzielle) Leistung abzusichern, die sie bei Eintritt des vereinbarten Versicherungsfalles zu erbringen haben. Der Versicherungsnehmer ist verpflichtet, an den Versicherer die vereinbarte Zahlung (Prämie) zu leisten (VVG § 1).

In den §§ 5–11 VVG sind Detailregelungen zu finden über die Beratung und Information des Versicherungsnehmers, einen von den Absprachen abweichenden Versicherungsschein, das Widerrufsrecht des Versicherungsnehmers und Rechtsfolgen des Widerrufs sowie über Beginn und Ende der Versicherung inclusive Verlängerung oder Kündigung.

5.10.3.2 Mögliche Schäden

Die möglichen Schäden der Gemeinde sind:

- Personenschäden
- Sachschäden
- Vermögensschäden
- Schäden aus Rechtsstreit

5.10.3.3 Versicherungsschein (VVG § 3)

Der Versicherer hat dem Versicherungsnehmer einen Versicherungsschein (Urkunde) zu übermitteln. Der Versicherungsnehmer kann jederzeit vom Versicherer Abschriften der Erklärungen (zu Risiken und Gefahren) verlangen, die er mit Bezug auf den Vertrag abgegeben hat. Ist ein Versicherungsschein abhandengekommen oder vernichtet, kann der Versicherungsnehmer vom Versicherer die Ausstellung eines neuen Versicherungsscheins verlangen.

5.10.3.4 Gefahrerhöhung

Wenn eine Veränderung eintritt, die dazu führt, dass nach Abschluss der Versicherung der Eintritt eines Versicherungsfalls wahrscheinlicher oder der mögliche Schaden größer wird, dann wird im Gesetz über den Versicherungsvertrag (Versicherungsvertragsgesetz – VVG) von *Gefahrerhöhung* gesprochen.

► Der Versicherungsnehmer darf nach Abgabe seiner Vertragserklärung ohne Einwilligung des Versicherers keine Gefahrerhöhung vornehmen. Eine nachträgliche Gefahrerhöhung hat er dem Versicherer unverzüglich anzuzeigen (VVG § 23).

Der Versicherer kann ab dem Zeitpunkt der Gefahrerhöhung für diese höhere Gefahr entsprechend höhere Prämie verlangen, die Absicherung der höheren Gefahr ausschließen oder gar kündigen. Erhöht sich die Prämie als Folge der Gefahrerhöhung um mehr als 10 Prozent oder schließt der Versicherer die Absicherung der höheren Gefahr aus, kann der Versicherungsnehmer den Vertrag kündigen.

Tritt ein Versicherungsfall nach einer Gefahrerhöhung ein, ist der Versicherer nicht zur Leistung verpflichtet, wenn der Versicherungsnehmer seine Verpflichtungen vorsätzlich verletzt hat (s. VVG §§ 23–27). Bei laufenden Versicherungen verhält es sich teilweise anders (VVG §§ 57,58).

5.10.4 Überversicherung, Unterversicherung und Taxe (§§ 74–76 VVG)

Von einer Veränderung des Risikos oder der Gefahr (oben) ist zu unterscheiden die Veränderung der Summe der versicherten Sachen: Übersteigt bei Sachversicherungen die Versicherungssumme den Wert des versicherten Interesses (Versicherungswert) erheblich, so kann man verlangen, dass die Versicherungssumme zur Beseitigung der Überversicherung und unter Minderung der Prämie herabgesetzt wird. Eine zu hohe Versicherungssumme bekommt der Versicherte nicht.

Ist die Versicherungssumme dagegen erheblich niedriger als der Versicherungswert zur Zeit des Eintrittes des Versicherungsfalles (Unterversicherung), ist der Versicherer nur verpflichtet, die Leistung nach dem Verhältnis der Versicherungssumme zu diesem Wert zu erbringen. Der Versicherungswert kann auch durch Vereinbarung auf einen bestimmten Betrag (Taxe) festgesetzt werden. Grundsätzlich bleibt es dabei aber trotzdem bei den obigen Regeln.

Deshalb ist es sinnvoll, Veränderungen an den versicherten Gegenständen regelmäßig auch in den Verträgen anzupassen.

5.10.4.1 Versicherungsvermittler und Versicherungsberater

Versicherungsvermittler sind Versicherungsvertreter und Versicherungsmakler. *Versicherungsvertreter* arbeiten als angestellte Mitarbeiter für Versicherungen; Makler sind zwar selbständig, arbeiten aber ebenfalls indirekt für eine oder mehrere Versicherungen. Unabhängig ist nur ein Versicherungsberater. *Versicherungsberater* ist, wer gewerbsmäßig Dritte bei der Vereinbarung, Änderung oder Prüfung von Versicherungsverträgen berät oder gegenüber dem Versicherer außergerichtlich vertritt, *ohne von einem Versicherer einen wirtschaftlichen Vorteil zu erhalten oder in anderer Weise von ihm abhängig zu sein* (GewO § 34d).

5.10.4.2 Abwendung und Minderung eines Schadens (VVG § 82)

Der Versicherungsnehmer hat bei Eintritt eines Versicherungsfalles nach Möglichkeit für die Abwendung und Minderung des Schadens zu sorgen. Weisungen des Versicherers sind, soweit für zumutbar, zu befolgen sowie Weisungen einzuholen, wenn die Umstände dies gestatten.

5.10.5 Versicherungsarten (VVG)

Im Gesetz über den Versicherungsvertrag (Versicherungsvertragsgesetz – VVG) werden u. a. in den folgenden Abschnitten dezidiert aufgeführte Versicherungen genannt.

5.10.5.1 Haftpflichtversicherung

Bei der Haftpflichtversicherung ist der Versicherer verpflichtet, den Versicherungsnehmer von Ansprüchen freizustellen, die von einem Dritten auf Grund der Verantwortlichkeit des Versicherungsnehmers für eine während der Versicherungszeit eintretende Tatsache geltend gemacht werden (§ 100), und unbegründete Ansprüche abzuwehren (Kosten des Rechtsschutzes). Die Versicherung umfasst auch die gerichtlichen und außergerichtlichen Kosten, die durch die Abwehr der von einem Dritten geltend gemachten Ansprüche entstehen. Die Versicherung umfasst ferner die auf Weisung des Versicherers aufgewendeten Kosten der Verteidigung in einem Strafverfahren, das wegen einer Tat eingeleitet wurde, welche die Verantwortlichkeit des Versicherungsnehmers gegenüber einem Dritten zur Folge haben könnte. Der Versicherer hat die Kosten auf Verlangen des Versicherungsnehmers vorzuschießen.

Besteht die Versicherung für ein Unternehmen, erstreckt sie sich auf die Haftpflicht der zur Vertretung des Unternehmens befugten Personen sowie der Personen, die in einem Dienstverhältnis zu dem Unternehmen stehen (§ 102, Betriebshaftpflichtversicherung).

Der Versicherungsnehmer hat dem Versicherungsunternehmen innerhalb einer Woche einen möglichen Versicherungsfall anzuzeigen (§ 104). Zur Wahrung der Frist genügt die rechtzeitige Absendung der Anzeige.

5.10.5.2 Kommunale Haftpflichtversicherung

Kommunen benötigen über ihre Haftpflichtversicherung weitreichenden Versicherungsschutz für gesetzliche Haftungen, die sich aus ihren vielfältigen Aufgabenbereichen (z. B. Entsorgung von Abwässern) ergeben. Damit sind jeweils auch Risiken verbunden. Unzählige Gesetze, Verordnungen und Grundsatzurteile müssen von den ausführenden Personen beachtet werden. Auch bei sorgfältigster Arbeitsweise können Fehler unterlaufen, die in der Folge zu hohen Schadenersatzforderungen gegen die Kommune oder deren Mitarbeiter führen können. Die Haftpflichtversicherung muss der Kommune Deckungsschutz gewähren, wenn Dritte Schadenersatz fordern. Sie sollte Haftungsanfragen prüfen, berechtigte Ansprüche regulieren und unberechtigte abwehren. Ein wichtiges Element einer kommunalen Haftpflichtversicherung ist eine möglichst unbegrenzte Deckungssumme für Personen-, Sach- und Vermögensschäden.

Mit der Kommunalen Haftpflichtversicherung bieten viele Versicherer einen Versicherungsschutz an, der speziell auf die Verhältnisse von kommunalen Gebietskörperschaften zugeschnitten ist. Allerdings muss genau geprüft werden, welche Risiken über den Vertrag gedeckt sind, und für welche Risiken gesonderter Versicherungsschutz beantragt werden muss.

- Besteht Versicherungsschutz für die Entwässerung, auch als kommunales Unternehmen (A. ö. R.) oder als Eigenbetrieb?
- Sind Kläranlage, Kanalnetz und Pumpwerke eingeschlossen?
- Besteht der Höhe nach unbegrenzter oder begrenzter Versicherungsschutz für Personen-, Sach- und Vermögensschäden. Reicht die Höhe aus?
- Sind die Schäden aus technischer Tätigkeit eingeschlossen?
- Ist eine Umwelt-Haftpflichtversicherung eingeschlossen? Und reichen die Deckungssummen (z. B. 20–30 Mio. €)?

Beispiele für eine notwendige Haftpflichtversicherung:

- Fischsterben durch Abwasser im Gewässer, > Schaden für Fischereiberechtigte
- Straßeneinbruch durch defekten Kanal, > Schaden an Straße und Kfz, ggf. an Gebäuden
- Unfall in der Kläranlage, > Personenschaden durch Sturz, …

5.10.5.3 Kraftfahrzeug-Haftpflicht-Versicherung

Die Kfz-Versicherungen (also Haftpflicht- oder Kaskoversicherung) bedürfen keiner weiteren Erläuterung, da der Inhalt aus dem privaten Bereich allgemein bekannt ist. Die meisten Kommunen werden bei den o. g. Kommunalversicherern auch ihre Kfz mitversichert haben.

5.10.5.4 Sachversicherungen

Sachversicherungen ersetzen die versicherten Sachen jeweils zum Neuwert. Damit werden insbesondere Gebäude versichert. Zu prüfen wäre, ob z. B. auch unterirdische Bauwerke wie Pumpwerke, Installationsgänge oder Sonderbauwerke wie Regenbecken ebenfalls mit erfasst sind, oder überhaupt mit erfasst werden müssen.

Folgende Schäden können versichert werden:

- Feuer
- Betriebsunterbrechungsversicherung
- Fahrzeuganprall, Rauch, Überschalldruckwelle
- Einbruchdiebstahl, Raub und Vandalismus

- innere Unruhen, Streik und Aussperrung, böswillige Beschädigung
- Leitungswasser und Wasserlöschanlagenleckage
- Überschwemmung und Rückstau
- Sturm- und Hagelschaden
- Erdbeben/Tsunami
- Erdsenkung, Erdrutsch
- Schneedruck und Lawinen
- Vulkanausbruch
- Hochwasser
- Sonstige Elementarschäden
- Glas
- unbenannte Gefahren

5.10.5.5 Inhaltsversicherung für Gebäude oder ganze Betriebe

Mit einer Inhaltsversicherung kann man technische und/oder kaufmännische Betriebsausstattung wie Maschinen, Werkzeuge oder Büroausstattung sowie gelagerte Vorräte ebenfalls gegen Schäden durch die o. g. Probleme versichern. Teilweise können die Inhalte auch in einer Gebäudeversicherung inbegriffen sein. – Insbesondere Labore oder Messstationen können sehr teure Geräte enthalten, die ggf. versichert werden sollten.

Software, Kanaldatenbanken, Filme oder CDs von Kanälen können ebenfalls für eine Entwässerung sehr hohe Wiederbeschaffungswerte darstellen, die besonders versichert und/oder gelagert werden sollten, zum Beispiel im feuerfesten Tresor aber nicht im hochwassergefährdeten Keller. Diese technischen Gebäudeinhalte werden entweder in einer Inhaltsversicherung mit erfasst oder in einer gesonderten Elektronikversicherung.

5.10.5.6 Elektronikversicherung

Viele Prozesse in einem Entwässerungsbetrieb hängen von zuverlässig funktionierenden Geräten und Anlagen ab. Auch die finanziellen Folgen von Elektronikschäden z. B. an Anlagen und Geräten der Informations-, Kommunikations- und Bürotechnik sowie an elektrotechnischen und elektronischen Anlagen, wie einer digitalen Telefonanlage, Computernetzwerken oder spezielle Apparate (z. B. im Labor) können versichert werden. Auch Daten-Verluste infolge dieser Probleme könnten erhebliche Kosten verursachen. Schaltschränke an Sonderbauwerken sind oft relativ leicht zugänglich für Dritte und könnten z. B. umgefahren werden. Auch erreichbare Überwachungskameras für Toranlagen können im Falle des Diebstahls sehr teuer sein. Versicherungen leisten Entschädigung für Wiederbeschaffung bzw. Instandsetzung oder auch durch eine Erstattung der dafür erforderlichen Kosten. Eine Elektronikversicherung kann bei weiteren als nur den o. g. unvorhersehbaren Problemen leisten, z. B. bei:

- Kabel-Brand, Blitzschlag, Explosion
- Wasser oder Feuchtigkeit
- Kurzschluss oder Überspannung
- Diebstahl

aber auch im Falle von

- Bedienungs- oder Konstruktionsfehlerfehler,
- Mangelnde Wartung, Ungeschicklichkeit oder
- Vorsatz Dritter leisten.

5.10.5.7 Maschinenversicherung

Mit einer Maschinenversicherung sind können sowohl *stationäre* Maschinen als auch *fahrbare* und *transportable* Maschinen oder maschinelle Anlagen gegen unvorhersehbar eingetretene Teil- oder Totalschäden abgesichert werden. Stationäre Maschinen sind z. B.:

- Gasmaschinen oder BHKW
- Schnecken-, Kreisel- und sonstige Pumpen
- Turbogebläse
- Zentrifugen oder Filterpressen
- Schlammdesintegration
- Werkzeugmaschinen, wie Dreh-, Fräs- und Bohrmaschinen
- Große Schieber mit Motoren
- Induktive Durchfluss Messungen
- sonstige technische Anlagen

Bei Schäden können die notwendigen Reparaturkosten wie die Kosten für Ersatzteile, De- und Remontage, Transport inklusive Eil- und Expresszuschläge, Lohnkosten und lohnabhängige Kosten inklusive Sonntags-, Nacht- und Feiertagszuschläge mit versichert werden. Im Falle eines Totalschadens ersetzt eine Maschinenversicherung in der Regel den Zeitwert der Maschine abzüglich des Rest- bzw. Schrottwertes. Ähnlich wie bei der Elektronikversicherung kann eine Maschinenversicherung *zusätzlich* auch in folgenden Fällen einspringen:

- Materialfehler
- Versagen von Mess-, Regel- oder Sicherheitseinrichtungen

Hier sollte man nicht vergessen, dass es infolge eines Maschinenschadens auch zu einem Unterbrechungsschaden, also einem nachfolgenden Vermögensschaden kommen kann. Dies ist z. B. bei Blockheizkraftwerken der Fall, da der notwendige Strom oder die Wärme dann erheblich teurer beschafft werden müssen (Mehrkosten). Auch bei z. B. einer Schlammentwässerungsanlage kann ein Ausfall sehr teuer werden, da der anfallende Schlamm dann fremdentsorgt oder gespeichert werden müsste, was hohe Entsorgungs- und Transportkosten nach sich zieht könnte.

Die **fahrbaren und transportablen Maschinen**, können sein:

- Saug- u. Spülfahrzeuge, wenn nicht als Kfz versichert
- Kanal-TV-Fahrzeug, wenn nicht als Kfz versichert
- Mobile Pumpen
- Hub- und Gabelstapler oder Teleskoplader

- Mobile Notstromaggregate
- Spezielle Bohr- oder Sägegeräte
- Mobile Messgeräte (Niederschlag, Abfluss oder Güte im Kanal)

Diese Maschinen sollten auch wie die stationären versichert sein. Da sie jedoch vergleichsweise leicht zu transportieren sind, sind sie auch einem höheren Diebstahlrisiko ausgesetzt, weshalb das ggf. besonders mit zu versichern ist.

5.10.5.8 Bauleistungsversicherung

Die Bauleistungsversicherung ist auch eine Sachversicherung und gehört zu den technischen Versicherungen. Gegenstand dieser Versicherung sind die neu herzustellenden Bauwerke, Baustoffe und Bauteile, ggf. auch die zugehörigen Hilfsbauten und Bauhilfsstoffe. Versichert werden können Schäden, die während der Bauzeit an den versicherten Sachen entstehen. Eine Bauleistungsversicherung bietet damit einen Versicherungsschutz sowohl für den Bauherrn als auch den Auftragnehmer. In der Regel schließt sie der Bauherr, also die Kommune ab, wobei auch das Risiko der ausführenden Firmen mitversichert ist.

Die Behebung aller Schäden auf der Baustelle ist zwar grundsätzlich nur Sache der ausführenden Baufirma. Der Bauherr hat aber für die Schäden aufzukommen, die z. B. durch Höhere Gewalt verursacht werden. Im Bereich Kanalbau sind dies hauptsächlich größere Starkregen oder größere Hochwässer, die eine tiefe Baugrube, die häufig auch in Gewässernähe liegt, leicht vollständig unter Wasser setzen kann. Während der Bauphase ersetzt dann eine Bauleistungsversicherung die Wiederherstellungs- und Aufräumungskosten von Beschädigungen und Zerstörungen, die an dem Neubauvorhaben eintreten. Ob auch die höheren Kosten durch die Bauzeitverzögerung und die notwendige längere Vorhaltung der Baustelleneinrichtung ebenfalls versichert sind, wäre jeweils zu klären. Inwieweit die Baustelleneinrichtung incl. Unterlagen, Fahrzeuge oder Baugeräte durch die Firmen selbst oder ihre Versicherungen oder die Bauleistungsversicherung versichert sind, sollte auch mit geklärt werden.

Im Schadensfall wird dann in erster Linie geklärt werden müssen, ob das Hochwasser im Gewässer oder der Starkregen tatsächlich so außergewöhnlich war, dass das Ereignis tatsächlich auch unter „höhere Gewalt“ fällt. Gegebenenfalls müsste mit der Versicherung und dem Auftragnehmer eine bestimmte Jährlichkeit vereinbart werden, bis zu der die ausführende Firma haftet, und ab wann dann die Bauleistungs-Versicherung eintritt. Ursache der Schäden könnten unter anderem auch Vandalismus auf der Baustelle oder ein Orkan oder unbekannte Eigenschaften des Baugrundes sein. Diese Ereignisse fallen ebenfalls unter „höhere Gewalt“, und insbesondere Stürme haben ja stark zugenommen und werden sicher noch mehr werden. Auch hier die Frage, wann ist der Sturm noch gewöhnlich und wann ist er mehr.

5.10.5.9 Amts- und Dienst-Haftpflichtversicherung

In diesem Abschnitt geht es noch einmal um eine Haftpflicht-Versicherung; aber in diesem Fall nicht um eine Versicherung der Gemeinde, sondern um eine Versicherung, die ein Beschäftigter der Gemeinde abschließen kann. Für alle Beschäftigten im öffentlichen Dienst gelten besondere Haftpflichtbestimmungen, (§ 839 BGB, § 48 Beamtenstatusgesetz oder § 3 TVöD-V).

Haftung bei Amtspflichtverletzung: Verletzt ein Beamter *vorsätzlich oder fahrlässig* die ihm einem Dritten gegenüber obliegende Amtspflicht, so hat er dem Dritten den daraus *entstehenden Schaden zu ersetzen*. Fällt dem Beamten nur Fahrlässigkeit zur Last, so kann er nur dann in Anspruch genommen werden, wenn der Verletzte nicht auf andere Weise Ersatz zu erlangen vermag (§ 839 BGB).

Pflicht zum Schadensersatz: Beamtinnen und Beamte, die *vorsätzlich oder grob* fahrlässig die ihnen obliegenden Pflichten verletzen, haben dem Dienstherrn, dessen Aufgaben sie wahrgenommen haben, den daraus *entstehenden Schaden zu ersetzen* (§ 48 Beamtenstatusgesetz). Vorgenanntes gilt aber nicht nur für Beamte, sondern ebenso auch für Angestellte und Arbeiter im öffentlichen Dienst; nach dem Tarifvertrag für den öffentlichen Dienst-Entsorgung gilt das auch für diese. Allgemeine Arbeitsbedingungen (§ 3 TVöD-V): *„Die Schadenshaftung der Beschäftigten ist bei dienstlich oder betrieblich veranlassten Tätigkeiten auf* ***Vorsatz und grobe Fahrlässigkeit*** *beschränkt."* Bei Vorsatz und grober Fahrlässigkeit muss ein Mitarbeiter also den angerichteten Schaden ersetzen, und zwar sowohl einem Dritten gegenüber als auch dem Dienstherrn gegenüber.

Kommunen sind in der Regel über ihre **Haftpflichtversicherung** weitreichend versichert gegen alle Haftungen, die sich aus ihren Aufgabenbereichen ergeben. Die Haftpflichtversicherung dient aber nur dazu, die Versicherten – also zunächst die Kommunen – gegen Schadenersatzansprüche Dritter abzusichern, die insbesondere aufgrund der Tätigkeit eines Mitarbeiters auf sie zukommen:

> Verletzt jemand in Ausübung eines ihm anvertrauten öffentlichen Amtes (also der Mitarbeiter einer Gemeinde) die ihm einem Dritten gegenüber obliegende Amtspflicht, so trifft die Verantwortlichkeit grundsätzlich den Staat oder die Körperschaft, in deren Dienst er steht (also die Gemeinde oder den Zweckverband).
> Bei *Vorsatz oder grober Fahrlässigkeit* bleibt der Rückgriff (der Gemeinde auf den Mitarbeiter) vorbehalten (Art. 34, GG).

Für die mit ihrer Tätigkeit verbundenen Risiken werden auch Berufs-Haftpflichtversicherungen für die Beschäftigten der Gemeinden angeboten. Durch eine Amts- und eine Dienst-Haftpflichtversicherung können sich Mitarbeiter des öffentlichen Dienstes gegen Schadenersatzansprüche, die auf ihre dienstliche Tätigkeit zurückzuführen sind, schützen. Häufig werden die Begriffe für die beiden Arten der Versicherung auch verwirrend durcheinander gebracht. Wichtigster Unterschied zwischen Amts- und Dienst-Haftpflichtversicherung scheint zu sein:

Mit einer *Amts-Haftpflichtversicherung* kann man sich gegen

- die Ansprüche geschädigter *Dritter/Fremder* sowie gegen
- Ersatzansprüche seines Dienstherrn, die dieser einem Dritten zu ersetzen hatte,

absichern, und zwar wegen Personen-, Sach- und Vermögensschäden (Schäden in Ausübung des Amtes).

Mit einer *Dienst*-Haftpflichtversicherung kann man sich gegen die Rückgriffs-Ansprüche eines direkt geschädigten *Dienstherrn* bzw. Arbeitgebers wegen eines unmittelbaren Vermögensschadens (Eigenschaden) versichern.

► Personen mit **technischer Tätigkeit** werden dabei meist anders behandelt als Personen mit reiner Verwaltungstätigkeit.

Grundsätzlich haben alle Bediensteten von Kommunen für Schäden, die sie im Rahmen ihrer dienstlichen Tätigkeit Dritten zufügen (Amts-Haftpflicht) einen Versicherungsschutz aus der Kommunalen Haftpflichtversicherung ihrer Kommune.

Eine *Diensthaftpflichtversicherung* sollte Schadenersatzansprüche des Dienstherrn gegenüber seinem versicherten Mitarbeiter regulieren. Versichert sind meist unmittelbare Vermögensschäden gegenüber dem Dienstherrn wegen einer Beschädigung oder des Abhandenkommens von Eigentum des Dienstherrn (z. B. Dienstschlüssel einer Schließanlage). Der häufigste Versicherungs-Fall könnte wohl die Beschädigung eines Dienstfahrzeugs durch einen Kfz-Unfall bei einer Dienstfahrt sein. Falls den Bediensteten die Schuld an dem Unfall trifft, könnte der Dienstherr den Fahrer in Regress nehmen wollen. Das sollte die Versicherung mit abdecken. Meist wird bei einer Selbstbeteiligung des Versicherten auch die Höchstleistung auf einen Prozentsatz der Versicherungssumme begrenzt. Eine tatsächliche Inanspruchnahme des Beamten/Mitarbeiters selbst durch den Dienstherrn oder Dritte, greift nur bei Fahrlässigkeit, grober Fahrlässigkeit oder gar Vorsatz des Bediensteten. Nach § 276, Abs. 2 Bürgerliches Gesetzbuch (BGB) handelt *fahrlässig, wer die im Verkehr erforderliche Sorgfalt außer Acht lässt.*

► In der Regel sind bei Vorsatz Leistungen der Versicherung in den Versicherungsbedingungen ausgeschlossen.

Bliebe also für eine sinnvolle *Amtshaftpflichtversicherung* nur noch ein Schaden in Folge *grober Fahrlässigkeit.* Nach der Rechtsprechung des Bundesverwaltungsgerichts im Beschluss vom 19.08.1998, 2 B 6/98, liegt *grobe Fahrlässigkeit* vor,

> … *„wenn die verkehrserforderliche Sorgfalt nach den gesamten Umständen in besonders schwerem Maße verletzt worden ist, wenn ganz naheliegende Überlegungen nicht angestellt oder beiseite geschoben worden sind und das unbeachtet geblieben ist, was im gegebenen Fall sich jedem hätte aufdrängen müssen. … Die Entscheidung, ob ein vorwerfbares Verhalten unter Würdigung aller Umstände des Einzelfalls als grob fahrlässig zu bewerten ist, obliegt dem Tatrichter"* (BVerwG, Beschluss vom 19.08.1998, 2 B 6/98).

Bei Schäden durch Fahrlässigkeit muss zunächst die Kommune für den Schaden eintreten, diese kann allerdings wiederum Rückgriff auf ihre Bediensteten zur Schadensregulierung nehmen. Das aber auch nur dann, wenn die Pflichtverletzung vom Beschäftigten tatsächlich *grob* fahrlässig oder gar vorsätzlich begangen wurde; bei einer „einfachen Fahrlässigkeit" ist der Rückgriff auf den Mitarbeiter nicht möglich. Nun wird in jedem Einzelfall zu klären sein, ob die Fahrlässigkeit noch normal oder schon grob war (siehe o. g. Urteil).

Vorteil einer Versicherung bei einem Rückgriffs-Versuch des Dienstherrn wäre, dass die geltend gemachten Ansprüche zunächst durch die Versicherung geprüft würden, da diese im eigenen Interesse eine Zahlung vermeiden möchte. Im Falle einer Haftungsverpflichtung würde eben die Versicherung eintreten müssen. Im Falle unberechtigter oder zweifelhafter Ansprüche sollte sich der Versicherer für den Versicherten zur Wehr setzen; das wird als passiver Rechtsschutz bezeichnet. Auch nach Art. 34 GG darf für den Anspruch auf Schadensersatz und für den Rückgriff der ordentliche Rechtsweg nicht ausgeschlossen werden. Dieser kann bekanntlich lang werden und auch eine Höhenbegrenzung für die Haftung besteht grundsätzlich nicht. Empfohlen werden diese Versicherungen beispielsweise dann, wenn in der Ausübung des Dienstes Entscheidungen über Dinge mit erheblichem Wert oder direkte Einflussnahme auf Menschen inhaltlich vorhanden sind, z. B.:

- wenn jemand dienstlich einen Schlüssel einer Schließanlage (z. B. Kläranlage oder sonstiges Dienstgebäude) bekommt, den er ja leicht auch grob fahrlässig verlieren kann. Bei Auswechseln aller Schlösser kann 5-stelliger Schaden entstehen.
- Ein leitender Mitarbeiter gibt unterstellten Kollegen Anweisungen zum Verlauf einer Reparatur. Ihm unterläuft ein Fehler bei der Beachtung gültiger Vorschriften und es wird ein Kollege schwer verletzt. Ergibt die Prüfung lediglich eine Verletzung der Sorgfaltspflicht, wird das Verhalten als fahrlässig eingestuft. Lautet das Prüfungsergebnis aber auf grobe Fahrlässigkeit, so könnte der jeweilige Dienstherr versuchen, den entstandenen Schaden als Vermögensschaden auf die handelnde Person abzuwälzen. Der Dienstherr behauptet, der leitende Mitarbeiter hätte aufgrund seiner Ausbildung die Vorschriften kennen müssen. Er hätte daher grob fahrlässig gehandelt!

▶ Für eine Regress-Haftpflicht wegen Personen- oder Sachschäden werden meist Versicherungssummen von mindestens 1 Mio. € empfohlen.

Zu unterscheiden ist noch zwischen den Schäden gegenüber dem eigenen Dienstherrn (s. o.) und den Schäden gegenüber Dritten.

Auch für Geschäftsführer und andere höhere Mitarbeiter gelten ähnliche Vorschriften: Werden Beamte und Beamtinnen aus ihrer Tätigkeit im Vorstand, Aufsichtsrat, Verwaltungsrat oder in einem sonstigen Organ einer Gesellschaft, Genossenschaft oder eines in einer anderen Rechtsform betriebenen Unternehmens, die sie auf schriftliches Verlangen, Vorschlag oder Veranlassung des Dienstherrn übernommen haben, haftbar gemacht, so besteht gegen den Dienstherrn Anspruch auf Ersatz des ihnen entstandenen Schadens.

Ist der Schaden vorsätzlich oder grob fahrlässig herbeigeführt worden, so ist der Dienstherr nur dann ersatzpflichtig, wenn der Beamte oder die Beamtin auf schriftliches Verlangen eines oder einer Vorgesetzten gehandelt hat (Art. 83 Bayerisches Beamtengesetz, Rückgriffshaftung des Dienstherrn). Nach § 831 BGB haftet dieser Personenkreis auch für ihre Mitarbeiter bzw. Verrichtungsgehilfen: Wer einen anderen zu einer Verrichtung bestellt, ist zum Ersatz des Schadens verpflichtet, den der andere in Ausführung der Verrichtung einem Dritten widerrechtlich zufügt.

Die Ersatzpflicht tritt (im Privatrecht dann) nicht ein, wenn der Geschäftsherr bei der Auswahl der bestellten Person und, sofern er Vorrichtungen oder Gerätschaften zu beschaffen oder die Ausführung der Verrichtung zu leiten hat, bei der Beschaffung oder der Leitung die im Verkehr erforderliche Sorgfalt beobachtet oder wenn der Schaden auch bei Anwendung dieser Sorgfalt entstanden sein würde (§ 831 BGB).

Diese Tätigkeiten können durch eine sogenannte D&O-Versicherung abgesichert werden.

5.11 Meldungen, Statistiken und Auskünfte

Über die Abwasseranlagen und das Abwasser selbst sowie über Klärschlamm oder Energie liegen bei jedem Entwässerungsbetrieb viele Informationen vor. Diese müssen aufgrund von verschiedenen Gesetzen und Verordnungen gespeichert und an verschiedene Dienststellen, wie statistische Ämter, regelmäßig gemeldet oder auch an Privatpersonen im Einzelfall weitergegeben werden.

5.11.1 Selbstüberwachung bei Abwassereinleitungen und Abwasseranlagen (WHG § 61)

Wer Abwasser in ein Gewässer oder in eine Abwasseranlage einleitet, ist verpflichtet, das Abwasser und die Abwasseranlage entsprechend einer noch nicht vorhandenen Rechtsverordnung durch fachkundiges Personal zu untersuchen oder durch eine geeignete Stelle untersuchen zu lassen. Er hat darüber auch Aufzeichnungen anzufertigen, aufzubewahren und auf Verlangen der zuständigen Behörde vorzulegen.

5.11.1.1 Jahresbericht (AbwV Anl. 2)

Der Jahresbericht ist eine Kurzfassung der wichtigsten Informationen zur Abwassersituation des Betriebes sowie eine Zusammenfassung und Auswertung der innerhalb eines Jahres fortlaufend dokumentierten Daten, die zur Überprüfung der Einhaltung der Anforderungen der AbwV und der wasserrechtlichen Zulassung erforderlich sind. Der Jahresbericht kann als eine Zusammenfassung und Auswertung des Betriebstagebuches erstellt werden; Grundlage zur Erstellung des Jahresberichtes sind die Berichte zur Selbstüberwachung der Abwassereinleitungen. Weitere Details zum Inhalt des Berichts sind unter dem Thema Betrieb beschrieben.

► Der Jahresbericht ist innerhalb des ersten Quartals des Folgejahres der zuständigen Überwachungsbehörde vorzulegen.

Solange eine detailliertere Rechtsverordnung nach dem (Bundes-)Wasserhaushaltsgesetz noch nicht existiert, gelten in den Bundesländern weiter auch die jeweiligen Eigenüberwachungsverordnungen.

5.11.1.2 Jahresbericht nach EÜV – Eigenüberwachungsverordnung (Bayern)

Die Verordnung zur Eigenüberwachung von Wasserversorgungs- und Abwasseranlagen (Eigenüberwachungsverordnung – EÜV) gilt im Abwasserbereich für

- Abwasseranlagen, aus denen Abwasser erlaubnispflichtig in Gewässer eingeleitet wird,
- für Sammelkanalisationen einschließlich zugehöriger Sonderbauwerke und auch für
- die von den Einleitungen beeinflusste Gewässer.

Wer solche Anlagen betreibt, hat eine Überwachung durchzuführen. Eigenüberwachungspflichtige haben die Ergebnisse der Eigenüberwachung in Betriebstagebüchern zu dokumentieren. Die Betriebstagebücher (Betriebsaufzeichnungen) und Datenträger sind für die Dauer von fünf Jahren nach der letzten Eintragung aufzubewahren. Die zusammengefassten und ausgewerteten Ergebnisse der Untersuchungen jedes Kalenderjahres und die Nachweise über die Analytische Qualitätssicherung (Jahresbericht) sind spätestens bis zum 1. März des folgenden Kalenderjahres dem jeweils zuständigen Wasserwirtschaftsamt vorzulegen (§ 5). Betriebstagebuch, Betriebsaufzeichnungen und Jahresbericht können ganz oder teilweise durch Ausdrucke automatisierter Datenverarbeitungsanlagen ersetzt werden. Vom Wasserwirtschaftsamt kann verlangt werden, dass die Daten auf maschinenlesbaren Datenträgern vorzulegen sind. Seit der Privatisierung der staatlichen Überwachung soll die Vorlage der Jahresberichte in digitaler Form mit DABay erfolgen. Der Datenverbund Abwasser Bayern (DABay) als E-Government-System steht dazu seit 2013 zur Verfügung.

▶ Einzelheiten zu den Jahresberichten von Abwasseranlagen sind unter Nr. 1.5 des zweiten Teils von Anhang 2 der EÜV geregelt.

5.11.2 Lagebericht Eigenbetrieb in Bayern (EBV § 24).

Für Eigenbetriebe gilt in Bayern zusätzlich, dass gleichzeitig mit jedem Jahresabschluss auch ein Lagebericht aufzustellen ist In dem jährlichen Lagebericht ist dabei u. a. auch einzugehen auf:

- die Änderungen im Bestand der zum Eigenbetrieb gehörenden Grundstücke und grundstücksgleichen Rechte,
- die Änderungen in Bestand, Leistungsfähigkeit und Ausnutzungsgrad der wichtigsten Anlagen,
- den Stand der Anlagen im Bau und der geplanten Bauvorhaben.

5.11.3 E-PRTR – European Polutant Release and Transfer Register

Die EU hat mit der Verordnung Nr. 166/2006 das *Europäische Schadstofffreisetzungs- und -verbringungsregister* geschaffen. Mit dieser Verordnung wird auf Ebene der EU-Gemeinschaft ein integriertes Schadstofffreisetzungs- und -verbringungsregister (nachstehend „Europäisches PRTR“ genannt) in Form einer öffentlich zugänglichen elektronischen Datenbank geschaffen und dessen Funktionsweise geregelt. So soll die Beteiligung der Öffentlichkeit bei umweltrelevanten Entscheidungen unterstützt und ein Beitrag zur Vermeidung und Verringerung der Umweltverschmutzung geleistet werden.

5.11.3.1 Betroffene

Entsprechend Artikel 5 der Verordnung teilen u. a. die Betreiber von *Kommunalen Abwasserbehandlungsanlagen mit einer Leistung von mindestens 100.000 Einwohnergleichwerten* (sowie von verschiedenen anderen Betriebseinrichtungen) ihren zuständigen Behörden jährlich die entsprechenden Mengen jedes im Anhang II der VO aufgeführten Schadstoffs

Tab. 5.3 Beispiele von relevanten Schadstoffen (*) aus ANHANG II

Nr.	CAS-Nummer	Schadstoff (1)	Schwellenwerte für die Freisetzung (Spalte 1)		
			in die Luft (Spalte 1a) kg/Jahr	in Gewässer (Spalte 1b) kg/Jahr	in den Boden (Spalte 1c) kg/Jahr
1	74-82-8	Methan (CH4)	100.000	– (2)	–
3	124-38-9	Kohlendioxid (CO2)	500.000		
12		Gesamtstickstoff	–	50.000	50.000
13		Gesamtphosphor	–	5000	5000
20		Kupfer und Verbindungen (als Cu) (8)	100	50	50
23		Blei und Verbindungen (als Pb) (8)	200	20	20
24		Zink und Verbindungen (als Zn) (8)	200	100	100
71	108-95-2	Phenole (als Gesamt-C) (13)	–	20	20
76		Gesamter organischer Kohlenstoff (TOC) (als Gesamt-C oder CSB/3)	–	50.000	–

mit. Wenn dieser Schwellenwert lediglich erreicht, jedoch nicht überschritten wird, ist keine Berichterstattung erforderlich (Leitfaden).

Wer unter die Berichtspflicht fällt stößt auf eine umfangreiche Sammlung von Vorschriften und ergänzenden Erläuterungen, die im Netz verfügbar ist. Die wichtigsten Erkenntnisse sind im Folgenden zu finden. Relevant sind alle *Freisetzungen in Luft, Wasser und Boden*, wenn für den jeweiligen Schadstoff der einschlägige, ebenfalls im Anhang (vgl. Tab. 5.3) festgelegte, Schwellenwert überschritten wird und die Verbringung von Abfällen und von in Abwasser enthaltenen Schadstoffen außerhalb des Standorts. Die Verordnung betrifft daher u. a. das Sammeln, Behandeln und Einleiten von kommunalem Abwasser und die Beseitigung von kommunalem Abwasser und Klärschlamm.

Wenn für einen Schadstoff kein Schwellenwert angegeben ist, bedeutet dies, dass für den fraglichen Parameter und das betreffende Medium auch keine Berichtspflicht gegeben ist.

5.11.3.2 Aufzeichnungen/Bericht

Die Betreiber halten für die jeweils zuständigen nationalen Behörden Aufzeichnungen der Daten verfügbar, aus denen die gemeldeten Informationen für einen *Zeitraum von fünf Jahren*, gerechnet ab Ende des betreffenden Berichtsjahres, abgeleitet wurden. In diesen Aufzeichnungen ist auch die Methode für die Erhebung der Daten (Analyse- und/oder Berechnungsmethode) zu beschreiben. Die Betreiber müssen durch *Qualitätssicherung* die Qualität der übermittelten Informationen gewährleisten. In Deutschland wurde die EU-Verordnung durch das SchadRegProtAG (Gesetz) ergänzt. Demnach errichtet und unterhält hier das Umweltbundesamt ein der Öffentlichkeit frei und unentgeltlich zugängliches, internetgestütztes Schadstofffreisetzungs- und -verbringungsregister (Register). Das Umweltbundesamt stellt in das Register die von den nach Landesrecht zuständigen Behörden übermittelten Informationen ein. Die Betreiber übermitteln die geforderten Informationen unter Angabe des Namens sowie des Namens des Eigentümers der Betriebseinrichtung (Bericht) in elektronischer Form an die jeweils nach dem Recht des Bundeslandes zuständige Behörde (§ 3).

In Bayern ist das z. B. das Landesamt für Umwelt, in NRW das LANUV. Der **Bericht ist bis zum 31. Mai** des dem jeweiligen Berichtsjahr folgenden Jahres abzugeben.

5.11.3.3 Wirtschaftszweig 37

Der Bericht richtet sich nach dem Wirtschaftszweig der jeweiligen Betriebseinrichtung. Dieser ist anzugeben. Die WZ 2008 in Deutschland baut auf der statistischen Systematik der Wirtschaftszweige in der Europäischen Gemeinschaft (NACE Rev. 2) auf. In Deutschland führt das Statistische Bundesamt DESTATIS die WZ 2008:

„Wirtschaftszweigklassifikationen dienen der Einordnung von Daten, die sich auf statistische Einheiten beziehen, das heißt z. B. auf einen einzelnen Betrieb oder eine Gruppe von Betrieben, die eine wirtschaftliche Gesamtheit, z. B. ein Unternehmen, bilden oder auf deren Teile (fachliche Betriebs- oder Unternehmensteile). Sie sind die Grundlage für die Erstellung von Statistiken über Produktionswerte, in den Produktionsprozess eingeflossene Produktionsfaktoren (Arbeit, Betriebsmittel und Werkstoffe, Energie usw.), Kapitalbildung und Finanz transaktionen dieser Einheiten“ (Statistisches Bundesamt, WZ 2008).

Hinweis

Der für Entwässerungsbetriebe relevante Wirtschaftszweig ist im Abschnitt E zu finden:

ABSCHNITT E – WASSERVERSORGUNG; ABWASSER- UND ABFALLENTSORGUNG UND BESEITIGUNG VON UMWELTVERSCHMUTZUNGEN

37.0 Abwasserentsorgung

37.00 Abwasserentsorgung

37.00.1 Betrieb der Sammelkanalisation

37.00.2 Betrieb von Kläranlagen

Wirtschaftliche Haupttätigkeit: Bezeichnung der wirtschaftlichen Haupttätigkeiten in Worten gemäß dem NACE-Code, entsprechend WZ 2008: ***37 Abwasserentsorgung.*** *Diese Abteilung umfasst den Betrieb von Kanalnetzen oder Kläranlagen zur Sammlung, Behandlung und Beseitigung von Abwasser.*

Tab. 5.4 Nach Tabelle 144: Wahrscheinlichkeit der Schwellenwertüberschreitung aus kommunalen Abwasserbehandlungsanlagen (Luft)

PRTR-relevante Schadstoffe, die wahrscheinlich die PRTR-Schwellenwerte erreichen werden
N_2O und CO_2 bei sehr großen Anlagen
PRTR-relevante Schadstoffe, die wahrscheinlich die PRTR-Schwellenwerte nicht **erreichen werden**
CH_4 und NO_x/NO_2

Tab. 5.5 Nach Tabelle 145: Wahrscheinlichkeit der Schwellenwertüberschreitung von kommunalen Abwasserbehandlungsanlagen (Wasser)

PRTR-relevante Schadstoffe, die wahrscheinlich die PRTR-Schwellenwerte erreichen werden
N_{ges}, P_{ges}, As, Cr, Cu, Hg, Ni, Pb, Zn, NP+NPE, OP+OPE, DEHP, TOC, Phenole

5.11.3.4 Luftschadstoffe und Wasserschadstoffe

Aufgrund des Artikels 14 hat die *Generaldirektion Umwelt* der Europäische Kommission am 31. Mai 2006 einen *„Leitfaden für die Durchführung des Europäischen PRTR“* zur Verfügung gestellt.

Anhang 4 und Anhang 5 zu diesem Leitfaden enthalten jeweils ein hinweisendes sektorspezifisches Unterverzeichnis der Luftschadstoffe (Anh. 4) und Wasserschadstoffe (Anh. 5). Die Verzeichnisse zeigen für alle Tätigkeiten die Luftschadstoffe, die wahrscheinlich abgegeben werden, und die wahrscheinlich freigesetzten Wasserschadstoffe.

Nach dem österreichischen *„Leitfaden für die Durchführung der PRTR-Berichtspflicht“*, Umweltbundesamt Wien hat das dortige UBA eine interessante Abschätzung getroffen. In Österreich wurde in dem vorliegenden Bericht eine Abschätzung der Wahrscheinlichkeit der Überschreitung von Grenzwerten für Wasser und Luft vorgenommen (vgl. Tab. 5.4 und 5.5).

5.11.3.5 Freisetzungen in den Boden

Die **Ausbringung von Klärschlamm** und Wirtschaftsdünger fallen nach dem o. g. Leitfaden unter Verwertungstätigkeiten und sind daher nicht als Freisetzung in den Boden zu melden.

> *„Versehentliche Freisetzungen von Schadstoffen in den Boden am Standort einer Betriebseinrichtung (z. B. Verschütten) sind nicht meldepflichtig.*
>
> *Versehentliche Freisetzungen in den Boden sind theoretisch möglich (z. B. auf Grund einer Leckage einer Rohrleitung am Standort der Verpressung), es ist jedoch davon auszugehen, dass es nur sehr selten dazu kommt.“*

5.11.3.6 Klärschlamm-Verbrennung

Der Betreiber muss angeben, ob die Abfälle zur Verwertung („R“) (s. o.) oder zur Beseitigung („D“) vorgesehen sind. Klärschlamm-Verbrennung fällt in der Regel in die Kategorie: Freisetzungen und Verbringungen außerhalb des Standortes.

5.11.3.7 Messungen, Berechnungen oder Schätzungen

Die Berichterstattung der Betreiber muss auf der Grundlage von Messungen, Berechnungen oder Schätzungen erfolgen. Die drei Kategorien werden dabei mit den englischen Ausdrücken bezeichnet:

Kategorie „M“ (Measurement), Kategorie „C“ (Calculation) und Kategorie „E“ (Estimation).

Unter der Nr. 1.1.11 des Leitfadens sind dazu weitere Erläuterungen.

5.11.3.8 Sanktionen

Die Mitgliedstaaten mussten entsprechend Artikel 20 der EU-Verordnung festlegen, welche Sanktionen bei Verstößen gegen Bestimmungen dieser Verordnung zu verhängen sind. Ordnungswidrig handelt in Deutschland, wer vorsätzlich oder fahrlässig

- eine Mitteilung nicht, nicht richtig, nicht vollständig oder nicht rechtzeitig macht oder
- Daten nicht, nicht vollständig oder nicht ausreichend lang verfügbar hält.

Die Ordnungswidrigkeiten können mit einer Geldbuße bis zu zehntausend Euro geahndet werden.

5.11.3.9 Weitere Informationsquellen

Im Anhang 6 des EU-Leitfadens finden sich: *Beispiele zur Berichterstattung über Freisetzungen und Verbringungen außerhalb des Standortes*.

Das Beispiel 4 zeigt eine kommunale Abwasserbehandlungsanlage mit einer Kapazität von 600.000 Einwohnergleichwerten.

Das Umweltbundesamt hält im *Public UBA Wiki* viele wichtige Unterlagen bereit: https://wiki.prtr.thru.de/wiki/PRTR_Dokumente.

Dort finden sich auch mehrere Arbeitshilfen zum Thema **Abwasser**, u. a. Einheitliche Methodik zur Frachtermittlung im Abwasser im Rahmen internationaler Berichtspflichten (PDF, Stand März 2022) (https://wiki.prtr.thru.de/images/b/be/Einheitl-Methodik_Frachtermittlung_Abwasser_int-Berichtspflichten.pdf).

Externe Arbeitshilfen, u. a. auch der österreichische: https://www.umweltbundesamt.at/fileadmin/site/publikationen/rep0164.pdf (Letzter Zugriff jeweils 04.04.2023).

5.11.4 Statistiken

Nach dem Gesetz über die Statistik für Bundeszwecke (Bundesstatistikgesetz – BstatG § 1) hat die amtliche Statistik die Aufgabe, laufend Daten zu erheben, zu sammeln, aufzubereiten, darzustellen und zu analysieren. Durch die Ergebnisse der Bundesstatistik werden gesellschaftliche, wirtschaftliche und ökologische Zusammenhänge für Bund, Länder und Gemeinden sowie Gesellschaft, Wissenschaft und Forschung aufgeschlüsselt.

Das Statistische Bundesamt (DESTATIS) ist eine selbständige Bundesoberbehörde. Aufgabe des Statistischen Bundesamtes ist es, Statistiken für Bundeszwecke (Bundesstatistiken) methodisch und technisch gemeinsam mit den statistischen Ämtern der Länder vorzubereiten und weiterzuentwickeln und die Ergebnisse der Bundesstatistiken zusammenzustellen sowie für allgemeine Zwecke zu veröffentlichen und darzustellen.

Die statistischen Ämter der Länder (also auch das Bayerische Statistische Landesamt) und die sonstigen mit der Durchführung von Bundesstatistiken betrauten Stellen leiten dem Statistischen Bundesamt auf Anforderung die Daten zu.

Die Bundesstatistiken werden in der Regel durch ein separates Gesetz angeordnet (BStatG § 5). Die jeweiligen einzelnen statistischen Rechtsgrundlagen, in aller Regel Gesetze, ordnen einmalige Zählungen oder periodische Erhebungen (zum Beispiel monatliche Statistiken im Produzierenden Gewerbe) oder die laufende Erfassung bestimmter Ereignisse an.

▶ Details dazu können beim statistischen Bundesamt nachgelesen werden; der Link enthält die jeweiligen Rechtsgrundlagen: https://www.destatis.de/DE/Methoden/Rechtsgrundlagen/Statistikbereiche/_rechtsgrundlagen-themen.html?nn=206040 (Letzter Zugriff 04.04.2023).

Um zu gewährleisten, dass die einzelnen Statistiken inhaltlich, zeitlich und methodisch aufeinander abgestimmt sind, werden die Statistiken eines Erhebungsbereichs – wie im Produzierenden Gewerbe – meist in einer Rechtsgrundlage zusammengefasst (zum Beispiel Gesetz über die Statistik im Produzierenden Gewerbe).

In den einzelnen Gesetzen werden die wesentlichen Inhalte der einzelnen Statistiken, die Häufigkeit der Erhebung sowie der Kreis der zu Befragenden und eine eventuelle Auskunftspflicht geregelt. Ein Unternehmen mit weniger als 50 Beschäftigten soll im Kalenderjahr in höchstens drei Stichprobenerhebungen für Bundesstatistiken mit Auskunftspflicht einbezogen werden. Dabei gelten mehrmals im Kalenderjahr durchgeführte Erhebungen als eine einzige Erhebung (BStatG § 6). Ist eine Auskunftspflicht festgelegt, sind alle Gemeinden und Gemeindeverbände zur Beantwortung der ordnungsgemäß gestellten Fragen verpflichtet. Die Antwort ist wahrheitsgemäß, vollständig und innerhalb der von den statistischen Ämtern des Bundes und der Länder gesetzten Fristen zu erteilen. Die Antwort ist, soweit in einer Rechtsvorschrift nichts anderes bestimmt ist, für den Empfänger kosten- und portofrei zu erteilen (BStatG § 15). Soweit Stellen, die Aufgaben der öffentlichen Verwaltung wahrnehmen, Daten mittels standardisierter elektronischer Datenaustauschformate übermitteln, sind diese auch bei der Übermittlung der für eine Bundesstatistik zu erhebenden Daten zu verwenden. Werden Betrieben und Unternehmen für die Übermittlung der für eine Bundesstatistik zu erhebenden Daten elektronische Verfahren zur Verfügung gestellt, sind sie verpflichtet, diese Verfahren zu nutzen (BStatG § 11a).

5.11.4.1 Statistik im Produzierenden Gewerbe

Das Gesetz über die Statistik im Produzierenden Gewerbe (ProdGewStatG) ist u. a. auch einschlägig für die Statistiken der Abwasserbeseitigung: Im Produzierenden Gewerbe, das Verarbeitendes Gewerbe, Energieversorgung, *Abwasser- und Abfallentsorgung* sowie Baugewerbe umfasst, werden statistische Erhebungen als Bundesstatistik durchgeführt (ProdGewStatG, § 1). Nach § 6a werden jährlich bei höchstens 7000 Unternehmen der

Wasserversorgung, der Abwasser- und Abfallentsorgung und der Beseitigung von Umweltverschmutzungen u. a. folgende Daten erhoben: die Investitionen, die für die Betriebe tätigen Personen, die Arbeitsstunden, die Lohn- und Gehaltsummen, den Umsatz, die selbst erstellten Anlagen, den Materialverbrauch und Wareneinsatz, usw. Bei den Erhebungen werden zusätzlich erfasst die wirtschaftliche Tätigkeit, die Art des Betriebs und die Rechtsform von Unternehmen.

Im Sinne dieses Gesetzes ist ein Unternehmen die kleinste rechtlich selbständige Einheit, die aus handels- oder steuerrechtlichen Gründen Bücher führt.

Den Unternehmen gleichgestellt sind:

a) Einheiten ohne eigene Rechtspersönlichkeit (Eigenbetriebe),
b) kommunale Körperschaften,
c) Zweckverbände sowie
d) andere juristische Personen zwischengemeindlicher Zusammenarbeit; (ProdGewStatG § 7)

Für die Erhebungen besteht Auskunftspflicht. Auskunftspflichtig ist der Inhaber, die Inhaberin, der Leiter oder die Leiterin der Betriebe und Unternehmen sowie der o. g. Einheiten (ProdGewStatG § 9). Die Angaben werden vom Statistischen Bundesamt erhoben und aufbereitet. Für die Erhebung und Aufbereitung der Angaben übermitteln die statistischen Ämter der Länder (also in Bayern das Statistische Landesamt) dem Statistischen Bundesamt die entsprechenden Einzelangaben aus den Erhebungen (ProdGewStatG § 11). Das „Bayerische Landesamt für Statistik und Datenverarbeitung" stellt erhobene Daten auch der Öffentlichkeit zur Verfügung.

5.11.4.2 Energiestatistik

Entsprechend dem Energiestatistikgesetz werden zur Darstellung des Energieangebots und der Energieverwendung weitere Daten erhoben. Die statistischen Erhebungen in Form von Energiebilanzen werden zur Gestaltung der energiepolitischen Rahmenbedingungen für eine sichere, wirtschaftliche und umweltschonende Energieversorgung als Bundesstatistik durchgeführt. Die Statistik umfasst dabei neben Erhebungen in der Elektrizitäts-, Gas- und Wärmewirtschaft auch erneuerbare Energieträger und Daten über die Energieverwendung (EnStatG § 1).

Die Statistik umfasst u. a. die Erhebungen

- in der Gaswirtschaft einschließlich der erneuerbaren Energien,
- über Klärgas, Klärschlamm sowie
- über die Energieverwendung einschließlich der erneuerbaren Energien.

Im Wesentlichen besteht Auskunftspflicht. Auskunftspflichtig sind die Leitungen der Unternehmen oder Betriebe (EnStatG § 10).

5.11.4.3 Umweltstatistik

Nach dem Umweltstatistikgesetz (UStatG) werden auch für Zwecke der Umweltpolitik Erhebungen als Bundesstatistik durchgeführt. Die Statistik umfasst neben den Erhebungen von Daten zur Abfallentsorgung, klimawirksamer Stoffe und von Aufwendungen für den Umweltschutz auch Daten der *öffentlichen Abwasserentsorgung* (UStatG § 2). Die Erhebungen erstrecken sich auf verschiedene Wirtschaftszweige (nach WZ 2008). Berichtsjahr ist i. d. R. das dem Zeitpunkt der Erhebung vorangegangene Kalender- oder Geschäftsjahr.

Kanalnetz, Kläranlage und Klärschlamm

Die Erhebung erfasst bei Anstalten, Körperschaften, Unternehmen und anderen Einrichtungen, die Anlagen für die öffentliche Abwasserentsorgung betreiben, sowie bei Abwasserbehandlungsanlagen mit einer genehmigten Ausbaugröße von mehr als 50 Einwohnerwerten, **alle drei Jahre** (ab 2022) die Erhebungsmerkmale:

- **Kanalnetz** nach Art, Länge und Baujahr sowie Anzahl und Speichervolumen der Anlagen zur Regen- und Mischwasserbehandlung, jeweils nach dem Stand vom 31. Dezember des Berichtsjahres,
- Menge und Verbleib des gesammelten **Schmutz-, Fremd- und Niederschlagswassers** sowie Ort der Einleitstelle mit Geokoordinaten,
- Art der **Behandlung** von Schmutz-, Fremd- und Niederschlagswasser,
- Zahl der an Abwasseranlagen angeschlossenen **Einwohner** nach dem Stand vom 31. Dezember des dem Berichtsjahr vorangegangenen Kalenderjahres, angeschlossene **Einwohnerwerte** sowie die Namen der angeschlossenen Gemeinden,
- **Menge** des nach der Behandlung in Abwasserbehandlungsanlagen eingeleiteten oder unbehandelt eingeleiteten Abwassers sowie die jeweiligen **Konzentrationen und Frachten** an Schadstoffen und Schadstoffgruppen
- **Ausbaugröße der Anlagen** sowie deren Nutzungsdauer im Berichtsjahr.

Zusätzliche **jährliche** Erhebung: die Erhebungsmerkmale **Klärschlamm** nach erzeugter, bezogener und abgegebener Menge, Behandlung, Beschaffenheit, Verbleib und Verwertung (§ 7 Abs 2 UStatG).

Nicht angeschlossene Einwohner

Die Erhebung erfasst alle drei Jahre, beginnend mit dem Berichtsjahr 2022, bei den für die öffentliche Abwasserentsorgung zuständigen Gemeinden folgende Erhebungsmerkmale:

- Zahl der **nicht an öffentliche Abwasseranlagen angeschlossenen Einwohner** nach dem Stand vom 31. Dezember des dem Berichtsjahr vorangegangenen Kalenderjahres,
- Art der **Abwasserbehandlung** und Verbleib des Abwassers **der nicht an die öffentliche Abwasserentsorgung angeschlossenen Einwohner**.

Erhebung der Aufwendungen für den Umweltschutz
Die Erhebung erfasst bei Unternehmen und Betrieben des Verarbeitenden Gewerbes (**Abwasserentsorgung**):

1. jährlich, beginnend mit dem Berichtsjahr 2021, folgende Erhebungsmerkmale:
   a) **Investitionen** in Sachanlagen,
   b) Wert der erstmals gemieteten und gepachteten neuen Sachanlagen,
   c) Investitionen in immaterielle Vermögensgegenstände, die ausschließlich oder überwiegend dem Schutz der Umwelt dienen, jeweils gegliedert nach Art der Investition und Sachanlage sowie additiven und integrierten Umweltschutzmaßnahmen,
2. alle drei Jahre, beginnend mit dem Berichtsjahr 2022, bei 10.000 Erhebungseinheiten das Erhebungsmerkmal **laufende Aufwendungen** für Maßnahmen, die ausschließlich oder überwiegend dem Schutz der Umwelt dienen, nach Art der Aufwendung.

Die Erhebung erfasst alle drei Jahre nach Jahren für alle Betreiber von Anlagen der öffentlichen Abwasserentsorgung die Erhebungsmerkmale **Abwasserentgelte** für die Abwasserentsorgung jeweils nach Gemeinden.

5.11.4.4 Vergabestatistikverordnung

Die „Verordnung zur Statistik über die Vergabe öffentlicher Aufträge und Konzessionen“, VergStatVO, regelt die Pflicht der öffentlichen Auftraggeber zur Übermittlung von Vergabe-Daten an das Bundesministerium für Wirtschaft und Energie. Öffentliche Auftraggeber müssen nach der Vergabe eines öffentlichen Auftrags bestimmte Daten an das Bundesministerium für Wirtschaft und Energie übermitteln, wenn der Auftragswert ohne Umsatzsteuer 25.000 Euro überschreitet. Wenn die Schwellenwerte überschritten werden, vergrößert sich auch der zu übermittelnde Datenumfang.

5.11.5 Bayerisches Umweltinformationsgesetz (BayUIG)

Dieses Gesetz dient der Umsetzung der Richtlinie 2003/4/EG des Europäischen Parlaments und des Rates vom 28. Januar 2003 über den *Zugang der Öffentlichkeit zu Umweltinformationen.* Das bayerische UIG regelt für Bayern, was das UIG für die Dienststellen des Bundes regelt. Beide schaffen den rechtlichen Rahmen für den freien Zugang zu Umweltinformationen bei informationspflichtigen Stellen sowie für die Verbreitung dieser Umweltinformationen. Ähnliche Regelungen gibt es in den anderen Bundesländern ebenfalls.

5.11.5.1 Informationspflichtige Stellen (BayUIG Art 2 Abs 1)

Informationspflichtige Stellen sind öffentlich-rechtliche Behörden des Freistaates Bayern, der Gemeinden und Gemeindeverbände; Behörde ist dabei jede Stelle, die Aufgaben der öffentlichen Verwaltung wahrnimmt, also auch Entwässerungen. Informationspflichtig sind auch natürliche oder juristische Personen des Privatrechts, soweit sie im Zusammenhang mit der Umwelt öffentliche Aufgaben wahrnehmen oder öffentliche Dienstleistungen erbringen, insbesondere solche der umweltbezogenen Daseinsvorsorge, und dabei der Kontrolle des Freistaates Bayern oder einer unter seiner Aufsicht stehenden juristischen Person des öffentlichen Rechts unterliegen. Das müssten dann wohl damit auch die PSW sein, die Abwasseranlagen überwachen.

5.11.5.2 Umweltinformationen (BayUIG Art 2 Abs 2)

Umweltinformationen sind, unabhängig von der Art ihrer Speicherung, alle Daten über

1. den Zustand von Umweltbestandteilen wie Luft und Atmosphäre, Wasser, Boden, Landschaft und natürliche Lebensräume einschließlich Feuchtgebiete, Küsten- und Meeresgebiete, die Artenvielfalt und ihre Bestandteile, einschließlich gentechnisch veränderter Organismen, sowie die Wechselwirkungen zwischen diesen Bestandteilen,
2. Faktoren, wie Stoffe, Energie, Lärm und Strahlung, Abfälle aller Art sowie Emissionen, Ableitungen und sonstige Freisetzungen von Stoffen in die Umwelt, die sich auf die o. g. Umweltbestandteile auswirken oder wahrscheinlich auswirken,
3. Maßnahmen oder Tätigkeiten, diezu den Maßnahmen gehören auch beschlossene politische Konzepte, Rechts- und Verwaltungsvorschriften, Abkommen, Umweltvereinbarungen, Pläne und Programme,
   a) sich auf die Umweltbestandteile im Sinn der Nr. 1 oder auf Faktoren im Sinn der Nr. 2 auswirken oder wahrscheinlich auswirken oder
   b) den Schutz von Umweltbestandteilen im Sinn der Nr. 1 bezwecken;
4. Berichte über die Umsetzung des Umweltrechts,
5. Kosten-Nutzen-Analysen oder sonstige wirtschaftliche Analysen und Annahmen, die zur Vorbereitung oder Durchführung von Maßnahmen oder Tätigkeiten im Sinn der Nr. 3 verwendet werden, und
6. den Zustand der menschlichen Gesundheit und Sicherheit, die Lebensbedingungen des Menschen sowie Kulturstätten und Bauwerke, soweit sie jeweils vom Zustand der Umweltbestandteile im Sinn der Nr. 1 oder von Faktoren, Maßnahmen oder Tätigkeiten im Sinn der Nrn. 2 und 3 betroffen sind oder sein können; hierzu gehört auch die Kontamination der Lebensmittelkette.

Eine informationspflichtige Stelle verfügt über Umweltinformationen, wenn diese bei ihr vorhanden sind.

5.11.5.3 Anspruch auf Zugang zu Umweltinformationen (BayUIG Art 3)

Jede Person hat entsprechend dem Gesetz Anspruch auf freien Zugang zu Umweltinformationen, über die eine informationspflichtige Stelle verfügt, ohne ein rechtliches Interesse darlegen zu müssen. Der Zugang kann durch Auskunftserteilung, Gewährung von Akteneinsicht oder in sonstiger Weise eröffnet werden, z. B. durch Verweis auf andere Stellen, wo die Informationen auch vorliegen. Die informationspflichtigen Stellen müssen auch die Öffentlichkeit in angemessenem Umfang aktiv und systematisch über die Umwelt unterrichten. Im Fall einer unmittelbaren Bedrohung der menschlichen Gesundheit oder der Umwelt haben die informationspflichtigen Stellen sämtliche Informationen, über die sie verfügen und die es der eventuell betroffenen Öffentlichkeit ermöglichen könnten, Maßnahmen zur Abwendung oder Begrenzung von Schäden infolge dieser Bedrohung zu ergreifen, unmittelbar und unverzüglich zu verbreiten. Verfügen mehrere informationspflichtige Stellen über solche Informationen, sollen sie sich bei deren Verbreitung abstimmen.

> Antworten auf häufig gestellte Fragen: https://www.stmuv.bayern.de/service/faq/index_uig_faq.htm (Letzter Zugriff 04.04.2023).
>
> Für den Bund und in vielen Bundesländern gibt es zusätzlich ein Informationsfreiheitsgesetz.

5.11.6 Auskünfte und Akteneinsicht (Bayern)

Medien- und Öffentlichkeitsarbeit
Die Öffentlichkeit ist über Leistungen, Zuständigkeiten, Verfahren oder Termine rechtzeitig und angemessen zu informieren. Neben Informationen in elektronischer Form, Broschüren, Merkblättern, Vordrucken und Ähnlichem können auch Informationsveranstaltungen, Bürgertelefone, Anhörungen, Ausstellungen oder ein Tag der offenen Tür angeboten werden (§ 8 Allgemeine Geschäftsordnung für die Behörden des Freistaates Bayern (AGO)). Gemeinden, Landkreisen, Bezirken und sonstigen juristischen Personen des öffentlichen Rechts wird empfohlen, nach dieser Geschäftsordnung zu verfahren (AGO § 36).

In der Regel gibt es bei Städten dafür eine Zentralstelle für die Presse- und Öffentlichkeitsarbeit. Die Pressestelle ist oft in einem Amt des Bürgermeisters angesiedelt und hat die Aufgabe, die Bürger sachlich und umfassend zu informieren. Dazu unterrichtet die Pressestelle Medien über aktuelle Vorgänge, Planungen und Baumaßnahmen der Stadtverwaltung, die für die Bürgerinnen und Bürger bedeutsam sind. Direkte Anfragen der Presse bei der Entwässerung sind daher an die Pressestelle weiter zu leiten. Pressevertreter sind oft mehr an negativen Geschichten und Sensationen interessiert als an einer für die Verwaltung positiven Berichterstattung. Zu Presseauskünften gibt es in der Regel auch interne Dienstanweisungen des Bürgermeisters: Auskünfte an die Presse sind in der Regel dem Bürgermeister, der Verwaltungsspitze oder der Pressestelle vorbehalten.

Auskünfte und Akteneinsicht
Ähnliche Anweisungen gibt es meist auch zu Auskünften an Bürger oder zu beantragten Akteneinsichten in Vorgänge der Entwässerung. Soweit die Auskunft oder Einsicht in Akten, Dateien und Ähnliches (Akteneinsicht) nicht in Rechtsvorschriften (z. B. zu Verwaltungsverfahren) geregelt ist, kann die Behörde Auskünfte und Akteneinsicht unter bestimmten Voraussetzungen erteilen.

Auskunft oder Akteneinsicht, die nicht ausschließlich Angelegenheiten des Antragstellers zum Gegenstand hat, darf nur gewährt werden, wenn ein berechtigtes Interesse glaubhaft gemacht wird. Auskunft oder Akteneinsicht darf nicht gewährt werden, wenn besondere Rechts- und Verwaltungsvorschriften, das öffentliche Interesse oder überwiegende Interessen Dritter entgegenstehen (§ 9 AGO). Der Anspruch von Betroffenen auf Auskunft über die zu ihrer Person gespeicherten Daten (Art. 10 Bayerisches Datenschutzgesetz, § 83 Sozialgesetzbuch – Verwaltungsverfahren –) bleibt unberührt. Bei der Akteneinsicht ist aber sicherzustellen, dass nur berechtigte Personen Einsicht nehmen und die Inhalte von diesen nicht verändert werden können.

Ehrenamtliche Gemeinderatsmitglieder können ein besonderes Recht zur Einsicht in Akten der laufenden Verwaltung haben, wenn sie hierzu vom Gemeinderat beauftragt worden sind oder der Bürgermeister die Akteneinsicht im Einzelfall gestattet. Solche besonderen Rechte können in der Geschäftsordnung für den Gemeinderat geregelt sein.

Den Bürgern ist grundsätzlich freundlich und mit Verständnis für ihre Belange zu begegnen. Ihnen sind soweit wie möglich Rat und Hilfe zu gewähren. Sie sind bei der Abgabe von Anträgen und Erklärungen zu unterstützen und über Zuständigkeiten, notwendige Unterlagen oder Möglichkeiten zur Gestaltung und Beschleunigung des Verfahrens zu informieren. Das Verwaltungshandeln muss nachvollziehbar und unparteiisch sein. Auf sachbezogene Vorstellungen der Bürger ist bei der Ermessensausübung und bei der Ausfüllung unbestimmter Rechtsbegriffe besonders einzugehen. Die Behörden und Organisationseinheiten sollen so zusammenwirken, dass für die Bürger ein möglichst geringer Aufwand durch persönliche Vorsprachen und Schriftverkehr entsteht (AGO§ 4).

Bürger, die eine Akteneinsicht beantragen, sind jedoch häufig in einem Streit mit der Verwaltung oder einem anderen Bürger, z. B. dem Nachbarn. Gemeinderäte verfolgen manchmal parteipolitische Interessen. In allen Fällen sollte dem Verlangen nach Auskunft oder Akteneinsicht unter Berücksichtigung der AGO daher mit der notwendigen Skepsis und Vorsicht und unter Beachtung der einschlägigen Dienstanweisungen nachgekommen werden.

5.11.7 Endverbleibserklärungen

In vielen Laboratorien von Kläranlagen werden nicht nur Schnelltests durchgeführt, sondern eine Analytik nach DIN. In diesen Fällen werden auch chemische Grundstoffe benötigt. Aufgrund verschiedener gesetzlicher Vorgaben sind Händler von solchen Chemikalien verpflichtet, den Absatzweg der Produkte zu verfolgen, die eventuell auch als Vorläufer für chemische Kampfstoffe oder Drogen dienen könnten.

So regelt die Verordnung (EU) Nr. 98/2013 die Verwendung von Stoffen oder Gemischen, die für die unrechtmäßige Herstellung von Explosivstoffen missbraucht werden könnten (z. B. Wasserstoffperoxid, Salpetersäure). Aufgrund des Artikel 4 der Verordnung (EG) Nr. 273/2004 muss jeder in der Gemeinschaft niedergelassene Wirtschaftsbeteiligte, der einen Kunden mit einem bestimmten Stoff beliefert, eine Erklärung dieses Kunden einholen, der der genaue Verwendungszweck bzw. die genauen Verwendungszwecke der erfassten Stoffe zu entnehmen ist/sind. Für bestimmte Stoffe ist jeweils eine eigene Erklärung erforderlich, für andere Stoffe reicht auch eine einzige Erklärung für mehrere Liefer-Vorgänge, die in einem Zeitraum von höchstens einem Jahr stattfinden.

Auch die Chemikalienverbotsverordnung schreibt bestimmte

- Anzeigepflichten
- Grundanforderungen zur Durchführung der Abgabe
- Identitätsfeststellung und Dokumentation vor.

Daher sind auch die Laboratorien von Kläranlagen, die bestimmte chemische Grundstoffe beziehen, verpflichtet regelmäßige oder jeweils einmalige Erklärungen über die Verwendung dieser Stoffe abzugeben (sog. Endverbleibserklärungen).

5.11.8 Meldepflichten nach dem EEG 2014

Nach einer Ad-hoc-Mitteilung des DWA-Fachausschusses KEK-10 „Energie in der Wasser- und Abfallwirtschaft", Stand Frühjahr 2016 gibt es auch im Energierecht Meldepflichten:

> *„Das Erneuerbare-Energien-Gesetz (EEG 2014) und konkretisierende Verordnungen enthalten zahlreiche Meldepflichten für Betreiber von dezentralen Stromerzeugungsanlagen, zu denen insbesondere auch Kläranlagen zählen können, die zum Beispiel in Blockheizkraftwerken Strom und Wärme erzeugen und diese Energie selbst verbrauchen oder einspeisen. ... Fehlerhafte oder nicht durchgeführte Meldungen können erhebliche finanzielle Nachteile bedeuten. ... Welche Meldepflichten einzuhalten sind, richtet sich nach der jeweiligen ‚Marktrolle' eines Unternehmens, sei es zum Beispiel als Eigenversorger, Eigenerzeuger oder Stromlieferant. Ein Unternehmen kann mehreren dieser ‚Marktrollen' und den entsprechenden Pflichten unterliegen.*
>
> *Den Status als **Eigenversorger** hat ein Anlagenbetreiber dann, wenn er eine Stromerzeugungsanlage nach § 61 Abs. 1 EEG 2014 betreibt (zum Beispiel Kraft-Wärme-Kopplungs-Anlage, Photovoltaik-Anlage), die nach dem 1. August 2014 in Betrieb gegangen ist und seitdem von ihm zur Eigenversorgung genutzt wird (Neuanlage).*
>
> *Den Status als **Eigenerzeuger** haben Anlagenbetreiber, die eine Eigenerzeugungsanlage nach § 61 Abs. 3 oder 4 EEG 2014 betreiben, das heißt eine Anlage, die vor dem 1. August 2014 in Betrieb gegangen ist (Bestandsanlage).*
>
> *Wird Strom an Dritte weitergeleitet (zum Beispiel an einen Mieter, fremden Dienstleister oder den Betreiber eines Mobilfunkmastes), ist die ‚Marktrolle' eines **Stromlieferanten** i. S. d. § 60 EEG 2014 einschlägig. Zu beachten ist, dass auch Konzernunternehmen Dritte sind und die Weitergabe nicht entgeltlich erfolgen muss.*
>
> *Eine vollständige Darstellung der Meldepflichten für alle ‚Marktrollen' mit möglichen Ausnahmeregelungen, Sanktionen sowie den jeweiligen Fristen, kann an dieser Stelle nicht erfolgen. Daher wird nachfolgend nur auf einige ausgewählte Meldepflichten hingewiesen, die auch die Bundesnetzagentur (BNetzA) in ihrem Entwurf eines ‚Leitfadens zur Eigenversorgung' nennt:*
>
> ***Eigenversorger** müssen unverzüglich alle für den Belastungsausgleich erforderlichen (Basis-) Angaben mitteilen sowie selbst erzeugte und verbrauchte Strommengen melden. ... Zudem ist unverzüglich nach dem 30. September eines Jahres ein Bericht über die Ermittlung der mitgeteilten Daten zu veröffentlichen.*
>
> ***Eigenerzeuger** müssen bis zum 28. Februar 2016 bestimmte für den Belastungsausgleich erforderliche (Basis-)Angaben mitteilen. Darunter versteht die BNetzA insbesondere die Informationen, ob und seit wann nach Einschätzung des Betreibers eine Eigenerzeugung gemäß § 61 Abs. 3 oder 4 EEG 2014 vorliegt.*
>
> ***Stromlieferanten** müssen unverzüglich die an dritte Letztverbraucher gelieferten Strommengen melden sowie alle für den bundesweiten Belastungsausgleich erforderlichen Daten mit-*

teilen. ... Zudem ist unverzüglich nach dem 30. September eines Jahres ein Bericht über die Ermittlung der mitgeteilten Daten zu veröffentlichen.

Diese Meldepflichten sind in Abhängigkeit von der ‚Marktrolle' gegenüber dem zuständigen Anschluss- oder Übertragungsnetzbetreiber, der BNetzA und/oder der Öffentlichkeit (Internetveröffentlichung) zu erfüllen."

Weitere Hinweise hat die BNetztA auf ihrer Homepage veröffentlicht (Bundesnetzagentur – Eigenversorgung (https://www.bundesnetzagentur.de/DE/Fachthemen/ElektrizitaetundGas/ErneuerbareEnergien/EEGAufsicht/Eigenversorgung/start.html) – Letzter Zugriff 04.04.2023).

Dort kann auch der aktuelle „Leitfadens zur Eigenversorgung" heruntergeladen werden; sowie der neuere „Leitfaden zum Messen und Schätzen bei EEG-Umlagepflichten".

5.12 Gesetze

9. BImSchV Neunte Verordnung zur Durchführung des Bundes-Immissionsschutzgesetzes (Verordnung über das Genehmigungsverfahren – 9. BImSchV)
Ausfertigungsdatum: 18.02.1977, Neugefasst durch Bek v. 29.05.1992

AEG Allgemeines Eisenbahngesetz (AEG), Ausfertigungsdatum: 27.12.1993

AGO, Bayern Allgemeine Geschäftsordnung für die Behörden des Freistaates Bayern (AGO) Vom 12. Dezember 2000

AO Abgabenordnung (AO)
Ausfertigungsdatum: 16.03.1976, Neugefasst durch Bek. v. 01.10.2002

BauGB Baugesetzbuch (BauGB), Ausfertigungsdatum: 23.06.1960 in der Fassung der Bekanntmachung vom 3. November 2017

Bay EBV (Bayerische) Eigenbetriebsverordnung (EBV), Vom 29. Mai 1987

BayArchivG Bayerisches Archivgesetz (BayArchivG) Vom 22. Dezember 1989

BayBG Bayerisches Beamtengesetz (BayBG), Vom 29. Juli 2008

Bayerische Verfassung, Verfassung des Freistaates Bayernin der Fassung der Bekanntmachung vom 15. Dezember 1998

BayGO Gemeindeordnung für den Freistaat Bayern, (Gemeindeordnung – GO) in der Fassung der Bekanntmachung vom 22. August 1998

BayHO Haushaltsordnung des Freistaates Bayern
(Bayerische Haushaltsordnung – BayHO), Vom 8. Dezember 1971

BayStrWG Bayerisches Straßen- und Wegegesetz (BayStrWG)
in der Fassung der Bekanntmachung vom 5. Oktober 1981

BayUIG Bayerisches Umweltinformationsgesetz (BayUIG), Vom 8. Dezember 2006
Stand: Zuletzt geändert durch Art. 1 G v. 19.12.2022

BayWG Bayerisches Wassergesetz, (BayWG), vom 25. Februar 2010

BBG Bundesbeamtengesetz (BBG), Ausfertigungsdatum: 05.02.2009

BeamtStG Gesetz zur Regelung des Statusrechts der Beamtinnen und Beamten in den Ländern (Beamtenstatusgesetz – BeamtStG), Ausfertigungsdatum: 17.06.2008

BGB Bürgerliches Gesetzbuch (BGB), Ausfertigungsdatum: 18.08.1896, Neugefasst durch Bek. v. 02.01.2002
§§ 94,96, 925, 926, 1018 ff, 1090 ff

BImSchG Bundes-Immissionsschutzgesetz – BImSchG
Gesetz zum Schutz vor schädlichen Umwelteinwirkungen durch Luftverunreinigungen, Geräusche, Erschütterungen und ähnliche Vorgänge (Bundes-Immissionsschutzgesetz – BImSchG) Ausfertigungsdatum: 15.03.1974

BStatG Gesetz über die Statistik für Bundeszwecke (Bundesstatistikgesetz – BStatG)
Ausfertigungsdatum: 22.01.1987, Neugefasst durch Bek. v. 20.10.2016

EBKrG Gesetz über Kreuzungen von Eisenbahnen und Straßen, (Eisenbahnkreuzungsgesetz), Ausfertigungsdatum: 14.08.1963
Neugefasst durch Bek. v. 21.03.1971

EBO Eisenbahn-Bau- und Betriebsordnung (EBO), Ausfertigungsdatum: 08.05.1967

EBV (Bayerische) Eigenbetriebsverordnung (EBV), Vom 29. Mai 1987

EnStatG Energiestatistikgesetz (EnStatG), Ausfertigungsdatum: 06.03.2017

EnWG Gesetz über die Elektrizitäts- und Gasversorgung (Energiewirtschaftsgesetz – EnWG)
Ausfertigungsdatum: 07.07.2005

E-PRTR VERORDNUNG (EG) Nr. 166/2006 DES EUROPÄISCHEN PARLAMENTS UND DES RATES vom 18. Januar 2006 über die
Schaffung eines Europäischen Schadstofffreisetzungs- und -verbringungsregisters und zur Änderung der Richtlinien 91/689/EWG und 96/61/EG des Rates

EÜV, Bayern Eigenüberwachungsverordnung
Verordnung zur Eigenüberwachung von Wasserversorgungs- und Abwasseranlagen – Bayern – vom 20. September 1995

FStrG Bundesfernstraßengesetz (FStrG), Ausfertigungsdatum: 06.08.1953, Neugefasst durch Bek. v. 28.06.2007

GBO Grundbuchordnung, Ausfertigungsdatum: 24.03.1897, Neugefasst durch Bek. v. 26.05.1994

GG Grundgesetz für die Bundesrepublik Deutschland, Ausfertigungsdatum: 23.05.1949 Stand: Zuletzt geändert durch Art. 1 G v. 19.12.2020

HaftPflG Haftpflichtgesetz
Ausfertigungsdatum: 07.06.1871, Neugefasst durch Bek. v. 04.01.1978

HGrG Gesetz über die Grundsätze des Haushaltsrechts des Bundes und der Länder (Haushaltsgrundsätzegesetz – HGrG), Ausfertigungsdatum: 19.08.1969

IFG Gesetz zur Regelung des Zugangs zu Informationen des Bundes (Informationsfreiheitsgesetz – IFG), Ausfertigungsdatum: 05.09.2005

KAG, Bayern Kommunalabgabengesetz (KAG), in der Fassung der Bekanntmachung vom 4. April 1993

KAV Verordnung über Konzessionsabgaben für Strom und Gas (Konzessionsabgabenverordnung – KAV), Ausfertigungsdatum: 09.01.1992

KommHV-Kameralistik, Bayern Verordnung über das Haushalts-, Kassen- und Rechnungswesen der Gemeinden, der Landkreise und der Bezirke nach den Grundsätzen der Kameralistik
(Kommunalhaushaltsverordnung – Kameralistik – KommHV-Kameralistik)
Vom 3. Dezember 1976

KommZG, Bayern Gesetz über die kommunale Zusammenarbeit (KommZG) in der Fassung der Bekanntmachung vom 20. Juni 1994

OGewV Verordnung zum Schutz der Oberflächengewässer (Oberflächengewässerverordnung – OGewV), Ausfertigungsdatum: 20.06.2016

PflVG Gesetz über die Pflichtversicherung für Kraftfahrzeughalter (Pflichtversicherungsgesetz), Ausfertigungsdatum: 05.04.1965

ProdGewStatG Gesetz über die Statistik im Produzierenden Gewerbe (ProdGewStatG) Ausfertigungsdatum: 06.11.1975, Neugefasst durch Bek. v. 21.03.2002

PrVbG Gesetz über den Bayerischen Kommunalen Prüfungsverband, (Prüfungsverbandsgesetz – PrVbG), Vom 24. April 1978

StGB Strafgesetzbuch (StGB)
Ausfertigungsdatum: 15.05.1871, in der Fassung der Bekanntmachung vom 13. November 1998

StVO Straßenverkehrs-Ordnung (StVO), Ausfertigungsdatum: 06.03.2013
Konstitutive Neufassung gem. V v. 06.03.2013

UStatG Umweltstatistikgesetz (UStatG), Ausfertigungsdatum: 16.08.2005

UVPG Gesetz über die Umweltverträglichkeitsprüfung (UVPG), Ausfertigungsdatum: 12.02.1990, Neugefasst durch Bek. v. 18.03.2021

VAG Gesetz über die Beaufsichtigung der Versicherungsunternehmen (Versicherungsaufsichtsgesetz – VAG), Ausfertigungsdatum: 01.04.2015

VergStatVO Verordnung zur Statistik über die Vergabe öffentlicher Aufträge und Konzessionen (Vergabestatistikverordnung – VergStatVO), Ausfertigungsdatum: 12.04.2016

Verwaltungsverfahrensgesetze der Bundesländer, z. B.:Bayerisches Verwaltungsverfahrensgesetz (BayVwVfG), Vom 23. Dezember 1976
Verwaltungsverfahrensgesetz für das Land Nordrhein-Westfalen
(Verwaltungsverfahrensgesetz NRW – VwVfG NRW), Vom 12. November 1999

VGemO, Bayern Verwaltungsgemeinschaftsordnung für den Freistaat Bayern
(Verwaltungsgemeinschaftsordnung – VGemO)
in der Fassung der Bekanntmachung vom 26. Oktober 1982

VVG Gesetz über den Versicherungsvertrag (Versicherungsvertragsgesetz – VVG)
Ausfertigungsdatum: 23.11.2007

VVWas Verwaltungsvorschrift zum Vollzug des Wasserrechts (VVWas), Bayern
Bekanntmachung des Bayerischen Staatsministeriums für Umwelt und Verbraucherschutz vom 27. Januar 2014, Az. U4505-2010/2

VwVEBV, Bayern Verwaltungsvorschriften zur Eigenbetriebsverordnung (VwVEBV)
Bekanntmachung des Bayerischen Staatsministeriums des Innern vom 5. Juni 1987

VwVfG (Bund) Verwaltungsverfahrensgesetz (VwVfG)
Ausfertigungsdatum: 25.05.1976, Neugefasst durch Bek. v. 23.01.2003

WaStrG Bundeswasserstraßengesetz (WaStrG), Ausfertigungsdatum: 02.04.1968 Neugefasst durch Bek. v. 23.05.2007

WHG Gesetz zur Ordnung des Wasserhaushalts, (Wasserhaushaltsgesetz – WHG) vom 31.07.2009

WPBV, Bayern Verordnung über Pläne und Beilagen in wasserrechtlichen Verfahren (WPBV), Vom 13. März 2000

ZustGVerk, Bayern Gesetz über Zuständigkeiten im Verkehrswesen (ZustGVerk), Vom 28. Juni 1990

5.13 Literatur

Aufgaben der Gemeinden in Baden-Württemberg, (Grafik), Landeszentrale für politische Bildung, Baden-Württemberg
https://www.landeskunde-baden-wuerttemberg.de/aufgaben-kommunen
Letzter Zugriff 15.09.2024

Bayerisches Landesamte für Wasserwirtschaft, Heft 2/99, „Beiträge und Gebühren für die Abwasserbeseitigung in Bayern – Stand 1998"

Bestimmungen über die sonstigen Rechnungsunterlagen für staatliche Tiefbaumaßnahmen, Anlage zu den VV zu Art. 80 BayHO
https://www.gesetze-bayern.de/Content/Document/VVBayHO-NN132
Letzter Zugriff 16.09.2024

Beteiligung der Behörden und sonstigen Träger öffentlicher Belange (TöB) in städtebaulichen Verfahren nach dem Baugesetzbuch (BauGB), Hessisches Ministerium für Wirtschaft, Energie, Verkehr und Wohnen, Erlass vom 11. Dezember 2019, Az. VII 3-2-061-d-01#002
https://wirtschaft.hessen.de/sites/wirtschaft.hessen.de/files/2021-07/erlass_ueber_die_beteiligung_der_traeger_oeffentlicher_belange.pdf
Letzter Zugriff 16.09.2024

BGH, Beschluss vom 30.04.2008, Aktenzeichen: III ZR 5/07, Rn. 8
http://juris.bundesgerichtshof.de/cgi-bin/rechtsprechung/document.py?Gericht=bgh&Art=en&nr=43955&pos=0&anz=1
Letzter Zugriff 04.04.2023

BGH, Urteil vom 23.01.2014 – III ZR 94/13
http://juris.bundesgerichtshof.de/cgi-bin/rechtsprechung/document.py?Gericht=bgh&Art=en&nr=66936&pos=0&anz=1
Letzter Zugriff 04.04.2023

Bundesgerichtshof, Urteil vom 6. März 2014 – III ZR 352/13
http://juris.bundesgerichtshof.de/cgi-bin/rechtsprechung/document.py?Gericht=bgh&Art=en&nr=67207&pos=0&anz=1
Letzter Zugriff 04.04.2023

Bundesverwaltungsgericht, Beschluss vom 19.08.1998, 2 B 6/98
https://research.wolterskluwer-online.de/document/7b019a19-3527-4f17-ba85-be349ba76b67
Letzter Zugriff 04.04.2023

Deutsche Bahn AG, „Checkliste zur Verlegung von Leitungen auf Gelände der Deutschen Bahn (DB AG)“, Stand 2017
http://www.deutschebahn.com/de/geschaefte/immobilien/Verlegung_von_Leitungen.html
Letzter Zugriff 08.08.2024

Die Haftung der Gemeinde – Gefährdungshaftung – Privatrechtliche und öffentlich-rechtliche Haftung, Friedrich-Ebert-Stiftung, RF 14, Januar 2001

Die strafrechtliche Organ- und Vertreterhaftung, Zeitschrift für das Juristische Studium 1/2011, Timo Schmucker, Heidelberg
https://zjs-online.com/dat/artikel/2011_1_417.pdf
Letzter Zugriff 17.09.2024

Dienstanweisung der Stadt Göttingen über die Kosten- und Leistungsrechnung, 20.04.2004

DUDEN, das Risiko, http://www.duden.de/rechtschreibung/Risiko
Letzter Zugriff 04.04.2023

DWA, Ad-hoc-Mitteilung des DWA-Fachausschusses KEK-10 „Energie in der Wasser- und Abfallwirtschaft“, Stand Frühjahr 2016, Meldepflichten nach dem EEG 2014

DWA, Wirtschaftsdaten der Abwasserbeseitigung 2014
https://de.dwa.de/files/_media/content/03_THEMEN/Wirtschaft/DWA_Wirtschaftsdaten_2013_fin.pdf
Letzter Zugriff 04.04.2023

Einheitsaktenplan für die bayerischen Gemeinden und Landratsämter mit Verzeichnis der Aufbewahrungsfristen (EAPl-Aufbewahrungsfristenverzeichnis; EAPlAufbew), (Stand: 01.04.2011), Staatliche Archive Bayerns – Digitale Medien, Nr. 3
https://www.gda.bayern.de/fileadmin/_migrated/content_uploads/eaplaufb-2011.pdf
Letzter Zugriff 16.09.2024

Europäische Kommission, Generaldirektion Umwelt, Leitfaden für die Durchführung des Europäischen PRTR, 31. Mai 2006
https://wiki.prtr.thru.de/images/a/a5/EU-PRTR-Leitfaden_de.pdf
Letzter Zugriff 04.04.2023

Gas- und Wasserleitungskreuzungsrichtlinien, Richtlinien 2012, Ausgabe Juli 2017 Vereinbarung zwischen DB und BDEW

Generaldirektion der Staatlichen Archive Bayerns, Einheitsaktenplan für die bayerischen Gemeinden und Landratsämter mit Verzeichnis der Aufbewahrungsfristen, EAPlAufbew Nr 7
https://www.gda.bayern.de/fileadmin/_migrated/content_uploads/eaplaufb-2011.pdf
Letzter Zugriff 04.04.2023

Landeszentrale für politische Bildung Baden-Württemberg, Aufgaben von Gemeinden in Baden-Württemberg
https://www.kommunalwahl-bw.de/aufgabe-kommunen
Letzter Zugriff 04.04.2023

Leitfaden für die Durchführung der PRTR-Berichtspflicht, Umweltbundesamt Wien REPORT, REP-0164, Wien, 2010
https://partizipation.at/wp-content/uploads/2021/06/umweltbundesamt-prtr-leitfaden.pdf
Letzter Zugriff 17.09.2024

Leitfaden Rechnungsprüfung – Vom Haushaltsansatz zur örtlichen Rechnungsprüfung, Hanns-Seidel-Stiftung e. V., München 2011
https://www.hss.de/fileadmin/media/downloads/Publikationen/LF4-Rechnungspruefung.pdf,
Letzter Zugriff 16.09.2024

Ministerium der Finanzen Rheinland-Pfalz, „Richtlinie für die Durchführung von Liegenschafts- und Bauaufgaben des Landes Rheinland-Pfalz“, Ausgabe 2021

Ministerium des Innern des Landes Brandenburg, Leitfaden für die Erstellung kommunaler Wirtschaftlichkeitsuntersuchungen
https://mik.brandenburg.de/sixcms/media.php/9/Leitfaden_Wirtschaftlichkeitsuntersuchungen_2012.pdf

Neue Maßgaben für die Erhebung von Gebühren, Mitteilungen – Umwelt, Abfall und Abwasser, StGB NRW-Mitteilung 421/2002 vom 05.07.2002
https://www.kommunen.nrw/informationen/mitteilungen/datenbank/detailansicht/dokument/neue-massgaben-fuer-die-erhebung-von-gebuehren.html
Letzter Zugriff 16.09.2024

Organisation der kommunalen Abwasserentsorgung, Hessischer Landtag, Drucksache 16/7232 vom 30.07.2007, Kleine Anfrage der Abg. Dr. Müller (Gelnhausen), Dr. Herr, Honka, Oppermann, Müller-Klepper, Wiegel, Klein (Freigericht), Lenhart (CDU) vom 17.04.2007 betreffend Organisation der kommunalen Abwasserentsorgung und Antwort des Ministers für Umwelt, ländlichen Raum und Verbraucherschutz
https://starweb.hessen.de/cache/DRS/16/2/07232.pdf
Letzter Zugriff 16.09.2024

Organisationsformen und Umweltabgaben im kommunalen Gewässerschutz, Prof. Fritz Rahmeyer, Universität Augsburg,
https://vwl.wiwi.uni-augsburg.de/vwl/institut/paper/212.htm
Letzter Zugriff 16.09.2024

(Österreichisches) Umweltbundesamt Wien, „Leitfaden für die Durchführung der PRTR-Berichtspflicht“
https://www.umweltbundesamt.at/fileadmin/site/publikationen/rep0164.pdf
Letzter Zugriff 04.04.2023

Richtlinie über die Aufbewahrung von Schriftgut in der Verwaltung des Freistaats Thüringen, Veröffentlicht: Thüringer Staatsanzeiger Nr. 30/2014 S. 899–914
https://schulamt.thueringen.de/media/ssa/sued/schulamt/intern/datenschutz/taetigkeitsbericht/2.TD-B_Anlage_2_AufbewahrungsRiLi_TH_2014_2019.pdf
Letzter Zugriff 16.09.2024

Richtlinie zur Kosten- und Leistungsrechnung bei der Landeshauptstadt München, Landeshauptstadt München, Stadtkämmerei, 12.12.2007

Skriptum zur Vorlesung „Bauschadensrecht“ im Wintersemester 2013/2014, Gerd Lederer, Alois Jeran, Technische Hochschule Nürnberg Georg-Simon-Ohm

Statistisches Bundesamt, Klassifikation der Wirtschaftszweige, mit Erläuterungen, WZ 2008
https://www.destatis.de/DE/Methoden/Klassifikationen/Gueter-Wirtschaftsklassifikationen/Downloads/klassifikation-wz-2008-3100100089004-aktuell.pdf?__blob=publicationFile
(Letzter Zugriff 04.04.2023)

Steuerpflichten in der Abwasser- und Abfallentsorgung, Mitteilungen – Umwelt, Abfall, Abwasser, StGB NRW-Mitteilung 234/2020 vom 26.02.2020
https://www.kommunen.nrw/informationen/mitteilungen/datenbank/detailansicht/dokument/steuerpflichten-in-der-abwasser-und-abfallentsorgung.html
Letzter Zugriff 16.09.2024

Thüringer Ministerium für Inneres und Kommunales, Richtlinie über die Aufbewahrung von Schriftgut in der Verwaltung des Freistaats Thüringen (ThürAufbewRL)
https://www.landesrecht.thueringen.de/bsth/document/VVTH-VVTH000008524
Letzter Zugriff 04.04.2023

TVöD
Tarifvertrag für den öffentlichen Dienst (TVöD), Durchgeschriebene Fassungen – Stand: 1. August 2023, Vereinigung der kommunalen Arbeitgeberverbände (VKA), Leipziger Straße 51, 10117 Berlin
https://www.vka.de/tarifvertraege-und-richtlinien/tarifvertraege/tvoed
Letzter Zugriff 16.09.2024

Verband kommunaler Unternehmen e. V. (VKU), Aktualisierte Mustersatzungen für Eigenbetriebe und für Anstalten des öffentlichen Rechts in NRW
https://www.vku.de/verband/struktur/vku-in-den-laendern/nordrhein-westfalen/newsletter/q42021/aktualisierte-mustersatzungen-fuer-eigenbetriebe-und-fuer-anstalten-des-oeffentlichen-rechts-in-nrw/
Letzter Zugriff 04.04.2023

Verfahrenshandbuch zum Vollzug des BImSchG – Durchführung von Genehmigungsverfahren, Hessisches Ministerium für Umwelt, Energie, Landwirtschaft und Verbraucherschutz, Stand 18.12.2013

Verwaltungsorganisation der Gemeinden, Aufgabengliederungsplan, Verwaltungsgliederungsplan, Kommunale Gemeinschaftsstelle für Verwaltungsvereinfachung, KGSt Bericht Nr. 10/1979

Verwaltungsvorschrift für die Überwachung der Erstellung im Ingenieurbau, Oberbau und Hochbau (VV BAU), Eisenbahnbundesamt, 2019/I
https://www.eba.bund.de/SharedDocs/Downloads/DE/Infrastruktur/AllgemeineVorschriften/VV_BAU/21_VV_BAU_2019_I.pdf;jsessionid=A0EB6B5884AB9BE92A357CDCA86F2B54.live11294?__blob=publicationFile&v=4,
Letzter Zugriff 16.09.2024

VHF Bayern, Handbuch für die Vergabe und Durchführung von Freiberuflichen Dienstleistungen durch die Staatsbau- und die Wasserwirtschaftsverwaltung des Freistaates Bayern, Stand Februar 2015

Vollzugshinweise anlässlich des Gesetzes zur Änderung des Kommunalabgabengesetzes vom 8. Juli 2013, Zu Art. 8 Abs. 3 Satz 2 KAG, Bekanntmachung des Bayerischen Staatsministeriums des Innern vom 17. Juli 2013, Az. IB4-1521.1-50 und Az. IB4-1521.1-50

VV des Freistaats Bayern zu Art. 70 BayHO: Zahlungen
https://www.gesetze-bayern.de/Content/Document/VVBayHO-NN70
Letzter Zugriff 16.09.2024

WIKIPEDIA, Aktenplan
https://de.wikipedia.org/wiki/Aktenplan
Letzter Zugriff 04.04.2023

Wirtschaftsdaten der Abwasserbeseitigung, Ausgabe 2014, Deutsche Vereinigung für Wasserwirtschaft, Abwasser und Abfall (DWA)
https://de.dwa.de/files/_media/content/03_THEMEN/Wirtschaft/DWA_Wirtschaftsdaten_2013_fin.pdf
Letzter Zugriff 16.09.2024

Personal

6

Der Betrieb und die Unterhaltung von Abwasser(-behandlungs)-anlagen sind durch Personal in ausreichender Zahl und mit der erforderlichen (geeigneten) beruflichen Qualifikation sicherzustellen. Das fordert u. a. § 51 Landeswassergesetz S-H; ohne das entsprechende Personal kann umgekehrt überhaupt kein ordnungsgemäßer Betrieb gewährleistet werden. Daher ist die Grundkenntnis der einschlägigen Vorschriften und Begriffe zum Personal unvermeidlich.

6.1 Tarif-Beschäftigte und Beamte

Die in einer Gemeinde arbeitenden Personen können entweder Beamte oder tariflich Beschäftigte sein. Früher gab es besonders im Entwässerungsbereich auch noch „Arbeiter". Die gibt es aber heute nicht mehr; Arbeiter und Angestellte sind jetzt tariflich Beschäftigte.

6.1.1 Öffentlicher Dienst

Die meisten Mitarbeiter von Entwässerungsbetrieben sind bei Gemeinden und Zweckverbänden beschäftigt und damit im sogenannten „öffentlichen Dienst". Dazu gehören insbesondere die Bediensteten von öffentlich-rechtlichen Gebiets-Körperschaften von Gemeinden, Landkreisen, Bundesländern und dem Bund selbst. Nach DESTATIS sind im öffentlichen Dienst etwa 5,1 Mio. Mitarbeiter beschäftigt (Stand 30.06.2021). Etwa die Hälfte davon ist im Landesbereich, fast ein Drittel ist im Kommunalen Bereich und der Rest im Bundesbereich oder den Sozialversicherungen beschäftigt. Für den „öffentlichen Dienst" wird oft auch der Begriff „Staatsdienst" verwendet; das gilt aber eigentlich nur für die Beschäftigten des Bundes und der Länder. Der öffentliche Dienst bei Bund, Ländern

A. Jessen, *Kommunaler Entwässerungsbetrieb*,
https://doi.org/10.1007/978-3-658-50966-8_6

und Kommunen sorgt für die Funktion des Gemeinwesens und gehört zur sogenannten *Exekutive*, einer der drei Staatsgewalten. Wesentliche Aufgabe der Bediensteten ist somit auch der Vollzug der Gesetze, Verordnungen und Satzungen.

Den mehr als 3 Mio. **Arbeitnehmern** im öffentlichen Dienst stehen etwa 1,7 Mio. Beamte und Richter gegenüber. Ebenfalls zum öffentlichen Dienst zählen auch die Soldaten und einige Mitarbeiter von ehemaligen Staatsunternehmen wie Post, Bahn und Telekom oder Sparkassen. Zum öffentlichen Dienst gehören beispielsweise die Arbeits-Bereiche äußere und innere Sicherheit mit den Soldaten und der Polizei.

Neben der Tätigkeit in der Allgemeinen, der Sozial- und der Finanz-Verwaltung stellen die Lehrer und Beschäftigten in Schulen und Hochschulen einen weiteren Großteil des öffentlichen Dienstes.

Die staatlichen Bauverwaltungen bauen und unterhalten die Universitäten, Fernstraßen, Wasserstraßen, Schlösser, Seen, Gebäude und Liegenschaften. Zum öffentlichen Dienst gehören bei den Kommunen i. d. R. auch die Tiefbauämter, die Entwässerungsbetriebe, die Gartenämter, die Bauhöfe oder die Hochbauämter. Die Wasserversorgung und die Verkehrsbetriebe, die Krankenhäuser oder die Abfallbeseitigung sind jedoch oft bei kommunalen Werken, bei Anstalten oder Stiftungen ausgelagert und mindestens teilweise privatisiert. Eigenbetriebe gehören noch zum öffentlichen Dienst, während eine GmbH nicht dazu gehört: *Öffentlicher Dienst* bedeutet, dass der Arbeitgeber eine Körperschaft des öffentlichen Rechts ist.

Im Kommunalen Bereich setzen sich die ca. 1,7 Mio. Beschäftigten aus 1,5 Mio. Arbeitnehmern und etwa 188.000 Beamten zusammen (Quelle: DESTATIS, Beschäftigte nach Art des Dienst- oder Arbeitsvertragsverhältnisses, 30. Juni 2021, https://www.destatis.de/DE/Themen/Staat/Oeffentlicher-Dienst/Tabellen/beschaeftigungsbereiche.html).

6.1.2 Beamte

Das Recht, Beamte zu haben, besitzen außer dem Bund, die Länder, die Gemeinden und die Gemeindeverbände und auch sonstige Körperschaften, Anstalten und Stiftungen des öffentlichen Rechts (BeamtStG § 2). Diese Stellen werden als jeweiliger „Dienstherr“ des Beamten bezeichnet: Dienstherr für einen Gemeindebeamten oder den Bürgermeister ist die Gemeinde, die diesen Beamten beschäftigt. Nur ein kleiner Teil der im kommunalen Bereich Beschäftigten sind Beamtinnen und Beamte, da die Ausübung *hoheitsrechtlicher Befugnisse* nur in geringerem Umfang eine ständige Aufgabe der Kommunen ist. Entsprechend Art. 33 des Grundgesetzes für die Bundesrepublik Deutschland werden dort dann die Angehörigen des öffentlichen Dienstes eingesetzt, die zu ihrem Dienstherrn in einem öffentlich-rechtlichen Dienst- und Treueverhältnis stehen, nämlich die Beamten. Die Ausübung *hoheitsrechtlicher Befugnisse* bedeutet, dass der Staat im Interesse der Allgemeinheit oder aufgrund von Gesetzen in die Rechte Einzelner eingreifen muss. Im Entwässerungsbetrieb wäre das der Fall insbesondere beim Vollzug der Entwässerungssatzung oder der Beitrags- u. Gebührensatzung.

Die Beamten der Gemeinden und Gemeindeverbände werden in Bayern z. B. nach Maßgabe der Gesetze vom Volk gewählt (z. B. Bürgermeister) oder von den zuständigen Behörden ernannt.

6.1.2.1 Beamtenverhältnis

Beamtinnen und Beamte stehen zu ihrem Dienstherrn in einem öffentlich-rechtlichen Dienst- und Treueverhältnis (Beamtenverhältnis) (BeamtStG § 3).

Arten des Beamtenverhältnisses (BeamtStG § 4)

Das Beamtenverhältnis *auf Lebenszeit* dient der dauernden Wahrnehmung von Aufgaben; es bildet die Regel.

Das Beamtenverhältnis *auf Zeit* ist in gesetzlich besonders bestimmten Fällen zulässig und dient der befristeten Wahrnehmung von Aufgaben. Für das Beamtenverhältnis auf Zeit gelten die Vorschriften über das Beamtenverhältnis auf Lebenszeit entsprechend, soweit nicht gesetzlich etwas anderes bestimmt ist.

Das Beamtenverhältnis *auf Probe* dient der Ableistung einer Probezeit

1. zur späteren Verwendung auf Lebenszeit oder
2. zur Übertragung eines Amtes mit leitender Funktion.

Das Beamtenverhältnis *auf Widerruf* dient

1. der Ableistung eines Vorbereitungsdienstes oder
2. der vorübergehenden Wahrnehmung von Aufgaben.

Voraussetzungen des Beamtenverhältnisses (BeamtStG § 7)

In das Beamtenverhältnis darf berufen werden, wer u. a.:

- die Gewähr dafür bietet, jederzeit für die freiheitliche demokratische Grundordnung im Sinne des Grundgesetzes einzutreten, und
- die für die entsprechende Laufbahn vorgeschriebene Vorbildung besitzt oder
- die erforderliche Befähigung durch Lebens- und Berufserfahrung erworben hat.

Auswahlkriterien (Bayerische Verfassung Art 94)

Die öffentlichen Ämter stehen allen wahlberechtigten Staatsbürgern

- nach ihrer charakterlichen Eignung,
- nach ihrer Befähigung und
- ihren fachlichen Leistungen

offen, die, soweit möglich, durch Prüfungen im Wege des Wettbewerbs festgestellt werden.

Für die Beförderung des Beamten gelten dieselben Grundsätze.

Voraussetzungen der Ernennung auf Lebenszeit (Bundesbeamtengesetz § 11)

Zum Beamten auf Lebenszeit darf nur ernannt werden, wer u. a. sich in einer Probezeit in vollem Umfang bewährt hat. Die Probezeit dauert i. d. R. mindestens drei Jahre. Ein Beamtenverhältnis auf Probe ist spätestens nach fünf Jahren in ein solches auf Lebenszeit umzuwandeln, wenn die beamtenrechtlichen Voraussetzungen hierfür erfüllt sind.

Grundlagen des Beamtenverhältnisses (Art. 94–95, Verfassung des Freistaates Bayern)

Die Grundlagen des Beamtenverhältnisses werden durch Gesetz geregelt. Das Berufsbeamtentum wird grundsätzlich aufrechterhalten.

6.1.2.2 Beamtenrecht

Beamtinnen und Beamte

„Rund ein Drittel der Beschäftigten im öffentlichen Dienst sind Beamtinnen und Beamte. Sie stehen in einem öffentlich-rechtlichen Dienst- und Treueverhältnis zum Staat. ... Beamtinnen und Beamte haben besondere Rechte und Pflichten. Sie müssen ihren Dienst am Wohl der Allgemeinheit ausrichten und allein nach Recht und Gesetz handeln. Außerdem dürfen sie nicht streiken. Beamtinnen und Beamte arbeiten nicht auf der Grundlage eines privatrechtlichen Arbeitsvertrags wie die Tarifbeschäftigten. Ihr Dienstverhältnis wird durch einen einseitigen staatlichen Ernennungsakt, nämlich die Übergabe einer Ernennungsurkunde, begründet. Auch ihre Besoldung und Versorgung werden durch Gesetz festgelegt, sind also demokratisch entschieden und nicht verhandelbar" (Bundesministerium des Innern und für Heimat, Beamtinnen und Beamte).

Beamtenrecht allgemein

„Beamtinnen und Beamten unterliegen besonderen Rechten und Pflichten. Hierfür gibt es sogar ein eigenes Rechtsgebiet, das ihre Belange regelt: das Beamtenrecht. Grundlage des Beamtenrechts bildet das Grundgesetz, konkret Artikel 33 Absatz 5. Hiernach ist das Recht des öffentlichen Dienstes unter Berücksichtigung der hergebrachten Grundsätze des Berufsbeamtentums zu regeln und fortzuentwickeln.

Zu den hergebrachten Grundsätzen zählen unter anderem

- *die Pflicht der Beamtinnen und Beamten zur Neutralität und Verfassungstreue,*
- *eine grundsätzlich lebenslange Anstellung,*
- *der Leistungsgrundsatz, wonach Beamtinnen und Beamte einzig nach ihrer Eignung, Befähigung und fachlichen Leistung auszuwählen sind, sowie*
- *das Verbot zu streiken.*

Diese besonderen Rechte und Pflichten dienen dazu, demokratisch getroffene Entscheidungen des Gesetzgebers umzusetzen, die Qualität staatlicher Leistungen zu sichern und die Arbeitsfähigkeit der öffentlichen Verwaltung zu erhalten. Eine beamtenrechtliche Regelung darf nicht gegen diese zentralen Grundsätze verstoßen. Der Gesetzgeber hat aber Handlungsspielräume, um das Beamtenrecht an die gesellschaftliche Entwicklung anpassen zu können" (Bundesministerium des Innern und für Heimat, Beamtenrecht allgemein).

Beamtenrechtliche Vorschriften

„Zum Beamtenrecht zählen alle Vorschriften, die die Rechtsstellung der Beamtinnen und Beamten regeln. Hierunter fallen nicht nur die allgemeinen Beamtengesetze, Laufbahnverordnungen oder das Besoldungs- und Versorgungsrecht. Auch die ergänzenden Vorschriften, wie etwa die Bestimmungen zum Urlaubs-, Reisekosten- oder Beihilferecht, sind

Bestandteil des Beamtenrechts. Kernstück des Rechts der Bundesbeamtinnen und -beamten ist das Bundesbeamtengesetz. Hier sind etwa die verschiedenen Beamtenverhältnisse, die Voraussetzungen zur Begründung eines Beamtenverhältnisses sowie die Grundpflichten der Bundesbeamtinnen und -beamten geregelt. Vorgaben zur Ausgestaltung der Laufbahnen sowie zur Besoldung und Versorgung der Bundesbeamtinnen und -beamten finden sich in Spezialgesetzen und -verordnungen" (Bundesministerium des Innern und für Heimat, Beamtenrecht allgemein).

Beamtinnen und Beamte der Länder und Kommunen
„Für die Länder, Gemeinden und sonstigen Körperschaften des öffentlichen Rechts sind die zentralen Statusfragen der Beamtinnen und Beamten einheitlich im sogenannten Beamtenstatusgesetz normiert. Die sonstigen Regelungen für die Landesbeamten, beispielsweise das Laufbahnrecht oder das Besoldungs- und Versorgungsrecht, fallen dagegen in die alleinige Gesetzgebungszuständigkeit der Länder" (Bundesministerium des Innern und für Heimat, Beamtenrecht allgemein).

Es gibt also viele weitere Regelungen im Beamtenrecht, die zumeist jeweils in eigenen Gesetzen und Verordnungen der jeweiligen Bundesländer geregelt sind:

- Altersgeld
- Arbeitszeit
- Besoldung
- Disziplinarrecht
- Elternzeit
- Laufbahnrecht
- Mutterschutz
- Nebentätigkeit
- Reise- u. Umzugskostenrecht
- Urlaub
- Versorgung

▶ Die von den Bundesländern beschlossenen Gesetze und Verordnungen gelten für ihre Landesbeamten und auch für die Kommunalbeamten der Gemeinden, Städte, Kreise und Verbände **in dem jeweiligen Bundesland**. Diese Regelungen können sich im Detail unterscheiden, so dass sie in den jeweils einschlägigen Gesetzen nachgelesen werden müssen!

6.1.2.3 Laufbahnen der Beamten

Bewerber für eine Beamtenlaufbahn können in das Beamtenverhältnis berufen werden, wenn sie die erforderliche Qualifikation besitzen (Bay LlbG Art 4). Für die Zulassung zu den Laufbahnen werden die Bildungsgänge und ihre Abschlüsse den Laufbahnen unter Berücksichtigung der mit der Laufbahn verbundenen Anforderungen zugeordnet (BBG § 17). Der Einstieg in eine Laufbahn kann entsprechend der jeweiligen Vor- und Ausbildung in eine der **vier möglichen Qualifikationsebenen** erfolgen (Bay LlbG Art 5). Eine Laufbahn umfasst dabei alle Ämter, die verwandte und gleichwertige Vor- und Ausbildungen voraussetzen. Die Befähigung für die Laufbahn, in die eingestellt, gewechselt oder von einem anderen Dienstherrn versetzt werden soll, ist festzustellen und der Beamtin oder dem Beamten schriftlich mitzuteilen (BBG § 16).

Für die Beamten des Bundes gilt z. B.:

Einfacher Dienst = erste Qualifikationsebene (BBG § 17 Abs 2)
Für die Zulassung zu den Laufbahnen des einfachen Dienstes sind mindestens zu fordern

1. als Bildungsvoraussetzung
   a) der erfolgreiche Besuch einer Hauptschule oder
   b) ein als gleichwertig anerkannter Bildungsstand und
2. als sonstige Voraussetzung
   a) ein Vorbereitungsdienst oder
   b) eine abgeschlossene Berufsausbildung.

Mittlerer Dienst = zweite Qualifikationsebene (BBG § 17 Abs 3)
Für die Zulassung zu den Laufbahnen des mittleren Dienstes sind mindestens zu fordern

1. als Bildungsvoraussetzung
   a) der Abschluss einer Realschule oder
   b) der erfolgreiche Besuch einer Hauptschule und eine abgeschlossene Berufsausbildung oder
   c) der erfolgreiche Besuch einer Hauptschule und eine Ausbildung in einem öffentlich-rechtlichen Ausbildungsverhältnis oder
   d) ein als gleichwertig anerkannter Bildungsstand und
2. als sonstige Voraussetzung
   a) ein mit einer Laufbahnprüfung abgeschlossener Vorbereitungsdienst oder
   b) eine inhaltliche dessen Anforderungen entsprechende abgeschlossene Berufsausbildung oder
   c) eine abgeschlossene Berufsausbildung und eine hauptberufliche Tätigkeit.

Gehobener Dienst = dritte Qualifikationsebene (BBG § 17 Abs 4)
Für die Zulassung zu den Laufbahnen des gehobenen Dienstes sind mindestens zu fordern

1. als Bildungsvoraussetzung
   a) eine zu einem Hochschulstudium berechtigende Schulbildung oder
   b) ein als gleichwertig anerkannter Bildungsstand und
2. als sonstige Voraussetzung
   a) ein mit einer Laufbahnprüfung abgeschlossener Vorbereitungsdienst oder
   b) ein inhaltlich dessen Anforderungen entsprechendes mit einem Bachelor abgeschlossenes Hochschulstudium oder ein gleichwertiger Abschluss oder
   c) ein mit einem Bachelor abgeschlossenes Hochschulstudium oder ein gleichwertiger Abschluss und eine hauptberufliche Tätigkeit.

Höherer Dienst = vierte Qualifikationsebene (BBG § 17 Abs 5)
Für die Zulassung zu den Laufbahnen des höheren Dienstes sind mindestens zu fordern

1. als Bildungsvoraussetzung
   a) ein mit einem Master abgeschlossenes Hochschulstudium oder
   b) ein gleichwertiger Abschluss und
2. als sonstige Voraussetzung
   a) ein mit einer Laufbahnprüfung abgeschlossener Vorbereitungsdienst oder
   b) eine inhaltlich dem Vorbereitungsdienst entsprechende Ausbildung und eine inhaltlich der Laufbahnprüfung entsprechende Prüfung oder
   c) eine hauptberufliche Tätigkeit.

Vor- und Ausbildung, Prüfung sowie sonstige Voraussetzungen müssen geeignet sein, die Befähigung für die Laufbahn zu vermitteln.

Abweichend davon gilt z. B. in Bayern:

„Die unterschiedlichen Aufgaben- und Tätigkeitsbereiche werden in insgesamt sechs Fachlaufbahnen gebündelt, innerhalb derer unterschiedliche fachliche Schwerpunkte und Aufgabenbereiche bestehen. Für einige dieser Bereiche ist ein spezieller, auf die Bedürfnisse des öffentlichen Dienstes abgestimmter Vorbereitungsdienst eingerichtet. Grundsätzlich ist Voraussetzung für die Verbeamtung die deutsche Staatsangehörigkeit oder die Staatsangehörigkeit eines anderen Mitgliedstaates der Europäischen Union. … Für einzelne fachliche Schwerpunkte gibt es unterschiedliche und zum Teil auch spezielle Voraussetzungen" (Bayerisches Staatsministerium der Finanzen und für Heimat, Beamtinnen und Beamte).

Die Zulassung zum Vorbereitungsdienst einer Laufbahn darf nicht deshalb abgelehnt werden, weil der Bewerber die für seine Laufbahn vorgeschriebene Vorbildung im Bereich eines anderen Dienstherrn erworben hat (BRRG § 122).

6.1.2.4 Beamten-Besoldung

Die Beamten, Richter und Soldaten haben Anspruch auf Besoldung. Der Anspruch entsteht mit dem Tag, an dem ihre Ernennung, Versetzung, Übernahme wirksam wird (BbesG § 3). Die Besoldung der o. g. Beamten wird durch Gesetz der jeweiligen gesetzgebenden Körperschaften (Bund, Länder) einseitig geregelt. Die Dienstbezüge werden monatlich im Voraus gezahlt (BbesG § 3).

Die Ämter der Beamten, Richter und Soldaten und ihre Besoldungsgruppen werden in Bundesbesoldungsordnungen A, B, R und W geregelt. Dabei werden die Ämter nach ihrer Wertigkeit unter Berücksichtigung der gemeinsamen Belange aller Dienstherren den Besoldungsgruppen zugeordnet (nach BbesG § 20). Was das Bundesbesoldungsgesetz für die Beamten des Bundes regelt, haben die Bundesländer in eigenen Landesgesetzen geregelt, z. B. dem Bayerischen Besoldungsgesetz (BayBesG). Dieses Gesetz regelt für Bayern die Besoldung der *Beamten*, *Beamtinnen*, Richter und Richterinnen **des Staates** sowie der *Beamten und Beamtinnen der Gemeinden*, der Gemeindeverbände und der sonstigen unter der Aufsicht des Staates stehenden Körperschaften, Anstalten und Stiftungen des öffentlichen Rechts.

Für die Beamten im Bund, den Kommunen und der Länder werden jeweils eigene Besoldungsrunden abgehalten. Die Besoldung wird in der Regel an eine jeweils vorausgegangene Tarifrunde für die Beschäftigten im öffentlichen Dienst (TvöD) und für die Beschäftigten im öffentlichen Dienst der Länder (TV-L) angeknüpft. Dabei werden diese Abschlüsse für die Beamten häufig in ähnlicher oder gleicher Form übernommen.

6.1.2.5 Eingangsämter für Beamte (BBesG § 23)

Die Eingangsämter für Beamte sind folgenden Besoldungsgruppen zuzuweisen:

1. in Laufbahnen des einfachen Dienstes der Besoldungsgruppe A 2, A 3 oder A 4,
2. in Laufbahnen des mittleren nichttechnischen Dienstes der Besoldungsgruppe A 6, in Laufbahnen des mittleren **technischen** Dienstes der Besoldungsgruppe A 6 oder A 7,
3. in Laufbahnen des gehobenen Dienstes der Besoldungsgruppe A 9,
4. in Laufbahnen des höheren Dienstes der Besoldungsgruppe A 13 (bis A 16).

6.1.3 Tarif-Beschäftigte/Arbeitnehmer

Neben der kleinen Gruppe der Beamten beschäftigen die Gemeinden auch eine große Gruppe von Arbeitnehmern, die in einem privatrechtlichen Arbeitsverhältnis stehen. Sie werden in vielfältigen Aufgabenbereichen und auf mehreren Ebenen der öffentlichen Verwaltung eingesetzt. Je nach ihrer Schul- und Berufsausbildung und Berufserfahrung werden Arbeitnehmer in Entwässerungsbetrieben beispielsweise in folgenden Tätigkeitsbereichen beschäftigt:

- Technik (Schlosser, Elektrotechniker, technische Zeichner, Techniker, Handwerksmeister, Ingenieure)
- biologisch-technisch und chemisch-technischer Bereich: Labor
- Ver- u. Entsorgungstechnik, Klärwärter, Kanalreinigung
- Datenverarbeitung (z. B. Datenerfasser/in, Programmierer/in, Vermessung, Kanal-TV)
- Allgemeine Verwaltungstätigkeiten (z. B. Sekretariat, EWS-Bescheide, Kostenrechnung)

Arbeitnehmer werden aufgrund eines mit ihrem Arbeitgeber geschlossenen Arbeitsvertrages beschäftigt.

„Vor 2005 wurde im Tarifrecht für den öffentlichen Dienst des Bundes zwischen Angestellten einerseits und Arbeiterinnen und Arbeitern andererseits unterschieden. Der seit 2005 geltende Tarifvertrag für den öffentlichen Dienst, der TVöD, hat diese arbeitsrechtliche Trennung aufgehoben. Für beide Arbeitnehmergruppen wird seitdem im TVöD einheitlich der Begriff ‚Beschäftigte' verwendet. Zur Unterscheidbarkeit von der Statusgruppe der Beamtinnen und Beamten ist der Begriff ‚Tarifbeschäftigte' gebräuchlich" (Bundesministerium des Innern und für Heimat, Lexikon, Tarifbeschäftigte).

Arbeitsvertrag

Die grundsätzlichen Pflichten aus einem Arbeitsvertrag werden im Bürgerlichem Gesetzbuch (BGB) ab § 611a geregelt:

Durch den Arbeitsvertrag wird ein Arbeitnehmer im Dienste eines anderen zur Leistung weisungsgebundener, fremdbestimmter Arbeit in persönlicher Abhängigkeit verpflichtet. Das Weisungsrecht kann Inhalt, Durchführung, Zeit und Ort der Tätigkeit betreffen. Weisungsgebunden ist, wer nicht im Wesentlichen frei seine Tätigkeit gestalten und seine Arbeitszeit bestimmen kann. Der Arbeitgeber ist zur Zahlung der vereinbarten Vergütung verpflichtet (BGB, § 611a). Die Beendigung von Arbeitsverhältnissen durch Kündigung oder Auflösungsvertrag bedürfen zu ihrer Wirksamkeit der Schriftform; die elektronische Form ist ausgeschlossen (BGB § 623).

6.1.3.1 Tarifbeschäftigte des Bundes und der Kommunen

„Für die Beschäftigten des öffentlichen Dienstes gibt es einen eigenen Tarifvertrag, den Tarifvertrag für den öffentlichen Dienst (TVöD). Darin sind die wesentlichen Beschäftigungsbedingungen mit den Gewerkschaften vereinbart worden. Zwischen dem Bund und den kommunalen Arbeitgebern (VKA – Vereinigung der kommunalen Arbeitgeberverbände) besteht eine Verhandlungsgemeinschaft. Das monatliche Entgelt setzt sich zusammen aus dem Tabellenentgelt und ggf. Zulagen und Zuschlägen, hinzu kommen das Leistungsentgelt sowie die jährliche Jahressonderzahlung (sogenanntes Weihnachtsgeld)" (Bundesministerium des Innern, für Bau und Heimat, Öffentlicher Dienst).

6.1.3.2 Der Tarifvertrag

Ein Tarifvertrag regelt die Rechte und Pflichten der Tarifvertragsparteien und enthält Rechtsnormen, die den Inhalt, den Abschluss und die Beendigung von Arbeitsverhältnissen sowie betriebliche und betriebsverfassungsrechtliche Fragen ordnen können (TVG § 1).

Tarifvertragsparteien (TVG § 2)

Tarifvertragsparteien sind Gewerkschaften, einzelne Arbeitgeber sowie Vereinigungen von Arbeitgebern. Zusammenschlüsse von Gewerkschaften und von Vereinigungen von Arbeitgebern (Spitzenorganisationen) können im Namen der ihnen angeschlossenen Verbände Tarifverträge abschließen, wenn sie eine entsprechende Vollmacht haben.

Tarifgebundenheit

Tarifgebunden sind die Mitglieder der Tarifvertragsparteien und der Arbeitgeber, der selbst Partei des Tarifvertrags ist. Rechtsnormen des Tarifvertrags über betriebliche und betriebsverfassungsrechtliche Fragen gelten für alle Betriebe, deren Arbeitgeber tarifgebunden ist. Die Tarifgebundenheit bleibt bestehen, bis der Tarifvertrag endet (TVG § 3). Nach Ablauf des Tarifvertrags gelten seine Rechtsnormen weiter, bis sie durch eine andere Abmachung ersetzt werden (TVG § 4).

Bekanntgabe des Tarifvertrags (TVG § 8)

Der Arbeitgeber ist verpflichtet, die im Betrieb anwendbaren Tarifverträge im Betrieb bekanntzumachen.

Tarifvertragspartei VKA

„Die Vereinigung der kommunalen Arbeitgeberverbände (VKA) ist der Spitzenverband der kommunalen Arbeitgeberverbände in Deutschland. Sie regelt die Arbeitsbedingungen für

die kommunalen Beschäftigten und schließt Tarifverträge mit den zuständigen Gewerkschaften des öffentlichen Dienstes. Die VKA vertritt rund 10.000 kommunale Arbeitgeber in Deutschland mit mehr als 2,4 Millionen Beschäftigten. Die VKA hat 16 Mitgliedverbände – die Kommunalen Arbeitgeberverbände (KAV) in den Bundesländern. Diesen sind die einzelnen kommunalen Arbeitgeber angeschlossen. Hierzu gehören:

- *Städte, Gemeinden und Landkreise,*
- *Versorgungs- und Entsorgungsbetriebe"*

(Vereinigung der kommunalen Arbeitgeberverbände (VKA), Die VKA).

„Grundlage der meisten Beschäftigungsverhältnisse bei kommunalen Arbeitgebern ist der Tarifvertrag für den öffentlichen Dienst (TVöD). Er hat den über Jahrzehnte bestehenden Bundesangestelltentarifvertrag (BAT) und den Bundesmanteltarifvertrag für Arbeiter gemeindlicher Verwaltungen und Betriebe (BMT-G) im Jahr 2005 abgelöst. Mit dem TVöD wurden weitergehende Spielräume auch für die Landesebene geschaffen" (Vereinigung der kommunalen Arbeitgeberverbände, Die Aufgaben der VKA).

6.1.3.3 Tarifverträge für den öffentlichen Dienst – Teil-Übersicht

Den einen öffentlichen Dienst gibt es spätestens seit der Föderalismusreform nicht mehr; die unterschiedlichen Dienstherren (Bund, Land und Kommunen) haben für ihre Bereiche nicht nur eigene Beamtengesetze sondern auch jeweils eigene Tarifverträge geschlossen, um sie den verschiedenen Arbeitsbereichen und ihren finanziellen Möglichkeiten anzupassen.

Tarifvertrag für den öffentlichen Dienst der Länder (TV-L)

„Die Bundesländer sind seit 1949 unter dem Namen ‚Tarifgemeinschaft deutscher Länder' (TdL) zu einer Arbeitgebervereinigung zusammengeschlossen mit dem Zweck, die Interessen der Mitglieder insbesondere durch den Abschluss von Tarifverträgen zu wahren. Derzeit sind 15 der 16 deutschen Länder Mitglied der TdL. Das Land Hessen gehört der TdL seit dem Jahr 2004 nicht mehr an" (Tarifgemeinschaft deutscher Länder (TdL), Aufgaben der Tarifgemeinschaft deutscher Länder).

Die Tarifgemeinschaft deutscher Länder (TdL) hat mit den Gewerkschaften einen eigenen Tarifvertrag für den öffentlichen Dienst der Länder (TV-L) abgeschlossen.

TV-L Der allgemeine Teil des TV-L ist gültig in allen Bundesländern ausgenommen Hessen (dort TV-H).

TV-L KR und TV-L S> Besondere Teile des TV-L sind für die Beschäftigten im Pflegedienst (KR) und für Beschäftigte im Sozial- und Erziehungsdienst (S).

Diese o. g. Tarifverträge sind hier nicht einschlägig; sie gelten z. B. für die Mitarbeiter von Regierungen oder Wasserwirtschaftsämtern.

Tarifvertrag Versorgungsbetriebe (TV-V)

Dieser Tarifvertrag gilt für Arbeitnehmer in rechtlich selbständigen Versorgungsbetrieben, die in der Regel mehr als 20 wahlberechtigte Arbeitnehmer beschäftigen und Mitglieder

der Arbeitgeberverbände sind, die der Vereinigung der kommunalen Arbeitgeberverbände (VKA) angehören. Rechtlich selbständige Versorgungsbetriebe sind solche Unternehmen, die nach Satzung oder Gesellschaftsvertrag Energie- und/oder Wasserversorgung einschließlich zugehöriger Dienstleistungen betreiben, wenn in den genannten Bereichen mindestens 90 v. H. des Gesamtpersonalbestandes eingesetzt sind (TV-V § 1). Dieser Tarifvertrag enthält bessere finanzielle Bezahlung für gleiche Arbeit. Er kann angewendet werden, wenn der Entwässerungsbetrieb zu einem Wasserversorgungs- und/oder Stromversorgungsunternehmen (Stadtwerke) gehört.

▶ Dieser Vertrag ist hier zu finden:
https://www.vka.de/assets/media/docs/0/Tarifvertr%C3%A4ge/TV-V.pdf
Letzter Zugriff 29.03.2023

Tarifvertrag für Auszubildende des öffentlichen Dienstes
Allgemeiner Teil und Besonderer Teil BBiG (TVAöD-BBiG):

Der TVAöD-BBiG vereinigt die Vorschriften des Tarifvertrags für Auszubildende des öffentlichen Dienstes – Allgemeiner Teil – mit denen des Tarifvertrags für Auszubildende des öffentlichen Dienstes – Besonderer Teil BBiG – in einer Textfassung. Die VKA hat diese Textfassung erstellt, weil es für die Tarifverträge keine mit den Gewerkschaften vereinbarte Durchgeschriebene Fassung gibt. Sie soll deren praktische Anwendung erleichtern (TVAöD-BBiG, Vorspann).

Dieser Tarifvertrag gilt u. a. für

- Personen, die in Verwaltungen und Betrieben, die unter den Geltungsbereich des TVöD fallen, in einem staatlich anerkannten oder als staatlich anerkannt geltenden Ausbildungsberuf ausgebildet werden,
- Auszubildende in Betrieben oder Betriebsteilen, auf deren Arbeitnehmerinnen/Arbeitnehmer der TV-V oder der TV-WW/NW Anwendung findet, (Auszubildende).

Dieser Tarifvertrag gilt u. a. nicht für Praktikantinnen/Praktikanten und Volontärinnen/Volontäre (TVAöD-BBiG § 1).

▶ Da viele Betriebe auch ausbilden u. a. auch zur Nachwuchsgewinnung ist der Vertrag ebenfalls wichtig; er ist hier zu finden:
https://www.vka.de/assets/media/docs/0/Tarifvertr%C3%A4ge/TVA%C3%B6D_BBiG_iF_%C3%84TV-9-BT-8-AT(1).pdf
Letzter Zugriff 29.03.2023

Tarifvertrag für den öffentlichen Dienst (TVöD) – Gemeinde/Bund

Zwischen der Bundesrepublik Deutschland und der *Vereinigung der kommunalen Arbeitgeberverbände (VKA)* einerseits und verschiedenen Gewerkschaften andererseits wurde der Tarifvertrag für den öffentlichen Dienst (TVöD) geschlossen. Beteiligte Gewerkschaften waren u. a. Vereinte Dienstleistungsgewerkschaft (ver.di) und der dbb beamtenbund und tarifunion (dbb). Der Tarifvertrag gilt für Arbeitnehmerinnen und Arbeitnehmer – nachfolgend Beschäftigte genannt –, die in einem Arbeitsverhältnis zum Bund oder zu einem Arbeitgeber stehen, der Mitglied eines Mitgliedverbandes der Vereinigung der kommunalen Arbeitgeberverbände (VKA) ist.

Diese Regelungen gelten *nicht* für

- Beschäftigte als leitende Angestellte, wenn ihre Arbeitsbedingungen einzelvertraglich besonders vereinbart sind, sowie Chefärztinnen/Chefärzte,
- Beschäftigte, die ein über das Tabellenentgelt der Entgeltgruppe 15 hinausgehendes regelmäßiges Entgelt erhalten,
- Arbeitnehmerinnen/Arbeitnehmer, für die der TV-V oder der TV-WW/NW gilt.

► Der Tarifvertrag für den öffentlichen Dienst (TVöD) ist in den meisten Fällen für die Entwässerungsbetriebe einschlägig und wird daher im Folgenden weiter betrachtet.

Der TVöD besteht aus einem allgemeinen Teil und einem besonderen Teil.

Der **Allgemeine Teil** gilt für die Kommunen und die Bundesverwaltung gleichermaßen. Er enthält allgemeine Regelungen u. a. zu den Arbeitsbedingungen, zu Arbeitszeit, Eingruppierung, Entgelt, Urlaub und Arbeitsbefreiung sowie zu Befristung und Beendigung des Arbeitsverhältnisses.

Der **Besondere Teil** enthält weitere Bestimmungen nur jeweils für bestimmte Sparten der Kommunen:

- Krankenhäuser (-K),
- Pflege- und Betreuungseinrichtungen (-B),
- Sparkassen (-S),
- Flughäfen (-F),
- Entsorgung (-E),
- **Verwaltung (-V)**.

Diese Teile können auch eine Abweichung von der Standard-Gehaltstabelle enthalten.

Tarifvertrag für den öffentlichen Dienst – Verwaltung (TVöD-V)

Der allgemeine Teil und der jeweils besondere Teil bilden im Zusammenhang das Tarifrecht für den jeweiligen Dienstleistungsbereich. Zur besseren Übersicht und Lesbarkeit haben die Tarifvertragsparteien aus dem Allgemeinen Teil des TVöD und dem jeweiligen Besonderen Teil durchgeschriebene (= zusammengeschriebene) Fassungen für die sechs Dienstleistungsbereiche erstellt (TVöD-V Vorbemerkungen).

Allgemeiner Teil und die Besonderen Teile bleiben rechtlich selbstständige Tarifverträge. Jeder durchgeschriebenen Fassung wird eine Legende angefügt, aus der sich die Entsprechungen der Regelungen des jeweiligen Besonderen Teils zu den Bestimmungen des TVöD – Allgemeiner Teil – ergeben. Etwaige Änderungen oder Ergänzungen durch Tarifverhandlungen ändern auch die durchgeschriebenen Fassungen (TVöD-V Vorbemerkungen). Die Regelungen des TVöD-V gelten für Arbeitnehmerinnen und Arbeitnehmer bzw. Beschäftigte, die in einem Arbeitsverhältnis zu einem Arbeitgeber stehen, der Mitglied eines Mitgliedverbandes der

Vereinigung der kommunalen Arbeitgeberverbände (VKA) ist, soweit sie nicht unter die Regelungen anderer durchgeschriebener Fassungen der Besonderen Teile fallen (TVöD-V § 1).

Die Regelungen des TVöD-V gelten somit für die Beschäftigten der meisten Entwässerungsbetriebe.

6.1.3.4 Durchgeschriebene Fassung des TVöD für den Bereich Verwaltung (TVöD-V)

Tarifverträge und Richtlinien der VKA

„Zu den wesentlichen Aufgaben der VKA gehört es, die Grundsätze der Tarifpolitik festzulegen, Tarifverträge abzuschließen und verbindliche Richtlinien zu vereinbaren. Hier finden Sie alle wichtigen Vertragswerke und Richtlinien zum Herunterladen.“

► Hier finden sich die verschiedenen Tarifverträge:
https://www.vka.de/tarifvertraege-und-richtlinien/tarifvertraege
https://www.vka.de/assets/media/docs/0/Tarifvertr%C3%A4ge/TV%C3%B6D_V_iF_13_Lesefassung(4).pdf
Letzter Zugriff 29.03.2023

Inhaltsverzeichnis (wichtiger Vertrags-Inhalte) (TVöD-V Inhaltsverzeichnis)

Allgemeine Vorschriften

§ 2 Arbeitsvertrag, Nebenabreden, Probezeit
§ 3 Allgemeine Arbeitsbedingungen
§ 4 Versetzung, Abordnung, Zuweisung, Personalgestellung
§ 5 Qualifizierung

Arbeitszeit

§ 6 Regelmäßige Arbeitszeit
§ 7 Sonderformen der Arbeit
§ 8 Ausgleich für Sonderformen der Arbeit
§ 9 Bereitschaftszeiten
§ 10 Arbeitszeitkonto
§ 11 Teilzeitbeschäftigung

Eingruppierung, Entgelt und sonstige Leistungen

§ 12 Eingruppierung
§ 14 Vorübergehende Übertragung einer höherwertigen Tätigkeit
§ 15 Tabellenentgelt
§ 16 Stufen der Entgelttabelle
§ 17 Allgemeine Regelungen zu den Stufen

§ 18 Leistungsentgelt
§ 19 Erschwerniszuschläge
§ 20 Jahressonderzahlung
§ 22 Entgelt im Krankheitsfall

Urlaub und Arbeitsbefreiung
§ 26 Erholungsurlaub
§ 27 Zusatzurlaub
§ 28 Sonderurlaub
§ 29 Arbeitsbefreiung

Befristung und Beendigung des Arbeitsverhältnisses
§ 30 Befristete Arbeitsverträge
§ 32 Führung auf Zeit
§ 34 Kündigung des Arbeitsverhältnisses
§ 35 Zeugnis
...
Anlage 1 – Entgeltordnung (VKA)
Anlage A Tabellenentgelt

6.1.3.5 Entgelt entsprechend den Tätigkeitsmerkmalen (Tarif-Lohn/Gehalt) (TvöD-V, Anl 1)

Die **Entgeltordnung (VKA)** findet sich in Anlage 1 der Durchgeschriebenen Fassung des TVöD für den Bereich Verwaltung.

Inhaltsverzeichnis (Auszug)
Grundsätzliche Eingruppierungsregelungen (Vorbemerkungen)
1. *Vorrang spezieller Tätigkeitsmerkmale*
2. *Tätigkeitsmerkmale mit Anforderungen in der Person*
3. *Wissenschaftliche Hochschulbildung*
4. *Hochschulbildung*
5. *Anerkannte Ausbildungsberufe*
7. *Ausbildungs- und Prüfungspflicht*
9. *Unterstellungsverhältnisse*
10. *Ständige Vertreter*

Teil A Allgemeiner Teil
XXXII. ***Allgemeine Tätigkeitsmerkmale***
1. *Entgeltgruppe 1 (einfachste Tätigkeiten)*
2. *Entgeltgruppen 2 bis 9a (handwerkliche Tätigkeiten)*
4. *Entgeltgruppen 13 bis 15*

II. Spezielle Tätigkeitsmerkmale

2. *Beschäftigte in der Informations- und Kommunikationstechnik*
3. *Ingenieure*
4. *Meister*
5. *Techniker*

Teil B Besonderer Teil

XVI. *Laboranten*
XIX. *Beschäftigte in Magazinen und Lagern*
XXVI. *Technische Assistenten sowie Chemotechniker*
XXXII. *Zeichner*

6.1.3.6 Eingruppierungsregelungen für Entwässerungsmitarbeiter (TVöD-V § 12)

Die Eingruppierung der/des Beschäftigten richtet sich nach den *Tätigkeitsmerkmalen* der Entgeltordnung (VKA). Die/Der Beschäftigte erhält Entgelt nach der Entgeltgruppe, in der sie/er eingruppiert ist. Die/Der Beschäftigte ist in der Entgeltgruppe eingruppiert, deren Tätigkeitsmerkmalen die gesamte von ihr/ihm nicht nur vorübergehend auszuübende Tätigkeit entspricht.

Die gesamte auszuübende Tätigkeit entspricht dann den Tätigkeitsmerkmalen einer Entgeltgruppe, wenn zeitlich mindestens zur Hälfte Arbeitsvorgänge anfallen, die für sich genommen die Anforderungen eines Tätigkeitsmerkmals oder mehrerer Tätigkeitsmerkmale dieser Entgeltgruppe erfüllen.

Arbeitsvorgänge sind Arbeitsleistungen (einschließlich Zusammenhangsarbeiten), die, bezogen auf den Aufgabenkreis der/des Beschäftigten, zu einem abgrenzbaren Arbeitsergebnis führen (z. B. unterschriftsreife Bearbeitung eines Aktenvorgangs, Fertigung einer Bauzeichnung, Konstruktion einer Brücke oder eines Brückenteils, Durchführung einer Unterhaltungs- oder Instandsetzungsarbeit). Jeder einzelne Arbeitsvorgang ist als solcher zu bewerten und darf dabei hinsichtlich der Anforderungen zeitlich nicht aufgespalten werden.

Die Entgeltgruppe der/des Beschäftigten ist im Arbeitsvertrag anzugeben.

Eingruppierung bei geänderter Tätigkeit (TVöD-V § 13)

Ist der/dem Beschäftigten eine andere, höherwertige Tätigkeit nicht übertragen worden, hat sich aber die ihr/ihm *übertragene Tätigkeit nicht nur vorübergehend* derart geändert, dass sie den Tätigkeitsmerkmalen einer *höheren* als ihrer/seiner bisherigen Entgeltgruppe entspricht, und hat die/der Beschäftigte die höherwertige Tätigkeit *ununterbrochen sechs Monate* lang ausgeübt, *ist sie/er mit Beginn des darauffolgenden Kalendermonats in der höheren Entgeltgruppe eingruppiert.* Ist die Zeit der Ausübung der höherwertigen Tätigkeit durch Urlaub, Arbeitsbefreiung, Arbeitsunfähigkeit, Kur- oder Heilverfahren oder Vorbereitung auf eine Fachprüfung für die Dauer von insgesamt nicht mehr als sechs Wochen unterbrochen worden, wird die Unterbrechungszeit in die Frist von sechs Monaten eingerechnet. Bei einer längeren Unterbrechung oder bei einer Unterbrechung aus anderen Gründen beginnt die Frist nach der Beendigung der Unterbrechung von neuem.

Zusammenfassung: wenn sich auf Dauer der Anteil der höherwertigen Tätigkeiten von unter 50 % auf über 50 % der Zeit ändert, oder wenn einem Beschäftigten eine höherwertige Tätigkeit zugewiesen wurde, besteht auch ein Anspruch auf Eingruppierung in eine höhere Entgeltgruppe. Vorgesetzte, die Mitarbeitern Aufgaben zuweisen, müssen das immer im Auge behalten.

Vorrang spezieller Tätigkeitsmerkmale
Für Beschäftigte, deren Tätigkeit in einem speziellen Tätigkeitsmerkmal aufgeführt ist, gelten die allgemeinen Tätigkeitsmerkmale (Teil A Abschnitt I) weder in der Entgeltgruppe, in der sie aufgeführt sind, noch in einer höheren Entgeltgruppe.

Für Beschäftigte mit handwerklichen Tätigkeiten, deren Tätigkeit nicht in einem speziellen Tätigkeitsmerkmal aufgeführt ist, gelten die allgemeinen Tätigkeitsmerkmale für Beschäftigte mit handwerklichen Tätigkeiten (Teil A Abschnitt I Ziffer 2).

Für Beschäftigte mit abgeschlossener wissenschaftlicher Hochschulbildung und entsprechender Tätigkeit sowie für sonstige Beschäftigte, die aufgrund gleichwertiger Fähigkeiten und ihrer Erfahrungen entsprechende Tätigkeiten ausüben, gelten die allgemeinen Tätigkeitsmerkmale der Entgeltgruppen 13 bis 15 (Teil A Abschnitt I Ziffer 4), es sei denn, dass ihre Tätigkeit in einem speziellen Tätigkeitsmerkmal aufgeführt ist.

6.1.3.7 Tätigkeitsmerkmale (TVÖD; Teil A, Allgemeiner Teil, I. Allgemeine Tätigkeitsmerkmale)

#1. Entgeltgruppen (EG) 1–4
Allgemein sind diese Entgeltgruppen für an- und ungelernte Beschäftigte, deren handwerkliche Tätigkeit eine mehr oder weniger eingehende fachliche Einarbeitung erfordert (vergleichbar einfacher Dienst).

1. Entgeltgruppe 1 (einfachste Tätigkeiten) Beschäftigte mit einfachsten Tätigkeiten, zum Beispiel

- Reiniger/innen in Außenbereichen wie Höfe, Wege, Grünanlagen, Parks,
- Wärter/innen von Bedürfnisanstalten,
- Bote/Botin (ohne Aufsichtsfunktion).

#2. Entgeltgruppen 2 bis 9a (handwerkliche Tätigkeiten)
Entgeltgruppe 2 Beschäftigte mit einfachen Tätigkeiten. – Einfache Tätigkeiten sind Tätigkeiten, die keine Vor- oder Ausbildung, aber eine fachliche Einarbeitung erfordern, die über eine sehr kurze Einweisung oder Anlernphase hinausgeht. Einarbeitung dient dem Erwerb derjenigen Kenntnisse und Fertigkeiten, die für die Beherrschung der Arbeitsabläufe als solche erforderlich sind.

Entgeltgruppe 3 Beschäftigte, deren Tätigkeit sich dadurch aus der Entgeltgruppe 2 heraushebt, dass sie eine eingehende fachliche Einarbeitung erfordert.

Entgeltgruppe 4 Beschäftigte mit *erfolgreich abgeschlossener Ausbildung* in einem anerkannten Ausbildungsberuf mit einer *Ausbildungsdauer von weniger als drei Jahren*, die in ihrem oder einem diesem verwandten Beruf beschäftigt werden.

Beschäftigte mit schwierigen Tätigkeiten Schwierige Tätigkeiten sind Tätigkeiten, die mehr als eine eingehende fachliche Einarbeitung im Sinne der Entgeltgruppe 3 erfordern. Danach müssen Tätigkeiten anfallen, die an das Überlegungsvermögen oder das fachliche Geschick Anforderungen stellen, die über das Maß dessen hinausgehen, was üblicherweise von Beschäftigten der Entgeltgruppe 3 verlangt werden kann.

#3. Entgeltgruppen 5–9c, allgemein

Beschäftigte mit *erfolgreich abgeschlossener Ausbildung in einem anerkannten Ausbildungsberuf mit einer Ausbildungsdauer von mindestens drei Jahren*, die in ihrem oder einem diesem verwandten Beruf beschäftigt werden (EG 5–9a) (vergleichbar mittlerer Dienst).

Zeichnerinnen und Zeichner mit Abschlussprüfung z. B. als Bauzeichnerin oder Bauzeichner (EG 5–6).

Beschäftigte, die eine **Meisterprüfung** auf Grundlage der Handwerksordnung oder des Berufsbildungsgesetzes aufbauend auf einer einschlägigen mindestens dreijährigen Ausbildung bestanden haben (EG 8–9c).

Staatlich geprüfte Technikerinnen und **Techniker** (EG 8–9b).

Entgeltgruppe 5 Beschäftigte mit erfolgreich abgeschlossener Ausbildung in einem *anerkannten Ausbildungsberuf* mit einer Ausbildungsdauer von mindestens *drei* Jahren, die in ihrem oder einem diesem verwandten Beruf beschäftigt werden.

Entgeltgruppe 6 Beschäftigte der Entgeltgruppe 5, die *hochwertige Arbeiten* verrichten. (Hochwertige Arbeiten sind Arbeiten, die an das Überlegungsvermögen und das fachliche Geschick der/des Beschäftigten Anforderungen stellen, die über das Maß dessen hinausgehen, was üblicherweise von Beschäftigten der Entgeltgruppe 5 verlangt werden kann.)

Entgeltgruppe 7 Beschäftigte der Entgeltgruppe 5, die *besonders hochwertige Arbeiten* verrichten. (Besonders hochwertige Arbeiten sind Arbeiten, die neben vielseitigem, hochwertigem fachlichen Können besondere Umsicht und Zuverlässigkeit erfordern.)

Entgeltgruppe 8 Beschäftigte der Entgeltgruppe 5, deren Tätigkeiten in einem landesbezirklichen Tarifvertrag abschließend aufgeführt sind, z. B.:

- Elektroniker
- Klärwärter
- Mitarbeiter IT-Service (Systembetrieb und Anwenderbetreuung)
- Staatlich geprüfter Techniker bzw. Meister (Fachrichtung Heizungs-, Lüftungs-, Klimatechnik oder Fachrichtung Elektrotechnik)

(KommunalForum.de, E 8 TVöD).

Entgeltgruppe 9a Beschäftigte der Entgeltgruppe 5, deren Tätigkeiten in einem landesbezirklichen Tarifvertrag abschließend aufgeführt sind, z. B.:

- Bauausführung, Baukontrolleur
- Bautechniker Hochbau
- Gärtnermeister
- IT-Systemadministrator
- Rohrnetzmeister
- Straßenmeister/Straßenwärtermeister
- Systemadministrator
- Technischer Sachbearbeiter – z. B. staatlich geprüfter Techniker/Bautechniker mit dem Schwerpunkt Tiefbau oder einer artverwandten Fachrichtung oder geprüfter Meister in einem Beruf des Bauhauptgewerbes (Meisterbrief oder Handwerkskammer)
- Umwelttechnischer Assistent
- Wassermeister, – [also hauptsächlich Meister oder Techniker]

(KommunalForum.de, E 9a TVöD).

#4. Entgeltgruppen 10–12
Ingenieurinnen und Ingenieure mit entsprechender Tätigkeit. Beschäftigte mit Fachhochschulstudium bzw. Bachelor (vergleichbar gehobener Dienst).

#5. Entgeltgruppen 13 bis 15, allgemein
Beschäftigte mit abgeschlossener wissenschaftlicher Hochschulbildung und entsprechender Tätigkeit: Master, Dipl.-Ing. (vergleichbar höherer Dienst).

Entgeltgruppe 13

1. Beschäftigte mit abgeschlossener wissenschaftlicher Hochschulbildung und entsprechender Tätigkeit sowie sonstige Beschäftigte, die aufgrund gleichwertiger Fähigkeiten und ihrer Erfahrungen entsprechende Tätigkeiten ausüben.
2. Beschäftigte in kommunalen Einrichtungen und Betrieben, deren Tätigkeit wegen der *Schwierigkeit der Aufgaben* und der *Größe ihrer Verantwortung* ebenso zu bewerten ist wie Tätigkeiten nach Fallgruppe 1.

Entgeltgruppe 14

1. Beschäftigte der Entgeltgruppe 13 Fallgruppe 1, deren Tätigkeit sich mindestens zu einem Drittelaus der Entgeltgruppe 13 Fallgruppe 1 heraushebt.
   - durch *besondere Schwierigkeit und Bedeutung* oder
   - durch das *Erfordernis hochwertiger Leistungen bei besonders schwierigen Aufgaben*
2. Beschäftigte in kommunalen Einrichtungen und Betrieben, deren Tätigkeit wegen der Schwierigkeit der Aufgaben und der Größe ihrer Verantwortung ebenso zu bewerten ist wie Tätigkeiten nach Fallgruppe 1.
3. Beschäftigte der Entgeltgruppe 13 Fallgruppe 1, denen mindestens drei Beschäftigte mindestens der Entgeltgruppe 13 durch ausdrückliche Anordnung ständig unterstellt sind.

Entgeltgruppe 15

1. Beschäftigte der Entgeltgruppe 13 Fallgruppe 1, deren Tätigkeit sichaus der Entgeltgruppe 13 Fallgruppe 1 heraushebt.
   - durch besondere Schwierigkeit und Bedeutung sowie
   - erheblich durch das Maß der damit verbundenen Verantwortung
2. Beschäftigte in kommunalen Einrichtungen und Betrieben, deren Tätigkeit wegen der Schwierigkeit der Aufgaben und der Größe ihrer Verantwortung ebenso zu bewerten ist wie Tätigkeiten nach Fallgruppe 1.
3. Beschäftigte mit der Entgeltgruppe 13 Fallgruppe 1, denen mindestens fünf Beschäftigte mindestens der Entgeltgruppe 13 durch ausdrückliche Anordnung ständig unterstellt sind.

6.1.3.8 Spezielle Tätigkeitsmerkmale (TVÖD; Teil A, Allgemeiner Teil, II. Spezielle Tätigkeitsmerkmale)

#3. Ingenieurinnen und Ingenieure – Vorbemerkungen

1. Ingenieurinnen und Ingenieure sind Beschäftigte, die
   a) einen erfolgreichen Abschluss eines technisch-ingenieurwissenschaftlichen Studiengangs im Sinne der Nr. 4 der grundsätzlichen Eingruppierungsregelungen (Vorbemerkungen) nachweisen und
   b) ie Berufsbezeichnung „Ingenieurin“ oder „Ingenieur“ führen.
2. Die Tätigkeitsmerkmale der Fallgruppen 2 des Abschnitts I Ziffer 4 finden auch auf Ingenieurinnen und Ingenieure im Sinne der Nr. 1 Anwendung; Nr. 1 Satz 4 der grundsätzlichen Eingruppierungsregelungen (Vorbemerkungen) bleibt unberührt.

Entgeltgruppe 10 Ingenieurinnen und Ingenieure mit *entsprechender Tätigkeit* sowie sonstige Beschäftigte, die aufgrund gleichwertiger Fähigkeiten und ihrer Erfahrungen entsprechende Tätigkeiten ausüben. (Hierzu Protokollerklärung Nr. 1)

Entgeltgruppe 11

1. Beschäftigte der Entgeltgruppe 10, deren Tätigkeit sich mindestens zu einem Drittel durch *besondere Leistungen* aus der Entgeltgruppe 10 heraushebt. (Hierzu Protokollerklärung Nr. 2)
2. Beschäftigte der Entgeltgruppe 10, deren Tätigkeit sich durch besondere Leistungen aus der Entgeltgruppe 10 heraushebt. (Hierzu Protokollerklärung Nr. 2)

Entgeltgruppe 12

1. Beschäftigte der Entgeltgruppe 11 Fallgruppe 2 mit langjähriger praktischer Erfahrung, deren Tätigkeit sich mindestens zu einem Drittel durch besondere Schwierigkeit und Bedeutung oder durch künstlerische oder Spezialaufgaben aus der Entgeltgruppe 11 Fallgruppe 2 heraushebt.
2. Beschäftigte der Entgeltgruppe 11 Fallgruppe 2 mit langjähriger praktischer Erfahrung, deren Tätigkeit sich durch besondere Schwierigkeit und Bedeutung oder

durch künstlerische oder Spezialaufgaben aus der Entgeltgruppe 11 Fallgruppe 2 heraushebt.

Entgeltgruppe 13

1. Beschäftigte der Entgeltgruppe 12 Fallgruppe 2, deren Tätigkeit sich mindestens zu einem Drittel durch das Maß der Verantwortung erheblich aus der Entgeltgruppe 12 Fallgruppe 2 heraushebt.

Protokollerklärungen zu Ingenieuren

1. *Entsprechende Tätigkeiten* sind z. B.:
   a) Aufstellung oder Prüfung von Entwürfen nicht nur einfacher Art einschließlich Massen-, Kosten- und statischen Berechnungen und Verdingungsunterlagen, Bearbeitung der damit zusammenhängenden laufenden technischen Angelegenheiten – auch im technischen Rechnungswesen –, örtliche Leitung oder Mitwirkung bei der Leitung von Bauten und Bauabschnitten sowie deren Abrechnung.
2. *Besondere Leistungen* sind z. B.:
   a) Aufstellung oder Prüfung von Entwürfen, deren Bearbeitung besondere Fachkenntnisse und besondere praktische Erfahrung oder künstlerische Begabung voraussetzt, sowie örtliche Leitung bzw. Mitwirkung bei der Leitung von schwierigen Bauten und Bauabschnitten und deren Abrechnung.

#4. Meisterinnen und Meister

Meisterinnen und Meister sind Beschäftigte, die eine Meisterprüfung auf Grundlage der Handwerksordnung oder des Berufsbildungsgesetzes aufbauend auf einer einschlägigen mindestens dreijährigen Ausbildung bestanden haben. Die Voraussetzung der Meisterprüfung ist auch erfüllt, wenn diese auf einer früheren Ausbildung mit einer kürzeren Ausbildungsdauer aufbaut.

Entgeltgruppe 8 Meisterinnen und Meister mit entsprechender Tätigkeit.

Entgeltgruppe 9a Beschäftigte der Entgeltgruppe 8, die große Arbeitsstätten (Bereiche, Werkstätten, Abteilungen oder Betriebe) zu beaufsichtigen haben, in denen Handwerkerinnen oder Handwerker oder Facharbeiterinnen oder Facharbeiter beschäftigt sind, oder die an einer besonders wichtigen Arbeitsstätte mit einem höheren Maß von Verantwortlichkeit beschäftigt sind.

Entgeltgruppe 9b Beschäftigte der Entgeltgruppe 9a Fallgruppe 1, deren Tätigkeit sich durch den Umfang und die Bedeutung des Aufgabengebietes sowie durch große Selbstständigkeit wesentlich aus der Entgeltgruppe 9a Fallgruppe 1 heraushebt.

Entgeltgruppe 9c Meisterinnen und Meister mit besonders verantwortungsvoller Tätigkeit als Leiterinnen oder Leiter von großen und *vielschichtig strukturierten* Instandsetzungsbereichen oder mit vergleichbarer Tätigkeit, die wegen der Schwierigkeit der Aufgaben und der Größe der Verantwortung ebenso zu bewerten ist. (Hierzu Protokollerklärung Nr. 3)

Protokollerklärungen zu Meistern

3. Ein *vielschichtig strukturierter Bereich* liegt vor, wenn in diesem Bereich die Arbeit von mindestens drei Gewerken zu koordinieren ist und mindestens drei Gewerken jeweils Meisterinnen oder Meister vorstehen. Gewerke sind Fachrichtungen im Sinne anerkannter Ausbildungsberufe, in denen die Meisterprüfung abgelegt werden kann. Im Mehrschichtbetrieb ist es unschädlich, wenn in den mindestens drei Gewerken nicht in allen Schichten jeweils Meisterinnen oder Meister eingesetzt sind.

#5. Technikerinnen und Techniker

Staatlich geprüfte Technikerinnen und Techniker sind Beschäftigte, die nach dem Berufsordnungsrecht diese Berufsbezeichnung führen.

Entgeltgruppe 8 Staatlich geprüfte Technikerinnen und Techniker mit entsprechender Tätigkeit sowie sonstige Beschäftigte, die aufgrund gleichwertiger Fähigkeiten und ihrer Erfahrungen entsprechende Tätigkeiten ausüben.

Entgeltgruppe 9a Beschäftigte der Entgeltgruppe 8, die *selbstständig* tätig sind. (Hierzu Protokollerklärung Nr. 1)

Entgeltgruppe 9b Beschäftigte der Entgeltgruppe 9a, die *schwierige Aufgaben* erfüllen. (Hierzu Protokollerklärung Nr. 2)

Protokollerklärungen zu Technikern

1. Technikerinnen und Techniker sind *selbstständig* tätig, wenn sie bei technischen Arbeitsabläufen in Ausführung technischer, mehr routinemäßiger Entwurfs-, Leitungs- und Planungsarbeiten eigene technische Entscheidungen zu treffen haben. Dass das Arbeitsergebnis einer Kontrolle, einer fachlichen Anleitung und Überwachung durch Vorgesetzte unterworfen wird, berührt die Selbstständigkeit der Tätigkeit nicht. Anhand der nach der Ausbildung vorauszusetzenden Kenntnisse sind der zur Erfüllung der Aufgabe einzuschlagende Weg und die anzuwendende Methode zu finden.
2. *Schwierige Aufgaben* sind Aufgaben, die in dem betreffenden Fachgebiet im oberen Bereich der Schwierigkeitsskala liegen oder die in konkreten Einzelfällen wegen der Besonderheiten Leistungen erfordern, die über das im Regelfall erforderliche Maß an Kenntnissen und Fähigkeiten wesentlich hinausgehen, z. B. durch die Breite des geforderten fachlichen Wissens und Könnens, die geforderten Spezialkenntnisse, außergewöhnliche Erfahrungen oder sonstige Qualifizierungen vergleichbarer Wertigkeit.

6.1.4 Arbeitsplatzbeschreibung/Stellenbeschreibung

Aus den obigen Zuordnungen der verschiedenen Arbeiten kann man sehen, dass es sehr wichtig ist, wie der jeweilige Arbeitsplatz beschrieben ist und welche Aufgaben mit der Stelle verbunden sind.

„Die Arbeitsplatzbeschreibung ist ein Dokumentationsinstrument und dient dazu die an konkreten Arbeitsplätzen von Tarifbeschäftigten wahrgenommenen Tätigkeiten zu beschreiben und zu bewerten. ... Die Arbeitsplatzbeschreibung unterteilt sich in die Tätigkeitsdarstellung bzw. -bewertung. Analog zur Arbeitsplatzbeschreibung für Tarifbeschäftigte gibt es für Beamte die Dienstpostenbeschreibung. Die Arbeitsplatzbeschreibung ergänzt und vertieft die Informationen aus dem Organigramm, dem Geschäftsverteilungsplan und der Stellenbeschreibung. Letztere enthält verbindliche Aussagen zur organisatorischen Einbindung einer Stelle, deren Aufgaben und Befugnissen sowie den Beziehungen zu anderen Stellen. ... Arbeitsplatzbeschreibungen dienen bei Organisationsuntersuchungen regelmäßig als Informationsquellen im Rahmen der Dokumentenanalyse, insbesondere in der Voruntersuchung. Sie stellen aber auch eine Hilfe bei der Erstellung von Aufgabengliederungen dar. Während einer Organisationsuntersuchung können Arbeitsplatzbeschreibungen, dort wo bislang keine existieren, erstmals erstellt bzw. dort wo vorhandene Beschreibungen veraltet sind, auf Basis der erhobenen Informationen aktualisiert werden.

Die Arbeitsplatzbeschreibung unterstützt die

- *Feststellung der an einem Arbeitsplatz wahrzunehmenden Aufgaben und der übertragenen Befugnisse,*
- *Bewertung von Arbeitsplätzen,*
- *Strukturierte Organisation und Geschäftsverteilung sowie*
- *die Erstellung von Aufgabenkatalogen und Aufgabengliederungen.*

Inhalt einer Arbeitsplatzbeschreibung sind die

- *Organisatorische Einordnung,*
- *Ziele,*
- *Aufgaben,*
- *Kompetenzen,*
- *Informations- und Kommunikationsbeziehungen,*
- *Gremienzugehörigkeit,*
- *(Tarifliche) Bewertung der Stelle.*

Verfahrensbeschreibung

Die erforderlichen Daten für die Arbeitsplatzbeschreibung werden entweder eigenständig oder im Rahmen umfassender Erhebungen erfragt. Die Tätigkeiten sollen so konkret dargestellt werden, dass aus der Arbeitsplatzbeschreibung die Arbeitsvorgänge abgeleitet werden können. Hierfür wird ein Fragenkatalog entwickelt (Interview-Themenliste siehe Anhang), der entweder mittels Fragebogen oder Interview bei den Arbeitsplatzinhabern abgefragt wird. Anschließend werden die Angaben auf Plausibilität geprüft. Erkennbare Widersprüche oder Schwachstellen werden in vertiefenden Interviews geklärt bzw. beseitigt. Die abgestimmten Angaben der Arbeitsplatzbeschreibung werden in den Vordruck für die Arbeitsplatzbeschreibung übertragen und durch die jeweiligen Vorgesetzten geprüft und gegengezeichnet.

Vorteile:

- *Arbeitsplatzbeschreibungen sind durch die standardisierte und kompakte Darstellung sehr übersichtlich und geben einen guten Überblick über den jeweiligen Arbeitsplatz.*
- *Schwachstellen bei der Zuordnung von Aufgaben und Kompetenzen werden sichtbar.*
- *Arbeitsplatzbeschreibungen sind die Grundlage für die Feststellung der angemessenen Eingruppierung"* (Bundesverwaltungsamt, Handbuch für Organisationsuntersuchungen und Personalbedarfsermittlung (alt)). Das Handbuch gab es bis August 2021.

► **Leitfaden zur Personalbedarfsermittlung:** (Stand 25. August 2021) https://www.orghandbuch.de/OHB/DE/OrganisationshandbuchNEU/2_Organisationsmanagement/2_4_Ressourcen/2_4_3_Leitfaden/leitfaden-node.html

Hinweise
Wer als Vorgesetzter Arbeitsplätze von sich oder Mitarbeitern beschreiben muss, sollte auch die unten genannten Leitfäden lesen. Hier sind sehr nützliche Hinweise zu finden.

Uni Heidelberg, Leitfaden für Tätigkeitsdarstellungen
https://www.uni-heidelberg.de/md/zuv/personal/aktuelles/leitfaden_td__veroffentlicht_-_stand_august_2014_.pdf

Bundesverwaltungsamt, Die Arbeitsplatzbeschreibung – Basis für tarifgerechte Eingruppierung
https://www.bva.bund.de/SharedDocs/Downloads/DE/Behoerden/Beratung/Eingruppierung/Eingruppierung/Die%20Arbeitsplatzbeschreibung.pdf;jsessionid=50780B2CAA645A4D59C38CF7377BEE14.intranet232?__blob=publicationFile&v=4
(Letzter Zugriff jeweils 29.03.2023)

Aktuelle **Tarifverträge, Arbeitsvertragsmuster** und weitere Formulare zum Tarifvertrag für den öffentlichen Dienst (TVöD) finden sich u. a. beim Bundesministerium des Innern, für Bau und Heimat
https://www.bmi.bund.de/DE/themen/oeffentlicher-dienst/tvoed/arbeitsvertragsmuster/arbeitsvertragsmuster-node.html

Durchgeschriebene Fassung des TVöD für den Bereich Verwaltung
im Bereich der Vereinigung der kommunalen Arbeitgeberverbände (TVöD-V)
https://www.vka.de/assets/media/docs/0/Tarifvertr%C3%A4ge/TV%C3%B6D_V_iF_13_Lesefassung(4).pdf

Der dbb, Lexikon
Kurz und für den interessierten Laien verständlich erklären und erläutern wir an dieser Stelle Allgemeines, Besonderes und Fachbegriffe rund um den öffentlichen Dienst und die privatisierten Bereiche.
https://www.dbb.de/lexikon.html

Weiterführende Links:
http://www.tarifvertragoed.de/tarifrecht_im_oed/tvoed
http://www.tarif-oed.de/tvoed_uebersicht
http://oeffentlicher-dienst.info/einstieg/einfuehrung/
(Letzter Zugriff jeweils 29.03.2023)

6.2 Beschäftigung/Arbeit

Beschäftigung ist die nichtselbständige *Arbeit*, insbesondere in einem Arbeitsverhältnis. Anhaltspunkte für eine Beschäftigung sind eine Tätigkeit nach Weisungen und eine Eingliederung in die Arbeitsorganisation des Weisungsgebers (§ 7 SGB IV).

6.2.1 Arbeitszeit

6.2.1.1 Beamte

Die für die Beamten geltenden *Arbeitszeit-Verordnungen der Bundesländer* gelten jeweils für die Beamten dieses Staates, seiner Gemeinden, der Gemeindeverbände und der sonstigen unter der Aufsicht des jeweiligen Staates stehenden Körperschaften, Anstalten und Stiftungen des öffentlichen Rechts.

Arbeitszeit
Die *regelmäßige* Arbeitszeit beträgt im Durchschnitt 40 (oder 41 für Beamte des Bundes und NRW) Stunden in der Woche. Sie verringert sich mit der Vollendung des 55. Lebensjahres und/oder des 60. Lebensjahres (z. B. NRW). Die *wöchentliche* Arbeitszeit einschließlich Mehrarbeit darf im Durchschnitt 48 Stunden nicht überschreiten (höchstens 55 Stunden betragen). Die *tägliche* Arbeitszeit soll 10 Stunden (13 Stunden einschließlich der Pausen) nicht übersteigen, sofern nicht Mehrarbeit angeordnet oder genehmigt ist. Für die Berechnung des Durchschnitts der Arbeitszeit ist ein Zeitraum von zwölf Monaten zugrunde zu legen. Zeiten des Erholungsurlaubs sowie einer Dienstunfähigkeit bleiben bei der Berechnung unberücksichtigt. Pausen werden in die Arbeitszeit nicht eingerechnet (BayAzV § 2).

Ruhezeit (BayAzV § 3)
Pro 24-Stunden-Zeitraum ist eine zusammenhängende Ruhezeit von mindestens 11 Stunden und innerhalb eines Siebentageszeitraums eine zusätzliche zusammenhängende Mindestruhezeit von 24 Stunden zu gewähren.

Arbeitstage (BayAzV § 5)
Arbeitstage sind die Werktage. Der Samstag ist grundsätzlich dienstfrei. Allgemein dienstfrei sind der 24. und 31. Dezember.

Gleitende Arbeitszeit (BayAzV § 7)
Beamte haben die tägliche Arbeitszeit im Rahmen der gleitenden Arbeitszeit abzuleisten. Sie können hierbei Beginn und Ende der täglichen Arbeitszeit im bestimmten Rahmen selbst bestimmen. Die Arbeitszeit ist durch elektronische Zeiterfassungsgeräte zu erfassen. Der Arbeitszeitrahmen kann innerhalb eines Zeitrahmens von 06:30 Uhr bis 20:00 Uhr festgelegt werden Die *Kernarbeitszeit* ist der Teil der regelmäßigen täglichen Arbeitszeit, in dem grundsätzlich alle Beamten in der Dienststelle anwesend sein müssen. Im Rahmen der *gleitenden Arbeitszeit* dürfen täglich grundsätzlich nicht mehr als 10 Stunden auf die Sollzeit angerechnet werden (AZV, § 7).

Die Arbeit ist durch im voraus feststehende Ruhepausen von mindestens 30 Minuten bei einer Arbeitszeit von mehr als sechs bis zu neun Stunden und 45 Minuten bei einer Arbeitszeit von mehr als neun Stunden insgesamt zu unterbrechen. Die o. g. Ruhepausen können in Zeitabschnitte von jeweils mindestens 15 Minuten aufgeteilt werden. Länger als sechs Stunden hintereinander dürfen Arbeitnehmer nicht ohne Ruhepause beschäftigt werden (ArbZG § 4).

Arbeitszeitrückstände dürfen 40 Stunden nicht überschreiten. Der Abrechnungszeitraum ist bei Gleitzeit das Kalenderjahr oder ein ähnlich bestimmter Zeitraum von zwölf Monaten, in dem ein Über- oder Unterschreiten der regelmäßigen wöchentlichen Arbeitszeit auszugleichen ist.

Ein Gleittag ist ein mit Zustimmung der oder des unmittelbaren Vorgesetzten gewährter ganztägiger Zeitausgleich im Abrechnungszeitraum bei Gleitzeit.

Bei automatisierter Zeiterfassung kommen bis zu zwölf Gleittage in Betracht. Wenn es dienstlichen Belangen förderlich oder nach den dienstlichen Verhältnissen zweckmäßig ist, können bis zu 24 Gleittage pro Jahr zugelassen werden. Ist eine Kernarbeitszeit festgelegt, können auch halbe Gleittage zugelassen werden (AZV § 7).

Feste Arbeitszeit (BayAzV § 8 Abs 1)
Abweichend kann auch die feste Arbeitszeit angeordnet werden; z. B. wenn zwingende dienstliche Verhältnisse es erfordern. Der Dienststellenleiter legt die tägliche Arbeitszeit unter Berücksichtigung der dienstlichen und örtlichen Verhältnisse fest. Die tägliche Arbeitszeit soll grundsätzlich 9 Stunden nicht überschreiten. Der Dienst muss spätestens um 8:30 Uhr beginnen und darf von Montag bis Donnerstag nicht vor 15:30/16:00 Uhr, am Freitag nicht vor 14:00 Uhr enden.

Pause (BayAzV § 8 Abs 2)
Die Ruhepause ist der Zeitraum, in dem Beamtinnen und Beamte keinen Dienst leisten. Die Pause beträgt mindestens 30 Minuten. Bei einer Arbeitszeit von mehr als 9 Stunden beträgt die Pause mindestens 45 Minuten; die Pause kann in zwei Zeitabschnitte (oder Zeitabschnitte von jeweils 15 Minuten) aufgeteilt werden. Die Arbeit ist spätestens nach sechs Stunden durch eine Pause von mindestens 30 Minuten zu unterbrechen.

Nachtdienst (AZV §§ 2 u. 14)
Nachtdienst ist ein Dienst, der zwischen 20 Uhr und 6 Uhr zu leisten ist. Die Gestaltung von Nachtdienst muss der besonderen Beanspruchung der Arbeitskraft Rechnung tragen. Dabei darf die Arbeitszeit in einem Bezugszeitraum von zwölf Monaten im Durchschnitt acht Stunden pro 24-Stunden-Zeitraum nicht überschreiten. Ist die Arbeit mit besonderen Gefahren oder einer erheblichen körperlichen oder geistigen Anspannung verbunden, darf in einem 24-Stunden-Zeitraum, in dem der Nachtdienst verrichtet wird, die Arbeitszeit nicht mehr als acht Stunden betragen.

Ausnahmen
Wenn es die dienstlichen Verhältnisse erfordern, können von fast allen Regelungen Ausnahmen zugelassen werden. Bei besonderen Anlässen kann z. B. angeordnet werden, dass an einzelnen Arbeitstagen der Dienst ganz oder teilweise entfällt. Hierbei kann auch angeordnet werden, dass die ausfallende Arbeitszeit innerhalb einer bestimmten Frist einzuarbeiten ist; die tägliche Arbeitszeit soll jedoch grundsätzlich nicht mehr als 10 Stunden betragen.

6.2.1.2 Tariflich Beschäftigte/Arbeitnehmer

Unter anderem zum Gesundheitsschutz der Arbeitnehmer und um die Sonntage und Feiertage als Tage der Arbeitsruhe zu schützen, wurde zusätzlich das Arbeitszeitgesetz (ArbZG) erlassen. Dieses gilt nur für die Arbeitnehmer; das sind die Arbeiter und Angestellten sowie die zu ihrer Berufsbildung Beschäftigten. In einem Tarifvertrag oder auf Grund eines Tarifvertrags in einer Betriebs- oder *Dienstvereinbarung* können verschiedene Abweichungen zugelassen werden. Nach dem TVöD für den Bereich Verwaltung (TVöD-V) gelten die folgenden Regelungen: Die *regelmäßige Arbeitszeit* beträgt ausschließlich der Pausen für die Beschäftigten im Tarifgebiet West durchschnittlich 39 Stunden wöchentlich, im Tarifgebiet Ost durchschnittlich 40 Stunden wöchentlich. Bei Wechselschichtarbeit werden die gesetzlich vorgeschriebenen Pausen in die Arbeitszeit eingerechnet. n Verwaltungen und Betrieben, in denen *auf Grund spezieller Aufgaben oder saisonbedingt erheblich verstärkte* Tätigkeiten anfallen, kann für diese Tätigkeiten die regelmäßige Arbeitszeit auf bis zu 60 Stunden in einem Zeitraum von bis zu sieben Tagen verlängert werden, wenn durch Verkürzung der regelmäßigen wöchentlichen Arbeitszeit bis zum Ende des Ausgleichszeitraums ein entsprechender Zeitausgleich durchgeführt wird. Soweit es die betrieblichen/dienstlichen Verhältnisse zulassen, wird der Beschäftigte am 24. Dezember und am 31. Dezember unter Fortzahlung des Entgelts von der Arbeit freigestellt. Die Beschäftigten sind im Rahmen begründeter betrieblicher/dienstlicher Notwendigkeiten zur Leistung von Sonntags-, Feiertags-, Nacht-, Wechselschicht-, Schichtarbeit sowie – bei Teilzeitbeschäftigung aufgrund arbeitsvertraglicher Regelung oder mit ihrer Zustimmung – zu Bereitschaftsdienst, Rufbereitschaft, Überstunden und Mehrarbeit verpflichtet. Durch Betriebs-/Dienstvereinbarung kann in der Zeit von 6 bis 20 Uhr eine tägliche Rahmenzeit von bis zu zwölf Stunden eingeführt werden. Bei *Dienstreisen* gilt nur die Zeit der dienstlichen Inanspruchnahme am auswärtigen Geschäftsort als Arbeitszeit. Für jeden Tag einschließlich der Reisetage wird jedoch mindestens die auf ihn entfallende regelmäßige, durchschnittliche oder dienstplanmäßige Arbeitszeit berücksichtigt, wenn diese bei Nichtberücksichtigung der Reisezeit nicht erreicht würde (TVÖD-V § 6).

6.2.1.3 Sonderformen der Arbeit (TVÖD-V § 7)

Bereitschaftsdienst leisten Beschäftigte, die sich auf Anordnung des Arbeitgebers außerhalb der regelmäßigen Arbeitszeit an einer vom Arbeitgeber bestimmten Stelle aufhalten, um im Bedarfsfall die Arbeit aufzunehmen.

Rufbereitschaft leisten Beschäftigte, die sich auf Anordnung des Arbeitgebers außerhalb der regelmäßigen Arbeitszeit an einer dem Arbeitgeber anzuzeigenden Stelle aufhalten, um auf Abruf die Arbeit aufzunehmen. Rufbereitschaft wird nicht dadurch ausgeschlossen, dass Beschäftigte vom Arbeitgeber mit einem Mobiltelefon oder einem vergleichbaren technischen Hilfsmittel ausgestattet sind.

Schichtarbeit ist die Arbeit nach einem Schichtplan, der einen regelmäßigen Wechsel des Beginns der täglichen Arbeitszeit um mindestens zwei Stunden in Zeitabschnitten von längstens einem Monat vorsieht, und die innerhalb einer Zeitspanne von mindestens 13 Stunden geleistet wird.

Wechselschichtarbeit ist die Arbeit nach einem Schichtplan, der einen regelmäßigen Wechsel der täglichen Arbeitszeit in Wechselschichten vorsieht, bei denen Beschäftigte durchschnittlich längstens nach Ablauf eines Monats erneut zur Nachtschicht herangezogen werden. Wechselschichten sind wechselnde Arbeitsschichten, in denen ununterbrochen bei Tag und Nacht, werktags, sonntags und feiertags gearbeitet wird.

Nachtschichten sind Arbeitsschichten, die mindestens zwei Stunden Nachtarbeit umfassen. Nachtarbeit ist die Arbeit zwischen 21 Uhr und 6 Uhr.

Mehrarbeit sind die Arbeitsstunden, die Teilzeitbeschäftigte über die vereinbarte regelmäßige Arbeitszeit hinaus bis zur regelmäßigen wöchentlichen Arbeitszeit von Vollbeschäftigten leisten.

Überstunden sind die auf Anordnung des Arbeitgebers geleisteten Arbeitsstunden, die über die im Rahmen der regelmäßigen Arbeitszeit von Vollbeschäftigten für die Woche dienstplanmäßig bzw. betriebsüblich festgesetzten Arbeitsstunden hinausgehen und nicht bis zum Ende der folgenden Kalenderwoche ausgeglichen werden.

6.2.1.4 Arbeitszeitkonto (TVÖD-V § 8)

Durch Betriebs-/Dienstvereinbarung kann ein Arbeitszeitkonto eingerichtet werden. Für einen Betrieb/eine Verwaltung, in dem/der ein Personalvertretungsgesetz Anwendung findet, kann eine solche Regelung auch in einem landes-bezirklichen Tarifvertrag getroffen werden, wenn eine Dienstvereinbarung nicht einvernehmlich zustande kommt und der Arbeitgeber ein Letztentscheidungsrecht hat. Soweit ein Arbeitszeitkorridor oder eine Rahmenzeit vereinbart wird, ist ein Arbeitszeitkonto einzurichten.

6.2.2 Zulagen, Prämien, Zuschläge und Vergütungen

6.2.2.1 Beamte

Die folgenden Zulagen, Prämien, Zuschläge oder Vergütungen können Beamten zusätzlich zur Besoldung (Bezüge) gewährt werden, wenn das im jeweiligen Bundesland durch Gesetz oder Verordnung festgesetzt wurde. Hier sind somit abweichende Regelungen möglich. Die Details sind den regionalen gesetzlichen Regelungen zu entnehmen.

Amtszulagen und Stellenzulagen (BBesG § 42)
Für herausgehobene Funktionen können Amtszulagen und Stellenzulagen vorgesehen werden. Die Amtszulagen gelten als Bestandteil des Grundgehaltes. Die Stellenzulagen dürfen nur für die Dauer der Wahrnehmung der herausgehobenen Funktion gewährt werden, die Stellenzulagen sind somit widerruflich.

Prämien und Zulagen für besondere Leistungen (BBesG § 42a)
Die Gewährung von Leistungsprämien (Einmalzahlungen) und Leistungszulagen zur Abgeltung herausragender besonderer Leistungen wurde oft durch Rechtsverordnung (Land) geregelt. Leistungsprämien und Leistungszulagen sind nicht ruhegehaltfähig; erneute Bewilligungen sind möglich. Die Zahlung von Leistungszulagen ist zu befristen; bei Leistungsabfall sind sie zu widerrufen.

Prämie für besondere Einsatzbereitschaft (BBesG § 42b)
Einem Beamten kann für seine Verwendung bei der Herbeiführung eines im besonderen öffentlichen Interesse liegenden unaufschiebbaren und zeitgebundenen Ergebnisses eine Prämie gewährt werden. Die Höhe der Prämie bemisst sich nach der Dauer der Verwendung, der Bedeutung des Ergebnisses für das öffentliche Interesse sowie der Herausforderung für den Beamten. Die Auszahlung erfolgt nach erfolgreichem Abschluss der Verwendung.

Personalgewinnungs- und Personalbindungsprämie/Zuschlag zur Sicherung der Funktions- und Wettbewerbsfähigkeit (BBesG § 43)
Einem zu gewinnenden Beamten kann eine Personalgewinnungsprämie gewährt werden. Im dringenden dienstlichen Interesse (z. B. Sicherung der Funktions- und Wettbewerbsfähigkeit des öffentlichen Dienstes) kann eine nicht ruhegehaltfähige Personalbindungsprämie gewährt werden, um die Abwanderung eines Beamten aus dem Dienst zu verhindern, wenn das Einstellungsangebot eines anderen Dienstherrn oder eines anderen Arbeitgebers vorliegt oder wenn ein bestimmter Dienstposten andernfalls insbesondere im Hinblick auf die fachliche Qualifikation sowie die Bedarfs- und Bewerberlage nicht anforderungsgerecht besetzt werden kann.

Zulage für die Wahrnehmung befristeter Funktionen (BBesG § 45)
Wird einem Beamten eine herausgehobene Funktion befristet übertragen, kann er eine Zulage zu seinen Dienstbezügen erhalten. Die Zulage kann ab dem siebten Monat der ununterbrochenen Wahrnehmung bis zu einer Dauer von höchstens fünf Jahren gezahlt werden.

Zulagen für besondere Erschwernisse (BBesG § 47)
Durch Rechtsverordnung könnte die Gewährung von Zulagen zur Abgeltung besonderer, bei der Bewertung des Amtes nicht berücksichtigter Erschwernisse (Erschwerniszulagen) geregelt sein; die Zulagen sind widerruflich.

Mehrarbeitsvergütung/Vergütung von Arbeitszeitguthaben (Ausgleichszahlung) (BBesG § 48)
Durch Rechtsverordnung kann die Gewährung einer Mehrarbeitsvergütung (Ausgleichszahlung) für Beamte geregelt sein, soweit die Mehrarbeit nicht durch Dienstbefreiung ausgeglichen wird. Das kann der Fall sein für Beamte bei denen ein Arbeitszeitausgleich aus einer langfristigen ungleichmäßigen Verteilung der Arbeitszeit, während der eine von der für sie jeweils geltenden regelmäßigen Arbeitszeit abweichende Arbeitszeit festgelegt wurde, nicht oder nur teilweise möglich ist.

Zuschlag zur Gewinnung von IT-Fachkräften (BayBesG Art 60a)
Zur anforderungsgerechten Besetzung eines Dienstpostens in der Informationstechnologie kann Beamten ein Zuschlag gewährt werden (IT-Fachkräftegewinnungszuschlag). Die Informationstechnologie umfasst elektronische Systeme, insbesondere zur Gewinnung, Speicherung und Verarbeitung von Informationen, sowie die IT-Sicherheit, Netzwerk- und Datenbankanwendungen und das Software Engineering.

Dienstkleidung für Beamte (BBesG § 70a)
Beamten, die zum Tragen von Dienstkleidung verpflichtet sind, wird diese unentgeltlich bereitgestellt.

Andere Zulagen und Vergütungen (BBesG § 51)
Andere als diese Zulagen und Vergütungen könnten gewährt werden, soweit dies gesetzlich bestimmt ist. Vergütungen für Nebentätigkeiten im öffentlichen Dienst bleiben unberührt.

6.2.2.2 Tariflich Beschäftigte

Im Gegensatz zu den Beamten erhalten die tariflich Beschäftigten (Arbeitnehmer = ehem. Arbeiter und Angestellte) im Bereich der kommunalen Arbeitgeberverbände ein monatliches Entgelt. Auch dazu sind verschiedene Zuschläge möglich.

Ausgleich für Sonderformen der Arbeit (TVÖD-V § 8)
Der Beschäftigte erhält neben dem Entgelt für die tatsächliche Arbeitsleistung Zeitzuschläge. Die Zeitzuschläge betragen – auch bei Teilzeitbeschäftigten – je Stunde für Überstunden, Nachtarbeit, Sonntagsarbeit, Feiertagsarbeit oder Schichtarbeit zwischen 15 bis 35 v. H.

Das Entgelt für Bereitschaftsdienst wird jeweils landesbezirklich geregelt. Beschäftigte, die ständig Schichtarbeit leisten, erhalten eine Schichtzulage.

Jahressonderzahlung (TVÖD-V § 20)
Beschäftigte, die am 1. Dezember im Arbeitsverhältnis stehen, haben Anspruch auf eine Jahressonderzahlung.

Leistungsentgelt (TVÖD-V § 18)
Das Leistungsentgelt ist eine variable und leistungsorientierte Bezahlung zusätzlich zum Tabellenentgelt. Die leistungs- und/oder erfolgsorientierte Bezahlung soll dazu beitragen, die öffentlichen Dienstleistungen zu verbessern. Es besteht die Verpflichtung zu jährlicher Auszahlung der Leistungsentgelte. Das Leistungsentgelt wird zusätzlich zum Tabellenentgelt als Leistungsprämie, Erfolgsprämie oder Leistungszulage gewährt.

Die Leistungsprämieist in der Regel eine einmalige Zahlung, die im Allgemeinen auf der Grundlage einer Zielvereinbarung erfolgt; sie kann auch in zeitlicher Abfolge gezahlt werden.

Die Erfolgsprämiekann in Abhängigkeit von einem bestimmten wirtschaftlichen Erfolg neben dem vereinbarten Startvolumen gezahlt werden.

Die Leistungszulageist eine zeitlich befristete, widerrufliche, in der Regel monatlich wiederkehrende Zahlung.

Das jeweilige System der leistungsbezogenen Bezahlung wird betrieblich vereinbart.

Vorhandwerkerzulage (TVÖD-NRW § 3b)
Einige Beschäftigte erhalten, wenn landesbezirklich vereinbart, in der Funktion als Vorhandwerker/Gruppenführer/Teamleiter für die Tätigkeit als solche eine monatliche, widerrufliche Zulage. Vorhandwerker/Gruppenführer/Teamleiter sind Beschäftigte, die durch schriftliche Anordnung zu solchen bestellt worden sind und selbst mitarbeiten.

Erschwerniszuschläge
Erschwerniszuschläge werden für Arbeiten gezahlt, die außergewöhnliche Erschwernisse beinhalten. Dies gilt nicht für Erschwernisse, die mit dem der Eingruppierung zugrunde liegenden Berufs- oder Tätigkeitsbild verbunden sind.

Außergewöhnliche Erschwernisse ergeben sich grundsätzlich nur bei Arbeiten

- mit besonderer Gefährdung,
- mit extremer nicht klimabedingter Hitzeeinwirkung,
- mit besonders starker Schmutz- oder Staubbelastung,
- mit besonders starker Strahlenexposition oder
- unter sonstigen vergleichbar erschwerten Umständen.

Zuschläge werden nicht gewährt, soweit der außergewöhnlichen Erschwernis durch geeignete Vorkehrungen, insbesondere zum Arbeitsschutz, ausreichend Rechnung getragen wird. Die Zuschläge betragen in der Regel 5 bis 15 v. H. Die zuschlagspflichtigen Arbeiten und die Höhe der Zuschläge werden landesbezirklich vereinbart (TVÖD § 19). Nur in dem Tarifvertrag für Beschäftigte, die in einem Arbeitsverhältnis zu einem Mitglied des Kommunalen Arbeitgeberverbandes Nordrhein-Westfalen stehen und unter den Geltungsbereich des Tarifvertrages für den öffentlichen Dienst (TVöD) fallen konnte ein „Verzeichnis der außergewöhnlichen Arbeiten" gefunden werden.

Verzeichnis der außergewöhnlichen Arbeiten des TV TVöD-NRW (Auszug)

A. Allgemeiner Teil

- Reparatur-, Reinigungs- oder Wartungsarbeiten von Hand an stark verschmutzten – insbesondere verölten Rohrleitungen, Apparaturen, Maschinen, Kranen, Kraftfahrzeugen, Motoren u. ä.
- Reinigung von Toilettenräumen
  - Toilettenzellen
- Waschräumen
- Arbeiten in Fäkaliengruben
- Beseitigung von Verstopfungen von Klosetts oder Klosettrohren je nach den zur Verfügung stehenden
- technischen Hilfsmitteln
- Reinigung von Fettabscheidern oder Hausanschlüssen an das Kanalnetz
- Entleeren von Sickergruben, Fäkaliengruben oder Lagerbecken
- Arbeiten mit Atemschutzgeräten
- Arbeiten, bei denen der/die Beschäftigte im Wasser bzw. Schlamm steht oder sonst in erheblichem Maße mit Wasser oder Schlamm in Berührung kommt (Schlamm ist auch Klärschlamm)
- Arbeiten in
  - Pumpen-, Mess-, Schieber- und Revisionsschächten ohne Treppenzugang
  - Behältern, …, Tankbehältern, die nur durch ein Einmannloch befahren werden können
- Arbeiten mit Sandstrahlgebläse
- Stemmarbeiten in liegender Stellung
- Arbeiten von Hand mit Pressluftgeräten oder motorgetriebenen Erdbohrern
- Arbeiten mit handgeführten motorgetriebenen Blasgeräten, Bodenfräsen, Freischneidegeräten, Hackgeräten, Heckenscheren (Rückentragegeräte), Unkrautreinigern, wenn der/die Beschäftigte insgesamt mindestens 3 Std. in der Schicht mit diesen Arbeiten beschäftigt wird
- Schweißarbeiten
  - wenn der/die Beschäftigte insgesamt mindestens 2 Stunden in einer Schicht mit diesen Arbeiten beschäftigt wird
  - an mit Mennige oder sonstigen gesundheitsgefährdenden Schutzfarben vorgestrichenen Eisenteilen oder unter Verwendung von Kupfer, Messing, Zink oder anderen Metallen, die gesundheitsschädigende Dämpfe entwickeln
  - in Rohrgräben, im Innern von Behältern oder Kesseln
  - Spiegel- oder Überkopfschweißen
  - in Fäkalienwagen oder an fäkalienverschmutzten Apparaten oder Einrichtungen

E. Abwasser

- Entleeren oder Reinigen von Schlammbehältern und Leichtstoffabscheidern in der Kanalisation
- Arbeiten mit Rechen- oder Sandfanggut, Arbeiten am Rechen, Arbeiten in der Schlammentwässerung, je nach den zur Verfügung stehenden technischen Hilfsmitteln
- Arbeiten oder Reinigen in Pumpenschächten, Schlammtrichtern
- Reinigungsarbeiten in Emscher Brunnen oder Eindickern
- Arbeiten in geschlossenen Abwasserpumpenschächten und -sümpfen (Überschussschlamm- und Rücklaufschlammpumpwerke sowie allgemeine Pumpwerke für die Abwasserhebung)
- Arbeiten in begehbaren und in Betrieb befindlichen Abwasserkanälen, wenn sie nur in gebückter Stellung begehbar sind

6.2.3 Annahme von Belohnungen, Geschenken und sonstigen Vorteilen

Beamte dürfen, auch nach Beendigung des Beamtenverhältnisses, keine Belohnungen, Geschenke oder sonstigen Vorteile für sich oder eine dritte Person in Bezug auf ihr Amt fordern, sich versprechen lassen oder annehmen. Ausnahmen bedürfen der Zustimmung ihres gegenwärtigen oder letzten Dienstherrn. Wer gegen das Verbot verstößt, hat das aufgrund des pflichtwidrigen Verhaltens Erlangte auf Verlangen dem Dienstherrn herauszugeben, soweit nicht die Einziehung von Taterträgen angeordnet worden oder es auf andere Weise auf den Staat übergegangen ist (BeamtStG § 42). Das gilt für die TVÖD-Beschäftigten in ähnlicher Weise. Werden den Beschäftigten derartige Vergünstigungen angeboten, haben sie dies dem Arbeitgeber unverzüglich anzuzeigen (TVöD § 3).

Vorteilsannahme und Bestechlichkeit

Ein Amtsträger oder ein für den öffentlichen Dienst besonders Verpflichteter, der für die Dienstausübung einen *Vorteil* für sich oder einen Dritten fordert, sich versprechen lässt oder *annimmt*, kann mit Freiheitsstrafe bis zu drei Jahren bestraft werden. Die Tat ist jedoch *nicht strafbar*, wenn der Täter sich einen *nicht von ihm geforderten* Vorteil versprechen lässt oder annimmt und die Behörde im Rahmen ihrer Befugnisse entweder die Annahme vorher genehmigt hat oder der Täter unverzüglich bei ihr Anzeige erstattet und sie die Annahme genehmigt (StGB § 331). Ein Amtsträger oder ein für den öffentlichen Dienst besonders Verpflichteter, der einen *Vorteil* für sich oder einen Dritten *als Gegenleistung dafür fordert* (= Bestechlichkeit), sich versprechen lässt oder annimmt, dass er eine Diensthandlung vorgenommen hat oder künftig vornehme und dadurch seine Dienstpflichten verletzt hat oder verletzen würde, kann mit Freiheitsstrafe bis zu fünf Jahren bestraft werden (StGB § 332).

Hinweise
Regelungen zur Integrität
https://www.bmi.bund.de/DE/themen/moderne-verwaltung/integritaet-der-verwaltung/korruptionspraevention/korruptionspraevention-node.html

Richtlinie der Bundesregierung zur Korruptionsprävention in der Bundesverwaltung
http://www.verwaltungsvorschriften-im-internet.de/bsvwvbund_30072004_O4634140151.htm

Initiativkreis Korruptionsprävention Wirtschaft/Bundesverwaltung
Fragen-/Antwortenkatalog zum Thema Annahme von Belohnungen, Geschenken und sonstigen Vorteilen (Zuwendungen)
https://www.bmi.bund.de/SharedDocs/downloads/DE/publikationen/themen/moderne-verwaltung/korruptionspraevention/faqs-korruptionspraevention.pdf?__blob=publicationFile&v=4
(Letzter Zugriff jeweils 29.03.2023)

6.3 Arbeitsunfähigkeit

„***Arbeitsunfähigkeit*** *liegt vor, wenn Versicherte auf Grund von Krankheit ihre zuletzt vor der Arbeitsunfähigkeit ausgeübte Tätigkeit nicht mehr oder nur unter der Gefahr der Verschlimmerung der Erkrankung ausführen können.*

Bei der Beurteilung ist darauf abzustellen, welche Bedingungen die bisherige Tätigkeit konkret geprägt haben.

Arbeitsunfähigkeit *liegt auch vor, wenn auf Grund eines bestimmten Krankheitszustandes, der für sich allein noch keine Arbeitsunfähigkeit bedingt, absehbar ist, dass aus der Ausübung der Tätigkeit für die Gesundheit oder die Gesundung abträgliche Folgen erwachsen, die Arbeitsunfähigkeit unmittelbar hervorrufen.*

Arbeitsunfähigkeit *besteht auch während einer stufenweisen Wiederaufnahme der Arbeit fort, durch die Versicherten die dauerhafte Wiedereingliederung in das Erwerbsleben durch eine schrittweise Heranführung an die volle Arbeitsbelastung ermöglicht werden soll*“ (Gemeinsamer Bundesausschuss, Arbeitsunfähigkeits-Richtlinie).

6.3.1 Anzeige- und Nachweispflichten (EntgFG § 5)

Der Arbeitnehmer ist verpflichtet, dem Arbeitgeber die Arbeitsunfähigkeit und deren voraussichtliche Dauer *unverzüglich* mitzuteilen. Dauert die Arbeitsunfähigkeit länger als drei Kalendertage, hat der Arbeitnehmer eine ärztliche Bescheinigung über das Bestehen der

Arbeitsunfähigkeit sowie deren voraussichtliche Dauer spätestens an dem darauffolgenden Arbeitstag vorzulegen. Der Arbeitgeber ist berechtigt, die Vorlage der ärztlichen Bescheinigung früher zu verlangen.

„Nach § 5 Abs. 1 Satz 3 EFZG ist der Arbeitgeber ... berechtigt, die Vorlage der ärztlichen Bescheinigung früher zu verlangen. Die Regelung eröffnet dem Arbeitgeber nicht nur das Recht der zeitlich früheren Anforderung, sondern daneben das Recht, den Nachweis der Arbeitsunfähigkeit durch Vorlage einer ärztlichen Bescheinigung auch für Zeiten zu verlangen, die nicht länger als drei Tage andauern, z. B. auch für eine eintägige Arbeitsunfähigkeit ... Das Verlangen nach § 5 Abs. 1 Satz 3 EFZG bedarf weder einer Begründung noch eines sachlichen Grundes oder gar besonderer Verdachtsmomente auf Vortäuschung einer Erkrankung in der Vergangenheit“ (Bundesarbeitsgericht, Urteil vom 14.11.2012, Az.: 5 AZR 886/11).

Dauert die Arbeitsunfähigkeit länger als in der Bescheinigung angegeben, ist der Arbeitnehmer verpflichtet, eine neue ärztliche Bescheinigung vorzulegen. Hält sich der Arbeitnehmer bei Beginn der Arbeitsunfähigkeit im Ausland auf, so ist er verpflichtet, dem Arbeitgeber die Arbeitsunfähigkeit, deren voraussichtliche Dauer und die Adresse am Aufenthaltsort in der schnellstmöglichen Art der Übermittlung mitzuteilen. Kehrt ein arbeitsunfähig erkrankter Arbeitnehmer in das Inland zurück, so ist er verpflichtet, dem Arbeitgeber und der Krankenkasse seine Rückkehr unverzüglich anzuzeigen.

6.3.2 Anspruch auf Entgeltfortzahlung (Lohnfortzahlung) im Krankheitsfall (EntgFG § 3)

Wird ein Arbeitnehmer durch Arbeitsunfähigkeit infolge Krankheit an seiner Arbeitsleistung verhindert, ohne dass ihn ein Verschulden trifft, so hat er Anspruch auf Entgeltfortzahlung im Krankheitsfall durch den Arbeitgeber für die Zeit der Arbeitsunfähigkeit bis zur Dauer von sechs Wochen. Wird der Arbeitnehmer infolge derselben Krankheit erneut arbeitsunfähig, so verliert er wegen der erneuten Arbeitsunfähigkeit den Anspruch (auf Entgeltfortzahlung) für einen weiteren Zeitraum von höchstens sechs Wochen nicht, wenn

- er vor der erneuten Arbeitsunfähigkeit mindestens sechs Monate nicht infolge derselben Krankheit arbeitsunfähig war oder
- seit Beginn der ersten Arbeitsunfähigkeit infolge derselben Krankheit eine Frist von zwölf Monaten abgelaufen ist.

Der Anspruch auf Entgeltfortzahlung entsteht nach vierwöchiger ununterbrochener Dauer des Arbeitsverhältnisses.

6.3.3 Krankengeld der Krankenkasse

Versicherte haben Anspruch auf Krankengeld von der gesetzlichen Krankenkasse, wenn die Krankheit sie arbeitsunfähig macht oder sie auf Kosten der Krankenkasse stationär in einem Krankenhaus oder einer Vorsorge- oder Rehabilitationseinrichtung behandelt werden (SGB V § 44). Der Anspruch auf Krankengeld entsteht von dem Tag der ärztlichen Feststellung der Arbeitsunfähigkeit an (SGB V § 46). Der Anspruch auf Krankengeld ruht u. a., soweit und solange Versicherte beitragspflichtiges Arbeitsentgelt oder Arbeitseinkommen erhalten; also etwa 6 Wochen. Das Krankengeld beträgt 70 vom Hundert des erzielten regelmäßigen Arbeitsentgelts und Arbeitseinkommens, soweit es der Beitragsberechnung unterliegt (Regelentgelt). Das aus dem Arbeitsentgelt berechnete Krankengeld darf 90 vom Hundert des berechneten Nettoarbeitsentgelts nicht übersteigen (SGB V § 47).

6.3.4 Erkrankung während des Urlaubs (BUrlG § 9)

Erkrankt ein Arbeitnehmer während des Urlaubs, so werden die durch ärztliches Zeugnis nachgewiesenen Tage der Arbeitsunfähigkeit auf den Jahresurlaub nicht angerechnet.

6.3.5 Berufs- und Erwerbsunfähigkeit

*„**Berufsunfähig** ... sind ... Versicherte, deren Erwerbsfähigkeit wegen Krankheit oder Behinderung auf weniger als die Hälfte derjenigen von körperlich, geistig und seelisch gesunden Versicherten mit ähnlicher Ausbildung und gleichwertigen Kenntnissen und Fähigkeiten gesunken ist. Der Kreis der Tätigkeiten, nach denen die Erwerbsfähigkeit von Versicherten zu beurteilen ist, umfasst alle Tätigkeiten, die ihren Kräften und Fähigkeiten entsprechen und ihnen unter Berücksichtigung der Dauer und des Umfangs ihrer Ausbildung sowie ihres bisherigen Berufs und der besonderen Anforderungen ihrer bisherigen Berufstätigkeit zugemutet werden können (Verweisungstätigkeiten). ...*

***Erwerbsunfähig** sind ... Versicherte, die wegen Krankheit oder Behinderung auf nicht absehbare Zeit außerstande sind, eine Erwerbstätigkeit in gewisser Regelmäßigkeit auszuüben oder Arbeitsentgelt oder Arbeitseinkommen zu erzielen, das ein Siebtel der monatlichen Bezugsgröße übersteigt. Nicht erwerbsunfähig ist, ... wer eine Tätigkeit vollschichtig ausüben kann“* (Landessozialgericht Bayern, Urteil vom 24.07.2012 – L 6 R 1021/10).

> **Berufsunfähige** können also die Arbeit in ihrem erlernten oder bisherigen Beruf nicht mehr ausüben, können aber immer noch eine andere Tätigkeit ausüben und sind somit weiterhin *erwerbsfähig*. Ein Kanalarbeiter z. B., der wegen Rückenproblemen nicht mehr schwer heben kann, könnte durchaus noch in einer Malerei, der Verwaltung oder als Hausmeister arbeiten.

6.3.6 Dienstunfähigkeit (BeamtStG § 26)

Bei Beamten spricht man von Dienstunfähigkeit. Beamte auf Lebenszeit sind in den Ruhestand zu versetzen, wenn sie wegen ihres körperlichen Zustands oder aus gesundheitlichen Gründen *zur Erfüllung ihrer Dienstpflichten dauernd unfähig (dienstunfähig)* sind. Als *dienstunfähig* kann auch angesehen werden, wer infolge Erkrankung innerhalb eines Zeitraums von sechs Monaten mehr als drei Monate keinen Dienst getan hat und keine Aussicht besteht, dass innerhalb einer Frist, deren Bestimmung dem Landesrecht vorbehalten bleibt, die Dienstfähigkeit wieder voll hergestellt ist. *In den Ruhestand wird nicht versetzt, wer anderweitig verwendbar ist.* Eine anderweitige Verwendung ist möglich, wenn dem Beamten ein anderes Amt derselben oder einer anderen Laufbahn übertragen werden kann. Zur Vermeidung der Versetzung in den Ruhestand kann dem Beamten unter Beibehaltung des übertragenen Amtes ohne Zustimmung auch eine geringer-wertige Tätigkeit im Bereich desselben Dienstherrn übertragen werden, wenn eine anderweitige Verwendung nicht möglich ist und die Wahrnehmung der neuen Aufgabe unter Berücksichtigung der bisherigen Tätigkeit zumutbar ist.

6.3.7 Wiederherstellung der Dienstfähigkeit (BeamtStG § 29)

Beamtinnen und Beamte, die wegen Dienstunfähigkeit in den Ruhestand versetzt worden sind, sind verpflichtet, sich geeigneten und zumutbaren Maßnahmen zur Wiederherstellung ihrer Dienstfähigkeit zu unterziehen; die zuständige Behörde kann ihnen entsprechende Weisungen erteilen. *Die Dienstfähigkeit der Ruhestandsbeamtin oder des Ruhestandsbeamten kann nach Maßgabe des Landesrechts untersucht werden*; sie oder er ist verpflichtet, sich nach Weisung der zuständigen Behörde ärztlich untersuchen zu lassen. Wird nach der Versetzung in den Ruhestand wegen Dienstunfähigkeit die Dienstfähigkeit wiederhergestellt und beantragt der Ruhestandsbeamte vor Ablauf einer Frist, deren Bestimmung dem Landesrecht vorbehalten bleibt, spätestens zehn Jahre nach der Versetzung in den Ruhestand, eine erneute Berufung in das Beamtenverhältnis, ist diesem Antrag zu entsprechen, falls nicht zwingende dienstliche Gründe entgegenstehen.

6.4 Organisation des Betriebes

Jede Verwaltung, jeder Betrieb muss in irgendeiner Weise organisiert werden, um seine Aufgaben zu erfüllen.

6.4.1 Allgemeines zur Organisation

Der Begriff „Organisation" wird allgemein mehrdeutig verwendet und auch unter wechselnden Aspekten benutzt. Nach dem *Handbuch für Organisationsuntersuchungen und Personalbedarfsermittlung* ist damit Folgendes gemeint:

- *„eine Institution (Einrichtung) als soziale Gesamtheit, als zielorientiertes* [die Entwässerungs-Aufgabe verfolgendes] *soziales System (‚die Behörde/der Betrieb ist eine Organisation');*
- *die Struktur eines solchen Systems – Organisationsstruktur (‚die Behörde hat eine Organisation');*
- *die Aufgabe oder Tätigkeit des ‚Organisierens', das heißt Gestaltung der Organisationsstruktur.*

... Angestrebt wird eine Organisation, die effektiv ihre Ziele erreicht (‚die richtigen Dinge tun') und dabei die vorhandenen Ressourcen möglichst effizient/wirtschaftlich einsetzt (‚die Dinge richtig tun'). Dabei sollte sie in der Lage sein, sich flexibel an veränderte Rahmenbedingungen anzupassen und neue Aufgaben übernehmen zu können. ... Die Organisationsstruktur symbolisiert das Gefüge und Zusammenwirken der verschiedenen Bereiche und Ressourcen einer Institution. Sie unterscheidet zwei Gestaltungsbereiche, ***die Aufbau- und die Ablauforganisation****. Beide Bereiche sind eng miteinander verbunden"* (Bundesministerium des Innern/Bundesverwaltungsamt, letzter Abruf: August 2024).

6.4.1.1 Aufbauorganisation

*„**Die Aufbauorganisation** ordnet die Aufgaben einer Behörde zu verschiedenen organisatorischen Einheiten durch Bildung von Stellen als kleinster organisatorischer Einheit sowie weiterer Organisations- und Hierarchieebenen. Hier werden Aufgaben und ihre jeweiligen Teilaufgaben betrachtet, sachgerecht gebündelt und mit den für die Aufgabenerledigung erforderlichen Befugnissen und Verantwortlichkeiten einzelnen Stellen und Organisationsbereichen zugeordnet"* (Bundesministerium des Innern/Bundesverwaltungsamt, Stand: Februar 2018).

6.4.1.2 Ablauforganisation

*„**Die Ablauforganisation** bildet das räumliche und zeitliche Zusammenwirken der an der Aufgabenerledigung beteiligten Menschen und Sachmittel ab. Ziel ist eine reibungslose Aufgabenerledigung zwischen allen beteiligen Bereichen"* (Bundesministerium des Innern/Bundesverwaltungsamt, Stand: Februar 2018).

Nach GUV-I 8631 „Organisation des Arbeitsschutzes, Grundlagen zur Integration des Arbeitsschutzes in die Organisation", Ausgabe Oktober 2005, werden zu den beiden Organisationsformen folgende Erläuterungen gegeben. Die GUV Informationsschrift wurde mittlerweile zurückgezogen; die folgenden Ausführungen treffen inhaltlich aber weiterhin zu:

*„Im Rahmen der **Aufbauorganisation** werden in Form eines Organisationsschemas (Organigramm, Stellenplan o. Ä.) die Funktionsträger dargestellt und festgelegt, wer welche Aufgaben zu erfüllen hat. Die zu erfüllenden Aufgaben werden beschrieben und dem jeweiligen Positionsinhaber zugewiesen. Ebenso werden die erforderlichen Kompetenzen im Sinne von Entscheidungsbefugnissen festgelegt. Die Entscheidungsbefugnisse eines Positionsinhabers und seine Verantwortung korrespondieren unmittelbar miteinander, d. h. der Grad der Verantwortung hängt vom Umfang der Kompetenzen ab. ... Die **Ablauforganisation** betrifft die Regelung der logisch-zeitlichen Abfolge der in der Aufbauorganisation festgelegten und zugewiesenen Aufgaben. Sie betrifft das ‚Wie'. ‚Wann', ‚Wer mit Wem' usw. Hier wird geregelt, wie Unternehmer, Führungskräfte und auch die Mitarbeiter vor Ort ihre jeweiligen Aufgaben ... erfüllen sollen. Sie legt nicht nur fest, wie innerhalb der Linienorganisation zu verfahren ist. Wichtig ist auch die sorgfältige Regelung der Kooperationsbeziehungen zwischen Linien- und Beauftragtenorganisation. ... Die Ablauforganisation erfolgt beispielsweise mit Hilfe von Ablaufbeschreibungen, Richtlinien, Verfahrensanweisungen, Checklisten, Formularen, mündlichen Vereinbarungen und Anweisungen. Nicht nur für eine gerichtsfeste Organisation, sondern auch zur Rationalisierung von Abläufen, zur Stützung präventiver Arbeitsschutzbelange, zur Verbesserung der Transparenz und als Kontrollinstrumentarium ... ist es empfehlenswert, auch im Bereich der Ablauforganisation*

schriftliche Regeln zu erstellen. In welchem Umfang, mit welcher Tiefe und Genauigkeit diese formuliert werden, hängt von verschiedenen Faktoren ab, z. B. der Größe der Verwaltung/des Betriebes/der Einrichtung bzw. Organisationseinheit oder der Wichtigkeit des Regelungsgegenstandes" (GUV-I 8631, Organisation des Arbeitsschutzes, Grundlagen zur Integration des Arbeitsschutzes in die Organisation, Ausgabe Oktober 2005).

6.4.1.3 Geschäftsprozesse

Geschäftsprozesse gehören zur Ablauforganisation eines Betriebs. Nach Wikipedia ist:

„Allgemein kann der Geschäftsprozess als eine Menge logisch verknüpfter Einzeltätigkeiten (Aufgaben, Arbeitsabläufe), die ausgeführt werden, um ein bestimmtes geschäftliches oder betriebliches Ziel zu erreichen, charakterisiert werden. Er wird durch ein definiertes Ereignis ausgelöst und transformiert ‚Input' durch den Einsatz materieller und immaterieller Güter und unter Beachtung bestimmter Regeln und unternehmensinterner und -externer Faktoren zu einem ‚Output'" (Wikipedia, Geschäftsprozess).

„Die in einer Organisation existierenden Prozesse ... lassen sich grundsätzlich den nachfolgenden Kategorien zuordnen:

- ***Führungsprozesse** gehören nicht zur unmittelbaren Aufgabenerledigung, sondern* geben *strategische Zielsetzungen vor und setzen Rahmenbedingungen, die sich auf die übrigen Prozessarten auswirken. Hierzu gehören u. a. Planung, Steuerung, und Qualitätskontrolle.*
- ***Kernprozesse** sind die Prozesse, die unmittelbar der Erfüllung der strategischen Zielsetzungen bzw. dem Zweck der Institution dienen. Dies sind regelmäßig die Prozesse, die einen wesentlichen Teil der Leistung einer Institution erbringen und einen wesentlichen Teil der Ressourcen des betrachteten Systems verbrauchen.*
- ***Unterstützungsprozesse** hingegen sind Prozesse, die eine Unterstützungsleistung für Kernprozesse erbringen und zum Beispiel Informationstechnik, Kommunikationsmittel oder Personal bereitstellen, aber selbst nur mittelbar einen Beitrag zur Zielerfüllung leisten. Kunden von Unterstützungsprozessen sind innerhalb der Organisation zu finden"* (Bundesministerium des Innern/Bundesverwaltungsamt, Stand: August 2021).

Prozesse im Entwässerungsbetrieb

Für einen Entwässerungsbetrieb sind z. B.:

- Führungsaufgaben: Umwelt-Ziele, Strategien, Betriebs-Organisation, Controlling
- Kernaufgaben: Grundstücksentwässerung, Neubau, Kanalbetrieb, Abwasserreinigung, Klärschlamm und
- Unterstützungsaufgaben: Arbeitsschutz, Transport, Fahrzeuge, Beschaffung, Energiegewinnung, Instandhaltung.

Wenn diese Aufgaben zielgerichtet erledigt werden sollen, müssen die Wechselwirkungen und Zusammenhänge zwischen den einzelnen Tätigkeiten berücksichtigt werden und die Prozesse untereinander koordiniert ablaufen.

Abb. 6.1 Organisationsstrukturen und das dazugehörige Management-Handbuch

6.4.1.4 Organisations-Handbuch des Entwässerungsbetriebs

„Als Organisation wird auch die Menge dauerhaft wirksamer genereller Regelungen einer Institution bezeichnet, die der Unterstützung beim Verfolgen von Zielen dient" (Bundesministerium des Innern/Bundesverwaltungsamt, Stand: August 2021) Diese schriftlichen Regelungen werden sinnvollerweise in einem Handbuch zusammengefasst (Abb. 6.1). Dort finden sich die internen Regelungen zur Aufbau- und Ablauforganisation des Betriebs wieder. Das Organisations- oder Prozess- oder Management-Handbuch ist eine Methode zur Beschreibung der o. g. administrativen Organisationsprozesse und individuellen für den jeweiligen Betrieb formulierten Regeln. Ziel eines solchen Handbuchs ist die rechtlichen Vorgaben und die unternehmerischen Ziele nachhaltig zu gestalten und die strategischen Orientierungen in den Organisationsabläufen zu leiten. Es ist ein Leitfaden basierend auf den Erfahrungen der betrieblichen und/oder externer Experten zur möglichen Verbesserung einer Organisation.

6.4.2 Rechtliche Anforderungen an die Organisation in der Entwässerung

Nach Art. 28 Abs. 2 des Grundgesetzes haben die Gemeinden das Recht, alle Angelegenheiten der örtlichen Gemeinschaft im Rahmen der Gesetze in eigener Verantwortung zu regeln. Durch dieses Selbstverwaltungsrecht wird den Kommunen ermöglicht, auch der

Aufgabe der Abwasserbeseitigung in verschieden Rechts- und Betriebsformen nachzukommen. Sachsen hat den Gemeinden die genauesten Vorgaben gemacht: Die Gemeinde muss die fachlich geeigneten Bediensteten einstellen, die erforderlich sind, um die ordnungsgemäße Erfüllung ihrer Aufgaben zu gewährleisten. Die Bediensteten müssen die für ihren Aufgabenbereich jeweils erforderlichen fachlichen Voraussetzungen erfüllen (§ 61 SächsGemO). Darüber hinaus sind in Gesetzen oder Verordnungen keine weiteren Organisationsvorgaben für die Abwasserbeseitigung zu finden. Abwasseranlagen müssen allerdings *nach den allgemein anerkannten Regeln der Technik* errichtet, betrieben und unterhalten werden (§ 60 WHG). Das müsste ja dann auch für die Organisation gelten, die den Bau, Betrieb und Unterhalt durchführt.

► Es müssen also Regelungen aus anderen Rechtsbereichen herangezogen werden, um weitere Rückschlüsse auf geeignete Organisationsformen für den Entwässerungsbetrieb zu finden.

6.4.2.1 Anforderungen des Arbeitsschutzes

In praktisch allen Betrieben oder Verwaltungsstellen der Gemeinden und auch in der Entwässerung sind Personen beschäftigt; damit sind Maßnahmen zur Verhütung von Unfällen bei der Arbeit und arbeitsbedingten Gesundheitsgefahren entsprechend dem Arbeitsschutzgesetz zu treffen. Auch kommunale Arbeitgeber sind verpflichtet, die erforderlichen Maßnahmen des Arbeitsschutzes unter Berücksichtigung der Umstände zu treffen, die Sicherheit und Gesundheit der Beschäftigten bei der Arbeit beeinflussen. Sie haben die Maßnahmen auf ihre Wirksamkeit zu überprüfen und erforderlichenfalls sich ändernden Gegebenheiten anzupassen.

Zur Planung und Durchführung dieser Maßnahmen hat ein Arbeitgeber unter Berücksichtigung der Art der Tätigkeiten und der Zahl der Beschäftigten für eine *geeignete Organisation* zu sorgen. Er hat die *erforderlichen Mittel bereitzustellen* sowie *Vorkehrungen zu treffen*, dass die Maßnahmen bei allen Tätigkeiten beachtet werden. Die Arbeitsschutzmaßnahmen müssen *in die betrieblichen Führungsstrukturen eingebunden* werden und die Beschäftigten müssen ihren *Mitwirkungspflichten* nachkommen können (ArbSchG § 3). Maßnahmen sind mit dem Ziel zu planen, Technik, Arbeitsorganisation, sonstige Arbeitsbedingungen, soziale Beziehungen und Einfluss der Umwelt auf den Arbeitsplatz sachgerecht zu verknüpfen. *Der Arbeitgeber hat bei den Maßnahmen den Stand von Technik*, Arbeitsmedizin und Hygiene sowie sonstige gesicherte arbeitswissenschaftliche Erkenntnisse *zu berücksichtigen* (ArbSchG § 4).

Beurteilung der Arbeitsbedingungen Der Arbeitgeber hat durch eine Beurteilung der für die Beschäftigten mit ihrer Arbeit verbundenen Gefährdung zu ermitteln, welche Maßnahmen des Arbeitsschutzes erforderlich sind (ArbSchG § 5).

Auswahl der Beschäftigten Bei der Übertragung von Aufgaben auf Beschäftigte hat der Arbeitgeber je nach Art der Tätigkeiten zu berücksichtigen, ob die Beschäftigten befähigt sind, die für die Sicherheit und den Gesundheitsschutz bei der Aufgabenerfüllung zu beachtenden Bestimmungen und Maßnahmen einzuhalten (ArbSchG § 7).

Unterweisung der Beschäftigten Der Arbeitgeber hat die Beschäftigten über Sicherheit und Gesundheitsschutz bei der Arbeit während ihrer Arbeitszeit ausreichend und angemessen zu unterweisen. Den Beschäftigten sind geeignete Anweisungen zu erteilen (ArbSchG § 12).

Erste Hilfe und sonstige Notfallmaßnahmen Der Arbeitgeber hat die Maßnahmen zu treffen, die zur Ersten Hilfe, Brandbekämpfung und Evakuierung der Beschäftigten erforderlich sind. Die Beschäftigten müssen sich bei unmittelbarer erheblicher Gefahr durch sofortiges Verlassen der Arbeitsplätze in Sicherheit bringen können (ArbSchG § 10).

Beauftragte Personen Der Arbeitgeber hat diejenigen Beschäftigten zu benennen, die Aufgaben der Ersten Hilfe, Brandbekämpfung und Evakuierung der Beschäftigten übernehmen. Anzahl, Ausbildung und Ausrüstung der Beauftragten müssen in einem angemessenen Verhältnis zur Zahl der Beschäftigten und zu den bestehenden besonderen Gefahren stehen. Vor der Benennung hat der Arbeitgeber den Betriebs- oder Personalrat zu hören (ArbSchG § 10).

Zusammenarbeit mehrerer Arbeitgeber Werden Beschäftigte mehrerer Arbeitgeber an einem Arbeitsplatz tätig, sind die Arbeitgeber verpflichtet, bei der Durchführung der Sicherheits- und Gesundheitsschutzbestimmungen zusammenzuarbeiten. Der kommunale Arbeitgeber muss sich vergewissern, dass die Beschäftigten anderer Arbeitgeber, die in seinem Betrieb (Kanal oder Klärwerk) tätig werden, hinsichtlich der Gefahren für ihre Sicherheit und Gesundheit während ihrer Tätigkeit in seinem Betrieb angemessene Anweisungen erhalten haben (ArbSchG § 8).

Verantwortliche Personen Verantwortlich für die Erfüllung der sich aus diesem Abschnitt ergebenden Pflichten sind neben dem Arbeitgeber sein gesetzlicher Vertreter, also der Bürgermeister, und Personen, die mit der Leitung eines Unternehmens oder eines Betriebes beauftragt sind, im Rahmen der ihnen übertragenen Aufgaben und Befugnisse (ArbSchG § 13).

Unterrichtung und Anhörung der Beschäftigten des öffentlichen Dienstes Die Beschäftigten des öffentlichen Dienstes sind vor Beginn der Beschäftigung und bei Veränderungen in ihren Arbeitsbereichen über Gefahren für Sicherheit und Gesundheit, denen sie bei der Arbeit ausgesetzt sein können, sowie über die Maßnahmen und Einrichtungen zur Verhütung dieser Gefahren und die getroffenen Maßnahmen zu unterrichten (ArbSchG § 14).

Dokumentation Der Arbeitgeber muss je nach Art der Tätigkeiten und der Zahl der Beschäftigten über verschiedene erforderliche Unterlagen verfügen und z. B. Unfälle erfassen (ArbSchG § 6).

Der Arbeitgeber hat aufgrund des Gesetzes über Betriebsärzte, Sicherheitsingenieure und andere Fachkräfte für Arbeitssicherheit (ASiG § 1) **Betriebsärzte und Fachkräfte für Arbeitssicherheit** zu bestellen.

In Betrieben mit mehr als zwanzig Beschäftigten hat der Arbeitgeber einen **Arbeitsschutzausschuss** zu bilden (ASiG § 11). In Verwaltungen und Betrieben der Gemeinden und der sonstigen Körperschaften, Anstalten und Stiftungen des öffentlichen Rechts ist ein gleichwertiger arbeitsmedizinischer und sicherheitstechnischer Arbeitsschutz zu gewährleisten (ASiG § 16).

6.4.2.2 Allgemeine Pflichten nach WHG

Kläranlagen und Kanalnetze wirken praktisch immer auf ein Gewässer ein und befinden sich auch fast immer in Bereichen, die von Hochwasser betroffen sein könnten. Jede Person ist verpflichtet, bei Maßnahmen, mit denen Einwirkungen auf ein Gewässer verbunden sein können, die nach den Umständen erforderliche Sorgfalt anzuwenden, um eine *nachteilige Veränderung der Gewässereigenschaften zu vermeiden* und eine mit Rücksicht auf den Wasserhaushalt gebotene *sparsame Verwendung des Wassers sicherzustellen*. Jede Person, die durch Hochwasser betroffen sein kann, ist im Rahmen des ihr Möglichen und Zumutbaren verpflichtet, *geeignete Vorsorgemaßnahmen* zum Schutz vor nachteiligen Hochwasserfolgen und zur Schadensminderung zu treffen, insbesondere die Nutzung von Grundstücken den möglichen nachteiligen Folgen für Mensch, Umwelt oder Sachwerte durch Hochwasser anzupassen (WHG § 5).

Wer eine Abwasseranlage betreibt, ist verpflichtet, *ihren Zustand, ihre Funktionsfähigkeit*, ihre Unterhaltung und ihren Betrieb sowie Art und Menge des Abwassers und der Abwasserinhaltsstoffe selbst *zu überwachen*. Er hat hierüber *Aufzeichnungen anzufertigen, aufzubewahren* und auf Verlangen der zuständigen Behörde vorzulegen (WHG § 61). Gewässerbenutzer, die an einem Tag mehr als 750 Kubikmeter Abwasser einleiten dürfen, haben unverzüglich einen oder mehrere *Betriebsbeauftragte für Gewässerschutz* (Gewässerschutzbeauftragte) *zu bestellen* (WHG § 64).

6.4.2.3 Anforderungen des Bundes-Immissionsschutzgesetz – BImSchG

Das Gesetz zum Schutz vor schädlichen Umwelteinwirkungen durch Luftverunreinigungen, Geräusche, Erschütterungen und ähnliche Vorgänge soll Menschen, Tiere und Pflanzen, den Boden, das Wasser, die Atmosphäre sowie Kultur- und sonstige Sachgüter vor schädlichen Umwelteinwirkungen schützen (BImSchG § 1). Auf vielen größeren Kläranlagen befinden sich auch nach dem BImSchG zu genehmigende Anlagen. Die Vorschriften dieses Gesetzes gelten für die Errichtung und den Betrieb dieser Anlagen. Betreiber solcher genehmigungsbedürftigen Anlagen haben folgende Pflichten:

Genehmigungsbedürftige Anlagen sind so zu errichten und zu betreiben, dass zur Gewährleistung eines *hohen Schutzniveaus für die Umwelt* insgesamt

1. schädliche Umwelteinwirkungen und sonstige *Gefahren, erhebliche Nachteile* und erhebliche Belästigungen *für die Allgemeinheit und die Nachbarschaft nicht hervorgerufen werden* können;
2. *Vorsorge gegen schädliche Umwelteinwirkungen* und sonstige Gefahren, erhebliche Nachteile und erhebliche Belästigungen getroffen wird;
3. *Abfälle vermieden*, nicht zu vermeidende Abfälle verwertet und nicht zu verwertende Abfälle ohne Beeinträchtigung des Wohls der Allgemeinheit beseitigt werden;
4. *Energie sparsam und effizient verwendet* wird (BImSchG § 5).

6.4.2.4 Zusammenfassung der rechtlichen Anforderungen

Die größten Anforderungen ergeben sich zum *Schutz von Menschenleben* aus den Anforderungen der Arbeitssicherheit:

- Maßnahmen zur Verhütung von Unfällen bei der Arbeit und arbeitsbedingten Gesundheitsgefahren sowie
- Maßnahmen, die zur Ersten Hilfe, Brandbekämpfung und Evakuierung der Beschäftigten erforderlich sind,

sind zu treffen.

Entwässerungsbetriebe wirken immer direkt auf ein Gewässer ein und haben die erforderliche Sorgfalt anzuwenden, um eine *nachteilige Veränderung der Gewässereigenschaften* zu vermeiden. Alle Abwasser-Anlagen, auch wenn sie nicht direkt unter das BImSchG fallen, sind grundsätzlich so zu errichten und zu betreiben, dass schädliche Umwelteinwirkungen und sonstige Gefahren, erhebliche Nachteile und erhebliche Belästigungen für die Allgemeinheit und die Nachbarschaft nicht hervorgerufen werden können.

Eine *sparsame und effiziente Verwendung von Energie und von Wasser* und die *Vermeidung von Abfällen* sind ebenfalls sicherzustellen. Zu den allgemeinen Haushaltsgrundsätzen der Gemeinden gehört immer auch, dass die Gemeinde bei ihrer Aufgabenerfüllung ihre Haushaltswirtschaft *sparsam und wirtschaftlich zu planen* und zu führen hat (z. B. Art. 61 Gemeindeordnung für den Freistaat Bayern).

Die Gemeinde hat ihre Haushaltswirtschaft so zu planen und zu führen, dass die stetige Erfüllung ihrer Aufgaben gesichert ist. Die Haushaltswirtschaft ist sparsam und wirtschaftlich zu führen (GemO Baden-Württemberg § 77).

Der Arbeitgeber hat Maßnahmen des Arbeitsschutzes grundsätzlich mit dem Ziel zu planen Technik, Arbeitsorganisation, sonstige Arbeitsbedingungen, soziale Beziehungen und Einfluss der Umwelt auf den Arbeitsplatz sachgerecht zu verknüpfen (ArbSchG § 4). Zur Planung und Durchführung dieser Maßnahmen hat ein Arbeitgeber unter Berücksichtigung der Art der Tätigkeiten und der Zahl der Beschäftigten für eine geeignete Organisation zu sorgen. Er hat die erforderlichen Mittel bereitzustellen sowie Vorkehrungen zu treffen, dass die Maßnahmen bei allen Tätigkeiten beachtet werden (ArbSchG § 3). Die Arbeitsschutzmaßnahmen müssen in die betrieblichen Führungsstrukturen eingebunden werden und die Beschäftigten müssen ihren Mitwirkungspflichten nachkommen können (ArbSchG § 3). Der Arbeitgeber hat bei den Maßnahmen den Stand von Technik, Arbeitsmedizin und Hygiene sowie sonstige gesicherte arbeitswissenschaftliche Erkenntnisse zu berücksichtigen (ArbSchG § 4).

► Eine *geeignete Organisationsform*, die Vorkehrungen trifft, dass die Maßnahmen bei allen Tätigkeiten beachtet werden, und die eine Einbindung in die betrieblichen Führungsstrukturen ermöglicht, ist ein Management-System (s. u.). Die o. g. Verknüpfung von den verschiedenen Gesichtspunkten erfolgt durch ein integriertes Management-System.

6.4.3 Parallelen aus dem Abfallbereich

Anders als im Entwässerungsbereich, sind im Bereich der Abfallbeseitigung viele Unternehmen privatrechtlich organisiert. Nach § 54 des Kreislaufwirtschaftsgesetzes (KrWG) bedürfen Sammler, Beförderer, Händler und Makler von *gefährlichen* Abfällen einer Erlaubnis. Die zuständige Behörde hat die Erlaubnis zu erteilen, wenn

- keine Tatsachen bekannt sind, aus denen sich Bedenken gegen die Zuverlässigkeit der für die Leitung und Beaufsichtigung des Betriebes verantwortlichen Personen ergeben, sowie
- die für die Leitung und Beaufsichtigung des Betriebes verantwortlichen Personen
- und das sonstige Personal

über die für ihre Tätigkeit notwendige *Fach- und Sachkunde* verfügen (AbfAEV). Von der o. g. Erlaubnispflicht ausgenommen sind öffentlich-rechtliche Entsorgungsträger sowie Entsorgungsfachbetriebe soweit sie für die erlaubnispflichtige Tätigkeit zertifiziert sind. Bei den öffentlich-rechtlichen Entsorgungsträgern sowie Entsorgungsfachbetrieben unterstellt man also umgekehrt, dass die für die Beaufsichtigung des Betriebes verantwortlichen Personen und das sonstige Personal über die für ihre Tätigkeit notwendige Fach- und Sachkunde verfügen und mindestens die Leitung entsprechend zuverlässig ist. Daraus kann man weiter ableiten, dass ein Entsorgungsfachbetrieb über eine qualifizierte und geeignete Organisation verfügen muss. Wenn also der öffentlich-rechtliche Entsorgungsträger eine solche Organisation ebenfalls hat, sollte diese ebenfalls geeignet sein. Da auch ein Entwässerungsbetrieb nicht nur mit Abfällen sondern mit vielen gefährlichen Stoffen umgeht, kann vieles aus den Anforderungen der *Entsorgungsfachbetriebeverordnung* übernommen werden. Entsorgungsfachbetrieb kann ein Betrieb werden, der u. a. die in der Verordnung über Entsorgungsfachbetriebe (EfbV) genannten Anforderungen an Organisation, Ausstattung und Tätigkeit sowie an die Zuverlässigkeit, Fach- und Sachkunde des Inhabers und der im Betrieb beschäftigten Personen erfüllt.

6.4.4 Anforderungen an eine Organisation in sonstigen Rechtsgebieten

▶ Sowohl in verschiedenen Rechtsgebieten als auch in verschiedenen EU-Verordnungen, Gesetzen oder Verordnungen finden sich Vorgaben zum Thema Organisation oder Management. Diese sind nur für ihren jeweiligen Geltungsbereich einschlägig und *nicht* für die Entwässerung; sie geben aber wertvolle Hinweise.

Die „Verordnung über die Zulassung von Bewachungsunternehmen auf Seeschiffen" (Seeschiffbewachungsverordnung – SeeBewachV § 4) macht eindeutige Aussagen zur betrieblichen Organisation. In der Verordnung zur Durchführung der o. g. Seeschiffbewachungsverordnung (Seeschiffbewachungsdurchführungsverordnung – SeeBewachDV) werden diese Begriffe und Anforderungen weiter konkretisiert. Verlangt werden dort von den Unternehmen

- *eine Aufbauorganisation und eine Ablauforganisation*
- *einschließlich einem Prozesshandbuch zu den Verfahrensabläufen.*

Die vom Bundesfinanzministerium vorgegebene grundsätzliche „Geschäftsordnung für die Finanzämter (FAGO 2020)“ wird zwar in den einzelnen Bundesländern ergänzt, gibt weitere allgemeine Hinweise zu einer *Aufbau- und einer Ablauforganisation.* Es geht hier um Organisatorische Gliederung einer Behörde, Amtsleitung, Sachgebietsleiter, Arbeitsgebiete, Geschäftsverteilung und Vertretungsregelungen. Im Bereich der Ablauforganisation geht es um Behandlung von Eingängen, Geschäftsgang, usw.

6.5 Managementsysteme

Eine Möglichkeit die Organisationsstrukturen eines Betriebes festzulegen, ist die Einrichtung verschiedener oder besser eines Managementsystems.

► Managementsysteme sind sehr sinnvoll, aber rechtlich gesehen nicht notwendig.

„Managementsysteme stellen aufeinander und miteinander verbundene und abgestimmte Elemente (Aufgaben, Pflichten usw.) als System dar, um systematisch die Ziele einer formalen Organisation zu erreichen. In der Regel stellen heutige Managementsysteme ein Minimalsystem als Standard zur Unternehmensführung bereit“ (Wikipedia, Managementsystem).

Das Bayerische Staatsministerium für Wirtschaft und Medien, Energie und Technologie schreibt in seiner Veröffentlichung „Aktuelle normierte Managementsysteme“ vom September 2015: *„Die privatwirtschaftlichen Normen sind in der Regel als Empfehlungen zu verstehen, deren Anwendung Freiwilligkeit voraussetzt (z. B. DIN EN ISO 9001). Sie legen bestimmte Regeln, Leitlinien oder Merkmale für Tätigkeiten und Produkte fest. Verpflichtend werden die Normen dann, wenn ihre Einhaltung durch Gesetze und Verordnungen vorgegeben wird (z. B. Sicherheitsmanagement gemäß Störfallverordnung). Nach dem heutigen Verständnis umfasst der Begriff ‚Managementsystem‘ die Summe aller zusammenhängenden und sich gegenseitig beeinflussenden Elemente eines Unternehmens, um die Politik, Ziele und Prozesse zur Zielerreichung festzulegen. Die Einführung eines Managementsystems kann, abhängig von Branche, Produkt oder Dienstleistung, freiwillig oder verpflichtend sein. Die dazugehörigen Normen beschreiben moderne und vernünftige Verhaltensweisen zur Organisation und Führung eines Betriebs. Sie geben gewissermaßen den heutigen Stand der Organisationslehre wieder.“*

Durch die Festlegung von Strukturen in einem Managementsystem sowie die Beschreibung der verschiedenen Abläufe soll die effiziente Abwicklung von Prozessen und Tätigkeiten gefördert werden. Die Entwässerungs-Aufgaben oder Prozesse werden grundsätzlich durch folgende Faktoren beeinflusst:

- Rechtliche Verpflichtungen,
- Einflüsse durch Politik oder Bürger sowie eine
- laufende Optimierung des Ressourceneinsatzes.

Für die Leitung des Betriebes geht es immer auch um eine Minderung der verschiedenen Haftungsrisiken durch ein mögliches Organisationsverschulden. Eine weitere Wunschvorstellung an jeden Entwässerungsbetrieb ist dabei meist, dass sich das Unternehmen fortlaufend verbessert und dabei gleichzeitig sicherer, umweltfreundlicher, bürgerorientierter und zukunftsfähiger wird. Die international gültigen Normen zu den Managementsystemen, wie z. B. DIN EN ISO 9000 ff oder 14001 ff, werden u. a. angewendet, um Risiken frühzeitig zu erkennen und zu minimieren, nachvollziehbare Abläufe zu schaffen, die Kundenzufriedenheit zu steigern und einen Prozess der fortlaufenden Verbesserung zu erreichen.

Gemeinsame Elemente der o. g. Managementsysteme sind: Rechtliche Vorgaben, Politische Leitlinien, regelmäßige Zielfestlegung, -überprüfung und Korrektur, eine nachvollziehbare und nachhaltige Fehlerbearbeitung und ein Sichtbarmachen wesentlicher Strukturen, Abläufe und Ergebnisse sowie eine überprüfbare Dokumentation. In regelmäßig zu durchlaufenden vier Teilschritten (Planen, Umsetzen, Überprüfen, Handeln) werden die folgenden Vorgänge immer wiederholt: Im ersten Teilschritt sind die Anforderungen (z. B. rechtliche Vorgaben, Politische Anforderungen) und auch die vorhandenen Kapazitäten zu erkennen sowie Ziele zu setzen. Zur Verwirklichung der verschiedenen Teil-Aufgaben wird eine systematische Aufbau- und Ablauforganisation errichtet. Die Ergebnisse werden regelmäßig (z. B. alle 3–5 Jahre) im Hinblick auf die angestrebte Zielerreichung überprüft. Mit dem Ziel der ständigen Verbesserung werden anschließend evtl. notwendige Korrekturen eingeleitet und Standards angepasst.

► Im DWA-Merkblatt 801 ***Führungssysteme und Führungsinstrumente in der Wasserwirtschaft*** sind neben den bekannten Managementsystemen zu Qualität, Umwelt und Arbeits- u. Gesundheitsschutz auch weitere genannt.

6.5.1 Geforderte Managementsysteme nicht einschlägiger Rechtsgebiete

Der Schutz der Gewässer ist *die* originäre Aufgabe eines jeden Entwässerungsbetriebs. Der Schutz der dabei im Betrieb beschäftigten Menschen vor den vielfältigen Gefahren ist eine weitere ganz wesentliche Haupt-Aufgabe der Betriebsleitung.

► Für Entwässerungsbetriebe gibt es keine rechtliche Verpflichtung zur Einführung eines Managementsystems.

In verschiedenen gesetzlichen Regelungen werden allerdings Managementsysteme gefordert. Dies ist insbesondere dann der Fall, wenn es um den Schutz von Menschen oder auch der Umwelt geht. Da das auch genau die Aufgaben eines Entwässerungsbetriebes sind, drängt es sich auf, in diesen anderen gesetzlichen Regelungsbereichen nach dortigen Aussagen zu oder Anforderungen an Managementsysteme zu suchen.

Die Verordnung (EU) Nr. 965/2012 vom 5. Oktober 2012 zur Festlegung technischer Vorschriften und von Verwaltungsverfahren in Bezug auf den Flugbetrieb hat im Anhang III „Anforderungen an Organisationen bezüglich des Flugbetriebs" festgelegt. Aufgrund der hier notwendigen Sicherheit sind schärfere Anforderungen formuliert als für den Betrieb von Abwasseranlagen erforderlich sind; trotzdem gibt es hier viele nützliche Hinweise, nicht nur umfangreiche Festlegungen für Managementsysteme.

Die Richtlinie 82/501/EWG des Rates vom 24. Juni 1982 betrifft die Verhütung schwerer Unfälle, die durch bestimmte Industrietätigkeiten verursacht werden könnten, sowie die Begrenzung der Unfallfolgen für Mensch und Umwelt. Sie wurde in der EU als Folge von mehreren schweren Unglücken beschlossen und wird auch Seveso-Richtlinie genannt. Mittlerweile liegt die dritte Fassung der Richtlinie vor (RICHTLINIE 2012/18/EU vom 4. Juli 2012).

Nach den Begründungen zur zweiten Fassung von 1996 (Richtlinie 96/82/EG) geht es insbesondere darum, durch vorbeugende Maßnahmen die Qualität der Umwelt zu erhalten und die Gesundheit des Menschen zu schützen (Grund 2): Eine Analyse der in der Gemeinschaft gemeldeten schweren Unfälle zeigt, dass in den meisten Fällen Management- bzw. organisatorische Mängel die Ursache waren. Es müssen deshalb auf Gemeinschaftsebene grundlegende Prinzipien für die Managementsysteme festgelegt werden, die geeignet sein müssen, den Gefahren schwerer Unfälle vorzubeugen und sie zu verringern und die Unfallfolgen zu begrenzen (15. Grund). Nach dem Artikel 7 dieser Seveso-II-Richtlinie wird ein Konzept zur *Verhütung schwerer Unfälle* gefordert. Mit diesem vom Betreiber vorzusehenden Konzept soll durch geeignete Mittel, Organisation und Managementsysteme ein hohes Schutzniveau für Mensch und Umwelt sichergestellt werden. In dem parallelen Artikel 8 der späteren Seveso III-Richtlinie wird das Konzept präzisiert: „Es steht in angemessenem Verhältnis zu den Gefahren schwerer Unfälle." Auch die geforderte Organisation und das Managementsystem werden konkretisiert: Es umfasst die übergeordneten Ziele und Handlungsgrundsätze des Betreibers, die Rolle und Verantwortung der Betriebsleitung und die Verpflichtung, die Beherrschung der Gefahren schwerer Unfälle ständig zu verbessern und ein hohes Schutzniveau zu gewährleisten.

In deutsches Recht wurde die Richtlinie durch die Zwölfte Verordnung zur Durchführung des Bundes-Immissionsschutzgesetzes (Störfall-Verordnung – 12. BImSchV) übernommen. Unter einem Störfall wird hier ein Ereignis verstanden, das zu einer *ernsten Gefahr* oder zu größeren Sachschäden führt. Eine solche **ernste Gefahr** ist eine Gefahr, bei der

- das Leben von Menschen bedroht wird oder schwerwiegende Gesundheitsbeeinträchtigungen von Menschen zu befürchten sind, oder
- die Umwelt, insbesondere Tiere und Pflanzen, der Boden, das Wasser, die Atmosphäre sowie Kultur- oder sonstige Sachgüter in größerem Umfang geschädigt werden können.

Genau diese beiden Problembereiche können auch beim Betrieb von Abwasseranlagen eintreten.

6.5.1.1 Sicherheitsmanagementsystem

Die RICHTLINIE 2004/49/EG vom 29. April 2004 beschäftigt sich mit der Sicherheit in der Gemeinschaft („Richtlinie über die Eisenbahnsicherheit"). Hier wird ein „Sicherheitsmanagementsystem" definiert als die von einem (Eisenbahn-)unternehmen eingerichtete Organisation und die von ihm getroffenen Vorkehrungen, die die sichere Steuerung seiner Betriebsabläufe gewährleisten. Zu den Anforderungen an das *Sicherheitsmanagementsystem* gehört, dass alle wichtigen Elemente des Sicherheitsmanagementsystems dokumentiert werden müssen; insbesondere ist die Zuständigkeitsverteilung innerhalb der Organisation des Unternehmens zu beschreiben. Es muss auch beschreiben,

- auf welche Weise die Leitung die Kontrolle in den verschiedenen Bereichen sicherstellt,
- das Personal und seine Vertreter auf allen Ebenen einbezogen werden und
- wie die fortlaufende Verbesserung des Sicherheitsmanagementsystems gewährleistet wird.

Das Sicherheitsmanagementsystem muss auch die Kontrolle aller Risiken gewährleisten, die mit der Tätigkeit des Unternehmens, einschließlich Instandhaltungsarbeiten und der Materialbeschaffung sowie der Vergabe von Dienstleistungsaufträgen, verbunden sind.

6.5.1.2 Instandhaltungs- und Qualitätssicherungsstrategie

Die in der gesamten EU direkt geltende VERORDNUNG (EG) Nr. 2042/2003 vom 20. November 2003 beschäftigt sich mit der Genehmigung von Organisationen und Betrieben, die sich mit der Aufrechterhaltung der Betriebsbereitschaft von Luftfahrzeugen und luftfahrttechnischen Erzeugnissen, Teilen und Ausrüstungen beschäftigen. Ein solcher Betrieb muss eine *Instandhaltungs- und Qualitätssicherungsstrategie* erarbeiten, die in ein Handbuch aufzunehmen sind. Darüber hinaus wird ein Qualitätssicherungssystem für die Instandhaltungsverfahren verlangt, das in einem *Instandhaltungsbetriebshandbuch* zu hinterlegen ist. Das „Instandhaltungsbetriebshandbuch" setzt sich aus verschiedenen Dokumenten mit Angaben zum Arbeitsumfang, der Gegenstand der Genehmigung ist, und zur Art und Weise, in der der Betrieb die Aufgaben erfüllen wird, zusammen.

6.5.1.3 Managementsystem

In das deutsche Atomgesetz von 1959 wurde 2010 die Verpflichtung der Genehmigungsinhaber aufgenommen ein *Managementsystem* einzurichten und anzuwenden (§ 7c Atomgesetz).

6.5.1.4 Sicherheits- und Umweltmanagementsystem (OffshoreBergV §§ 44 u. 45)

Die relativ aktuelle nationale „Bergverordnung für das Gebiet der Küstengewässer und des Festlandsockels (Offshore-Bergverordnung – OffshoreBergV § 45)" stellt allgemeine Anforderungen an das Risikomanagement: Der Unternehmer hat sicherzustellen, dass die Aktivitäten auf der Grundlage eines systematischen Risikomanagements durchgeführt und alle geeigneten Maßnahmen zur Verhütung schwerer Unfälle getroffen werden, so dass das *Risiko schwerer Unfälle für Personen und Umwelt* vertretbar ist. Der Unternehmer hat dazu ein Sicherheits- und Umweltmanagementsystem für die betroffenen Anlagen einzurichten. Das Sicherheits- und Umweltmanagementsystem hat bestimmten Mindestanforderungen zu entsprechen: Der Unternehmer hat ein Dokument zu erstellen, in dem er das Sicherheits- und Umweltmanagementsystem des Unternehmens beschreibt. Das Dokument hat bestimmte Vorgaben zu berücksichtigen und umfasst

1. die Informationen in Bezug auf das Sicherheits- und Umweltmanagementsystem,
2. eine Beschreibung der organisatorischen Vorkehrungen zur Beherrschung ernster Gefahren,
3. eine Beschreibung der Vorkehrungen für die Erstellung und Übermittlung von Berichten über ernste Gefahren sowie gegebenenfalls von anderen Unterlagen nach dieser Verordnung und
4. die Beschreibung der Systeme für die unabhängige Überprüfung.

Das Sicherheits- und Umweltmanagementsystem muss in das allgemeine Managementsystem des Unternehmers integriert sein und den organisatorischen Aufbau, die Zuständigkeiten, die Vorgehensweisen, die Verfahren und die Ressourcen für die Festlegung und Durchführung des Unternehmenskonzepts zur Verhütung schwerer Unfälle erfassen. Der Unternehmer hat geeignete technische Mittel oder Verfahren einzusetzen, um die Zuverlässigkeit der Datenerfassung und die Aufzeichnung der relevanten Daten zu fördern und etwaige Manipulationen an den Daten zu verhindern.

6.5.1.5 Qualitätsmanagementsystem (ApBetrO § 2a)

In der „Verordnung über den Betrieb von Apotheken" (Apothekenbetriebsordnung – ApBetrO § 2a) wird festgelegt, wie die ordnungsgemäße Versorgung der Bevölkerung mit Arzneimitteln und apothekenpflichtigen Medizinprodukten sicherzustellen ist. Die ordnungsgemäße Herstellung der Arzneimittel betrifft direkt die Gesundheit von Menschen. Der Leiter der Apotheke muss daher ein Qualitätsmanagementsystem betreiben. Mit dem Qualitätsmanagementsystem müssen die betrieblichen Abläufe festgelegt und dokumentiert werden. Das Qualitätsmanagementsystem muss insbesondere gewährleisten, dass die Produkte nach Stand von Wissenschaft und Technik hergestellt, geprüft und gelagert werden.

6.5.1.6 Wissensmanagement

Rechtlich nicht gefordert, aber sehr sinnvoll ist auch Wissensmanagement: *„Verwaltung besteht nicht nur aus Aufgaben, Personal, Prozessen und Produkten. Wichtiges Element einer Verwaltung stellt auch das dort vorhandene Wissen dar. Dieses Wissen ist eine elementare Ressource und muss gepflegt und erweitert werden. Das interne Wissen sowie benötigte Informationen aus extern zugänglichen Quellen müssen allen, die darauf zugreifen sollen, bedarfsgerecht zugänglich gemacht werden. Diese Wissensorganisation und -bereitstellung wird auch als Wissensmanagement bezeichnet. Das Wissen einer Verwaltung befindet sich in Arbeitsanweisungen, in Akten, in Datenbanken, vor allem aber in den Köpfen einzelner Beschäftigter. Dass Wissen ein kostbares Gut ist, das zeigt sich immer wieder beim Ausscheiden von (langjährigen) Mitarbeitern, insbesondere bei Spezialisten. Regelmäßig treten in der Folge Wissenslücken auf. Vor dem Hintergrund der demografischen Entwicklung und dem damit zusammenhängenden vermehrten Ausscheiden von langjährig Beschäftigten in den nächsten Jahren noch verschärfen. Diese Situation zeigt die Notwendigkeit von Wissensmanagement"* (Bundesministerium des Innern/Bundesverwaltungsamt, Stand: Februar 2018).

6.5.1.7 Anforderungen an ein Qualitäts-Managementsystem (nach ApBetrO § 2a)

Der Betrieb muss ein *Qualitätsmanagementsystem* betreiben. Mit dem Qualitätsmanagementsystem müssen die betrieblichen Abläufe festgelegt und dokumentiert werden. Das Qualitätsmanagementsystem muss insbesondere gewährleisten, dass die Anlagen nach dem erforderlichen Stand der Technik betrieben werden. Der Betriebsleiter hat im Rahmen des Qualitätsmanagementsystems dafür zu sorgen, dass regelmäßig Selbstinspektionen durch eigenes Personal zur Überprüfung der betrieblichen Abläufe vorgenommen werden und erforderlichenfalls Korrekturen vorgenommen werden. Darüber hinaus sollte der Betrieb an regelmäßigen Maßnahmen zu externen Qualitätsüberprüfungen teilnehmen. Der Betriebsleiter ist dafür verantwortlich, dass die Überprüfungen und die Selbstinspektionen sowie die daraufhin erforderlichenfalls ergriffenen Maßnahmen dokumentiert werden.

6.5.1.8 Risikomanagement, Sicherheits- und Umweltmanagementsystem (nach OffshoreBergV § 45 Abs 3)

Risikomanagement wird im *Handbuch für Organisationsuntersuchungen und Personalbedarfsermittlung* wie folgt definiert: *„Risikomanagement ist ein Instrument des Managementwerkzeugkastens, das sich mit dem systematischen, planvollen Umgang mit Risiken verschiedenster Art beschäftigt. Unter einem Risiko wird dabei ein Problem verstanden, welches noch nicht eingetreten ist. Ziel des Risikomanagements ist es, entweder zu verhindern, dass Risiken zu Problemen werden oder aber den Schaden beim Eintritt der Risiken zu minimieren"* (Bundesministerium des Innern/Bundesverwaltungsamt, Februar 2018).

Der Unternehmer hat sicherzustellen, dass alle Aktivitäten auf der Grundlage eines systematischen Risikomanagements durchgeführt und alle geeigneten Maßnahmen zur Verhütung schwerer Unfälle getroffen werden, so dass das Risiko schwerer Unfälle für Personen, Umwelt vertretbar ist. Es muss dabei auch die erforderliche Vorsorge gegen Schäden durch die Errichtung und den Betrieb der (Entwässerungs-)Anlagen getroffen sein. Der Betreiber der Anlage ist verpflichtet, ein Managementsystem einzurichten und anzuwenden, das der Sicherheit gebührenden Vorrang einräumt. Das Sicherheitsmanagementsystem ist den Gefahren, Tätigkeiten und der Komplexität der Betriebsorganisation angemessen und beruht auf einer Risikobeurteilung.

Anforderungen an das Sicherheits- und Umweltmanagementsystem

Alle wichtigen Elemente dieses Managementsystems müssen dokumentiert werden; insbesondere wird die Zuständigkeitsverteilung innerhalb der Organisation des Unternehmens beschrieben. Es beschreibt, auf welche Weise die Geschäftsleitung die Kontrolle in den verschiedenen Bereichen sicherstellt,

- das Personal und seine Vertreter auf allen Ebenen einbezogen werden und
- die fortlaufende Verbesserung des Sicherheitsmanagementsystems gewährleistet wird.

Das Sicherheits- und Umweltmanagementsystem muss in das allgemeine Managementsystem des Unternehmers integriert sein. Es sollte denjenigen Teil des allgemeinen Managementsystems einschließen, zu dem die für die Festlegung und Anwendung des Konzepts zur

Verhütung schwerer Unfälle (im Folgenden „Konzept“) relevante Organisationsstruktur, Verantwortungsbereiche, Handlungsweisen, Verfahren, Prozesse und Mittel gehören; und den organisatorischen Aufbau, die Zuständigkeiten, die Vorgehensweisen, die Verfahren und die Ressourcen für die Festlegung und Durchführung des Unternehmenskonzepts zur Verhütung schwerer Unfälle erfassen.

Wesentliche Bestandteile des Sicherheits- und Umweltmanagementsystems
Der Unternehmer hat ein Dokument zu erstellen, in dem er das Sicherheits- und Umweltmanagementsystem des Unternehmens beschreibt. Die wesentlichen Bestandteile dieses Managementsystems sind in den Anlagen 1 und 3 der OffshoreBergV aufgelistet.

6.5.2 Anforderungen an eine betriebliche Organisation

Die folgenden Anforderungen entstammen den o. g. Gesetzen und Verordnungen mit einem anderen Geltungsbereich. Sie sind daher für die Entwässerung nicht verpflichtend. Die dort genannten Anforderungen an die Organisation des Betriebes geben aber wichtige *Hinweise*, was bei der Organisation eines Entwässerungsbetriebes zu beachten ist. Im folgenden Text sind die Anforderungen miteinander gemischt und auf einen Entwässerungsbetrieb angepasst; sie entstammen aber fast wortgleich den o. g. Gesetzen oder Verordnungen.

6.5.2.1 Grund-Anforderungen an die Organisation

Die Organisation des Entwässerungsbetriebes ist so auszugestalten, dass die erforderliche Überwachung und Kontrolle der vom Betrieb durchgeführten (entwässerungstechnischen) Tätigkeiten sichergestellt ist. Bei der Gestaltung der Organisation sind insbesondere der Zweck, die Tätigkeit und die Größe des Betriebes, die Tätigkeit der im Betrieb beschäftigten Personen und die Art, insbesondere Beschaffenheit und Menge (u. ggf. Gefährlichkeit) des Abwassers, auf die sich die Tätigkeit bezieht, zu berücksichtigen (nach EfbV § 3 Abs 1). Die Aufgaben sind im Rahmen der Rechtsordnung insbesondere allgemeinwohlbezogen, zielorientiert, wirtschaftlich und sparsam, bürgerfreundlich, umweltgerecht, sozialverträglich und mitarbeiterbezogen zu erfüllen. Die Aufgabenerfüllung einschließlich der Aufgabenkritik sowie die Organisation sind stetig zu überprüfen und zu verbessern (nach AGO § 2).

Für die im Betrieb vorgenommenen Tätigkeiten sind Verantwortung und Entscheidungs- und Mitwirkungsbefugnisse,

- der für die Leitung und Beaufsichtigung verantwortlichen Personen,
- der Betriebsbeauftragten, die nach Umwelt- oder Gefahrgutvorschriften (und weiteren) im Betrieb zu bestellen sind, sowie
- des sonstigen Personals

festzulegen und in Form von Funktionsbeschreibungen und Organisationsplänen darzustellen. Soweit es die sach- und fachgerechte Durchführung der im Betrieb vorgenommenen Tätigkeiten erfordert, sind für diese Tätigkeiten Arbeitsabläufe durch Arbeitsanweisungen festzulegen (nach EfbV § 3 Abs 2). Das Unternehmen muss eine ordnungsgemäße betriebliche *Organisation* einrichten und dokumentieren, die die Einhaltung der gesetzlichen Bestimmungen gewährleistet; diese muss auf Dauer aufrechterhalten werden. Die ordnungsgemäße betriebliche Organisation muss mindestens umfassen:

- die *Ernennung eines leitenden Angestellten zum Verantwortlichen* mit folgenden Aufgaben:
- *eine Aufbau- und Ablauforganisation einschließlich einem Prozesshandbuch zu den Verfahrensabläufen*
- Personalauswahl-, Personalüberprüfungs- und Personalweiterbildungsprozesse für die eingesetzten Personen
- Kontroll- und Prüfprozesse,
- ein Dokumentationssystem sowie
- ein internes Kommunikationssystem (nach SeeBewachV § 4).

6.5.2.2 Prozesshandbuch (nach SeeBewachDV § 3)

Zur Sicherstellung einer ordnungsgemäßen Ablauforganisation im Unternehmen ist ein Prozesshandbuch zu erstellen. Darin sind unter Berücksichtigung von der [Entwässerungs-]Aufgabe die Verfahrensabläufe und die jeweiligen Verantwortlichkeiten zu beschreiben. Die Aufgaben und Verantwortungsbereiche der mit den Sonderfunktionen beauftragten Personen (s. u.) und des für die Verhinderung von Störfällen und die Begrenzung ihrer Auswirkungen vorgesehenen Personals auf allen Organisationsebenen sind ebenfalls zu beschreiben. Das Prozesshandbuch ist den Mitarbeitern als Leitfaden zur Verfügung zu stellen. Die erforderliche Vorsorge für die Erfüllung gesetzlicher Schadensersatzverpflichtungen muss getroffen sein. Der erforderliche Schutz gegen Störmaßnahmen oder sonstige Einwirkungen Dritter muss gewährleistet sein.

6.5.2.3 Aufbauorganisation

Die Aufbauorganisation hat insbesondere folgende Aspekte zu umfassen:

- die Festlegung und Dokumentation der Verantwortlichkeiten innerhalb des Unternehmens einschließlich der Einzelheiten zu Weisungsbefugnissen, deren Übertragbarkeit und Regelungen zu Abwesenheitsvertretungen;
- die Sicherstellung durch die Geschäftsleitung des Unternehmens, dass eine ausreichende Zahl von Mitarbeitern für die Aufrechterhaltung des operativen Betriebs rund um die Uhr zur Verfügung steht.
- Alle Mitarbeiter sind über Änderungen in der Aufbauorganisation, die für die Ausübung der Aufgabe relevant sind, unverzüglich zu unterrichten. Die Unterrichtung muss in Textform erfolgen (nach SeeBewachDV § 2).

Die *Aufbauorganisation* beschreibt die Organisatorische Gliederung des (Entwässerungs-) Betriebs. Je nach der Betriebsform (s. gesondertes Kapitel) beginnt das bei Betriebsleitung, Werkleitung oder Amtsleitung. Abhängig von der Größe des Betriebs folgen dann Abteilungen oder Sachgebiete. Unterhalb der Sachgebietsleiterin/Sachgebietsleiter folgen dann Arbeitsgebiete oder Sachbearbeiter bzw. Mitarbeiter im Sachgebiet. Ein Beispiel einer Aufbauorganisation mit einer allgemeinen Aufgabenzuweisung ist im Folgenden dargestellt.

Beispiel einer Aufbauorganisation
Der (Entwässerungs-)Betrieb gliedert sich in Abteilungen und Sachgebiete. Ein Sachgebiet umfasst mehrere Arbeitsgebiete. Das Arbeitsgebiet ist die kleinste Organisationseinheit, der bestimmte, abgegrenzte Aufgaben zugewiesen sind. Gleiche, gleichartige oder aus Zweckmäßigkeitsgründen miteinander zu verbindende Aufgaben des Betriebs werden unter der Bezeichnung „Stelle", der ein kurzer aufgabenbeschreibender Zusatz voranzustellen ist, zusammengefasst. Im Rahmen der Organisatorischen Gliederung der Betriebs-Aufgaben spielen eine Rolle:

- Betriebsleitung/Amtsleitung
- Abteilungsleiterin/Abteilungsleiter
- Sachgebietsleiterin/Sachgebietsleiter
- Arbeitsgebiete/Mitarbeiter/innen
- Vertretungen

Deren Aufgaben sind weiter unten im Abschnitt „Personen" zu finden.

Im Rahmen der **Geschäftsverteilung** sind die Aufgaben der Sachgebiete und der Arbeitsgebiete abzugrenzen sowie die Besetzung und Vertretung festzulegen. Sonderfunktionen sind auszuweisen. Änderungen der Geschäftsverteilung sind fortlaufend und zeitnah festzuhalten (FAGOBek Nr 2.6).

6.5.2.4 Ablauforganisation

Abläufe in der Entwässerung
Abwasserbeseitigung umfasst das

- Sammeln,
- Fortleiten,
- Behandeln,
- Einleiten und
- Versickern (nicht überall vorhanden) von Abwasser sowie das
- Entwässern von Klärschlamm in Zusammenhang mit der Abwasserbeseitigung.

Die Abläufe in der Entwässerung müssen also mindestens diese Vorgänge umfassen.

Darüber hinaus sind die dazu notwendigen Abwasseranlagen nach den allgemein anerkannten Regeln der Technik so

- zu errichten,
- zu betreiben und
- zu unterhalten,

dass die Anforderungen an die Abwasserbeseitigung eingehalten werden.

Errichten bzw. Bauen und Beschaffen
Hier gibt es in den meisten Gemeinden Vergabe- und Beschaffungs-Richtlinien sowie ein umfangreiches rechtliches Regelwerk: GWB, VgV, VOB usw. Darüber hinaus könnte die Gemeinde oder der Entwässerungsbetrieb in diesem Bereich bestimmte Qualitäts- oder Umweltanforderungen stellen, die dann im Rahmen der Beschaffung ebenfalls mit umgesetzt werden müssten. Da sich das Bauen und Beschaffen in einer Entwässerung nicht grundsätzlich von anderen unterscheidet, wird in diesem Buch auf die Erläuterung verzichtet und auf das vorhandene umfangreiche (Buch-)Material verwiesen.

Betrieb
Entwässerungs-Betrieb
Der Betriebs-Bereich ist über das DWA-Regelwerk weitgehend geregelt. Es empfiehlt sich hier entsprechend dem Arbeitsblatt DWA-A 199 Dienst- u. Betriebsanweisungen aufzustellen. Diese enthalten Regelungen für die Teilbereiche Kanalnetz einschließlich Regenwasserbehandlungsanlagen, Abwasserpumpanlagen und Kläranlagen:

Teil 1: Dienstanweisung für das Personal von Abwasseranlagen,
Teil 2: Betriebsanweisung für das Personal von Kanalnetzen und Regenwasserbehandlungsanlagen,
Teil 3: Betriebsanweisung für das Personal von Abwasserpumpanlagen,
Teil 4: Betriebsanweisung für das Personal von Kläranlagen.

Der Entwässerungsbetrieb hat die für seine Tätigkeit geltenden öffentlich-rechtlichen Vorschriften zu beachten. Er hat u. a. dafür zu sorgen, dass die für die Tätigkeit des Entwässerungsbetriebes erforderlichen behördlichen Entscheidungen, insbesondere Planfeststellungen, Genehmigungen, Zulassungen, Erlaubnisse und Bewilligungen, vorliegen und die mit ihnen verbundenen Auflagen und sonstigen Anordnungen der zuständigen Behörden erfüllt werden. Privatrechtliche Zustimmungen oder Grundbucheinträge müssen ebenso rechtzeitig beschafft werden. Geschlossene Verträge mit anderen Gemeinden oder Firmen sind einzuhalten.

Dienstanweisungen (nach SeeBewachDV § 13)
In die ***allgemeine*** Dienstanweisung sind grundsätzliche Angaben mindestens zu der nachstehenden Aufzählung aufzunehmen und ihr ist eine Anlage mit den maßgeblichen rechtlichen Bestimmungen beizufügen:

1. allgemeine Aufgabenbeschreibung,
2. Rechtsstellung der Personen,
3. Weisungsrechte,
4. Regelungen zu Dienstzeiten,
5. allgemeines Verhalten während des Einsatzes,
6. Regelungen zum Umgang mit der Dienstkleidung und der Ausrüstung,
7. Berichte und Meldungen sowie
8. Datenschutz und Verschwiegenheitspflichten.

Mit der Dienstanweisung ist die Erfüllung des konkreten Arbeitsauftrages nach dem zugrunde liegenden Vertrag, den betroffenen Rechtsordnungen, den Vorgaben der allgemeinen Dienstanweisung und des Prozesshandbuchs sicherzustellen.

In eine ***einsatzspezifische*** Dienstanweisung sind mindestens Angaben zu der nachstehenden Aufzählung aufzunehmen und ihr ist eine Anlage mit beizufügen:

1. Gegebenheiten wie Räumlichkeiten, vorhandene Sicherheitseinrichtungen, Rettungseinrichtungen,
2. Ansprechpartner und konkrete Weisungsbefugnisse,
3. Beschreibung der konkreten Aufgabe,
4. Verhalten in Notfällen sowie
5. Verzeichnis mit wichtigen Telefonnummern.

Die Ausrüstung ist vor jedem Einsatz auf ihre Funktionsfähigkeit zu überprüfen (z. B. Gaswarngeräte, Sicherungsgurt …). Nicht funktionsfähige Ausrüstungsteile sind durch gleichwertige Ausrüstungsteile zu ersetzen.

Verfahrensabläufe für Arbeits-Einsätze (nach SeeBewachDV § 12)
Für die Planung und Durchführung von Einsätzen ist gemäß erforderlich, dass das Unternehmen Verfahrensabläufe für die Planung und Durchführung dieser Einsätze festlegt. Die Verfahrensabläufe sind zu dokumentieren. Die erforderliche Einsatzplanung hat unter Berücksichtigung der Gesamtumstände zu erfolgen. Grundlage für die Einsatzplanung ist eine Risikobewertung durch Unternehmen. Hierbei sind insbesondere die technischen und baulichen Gegebenheiten einschließlich der vorhandenen Ausrüstung und der voraussichtlichen Witterungsverhältnisse zu berücksichtigen. Die Leitung des Entwässerungsbetriebs stellt sicher, dass innerhalb der ausführenden Teams eine klare Hierarchie und Anweisungsstruktur gegeben ist und gibt diese allen Beteiligten vor dem Einsatz bekannt. Bei Übungen ist die Anweisungsstruktur ebenfalls zu beachten. Es müssen ein Einsatzleiter sowie dessen Stellvertreter benannt sein. Alle eingesetzten Personen haben den Anweisungen des Einsatzleiters Folge zu leisten. Die Festlegung der Verantwortlichkeiten einschließlich aller Änderungen ist zu dokumentieren. Im Rahmen der Darstellung der Verfahrensabläufe hinsichtlich der Beschaffung, des Transports, des Einbaus, der Aufbewahrung oder Sicherung der Ausrüstung hat das Unternehmen die gesamte Lieferkette zu beschreiben.

Überwachung und Durchführung von planbaren Änderungen (nach 12. BImSchV Anhang III)
Festlegung und Anwendung von Verfahren und Anweisungen für den sicheren Betrieb, einschließlich der Wartung der Anlagen, und auch für Verfahren und Einrichtung sowie für Alarmmanagement und zeitlich begrenzte Unterbrechungen. Berücksichtigung verfügbarer Informationen über bewährte Verfahren zur Überwachung und Prüfung, um die Wahrscheinlichkeit von Systemausfällen zu verringern.

Betrachtung und Beherrschung der durch Alterung oder Korrosion von Anlagenteilen im Betriebsbereich entstehenden Risiken.

Dokumentation der Anlagenteile im Betriebsbereich, verbunden mit einer Strategie und Methodik zur Überwachung und Prüfung des Zustands dieser Anlagenteile.

Gegebenenfalls Festlegung von erforderlichen Gegenmaßnahmen und angemessenen Folgemaßnahmen.

Unterhaltung bzw. Instandhaltung

Der Betreiber der Anlagen ist verpflichtet, dauerhaft angemessene finanzielle und personelle Mittel zur Erfüllung seiner Pflichten in Bezug auf die Betriebs-Sicherheit der jeweiligen Anlage vorzusehen und bereitzuhalten.

Zur Sicherstellung der Aufrechterhaltung der dauerhaften Betriebsbereitschaft werden die zu ergreifenden Instandhaltungs-Maßnahmen festgelegt.

Qualitätsstrategie, Instandhaltungsverfahren und Qualitätssicherungssystem (nach Verordnung (EG) Nr. 2042/2003, Anhang II Nr. 145.A.65)

Der Betrieb muss eine Instandhaltungs- und Qualitätssicherungsstrategie erarbeiten, die in das Handbuch aufzunehmen sind. Der Betrieb muss unter Berücksichtigung menschlicher Faktoren und des menschlichen Leistungsvermögens bestimmte Verfahren festlegen, um gute Instandhaltungspraktiken sicherzustellen, einschließlich eines klaren Arbeitsauftrags oder -vertrags, so dass das betreffende technische Gerät und die betreffenden Komponenten für den Betrieb freigegeben werden können. Die von dem Betrieb gemäß diesem Absatz festgelegten oder festzulegenden Instandhaltungsverfahren müssen alle Aspekte der Durchführung der Instandhaltungstätigkeit abdecken, einschließlich der Bereitstellung und Überwachung spezialisierter Dienstleistungen, und sie müssen die Bedingungen festlegen, unter denen der Betrieb zu arbeiten beabsichtigt. Der Betrieb muss Verfahren festlegen, um das Risiko von Mehrfachfehlern und Irrtümern durch Unaufmerksamkeit bei kritischen Systemen so gering wie möglich zu halten. Bei einer Instandhaltungsaufgabe, in deren Verlauf mehrere Komponenten desselben Typs in mehr als ein System einzubauen bzw. auszubauen sind, muss der Betrieb sicherstellen, dass nicht ein und dieselbe Person mit der Durchführung und der Inspektion der Arbeiten beauftragt wird. Wenn jedoch nur eine Person zur Durchführung dieser Aufgaben zur Verfügung steht, ist in die Arbeitskarte oder das Arbeitsblatt zusätzlich die erneute Inspektion der Arbeiten dieser Person nach Abschluss der Arbeiten aufzunehmen. Es müssen Instandhaltungsverfahren festgelegt werden, um sicherzustellen, dass die Beschädigungen bewertet und Änderungen und Reparaturen unter Verwendung von Unterlagen durchgeführt werden. Der Betrieb muss ein Qualitätssystem mit folgendem Inhalt einrichten:

1. unabhängige Prüfungen, um die Einhaltung der geforderten Standards und die Angemessenheit der Verfahren zu überwachen.
   In kleinen Betrieben können die unabhängigen Prüfungen als Teil des Qualitätssystems an einen anderen, gemäß diesem Teil genehmigten Betrieb oder an eine Person mit angemessenem technischen Wissen und nachgewiesener zufrieden stellender Prüferfahrung vergeben werden.
2. ein System des Informationsrückflusses über Qualitätsfragen an den verantwortlichen Betriebsleiter, so dass sichergestellt ist, dass geeignete und rechtzeitige Abhilfemaßnahmen als Reaktion auf Meldungen aus den durchzuführenden unabhängigen Prüfungen ergriffen werden.

Instandhaltungshandbuch (nach Verordnung (EU) Nr. 1321/2014 M.A.604)
Das „Instandhaltungshandbuch“ setzt sich aus einem oder mehreren Dokumenten mit Angaben zum Arbeitsumfang und zur Art und Weise, in der der Betrieb diesen Teil erfüllen wird, zusammen. Der Betrieb muss ein Instandhaltungshandbuch mit den nachfolgenden Informationen vorlegen:

1. eine von dem verantwortlichen Betriebsleiter unterzeichnete Bestätigung, wonach das Instandhaltungshandbuch des Betriebes und alle zugehörigen Handbücher die Erfüllung der Anforderungen dieses Teils festlegen und der Betrieb diesen jederzeit nachkommen wird.
2. die Sicherheits- und die Qualitätsstrategie des Betriebes;
3. Titel und Namen von genannten Personen;
4. die Pflichten und Zuständigkeiten von Personen einschließlich der Angelegenheiten, in denen sie unmittelbar im Namen des Betriebs verhandeln können;
5. ein Organigramm, aus dem die Verknüpfungen zwischen den Zuständigkeitsbereichen der genannten Personen hervorgehen;
7. allgemeine Angaben zur Personalkapazität;
8. eine allgemeine Beschreibung der Betriebsstätten
10. das Verfahren zur Meldung von Änderungen bei dem Instandhaltungsbetrieb;
11. das Verfahren zur Änderung des Instandhaltungsbetriebshandbuchs des Betriebes;
12. die Verfahren und das Qualitätssystem des Betriebes
14. gegebenenfalls eine Liste von Unterauftragnehmern
16. gegebenenfalls eine Liste von Vertragsbetrieben.

b) Das Handbuch ist entsprechend dem neuesten Stand der Beschreibung des Betriebes zu ändern. Das Handbuch und jede spätere Änderung muss von der Betriebs-Leitung genehmigt werden.

Instandhaltungsprogramm (nach Verordnung (EU) Nr. 1321/2014)

a) Jedes wichtige technische Gerät muss in Übereinstimmung mit einem Instandhaltungsprogramm instand gehalten werden, das in regelmäßigen Abständen überprüft und entsprechend geändert werden muss.
b) Das Instandhaltungsprogramm und alle nachfolgenden Änderungen müssen von der Betriebsleitung genehmigt werden.
c) Das Instandhaltungsprogramm muss den Anweisungen für die Aufrechterhaltung der Betriebsbereitschaft, die von den jeweiligen Herstellern herausgegeben werden (Wartungspläne) und den vom Betrieb festgelegten Anweisungen entsprechen
d) Das Instandhaltungsprogramm muss Angaben zu allen auszuführenden Instandhaltungsarbeiten beinhalten, einschließlich der Häufigkeit und besonderer Aufgaben im Zusammenhang mit Sondermaßnahmen.

e) Alle Einträge in die Aufzeichnungen über die Aufrechterhaltung der Betriebstüchtigkeit des Bauteils müssen klar und genau sein. Wenn es erforderlich ist, einen Eintrag zu korrigieren, so muss die Korrektur in einer Weise erfolgen, die den Originaleintrag deutlich erkennen lässt.

f) Der Betreiber muss sicherstellen, dass ein System eingerichtet wird, um die im Folgenden angegebenen Aufzeichnungen für die vorgeschriebenen Zeiträume aufzubewahren:
   1. sämtliche ausführlichen Instandhaltungsaufzeichnungen für das Bauteil und für darin eingebaute Komponenten mit begrenzter Lebensdauer für mindestens 24 Monate, nachdem das Teil oder die Komponente auf Dauer außer Betrieb gesetzt wurde, und
   2. je nach Zweckmäßigkeit die Gesamtzeit und/oder die Gesamtanzahl der Einsätze des Bauteils und aller lebensdauerbegrenzten Komponenten für wenigstens zwölf Monate, nachdem das Bauteil oder die Komponente auf Dauer außer Betrieb gesetzt wurde, und
   3. je nach Zweckmäßigkeit, die Zeit und/oder die Zahl der Einsätze seit der letzten planmäßigen Instandhaltung der Komponente, für die eine zulässige Betriebsdauer bis zur nächsten Instandhaltung angegeben ist, jedoch wenigstens bis auf die Instandhaltung der Komponente eine erneute planmäßige Instandhaltung von gleichwertigem Umfang und gleichwertiger Tiefe folgte, und
   4. den gültigen Stand der Einhaltung des Instandhaltungsprogramms, so dass die Übereinstimmung mit dem genehmigten Instandhaltungsprogramm festgestellt werden kann,
   5. Einzelheiten aktueller Änderungen und Reparaturen an dem Gerät, dem (den) Motor(en) und allen anderen für die Betriebstüchtigkeit wesentlichen Komponenten mindestens zwölf Monate, nachdem sie auf Dauer außer Betrieb gesetzt wurden.

Verwaltungsaufgaben

Die „Allgemeine Geschäftsordnung für die Behörden des Freistaates Bayern (AGO)" gilt für alle Behörden des Freistaates Bayern. Diese Geschäftsordnung enthält Rahmenvorschriften, die die jeweiligen Behörden für ihren Bereich ergänzen können. Für die meisten Gemeinde-Verwaltungen wird jeweils eine eigene, nur örtlich gültige, ähnliche Geschäftsordnung vorliegen, die auch für einen Entwässerungsbetrieb die üblichen Verwaltungsvorgänge regelt.

Zusammenarbeit mit Dritten

Werden Beschäftigte mehrerer Arbeitgeber an einem Arbeitsplatz tätig, sind die Arbeitgeber verpflichtet, bei der Durchführung der Sicherheits- und Gesundheitsschutzbestimmungen zusammenzuarbeiten. Der kommunale Arbeitgeber muss sich vergewissern, dass die Beschäftigten anderer Arbeitgeber, die in seinem Betrieb (Kanal oder Klärwerk) tätig werden, hinsichtlich der Gefahren für ihre Sicherheit und Gesundheit während ihrer Tätigkeit in seinem Betrieb angemessene Anweisungen erhalten haben (nach ArbSchG § 8).

Der Entwässerungsbetrieb darf im Rahmen der Tätigkeit einen Dritten nur dann beauftragen, wenn dieser hinsichtlich der übernommenen Tätigkeit ebenfalls qualifiziert ist. Der

Entwässerungsbetrieb hat in jedem Fall durch eine sorgfältige Auswahl und ausreichende Kontrolle eine fach- und sachgerechte Ausführung dieser Tätigkeiten sicherzustellen. Dies setzt insbesondere voraus, dass

1. der Entwässerungsbetrieb sich vor der Beauftragung vergewissert, dass beim Dritten die erforderliche Überwachung und Kontrolle der durchzuführenden Tätigkeit sichergestellt ist, und der Dritte und sein Personal die für diese Tätigkeit notwendige Zuverlässigkeit, Sach- und Fachkunde und Leistungsfähigkeit besitzen,
2. der Versicherungsschutz des Entwässerungsbetriebes sich auch auf die Tätigkeit des Dritten erstreckt oder der Dritte ihm einen eigenen entsprechend ausreichenden Versicherungsschutz nachweist,
3. vertraglich oder in anderer Weise verbindlich festgelegt ist, in welcher Weise die jeweilige Tätigkeit

ausgeführt werden soll (nach EfbV § 7).

6.5.2.5 Arbeitssicherheit

Gesetzliche Forderung (§ 11ASiG)
In Betrieben mit mehr als zwanzig Beschäftigten hat der Arbeitgeber einen Arbeitsschutzausschuss zu bilden.

Ermittlung und Bewertung der Gefahren von Störfällen (12. BImSchV, Anhang III 2b)
Festlegung und Anwendung von Verfahren zur systematischen Ermittlung der Gefahren von Störfällen bei bestimmungsgemäßem und nicht bestimmungsgemäßem Betrieb, einschließlich von Tätigkeiten, die als Unteraufträge vergeben sind, sowie Abschätzung der Wahrscheinlichkeit und der Schwere solcher Störfälle.

Vorkehrungen zur Verhütung schwerer Unfälle (nach OffshoreBergV Anlage 3)
Der Unternehmer hat bei der Erstellung des Unternehmenskonzepts zur Verhütung schwerer Unfälle und des Umwelt- und Sicherheitsmanagementsystems,

1. besonderes Augenmerk auf die Anforderungen an die Zuverlässigkeit und Integrität aller sicherheits- und umweltkritischer Systeme und an ihre Inspektions- und Instandhaltungssysteme zu richten, um sicherzustellen, dass das geforderten Niveau in Bezug auf die Sicherheit und Umweltintegrität gewährleistet ist,
2. geeignete Maßnahmen zu treffen, um sicherzustellen, dass es zu keiner unbeabsichtigten Freisetzung von Gefahrstoffen aus den zu ihrer sicheren Einschließung bestimmten Rohrleitungen, Behältern und Systemen kommt und dass der Ausfall einzelner Rückhaltebarriere nicht zu einem schweren Unfall führen kann,
3. ein Verzeichnis der verfügbaren Notfallausrüstungen zu erstellen, in dem angegeben ist,
   3.1 wem die Ausrüstungen gehören und wo sie sich befinden,
   3.2 wie die Ausrüstungen zu anderen für die Durchführung des internen Notfalleinsatzplans relevanten Standorten (Kanal u. Pumpwerke) verbracht werden,

3.3 wie die Ausrüstungen eingesetzt werden und
3.4 mit welchen Maßnahmen sichergestellt wurde, dass die Ausrüstungen stets einsatztauglich sind,

4. die gesetzlichen Pflichten in Bezug auf die Beherrschung ernster Gefahren und den Umweltschutz in das Standardbetriebsverfahren zu integrieren, um einen geeigneten Rahmen für die Überwachung der Einhaltung aller einschlägigen gesetzlichen Bestimmungen zu gewährleisten, und
5. besonderes Augenmerk auf den Aufbau und die Wahrung einer starken Sicherheitskultur zu richten, die eine hohe Wahrscheinlichkeit für dauerhaft sicheren Betrieb bietet, auch im Hinblick auf die Zusammenarbeit mit den Arbeitnehmern; die Zusammenarbeit mit den Arbeitnehmern ist unter anderem durch folgende Maßnahmen zu gewährleisten:
   5.1 sichtbares Engagement in Bezug auf Beratungen mit den Vertretern der Arbeitnehmer und der zuständigen Behörde und die dort festgelegten Maßnahmen,
   5.2 Ermunterung der Beschäftigten sowie weiterer im Betrieb eingesetzter Personen zur Meldung von Unfällen und Beinahe-Unfällen sowie die Belohnung solcher Meldungen,
   5.3 wirksame Zusammenarbeit mit den gewählten Vertretern für Sicherheitsfragen,

Arbeitsschutzgesetze

Zur Gewährleistung von Sicherheit und Gesundheitsschutz der Beschäftigten hat der Unternehmer die Vorschriften der Gesetze und Verordnungen zur Arbeitssicherheit sowie die Unfallverhütungsvorschriften in den jeweils geltenden Fassungen zu beachten.

Brand-, Explosions- und Gasschutz (nach OffshoreBergV § 26)

Der Unternehmer hat die nach der Art der Tätigkeiten sowie der Einrichtungen erforderlichen Maßnahmen und Vorkehrungen gegen das Entstehen und Ausbreiten von Bränden und gegen das Auftreten explosionsfähiger Atmosphäre zu treffen, die solche Gefahren verhindern oder diese zumindest auf das nach dem Stand der Technik und den betrieblichen Gegebenheiten unvermeidbare Ausmaß begrenzen.

Umgang mit brennbaren, wassergefährdenden oder gefährlichen sonstigen Stoffen (nach OffshoreBergV § 28)

Der Unternehmer hat Behälter und Behältnisse zur Lagerung von brennbaren, wassergefährdenden oder sonst gefährlichen Flüssigkeiten so auszuwählen, aufzustellen und zu befestigen, dass sie den im Betrieb auftretenden Beanspruchungen standhalten. Lagerbehälter und ortsbewegliche Behältnisse darf er nur in den dafür bestimmten Lagerräumen und im Freien nur an den dafür bestimmten Lagerplätzen aufstellen. Die Lagerräume und Lagerplätze hat er so zu gestalten, dass auftretende Undichtheiten erkennbar sind und auslaufende Flüssigkeiten aufgefangen werden. Bei einwandigen Lagerbehältern sind die Auffangvorrichtungen so zu bemessen, dass die Inhalte der Lagerbehälter vollständig aufgenommen werden. Ortsbewegliche Behältnisse müssen im Übrigen den verkehrsrechtlichen Vorschriften über die Beförderung gefährlicher Güter entsprechen.

Werden brennbare Flüssigkeiten unterschiedlicher Art und Gefährlichkeit zusammen gelagert, hat der Unternehmer dafür zu sorgen, dass sich die Flüssigkeiten und ihre Dämpfe nicht vermischen können. Die weiteren Sicherheitsmaßnahmen hat er auf die Erfordernisse der größtmöglichen Gefahr abzustellen, die von der jeweiligen Zusammenstellung der zusammen gelagerten Flüssigkeiten ausgehen kann.

Leichtes Heizöl oder Dieselkraftstoff darf nicht an Stellen so gelagert werden, wenn in benachbarten Kammern dieses Lagerbehälters brennbare Flüssigkeiten gelagert werden, deren Grad an Gefährlichkeit den des Heizöls oder des Dieselkraftstoffes übertrifft.

Der Unternehmer hat dafür zu sorgen, dass beim Befüllen und Entleeren von Behältern oder Gefäßen mit brennbaren Flüssigkeiten ein Auslaufen oder Überlaufen vermieden wird und der Füll- oder Entleervorgang jederzeit schnell und gefahrlos durch Absperreinrichtungen unterbrochen werden kann. Die Absperreinrichtungen müssen von einem Ort aus bedient werden können, der auch im Fall eines Brandes oder einer Explosion schnell und ungehindert erreichbar ist. Das Befüllen und Entleeren sind von den damit betrauten Personen ständig zu überwachen, soweit nicht durch selbsttätig wirksame Regelvorrichtungen ein Auslaufen oder Überlaufen verhindert wird.

Betriebsanweisungen (nach OffshoreBergV § 37)
Der Unternehmer hat zur Regelung wiederkehrender und für die Sicherheit bedeutsamer Betriebs- und Arbeitsvorgänge die für ihren sicheren und ordnungsgemäßen Ablauf erforderlichen Bedienungsanleitungen, Verhaltensregeln und Sicherheitsvorkehrungen als innerbetriebliche Anordnung in Betriebsanweisungen schriftlich festzulegen. Dies gilt insbesondere auch für

- das Bedienen, Warten und Instandhalten von Kranen, Hebewerken der Bohranlagen, anderen kraftbetriebenen Hebezeugen, Flurförderzeugen, Lagerbehältern für brennbare oder wassergefährdende Flüssigkeiten, Dampfkesseln, Verdichtern und Druckbehältern,
- das Warten und Instandsetzen von elektrischen Einrichtungen und elektrischen Betriebsmitteln sowie von Atemschutz- und Wiederbelebungsgeräten,
- den Umgang mit Gefahrstoffen sowie radioaktiven Stoffen und ionisierenden Strahlen und
- den Umgang mit Sammelbehältern für ölhaltige Abwässer.

Der Unternehmer hat den Beschäftigten die Betriebsanweisungen, soweit sie davon betroffen sind, in der Verkehrssprache und erforderlichenfalls in weiteren Sprachen auszuhändigen und die Beschäftigten erforderlichenfalls auf ihre Aufgaben bezogen zu unterweisen. Er hat die Betriebsanweisungen darüber hinaus an geeigneter Stelle im Betrieb auszuhängen oder zur Einsicht auszulegen.

6.5.2.6 Notfall-Vorsorge

Erste Hilfe und sonstige Notfallmaßnahmen
Der Arbeitgeber hat die Maßnahmen zu treffen, die zur Ersten Hilfe, Brandbekämpfung und Evakuierung der Beschäftigten erforderlich sind. Die Beschäftigten müssen sich bei unmittelbarer erheblicher Gefahr durch sofortiges Verlassen der Arbeitsplätze in Sicherheit bringen können.

Planung für Notfälle (12. BImSchV, Anhang III)
Festlegung und Anwendung von Verfahren zur Ermittlung vorhersehbarer Notfälle auf Grund einer systematischen Analyse und zur Erstellung, Erprobung und Überprüfung der Alarm- und Gefahrenabwehrpläne, um in Notfällen angemessen reagieren und, um dem betroffenen Personal eine spezielle Ausbildung erteilen zu können. Diese Ausbildung muss allen Beschäftigten des Betriebsbereichs, einschließlich des relevanten Personals von Subunternehmen, erteilt werden.

Haus-, Unfall- und Feuerlöschordnung (FAGO 2020, Nr. 5.2)
Die Amtsleitung stellt eine Haus-, Unfall- und Feuerlöschordnung auf. In jedem Dienstzimmer muss die Haus-, Unfall- und Feuerlöschordnung vorhanden sein. Die Beschäftigten sind regelmäßig über die Bestimmungen zu unterrichten.

Melde- und Schutzsysteme (nach OffshoreBergV § 56)
Der Unternehmer hat solche Melde- und Schutzsysteme für Brände sowie Brandbekämpfungs- und Alarmsysteme einzubauen, die den Gefahren angemessen sind. Hierzu können insbesondere gehören:

- Brandmeldesysteme,
- Feueralarmanlagen,
- Feuerlöschleitungen,
- Feuerwehrhydranten und -schläuche,
- Wasserflutsysteme und Wasserstrahlrohre,
- automatische Sprinklersysteme,
- Gaslöschsysteme,
- Schaumlöschsysteme,
- tragbare Feuerlöscher,
- Feuerwehrausrüstung und
- Brandschutzwände zur Abtrennung brandgefährdeter Bereiche.

Die mit den Melde- und Schutzsystemen zusammenhängenden Notsysteme sind getrennt anzuordnen oder auf besondere Art so weit wie möglich vor Unfalleinflüssen zu schützen. Erforderlichenfalls sind diese Notsysteme so auszulegen, dass sie auch bei Ausfall eines Systems oder eines Teils des Systems weiterhin funktionieren.

Der Unternehmer hat Räume mit besonderen Gefahren auch mit einem akustischen Warnsystem auszustatten, mit dem die Beschäftigten bei Gefahr gewarnt und erforderlichenfalls zum sofortigen Verlassen der Räume aufgefordert werden können. In Räumen und Bereichen, in denen die Beschäftigten lauten Geräuschen ausgesetzt sind, muss zusätzlich eine optische Warnung gewährleistet sein. Wird auf einer besonderen Stelle nur vorübergehend gearbeitet, so sind die Sätze 1 und 2 nur für die Dauer der Arbeiten anzuwenden, wenn eine schnelle und zuverlässige Warnung der Beschäftigten ohne technische Hilfsmittel nicht gewährleistet ist. Fernbedienungseinrichtungen müssen über im Notfall einsatzbereite Kontrollstationen an geeigneten Stellen, erforderlichenfalls auch an sicheren

Sammelpunkten verfügen. Mit einer Fernbedienungseinrichtung oder mit vergleichbaren Sicherheitseinrichtungen müssen zusätzlich zu den Geräten und Anlagen mindestens folgende Systeme ausgestattet sein:

- Belüftungssysteme,
- Systeme für die Notabschaltung von Geräten, die eine Zündung auslösen können,
- Systeme zum Verhindern des Auslaufens brennbarer Flüssigkeiten oder des Entweichens von Gasen und
- Brandschutzsysteme.

Rettungsmittel (nach OffshoreBergV § 57)
Der Unternehmer hat dafür zu sorgen, dass bei Gefahr alle Personen die Unfallorte (z. B. Becken mit Wasser, Kanäle, …) sofort verlassen und Verunglückte gerettet werden können. Hierfür hat er dem Stand der Technik entsprechende Rettungsmittel bereitzustellen. Die Rettungsmittel hat der Unternehmer so anzubringen und zu verteilen, dass sie bei Gefahr schnell und sicher zu erreichen sind und bestimmungsgemäß benutzt werden können. Er hat sie zu warten und mindestens monatlich auf Vollzähligkeit und Funktionsfähigkeit zu prüfen. Zu den Mindestanforderungen für Rettungsmittel gehören:

- Eignung und Ausrüstung zur Überlebenssicherung für einen ausreichenden Zeitraum,
- Verfügbarkeit in ausreichender Anzahl für alle voraussichtlich anwesenden Personen,
- Typeneignung für die Arbeitsstätte,
- einwandfreie Verarbeitung aus geeigneten Materialien unter Berücksichtigung der Lebensrettungsfunktion und der Bedingungen für den Einsatz oder die Einsatzbereitschaft und
- auffällige Farbgebung für den Einsatz sowie Ausrüstung mit Vorrichtungen, mit denen der Benutzer die Aufmerksamkeit von Rettungspersonal auf sich ziehen kann.

Der Unternehmer hat jede Arbeitsstätte mit geeigneten und ausreichenden Evakuierungsmöglichkeiten für Notfälle und Fluchtmöglichkeiten auszustatten. Lebensrettungsgeräte müssen sofort einsatzfähig sein.

Notfallübungen (nach OffshoreBergV § 58)
Der Unternehmer hat in enger Zusammenarbeit mit den örtlichen Notfallorganisationen (Feuerwehr, Katastrophenschutz, THW, DLRG, …) auf Grundlage eines Notfalleinsatzplans regelmäßig zu erproben, inwieweit er auf schwere Unfälle vorbereitet ist. Informationen in den Notfalleinsatz- und Gefahrenabwehrplänen sind in der Anlage gelistet.

6.5.2.7 Versicherungsschutz

Der Entwässerungsbetrieb muss über einen für seine Tätigkeiten ausreichenden Versicherungsschutz verfügen. Art und Umfang des erforderlichen Versicherungsschutzes sind auf der Grundlage einer betrieblichen Risikoabschätzung zu bestimmen. Der Versicherungsschutz muss mindestens eine Umwelthaftpflichtversicherung und eine Betriebshaftpflichtversicherung sowie Kraftfahrzeug-Haftpflichtversicherungen umfassen. – Siehe auch Kapitel „Versicherungen“.

6.5.2.8 Daten und Messwerte

Der Unternehmer hat geeignete technische Mittel oder Verfahren einzusetzen, um die Zuverlässigkeit der Datenerfassung und die Aufzeichnung der relevanten Daten zu fördern und etwaige Manipulationen an den Daten zu verhindern (OffshoreBergV § 45). Der Betrieb muss gewährleisten, dass Personal, das Prüfungen zur Aufrechterhaltung der Betriebstüchtigkeit an Bauteilen durchführt und/oder überwacht, in ausreichendem Maße zu einer solchen zerstörungsfreien Prüfung befähigt ist (nach Verordnung (EG) Nr. 2042/2003, Anh II).

6.5.2.9 Information und Kommunikation

Kommunikationssystem (nach SeeBewachDV § 11)

Die Geschäftsleitung des Unternehmens hat durch Einrichtung und Aufrechterhaltung eines geeigneten Kommunikationssystems sicherzustellen, dass

1. die Mitarbeiter über sie betreffende Verantwortlichkeiten unterrichtet werden und
2. drohende oder festgestellte Verstöße gegen rechtliche oder betriebliche Vorgaben unverzüglich an die Geschäftsleitung und an den Verantwortlichen berichtet werden.

Die Geschäftsleitung des Unternehmens hat eine Anlaufstelle einzurichten, die zusätzlich zu den geregelten Kommunikationswegen für die Entgegennahme und Weiterleitung von Hinweisen über drohende oder festgestellte Verstöße sowie Vorschläge zu Verbesserungen an die Geschäftsleitung und an den Verantwortlichen zuständig ist. Diese Stelle ist intern bekannt zu geben. Hinweise über drohende oder festgestellte Verstöße sowie Vorschläge zu Verbesserungsmöglichkeiten und deren Bearbeitung sind zu dokumentieren.

Regelmäßige Besprechungen

Die Betriebsleitung führt regelmäßig Besprechungen mit den Sachgebietsleiterinnen und Sachgebietsleitern durch. Je nach Größe des Betriebs werden auch weitere regelmäßige Gespräche z. B. für die Bereiche Kanal, Klärwerk, Neubau oder Grundstücksentwässerung durchgeführt. Der Kreis der dabei zu beteiligenden Personen bestimmt sich nach dem Anlass. An Dienst- und Fachbesprechungen der Bereiche soll sich der Betriebsleiter gelegentlich beteiligen. Über die Besprechungen sind in der Regel Niederschriften zu fertigen.

Berichte (nach SeeBewachDV § 11 Abs 4)

Der Verantwortliche hat der Geschäftsleitung des Unternehmens regelmäßig über die wesentlichen Vorgänge in den Betriebsabläufen in Textform Bericht zu erstatten. Diese Berichte sind vorschriftsmäßig aufzubewahren. Wesentliche Vorgänge in den Betriebsabläufen sind:

1. Ergebnisse der internen Kontroll- und Prüfprozesse
2. Rückmeldungen von Mitarbeitern, Geschäftspartnern, Kunden, Behörden und anderen Beteiligten,

3. Änderungen, die sich auf die betriebliche Organisation, auf die Verfahrensabläufe oder die Dienstanweisungen auswirken können sowie
4. Empfehlungen für Verbesserungen der betrieblichen Organisation oder der Verfahrensabläufe.

Neue Informationen und Kenntnisse (nach SeeBewachDV § 7 Abs 3)
Der Verantwortliche hat sicherzustellen, dass sämtliche dem Unternehmen zugänglichen Informationen zu rechtlichen und technischen Neuerungen eingeholt und ausgewertet werden. Relevante Erkenntnisse sind unverzüglich an die jeweils verantwortlichen Personen zu übermitteln. Dabei sind die zeitlichen Abstände der Informationsbeschaffung, die Informationsquellen sowie die erfolgte Auswertung zu dokumentieren. Darüber hinaus ist nachzuweisen, dass Informationsdienste herangezogen wurden, die einen aktuellen Überblick über relevante Änderungen haben.

6.5.2.10 Dokumentationen

Dokumentation
Der Arbeitgeber muss je nach Art der Tätigkeiten und der Zahl der Beschäftigten über verschiedene erforderliche Unterlagen verfügen und z. B. Unfälle erfassen.

Dokumentationssystem (nach SeeBewachDV § 10)
Die Geschäftsleitung des Unternehmens hat durch Erstellung eines Dokumentationssystems die Erfüllung der Dokumentationspflichten zu gewährleisten. Hierfür sind in Textform festzulegen:

1. die Zuständigkeiten,
2. die zu dokumentierenden Sachverhalte und Unterlagen,
3. die Form der Dokumentation,
4. die Maßnahmen zur Kennzeichnung, zum Schutz und zur Wiederauffindbarkeit der Dokumente,
5. die Art der Verwendung der Dokumente,
6. die Verfügungsberechtigung über die Dokumente sowie
7. die Maßnahmen zur Einhaltung der vorgeschriebenen Aufbewahrungsfristen.

Bereithaltungs- und Aufbewahrungspflichten für Unterlagen (nach OffshoreBergV § 38)
Der Unternehmer hat die für den Betrieb und die Überwachung der Abwasseranlagen und der anderen Einrichtungen erforderlichen Unterlagen und Aufzeichnungen

- auf dem neuesten Stand zu halten,
- übersichtlich und geordnet bereitzuhalten und
- den verantwortlichen Personen und den mit der Bedienung, Überwachung oder unabhängigen Überprüfung betrauten Personen im jeweils erforderlichen Umfang zur Kenntnis zu bringen und zugänglich zu machen.

Zu den erforderlichen Unterlagen und Aufzeichnungen zählen insbesondere

- die Genehmigungen, allgemeine Zulassungen oder sonstige Eignungsbescheinigungen von technischen Einrichtungen (z. B. Kranen) sowie die diesen Genehmigungen, Zulassungen oder Eignungsbescheinigungen zugrunde liegenden Übersichtszeichnungen, Beschreibungen, rechnerischen Nachweise, Ausrüstungsverzeichnisse und Montageanleitungen, die Konstruktionsmitteilung der Hersteller sowie bei beweglichen und angebundenen Einrichtungen auch Angaben über Ort und Zeit der Einsätze,
- die Übersichtsschaltpläne von elektrischen Starkstromanlagen und die erforderlichen Nachweise der Kurzschlussfestigkeit, die Schaltpläne von Sicherheitsstromkreisen und von sonstigen für Sicherheitsfunktionen wichtigen Stromkreisen sowie Verzeichnisse über die in explosionsgefährdeten Bereichen eingesetzten elektrischen Einrichtungen und Betriebsmittel einschließlich der Baumusterprüfbescheinigungen, Herstellerbescheinigungen und Instandsetzungsbescheinigungen,
- die Verlegepläne von Rohrleitungen mit Verzeichnissen der für ihren Bau verwendeten Rohre, Formstücke, Armaturen und Sicherheitseinrichtungen einschließlich der zugehörigen Werkstoffangaben, Lieferbescheinigungen und Ergebnisse der Schweißnahtprüfungen,
- Nachweise über die Durchführung und die Ergebnisse der technischen Überprüfungen
- die Aufzeichnungen über die Beseitigung der bei den Prüfungen oder aus anderem Anlass festgestellten Schäden oder Mängel, insbesondere über Schweiß- und sonstige Instandsetzungsarbeiten an tragenden Teilen,
- die Aufzeichnungen über die beim Betrieb der Einrichtungen und sonstiger Geräte aufgetretenen besonderen Vorkommnisse und damit im Zusammenhang getroffene Maßnahmen.

Die Unterlagen sind mindestens für den Zeitraum ihrer Gültigkeit, alle anderen Unterlagen mindestens drei Jahre ab dem Zeitpunkt ihrer Erstellung aufzubewahren, soweit sich nicht aus Gesetzen, Verordnungen oder anderen Rechtsvorschriften etwas anderes ergibt.

Betriebstagebuch

Der Entwässerungsbetrieb hat für jeden Standort zum Nachweis einer sach- und fachgerechten Durchführung seiner Tätigkeiten ein Betriebstagebuch zu führen.

▶ Hierzu gibt es aus der jeweiligen Eigenüberwachungsverordnung in jedem Bundesland gesonderte Anforderungen!

Das Betriebstagebuch ist von der für die Leitung und Beaufsichtigung des Betriebes verantwortlichen Person regelmäßig zu überprüfen. Es kann mittels elektronischer Datenverarbeitung oder in Form von Einzelblättern für verschiedene Tätigkeitsbereiche oder Betriebsteile geführt werden, wenn die Blätter täglich zusammengefasst werden. Es ist dokumentensicher anzulegen und vor unbefugtem Zugriff zu schützen. Das Betriebstagebuch muss jederzeit einsehbar sein und in Klarschrift vorgelegt werden können. Das Betriebstagebuch ist fünf Jahre lang aufzubewahren (entspricht auch EÜV Bayern § 4 Abs. 4).

6.5.2.11 Systematische Überprüfung und Bewertung

Der Betreiber hat das Gesamt-Konzept, das Managementsystem sowie die Verfahren zu dessen Umsetzung zu überprüfen und soweit erforderlich zu aktualisieren, und zwar

1. mindestens alle fünf Jahre nach erstmaliger Erstellung oder Änderung,
2. vor einer relevanten Änderung und
3. unverzüglich nach einem bedeutenden Ereignis wie z. B. Schädigungen von Personen oder Umweltschädigungen

Dokumentierte Kontroll- und Prüfprozesse (nach SeeBewachDV § 9)

Die internen Prüfprozesse müssen Kontrollmechanismen für die täglichen Betriebsabläufe vorsehen. Die Kontrollen haben jedenfalls die Einhaltung der rechtlichen Vorgaben abzudecken. Aufbau- und Ablauforganisation einschließlich der Verfahrensabläufe sind regelmäßig auf Konzeption, Angemessenheit und Wirksamkeit zu überprüfen (Systemprüfung). Hiermit sollte ein Mitarbeiter, der nicht unmittelbar mit der Routinearbeit beschäftigt ist, betraut sein. Die Systemprüfung kann auch ausgelagert und durch externe Sachkundige durchgeführt werden. Sofern im Rahmen der internen Prüfprozesse oder bei der Planung und Ausübung der Betriebsaufgaben Mängel im System festgestellt werden, muss die Betriebsleitung des Unternehmens Prozesse zum Umgang mit diesen Mängeln definieren. Dabei ist der Verantwortliche über den festgestellten Mangel zu informieren. Er muss den Prozess zum Umgang mit dem Mangel einleiten. Der Prozess muss folgende Schritte enthalten:

1. Beschreibung des Mangels,
2. Ursachenforschung,
3. Sammlung von Verbesserungsvorschlägen,
4. Vereinbarung von Maßnahmen,
5. Umsetzung der Maßnahmen und
6. Erfolgskontrolle.

Die für die einzelnen Schritte relevanten Ansprechpartner sind festzulegen. Ferner sind Notfallprozeduren einzurichten. Der Prozess und die jeweiligen Ansprechpartner sind zu dokumentieren.

Überwachung der Leistungsfähigkeit des Managementsystems (nach 12. BImSchV Anh III 2f)

Festlegung und Anwendung von Verfahren zur regelmäßigen systematischen Bewertung der Erreichung der Ziele, die der Betreiber im Rahmen des Konzepts zur Verhinderung von Störfällen und des Sicherheitssystems festgelegt hat, bzw. des Gesamt-Konzepts und zur Verhinderung von Störfällen und der Wirksamkeit und Angemessenheit des (Sicherheits-)Managementsystems sowie Einrichtung von Mechanismen zur Untersuchung und Korrektur bei Nichterreichung dieser Ziele. Die Verfahren umfassen das System für die Meldung von Ereignissen, insbesondere von solchen, bei denen Schutzmaßnahmen versagt haben, sowie die entsprechenden Untersuchungen und Folgemaßnahmen, bei denen einschlägige Erfahrungen und Erkenntnisse aus innerbetrieblichen und außerbetrieblichen Ereignissen zugrunde zu legen sind. Die Verfahren umfassen das System für die Meldung von Störfällen und Beinahe-Störfällen, insbesondere bei Versagen von Schutzmaßnahmen, die entsprechenden Untersuchungen und die Folgemaßnahmen, wobei einschlägige Erfahrungen zugrunde zu legen sind. Die Verfahren können auch Leistungsindikatoren wie sicherheitsbezogene Leistungsindikatoren und andere relevante Indikatoren beinhalten. Von der Leitung des Betriebsbereichs erfolgt eine Dokumentation der Überprüfung der Leistungsfähigkeit des bestehenden Konzepts und des (Sicherheit-) Managementsystems sowie seiner Aktualisierung, einschließlich der Erwägung und Einarbeitung notwendiger Änderungen gemäß der systematischen Überprüfung und Bewertung.

Systeme zur unabhängigen Überprüfung besonderer Anlagen (nach OffshoreBergV § 46)
Der Unternehmer hat Systeme zur unabhängigen Überprüfung zu erstellen und diese Systeme zu beschreiben für Entwässerungsanlagen und sonstige betriebliche Anlagen einschließlich ihrer sicherheits- und umweltkritischen Elemente, die in der Risikobewertung ermittelt wurden und die folgenden Einrichtungen und Geräte, soweit sie nicht bereits in dem o. g. System miterfasst sind:

- elektrische Anlagen und Betriebsmittel in explosionsgefährdeten Bereichen,
- Dampfkesselanlagen, Verdichter und Druckbehälter,
- Rettungsmittel, Feuerlöscheinrichtungen, Atemschutz- und Wiederbelebungsgeräte,
- Krane und andere kraftbetriebene Hebezeuge,
- Einrichtungen zur Lagerung brennbarer oder wassergefährdender Flüssigkeiten
- Rohrleitungen für gefährliche Gase oder Flüssigkeiten,
- Aufzüge

6.5.2.12 Anlagen

Anlage: Wesentliche Bestandteile des Sicherheits- und Umweltmanagementsystems
Die wesentlichen Bestandteile des Managementsystems sind:

- die Informationen in Bezug auf das Sicherheits- und Umweltmanagementsystem,
- die Organisationsstruktur des Unternehmens sowie die Aufgaben und Zuständigkeiten des Personals,
- die Organisation betreffende qualitative und quantitative Ziele zur Erhaltung und Verbesserung der Sicherheit, der Umwelt und Qualität sowie Pläne und Verfahren für die Erreichung dieser Ziele.
- **Leistungsüberwachung** Festlegung und Durchführung von Verfahren zur kontinuierlichen Beurteilung der Einhaltung der Ziele, die in dem Konzept des Betreibers und im Sicherheitsmanagement festgelegt sind, sowie von Mechanismen zur Prüfung und Einleitung von Abhilfemaßnahmen bei Nichteinhaltung (nach RICHTLINIE 2012/18/EU Anh III b VI).
- **Betriebskontrolle** Festlegung und Durchführung von Verfahren und Erteilung von Anweisungen für den sicheren Betriebsablauf, einschließlich Wartung, des Werks, Ver-

fahren und Einrichtung sowie für Alarmmanagement und kurzzeitiges Abschalten; Berücksichtigung verfügbarer Informationen über bewährte Verfahren für Überwachung und Kontrolle zur Verringerung des Risikos eines Systemausfalls (nach RICHTLINIE 2012/18/EU Anh III b III).

- **Berücksichtigung der Risiken im Zusammenhang mit im Betrieb installierten alternden Einrichtungen und Korrosion** – Erstellung eines Bestandsverzeichnisses der Einrichtungen des Betriebs sowie Strategie und Methodik zur Überwachung und Kontrolle des Zustands der Einrichtungen; – angemessene Maßnahmen zur Weiterbehandlung und erforderliche Gegenmaßnahmen (nach RICHTLINIE 2012/18/EU Anh III b III).
- **eine Sicherheitsordnung**, die vom Betriebsleiter genehmigt und dem gesamten Personal mitgeteilt wird
- **die Ermittlung und Bewertung ernster Gefahren**,
- **Ermittlung und Bewertung der Gefahren von schweren Unfällen** – Festlegung und Anwendung von Verfahren zur systematischen Ermittlung der Gefahren von schweren Unfällen bei bestimmungsgemäßem Betrieb und außergewöhnlichen Betriebssituationen, einschließlich von Tätigkeiten, die als Unteraufträge vergeben sind, sowie Beurteilung ihrer Eintrittswahrscheinlichkeit und Abschätzung möglicher Folgen (nach RICHTLINIE 2012/18/EU Anh III b II).
- **eine Beschreibung der organisatorischen Vorkehrungen** zur Beherrschung ernster Gefahren im Normalbetrieb und zur Begrenzung von Umweltschäden
- **Organisation und Personal** – Aufgaben und Verantwortungsbereiche des zur Überwachung der Gefahren schwerer Unfälle vorgesehenen Personals auf allen Stufen der Organisation zusammen mit den Maßnahmen, die zur Sensibilisierung für die Notwendigkeit ständiger Verbesserungen ergriffen werden; Ermittlung des entsprechenden Ausbildungsbedarfs und Durchführung der erforderlichen Ausbildungsmaßnahmen; Einbeziehung der Beschäftigten des Betriebs sowie des in dem Betrieb tätigen Personals von Subunternehmen, die unter dem Gesichtspunkt der Sicherheit wichtig sind (nach RICHTLINIE 2012/18/EU Anh III b I).
- **Verfahren**, die sicherstellen, dass Unfälle, Störungen, Beinahe-Unfälle und sonstige gefährliche Ereignisse **gemeldet, untersucht und ausgewertet** werden und die notwendigen Vorbeugungsmaßnahmen ergriffen werden. Die Verfahren umfassen das System für die Meldung schwerer Unfälle oder „Beinaheunfälle", insbesondere solcher, bei denen die Schutzmaßnahmen versagt haben, sowie die entsprechenden Untersuchungen und Folgemaßnahmen auf Grundlage der gesammelten Erfahrungen. Diese Verfahren könnten auch Leistungsindikatoren wie sicherheitsbezogene Leistungsindikatoren und/oder andere relevante Indikatoren beinhalten; (nach RICHTLINIE 2012/18/EU)
- **das Änderungsmanagement**: sichere Durchführung von Änderungen – Festlegung und Anwendung von Verfahren zur Planung von Änderungen bestehender Anlagen, oder des Verfahrens oder Auslegung einer neuen Anlage oder eines neuen Verfahrens oder eines neuen Lagerortes von gefährlichen Stoffen; (nach RICHTLINIE 2012/18/EU Anh III b IV).

- **Verfahren** und Methoden für die Durchführung von Risikobewertungen und die Anwendung von Maßnahmen zur Risikokontrolle für den Fall, dass sich aus geänderten Betriebsbedingungen oder neuem Material neue Risiken für die Infrastruktur oder den Betrieb ergeben;
- **Planung für Notfälle** und die Notfallmaßnahmen – Festlegung und Anwendung von Verfahren zur Ermittlung vorhersehbarer Notfälle aufgrund einer systematischen Analyse und zur Erstellung, Erprobung und Überprüfung der Notfallpläne, um in Notfällen angemessen reagieren und um dem betroffenen Personal eine spezielle Ausbildung erteilen zu können. Diese Ausbildung muss allen Beschäftigten des Betriebs, einschließlich des relevanten Personals von Subunternehmen, erteilt werden (nach RICHTLINIE 2012/18/EU Anh III b V).
- **Bereitstellung von Einsatz-, Alarm- und Informationsplänen** in Absprache mit den zuständigen Behörden;
- **Vorkehrungen für einen ausreichenden Informationsfluss** innerhalb der Organisation **Schulungsprogramme** für das Personal und Verfahren, die sicherstellen, dass die Qualifikation des Personals aufrechterhalten und die Arbeit dementsprechend ausgeführt wird (nach VERORDNUNG (EU) Nr. 1169/2010 Anh II Buchst N).
- **Verfahren zur Einhaltung bestehender, neuer und geänderter Normen** technischer und betrieblicher Art oder anderer Vorgaben, die in nationalen Sicherheitsvorschriften oder in sonstigen einschlägigen Vorschriften oder in behördlichen Entscheidungen festgelegt sind, sowie Verfahren, mit denen sichergestellt wird, dass die Normen und anderen Vorgaben während der gesamten Lebensdauer des Materials und während des gesamten Betriebs erfüllt werden;
- **Systematische Überprüfung und Bewertung** Festlegung und Anwendung von Verfahren zur regelmäßigen systematischen internen und externen Bewertung des Konzepts zur Verhinderung von Störungen und der Wirksamkeit und Angemessenheit des Sicherheitsmanagementsystems. Von der Leitung des Betriebs entsprechend dokumentierte Überprüfung der Leistungsfähigkeit des bestehenden Konzepts und des Sicherheitsmanagementsystems sowie seine Aktualisierung, einschließlich der Erwägung und Einarbeitung notwendiger Änderungen gemäß der systematischen Überprüfung und Bewertung (12. BImSchV Anhang III 2g).

Anlage: Sicherheitsbericht oder Gefährdungsabschätzung (nach 12. BImSchV Anh II)

1. Informationen über das Managementsystem und die Betriebsorganisation im Hinblick auf die Verhütung schwerer Unfälle. Mit diesen Informationen müssen die oben aufgeführten Punkte abgedeckt werden.
2. Umfeld des Betriebs:
   a) Beschreibung des Betriebs und seines Umfelds einschließlich der geografischen Lage, der meteorologischen, geologischen und hydrografischen Daten sowie gegebenenfalls der Vorgeschichte des Standorts;
   b) Verzeichnis der Anlagen und Tätigkeiten innerhalb des Betriebs, bei denen die Gefahr eines schweren Unfalls bestehen kann;

c) auf der Grundlage verfügbarer Informationen Verzeichnis benachbarter Betriebe sowie Betriebsstätten, die nicht in den Geltungsbereich dieser Richtlinie fallen, Bereiche und Entwicklungen, die einen schweren Unfall verursachen oder das Risiko oder die Folgen eines solchen Unfalls sowie jene von Domino-Effekten vergrößern könnten;
d) Beschreibung der Bereiche, die von einem schweren Unfall betroffen werden könnten.

3. Beschreibung der Anlage:
   a) Beschreibung der wichtigsten Tätigkeiten und Produkte, der sicherheitsrelevanten Betriebsteile, der Ursachen potenzieller schwerer Unfälle sowie der Bedingungen, unter denen der jeweilige schwere Unfall eintreten könnte, und Beschreibung der vorgesehenen Maßnahmen zur Verhütung schwerer Unfälle;
   b) Beschreibung der Verfahren, insbesondere der Verfahrensabläufe; gegebenenfalls Berücksichtigung verfügbarer Informationen über bewährte Verfahren;
   c) Beschreibung der gefährlichen Stoffe:
      i) Verzeichnis der gefährlichen Stoffe, das Folgendes umfasst:
         – Angaben zur Identifizierung der gefährlichen Stoffe: Angabe ihrer chemischen Bezeichnung, CAS-Nummer, Bezeichnung nach der IUPAC-Nomenklatur;
         – Höchstmenge der gefährlichen Stoffe, die vorhanden sind oder vorhanden sein können;
      ii) physikalische, chemische und toxikologische Merkmale sowie Angabe der für die menschliche Gesundheit oder die Umwelt unmittelbar bestehenden und der sich erst später auf sie auswirkenden Gefahren;
      iii) physikalisches oder chemisches Verhalten unter normalen Einsatzbedingungen oder bei vorhersehbaren Störungen.
4. Ermittlung und Analyse der Risiken von Unfällen und Mittel zu deren Verhütung:
   a) eingehende Beschreibung der Szenarien möglicher schwerer Unfälle nebst der Wahrscheinlichkeit oder der Bedingungen für ihr Eintreten, einschließlich einer Zusammenfassung der Vorfälle, die für das Eintreten jedes dieser Szenarien ausschlaggebend sein könnten, unabhängig davon, ob die Ursachen hierfür innerhalb oder außerhalb der Anlage liegen, insbesondere:
      i) betriebliche Ursachen;
      ii) externe Ursachen, etwa im Zusammenhang mit Domino-Effekten, Betriebsstätten, die nicht in den Geltungsbereich dieser Richtlinie fallen, Bereichen und Entwicklungen, die einen schweren Unfall verursachen oder das Risiko oder die Folgen eines solchen Unfalls vergrößern könnten;
      iii) natürliche Ursachen, z. B. Erbeben oder Überschwemmungen;
   b) Beurteilung des Ausmaßes und der Schwere der Folgen der ermittelten schweren Unfälle, einschließlich Karten, Bilder oder gegebenenfalls entsprechender Beschreibungen, aus denen die Bereiche ersichtlich sind, die von derartigen Unfällen in dem Betrieb betroffen sein können;
   c) Bewertung vergangener Unfälle und Zwischenfälle im Zusammenhang mit denselben Stoffen und Verfahren, Berücksichtigung der daraus gezogenen Lehren und ausdrück-

liche Bezugnahme auf spezifische Maßnahmen, die ergriffen wurden, um solche Unfälle zu verhindern;
   d) Beschreibung der technischen Parameter sowie Ausrüstungen zur Sicherung der Anlagen.
5. Schutz- und Notfallmaßnahmen zur Begrenzung der Folgen eines schweren Unfalls:
   a) Beschreibung der Einrichtungen, die in dem Werk zur Begrenzung der Folgen schwerer Unfälle für die menschliche Gesundheit und die Umwelt vorhanden sind, einschließlich beispielsweise Melde-/Schutzsysteme, technischer Vorrichtungen zur Begrenzung von ungeplanten Freisetzungen, einschließlich Berieselungsanlagen, Dampfabschirmung, Auffangvorrichtung oder -behälter, Notabsperrventile, Inertisierungssysteme, Löschwasserrückhaltung;
   b) Auslösung des Alarms und Durchführung der Notfallmaßnahmen;
   c) Beschreibung der Mittel, die innerhalb oder außerhalb des Betriebes für den Notfall zur Verfügung stehen;
   d) Beschreibung technischer und nicht technischer Maßnahmen, die für die Verringerung der Auswirkungen eines schweren Unfalls von Bedeutung sind.

Anlage: Informationen in den Notfalleinsatz- und Gefahrenabwehrplänen (nach 12. BImSchV Anhang IV und Richtlinie 2012/18/EU Anh IV und OffshoreBergV)
Der Notfalleinsatz- und *Gefahrenabwehrplan* enthält zumindest folgende Informationen:

- Namen, Rufbereitschaft und betriebliche Stellung der Personen, die zur Einleitung von Sofortmaßnahmen ermächtigt sind, sowie der Person, die für die Durchführung und Koordinierung der Abhilfemaßnahmen auf dem Gelände des Betriebsbereichs verantwortlich ist.
- Name, Rufbereitschaft und betriebliche Stellung der Person, die für die Verbindung und den Kontakt zu den für die externen Alarm- und Gefahrenabwehrpläne zuständigen Behörden verantwortlich ist.
- Ein Verzeichnis der Personen, die zur Behebung von Störfällen bereitstehen, mit Angabe ihrer fachlichen Qualifikation und ihrer Rufbereitschaft.
- Ein Verzeichnis der Stellen innerhalb und außerhalb des Unternehmens, die über Notfälle zu unterrichten sind, insbesondere auch mit Angaben zu deren Rettungsmitteln und Einsatzmöglichkeiten, sowie eine Anweisung über die Art der Unterrichtung und die für eine Meldung wesentlichen Daten.
- Eine Beschreibung aller Bedingungen oder Ereignisse, die einen schweren Unfall verursachen könnten, gemäß der Beschreibung im Bericht über ernste Gefahren.

Für vorhersehbare Umstände oder Vorfälle, die für das Auslösen eines schweren Unfalls oder eines Störfalls ausschlaggebend sein können,

- in jedem Einzelfall eine Beschreibung der Maßnahmen, die zur Kontrolle und zur Beherrschung dieser Umstände bzw. dieser Vorfälle sowie zur Begrenzung der Auswirkun-

gen zu treffen sind, einschließlich der Maßnahmen, die bei unterschiedlichen Notfällen zu treffen sind
- sowie ein Verzeichnis der für die Einzelfälle zu verwendenden technischen Geräte und Mittel, sowie eine Beschreibung der zur Verfügung stehenden Sicherheitsausrüstungen und Einsatzmittel.

Das Verzeichnis enthält mindestens die folgenden verfügbaren Einrichtungen, Geräte, Ressourcen und Angaben:

- die für die Reinhaltung der Gewässer einschließlich des Gewässergrundes wichtigen betrieblichen Einrichtungen, Geräte und Mittel mit Angabe der Fristen für ihre Zustands- und Funktionsprüfungen sowie einen Nachweis über die Durchführung und den Befund dieser Prüfungen,
- Angaben über die Möglichkeiten zur Lagerung, Beseitigung und Verwendung von aufgenommenem Öl oder von Rückständen und
- eine Aufzählung der technischen Geräte und Mittel, die für die einzelnen Einsatzfälle zu verwenden, sowie der Maßnahmen, die bei schweren Unfällen zu treffen sind.

Vorkehrungen zur Begrenzung der Risiken für Personen auf dem Gelände des Betriebsbereichs, einschließlich einer Beschreibung der Vorkehrungen, die zur Abstimmung der Flucht-, Evakuierungs- und Rettungsmaßnahmen getroffen worden sind, und mit denen sichergestellt werden soll, dass die Gefahr für Leben und Gesundheit für die Personen, die sich während eines schweren Unfalls im Kanalnetz oder auf der Kläranlage befinden, möglichst gering gehalten wird, sowie Angaben über die Art der Alarmierung sowie das von den Personen bei Alarm erwartete Verhalten.

Eine Beschreibung der Vorkehrungen, die zur Begrenzung der Risiken für die Umwelt getroffen worden sind, einschließlich der Angaben über die Art und den Zeitpunkt der Warnmeldung, die festgesetzten Warnsignale sowie das bei einer Warnmeldung erwartete Verhalten der Beschäftigten und die zu treffenden Maßnahmen.

Vorkehrungen zur frühzeitigen Warnung der für die Einleitung der in den Alarm- und Gefahrenabwehrplänen vorgesehenen Maßnahmen zuständigen externen Stellen oder Behörden, Art der Informationen, die bei der ersten Meldung mitzuteilen sind, sowie Vorkehrungen zur Übermittlung von detaillierteren Informationen, sobald diese verfügbar sind.

Eine Beschreibung der Maßnahmen zur Schulung des Personals in den Aufgaben, deren Wahrnehmung von ihnen erwartet wird, sowie zur Koordinierung dieser Maßnahmen mit externen Notfalldiensten, einschließlich Art, Umfang und zeitliche Abstände der Notfallübungen, sowie eines Nachweises über die Durchführung dieser Übungen.

Vorkehrungen zur Unterstützung von Abhilfemaßnahmen außerhalb des Geländes des Betriebsbereichs (z. B. in anschließenden Gewässern).

Eine Beschreibung der Vorkehrungen, die zur Koordinierung der internen Notfallmaßnahmen mit externen Notfallmaßnahmen getroffen worden sind.

6.6 Organisation der Entwässerung

Das in der Entwässerung arbeitende Personal muss entsprechend der Größe des Betriebs mit einer Organisationsstruktur versehen werden.

6.6.1 Rechtsgrundlagen zur Organisation der Abwasserbeseitigung

Die kommunale Selbstverwaltung oder das Selbstverwaltungsrecht der Gemeinden wird in Deutschland im Grundgesetz (Artikel 28 Absatz 2) garantiert. Die Gemeinde ist nach ihrer Rechtsnatur eine juristische Person des öffentlichen Rechts. Im Rahmen der kommunalen Selbstverwaltung sind die Gemeinden auf ihrem Gebiet und bei der Erledigung ihrer Aufgaben des eigenen Wirkungskreises zuständig für die Planungshoheit, die Organisation, das Personal, die Finanzen und die Hoheit Recht durch gemeindliche Satzungen zu setzen. Welche Aufgaben in den eigenen Wirkungskreis der Gemeinden fallen, wird im Artikel 83 der Bayerischen Verfassung geregelt; dazu gehören insbesondere neben der Verwaltung des Gemeindevermögens u. a. der Straßen- und Wegebau sowie die Versorgung der Bevölkerung mit Gas, Wasser oder Strom oder die Ortsplanung und Feuerschutz. Nicht explizit genannt wird hier die Abwasserbeseitigung, obwohl sie zu diesen Aufgaben des eigenen Wirkungskreises zählt. Nach § 56 Wasserhaushaltgesetz ist Abwasser von den juristischen Personen des öffentlichen Rechts zu beseitigen, die nach Landesrecht hierzu verpflichtet sind. In Art. 34 des Bayerischen Wassergesetzes sind dann die zur Abwasserbeseitigung verpflichteten Personen tatsächlich bestimmt: nach Absatz 1 sind hierzu die Gemeinden im eigenen Wirkungskreis verpflichtet. Aber auch den Trägern öffentlicher Verkehrsanlagen obliegt nach Abs. 3 die Abwasserbeseitigung von Straßen und Wegen, wenn sie dazu nach anderen Gesetzen verpflichtet sind und es sich nicht um bebaute Grundstücke handelt.

6.6.2 Organisation einer Kommune

6.6.2.1 Gemeinderat

Die Gemeinde wird durch den Gemeinderat verwaltet, soweit nicht der erste Bürgermeister selbständig entscheidet (Art. 29 Bayerische Gemeindeordnung). In größeren Kommunen heißt das die Bürger vertretende Gremium Stadtrat oder auch Marktgemeinderat. Der Rat entscheidet über alle Angelegenheiten, für die nicht beschließende Ausschüsse bestellt sind, und er überwacht die gesamte Gemeindeverwaltung, insbesondere auch die Ausführung seiner Beschlüsse. Die Ausschüsse können auch Senate heißen. Für die Abwasserbeseitigung zuständig können sein: Bauausschuss, Werksenat (Eigenbetrieb) oder Umweltausschuss. Die genauen Aufgaben dieser meist vorberatenden Ausschüsse sind in den jeweiligen Ortssatzungen oder Geschäftsordnungen geregelt.

6.6.2.2 Bürgermeister (GO Bayern)

Der erste Bürgermeister führt in kreisfreien Gemeinden und in Großen Kreisstädten die Amtsbezeichnung Oberbürgermeister (Art. 34 GO). In diesen Gemeinden und in kreisangehörigen Gemeinden mit mehr als 5000 Einwohnern ist der erste Bürgermeister Beamter auf Zeit (berufsmäßiger Bürgermeister). Der erste Bürgermeister führt den Vorsitz im Gemeinderat, vollzieht seine Beschlüsse und erledigt die laufenden Angelegenheiten in eigener Zuständigkeit. Nach Art. 37(3) ist der erste Bürgermeister befugt, an Stelle des Gemeinderats oder eines Ausschusses dringliche Anordnungen zu treffen und unaufschiebbare Geschäfte zu besorgen. Außerdem führt der erste Bürgermeister die Dienstaufsicht über die Beamten und Arbeitnehmer der Gemeinde. Der erste Bürgermeister kann im Rahmen der Geschäftsverteilung (Art. 46) einzelne seiner Befugnisse in Angelegenheiten der laufenden Verwaltung einem Gemeindebediensteten übertragen; eine darüber hinausgehende Übertragung auf einen Bediensteten bedarf zusätzlich der Zustimmung des Gemeinderats. Im Rahmen der Geschäftsordnung leitet und verteilt der erste Bürgermeister die Geschäfte. Über die Verteilung der Geschäfte unter die Gemeinderatsmitglieder beschließt der Gemeinderat.

6.6.2.3 Verwaltung

Die Kommunale Gemeinschaftsstelle für Verwaltungsmanagement (KGSt) in Köln empfiehlt, eine Gemeindeverwaltung in sechs Fachbereiche, Referate oder Dezernate aufzuteilen. Geleitet werden diese Bereiche von Dezernenten, Beigeordneten oder Berufsmäßigen Stadträten. Den Fachbereichen oder Referaten sind die verschiedenen Ämter zugeordnet. Jedes Amt trägt meist eine Organisationskennziffer, diese sind hier in Klammern dargestellt. In kleineren Kommunen gibt es i. d. R. weniger, in größeren Kommunen mehr Ämter.

Der Bereich Abwasserbeseitigung ist meist dem Bereich 6. Bauverwaltung (Planen und Bauen) zugeordnet. Dabei gehört die **Entwässerung** zum Amt (64), (65) oder (66), dem Tiefbauamt, oder einem Eigenbetrieb, in den die Abwasserbeseitigung integriert ist. Bestenfalls ist die Entwässerung sogar ein separater Eigenbetrieb.

Neben Bau, Planung und von Unterhalt Straßen, Plätzen, Geh- und Radwegen ist der **Bereich Tiefbau** meist auch für Brücken zuständig. Betrieb von öffentlichen Beleuchtungsanlagen, Verkehrsleittechnik sowie für Straßenreinigung und Winterdienst kann in einem Betriebsamt organisiert sein. Dort könnten auch die Müllabfuhr, Gewässerunterhalt oder Hochwasserschutz angesiedelt sein. Hier sind leicht unterschiedliche Aufteilungen die Regel. Die schadlose Ableitung und Behandlung von Abwässern einschließlich der Klärschlammverwertung und -beseitigung oder der Unterhalt von Gewässern oder Hochwasserschutzaufgaben gehören oft ebenfalls zum Tiefbau. Auch hoheitliche Tätigkeiten im Rahmen der städtischen Satzungen, insbesondere der Vollzug der Entwässerungssatzung (EWS), der Grubenräumungssatzung, der Gebührensatzung zur Entwässerungssatzung und zur Fäkalabfallbeseitigungssatzung können einer Bauverwaltung, dem Bereich Tiefbau oder einem Eigenbetrieb zugeordnet sein.

Die Entwässerung in einem solchen Regiebetrieb hat eine um die Kostenrechnung erweiterte Buchführung nach dem Bruttoprinzip. Dort werden alle Einnahmen und Ausgaben im Haushalt der kommunalen Gebietskörperschaft veranschlagt. Sie besitzt in dem Fall kein abgegrenztes Betriebsvermögen, sondern ist in den gemeindlichen Haushalt eingeordnet.

6.6.2.4 Eigenbetrieb und Ähnliche

Eigenbetriebe sind eine besondere Unternehmensform auf Grundlage der jeweiligen Gemeindeordnungen der Bundesländer. Sie unterscheiden sich also im Detail leicht. Eigenbetriebe sind gemeindliche wirtschaftliche Unternehmen, die außerhalb der allgemeinen

Verwaltung als Sondervermögen ohne eigene Rechtspersönlichkeit geführt werden. Für Eigenbetriebe bestellt der Gemeinderat eine Werkleitung und einen Werkausschuss (Betriebsleitung u. Betriebsausschuss) (BayGO Art. 88).

Die Werkleitung führt die laufenden Geschäfte des Eigenbetriebs, ist Dienstvorgesetzter der Beamten im Eigenbetrieb und führt die Dienstaufsicht über sie und die im Eigenbetrieb tätigen Arbeitnehmer. Der Gemeinderat entscheidet i. d. R. über folgende wichtige Angelegenheiten:

- Änderungen der Eigenbetriebssatzung,
- wesentliche Aus- und Umgestaltungen des Unternehmens,
- Wahl und Bestellung der Betriebsleitung
- Festsetzung der Entwässerungsgebühren
- Feststellung und Änderung des Wirtschaftsplans

Im Übrigen beschließt über die Angelegenheiten des Eigenbetriebs der Werkausschuss.

Die Gemeinde (in Bayern) kann Einrichtungen innerhalb der allgemeinen Verwaltung (Regiebetriebe), also auch die Entwässerung, ganz oder teilweise nach den Vorschriften über die Wirtschaftsführung der Eigenbetriebe führen, wenn das zweckmäßig ist. In Rheinland-Pfalz sind Einrichtungen und Anlagen der Abwasserbeseitigung sogar als Eigenbetriebe zu führen oder nach den Bestimmungen der Eigenbetriebsverordnung zu verwalten (GemO Rheinland-Pfalz § 86). Der gesetzliche Vertreter von Eigenbetrieben kann der (Ober-)Bürgermeister der Gemeinde/Stadt oder die Betriebsleitung sein; das gilt auch für das Eingehen von Verpflichtungen und den Abschluss von Verträgen und den Erwerb von Rechten oder Grundstücken.

6.7 Personen und Aufgaben

Den im Betrieb arbeitenden Personen müssen immer auch bestimmte Aufgaben zugewiesen werden.

6.7.1 Abwasserbeseitigungspflichtige

Abwasser ist von den juristischen Personen des öffentlichen Rechts zu beseitigen, die nach Landesrecht hierzu verpflichtet sind (Abwasserbeseitigungspflichtige). Diese Pflicht zur Abwasserbeseitigung nach § 56 WHG trifft in der Regel die Gemeinden.

Die Gemeinden als juristische Personen müssen diese Pflicht nun an eine konkrete Person übertragen: die Gemeinden werden durch den Gemeinderat verwaltet (BayGO Art. 29). Der Gemeinderat kann (in Bayern) dem ersten Bürgermeister durch die Geschäftsordnung Angelegenheiten zur selbständigen Erledigung übertragen; und der Gemeinderat überwacht die gesamte Gemeindeverwaltung (GO Bayern Art 30).

Die Pflicht zur Abwasserbeseitigung hat also i. d. R. entweder

- der Gemeinderat (Gremium) als Vertreter der Gemeinde (i. d. R. nicht) oder aber, wenn er oder sie durch den Gemeinderat beauftragt wurden (Regelfall)
- der Bürgermeister oder ggf.
- im Eigenbetrieb die Werkleitung.

Bei anderen Organisationsformen sind andere Leitungs-Personen zuständig. Bürgermeister oder Werkleitung werden die Aufgabe nicht alleine erledigen, sondern Mitarbeiter beschäftigen. Damit werden abwasserbeseitigungspflichtige Gemeinden zum Arbeitgeber.

6.7.2 Grundpflichten des Arbeitgebers

Der Arbeitgeber ist verpflichtet, die erforderlichen Maßnahmen des Arbeitsschutzes unter Berücksichtigung der Umstände zu treffen, die Sicherheit und Gesundheit der Beschäftigten bei der Arbeit beeinflussen. Zur Planung und Durchführung dieser Maßnahmen hat der Arbeitgeber

- unter Berücksichtigung
  - der Art der Tätigkeiten (Abwasserbeseitigung) und
  - der erforderlichen Zahl der Beschäftigten u. a.
- für eine geeignete Organisation zu sorgen und
- die erforderlichen Mittel bereitzustellen und
- den Beschäftigten geeignete Anweisungen zu erteilen (ArbSchG § 3).

Der Arbeitgeber hat vor Beginn der Arbeit und vor der Verwendung von Arbeitsmitteln die auftretenden Gefährdungen zu beurteilen (Gefährdungsbeurteilung) und daraus notwendige und geeignete Schutzmaßnahmen abzuleiten. Dabei hat der Arbeitgeber die Beurteilung je nach Art der Tätigkeiten vorzunehmen (nach BetrSichV § 3). Dafür muss er aber die sehr verschiedenen Tätigkeiten und teilweise sehr gefährlichen Arbeiten im Bereich Abwasserbeseitigung kennen!

▶ Eine Gefährdung kann sich insbesondere auch ergeben durch unzureichende Qualifikation und Unterweisung der Beschäftigten.

Verantwortliche Personen (ArbSchG § 13)
Verantwortlich für die Erfüllung der sich aus diesem Abschnitt (Arbeitsschutzgesetz) ergebenden Pflichten sind neben

- dem Arbeitgeber Gemeinde/Verband
- sein gesetzlicher Vertreter, also der Bürgermeister oder Vorstand, und
- Personen, die mit der Leitung eines Unternehmens oder eines Betriebes beauftragt sind, im Rahmen der ihnen übertragenen Aufgaben und Befugnisse.

6.7.3 Übertragung von Arbeitgeber-Pflichten

Bei der Übertragung von Aufgaben auf Beschäftigte hat der Arbeitgeber ***je nach Art der Tätigkeiten*** zu berücksichtigen, ob die Beschäftigten befähigt sind, die für die Sicherheit und den Gesundheitsschutz bei der Aufgabenerfüllung zu beachtenden Bestimmungen und Maßnahmen einzuhalten (ArbSchG § 7). Die DGUV Regel 100-001, Grundsätze der Prävention, Mai 2014 führt dazu folgendes aus:

„2.12 Pflichtenübertragung

§ 13 Pflichtenübertragung

Der Unternehmer kann zuverlässige und fachkundige Personen schriftlich damit beauftragen, ihm nach Unfallverhütungsvorschriften obliegende Aufgaben in eigener Verantwortung wahrzunehmen. Die Beauftragung muss den Verantwortungsbereich und Befugnisse festlegen und ist vom Beauftragten zu unterzeichnen. Eine Ausfertigung der Beauftragung ist ihm auszuhändigen.

Die Pflichtenübertragung ist ein Instrument des Unternehmers zur Organisation des betrieblichen Arbeitsschutzes. Durch sie werden Aufgaben, Pflichten und Verantwortlichkeiten des Arbeitsschutzes auf Personen übertragen. Mit der Pflichtenübertragung kann der Unternehmer einen wesentlichen Teil seiner ihm obliegenden Organisationspflichten erfüllen. Der Unternehmer hat vor der Beauftragung zu prüfen, ob die für die Pflichtenübertragung vorgesehenen Personen zuverlässig und fachkundig sind.

Zuverlässigkeit und Fachkunde

Zuverlässig sind die für die Pflichtenübertragung vorgesehen Personen, wenn zu erwarten ist, dass diese die Aufgaben des Arbeitsschutzes mit der gebotenen Sorgfalt ausführen. Fachkundig sind die für die Pflichtenübertragung vorgesehenen Personen, die das einschlägige Fachwissen und die praktische Erfahrung aufweisen, um die ihnen obliegenden Aufgaben sachgerecht auszuführen.

Beauftragte Personen können z. B. sein:

- *Betriebs- und Verwaltungsleiter,*
- *Abteilungsleiter,*
- *Prokuristen,*
- *Objektleiter,*
- *Bauleiter,*
- *Meister,*
- *Polier,*
- *Schichtführer*
  aber auch
  betriebsfremde Dienstleister.“

Die für die Leitung und Beaufsichtigung des Betriebes verantwortlichen Personen müssen zuverlässig sein. Die Zuverlässigkeit erfordert, dass sie auf Grund ihrer persönlichen Eigenschaften, ihres Verhaltens und ihrer Fähigkeiten zur ordnungsgemäßen Erfüllung der ihnen obliegenden Aufgaben geeignet sind.

„Form und Inhalt der Pflichtenübertragung

Die Pflichtenübertragung bedarf der Schriftform (siehe nachstehendes Muster für die Übertragung von Unternehmerpflichten); dieses ist den vorgesehenen Aufgaben des Verpflichteten so anzupassen, dass die Aufgabenverteilung konkret nachvollziehbar wird. Sie kann auch durch Arbeitsvertrag erfolgen. Die Pflichtenübertragung muss so erfolgen, dass sie sich mit den aus dem Arbeitsvertrag ergebenden Pflichten vereinbaren lässt und diese sinnvoll ergänzt. Die Zustimmung des Verpflichteten ist nur erforderlich, sofern der bisherige Rahmen des Arbeitsvertrages überschritten wird. Durch die schriftliche Fixierung kann der Unternehmer im Zweifel beweisen, dass die Aufgaben übertragen wurden und die beauftragte Person ordnungsgemäß bestellt ist. Inhaltlich verlangt die Pflichtenübertragung dass

- *die übertragenen Unternehmerpflichten hinreichend genau nach Art und Umfang umschrieben sind,*
- *der beauftragten Person die erforderlichen Handlungs- und Entscheidungskompetenzen (insbesondere organisatorischer, personeller und finanzieller Art) sowie die notwendigen Weisungsbefugnisse eingeräumt werden, um selbständig handeln zu können und*
- *die Schnittstellen zu benachbarten Verantwortungsbereichen eindeutig festgelegt und die Zusammenarbeit mit anderen Verpflichteten geregelt sind.*

Auswirkungen der Pflichtenübertragung

Durch die Pflichtenübertragung übernimmt die beauftragte Person im festgelegten Umfang die Pflichten des Unternehmers zur Verhütung von Arbeitsunfällen, Berufskrankheiten und arbeitsbedingten Gesundheitsgefahren. Sie nimmt im Rahmen der Beauftragung die Rechtsstellung des Unternehmers im Betrieb mit allen damit verbunden Rechten und Pflichten ein. Insoweit ist die beauftragte Person selbst für die Durchführung der erforderlichen Arbeitsschutzmaßnahmen verantwortlich. Der Unternehmer wird durch die Pflichtenübertragung nicht von allen Pflichten befreit. Er bleibt verantwortlich für die Aufsicht und Kontrolle und hat dafür zu sorgen, dass die übertragenen unternehmerischen Pflichten auch tatsächlich umgesetzt werden. Der Unternehmer hat zumindest stichprobenartig zu prüfen oder prüfen zu lassen, ob die übertragenen Aufgaben ordnungsgemäß erfüllt werden. Die oberste Auswahl-, Aufsichts- und Kontrollverpflichtung des Unternehmers ist nicht übertragbar“ (DGUV, DGUV Regel 100-001, Mai 2014).

6.7.4 Eignung und Befähigung der Beauftragten (BLV § 2)

Diese Begriffe werden in der Verordnung über die Laufbahnen der Bundesbeamtinnen und Bundesbeamten (Bundeslaufbahnverordnung – BLV § 2) beschrieben. Entsprechend dem Leistungsgrundsatz sind laufbahnrechtliche Entscheidungen nämlich u. a. nach Eignung, Befähigung und fachlicher Leistung zu treffen.

Eignung erfasst insbesondere Persönlichkeit und charakterliche Eigenschaften, die für ein bestimmtes Amt von Bedeutung sind.

Befähigung umfasst die Fähigkeiten, Kenntnisse, Fertigkeiten und sonstigen Eigenschaften, die für die dienstliche Verwendung wesentlich sind.

Die fachliche Leistung ist insbesondere nach den Arbeitsergebnissen, der praktischen Arbeitsweise, dem Arbeitsverhalten und für Beamtinnen oder Beamte, die bereits Vorgesetzte sind, nach dem Führungsverhalten zu beurteilen.

Die ***DGUV Regel 100-001. Mai 2014*** führt weiter aus:

„§ 7 Befähigung für Tätigkeiten

2.6.1 (1) Bei der Übertragung von Aufgaben auf Versicherte hat der Unternehmer je nach Art der Tätigkeiten zu berücksichtigen, ob die Versicherten befähigt sind, die für die Sicherheit und den Gesundheitsschutz bei der Aufgabenerfüllung zu beachtenden Bestimmungen und Maßnahmen einzuhalten. Der Unternehmer hat die für bestimmte Tätigkeiten festgelegten Qualifizierungsanforderungen zu berücksichtigen.

Befähigung

Der Begriff der Befähigung umfasst alle körperlichen sowie geistigen Fähigkeiten, Fertigkeiten und Eigenschaften einer Person, die zur Einhaltung der Arbeitsschutzvorschriften erforderlich sind.

Auf körperlicher Seite *kommen hier z. B. die Hör- und Sehfähigkeit, die körperliche Belastbarkeit und der Tastsinn in Betracht.*

Zu den geistigen Fähigkeiten und Eigenschaften *zählen z. B. die Auffassungsgabe, die psychische Belastbarkeit, die Konzentrations- und Koordinationsfähigkeit, das technische Verständnis, das Reaktionsvermögen und die Ausbildungsqualifikation. … Bestandteil der Qualifizierungsanforderungen sind alle Aus- und Weiterbildungsmaßnahmen, die die Versicherten in die Lage versetzen, sich entsprechend dem Schutzkonzept für ihren Arbeitsplatz und ihre Arbeitsaufgabe unter den vorhersehbaren Bedingungen zu verhalten.*

Ermittlung der Befähigung

Der Unternehmer trägt im Ergebnis seiner Gefährdungsbeurteilung die Verantwortung für die der Sicherheit und der Gesundheit zuträglichen Arbeitsplatzverhältnisse. …

Zeitpunkt der Ermittlung

Die Verpflichtung zur Berücksichtigung der Befähigung trifft den Unternehmer zunächst bei der erstmaligen Übertragung von Aufgaben. Er kann im Rahmen der Einstellungsgespräche bzw. durch Eignungsuntersuchungen feststellen, ob der Versicherte die zur Erfüllung der Aufgaben erforderlichen Fähigkeiten und die nötige Zuverlässigkeit besitzt. … Die Befähigung des Versicherten muss auch bei Veränderungen in dessen Aufgabenbereich berücksichtigt werden. Diese können mit der Zuweisung neuer bzw. anderer Aufgaben, der Einführung neuer Arbeitsmittel oder anderer Arbeitsverfahren verbunden sein.

Besondere Anforderung an die Befähigung

Je größer das Gefährdungspotenzial der vom Versicherten auszuführenden Arbeiten ist, desto höher sind die Anforderungen an die Befähigung des Versicherten. Entsprechend höher sind auch die Anforderungen an die Maßnahmen des Unternehmers, mit denen er die Befähigung der Versicherten zu prüfen hat" (DGUV, DGUV Regel 100-001, Mai 2014).

6.7.5 Beauftragte Leitungs-Personen im Entwässerungsbetrieb

Verantwortlich für die Erfüllung der sich aus dem Arbeitsschutzgesetz ergebenden Pflichten sind neben dem Arbeitgeber (Gemeinde)

- sein gesetzlicher Vertreter, also der Gemeinderat, und
- Personen, die mit der Leitung eines Unternehmens oder eines Betriebes beauftragt sind,

im Rahmen der ihnen übertragenen Aufgaben und Befugnisse (ArbSchG § 13).

6.7.5.1 Ernennung eines Verantwortlichen

Der Entwässerungsbetrieb hat also mindestens eine für die Leitung und Beaufsichtigung des Betriebes verantwortliche Person zu bestellen. Der *verantwortliche Betriebsleiter* muss mit der Ermächtigung der Gemeinde ausgestattet sein, um sicherzustellen, dass die erforderlichen Maßnahmen (Bau, Betrieb, Unterhaltung, Instandhaltung) finanziert und gemäß dem geforderten Standard ausgeführt werden kann.

Für die *Leitung und Beaufsichtigung des Betriebes verantwortliche Personen* sind diejenigen natürlichen Personen, die vom Bürgermeister oder dem Gemeinderat mit der fachlichen Leitung, Überwachung und Kontrolle der vom Betrieb durchgeführten Tätigkeiten insbesondere im Hinblick auf die Beachtung der hierfür geltenden Vorschriften und Anordnungen bestellt worden sind (EfbV § 2).

Die Beauftragung setzt die Übertragung der für die beschriebenen Aufgaben erforderlichen Entscheidungs- und Mitwirkungsbefugnisse voraus.

Die Ernennung eines leitenden Angestellten zum Verantwortlichen durch den Bürgermeister und die Einhaltung der Anforderungen sind zu dokumentieren. Die Ernennung ist allen Mitarbeitern des Unternehmens in Textform bekannt zu geben. Die größte Verantwortung trägt dabei also die Person, die vom Gemeinderat mit der Leitung des Entwässerungsbetriebs beauftragt wurde. Diese Person hat die Verantwortung für eine geeignete Organisation zu sorgen, qualifizierte Mitarbeiter und die erforderlichen Mittel zu beschaffen und den Beschäftigten geeignete Anweisungen zu erteilen.

Hier sind die höchsten Anforderungen zu stellen, da von dieser Person das größte Gefährdungspotential für den Gesamtbetrieb ausgeht, falls sie ungeeignet ist. Für die im Betrieb durchgeführten Tätigkeiten sind die Verantwortung sowie die Entscheidungs- und Mitwirkungsbefugnisse folgender Personen festzulegen:

- der für die Leitung und Beaufsichtigung des Betriebes verantwortlichen Personen,
- des sonstigen Personals sowie
- der Betriebsbeauftragten, die für den Betrieb zu bestellen sind.

Die Festlegungen sind schriftlich, elektronisch oder in gleich geeigneter Weise in Form von Funktionsbeschreibungen und Organisationsplänen darzustellen und den betroffenen Mitarbeitern bekannt zu geben (§§ 2–3 EfbV, *nicht* direkt einschlägig!).

6.7.5.2 Anforderungen an die für die Leitung und Beaufsichtigung des Betriebes verantwortlichen Personen

▶ Der Arbeitgeber kann zuverlässige und fachkundige Personen schriftlich damit beauftragen, ihm obliegende Aufgaben nach diesem Gesetz in eigener Verantwortung wahrzunehmen (Arbeitsschutzgesetz § 13).

Der Betrieb und die Unterhaltung der Einrichtungen (= Abwasserbehandlungsanlagen) sind durch ausreichendes Personal mit der erforderlichen beruflichen Qualifikation sicherzustellen. Dazu gehört auch eine geeignete tätigkeitsbezogene Fortbildung (§ 11 Selbstüberwachungsverordnung kommunal – SüwV-kom NRW).

In Anhang 2 dieses Buches sind Lehrgangsinhalte bzw. Wissensinhalte aufgelistet, die ein Leitungsmitarbeiter in einem Entwässerungsbetrieb mitbringen oder erwerben sollte.

Erläuterung zur Übertragung von Unternehmerpflichten

Die *Berufsgenossenschaft für Gesundheitsdienst und Wohlfahrtspflege* hat auf ihrer Internetseite u. a. folgendes veröffentlicht:

*„**Erläuterung zur Übertragung von Unternehmerpflichten***

Eine Person, die die Arbeitsschutz relevanten Aufgaben in eigener Verantwortung übernehmen soll, muss folgende Anforderungen erfüllen:

1. *Sie besitzt die fachliche Qualifikation, die erforderlich ist, um die Gefährdungen im Betrieb zu erkennen und die erforderlichen Schutzmaßnahmen festlegen zu können,*
2. *Sie ist aufgrund der Betriebsgröße noch unmittelbar in das Betriebsgeschehen einbezogen und besitzt die notwendigen praktischen Erfahrungen, um die erforderlichen Arbeitsschutzmaßnahmen zu ergreifen,*
3. *Aufgrund der Organisationsstruktur ist sie auch diejenige Person, die die notwendigen Arbeitsschutzmaßnahmen entweder selbst durchführt oder unmittelbar anordnet.*

...

Wer ist ‚Unternehmer' und wem können die Unternehmerpflichten übertragen werden?

... Sofern es sich jedoch bei dem Unternehmen um eine juristische Person handelt, können als ‚Unternehmer' nur die gesetzlichen Vertreter, die vertretungsberechtigten Organmitglieder (Vorstand) bzw. vertretungsberechtigten Gesellschafter angesehen werden.

Sofern bei einem Unternehmen in Form einer juristischen Person mehrere vertretungsberechtigte natürliche Personen existieren (mehrere Vorstandsmitglieder, Geschäftsführer oder vertretungsberechtigte Gesellschafter), wird es ausreichen, wenn eine dieser natürlichen Personen die Pflichten für den Arbeitsschutz wahrnimmt. Dabei kommt nur diejenige natürliche Person in Betracht, die aufgrund ihrer Qualifikation, ihrer Einbindung in den technischen oder organisatorischen Betriebsablauf und ihrer intern geregelten Befugnis zur Durchführung der im Arbeitsschutz erforderlichen Maßnahmen dafür als geeignet erscheint. Führen z. B. ein kaufmännischer Geschäftsführer und eine dem Zweck des Unter-

nehmens entsprechend ausgebildete Person eine GmbH, ist es sinnvoll, die Übertragung der Unternehmerpflichten an den fachlich qualifizierten Gesellschafter zu übertragen, da nur dieser wahrscheinlich die Arbeitsabläufe im Betrieb gestaltet und aufgrund seiner Berufsausbildung und Erfahrung in der Lage ist, die erforderlichen Arbeitsschutzmaßnahmen durchzuführen" (Berufsgenossenschaft für Gesundheitsdienst und Wohlfahrtspflege, zuletzt 07.01.2024).

Weitere konkrete Anforderungen an das Leitungspersonal von Entwässerungsbetrieben sind nicht zu finden. Da diese Personen für die Gemeinde eine Dienstleistung erbringen, können die folgenden Regelungen auch Hinweise liefern: Die fachliche Eignung von Bewerbern für die Durchführung von Dienstleistungen kann insbesondere aufgrund ihrer Fachkunde, Leistungsfähigkeit, Erfahrung und Zuverlässigkeit beurteilt werden (§ 13 VOF 2006, *nicht* direkt einschlägig). Eignungskriterien müssen mit dem Auftragsgegenstand in Verbindung und zu diesem in einem angemessenen Verhältnis stehen (§ 122 GWB, *nicht* direkt einschlägig).

Der/die vom Betreiber mit der Aufsicht über die Abwasserbehandlungsanlage Beauftragte sowie der/die vom Betreiber für den Betrieb der Abwasserbehandlungsanlage Verantwortliche sind in der Dienst- und Betriebsanweisung zu benennen (§ 11 Selbstüberwachungsverordnung kommunal – SüwV-kom NRW, *nicht überall* direkt einschlägig).

Zum Betrieb von Abwasseranlagen gehört auch, dass beschäftigtes Personal die erforderliche Ausbildung und Fachkenntnis sowie das Unternehmen die erforderliche Organisation besitzt. In Anlehnung an die EfbV Anlage 1 sind die angepassten Lehrgangsinhalte für das Fachpersonal in der Anlage 2 am Ende des Buchs zu finden. Auf die Technische Regel der Deutschen Vereinigung für Wasserwirtschaft, Abwasser und Abfall e. V. Merkblatt DWA-M 1000: Anforderungen an die Qualifikation und die Organisation von Betreibern von Abwasseranlagen (in der neuesten Fassung) wird hingewiesen (3.2.8.4 VVWas, Verwaltungsvorschrift aus Bayern, *nicht überall* direkt einschlägig).

Anforderungen an Führungskräfte in Bayern

In Bayern hat der Ministerrat 2004 Führungskräftestandards beschlossen, die vielleicht am besten geeignet sind, um hieraus Anforderungen an die Eignung von Leitungs-Personen im Entwässerungsbetrieb zu finden.

„Führungskräftestandards in der bayerischen Staatsverwaltung

1. ***Leitgedanken***

   Die Führungskräftestandards beschreiben die Anforderungen, die heute an Führungskräfte der oberen und mittleren Führungsebene in der bayerischen Staatsverwaltung zu stellen sind. Ihre Verankerung haben die Führungskräftestandards im verfassungsmäßigen Leistungsprinzip. Sie definieren Eignungs- und Befähigungsmerkmale für die gestellte Führungsaufgabe.

   Die Führungskräftestandards tragen aber auch der Tatsache Rechnung, dass erfolgreiches Führungsverhalten wie auch eine effiziente Verwaltungskultur sich konsequent am Menschen ausrichten muss.

   Verbindliche Führungskräftestandards geben damit Inhalte und Orientierung für die Auswahl von Führungskräften vor und sie ermöglichen (und bedingen) ein auf

Wettbewerb und Leistung ausgerichtetes Auswahlverfahren. In diesem Sinne beinhalten die nachfolgenden Führungskräftestandards sowohl Qualifikationen wie auch persönliche Kompetenzen. Führungskompetenzen, Qualifikationen und eine überdurchschnittliche Fachkompetenz und Leistungsbereitschaft sind verbindliche Voraussetzung für die Übertragung von Führungsaufgaben in der öffentlichen Verwaltung.

2. ***Qualifikation der Führungskraft***
Unabdingbar für eine Führungskraft der bayerischen Staatsverwaltung sollte sein
   - *eine fundierte Werteorientierung, die ihren Ausdruck findet in einem ausgeprägten Sinn für Gerechtigkeit und Verantwortung;*
   - *eine Persönlichkeit, die durch das eigene Vorbild führt und Glaubwürdigkeit und Loyalität vermittelt;*
   - *eine Reflexions- und Lernbereitschaft, die sich in einer großen Bereitschaft zu Fortbildung und Information spiegelt.*

   Davon abgeleitet sind Kompetenzen, über die Bewerber auf Führungspositionen im oben genannten Sinne verfügen sollten. Die Kompetenzen sind in drei Bereiche (persönliche/soziale/strategisch-methodische) untergliedert. Bei Überschneidungen der Bereiche im Einzelfall erfolgte die Zuordnung nach dem Gesichtspunkt der überwiegenden Zugehörigkeit.

2.1 ***Persönliche Kompetenzen***
Persönliche Kompetenzen beschreiben notwendige Persönlichkeitsmerkmale, innere Einstellungen und Wertvorstellungen der Führungskraft.
- *Kreativität und Innovationsfähigkeit*
- *Emotionale Stabilität und Belastbarkeit*
- *Selbstmotivation und Eigenverantwortung*
- *Flexibilität*
- *Entscheidungsstärke*
- *Beurteilungsvermögen*

2.2 ***Soziale Kompetenzen***
Soziale Kompetenzen beschreiben die Fähigkeit der Führungskraft, mit anderen erfolgreich in Beziehung zu treten und konstruktiv zusammenzuwirken.
- *Fähigkeit*
  - *klar zu formulieren,*
  - *umfassend zu informieren,*
  - *zu loben und zu kritisieren,*
  - *Kritik anzunehmen*
- *Fähigkeit sich und andere zu begeistern*
- *Fähigkeit*
  - *im Team zu arbeiten,*
  - *zu vermitteln,*
  - *zu moderieren,*
  - *Kompromisse zu finden,*
  - *Konflikte zu bewältigen*

- *Durchsetzungsfähigkeit*
- *Einfühlungsvermögen*
- *Auftreten und Außenwirkung*

2.3 ***Strategische/methodische Kompetenzen***
Strategische/methodische Kompetenzen beschreiben die Fähigkeit der Führungskraft, die Arbeit unter übergeordneten Gesichtspunkten zu analysieren, zu planen und aktiv zu steuern sowie die eigene Arbeit wie auch die Arbeit der Mitarbeiterinnen und Mitarbeiter durch die Anwendung von Methoden und Techniken erfolgreich zu gestalten.
Das umfasst im Einzelnen die Fähigkeit oder Fertigkeit,
- *vielgestaltige/unterschiedliche Anforderungen zu bewältigen,*
- *übergeordnete Gesichtspunkte zu erkennen,*
- *Aufgaben und Ziele zu formulieren,*
- *Planungen zu entwerfen,*
- *bereichs- und behördenübergreifend zu denken und zu arbeiten,*
- *zu organisieren,*
- *Probleme sachgerecht zu lösen,*
- *Inhalte/Sachverhalte überzeugend zu präsentieren,*
- *mit den Medien angemessen und kompetent umzugehen,*
- *mit Ressourcen (finanziell und personell) kompetent umzugehen.*

3. ***Führungsfortbildung***
Führungsfortbildung ist eine Pflichtaufgabe für Führungskräfte. Die Übertragung von Führungstätigkeiten ist an den Nachweis einer systematischen Führungsfortbildung gebunden.
4. ***Umsetzung***
Die Ermittlung des Potenzials (Qualifikationen und Kompetenzen) von zukünftigen Führungskräften gehört zu den wesentlichen Aufgaben aller Vorgesetzten im Rahmen der Personalentwicklung.
Der Aufbau des Potenzials liegt sowohl in der Verantwortung der Vorgesetzten wie auch in der Bereitschaft des Einzelnen, dieses Potenzial durch Fortbildung auszubauen. Die Führungskräftestandards sollen in Beurteilungen, Mitarbeitergespräche und Zielvereinbarungen einfließen.
Die Führungskräftestandards sind bei wettbewerbsorientierten Auswahlverfahren verbindlich zu berücksichtigen. Die Vorschläge zur Besetzung von Führungspositionen sind unter Bezug auf Führungskräftestandards wie auf Fachkompetenz zu begründen" ...

(Bekanntmachung des Bayerischen Staatsministeriums für Bildung und Kultus, Wissenschaft und Kunst vom 9. Oktober 2014).

6.7.5.3 Fachkunde und Zuverlässigkeit von Leitungspersonen

Fachkunde

Fachkundig ist, wer zur Ausübung einer bestimmten Aufgabe über die erforderlichen Fachkenntnisse verfügt. Die Anforderungen an die Fachkunde sind abhängig von der jeweiligen Art der Aufgabe. Zu den Anforderungen zählen eine entsprechende Berufsausbildung,

Berufserfahrung oder eine zeitnah ausgeübte entsprechende berufliche Tätigkeit. Die Fachkenntnisse sind durch Teilnahme an Schulungen auf aktuellem Stand zu halten (§ 2 BetrSichV, § 2 ArbStättV). Ein Teil der Aufgabe ergibt sich aus der Arbeitsstättenverordnung, da die entwässerungs-technischen Bauwerke auch Arbeitsstätten sind, die *eingerichtet und betrieben* werden müssen. Arbeitsstätten im Entwässerungsbetrieb sind das Kanalnetz, die Becken und Sonderbauwerke sowie die Kläranlage mit Werkstätten, Faultürmen, usw.

Einrichten ist das Bereitstellen und Ausgestalten der Arbeitsstätte. Das Einrichten umfasst insbesondere:

- bauliche Maßnahmen oder Veränderungen,
- das Ausstatten mit Maschinen, Anlagen, anderen Arbeitsmitteln und Mobiliar sowie mit Beleuchtungs-, Lüftungs-, Heizungs-, Feuerlösch- und Versorgungseinrichtungen,
- das Anlegen und Kennzeichnen von Verkehrs- und Fluchtwegen sowie das Kennzeichnen von Gefahrenstellen und brandschutztechnischen Ausrüstungen und
- das Festlegen von Arbeitsplätzen (§ 2 ArbStättV).

Das Betreiben von Arbeitsstätten umfasst das Benutzen, Instandhalten und Optimieren der Arbeitsstätten sowie die Organisation und Gestaltung der Arbeit einschließlich der Arbeitsabläufe in Arbeitsstätten (§ 2 ArbStättV).

► Die Anforderungen an die Fachkunde sind abhängig von der jeweiligen Art der Aufgabe.
Für die Leitung eines Entwässerungsbetriebes sind in den gesetzlichen Grundlagen keine spezifischen Anforderungen zu finden; hier können die Gemeinden selbständig entscheiden!

Daher muss man sich an ähnlichen Regelwerken orientieren, um Anhaltspunkte für die Anforderungen zu finden.

Nach Art. 38 BayWG sind die für die Abwasseranlagen zuständigen Betriebsleiter i. d. R. gleichzeitig auch Gewässerschutzbeauftragte für Abwassereinleitungen von Gebietskörperschaften, wenn sonst niemand beauftragt wurde. Daraus folgt, dass die Betriebsleiter in Bayern mindestens auch die gleiche Fachkunde wie ein Gewässerschutzbeauftragter haben sollten. – Hierzu siehe die Ausführungen weiter unten: Gewässerschutzbeauftragter.

Weitere Hinweise liefern kann die *bayerische Verordnung über private Sachverständige in der Wasserwirtschaft* (Sachverständigenverordnung Wasser – VPSW) vom 22. November 2010. Private Sachverständige in der Wasserwirtschaft werden u. a. für folgende Bereiche und fachliche Aufgaben anerkannt:

- Kleinkläranlagen:
- Erstellen von Bestätigungen zur Bauabnahme nach Art. 61 BayWG
- Technische Gewässeraufsicht für Abwasseranlagen: Durchführung von Kontrollen, Messungen, Untersuchungen und Prüfungen nach Art. 58 Abs. 1 Satz 5 und Anlage 2 BayWG,
- Durchführung der Eigenüberwachung für Wasserversorgungs- und Abwasseranlagen (VPSW § 1)

Private Sachverständige (PSW) müssen also in Teilbereichen annähernd die gleichen Fachkenntnisse wie ein Leiter eines Entwässerungsbetriebes haben. Die fachlichen Voraussetzungen für eine Anerkennung als PSW erfüllen Personen, die

- einen Bachelor-, Master- oder Diplomstudiengang in einem einschlägigen Studiengang an einer Universität oder Fachhochschule erfolgreich abgeschlossen haben und
- über eine mindestens dreijährige qualifizierte Berufserfahrung in den letzten fünf Jahren verfügen (VPSW § 3).

Anerkannte Sachverständige haben durch die *jährliche Teilnahme an einer geeigneten Fortbildungsveranstaltung* für ihren jeweiligen Anerkennungsbereich dafür Sorge zu tragen, dass sie die für die jeweiligen Anerkennungsbereiche erforderliche Fachkunde besitzen (VPSW § 6).

Auch die *Entsorgungsfachbetriebeverordnung 1996*, die bis 31.05.2017 galt, kann Hinweise liefern, da Entwässerungsbetriebe sehr ähnliche Aufgaben wie Entsorgungsfachbetriebe haben. Die für die Leitung und Beaufsichtigung des Betriebes verantwortlichen Personen müssen die für ihren Tätigkeitsbereich erforderliche Fachkunde besitzen.

Die Fachkunde erfordert

- den Abschluss eines *Studiums auf den Gebieten des Ingenieurwesens, der Chemie, der Biologie oder der Physik* an einer Hochschule, eine *technische Fachschulausbildung* oder die *Qualifikation als Meister* auf einem Fachgebiet, dem der Betrieb hinsichtlich seiner Anlagen- und Verfahrenstechnik oder seiner Betriebsvorgänge zuzuordnen ist,
- während einer *zweijährigen praktischen Tätigkeit* erworbene Kenntnisse über die Tätigkeit, für die eine Leitungs- oder Beaufsichtigungsfunktion beabsichtigt ist, und
- die *Teilnahme an einem oder mehreren von der zuständigen Behörde anerkannten Lehrgängen*, in denen Kenntnisse vermittelt worden sind, die für die Aufgaben der Personen erforderlich sind (EfbV 1996) Siehe dazu Anlage 2 am Ende des Buchs.

Zuverlässigkeit

Als private Sachverständige werden auch nur Personen anerkannt, die die persönlichen und fachlichen Voraussetzungen erfüllen und zuverlässig sind.

Unzuverlässig ist insbesondere, wer

- die Fähigkeit, öffentliche Ämter zu bekleiden, nicht besitzt,
- wegen gemeingefährlicher Delikte oder wegen Delikte gegen die Umwelt oder sonstiger Strafbestimmungen zum Schutz der Umwelt rechtskräftig verurteilt worden ist,
- wegen Verletzung der Vorschriften des Wasser-, Immissionsschutz-, Abfall- oder Naturschutzrechts mit einer Geldbuße belegt worden ist (VPSW § 3).

Auch nach der *Entsorgungsfachbetriebeverordnung* müssen die für die Leitung und Beaufsichtigung des Betriebes verantwortlichen Personen zuverlässig sein.

Die erforderliche Zuverlässigkeit ist hiernach gegeben, wenn die betroffene Person auf Grund ihrer persönlichen Eigenschaften, ihres Verhaltens und ihrer Fähigkeiten zur ordnungsgemäßen Erfüllung der ihr obliegenden Aufgaben geeignet ist. Die erforderliche **Zuverlässigkeit** ist in der Regel **nicht** gegeben, wenn die betroffene Person wegen Verletzung der Vorschriften

a) des Strafrechts über gemeingefährliche Delikte oder Delikte gegen die Umwelt,
b) des Immissionsschutz-, Abfall-, Wasser-, Natur- und Landschaftsschutz-, Chemikalien-, Gentechnik- oder Atom- und Strahlenschutzrechts,
c) des Lebensmittel-, Arzneimittel-, Pflanzenschutz- oder Infektionsschutzrechts,
d) des Gewerbe-, Arbeitsschutz-, Transport- oder Gefahrgutrechts oder
e) des Betäubungsmittel-, Waffen- oder Sprengstoffrechts

innerhalb der letzten fünf Jahre mit einer Geldbuße in Höhe von mehr als zweitausendfünfhundert Euro belegt oder zu einer Strafe verurteilt worden ist oder wiederholt oder grob pflichtwidrig gegen die oben genannten Vorschriften verstoßen hat (EfbV § 8).

6.7.5.4 Wichtige durch Leitungspersonal zu beachtende Gesetze

Infektionsschutzgesetz (IfSG)
Die Abwasserbeseitigungspflichtigen haben darauf hinzuwirken, dass Abwasser so beseitigt wird, dass Gefahren für die menschliche Gesundheit durch Krankheitserreger nicht entstehen (IfSG § 41).

Wasserhaushaltsgesetz (WHG)
Nach § 60 WHG sind Abwasseranlagen so zu errichten, zu betreiben und zu unterhalten, dass die Anforderungen an die Abwasserbeseitigung eingehalten werden. Im Übrigen müssen Abwasserbehandlungsanlagen nach dem Stand der Technik, andere Abwasseranlagen nach den allgemein anerkannten Regeln der Technik errichtet, betrieben und unterhalten werden. Der Betreiber von Abwasseranlagen hat die Änderung der Lage, der Beschaffenheit oder des Betriebs einer Anlage der zuständigen Behörde mindestens einen Monat bevor mit der Änderung begonnen werden soll, anzuzeigen, wenn die Änderung Auswirkungen auf die Umwelt haben kann.

Die Führungskraft muss also die Anforderungen an die Abwasserbeseitigung und die Regeln der Technik kennen, nach denen Abwasseranlagen betrieben werden müssen. Zusätzlich muss sie wissen, ob und welche Änderung der Abwasseranlagen Auswirkungen auf die menschliche Gesundheit und die Umwelt haben können.

► Eines dieser technischen Regelwerke ist das Merkblatt DWA-M 1000: ***Anforderungen an die Qualifikation und die Organisation von Betreibern von Abwasseranlagen***.

Wer Abwasser in ein Gewässer einleitet, ist nach § 61 WHG verpflichtet, das Abwasser durch **fachkundiges Personal** zu untersuchen oder durch eine geeignete Stelle untersuchen zu lassen (Selbstüberwachung). Darüber hinaus ist der Betreiber einer Abwasseranlage verpflichtet,

- ihren Zustand,
- ihre Funktionsfähigkeit,
- ihre Unterhaltung und
- ihren Betrieb

sowie Art und Menge des Abwassers und der Abwasserinhaltsstoffe selbst zu überwachen.

Die Führungskraft sollte somit entsprechend fachkundig sein, um die Ergebnisse der Abwasseruntersuchungen und die Funktion von Abwasseranlagen zu verstehen.

Zusätzlich muss der bauliche und technische Zustand der Anlagen sowie die Unterhaltung und der gesamte Betrieb der Anlagen von der Führungskraft verstanden werden. Das ergibt sich auch aus der allgemeinen Sorgfaltsverpflichtung nach § 5 WHG: Jede Person ist verpflichtet, bei Maßnahmen, mit denen Einwirkungen auf ein Gewässer verbunden sein können, die nach den Umständen erforderliche Sorgfalt anzuwenden, um

- eine nachteilige Veränderung der Gewässereigenschaften zu vermeiden,
- eine mit Rücksicht auf den Wasserhaushalt gebotene sparsame Verwendung des Wassers sicherzustellen,
- die Leistungsfähigkeit des Wasserhaushalts zu erhalten und
- eine Vergrößerung und Beschleunigung des Wasserabflusses zu vermeiden.

Betreiber von Abwasseranlagen sind also in besonderer Weise zur Sorgfalt verpflichtet, da die Anlagen auf jeden Fall auf ein Gewässer einwirken werden. Demnach sind ebenso Kenntnisse über die Gewässer und ihre Eigenschaften, über den Wasserhaushalt und den Wasserabfluss gefragt, um die Anlagen mit der gebotenen Sorgfalt betreiben zu können. Anlagen zum Lagern, Abfüllen, Herstellen, Verwenden und Behandeln wassergefährdender Stoffe im Bereich öffentlicher Einrichtungen müssen so beschaffen sein und so errichtet, unterhalten, betrieben und stillgelegt werden, dass eine nachteilige Veränderung der Eigenschaften von Gewässern nicht zu besorgen ist (WHG § 62). Da auf fast allen Kläranlagen auch wassergefährdende Stoffe zu finden sind, sind Kenntnisse beim Umgang mit wassergefährdenden Stoffen und den zugehörigen Anlagen also ebenfalls gefragt.

Klärschlammverordnung (AbfKlärV)
Die Klärschlammverordnung regelt u. a. die Abgabe von Klärschlamm, Klärschlammgemisch und Klärschlammkompost und die Behandlung und Untersuchung solchen Klärschlamms. Die Verordnung über die Verwertung von Klärschlamm, Klärschlammgemisch und Klärschlammkompost (Klärschlammverordnung) gilt u. a. für Klärschlammerzeuger; das sind die Betreiber einer Abwasserbehandlungsanlage (§ 1). Der Klärschlammerzeuger hat den in seiner Abwasserbehandlungsanlage anfallenden *Klärschlamm möglichst hochwertig zu verwerten*, soweit dies technisch möglich und wirtschaftlich zumutbar ist. Hierbei sind eine *Rückgewinnung von Phosphor* und eine Rückführung des gewonnenen Phosphors oder der phosphorhaltigen Klär-

schlammverbrennungsasche in den Wirtschaftskreislauf anzustreben (§ 3). Erforderlich sind also Kenntnisse über die Verwertung von Klärschlamm, die technischen Möglichkeiten und die wirtschaftlichen Folgen und über die Rückgewinnung von Phosphor aus dem Klärschlamm.

Bundes-Immissionsschutzgesetz (BImSchG)
Genehmigungsbedürftige Anlagen sind so zu errichten und zu betreiben, dass zur *Gewährleistung eines hohen Schutzniveaus für die Umwelt* insgesamt

- schädliche Umwelteinwirkungen und sonstige Gefahren, erhebliche Nachteile und erhebliche Belästigungen für die Allgemeinheit und die Nachbarschaft nicht hervorgerufen werden können;
- Vorsorge gegen schädliche Umwelteinwirkungen und sonstige Gefahren, erhebliche Nachteile und erhebliche Belästigungen getroffen wird, insbesondere durch die dem *Stand der Technik* entsprechenden Maßnahmen;
- *Abfälle vermieden*, nicht zu vermeidende Abfälle verwertet und nicht zu verwertende Abfälle ohne Beeinträchtigung des Wohls der Allgemeinheit beseitigt werden;
- *Energie sparsam und effizient* verwendet wird (§ 5).

Diese Pflichten der Betreiber genehmigungsbedürftiger Anlagen verlangen auch die notwendigen Kenntnisse über die betroffenen technischen Anlagen, deren Errichtung und Betrieb sowie die Umwelteinwirkungen, die Abfallvermeidung und die Energieverwendung.

(Muster-)Bauordnung (MBO)
Bei der Errichtung, Änderung, Nutzungsänderung und der Beseitigung von Anlagen sind der *Bauherr* und im Rahmen ihres Wirkungskreises die anderen *am Bau Beteiligten* dafür verantwortlich, dass die öffentlich-rechtlichen Vorschriften eingehalten werden und dass Baustellen so eingerichtet werden, dass bauliche Anlagen ordnungsgemäß errichtet, geändert oder beseitigt werden können und Gefahren oder vermeidbare Belästigungen nicht entstehen (§ 52).

Der Bauherr hat zur Vorbereitung, Überwachung und Ausführung eines Bauvorhabens sowie der Beseitigung von Anlagen geeignete Beteiligte bestellen, soweit er nicht selbst zur Erfüllung der Verpflichtungen nach diesen Vorschriften geeignet ist; *Beteiligte* sind neben dem *Bauherrn* die *Entwurfsverfasser*, *Bauleiter* und die *Unternehmen*. Dem Bauherrn obliegen außerdem die nach den öffentlich-rechtlichen Vorschriften erforderlichen Anträge, Anzeigen und Nachweise (§ 53).

In einigen größeren Entwässerungsbetrieben werden neben der Funktion des Bauherren auch Aufgaben als Entwurfsverfasser oder als Bauleiter ausgeübt:

Der Entwurfsverfasser muss nach Sachkunde und Erfahrung zur Vorbereitung des jeweiligen Bauvorhabens geeignet sein. Er ist für die Vollständigkeit und Brauchbarkeit seines Entwurfs verantwortlich. Der Entwurfsverfasser hat dafür zu sorgen, dass die für die Ausführung notwendigen Einzelzeichnungen, Einzelberechnungen und Anweisungen den öffentlich-rechtlichen Vorschriften entsprechen (§ 54).

Der Bauleiter hat darüber zu wachen, dass die Baumaßnahme entsprechend den öffentlich-rechtlichen Anforderungen durchgeführt wird und die dafür erforderlichen Weisungen zu erteilen. Er hat im Rahmen dieser Aufgabe auf den sicheren bautechnischen Betrieb der Baustelle, insbesondere auf das gefahrlose Ineinandergreifen der Arbeiten der Unternehmer zu achten. Der Bauleiter muss über die für seine Aufgabe erforderliche Sachkunde und Erfahrung verfügen (§ 56).

Mit der Errichtung von baulichen Anlagen übernimmt die Führungskraft im Entwässerungsbetrieb mindestens die Bauherrenfunktion. In dieser Funktion muss sie sicherstellen, dass die öffentlich-rechtlichen Vorschriften eingehalten werden und dass Baustellen so eingerichtet werden, dass bauliche Anlagen ordnungsgemäß errichtet, geändert oder beseitigt werden können. Hier ist viel baufachliches Wissen notwendig, auch wenn evtl. Aufgaben an Dritte vergeben werden sollten.

Baugesetzbuch (BauGB)
Aufgabe der Bauleitplanung ist es, die bauliche und sonstige Nutzung der Grundstücke in der Gemeinde vorzubereiten und zu leiten. Die Gemeinden haben die Bauleitpläne aufzustellen, sobald und soweit es für die städtebauliche Entwicklung und Ordnung erforderlich ist. Bauleitpläne sind der Flächennutzungsplan (vorbereitender Bauleitplan) und der Bebauungsplan (verbindlicher Bauleitplan). Bei der Aufstellung der Bauleitpläne sind insbesondere zu berücksichtigen:

- die allgemeinen Anforderungen an gesunde Wohn- und Arbeitsverhältnisse und die Sicherheit der Wohn- und Arbeitsbevölkerung,
- die Belange des Umweltschutzes, einschließlich des Naturschutzes und der Landschaftspflege, insbesondere
  - die Auswirkungen auf Boden u. Wasser
  - umweltbezogene Auswirkungen auf den Menschen und seine Gesundheit sowie die Bevölkerung insgesamt,
  - die Vermeidung von Emissionen sowie der sachgerechte Umgang mit Abfällen und Abwässern,
  - die Darstellungen von sonstigen Plänen, insbesondere des Wasser-, Abfall- und Immissionsschutzrechts (z. B. Generalentwässerungsplan)
- die Belange der Versorgung, insbesondere mit Energie und Wasser, einschließlich der Versorgungssicherheit,
- die Belange des Hochwasserschutzes und der Hochwasservorsorge, insbesondere die Vermeidung und Verringerung von Hochwasserschäden, (§ 1)

Die Gemeinde holt die Stellungnahmen der Behörden und sonstigen Träger öffentlicher Belange, deren Aufgabenbereich durch die Planung berührt werden kann, zum Planentwurf und der Begründung ein (§ 4). Die Entwässerung ist regelmäßig betroffen z. B. durch Kanäle und durch anfallendes Niederschlagswasser. Für diese relativ häufigen Stellungnahmen zu den gemeindlichen Bauleitplänen sind breit gefächerte Kenntnisse zum gesamten Bereich der Entwässerung gefragt, um alle o. g. Belange in ausreichendem Maß würdigen zu können.

Verwaltungsverfahrensgesetz (VwVfG)
Dieses Gesetz gilt u. a. für die öffentlich-rechtliche Verwaltungstätigkeit der Behörden des Bundes, der Länder und der Gemeinden. Behörde ist jede Stelle, die Aufgaben der öffentlichen Verwaltung wahrnimmt (§ 1). Hier sind die vielfältigen Planfeststellungsverfahren (Straße, Bahn, Wasserstraße), die BImSchG-Verfahren und sonstige Verfahren, Verträge mit anderen Gemeinden, usw. gemeint. Dabei gilt das oben Gesagte (siehe zum Baugesetzbuch). In einem der genannten Verwaltungsverfahren können Entwässerungsbetriebe auch Beteiligte sein als

- Antragsteller und Antragsgegner,
- diejenigen, an die die Behörde den Verwaltungsakt richten will oder gerichtet hat,
- diejenigen, mit denen die Behörde einen öffentlich-rechtlichen Vertrag schließen will oder geschlossen hat,
- diejenigen, die von der Behörde zu dem Verfahren hinzugezogen worden sind, weil evtl. ihre rechtlichen Interessen durch den Ausgang des Verfahrens berührt werden können (§ 13).

Im förmlichen Verwaltungsverfahren ist den Beteiligten Gelegenheit zu geben, sich vor der Entscheidung zu äußern (§ 66). Fähig zur Vornahme von Verfahrens-Handlungen sind

- juristische Personen (Gemeinde) durch ihre gesetzlichen Vertreter (Bgm.) oder durch besonders Beauftragte,
- Behörden durch ihre Leiter, deren Vertreter oder Beauftragte (§ 12).

Arbeitsschutz-Gesetze, Umgang mit Stoffen, usw.
Siehe entsprechend den weiteren Kapiteln in diesem Buch: Kap. 7, 4, …

6.7.6 Leitungs- und Führungsaufgaben

Je nach Betriebsform sind Werkleiter, Abteilungsleiter und Sachgebietsleiter in der oberen oder mittleren Führungsebene des Entwässerungsbetriebs. Neben den fachlichen Aufgaben fallen dabei immer auch mehr oder weniger viele administrative Leitungs- und Führungsaufgaben an.

6.7.6.1 Aufgaben des Verantwortlichen

Die Aufgaben des Verantwortlichen hier sind:

- die Sicherstellung der Führung des Prozesshandbuchs durch das Unternehmen
- die Überwachung des Personalauswahl-, Personalüberprüfungs- und Personalweiterbildungsprozesses für die eingesetzten Personen
- die Einleitung von Maßnahmen zur Beseitigung von festgestellten Mängeln der Kontroll- und Prüfprozesse
- die interne Kommunikation und
- die Durchführung und Überwachung der Verfahrensabläufe und Dienstanweisungen (nach SeeBewachV § 4, **nicht** direkt einschlägig)

Im Entwässerungsbetrieb kommen dazu natürlich noch weitere Aufgaben.

Personelle Anforderungen

a) Der Betreiber hat einen verantwortlichen Betriebsleiter zu bestellen, der ermächtigt ist, sicherzustellen, dass alle Tätigkeiten finanziert und gemäß den einschlägigen Anforderungen durchgeführt werden können. Der verantwortliche Betriebsleiter muss für die Einrichtung und Pflege eines wirksamen Managementsystems verantwortlich sein.
b) Der Betreiber hat eine Person oder Gruppe von Personen zu bestellen, die dafür verantwortlich ist sicherzustellen, dass der Betreiber die einschlägigen Anforderungen stets einhält. Diese Person(en) muss/müssen letztendlich dem verantwortlichen Betriebsleiter gegenüber rechenschaftspflichtig sein.
c) Der Betreiber muss über ausreichend qualifiziertes Personal für die gemäß den einschlägigen Anforderungen geplanten Aufgaben und durchzuführenden Tätigkeiten verfügen.
d) Der Betreiber hat geeignete Aufzeichnungen über Erfahrung, Qualifikation und Schulung zu führen, mit denen die Einhaltung von Buchstabe c nachgewiesen werden kann.
e) Der Betreiber hat sicherzustellen, dass sich sein Personal der Vorschriften und Verfahren bewusst ist, die für die Durchführung seiner Aufgaben von Bedeutung sind.

(VO (EU) 965/2012, Anh. III, ORO.GEN.210, *nicht direkt* einschlägig!)

6.7.6.2 Leitlinien für Führungskräfte

Leitlinien zur Führung und Zusammenarbeit in der Bayerischen Staatsverwaltung

„Präambel

... Führungskräfte ... müssen Vorbild für die Mitarbeiterinnen und Mitarbeiter und Motor der Reformen sein. Personalführung ist eine ihrer Hauptaufgaben. Die Führungskraft soll leistungsorientiert sein und auf der Grundlage der nachfolgenden Leitlinien situationsbezogen führen. Zeitgemäße Instrumente wie Mitarbeitergespräche und Zielvereinbarungen sind zu nutzen. Die Leitlinien ... sind Richtschnur und Orientierungshilfe für Führungskräfte sowie Mitarbeiterinnen und Mitarbeiter. Den Besonderheiten der einzelnen Geschäftsbereiche können sie angepasst werden. ... Diese Leitlinien sind Ziele. Alle Führungskräfte, Mitarbeiterinnen und Mitarbeiter sind aufgerufen, nach Kräften diese Ziele anzustreben und die Grundsätze mit Leben zu erfüllen“ (Bekanntmachung der Bayerischen Staatsregierung vom 2. Juli 2007). Wesentliche Leitsätze aus den Leitlinien sind im Folgenden aufgeführt. Detaillierte Erläuterungen dazu können den Leitlinien entnommen werden:

- *„Führungskräfte sollen sich durch persönliche, soziale, methodische und fachliche Kompetenz auszeichnen. Führungskräfte wirken durch ihr Vorbild.“*
- *„Führungskräfte müssen sich ihren Führungsaufgaben stellen. Sie werden an ihrem Führungsverhalten gemessen.“*
- *„Führungskräfte sollen Ziele entwickeln. Sie stützen sich dabei auf die Kenntnisse und Fähigkeiten ihrer Mitarbeiterinnen und Mitarbeiter.“*
- *„Die Zusammenarbeit muss geprägt sein von Vertrauen und gegenseitiger Unterstützung. Entscheidungen sollen transparent sein.“*

- *„Führung beinhaltet die Delegation von Verantwortung und Zuständigkeiten sowie den bewussten Umgang mit der übertragenen Verantwortung."*
- *„Führungskräfte sind mit ihren Mitarbeiterinnen und Mitarbeitern für die Arbeitsergebnisse gemeinsam verantwortlich. Kontrolle hilft, Fehlentwicklungen rechtzeitig zu erkennen und zu korrigieren."*
- *„Die Fortbildung der Mitarbeiterinnen und Mitarbeiter und die Förderung ihrer beruflichen Entwicklung sind wesentliche Führungsaufgaben."*

(Bekanntmachung der Bayerischen Staatsregierung vom 2. Juli 2007).

Hinweis
Die Führungskräfte der Verwaltung der Fachhochschule Dortmund, haben ebenfalls Führungsleitlinien erarbeitet, um ein gemeinsames Grundverständnis von Führung zu schaffen.

Perspektivmanagement

6.7.6.3 Betriebsleitung/Amtsleitung (FAGO 2020 Nr. 2.2)

Die Betriebsleiterin/der Werkleiter leitet den (Entwässerungs-)Betrieb. Die Amtsleitung ist Vorgesetzter aller Beschäftigten und Dienstvorgesetzte der Beamtenschaft. Ihr obliegt die Fürsorge für die Beschäftigten. Die Amtsleitung trägt die Verantwortung für die rechtzeitige, sachgerechte und wirtschaftliche Erfüllung der Aufgaben des Betriebes (Fach- und Dienstaufsicht). Hierzu nutzt sie die vorhandenen Steuerungs- und Führungsinstrumente. Zu den wesentlichen Aufgaben der Amtsleitung gehören insbesondere:

- Sie sorgt für eine einheitliche Rechtsanwendung innerhalb ihres Amtsbereichs und überwacht den gesamten Dienstbetrieb.
- Sie setzt die Beschäftigten nach ihrer Ausbildung, ihren persönlichen Fähigkeiten, ihrem Leistungsvermögen und entsprechend den sachlichen Bedürfnissen ein (Geschäftsverteilung, s. Abschn. 6.7.11). Die tarifrechtlichen Bestimmungen sind zu beachten.
- Sie beurteilt die Beschäftigten nach Maßgabe der dienst- und arbeitsrechtlichen Bestimmungen.
- Sie sorgt für angemessene Arbeitsbedingungen und achtet auf die Einhaltung der Vorschriften über den Arbeitsschutz, die allgemeine Gleichbehandlung, den Mutterschutz, den Jugendarbeitsschutz, die Schwerbehindertenfürsorge und den Datenschutz.
- Sie ist nach Maßgabe des Personalvertretungsrechts Gesprächspartnerin der Personalvertretung und arbeitet mit ihr vertrauensvoll zusammen.
- Sie führt regelmäßig Besprechungen mit den Sachgebietsleiterinnen und Sachgebietsleitern durch.

Der Kreis der dabei zu beteiligenden Personen (z. B. Aufgabenbereichsleiterin/Aufgabenbereichsleiter, Leiterin/Leiter und Sachgebietsleiterinnen/Sachgebietsleiter der

Außenstelle) bestimmt sich nach dem Anlass. Bei Maßnahmen von allgemeiner Bedeutung führt die Leiterin/der Leiter des Betriebs zur besseren Transparenz allgemeine Amtsbesprechungen (Beteiligung aller Amtsangehörigen) durch. An Dienst- und Fachbesprechungen der Sachgebietsleiterinnen/Sachgebietsleiter (SGL) soll sich die Leiterin/der Leiter gelegentlich beteiligen. Über wichtige Besprechungen sind Niederschriften zu fertigen.

- Sie unterrichtet ihre Vertretung laufend über alle wesentlichen Vorgänge.
- Sie berichtet dem Bürgermeister über Angelegenheiten von besonderer oder grundsätzlicher Bedeutung.
- Sie bemüht sich um ein gutes Einvernehmen mit Behörden

Im Rahmen der Öffentlichkeitsarbeit pflegt die Leiterin/der Leiter des Betriebs auch den Kontakt zur örtlichen Presse (falls nicht Aufgabe des Bürgermeisters). Zu dem Sachgebiet der Betriebsleitung gehören die Bereiche Organisation, Haushalt und Personal (Geschäftsstelle). Ihrem Sachgebiet kann sie weitere Arbeitsgebiete zuordnen.

6.7.6.4 Grundsätzliche Aufgaben einer Betriebsleitung in der Entwässerung

Die im Folgenden aufgeführten Aufgaben fallen in der Regel der Leitung des Entwässerungsbetriebs zu:

- Sicherstellung einer geeigneten Organisation
- Geschäftsverteilungsplan
- Arbeitsplatzbeschreibungen
- Leitung des Betriebes u. Dienstaufsicht über alle Bediensteten
- Vertretung des Betriebes nach Außen
- Zusammenarbeit mit anderen gemeindlichen Dienststellen
- Zusammenarbeit mit externen Behörden
- Klärung von Grundsatzfragen
- Entwicklung von zukunftsorientierten Konzepten
- Festlegung u. Umsetzung von strategischen u. operativen Zielen
- Information des Bgm. und Gemeinderats über wichtige Angelegenheiten
- Führungsgrundsätze
- Allgemeine Dienst- oder Geschäftsordnung
- Beschwerdemanagement
- regelmäßige Besprechungen mit leitenden Mitarbeitern
- Überwachung des gesamten Dienstbetriebs
- Einsatz der Beschäftigten nach ihrer Ausbildung, ihren persönlichen Fähigkeiten, ihrem Leistungsvermögen und entsprechend den sachlichen Bedürfnissen
- Beurteilung die Beschäftigten
- Verantwortung für die rechtzeitige, sachgerechte und wirtschaftliche Erfüllung der Aufgaben
- Festlegung von besonderer Aufgabenerledigung durch Mitarbeiter

- Zeichnungsbefugnis
- Anordnungsbefugnis
- Genehmigung von Urlaub, Zeitausgleich
- (Teil-)Delegation von eigenen Befugnissen
- Fürsorge für die Beschäftigten.
- Anordnung von Überstunden
- Abmahnungen, Ahndung von Pflichtverletzungen,
- Bewilligung der privaten Nutzung von Arbeitsmitteln durch Mitarbeiter
- Schaffung angemessener Arbeitsbedingungen
- Ausgestaltung des Arbeitsplatzes mit privaten Gegenständen
- Abwesenheit vom Arbeitsplatz, Raucherpausen
- Gesprächspartner der Personalvertretung
- Dienstreisen, Dienstgänge
- Nutzung von Rechnern oder Telefon
- Nutzung von Dienstfahrzeugen

Gemeinsame Aufgaben mit Bürgermeister, Referenten …
Die folgenden Aufgaben können entweder selbständig oder in Absprache mit anderen Stellen erledigt werden. Der genaue Umfang ist von der speziellen Pflichten-Übertragung abhängig!

- Arbeits- u. Gesundheitsschutz
- Beratung des Bgm. oder eigene Entscheidungen in organisatorischen und personellen Belangen
- Festlegung der Arbeits- und Öffnungszeiten
- Festlegung des Organisationsplanes
- Änderung von Satzungen
- Hausrecht in Gebäuden
- Verkehrssicherungspflichten
- Einhaltung der Vorschriften über den Arbeitsschutz, die allgemeine Gleichbehandlung, den Mutterschutz, den Jugendarbeitsschutz, die Schwerbehindertenfürsorge und den Datenschutz
- Pressemitteilungen, Öffentlichkeitsarbeit

6.7.6.5 Pflichten im Bereich Arbeitsschutz

Entsprechend ***GUV-I 8631, Organisation des Arbeitsschutzes***, Oktober 2005, Nr. 2.1 wurden die Aufgaben und Verantwortung der Führungskräfte wie folgt beschrieben:

„Zuständigkeit
Der Unternehmer legt … Aufgaben und Verantwortung der Führungskräfte fest. Die Führungskräfte sind in Abhängigkeit von der Hierarchieebene für die Erfüllung der nachstehend genannten Aufgaben ***innerhalb ihres Zuständigkeitsbereichs*** *verantwortlich:*

Organisationspflichten

- *Umsetzen der Arbeitsschutz-Organisation,*
- *Zuweisen von Aufgaben, Übertragen von Verantwortung und Kompetenz an nachgeordnete Führungskräfte und Funktionsträger,*
- *Umsetzen der ablauforganisatorischen Regelungen*
- *Durchführen von Gefährdungsbeurteilungen sowie Festlegen von ggf. erforderlichen Maßnahmen und deren Dokumentation,*
- *Sicherstellen der arbeitsmedizinischen und sicherheitstechnischen Betreuung,*
- *Zusammenarbeit mit betrieblich besonders Beauftragten (z. B. Fachkraft für Arbeitssicherheit und Betriebsarzt),*
- *Aufstellen eines Fortbildungs- und Qualifizierungsprogramms,*
- *Bereitstellen von Finanzmitteln für Fortbildung und für Investitionsmaßnahmen,*
- *Auswahl und Beschaffung geeigneter persönlicher Schutzausrüstung sicherstellen,*
- *Veranlassen bzw. Sicherstellen von Unterweisungen und (Neu-)Einweisungen,*
- *Durchführen von Mitarbeitergesprächen, Motivation der Mitarbeiter,*
- *Betriebsbegehungen organisieren/durchführen und auch daran teilnehmen,*
- *Sicherheitstechnische Überprüfungen der Arbeitsbereiche und der technischen Ausrüstungen/Anlagen veranlassen bzw. sicherstellen,*
- *Erstellen von Betriebsanweisungen,*
- *innerbetriebliches Berichts- und Dokumentationswesen,*
- *Bestimmen eines Ansprechpartners zur Koordination der Zusammenarbeit mehrerer Firmen, Weisungsbefugnis übertragen.*

Auswahlpflichten

- *Nachgeordnete Führungskräfte und qualifizierte Mitarbeiter entsprechend der zugewiesenen Aufgaben auswählen und einsetzen,*
- *betrieblich besonders Beauftragte auswählen und zur Bestellung vorschlagen,*
- *Fortbildungs- und Qualifizierungsbedarf der Mitarbeiter ermitteln und entsprechende Maßnahmen auswählen,*
- *Arbeitsverfahren, Geräte und Sicherheitseinrichtungen auswählen,*
- *Informieren der Mitarbeiter über Arbeitsschutzbestimmungen im Zusammenhang mit der jeweiligen Tätigkeit.*

Überwachungspflichten

- *Einhalten der gesetzlichen Bestimmungen und der innerbetrieblichen Festlegungen zu Sicherheit und Gesundheitsschutz überprüfen,*
- *Kontrollieren der Mitarbeiter und der besonders Beauftragten, ob und wie sie ihre Aufgaben im Arbeitsschutz erfüllen,*

- *sich in regelmäßigen Abständen über das Dokumentations- und Berichtswesen unterrichten lassen und stichprobenartig kontrollieren,*
- *Kontrollieren, ob die aufgrund der Gefährdungsbeurteilung beschlossenen Maßnahmen umgesetzt werden,*
- *Durchführen von Begehungen (zu Arbeitsschutz und Anlagensicherheit) und Kontrollieren der Umsetzung der sich daraus ggf. ergebenen Maßnahmen,*
- *Überwachen, ob die erforderlichen Prüfungen (z. B. von Anlagen) durchgeführt werden (einschl. Prüfung der erforderlichen Unterlagen zur Dokumentation).*

Dokumentation

- *Darstellen der Leitungsebenen in Form von Organigrammen u. Ä.,*
- *Aufgaben, Verantwortung und Kompetenzen schriftlich festlegen (z. B. in Stellenbeschreibungen und ggf. in gesonderten schriftlichen Pflichtenübertragungen unter Berücksichtigung von generellen und ggf. speziellen Aufgaben im Arbeitsschutz)"*

(DGUV, GUV-I 8631, Oktober 2005).

6.7.7 Aufsichtspflicht des Gemeinderats in öffentlichen Unternehmen

Der Gemeinderat überwacht die gesamte Gemeindeverwaltung (BayGO Art. 30). Wer als Inhaber eines Betriebes oder Unternehmens vorsätzlich oder fahrlässig die *Aufsichtsmaßnahmen unterlässt, die erforderlich sind, um in dem Betrieb oder Unternehmen Zuwiderhandlungen gegen Pflichten zu verhindern*, die den Inhaber treffen und deren Verletzung mit Strafe oder Geldbuße bedroht ist, handelt ordnungswidrig, wenn eine solche Zuwiderhandlung begangen wird, die durch gehörige Aufsicht verhindert oder wesentlich erschwert worden wäre. *Zu den erforderlichen Aufsichtsmaßnahmen gehören auch die Bestellung, sorgfältige Auswahl und Überwachung von Aufsichtspersonen.*

Betrieb oder Unternehmen im o. g. Sinne ist auch das öffentliche Unternehmen (§ 130 OWiG).

6.7.8 Sachgebietsleiterin/Sachgebietsleiter (FAGO 2020 Nr. 2.3)

Die Sachgebietsleiterin/der Sachgebietsleiter (SGL) ist für die rechtzeitige, sachgerechte und wirtschaftliche Erfüllung der Aufgaben im jeweiligen Sachgebiet verantwortlich. Zu diesem Zweck werden die vorhandenen Steuerungs- und Führungsinstrumente genutzt. Im Auftrag der Amtsleitung übt die/der SGL die Fachaufsicht im jeweiligen Sachgebiet aus und unterstützt sie bei der Wahrnehmung der fachlichen, organisatorischen und personellen Aufgaben einschließlich der Dienstaufsicht. Ihr/Ihm obliegt die Fürsorge für die Beschäftigten ihres/seines Sachgebiets. Zu den wesentlichen Aufgaben der/des SGL gehören insbesondere:

- Sie/er sorgt für eine einheitliche Rechtsanwendung im jeweiligen Sachgebiet, gibt die erforderlichen dienstlichen Weisungen sowie Bearbeitungs- und Entscheidungshilfen. Vorgänge von besonderer Bedeutung und sachlich oder rechtlich besonders schwierige Vorgänge soll sie/er selbst bearbeiten.
- Sie/er wirkt darauf hin, dass die Beschäftigten ihres/seines Sachgebiets nach ihrer Ausbildung, ihren persönlichen Fähigkeiten, ihrem Leistungsvermögen und entsprechend den sachlichen Bedürfnissen eingesetzt werden und gleichmäßig ausgelastet sind.
- Sie/er überwacht den Dienstbetrieb in ihrem/seinem Sachgebiet und wirkt hin auf angemessene Arbeitsbedingungen sowie die Einhaltung der Vorschriften über den Arbeitsschutz, die allgemeine Gleichbehandlung, den Mutterschutz, den Jugendarbeitsschutz, die Schwerbehindertenfürsorge und den Datenschutz.
- Sie/er nimmt sich der Aus- und Fortbildung der Beschäftigten ihres/seines Sachgebiets an.
- Sie/er hält regelmäßig Dienst- und Fachbesprechungen ab und unterrichtet über Rechtsänderungen, Entwicklung der Rechtsprechung sowie Verwaltungsanweisungen.
- Dienst- und Fachbesprechungen sind je nach Bedarf abzuhalten. Über wichtige Besprechungen sind Niederschriften zu fertigen. Abwesenden Beschäftigten sind die Niederschriften zur Kenntnis zu bringen.
- Sie/er steuert Arbeitsabläufe, entwirft Verfügungen und Berichte.

6.7.9 Mitarbeiter und Betriebspersonal

Bei der Übertragung von Aufgaben auf Beschäftigte hat der Arbeitgeber je nach Art der Tätigkeiten zu berücksichtigen, ob die Beschäftigten befähigt sind, die für die Sicherheit und den Gesundheitsschutz bei der Aufgabenerfüllung zu beachtenden Bestimmungen und Maßnahmen einzuhalten (§ 7 ArbSchG). Der Betrieb hat ein Managementsystem einzurichten und zu verwalten, das u. a. mindestens Folgendes umfasst: ausreichendes Personal für die Durchführung ihrer Aufgaben und die Erfüllung ihrer Verpflichtungen. Dieses Personal muss für die Durchführung der ihm zugewiesenen Aufgaben qualifiziert sein und über die erforderliche(n) Kenntnisse, Erfahrung und Grund- und wiederkehrende Schulung verfügen, um die Aufrechterhaltung der Befähigung sicherzustellen. Es muss ein System zur Planung der Verfügbarkeit von Personal vorhanden sein, um eine ordnungsgemäße Durchführung aller Aufgaben sicherzustellen (VO (EU) 965/2012, *nicht* direkt einschlägig).

6.7.9.1 Anforderungen an die personelle Ausstattung

Der Entwässerungsbetrieb muss neben den für die Leitung und Beaufsichtigung des Betriebes verantwortlichen Personen über ausreichend sonstiges Personal verfügen. Diese Voraussetzung ist erfüllt, wenn mit dem vorhandenen Personal ein sach- und fachgerechter Betriebsablauf sichergestellt werden kann. Der Nachweis der ausreichenden Personalstärke erfolgt auf der Grundlage eines Einsatzplanes. Dabei sind übliche Ausfälle einzelner Personen durch Urlaub, Krankheit und Fortbildungsmaßnahmen zu berücksichtigen (EfbV § 4, *nicht* direkt einschlägig!).

Hinweise
Das für einen Entwässerungsbetrieb erforderliche Personal ergibt sich u. a. auch aus dem
Merkblatt DWA-M 271, Personalbedarf für den Betrieb kommunaler Kläranlagen
oder aber für Bayern auch aus dem:
Merkblatt 4.7/2 des Bayerischen Landesamtes für Umwelt, Personalbedarf auf kommunalen Abwasseranlagen
https://www.lfu.bayern.de/wasser/merkblattsammlung/teil4_oberirdische_gewaesser/doc/nr_472.pdf
(Letzter Zugriff 30.03.2023)

Der Betrieb muss eine *Arbeitszeitplanung für die Instandhaltung haben*, aus der hervorgeht, dass er über *ausreichend Personal* zur Planung, Durchführung, Überwachung, Prüfung und Qualitätssicherung in Übereinstimmung mit der Genehmigung verfügt. Zusätzlich muss der Betrieb über ein Verfahren verfügen, um die beabsichtigte Durchführung von Arbeiten nochmals zu bewerten, wenn die Anzahl der für eine bestimmte Arbeitsschicht oder einen bestimmten Arbeitszeitraum zur Verfügung stehenden Personen geringer als geplant ist (VO (EU) 2014/132 ANHANG II 145.A.30, *nicht* direkt einschlägig!).

6.7.9.2 Anforderungen an das sonstige Personal

Die bei dem Betrieb der Anlage sonst tätigen Personen müssen die notwendigen Kenntnisse über einen sicheren Betrieb der Anlage, die möglichen Gefahren und die anzuwendenden Schutzmaßnahmen besitzen (Atomgesetz § 7). Das sonstige Personal muss zuverlässig sein und eine für die jeweils wahrgenommene Tätigkeit erforderliche Sachkunde besitzen. Hinsichtlich der Zuverlässigkeit findet das oben genannte entsprechende Anwendung. Die Sachkunde erfordert eine betriebliche Einarbeitung auf der Grundlage eines Einarbeitungsplanes (EfbV § 10). Das Betriebspersonal darf nur entsprechend seiner Ausbildung und seinen Kenntnissen eingesetzt werden und ist über die bei den jeweiligen Tätigkeiten gebotene Sorgfalt regelmäßig zu unterweisen. Die Unterweisung muss sich auch auf die Theorie und Anwendung des Managementsystems erstrecken sowie auf Besonderheiten der Betriebsmittel, die verwendet werden. Die jeweilige Person muss insoweit der deutschen Sprache mächtig sein und über Kenntnis des in Deutschland geltenden Rechts verfügen, wie es für die Ausübung ihrer jeweiligen Tätigkeit notwendig ist (ApBetrO § 3).

► Alle Anforderungen dieses Abschnitts sind nicht direkt einschlägig.

6.7.9.3 Arbeitsgebiete der Mitarbeiter (FAGO Bek Nr. 2.3, *nicht* einschlägig)

Die (Sach-)Bearbeiterinnen/(Sach-)Bearbeiter erledigen die Aufgaben ihres Arbeitsgebietes in eigener Verantwortung. Ihnen können zur Unterstützung Mitarbeiterinnen/Mitarbeiter zugewiesen werden. Die Aufgabenbeschreibung ergibt sich aus Dienstanweisungen, Arbeitsanleitungen, u. ä.. Die (Sach-)Bearbeiterinnen/(Sach-)Bearbeiter sind für die rechtzeitige, sachgerechte und wirtschaftliche Erfüllung der Aufgaben in ihrem Arbeitsgebiet verantwortlich. Sie sollen möglichst in nur einem Sachgebiet eingesetzt werden. Wesentliche Aufgaben der (Sach-)Bearbeiterinnen/(Sach-)Bearbeiter sind:

- Sie achten auf eine einheitliche Rechtsanwendung, geben die erforderlichen dienstlichen Weisungen sowie Bearbeitungs- und Entscheidungshilfen und informieren die Mitarbeiterinnen und Mitarbeiter des Arbeitsgebiets über rechtliche und verfahrenstechnische Änderungen.
- Sie nehmen sich der Ausbildung der ihnen zugewiesenen Auszubildenden an.

6.7.9.4 Vertretung (FAGO Bek Nr. 2.7, *nicht* einschlägig)

Die Vertreterin/der Vertreter ist möglichst vor dem Vertretungsfall über die Arbeits- und Personallage sowie insbesondere über wichtige Vorgänge zu unterrichten. Sie/er erfüllt die Aufgaben der Vertretenen/des Vertretenen und unterrichtet sie/ihn nach Rückkehr. In der Regel werden SGL von SGL und (Sach-)Bearbeiterinnen/(Sach-)Bearbeiter von (Sach-)Bearbeiterinnen/(Sach-)Bearbeitern vertreten. Die Bestimmung der Vertretung der ständigen Vertreterin/des ständigen Vertreters obliegt der Betriebsleitung (FAGOBek Nr. 2.7).

6.7.9.5 Personaleinarbeitung

Unterweisung der Beschäftigten Der Arbeitgeber hat die Beschäftigten über Sicherheit und Gesundheitsschutz bei der Arbeit während ihrer Arbeitszeit ausreichend und angemessen zu unterweisen. Den Beschäftigten sind geeignete Anweisungen zu erteilen (ArbSchG §§ 12 u 4).

Unterrichtung und Anhörung der Beschäftigten des öffentlichen Dienstes Die Beschäftigten des öffentlichen Dienstes sind vor Beginn der Beschäftigung und bei Veränderungen in ihren Arbeitsbereichen über Gefahren für Sicherheit und Gesundheit, denen sie bei der Arbeit ausgesetzt sein können, sowie über die Maßnahmen und Einrichtungen zur Verhütung dieser Gefahren und die getroffenen Maßnahmen zu unterrichten (ArbSchG § 14).

Einarbeitungskonzept Für die Einarbeitung der Mitarbeiter (MA) ist vom Unternehmen ein schriftliches Konzept zu entwickeln, das zu umfassen hat:

1. Vorstellung des Arbeitsumfeldes, insbesondere örtliche Gegebenheiten
2. Klärung der Aufgabenverteilung und Anweisungsstrukturen
3. Umgang mit der technischen Betriebs-Ausrüstung und der persönlichen Schutz-Ausrüstung,
4. Erläuterung und Training der Verfahrensabläufe, insbesondere die Kenntnisnahme des Prozesshandbuchs sowie
5. Erläuterungen, wie die Anforderungen an die Sachkunde im Zusammenhang mit Abwasseranlagen

Die Einarbeitung ist zu dokumentieren und die Dokumentation dem Verantwortlichen zur Kenntnis zu geben (nach SeeBewachDV § 6, *nicht* einschlägig!).

6.7.9.6 Anforderungen an die Fortbildung und den Personalweiterbildungsprozess

In den Erläuterungen dieses Abschnitts handelt es sich um eine Sammlung aus verschiedenen *nicht* einschlägigen Gesetzen.

Der Betreiber hat dafür Sorge zu tragen, dass die für die Leitung und Beaufsichtigung des Betriebes verantwortlichen Personen sowie das sonstige Personal durch geeignete Fortbildung über den für die Tätigkeit erforderlichen aktuellen Wissensstand verfügen. Die für die Leitung und Beaufsichtigung verantwortlichen Personen haben regelmäßig, mindestens alle zwei Jahre, an geeigneten Lehrgängen teilzunehmen (EfbV § 9). Die Sachkunde der MA ist durch jährliche Schulungen auf einem aktuellen Stand zu halten. Zeitpunkt, Dauer und Inhalt der Schulungen sowie die Namen der Teilnehmer sind zu dokumentieren (SeeBewachDV § 7). Der Betreiber der Anlage ist verpflichtet, für die *Aus- und Fortbildung seines Personals zu sorgen*, das mit Aufgaben im Bereich der Sicherheit technischen Anlagen betraut ist, um dessen Kenntnisse und Fähigkeiten auf dem Gebiet der Sicherheit aufrechtzuerhalten und auszubauen (Atomgesetz § 7c). Hinsichtlich des sonstigen Personals hat der Betreiber den entsprechenden Ausbildungs-, Fortbildungs- und Schulungsbedarfs zu ermitteln und die Durchführung der erforderlichen Ausbildungs- und Schulungsmaßnahmen zu veranlassen (12. BImSchV Anh III). Jede mit solchen Aufgaben betraute Person hat mindestens x Mal im Jahr an einem entsprechenden Training teilzunehmen. Zwischen den einzelnen Trainingseinheiten dürfen jeweils nicht mehr als y Monate liegen (nach SeeBewachDV § 7).

Der Betrieb muss die Befähigung des mit folgenden Aufgaben: …, z. B. Instandhaltungsarbeiten, Verwaltungsaufgaben und/oder Qualitätskontrollen usw. … befassten Personals in Übereinstimmung mit einem Verfahren und Bestimmungen festlegen und überwachen.

Personal, das andere spezialisierte Aufgaben durchführt, muss eine angemessene Qualifikation in Übereinstimmung mit offiziell anerkannten Standards besitzen (VO (EG) Nr. 2042/2003 Anh II).

6.7.9.7 Teamarbeit (SeeBewachV § 5, nicht einschlägig)

Für die Planung und Durchführung der Aufgaben in Teams sind vom Unternehmen geeignete Verfahrensabläufe vor Beginn der Tätigkeit festzulegen, zu dokumentieren und während der Dauer des Betriebs fortlaufend zu aktualisieren. Die Verfahrensabläufe müssen umfassen:

- Zusammensetzung und Qualifizierung der eingesetzten Personen und Aufgabenverteilung unter den jeweiligen Personen, die ein *Arbeitsteam* bilden, unter Festlegung eines Einsatzleiters und seines Vertreters (Einsatzplanung), sowie Festlegung der Kommunikations- und Entscheidungswege zwischen dem Arbeitsteam und dem Verantwortlichen,
- Verfahrensregelungen zu den jeweiligen Reparatur-, Instandhaltungs-, Wartungs-, Inspektions-Einsätzen, usw.
- Festlegung der Kommunikationswege zwischen den arbeitenden Personen
- Überwachung der arbeitenden Personen

- Fertigung von Berichten über die durchgeführten Arbeiten sowie
- Beschaffung, Transport, Aufbewahrung und Sicherung gegen Verlust, Gebrauch und Entsorgung der verwendeten Ausrüstung.

Das Unternehmen hat den regulären Dienst der eingesetzten Personen durch eine allgemeine Dienstanweisung, einsatzspezifische Dienstanweisungen und Schichtplanung zu regeln. Das Unternehmen hat den eingesetzten Personen eine Ausfertigung der Dienstanweisungen gegen Empfangsbescheinigung sowie die Schichtplanung vor dem Einsatz auszuhändigen.

6.7.9.8 Personal von Subunternehmen

Einbeziehung des im Betriebsbereich beschäftigten Personals von Subunternehmen, soweit dies unter dem Gesichtspunkt der Sicherheit relevant ist (12. BImSchV Anh. III).

Eine Unterweisung in die örtlichen Gegebenheiten sowie in die Besonderheiten der Abwasseranlagen hat zu erfolgen.

6.7.9.9 Eignungsuntersuchungen, Verbot der Beschäftigung Minderjähriger (OffshoreBergV § 16, nicht einschlägig)

Der Unternehmer darf in Betrieben nur Personen einsetzen, soweit nach dem Ergebnis ärztlicher Untersuchungen gesundheitliche Bedenken in Bezug auf die vorgesehenen Tätigkeiten nicht bestehen und hierüber eine ärztliche Bescheinigung vorliegt (Eignungsuntersuchung). Die Personen sind in Zeitabständen von längstens zwei Jahren nachzuuntersuchen.

6.7.10 Zusammenarbeit von Vorgesetzten und Mitarbeitern

Im § 11 der *Gemeinsamen Geschäftsordnung der Bundesministerien GGO*, Stand 22. Januar 2020 werden Aufgaben von Vorgesetzten und Mitarbeitern wie folgt beschrieben:

> *„Vorgesetzte beteiligen ihre Mitarbeiterinnen und Mitarbeiter im Rahmen ihres jeweiligen Verantwortungsbereichs an den Entscheidungen, die in der Organisationseinheit anfallen. Sie fördern den Leistungswillen, die Bereitschaft zur Zusammenarbeit und zur Übernahme von Verantwortung sowie die Kreativität der Mitarbeiterinnen und Mitarbeiter. Dies kann insbesondere durch Personalführungsgespräche, Zielvereinbarungen, Mitarbeitergespräche und Konfliktmoderation geschehen. Vorgesetzte tragen die Verantwortung für eine sachgerechte Aufgabenverteilung, den Ausgleich von Überbelastung oder Unterauslastung ihrer Mitarbeiterinnen und Mitarbeiter und für die Arbeitsabläufe in ihrer Organisationseinheit. Vorgesetzte führen regelmäßig Dienstbesprechungen mit ihren Mitarbeiterinnen und Mitarbeitern durch. Die Dienstbesprechungen dienen neben der Erfüllung der Leitungsaufgaben dem Informations- und Erfahrungsaustausch sowie der Koordinierung der Arbeit.*
>
> *Jede Mitarbeiterin und jeder Mitarbeiter ist für die sach- und zeitgerechte sowie wirtschaftliche Bearbeitung der übertragenen Aufgaben selbst verantwortlich und soll in den Angelegenheiten des zugewiesenen Aufgabengebietes initiativ und eigenständig arbeiten. Alle Referats-*(Betriebs-) *angehörigen unterstützen einander bei der Erfüllung ihrer Aufgaben. Sie informieren einander über alle Angelegenheiten, die für die Aufgabenwahrnehmung und die Vertretung wichtig sind“* (Die Bundesregierung, Gemeinsame Geschäftsordnung der Bundesministerien GGO).

6.7.11 Dienstbetrieb (VwV Dienstordnung Sachsen 2018)

► Der Dienstbetrieb im Entwässerungsbetrieb könnte entsprechend **der** folgenden *Verwaltungsvorschrift der Sächsischen Staatsregierung zur Regelung des Dienstbetriebes für die Behörden des Freistaates Sachsen (VwV Dienstordnung)* vom 28. Juni 2018 geregelt werden: https://www.revosax.sachsen.de/vorschrift/17755#romVI (Letzter Zugriff 31.03.2023).

Die Texte müssen natürlich an die örtlichen Verhältnisse angepasst werden und sind ggf. zum Teil schon durch vorhandene gemeindliche Regelungen erfasst.

Gliederung

Die Behörden sind einfach und übersichtlich aufzubauen. – Behörden gliedern sich in Behördenleitung, Abteilungen und Referate/Sachgebiete. Andere Organisationseinheiten können gebildet werden, wenn es die Aufgabe oder die Größe der Behörde rechtfertigt. Zahl und Größe der Organisationseinheiten sind so zu bemessen, dass der Koordinierungsaufwand möglichst gering gehalten wird, zugleich aber eine angemessene Leitung der Organisationseinheiten gewährleistet bleibt. Grundeinheit der Behörde ist das Referat/Sachgebiet oder die an seine Stelle tretende Organisationseinheit (s. o.). Jede Aufgabe muss einer Grundeinheit zugewiesen sein, soweit sie nicht wegen ihrer besonderen Eigenart durch einen bestimmten Bediensteten, eine Projekt-, Arbeitsgruppe oder eine Organisationseinheit mit Stabfunktion wahrgenommen wird. Eine Abteilung hat wesentliche Teile der Gesamtaufgabe der Behörde zu umfassen. Sie besteht aus mehreren Referaten/Sachgebieten. Entsprechendes gilt für andere Organisationseinheiten.

Organigramm, Geschäftsverteilungsplan

Die Aufbauorganisation ergibt sich aus dem Organigramm und dem Geschäftsverteilungsplan. Im Organigramm sind die Organisationseinheiten der Behörde darzustellen. Im Geschäftsverteilungsplan werden die Aufgabengebiete der Behörde gegeneinander abgegrenzt, den Organisationseinheiten zugeordnet und den einzelnen Bediensteten zugewiesen. Bedienstete sollen nur einer Organisationseinheit und nur einem unmittelbaren Vorgesetzten zugeordnet werden. Der Geschäftsverteilungsplan muss in kurz gefasster Form mindestens das Aufgabengebiet, Name und Funktion des Bediensteten sowie die Vertretungsregelung enthalten.

Behördenleiter

Der Behördenleiter vertritt die Behörde nach außen. Der Behördenleiter ist im Rahmen seiner Leitungs- und Aufsichtsaufgaben dafür verantwortlich, dass die Dienstgeschäfte rechtzeitig, richtig und wirtschaftlich erledigt werden.

Zusammenarbeit und Führung, Grundsätze

Die Zusammenarbeit zwischen Vorgesetzten und Bediensteten wird durch einen kooperativen Führungsstil bestimmt. Hierzu zählen insbesondere die rechtzeitige und umfassende gegenseitige Information, die Delegation von Befugnissen und Verantwortung, die Vereinbarung von sachlichen und persönlichen Arbeitszielen sowie die Kontrolle der Arbeitsergebnisse. Vorgesetzte sind dafür verantwortlich, dass die Dienstgeschäfte ergebnisorientiert, rechtzeitig, richtig und wirtschaftlich erledigt werden. Sie sorgen für eine sachgerechte Aufgabenverteilung und für die Arbeitsabläufe in ihrem Verantwortungsbereich. Vorgesetzte sind für die Einarbeitung neuer Bediensteter verantwortlich. Die beruflichen Kenntnisse und Fähigkeiten sind durch Fortbildungen zu erweitern.

Information
Zum Informationsaustausch sollen die Vorgesetzten mindestens einmal im Monat Besprechungen mit den Bediensteten durchführen. Bedienstete haben das Recht und die Pflicht, sich im Rahmen ihrer Aufgabenbereiche und zur Erfüllung der ihnen vorgegebenen Ziele die notwendigen Informationen zu beschaffen.

Mitarbeiter-Vorgesetzten-Gespräch
Mindestens einmal im Jahr sollen Mitarbeiter-Vorgesetzten-Gespräche geführt werden. Im Rahmen dieses Gesprächs soll auf die dienstlichen Anforderungen, die gezeigten Leistungen und auf Verwendungsmöglichkeiten eingegangen werden. Das Ergebnis kann in einer Zielvereinbarung festgehalten werden. Der Zeitpunkt des Gesprächs soll aktenkundig gemacht werden. Falls sich die Gesprächspartner darauf verständigen, können die inhaltlichen Schwerpunkte des Gesprächs ebenfalls aktenkundig gemacht werden.

Personalfürsorge
Bedienstete können sich in persönlichen Angelegenheiten an jeden Vorgesetzten oder an das Personalreferat wenden.

Arbeitsweise
Vorgesetzte und Bedienstete erledigen ihre Aufgaben ergebnisorientiert, wirtschaftlich und wirksam. Hierfür ist der Aufgabenbestand und die Art der Aufgabenerledigung regelmäßig zu hinterfragen und auf Optimierung hinzuwirken. Die Erledigung der Dienstgeschäfte muss den Erfordernissen und Zielen der gesamten Behörde entsprechen. Jede Behörde soll zur Verbesserung von Wirtschaftlichkeit und Wirksamkeit Organisations- und Wirtschaftlichkeitsuntersuchungen durchführen sowie in geeigneten Bereichen betriebswirtschaftliche Methoden und Steuerungselemente einführen. Die Organisation ist veränderten Aufgaben anzupassen.

Allgemeine Hinweise
Im Dienstverkehr haben grundsätzlich alle Bediensteten den Dienstweg einzuhalten.

Terminplanung, Abwesenheitsregelung
Für alle dienstlichen Termine und vorhersehbaren Abwesenheitszeiten, zum Beispiel Urlaub, soll ein verfügbarer elektronischer Kalender verwendet werden. Termine mit vertraulichem Inhalt sind als solche zu kennzeichnen. Bei einer planbaren Abwesenheit ab einem Arbeitstag soll ein verfügbarer elektronischer Abwesenheitsassistent genutzt werden. Dadurch soll der Absender einer E-Mail über die zu erwartende Dauer der Abwesenheit und die getroffene Vertretungsregelung unterrichtet werden. Bei Abwesenheit ab einem Arbeitstag soll sichergestellt werden, dass Anrufe in geeigneter Form entgegengenommen werden.

Dienstbesprechungen
Dienstbesprechungen sind zur Abstimmung und zur Beschleunigung des Verwaltungshandelns, zum Erfahrungsaustausch oder wenn sie das zweckmäßigste Mittel für die Weitergabe wichtiger Informationen sind, rechtzeitig anzuberaumen. Über Verlauf und Ergebnisse von Besprechungen soll ein kurz gefasstes Protokoll gefertigt und allen Teilnehmern zugesandt werden.

Grundsatz der Dokumentation
Geschäftsvorfälle sind einschließlich Rücksprachen, Anordnungen und Auskünften in aktenrelevantem Umfang in den Akten zu dokumentieren. Notwendige Vorbemerkungen zu einem Schreiben sind so knapp wie möglich zu fassen.

Sprache und Stil
Schreiben sollen höflich, verständlich und so kurz wie möglich sein. Fremdwörter sind möglichst zu vermeiden. Im Schriftverkehr mit Privatpersonen ist so fachgerecht wie nötig und so bürgernah wie möglich zu formulieren. Ablehnende oder belastende Schreiben sind dem Bürger nachvollziehbar zu erläutern. Die Behörden führen grundsätzlich den Schriftverkehr auch untereinander in der persönlichen Form „Wir" oder „Ich". In Schreiben an Bürger und private Institutionen sind Anrede und Grußformel zu verwenden. Bei Behörden kann darauf verzichtet werden. Geläufige Kurzbezeichnungen können verwendet werden. Andere Abkürzungen sind bei der ersten Erwähnung mit der vollständigen Bezeichnung und der Abkürzung in Klammern anzugeben.

Verkehrssicherungspflicht
Für die vom Entwässerungsbetrieb genutzten Gebäude müssen unbedingt Regelungen getroffen werden. Diese könnten wie folgt oder auch anders aussehen: Die sich aus der Verkehrssicherungspflicht der Gemeinde als Eigentümer oder Besitzer von Gebäuden, Gebäudeteilen oder Grundstücken ergebenden Verpflichtungen obliegen dem Immobilien- und Baumanagement. Zusammen mit der liegenschaftlichen Verwaltung können diese Verpflichtungen an andere Einrichtungen übertragen werden. Der nutzenden Behörde (Entwässerungsbetrieb) obliegen die Verkehrssicherungspflichten im Gebäudeinneren soweit diese im Zusammenhang mit dem Dienstbetrieb stehen, zum Beispiel organisatorischer Brand- und Arbeitsschutz.

Hinweis
Gemeinsame Anordnung der Ministerien über die Dienstordnung für die Landesverwaltung Baden-Württemberg *vom 31. Januar 2019*
http://www.ph-weingarten.de/fileadmin/redaktuere/Homepage/Die_PH/Recht_und_Regelungen/Gesetze_Verordnungen_und_Vorschriften_extern/2019_Neufassung_der_Dienstordnung.pdf
(Letzter Zugriff 31.03.2023)

6.8 Vom Betrieb beauftragte Personen

„Die Institution des Betriebsbeauftragten wurde durch den Gesetzgeber geschaffen, um die behördliche Fremdüberwachung durch eine institutionalisierte Eigenüberwachung zu ergänzen“ (https://wirtschaftslexikon.gabler.de/definition/betriebsbeauftragte-52294 – Letzter Zugriff 31.03.2023).

6.8.1 Betriebsärzte und Fachkräfte für Arbeitssicherheit

Der Arbeitgeber hat aufgrund des Gesetzes über Betriebsärzte, Sicherheitsingenieure und andere Fachkräfte für Arbeitssicherheit (ASiG) Betriebsärzte und Fachkräfte für Arbeitssicherheit zu bestellen (s. hierzu Kap. 7).

6.8.2 Sicherheitsbeauftragte

Siehe auch hierzu Kap. 7.

6.8.3 Betriebsbeauftragte für Umweltmedien (BImSchG §§ 55–58)

Betriebsbeauftragte für die Umwelt sind die *Gewässerschutz-, Immissionsschutz-Beauftragte und Betriebsbeauftragte für Abfall.* Für alle finden die §§ 55 bis 58 des Bundes-Immissionsschutzgesetzes entsprechende Anwendung. Sie haben somit ähnlich geartete Aufgaben zum Schutz der Umwelt.

6.8.3.1 Pflichten des Betreibers

Der Betreiber hat den Beauftragten schriftlich zu bestellen und die ihm obliegenden Aufgaben genau zu bezeichnen. Der Betreiber hat die Bestellung des Beauftragten und die Bezeichnung seiner Aufgaben sowie Veränderungen in seinem Aufgabenbereich und dessen Abberufung der zuständigen Behörde unverzüglich anzuzeigen. Dem Beauftragten ist eine Abschrift der Anzeige auszuhändigen. Der Betreiber hat den Betriebs- oder Personalrat vor der Bestellung des Gewässerschutzbeauftragten unter Bezeichnung der ihm obliegenden Aufgaben zu unterrichten. Entsprechendes gilt bei Veränderungen im Aufgabenbereich des Beauftragten und bei dessen Abberufung. Der Betreiber darf zum Beauftragten nur bestellen, wer die zur Erfüllung seiner Aufgaben erforderliche Fachkunde und Zuverlässigkeit besitzt. Werden der zuständigen Behörde Tatsachen bekannt, aus denen sich ergibt, dass der Beauftragte nicht die zur Erfüllung seiner Aufgaben erforderliche Fachkunde oder Zuverlässigkeit besitzt, kann sie verlangen, dass der Betreiber einen anderen Beauftragten bestellt. Werden mehrere Beauftragte bestellt, so hat der Betreiber für die erforderliche Koordinierung in der Wahrnehmung der Aufgaben, insbesondere durch Bildung eines Ausschusses für Umweltschutz, zu sorgen. Entsprechendes gilt, wenn neben einem oder mehreren Gewässerschutzbeauftragten Betriebsbeauftragte nach anderen gesetzlichen Vorschriften bestellt werden. Der Betreiber hat ferner für die Zusammenarbeit der Betriebsbeauftragten mit den im Bereich des Arbeitsschutzes beauftragten Personen zu sorgen. Der Betreiber hat den Beauftragten bei der Erfüllung seiner Aufgaben zu unterstützen und ihm insbesondere, soweit dies zur Erfüllung seiner Aufgaben erforderlich ist, Hilfspersonal sowie Räume, Einrichtungen, Geräte und Mittel zur Verfügung zu stellen und die Teilnahme an Schulungen zu ermöglichen.

6.8.3.2 Stellungnahme zu Entscheidungen des Betreibers

Der Betreiber hat vor Entscheidungen über die Einführung von Verfahren und Erzeugnissen sowie vor Investitionsentscheidungen eine Stellungnahme des Beauftragten einzuholen, wenn die Entscheidungen für den Gewässer- bzw. Umweltschutz bedeutsam sein können. Die Stellungnahme ist so rechtzeitig einzuholen, dass sie bei den oben genannten Entscheidungen angemessen berücksichtigt werden kann; sie ist derjenigen Stelle vorzulegen, die über die Einführung von Verfahren und Erzeugnissen sowie über die Investition entscheidet.

6.8.3.3 Vortragsrecht

Der Betreiber hat durch innerbetriebliche Organisationsmaßnahmen sicherzustellen, dass der Beauftragte seine Vorschläge oder Bedenken unmittelbar der Geschäftsleitung vortragen kann, wenn er sich mit dem zuständigen Betriebsleiter nicht einigen konnte und er wegen der besonderen Bedeutung der Sache eine Entscheidung der Geschäftsleitung für erforderlich hält. Kann der Beauftragte sich über eine von ihm vorgeschlagene Maßnahme im Rahmen seines Aufgabenbereichs mit der Geschäftsleitung nicht einigen, so hat diese den Beauftragten umfassend über die Gründe ihrer Ablehnung zu unterrichten.

6.8.3.4 Benachteiligungsverbot, Kündigungsschutz

Der Beauftragte darf wegen der Erfüllung der ihm übertragenen Aufgaben nicht benachteiligt werden. Ist der Beauftragte Arbeitnehmer des zur Bestellung verpflichteten Betreibers, so ist die Kündigung des Arbeitsverhältnisses unzulässig, es sei denn, dass Tatsachen vorliegen, die den Betreiber zur Kündigung aus wichtigem Grund ohne Einhaltung einer Kündigungsfrist berechtigen. Nach der Abberufung als Beauftragter ist die Kündigung innerhalb eines Jahres, vom Zeitpunkt der Beendigung der Bestellung an gerechnet, unzulässig, es sei denn, dass Tatsachen vorliegen, die den Betreiber zur Kündigung aus wichtigem Grund ohne Einhaltung einer Kündigungsfrist berechtigen.

6.8.4 Anforderungen an Beauftragte

Aus der „Fünfte Verordnung zur Durchführung des Bundes-Immissionsschutzgesetzes (Verordnung über Immissionsschutz- und Störfallbeauftragte – 5. BImSchV §§ 7–10)“ ergibt sich welche Anforderungen an die Fachkunde und Zuverlässigkeit eines Immissionsschutzbeauftragten zu stellen sind. Diese Anforderungen können zwar nicht direkt auf Gewässerschutz-Beauftragte übertragen werden, geben aber einen Anhaltspunkt für grundsätzliche Anforderungen.

6.8.4.1 Anforderungen an die Fachkunde

Die Fachkunde erfordert

1. den Abschluss eines Studiums auf den Gebieten des Ingenieurwesens, der Chemie oder der Physik an einer Hochschule,
2. die Teilnahme an einem oder mehreren anerkannten Lehrgängen, in denen Kenntnisse vermittelt worden sind, die für die Aufgaben des Beauftragten erforderlich sind, und
3. während einer zweijährigen praktischen Tätigkeit erworbene Kenntnisse über die Anlage, für die der Beauftragte bestellt werden soll, oder über Anlagen, die im Hinblick auf die Aufgaben des Beauftragten vergleichbar sind.

6.8.4.2 Voraussetzung der Fachkunde in Einzelfällen

Soweit im Einzelfall eine sachgemäße Erfüllung der gesetzlichen Aufgaben der Beauftragten gewährleistet ist, kann auf Antrag des Betreibers als Voraussetzung der Fachkunde auch anerkannt werden:

1. eine technische Fachschulausbildung oder im Falle des Immissionsschutzbeauftragten die Qualifikation als Meister auf einem Fachgebiet, dem die Anlage hinsichtlich ihrer Anlagen- und Verfahrenstechnik oder ihres Betriebs zuzuordnen ist, und zusätzlich
2. während einer mindestens vierjährigen praktischen Tätigkeit erworbene Kenntnisse

6.8.4.3 Anforderungen an die Fortbildung

Der Betreiber hat dafür Sorge zu tragen, dass der Beauftragte regelmäßig, mindestens alle zwei Jahre, an Fortbildungsmaßnahmen teilnimmt. Auf Verlangen der zuständigen Behörde ist die Teilnahme des Beauftragten an im Betrieb durchgeführten Fortbildungsmaßnahmen oder an Lehrgängen nachzuweisen.

6.8.4.4 Anforderungen an die Zuverlässigkeit (5. BImSchV § 10)

Die Zuverlässigkeit erfordert, dass der Beauftragte auf Grund seiner persönlichen Eigenschaften, seines Verhaltens und seiner Fähigkeiten zur ordnungsgemäßen Erfüllung der ihm obliegenden Aufgaben geeignet ist. Die erforderliche Zuverlässigkeit ist in der Regel nicht gegeben, wenn der Beauftragte

1. wegen Verletzung der Vorschriften
   a) des Strafrechts über gemeingefährliche Delikte oder Delikte gegen die Umwelt,
   b) des Natur- und Landschaftsschutz-, Chemikalien-, Gentechnik- oder Strahlenschutzrechts,
   c) des Lebensmittel-, Arzneimittel-, Pflanzenschutz- oder Infektionsschutzrechts,
   d) des Gewerbe-, Produktsicherheits- oder Arbeitsschutzrechts oder
   e) des Betäubungsmittel-, Waffen- oder Sprengstoffrechts zu einer Freiheitsstrafe, Jugendstrafe oder Geldstrafe rechtskräftig verurteilt worden ist,
2. wegen Verletzung der Vorschriften
   a) des Immissionsschutz-, Abfall-, Wasser-, Natur- und Landschaftsschutz-, Bodenschutz-, Chemikalien-, Gentechnik- oder Atom- und Strahlenschutzrechts,
   b) des Lebensmittel-, Arzneimittel-, Pflanzenschutz- oder Infektionsschutzrechts,

c) des Gewerbe-, Produktsicherheits- oder Arbeitsschutzrechts oder
d) des Betäubungsmittel-, Waffen- oder Sprengstoffrechts
innerhalb der letzten fünf Jahre mit einer Geldbuße in Höhe von mehr als fünfhundert Euro belegt worden ist,
3. wiederholt und grob pflichtwidrig gegen Vorschriften nach Nummer 2 verstoßen hat oder
4. seine Pflichten als Betriebsbeauftragter nach anderen Vorschriften verletzt hat.

6.8.5 Gewässerschutzbeauftragte

Gewässerbenutzer, die an einem Tag mehr als 750 Kubikmeter Abwasser einleiten dürfen, haben unverzüglich einen oder mehrere Betriebsbeauftragte für Gewässerschutz (Gewässerschutzbeauftragte) zu bestellen (WHG § 64).

▶ Dies kann bei Mischsystem schon Kläranlagen für ca. 3000 Einwohner betreffen (Bemessung für 2 QT + QF: 2 × 3000 E × 100 l / E × d = 600 m^3/d + 25%QF = 750 m^3/d).

Ist ein Immissionsschutzbeauftragter oder ein Abfallbeauftragter bestellt, kann dieser auch die Aufgaben und Pflichten eines Gewässerschutzbeauftragten wahrnehmen. Das dürfte aber nur bei sehr großen Kläranlagen der Fall sein (WHG § 64).

6.8.5.1 Aufgaben

Gewässerschutzbeauftragte beraten den Gewässerbenutzer und die Betriebsangehörigen in Angelegenheiten, die für den Gewässerschutz bedeutsam sein können. Sie sind berechtigt und verpflichtet,

- die Einhaltung von Vorschriften, Nebenbestimmungen und Anordnungen im Interesse des Gewässerschutzes zu überwachen, insbesondere
  - durch regelmäßige Kontrolle der Abwasseranlagen im Hinblick auf die Funktionsfähigkeit, den ordnungsgemäßen Betrieb sowie die Wartung,
  - durch Messungen des Abwassers nach Menge und Eigenschaften,
  - durch Aufzeichnungen der Kontroll- und Messergebnisse;
- Sie haben dem Gewässerbenutzer festgestellte Mängel mitzuteilen und Maßnahmen zu ihrer Beseitigung vorzuschlagen;
- auf die Anwendung geeigneter Abwasserbehandlungsverfahren einschließlich der Verfahren zur ordnungsgemäßen Verwertung oder Beseitigung der bei der Abwasserbehandlung entstehenden Reststoffe hinzuwirken;
- auf die Entwicklung und Einführung von innerbetrieblichen Verfahren zur Vermeidung oder Verminderung des Abwasseranfalls nach Art und Menge hinzuwirken;
- die Betriebsangehörigen über die in dem Betrieb verursachten Gewässerbelastungen sowie über die Einrichtungen und Maßnahmen zu ihrer Verhinderung unter Berücksichtigung der wasserrechtlichen Vorschriften aufzuklären (WHG § 65).

Gewässerschutzbeauftragte erstatten dem Gewässerbenutzer jährlich einen schriftlichen oder elektronischen Bericht über die getroffenen und beabsichtigten Maßnahmen (WHG § 65). Ein solcher schriftlicher Jahresbericht könnte u. a. folgende Punkte enthalten:

- Veränderungen der Abwasserbehandlungs- u. Kanalanlagen im Berichtsjahr
- Inbetriebnahme oder Außerbetriebnahme wesentlicher Anlagenteile
- Darstellung wasserrechtlich relevanter Ereignisse (Starkregen, Störungen, …)
- Abgleich der Einhaltung der wasserrechtlichen Auflagen durch Darstellung eines Ist-/Sollvergleichs: CSB, P, N …; Fremdwasser, …; Anzahl der Mischwasser-Entlastungen,
- Investitionen im Berichtsjahr in Kanalnetz und Klärwerk
- Entwicklung der angeschlossenen Einwohner und EW: neue Baugebiete, neue abwasserrelevante Gewerbe-Betriebe, angeschlossene Kleinkläranlagen, …
- Entwicklung möglicher zukünftiger wasserrechtlicher Aufgaben sowie Darstellung von möglichen Konsequenzen, die sich für die Gemeinde ergeben können

6.8.5.2 Sonderregelungen für Gewässerschutzbeauftragte in einigen Bundesländern,

Bayern
Nach Art. 38 BayWG sind Gewässerschutzbeauftragte für Abwassereinleitungen von Gebietskörperschaften, aus Gebietskörperschaften gebildeten Zusammenschlüssen oder öffentlich-rechtlichen Wasserverbänden die für die Abwasseranlagen zuständigen Betriebsleiter oder sonstige Beauftragte.

Nordrhein-Westfalen
Nach § 60 LWG-NRW wird der Gewässerschutzbeauftragte eines Abwasserverbandes von dessen Vorstand bestellt.

Rheinland-Pfalz
Nach § 66 des Landeswassergesetz Rheinland-Pfalz sind Gewässerschutzbeauftragte für Abwassereinleitungen von Gebietskörperschaften, aus Gebietskörperschaften gebildeten Zusammenschlüssen oder Wasser- und Bodenverbänden (wie in Bayern) die oder der für die Abwasseranlagen zuständige Betriebsleiterin oder Betriebsleiter. Falls keine anderweitige Bestellung eines Gewässerschutzbeauftragten erfolgt, kann hier auch die Funktion erfüllen die Werkleiterin oder der Werkleiter des für die Abwasseranlage gebildeten Eigenbetriebes.

6.8.6 Abfallbeauftragte

Einen Abfallbeauftragten haben u. a. die Betreiber von Abwasserbehandlungsanlagen der Größenklasse 5 zu bestellen, soweit Abfälle verwertet oder beseitigt werden (AbfBeauftrV § 2).

„Die Voraussetzung, dass die Abfälle einer Verwertung oder Beseitigung zugeführt werden, dient auch der Abgrenzung zwischen dem Anwendungsbereich des Wasserhaus-

haltsgesetzes (WHG) und des KrWG. Gemäß § 2 Absatz 2 Nummer 9 KrWG ist die Anwendung des KrWG mit Einleitung des Abwassers in die Abwasserbehandlungsanlage ausgeschlossen. Es handelt es sich um einen zeitlichen Anwendungsbereichsausschluss, der aber mit Abschluss der wasserrechtlichen Beseitigung des Abwassers entfällt. Zur Abwasserbeseitigung zählt die Einleitung des Abwassers bis zur Entwässerung des angefallenen Klärschlamms (vgl. § 54 Absatz 2 WHG). Sofern weitere Behandlungsschritte, wie beispielsweise die Herstellung eines Klärschlammkompostes oder die Zuführung der Klärschlämme in Faultürme unter zusätzlichem Einsatz von Bioabfällen auf dem Betriebsgelände der Abwasserbehandlungsanlage erfolgen, handelt es sich um eine Abfallverwertung, die den Regelungen des KrWG unterfällt. Für Anlagen, die Verwertungsmaßnahmen von Abfällen vornehmen, ist die Bestellung eines Abfallbeauftragten geboten" (Bundesrat Drucksache 477/16 vom 24.08.2016).

6.8.6.1 Bestellung eines Betriebsbeauftragten für Abfall (KrWG § 59)

Ist ein Immissionsschutzbeauftragter oder ein Gewässerschutzbeauftragter zu bestellen, so können diese auch die Aufgaben und Pflichten eines Abfallbeauftragten wahrnehmen.

6.8.6.2 Aufgaben des Betriebsbeauftragten für Abfall (KrWG § 60)

Der Abfallbeauftragte berät den zur Bestellung Verpflichteten und die Betriebsangehörigen in Angelegenheiten, die für die Abfallvermeidung und Abfallbewirtschaftung bedeutsam sein können. Er ist berechtigt und verpflichtet,

- den Weg der Abfälle von ihrer Entstehung oder Anlieferung bis zu ihrer Verwertung oder Beseitigung zu überwachen,
- die Einhaltung der Vorschriften des Abfallrechts sowie die Erfüllung erteilter Bedingungen und Auflagen zu überwachen, insbesondere durch Kontrolle der Betriebsstätte und der Art und Beschaffenheit der bewirtschafteten Abfälle in regelmäßigen Abständen, Mitteilung festgestellter Mängel und Vorschläge zur Mängelbeseitigung,
- die Betriebsangehörigen aufzuklären
  - über Beeinträchtigungen des Wohls der Allgemeinheit, welche von den Abfällen oder der abfallwirtschaftlichen Tätigkeit ausgehen können,
  - über Einrichtungen und Maßnahmen zur Verhinderung von Beeinträchtigungen des Wohls der Allgemeinheit unter Berücksichtigung der für die Vermeidung, Verwertung und Beseitigung von Abfällen geltenden Gesetze und Rechtsverordnungen,
- hinzuwirken auf die Entwicklung und Einführung
  - umweltfreundlicher und abfallarmer Verfahren, einschließlich Verfahren zur Vermeidung, ordnungsgemäßen und schadlosen Verwertung oder umweltverträglichen Beseitigung von Abfällen,
  - umweltfreundlicher und abfallarmer Erzeugnisse, einschließlich Verfahren zur Wiederverwendung, Verwertung oder umweltverträglichen Beseitigung nach Wegfall der Nutzung, sowie

- bei der Entwicklung und Einführung der oben genannten Verfahren mitzuwirken, insbesondere durch Begutachtung der Verfahren und Erzeugnisse unter den Gesichtspunkten der Abfallbewirtschaftung,
- bei Anlagen, in denen Abfälle anfallen, verwertet oder beseitigt werden, zudem auf Verbesserungen des Verfahrens hinzuwirken.

6.8.7 Bestellung eines Betriebsbeauftragten für Immissionsschutz

Für die o. g. nach BImSchG genehmigungsbedürftigen Anlagen auf Kläranlagen ist eine Bestellung nicht erforderlich (s. hierzu Kap. 3).

6.8.8 Gefahrgutbeauftragte

Siehe hierzu Kap. 8.

Hinweise
Betriebsbeauftragte – eine Übersicht, Bayerisches Landesamt für Umwelt
Betriebsbeauftragte – eine Übersicht (bayern.de) (https://www.umweltpakt.bayern.de/files/fachwissen/betriebsbeauftragte_2022.pdf)

Beauftragte nach Arbeits- und Umweltschutzrecht
Industrie- und Handelskammer Hochrhein-Bodensee
Herausgeber: Industrie- und Handelskammer (ihk.de) (https://www.ihk.de/lippe-detmold/hauptnavigation/beraten-und-informieren/recht/aktuelles-recht/betriebsbeauftragten-broschuere-4335094)
Letzter Zugriff bei beiden 31.03.2023

6.8.9 Weitere beauftragte Personen

6.8.9.1 Beauftragte für Erste Hilfe, Brandbekämpfung und Evakuierung

Beauftragte Personen (ArbSchG § 10)
Der Arbeitgeber hat diejenigen Beschäftigten zu benennen, die Aufgaben der

- Ersten Hilfe,
- Brandbekämpfung und
- Evakuierung der Beschäftigten

übernehmen. Anzahl, Ausbildung und Ausrüstung der Beauftragten müssen in einem angemessenen Verhältnis zur Zahl der Beschäftigten und zu den bestehenden besonderen Gefahren stehen. Vor der Benennung hat der Arbeitgeber den Betriebs- oder Personalrat zu hören.

Betriebliche Ersthelfer (DGUV V1 § 24)
Der Unternehmer hat dafür zu sorgen, dass zur Ersten Hilfe und zur Rettung aus Gefahr die erforderlichen Einrichtungen und Sachmittel sowie das erforderliche Personal zur Verfügung stehen.

Zahl und Ausbildung der Ersthelfer (DGUV V1 § 26)
Der Unternehmer hat dafür zu sorgen, dass für die Erste-Hilfe-Leistung Ersthelfer mindestens in folgender Zahl zur Verfügung stehen:

- bei 2 bis zu 20 anwesenden Versicherten ein Ersthelfer,
- bei mehr als 20 anwesenden Versicherten in sonstigen Betrieben 10 %,

Von der Zahl der Ersthelfer kann im Einvernehmen mit dem Unfallversicherungsträger unter Berücksichtigung der Organisation des betrieblichen Rettungswesens und der Gefährdung abgewichen werden. Der Unternehmer darf als Ersthelfer nur Personen einsetzen, die bei einer von dem Unfallversicherungsträger für die Ausbildung zur Ersten Hilfe ermächtigten Stelle ausgebildet worden sind oder über eine sanitätsdienstliche/rettungsdienstliche Ausbildung oder eine abgeschlossene Ausbildung in einem Beruf des Gesundheitswesens verfügen. Der Unternehmer hat dafür zu sorgen, dass die Ersthelfer in der Regel in Zeitabständen von zwei Jahren fortgebildet werden. Der Unternehmer hat sich Nachweise über die Fortbildung vorlegen zu lassen. Ist nach Art des Betriebes, insbesondere auf Grund des Umganges mit Gefahrstoffen, damit zu rechnen, dass bei Unfällen Maßnahmen erforderlich werden, die nicht Gegenstand der allgemeinen Ausbildung zum Ersthelfer sind, hat der Unternehmer für die erforderliche zusätzliche Aus- und Fortbildung zu sorgen.

Brandschutzbeauftragte und Brandschutzhelfer
Insbesondere für verschiedene Sonderbauten kann es eine Pflicht zur Bestellung von Brandschutzbeauftragten geben; sie sind notwendig in Betrieben, in denen ein erhöhtes Brandrisiko besteht und eine größere Anzahl Personen gefährdet ist.

Hinweise
Aufgaben, Qualifikation, Ausbildung und Bestellung von Brandschutzbeauftragten

DGUV Information 205-003
DGUV Information 205-003 „Aufgaben, Qualifikation, Ausbildung und Bestellung von Brandschutzbeauftragten" (https://publikationen.dguv.de/widgets/pdf/download/article/3872)

Brandschutzhelfer
DGUV Information 205-023
DGUV Information 205-023 „Brandschutzhelfer – Ausbildung und Befähigung" (https://publikationen.dguv.de/widgets/pdf/download/article/2848)
(Letzter Zugriff bei beiden 31.03.2023)

6.8.9.2 Elektrofachkraft für festgelegte Tätigkeiten

Nach den Durchführungsanweisungen zu § 2 Abs. 3 zur DGUV Vorschrift 3 (bisherige BGV A3) dürfen Mitarbeiter auch ohne eine vollständige Ausbildung zur Elektrofachkraft festgelegte Tätigkeiten zur Instandhaltung und Instandsetzung vornehmen. Durch eine entsprechende Ausbildung können sie eine Qualifikation als *Elektrofachkraft für festgelegte Tätigkeiten* erreichen.

> *„**Festgelegte Tätigkeiten** sind gleichartige, sich wiederholende Arbeiten an Betriebsmitteln, die vom Unternehmer in einer Arbeitsanweisung beschrieben sind“* (Berufsgenossenschaft Holz und Metall, DGUV Vorschrift 3).

6.8.9.3 Nicht geforderte Beauftragte

▶ Die folgenden Beauftragten sind rechtlich für Entwässerungsbetriebe nicht gefordert, erscheinen aber sinnvoll.

Managementprozess (SeeBewachDV § 3)

Der Verantwortliche hat die Führung des Prozesshandbuchs sicherzustellen. Änderungen der Abläufe, insbesondere aufgrund von Veränderungen der rechtlichen Anforderungen, müssen unverzüglich in das Prozesshandbuch eingearbeitet werden. Das Prozesshandbuch ist den Mitarbeitern als Leitfaden zur Verfügung zu stellen. Die Änderungen sind den Mitarbeitern unverzüglich bekannt zu geben und es ist sicherzustellen, dass diese die Änderungen tatsächlich zur Kenntnis nehmen.

Qualitätsbeauftragter (VO (EU) 2014/1321 Anhang II 145.A.30)

Der verantwortliche Betriebsleiter muss eine Person bestimmen, die mit der Überwachung der Qualitätskontrolle einschließlich des geforderten Rückmeldesystems beauftragt wird. Die benannte Person muss direkten Zugang zum verantwortlichen Betriebsleiter haben, so dass dieser in ausreichendem Maße über die Qualitätssicherung und Nachweisführung informiert ist.

Risiko-/Sicherheitsbeauftragter (nach OffshoreBergV § 40)

Der Unternehmer hat eine verantwortliche Person zu bestimmen, die für das Risikomanagement als Grundlage für die Sicherheit der Anlagen, der anderen Einrichtungen und der sonstigen sicherheitskritischen Elemente zuständig ist. Der mit dem Risikomanagement beauftragten verantwortlichen Person obliegt die Einbringung der das Risikomanagement betreffenden Aspekte bei

1. der Erstellung des Berichts über ernste Gefahren, sowie dessen Umsetzung im Betrieb,
2. der Einrichtung eines Sicherheits- und Umweltmanagementsystems

Instandhaltungsbeauftragter (VO (EU) 2014/1321 Anhang II 145.A.30)

Der Betrieb muss eine Person oder eine Gruppe von Personen benennen, die im Rahmen ihrer Pflichten gewährleisten, dass der Betrieb die Forderungen im Bereich Instandhaltung erfüllt. Solche Person(en) muss (müssen) dem verantwortlichen Betriebsleiter unterstellt sein.

1. Die benannte Person oder die benannten Personen müssen die Leitungsstruktur des Betriebs vertreten, und sie sind für alle im Bereich Instandhaltung dargestellten Aufgaben zuständig.
2. Die benannte Person oder die benannten Personen sind namentlich festzulegen, und ihre Zeugnisse müssen vorgelegt werden.
3. Die benannte Person oder die benannten Personen müssen angemessene Kenntnisse, Hintergrundwissen und ausreichend Erfahrung in der Instandhaltung haben und anwendungsbereite Kenntnisse nachweisen können.
4. Anhand von Verfahren muss klar erkennbar sein, wer eine bestimmte Person im Fall einer längeren Abwesenheit der genannten Person vertritt.

6.9 Dienstvorgesetzte und Vorgesetzte

Im Beamtenrecht spielen Dienstvorgesetzte für den Mitarbeiter eine ganz besondere Rolle, daher muss hier genau unterschieden werden zwischen normalen Vorgesetzten und dem jeweiligen *Dienstvorgesetzten*.

6.9.1 Oberste Dienstbehörde

Oberste Dienstbehörde ist die oberste Behörde des Dienstherrn in dem Dienstbereich, in dem der Beamte oder die Beamtin ein Amt bekleidet (BayBG § 3). Bei einer Gemeinde (in Bayern z. B.) ist die Funktion der obersten Dienstbehörde (= oberste Dienststelle) auf die beiden gewählten Haupt-Organe aufgeteilt: die Gemeinde wird durch den Gemeinderat verwaltet, soweit nicht der erste Bürgermeister selbständig entscheidet (BayGO Art. 29).

6.9.1.1 Zuständigkeit des ersten Bürgermeisters (BayGO Art. 34ff)

Der erste Bürgermeister erledigt in eigener Zuständigkeit *die laufenden Angelegenheiten*, die für die Gemeinde keine grundsätzliche Bedeutung haben und keine erheblichen Verpflichtungen erwarten lassen. Die unten genannten personalrechtlichen Befugnisse obliegen dem *ersten Bürgermeister* als Verwaltungsleiter für:

- Beamte der Gemeinde bis zur Besoldungsgruppe A 8 und für
- Arbeitnehmer der Gemeinde bis zur Entgeltgruppe 8 des Tarifvertrags für den öffentlichen Dienst oder bis zu einem entsprechenden Entgelt.

Der Gemeinderat kann dem ersten Bürgermeister durch die Geschäftsordnung weitere Angelegenheiten zur selbständigen Erledigung übertragen. In kreisfreien Gemeinden *kann* der Gemeinderat die u. g. Befugnisse für Beamte bis zur Besoldungsgruppe A 14 und für

Arbeitnehmer bis zur Entgeltgruppe 14 des Tarifvertrags für den öffentlichen Dienst oder mit einem entsprechenden Entgelt dem *Oberbürgermeister* übertragen. Der erste Bürgermeister kann im Rahmen der Geschäftsverteilung einzelne seiner Befugnisse den weiteren Bürgermeistern und in Angelegenheiten der laufenden Verwaltung einem Gemeindebediensteten, z. B. der Werkleitung im Eigenbetrieb, übertragen.

6.9.1.2 Zuständigkeit des Gemeinderats (BayGO Art. 43)

Der *Gemeinderat* ist für folgende *personalrechtlichen Befugnisse zuständig*:

- die Beamten der Gemeinde *ab Besoldungsgruppe A 9 zu ernennen, zu befördern, abzuordnen oder zu versetzen, an eine Einrichtung zuzuweisen, in den Ruhestand zu versetzen und zu entlassen,*
- die Arbeitnehmer der Gemeinde ab Entgeltgruppe 9 des Tarifvertrags für den öffentlichen Dienst oder ab einem entsprechenden Entgelt *einzustellen, höherzugruppieren, abzuordnen oder zu versetzen, einem Dritten zuzuweisen, mittels Personalgestellung zu beschäftigen und zu entlassen.*

Diese Befugnisse kann der Gemeinderat, auch teilweise, einem beschließenden Ausschuss z. B. dem Werkausschuss eines Eigenbetriebes übertragen.

6.9.1.3 Aufsicht des Gemeinderats (BayGO Art. 30)

Der Gemeinderat überwacht die gesamte Gemeindeverwaltung, insbesondere auch die Ausführung seiner Beschlüsse.

6.9.1.4 Werkleitung oder Werkausschuss im Eigenbetrieb (BayGO Art. 88)

Eigenbetriebe sind gemeindliche Unternehmen, die außerhalb der allgemeinen Verwaltung als Sondervermögen ohne eigene Rechtspersönlichkeit geführt werden. Für Eigenbetriebe bestellt der Gemeinderat eine *Werkleitung* und einen *Werkausschuss*. Die ***Werkleitung*** führt die laufenden Geschäfte des Eigenbetriebs. Der Gemeinderat kann ihr mit Zustimmung des ersten Bürgermeisters weitere Vertretungsbefugnisse übertragen. Der Bürgermeister überträgt i. d. R. bestimmte Personalangelegenheiten auf die Werkleitung. Über die in der Zuständigkeit der Werkleitung liegenden Angelegenheiten hinaus beschließt über die Angelegenheiten des Eigenbetriebs der *Werkausschuss*, soweit nicht der Gemeinderat sich die Entscheidung allgemein vorbehält oder im Einzelfall an sich zieht. Wenn In kreisfreien Gemeinden der Gemeinderat die personalrechtlichen Befugnisse für Beamte bis zur Besoldungsgruppe A 14 und für Arbeitnehmer bis zur Entgeltgruppe 14 des TVöD oder mit einem entsprechenden Entgelt der Werkleitung übertragen hat, sollen auch Befugnisse gegenüber Beamten und Arbeitnehmern im Eigenbetrieb vom Stadtrat auf den Werkausschuss übertragen werden. Der Gemeinderat kann die Verwaltung bestimmter Geschäftszweige oder die Erledigung einzelner Angelegenheiten beschließenden Ausschüssen (Gemeindesenaten) übertragen. Der Werkausschuss ist ein beschließender Ausschuss.

- In jeder Gemeinde ist also in der *Geschäftsordnung des Stadtrats* und evtl. in der Eigenbetriebssatzung genau zu prüfen, ob der Bürgermeister, die Werkleitung, der Werkausschuss oder der Gemeinderat jeweils die oberste Dienstbehörde sind. Diese Stelle ist oder beauftragt eine Person mit der Funktion des Dienstvorgesetzten. Dies ist u. a. von der Größe der Gemeinde bzw. ihrer Verwaltung sowie der Entgelt- oder Besoldungsgruppe der jeweiligen Stelle abhängig.

6.9.2 Vorgesetzte und Aufsicht

6.9.2.1 Inhalt der Dienst-, Rechts- und Fachaufsicht

Die Dienstaufsicht erstreckt sich auf alle Aufgabengebiete, die Voraussetzung für den geordneten Ablauf des Dienstbetriebes sind. Dazu gehören insbesondere der Aufbau, die innere Ordnung, der Einsatz und die Verteilung von Personal- und Sachmitteln, die allgemeine Geschäftsführung und die Personalangelegenheiten (SächsVwOrgG § 17).

Die Rechtsaufsicht erstreckt sich auf die Überwachung der Erfüllung der gesetzlich festgelegten und der übernommenen öffentlich-rechtlichen Aufgaben und Verpflichtungen der Entwässerung und die Gesetzmäßigkeit ihrer Verwaltungstätigkeit (BayGO Art 109).

Die Fachaufsicht erstreckt sich auf die Sicherstellung der rechtmäßigen und zweckmäßigen Wahrnehmung der fachlichen Verwaltungsangelegenheiten und die Aufsicht auch auf die korrekte Handhabung des Verwaltungsermessens. Eingriffe in das Verwaltungsermessen sollten sich auf die Fälle beschränken, in denen das Gemeinwohl oder öffentlich-rechtliche Ansprüche einzelner eine Weisung oder Entscheidung erfordern (BayGO Art 109).

Die Vorgesetzten können mit den ihrer Aufsicht unterstehenden Mitarbeitern Zielvereinbarungen abschließen und von ihnen Berichterstattung, Vorlage der Akten sowie Erhebung und Übermittlung von Leistungsdaten über den Vollzug der Aufgaben verlangen, Prüfungen vornehmen und Weisungen erteilen (nach LVG Ba-Wü § 3).

6.9.2.2 Dienstaufsicht

Die Dienstaufsicht soll sicherstellen, dass Mitarbeiter ihre Pflichten aus dem Dienstverhältnis ordnungsgemäß erfüllen. Die Dienstaufsicht soll die Mitarbeiter bei der Erfüllung ihrer Aufgaben verständnisvoll beraten, fördern und schützen sowie die Entschlusskraft und die Selbstverantwortung der Mitarbeiter stärken. Im Rahmen der Dienstaufsicht sind die Inhaber und Inhaberinnen von Leitungs- und Aufsichtsämtern berechtigt, die Mitarbeiter insbesondere zu beobachten, zu beraten, anzuleiten, anzuweisen, zu ermahnen und zu rügen sowie dienstliche Anordnungen zu treffen. Die Dienstaufsicht umfasst auch die Befugnis, die ordnungswidrige Art der Ausführung eines Amtsgeschäfts vorzuhalten und zu ordnungsgemäßer, unverzüglicher Erledigung der Amtsgeschäfte zu ermahnen. Zur

Konkretisierung der Pflichten aus dem Dienstverhältnis können Dienstordnungen erlassen oder vereinbart werden.

> *„Eine Vernachlässigung der Aufsichtspflicht durch Vorgesetzte kann unter dem Gesichtspunkt der Verletzung der Fürsorgepflicht oder des ‚Mitverschuldens' als Mitursache einer dienstlichen Verfehlung bei der Bemessung der Disziplinarmaßnahme mildernd berücksichtigt werden, wenn konkrete Anhaltspunkte für besondere Umstände vorlagen, die ausreichende Kontrollmaßnahmen unerlässlich machten, solche aber pflichtwidrig unterblieben oder nur unzureichend durchgeführt wurden"* (Urteil v. 10.01.2007 – BVerwG 1 D 15.05).

6.9.2.3 Dienstvorgesetzte

Dienstvorgesetzte sind diejenigen, die für beamtenrechtliche Entscheidungen über die persönlichen Angelegenheiten der ihnen nachgeordneten Beamten und Beamtinnen zuständig sind (BayBG Art 3). Dienstvorgesetzte entscheiden die wichtigen Dinge, die den Beamten betreffen. Im Disziplinarrecht kommen ihnen ganz besondere Bedeutung zu: die Disziplinarbefugnisse werden von den Dienstvorgesetzten ausgeübt. Liegen zureichende tatsächliche Anhaltspunkte vor, die den Verdacht eines Dienstvergehens rechtfertigen, ist der oder die Dienstvorgesetzte verpflichtet, ein Disziplinarverfahren einzuleiten und die erforderlichen Ermittlungen durchzuführen. Sie können Disziplinarverfügungen erlassen und damit Disziplinarmaßnahmen gegen Beamte verhängen (BDG § 17).

Der erste Bürgermeister führt die *Dienstaufsicht* über die Beamten und Arbeitnehmer der Gemeinde, und ist damit deren *Dienstvorgesetzter*. Der erste Bürgermeister kann im Rahmen der Geschäftsverteilung einzelne seiner Befugnisse den weiteren Bürgermeistern, und in Angelegenheiten der laufenden Verwaltung einem Gemeindebediensteten übertragen (Bay GO Art 37).

Dienstvorgesetzter im Eigenbetrieb (Bay GO Art 88)
Die Werkleitung ist Dienstvorgesetzter der Beamten im Eigenbetrieb und führt die *Dienstaufsicht* über sie und die im Eigenbetrieb tätigen Arbeitnehmer. Der erste Bürgermeister ist Dienstvorgesetzter der Werkleitung.

Die o. g. Fakten können in anderen Bundesländern abweichend geregelt sein!

6.9.2.4 Vorgesetzte

Vorgesetzte sind diejenigen, die Beamten und Angestellten für ihre dienstliche Tätigkeit Anordnungen oder Weisungen erteilen können. Wer Vorgesetzter ist, bestimmt sich nach dem Aufbau der jeweiligen Verwaltung (BayBG Art 88).

Geschäftsordnungen von Landesregierungen in verschiedenen Bundesländern regeln die Führung und Zusammenarbeit für Vorgesetzte und Führungskräfte, es folgen zwei Beispiele:

Führung und Zusammenarbeit (Brandenburg)

„Die Vorgesetzten sind in ihrer Organisationseinheit für die Festlegung und Umsetzung der Arbeitsziele sowie die Steuerung der Verfahrensabläufe und des Ressourceneinsatzes verantwortlich. Unbeschadet ihrer Weisungsrechte sollen ... die Abteilungsleitungen mit den Referatsleitungen mindestens einmal jährlich die Schwerpunktthemen und die sich daraus ergebenden Arbeitsziele der Abteilungen und Referate vereinbaren. Die Beschäftigten sollen an den Entscheidungsprozessen ihrer Organisationseinheit beteiligt werden. Sie bearbeiten die ihnen zugewiesenen Aufgaben eigenständig. Es sind regelmäßige Dienstbesprechungen und Mitarbeitergespräche durchzuführen. Neben der Ausführung der Leitungsfunktion unterstützen die Dienstbesprechungen den Informationsaustausch innerhalb der Organisationseinheiten und helfen mit, die Arbeit zu koordinieren. Die Angehörigen einer Organisationseinheit informieren einander über alle Angelegenheiten, die für die Aufgabenwahrnehmung und die Vertretung wichtig sind und unterstützen sich bei der Erfüllung ihrer Aufgaben. Rücksprachen sind unverzüglich, möglichst binnen drei Arbeitstagen, zu erledigen" (Gemeinsame Geschäftsordnung für die Ministerien des Landes Brandenburg (GGO) § 5) ◄

Zusammenarbeit und Führung (NRW)

„Angehörige der ...(Behörde)... sind für die sachgerechte Erledigung der ihnen übertragenen Aufgaben verantwortlich. Sie unterstützen sich bei der Erfüllung ihrer Aufgaben und unterrichten sich gegenseitig, zeitgerecht und umfassend über Angelegenheiten, die für die Aufgabenerfüllung von Bedeutung sein könnten. Sie nehmen ihre Aufgaben orientiert an den Interessen der Bürgerinnen und Bürger ressourcenschonend und kollegial wahr. Führungskräfte tragen Verantwortung für eine gleichmäßige Aufgabenverteilung und berücksichtigen dabei die Prinzipien der Vereinbarkeit von Beruf und Familie. Sie fördern die Delegation von Aufgaben und Verantwortung. Sie sorgen für eine umfassende und vertrauensvolle Zusammenarbeit sowie für eine offene, kooperative, auf gegenseitiger Achtung aufbauende Ausgestaltung der Arbeitsabläufe. Sie führen mit ihren Mitarbeiterinnen und Mitarbeitern regelmäßige Gespräche, die insbesondere der vertrauensvollen Zusammenarbeit dienen, die beiderseitige Aufgabenwahrnehmung fördern und die gemeinsamen Ziele definieren sowie berufliche und persönliche Entwicklungspotentiale aufzeigen. Dabei berücksichtigen sie das Ziel einer Verwirklichung des Grundrechts der Gleichberechtigung von Frauen und Männern.Im Rahmen ihrer Personalverantwortung fördern und fordern die Führungskräfte ihre Mitarbeiterinnen und Mitarbeiter. Sie sollen ihre Mitarbeiterinnen und Mitarbeiter zur Leistung motivieren, ihre Arbeitszufriedenheit fördern und ihnen Raum für Kreativität geben. Anerkennung sowie berechtigte Kritik sind selbstverständliche Bestandteile eines Austauschs über geleistete Arbeit. Der Erhaltung und Förderung der Ge-

sundheit der Mitarbeiterinnen und Mitarbeiter ist dabei besondere Beachtung zu schenken. Führungskräfte sind für die rechtzeitige und umfassende Weitergabe von Informationen verantwortlich. Sie sorgen dafür, dass alle Beteiligten einschließlich derjenigen, die wegen Teilzeitbeschäftigung, Telearbeit oder Wahrnehmung von Außenterminen nicht ständig am Arbeitsplatz erreichbar sind, am Informationsfluss teilhaben. Alle Vorgesetzten sind über wesentliche Angelegenheiten ihres Verantwortungsbereiches rechtzeitig auf dem Dienstweg zu informieren. Sie sind nachträglich zu informieren, wenn aus zwingenden Gründen der Dienstweg nicht eingehalten werden konnte" (Gem. Geschäftsordnung für die Ministerien des Landes Nordrhein-Westfalen § 3). ◄

6.9.2.5 Vorgesetzte und Mitarbeiter

Der TVÖD sagt zum Thema Vorgesetzte:

Technikerinnen und Techniker sind selbstständig tätig, wenn sie bei technischen Arbeitsabläufen in Ausführung technischer, mehr routinemäßiger Entwurfs-, Leitungs- und Planungsarbeiten eigene technische Entscheidungen zu treffen haben. Dass das Arbeitsergebnis einer Kontrolle, einer fachlichen Anleitung und Überwachung durch Vorgesetzte unterworfen wird, berührt die Selbstständigkeit der Tätigkeit nicht (TVöD-V, Teil A II 5).

„Gemäß § BAT § 22 Abs. BAT § 22 Absatz 1 und Abs. BAT § 22 Absatz 2 BAT müssen zeitlich mindestens zur Hälfte Arbeitsvorgänge anfallen, bei denen – für sich genommen – dem Arbeitnehmer die erforderliche Zahl von Angestellten unterstellt ist. Nur diese Tarifanwendung wird auch dem Sinn des Qualifikationsmerkmals gerecht. Wenn nämlich eine bestimmte Zahl von unterstellten Angestellten zu einer höheren Eingruppierung des Vorgesetzten führt, so wird damit berücksichtigt, dass bei einer höheren Zahl von Untergebenen dem Vorgesetzten mehr und schwierigere Koordinationsaufgabenobliegen … Eine ‚ständige' Unterstellung liegt dann vor, wenn die Dienst- und Fachaufsicht während der gesamten Arbeitszeit durchgeführt wird. Dabei ist unschädlich, dass sich der Arbeitnehmer auch mit anderen Aufgaben beschäftigt, solange er nur jederzeit und sofort in der Lage ist, aktiv durch Erteilung der erforderlichen Anordnungen und fachlichen Weisungen einzugreifen" (LAG Köln, Urteil vom 10.12.1998 – 6 Sa 1131/98ArbG Köln03.07.19982 Ca 9497/97).

Das Urteil stammt zwar aus Zeiten des BAT trifft aber inhaltlich auch auf den TVÖD zu, da hier stellenweise ebenfalls von Unterstellung gesprochen wird: *„Beschäftigte der Entgeltgruppe …, denen mindestens … Beschäftigte mindestens der Entgeltgruppe … durch ausdrückliche Anordnung ständig unterstellt sind."*

Ist z. B. ein Beamter oder Angestellter Sachbearbeiter bei einer Stadtverwaltung, dann ist unmittelbarer Vorgesetzter der/die Sachgebietsleiter/in. Je nach der verwaltungsmäßigen Gliederung und der Gemeindegröße sind weitere Vorgesetzte der zuständige Abteilungsleiter, der berufsmäßige Stadtrat bzw. die Werkleitung oder auch der Erste Bürgermeister als Dienstvorgesetzter.

6.9.3 Mitarbeiter

Durch den Arbeitsvertrag wird der Arbeitnehmer im Dienste eines anderen zur Leistung weisungsgebundener, fremdbestimmter Arbeit in persönlicher Abhängigkeit verpflichtet. Das Weisungsrecht kann Inhalt, Durchführung, Zeit und Ort der Tätigkeit betreffen. Weisungsgebunden ist, wer nicht im Wesentlichen frei seine Tätigkeit gestalten und seine Arbeitszeit bestimmen kann. Der Grad der persönlichen Abhängigkeit hängt dabei auch von der Eigenart der jeweiligen Tätigkeit ab (BGB § 611a). Beamtinnen und Beamte haben ihre Vorgesetzten zu beraten und zu unterstützen. Sie sind verpflichtet, deren dienstliche Anordnungen auszuführen und deren allgemeine Richtlinien zu befolgen (Folgepflicht) (BeamtStG § 35).

6.9.3.1 Verantwortung für die Rechtmäßigkeit (BeamtStG § 36)

Beamtinnen und Beamte tragen für die Rechtmäßigkeit ihrer dienstlichen Handlungen die volle persönliche Verantwortung. Bedenken gegen die Rechtmäßigkeit dienstlicher Anordnungen haben Beamtinnen und Beamte unverzüglich bei der oder dem unmittelbaren Vorgesetzten geltend zu machen. Wird die Anordnung aufrechterhalten, haben sie sich, wenn ihre Bedenken gegen deren Rechtmäßigkeit fortbestehen, an die nächsthöhere Vorgesetzte oder den nächsthöheren Vorgesetzten zu wenden. Wird die Anordnung bestätigt, müssen die Beamtinnen und Beamten sie ausführen.

6.9.3.2 Verschwiegenheitspflicht (BeamtStG § 37)

Beamtinnen und Beamte haben über die ihnen bei oder bei Gelegenheit ihrer amtlichen Tätigkeit bekannt gewordenen dienstlichen Angelegenheiten Verschwiegenheit zu bewahren. Beamtinnen und Beamte dürfen ohne Genehmigung über solche Angelegenheiten weder vor Gericht noch außergerichtlich aussagen oder Erklärungen abgeben. Die Genehmigung erteilt der Dienstherr.

6.9.3.3 Geschäftsordnung – Beispiel nach GGO vom Sept. 2011

Entsprechend der Gemeinsamen Geschäftsordnung der Bundesministerien – GGO vom September 2011 könnte eine Geschäftsordnung für den Entwässerungsbetrieb wie folgt aussehen:

Kapitel 1 Allgemeines

§ 1 Geltungsbereich

(1) Die Geschäftsordnung gilt für den Entwässerungsbetrieb.

(2) Die Geschäftsordnung regelt Grundsätze für die Organisation der Entwässerung, die Zusammenarbeit mit den anderen kommunalen Dienststellen sowie für den Geschäftsverkehr nach außen.

§ 2 Gleichstellung von Frauen und Männern
Die Gleichstellung von Frauen und Männern ist durchgängiges Leitprinzip und soll bei allen politischen, normgebenden und verwaltenden Maßnahmen der Entwässerung gefördert werden.

Kapitel 2 Organisationsgrundsätze

§ 3 Führungs-Aufgaben
(1) Die Betriebsleitung nimmt Aufgaben wahr, die der Erfüllung oder Unterstützung von „Regierungsfunktionen" dienen. Dazu zählen insbesondere die strategische Gestaltung und Koordination von Politikfeldern, die Realisierung von politischen Zielen, Schwerpunkten und Programmen, die Zusammenarbeit, die Beteiligung am Satzungsgebungsverfahren sowie die Wahrnehmung von Steuerungs- und Aufsichtsfunktionen gegenüber dem nachgeordneten Geschäftsbereich. Zu den wesentlichen Elementen der Führung und Kontrolle der Betriebsleitung zählt die Fachaufsicht. Oberstes Ziel der Fachaufsicht ist ein rechtmäßiges und zweckmäßiges Verwaltungshandeln. Die Ausrichtung auf diese Kernaufgaben ist durch ständige Aufgabenkritik sicherzustellen.
(2) Die Betriebsleitung soll Vollzugsaufgaben nur ausnahmsweise wahrnehmen, wenn es sich um Angelegenheiten von besonderer politischer Bedeutung handelt oder wenn eine andere Zuordnung nicht sachdienlich ist.
(3) Die Betriebsleitung hat ihre Aufgaben so wahrzunehmen, dass die Funktionsfähigkeit der Gemeindeleitung gewährleistet ist und sich nach außen ein einheitliches Erscheinungsbild ergibt.
(4) Gleichartige Aufgaben, wie zum Beispiel aus dem Bereich der internen Servicebereiche, sollen zentral durch ein Ressort wahrgenommen werden, soweit dies zweckmäßig und wirtschaftlich ist.

§ 4 Grundsätze für die Organisation
(1) Die Betriebsleitung gestaltet ihre Organisation so, dass sie den sich ändernden gesellschaftlichen, politischen und wirtschaftlichen Rahmenbedingungen flexibel gerecht werden können.
(2) Organisatorische Regelungen sollen die selbstständige, eigenverantwortliche sowie kosten- und qualitätsbewusste Wahrnehmung der Aufgaben unterstützen und gleichzeitig dazu beitragen, die Motivation und Arbeitszufriedenheit der Mitarbeiterinnen und Mitarbeiter zu verbessern.
(3) Die Betriebsleitung betreibt eine an den aktuellen fachlichen Notwendigkeiten orientierte Organisations- und Personalentwicklung.
(4) Es sind angemessen große Organisationseinheiten bei wenigen Hierarchieebenen zu bilden, deren Leitungsspannen nach Schwierigkeit und Umfang der Aufgaben zu bemessen sind.

(5) Aufgabe, Kompetenz und Verantwortung sollen auf der jeweiligen Bearbeitungsebene zusammengeführt werden.
(6) Die Betriebsleitung soll Steuerungs- und Führungsinstrumente wie Leitbilder, Zielvereinbarungen, Controlling, Personal- und Qualitätsmanagement erproben und gegebenenfalls einführen. In geeigneten Bereichen ist eine Kosten- und Leistungsrechnung einzuführen.
(7) Die Mitarbeiterinnen und Mitarbeiter sollen durch Vorschläge an der Verbesserung der Organisation und der Arbeitsergebnisse mitwirken. Verbesserungsideen sind kontinuierlich zu fördern und umzusetzen.

§ 5 Elektronische Informations- und Kommunikationssysteme
(1) Die Betriebsleitung schafft die Voraussetzungen, um Informationen in elektronischer Form bereitzustellen, ressortübergreifend auszutauschen und zu nutzen.
(2) Zur Gewährleistung einer geschützten elektronischen Kommunikation zwischen den Dienststellen wird eine sichere ressortübergreifende Kommunikationsinfrastruktur betrieben.

Kapitel 3 Aufbauorganisation

§ 6 Leitung des Entwässerungsbetriebs
(1) Die Werkleitung/Betriebsleitung leitet den Entwässerungsbetrieb. Die Vertretung erfolgt durch …
(2) Abteilungsleiter leiten die Verwaltung und sind für die zielorientierte Wahrnehmung der Aufgaben des Entwässerungsbetriebs verantwortlich. Sie entscheiden in Verwaltungsangelegenheiten in der Regel abschließend.
(3) Abteilungsleiter vertreten sich innerhalb des Entwässerungsbetriebs grundsätzlich gegenseitig.

§ 7 Gliederung des Betriebes; Geschäftsverteilung
(1) Der Entwässerungsbetrieb gliedert sich in Abteilungen und Referate. Die tragende Einheit im Aufbau des Betriebs ist in der Regel das Referat. Es hat die erste Entscheidung in allen Angelegenheiten, die ihm in seinem Zuständigkeitsbereich zugewiesen sind.
(2) Zwischen den Referaten und innerhalb jedes Referats werden die Aufgabengebiete nach Sachzusammenhängen so gegliedert, dass die Zuständigkeit und die Verantwortung klar ersichtlich sind. Fachlich zusammenhängende Aufgaben sind in der Regel in einer Organisationseinheit wahrzunehmen. Die Verteilung der Aufgaben wird in einem Geschäftsverteilungsplan festgelegt.
(3) Grundsätzlich soll niemand gleichzeitig in mehreren Referaten eingesetzt oder mehreren unmittelbaren Vorgesetzten zugeordnet werden. Unter Beachtung der tarif- und personalvertretungsrechtlichen Regelungen kann die Abteilungs-

leitung abweichend vom Geschäftsverteilungsplan Mitarbeiterinnen und Mitarbeiter der Abteilung für einen Zeitraum von bis zu sechs Monaten in einem anderen Referat der Abteilung einsetzen und ihnen andere gleichwertige Aufgaben übertragen. Die Übertragung kann abteilungsübergreifend erfolgen, wenn zwischen den beteiligten Abteilungsleitungen Einvernehmen besteht. Das Organisationsreferat und das Personalreferat sind zu beteiligen.

§ 8 Abteilungen
Eine Abteilung umfasst unter der Leitung einer Abteilungsleiterin oder eines Abteilungsleiters in der Regel mindestens fünf Referate. Unterabteilungen werden nur gebildet, wenn es sachlich notwendig ist; dafür werden in der Regel mindestens fünf Referate zusammengefasst.

§ 9 Referate
(1) Das Referat umfasst in der Regel neben der Referatsleiterin oder dem Referatsleiter mindestens vier Mitarbeiterinnen oder Mitarbeiter.
(2) Neben den Leitungs- und Führungsaufgaben soll die Referatsleitung herausgehobene Angelegenheiten des Referats selbst bearbeiten.

§ 10 Besondere Organisationsformen
(1) Für bestimmte Aufgaben können Organisationseinheiten mit Stabsfunktion eingerichtet werden.
(2) Für zeitlich befristete, komplexe Aufgaben, die einen übergreifenden Personaleinsatz erfordern, sind vorzugsweise Projektgruppen einzurichten. Leitung, Ziel, Kompetenzen sowie Personal- und Sachmittel sind in dem Projektauftrag festzulegen.

Hinweise
Die unten genannten Beispiele enthalten weitere Aspekte, die in einer Geschäftsordnung geregelt werden können:

Allgemeine Geschäftsordnung für die Behörden des Freistaates Bayern (AGO)
https://www.gesetze-bayern.de/Content/Document/BayAGO/true

Gemeinsame Geschäftsordnung für die Ministerien des Landes Nordrhein-Westfalen (GGO)
https://recht.nrw.de/lmi/owa/br_vbl_detail_text?anw_nr=7&vd_id=14799&sg=0

Gemeinsame Geschäftsordnung für die Ministerien des Landes Brandenburg (GGO)
https://bravors.brandenburg.de/verwaltungsvorschriften/ggo2016#anl
(Letzter Zugriff jeweils 31.03.2023)

6.9.4 Ausbildung

Eine große Anzahl von Entwässerungsbetrieben hat die Ausbildung als Möglichkeit zur Rekrutierung von Fachkräften für sich entdeckt und bildet Jugendliche in mehreren Berufen aus.

„Ausbildung in Deutschland eine Investition gegen den Fachkräftemangel

Der Fachkräftemangel belastet seit einigen Jahren weite Teile der Wirtschaft. ... Eine Möglichkeit, den Fachkräftebedarf zu decken, ist die eigene betriebliche Ausbildung. … Die Ergebnisse der Studie zeigen auch, dass Betriebe hohe Kosten bei der Gewinnung von Fachkräften vom externen Arbeitsmarkt in Kauf nehmen müssen. Insbesondere die Einarbeitung neuer Fachkräfte ist für rekrutierende Betriebe kostspielig. Diese Kosten fallen weg, wenn Betriebe ihre Auszubildenden übernehmen und damit einen hohen Nutzen durch die Einsparung der Personalgewinnungskosten realisieren können. Dieses Ergebnis bekommt insofern zusätzliche Bedeutung, als sich die Fachkräftesituation in den letzten Jahren deutlich zugespitzt hat: Ein wachsender Teil der Betriebe berichtet von Fachkräfteengpässen. Vor allem für kleine Betriebe hat sich die Rekrutierungsdauer von Fachkräften deutlich erhöht" (Bundesinstitut für Berufsbildung, Report 1/2020).

Berufsausbildung sie hat die für die Ausübung einer qualifizierten beruflichen Tätigkeit in einer sich wandelnden Arbeitswelt notwendigen beruflichen Fertigkeiten, Kenntnisse und Fähigkeiten (berufliche Handlungsfähigkeit) in einem geordneten Ausbildungsgang zu vermitteln. Sie hat ferner den Erwerb der erforderlichen Berufserfahrungen zu ermöglichen (BBiG § 1).

Lernorte Berufsbildung wird durchgeführt u. a. in Betrieben des öffentlichen Dienstes (betriebliche Berufsbildung), in berufsbildenden Schulen (schulische Berufsbildung) und in sonstigen Berufsbildungseinrichtungen außerhalb der schulischen und betrieblichen Berufsbildung (außerbetriebliche Berufsbildung). Die Lernorte sollen bei der Durchführung der Berufsbildung zusammenwirken (Lernortkooperation) (BBiG § 2).

6.9.4.1 Ausbildungsberufe

Anerkennung von Ausbildungsberufen

Für einen anerkannten Ausbildungsberuf darf nur nach der jeweiligen Ausbildungsordnung ausgebildet werden; Jugendliche unter 18 Jahren dürfen auch nur in einem anerkannten Ausbildungsberuf ausgebildet werden (BBiG § 4). Das Bundesinstitut für Berufsbildung hat u. a. die Aufgabe das Verzeichnis der anerkannten Ausbildungsberufe zu führen und zu veröffentlichen; 2019 betrug die Anzahl der anerkannten oder als anerkannt geltenden Ausbildungsberufe 326. Das Verzeichnis informiert unter anderem über die Ausbildungsdauer, die Rechtsgrundlagen und welche Stellen für die Prüfung zuständig sind bzw. den Ausbildungsbereich (BBiG § 90).

Hinweis

Das Verzeichnis der anerkannten Ausbildungsberufe: https://www.bibb.de/de/65925.php (Letzter Zugriff 31.03.2023)

Ausbildungsordnung (BBiG § 5)
Die Ausbildungsordnung legt fest:

- die Bezeichnung des anerkannten Ausbildungsberufes
- die beruflichen Fertigkeiten, Kenntnisse und Fähigkeiten, die mindestens Gegenstand der Berufsausbildung sind (Ausbildungsberufsbild),
- eine Anleitung zur sachlichen und zeitlichen Gliederung der Vermittlung der beruflichen Fertigkeiten, Kenntnisse und Fähigkeiten (Ausbildungsrahmenplan),
- die Prüfungsanforderungen.

6.9.4.2 Eignung der Ausbildungsstätte (BBiG § 27)

Auszubildende dürfen grundsätzlich nur eingestellt und ausgebildet werden, wenn

- die Ausbildungsstätte nach Art und Einrichtung für die Berufsausbildung geeignet ist und
- die Zahl der Auszubildenden in einem angemessenen Verhältnis zur Zahl der Ausbildungsplätze oder zur Zahl der beschäftigten Fachkräfte steht.

Eine Ausbildungsstätte, in der die erforderlichen beruflichen Fertigkeiten, Kenntnisse und Fähigkeiten nicht im vollen Umfang vermittelt werden können, gilt als geeignet, wenn diese durch Ausbildungsmaßnahmen außerhalb der Ausbildungsstätte vermittelt werden.

6.9.4.3 Auszubildende (BBiG § 13)

Auszubildende haben sich zu bemühen, die berufliche Handlungsfähigkeit zu erwerben, die zum Erreichen des Ausbildungsziels erforderlich ist. Sie sind insbesondere verpflichtet,

- die ihnen im Rahmen ihrer Berufsausbildung aufgetragenen Aufgaben sorgfältig auszuführen,
- an Ausbildungsmaßnahmen teilzunehmen, für die sie freigestellt werden,
- den Weisungen zu folgen, die ihnen im Rahmen der Berufsausbildung von Ausbildenden, von Ausbildern oder Ausbilderinnen oder von anderen weisungsberechtigten Personen erteilt werden,
- die für die Ausbildungsstätte geltende Ordnung zu beachten,
- Werkzeug, Maschinen und sonstige Einrichtungen pfleglich zu behandeln,
- über Betriebs- und Geschäftsgeheimnisse Stillschweigen zu wahren,
- einen schriftlichen oder elektronischen Ausbildungsnachweis zu führen.

Arbeitsschutz für Jugendliche (JArbSchG)
Bei der Beschäftigung von Personen, die noch nicht 18 Jahre alt sind, ist das Jugendarbeitsschutzgesetz (JArbSchG) zu beachten, u. a. die folgenden Regelungen:

- Jugendliche dürfen nicht mehr als acht Stunden täglich und nicht mehr als 40 Stunden wöchentlich beschäftigt werden (§ 8)
- Der Arbeitgeber hat den Jugendlichen für die Teilnahme am Berufsschulunterricht freizustellen (§ 9)

- Der Arbeitgeber hat den Jugendlichen für die Teilnahme an Prüfungen und Ausbildungsmaßnahmen, die außerhalb der Ausbildungsstätte durchzuführen sind, und an dem Arbeitstag, der der schriftlichen Abschlussprüfung unmittelbar vorangeht, freizustellen (§ 10)
- Jugendlichen müssen im Voraus feststehende Ruhepausen von angemessener Dauer gewährt werden (§ 11)

Antrag
Ausbildende haben unverzüglich nach Abschluss des Berufsausbildungsvertrages die Eintragung in das Verzeichnis der Berufsausbildungsverhältnisse zu beantragen (BBiG § 36). Die Eintragung ist für Auszubildende gebührenfrei (BBiG § 34).

6.9.4.4 Ausbilder und Ausbilderinnen

Pflichten der Ausbilder (BBiG § 14)
Ausbildende haben Auszubildende zum Führen der Ausbildungsnachweise anzuhalten und diese regelmäßig durchzusehen. Den Auszubildenden ist Gelegenheit zu geben, den Ausbildungsnachweis am Arbeitsplatz zu führen. Auszubildenden dürfen nur Aufgaben übertragen werden, die dem Ausbildungszweck dienen und ihren körperlichen Kräften angemessen sind.

Eignung von Ausbildenden (BBiG § 28)
Auszubildende darf nur einstellen, wer persönlich geeignet ist; Ausbilden darf nur, wer persönlich und fachlich geeignet ist. Wer fachlich nicht geeignet ist oder wer nicht selbst ausbildet, darf Auszubildende nur dann einstellen, wenn er persönlich und fachlich geeignete Ausbilder oder Ausbilderinnen bestellt, die die Ausbildungsinhalte in der Ausbildungsstätte unmittelbar, verantwortlich und in wesentlichem Umfang vermitteln. Unter der Verantwortung des Ausbilders kann bei der Berufsausbildung mitwirken, wer selbst nicht Ausbilder ist, aber die für die Vermittlung von Ausbildungsinhalten erforderlichen beruflichen Fertigkeiten, Kenntnisse und Fähigkeiten besitzt und persönlich geeignet ist.

Fachliche Eignung (BBiG § 30)
Fachlich geeignet ist, wer die beruflichen sowie die berufs- und arbeitspädagogischen Fertigkeiten, Kenntnisse und Fähigkeiten besitzt, die für die Vermittlung der Ausbildungsinhalte erforderlich sind. Die erforderlichen beruflichen Fertigkeiten, Kenntnisse und Fähigkeiten besitzt, wer

- die Abschlussprüfung in einer dem Ausbildungsberuf entsprechenden Fachrichtung bestanden hat,
- eine anerkannte Prüfung an einer Ausbildungsstätte oder vor einer Prüfungsbehörde oder eine Abschlussprüfung an einer staatlichen oder staatlich anerkannten Schule in einer dem Ausbildungsberuf entsprechenden Fachrichtung bestanden hat,
- eine Abschlussprüfung an einer deutschen Hochschule in einer dem Ausbildungsberuf entsprechenden Fachrichtung bestanden hat
- und eine angemessene Zeit in seinem Beruf praktisch tätig gewesen ist.

In einem zulassungsfreien Handwerk oder einem handwerksähnlichen Gewerbe besitzt die für die fachliche Eignung erforderlichen beruflichen Fertigkeiten, Kenntnisse und Fähigkeiten, u. a. wer die Meisterprüfung in dem zulassungsfreien Handwerk oder in dem handwerksähnlichen Gewerbe, in dem ausgebildet werden soll, bestanden hat (HwO § 22b).

Vergütung (BBiG § 17)
Ausbildende haben Auszubildenden eine angemessene Vergütung zu gewähren. Die Vergütung steigt mit fortschreitender Berufsausbildung, mindestens jährlich, an. Die Vergütung ist zeitlich gestaffelt und darf eine festgelegte monatliche Mindestvergütung nicht unterschreiten.

6.9.4.5 Zuständige Stellen

Für die Berufsbildung in Berufen der Handwerksordnung ist die Handwerkskammer zuständige Stelle. Für die Berufsbildung in nichthandwerklichen Gewerbeberufen ist die Industrie- und Handelskammer zuständige Stelle (BBiG § 71).

Das jeweilige Bundes-Land bestimmt die zuständige Stelle für die Berufsbildung

- soweit Kammern für einzelne Berufsbereiche nicht bestehen oder
- im öffentlichen Dienst für die Gemeinden und Gemeindeverbände

Überwachung und Beratung
Die zuständige Stelle hat darüber zu wachen, dass die Eignung der Ausbildungsstätte sowie die persönliche und fachliche Eignung vorliegen (BBiG § 32). Die zuständige Stelle überwacht die Durchführung

- der Berufsausbildungsvorbereitung,
- der Berufsausbildung und
- der beruflichen Umschulung

und fördert diese durch Beratung der an der Berufsbildung beteiligten Personen.

Sie hat zu diesem Zweck Berater oder Beraterinnen zu bestellen (BBiG § 76).

Verzeichnis der Berufsausbildungsverhältnisse (BBiG § 34)
Die zuständige Stelle hat für anerkannte Ausbildungsberufe ein Verzeichnis der Berufsausbildungsverhältnisse einzurichten und zu führen, in das der Berufsausbildungsvertrag einzutragen ist. Die Eintragung ist für Auszubildende gebührenfrei.

Prüfungsordnung (BBiG § 47)
Die zuständige Stelle hat eine Prüfungsordnung für die Abschlussprüfung zu erlassen.

Tab. 6.1 Übersicht über zuständige Stellen für umwelttechnische Berufe nach Bundesländern. (Nach: BIBB, Ausbildung gestalten, UT-Berufe, Fachkraft für Abwassertechnik)

Baden-Württemberg	Regierungspräsidium Karlsruhe
Bayern	Bayerische Verwaltungsschule BVS
Berlin	Verwaltungsakademie Berlin
Bremen	Der Senator für Finanzen
Niedersachsen	Niedersächsischer Landesbetrieb für Wasserwirtschaft, Küsten und Naturschutz (NLWKN)
Nordrhein-Westfalen	Landesamt für Natur, Umwelt und Verbraucherschutz NRW
Rheinland-Pfalz	Aufsichts- und Dienstleistungsdirektion
Saarland	Ministerium für Umwelt
Sachsen	Landesdirektion Leipzig
Schleswig-Holstein	Verwaltungsakademie
Thüringen	Thüringer Landesverwaltungsamt
Ansonsten: die Industrie- und Handelskammern (Brandenburg, Hamburg, Hessen, Mecklenburg-Vorpommern, Sachsen-Anhalt)	

Berufsbildungsausschuss

Die zuständige Stelle errichtet einen Berufsbildungsausschuss. Ihm gehören sechs Beauftragte der Arbeitgeber, sechs Beauftragte der Arbeitnehmer und sechs Lehrkräfte an berufsbildenden Schulen an, die Lehrkräfte mit beratender Stimme (BBiG § 77). Der Berufsbildungsausschuss gibt sich eine Geschäftsordnung. Der Berufsbildungsausschuss ist in allen wichtigen Angelegenheiten der beruflichen Bildung zu unterrichten und zu hören. Er hat im Rahmen seiner Aufgaben auf eine stetige Entwicklung der Qualität der beruflichen Bildung hinzuwirken. Wichtige Angelegenheiten, in denen der Berufsbildungsausschuss anzuhören ist, sind insbesondere der Erlass von Verwaltungsgrundsätzen

- über die Eignung von Ausbildungs- und Umschulungsstätten,
- für das Führen von Ausbildungsnachweisen,
- für die Verkürzung der Ausbildungsdauer,
- für die vorzeitige Zulassung zur Abschlussprüfung,
- für die Durchführung der Prüfungen,
- zur Durchführung von über- und außerbetrieblicher Ausbildung sowie
- Verwaltungsrichtlinien zur beruflichen Bildung (BBiG § 79).

Zuständige Stellen für Umwelttechnische Berufe im öffentlichen Dienst sind Tab. 6.1 zu entnehmen.

6.9.4.6 Prüfungen

Zwischenprüfung (BBiG § 48)

Während der Berufsausbildung ist zur Ermittlung des Ausbildungsstandes eine Zwischenprüfung entsprechend der Ausbildungsordnung durchzuführen; das Ergebnis der Prüfungsleistungen ist dem Prüfling schriftlich mitzuteilen. Die Zwischenprüfung kann ggf. entfallen, z. B. wenn die Ausbildungsordnung vorsieht, dass die Abschlussprüfung in zwei zeitlich auseinanderfallenden Teilen durchgeführt wird.

Abschlussprüfung (BBiG § 37)
In den anerkannten Ausbildungsberufen sind Abschlussprüfungen (Gesellenprüfung) durchzuführen. Die Abschlussprüfung kann im Falle des Nichtbestehens zweimal wiederholt werden. Sofern die Abschlussprüfung in zwei zeitlich auseinanderfallenden Teilen durchgeführt wird, ist der erste Teil der Abschlussprüfung nicht eigenständig wiederholbar. Dem Prüfling ist ein Zeugnis auszustellen. Ausbildenden werden auf deren Verlangen die Ergebnisse der Abschlussprüfung der Auszubildenden übermittelt. Sofern die Abschlussprüfung in zwei zeitlich auseinanderfallenden Teilen durchgeführt wird, ist das Ergebnis der Prüfungsleistungen im ersten Teil der Abschlussprüfung dem Prüfling schriftlich mitzuteilen. Die Abschlussprüfung ist für Auszubildende gebührenfrei.

Prüfungsgegenstand (BBiG § 38)
Durch die Abschlussprüfung ist festzustellen, ob der Prüfling die berufliche Handlungsfähigkeit erworben hat. In ihr soll der Prüfling nachweisen, dass er die erforderlichen beruflichen Fertigkeiten beherrscht, die notwendigen beruflichen Kenntnisse und Fähigkeiten besitzt und mit dem im Berufsschulunterricht zu vermittelnden, für die Berufsausbildung wesentlichen Lehrstoff vertraut ist. Die Ausbildungsordnung ist zugrunde zu legen.

Prüfungsausschüsse, Prüferdelegationen (BBiG § 39)
Für die Durchführung der Abschlussprüfung errichtet die zuständige Stelle Prüfungsausschüsse. Mehrere zuständige Stellen können bei einer von ihnen gemeinsame Prüfungsausschüsse errichten. Prüfungsausschüsse oder Prüferdelegationen nehmen die Prüfungsleistungen ab. Prüfungsausschüsse oder Prüferdelegationen können zur Bewertung einzelner, nicht mündlich zu erbringender Prüfungsleistungen gutachterliche Stellungnahmen Dritter, insbesondere berufsbildender Schulen, einholen. Im Rahmen der Begutachtung sind die wesentlichen Abläufe zu dokumentieren und die für die Bewertung erheblichen Tatsachen festzuhalten.

Zulassung zur Abschlussprüfung (BBiG § 43)
Zur Abschlussprüfung ist zuzulassen,

- wer die Ausbildungsdauer zurückgelegt hat oder wessen Ausbildungsdauer nicht später als zwei Monate nach dem Prüfungstermin endet,
- wer an vorgeschriebenen Zwischenprüfungen teilgenommen sowie einen vom Ausbilder und Auszubildenden unterzeichneten Ausbildungsnachweis vorgelegt hat und
- wessen Berufsausbildungsverhältnis in das Verzeichnis der Berufsausbildungsverhältnisse eingetragen oder aus einem Grund nicht eingetragen ist, den weder die Auszubildenden noch deren gesetzliche Vertreter oder Vertreterinnen zu vertreten haben.

Zulassung in besonderen Fällen (BBiG § 45)
Auszubildende können nach Anhörung der Ausbildenden und der Berufsschule vor Ablauf ihrer Ausbildungszeit zur Abschlussprüfung zugelassen werden, wenn ihre Leistungen dies rechtfertigen.

6.9.4.7 Ende der Ausbildung (BBiG § 21)

Das Berufsausbildungsverhältnis endet mit dem Ablauf der Ausbildungsdauer.

Bestehen Auszubildende vor Ablauf der Ausbildungsdauer die Abschlussprüfung, so endet das Berufsausbildungsverhältnis mit Bekanntgabe des Ergebnisses durch den Prüfungsausschuss. Bestehen Auszubildende die Abschlussprüfung nicht, so verlängert sich das Berufsausbildungsverhältnis auf ihr Verlangen bis zur nächstmöglichen Wiederholungsprüfung, höchstens um ein Jahr.

6.9.4.8 Mögliche Ausbildungsberufe im Entwässerungsbetrieb

Unterschiedliche Bereiche von Ausbildungsberufen sind u. a. zu finden im:

- Handwerk (Handwerkskammer)
- Industrie und Handel (Industrie- u. Handelskammer)
- öffentlicher Dienst

Für die Berufsbildung in Berufen der Handwerksordnung weichen die Regelungen der Handwerksordnung leicht ab von den Regelungen im Berufsbildungsgesetz, das auch für die Umwelttechnischen und die industriellen Berufe gilt. Leichte Abweichungen gibt es in den Bereichen

- Berufsausbildung, Anerkennung von Ausbildungsberufen
- Eignung der Ausbildungsstätten und des Ausbildungspersonals, Prüfungswesen
- Berufliche Fortbildung, Berufliche Umschulung, Berufsbildung für besondere Personengruppen
- Überwachung der Berufsbildung

Die Ausbildungsberufe sind meist in jeweils eigenen Verordnungen geregelt; die Verordnungen über die jeweilige Berufsausbildung enthalten mehr oder weniger alle Regelungen zu:

- Staatliche Anerkennung der Ausbildungsberufe
- Ausbildungsdauer (24–42 Monate, je nach Beruf)
- Struktur und Zielsetzung der Berufsausbildung
- Ausbildungsplan
- Abschlussprüfung
- Ausbildungsberufsbild
- Ausbildungsrahmenplan
- Berichtsheft
- Teil der Abschlussprüfung oder Zwischenprüfung
- Abschlussprüfung

Soweit die Ausbildung im Bereich des öffentlichen Dienstes stattfindet, sind sie Ausbildungsberufe des öffentlichen Dienstes. Soweit die Ausbildung in der gewerblichen Wirtschaft stattfindet, sind sie Ausbildungsberufe der gewerblichen Wirtschaft.

Je nachdem in welchem Bereich des Entwässerungsbetriebs ausgebildet werden soll, ergibt sich eine andere Berufsbezeichnung für den Ausbildungsberuf. Die dabei in der einschlägigen Verordnung vorgeschriebene Ausbildungsdauer sowie eventuell erschienene eigene Ausbildungsbroschüren können den Tab. 6.2 bis 6.6 entnommen werden.

Tab. 6.2 Ausbildung im Klärwerks- u. Kanalbetrieb

Möglicher Ausbildungsberuf	Ausbildungsdauer (Monate)	Verordnung	Broschüre, evtl.
Fachkraft für Abwassertechnik (ehemals: Versorger und Entsorger)	36	VO Berufsausbildung in den umwelttechnischen Berufen	AUSBILDUNG GESTALTEN Fachkraft für Abwassertechnik
Fachkraft für Rohr-, Kanal- und Industrieservice, Schwerpunkt: Rohr- und Kanalservice	36		AUSBILDUNG GESTALTEN Fachkraft für Rohr-, Kanal- und Industrieservice

Tab. 6.3 Kanal- oder Rohrleitungsbau

Möglicher Ausbildungsberuf	Ausbildungsdauer (Monate)	Verordnung	Broschüre, evtl.
Kanalbauer/Kanalbauerin	36	VO Berufsausbildung Bauwirtschaft	Keine
Rohrleitungsbauer/ Rohrleitungsbauerin	36		Keine

Tab. 6.4 Ausbildung in der Schlosser-Werkstatt

Möglicher Ausbildungsberuf	Ausbildungsdauer (Monate)	Verordnung	Broschüre, evtl.
Metallbauer/ Metallbauerin Fachrichtungen: Konstruktionstechnik	42	VO Berufsausbildung zum Metallbauer und zur Metallbauerin	Keine
Fachkraft für Metalltechnik, Fachrichtung: Montagetechnik	24	VO Berufsausbildung zur Fachkraft für Metalltechnik	AUSBILDUNG GESTALTEN Fachkraft für Metalltechnik
Feinwerkmechaniker/ Feinwerkmechanikerin Schwerpunkte: Maschinenbau Werkzeugbau	42	VO Berufsausbildung zum Feinwerkmechaniker und zur Feinwerkmechanikerin (FeinwAusbV)	Keine
Fertigungsmechaniker/ Fertigungsmechanikerin	36	VO Berufsausbildung zum Fertigungsmechaniker und zur Fertigungsmechanikerin	AUSBILDUNG GESTALTEN Fertigungsmechaniker/ Fertigungsmechanikerin
Industriemechaniker/ Industriemechanikerin	42	VO Berufsaus bildung in den industriellen Metallberufen	AUSBILDUNG GESTALTEN Industrielle Metallberufe
Anlagenmechaniker/ Anlagenmechanikerin			

Tab. 6.5 Ausbildung in der Elektro-Werkstatt

Möglicher Ausbildungsberuf	Ausbildungsdauer (Monate)	Verordnung	Broschüre, evtl.
Industrieelektriker/ Industrieelektrikerin, Fachrichtung: Betriebstechnik	24	VO Berufsausbildung zum Industrieelektriker/zur Industrieelektrikerin	Keine
Elektroanlagenmonteur/Elektroanlagenmonteurin	36	VO Berufsausbildung zum Elektroanlagenmonteur/zur Elektroanlagenmonteurin	Keine
Elektroniker für Maschinen und Antriebstechnik/Elektronikerin für Maschinen und Antriebstechnik	42	VO Berufsausbildung zum Elektroniker für Maschinen und Antriebstechnik und zur Elektronikerin für Maschinen und Antriebstechnik	Umsetzungshilfen und Praxistipps für Betriebe und Jugendliche
Elektroniker für Betriebstechnik/ Elektronikerin für Betriebstechnik	42	VO Berufsausbildung in den industriellen Elektroberufen	AUSBILDUNG GESTALTEN Industrielle Elektroberufe Mechatroniker/ Mechatronikerin

Tab. 6.6 Ausbildung im Labor

Möglicher Ausbildungsberuf	Ausbildungsdauer (Monate)	Verordnung	Broschüre, evtl.
Chemikant/Chemikantin	42	VO Berufsausbildung zum Chemikanten/zur Chemikantin	Keine
Chemielaborant/ Chemielaborantin	42	Verordnung über die Berufsausbildung im Laborbereich Chemie, Biologie und Lack	Keine
Biologielaborant/ Biologielaborantin			

Hinweis
Grundsätze über die Eignung der Ausbildungsstätten
Empfehlung des Hauptausschusses des Bundesinstituts für Berufsbildung vom 16. Dezember 2015 zur Eignung der Ausbildungsstätten
https://www.bibb.de/dokumente/pdf/HA162.pdf (Letzter Zugriff 31.03.2023)

6.9.5 Stellen und Arbeitsplätze

6.9.5.1 Stellenplan und Planstellen

Im öffentlichen Dienst ist mit *Stelle* gemeint ein planmäßig vorgesehener Arbeitsplatz bzw. eine Arbeits-Stelle, die zunächst in dem kommunalen Haushaltsplan ausgewiesen und vom Gemeinderat als Personal-Ausgabe beschlossen ist. Streng genommen nur bei Beamten heißt dieser theoretische Arbeitsplatz dann *Planstelle*. Ohne dass zuvor im Haushaltsplan das eingeplante Jahresgehalt für die konkrete Planstelle vorgesehen ist, darf eine Kommune keine reale Person auf dieser Stelle einstellen.

Entsprechend dem Haushaltsgrundsätzegesetz enthält ein Haushaltsplan u. a. alle im Haushaltsjahr voraussichtlich zu leistenden Ausgaben. Der Haushaltsplan besteht aus den Einzelplänen und dem Gesamtplan; die Einzelpläne enthalten die Einnahmen, Ausgaben und Verpflichtungsermächtigungen eines einzelnen Verwaltungszweigs. In dem Gruppierungsplan sind u. a. bei den Ausgaben die Personalausgaben gesondert darzustellen (HGrG § 10). Die Veranschlagung von Personalausgaben richtet sich nach den im Haushaltsjahr voraussichtlich besetzten Stellen. Zur übersichtlichen Darstellung hat der Haushaltsplan u. a. als Anlagen bei den Ausgaben eine Übersicht über die Planstellen der Beamtinnen und Beamten und die Stellen der Arbeitnehmerinnen und Arbeitnehmer, *den Stellenplan*. In dem Stellenplan kommen keine Namen vor, da hier kein Bezug zu beschäftigten Personen vorliegt, sondern nur zu bestimmten Funktionen (Stellen). Dieser ergibt sich aus dem *Stellenbesetzungsplan*. Die Funktionen oder Aufgaben der jeweiligen Stelle sollten in einer *Stellenbeschreibung* näher beschrieben sein.

Eigen-Betriebe haben einen Wirtschaftsplan aufzustellen. Der Wirtschaftsplan oder eine Übersicht über den Wirtschaftsplan ist dem Gemeinde-Haushaltsplan als Anlage beizufügen oder in die Erläuterungen aufzunehmen. Kommunale Eigen- und Regiebetriebe haben also keinen eigenen Stellenplan, ihre Stellen sind Teil des Stellenplanes der Gemeinde.

6.9.5.2 Planstellen

Planstellen sind nach Besoldungsgruppen und Amtsbezeichnungen im Haushaltsplan auszubringen. Sie dürfen nur für Aufgaben eingerichtet werden, zu deren Wahrnehmung die Begründung eines Beamtenverhältnisses zulässig ist und die in der Regel Daueraufgaben sind (BHO § 17). Ein Amt darf nur zusammen mit der Einweisung in eine besetzbare Planstelle verliehen werden (BHO § 49). Planstellen sind als ***künftig wegfallend (KW)*** zu bezeichnen, soweit sie in den folgenden Haushaltsjahren voraussichtlich nicht mehr benötigt werden. Planstellen sind als ***künftig umzuwandeln (KU)*** zu bezeichnen, soweit sie in den folgenden Haushaltsjahren voraussichtlich in Planstellen einer niedrigeren Besoldungsgruppe oder in Stellen für Angestellte oder Arbeiter umgewandelt werden können (Wegfall- und Umwandlungsvermerke) (BHO § 21). Über Planstellen, die der Haushaltsplan als künftig wegfallend bezeichnet, darf von dem Zeitpunkt an, mit dem die im Haushaltsplan bezeichnete Voraussetzung für den Wegfall erfüllt ist, nicht mehr verfügt werden. Ist eine Planstelle ohne nähere Angabe als künftig wegfallend bezeichnet, darf die nächste freiwerdende Planstelle derselben Besoldungsgruppe für Beamte derselben Fachrichtung nicht wieder besetzt werden. Ist eine Planstelle ohne Bestimmung der Voraussetzungen als künftig umzuwandeln bezeichnet, gilt die nächste freiwerdende Planstelle derselben Besoldungsgruppe für Beamte derselben Fachrichtung im Zeitpunkt ihres Freiwerdens als in die Stelle umgewandelt, die in dem Umwandlungsvermerk angegeben ist. Das gilt für Stellen der Angestellten und Arbeiter entsprechend (BHO § 47).

Die Verwaltungsleitung kann Planstellen ggf. umsetzen, wenn Aufgaben von einer Verwaltungsstelle auf eine andere Verwaltung übergehen: Die Bürgermeisterin oder der Bürgermeister darf eine Planstelle in einen anderen Teilplan des Stellenplans umsetzen, wenn dort ein unvorhergesehener und unabweisbarer vordringlicher Personalbedarf entsteht.

Über den weiteren Verbleib der Planstelle ist im nächsten Haushaltsplan zu bestimmen (GemHVO NRW § 5). Das Obige gilt aufgrund des Bundes-Haushaltsrechts grundsätzlich für alle Bundesländer, kann in Details allerdings in jedem Bundesland durch die kommunalen Haushaltsverordnungen leicht abweichen.

Kommunaler Stellenplan – Beispiel: Bayern (KommHV-Doppik § 5)
Der Stellenplan hat die im Haushaltsjahr erforderlichen Stellen der Beamten und der nicht nur vorübergehend beschäftigten Arbeitnehmer nach Art und Besoldungs- und Entgeltgruppen auszuweisen. Damit zeigt der Stellenplan einer Gemeinde den gesamten Bedarf an Stellen und damit an Personen, die für die Erledigung der Aufgaben beschäftigt werden sollen. Soweit erforderlich, sind im Plan die Amtsbezeichnungen für Beamte festzusetzen. Stellen von Beamten und nicht nur vorübergehend beschäftigten Arbeitnehmern in Einrichtungen von Sondervermögen, für die Sonderrechnungen geführt werden, sind gesondert auszuweisen. Die Aufteilung der Stellen auf Abschnitte und Unterabschnitte ist darzustellen. Im Stellenplan ist ferner für jede Besoldungs- und Entgeltgruppe die Gesamtzahl der Plan-Stellen für das Vorjahr sowie der am 30. Juni des Vorjahres tatsächlich besetzten Stellen anzugeben. Wesentliche Abweichungen vom Stellenplan des Vorjahres sind zu erläutern. Im Stellenplan sind Stellen als ***künftig wegfallend (kw)*** zu bezeichnen, soweit sie in den folgenden Haushaltsjahren voraussichtlich nicht mehr benötigt werden. Stellen sind als ***künftig umzuwandeln (ku)*** zu bezeichnen, soweit sie in den folgenden Haushaltsjahren voraussichtlich in Stellen einer niedrigeren Besoldungs- oder Entgeltgruppe oder in Stellen anderer Art umgewandelt werden können. Einem Beamten darf ein Amt nur zusammen mit der Einweisung in eine besetzbare Planstelle verliehen werden. Planstellen dürfen nur mit Beamten gleicher oder niedrigerer Besoldungsgruppen und mit Arbeitnehmern vergleichbarer oder niedrigerer Entgeltgruppen besetzt werden; Planstellen im Eingangsamt entsprechend der jeweiligen Qualifikationsebene dürfen mit entsprechenden Beamten auf Widerruf im Vorbereitungsdienst besetzt werden. Arbeitnehmerstellen dürfen nur mit Arbeitnehmern gleicher oder niedrigerer Entgeltgruppen besetzt werden. Nur so ist gewährleistet, dass das eingeplante Jahresgehalt auch ausreicht für die tatsächliche Entlohnung der beschäftigten Person. Beamtenstellen dürfen mit mehreren teilzeitbeschäftigten Beamten und Arbeitnehmerstellen mit mehreren teilzeitbeschäftigten Arbeitnehmern entsprechend dem Umfang ihrer Teilzeitbeschäftigung besetzt werden. Dem Stellenplan ist u. a. eine Übersicht über die vorgesehene Aufteilung der Stellen auf die Abschnitte und Unterabschnitte beizufügen.

Beispiel

Soll eine Person befördert werden (z. B. von A10 nach A11), also ein höheres Jahresgehalt bekommen, dann muss entweder im Stellenplan (als Teil des Haushaltsplans) eine entsprechende Stelle (A11 oder mehr) frei sein oder die Person bereits eine Plan-Stelle im Stellenplan innehaben, die höher dotiert ist (z. B. A12). In beiden Fällen wäre die Beförderung grundsätzlich möglich. Ist beides nicht gewährleistet, muss zunächst eine höherwertige Stelle geschaffen werden. Das kann durch Umwandlung (z. B. vorh. Planstelle in A10 wird künftig A11) passieren oder durch Neuschaffung. Beides bedeutet, dass zunächst frühestens der nächste Haushaltsplan mit anliegendem Stellenplan inclusive der neuen oder umgewandelten Stelle vom Gemeinderat beschlossen werden muss. Erst nach Rechtskraft des neuen Haushaltsplans, z. B. im Mai des Folgejahres, könnte dann die Beförderung erfolgen. Vor Umwandlung der Stelle muss diese ggf. bewertet werden, ob die Aufgaben die höhere Stelle rechtfertigen.

6.9.5.3 Stellenbesetzungsplan

Während der Stellenplan die finanzielle Grundlage im Haushaltsplan darstellt, gibt der *Stellenbesetzungsplan* die tatsächliche Besetzung der Stellen mit den realen Personen wieder. Hier wird also einer konkreten Haushaltsplan-Stelle (z. B. TVÖD 6) in einem Amt (z. B. Entwässerungsbetrieb) ein konkreter Mitarbeiter (z. B. Max Müller, z. B. derzeit noch in TVÖD 5) zugeordnet. Das zeigt in diesem Beispiel, das diese Stelle besetzt ist, und das auf dieser Stelle auch noch eine Beförderung möglich ist. So muss jeder Stelle im Entwässerungsbetrieb im Haushaltsjahr auch ein Mitarbeiter dieses Betriebes namentlich zugeordnet werden. Die aktuelle Ist-Situation zeigt also dann auch die mögliche Differenz zwischen dem Stellenplan und den noch möglichen Beförderungen bzw. den noch möglichen Stellenneubesetzungen. Der Plan muss wegen der Personalveränderungen (Rente, Beförderung, Umsetzung, Neueinstellung) ständig fortgeschrieben werden.

Der Stellenbesetzungsplan ist aufgrund der dort enthaltenen zu schützenden Personen-Daten oft nur in der Dienststelle vorhanden, die das Personal bewirtschaftet (Personalamt). Zur optimalen Personalplanung des Betriebes sollte ein Betriebsleiter den Teil des Stellenbesetzungsplans für den Entwässerungs-Betrieb ebenfalls bekommen.

6.9.6 Stellen- oder Arbeitsplatz-Beschreibung

In einer Verwaltung, einem Unternehmen oder einem Betrieb ist eine Arbeitsstelle die kleinste Einheit der Organisation. Eine Stellenbeschreibung ist die zughörige Beschreibung dieses Arbeitsplatzes bzw. der Arbeitsstelle. Die Stellenbeschreibung erfolgt personenneutral und legt fest welche Aufgaben an einem bestimmten Arbeitsplatz zu erledigen sind. Sie beschreibt die Arbeitsstelle auch hinsichtlich ihrer Ziele, Inhalte, Kompetenzen und Beziehungen zu anderen Stellen. Damit ist sie eine Hilfe für die Einarbeitung neuer Mitarbeiter und stellt dessen Zuständigkeiten sowohl für den Mitarbeiter als auch für den Vorgesetzten transparent dar. Eine Stellenbeschreibung dient aber auch der Beurteilung des Mitarbeiters sowie seiner Leistung und ist damit auch die Grundlage für sein Entgelt. Bei Stellen von Beamten wird auch von Dienstposten gesprochen.

6.9.6.1 Aufgaben der Stellenbeschreibung

Eine Stellenbeschreibung ist oft die Grundlage für die Ausschreibung, die Einstellung und die Einarbeitung von neuen Mitarbeitern. Der Bewerber oder der Inhaber der Stelle muss die von ihm erwartete Leistung erkennen können, aber auch die Abgrenzung der Aufgaben und Kompetenzen. Damit ist die Stellenbeschreibung auch ein wichtiger Bestandteil des Arbeitsvertrages. Üblicherweise wird ein Arbeitsvertrag vor Aufnahme der Arbeit unterschrieben. Der Arbeitgeber hat aber spätestens einen Monat nach dem vereinbarten Beginn des Arbeitsverhältnisses die wesentlichen Vertragsbedingungen schriftlich niederzulegen, die Niederschrift zu unterzeichnen und dem Arbeitnehmer auszuhändigen. In die Niederschrift bzw. den Arbeitsvertrag sind u. a. mindestens aufzunehmen:

- die Zusammensetzung und die Höhe des Arbeitsentgelts einschließlich der Zuschläge, der Zulagen, Prämien und Sonderzahlungen sowie anderer Bestandteile des Arbeitsentgelts und deren Fälligkeit,
- ein Hinweis auf die Tarifverträge, Betriebs- oder Dienstvereinbarungen, die auf das Arbeitsverhältnis anzuwenden sind.

Ebenfalls aufzunehmen ist eine kurze Charakterisierung oder Beschreibung der vom Arbeitnehmer zu leistenden Tätigkeit (NachwG § 2).

„Die Verpflichtung zu einer kurzen Charakterisierung oder Beschreibung der vom Arbeitnehmer zu leistenden Tätigkeit gem. § 2 NachwG erfüllt der Arbeitgeber des öffentlichen Dienstes im Anwendungsbereich des Bundes-Angestelltentarifvertrages regelmäßig durch eine Arbeitsplatz- oder Stellenbeschreibung. Dieser Nachweis kann auch in einer Stellenausschreibung enthalten sein. ... Der Nachweis der vom Arbeitnehmer zu leistenden Tätigkeit im Sinne des NachwG, die vom Arbeitgeber kurz zu charakterisieren oder zu beschreiben ist, muss bei Arbeitnehmern des öffentlichen Dienstes ... nicht notwendig durch Angabe des Eingruppierungsmerkmals – nach Vergütungs- und Fallgruppe – erfolgen, der die Tätigkeit des Arbeitnehmers entspricht ... Vielmehr kann dieser Nachweis auch mittels einer dem Arbeitnehmer übergebenen Stellenbeschreibung erbracht werden, wie sie zum Zwecke der Bewertung der Tätigkeit regelmäßig angefertigt wird. Der Nachweis kann auch durch eine die später übertragene Tätigkeit kurz charakterisierende oder beschreibende Stellenausschreibung erfolgen“ (BAG, Urteil vom 08.06.2005 – Aktenzeichen 4 AZR 406/04).

Der Arbeitgeber hat den Stellenplan auch so einzurichten, dass dieser mit den Tätigkeitsmerkmalen der Beschäftigten im Einklang steht.

6.9.6.2 Aufgaben-Übersicht, Aufgabenverteilungsplan

Die Aufgaben-Übersicht ist Grundlage für die Verteilung der Aufgaben der Behörde bzw. der Dienststelle; diese ist wiederum Grundlage für die einzelnen Stellenbeschreibungen. Für die in der Aufgaben-Übersicht (s. u.) genannten Dienstposten sind grundsätzlich Stellenbeschreibungen zu erstellen. Aufgaben, die aufgrund örtlicher Besonderheiten zu erfüllen und nach Art und Umfang von besonderer Bedeutung sind, sind in der Aufgabenverteilung zusätzlich zu berücksichtigen.

Stellen (Dienstposten) für Beamte

Die den Stellen (Dienstposten) für Beamte zugeteilten Aufgaben müssen den Erfordernissen des Besoldungsrechts und der im Rahmen des Stellenplanes zugewiesenen Besoldungsgruppe entsprechen.

Stellen (Dienstposten) für Beschäftigte (ehemals: Angestellte)
Die den Stellen (Dienstposten bei Beamten) der Beschäftigten zugeteilten Aufgaben müssen den tarifrechtlichen Tätigkeitsmerkmalen und der im Rahmen des Stellenplanes zugewiesenen Vergütungsgruppe entsprechen; Beamtenaufgaben sollen in der Regel Angestellten nicht übertragen werden.

6.9.6.3 Stellenbeschreibung

Die Stellenbeschreibung ist eine Organisationsmaßnahme zur Abgrenzung der Aufgaben einer Stelle gegenüber anderen Stellen. Sie enthält keine Aussage darüber, wie die einzelnen Aufgaben tarifrechtlich (z. B. bei der Feststellung der Vergütungsgruppe im Vollzug des TVÖD) bewertet sind. Für die tarifrechtliche Eingruppierung der Angestellten kommt es entscheidend auf die Wertigkeit der übertragenen und tatsächlich ausgeübten Aufgaben sowie auf die Menge der hochwertigen Aufgaben an der gesamten Tätigkeit an.

Zeitpunkt der Erstellung
Idealerweise kann aus dem Ausschreibungstext einer Stelle bereits die Stellenbeschreibung entnommen werden, oder aber es liegt eine aktuelle Stellenbeschreibung vor. Leider ist das oft nicht der Fall. Für eine allgemeine Überprüfung der Stellen, bei Einführung eines Managementsystems oder eines TSM oder im Fall eines Höhergruppierungsantrags eines Beschäftigten können Stellenbeschreibungen notwendig werden.

> **Hinweis**
> ***Organisationshandbuch*** des Bundesministeriums des Innern und für Heimat, Nr. 2.4.7: https://www.orghandbuch.de/OHB/DE/OrganisationshandbuchNEU/2_Organisationsmanagement/2_4_Ressourcen/2_4_7_Arbeitsplatz_u_Dienstpostenbewertung/arbeitsplatz_u_dienstpostenbewertung-node.html (Letzter Zugriff 31.03.2023)

Inhalt der Stellenbeschreibungen
Für die Inhalte von Stellenbeschreibungen gibt es verschiedene Angaben. Der Text sollte aber klar, einfach und unmissverständlich sein und kann insbesondere folgende Angaben enthalten:

- Bezeichnung der Stelle (z. B. Leiter Kanalbetrieb)
- Einordnung der Stelle in die Organisationsstruktur des Betriebes
- die Unter- beziehungsweise Überordnung (Beispiel: Der Inhaber der Stelle ist dem Leiter Entwässerung unterstellt, aber Vorgesetzter der Mitarbeiter im Kanal)
- Aufgaben, Arbeitsvorgänge und Fachkenntnisse
- Arbeitsziele
- Kompetenzen und Vollmachten, Befugnisse
- Stellvertreterregelungen

Der wichtigste Bestandteil der Stellenbeschreibung ist die Beschreibung der Aufgaben und Tätigkeiten, die dem Stelleninhaber obliegen; dazu kommen die einzelnen Befugnisse und die Stellvertretung. Häufig ist auch die Gehaltseingruppierung angegeben. Anforderungsprofile an einen Bewerber gehören hingegen nicht in eine Stellenbeschreibung; diese finden sich in der Regel in einer Stellenausschreibung. Zu beachten ist auch, dass Stellenbeschreibungen ausschließlich für einzelne Stellen erstellt werden, nicht für gesamte Bereiche; diese heißen dann Funktionsbeschreibungen (s. u.). Eine Stellenbeschreibung muss eindeutig verfasst werden, damit gewährleistet ist, dass jeder Mitarbeiter nicht nur seine Aufgaben, Befugnisse und Pflichten kennt, sondern ggf. auch die von anderen Kollegen, die im selben Bereich arbeiten. Stellenbeschreibungen beschreiben einen augenblicklichen Zustand und sollten daher nur so lange Bestand haben, wie sie auch die Realität widerspiegeln, da die Aufgaben sich über die Zeit verändern können.

6.9.6.4 Vorgesetzte des Stelleninhabers

In der Stellenbeschreibung ist aufzunehmen, wer Dienstvorgesetzter bzw. Vertreter des Arbeitgebers und wer Vorgesetzter des Mitarbeiters ist; bei Fachvorgesetzten ist auch der Fachbereich zu vermerken. Wird ein Beschäftigter zeitweise innerhalb des Betriebes oder der Dienststelle mittels Einzelauftrag zu anderen Arbeiten herangezogen, als in seiner Stellenbeschreibung festgelegt ist, kann er für diese Zeit einem anderen Vorgesetzten unterstellt werden. In der Stellenbeschreibung bedarf diese Möglichkeit keiner besonderen Erwähnung.

6.9.6.5 Der Stelleninhaber als Vorgesetzter

In der Stellenbeschreibung ist anzugeben, wem gegenüber der Stelleninhaber Vorgesetztenfunktion ausübt und welcher Art diese ist. Sind einem Beschäftigten bestimmte Führungsaufgaben als Fachvorgesetzter übertragen, ist auch der Fachbereich zu benennen. Eine namentliche Nennung der unterstellten Mitarbeiter unterbleibt.

6.9.6.6 Stellvertretung

In der Stellenbeschreibung ist in der Regel anzugeben, wen der Stelleninhaber vertritt, von wem er vertreten wird und wie die Vertretungshilfe geregelt ist. Gilt die Stellvertretung nur für bestimmte Aufgaben, sind diese in der Stellenbeschreibung einzeln aufzuführen.

6.9.6.7 Aufgabenbeschreibung

Die Führungsaufgaben der Vorgesetzten wie auch die Aufgaben als Mitarbeiter werden in der jeweiligen Stellenbeschreibung benannt; in der Regel genügen hierfür die jeweiligen Oberbegriffe. Siehe unten, separater Bereich: Anhang 1. Die Beratungs- und Informationsaufgaben, die gemeinsame Aufgabenerfüllung, die Dokumentation der Aufgabenerledigung, die Teilnahme an Mitarbeiter- und Dienstbesprechungen, an Fortbildungs- und anderen Veranstaltungen u. a. m. werden in den Stellenbeschreibungen nicht im Einzelnen aufgeführt.

6.9.7 Verfahren zur Erstellung der Stellenbeschreibung

6.9.7.1 Aufgabenverteilung

Die Verteilung der Aufgaben ist in Mitarbeiterbesprechungen zu erörtern. Die Beschäftigten sollen dabei Vorschläge unterbreiten und durch Beratung mitwirken.

6.9.7.2 Entwurf der Stellenbeschreibung

Für jede zu beschreibende Stelle ist ein Entwurf der Stellenbeschreibung zu fertigen. Dies kann durch den Vorgesetzen erfolgen; alternativ kann der Entwurf auch durch den Beschäftigten selbst erstellt werden. Den Beschäftigten ist jedoch mindestens Gelegenheit zu geben, zum Entwurf ihrer Stellenbeschreibung Stellung zu nehmen. Die Ausarbeitung wird mit den Unterschriften des Erstellers, des Stelleninhabers sowie ggf. von Vorgesetzten abgeschlossen.

6.9.7.3 Überprüfung

Der Betriebsleiter legt der Personalstelle (Personal- oder Organisationsamt) den Organisationsplan und den Entwurf seiner Stellenbeschreibung vor, damit sie im Rahmen der Aufsicht Überprüfungen vornehmen kann. Stellungnahmen der Beschäftigten zum Entwurf ihrer Stellenbeschreibung, die nicht berücksichtigt wurden, sind mit der Stellenbeschreibung und einer Äußerung des Betriebsleiters ebenfalls vorzulegen.

6.9.7.4 Eröffnung

Die Stellenbeschreibung ist dem Stelleninhaber zu eröffnen; sie tritt mit der Eröffnung in Kraft. Die Beschäftigten erhalten einen Abdruck ihrer Stellenbeschreibung ausgehändigt. Die Erstschrift der Stellenbeschreibung und der Organisationsplan werden zu den Akten des Betriebs genommen; sie können von jedem Beschäftigten der Behörde eingesehen werden.

6.9.7.5 Änderungen und Ergänzungen

Bei Änderungen und Ergänzungen der Stellenbeschreibungen ist sinngemäß zu verfahren. Der Behördenleiter eröffnet die Änderungen der Stellenbeschreibung dem Beschäftigten.

6.9.7.6 Aussetzen der Stellenbeschreibung

In Sonderfällen, z. B. bei Katastrophen und in Notfällen, können einzelne Stellenbeschreibungen ganz oder teilweise vorübergehend außer Kraft gesetzt werden, wenn es die Umstände dringend erfordern. Die Vorgesetzten führen in diesem Falle mit Einzelaufträgen und Weisungen.

6.9.8 Stellenbewertung

Jede neu zu schaffende Stelle muss vorher bewertet werden und mit der Entgeltgruppe in den Wirtschafts- oder Haushaltsplan aufgenommen werden. Anlass einer Stellenbewertung ist aber meist ein Antrag des Beschäftigten auf Höhergruppierung. Die Stelle bewertet nicht der Stelleninhaber oder der Vorgesetzte, sondern meist eine externe Stelle. Da es hier um Geld geht, kann ein späterer Streit nie ausgeschlossen werden. Grundlagen für die Bewertung ist hauptsächlich die gemeinsam unterzeichnete Stellenbeschreibung und die Einbindung der Stelle in die Organisation, die meist durch Interviews des Stelleninhabers durch den Bewertenden überprüft werden.

Aus dem Organisationshandbuch (alt) des Bundesverwaltungsamtes (2017):

„2.4.5 Stellenbewertung

Mit der Stellenbewertung wird eine Stelle einer Entgelt- oder Besoldungsgruppe zugeordnet. Voraussetzung dafür ist eine vollständige und aktuelle Beschreibung der Stelle (Stellenbeschreibung), in der alle einer Stelle zugewiesenen Aufgaben und Anforderungen beschrieben sind. Die Stellenbeschreibung wird im Bereich der Tarifbeschäftigten als Tätig-

keitsdarstellung oder Tätigkeitsbeschreibung bezeichnet, im Bereich der Beamtinnen und Beamten als Dienstpostenbeschreibung. An die Stellenbeschreibung für Tarifbeschäftigte und Beamte werden keine unterschiedlichen Anforderungen gestellt. Die Stellenbewertung allerdings folgt im Tarif- und Beamtenbereich unterschiedlichen Systematiken" (Bundesverwaltungsamt, Organisationshandbuch (alt)).

Da die Eingruppierung des Beschäftigten sich nach den Tätigkeitsmerkmalen der Entgeltordnung des TVÖD richtet, wird bei der Stellenbewertung festgestellt, ob die Tätigkeitsmerkmale der gesamten von ihm nicht nur vorübergehend ausgeübten Tätigkeit der Entgeltgruppe entsprechen, in der er eingruppiert ist. Das ist dann der Fall, wenn zeitlich mindestens zur Hälfte (> 50 %) Arbeitsvorgänge anfallen, die für sich genommen die Anforderungen eines Tätigkeitsmerkmals oder mehrerer Tätigkeitsmerkmale der relevanten Entgeltgruppe erfüllen. Da die gesamte Tätigkeit zu bewerten ist, muss die Summe der Zeitanteile aller Arbeitsvorgänge in jedem Fall 100 % ergeben. Bei der Bildung von Arbeitsvorgängen werden viele Fehler gemacht. Dazu sollten unbedingt die unten genannten Hinweise beachtet werden. Das Bundesverwaltungsamt hat dazu viele Ausfüllhinweise und Formulierungshilfen.

6.9.8.1 Stellen von Beamten

Auch die Funktionen der Beamten sind nach den mit ihnen verbundenen Anforderungen sachgerecht zu bewerten und Ämtern zuzuordnen. Eine Funktion kann dabei bis zu drei Ämtern einer Laufbahngruppe zugeordnet werden (z. B. Leiter Entwässerung A12/A14) (BBesG § 18). Verringert sich während eines Dienstverhältnisses das Grundgehalt durch Verleihung eines anderen Amtes aus Gründen, die nicht vom Beamten zu vertreten sind, ist das Grundgehalt zu zahlen, das dem Besoldungsempfänger bei einem Verbleiben in dem bisherigen Amt zugestanden hätte (BBesG § 19a).

> **Hinweise**
> **„Eingruppierung & Arbeitsplatzbewertung Vordrucke, Kommentare, Spezialthemen und Bibliothekskataloge"**
> des Bundesverwaltungsamtes; Enthält viele wichtige Informationen!
> https://www.bva.bund.de/DE/Services/Behoerden/Beratung/Beratungszentrum/Eingruppierung/_documents/stda_eingruppierung.html
>
> **„Die Arbeitsplatzbeschreibung, Grundlagen und Aufbau"**
> (Bundesverwaltungsamt)
> https://www.bva.bund.de/SharedDocs/Downloads/DE/Behoerden/Beratung/Eingruppierung/Eingruppierung/Die%20Arbeitsplatzbeschreibung.html
> (Letzter Zugriff jeweils 31.03.2023)

6.9.8.2 Funktionsbeschreibung

„Für die vom Arbeitgeber eingeführten Funktionsbeschreibungen kann nichts anderes gelten. Sie unterscheiden sich von Stellenbeschreibungen nur dadurch, dass nicht jeder einzelne Arbeitsplatz, jede Stelle, hinsichtlich der wahrzunehmenden Aufgabe und der einzelnen Tätigkeiten beschrieben wird, sondern dass sie für eine Gruppe von Stelleninhabern

mit vergleichbaren Tätigkeiten deren Aufgaben allgemein, das heißt deren Funktion, festlegen und diese durch Benennung der anfallenden Tätigkeiten beschreiben. Zudem weist die Funktionsbeschreibung darüber hinaus all denjenigen Arbeitnehmern, denen diese Funktion übertragen ist, als Funktionsträgern eine bestimmte Funktionsbezeichnung zu" (LAG Hessen, Beschluss vom 23.08.2012 – 5 TaBV 48/12).

6.10 Aufgabenbeschreibung oder Tätigkeitsbeschreibung

Eine Stellenbeschreibung (bzw. Funktionsbeschreibung, s. u.) definiert u. a. die Aufgaben einer Stelle und beschreibt, welche Tätigkeiten im Einzelnen zur Erfüllung dieser Aufgaben verrichtet werden müssen. Da der Beschäftigte in der Entgeltgruppe eingruppiert wird, deren Tätigkeitsmerkmalen die gesamte von ihm nicht nur vorübergehend ausgeübte Tätigkeit entspricht, ist es umso wichtiger, die Arbeitsvorgänge richtig zu beschreiben. Arbeitsvorgänge sind Arbeitsleistungen, die, bezogen auf den Aufgabenkreis der Stelle des Beschäftigten, zu einem abgrenzbaren Arbeitsergebnis führen.

Beispiele nach TVÖD:

- unterschriftsreife Bearbeitung eines Aktenvorgangs, eines Widerspruchs oder eines Antrags,
- Fertigung einer Bauzeichnung,
- Konstruktion einer Brücke oder eines Brückenteils,
- Bearbeitung eines Antrags auf eine Leistung,
- Durchführung einer Unterhaltungs- oder Instandsetzungsarbeit.

Durch eine eher allgemein gehaltene Beschreibung der Aufgaben kann ein Mitarbeiter flexibler eingesetzt werden. Bei sehr detaillierten Tätigkeitsbeschreibungen erfordern diese bei im Laufe der Zeit geänderten Tätigkeiten auch häufigere Anpassungen der Stellenbeschreibung; sie werden so pflegeaufwändig.

Beispiel: Mittelgroßer Entwässerungsbetrieb in Zahlen:

(Erfahrungswerte)

Einwohnerzahl der Stadt: 60.000–120.000 Einwohner
Kläranlage: GK 5, 200.000–400.000 EW
Öffentliche Kanäle: 300–400 Kilometer (bei Trennsystem mehr)
Mitarbeiterinnen und Mitarbeiter: 50–90 Personen

6.10.1 Aufgaben

6.10.1.1 Aufgabenbereiche eines Entwässerungsbetriebs

Die Aufgaben eines Entwässerungsbetriebes in Schlagworten für ein Organigramm:

- Abwassersammlung/Grundstücksentwässerung
- Abwasserableitung
- Abwasserreinigung

- Klärschlammbeseitigung
- Neubau und Beschaffung von Anlagen
- Betrieb und Unterhalt der Anlagen
- Eigenüberwachung der Anlagen
- Rechnungswesen und Verwaltung

Aufgabenbereiche eines Entwässerungsbetriebs (detaillierter)
Die folgenden schlagwortartig beschriebenen Aufgaben fallen wahrscheinlich in den meisten Entwässerungsbetrieben:

- Erarbeitung wasserwirtschaftlicher und entwässerungstechnischer Grundlagen als Beitrag für die Stadtentwicklung und Regionalplanung (Generalentwässerungsplan)
- Stellungnahmen zu Bauleitplänen, Erschließungsplänen und anderen Fachplanungen sowie in Verwaltungsverfahren (Planfeststellungen, BImSchG-Verfahren, Wasserrechtsverfahren, usw.)
- Anpassungen der Entwässerungssatzung (EWS), der Fäkalschlammsatzung und der Beitrags- u. Gebührensatzung
- Prüfung, Genehmigung und Überwachung der angeschlossenen Grundstücksentwässerungsanlagen und des abgeleiteten Abwassers nach EWS (Abnahmen, Messungen, Indirekteinleiterkontrolle, Sielhautbeprobungen)
- Sammlung, Ableitung und Behandlung der anfallenden Abwässer mit Entsorgung, Behandlung und Verwertung von Klärschlamm und sonstigen Reststoffen, wie z. B. Rechengut, Kanalsand, Räumgut …
- Planung, Bau, Unterhaltung und Betrieb, Verwaltung sowie ggf. Rückbau aller abwassertechnischen Anlagen sowie der Anlagen zur Schlammverwertung und Energiegewinnung: Klärwerk, Kanalnetz, Regenbecken, Pumpwerke, Düker, MW-Entlastungen, Einleitungsstellen
- Eigenüberwachung der Anlagen und Führung des Kanalkatasters, Überprüfung des Netzes auf Fehlanschlüsse, ggf. Sammlung und Auswertung von Niederschlags- u. Abflussdaten, evtl. Grundwasserkontrollen
- Bereitstellen der notwendigen Ressourcen und Infrastruktur: Personal, Grundstücke, Gebäude, Räume, Fahrzeuge, Maschinen, Materialien, Betriebsstoffe und Kommunikationseinrichtungen
- Sicherstellung eines rechtlich einwandfreien, energieeffizienten und umweltschonenden Betriebs möglichst im Einklang mit Bundes-, Landes- und Ortsrecht
- Bearbeitung der mit angeschlossen Gemeinden und Dritten zu treffenden Verträge und Zweckvereinbarungen
- Satzungs-, Beitrags- und Gebührenangelegenheiten
  - Durchsetzung des Anschluss- und Benutzungszwang an die öffentlichen Entwässerungsanlagen sowie stadtinterne Entscheidung über das Vorliegen der Voraussetzung einer Befreiung
  - Genehmigungsverfahren nach Entwässerungssatzung

- Abwasserkontrollen und Abwasseranalysen, Beratung von Industrie- und Gewerbebetrieben, Indirekteinleiterüberwachung,
- Feststellungen der Abwassermengen (nicht eingeleitete Mengen und zusätzliche Brunnenwassermengen, Versickerungen)

• Abgabe der erforderlichen Erklärungen für die staatlichen Abwasserabgaben (Schmutz-, Niederschlagswasser, Kleineinleiter, Erklärung und Nachweis niedrigerer Werte), Beantragung von Verrechnungen, Prüfung der Abgabe-Bescheide, Veranlassung der Zahlungen
• Arbeitssicherheit im übertragenen Umfang
• Beantwortung von statistischen Erhebungen (Auskunftspflicht)
• Ausbildung für verschiedene Berufe: Fachkraft für Abwassertechnik, Schlosser, Elektroniker, Labortechnik, Kanalberufe

6.10.1.2 Verwaltung oder Kaufmännischer Aufgabenbereich

Die kaufmännischen bzw. verwaltungstechnischen Aufgaben sind in den Entwässerungsbetrieben sehr unterschiedlich angeordnet. Je selbständiger und unabhängiger ein Betrieb sein soll, desto mehr Aufgaben hat er in diesem Bereich. Die Aufgaben werden i. d. R. teilweise von der übrigen Gemeindeverwaltung übernommen; dann werden Verwaltungskosten für diese Leistungen verrechnet. Eigenbetriebe sollten interne Verträge z. B. mit der Personal-, Finanz- oder Wasserversorgungsverwaltung über den jeweiligen Leistungsumfang und die entstehenden Kosten abschließen.

Solche kaufmännischen bzw. verwaltungstechnischen Aufgaben können sein:

• Allgemeine Verwaltungsangelegenheiten der Entwässerung (Räume, Arbeitsplätze, Grundstücke, Mieten, EDV-Ausstattung, Sicherheit, usw.)
• Sicherung der Finanzierung der Entwässerung durch Gebühren- und Beitragserhebung, Gebührenveranlagungen, ggf. Globalberechnungen
  - Bedarfsermittlung der erforderlichen Finanz-/Haushaltsmittel
  - Aufstellung des Finanzplanes, Aufstellung und Ausführung des Wirtschaftsplanes, Erstellung der Zwischenberichte, Aufstellung des Jahresabschlusses und Erstellung des Jahresberichtes
  - Verantwortung für die Ordnungsmäßigkeit des Rechnungswesens, Kostenplanung u. -verfolgung, Erfolgskontrollen
  - die Berechnung der betrieblichen Kennzahlen, Benchmarking
  - Kosten- u. Leistungsrechnung, Entgeltkalkulation, Finanzmittelplanung und Finanzmittelbeschaffung, Finanzbuchhaltung
  - Investitions-, Finanzierungs- und Liquidationsrechnung
  - Steuerwesen und Statistik
  - Erstellen von Monats- und Jahresabschlüssen
  - Beitrags- und Gebührenkalkulation,
  - Gebührenbedarfsermittlung und Gebührenerhebung, Vorschlag des Gebühren- u. Beitragsbedarfs sowie des Kostenbeitrags der Straßenentwässerung der Gemeindestraßen

- Erhebung der Kanalherstellungsbeiträge nach der Beitragssatzung und dem Kommunalabgabengesetz incl. Bürgerberatung
- Erstattungen für Straßenreinigung und Straßenentwässerung und Winterdienst
- Be- u. Verrechnung der Zahlungen für die Straßenentwässerung
- Feststellung der Entgelte der angeschlossenen Randgemeinden und übernommener Schlämme und sonstigen Reststoffe
- Be- u. Verrechnung der Zahlungen der angeschlossenen Randgemeinden
- Controlling des kaufmännischen Gesamtbetriebes
- Ersatz für Dienstleistungen der Entwässerung
- Rechnungen stellen, bezahlen, sonstige Rechnungsangelegenheiten

• Liegenschaften des Betriebs
  - die Verwaltung und Unterhaltung der Grundstücke und Gebäude inclusive Grunderwerb und Wegerechten einschl. der Ausübung des Hausrechts in den Gebäuden
  - die Zuweisung von Gebäuden, Gebäudeteilen und Räumen innerhalb des Eigenbetriebes
• Gebührenerhebung
  - Schnittstelle der Entwässerung zur Gebührenabteilung des Kämmereiamtes
  - Verwaltungskostenbeiträge an Kämmerei, Gemeindeverwaltung und Stadtwerke (Ablesen der Wasserzähler)
• Wirtschafts- bzw. Haushaltsplanung
  - Wirtschaftsplan erstellen
  - Veranlassung der regelmäßigen Wirtschaftsprüfung
  - Ansprechpartner für überörtliche Rechnungsprüfung
• Personalangelegenheiten, bzw. Mitwirkung bei …
• Sonstiges
  - Beschaffung von Büroeinrichtungen
  - Versicherungs- u. Haftpflichtversicherungsangelegenheiten im Gesamtbereich des Eigenbetriebes
  - Rechtsstreitigkeiten von Abgabeangelegenheiten nach der Beitrags- und Gebührensatzung und dem Kommunalabgabengesetz
  - Steuerfragen mit dem Finanzamt
  - Anlagenkapital-Aktivierung

6.10.1.3 Mögliche Zusatzaufgaben

Die folgenden Aufgaben könnten auch von Entwässerungsbetrieben mit zu erledigen sein: Die Aufgaben fallen in Kommunen an und werden in einigen Kommunen ggf. an den Entwässerungsbetrieb delegiert.

Private Abwasserbehandlungsanlagen

Die regemäßige Pflicht-Entleerung von Gruben und Kleinkläranlagen kann in der EWS als gemeindliche Aufgabe geregelt sein; wegen der Einleitung ins Grundwasser/Gewässer kann das auch Privatangelegenheit der Eigentümer sein, die durch die Wasserbehörde überwacht wird. Reinigung von Benzin- oder Fettabscheidern ist Abfallbeseitigung, die in der Regel nicht von Entwässerungsbetrieben übernommen wird.

Gewässer (gegebenenfalls)

- Pflege-, Entwicklungs- und Ausbau-Maßnahmen an Gewässern (Pflegepläne, Baumschnitt, Mahd usw.)
- Unterhalt der kleineren Gewässer im Stadtgebiet
- Planung, Ausbau, Betrieb und Unterhalt der Hochwasserschutzmaßnahmen an Gewässern

Unterhalt der Gewässer wird oft auch als Aufgabe mit an die Entwässerung gegeben; evtl. auch Teil-Maßnahmen zur Starkregenvorsorge und des Hochwasserschutzes.

▶ Die entstehenden Kosten für den Personal-, Fahrzeug-, u. Geräteeinsatz sind von der Entwässerung an den gemeindlichen Haushalt zu verrechnen.

Einrichtungen der Straßenentwässerung

Die Straßensinkkästen (Regeneinläufe) und ihre Anschlussleitungen sowie reine Regenkanäle/-gräben der Straßenentwässerung oder zugehörige Versickerungsanlagen gehören als Nebenanlagen der Gemeindestraßen zum Straßenunterhalt; ebenso die Entwässerung von Grundwasserwannen, wenn die Straßen tief liegen, z. B. in Unterführungen. Die Kosten der Straßenentwässerung sind vom Baulastträger der Gemeindestraßen zu tragen (Gemeinde), nicht vom Gebührenzahler. Hierzu gehört nur die Ableitung und Behandlung des Straßenwassers, aber nicht z. B. die Reinigung der Sinkkästen, die Pumpkosten der Pumpwerke in Unterführungen, Sanierung der Straßen-Kanäle, usw. Reinigung der Sinkkästen durch Saugfahrzeuge wird teilweise separat ausgeschrieben vom Tiefbauamt oder aber gegen Kostenverrechnung von der Entwässerung mit übernommen.

Winterdienst

Die Besatzungen der Saug- u. Spülfahrzeuge werden manchmal bei Schnee und Eis als Fahrzeugführer oder sonst im Winterdienst eingesetzt. Die Arbeiten am Kanal können wegen der Witterungsverhältnisse meist auch nicht stattfinden. Die Personal-Kosten müssen dem Straßenbaulastträger in Rechnung gestellt werden.

Brunnen oder öffentliche Toilettenanlagen

Wegen des Fachpersonals oder der technischen Einrichtungen wird die Reinigung und Wartung der o. g. Anlagen häufig auch an die Entwässerung gegeben. Auch hier müssen Kosten verrechnet werden.

6.10.2 Aufbau einer Stellenbeschreibung/Arbeitsplatzbeschreibung

In Tab. 6.7 findet sich ein Muster mit Ausfüllhinweisen. Im Stellenplan der Stadt finden sich die Stellen der Entwässerung mit den Nummern 66-1000 und Folgende bis 66-5099. Diesen Stellen sind im Stellenbesetzungsplan die zuständigen Personen namentlich zugeordnet; z. B. ein Schlosser in der Maschinenwerkstatt mit der Nummer 66-4212, ein Techniker in der Grundstücksentwässerung mit der Nummer 66-2102 (vgl. Abb. 6.2, Beispielorganigramm).

Tab. 6.7 Muster mit Ausfüllhinweisen

Angaben im Formular	Ausfüllhilfe zur Stellenbeschreibung
Organisatorische Einordnung der Planstelle (Referat, Fachbereich, Amt, Sachgebiet)	Die Bezeichnung der Organisationseinheit sollte der offiziellen Bezeichnung, dem Organigramm entsprechend angegeben werden.
Angaben zur Planstelle Planstellennummer: … EGr./BesGr.: … Funktionsbezeichnung: Aufgabenbereich:	Die Planstellennummer setzt sich aus der Amtsnummer und einer fortlaufenden Kennzahl zusammen (z. B. Amt 11: 11-1000). Auskünfte hierüber kann Ihnen Ihr(e) Vorgesetzte(r) bzw. das Personal- und Organisationsamt erteilen. Als Funktion sind die allgemein gültigen Bezeichnungen zu nennen, z. B. Mitarbeiter/in (2. QE, VFA-K), Sachbearbeiter/in (3. QE oder vergleichbar), Sachgebietsleiter/in, Amtsleiter/in etc. z. B.: Kanalbetrieb, Klärwerk (Labor), Grundstücksentwässerung
Stelleninhaber/in Name, Vorname, Telefon: … Derzeitige EGr./BesGr.: … seit: … Abgelegte Prüfungen: … Berufstätigkeit von … bis …:	Hier sind die Angaben zur Person der/des Stelleninhaber(s)/in einzutragen, soweit sie für die Zuordnung der Tätigkeiten zu einer konkreten Person und für die spätere Arbeitsplatzbewertung erforderlich sind. Es sind alle erfolgreich abgeschlossenen Prüfungen anzugeben, die zu einer formalen Qualifikation führen (insbesondere Beschäftigtenlehrgang I und II, Anstellungsprüfung, Qualifikationsprüfung, modulare Qualifikation). Die Angaben über berufliche Prüfungen und zu bisherigen Berufstätigkeiten werden zur Einschätzung der Berufserfahrung benötigt.
Angaben zur Organisation: Wem sind Sie unterstellt?	Name und Funktion des direkten Vorgesetzten
Zahl und Einreihung der unterstellten Dienstkräfte, denen gegenüber Aufsichts- und Weisungsbefugnis besteht: Zahl EGr/BesGr. Zahl EGr./BesGr.	Dieses Feld dient der Angabe von Einzelheiten zu den direkten unterstellten Mitarbeiter(n)/innen. Hier ist die jeweilige Funktion ausreichend, jedoch sind Angaben zu Art und Umfang einer etwaigen Weisungsbefugnis hilfreich.
Entscheidungs- und Unterschriftenbefugnisse Der/die Stelleninhaber/in hat in folgenden Fällen Entscheidungsbefugnis: Unterschriftsbefugnis:	Einzutragen sind z. B. Zeichnungs- und Feststellungsbefugnisse (sachliche/rechnerische Prüfung), kassenrechtliche Anordnungsbefugnis oder auch Postvollmachten; liegen keine besonderen Befugnisse oder Vollmachten vor, ist „keine" einzutragen.
Vertretungsregelungen Der/die Stelleninhaber/in wird vertreten vom Inhaber der Planstelle Nr. In vollem Umfang teilweise als „Platzhalter" Vom/von der Stelleninhaber/in wahrzunehmende Vertretungen sind bei den Arbeitsvorgängen mit aufzuführen.	Alle Kollegen angeben, die von Ihnen vertreten werden. Beschränkt sich die Vertretung auf einzelne Aufgaben sind nur diese stichwortartige anzugeben.

Tab. 6.7 (Fortsetzung)

Angaben im Formular	Ausfüllhilfe zur Stellenbeschreibung
Der/die Stelleninhaber/in ist mit … Wochenstunden beschäftigt.	Hier geben Sie den zum Zeitpunkt der Erstellung der Stellenbeschreibung aktuell gültigen Zeitumfang gemäß Ihres/Ihrer Arbeitsvertrages/Einzelverfügung an.
Bemerkungen (ggf. auf gesondertem Blatt):	Neben regelmäßig anfallenden Tätigkeiten sollen auch Tätigkeiten, die in einem kurzen Zeitraum als saisonale Schwankung erledigt werden, in die Betrachtung einbezogen werden. Wird eine Tätigkeit aufgrund besonderer (unvorhergesehener) Umstände/Ereignisse, z. B. Mehraufwand wegen Wahlen, ausgeübt, die eine Veränderung des Regelpensums nach sich zieht, dann ist diese hier als temporär anzugeben.
Beschreibung der Arbeitsvorgänge siehe beiliegendem Formblatt Für die Richtigkeit und Vollständigkeit der Angaben Ort: …, den … Ref./Amt: … **Unterschrift des/ der Stelleninhabers/in** **…………………** **Unterschrift des/ der Vorgesetzten** **……………………**	Hier soll, soweit möglich, der jeweilige „Arbeitsvorgang" genannt werden. Bei einem Arbeitsvorgang handelt es sich um einen Begriff des Tarifvertrages, der für die jeweilige Prüfung der Eingruppierung herangezogen wird. Arbeitsvorgänge sind nach tariflicher Definition Arbeitsleistungen (einschl. Zusammenhangsarbeiten), die, bezogen auf den Aufgabenkreis des/der Beschäftigten, zu einem bei natürlicher Betrachtung abgrenzbaren Arbeitsergebnis führen. Arbeitsvorgänge stellen also in sich abgeschlossene Arbeitsleistungen dar, die i. d. R. aus mehreren Einzeltätigkeiten bestehen. So genannte Zusammenhangsarbeiten, wie beispielsweise Kopieren, Aktenstudium, Korrektur lesen o. ä., sind nicht anzuführen, da diese Teil der Haupttätigkeit sind. Deshalb sind diese damit zeitlich und inhaltlich der Haupttätigkeit zuzurechnen. Die Tätigkeit als Abwesenheitsvertretung ist ebenfalls Teil der Haupttätigkeit. Somit findet diese keinen Eingang in die Stellenbeschreibung. **WICHTIGER HINWEIS:** Die/Der Vorgesetzte bestätigt mit ihrer/seiner Unterschrift die Richtigkeit der Tätigkeitsdarstellung des Stelleninhabers, insbesondere dass die Tätigkeit in der dargestellten Form und Ausprägung übertragen wurde.

Beschreibung der Arbeitsvorgänge durch den/die Stelleninhaber/in für die Planstelle … erstellt am …

Lfd. Nummer	Einzelne Arbeitsvorgänge	%-Anteil an der Gesamtarbeitszeit

Als Formulierungshilfe von Arbeitsvorgängen dient u. a. das Hinweisblatt des Bundesverwaltungsamtes:
https://www.bva.bund.de/SharedDocs/Downloads/DE/Behoerden/Beratung/Eingruppierung/Eingruppierung/160108_Arbeitsplatzbeschreibung_Basis_tarifgerechte_Eingruppierung_2016.pdf;jsessionid=CFE0AEEDAD7987BCF149B227B6FE6B94.intranet661?__blob=publicationFile&v=5 (Letzter Zugriff 31.03.2023)

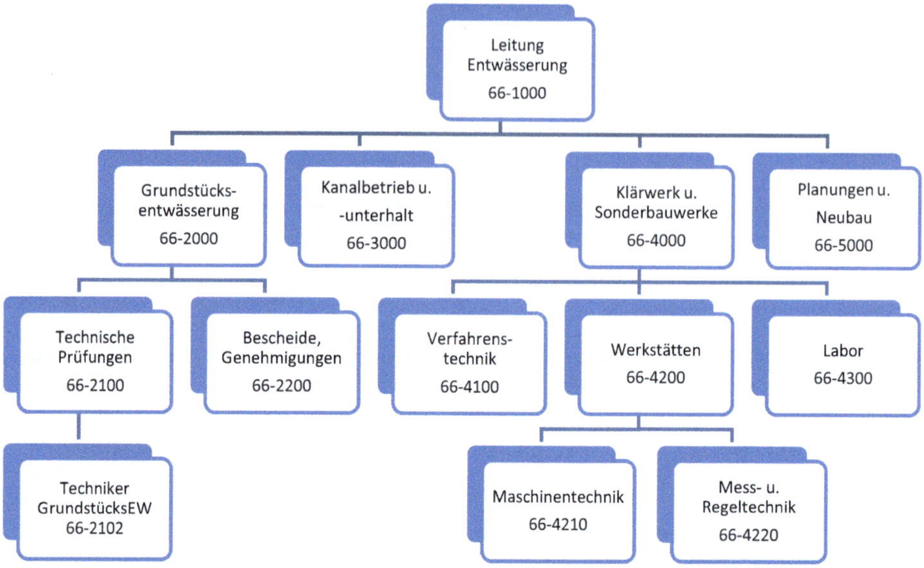

Abb. 6.2 Organigramm eines Entwässerungsbetriebs (Amt 66) und Zuordnung der Stellen (Beispiel). Im Referat 6 „Planen u. Bauen" gibt es noch die Ämter: Stadtplanung 61, Bauordnung 62, Grünflächen 63, Hochbau 64, Tiefbau 65. Die Nummer des „Amtes" innerhalb der Stadtverwaltung ist daher hier 66

6.10.3 Personal eines Entwässerungsbetriebs – für eine Stadt mit weniger als 100.000 Einwohnern (Beispiel)

6.10.3.1 Amt/Abteilung Entwässerung

Abhängig von der Eingliederung in die Stadtverwaltung: unabhängiges Amt oder Eigenbetrieb sind eher in größeren Städten üblich; Abteilung z. B. in einem Tiefbauamt ist ebenfalls möglich.

Abteilungen oder Sachgebiete, je nach Größe

- Grundstückentwässerung
- Kanalbetrieb u. -unterhalt
- Kläranlage und Sonderbauwerke
- Planungen und Neubau

Mitarbeiter

Abteilungsleiter, Dipl.-Ing., A 13/A 14

Sachgebietsleiter **Kanalneubau**, Dipl.-Ing. (FH), EG 11–12

- Bauführer Kanalneubau, Tiefbautechniker EG 9a
- Mitarbeiter Kanalneubau, Tiefbautechniker EG 9b

Sachgebietsleiter **Grundstücksentwässerung**, Dipl.-Ing. (FH), EG 10–11

- Sachbearbeiter Verwaltung Entwässerungsbescheide, A 10–11
- Mitarbeiter Grundstücksentwässerung, Techniker, EG 9a
- 2 Mitarbeiter Grundstücksentwässerung, Techn. Zeichner EG 6

Sachgebietsleiter **Kanalunterhalt**, Dipl.-Ing. (FH), EG 12

- Kanalmeister Kanalunterhalt, EG 9a
- Techn. Sachbearbeiter Kanalunterhalt und Kanaldatenbank A 9b
- Techn. Sachbearbeiter Kanaldatenbank, EG 9a
  24 Mitarbeiter: 9 Geprüfte Kanalreiniger u. Helfer EG 3, 11 Kraftfahrer EG 5,
  2 Kanalinspekteure EG 4, 2 Kanalmaurer EG 5–7

Leiter **Klärwerk** EG 12, Dipl. Ing. (FH) Verfahrenstechnik

- Assistenzkraft, EG 5 Verwaltungsangestellte
- Techn. MA **Betrieb** u. Verfahrenstechnik, EG 9a, Abwassermeister
  3 Ver- u. Entsorger EG 5–8
  3 Klärwärter EG 3–4
  2 Helfer (Pflege Außenanlagen, usw.) EG 2
  1 Reinigungskraft EG 2
- Techn. Mitarbeiter **Maschinentechnik**, EG 9a Schlossermeister
  4 Facharbeiter EG 5–8
- Techn. Mitarbeiter **Mess- und Regeltechnik**, Elektromeister, EG 9c
  4 Facharbeiter EG 6–8
- Techn. Mitarbeiter **Labortechnik**, EG 9a Chemotechniker
- Chemie-Laborant, EG 9a Abw.-Meister
- Laborhilfskraft EG 5
- Laborhilfskraft EG 4

6.10.3.2 Verwaltung und Gebäudeunterhalt

Diese Bereiche sind ggf. im eigenen Betrieb oder werden in z. B. Kämmerei, Bauverwaltung oder Personalamt, teilweise im Auftrag des Betriebes, mit erledigt.

Stellen sind bei der Stellenbesetzung in diesem Beispiel nicht mit berücksichtigt.

Kaufmännische Leitung, EG 14, Aufgaben

- Rechnungswesen einschl. Jahresabschluss
- Wirtschafts- und Haushaltsplan
- Controlling (Zwischenberichte, Benchmarking, Statistiken)
- Kosten- und Leistungsrechnung
- Personalverwaltung

- Allgemeine Verwaltung
- Gebäude und Grundstücke (Liegenschaften)

Mitarbeiter
- Assistenzkraft (Sekretariat), EG 5
- Sachbearbeiter **Controlling**, A 12
- Bilanzbuchhalter, EG 10
- **Betriebs-/Kostenrechner**, EG 9
- Sachbearbeiter **Personal**, EG 7
- **Buchhaltung**skraft, Teilzeit 75 %, EG 5
- Buchhaltungskraft, Teilzeit 50 %, EG 5
- Sachbearbeiter **IT-Organisation**, EG 11
- Verwaltung Liegenschaften, A 11

6.10.3.3 Stellenbesetzung Entwässerung

Werkleiter/Amts-/Abteilungsleiter, Dipl.-Ing., A 13/A 14
Dies ist eine Stelle des höheren Dienstes (4. Qualifikationsebene), die auch durch einen technischen Aufstiegsbeamten der 3. Ebene besetzt werden könnte. Obwohl hier Verwaltungsvollzug zum Bereich gehört (s. u.), wird so eine Stelle oft auch statt mit Beamten durch Beschäftigte besetzt.

Angenommen: 1 Stelle A 14

Ingenieure bzw. Beamter der 3. Qualifikationsebene
- Techn. Sachbearbeiter Kanalneubau, Dipl.-Ing. (FH), EG 11–12
- Sachgebietsleiter Kanalunterhalt, Dipl.-Ing. (FH), EG 11–12
- Leiter Klärwerk EG 12, Dipl. Ing. (FH) Verfahrenstechnik
- Sachgebietsleiter Grundstücksentwässerung, Dipl.-Ing. (FH) EG 10–11
- Sachbearbeiter Verwaltung Entwässerungsbescheide, A 10–11

Für die Mitarbeiter werden mind. **5 Stellen in dem Bereich zwischen EG 10 und EG 12** benötigt. Dies sind Stellen für FH-Ingenieure/Bachelor of Engineering und für einen Verwaltungsbeamten der 3. Qualifikationsebene. Ein Beamter ist hier sinnvoll, da der Vollzug der Entwässerungssatzung eine hoheitliche Aufgabe ist: Bescheide, Anhörungen, Bußgelder, usw. Stellen für Beschäftigte und Beamte sind oft gegeneinander austauschbar, da sie zu ähnlichen Kosten führen. Im Beispiel hier angenommen: 2 × EG 10, 1 × A 11 und 2 × EG 12 im Stellenplan.

Meister und Techniker
- Bauführer Kanalneubau, Tiefbautechniker EG 9a
- Mitarbeiter Grundstücksentwässerung, Techniker, EG 9a
- Kanalmeister Kanalunterhalt, EG 9a
- Techn. Sachbearbeiter Kanaldatenbank, EG 9a
- Techn. MA Betrieb u. Verfahrenstechnik, EG 9a, Abwassermeister
- Techn. Mitarbeiter Maschinentechnik, EG 9a Schlossermeister

- Techn. Mitarbeiter Labortechnik, EG 9a Chemotechniker
- Chemie-Laborant, EG 9a Abw.-Meister
- Techn. Sachbearbeiter Kanalunterhalt und Kanaldatenbank A 9b
- Mitarbeiter Kanalneubau, Tiefbautechniker EG 9b
- Techn. Mitarbeiter Mess- und Regeltechnik, Elektromeister, EG 9c

Für die Techniker und Meister sind hier insgesamt **11 Stellen im Bereich von EG 9a bis 9c** erforderlich.

Angenommen hier: 6 Stellen in EG 9a, 3 Stellen in EG 3b und 2 Stellen in EG 9c.

Gelernte Fach-Kräfte und Sonstige
- 11 Kraftfahrer EG 5
- Laborhilfskraft EG 5
- Assistenzkraft, EG 5 Verwaltungsangestellte
- 2 Kanalmaurer EG 5–7
- 3 Ver- u. Entsorger EG 5–8
- 4 Facharbeiter EG 5–8
- 2 Mitarbeiter Grundstücksentwässerung, Techn. Zeichner EG 6
- 4 Facharbeiter EG 6–8

Für Kraftfahrer und gelernte Facharbeiter, die in ihrem Beruf arbeiten sind hier erforderlich mindestens 28 Stellen im Bereich EG 5–8.

Angenommen hier 16 × EG 5, 8 × EG 6, 3 × EG 7, 3 × EG 8 – bei 2 nicht besetzten Stellen.

Ungelernte und angelernte Kräfte
- 2 Kanalinspekteure EG 4,
- Laborhilfskraft EG 4
- 3 Klärwärter EG 3–4
- 9 Geprüfte Kanalreiniger u. Helfer EG 3,
- 2 Helfer (Pflege Außenanlagen, usw.) EG 2
- 1 Reinigungskraft EG 2

In diesem Bereich werden meist Personen beschäftigt mit einer abgeschlossenen Lehre, die aber nicht in ihrem gelernten Beruf arbeiten, aber in einem speziellen Bereich zusätzlich geschult sind.

Erforderlich mindestens **18 Stellen zwischen EG 2–4**.

Angenommen hier 4 × EG 2, 10 × EG 3 und 6 × EG 4 bei 2 unbesetzten Stellen.

6.10.3.4 Stellenübersicht

Stellenübersicht (nachrichtlich)Dem Wirtschaftsplan sind Stellenplan und Stellenübersicht nur insoweit beigefügt, als es sich um Personal des Entwässerungsbetriebes der Stadt *A-Stadt* handelt. Die Stellenübersicht ist identisch mit dem Stellenplan im Haushaltsplan der Stadt *A-Stadt*. Beispiele finden sich in Tab. 6.8 und 6.9.

Tab. 6.8 Stellenübersicht des Wirtschaftsjahres 2023 – Entwässerungsbetrieb der Stadt. Stellenübersicht – Teil A – Beamte; Gesamtübersicht nach Besoldungsgruppen

Besoldungsgruppe	Zahl der Stellen 2023	Zahl der Stellen 2022	Zahl der tatsächlich besetzten Stellen am 30.06.2022
A 16	0	0	0
A 15	0	0	0
A 14	1	1	1
A 13	0	0	0
A 12	0	0	0
A 11	1	1	1
A 10	0	0	0
A 9	0	0	0
A 9 S	0	0	0
A 8	0	0	0
A 7	0	0	0
A 6	0	0	0
Summe	**2**	**2**	**2**

Tab. 6.9 Stellenübersicht – Teil B – Beschäftigte; Gesamtübersicht nach Entgeltgruppen. (Anmerkung: Die Stellenübersicht ist identisch mit dem Stellenplan des Haushaltsplanes der Stadt)

Entgeltgruppe	Zahl der Stellen 2023	Zahl der Stellen 2022	Zahl der tatsächlich besetzten Stellen am 30.06.2022
EG 15	0	0	0
EG 14	0	0	0
EG 13	0	0	0
EG 12	2	2	2
EG 11	0	0	0
EG 10	2	2	2
EG 9c	2	2	2
EG 9b	3	3	3
EG 9a	6	6	6
EG 8	3	3	2
EG 7	3	3	3
EG 6	8	8	8
EG 5	16	16	15
EG 4	6	6	6
EG 3	10	10	9
EG 2	4	4	3
EG 1	0	0	0
Summe	**65**	**65**	**61**

6.10.4 Allgemeine Beschreibung von Stellen

6.10.4.1 Stellen mit Leitungs-Funktion

Die Funktionen werden durch die Angabe von Besoldungs- u. Entgeltgruppen bewertet. Der Rahmen für die tarifliche Eingruppierung der Beschäftigten richtet sich nach den angegebenen Vergütungsgruppen. Für die Einstufung und Eingruppierung im Einzelfall sind die beamten-, besoldungs-, tarif- und haushaltsrechtlichen Vorschriften maßgebend. Alle Funktionsträger mit Führungsverantwortung üben die ihnen durch die Amts-/Werkleitung übertragenen Personalkompetenzen eigenverantwortlich aus beziehungsweise zeichnen in diesen Fällen mit. Alle Funktionsträger sind verpflichtet, sich über die Weiterentwicklung der für ihre Dienstposten einschlägigen Fachgebiete laufend fortzubilden.

Die Werk-/Amtsleitung (z. B. Bes.-Gr. A14/A15)

- ist Dienstvorgesetzter aller Beamten und Angestellten,
- ist für Arbeitssicherheit und Gesundheitsschutz verantwortlich (gilt nur für die Werkleitung im Eigenbetrieb; bei einem Amt (Regiebetrieb) für den Bürgermeister).

Die Werk-/Amtsleitung ist für die selbständige, technische (und ggf. kaufmännische) Leitung des Entwässerungsbetriebs der Stadt einschließlich Organisation und Geschäftsleitung verantwortlich und …

- führt die Dienstgeschäfte des Betriebes
- regelt die Geschäftsverteilung
- vertritt den Betrieb nach außen,
- bereitet in den Angelegenheiten des Betriebes die Beschlüsse des Stadtrates und des Werksenates verwaltungsmäßig vor
- unterrichtet den Oberbürgermeister und den Stadtrat in Angelegenheiten von besonderer Bedeutung,
- ist für Personalmaßnahmen und Personalführung einschließlich Personalentwicklung verantwortlich;
- ist für den amts- oder tarifgemäßen Einsatz und eine gleichmäßige Arbeitsauslastung der Bediensteten verantwortlich,
- ist zuständig für die Aus- und Fortbildung der eigenen Mitarbeiter
- koordiniert und überwacht den Dienstbetrieb im Betrieb und sorgt für die vertrauensvolle Zusammenarbeit mit der Personalvertretung sowie der/des Gleichstellungsbeauftragten,
- erteilt Einzelanweisungen,
- führt die jährlichen Mitarbeitergespräche durch
- bewirtschaftet die Einnahmen und Ausgaben, soweit er nicht einen Beauftragten für den Haushalt bestellt.

Die oder der Leiterin/Leiter der Abteilung (z. B. BesGr. A12/A13 gD)

- leitet die Abteilung selbständig
- ist Vorgesetzte/Vorgesetzter des Personals der Abteilung,
- sorgt für die ordnungsgemäße Abwicklung der Dienstgeschäfte in der Abteilung und ist insoweit weisungsbefugt,
- unterstützt die Werkleitung bei der Wahrnehmung der Dienstgeschäfte,
- arbeitet bei der Aufstellung des Geschäftsverteilungsplanes für die Abteilung mit,
- regelt den Dienstbetrieb in der Abteilung in fachlicher und personeller Hinsicht,
- bearbeitet die durch den Geschäftsverteilungsplan zugewiesenen Aufgaben
- kann im Einzelfall die Bearbeitung weiterer Dienstgeschäfte von besonderer Bedeutung selbst übernehmen oder Weisung über die Art der Bearbeitung erteilen,
- koordiniert die Zusammenarbeit der Organisationseinheiten der Abteilung,
- informiert die Werkleitung über Angelegenheiten von besonderer Bedeutung,
- sorgt für eine amts- oder tarifgemäße Beschäftigung und gleichmäßige Auslastung der Mitarbeiter der Abteilung,
- wirkt bei der Beurteilung der Mitarbeiter mit,
- übt die durch die Werkleitung übertragenen Personalkompetenzen (z. B. Genehmigung von Überstundenausgleich, Dienstbefreiung, Freistellungstage, Urlaub) eigenverantwortlich für die Sachgebietsleiter aus beziehungsweise zeichnet in diesen Fällen mit.

Die oder der Sachgebietsleiter/in (z. B. BesGr. A10/A11)

- sorgen für die ordnungsgemäße und zeitgerechte Abwicklung der Dienstgeschäfte in ihrem Sachgebiet,
- bearbeiten die nach Geschäftsverteilung zugewiesenen Aufgaben
- sind unmittelbare Vorgesetzte der Mitarbeiter des Sachgebiets und somit auch unmittelbare Ansprechpartner der Mitarbeiter; sie sind primär für Mitarbeitermaßnahmen zuständig und sorgen für den amts- oder tarifgerechten Einsatz,
- wirken bei der Aufstellung des Geschäftsverteilungsplanes und bei Beurteilungen der Mitarbeiter ihres Sachgebiets mit,
- sorgen für eine amts- und tarifgemäße Beschäftigung und gleichmäßige Auslastung ihrer Mitarbeiter,
- sorgen für eine einheitliche Bearbeitung der durch die Geschäftsverteilung zugewiesenen Aufgaben,
- erteilen in begründeten Fällen Einzelanweisungen,
- haben dafür Sorge zu tragen, dass die gesetzlichen Vorschriften, Anordnungen, Verfügungen und alle sonstigen zur Durchführung des Verfahrens erforderlichen Maßnahmen richtig und rechtzeitig ausgeführt werden,
- fördern die Gruppenarbeit, bei Bedarf beteiligen sie sich selbst daran, sie können in diesem Zusammenhang Aufgaben von Mitarbeitern selbst übernehmen oder Weisung über die Art der Erledigung geben,
- haben an die Mitarbeiter die notwendigen Informationen weiterzugeben,
- informieren den Abteilungsleiter über Stand, Entwicklung und wesentliche Geschehnisse in ihrem Bereich und über Angelegenheiten von besonderer Bedeutung

- haben die eingehende Post des Sachgebiets unverzüglich durchzusehen und weiterzuleiten,
- regeln die Vertretung innerhalb des Sachgebiets und gleichen unterschiedliche Arbeitsbelastungen der einzelnen Mitarbeiter aus,
- tragen die Kostenstellenverantwortung
- üben die durch die Werkleitung übertragenen Personalkompetenzen (z. B. Genehmigung von Überstundenausgleich, Dienstbefreiung, Freistellungstage, Urlaub) eigenverantwortlich für die Mitarbeiter aus beziehungsweise zeichnen in diesen Fällen mit.
- führt die jährlichen Mitarbeitergespräche in diesem Sachgebiet.

6.10.4.2 Mitarbeiter/innen

Die Mitarbeiter/innen

- sind Mitglieder eines Sachgebiets und den Sachgebietsleitern unterstellt
- unterstützen die Sachgebietsleiter,
- sind zur Teamarbeit verpflichtet,
- erledigen zeitgerecht und eigenverantwortlich die ihnen durch die Geschäftsverteilung oder durch Einzelanweisung zugewiesenen Aufgaben
- können in Ausnahmefällen vorübergehend andere Aufgaben übernehmen,
- haben Vorgänge den Sachgebietsleitern vorzulegen, wenn dies wegen rechtlicher oder tatsächlicher Schwierigkeiten oder wegen der Bedeutung der Sache erforderlich ist
- sorgt für einen ordnungsgemäßen und wirtschaftlichen Einsatz der zur Verfügung gestellten Gerätschaften,

6.10.4.3 Gemeinsame Aufgaben

Allgemeine Gestaltungsziele

Die Aufgaben des Betriebes sind im Rahmen der Rechtsordnung insbesondere allgemeinwohlbezogen, zielorientiert, wirtschaftlich und sparsam, bürgerfreundlich, umweltgerecht, sozialverträglich und mitarbeiterbezogen zu erfüllen. Die Aufgabenerfüllung sowie die Verwaltungsorganisation sind mit dem Ziel des Abbaus, der Delegation, der Vereinfachung und der Beschleunigung stetig zu überprüfen und zu verbessern. Die Beschäftigten sind mit den Geschäftsordnungen des Betriebes und der Gemeinde in geeigneter Weise vertraut zu machen. Alle Mitarbeiter haben in ihrem Aufgabenbereich die Verantwortung für die Aufgabenerfüllung entsprechend den Gestaltungszielen. Sie wirken an der steten Verbesserung der Aufgabenerfüllung im o. g. Sinn mit.

Bürgerorientierte Verwaltung

Die Beschäftigten richten ihre Maßnahmen zur Gestaltung einer wirksamen bürgerfreundlichen und dienstleistungsorientierten Verwaltung an den Bedürfnissen der Bürger aus. Die Bürgerfreundlichkeit und Dienstleistungsorientierung des Betriebes ist stetig zu verbessern. Den Bürgern ist freundlich und mit Verständnis für ihre Belange zu begegnen. Ihnen sind soweit wie möglich Rat und Hilfe zu gewähren. Sie sind bei der Abgabe von Anträgen und Erklärungen zu unterstützen und über Zuständigkeiten, notwendige Unterlagen oder Möglichkeiten zur Gestaltung und Beschleunigung des Verfahrens zu informieren.

Das Verwaltungshandeln muss nachvollziehbar und unparteiisch sein. Auf sachbezogene Vorstellungen der Bürger ist bei der Ermessensausübung und bei der Ausfüllung unbestimmter Rechtsbegriffe besonders einzugehen. Der Entwässerungsbetrieb wirkt mit anderen Organisationseinheiten der Gemeinde so zusammen, dass für die Bürger ein möglichst geringer Aufwand durch persönliche Vorsprachen und Schriftverkehr entsteht. Für die Bürger sollen nur kurze Wartezeiten und möglichst wenig Anlaufstellen entstehen.

Die Aufgaben von Arbeitsplätzen in der Entwässerung sind im Anhang 1 zu finden.

6.11 Gesetze

5. BImSchV Fünfte Verordnung zur Durchführung des Bundes-Immissionsschutzgesetzes (Verordnung über Immissionsschutz- und Störfallbeauftragte – 5. BImSchV)
Ausfertigungsdatum: 30.07.1993

12. BImSchV Zwölfte Verordnung zur Durchführung des Bundes-Immissionsschutzgesetzes (Störfall-Verordnung – 12. BImSchV), Ausfertigungsdatum: 26.04.2000, Neugefasst durch Bek. v. 15.03.2017

AbfBeauftrV Verordnung über Betriebsbeauftragte für Abfall (Abfallbeauftragtenverordnung – AbfBeauftrV), Ausfertigungsdatum: 02.12.2016

AbwasserMeistPrV Verordnung über die Prüfung zum anerkannten Abschluss Geprüfter Abwassermeister/Geprüfte Abwassermeisterin, Ausfertigungsdatum: 23.02.2005

AbwV Verordnung über Anforderungen an das Einleiten von Abwasser in Gewässer (Abwasserverordnung – AbwV), Ausfertigungsdatum: 21.03.1997, Neugefasst durch Bek. v. 17.06.2004, Anhang 1 Häusliches und kommunales Abwasser

AO Abgabenordnung (AO)
Ausfertigungsdatum: 16.03.1976, Neugefasst durch Bek. v. 01.10.2002

ApBetrO Verordnung über den Betrieb von Apotheken (Apothekenbetriebsordnung – ApBetrO)
Ausfertigungsdatum: 09.02.1987, Neugefasst durch Bek. v. 26.09.1995

ArbSchG Gesetz über die Durchführung von Maßnahmen des Arbeitsschutzes zur Verbesserung der Sicherheit und des Gesundheitsschutzes der Beschäftigten bei der Arbeit (Arbeitsschutzgesetz – ArbSchG), Ausfertigungsdatum: 07.08.1996

ArbStättV Arbeitsstättenverordnung (ArbStättV), Verordnung über Arbeitsstätten (Arbeitsstättenverordnung ArbStättV), Ausfertigungsdatum: 12.08.2004

ArbZG Arbeitszeitgesetz (ArbZG), Ausfertigungsdatum: 06.06.1994

AtG Gesetz über die friedliche Verwendung der Kernenergie und den Schutz gegen ihre Gefahren (Atomgesetz – AtG), Ausfertigungsdatum: 23.12.1959, Neugefasst durch Bek. v. 15.07.1985

AusbEignV 2009 Ausbilder-Eignungsverordnung, Ausfertigungsdatum: 21.01.2009

AZV Verordnung über die Arbeitszeit der Beamtinnen und Beamten des Bundes (Arbeitszeitverordnung – AZV), Ausfertigungsdatum: 23.02.2006

AZVO (Nordrhein-Westfalen) Verordnung über die Arbeitszeit der Beamtinnen und Beamten im Lande Nordrhein-Westfalen (Arbeitszeitverordnung – AZVO) Verordnung über die Arbeitszeit der Beamtinnen und Beamten im Lande Nordrhein-Westfalen (Arbeitszeitverordnung – AZVO), Vom 4. Juli 2006

BauWiAusbV 1999 Verordnung über die Berufsausbildung in der Bauwirtschaft (BauWiAusbV)
Ausfertigungsdatum: 02.06.1999

BayAzV Verordnung über die Arbeitszeit für den bayerischen öffentlichen Dienst (Bayerische Arbeitszeitverordnung – BayAzV), Vom 25. Juli 1995

BayBeamtVG Bayerisches Beamtenversorgungsgesetz (BayBeamtVG), Vom 5. August 2010

BayBesG Bayerisches Besoldungsgesetz (BayBesG), Vom 5. August 2010

BayBG Bayerisches Beamtengesetz (BayBG), Vom 29. Juli 2008

BayBO Bayerische Bauordnung (BayBO)
in der Fassung der Bekanntmachung vom 14. August 2007

Bayerische Verfassung Verfassung des Freistaates Bayern
in der Fassung der Bekanntmachung vom 15. Dezember 1998

BayWG Bayerisches Wassergesetz, (BayWG), vom 25. Februar 2010

BayZulV Verordnung über die Gewährung von Zulagen (Bayerische Zulagenverordnung – BayZulV), Vom 16. November 2010

BBesG Bundesbesoldungsgesetz
Ausfertigungsdatum: 23.05.1975, Neugefasst durch Bek. v. 19.06.2009

BBG Bundesbeamtengesetz (BBG), Ausfertigungsdatum: 05.02.2009

BBiG Berufsbildungsgesetz (BBiG), Ausfertigungsdatum: 23.03.2005
Neugefasst durch Bek. v. 04.05.2020

BeamtStG Gesetz zur Regelung des Statusrechts der Beamtinnen und Beamten in den Ländern (Beamtenstatusgesetz – BeamtStG), Ausfertigungsdatum: 17.06.2008

BetrSichV Verordnung über Sicherheit und Gesundheitsschutz bei der Verwendung von Arbeitsmitteln (Betriebssicherheitsverordnung – BetrSichV), Ausfertigungsdatum: 03.02.2015

BetrVG Betriebsverfassungsgesetz (BetrVG), Ausfertigungsdatum: 15.01.1972
Neugefasst durch Bek. v. 25.09.2001

BGB Bürgerliches Gesetzbuch (BGB), Ausfertigungsdatum: 18.08.1896, Neugefasst durch Bek. v. 02.01.2002

BG-EWS Beitrags- und Gebührensatzungen (BG-EWS) der Gemeinde z. B.:
Muster einer Beitrags- und Gebührensatzung zur Entwässerungssatzung Bekanntmachung des Bayerischen Staatsministeriums des Innern vom 20. Mai 2008
Muster einer Beitrags- und Gebührensatzung zur Entwässerungssatzung (BGS-EWS), Bekanntmachung von Satzungsmustern des Thüringer Innenministeriums und Hinweisen zur Anwendung des Thüringer Kommunalabgabengesetzes, Thüringer Staatsanzeiger Nr. 12/2005

BImSchG Gesetz zum Schutz vor schädlichen Umwelteinwirkungen durch Luftverunreinigungen, Geräusche, Erschütterungen und ähnliche Vorgänge (Bundes-Immissionsschutzgesetz – BImSchG), Ausfertigungsdatum: 15.03.1974

BOStrab Verordnung über den Bau und Betrieb der Straßenbahnen (Straßenbahn-Bau- und Betriebsordnung – BOStrab), Ausfertigungsdatum: 11.12.1987

BRRG Rahmengesetz zur Vereinheitlichung des Beamtenrechts (Beamtenrechtsrahmengesetz – BRRG), Ausfertigungsdatum: 01.07.1957
Neugefasst durch Bek. v. 31.03.1999

Bundesrat Drucksache 477/16 Vom 24.08.2016, Verordnung der Bundesregierung, Zweite Verordnung zur Fortentwicklung der abfallrechtlichen Überwachung

BUrlG Mindesturlaubsgesetz für Arbeitnehmer (Bundesurlaubsgesetz)
Ausfertigungsdatum: 08.01.1963

ChemBioLackAusbV 2009 Verordnung über die Berufsausbildung im Laborbereich Chemie, Biologie und Lack Ausfertigungsdatum: 25.06.2009, Neugefasst durch Bek. v. 24.04.2020

DGUV Vorschrift 1 Unfallverhütungsvorschrift, Grundsätze der Prävention
(vormals BGV A1) November 2013, Herausgeber: DGUV

EfbV Verordnung über Entsorgungsfachbetriebe, technische Überwachungsorganisationen und Entsorgergemeinschaften (Entsorgungsfachbetriebeverordnung – EfbV)
Ausfertigungsdatum: 02.12.2016

ElekAusbV Verordnung über die Berufsausbildung zum Elektroniker und zur Elektronikerin (Elektronikerausbildungsverordnung – ElekAusbV), Ausfertigungsdatum: 30.03.2021

ElekMaschBBBiGAusbV Verordnung über die Berufsausbildung zum Elektroniker für Maschinen und Antriebstechnik nach dem Berufsbildungsgesetz und zur Elektronikerin für Maschinen und Antriebstechnik nach dem Berufsbildungsgesetz (Elektromaschinenbauerausbildungsverordnung BBiG – ElekMaschBBBiGAusbV)
Ausfertigungsdatum: 30.03.2021

EntgFG Gesetz über die Zahlung des Arbeitsentgelts an Feiertagen und im Krankheitsfall (Entgeltfortzahlungsgesetz), Ausfertigungsdatum: 26.05.1994

EzulV Verordnung über die Gewährung von Erschwerniszulagen (Erschwerniszulagenverordnung – EZulV), Ausfertigungsdatum: 26.04.1976
Neugefasst durch Bek. v. 03.12.1998

GG Grundgesetz für die Bundesrepublik Deutschland, Ausfertigungsdatum: 23.05.1949
Stand: Zuletzt geändert durch Art. 1 G v. 19.12.2022

GO Gemeindeordnung für den Freistaat Bayern, (Gemeindeordnung – GO)
in der Fassung der Bekanntmachung vom 22. August 1998

GO NRW Gemeindeordnung für das Land Nordrhein-Westfalen (GO NRW) in der Fassung der Bekanntmachung vom 14. Juli 1994

GWB Gesetz gegen Wettbewerbsbeschränkungen (GWB)
Ausfertigungsdatum: 26.08.1998, Neugefasst durch Bek. v. 26.06.2013

HwO Gesetz zur Ordnung des Handwerks (Handwerksordnung), Ausfertigungsdatum: 17.09.1953, Neugefasst durch Bek. v. 24.09.1998

IndElAusbV 2007 Verordnung über die Berufsausbildung in den industriellen Elektroberufen (IndElAusbV), Ausfertigungsdatum: 24.07.2007, Neugefasst durch Bek. v. 28.06.2018
IndMetAusbV 2007Verordnung über die Berufsausbildung in den industriellen Metallberufen
Ausfertigungsdatum: 23.07.2007, Neugefasst durch Bek. v. 28.06.2018

KommHV-Kameralistik, Bayern Verordnung über das Haushalts-, Kassen- und Rechnungswesen der Gemeinden, der Landkreise und der Bezirke nach den Grundsätzen der Kameralistik (Kommunalhaushaltsverordnung – Kameralistik – KommHV-Kameralistik)
Vom 3. Dezember 1976

KrWG Gesetz zur Förderung der Kreislaufwirtschaft und Sicherung der umweltverträglichen Bewirtschaftung von Abfällen (Kreislaufwirtschaftsgesetz – KrWG)
Ausfertigungsdatum: 24.02.2012

LBG NRW Gesetz über die Beamtinnen und Beamten des Landes Nordrhein-Westfalen (Landesbeamtengesetz – LBG NRW), Vom 14. Juni 2016

LlbG (Bayern) Gesetz über die Leistungslaufbahn und die Fachlaufbahnen der bayerischen Beamten und Beamtinnen (Leistungslaufbahngesetz – LlbG), Vom 5. August 2010

LWG NRW Wassergesetz für das Land Nordrhein-Westfalen (Landeswassergesetz – LWG –), Stand vom 15.08.2024

LWG R-P Landeswassergesetz (LWG) Rheinland-Pfalz
Vom 14. Juli 2015

LWG S-H Landeswassergesetz (LWG) Schleswig-Holstein, vom 13. November 2019
https://www.gesetze-rechtsprechung.sh.juris.de/perma?j=WasG_SH

MechatronikerAusbV Verordnung über die Berufsausbildung zum Mechatroniker und zur Mechatronikerin (Mechatroniker-Ausbildungsverordnung – MechatronikerAusbV)
Ausfertigungsdatum: 21.07.2011, Neugefasst durch Bek. v. 28.06.2018

MetallbAusbV 2008 Verordnung über die Berufsausbildung zum Metallbauer und zur Metallbauerin
Ausfertigungsdatum: 25.07.2008

Muster-EWS Bayern Muster für eine gemeindliche Entwässerungssatzung (Bayern)
Bekanntmachung des Bayerischen Staatsministeriums des Innern vom 6. März 2012

Muster-EWS NRW Muster einer Abwasserbeseitigungssatzung, (Entwässerungssatzung), NRW, Stand: 28.07.2021
Städte- und Gemeindebund Nordrhein-Westfalen

NachwG Gesetz über den Nachweis der für ein Arbeitsverhältnis geltenden wesentlichen Bedingungen (Nachweisgesetz – NachwG), Ausfertigungsdatum: 20.07.1995

OffshoreBergV Bergverordnung für das Gebiet der Küstengewässer und des Festlandsockels (Offshore-Bergverordnung – OffshoreBergV), Ausfertigungsdatum: 03.08.2016

OWiG Gesetz über Ordnungswidrigkeiten (OWiG),
Ausfertigungsdatum: 24.05.1968, Neugefasst durch Bek. v. 19.02.1987

Richtlinie 89/391/EWG des Rates vom 12. Juni 1989 über die Durchführung von Maßnahmen zur Verbesserung der Sicherheit und des Gesundheitsschutzes der Arbeitnehmer bei der Arbeit

Richtlinie 2012/18/EU des Europäischen Parlaments und des Rates vom 4. Juli 2012 zur Beherrschung der Gefahren schwerer Unfälle mit gefährlichen Stoffen, zur Änderung und anschließenden Aufhebung der Richtlinie 96/82/EG des Rates = Seveso III-Richtlinie

Richtlinie über die Eisenbahnsicherheit RICHTLINIE 2004/49/EG DES EUROPÄISCHEN PARLAMENTS UND DES RATES vom 29. April 2004 über Eisenbahnsicherheit in der Gemeinschaft und zur Änderung der Richtlinie 95/18/EG des Rates über die Erteilung von Genehmigungen an Eisenbahnunternehmen und der Richtlinie 2001/14/EG über die Zuweisung von Fahrwegkapazität der Eisenbahn, die Erhebung von Entgelten für die Nutzung von Eisenbahninfrastruktur und die Sicherheitsbescheinigung (Richtlinie über die Eisenbahnsicherheit)

SächsGemO Gemeindeordnung für den Freistaat Sachsen (Sächsische Gemeindeordnung –SächsGemO), Sächsische Gemeindeordnung in der Fassung der Bekanntmachung vom 9. März 2018

SeeBewachV Verordnung über die Zulassung von Bewachungsunternehmen auf Seeschiffen (Seeschiffbewachungsverordnung – SeeBewachV), Ausfertigungsdatum: 11.06.2013

SGB 4 Sozialgesetzbuch (SGB) Viertes Buch (IV) – Gemeinsame Vorschriften für die Sozialversicherung – (Artikel I des Gesetzes vom 23. Dezember 1976, BGBl. I S. 3845), Ausfertigungsdatum: 23.12.1976, Neugefasst durch Bek. v. 12.11.2009

SGB 5 Sozialgesetzbuch (SGB) Fünftes Buch (V) – Gesetzliche Krankenversicherung – (Artikel 1 des Gesetzes v. 20. Dezember 1988, BGBl. I S. 2477)
Ausfertigungsdatum: 20.12.1988

StGB Strafgesetzbuch (StGB)
Ausfertigungsdatum: 15.05.1871, in der Fassung der Bekanntmachung vom 13. November 1998

SüwVO Abw (NRW) Verordnung zur Selbstüberwachung von Abwasseranlagen (des Landes NRW) – Selbstüberwachungsverordnung Abwasser – SüwVO Abw, Vom 17. Oktober 2013

TVG Tarifvertragsgesetz (TVG), Ausfertigungsdatum: 09.04.1949
Neugefasst durch Bek. v. 25.08.1969

UmwAusbV Verordnung über die Berufsausbildung in den umwelttechnischen Berufen (UmwAusbV) wurde ersetzt durch
Verordnung zur Neuordnung der Ausbildung in den umwelttechnischen Berufen
Vom 20. Dezember 2023:
Verordnung über die Berufsausbildung zum Umwelttechnologen für Abwasserbewirtschaftung und zur Umwelttechnologin für Abwasserbewirtschaftung (Abwasserbewirtschaftungsumwelttechnologen-Ausbildungsverordnung – AbwUTechAusbV)
Verordnung über die Berufsausbildung zum Umwelttechnologen für Rohrleitungsnetze und Industrieanlagen und zur Umwelttechnologin für Rohrleitungsnetze und Industrieanlagen (Rohrleitungsnetz- und Industrieanlagenumwelttechnologen-Ausbildungsverordnung – RohrIndUTechAusbV)

Verordnung (EG) Nr. 1221/2009 des Europäischen Parlaments und des Rates vom 25. November 2009 über die freiwillige Teilnahme von Organisationen an einem Gemeinschaftssystem für Umweltmanagement und Umweltbetriebsprüfung und zur Aufhebung der Verordnung (EG) Nr. 761/2001, sowie der Beschlüsse der Kommission 2001/681/EG und 2006/193/EG (EMAS)

Verordnung (EG) Nr. 2042/2003 der Kommission vom 20. November 2003 über die Aufrechterhaltung der Lufttüchtigkeit von Luftfahrzeugen und luftfahrttechnischen Erzeugnissen, Teilen und Ausrüstungen und die Erteilung von Genehmigungen für Organisationen und Personen, die diese Tätigkeiten ausführen

Verordnung (EU) Nr. 965/2012 der Kommission vom 5. Oktober 2012 zur Festlegung technischer Vorschriften und von Verwaltungsverfahren in Bezug auf den Flugbetrieb gemäß der Verordnung (EG) Nr. 216/2008 des Europäischen Parlaments und des Rates

VgV Verordnung über die Vergabe öffentlicher Aufträge (Vergabeverordnung – VgV) Ausfertigungsdatum: 12.04.2016

WHG Gesetz zur Ordnung des Wasserhaushalts, (Wasserhaushaltsgesetz – WHG) vom 31.07.2009

6.12 Literatur

Aktuelle normierte Managementsysteme, Qualitäts-, Umwelt-, Energie-, Arbeitsschutz-, Risiko- und Nachhaltigkeitsmanagement
Ein Überblick für kleinere und mittlere Unternehmen, Bayerisches Staatsministerium für Wirtschaft und Medien, Energie und Technologie, September 2015
https://www.qmrw.de/download/STMWI_2015_Managementsysteme.pdf
Letzter Zugriff 20.09.2024

Aufgabengliederungsplan der Stadt Gelsenkirchen, Stand: 31.12.2023 https://www.gelsenkirchen.de/de/rathaus/politik_und_verwaltung/vorstandsbereiche_und_dienststellen/_doc/aufgabengliederungsplan.pdf
Letzter Zugriff 20.09.2024

Aufgabengliederungsplan, Stadtentwässerung Frankfurt am Main
https://www.stadtentwaesserung-frankfurt.de/ueber-uns/unsereaufgaben/aufgabengliede rungsplan.html
Letzter Zugriff 20.09.2024

Ausbildung & Beruf, Rechte und Pflichten während der Berufsausbildung, Bundesministerium für Bildung und Forschung, Datum 06/2024
https://www.bmbf.de/SharedDocs/Publikationen/de/bmbf/3/29340_Ausbildung_und_Beruf.html
Letzter Zugriff 20.09.2024

BAG, Urteil vom 08.06.2005 – Aktenzeichen 4 AZR 406/04
https://datenbank.nwb.de/Dokument/207638/
Letzter Zugriff 31.03.2023

Bayerisches Staatsministerium der Finanzen und für Heimat, Beamtinnen und Beamte
http://www.stmfh.bayern.de/oeffentlicher_dienst/arbeitsplatz_oe_dienst/
Letzter Zugriff 29.03.2023

Bayerisches Staatsministerium für Wirtschaft und Medien, Energie und Technologie
„Aktuelle normierte Managementsysteme", September 2015

Bekanntmachung der Bayerischen Staatsregierung vom 2. Juli 2007
Leitlinien zur Führung und Zusammenarbeit in der Bayerischen Staatsverwaltung
https://www.gesetze-bayern.de/Content/Document/BayVwV96488
Letzter Zugriff 30.03.2023

Bekanntmachung des Bayerischen Staatsministeriums für Bildung und Kultus, Wissenschaft und Kunst, Führungskräftestandards in der bayerischen Staatsverwaltung (FKSBayStV)
https://www.gesetze-bayern.de/Content/Document/BayVwV291875/true
Letzter Zugriff 30.03.2023

Bereitstellung von Metadaten zu INSPIRE-relevanten Geodatensätzen durch Ver- und Entsorgungsunternehmen – Handlungsempfehlung –, Bundesministerium des Innern, Bundesamt für Bevölkerungsschutz und Katastrophenhilfe, und weitere andere Stellen
https://www.vde.com/resource/blob/1112466/81ba866b1453199071b300e5cff6f7a1/handlungs empfehlung-inspire-data.pdf
Letzter Zugriff 20.09.2024

Berufsgenossenschaft für Gesundheitsdienst und Wohlfahrtspflege
Erläuterung zur Übertragung von Unternehmerpflichten
https://www.bgw-online.de/SharedDocs/Downloads/DE/Arbeitssicherheit_und_Gesund heitsschutz/Gesund-und-sicher-Arbeiten/Sichere-Seiten-Arbeitshilfen/Erlaeuterung-zur-Uebertragung-von-Unternehmerpflichten.pdf?__blob=publicationFile
Letzter Zugriff 30.03.2023

Berufsgenossenschaft Holz und Metall, Elektrische Anlagen und Betriebsmittel, mit Durchführungsanweisungen
https://www.bghm.de/fileadmin/user_upload/Arbeitsschuetzer/Gesetze_Vorschriften/Vor schriften/DGUV-Vorschrift-3.pdf
Letzter Zugriff 31.03.2023

Bundesarbeitsgericht, Urteil vom 14.11.2012, Az.: 5 AZR 886/11
https://www.bundesarbeitsgericht.de/wp-content/uploads/2021/01/5-AZR-886-11.pdf

Bundesinstitut für Berufsbildung, Report 1/2020
file:///C:/Users/49176/Downloads/5ed8c0d848d58_BIBB-Report_01_2020_barrierefrei.pdf
Letzter Zugriff 31.03.2023

Bundesministerium des Innern und für Heimat
Beamtenrecht allgemein
https://www.bmi.bund.de/DE/themen/oeffentlicher-dienst/beamtinnen-und-beamte/beamtinnen-und-beamte-node.html
Letzter Zugriff 05.01.2024

Bundesministerium des Innern und für Heimat, Beamtinnen und Beamte
https://www.bmi.bund.de/DE/themen/oeffentlicher-dienst/beamtinnen-und-beamte/beamtinnen-und-beamte-node.html;jsessionid=B169E3DF88534E52BA9078AE0E77DA28.live882
Letzter Zugriff 05.01.2024

Bundesministerium des Innern und für Heimat, Lexikon, Tarifbeschäftigte
https://www.bmi.bund.de/DE/service/lexikon/functions/bmi-lexikon.html?cms_lv3=9398364&cms_lv2=9391128
Letzter Zugriff 29.03.2023

Bundesministerium des Innern, für Bau und Heimat, Öffentlicher Dienst
https://www.bmi.bund.de/DE/themen/oeffentlicher-dienst/tvoed/tvoed-node.html
Letzter Zugriff 01.12.2021

Bundesrat Drucksache 477/16 vom 24.08.2016

Bundesverwaltungsamt
Handbuch für Organisationsuntersuchungen und Personalbedarfsermittlung (Stand: Februar 2018)
Das Handbuch gab es bis August 2021.
Leitfaden zur Personalbedarfsermittlung (neu)
Bundesministerium des Innern/Bundesverwaltungsamt,
https://toolbox.koinno-bmwi.de/api/tool-resource/5d36f354ba03e90dc27459ca/Handbuch.pdf
letzter Zugriff 05.01.2024

BVerwG 1 D 15.05, Urteil v. 10.01.2007

DESTATIS, Beschäftigte nach Art des Dienst- oder Arbeitsvertragsverhältnisses, 30. Juni 2021
https://www.destatis.de/DE/Themen/Staat/Oeffentlicher-Dienst/Tabellen/beschaeftigungsbereiche.html
Letzter Zugriff 29.03.2023

DGUV Grundsatz 311-002, Arbeitsschutzmanagementsysteme – Managementsysteme für Sicherheit und Gesundheit bei der Arbeit
Deutsche Gesetzliche Unfallversicherung e. V. (DGUV), April 2022
https://publikationen.dguv.de/widgets/pdf/download/article/2902
Letzter Zugriff 20.09.2024

DGUV Information 203-05, Sicherheit und Gesundheitsschutz im Abwasserbereich
Ausgabedatum 2010.01
https://publikationen.dguv.de/regelwerk/dguv-informationen/864/sicherheit-und-gesundheitsschutz-im-abwasserbereich
Letzter Zugriff 20.09.2024

DGUV Information 205-003, Aufgaben, Qualifikation, Ausbildung und Bestellung von Brandschutzbeauftragten, Deutsche Gesetzliche Unfallversicherung e. V. (DGUV), Dezember 2020

DGUV Information 211-025
Organisation des Arbeitsschutzes, Städte und Gemeinden, Informationen für Bürgermeister und Amtsleiter, 2001

DGUV Information 211-030, Arbeitsschutzmanagement – Mit System sicher zum Erfolg, Informationen für Unternehmer, Deutsche Gesetzliche Unfallversicherung e. V. (DGUV), Mai 2014
https://www.bgetem.de/redaktion/arbeitssicherheit-gesundheitsschutz/dokumente-und-dateien/ams/arbeitsschutz-mit-system-sicher-zum-erfolg
Letzter Zugriff 20.09.2024

DGUV Regel 100-001, Grundsätze der Prävention
(BGI 508, Übertragung von Unternehmerpflichten (Mai 2005), alt)
Deutsche Gesetzliche Unfallversicherung e. V. (DGUV), Mai 2014
https://publikationen.dguv.de/regelwerk/dguv-regeln/2942/grundsaetze-der-praevention
Letzter Zugriff 20.09.2024

DGUV, DGUV Regel 100-001, Grundsätze der Prävention, Mai 2014
https://publikationen.dguv.de/widgets/pdf/download/article/2942
Letzter Zugriff 30.03.2023

Die Bundesregierung, Gemeinsame Geschäftsordnung der Bundesministerien GGO, Stand 22. Januar 2020
https://www.verwaltungsvorschriften-im-internet.de/bsvwvbund_21072009_O11313012.htm
Letzter Zugriff 31.03.2023

Fachkraft für Abwassertechnik, Umwelttechnische Berufe (UT-Berufe) Band 2, wurde ersetzt durch
Umwelttechnologe/-technologin für Abwasserbewirtschaftung
Umwelttechnologe/-technologin für Rohrleitungsnetze und Industrieanlagen
Bundesinstitut für Berufsbildung 03.01.2024
https://www.bibb.de/de/183382.php
Letzter Zugriff 20.09.2024

Führungskräftestandards in der bayerischen Staatsverwaltung (FKSBayStV), Bekanntmachung des Bayerischen Staatsministeriums für Bildung und Kultus, Wissenschaft und Kunst vom 9. Oktober 2014 Az.: II.5-5O1100-1b.76 251
https://www.gesetze-bayern.de/Content/Document/BayVwV291875/true
Letzter Zugriff 20.09.2024

Führungsrichtlinien für die Behörden und Dienststellen der Bayerischen Staatsforstverwaltung (FüR), Bekanntmachung des Bayerischen Staatsministeriums für Landwirtschaft und Forsten vom 21. Mai 1999, Az. V 6-OD 400-65
https://www.gesetze-bayern.de/Content/Document/BayVwV97408/true
Letzter Zugriff 20.09.2024

Gem. Geschäftsordnung für die Ministerien des Landes Brandenburg (GGO), § 5,
https://bravors.brandenburg.de/verwaltungsvorschriften/ggo2016#anl
Letzter Zugriff 31.03.2023

Gem. Geschäftsordnung für die Ministerien des Landes Nordrhein-Westfalen, § 3
https://recht.nrw.de/lmi/owa/br_vbl_detail_text?anw_nr=7&vd_id=14799&sg=0
Letzter Zugriff 31.03.2023

Gemeinsame Deutschen Arbeitsschutzstrategie (GDA)
https://www.gda-portal.de/DE/GDA
Letzter Zugriff 20.09.2024

Gemeinsame Geschäftsordnung der Bundesministerien – GGO
trat am 01. September 2000 in Kraft,
die letzte Änderung erfolgte durch Beschluss der Bundesregierung am 01. Juni 2024
https://www.bmi.bund.de/DE/themen/moderne-verwaltung/verwaltungsmodernisierung/geschaeftsordnung-bundesministerien/geschaeftsordnung-bundesministerien-node.html
Letzter Zugriff 20.09.2024

Gemeinsamer Bundesausschuss, Arbeitsunfähigkeits-Richtlinie
https://www.g-ba.de/richtlinien/2/
Letzter Zugriff 29.03.2023

Geschäftsordnung für die Finanzämter mit ergänzenden Bestimmungen (FAGOBek), Bekanntmachung des Bayerischen Staatsministeriums der Finanzen vom 10. Februar 2011, Az. 35 – O 2120 – 002 – 801/11
https://www.gesetze-bayern.de/Content/Document/BayVwV247814
Letzter Zugriff 13.08.2024

GUV – X 99951 und GUV – X 99952, Organisation und integrierter Arbeitsschutz, Wegweiser zu einem Handbuch für Gemeinden, Bayerischer Gemeindeunfallversicherungsverband, Ausgabe Dezember 2005
https://kuvb.de/medien/druckschriften-broschueren/eigene-broschueren/
Letzter Zugriff 20.09.2024

GUV-I 8631 „Organisation des Arbeitsschutzes, Grundlagen zur Integration des Arbeitsschutzes in die Organisation“, Ausgabe Oktober 2005, vermutlich aus dem Verkehr gezogen

GUV-I 8631, Organisation des Arbeitsschutzes, Grundlagen zur Integration des Arbeitsschutzes in die Organisation, Gesetzliche Unfallversicherung
Ausgabe Oktober 2005

GUV-I 8755, Beurteilung von Gefährdungen und Belastungen am Arbeitsplatz in der Abwasserentsorgung, Gefährdungs- und Belastungs-Katalog, Bundesverband der Unfallkassen, München, Ausgabe April 2007
https://www.uv-bund-bahn.de/fileadmin/Dokumente/Mediathek/203-063.pdf
Letzter Zugriff 20.09.2024

Handbuch für Organisationsuntersuchungen und Personalbedarfsermittlung, 2018
Bundesministerium des Innern und für Heimat/Bundesverwaltungsamt (Hrsg.)
https://www.orghandbuch.de/Webs/OHB/DE/Organisationshandbuch/start.html
Letzter Zugriff 20.09.2024

Industrielle Elektroberufe Mechatroniker/Mechatronikerin,
Bundesinstitut für Berufsbildung 2018
https://www.bibb.de/dienst/publikationen/de/9355
Letzter Zugriff 20.09.2024

Industrielle Metallberufe,
Bundesinstitut für Berufsbildung 2018 https://www.bibb.de/dienst/publikationen/de/9358
Letzter Zugriff 20.09.2024

Kommunaler Produktplan Baden-Württemberg, Herausgeber: Ministerium für Inneres, Digitalisierung und Migration des Landes Baden-Württemberg,
4., überarbeitete Fassung, Stand: 30.06.2017

Kommunaler Produktplan Baden-Württemberg, Stand 01.05.2020
Innenministerium Baden-Württemberg
https://im.baden-wuerttemberg.de/fileadmin/redaktion/m-im/intern/dateien/pdf/20200501_Produktplan_BW.pdf
Letzter Zugriff 20.09.2024

KommunalForum.de, E 8 TVöD
https://www.kommunalforum.de/e_8_tvoed.php
Letzter Zugriff 29.03.2023

KommunalForum.de, E 9a TVöD
https://www.kommunalforum.de/e_9_a_tvoed.php
Letzter Zugriff 29.03.2023

Kommunalrecht, Prof. Dr. Otfried Seewald, Universität Passau, uni.skript.passau, 2006
https://www.jura.uni-passau.de/fileadmin/dokumente/fakultaeten/jura/lehrstuehle/dederer/skript_kommunalrecht_06_seewald.pdf
Letzter Zugriff 20.09.2024

LAG Hessen, Beschluss vom 23.08.2012 – 5 TaBV 48/12
https://openjur.de/u/612547.html
Letzter Zugriff 31.03.2023

LAG Köln, Urteil vom 10.12.1998 – 6 Sa 1131/98ArbG Köln03.07.19982 Ca 9497/97

Länderausschuss für Arbeitsschutz und Sicherheitstechnik (LASI);
LASI-Veröffentlichung 58, Beratung der Länder zu und Umgang der Länder mit Arbeitsschutzmanagementsystemen
https://lasi-info.com/publikationen/lasi-veroeffentlichungen/
Letzter Zugriff 20.09.2024

Landessozialgericht Bayern, Urteil vom 24.07.2012 – L 6 R 1021/10
https://openjur.de/u/498987.html

LASI-Veröffentlichung 54, Grundsätze der behördlichen Systemkontrolle
Leitfaden für Arbeitsschutzmanagementsysteme, Bundesministerium für Wirtschaft und Arbeit (BMWA)
https://lasi-info.com/publikationen/lasi-veroeffentlichungen?tx_ikanoslasipublications_publications%5Baction%5D=show&tx_ikanoslasipublications_publications%5Bcontroller%5D=Publication&tx_ikanoslasipublications_publications%5Bpublication%5D=30&cHash=ca806cdc7b7342cbecea328c03b9c988
Letzter Zugriff 20.09.2024

Leitlinienpapier zur Neuordnung des Vorschriften- und Regelwerks im Arbeitsschutz, Bundesministerium für Arbeit und Soziales, Deutsche Gesetzliche Unfallversicherung e. V., Berlin 31. August 2011
file:///C:/Users/49176/Downloads/Leitlinien-Vorschriften_Regelwerk.pdf
Letzter Zugriff 20.09.2024

Neufassung der Geschäftsordnung für die Finanzämter (FAGO 2010)
Obersten Finanzbehörden der Länder v. 16.11.2010 BStBl 2010 I S. 1315
https://datenbank.nwb.de/Dokument/383856/
Letzter Zugriff 20.09.2024

Occupational Health and Risk Managementsystem (OHRIS), Bayerisches Landesamt für Gesundheit und Lebensmittelsicherheit (LGL)
https://www.lgl.bayern.de/arbeitsschutz/managementsysteme/ohris/index.htm
Letzter Zugriff 20.09.2024

Organisationsmodell für Gemeinden mit 5000 bis 10.000 Einwohnern, Sächsischer Rechnungshof, Okt. 2005

Organisationsmodelle und Musterstellenpläne für kreisangehörige Kommunen,
Bayerischer Kommunaler Prüfungsverband – Geschäftsbericht 2016
https://www.bkpv.de/fileadmin/redaktion/Geschaeftsberichte/2016/Organisationsmodelle_und_Musterstellenplaene_fuer_kreisangehoerige_Kommunen.pdf
Letzter Zugriff 20.09.2024

Organisationsplan für das Bayerische Landessozialgericht, Vom 18.09.2001
Bekanntmachung des Bayerischen Staatsministeriums für Arbeit und Sozialordnung, Familie und Frauen vom 18. September 2001 Az.: P 1/1042-12/4/01
https://beck-online.beck.de/Dokument?vpath=bibdata%2Fges%2Fbayvwv97178%2Fcont%2Fbayvwv97178.htm&anchor=Y-100-G-BAYVWV97178
Letzter Zugriff 20.09.2024

So funktioniert die Gemeinde, Landeszentrale für politische Bildung Baden-Württemberg, 2014

Stellenbeschreibungs-Richtlinien für die Behörden und Dienststellen der Bayerischen Staatsforstverwaltung (StBR) vom 29. August 1996, Bekanntmachung des Bayerischen Staatsministeriums für Ernährung, Landwirtschaft und Forsten
vom 29. August 1996 Az.: V 6-OD 500-17
https://beck-online.beck.de/Dokument?vpath=bibdata%2Fges%2Fbayvwv97407%2Fcont%2Fbayvwv97407.htm&anchor=Y-100-G-BAYVWV97407
Letzter Zugriff 20.09.2024

Tarifgemeinschaft deutscher Länder (TdL), Aufgaben der Tarifgemeinschaft deutscher Länder
https://www.tdl-online.de/aufgaben.html
Letzter Zugriff 29.03.2023

TVöD
Tarifvertrag für den öffentlichen Dienst (TVöD), Durchgeschriebene Fassungen – Stand: 1. August 2023, Vereinigung der kommunalen Arbeitgeberverbände (VKA), Leipziger Straße 51, 10117 Berlin
https://www.vka.de/tarifvertraege-und-richtlinien/tarifvertraege/tvoed
Letzter Zugriff 16.09.2024

Vereinigung der kommunalen Arbeitgeberverbände (VKA), Die VKA
https://www.vka.de/verband
Letzter Zugriff 29.03.2023

Vereinigung der kommunalen Arbeitgeberverbände, Die Aufgaben der VKA)
https://www.vka.de/verband/unser-verband/aufgaben-der-vka
Letzter Zugriff 29.03.2023

Verwaltungsgliederungsplan, Magistrat der Stadt Bremerhaven, Magistratskanzlei, Stand: 06/2013

Verzeichnis der anerkannten Ausbildungsberufe 2019,
wurde ersetzt durch Verzeichnis der anerkannten Ausbildungsberufe 2024
Bundesinstitut für Berufsbildung, Bonn
https://www.bibb.de/dienst/publikationen/de/19757
Letzter Zugriff 20.09.2024

„Verzeichnis der außergewöhnlichen Arbeiten“ (zu § 5 TVöD-NRW Teil A), Landesbezirklicher Tarifvertrag vom 19. Dezember 2006 zum TVöD im Bereich des KAV NW (TVöD-NRW) i. d. F. des 13. Änderungs-TV vom 16. Dezember 2020, Anhang zu Teil A § 5
https://www.kav-nw.de/de/Downloads/Downloads/2020-TVoeD-NRW-idF-13-AeTV-vom-16-12-2020-komplett.pdf
Letzter Zugriff 20.09.2024

Wikipedia, Geschäftsprozess
https://de.wikipedia.org/wiki/Gesch%C3%A4ftsprozess
Letzter Zugriff 29.03.2023

Wikipedia, Managementsystem, Allgemeines
https://de.wikipedia.org/wiki/Managementsystem
Letzter Zugriff: 05.01.2024

Gesundheitsschutz bei der Arbeit 7

Jeder Entwässerungsbetrieb beschäftigt mehr oder weniger Personal. Somit sind automatisch auch die umfangreichen Regeln zum Arbeits- u. Gesundheitsschutz zu beachten!

7.1 Vorschriften- und Regelwerk im Arbeitsschutz

„In Deutschland haben der Staat, d. h. der Bund und die Länder, und die Unfallversicherungsträger die Aufgabe, Arbeitsunfälle, Berufskrankheiten und arbeitsbedingte Gesundheitsgefahren zu verhüten. Hierzu können beide Akteure – Bund und Länder als auch die Unfallversicherungsträger – im Rahmen ihrer jeweiligen Präventionsaufträge Vorschriften- und Regeln erlassen. So hat sich im Laufe der Jahre ein umfangreiches und komplexes Regelungsgefüge entwickelt. Neben Gesetzen, Verordnungen und staatlichen Regeln gibt es Unfallverhütungsvorschriften, UVT-Regeln, BG-Grundsätze, BG-Informationen, BG-Merkblätter“ (Gemeinsame Deutsche Arbeitsschutzstrategie, *Das Leitlinienpapier kompakt*).

7.1.1 Staatliche Gesetze, Verordnungen und Regeln zum Arbeitsschutz

7.1.1.1 Gesetze

Das „Gesetz über die Durchführung von Maßnahmen des Arbeitsschutzes zur Verbesserung der Sicherheit und des Gesundheitsschutzes der Beschäftigten bei der Arbeit“, kurz das „Arbeitsschutzgesetz – ArbSchG“, dient dazu, Sicherheit und Gesundheitsschutz der Beschäftigten bei der Arbeit durch Maßnahmen des Arbeitsschutzes zu sichern und zu verbessern. Es gilt in allen Tätigkeitsbereichen. Pflichten, die die Arbeitgeber zur Ge-

A. Jessen, *Kommunaler Entwässerungsbetrieb*,
https://doi.org/10.1007/978-3-658-50966-8_7

währleistung von Sicherheit und Gesundheitsschutz der Beschäftigten bei der Arbeit nach sonstigen Rechtsvorschriften haben, bleiben unberührt.

Diese *sonstigen Rechtsvorschriften* im Sinne dieses Gesetzes sind Regelungen über Maßnahmen des Arbeitsschutzes in anderen Gesetzen, in Rechtsverordnungen und Unfallverhütungsvorschriften.

Mit dem ArbSchG nicht zu verwechseln ist das „Gesetzes über Betriebsärzte, Sicherheitsingenieure und andere Fachkräfte für Arbeitssicherheit", – kurz „Arbeitssicherheitsgesetz (ASiG)". Danach hat der Arbeitgeber *Betriebsärzte und Fachkräfte für Arbeitssicherheit* zu bestellen. Diese sollen ihn beim Arbeitsschutz und bei der Unfallverhütung unterstützen; so soll u. a. erreicht werden, dass die dem Arbeitsschutz und der Unfallverhütung dienenden Maßnahmen einen möglichst hohen Wirkungsgrad erreichen.

7.1.1.2 Verordnungen

Die Bundesregierung wird durch das ArbSchG ermächtigt, durch *Rechtsverordnungen* vorzuschreiben, welche Maßnahmen der Arbeitgeber und die sonstigen verantwortlichen Personen zu treffen haben und wie sich die Beschäftigten zu verhalten haben, um ihre jeweiligen Pflichten, die sich aus diesem Gesetz ergeben, zu erfüllen (ArbSchG § 18).

Die mindestens teilweise *hier relevanten Verordnungen* sind:

- Arbeitsstättenverordnung (ArbStättV)
- Baustellenverordnung (BaustellV)
- Betriebssicherheitsverordnung (BetrSichV)
- Biostoffverordnung (BioStoffV)
- Gefahrstoffverordnung (GefStoffV)
- Lärm- und Vibrations-Arbeitsschutzverordnung (LärmVibrationsArbSchV)
- Lastenhandhabungsverordnung (LasthandhabV)
- PSA-Benutzungsverordnung (PSA-BV)
- Verordnung zur arbeitsmedizinischen Vorsorge (ArbMedVV)
- Verordnung zum Schutz der Beschäftigten vor Gefährdungen durch elektromagnetische Felder (EMFV)

Zielsetzungen und Anwendungsbereiche verschiedener Verordnungen

Durch die verschiedenen o. g. Rechtsverordnungen werden vorgeschrieben:

- , Maßnahmen der Arbeitgeber und der sonstigen verantwortlichen Personen
- Verhaltensregeln der Beschäftigten zu

Die Arbeitsstättenverordnung (ArbStättV) dient der Sicherheit und dem Schutz der Gesundheit der Beschäftigten beim Einrichten und Betreiben von *Arbeitsstätten.*

Die Betriebssicherheitsverordnung (BetrSichV) gilt für die Verwendung von *Arbeitsmitteln.* Ziel dieser Verordnung ist es, die Sicherheit und den Schutz der Gesundheit von

Beschäftigten bei der Verwendung von Arbeitsmitteln zu gewährleisten. Dies soll insbesondere erreicht werden durch

- die Auswahl geeigneter Arbeitsmittel und deren sichere Verwendung,
- die für den vorgesehenen Verwendungszweck geeignete Gestaltung von Arbeits- und Fertigungsverfahren sowie
- die Qualifikation und Unterweisung der Beschäftigten (BetrSichV § 1).

Die Gefahrstoff-Verordnung (GefStoffV) hat das Ziel den Menschen und die Umwelt vor stoffbedingten Schädigungen zu schützen u. a. durch

- Regelungen zur Einstufung, Kennzeichnung und Verpackung gefährlicher Stoffe und Gemische,
- Maßnahmen zum Schutz der Beschäftigten und anderer Personen bei Tätigkeiten mit Gefahrstoffen und
- Beschränkungen für das Verwenden bestimmter gefährlicher Stoffe, Gemische und Erzeugnisse.

Gemeint sind alle Tätigkeiten, bei denen Beschäftigte oder andere Personen Gefährdungen ihrer Gesundheit und Sicherheit durch Stoffe, Gemische oder Erzeugnisse ausgesetzt sein können; auch solche Tätigkeiten, die im Zusammenhang mit der Beförderung von Stoffen, Gemischen und Erzeugnissen ausgeübt werden (GefStoffV § 1).

Die Biostoffverordnung (BioStoffV) gilt für Tätigkeiten mit Biologischen Arbeitsstoffen (Biostoffen). Sie regelt Maßnahmen zum Schutz von Sicherheit und Gesundheit der Beschäftigten vor Gefährdungen durch diese Tätigkeiten. Sie regelt zugleich auch Maßnahmen zum Schutz anderer Personen, soweit diese aufgrund des Verwendens von Biostoffen durch Beschäftigte oder durch Unternehmer ohne Beschäftigte gefährdet werden können (BioStoffV § 1).

Die PSA-Benutzungsverordnung (PSA-BV; Verordnung über Sicherheit und Gesundheitsschutz bei der Benutzung persönlicher Schutzausrüstungen bei der Arbeit) gilt für die Bereitstellung persönlicher Schutzausrüstungen durch Arbeitgeber sowie für die Benutzung jeglicher Ausrüstung, welche von den Beschäftigten benutzt oder getragen wird, um sich vor akuten Verletzungen und auf Dauer vor Berufskrankheiten zu schützen (PSA-BV § 1).

Die Lärm- und Vibrations-Arbeitsschutzverordnung (LärmVibrationsArbSchV) gilt zum Schutz der Beschäftigten vor tatsächlichen oder möglichen Gefährdungen ihrer Gesundheit und Sicherheit durch Lärm oder Vibrationen bei der Arbeit (LärmVibrationsArbSchV § 1).

Die Lastenhandhabungsverordnung (LasthandhabV; Verordnung über Sicherheit und Gesundheitsschutz bei der manuellen Handhabung von Lasten bei der Arbeit) gilt für die manuelle Handhabung von Lasten, die aufgrund ihrer Merkmale oder ungünstiger ergonomischer Bedingungen für die Beschäftigten eine Gefährdung für Sicherheit und Gesundheit, insbesondere der Lendenwirbelsäule, mit sich bringt (LasthandhabV § 1).

7.1.1.3 Regeln entsprechend dem Stand der Technik, Arbeitsmedizin und Hygiene

Durch Rechtsverordnungen wurde auch bestimmt, dass verschiedene Ausschüsse gebildet wurden, die die Aufgabe haben, *„dem Stand der Technik, Arbeitsmedizin und Hygiene entsprechende Regeln"* und sonstige gesicherte arbeitswissenschaftliche Erkenntnisse zu ermitteln sowie Regeln zu ermitteln, wie die in den Rechtsverordnungen gestellten Anforderungen erfüllt werden können (ArbSchg § 18 Abs 2).

- Das Bundesministerium für Arbeit und Soziales macht diese Regeln und Erkenntnisse amtlich bekannt:
- Arbeitsmedizinische Regeln (AMR)
- Technische Regeln für Arbeitsstätten (ASR)
- Regeln zum Arbeitsschutz auf Baustellen (RAB)
- Technische Regeln für Betriebssicherheit (TRBS)
- Technische Regeln für Biologische Arbeitsstoffe (TRBA)
- Technische Regeln für Gefahrstoffe (TRGS)
- Technische Regeln zur Lärm- und Vibrations-Arbeitsschutzverordnung (TRLV)
- Technische Regeln zur Arbeitsschutzverordnung zu künstlicher optischer Strahlung (TROS)
- Technische Regeln zur Arbeitsschutzverordnung zu elektromagnetischen Feldern (TREMF)

Hinweis
Die Bundesanstalt für Arbeitsschutz und Arbeitsmedizin hat den aktuellen Stand der Gemeinsamen Arbeitsschutzregeln veröffentlicht:
https://www.baua.de/DE/Angebote/Rechtstexte-und-Technische-Regeln/Technischer-Arbeitsschutz/Technischer-Arbeitsschutz_node.html

7.1.2 Autonomes Recht der Unfallversicherungsträger

Im Siebten Buch des Sozialgesetzbuches (SGB VII) werden die Aufgaben der Gesetzlichen Unfallversicherung beschrieben: Die Unfallversicherungsträger haben mit allen geeigneten Mitteln für die Verhütung von Arbeitsunfällen, Berufskrankheiten und arbeitsbedingten Gesundheitsgefahren und für eine wirksame Erste Hilfe zu sorgen. Sie sollen dabei auch den Ursachen von arbeitsbedingten Gefahren für Leben und Gesundheit nachgehen (SGB VII § 14). Soweit dies zur Prävention geeignet und erforderlich ist und staatliche Arbeitsschutzvorschriften hierüber keine Regelung treffen, können die Unfallversicherungsträger unter Mitwirkung der Deutschen Gesetzlichen Unfallversicherung e. V. als autonomes Recht Unfallverhütungsvorschriften über Maßnahmen zur Verhütung von Arbeitsunfällen, Berufskrankheiten und arbeitsbedingten Gesundheitsgefahren oder für eine wirksame Erste Hilfe erlassen (SGB VII § 15).

7.1.2.1 Unfallversicherungsträger

Träger der gesetzlichen Unfallversicherung (Unfallversicherungsträger) sind u. a.

- *die Gemeindeunfallversicherungsverbände und Unfallkassen der Gemeinden,*
- *die gemeinsamen Unfallkassen für den Landes- und den kommunalen Bereich.*
- die neun gewerblichen Berufsgenossenschaften
  - BG Rohstoffe und chemische Industrie,
  - BG Holz und Metall,
  - BG Energie Textil Elektro Medienerzeugnisse,
  - BG Nahrungsmittel und Gastgewerbe,
  - Berufsgenossenschaft der Bauwirtschaft,
  - BG Handel und Warenlogistik,
  - Verwaltungs-Berufsgenossenschaft,
  - BG Verkehrswirtschaft Post-Logistik Telekommunikation,
  - BG für Gesundheitsdienst und Wohlfahrtspflege

Die *gewerblichen* Berufsgenossenschaften sind für die meisten (privaten) Unternehmen (Betriebe, Verwaltungen, Einrichtungen, Tätigkeiten) zuständig. Die oben erst genannten. Unfallversicherungsträger *im kommunalen Bereich* sind zuständig

- für die Unternehmen der Gemeinden und Gemeindeverbände,
- für Unternehmen, die in selbständiger Rechtsform betrieben werden und an denen Gemeinden oder Gemeindeverbände
  - bei Kapitalgesellschaften unmittelbar oder mittelbar die Mehrheit der Kapitalanteile auf sich vereinen oder
  - bei sonstigen Unternehmen die Stimmenmehrheit in dem Organ, dem die Verwaltung und Führung des Unternehmens obliegt, auf sich vereinen (SGB7 § 129).

Nach einer Neuorganisation der landesunmittelbaren Unfallversicherungsträger der öffentlichen Hand sollte deren Zahl auf einen pro Bundes-Land reduziert werden; z. B. in Bayern der KUVB (Kommunale Unfallversicherung Bayern), in NRW die Unfallkasse NRW.

7.1.2.2 Deutsche Gesetzliche Unfallversicherung (DGUV)

Die **Deutsche Gesetzliche Unfallversicherung e. V. (DGUV)** unterstützt die Unfallversicherungsträger bei der Erfüllung ihrer Präventionsaufgaben und wirkt beim Erlass von Unfallverhütungsvorschriften auf Rechtseinheitlichkeit hin.

„Der Verband ‚Deutsche Gesetzliche Unfallversicherung' (DGUV) ist der Spitzenverband der gewerblichen Berufsgenossenschaften und der Unfallversicherungsträger der öffentlichen Hand. Er nimmt die gemeinsamen Interessen seiner Mitglieder wahr und fördert deren Aufgaben zum Wohl der Versicherten und der Unternehmen.

…

Wir über uns

Prävention, Rehabilitation und Entschädigung – das sind die zentralen Aufgaben der gesetzlichen Unfallversicherung. Träger der gesetzlichen Unfallversicherung sind die

Berufsgenossenschaften und Unfallkassen. Prävention hat das Ziel, Arbeitsunfälle, Berufskrankheiten und arbeitsbedingte Gesundheitsgefahren zu verhindern sowie für eine wirksame Erste Hilfe zu sorgen. Rehabilitation bedeutet Wiederherstellung von Gesundheit und Arbeitskraft durch umfassende medizinische Versorgung und berufliche sowie soziale Eingliederung in die Gesellschaft. Die Entschädigung beinhaltet Verletztengeld oder gegebenenfalls eine Rente" (Deutsche Gesetzliche Unfallversicherung (DGUV), Wir über uns).

7.1.2.3 Rechtliche Regelungen der Unfallversicherungsträger (UV-Träger)

Neben der oben genannten Ebene der Vorschriften haben die UV-Träger ein umfassendes Regelwerk (Regeln, Informationen und Grundsätze) erarbeitet: *„Die Fachbereiche und Sachgebiete der **DGUV** entwickeln das Vorschriften- und Regelwerk.*

DGUV Vorschriften *Unfallverhütungsvorschriften (UVVen) stellen für jedes Unternehmen und für jeden Versicherten **verbindliche Pflichten** bezüglich Sicherheit und Gesundheitsschutz am Arbeitsplatz dar.*

DGUV Regeln *Das Regelwerk der UV-Träger richtet sich in erster Linie an den Unternehmer, um diesem eine Hilfestellung bei der Umsetzung seiner Pflichten aus staatlichen Arbeitsschutzvorschriften und/oder Unfallverhütungsvorschriften zu geben und um Wege aufzuzeigen, wie Arbeitsunfälle, Berufskrankheiten und arbeitsbedingte Gesundheitsgefahren vermieden werden können.*

DGUV Informationen *Informationen enthalten Hinweise und Empfehlungen, die die praktische Anwendung von Regelungen zu einem bestimmten Sachgebiet oder Sachverhalt erleichtern sollen und die z. B. für bestimmte Branchen, Tätigkeiten, Zielgruppen konkrete praxisgeeignete Arbeitsschutzmaßnahmen vorstellen.*

DGUV Grundsätze *Grundsätze sind Maßstäbe für bestimmte Verfahrensfragen, z. B. hinsichtlich der Durchführung von Prüfungen"* (Bundesanstalt für Arbeitsschutz und Arbeitsmedizin (BAuA), Berufsgenossenschaften und Unfallkassen).

7.1.2.4 Unfallverhütungsvorschriften der DGUV

Aufgabe der Unfallversicherung ist es mit allen geeigneten Mitteln Arbeitsunfälle und Berufskrankheiten sowie arbeitsbedingte Gesundheitsgefahren zu verhüten (SGB VII § 1). Ein geeignetes Mittel sind die Unfallverhütungsvorschriften. Die Unfallversicherungsträger können unter Mitwirkung der Deutschen Gesetzlichen Unfallversicherung e. V. ***Unfallverhütungsvorschriften als autonomes Recht*** erlassen. Soweit dies zur Prävention geeignet und erforderlich ist und staatliche Arbeitsschutzvorschriften hierüber keine Regelung treffen, regeln die Vorschriften u. a. den Umgang mit

- Maßnahmen zur Verhütung von Arbeitsunfällen,
- Berufskrankheiten und

- arbeitsbedingten Gesundheitsgefahren oder
- für eine wirksame Erste Hilfe.

Unfallverhütungsvorschriften gelten für Unternehmer und Versicherte (SGB VII § 15).

Wichtige Unfallverhütungsvorschriften
Hier einige der auch im Bereich Entwässerung wichtigen Vorschriften:

- DGUV Vorschrift 1 – Grundsätze der Prävention – bisher: GUV-V A 1
- DGUV Vorschrift 2 – Betriebsärzte und Fachkräfte für Arbeitssicherheit
- DGUV Vorschrift 3/4 – Elektrische Anlagen und Betriebsmittel – bisher: GUV-V A 3
- DGUV Vorschrift 21/22 – Abwassertechnische Anlagen – bisher: GUV-V C 5
- DGUV Vorschrift 38/39 – Bauarbeiten – bisher: GUV-V C 22
- DGUV Vorschrift 52/53 – Krane – bisher: GUV-V D 6
- DGUV Vorschrift 54/55 – Winden, Hub- und Zuggeräte – bisher: GUV-V D 8
- DGUV Vorschrift 67/68/69 – Flurförderzeuge – bisher: GUV-V D 27
- DGUV Vorschrift 70/71 – Fahrzeuge – bisher: GUV-V D 29

DGUV Regel 100-001, Grundsätze der Prävention
Diese Regel für Sicherheit und Gesundheitsschutz konkretisiert und erläutert die DGUV Vorschrift „Grundsätze der Prävention“ (DGUV Vorschrift 1).

7.1.2.5 Fachbereiche der DGUV

Nachdem die **Fachbereiche** (s. u., alphabetisch) und Sachgebiete der DGUV das Vorschriften- und Regelwerk entwickeln, sind dort dann auch die jeweils entsprechenden derzeit gültigen Vorschriften, Regeln, Informationen und Grundsätze der DGUV zu finden.

- Bauwesen
- Bildungseinrichtungen
- **Energie Textil Elektro Medienerzeugnisse**
- Erste Hilfe
- Feuerwehren, Hilfeleistungen, Brandschutz
- Gesundheit im Betrieb
- Gesundheitsdienst und Wohlfahrtspflege
- Handel und Logistik
- Holz und Metall
- Nahrungsmittel
- Organisation des Arbeitsschutzes
- Persönliche Schutzausrüstungen
- Rohstoffe und chemische Industrie
- Verkehr und Landschaft
- Verwaltung

Sachgebiete sind eine Ebene unterhalb der o. g. Fachbereiche. Das Sachgebiet „Abwasser" (http://www.dguv.de/webcode/d1115430) befindet sich im Fachbereich „Energie Textil Elektro Medienerzeugnisse (ETEM)" (http://www.dguv.de/webcode/d667626) der DGUV, und ist damit aufgrund der Logik nicht direkt zu finden. Andere wichtige Sachgebiete in diesem Fachbereich sind z. B.:

- Sachgebiet Elektrotechnik und Feinmechanik
- Sachgebiet Energie und Wasser
- Sachgebiet Telekommunikation

Zu finden sind die Publikationen des DGUV, sortiert nach Sachgebieten, wie folgt:

DGUV: Presse/Mediencenter: Publikationen: Vorschriften und Regelwerk Datenbank: Regelwerk: Publikationen nach Fachbereich: Energie Textil Elektro Medienerzeugnisse: Abwasser oder auch Elektrotechnik und Feinmechanik.

Regelwerk des Sachgebiets Abwasser der DGUV

- DGUV Vorschrift 22 – Abwassertechnische Anlagen – bisher: GUV-V C 5
- DGUV Regel 103-004 – Arbeiten in umschlossenen Räumen von abwassertechnischen Anlagen – bisher: GUV-R 126
- DGUV Regel 103-008 – Steiggänge für Behälter und umschlossene Räume – bisher: GUV-R 177
- DGUV Information 203-051 – Sicherheit und Gesundheitsschutz im Abwasserbereich – bisher: BGI/GUV-I 8653
- DGUV Information 203-063 – Gefährdungs- und Belastungs-Katalog – Beurteilung von Gefährdungen und Belastungen am Arbeitsplatz in der Abwasserentsorgung – bisher: GUV-I 8755

Regelwerk des Sachgebiets Elektrotechnik und Feinmechanik (ausgewählte)

- DGUV Regel 103-012, bisher: GUV-R A3 Arbeiten unter Spannung an elektrischen Anlagen und Betriebsmitteln
- DGUV Information 203-001, bisher: BGI 519 Sicherheit bei Arbeiten an elektrischen Anlagen
- DGUV Information 203-002, bisher: BGI 548 Elektrofachkräfte
- DGUV Information 203-004, bisher: BGI 594 Einsatz von elektrischen Betriebsmitteln bei erhöhter elektrischer Gefährdung
- DGUV Information 203-005, bisher: BGI/GUV-I 600 Auswahl und Betrieb ortsveränderlicher elektrischer Betriebsmittel nach Einsatzbedingungen
- DGUV Information 203-006, bisher: BGI/GUV-I 608 Auswahl und Betrieb elektrischer Anlagen und Betriebsmittel auf Bau- und Montagestellen

Aufgelistet sind hier nur einige relevante Schriften des Sachgebiets.

▶ Die beiden ausgewählten Sachgebiete (s. o.) sind nur zwei Beispiele.
Fast unter jeden Fachbereich finden sich weitere relevante Sachgebiete mit den zugehörigen Vorschriften, Regeln, Informationen und Grundsätze der DGUV.
Hier sind dann jeweils nicht alle, aber fast immer einige der Schriften auch relevant für die vielseitigen Aufgaben eines Entwässerungsbetriebs.

Hinweise
Die derzeit gültigen Vorschriften, Regeln, Informationen und Grundsätze der DGUV
https://www.dguv.de/de/praevention/vorschriften_regeln/index.jsp
Die Bundesanstalt für Arbeitsschutz und Arbeitsmedizin hat den aktuellen Stand der Rechtstexte veröffentlicht:
https://www.baua.de/DE/Angebote/Regelwerk/Regelwerk_node.html

7.1.3 Gemeinsame deutsche Arbeitsschutzstrategie

Nach den Bestimmungen des ArbSchG § 20a entwickeln Bund, Länder und Unfallversicherungsträger im Interesse eines wirksamen Arbeitsschutzes *eine gemeinsame* deutsche Arbeitsschutzstrategie und gewährleisten ihre Umsetzung und Fortschreibung. Diese gemeinsame deutsche Arbeitsschutzstrategie umfasst u. a.

- die Entwicklung gemeinsamer Arbeitsschutzziele und
- die Herstellung eines verständlichen, überschaubaren und abgestimmten Vorschriften- und Regelwerks (ArbSchG § 20a).

Dazu wurde von der „Gemeinsame Deutsche Arbeitsschutzstrategie" das ***Leitlinienpapier kompakt*** erstellt. Hier finden sich die wichtigsten Zusammenhänge über die künftigen Regelungen im Bereich Arbeitsschutz:

„Das Leitlinienpapier kompakt
Mit der Gemeinsamen Deutschen Arbeitsschutzstrategie wurde die Optimierung des Vorschriften- und Regelwerks als gemeinsame Aufgabe von Bund, Ländern und Unfallversicherungsträgern 2008 auch gesetzlich verankert. Als ein erstes und zentrales Ergebnis haben die GDA-Träger hierzu das Leitlinienpapier zur Neuordnung des Vorschriften- und Regelwerks im Arbeitsschutz erarbeitet. Zentrale Zielstellung ist die Vermeidung von Doppelregelungen.

Das Leitlinienpapier sorgt für Klarheit und Orientierung und setzt den Rahmen für in sich konsistente und vor allem für die Anwender leicht handhabbare und aus sich heraus verständliche Vorschriften und Regeln im Bereich Sicherheit und Gesundheit bei der Arbeit.

Vorrangprinzip für staatliche Vorschriften
Leitprinzip ist, dass staatliche Vorschriften sowie das Regelwerk staatlicher Ausschüsse vorrangige Instrumente zur Förderung von Sicherheit und Gesundheit bei der Arbeit sind.

Bedarfsprüfung für Unfallverhütungsvorschriften
Unfallverhütungsvorschriften können zukünftig nur dann und dort erlassen werden, wenn es keine staatlichen Vorschriften gibt, es nicht zweckmäßig ist, eine Regelung in staatlichen Vorschriften oder Regeln zur treffen und eine Bedarfsprüfung ergeben hat, dass eine Unfallverhütungsvorschrift das geeignete Regelungsinstrument ist.

Einheitliche Struktur staatlicher Regeln
Das staatliche Regelwerk wird entsprechend dem Zuschnitt staatlicher Ausschüsse ausschließlich gefährdungsbezogen und branchenübergreifend ausgerichtet. Die Regeln folgen soweit möglich einer einheitlichen Struktur und beschreiben Ziele, Anwendungsbereich, Begriffsbestimmungen, betrachtete Gefährdungen bzw. Regelungsgegenstände und mögliche Schutzmaßnahmen, in Konkretisierung der entsprechenden Vorschriften in den staatlichen Arbeitsschutzverordnungen.

Vermutungswirkung
Nur staatliche Regeln entfalten Vermutungswirkung. *Das bedeutet, dass Arbeitgeber, die ihre Arbeitsschutzmaßnahmen entsprechend den Inhalten staatlicher Regeln gestalten bzw. umsetzen, davon ausgehen können, dass sie damit die Anforderung der jeweiligen Verordnung rechtssicher erfüllen.*

Empfehlungscharakter von DGUV ...-Regeln
DGUV ...-Regeln stellen bereichs-, arbeitsverfahrens- oder arbeitsplatzbezogene Inhalte zusammen. Sie erläutern, mit welchen konkreten Präventionsmaßnahmen die Pflichten zur Verhütung von Arbeitsunfällen, Berufskrankheiten und arbeitsbedingten Gesundheitsgefahren erfüllt werden können. Die DGUV ...-Regeln sind fachliche Empfehlungen zur Gewährleistung von Sicherheit und Gesundheit.

Staatliche und DGUV-Regeln ergänzen sich
Staatliche Regeln werden nur erarbeitet, wenn ein staatlicher Ausschuss einen Bedarf festgestellt hat. Haben die Unfallversicherungsträger hierzu bereits Inhalte im Rahmen von DGUV ...-Regeln erarbeitet, werden diese ganz oder teilweise in die entsprechende staatliche Regel übernommen. Die Urheberschaft dieser Inhalte wird in der staatlichen Regel kenntlich gemacht; die entsprechende DGUV-Regel wird zurückgezogen (sogenanntes Kooperationsmodell)" (Gemeinsame Deutsche Arbeitsschutzstrategie, Das Leitlinienpapier kompakt).

► Das vollständige „Leitlinienpapier zur Neuordnung des Vorschriften- und Regelwerks im Arbeitsschutz" findet sich hier:
https://www.bmas.de/SharedDocs/Downloads/DE/leitlinien-arbeitsschutz.pdf;jsessionid=9F50EFE638A91DE8EAF6D0EE0149C074?__blob=publicationFile&v=2

Tab. 7.1 gibt einen Überblick über das Staatliches Recht (linke Seite) und das autonome Recht der Unfallversicherungsträger (rechte Seite). Ausgehend von den einschlägigen Gesetzen (oben) wurden die Verordnungen (grün) und die Unfallverhütungsvorschriften (UVV, blau) erarbeitet. Darunter finden sich die (technischen) Regeln, Grundsätze und Informationen (jeweils heller).

Tab. 7.1 Staatliches und autonomes Recht der Unfallversicherungsträger

Gesetz	**Arbeitssicherheitsgesetz - ASiG und Arbeitsschutzgesetz - ArbSchG**	**Siebtes Buch Sozialgesetzbuch - Gesetzliche Unfallversicherung**	Gesetz
Staatliche Verordnungen	Arbeitsstättenverordnung (ArbStättV) Baustellenverordnung (BaustellV) Betriebssicherheitsverordnung (BetrSichV) Biostoffverordnung (BioStoffV) Gefahrstoffverordnung (GefStoffV) Lärm- und Vibrations-Arbeitsschutzverordnung (LärmVibrationsArbSchV) Lastenhandhabungsverordnung (LasthandhabV) PSA-Benutzungsverordnung (PSA-BV) Verordnung zur arbeitsmedizinischen Vorsorge (ArbMedVV) Verordnung zum Schutz der Beschäftigten vor Gefährdungen durch elektromagnetische Felder (EMFV)	1 Grundsätze der Prävention 2 Betriebsärzte und Fachkräfte für Arbeitssicherheit 3 / 4 Elektrische Anlagen und Betriebsmittel 21 / 22 Abwassertechnische Anlagen 38 /39 Bauarbeiten 52 / 53 Krane 54/ 55 Winden, Hub- und Zuggeräte 67/68/69 Flurförderzeuge 70 / 71 Fahrzeuge ....und andere	DGUV – Vorschriften der Berufsgenossenschaften
Staatliche Regeln entsprechend dem Stand der Technik, Arbeitsmedizin und Hygiene	Arbeitsmedizinische Regeln (AMR) Techn. Regeln f. Arbeitsstätten (ASR) Regeln zum Arbeitsschutz auf Baustellen (RAB) Techn. Regeln für Betriebssicherheit (TRBS) Technische Regeln für Biologische Arbeitsstoffe (TRBA) Techn. Reg. f. Gefahrstoffe (TRGS) Tech. Reg. zur Lärm- und Vibrations-Arbeitsschutzverordnung (TRLV) Technische Regeln zur Arbeitsschutzverordnung zu künstlicher optischer Strahlung (TROS)	Regel 103-004 Arbeiten in umschlossenen Räumen von abwassertechnischen Anlagen Regel 103-008 Steiggänge für Behälter und umschlossene Räume Information 203-051 Sicherheit und Gesundheitsschutz im Abwasserbereich Information 203-063 Gefährdungs- und Belastungs-Katalog – Beurteilung von Gefährdungen und Belastungen am Arbeitsplatz in der Abwasserentsorgung ....und viele andere	DGUV - Regeln, Grundsätze u. Informationen

7.2 Allgemeine Grundlagen

7.2.1 Begriffe

Maßnahmen des Arbeitsschutzes sind Maßnahmen zur Verhütung von Unfällen bei der Arbeit und arbeitsbedingten Gesundheitsgefahren einschließlich Maßnahmen der menschengerechten Gestaltung der Arbeit (ArbSchG § 2).

Als Betriebe gelten für den Bereich des öffentlichen Dienstes die Dienststellen.

Dienststellen sind die einzelnen Behörden, Verwaltungsstellen und Betriebe der Verwaltungen u. a. der Gemeinden und der sonstigen Körperschaften, Anstalten und Stiftungen des öffentlichen Rechts (ArbSchG § 2).

Andere Personen sind Personen, die nicht Beschäftigte oder Gleichgestellte sind und sich im Gefahrenbereich einer überwachungsbedürftigen Anlage innerhalb oder außerhalb eines Betriebsgeländes befinden (BetrSichV § 2).

Arbeitsmittel sind Werkzeuge, Geräte, Maschinen oder Anlagen, die für die Arbeit verwendet werden, sowie überwachungsbedürftige Anlagen (BetrSichV § 2).

Die Verwendung von Arbeitsmitteln umfasst jegliche Tätigkeit mit diesen. Hierzu gehören insbesondere das Montieren und Installieren, Bedienen, An- oder Abschalten oder Einstellen, Gebrauchen, Betreiben, Instandhalten, Reinigen, Prüfen, Umbauen, Erproben, Demontieren, Transportieren und Überwachen (BetrSichV § 2).

Arbeitsstätten sind

- Arbeitsräume oder andere Orte in Gebäuden auf dem Gelände eines Betriebes,
- Orte im Freien auf dem Gelände eines Betriebes,
- Orte auf Baustellen,

sofern sie zur Nutzung für Arbeitsplätze vorgesehen sind (ArbStättV § 2).

Zur Arbeitsstätte gehören insbesondere auch

- Orte auf dem Gelände eines Betriebes oder einer Baustelle, zu denen Beschäftigte im Rahmen ihrer Arbeit Zugang haben,
- Verkehrswege, Fluchtwege, Notausgänge, Lager-, Maschinen- und Nebenräume, Sanitärräume, Kantinen, Pausen- und Bereitschaftsräume, Erste-Hilfe-Räume, Unterkünfte sowie
- Einrichtungen, die dem Betreiben der Arbeitsstätte dienen, insbesondere Sicherheitsbeleuchtungen, Feuerlöscheinrichtungen, Versorgungseinrichtungen, Beleuchtungsanlagen, raumlufttechnische Anlagen, Signalanlagen, Energieverteilungsanlagen, Türen und Tore, Fahrsteige, Fahrtreppen, Laderampen und Steigleitern (ArbStättV § 2).

Arbeitsräume sind die Räume, in denen Arbeitsplätze innerhalb von Gebäuden dauerhaft eingerichtet sind (ArbStättV § 2).

Arbeitsplätze sind Bereiche, in denen Beschäftigte im Rahmen ihrer Arbeit tätig sind.

Bildschirmarbeitsplätze sind Arbeitsplätze, die sich in Arbeitsräumen befinden und die mit Bildschirmgeräten und sonstigen Arbeitsmitteln ausgestattet sind (ArbStättV § 2). Als solche Arbeitsplätze gelten nicht:

- Bedienerplätze von Maschinen oder Fahrerplätze von Fahrzeugen mit Bildschirmgeräten,
- tragbare Bildschirmgeräte für die ortsveränderliche Verwendung, die nicht regelmäßig an einem Arbeitsplatz verwendet werden,
- Rechenmaschinen, Registrierkassen oder andere Arbeitsmittel mit einer kleinen Daten- oder Messwertanzeigevorrichtung, die zur unmittelbaren Benutzung des Arbeitsmittels erforderlich ist (ArbStättV § 1 (5)).

Bildschirmgeräte sind Funktionseinheiten, zu denen insbesondere Bildschirme zur Darstellung von visuellen Informationen, Einrichtungen zur Datenein- und -ausgabe, sonstige Steuerungs- und Kommunikationseinheiten (Rechner) sowie eine Software zur Steuerung und Umsetzung der Arbeitsaufgabe gehören (ArbStättV § 2).

Einrichten ist das Bereitstellen und Ausgestalten der Arbeitsstätte. Das Einrichten umfasst insbesondere:

- bauliche Maßnahmen oder Veränderungen,
- das Ausstatten mit Maschinen, Anlagen, anderen Arbeitsmitteln und Mobiliar sowie mit Beleuchtungs-, Lüftungs-, Heizungs-, Feuerlösch- und Versorgungseinrichtungen,
- das Anlegen und Kennzeichnen von Verkehrs- und Fluchtwegen sowie das Kennzeichnen von Gefahrenstellen und brandschutztechnischen Ausrüstungen und
- das Festlegen von Arbeitsplätzen (ArbStättV § 2).

Das Betreiben von Arbeitsstätten umfasst das Benutzen, Instandhalten und Optimieren der Arbeitsstätten sowie die Organisation und Gestaltung der Arbeit einschließlich der Arbeitsabläufe in Arbeitsstätten (ArbStättV § 2).

Instandhalteni st die Wartung, Inspektion, Instandsetzung oder Verbesserung der Arbeitsstätten zum Erhalt des baulichen und technischen Zustandes (ArbStättV § 2).

Stand der Technik ist der Entwicklungsstand fortschrittlicher Verfahren, Einrichtungen oder Betriebsweisen, der die praktische Eignung einer Maßnahme oder Vorgehensweise zum Schutz der Gesundheit und zur Sicherheit der Beschäftigten oder anderer Personen gesichert erscheinen lässt. Bei der Bestimmung des Stands der Technik sind insbesondere vergleichbare Verfahren, Einrichtungen oder Betriebsweisen heranzuziehen, die mit Erfolg in der Praxis erprobt worden sind. Gleiches gilt für die Anforderungen an die Arbeitsmedizin und die Arbeitsplatzhygiene (ArbStättV § 2).

Gefahrstoffe sind

- gefährliche Stoffe und Gemische,
- Stoffe oder Gemische, die über gewässergefährdend oder umweltgefährdend sind
- Stoffe, Gemische und Erzeugnisse, die explosionsfähig sind,
- Stoffe, Gemische und Erzeugnisse, aus denen bei der Herstellung oder Verwendung solche o. g. Stoffe entstehen oder freigesetzt werden,
- Stoffe und Gemische, die auf Grund ihrer physikalisch-chemischen, chemischen oder toxischen Eigenschaften und der Art und Weise, wie sie am Arbeitsplatz vorhanden sind oder verwendet werden, die Gesundheit und die Sicherheit der Beschäftigten gefährden können,

alle Stoffe, denen ein Arbeitsplatzgrenzwert zugewiesen worden ist (GefStoffV § 2).

Eine Tätigkeit ist jede Arbeit mit Stoffen, Gemischen oder Erzeugnissen, einschließlich Herstellung, Mischung, Ge- und Verbrauch, Lagerung, Aufbewahrung, Be- und Verarbeitung, Ab- und Umfüllung, Entfernung, Entsorgung und Vernichtung. Zu den Tätigkeiten zählen auch das innerbetriebliche Befördern sowie Bedien- und Überwachungsarbeiten (GefStoffV § 2).

Der Arbeitsplatzgrenzwert ist der Grenzwert für die zeitlich gewichtete durchschnittliche Konzentration eines Stoffs in der Luft am Arbeitsplatz in Bezug auf einen gegebenen Referenzzeitraum. Er gibt an, bis zu welcher Konzentration eines Stoffs akute oder chronische schädliche Auswirkungen auf die Gesundheit von Beschäftigten im Allgemeinen nicht zu erwarten sind (GefStoffV § 2).

Der biologische Grenzwert ist der Grenzwert für die toxikologisch-arbeitsmedizinisch abgeleitete Konzentration eines Stoffs, seines Metaboliten oder eines Beanspruchungsindikators im entsprechenden biologischen Material. Er gibt an, bis zu welcher Konzentration die Gesundheit von Beschäftigten im Allgemeinen nicht beeinträchtigt wird (GefStoffV § 2).

Physikalisch-chemische Einwirkungen umfassen Gefährdungen, die hervorgerufen werden können durch Tätigkeiten mit

- Stoffen, Gemischen oder Erzeugnissen mit einer physikalischen Gefahr nach der Verordnung (EG) Nr. 1272/2008 oder
- weiteren Gefahrstoffen, die nach der Verordnung (EG) Nr. 1272/2008 nicht mit einer physikalischen Gefahr eingestuft sind, die aber miteinander oder aufgrund anderer Wechselwirkungen so reagieren können, dass Brände oder Explosionen entstehen können (GefStoffV § 2).

Explosionsgefährdeter Bereich ist der Gefahrenbereich, in dem gefährliche explosionsfähige Atmosphäre auftreten kann (GefStoffV § 2).

Nach BetrSichV § 2 sind:

Zur Prüfung befähigte Person ist eine Person, die durch ihre Berufsausbildung, ihre Berufserfahrung und ihre zeitnahe berufliche Tätigkeit über die erforderlichen Kenntnisse zur Prüfung von Arbeitsmitteln verfügt; soweit hinsichtlich der Prüfung von Arbeitsmitteln weitergehende Anforderungen festgelegt sind, sind diese zu erfüllen.

Instandhaltung ist die Gesamtheit aller Maßnahmen zur Erhaltung des sicheren Zustands oder der Rückführung in diesen. Instandhaltung umfasst insbesondere Inspektion, Wartung und Instandsetzung.

Prüfung ist die Ermittlung des Istzustands, der Vergleich des Istzustands mit dem Sollzustand sowie die Bewertung der Abweichung des Istzustands vom Sollzustand.

Prüfpflichtige Änderung ist jede Maßnahme, durch welche die Sicherheit eines Arbeitsmittels beeinflusst wird. Auch Instandsetzungsarbeiten können solche Maßnahmen sein.

Gefahrenbereich ist der Bereich innerhalb oder im Umkreis eines Arbeitsmittels, in dem die Sicherheit oder die Gesundheit von Beschäftigten und anderen Personen durch die Verwendung des Arbeitsmittels gefährdet ist.

Errichtung umfasst die Montage und Installation am Verwendungsort.

Überwachungsbedürftige Anlagen sind bestimmte Anlagen nach BetrSichV.

Zu den überwachungsbedürftigen Anlagen gehören auch Mess-, Steuer- und Regeleinrichtungen, die dem sicheren Betrieb dieser überwachungsbedürftigen Anlagen dienen.

Zugelassene Überwachungsstellen sind die in der BetrSichV genannten Stellen (BetrSichV § 2).

Biostoffe

„Im Bereich von abwassertechnischen Anlagen werden Tätigkeiten ausgeführt, bei denen Beschäftigte mit Abwasser, Klärschlamm, Materialien und Gegenständen umgehen, die biologische Arbeitsstoffe enthalten oder freisetzen (Aerosole) bzw. denen diese Stoffe anhaften" (BAuA, TRBA 220, Dezember 2010, Nr. 4.2).

Details zum Umgang mit **biologischen Arbeitsstoffen**; – das sind Biostoffe; regelt die Biostoffverordnung – BioStoffV. Da diese Stoffe wesentliche Bestandteile vom Abwasser sind, sind hierzu viele Punkte in Kap. 3 abgehandelt.

Arbeitsunfall (SGB VII § 8)

Unfälle sind zeitlich begrenzte, von außen auf den Körper einwirkende Ereignisse, die unfreiwillig zu einem Gesundheitsschaden oder zum Tod führen (auch VVG § 178).

Arbeitsunfälle sind Unfälle von Versicherten (u. a. Beschäftigte und Lernende) infolge einer den Versicherungsschutz begründenden Tätigkeit (versicherte Tätigkeit).

Versicherte Tätigkeiten sind auch

- das Zurücklegen des mit der versicherten Tätigkeit zusammenhängenden unmittelbaren Weges nach und von dem Ort der Tätigkeit, …
- das Zurücklegen des mit der versicherten Tätigkeit zusammenhängenden Weges von und nach der ständigen Familienwohnung, wenn die Versicherten wegen der Entfernung ihrer Familienwohnung von dem Ort der Tätigkeit an diesem oder in dessen Nähe eine Unterkunft haben,
- das mit einer versicherten Tätigkeit zusammenhängende Verwahren, Befördern, Instandhalten und Erneuern eines Arbeitsgeräts oder einer Schutzausrüstung sowie deren Erstbeschaffung, wenn diese auf Veranlassung der Unternehmer erfolgt. Als *Gesundheitsschaden* gilt auch die Beschädigung oder der Verlust eines Hilfsmittels

Berufskrankheit (SGB VII § 9) sind Krankheiten, die die Bundesregierung durch Rechtsverordnung … als Berufskrankheiten bezeichnet und die Versicherte infolge einer den Versicherungsschutz … begründenden Tätigkeit erleiden. Berufskrankheiten sind solche Krankheiten, die nach den Erkenntnissen der medizinischen Wissenschaft durch besondere Einwirkungen verursacht sind, denen bestimmte Personengruppen durch ihre versicherte Tätigkeit in erheblich höherem Grade als die übrige Bevölkerung ausgesetzt sind. … Erkranken Versicherte, die infolge der besonderen Bedingungen ihrer versicherten Tätigkeit in erhöhtem Maße der Gefahr der Erkrankung an einer *Berufskrankheit* ausgesetzt waren, an einer solchen Krankheit und können Anhaltspunkte für eine Verursachung außerhalb der versicherten Tätigkeit nicht festgestellt werden, wird vermutet, dass diese infolge der versicherten Tätigkeit verursacht worden ist.

7.2.2 Gefahr und Gefährdung

7.2.2.1 Verschiedene Definitionen von Gefahr

Gefahr ist die mögliche Ursache eines Schadens.

*„**Abstrakte Gefahr** ist*

- *eine nach allgemeiner Lebenserfahrung oder den Erkenntnissen fachkundiger Stellen mögliche Sachlage, die im Fall ihres Eintritts eine Gefahr darstellt*
- *eine Sachlage, aus der nach allgemeiner Lebenserfahrung konkrete Gefahren im Einzelfall entstehen können“* (Vollzug des Polizeiaufgabengesetzes, Bekanntmachung des Bayerischen Staatsministeriums des Innern vom 28. August 1978, Az. IC2-2808.1-1)

Konkrete Gefahr ist

- im einzelnen Falle bestehende Gefahr
- eine Sachlage, die bei ungehindertem Ablauf des objektiv zu erwartenden Geschehens im Einzelfall mit hinreichender Wahrscheinlichkeit zu einer Verletzung der Schutzgüter führt (PAG Bayern § 11).
- eine Sachlage, bei der im einzelnen Fall die hinreichende Wahrscheinlichkeit besteht, dass in absehbarer Zeit ein Schaden eintreten wird;

Gegenwärtige Gefahr (unmittelbare Gefahr) ist eine Gefahr, bei der die Einwirkung des schädigenden Ereignisses bereits begonnen hat oder bei der diese Einwirkung unmittelbar oder in allernächster Zeit mit einer an Sicherheit grenzenden Wahrscheinlichkeit bevorsteht.

Erhebliche Gefahr ist eine Gefahr für ein bedeutsames Rechtsgut wie Leben oder Gesundheit oder eine Vielzahl von Opfern.

Dringende oder besondere Gefahr = gegenwärtige und erhebliche Gefahr Besondere Gefahr ist gleichzusetzen mit dem Begriff „unmittelbar erhebliche Gefahr". Beide Begriffe bezeichnen eine Sachlage, bei der der Eintritt eines Schadens ohne zusätzliche Schutzmaßnahmen sehr wahrscheinlich ist oder sein Eintritt nicht mehr abgewendet werden kann und der Schaden nach Art oder Umfang besonders schwer ist.

Gefahr für Leib oder Leben ist eine Gefahr, bei der eine nicht nur leichte Körperverletzung oder der Tod einzutreten droht; (u. a. NPOG § 2).

Die BfGA – Beratungsgesellschaft für Arbeits- und Gesundheitsschutz, eine hundertprozentige Tochtergesellschaft der Berufsgenossenschaft der Bauwirtschaft (BG Bau) hat folgende Definition veröffentlicht:

*„**Gefahr** ist ein Zustand oder Ereignis, bei dem ein nicht akzeptables Risiko vorliegt und somit die Wahrscheinlichkeit eines Schadenseintritts besteht. D. h., das Risiko einen Arbeitsunfall zu erleiden ist größer als das in den Arbeitsschutzvorschriften bestimmte Grenzrisiko. Gefahren können auf unterschiedliche Art wirksam werden*

- *durch plötzliche Einwirkung auf den Beschäftigten – Arbeitsunfall*
- *über längere Einwirkung auf den Menschen – arbeitsbedingte Erkrankung"*

(BfGA – Beratungsgesellschaft für Arbeits- und Gesundheitsschutz, Gefahr Definition).

7.2.2.2 Gefährdung

*„**Gefährdung** ist ein Zustand oder eine Situation, in der die Möglichkeit des Eintritts eines Gesundheitsschadens besteht. Die Gefährdung entsteht durch ein mögliches räumliches und/oder zeitliches Zusammentreffen eines verletzungs- bzw. krankheitsbewirkenden Faktors einer Gefahrquelle"* (BfGA – Beratungsgesellschaft für Arbeits- und Gesundheitsschutz, Gefährdung Definition).

*„**Gefährdung** ist die Möglichkeit eines Gesundheitsschadens oder einer gesundheitlichen Beeinträchtigung ohne bestimmte Anforderungen an deren Ausmaß oder Eintrittswahrscheinlichkeit"* (BAuA, TRBS 1111, Ausgabe: März 2018).

Der Arbeitgeber hat durch eine Beurteilung der für die Beschäftigten *mit ihrer Arbeit verbundenen Gefährdung* zu ermitteln, welche Maßnahmen des Arbeitsschutzes erforderlich sind. Eine *Gefährdung* kann sich insbesondere ergeben durch

1. die Gestaltung und die Einrichtung der Arbeitsstätte und des Arbeitsplatzes,
2. physikalische, chemische und biologische Einwirkungen,
3. die Gestaltung, die Auswahl und den Einsatz von Arbeitsmitteln, insbesondere von Arbeitsstoffen, Maschinen, Geräten und Anlagen sowie den Umgang damit,

4. die Gestaltung von Arbeits- und Fertigungsverfahren, Arbeitsabläufen und Arbeitszeit und deren Zusammenwirken,
5. unzureichende Qualifikation und Unterweisung der Beschäftigten,
6. psychische Belastungen bei der Arbeit (ArbSchG § 5).

Mögliche Gefährdungen
Mechanische Gefährdungen:
- Bewegte Transport- oder Arbeitsmittel
- Quetsch- und Scherstellen
- Ungeschützte bewegte Maschinenteile
- Gefährliche Oberflächen
- ungesicherte Ladung
- Sturz/Stolpergefahr, Ausrutschen, Umknicken
- Absturz (Kanal, leere Becken, Leiter, ...)
- Schnittgefahr
- Unkontrolliert bewegte Teile
- Herabfallende Teile

Elektrische Gefährdungen:
- Berührung spannungsführender Teile
- Unzulässige Annäherung an solche Teile (über 1 kV)
- Gefährliche Körperströme
- Lichtbögen
- Elektrostatische Aufladung

Gefahrstoffe:
- Giftige und krebserregende chemische Stoffe
- Verdrängung der Atemluft
- Stäube
- Rauche
- Aerosole
- Feste, flüssige, gas- oder dampfförmige Gefahrstoffe
- Verschlucken oder Einatmen der Stoffe

Biologische Gefährdungen:
- Infektionen durch Mikroorganismen und Viren
- Bakterien und Pilze, Kleinstlebewesen
- Allergisierende u. toxische Stoffe von Mikroorganismen
- Biostoffe (z. B. Rattengift)

Brand- und Explosionsgefährdungen:
- Brandgefährdung durch Feststoffe, Flüssigkeiten oder Gase
- Explosionsgefährdung durch Feststoffe, Flüssigkeiten oder Gase (z. B. Methan, Benzin)
- Staubexplosionen
- Verpuffungen
- Explosivstoffe

Physikalische Belastungen oder Einwirkungen:
- Lärm
- Ganzkörper-Schwingungen/Vibrationen
- Hand-Arm-Schwingungen/Vibrationen
- Ultraschall, Infraschall
- Optische Strahlung (UV, Laser, Infrarot..)
- Radioaktivität und ionisierende Strahlung
- Elektromagnetische, statische, elektrische oder magnetische Felder
- Arbeiten in Über- oder Unterdruck
- Heiße Medien
- Kalte Medien

Physische Belastungen:
- Schweres Heben und Tragen
- Einseitige oder dynamische Belastung
- Falsche Körperhaltung, Zwangshaltung

Belastung aus Wahrnehmung und Handhabbarkeit:
- Verminderte Wahrnehmung
- Mangelnde Ergonomie
- Physische Belastungen

Psychomentale (nervliche, mentale, psychische, oder soziale) Belastungen:
- Arbeitstätigkeit (zu hohe Belastung oder zu hohe Anforderungen)
- Unterforderung
- Mobbing
- Arbeitsorganisation (Zeitdruck, wechselnde oder lange Arbeitszeit)
- Soziale Rahmen-Bedingungen (fehlende Kontakte, Konflikte, Führung)
- Besondere sensorische Anforderungen

Gefährdung durch Arbeitsumgebungsbedingungen:
- Klima (Kälte, Hitze, Zugluft, Feuchtigkeit)
- Sonnenstrahlung

- Beleuchtung
- Fehlender oder zu geringer Raumbedarf und Verkehrswege
- Zugestellte Arbeits- u. Verkehrsbereiche
- Ertrinken
- Ersticken
- Schwallwellen im Kanal
- Laufender Straßenverkehr
- Fehlende Fluchtwege-Kennzeichnung
- Fehlende Waschmöglichkeiten

Eignung der Persönlichen Schutzausrüstung (PSA) oder Belastung durch Tragen der PSA:
- Atemschutz
- Kopfschutz
- Gehörschutz
- Mundschutz
- Augenschutz
- Hautbelastung
- Handschutz
- Fußschutz

Organisatorische Mängel:
- Arbeitsablauf
- Arbeitszeit
- Qualifikation
- Fehlende oder falsche Unterweisung
- Übertragung von zu hoher Verantwortung
- Alleinarbeit oder Fehlende Sicherungspersonen
- Fehlende oder zu geringe Zahl an Ersthelfer
- Geringe Zahl an Sicherheitsbeauftragten, Fachkräften für Arbeitssicherheit
- Gesundheitsprüfungen
- Defizite beim Schutz Jugendlicher, werdender oder stillender Mütter, Behinderter, Leistungsgewandelter und älterer Arbeitnehmer
- Fehlende Betriebsanweisung(en)
- Überwachung prüfpflichtiger technischer Einrichtungen
- Fehlende oder falsche PSA
- Koordinierung von Arbeiten, auch mit Fremdfirmen

Sonstige Gefährdungen und Belastungen:
- Menschen (Überfall, Alkohol, …)
- Tiere (Ratten, Möwen, Raupen, …) Stiche, Bisse, Kot, Haare, …
- Pflanzen (Pollen, Blattgift, …)

7.2.2.3 Gefährliche Arbeiten

*„**Gefährliche Arbeiten** sind solche, bei denen eine erhöhte Gefährdung aus dem Arbeitsverfahren, der Art der Tätigkeit, den verwendeten Stoffen oder aus der Umgebung gegeben ist, weil keine ausreichenden Schutzmaßnahmen durchgeführt werden können.*

Gefährliche Arbeiten können z. B. sein:

- *Arbeiten mit Absturzgefahr,*
- *Arbeiten in Silos, Behältern oder engen Räumen,*
- *Schweißen in engen Räumen,*
- *Feuerarbeiten in brand- oder explosionsgefährdeten Bereichen oder an geschlossenen Hohlkörpern,*
- *Gasdruckproben und Dichtigkeitsprüfungen an Behältern,*
- *Erprobung von technischen Großanlagen, wie Kesselanlagen,*
- *Fällen von Bäumen,*
- *Arbeiten in gasgefährdeten Bereichen,*
- *Hebezeugarbeiten bei fehlender Sicht des Kranführers auf die Last,*
- *Umgang mit besonders gefährlichen Stoffen, z. B. in chemischen, physikalischen oder medizinischen Laboratorien,*
- *Arbeiten mit biologischen Arbeitsstoffen der Risikostufe IV"*

(Berufsgenossenschaft Holz und Metall, DGUV V 1 § 8).

Die hier (von der BGHM) genannten Arbeiten können im Entwässerungsbetrieb vorkommen.

Wenn eine gefährliche Arbeit von mehreren Personen gemeinschaftlich ausgeführt wird und sie zur Vermeidung von Gefahren eine gegenseitige Verständigung erfordert, hat der Unternehmer dafür zu sorgen, dass eine zuverlässige, mit der Arbeit vertraute Person die *Aufsicht* führt (DGUV V 1 § 8).

► Wird eine gefährliche Arbeit von einer Person *allein* ausgeführt, so hat der Unternehmer über die allgemeinen Schutzmaßnahmen hinaus für geeignete technische oder organisatorische *Personenschutzmaßnahmen* zu sorgen hat (DGUV V 1 § 8).

7.2.3 Verantwortlichkeiten für den Gesundheitsschutz

7.2.3.1 Verantwortung des Unternehmers bzw. Arbeitgebers und anderer

Der **Unternehmer** ist für die Durchführung der Maßnahmen zur Verhütung von Arbeitsunfällen und Berufskrankheiten, für die Verhütung von arbeitsbedingten Gesundheitsgefahren sowie für eine wirksame Erste Hilfe verantwortlich (SGB VII § 21). In den staatlichen Rechtsvorschriften (Gesetze, VO) wird nicht vom *Unternehmer* sondern vom *Arbeitgeber* gesprochen.

Arbeitgeber sind natürliche und juristische Personen und rechtsfähige Personengesellschaften, die Personen beschäftigen (PflegeZG § 7).

Verantwortliche Personen (ArbSchG § 13) *Verantwortlich* für die Erfüllung der Pflichten aus den Arbeitsschutz-Vorschriften sind neben dem Arbeitgeber …

- das vertretungsberechtigte Organ einer juristischen Person, …
- Personen, die *mit der Leitung* eines Unternehmens oder eines Betriebes *beauftragt* sind, *im Rahmen der ihnen übertragenen Aufgaben und Befugnisse*,
- sonstige nach einem Gesetz, einer Rechtsverordnung oder nach einer Unfallverhütungsvorschrift *beauftragte Personen* im Rahmen ihrer Aufgaben und Befugnisse.

Der Arbeitgeber kann zuverlässige und *fachkundige Personen schriftlich damit beauftragen*, ihm obliegende Aufgaben in eigener Verantwortung wahrzunehmen.

7.2.3.2 Mitwirkung der Versicherten bzw. der Beschäftigten

Unfallverhütungsvorschriften gelten grundsätzlich für Unternehmer und *Versicherte*.

In den staatlichen Rechtsvorschriften (Gesetze, VO) wird nicht von *Versicherten* sondern von *Beschäftigten* gesprochen.

Die **Versicherten** haben nach ihren Möglichkeiten alle Maßnahmen zur Verhütung von Arbeitsunfällen, Berufskrankheiten und arbeitsbedingten Gesundheitsgefahren sowie für eine wirksame Erste Hilfe zu unterstützen und die entsprechenden Anweisungen des Unternehmers zu befolgen (SGB VII § 21).

Beschäftigte sind u. a.:

- *Arbeitnehmerinnen und Arbeitnehmer*,
- die zu ihrer Berufsbildung Beschäftigten
- Beamtinnen und Beamte (ArbSchG § 2).

Den *Beschäftigten* stehen folgende Personen gleich, sofern sie Arbeitsmittel verwenden oder bei ihren Tätigkeiten Lärm und Vibrationen ausgesetzt sind:

- Schülerinnen und Schüler sowie Studierende (BetrSichV § 2)
- sonstige in Ausbildungseinrichtungen tätige Personen (LärmVibrationsArbSchV § 2).

*„**Arbeitnehmer** ist, wer aufgrund eines privatrechtlichen Vertrags im Dienste eines anderen zur Leistung weisungsgebundener, fremdbestimmter Arbeit in persönlicher Abhängigkeit verpflichtet ist. …*

***Arbeitgeber** ist der andere Teil des Arbeitsverhältnisses, also derjenige, der die Dienstleistungen vom Arbeitnehmer kraft des Arbeitsvertrags fordern kann und damit die wirtschaftliche und organisatorische Dispositionsbefugnis über die Arbeitsleistung des Arbeitnehmers und den Nutzen aus ihr hat. …*

Insoweit kommt es auf den im Einzelfall erkennbaren Parteiwillen an“ (BAG, Urteil vom 27. September 2012, AZ.: 2 AZR 838/11).

7.3 Pflichten des Unternehmers/Arbeitgebers

7.3.1 Grund-Pflichten des Arbeitgebers/Unternehmers

Der Unternehmer hat die erforderlichen Maßnahmen zur Verhütung von Arbeitsunfällen, Berufskrankheiten und arbeitsbedingten Gesundheitsgefahren sowie für eine wirksame Erste Hilfe zu treffen. Der Unternehmer hat bei den Maßnahmen von den allgemeinen Grundsätzen auszugehen und dabei insbesondere das staatliche und das *Regelwerk der Unfallversicherungsträger* heranzuziehen (DGUV V 1 § 2). Der Arbeitgeber ist dabei verpflichtet, die erforderlichen Maßnahmen des Arbeitsschutzes unter *Berücksichtigung der Umstände* zu treffen, die Sicherheit und Gesundheit der Beschäftigten bei der Arbeit beeinflussen (ArbSchG § 3). Der Unternehmer hat die Maßnahmen entsprechend zu planen, zu organisieren, durchzuführen, auf ihre Wirksamkeit zu *überprüfen* und erforderlichenfalls an veränderte Gegebenheiten *anzupassen* (DGUV V 1 § 2). Zur Planung und Durchführung der o. g. Maßnahmen hat der Arbeitgeber unter Berücksichtigung der Art der Tätigkeiten und der Zahl der Beschäftigten

- für eine *geeignete Organisation* zu sorgen und
- die *erforderlichen Mittel* bereitzustellen sowie
- Vorkehrungen zu treffen, dass die Maßnahmen erforderlichenfalls bei allen Tätigkeiten und eingebunden in die betrieblichen Führungsstrukturen beachtet werden und
- die *Beschäftigten ihren Mitwirkungspflichten* nachkommen können.

Dabei hat er eine *Verbesserung* von Sicherheit und Gesundheitsschutz der Beschäftigten anzustreben (ArbSchG § 3). Der Unternehmer darf keine sicherheitswidrigen Weisungen erteilen (DGUV V 1 § 2). Kosten für Maßnahmen nach den Gesetzen und den für ihn geltenden Unfallverhütungsvorschriften darf der Arbeitgeber nicht den Beschäftigten/Versicherten auferlegen (ArbSchG § 3 und DGUV V 1 § 2).

7.3.1.1 Allgemeine Grundsätze (ArbSchG § 4)

Der Arbeitgeber hat bei Maßnahmen des Arbeitsschutzes von folgenden allgemeinen Grundsätzen auszugehen:

- Die Arbeit ist so zu gestalten, dass eine Gefährdung für Leben und Gesundheit möglichst vermieden und die verbleibende Gefährdung möglichst gering gehalten wird;
- Gefahren sind an ihrer Quelle zu bekämpfen;
- bei den Maßnahmen sind der *Stand von Technik, Arbeitsmedizin und Hygiene* sowie sonstige gesicherte arbeitswissenschaftliche Erkenntnisse *zu berücksichtigen*;
- Maßnahmen sind mit dem Ziel zu planen, Technik, Arbeitsorganisation, sonstige Arbeitsbedingungen, soziale Beziehungen und Einfluss der Umwelt auf den Arbeitsplatz sachgerecht zu *verknüpfen*;
- *individuelle Schutzmaßnahmen* sind nachrangig zu anderen Maßnahmen;

- *spezielle Gefahren* für besonders schutzbedürftige Beschäftigtengruppen sind zu berücksichtigen;
- den Beschäftigten sind geeignete *Anweisungen* zu erteilen;
- mittelbar oder unmittelbar geschlechtsspezifisch wirkende Regelungen sind nur zulässig, wenn dies aus biologischen Gründen zwingend geboten ist.

7.3.1.2 Grundpflichten bei Arbeitsmitteln (BetrSichV § 4)

Arbeitsmittel dürfen erst verwendet werden, nachdem der Arbeitgeber

- eine Gefährdungsbeurteilung durchgeführt hat,
- die dabei ermittelten Schutzmaßnahmen nach dem Stand der Technik getroffen hat und
- festgestellt hat, dass die Verwendung der Arbeitsmittel nach dem Stand der Technik sicher ist.

Ergibt sich aus der Gefährdungsbeurteilung, dass Gefährdungen durch *technische Schutzmaßnahmen* nach dem Stand der Technik nicht oder nur unzureichend vermieden werden können, hat der Arbeitgeber geeignete *organisatorische* und *personenbezogene Schutzmaßnahmen* zu treffen.

Technische Schutzmaßnahmen haben Vorrang vor organisatorischen, diese haben wiederum Vorrang vor personenbezogenen Schutzmaßnahmen.

Die Verwendung persönlicher Schutzausrüstung ist für jeden Beschäftigten auf das erforderliche Minimum zu beschränken. Bei der Festlegung der Schutzmaßnahmen hat der Arbeitgeber die BetrSichV zu beachten und die von der Bundesanstalt für Arbeitsschutz und Arbeitsmedizin vom Ausschuss für Betriebssicherheit bekannt gegebenen Regeln und Erkenntnisse zu berücksichtigen. Bei Einhaltung dieser Regeln und Erkenntnisse (u. a. TRBS) ist davon auszugehen, dass die gestellten Anforderungen erfüllt sind. Von den Regeln und Erkenntnissen kann abgewichen werden, wenn Sicherheit und Gesundheit durch andere Maßnahmen zumindest in vergleichbarer Weise gewährleistet werden.

Der Arbeitgeber hat dafür zu sorgen, dass Arbeitsmittel, für die *Prüfungen* vorgeschrieben sind, nur verwendet werden, wenn diese Prüfungen durchgeführt und dokumentiert wurden.

Der Arbeitgeber hat die *Wirksamkeit der Schutzmaßnahmen* vor der erstmaligen Verwendung der Arbeitsmittel zu überprüfen. Das gilt nicht, soweit entsprechende Prüfungen durchgeführt wurden. Der Arbeitgeber hat weiterhin dafür zu sorgen, dass Arbeitsmittel *vor ihrer jeweiligen Verwendung* durch Inaugenscheinnahme und erforderlichenfalls durch eine Funktionskontrolle auf offensichtliche Mängel kontrolliert werden und Schutz- und Sicherheitseinrichtungen einer *regelmäßigen Funktionskontrolle* unterzogen werden. Der Arbeitgeber hat die Belange des Arbeitsschutzes in Bezug auf die *Verwendung von Arbeitsmitteln* angemessen in seine *betriebliche Organisation* einzubinden und hierfür die erforderlichen personellen, finanziellen und organisatorischen Voraussetzungen zu schaffen. Insbesondere hat er dafür zu sorgen, dass bei der Gestaltung der Arbeitsorganisation, des Arbeitsverfahrens und des Arbeitsplatzes sowie bei der Auswahl und beim Zur-Verfügung-Stellen der Arbeitsmittel alle mit der Sicherheit und Gesundheit der Beschäftigten zusammenhängenden Faktoren, einschließlich der psychischen, ausreichend berücksichtigt werden.

7.3.1.3 Grundpflichten zum Schutz vor Gefahrstoffen (GefStoffV§ 7)

Der Arbeitgeber darf eine Tätigkeit mit Gefahrstoffen erst aufnehmen lassen, nachdem eine Gefährdungsbeurteilung durchgeführt und die erforderlichen Schutzmaßnahmen ergriffen worden sind. Um die Gesundheit und die Sicherheit der Beschäftigten bei allen Tätigkeiten mit Gefahrstoffen zu gewährleisten, hat der Arbeitgeber die erforderlichen Maßnahmen nach dem Arbeitsschutzgesetz und zusätzlich die nach der GefStoffV erforderlichen Maßnahmen zu ergreifen. Dabei hat er die von der Bundesanstalt für Arbeitsschutz und Arbeitsmedizin vom Ausschuss für Gefahrstoffe bekannt gegebenen Regeln und Erkenntnisse zu berücksichtigen.

▶ Bei Einhaltung dieser Regeln und Erkenntnisse (u. a. TRGS) ist in der Regel davon auszugehen, dass die Anforderungen dieser Verordnung erfüllt sind.

Von diesen Regeln und Erkenntnissen kann abgewichen werden, wenn durch andere Maßnahmen zumindest in vergleichbarer Weise der Schutz der Gesundheit und die Sicherheit der Beschäftigten gewährleistet werden.

Der Arbeitgeber hat auf der Grundlage des Ergebnisses der Substitutionsprüfung *vorrangig eine Substitution durchzuführen.* Er hat Gefahrstoffe oder Verfahren durch Stoffe, Gemische oder Erzeugnisse oder Verfahren zu ersetzen, die unter den jeweiligen Verwendungsbedingungen für die Gesundheit und Sicherheit der Beschäftigten nicht oder weniger gefährlich sind. Der Arbeitgeber hat Gefährdungen der Gesundheit und der Sicherheit der Beschäftigten bei Tätigkeiten mit Gefahrstoffen auszuschließen. Ist dies nicht möglich, hat er sie auf ein *Minimum zu reduzieren.* Diesen Geboten hat der Arbeitgeber durch die Festlegung und Anwendung geeigneter Schutzmaßnahmen Rechnung zu tragen. Dabei hat er folgende Rangfolge zu beachten:

1. Gestaltung geeigneter Verfahren und technischer Steuerungseinrichtungen von Verfahren, den Einsatz emissionsfreier oder emissionsarmer Verwendungsformen sowie Verwendung geeigneter Arbeitsmittel und Materialien nach dem Stand der Technik,
2. Anwendung kollektiver Schutzmaßnahmen technischer Art an der Gefahrenquelle, wie angemessene Be- und Entlüftung, und Anwendung geeigneter organisatorischer Maßnahmen,
3. sofern eine Gefährdung nicht durch Maßnahmen nach den Nummern 1 und 2 verhütet werden kann, Anwendung von individuellen Schutzmaßnahmen, die auch die Bereitstellung und Verwendung von persönlicher Schutzausrüstung umfassen.

Beschäftigte müssen die bereitgestellte *persönliche Schutzausrüstung* verwenden, solange eine Gefährdung besteht. Die Verwendung von belastender persönlicher Schutzausrüstung darf keine Dauermaßnahme sein. Sie ist für jeden Beschäftigten auf das unbedingt erforderliche Minimum zu beschränken.

Der Arbeitgeber stellt sicher, dass

- die persönliche Schutzausrüstung an einem dafür vorgesehenen Ort sachgerecht aufbewahrt wird,
- die persönliche Schutzausrüstung vor Gebrauch geprüft und nach Gebrauch gereinigt wird und
- schadhafte persönliche Schutzausrüstung vor erneutem Gebrauch ausgebessert oder ausgetauscht wird.

Der Arbeitgeber hat die Funktion und die Wirksamkeit der technischen Schutzmaßnahmen regelmäßig, mindestens jedoch jedes dritte Jahr, zu überprüfen. Das Ergebnis der Prüfungen ist aufzuzeichnen und vorzugsweise zusammen mit der Dokumentation aufzubewahren.

Der Arbeitgeber stellt sicher, dass die *Arbeitsplatzgrenzwerte* eingehalten werden. Er hat die Einhaltung durch Arbeitsplatzmessungen oder durch andere geeignete Methoden zur Ermittlung der Exposition zu *überprüfen*. Ermittlungen sind auch durchzuführen, wenn sich die *Bedingungen ändern*, welche die Exposition der Beschäftigten beeinflussen können. Die *Ermittlungsergebnisse sind aufzuzeichnen, aufzubewahren* und den Beschäftigten und ihrer Vertretung zugänglich zu machen. Werden Tätigkeiten entsprechend einem verfahrens- und stoffspezifischen Kriterium ausgeübt, das nach TRGS bekannt gegebenen worden ist, kann der Arbeitgeber in der Regel davon ausgehen, dass die Arbeitsplatzgrenzwerte eingehalten werden; in diesem Fall kann die Überprüfung der Werte entfallen.

Sofern Tätigkeiten mit Gefahrstoffen ausgeübt werden, für die *kein Arbeitsplatzgrenzwert* vorliegt, hat der Arbeitgeber regelmäßig die Wirksamkeit der ergriffenen technischen Schutzmaßnahmen durch geeignete Ermittlungsmethoden zu überprüfen, zu denen auch Arbeitsplatzmessungen gehören können. Wer Arbeitsplatzmessungen von Gefahrstoffen durchführt, muss fachkundig sein und über die erforderlichen Einrichtungen verfügen. Wenn ein Arbeitgeber eine für Messungen von Gefahrstoffen an Arbeitsplätzen akkreditierte Messstelle beauftragt, kann der Arbeitgeber in der Regel davon ausgehen, dass die von dieser Messstelle gewonnenen Erkenntnisse zutreffend sind. Der Arbeitgeber hat bei allen Ermittlungen und Messungen die von der baua (TRGS) bekannt gegebenen Verfahren, Messregeln und Grenzwerte zu berücksichtigen.

7.3.1.4 Allgemeine Schutzmaßnahmen beim Umgang mit Gefahrstoffen (GefStoffV§ 8)

Der Arbeitgeber hat bei Tätigkeiten mit Gefahrstoffen die *folgenden Schutzmaßnahmen* zu ergreifen:

- geeignete Gestaltung des Arbeitsplatzes und geeignete Arbeitsorganisation,
- Bereitstellung geeigneter Arbeitsmittel für Tätigkeiten mit Gefahrstoffen und geeignete Wartungsverfahren zur Gewährleistung der Gesundheit und Sicherheit der Beschäftigten bei der Arbeit,
- Begrenzung der Anzahl der Beschäftigten, die Gefahrstoffen ausgesetzt sind oder ausgesetzt sein können,
- Begrenzung der Dauer und der Höhe der Exposition,

- angemessene Hygienemaßnahmen, insbesondere zur Vermeidung von Kontaminationen, und die regelmäßige Reinigung des Arbeitsplatzes,
- Begrenzung der am Arbeitsplatz vorhandenen Gefahrstoffe auf die Menge, die für den Fortgang der Tätigkeiten erforderlich ist,
- geeignete Arbeitsmethoden und Verfahren, welche die Gesundheit und Sicherheit der Beschäftigten nicht beeinträchtigen oder die Gefährdung so gering wie möglich halten, einschließlich Vorkehrungen für die sichere Handhabung, Lagerung und Beförderung von Gefahrstoffen und von Abfällen, die Gefahrstoffe enthalten, am Arbeitsplatz.

Der Arbeitgeber hat sicherzustellen, dass

- alle verwendeten Stoffe und Gemische identifizierbar sind,
- gefährliche Stoffe und Gemische innerbetrieblich mit einer Kennzeichnung versehen sind, die ausreichende Informationen über die Einstufung, über die Gefahren bei der Handhabung und über die zu beachtenden Sicherheitsmaßnahmen enthält
- Apparaturen und Rohrleitungen so gekennzeichnet sind, dass mindestens die enthaltenen Gefahrstoffe sowie die davon ausgehenden Gefahren eindeutig identifizierbar sind.

Solange der Arbeitgeber diesen Verpflichtungen nicht nachgekommen ist, darf er Tätigkeiten mit den dort genannten Stoffen und Gemischen nicht ausüben lassen. Der Arbeitgeber hat gemäß den Ergebnissen der Gefährdungsbeurteilung sicherzustellen, dass die Beschäftigten in Arbeitsbereichen, in denen sie Gefahrstoffen ausgesetzt sein können, *keine Nahrungs- oder Genussmittel* zu sich nehmen. Der Arbeitgeber hat hierfür vor Aufnahme der Tätigkeiten *geeignete Bereiche* einzurichten. Der Arbeitgeber hat sicherzustellen, dass durch Verwendung verschließbarer Behälter eine sichere Lagerung, Handhabung und Beförderung von Gefahrstoffen auch bei der Abfallentsorgung gewährleistet ist. Der Arbeitgeber hat sicherzustellen, dass Gefahrstoffe so aufbewahrt oder *gelagert* werden, dass sie weder die menschliche Gesundheit noch die Umwelt gefährden. Er hat dabei wirksame Vorkehrungen zu treffen, um *Missbrauch oder Fehlgebrauch zu verhindern*. Insbesondere dürfen Gefahrstoffe nicht in solchen Behältern aufbewahrt oder gelagert werden, durch deren Form oder Bezeichnung der Inhalt mit Lebensmitteln verwechselt werden kann. Sie dürfen nur übersichtlich geordnet und *nicht in unmittelbarer Nähe von Arznei-, Lebens- oder Futtermitteln*, einschließlich deren Zusatzstoffe, aufbewahrt oder gelagert werden. Bei der Aufbewahrung zur Abgabe oder zur sofortigen Verwendung muss die o. g. Kennzeichnung deutlich sichtbar und lesbar angebracht sein.

Der Arbeitgeber hat sicherzustellen, dass Gefahrstoffe, die nicht mehr benötigt werden, und entleerte Behälter, die noch Reste von Gefahrstoffen enthalten können, sicher gehandhabt, vom Arbeitsplatz entfernt und sachgerecht gelagert oder entsorgt werden.

Der Arbeitgeber hat sicherzustellen, dass Stoffe und Gemische, die als *akut toxisch*, spezifisch *zielorgantoxisch, krebserzeugend oder keimzellmutagen* eingestuft sind, unter Verschluss oder so aufbewahrt oder gelagert werden, dass *nur fachkundige und zuverlässige Personen Zugang* haben. Tätigkeiten mit diesen Stoffen und Gemischen dürfen nur von fachkundigen oder besonders unterwiesenen Personen ausgeführt werden. Weitere Spezialregelungen der GefStoffV sind beim Umgang mit solchen oder ähnlichen Stoffen zu beachten.

7.3.1.5 Grundpflichten beim Umgang mit Biostoffen (BioStoffV§ 8)

Der Arbeitgeber hat die Belange des Arbeitsschutzes in Bezug auf Tätigkeiten mit Biostoffen *in seine betriebliche Organisation einzubinden* und hierfür die erforderlichen personellen, finanziellen und organisatorischen Voraussetzungen zu schaffen. Dabei hat er die Vertretungen der Beschäftigten in geeigneter Form zu beteiligen. Insbesondere hat er sicherzustellen, dass

- bei der Gestaltung der Arbeitsorganisation, des Arbeitsverfahrens und des Arbeitsplatzes sowie bei der Auswahl und Bereitstellung der Arbeitsmittel alle mit der Sicherheit und Gesundheit der Beschäftigten zusammenhängenden Faktoren, einschließlich der psychischen, ausreichend berücksichtigt werden,
- die Beschäftigten oder ihre Vertretungen im Rahmen der betrieblichen Möglichkeiten beteiligt werden, wenn neue Arbeitsmittel eingeführt werden sollen, die Einfluss auf die Sicherheit und Gesundheit der Beschäftigten haben.

Der Arbeitgeber hat geeignete Maßnahmen zu ergreifen, um bei den Beschäftigten ein Sicherheitsbewusstsein zu schaffen und den innerbetrieblichen Arbeitsschutz bei Tätigkeiten mit Biostoffen fortzuentwickeln. Der Arbeitgeber darf eine Tätigkeit mit Biostoffen erst aufnehmen lassen, nachdem die Gefährdungsbeurteilung durchgeführt und die erforderlichen Maßnahmen ergriffen wurden. Der Arbeitgeber hat vor Aufnahme der Tätigkeit

1. gefährliche Biostoffe vorrangig durch solche zu ersetzen, die nicht oder weniger gefährlich sind, soweit dies nach der Art der Tätigkeit oder nach dem Stand der Technik möglich ist,
2. Arbeitsverfahren und Arbeitsmittel so auszuwählen oder zu gestalten, dass Biostoffe am Arbeitsplatz nicht frei werden, wenn die Gefährdung der Beschäftigten nicht durch eine Maßnahme nach Nummer 1 ausgeschlossen werden kann,
3. die Exposition der Beschäftigten durch geeignete bauliche, technische und organisatorische Maßnahmen auf ein Minimum zu reduzieren, wenn eine Gefährdung der Beschäftigten nicht durch eine Maßnahme nach Nummer 1 oder Nummer 2 verhindert werden kann oder die Biostoffe bestimmungsgemäß freigesetzt werden,
4. zusätzlich persönliche Schutzausrüstung zur Verfügung zu stellen, wenn die Maßnahmen nach den Nummern 1 bis 3 nicht ausreichen, um die Gefährdung auszuschließen oder ausreichend zu verringern; der Arbeitgeber hat den Einsatz belastender persönlicher Schutzausrüstung auf das unbedingt erforderliche Maß zu beschränken und darf sie nicht als Dauermaßnahme vorsehen.

Der Arbeitgeber hat die Schutzmaßnahmen auf der Grundlage der Gefährdungsbeurteilung nach dem Stand der Technik sowie nach gesicherten wissenschaftlichen Erkenntnissen festzulegen und zu ergreifen. Dazu hat er die Vorschriften der Biostoff-Verordnung einschließlich der Anhänge zu beachten und die von der Bundesanstalt für Arbeitsschutz und Arbeitsmedizin vom Ausschuss für Biologische Arbeitsstoffe bekannt gegebenen Regeln (Technische Regeln für biologische Arbeitsstoffe (TRBA)) und Erkenntnisse zu berücksichtigen. Bei Einhaltung der Regeln und Erkenntnisse ist davon auszugehen, dass die gestellten Anforderungen erfüllt sind (Vermutungswirkung). Von diesen Regeln und Erkenntnissen kann abgewichen werden, wenn durch andere Maßnahmen zumindest in vergleichbarer Weise der Schutz von Sicherheit und Gesundheit der Beschäftigten gewährleistet wird. Haben sich der Stand der Technik oder gesicherte wissenschaftliche Erkenntnisse fortentwickelt und erhöht sich die Arbeitssicherheit durch diese Fortentwicklung erheblich, sind die Schutzmaßnahmen innerhalb einer angemessenen Frist anzupassen. Der Arbeitgeber hat die Funktion der technischen Schutzmaßnahmen *regelmäßig* und deren Wirksamkeit *mindestens jedes zweite Jahr* zu überprüfen. Die Ergebnisse und das Datum der Wirksamkeitsprüfung sind in der Dokumentation zu vermerken. Wurde für einen Arbeitsbereich, ein Arbeitsverfahren oder einen Anlagetyp in einer o. g. Bekanntmachung ein Wert festgelegt, der die nach dem Stand der Technik erreichbare Konzentration der Biostoffe in der Luft am Arbeitsplatz beschreibt (Technischer Kontrollwert), so ist dieser Wert für die Wirksamkeitsüberprüfung der entsprechenden Schutzmaßnahmen heranzuziehen.

Hinweise
TRBA 220, Sicherheit und Gesundheit bei Tätigkeiten mit biologischen Arbeitsstoffen in abwassertechnischen Anlagen
https://www.baua.de/DE/Angebote/Rechtstexte-und-Technische-Regeln/Regelwerk/TRBA/pdf/TRBA-220.pdf?__blob=publicationFile&v=2
Letzter Zugriff 28.03.2023

Die Unfallkasse NRW hat den folgenden **Bericht über Biologische Arbeitsstoffe in Abwasseranlagen** im Netz:
https://www.unfallkasse-nrw.de/fileadmin/server/download/PDF_Container/Abwasser_GRdL.pdf
Letzter Zugriff 28.03.2023

7.3.1.6 Zugang zu Vorschriften und Regeln (DGUV V 1 § 12)

Der Unternehmer hat den Versicherten die für sein Unternehmen geltenden Unfallverhütungsvorschriften sowie die einschlägigen staatlichen Vorschriften und Regeln an geeigneter Stelle zugänglich zu machen. Der Unternehmer hat den mit der Durchführung und Unterstützung von Maßnahmen betrauten Personen die nach dem Ergebnis der Gefährdungsbeurteilung für ihren Zuständigkeitsbereich geltenden Vorschriften und Regeln zur Verfügung zu stellen.

7.3.2 Gefährdungsbeurteilung

„***Gefährdungsbeurteilung …*** *ist die systematische Ermittlung und Bewertung von Gefährdungen der Beschäftigten, die nach fachkundiger Einschätzung und vorliegender Erfahrung des Arbeitgebers bei der Verwendung von Arbeitsmitteln auftreten und berücksichtigt werden müssen. Bei überwachungsbedürftigen Anlagen sind dabei auch andere Personen im Gefahrenbereich zu berücksichtigen. Die Gefährdungsbeurteilung dient dem Ziel, die notwendigen und geeigneten Schutzmaßnahmen für Sicherheit und Gesundheitsschutz festzulegen. Dabei sind auch vorhersehbare Betriebsstörungen und Notfallsituationen zu berücksichtigen*“ (BAuA, TRBS 1111, Ausgabe: März 2018).

7.3.2.1 Beurteilung der Arbeitsbedingungen – Gefährdungsbeurteilung

Der Arbeitgeber/Unternehmer hat durch eine *Beurteilung der* für die Beschäftigten/Versicherten mit ihrer Arbeit verbundenen *Gefährdung (= Gefährdungsbeurteilung)* zu ermitteln, welche Maßnahmen des Arbeitsschutzes erforderlich sind. Der Arbeitgeber hat die Beurteilung je *nach Art der Tätigkeiten* vorzunehmen. Bei gleichartigen Arbeitsbedingungen ist die Beurteilung eines Arbeitsplatzes oder einer Tätigkeit ausreichend. Eine Gefährdung kann sich insbesondere ergeben durch:

- die Gestaltung und die Einrichtung der Arbeitsstätte und des *Arbeitsplatzes*,
- physikalische, chemische und biologische *Einwirkungen*,
- die Gestaltung, die Auswahl und den Einsatz von *Arbeitsmitteln*, insbesondere von Arbeitsstoffen,
- Maschinen, Geräten und Anlagen sowie den Umgang damit,
- die Gestaltung von Arbeits- und Fertigungsverfahren, *Arbeitsabläufen* und Arbeitszeit und deren Zusammenwirken,
- unzureichende *Qualifikation und Unterweisung* der Beschäftigten
- *psychische Belastungen* bei der Arbeit (ArbSchG § 5).

► Die Gefährdungsbeurteilung darf nur von *fachkundigen* Personen durchgeführt werden. Verfügt der Arbeitgeber nicht selbst über die entsprechenden Kenntnisse, so hat er sich fachkundig beraten zu lassen. Fachkundig können insbesondere die Fachkraft für Arbeitssicherheit und die Betriebsärztin oder der Betriebsarzt sein (GefStoffV § 6).

7.3.2.2 Zeitpunkte der Gefährdungsbeurteilungen

Vor Beginn von Arbeit

Die Gefährdungsbeurteilung soll bereits *vor der Auswahl und der Beschaffung der Arbeitsmittel* begonnen werden. Dabei sind insbesondere die Eignung des Arbeitsmittels für die geplante Verwendung, die Arbeitsabläufe und die Arbeitsorganisation zu berücksichtigen. Der Arbeitgeber hat *vor der Verwendung von Arbeitsmitteln* die auftretenden Gefährdungen zu beurteilen (Gefährdungsbeurteilung) und daraus notwendige und geeignete Schutzmaßnahmen abzuleiten (BetrSichV § 3). Vor Aufnahme der Tätigkeit hat der Arbeitgeber die Gefährdung der Beschäftigten durch die Tätigkeiten mit *Biostoffen* zu beurteilen (BioStoffV § 4).

Regelmäßig (BetrSichV § 3)

Die Gefährdungsbeurteilung ist *regelmäßig (mindestens jedes zweite Jahr!) zu überprüfen* und bei Bedarf zu aktualisieren. Dabei ist der *Stand der Technik* zu berücksichtigen. Soweit erforderlich, sind die Schutzmaßnahmen bei der Verwendung von Arbeitsmitteln entsprechend anzupassen.

Bei Änderungen (BetrSichV § 3)

Der Unternehmer hat Gefährdungsbeurteilungen insbesondere dann zu überprüfen, wenn sich die betrieblichen Gegebenheiten hinsichtlich Sicherheit und Gesundheitsschutz verändert haben. Der Arbeitgeber hat die Gefährdungsbeurteilung *unverzüglich zu aktualisieren*, wenn

- sicherheitsrelevante Veränderungen der Arbeitsbedingungen einschließlich der Änderung von Arbeitsmitteln oder der verwendeten Stoffe dies erfordern,
- neue Informationen z. B. zu den Stoffen vorliegen
- aktuelle Erkenntnisse aus dem Unfallgeschehen oder aus der arbeitsmedizinischen Vorsorge das erfordern oder
- die Prüfung von Funktion oder Wirksamkeit der Schutzmaßnahmen ergeben hat, dass die festgelegten Schutzmaßnahmen nicht wirksam oder nicht ausreichend sind.

7.3.2.3 Verschiedene Gefährdungsbeurteilungen

Gefährdungsbeurteilung bei Arbeitsstätten (ArbStättV § 3)
Bei der Beurteilung der Arbeitsbedingungen hat der Arbeitgeber zunächst festzustellen, ob die Beschäftigten Gefährdungen beim Einrichten und Betreiben von Arbeitsstätten ausgesetzt sind oder ausgesetzt sein können. Ist dies der Fall, hat er alle möglichen Gefährdungen der Sicherheit und der Gesundheit der Beschäftigten zu beurteilen und dabei die Auswirkungen der Arbeitsorganisation und der Arbeitsabläufe in der Arbeitsstätte zu berücksichtigen. Bei der Gefährdungsbeurteilung hat er die physischen und psychischen Belastungen sowie bei Bildschirmarbeitsplätzen insbesondere die Belastungen der Augen oder die Gefährdung des Sehvermögens der Beschäftigten zu berücksichtigen.

Gefährdungsbeurteilung bei der Verwendung von Arbeitsmitteln (BetrSichV § 3)
Das Vorhandensein einer CE-Kennzeichnung am Arbeitsmittel entbindet nicht von der Pflicht zur Durchführung einer Gefährdungsbeurteilung. In die Beurteilung sind alle Gefährdungen einzubeziehen, die bei der Verwendung von Arbeitsmitteln ausgehen, und zwar von

- den Arbeitsmitteln selbst,
- der Arbeitsumgebung und
- den Arbeitsgegenständen, an denen Tätigkeiten mit Arbeitsmitteln durchgeführt werden.

Bei der Gefährdungsbeurteilung ist insbesondere Folgendes zu berücksichtigen:

- die Gebrauchstauglichkeit von Arbeitsmitteln einschließlich der ergonomischen, alters- und alternsgerechten Gestaltung,
- die sicherheitsrelevanten einschließlich der ergonomischen Zusammenhänge zwischen Arbeitsplatz, Arbeitsmittel, Arbeitsverfahren, Arbeitsorganisation, Arbeitsablauf, Arbeitszeit und Arbeitsaufgabe,
- die physischen und psychischen Belastungen der Beschäftigten, die bei der Verwendung von Arbeitsmitteln auftreten,
- vorhersehbare Betriebsstörungen und die Gefährdung bei Maßnahmen zu deren Beseitigung.

Die Gefährdungsbeurteilung soll bereits *vor der Auswahl und der Beschaffung* der Arbeitsmittel begonnen werden. Dabei sind insbesondere die Eignung des Arbeitsmittels für die geplante Verwendung, die Arbeitsabläufe und die Arbeitsorganisation zu berücksichtigen. Der Arbeitgeber hat sich die Informationen zu beschaffen, die für die Gefährdungsbeurteilung notwendig sind. Dies sind *insbesondere die bekannt gegebenen Regeln und Erkenntnisse*, Gebrauchs- und Betriebsanleitungen sowie die ihm zugänglichen Erkenntnisse aus der arbeitsmedizinischen Vorsorge. Der Arbeitgeber darf diese Informationen übernehmen, sofern sie auf die Arbeitsmittel, Arbeitsbedingungen und Verfahren in seinem Betrieb anwendbar sind. Bei der Informationsbeschaffung kann der Arbeitgeber davon ausgehen, dass die vom Hersteller des Arbeitsmittels mitgelieferten Informationen zutreffend sind, es sei denn, dass er über andere Erkenntnisse verfügt.

Informationsermittlung und Gefährdungsbeurteilung beim Umgang mit Gefahrstoffen (GefStoffV § 6)
Im Rahmen einer Gefährdungsbeurteilung als Bestandteil der Beurteilung der Arbeitsbedingungen hat der Arbeitgeber festzustellen, ob die Beschäftigten *Tätigkeiten mit* **Gefahrstoffen** ausüben oder ob bei Tätigkeiten Gefahrstoffe entstehen oder freigesetzt werden können. Ist dies der Fall, so hat er alle hiervon ausgehenden *Gefährdungen der Gesundheit und Sicherheit der Beschäftigten* unter folgenden Gesichtspunkten *zu beurteilen*:

- gefährliche Eigenschaften der Stoffe oder Gemische, einschließlich ihrer physikalisch-chemischen Wirkungen,
- Informationen des Lieferanten zum Gesundheitsschutz und zur Sicherheit insbesondere im Sicherheitsdatenblatt,
- Art und Ausmaß der Exposition unter Berücksichtigung aller Expositionswege; dabei sind die Ergebnisse der Messungen und Ermittlungen nach § 7 Absatz 8 zu berücksichtigen,
- Möglichkeiten einer Substitution,
- Arbeitsbedingungen und Verfahren, einschließlich der Arbeitsmittel und der Gefahrstoffmenge,
- Arbeitsplatzgrenzwerte und biologische Grenzwerte,
- Wirksamkeit der ergriffenen oder zu ergreifenden Schutzmaßnahmen,
- Erkenntnisse aus arbeitsmedizinischen Vorsorgeuntersuchungen nach der Verordnung zur arbeitsmedizinischen Vorsorge.

Der Arbeitgeber hat sich die für die Gefährdungsbeurteilung notwendigen *Informationen* beim Lieferanten oder aus anderen, ihm mit zumutbarem Aufwand zugänglichen Quellen zu *beschaffen*. Insbesondere hat der Arbeitgeber die „Informationen in der Lieferkette" zu beachten, die ihm nach der REACH-Verordnung (EG)Nr. 1907/2006 zur Verfügung gestellt werden; dazu gehören *Sicherheitsdatenblätter* und die Informationen zu Stoffen oder Gemischen, für die kein Sicherheitsdatenblatt zu erstellen ist. Sofern die REACH-Verordnung keine Informationspflicht vorsieht, hat der *Lieferant* dem Arbeitgeber *auf Anfrage* die für die Gefährdungsbeurteilung notwendigen Informationen über die Gefahrstoffe zur Verfügung zu stellen.

Stoffe und Gemische, die *nicht* von einem Lieferanten eingestuft und gekennzeichnet worden sind, beispielsweise innerbetrieblich hergestellte Stoffe oder Gemische, hat der *Arbeitgeber selbst einzustufen.* Zumindest aber hat er die von den Stoffen oder Gemischen ausgehenden Gefährdungen der Beschäftigten zu ermitteln. Der Arbeitgeber hat festzustellen, ob die verwendeten Stoffe, Gemische und Erzeugnisse bei Tätigkeiten, auch unter Berücksichtigung verwendeter Arbeitsmittel, Verfahren und der Arbeitsumgebung sowie ihrer möglichen Wechselwirkungen, zu *Brand- oder Explosionsgefährdungen* führen können. Dabei hat er zu beurteilen,

- ob gefährliche Mengen oder Konzentrationen von Gefahrstoffen, die zu Brand- und Explosionsgefährdungen führen können, auftreten; dabei sind sowohl Stoffe und Gemische mit physikalischen Gefährdungen wie auch andere Gefahrstoffe, die zu Brand- und Explosionsgefährdungen führen können, sowie Stoffe, die in gefährlicher Weise miteinander reagieren können, zu berücksichtigen,
- ob Zündquellen oder Bedingungen, die Brände oder Explosionen auslösen können, vorhanden sind und
- ob schädliche Auswirkungen von Bränden oder Explosionen auf die Gesundheit und Sicherheit der Beschäftigten möglich sind.

Insbesondere hat er zu ermitteln, ob die Stoffe, Gemische und Erzeugnisse auf Grund ihrer Eigenschaften und der Art und Weise, wie sie *am Arbeitsplatz* vorhanden sind oder verwendet werden, *explosionsfähige Gemische* bilden können. Im Fall von nicht atmosphärischen Bedingungen sind auch die möglichen Veränderungen der für den Explosionsschutz relevanten sicherheitstechnischen Kenngrößen zu ermitteln und zu berücksichtigen. Bei der Gefährdungsbeurteilung sind ferner Tätigkeiten zu berücksichtigen, bei denen auch nach Ausschöpfung sämtlicher technischer Schutzmaßnahmen die Möglichkeit einer Gefährdung besteht. Dies gilt insbesondere für *Instandhaltungsarbeiten, einschließlich Wartungsarbeiten.* Darüber hinaus sind auch andere Tätigkeiten wie *Bedien- und Überwachungsarbeiten zu* berücksichtigen, wenn diese zu einer Gefährdung von Beschäftigten durch Gefahrstoffe führen können. Die mit den Tätigkeiten verbundenen *inhalativen, dermalen und physikalisch-chemischen Gefährdungen sind unabhängig voneinander zu beurteilen* und in der Gefährdungsbeurteilung zusammenzuführen. Treten bei einer Tätigkeit mehrere Gefahrstoffe gleichzeitig auf, sind *Wechsel- oder Kombinationswirkungen* der Gefahrstoffe, die Einfluss auf die Gesundheit und Sicherheit der Beschäftigten haben, bei der Gefährdungsbeurteilung zu berücksichtigen, soweit solche Wirkungen bekannt sind.

Gefahrstoff-Verzeichnis (GefStoffV § 6)
Der Arbeitgeber hat ein *Verzeichnis der im Betrieb verwendeten Gefahrstoffe* zu führen, in dem auf die entsprechenden Sicherheitsdatenblätter verwiesen wird. Das Verzeichnis muss mindestens folgende Angaben enthalten:

- Bezeichnung des Gefahrstoffs,
- Einstufung des Gefahrstoffs oder Angaben zu den gefährlichen Eigenschaften,

- Angaben zu den im Betrieb verwendeten Mengenbereichen,
- Bezeichnung der Arbeitsbereiche, in denen Beschäftigte dem Gefahrstoff ausgesetzt sein können.

Das gilt nicht, wenn nur Tätigkeiten mit geringer Gefährdung ausgeübt werden. Das Verzeichnis mit den o. g. Angaben muss allen betroffenen Beschäftigten und ihrer Vertretung zugänglich sein.

Gefährdungsbeurteilung bei Umgang mit Biostoffen (BioStoffV § 4)
Für die Gefährdungsbeurteilung hat der Arbeitgeber insbesondere Folgendes zu ermitteln:

- Identität, Risikogruppeneinstufung und Übertragungswege der Biostoffe, deren mögliche sensibilisierende und toxische Wirkungen und Aufnahmepfade, soweit diese Informationen für den Arbeitgeber zugänglich sind; dabei hat er sich auch darüber zu informieren, ob durch die Biostoffe sonstige die Gesundheit schädigende Wirkungen hervorgerufen werden können,
- Art der Tätigkeit unter Berücksichtigung der Betriebsabläufe, Arbeitsverfahren und verwendeten Arbeitsmittel einschließlich der Betriebsanlagen,
- Art, Dauer und Häufigkeit der Exposition der Beschäftigten, soweit diese Informationen für den Arbeitgeber zugänglich sind,
- Möglichkeit des Einsatzes von Biostoffen, Arbeitsverfahren oder Arbeitsmitteln, die zu keiner oder einer geringeren Gefährdung der Beschäftigten führen würden (Substitutionsprüfung),
- tätigkeitsbezogene Erkenntnisse
  - über Belastungs- und Expositionssituationen, einschließlich psychischer Belastungen,
  - über bekannte Erkrankungen und die zu ergreifenden Gegenmaßnahmen,
  - aus der arbeitsmedizinischen Vorsorge (BioStoffV § 4).

Gefährdungsbeurteilung bei Lärm und Vibrationen (LärmVibrationsArbSchV § 3)
Bei der Beurteilung der Arbeitsbedingungen hat der Arbeitgeber zunächst festzustellen, ob die Beschäftigten Lärm oder Vibrationen ausgesetzt sind oder ausgesetzt sein können.

Ist dies der Fall, hat er alle hiervon ausgehenden Gefährdungen für die Gesundheit und Sicherheit der Beschäftigten zu beurteilen. Dazu hat er die auftretenden Expositionen am Arbeitsplatz zu ermitteln und zu bewerten. Der Arbeitgeber kann sich die notwendigen Informationen beim Hersteller oder Inverkehrbringer von Arbeitsmitteln oder bei anderen ohne weiteres zugänglichen Quellen beschaffen. Lässt sich die *Einhaltung* der Auslöse- und Expositionsgrenzwerte nicht sicher ermitteln, hat er den Umfang der Exposition durch *Messungen* festzustellen. Die Gefährdungsbeurteilung umfasst **bei Exposition der Beschäftigten durch Lärm** insbesondere

- Art, Ausmaß und Dauer der Exposition durch Lärm,
- die Auslösewerte und die Expositionswerte
- die Verfügbarkeit alternativer Arbeitsmittel und Ausrüstungen, die zu einer geringeren Exposition der Beschäftigten führen (Substitutionsprüfung),
- Erkenntnisse aus der arbeitsmedizinischen Vorsorge sowie allgemein zugängliche, veröffentlichte Informationen hierzu,
- die zeitliche Ausdehnung der beruflichen Exposition über eine Achtstundenschicht hinaus,
- die Verfügbarkeit und Wirksamkeit von Gehörschutzmitteln,
- Auswirkungen auf die Gesundheit und Sicherheit von Beschäftigten, die besonders gefährdeten Gruppen angehören, und
- Herstellerangaben zu Lärmemissionen

Die Gefährdungsbeurteilung umfasst **bei Exposition der Beschäftigten durch Vibrationen** insbesondere

- Art, Ausmaß und Dauer der Exposition durch Vibrationen, einschließlich besonderer Arbeitsbedingungen, wie zum Beispiel Tätigkeiten bei niedrigen Temperaturen,
- die Expositionsgrenzwerte und Auslösewerte
- die Verfügbarkeit und die Möglichkeit des Einsatzes alternativer Arbeitsmittel und Ausrüstungen, die zu einer geringeren Exposition der Beschäftigten führen (Substitutionsprüfung),
- Erkenntnisse aus der arbeitsmedizinischen Vorsorge sowie allgemein zugängliche, veröffentlichte Informationen hierzu,
- die zeitliche Ausdehnung der beruflichen Exposition über eine Achtstundenschicht hinaus,
- Auswirkungen auf die Gesundheit und Sicherheit von Beschäftigten, die besonders gefährdeten Gruppen angehören, und
- Herstellerangaben zu Vibrationsemissionen.

Die mit der Exposition durch Lärm oder Vibrationen verbundenen Gefährdungen sind unabhängig voneinander zu beurteilen und in der Gefährdungsbeurteilung zusammenzuführen. Mögliche *Wechsel- oder Kombinationswirkungen* sind bei der Gefährdungsbeurteilung zu berücksichtigen. Dies gilt insbesondere bei Tätigkeiten mit gleichzeitiger Belastung durch Lärm, arbeitsbedingten ototoxischen (problematisch für das Ohr) Substanzen oder Vibrationen, soweit dies technisch durchführbar ist. Zu berücksichtigen sind auch mittelbare Auswirkungen auf die Gesundheit und Sicherheit der Beschäftigten, zum Beispiel durch Wechselwirkungen zwischen Lärm und Warnsignalen oder anderen Geräuschen, deren Wahrnehmung zur Vermeidung von Gefährdungen erforderlich ist. Bei Tätigkeiten, die eine hohe Konzentration und Aufmerksamkeit erfordern, sind störende und negative Einflüsse infolge einer Exposition durch Lärm oder Vibrationen zu berücksichtigen.

Hinweise

BG-ETEM
Handlungshilfe zur Beurteilung von Gefährdungen und Belastungen
https://www.bgetem.de/arbeitssicherheit-gesundheitsschutz/brancheninformationen1/energieversorgung/wasserversorgung/fachveroeffentlichungen-1/handlungshilfen-zur-beurteilung-von-gefaehrdungen-und-belastungen
Letzter Zugriff 29.03.2023

BG-ETEM
DGUV Information 203-063
Gefährdungs- und Belastungs-Katalog
Beurteilung von Gefährdungen und Belastungen am Arbeitsplatz in der Abwasserentsorgung
https://publikationen.dguv.de/widgets/pdf/download/article/1319
Letzter Zugriff 08.06.2026

BGI/GUV-I 8700, Gefährdungs- und Belastungs-Katalog
Beurteilung von Gefährdungen und Belastungen am Arbeitsplatz

BGHM-Information 102, Beurteilung von Gefährdungen und Belastung
Anleitungshilfe zur systematischen Vorgehensweise

Technische Regeln für Betriebssicherheit, TRBS 1111
Gefährdungsbeurteilung

Technische Regeln für Betriebssicherheit, TRBS 1151
Gefährdungen an der Schnittstelle Mensch – Arbeitsmittel – Ergonomische und menschliche Faktoren, Arbeitssystem –

Technische Regeln für Gefahrstoffe, TRGS 401
Gefährdung durch Hautkontakt – Ermittlung, Beurteilung, Maßnahmen

Technische Regeln für Gefahrstoffe, TRGS 402
Ermitteln und Beurteilen der Gefährdungen bei Tätigkeiten mit Gefahrstoffen: Inhalative Exposition

Technische Regeln für Arbeitsstätten, ASR V3
Gefährdungsbeurteilung

Technische Regeln für Biologische Arbeitsstoffe, TRBA 400
Handlungsanleitung zur Gefährdungsbeurteilung und für die Unterrichtung der Beschäftigten bei Tätigkeiten mit biologischen Arbeitsstoffen

7.3.3 Dokumentation der Gefährdungsbeurteilung und sonstige Aufzeichnungspflichten

Der Arbeitgeber muss über die je nach *Art der Tätigkeiten* und der *Zahl der Beschäftigten* erforderlichen Unterlagen verfügen.

Der Unternehmer hat darin auch

- das Ergebnis der Gefährdungsbeurteilung,
- die von ihm festgelegten Maßnahmen und
- das Ergebnis ihrer Überprüfung

zu dokumentieren. Der Arbeitgeber hat die Gefährdungsbeurteilung unabhängig von der Zahl der Beschäftigten zu dokumentieren. Bei gleichartiger Gefährdungssituation ist es ausreichend, wenn die Unterlagen zusammengefasste Angaben enthalten (ArbSchG § 6). Die Dokumentation kann auch in elektronischer Form vorgenommen werden. Die Angaben müssen allen betroffenen Beschäftigten und ihren Vertretungen zugänglich sein (BioStoffV § 7).

7.3.3.1 Inhalte der Aufzeichnungen

Arbeitsplatz (ArbStättV § 3 Abs 3): In der Dokumentation ist anzugeben, welche Gefährdungen am *Arbeitsplatz* auftreten können und welche Maßnahmen zur Vermeidung oder Minimierung der Gefährdung der Beschäftigten durchgeführt werden müssen.

Arbeitsmittel (BetrSichV § 3): Bei *Umgang mit Arbeitsmitteln* sind mindestens anzugeben

- die Gefährdungen, die bei der Verwendung der Arbeitsmittel auftreten,
- die zu ergreifenden Schutzmaßnahmen,
- wie die Anforderungen dieser Verordnung eingehalten werden, wenn von den bekannt gegebenen Regeln und Erkenntnissen abgewichen wird,
- Art und Umfang der erforderlichen Prüfungen sowie die Fristen der wiederkehrenden Prüfungen und
- das Ergebnis der Überprüfung der Wirksamkeit der Schutzmaßnahmen

Gefahrstoffe (GefStoffV § 6): Bei *Tätigkeiten mit Gefahrstoffen* ist Folgendes anzugeben:

- die Gefährdungen bei Tätigkeiten mit Gefahrstoffen,
- das Ergebnis der Prüfung auf Möglichkeiten einer Substitution
- eine Begründung für einen Verzicht auf eine technisch mögliche Substitution, sofern Schutzmaßnahmen zu ergreifen sind,
- die durchzuführenden Schutzmaßnahmen einschließlich derer,
  - die wegen der Überschreitung eines Arbeitsplatzgrenzwerts zusätzlich ergriffen wurden sowie der geplanten Schutzmaßnahmen, die zukünftig ergriffen werden sollen, um den Arbeitsplatzgrenzwert einzuhalten, oder
  - die unter Berücksichtigung eines Beurteilungsmaßstabs für krebserzeugende Gefahrstoffe, der bekannt gegeben worden ist, zusätzlich getroffen worden sind oder zukünftig getroffen werden sollen (Maßnahmenplan),

- eine Begründung, wenn von den bekannt gegebenen Regeln und Erkenntnissen abgewichen wird, und
- die Ermittlungsergebnisse, die belegen, dass der Arbeitsplatzgrenzwert eingehalten wird oder, bei Stoffen ohne Arbeitsplatzgrenzwert, die ergriffenen technischen Schutzmaßnahmen wirksam sind.

Im Rahmen der Dokumentation der Gefährdungsbeurteilung können auch vorhandene Gefährdungsbeurteilungen, Dokumente oder andere gleichwertige Berichte verwendet werden, die auf Grund von Verpflichtungen nach anderen Rechtsvorschriften erstellt worden sind. Bei der Dokumentation hat der Arbeitgeber in Abhängigkeit der o. g. Feststellungen die Gefährdungen durch gefährliche explosionsfähige Gemische besonders auszuweisen (*Explosionsschutzdokument*). Bei *Tätigkeiten mit geringer Gefährdung durch Gefahrstoffe* kann auf eine detaillierte Dokumentation verzichtet werden. Falls in anderen Fällen auf eine detaillierte Dokumentation verzichtet wird, ist dies nachvollziehbar zu begründen.

Biostoffe (BioStoffV § 7): Die Dokumentation der Gefährdungsbeurteilung umfasst beim *Umgang mit Biostoffen* insbesondere folgende Angaben:

1. die Art der Tätigkeit einschließlich der Expositionsbedingungen,
2. das Ergebnis der Substitutionsprüfung
3. die festgelegten Schutzstufen,
4. die zu ergreifenden Schutzmaßnahmen,
5. eine Begründung, wenn von bekannt gegebenen Regeln und Erkenntnissen abgewichen wird.

Als Bestandteil der Dokumentation hat der Arbeitgeber ein Verzeichnis der verwendeten oder auftretenden Biostoffe zu erstellen (Biostoffverzeichnis), soweit diese bekannt und für die Gefährdungsbeurteilung maßgeblich sind. Das Verzeichnis muss Angaben zur Einstufung der Biostoffe in eine Risikogruppe und zu ihren sensibilisierenden, toxischen und sonstigen die Gesundheit schädigenden Wirkungen beinhalten.

Auf die Dokumentation der Angaben sowie auf das Verzeichnis kann verzichtet werden, wenn ausschließlich Tätigkeiten mit Biostoffen der Risikogruppe 1 ohne sensibilisierende oder toxische Wirkungen durchgeführt werden.

▶ Biostoffe im Abwasser sind mindestens in Risikogruppe 2; der letzte Satz trifft hier also nicht zu!

Unfälle oder Arbeitsunfähigkeiten (ArbSchG § 6): *Unfälle* in seinem Betrieb, bei denen ein Beschäftigter getötet oder so verletzt wird, dass er stirbt oder *für mehr als drei Tage völlig oder teilweise arbeits- oder dienstunfähig* wird, hat der Arbeitgeber zu *erfassen*.

7.3.3.2 Zeitpunkt (BetrSichV § 3)

Der Arbeitgeber hat das Ergebnis seiner Gefährdungsbeurteilung *vor*

- *Aufnahme der Tätigkeiten* am Arbeitsplatz
- der erstmaligen *Verwendung der Arbeitsmittel*
- der erstmaligen Aufnahme der *Tätigkeit mit Bio- oder Gefahrstoffen*

zu dokumentieren. Sofern der Arbeitgeber von der Vereinfachten Vorgehensweise bei der Verwendung von Arbeitsmitteln Gebrauch (s. u.) macht und die Gefährdungsbeurteilung ergibt, dass die Voraussetzungen dafür vorliegen, ist eine *Dokumentation dieser Voraussetzungen* und der gegebenenfalls getroffenen Schutzmaßnahmen ausreichend.

Danach ist jede Aktualisierung zu dokumentieren. Ergibt die Überprüfung der Gefährdungsbeurteilung, dass keine Aktualisierung erforderlich ist, so hat der Arbeitgeber dies unter Angabe des Datums der Überprüfung in der *Dokumentation* zu vermerken.

7.3.4 Unterweisung der Beschäftigten/Versicherten

Der Arbeitgeber hat die Beschäftigten über Sicherheit und Gesundheitsschutz bei der Arbeit während ihrer Arbeitszeit ausreichend und angemessen zu *unterweisen*. Die Unterweisung umfasst Anweisungen und Erläuterungen, die eigens auf den Arbeitsplatz oder den Aufgabenbereich der Beschäftigten ausgerichtet sind. Insbesondere über die mit ihrer Arbeit verbundenen Gefährdungen und die Maßnahmen zu ihrer Verhütung ist zu unterweisen. Die Unterweisung *muss bei der Einstellung*, *bei Veränderungen* im Aufgabenbereich, der Einführung neuer Arbeitsmittel oder einer neuen Technologie *vor Aufnahme der Tätigkeit* der Beschäftigten erfolgen. Die Unterweisung muss an die Gefährdungsentwicklung angepasst sein und erforderlichenfalls *regelmäßig wiederholt werden* (ArbSchG § 12). Die Unterweisung muss *mindestens aber einmal jährlich* erfolgen. Sie muss *dokumentiert* werden. Das Datum einer jeden Unterweisung und die Namen der Unterwiesenen hat er schriftlich festzuhalten (DGUV V 1 § 4). Inhalt und Zeitpunkt der Unterweisung sind schriftlich festzuhalten und von den Unterwiesenen durch Unterschrift zu bestätigen. Der Arbeitgeber stellt sicher, dass die Unterweisung in einer für die Beschäftigten verständlichen Form und Sprache erfolgt. Der Unternehmer hat den Versicherten die für ihren Arbeitsbereich oder für ihre Tätigkeit relevanten Inhalte der geltenden Unfallverhütungsvorschriften und Regeln der Unfallversicherungsträger sowie des einschlägigen staatlichen Vorschriften- und Regelwerks in verständlicher Weise zu vermitteln (DGUV V 1 § 4). Bei einer Arbeitnehmerüberlassung trifft die Pflicht zur Unterweisung den *Entleiher*. Er hat die Unterweisung unter Berücksichtigung der Qualifikation und der Erfahrung der Personen, die ihm zur Arbeitsleistung überlassen werden, vorzunehmen. Die sonstigen Arbeitsschutzpflichten des *Verleihers* bleiben unberührt (ArbSchG§ 12).

7.3.4.1 Unterrichtung und Anhörung der Beschäftigten des öffentlichen Dienstes (ArbSchG § 14)

Die Beschäftigten des öffentlichen Dienstes sind vor Beginn der Beschäftigung und bei Veränderungen in ihren Arbeitsbereichen über Gefahren für Sicherheit und Gesundheit, denen sie bei der Arbeit ausgesetzt sein können, sowie über die Maßnahmen und Einrichtungen zur Verhütung dieser Gefahren und die getroffenen Maßnahmen zu unterrichten. Soweit in Betrieben des öffentlichen Dienstes keine Vertretung der Beschäftigten besteht, hat der Arbeitgeber die Beschäftigten zu allen Maßnahmen zu hören, die Auswirkungen auf Sicherheit und Gesundheit der Beschäftigten haben können.

7.3.4.2 Unterweisung über Arbeitsstätten (ArbStättV § 6)

Der Arbeitgeber hat den Beschäftigten ausreichende und angemessene Informationen anhand der Gefährdungsbeurteilung in einer für die Beschäftigten verständlichen Form und Sprache zur Verfügung zu stellen über

- das bestimmungsgemäße Betreiben der Arbeitsstätte,
- alle gesundheits- und sicherheitsrelevanten Fragen im Zusammenhang mit ihrer Tätigkeit,
- Maßnahmen, die zur Gewährleistung der Sicherheit und zum Schutz der Gesundheit der Beschäftigten durchgeführt werden müssen, und
- arbeitsplatzspezifische Maßnahmen, insbesondere bei Tätigkeiten auf Baustellen oder an Bildschirmgeräten,

und sie anhand dieser Informationen zu unterweisen.

Die Unterweisung muss sich auf *Maßnahmen im Gefahrenfall* erstrecken, insbesondere auf

- die Bedienung von Sicherheits- und Warneinrichtungen,
- die Erste Hilfe und die dazu vorgehaltenen Mittel und Einrichtungen und
- den innerbetrieblichen Verkehr.

Die Unterweisung muss sich auf Maßnahmen der Brandverhütung und *Verhaltensmaßnahmen im Brandfall* erstrecken, insbesondere auf die Nutzung der Fluchtwege und Notausgänge. Diejenigen Beschäftigten, die Aufgaben der Brandbekämpfung übernehmen, hat der Arbeitgeber in der Bedienung der Feuerlöscheinrichtungen zu unterweisen. Unterweisungen sind *unverzüglich zu wiederholen*, wenn sich

- die Tätigkeiten der Beschäftigten,
- die Arbeitsorganisation,
- die Arbeits- und Fertigungsverfahren oder
- die Einrichtungen und Betriebsweisen in der Arbeitsstätte

wesentlich verändern und die Veränderung mit zusätzlichen Gefährdungen verbunden ist.

7.3.4.3 Unterweisung zu Arbeitsmitteln (BetrSichV§ 12)

Bevor Beschäftigte Arbeitsmittel erstmalig verwenden, hat der Arbeitgeber ihnen ausreichende und *angemessene Informationen* anhand der Gefährdungsbeurteilung in einer für die Beschäftigten verständlichen Form und Sprache zur Verfügung zu stellen über

- vorhandene Gefährdungen bei der Verwendung von Arbeitsmitteln einschließlich damit verbundener Gefährdungen durch die Arbeitsumgebung,
- erforderliche Schutzmaßnahmen und Verhaltensregelungen und
- Maßnahmen bei Betriebsstörungen, Unfällen und zur Ersten Hilfe bei Notfällen.

Der Arbeitgeber hat die Beschäftigten vor Aufnahme der Verwendung von Arbeitsmitteln tätigkeitsbezogen anhand der o. g. Informationen zu unterweisen. Bevor Beschäftigte Arbeitsmittel erstmalig verwenden, hat der Arbeitgeber ihnen eine *schriftliche Betriebsanweisung* für die Verwendung des Arbeitsmittels in einer für die Beschäftigten verständlichen Form und Sprache an geeigneter Stelle zur Verfügung zu stellen. Das gilt nicht für („einfache") Arbeitsmittel, für die keine Gebrauchsanleitung (nach ProdSG) mitgeliefert werden muss. Anstelle einer Betriebsanweisung kann der Arbeitgeber auch eine bei der Bereitstellung des Arbeitsmittels *auf dem Markt mitgelieferte Gebrauchsanleitung* oder Betriebsanleitung zur Verfügung stellen, wenn diese Informationen enthalten, die einer Betriebsanweisung entsprechen. Die Betriebsanweisung ist bei *sicherheitsrelevanten Änderungen* der Arbeitsbedingungen zu aktualisieren und bei der regelmäßig wiederkehrenden Unterweisung in Bezug zu nehmen.

7.3.4.4 Unterweisung bei manueller Handhabung von Lasten (LasthandhabV§ 4)

Bei der Unterweisung hat der Arbeitgeber insbesondere den Anhang der LasthandhabV und die körperliche Eignung der Beschäftigten zu berücksichtigen. Er hat den Beschäftigten, soweit dies möglich ist, genaue Angaben zu machen über die sachgemäße manuelle Handhabung von Lasten und über die Gefahren, denen die Beschäftigten insbesondere bei unsachgemäßer Ausführung der Tätigkeit ausgesetzt sind.

7.3.4.5 Unterweisung der Beschäftigten bei Lärm oder Vibrationen (LärmVibrationsArbSchV § 11)

Können bei Exposition durch Lärm die unteren Auslösewerte oder bei Exposition durch Vibrationen die Auslösewerte erreicht oder überschritten werden, stellt der Arbeitgeber sicher, dass die betroffenen Beschäftigten eine Unterweisung erhalten, die auf den Ergebnissen der Gefährdungsbeurteilung beruht und die Aufschluss über die mit der Exposition verbundenen Gesundheitsgefährdungen gibt. Der Arbeitgeber stellt sicher, dass die Unterweisung mindestens folgende Informationen enthält:

- die Art der Gefährdung,
- die durchgeführten Maßnahmen zur Beseitigung oder zur Minimierung der Gefährdung unter Berücksichtigung der Arbeitsplatzbedingungen,

- die Expositionsgrenzwerte und Auslösewerte,
- die Ergebnisse der Ermittlungen zur Exposition zusammen mit einer Erläuterung ihrer Bedeutung und der Bewertung der damit verbundenen möglichen Gefährdungen und gesundheitlichen Folgen,
- die sachgerechte Verwendung der persönlichen Schutzausrüstung,
- die Voraussetzungen, unter denen die Beschäftigten Anspruch auf arbeitsmedizinische Vorsorge haben, und deren Zweck,
- die ordnungsgemäße Handhabung der Arbeitsmittel und sichere Arbeitsverfahren zur Minimierung der Expositionen,
- Hinweise zur Erkennung und Meldung möglicher Gesundheitsschäden.

Um frühzeitig Gesundheitsstörungen durch Lärm oder Vibrationen erkennen zu können, hat der Arbeitgeber sicherzustellen, dass ab dem Überschreiten der unteren Auslösewerte für Lärm und dem Überschreiten der Auslösewerte für Vibrationen die betroffenen Beschäftigten eine allgemeine *arbeitsmedizinische Beratung* erhalten. Die Beratung ist unter Beteiligung eines Arztes durchzuführen, der/die berechtigt ist, die Gebietsbezeichnung „Arbeitsmedizin“ oder die Zusatzbezeichnung „Betriebsmedizin“ zu führen, falls dies aus arbeitsmedizinischen Gründen erforderlich sein sollte. Die arbeitsmedizinische Beratung kann im Rahmen der Unterweisung erfolgen.

7.3.4.6 Unterrichtung und Unterweisung zum Schutz vor Gefahrstoffen (GefStoffV § 14)

Der Arbeitgeber hat sicherzustellen, dass den Beschäftigten eine *schriftliche Betriebsanweisung*, die der Gefährdungsbeurteilung Rechnung trägt, in einer für die Beschäftigten verständlichen Form und Sprache zugänglich gemacht wird. Die *Betriebsanweisung* muss mindestens Folgendes enthalten:

- Informationen über die am Arbeitsplatz vorhandenen oder entstehenden Gefahrstoffe, wie beispielsweise die Bezeichnung der Gefahrstoffe, ihre Kennzeichnung sowie mögliche Gefährdungen der Gesundheit und der Sicherheit,
- Informationen über angemessene Vorsichtsmaßregeln und Maßnahmen, die die Beschäftigten zu ihrem eigenen Schutz und zum Schutz der anderen Beschäftigten am Arbeitsplatz durchzuführen haben; dazu gehören insbesondere
  - Hygienevorschriften,
  - Informationen über Maßnahmen, die zur Verhütung einer Exposition zu ergreifen sind,
  - Informationen zum Tragen und Verwenden von persönlicher Schutzausrüstung und Schutzkleidung,
- Informationen über Maßnahmen, die bei Betriebsstörungen, Unfällen und Notfällen und zur Verhütung dieser von den Beschäftigten, insbesondere von Rettungsmannschaften, durchzuführen sind.

Die Betriebsanweisung muss bei jeder *maßgeblichen Veränderung der Arbeitsbedingungen* aktualisiert werden. Der Arbeitgeber hat ferner sicherzustellen, dass die Beschäftigten

- Zugang haben zu allen Informationen über die Stoffe und Gemische, mit denen sie Tätigkeiten ausüben, insbesondere zu Sicherheitsdatenblättern, und
- über Methoden und Verfahren unterrichtet werden, die bei der Verwendung von Gefahrstoffen zum Schutz der Beschäftigten angewendet werden müssen.

Der Arbeitgeber hat sicherzustellen, dass die Beschäftigten anhand der Betriebsanweisung über alle auftretenden Gefährdungen und entsprechende Schutzmaßnahmen mündlich unterwiesen werden. Teil dieser Unterweisung ist ferner eine *allgemeine arbeitsmedizinisch-toxikologische Beratung*. Diese dient auch zur Information der Beschäftigten über die Voraussetzungen, unter denen sie Anspruch auf arbeitsmedizinische Vorsorgeuntersuchungen nach der Verordnung zur arbeitsmedizinischen Vorsorge (ArbMedVV) haben, und über den Zweck dieser Vorsorgeuntersuchungen. Die Beratung ist unter *Beteiligung einer Ärztin/Arzt*, die/der berechtigt sein muss, die Gebietsbezeichnung „Arbeitsmedizin" oder die Zusatzbezeichnung „Betriebsmedizin" zu führen, durchzuführen, falls dies erforderlich sein sollte. Der Arbeitgeber hat bei *Tätigkeiten mit krebserzeugenden, keimzellmutagenen oder reproduktionstoxischen Gefahrstoffen* der Kategorie 1A oder 1B weitere Auflagen entsprechend der GefStoffV einzuhalten.

7.3.4.7 Betriebsanweisung zum Schutz vor Biostoffen (BioStoffV § 14)

Der Arbeitgeber hat auf der Grundlage der Gefährdungsbeurteilung vor Aufnahme der Tätigkeit eine *schriftliche Betriebsanweisung* arbeitsbereichs- und biostoffbezogen zu erstellen. Die *Betriebsanweisung* ist den Beschäftigten zur Verfügung zu stellen. Sie muss in einer für die Beschäftigten verständlichen Form und Sprache verfasst sein und insbesondere folgende Informationen enthalten:

1. die mit den vorgesehenen Tätigkeiten verbundenen Gefahren für die Beschäftigten, insbesondere zu
   a) der Art der Tätigkeit,
   b) den am Arbeitsplatz verwendeten oder auftretenden, tätigkeitsrelevanten Biostoffen einschließlich der Risikogruppe, Übertragungswege und gesundheitlichen Wirkungen,
2. Informationen über Schutzmaßnahmen und Verhaltensregeln, die die Beschäftigten zu ihrem eigenen Schutz und zum Schutz anderer Beschäftigter am Arbeitsplatz durchzuführen oder einzuhalten haben; dazu gehören insbesondere
   a) innerbetriebliche Hygienevorgaben,
   b) Informationen über Maßnahmen, die zur Verhütung einer Exposition zu ergreifen sind, einschließlich der richtigen Verwendung scharfer oder spitzer medizinischer Instrumente,
   c) Informationen zum Tragen, Verwenden und Ablegen persönlicher Schutzausrüstung einschließlich Schutzkleidung,

3. Anweisungen zum Verhalten und zu Maßnahmen bei Verletzungen, bei Unfällen und Betriebsstörungen sowie zu deren innerbetrieblicher Meldung und zur Ersten Hilfe,
4. Informationen zur sachgerechten Inaktivierung oder Entsorgung von Biostoffen und kontaminierten Gegenständen, Materialien oder Arbeitsmitteln.

Die Betriebsanweisung muss bei jeder maßgeblichen Veränderung der Arbeitsbedingungen aktualisiert werden.

7.3.4.8 Unterweisung der Beschäftigten (BioStoffV § 14)

Der Arbeitgeber hat sicherzustellen, dass die Beschäftigten auf der Grundlage der jeweils aktuellen Betriebsanweisung über alle auftretenden Gefährdungen und erforderlichen Schutzmaßnahmen mündlich unterwiesen werden. Die Unterweisung ist so durchzuführen, dass bei den Beschäftigten ein Sicherheitsbewusstsein geschaffen wird. Die Beschäftigten sind auch über die Voraussetzungen zu informieren, unter denen sie Anspruch auf arbeitsmedizinische Vorsorge nach der Verordnung zur arbeitsmedizinischen Vorsorge haben. Im Rahmen der Unterweisung ist auch eine allgemeine arbeitsmedizinische Beratung durchzuführen mit Hinweisen zu besonderen Gefährdungen zum Beispiel bei verminderter Immunabwehr. Soweit erforderlich ist bei der Beratung die Ärztin oder der Arzt (Betriebsarzt) zu beteiligen.

► **TRBA 400**
„Handlungsanleitung zur Gefährdungsbeurteilung und für die Unterrichtung der Beschäftigten bei Tätigkeiten mit biologischen Arbeitsstoffen"

7.3.5 Befähigung für verschiedene Tätigkeiten

7.3.5.1 Fachkunde und Sachkunde

Fachkundig ist, wer zur Ausübung einer bestimmten Aufgabe über die jeweils erforderlichen Fachkenntnisse verfügt. Die Anforderungen an die Fachkunde sind abhängig von der jeweiligen Art der Aufgabe. Zu den Anforderungen zählen eine entsprechende Berufsausbildung oder Berufserfahrung, jeweils in Verbindung mit einer zeitnah ausgeübten entsprechend einschlägigen beruflichen Tätigkeit sowie die Teilnahme an spezifischen Fortbildungsmaßnahmen. Die Fachkenntnisse sind durch Teilnahme an Schulungen auf aktuellem Stand zu halten (BetrSichV § 2).

Sachkundig ist, wer seine *bestehende Fachkunde* durch Teilnahme an einem *behördlich anerkannten Sachkundelehrgang* erweitert hat. In Abhängigkeit vom Aufgabengebiet kann es zum Erwerb der Sachkunde auch erforderlich sein, den Lehrgang mit einer erfolgreichen Prüfung abzuschließen. Sachkundig ist ferner, wer über eine von der zuständigen Behörde als gleichwertig anerkannte oder in der einschlägigen Verordnung als gleichwertig bestimmte Qualifikation verfügt (GefahrStoffV § 2). Den Nachweis der Sachkunde hat erbracht, wer ein Zeugnis über die Teilnahme an einem von der zuständigen Behörde anerkannten Lehrgang für die beabsichtigte Tätigkeit und über die bestandene Prüfung vorlegt. Die Prüfung ist vor einer Vertreterin oder einem Vertreter der zuständigen Behörde abzulegen (ChemVerbotsV § 11).

Sachkundenachweise gelten i. d. R. für den Zeitraum von sechs Jahren. Wird während der Geltungsdauer des Sachkundenachweises ein behördlich anerkannter Fortbildungslehrgang besucht, verlängert sich i. d. R. die Geltungsdauer um sechs Jahre, gerechnet ab dem Datum des Nachweises über den Abschluss des Fortbildungslehrgangs (GefahrStoffV Anhang I).

7.3.5.2 Berücksichtigung der Befähigung für die jeweilige Tätigkeit

Bei der Übertragung von Aufgaben auf Versicherte/Beschäftigte hat der Unternehmer/Arbeitgeber *je nach Art der Tätigkeiten* zu berücksichtigen, ob die Versicherten *befähigt* sind, die für die Sicherheit und den Gesundheitsschutz bei der Aufgabenerfüllung zu beachtenden Bestimmungen und Maßnahmen einzuhalten (ArbSchG § 7). Der Unternehmer darf Versicherte, die erkennbar nicht in der Lage sind, eine Arbeit ohne Gefahr für sich oder andere auszuführen, mit dieser Arbeit nicht beschäftigen (DGUV V 1 § 7). Zum Beispiel bei der Übertragung von Aufgaben der manuellen Handhabung von Lasten, die für die Beschäftigten zu einer Gefährdung für Sicherheit und Gesundheit führen, hat der Arbeitgeber die körperliche Eignung der Beschäftigten zur Ausführung der Aufgaben zu berücksichtigen (s. u.) (LasthandhabV § 3).

7.3.5.3 Pflichtenübertragung (DGUV V 1 § 13)

Der Unternehmer kann *zuverlässige und fachkundige Personen* schriftlich damit beauftragen, ihm nach Unfallverhütungsvorschriften obliegende Aufgaben in eigener Verantwortung wahrzunehmen. Die Beauftragung muss den *Verantwortungsbereich und Befugnisse festlegen* und ist vom Beauftragten zu unterzeichnen. Eine Ausfertigung der Beauftragung ist ihm auszuhändigen.

7.3.5.4 Durchführung der Gefährdungsbeurteilung (LärmVibrationsArbSchV § 5)

Der Arbeitgeber hat sicherzustellen, dass die *Gefährdungsbeurteilung nur von fachkundigen Personen* durchgeführt wird. Verfügt der Arbeitgeber nicht selbst über die entsprechenden Kenntnisse, hat er sich fachkundig beraten zu lassen. Fachkundige Personen *können* insbesondere der Betriebsarzt und die Fachkraft für Arbeitssicherheit sein.

7.3.5.5 Durchführung von Messungen (GefStoffV § 7)

Der Arbeitgeber darf mit der *Durchführung von Messungen* nur Personen beauftragen, die über *die dafür notwendige Fachkunde und die erforderlichen Einrichtungen* verfügen. Wenn ein Arbeitgeber eine für Messungen von Gefahrstoffen an Arbeitsplätzen akkreditierte Messstelle beauftragt, kann der Arbeitgeber in der Regel davon ausgehen, dass die von dieser Messstelle gewonnenen Erkenntnisse zutreffend sind.

7.3.5.6 Gefährliche Arbeiten (DGUV V 1 § 8)

Wenn eine gefährliche Arbeit von mehreren Personen gemeinschaftlich ausgeführt wird und sie zur Vermeidung von Gefahren eine gegenseitige Verständigung erfordert, hat der Unternehmer dafür zu sorgen, dass eine *zuverlässige, mit der Arbeit vertraute Person* die *Aufsicht* führt.

Wird eine gefährliche Arbeit von einer Person *allein* ausgeführt, so hat der Unternehmer über die allgemeinen Schutzmaßnahmen hinaus für geeignete technische oder organisatorische *Personenschutzmaßnahmen* zu sorgen.

7.3.5.7 Zutritts- und Aufenthaltsverbote durch den Unternehmer (DGUV V 1 § 9)

Der Unternehmer hat dafür zu sorgen, dass Unbefugte Betriebsteile nicht betreten, wenn dadurch eine Gefahr für Sicherheit und Gesundheit entsteht.

7.3.6 Zusammenarbeit mehrerer Arbeitgeber bzw. verschiedener Firmen

7.3.6.1 Vergabe von Aufträgen (DGUV V 1 § 5)

Erteilt der Unternehmer den Auftrag,

- Einrichtungen zu planen, herzustellen, zu ändern oder in Stand zu setzen,
- Arbeitsverfahren zu planen oder zu gestalten,

so hat er dem Auftragnehmer schriftlich aufzugeben, die für die Durchführung des Auftrags maßgeblichen Vorgaben zu beachten. Erteilt der Unternehmer den Auftrag, Arbeitsmittel, Ausrüstungen oder Arbeitsstoffe zu *liefern*, so hat er dem Auftragnehmer schriftlich aufzugeben, im Rahmen seines Auftrags die für Sicherheit und Gesundheitsschutz einschlägigen Anforderungen einzuhalten. Bei der Erteilung von Aufträgen an ein Fremdunternehmen hat der den Auftrag erteilende Unternehmer den Fremdunternehmer bei der *Gefährdungsbeurteilung* bezüglich der betriebsspezifischen Gefahren *zu unterstützen*. Der Unternehmer hat ferner sicherzustellen, dass Tätigkeiten mit besonderen Gefahren durch Aufsicht Führende überwacht werden, die die Durchführung der festgelegten Schutzmaßnahmen sicherstellen. Der Unternehmer hat ferner mit dem Fremdunternehmen Einvernehmen herzustellen, wer den Aufsicht-Führenden zu stellen.

7.3.6.2 Fachkundige Auftragnehmer

Beabsichtigt der Arbeitgeber, in seinem Betrieb Arbeiten durch eine betriebsfremde Person (Auftragnehmer) durchführen zu lassen, so darf er dafür nur solche Auftragnehmer heranziehen, die über die *für die geplanten Arbeiten erforderliche Fachkunde* verfügen (BetrSichV § 13). Sollen in einem Betrieb Fremdfirmen *Tätigkeiten mit Gefahrstoffen* ausüben, hat der Arbeitgeber als Auftraggeber sicherzustellen, dass nur solche Fremdfirmen herangezogen werden, die über die *Fachkenntnisse und Erfahrungen* verfügen, die für diese Tätigkeiten erforderlich sind (GefStoffV § 15).

7.3.6.3 Gegenseitige Information (BetrSichV § 13)

Der Arbeitgeber als Auftraggeber hat die Auftragnehmer, die ihrerseits Arbeitgeber (Fremdfirmen) sind, über die von seinen Arbeitsmitteln ausgehenden Gefährdungen, über Gefahrenquellen und über spezifische Verhaltensregeln zu informieren. Der Auftragnehmer hat den Auftraggeber und andere Arbeitgeber über Gefährdungen durch seine Arbeiten für Beschäftigte des Auftraggebers und anderer Arbeitgeber zu informieren.

7.3.6.4 Abgestimmte Schutzmaßnahmen

Kann bei Tätigkeiten von Beschäftigten eines Arbeitgebers eine Gefährdung von Beschäftigten anderer Arbeitgeber, – z. B. auch durch Gefahrstoffe –, nicht ausgeschlossen werden, so haben alle betroffenen Arbeitgeber bei ihren Gefährdungsbeurteilungen zusammenzuwirken und die *Schutzmaßnahmen so abzustimmen* und durchzuführen, dass diese wirksam sind. Dies ist zu dokumentieren (GefStoffV § 15). Jeder Arbeitgeber ist einerseits dafür verantwortlich, dass seine Beschäftigten die gemeinsam festgelegten Schutzmaßnahmen anwenden; andererseits haben dabei die Arbeitgeber gemeinsam sicherzustellen, dass Gefährdungen der Beschäftigten aller beteiligten Unternehmen durch *Gefahrstoffe* wirksam begegnet wird (BetrSichV § 13).

7.3.6.5 Zusammenarbeit

Werden *Beschäftigte mehrerer Arbeitgeber an einem Arbeitsplatz* tätig, sind die Arbeitgeber verpflichtet, bei der Durchführung der Sicherheits- und Gesundheitsschutzbestimmungen *zusammenzuarbeiten*. Soweit dies für die Sicherheit und den Gesundheitsschutz der Beschäftigten bei der Arbeit erforderlich ist, haben die Arbeitgeber je nach Art der Tätigkeiten insbesondere sich gegenseitig und ihre Beschäftigten über die mit den Arbeiten verbundenen Gefahren für Sicherheit und Gesundheit der Beschäftigten zu unterrichten und Maßnahmen zur Verhütung dieser Gefahren *abzustimmen*. Insbesondere haben sie, soweit es zur Vermeidung einer möglichen gegenseitigen Gefährdung erforderlich ist, eine Person zu bestimmen, die die Arbeiten aufeinander abstimmt; zur Abwehr besonderer Gefahren ist sie mit entsprechender Weisungsbefugnis auszustatten (DGUV V 1 § 6). Der Arbeitgeber muss sich je nach Art der Tätigkeit vergewissern, dass die Beschäftigten anderer Arbeitgeber, die in seinem Betrieb tätig werden, hinsichtlich der Gefahren für ihre Sicherheit und Gesundheit während ihrer Tätigkeit in seinem Betrieb *angemessene Anweisungen* erhalten haben (ArbSchG § 8).

7.3.6.6 Bestellung eines Koordinators (GefStoffV § 15)

Besteht bei Tätigkeiten von Beschäftigten eines Arbeitgebers eine erhöhte Gefährdung von Beschäftigten anderer Arbeitgeber durch *Gefahrstoffe*, ist durch die beteiligten Arbeitgeber ein *Koordinator zu bestellen*. Das gilt auch, wenn bei der *Verwendung von Arbeitsmitteln* eine *erhöhte Gefährdung* von Beschäftigten anderer Arbeitgeber besteht: dann ist für die Abstimmung der jeweils erforderlichen Schutzmaßnahmen durch die beteiligten Arbeitgeber *ein Koordinator/eine Koordinatorin schriftlich zu bestellen*. Sofern aufgrund anderer Arbeitsschutzvorschriften bereits ein Koordinator/eine Koordinatorin bestellt ist, kann diese/r auch die Koordinationsaufgaben nach der BetrSich-Verordnung übernehmen. Wurde ein Koordinator nach den Bestimmungen der „Baustellenverordnung" bestellt, gilt die Pflicht nach GefStoffV als erfüllt. Die Baustellenverordnung dient der Verbesserung von Sicherheit und Gesundheitsschutz der Beschäftigten auf Baustellen. Baustelle ist der Ort, an dem eine oder mehrere bauliche Anlagen errichtet, geändert oder abgebrochen werden. Dem Koordinator sind von den beteiligten Arbeitgebern alle erforderlichen sicherheitsrelevanten Informationen sowie Informationen zu den festgelegten Schutzmaßnahmen zur Verfügung zu stellen. Die Bestellung eines Koordinators entbindet die Arbeitgeber nicht von ihrer Verantwortung. Vor dem Beginn von Abbruch-, Sanierungs- und Instandhaltungsarbeiten oder Bauarbeiten muss der Arbeitgeber für die Gefährdungsbeurteilung Informationen, insbesondere vom Auftraggeber oder Bauherrn, darüber einholen, ob entsprechend der Nutzungs- oder Baugeschichte des Objekts *Gefahrstoffe*, insbesondere Asbest, vorhanden oder zu erwarten sind.

7.3.7 Maßnahmen zum Schutz der Beschäftigten

7.3.7.1 Arbeitsstätten

Einrichten und Betreiben von Arbeitsstätten (ArbStättV § 3a) Der Arbeitgeber hat dafür zu sorgen, dass Arbeitsstätten so eingerichtet und betrieben werden, dass Gefährdungen für die Sicherheit und die Gesundheit der Beschäftigten möglichst vermieden und verbleibende Gefährdungen möglichst gering gehalten werden. Beim Einrichten und Betreiben der Arbeitsstätten hat der Arbeitgeber entsprechend dem Ergebnis der Gefährdungsbeurteilung Maßnahmen zum Schutz der Beschäftigten nach dem Stand der Technik, Arbeitsmedizin und Hygiene festzulegen. Sonstige gesicherte arbeitswissenschaftliche Erkenntnisse sind zu berücksichtigen. Bei Einhaltung der bekannt gemachten Regeln (u. a. Technische Regeln für Arbeitsstätten, ASR) ist davon auszugehen, dass die gestellten Anforderungen diesbezüglich erfüllt sind. Wendet der Arbeitgeber diese Regeln nicht an, so muss er durch andere Maßnahmen die gleiche Sicherheit und den gleichen Schutz der Gesundheit der Beschäftigten erreichen. Beschäftigt der Arbeitgeber Menschen mit Behinderungen, hat er die Arbeitsstätte so einzurichten und zu betreiben, dass die besonderen Belange dieser Beschäftigten im Hinblick auf die Sicherheit und den Schutz der Gesundheit berücksichtigt werden. Dies gilt insbesondere für die barrierefreie Gestaltung von Arbeitsplätzen, Sanitär-, Pausen- und Bereitschaftsräumen, Kantinen, Erste-Hilfe-Räumen und Unterkünften sowie den zugehörigen Türen, Verkehrswegen, Fluchtwegen, Notausgängen, Treppen und Orientierungssystemen, die von den Beschäftigten mit Behinderungen benutzt werden.

Besondere Anforderungen an das Betreiben von Arbeitsstätten (ArbStättV § 4) Der Arbeitgeber hat die Arbeitsstätte *instand zu halten* und dafür zu sorgen, dass festgestellte Mängel unverzüglich beseitigt werden. Können Mängel, mit denen eine *unmittelbare erhebliche Gefahr* verbunden ist, nicht sofort beseitigt werden, hat er dafür zu sorgen, dass die gefährdeten Beschäftigten ihre Tätigkeit unverzüglich einstellen. Der Arbeitgeber hat dafür zu sorgen, dass Arbeitsstätten den *hygienischen Erfordernissen* entsprechend gereinigt werden. Verunreinigungen und Ablagerungen, die zu Gefährdungen führen können, sind unverzüglich zu beseitigen. Der Arbeitgeber hat die *Sicherheitseinrichtungen*, insbesondere Sicherheitsbeleuchtung, Brandmelde- und Feuerlöscheinrichtungen, Signalanlagen, Notaggregate und Notschalter sowie raumlufttechnische Anlagen instand zu halten und in regelmäßigen Abständen auf ihre Funktionsfähigkeit prüfen zu lassen. Der Arbeitgeber hat dafür zu sorgen, dass *Verkehrswege, Fluchtwege* und *Notausgänge* ständig freigehalten werden, damit sie jederzeit benutzbar sind. Der Arbeitgeber hat Vorkehrungen so zu treffen, dass die Beschäftigten bei Gefahr sich unverzüglich in Sicherheit bringen und schnell gerettet werden können. Der Arbeitgeber hat einen *Flucht- und Rettungsplan* aufzustellen, wenn Lage, Ausdehnung und Art der Benutzung der Arbeitsstätte dies erfordern. Der Plan ist an geeigneten Stellen in der Arbeitsstätte auszulegen oder auszuhängen. In angemessenen Zeitabständen ist entsprechend diesem Plan zu üben. Der Arbeitgeber hat beim Einrichten und Betreiben von Arbeitsstätten Mittel und *Einrichtungen zur Ersten Hilfe* zur Verfügung zu stellen und regelmäßig auf ihre Vollständigkeit und Verwendungsfähigkeit prüfen zu lassen.

Nichtraucherschutz (ArbStättV § 5) Der Arbeitgeber hat die erforderlichen Maßnahmen zu treffen, damit die nicht rauchenden Beschäftigten in Arbeitsstätten wirksam vor den Gesundheitsgefahren durch Tabakrauch geschützt sind. Soweit erforderlich, hat der Arbeitgeber ein allgemeines oder auf einzelne Bereiche der Arbeitsstätte *beschränktes Rauchverbot* zu erlassen. In Arbeitsstätten mit Publikumsverkehr hat der Arbeitgeber beim Einrichten und Betreiben von Arbeitsräumen der Natur des Betriebes entsprechende und der Art der Beschäftigung angepasste technische oder organisatorische Maßnahmen zum Schutz der nicht rauchenden Beschäftigten zu treffen.

Maßnahmen gegen Einflüsse des Wettergeschehens (DGUV V 1 § 23) Beschäftigt der Unternehmer Versicherte *im Freien* und bestehen infolge des Wettergeschehens Unfall- und Gesundheitsgefahren, so hat er geeignete Maßnahmen am Arbeitsplatz vorzusehen, geeignete organisatorische Schutzmaßnahmen zu treffen oder erforderlichenfalls persönliche Schutzausrüstungen zur Verfügung zu stellen.

7.3.7.2 Arbeitsmittel

Anforderungen an die zur Verfügung gestellten Arbeitsmittel (BetrSichV § 5) Der Arbeitgeber darf nur solche *Arbeitsmittel* zur Verfügung stellen und verwenden lassen, die unter Berücksichtigung der vorgesehenen Einsatzbedingungen bei der Verwendung *sicher* sind. Die Arbeitsmittel müssen

- für die Art der auszuführenden Arbeiten geeignet sein,
- den gegebenen Einsatzbedingungen und den vorhersehbaren Beanspruchungen angepasst sein und
- über die erforderlichen sicherheitsrelevanten Ausrüstungen verfügen,

sodass eine Gefährdung durch ihre Verwendung so gering wie möglich gehalten wird. Kann trotzdem die Sicherheit und Gesundheit nicht gewährleistet werden, so hat der Arbeitgeber andere *geeignete Schutzmaßnahmen* zu treffen, um die Gefährdung so weit wie möglich zu reduzieren. Der Arbeitgeber darf Arbeitsmittel *nicht* zur Verfügung stellen und verwenden lassen, wenn sie *Mängel* aufweisen, welche die sichere Verwendung beeinträchtigen. Der Arbeitgeber darf nur solche Arbeitsmittel zur Verfügung stellen und verwenden lassen, die den für sie *geltenden Rechtsvorschriften* über Sicherheit und Gesundheitsschutz *entsprechen*. Zu diesen Rechtsvorschriften gehören insbesondere auch Rechtsvorschriften, mit denen Gemeinschaftsrichtlinien in deutsches Recht umgesetzt wurden und die für die Arbeitsmittel zum Zeitpunkt des Bereitstellens auf dem Markt gelten. Arbeitsmittel, die der Arbeitgeber für eigene Zwecke selbst hergestellt hat, müssen den grundlegenden Sicherheitsanforderungen der anzuwendenden Gemeinschaftsrichtlinien entsprechen. Der Arbeitgeber hat dafür zu sorgen, dass Beschäftigte nur die Arbeitsmittel verwenden, die er ihnen zur Verfügung gestellt hat oder deren Verwendung er ihnen ausdrücklich gestattet hat.

Grundlegende Schutzmaßnahmen bei der Verwendung von Arbeitsmitteln (BetrSichV § 6) Der Arbeitgeber kann bei der *Festlegung der Schutzmaßnahmen* bereits vorhandene Gefährdungsbeurteilungen, hierzu gehören auch gleichwertige Unterlagen, die ihm der Hersteller oder Inverkehrbringer mitgeliefert hat, übernehmen, sofern die Angaben und Festlegungen in dieser Gefährdungsbeurteilung den *Arbeitsmitteln* einschließlich der Arbeitsbedingungen und -verfahren, im eigenen Betrieb entsprechen (BetrSichV § 3) Der Arbeitgeber hat dafür zu sorgen, dass die Arbeitsmittel *sicher verwendet* und dabei die *Grundsätze der Ergonomie* beachtet werden. Die Verwendung der Arbeitsmittel ist so zu gestalten und zu organisieren, dass Belastungen und Fehlbeanspruchungen, die die Gesundheit und die Sicherheit der Beschäftigten gefährden können, vermieden oder, wenn dies nicht möglich ist, auf ein Mindestmaß reduziert werden. Der Arbeitgeber hat darauf zu achten, dass die Beschäftigten in der Lage sind, die Arbeitsmittel zu verwenden, ohne sich oder andere Personen zu gefährden (BetrSichV § 6). Insbesondere sind folgende Grundsätze einer *menschengerechten Gestaltung der Arbeit* zu berücksichtigen:

- die Arbeitsmittel einschließlich ihrer Schnittstelle zum Menschen müssen an die körperlichen Eigenschaften und die Kompetenz der Beschäftigten angepasst sein sowie biomechanische Belastungen bei der Verwendung vermieden sein. Zu berücksichtigen sind hierbei die Arbeitsumgebung, die Lage der Zugriffstellen und des Schwerpunktes des Arbeitsmittels, die erforderliche Körperhaltung, die Körperbewegung, die Entfernung zum Körper, die benötigte persönliche Schutzausrüstung sowie die psychische Belastung der Beschäftigten,
- die Beschäftigten müssen über einen ausreichenden Bewegungsfreiraum verfügen,
- es sind ein Arbeitstempo und ein Arbeitsrhythmus zu vermeiden, die zu Gefährdungen der Beschäftigten führen können,
- es sind Bedien- und Überwachungstätigkeiten zu vermeiden, die eine uneingeschränkte und dauernde Aufmerksamkeit erfordern.

Der Arbeitgeber hat dafür zu sorgen, dass vorhandene Schutzeinrichtungen und zur Verfügung gestellte *persönliche Schutzausrüstungen verwendet werden*, dass erforderliche Schutz- oder *Sicherheitseinrichtungen funktionsfähig* sind und nicht auf einfache Weise manipuliert oder umgangen werden. Der Arbeitgeber hat ferner durch geeignete Maßnahmen dafür zu sorgen, dass Beschäftigte bei der Verwendung der Arbeitsmittel die bei der Unterweisung erhaltenen Informationen sowie Kennzeichnungen und Gefahrenhinweise beachten. Der Arbeitgeber hat dafür zu sorgen, dass

- die Errichtung von Arbeitsmitteln, der Auf- und Abbau, die Erprobung sowie die Instandhaltung und Prüfung von Arbeitsmitteln unter Berücksichtigung der sicherheitsrelevanten Aufstellungs- und Umgebungsbedingungen nach dem *Stand der Technik* erfolgen und sicher durchgeführt werden,
- erforderliche Sicherheits- und Schutzabstände eingehalten werden und
- alle verwendeten oder erzeugten Energieformen und Materialien sicher zu- und abgeführt werden können.

Werden *Arbeitsmittel im Freien* verwendet, hat der Arbeitgeber dafür zu sorgen, dass die sichere Verwendung der Arbeitsmittel ungeachtet der Witterungsverhältnisse stets gewährleistet ist.

Vereinfachte Vorgehensweise bei der Verwendung von Arbeitsmitteln (BetrSichV § 7) Der Arbeitgeber kann auf weitere Schutz-Maßnahmen verzichten, wenn sich aus der Gefährdungsbeurteilung ergibt, dass

- die Arbeitsmittel mindestens *den sicherheitstechnischen Anforderungen* der für sie zum Zeitpunkt der Verwendung geltenden Rechtsvorschriften zum Bereitstellen von Arbeitsmitteln auf dem Markt *entsprechen*,
- die Arbeitsmittel ausschließlich *bestimmungsgemäß* entsprechend den Vorgaben des Herstellers verwendet werden,
- keine zusätzlichen Gefährdungen der Beschäftigten unter Berücksichtigung der Arbeitsumgebung, der Arbeitsgegenstände, der Arbeitsabläufe sowie der Dauer und der zeitlichen Lage der Arbeitszeit auftreten und
- Instandhaltungsmaßnahmen getroffen und Prüfungen durchgeführt werden.

Das gilt nicht für überwachungsbedürftige Anlagen und Krane sowie Flüssiggasanlagen.

Schutzmaßnahmen bei Gefährdungen durch Energien, Ingangsetzen und Stillsetzen (BetrSichV § 8) Der Arbeitgeber darf nur solche Arbeitsmittel verwenden lassen, die gegen Gefährdungen ausgelegt sind durch

- die von ihnen ausgehenden oder verwendeten Energien,
- direktes oder indirektes Berühren von Teilen, die unter elektrischer Spannung stehen, oder
- Störungen ihrer Energieversorgung.

Die Arbeitsmittel müssen ferner so gestaltet sein, dass eine gefährliche elektrostatische Aufladung vermieden oder begrenzt wird. Ist dies nicht möglich, müssen sie mit Einrichtungen zum Ableiten solcher Aufladungen ausgestattet sein. Der Arbeitgeber hat dafür zu sorgen, dass Arbeitsmittel mit den sicherheitstechnisch erforderlichen Mess-, Steuer- und Regeleinrichtungen ausgestattet sind, damit sie sicher und zuverlässig verwendet werden können. Befehlseinrichtungen, die Einfluss auf die sichere Verwendung der Arbeitsmittel haben, müssen insbesondere

- als solche deutlich erkennbar, außerhalb des Gefahrenbereichs angeordnet und leicht und ohne Gefährdung erreichbar sein; ihre Betätigung darf zu keiner zusätzlichen Gefährdung führen,
- sicher beschaffen und auf vorhersehbare Störungen, Beanspruchungen und Zwänge ausgelegt sein,
- gegen unbeabsichtigtes oder unbefugtes Betätigen gesichert sein.

Arbeitsmittel dürfen nur absichtlich in Gang gesetzt werden können. Soweit erforderlich, muss das Ingangsetzen sicher verhindert werden können oder müssen sich die Beschäftigten Gefährdungen durch das in Gang gesetzte Arbeitsmittel rechtzeitig entziehen können. Hierbei und bei Änderungen des Betriebszustands muss auch die Sicherheit im Gefahrenbereich durch geeignete Maßnahmen gewährleistet werden. Vom Standort der Bedienung des Arbeitsmittels aus muss dieses als Ganzes oder in Teilen so stillgesetzt und von jeder einzelnen Energiequelle dauerhaft sicher getrennt werden können, dass ein sicherer Zustand gewährleistet ist. Die hierfür vorgesehenen Befehlseinrichtungen müssen leicht und ungehindert erreichbar und deutlich erkennbar gekennzeichnet sein. Der Befehl zum Stillsetzen eines Arbeitsmittels muss gegenüber dem Befehl zum Ingangsetzen Vorrang haben. Können bei Arbeitsmitteln, die über Systeme mit Speicherwirkung verfügen, nach dem Trennen von jeder Energiequelle noch Energien gespeichert sein, so müssen Einrichtungen vorhanden sein, mit denen diese Systeme energiefrei gemacht werden können. Diese Einrichtungen müssen gekennzeichnet sein. Ist ein vollständiges Energiefreimachen nicht möglich, müssen an den Arbeitsmitteln entsprechende Gefahrenhinweise vorhanden sein. Kraftbetriebene Arbeitsmittel müssen mit einer schnell erreichbaren und auffällig gekennzeichneten *Notbefehlseinrichtung zum sicheren Stillsetzen* des gesamten Arbeitsmittels ausgerüstet sein, mit der Gefahr bringende Bewegungen oder Prozesse ohne zusätzliche Gefährdungen unverzüglich stillgesetzt werden können. Auf eine Notbefehlseinrichtung kann verzichtet werden, wenn sie die Gefährdung nicht mindern würde; in diesem Fall ist die Sicherheit auf andere Weise zu gewährleisten. Vom jeweiligen Bedienungsort des Arbeitsmittels aus muss feststellbar sein, ob sich Personen oder Hindernisse im Gefahrenbereich befinden, oder dem Ingangsetzen muss ein automatisch ansprechendes Sicherheitssystem vorgeschaltet sein, das das Ingangsetzen verhindert, solange sich Beschäftigte im Gefahrenbereich aufhalten. Ist dies nicht möglich, müssen ausreichende Möglichkeiten zur Verständigung und Warnung vor dem Ingangsetzen vorhanden sein. Soweit erforderlich, muss das Ingangsetzen sicher verhindert werden können, oder die Beschäftigten müssen sich Gefährdungen durch das in Gang gesetzte Arbeitsmittel rechtzeitig entziehen können.

Weitere Schutzmaßnahmen bei der Verwendung von Arbeitsmitteln (BetrSichV § 9) Der Arbeitgeber hat dafür zu sorgen, dass Arbeitsmittel unter Berücksichtigung der zu erwartenden Betriebsbedingungen so verwendet werden, dass Beschäftigte gegen vorhersehbare Gefährdungen ausreichend geschützt sind. Insbesondere müssen

- Arbeitsmittel ausreichend *standsicher* sein und, falls erforderlich, gegen unbeabsichtigte Positions- und Lageänderungen stabilisiert werden,
- Arbeitsmittel mit den erforderlichen *sicherheitstechnischen Ausrüstungen* versehen sein,
- Arbeitsmittel, ihre Teile und die *Verbindungen* untereinander den Belastungen aus inneren und äußeren Kräften standhalten,
- Schutzeinrichtungen bei *Splitter- oder Bruchgefahr* sowie gegen herabfallende oder herausschleudernde Gegenstände vorhanden sein,
- *sichere Zugänge* zu Arbeitsplätzen an und in Arbeitsmitteln gewährleistet und ein gefahrloser Aufenthalt dort möglich sein,
- Schutzmaßnahmen getroffen werden, die sowohl einen *Absturz* von Beschäftigten als auch von Arbeitsmitteln sicher verhindern,

- Maßnahmen getroffen werden, damit Personen nicht unbeabsichtigt in Arbeitsmitteln *eingeschlossen* werden; im Notfall müssen eingeschlossene Personen aus Arbeitsmitteln in angemessener Zeit befreit werden können,
- Schutzmaßnahmen gegen Gefährdungen durch *bewegliche Teile* von Arbeitsmitteln und gegen Blockaden solcher Teile getroffen werden; hierzu gehören auch Maßnahmen, die den unbeabsichtigten Zugang zum Gefahrenbereich von beweglichen Teilen von Arbeitsmitteln verhindern oder die bewegliche Teile vor dem Erreichen des Gefahrenbereichs stillsetzen,
- Maßnahmen getroffen werden, die verhindern, dass die sichere Verwendung der Arbeitsmittel durch *äußere Einwirkungen* beeinträchtigt wird,
- *Leitungen* so verlegt sein, dass Gefährdungen vermieden werden, und
- Maßnahmen getroffen werden, die verhindern, dass außer Betrieb gesetzte Arbeitsmittel zu Gefährdungen führen.

Der Arbeitgeber hat Schutzmaßnahmen gegen Gefährdungen durch *heiße oder kalte Teile, scharfe Ecken und Kanten* und raue Oberflächen von Arbeitsmitteln zu treffen. Der Arbeitgeber hat weiterhin dafür zu sorgen, dass *Schutzeinrichtungen*

- einen ausreichenden Schutz gegen Gefährdungen bieten,
- stabil gebaut sind,
- sicher in Position gehalten werden,
- die Eingriffe, die für den Einbau oder den Austausch von Teilen sowie für Instandhaltungsarbeiten erforderlich sind, möglichst ohne Demontage der Schutzeinrichtungen zulassen,
- keine zusätzlichen Gefährdungen verursachen,
- nicht auf einfache Weise umgangen oder unwirksam gemacht werden können und
- die Beobachtung und Durchführung des Arbeitszyklus nicht mehr als notwendig einschränken.

Soweit nach der Gefährdungsbeurteilung erforderlich, müssen an Arbeitsmitteln oder in deren Gefahrenbereich ausreichende, verständliche und gut wahrnehmbare *Sicherheitskennzeichnungen und Gefahrenhinweise* sowie Einrichtungen zur angemessenen, unmissverständlichen und leicht wahrnehmbaren Warnung im Gefahrenfall vorhanden sein.

Instandhaltung und Änderung von Arbeitsmitteln (BetrSichV § 10) (Siehe hierzu auch Instandhaltung von Anlagen im Kap. 3 „Umgang mit Anlagen“) Der Arbeitgeber hat Instandhaltungsmaßnahmen zu treffen, damit die Arbeitsmittel während der gesamten Verwendungsdauer den für sie geltenden Sicherheits- und Gesundheitsschutzanforderungen entsprechen und in einem sicheren Zustand erhalten werden. Dabei sind die *Angaben des Herstellers* zu berücksichtigen. Notwendige Instandhaltungsmaßnahmen sind unverzüglich durchzuführen und die dabei erforderlichen Schutzmaßnahmen zu treffen. Der Arbeitgeber hat Instandhaltungsmaßnahmen auf der Grundlage einer Gefährdungsbeurteilung sicher durchführen zu lassen und dabei die *Betriebsanleitung des Herstellers* zu berücksichtigen.

Instandhaltungsmaßnahmen dürfen nur von *fachkundigen, beauftragten und unterwiesenen Beschäftigten* oder von sonstigen für die Durchführung der Instandhaltungsarbeiten geeigneten Auftragnehmern mit vergleichbarer Qualifikation durchgeführt werden. Der Arbeitgeber hat alle erforderlichen Maßnahmen zu treffen, damit Instandhaltungsarbeiten sicher durchgeführt werden können. Dabei hat er insbesondere

- die *Verantwortlichkeiten* für die Durchführung der erforderlichen Sicherungsmaßnahmen festzulegen,
- eine ausreichende *Kommunikation* zwischen Bedien- und Instandhaltungspersonal sicherzustellen,
- den Arbeitsbereich während der Instandhaltungsarbeiten *abzusichern*,
- das *Betreten* des Arbeitsbereichs durch Unbefugte zu verhindern, soweit das nach der Gefährdungsbeurteilung erforderlich ist,
- *sichere Zugänge* für das Instandhaltungspersonal vorzusehen,
- *Gefährdungen* durch bewegte oder angehobene Arbeitsmittel oder deren Teile sowie durch gefährliche Energien oder Stoffe zu vermeiden,
- dafür zu sorgen, dass Einrichtungen vorhanden sind, mit denen *Energien beseitigt* werden können, die nach einer Trennung des instand zu haltenden Arbeitsmittels von Energiequellen noch gespeichert sind; diese Einrichtungen sind entsprechend zu kennzeichnen,
- *sichere Arbeitsverfahren* für solche Arbeitsbedingungen festzulegen, die vom Normalzustand abweichen,
- erforderliche Warn- und *Gefahrenhinweise* bezogen auf Instandhaltungsarbeiten an den Arbeitsmitteln zur Verfügung zu stellen,
- dafür zu sorgen, dass nur *geeignete Geräte* und Werkzeuge und eine geeignete persönliche Schutzausrüstung verwendet werden,
- bei Auftreten oder Bildung gefährlicher explosionsfähiger Atmosphäre besondere Schutzmaßnahmen zu treffen,
- Systeme für die *Freigabe bestimmter Arbeiten* anzuwenden.

Werden bei Instandhaltungsmaßnahmen an Arbeitsmitteln die für den Normalbetrieb getroffenen technischen *Schutzmaßnahmen ganz oder teilweise außer Betrieb* gesetzt oder müssen solche Arbeiten unter Gefährdung durch Energie durchgeführt werden, so ist die Sicherheit der Beschäftigten während der Dauer dieser Arbeiten durch andere geeignete Maßnahmen zu gewährleisten. Das oben gesagte gilt auch für *Änderungen an Arbeitsmitteln*. Der Arbeitgeber hat sicherzustellen, dass die geänderten Arbeitsmittel die Sicherheits- und Gesundheitsschutzanforderungen erfüllen. Bei Änderungen von Arbeitsmitteln hat der Arbeitgeber zu beurteilen, ob es sich um prüfpflichtige Änderungen handelt. Er hat auch zu beurteilen, ob er bei den Änderungen von Arbeitsmitteln *Herstellerpflichten* zu beachten hat, die sich aus anderen Rechtsvorschriften, insbesondere dem Produktsicherheitsgesetz oder einer Verordnung ergeben.

Prüfung von Arbeitsmitteln (BetrSichV §§ 13–14) Der Arbeitgeber hat *Art und Umfang erforderlicher Prüfungen* von Arbeitsmitteln sowie die *Fristen* von wiederkehrenden Prüfungen zu ermitteln und festzulegen, soweit die BetrSichV nicht bereits entsprechende

Vorgaben enthält. Das gilt auch für Aufzugsanlagen. Die Fristen für die wiederkehrenden Prüfungen sind so festzulegen, dass die Arbeitsmittel bis zur nächsten festgelegten Prüfung sicher verwendet werden können. Bei der Festlegung der Fristen für die wiederkehrenden Prüfungen für bestimmte Arbeitsmittel dürfen die in der BetrSichV genannten Prüffristen nicht überschritten werden. Der Arbeitgeber hat Arbeitsmittel, deren Sicherheit von den Montagebedingungen abhängt, vor der erstmaligen Verwendung von einer *zur Prüfung befähigten Person prüfen* zu lassen. Davor hat der Arbeitgeber zu ermitteln und festzulegen, welche *Voraussetzungen* die zur Prüfung *befähigten Personen* erfüllen müssen, die von ihm mit den Prüfungen von Arbeitsmitteln zu beauftragen sind. Die Prüfung umfasst Folgendes:

- die Kontrolle der *vorschriftsmäßigen Montage* oder Installation und der *sicheren Funktion* dieser Arbeitsmittel,
- die rechtzeitige Feststellung von *Schäden*,
- die Feststellung, ob die getroffenen sicherheitstechnischen Maßnahmen *wirksam* sind.

Prüfinhalte, die im Rahmen eines Konformitätsbewertungsverfahrens geprüft und dokumentiert wurden, müssen nicht erneut geprüft werden. Die Prüfung muss *vor jeder Inbetriebnahme* nach einer Montage stattfinden.

Arbeitsmittel, die *Schäden verursachenden Einflüssen* ausgesetzt sind, die zu Gefährdungen der Beschäftigten führen können, hat der Arbeitgeber *wiederkehrend* von einer zur Prüfung befähigten Person prüfen zu lassen. Die Prüfung muss entsprechend den vorher ermittelten Fristen stattfinden. Ergibt die Prüfung, dass ein Arbeitsmittel nicht bis zu der nächsten wiederkehrenden Prüfung sicher betrieben werden kann, ist die *Prüffrist neu* festzulegen. Arbeitsmittel sind *nach prüfpflichtigen Änderungen* vor ihrer nächsten Verwendung durch eine *zur Prüfung befähigte Person* prüfen zu lassen. Arbeitsmittel, die von außergewöhnlichen Ereignissen betroffen sind, die schädigende Auswirkungen auf ihre Sicherheit haben können, durch die Beschäftigte gefährdet werden können, sind vor ihrer weiteren Verwendung einer *außerordentlichen Prüfung* durch eine zur *Prüfung befähigte Person* unterziehen zu lassen. Außergewöhnliche Ereignisse können insbesondere Unfälle, längere Zeiträume der Nichtverwendung der Arbeitsmittel oder Naturereignisse sein. Bei der Prüfung von *besonderen Anlagen* gelten die dort genannten Vorgaben zusätzlich zu den oben Vorgaben (siehe Kapitel „Umgang mit Anlagen"). Der *Fälligkeitstermin* von wiederkehrenden Prüfungen wird jeweils mit dem Monat und dem Jahr angegeben. Die Frist für die nächste wiederkehrende Prüfung beginnt mit dem Fälligkeitstermin der letzten Prüfung. Wird eine Prüfung vor dem Fälligkeitstermin durchgeführt, beginnt die Frist für die nächste Prüfung mit dem Monat und Jahr der Durchführung. Für Arbeitsmittel mit einer Prüffrist von mehr als zwei Jahren gilt das nur, wenn die Prüfung mehr als zwei Monate vor dem Fälligkeitstermin durchgeführt wird. Ist ein Arbeitsmittel zum Fälligkeitstermin der wiederkehrenden Prüfung außer Betrieb gesetzt, so darf es erst wieder in Betrieb genommen werden, nachdem diese Prüfung durchgeführt worden ist; in diesem Fall beginnt die Frist für die nächste wiederkehrende Prüfung mit dem Termin der Prüfung. Eine wiederkehrende Prüfung gilt für bestimmte Arbeitsmittel als fristgerecht durchgeführt, wenn sie spätestens zwei Monate nach dem Fälligkeitstermin durchgeführt wurde. *Zur Prüfung befähigte Personen* unterliegen bei der Durchführung der vorgeschriebenen Prüfungen *keinen fachlichen Weisungen* durch den Arbeitgeber. Zur Prüfung befähigte Personen dürfen vom Arbeitgeber wegen ihrer Prüftätigkeit nicht *benachteiligt* werden. Der Arbeitgeber hat dafür zu sorgen, dass die *Ergebnisse der Prüfungen aufgezeichnet* und mindestens bis zur nächsten Prüfung *aufbewahrt* werden. Dabei hat er dafür zu sorgen, dass die Aufzeichnungen mindestens Auskunft geben über:

- Art der Prüfung,
- Prüfumfang,
- Ergebnis der Prüfung und
- Name und Unterschrift der zur Prüfung befähigten Person; bei ausschließlich elektronisch übermittelten Dokumenten elektronische Signatur.

Aufzeichnungen können auch in elektronischer Form aufbewahrt werden.

Werden Arbeitsmittel an unterschiedlichen Betriebsorten verwendet, ist am Einsatzort ein Nachweis über die Durchführung der letzten Prüfung vorzuhalten.

Für *überwachungsbedürftige Anlagen* gelten gesonderte Regelungen (Kap. 3) (BetrSichV § 14).

Manuelle Handhabung von Lasten (LasthandhabV §§ 1–2) ist jedes Befördern oder Abstützen einer Last durch menschliche Kraft, unter anderem das Heben, Absetzen, Schieben, Ziehen, Tragen oder Bewegen einer Last.

„Bei vielen beruflichen Tätigkeiten müssen Gegenstände, Arbeitsmittel und Werkzeuge unter Einsatz von menschlicher Muskelkraft bewegt werden. Sind solche Lasten zu schwer oder werden sie zu häufig oder in ungünstigen Körperhaltungen gehoben und getragen, kann dies zu Verschleißerscheinungen und anderen Gesundheitsschäden führen. Gesundheitsstörungen und -schäden durch Lastenhandhabung mit Heben, Halten, Tragen, Ziehen oder Schieben von Lasten treten vorwiegend im Bereich des unteren Rückens auf. Sie äußern sich bei akuten Überlastungen mit Rückenbeschwerden wie dem ‚Hexenschuss' oder einem Ischiassyndrom. Wenn solche Belastungen über einen längeren Zeitraum vorkommen, können sich chronische Beschwerden und Erkrankungen durch degenerative bandscheibenbedingte Veränderungen, aber auch durch arthrotische Veränderungen der Knie- und Hüftgelenke entwickeln" (Bundesministerium für Arbeit und Soziales, Lastenhandhabung, 2015).

Der Arbeitgeber hat unter Zugrundelegung des Anhangs der LasthandhabV geeignete organisatorische Maßnahmen zu treffen oder geeignete Arbeitsmittel, insbesondere mechanische Ausrüstungen, einzusetzen, um *manuelle Handhabungen* von Lasten, die für die Beschäftigten eine Gefährdung für Sicherheit und Gesundheit, insbesondere der Lendenwirbelsäule mit sich bringen, zu vermeiden. Können diese *manuellen Handhabungen* von Lasten nicht vermieden werden, hat der Arbeitgeber die Arbeitsbedingungen insbesondere unter Zugrundelegung des Anhangs der LasthandhabV zu beurteilen. Aufgrund der Beurteilung hat der Arbeitgeber geeignete Maßnahmen zu treffen, damit eine Gefährdung von Sicherheit und Gesundheit der Beschäftigten möglichst gering gehalten wird.

Übertragung von Aufgaben Bei der Übertragung von Aufgaben der manuellen Handhabung von Lasten, die für die Beschäftigten zu einer Gefährdung für Sicherheit und Gesundheit führen, hat der Arbeitgeber die *körperliche Eignung der Beschäftigten* zur Ausführung der Aufgaben zu berücksichtigen (LasthandhabV § 3). Dabei kann er sich von dem Betriebsarzt, der die betrieblichen Bedingungen kennt, beraten lassen. Solche Handhabung von Lasten sind z. B. auch Arbeiten mit einem Saug- oder Spülfahrzeug.

Gefährdungsmerkmale Verschiedene Merkmale, aus denen sich eine Gefährdung von Sicherheit und Gesundheit, insbesondere der Lendenwirbelsäule, der Beschäftigten ergeben kann, im Hinblick auf

- die zu handhabende Last
- die von den Beschäftigten zu erfüllende Arbeitsaufgabe
- die Beschaffenheit des Arbeitsplatzes und der Arbeitsumgebung insbesondere

sind im Anhang der LasthandhabV zu finden.

Hinweise
Informationen hierzu hat die BAuA in verschiedenen Broschüren zusammengestellt:

Manuelle Arbeitsprozesse
https://www.baua.de/DE/Angebote/Publikationen/Praxis/A55.pdf?__blob=publicationFile

Manuelles Heben, Halten und Tragen
https://www.baua.de/DE/Angebote/Publikationen/Praxis/A7.pdf?__blob=publicationFile&v=2

Ziehen und Schieben ohne Schaden
https://www.baua.de/DE/Angebote/Publikationen/Praxis/A25.pdf?__blob=publicationFile&v=2
Letzter Zugriff jeweils 29.03.2023

TRBS 2121 Teil 4
Gefährdung von Beschäftigten durch Absturz Ausnahmsweises Heben von Beschäftigten mit hierfür nicht vorgesehenen Arbeitsmitteln

Maßnahmen beim Umgang mit Lärm oder Vibrationen (LärmVibrationsArbSchV § 3) Entsprechend dem Ergebnis der Gefährdungsbeurteilung hat der Arbeitgeber Schutzmaßnahmen nach dem Stand der Technik festzulegen (Lärm, Vibration).

7.3.7.3 Gefahrstoffe

Maßnahmen beim Umgang mit Gefahrstoffen (GefStoffV § 6)Der Arbeitgeber kann bei der Festlegung der Schutzmaßnahmen eine *Gefährdungsbeurteilung übernehmen*, die ihm der Gefahrstoff-Lieferant mitgeliefert hat, *sofern* die Angaben und Festlegungen in dieser Gefährdungsbeurteilung den Arbeitsbedingungen und Verfahren, einschließlich der Arbeitsmittel und der *Gefahrstoffmenge*, im eigenen Betrieb entsprechen. Ergibt sich aus der Gefährdungsbeurteilung für bestimmte Tätigkeiten auf Grund

- der gefährlichen Eigenschaften des *Gefahrstoffs*,
- einer geringen verwendeten Stoffmenge,
- einer nach Höhe und Dauer niedrigen Exposition und
- der Arbeitsbedingungen

insgesamt eine nur geringe Gefährdung der Beschäftigten und reichen die zu ergreifenden Maßnahmen zum Schutz der Beschäftigten aus, so müssen keine weiteren Maßnahmen ergriffen werden. Liegen für Stoffe oder Gemische keine Prüfdaten oder entsprechende aussagekräftige Informationen zur akut toxischen, reizenden, hautsensibilisierenden oder keimzellmutagenen Wirkung oder zur spezifischen Zielorgan-Toxizität bei wiederholter Exposition vor, sind die Stoffe oder Gemische bei der Gefährdungsbeurteilung wie Stoffe der Gefahrenklasse Akute Toxizität (oral, dermal und inhalativ) Kategorie 3, Ätz-/Reizwirkung auf die Haut Kategorie 2, Sensibilisierung der Haut Kategorie 1, Keimzellmutagenität Kategorie 2 oder Spezifische Zielorgan-Toxizität, wiederholte Exposition (STOT RE) Kategorie 2 zu behandeln. Hinsichtlich der Spezifizierung der anzuwendenden Einstufungskategorien sind die entsprechend bekannt gegebenen Regeln und Erkenntnisse zu berücksichtigen.

7.3.7.4 Biostoffe

Allgemeine Schutzmaßnahmen (BioStoffV § 9) Bei allen Tätigkeiten mit Biostoffen müssen mindestens die allgemeinen Hygienemaßnahmen eingehalten werden. Insbesondere hat der Arbeitgeber dafür zu sorgen, dass

- Arbeitsplätze und Arbeitsmittel in einem dem Arbeitsablauf entsprechenden sauberen Zustand gehalten und regelmäßig gereinigt werden,
- Fußböden und Oberflächen von Arbeitsmitteln und Arbeitsflächen leicht zu reinigen sind,
- Waschgelegenheiten zur Verfügung stehen,
- vom Arbeitsplatz getrennte Umkleidemöglichkeiten vorhanden sind, sofern Arbeitskleidung erforderlich ist; die Arbeitskleidung ist regelmäßig sowie bei Bedarf zu wechseln und zu reinigen.

Informationen zum Umgang mit Biostoffen Der Arbeitgeber hat auf der Grundlage der ermittelten Informationen die Infektionsgefährdung und die Gefährdungen durch sensibilisierende, toxische oder sonstige die Gesundheit schädigende Wirkungen unabhängig voneinander zu beurteilen. Diese Einzelbeurteilungen sind zu einer Gesamtbeurteilung zusammenzuführen, auf deren Grundlage die Schutzmaßnahmen festzulegen und zu ergreifen sind. Dies gilt auch, wenn bei einer Tätigkeit mehrere Biostoffe gleichzeitig auftreten oder verwendet werden. Sind bei Tätigkeiten mit Produkten, die Biostoffe enthalten, die erforderlichen Informationen zur Gefährdungsbeurteilung wie zum Beispiel die Risikogruppeneinstufung nicht zu ermitteln, so muss der Arbeitgeber diese beim Hersteller, Einführer oder Inverkehrbringer einholen (BioStoffV § 4).

Kann bei Tätigkeiten ohne Schutzstufenzuordnung eine der Informationen nicht ermittelt werden, weil das Spektrum der auftretenden Biostoffe Schwankungen unterliegt oder Art, Dauer, Höhe oder Häufigkeit der Exposition wechseln können, so hat der Arbeitgeber die für die Gefährdungsbeurteilung und Festlegung der Schutzmaßnahmen erforderlichen Informationen insbesondere zu ermitteln auf der Grundlage von

1. Bekanntmachungen
2. Erfahrungen aus vergleichbaren Tätigkeiten oder
3. sonstigen gesicherten arbeitswissenschaftlichen Erkenntnissen (BioStoffV § 6).

Schutzstufen Einige Tätigkeiten werden durch die BiostoffV einer Schutzstufe zugeordnet.

Schutzstufen orientieren sich an der Risikogruppe des jeweiligen Biostoffs und sind ein Maßstab für die Höhe der Infektionsgefährdung einer Tätigkeit. Entsprechend den Risikogruppen werden vier Schutzstufen unterschieden. Die Schutzstufen umfassen die zusätzlichen Schutzmaßnahmen, die in den Anhängen festgelegt oder empfohlen sind (BioStoffV § 2).

► **Tätigkeiten ohne Schutzstufenzuordnung (BioStoffV § 6)**
Einige Tätigkeiten müssen keiner Schutzstufe zugeordnet werden.

Zu diesen Tätigkeiten gehören beispielsweise Reinigungs- und Sanierungsarbeiten und *Tätigkeiten in der Abwasser- und Abfallwirtschaft* sowie in Biogasanlagen.

TRBA 400
„Handlungsanleitung zur Gefährdungsbeurteilung und für die Unterrichtung der Beschäftigten bei Tätigkeiten mit biologischen Arbeitsstoffen"

7.3.7.5 Maßnahmen bei Mängeln (DGUV V 1 § 11)

Tritt bei einem Arbeitsmittel, einer Einrichtung, einem Arbeitsverfahren bzw. Arbeitsablauf ein Mangel auf, durch den für die Versicherten sonst nicht abzuwendende Gefahren entstehen, hat der Unternehmer das Arbeitsmittel oder die Einrichtung der weiteren Benutzung zu entziehen oder stillzulegen bzw. das Arbeitsverfahren oder den Arbeitsablauf abzubrechen, bis der Mangel behoben ist.

► Erläuterungen zu den einzelnen hier verwendeten Begriffen: https://www.bghm.de/arbeitsschuetzer/gesetze-und-vorschriften/dguv-vorschriften/dguv-vorschrift-1-grundsaetze-der-praevention/pflichten-des-unternehmers/11-massnahmen-bei-maengeln/
Letzter Zugriff 29.03.2023

7.3.8 Alleinarbeit

Der Arbeitgeber hat immer abhängig von

- der Art der Arbeitsstätte und
- der Tätigkeiten sowie
- der Zahl der Beschäftigten

die Maßnahmen zu treffen, die zur Ersten Hilfe, Brandbekämpfung und Evakuierung der Beschäftigten erforderlich sind. Dabei hat er der Anwesenheit anderer Personen an der Arbeitsstätte Rechnung zu tragen; weitere Anwesende können helfen und die o. g. Maßnahmen einleiten (ArbSchG § 10). Der Arbeitgeber hat Vorkehrungen so zu treffen, dass die Beschäftigten bei Gefahr sich unverzüglich in Sicherheit bringen und schnell gerettet werden können (ArbStättV § 4).

Wird eine gefährliche Arbeit von einer Person allein ausgeführt, so hat der Unternehmer über die allgemeinen Schutzmaßnahmen hinaus für geeignete technische oder organisatorische Personenschutzmaßnahmen zu sorgen (DGUV V 1 § 8). Der Unternehmer hat durch Meldeeinrichtungen und organisatorische Maßnahmen dafür zu sorgen, dass unverzüglich die notwendige Hilfe herbeigerufen und an den Einsatzort geleitet werden kann (DGUV V 1 § 25). Alleinarbeit ist also nicht grundsätzlich verboten! Aus der Vorschrift kann man im Umkehrschluss ableiten, dass eine ungefährliche Arbeit von einer Person allein ausgeführt werden darf.

*„**Alleinarbeiten** (Einzelarbeitsplätze [EAP]) sind Arbeiten, die von einer Person allein außerhalb Ruf- und Sichtweite zu anderen Personen ausgeführt werden. Das kann auch für kurzzeitige Alleinarbeiten gelten“* (DGUV Regel 112-139).

Alleinarbeit kann man im Entwässerungsbetrieb beispielsweise finden:

- in vielen kleinen Gemeinden mit geringem Personalbestand
- bei Arbeiten auf abgelegenen kleinen Kläranlagen oder Sonderbauwerken
- bei Kontrollgängen oder sonstigen Arbeiten auf ausgedehnten Anlagen
- bei Arbeiten an technischen Einrichtungen und Geräten im Sonderbetrieb, wie Instandhaltungs-, Reinigungs-, Wartungs- oder Kontrollarbeiten
- bei Schichtarbeit oder im Bereitschaftsdienst an Wochenenden oder Feiertagen

Wann gilt eine Person als allein oder sie ist nicht allein? Diese Frage beantwortet die österreichische Arbeitsinspektion wie folgt: *„**Feststellen des Anwesenheitsgrades** von anderen Personen*

- *zumindest eine andere Person hält sich selten oder kurzfristig im Mobilitätsbereich (innerhalb von ca. 5 min bzw. ca. 300 m) auf.*
  D. h. bei geringer Gefahr liegt in diesen Fällen kein abgelegener Arbeitsplatz und somit keine Alleinarbeit vor.
- *zumindest eine andere Person befindet sich in Sicht und Rufweite.*
  Es liegt keine Alleinarbeit vor.
- *zumindest eine andere Person befindet sich in bestimmten Intervallen in Sicht und Rufweite. Eine Intervallkontrolle kann dann als wirksame Sicherung von Alleinarbeits-*

plätzen angesehen werden, wenn die maximale Zeitspanne für die Hilfeleistung durch das Intervall eingehalten werden kann"

(Österr. Bundesministerium für Arbeit und Wirtschaft, Sektion Arbeitsrecht und Zentral-Arbeitsinspektorat, Wien, Alleinarbeitsplätze).

Wenn also 2 Personen nahe nebeneinander sein sollten, aber durch Wände oder laute Maschinen getrennt sind, dann liegt trotzdem Alleinarbeit vor, da von der einen Person die möglicherweise verunfallte andere Person nicht gehört oder gesehen werden kann.

7.3.8.1 Grundsätze für sichere Alleinarbeit

„Alleinarbeit ist nur dann zulässig, wenn

- *eine zeitlich verzögerte Hilfeleistung während des Arbeitseinsatzes oder der Schicht ohne Folgeschäden möglich ist,*
- *eine rechtzeitige Hilfeleistung durch geeignete organisatorische und/oder technische Sicherungsmaßnahmen gewährleistet ist sowie*
- *allein arbeitende und sichernde Personen ausreichend informiert und unterwiesen sind"* (Österr. Bundesministerium für Arbeit und Wirtschaft, Sektion Arbeitsrecht und Zentral-Arbeitsinspektorat, Wien, Alleinarbeitsplätze).

Jeder arbeitet mehr oder weniger oft auch mal alleine an Arbeitsstätten mit alltäglichen Gefährdungen. Wenn bei der Arbeit das allgemeine Lebensrisiko herrscht, ähnlich dem Privatleben, dann ist auch Alleinarbeit möglich. Beispiele sind: Bürotätigkeiten oder Pförtnerdienste, Dienstgänge oder -fahrten, einfache Tätigkeit im erlernten Beruf. Wenn es z. B. dann trotzdem zu einem Autounfall mit Personenschaden bei der Dienst-Fahrt zu einem anderen Betriebsgebäude kommt, oder eine Arbeitnehmerin im Gang stolpert und sich verletzt, dann entspricht das dem allgemein üblichen Lebensrisiko und stellt kein spezielles Problem der Arbeitsstelle dar. Wenn diese Unfälle nachts oder am Wochenende im Bereitschaftsdienst passieren, ist das etwas anderes. Hier liegt eine erhöhte Gefährdung vor, da die Büros nicht besetzt sind und andere Personen nicht in kurzer Zeit vorbeikommen werden.

Ein Kontrollgang auf einer Kläranlage ist sicher auch alleine möglich; wenn die Kontrolle aber abends auf einem weitläufigen abgelegenen Gelände stattfindet, könnte eine psychische Belastung (Angst) den Rundgang für eine Person alleine unmöglich machen. Daher muss jeder Arbeitsplatz mindestens so ausgestattet sein, dass ein Mitarbeiter jederzeit per Telefon oder Handy Kontakt zu Kollegen in der Schaltwarte oder Betriebszentrale oder zum Notarzt aufnehmen kann. Zusätzlich sollte durch Betriebsanweisung geregelt sein, dass bei Allein-Arbeiten mit erhöhtem Gefährdungspotential eine Rückmeldung in bestimmten Zeitabständen erforderlich ist.

7.3.8.2 Gefährliche Alleinarbeit

„Grundsätzlich sollte eine ‚gefährliche Arbeit' nicht von einer Person allein ausgeführt werden. Ausnahmsweise kann es aus betrieblichen Gegebenheiten notwendig sein, eine Person allein mit einer ‚gefährlichen Arbeit' zu beauftragen. In diesem Fall hat der

Unternehmer in Abhängigkeit von der Gefährdung an Einzelarbeitsplätzen geeignete Maßnahmen zur Überwachung zu treffen. Diese Überwachung kann durch technische oder organisatorische Maßnahmen umgesetzt werden. Zu den technischen Maßnahmen gehört z. B. die Verwendung geeigneter Personen-Notsignal-Anlagen. Weitergehende Informationen sind in der Regel ‚Einsatz von Personen-Notsignal-Anlagen' (BGR/GUV-R 139) enthalten. Zu den organisatorischen Maßnahmen zählen z. B. Kontrollgänge einer zweiten Person, zeitlich abgestimmte Telefon-/Funkmeldesysteme oder ständige Kameraüberwachung" (Berufsgenossenschaft Holz und Metall, DGUV Vorschrift 1 § 8).

Zunächst hat der Unternehmer immer die mit der Alleinarbeit verbundenen Gefährdungen zu ermitteln und die Arbeitsbedingungen zu beurteilen. Nach der Gefährdungsermittlung ist es zusätzlich erforderlich, für den Einzelarbeitsplatz eine gesonderte Risikobeurteilung durchzuführen. Die Beurteilung erfolgt anhand der in DGUV Regel 112-139 aufgeführten Gefährdungsstufen sowie der Notfallwahrscheinlichkeit und der Zeit bis zum Beginn von Hilfsmaßnahmen. *„Für die Gefährdungsstufen ‚Kritische Gefährdung' und ‚Erhöhte Gefährdung' sind zusätzliche Randbedingungen zu berücksichtigen"* (siehe DGUV Regel 112-139). Bei einer kritischen Gefährdung ist eine ständige Überwachung erforderlich z. B. durch

- eine zweite Person,
- Personen-Notsignal-Anlage,
- Video-Einrichtung im Dauerbetrieb.

7.3.8.3 Personen-Notsignal-Anlage

„Personen-Notsignal-Anlagen werden überwiegend zur Überwachung von ortsgebundenen und ortsungebundenen Einzelarbeitsplätzen mit erhöhter oder kritischer Gefährdung eingesetzt. Sie bestehen aus tragbaren Personen-Notsignal-Geräten (PNG) und einer Personen-Notsignal-Empfangszentrale (PNEZ). Der Träger eines PNG hat die Möglichkeit, durch Drücken der Notsignaltaste einen willensabhängigen Personenalarm auszulösen. Weiterhin kann das PNG beim Eintritt einer definierten Alarmbedingung automatisch einen willensunabhängigen Personenalarm auslösen" (DGUV, Sachgebiet Personen-Notsignal-Anlagen).

7.3.8.4 Verbot von Einzelarbeitsplätzen (EAP)

„Ist in staatlichen oder Vorschriften der Unfallversicherungsträger die Einrichtung von Einzelarbeitsplätzen nicht zulässig, darf dieses Verbot auch nicht durch den Einsatz von Personen-Notsignal-Anlagen umgangen werden" (DGUV Regel 112-139) Bei Arbeiten in umschlossenen Räumen von abwassertechnischen Anlagen muss mindestens eine Person außerhalb des umschlossenen Raumes zur Sicherung anwesend sein (DGUV V 21, Abwassertechnische Anlagen).

„Arbeiten an oder in Gasleitungen, bei denen mit Gesundheits-, Brand- oder Explosionsgefahr zu rechnen ist, dürfen nur unter Aufsicht einer geeigneten, zuverlässigen und besonders unterwiesenen Person ausgeführt werden" (DGUV Regel 100-500, Betreiben von Arbeitsmitteln, 2.31 Arbeiten an Gasleitungen).

Hinweise

Einsatz von Personen-Notsignal-Anlagen, DGUV Regel 112-139
Diese Regel erläutert § 10 des Arbeitsschutzgesetzes, § 4 Abs. 5 der Arbeitsstättenverordnung und §§ 8 und 25 der Unfallverhütungsvorschrift „Grundsätze der Prävention" (DGUV Vorschrift 1) hinsichtlich der Überwachung von allein arbeitenden Personen, die gefährliche Arbeiten ausführen, durch Personen-Notsignal-Anlagen.
https://publikationen.dguv.de/widgets/pdf/download/article/1004 oder
http://regelwerke.vbg.de/vbg_dguvr/dr112-139/dr112-139_0_.html

Alleinarbeit, VBG-Fachwissen, Februar 2017
http://www.vbg.de/SharedDocs/Medien-Center/DE/Broschuere/Branchen/Glas_und_Keramik/Alleinarbeit_Glas_Keramik_Fachinformationsblatt.pdf;jsessionid=8DD87317E2537F79187A95C58D88E414.live3?__blob=publicationFile&v=13
Letzter Zugriff jeweils am 29.03.2023

Broschüren der österreichischen Arbeitsinspektion
Die Arbeitsinspektion ist die größte gesetzlich beauftragte Organisation zur Bekämpfung von Defiziten im Sicherheits- und Gesundheitsschutz bei der Arbeit in Österreich.

Alleinarbeitsplätze spielen in Österreich offensichtlich eine größere Rolle als in der BRD. Vorschriften dort gelten hier natürlich nicht, könnten aber eine Hilfestellung liefern.

- *Alleinarbeitsplätze (AAP) – Sicherheitstechnische Grundlagen* (https://www.arbeitsinspektion.gv.at/Zentrale_Dokumente/Arbeitsstaetten-_-plaetze/Arbeitsplaetze/alleinarbeit_b_ua.pdf)
- *Alleinarbeitsplätze (AAP) – Beispielsammlung* (https://www.arbeitsinspektion.gv.at/Zentrale_Dokumente/Arbeitsstaetten-_-plaetze/Arbeitsplaetze/alleinarbeit_beispielsammlung_ua.pdf)

https://www.arbeitsinspektion.gv.at/Arbeitsstaetten-_Arbeitsplaetze/Arbeitsplaetze/Alleinarbeitsplaetze.html
Letzter Zugriff 29.03.2023

7.4 Rechte und Pflichten der Beschäftigten

7.4.1 Pflichten der Beschäftigten

Die Beschäftigten sind verpflichtet, nach ihren Möglichkeiten sowie gemäß der Unterweisung und Weisung des Arbeitgebers *für ihre Sicherheit und Gesundheit bei der Arbeit Sorge zu tragen*. Dementsprechend haben die Beschäftigten auch für die Sicherheit und Gesundheit der Personen zu sorgen, die von ihren Handlungen oder Unterlassungen bei der Arbeit betroffen sind (ArbSchG § 15). Das oben gesagte gilt genauso für die Versicherten. Sie haben auch die Maßnahmen zur Verhütung von Arbeitsunfällen, Berufskrankheiten und arbeitsbedingten Gesundheitsgefahren sowie für eine wirksame Erste Hilfe zu unterstützen. Versicherte haben die entsprechenden Anweisungen des Unternehmers zu befolgen. Die Versicherten dürfen erkennbar gegen Sicherheit und Gesundheit gerichtete Weisungen *nicht* befolgen. Versicherte dürfen sich durch den Konsum von Alkohol, Drogen oder anderen berauschenden Mitteln nicht in einen Zustand versetzen, durch den sie sich selbst oder andere gefährden können. Das Gleiche gilt auch für die Einnahme von Medikamenten (DGUV V 1 § 15).

7.4.1.1 Benutzung von Einrichtungen, Arbeitsmitteln und Arbeitsstoffen

Versicherte haben Einrichtungen, Arbeitsmittel und Arbeitsstoffe sowie Schutzvorrichtungen bestimmungsgemäß und im Rahmen der ihnen übertragenen Aufgaben zu benutzen (DGUV V 1 § 17). In gleicher Weise haben die Beschäftigten insbesondere *Maschinen, Geräte*, Werkzeuge, Transportmittel und sonstige Arbeitsmittel *und die ihnen zur Verfügung gestellte persönliche Schutzausrüstung bestimmungsgemäß zu verwenden* (ArbSchG § 15).

7.4.1.2 Zutritts- und Aufenthaltsverbote für Versicherte

Versicherte dürfen sich an gefährlichen Stellen nur im Rahmen der ihnen übertragenen Aufgaben aufhalten (DGUV V 1 § 18).

7.4.1.3 Besondere Unterstützungspflichten

Die Beschäftigten haben dem Arbeitgeber oder dem zuständigen Vorgesetzten jede von ihnen festgestellte unmittelbare *erhebliche Gefahr* für die Sicherheit und Gesundheit *sowie jeden* an den Schutzvorrichtungen und Schutzsystemen *festgestellten Defekt unverzüglich zu melden*. Die Beschäftigten haben gemeinsam mit dem Betriebsarzt und der Fachkraft für Arbeitssicherheit den Arbeitgeber darin zu unterstützen, die Sicherheit und den Gesundheitsschutz der Beschäftigten bei der Arbeit zu gewährleisten und seine Pflichten entsprechend den behördlichen Auflagen zu erfüllen. Daneben sollen die Beschäftigten die von ihnen festgestellten Gefahren für Sicherheit und Gesundheit und Mängel an den Schutzvorrichtungen und Schutzsystemen auch der Fachkraft für Arbeitssicherheit, dem Betriebsarzt oder dem Sicherheitsbeauftragten mitteilen (ArbSchG § 16). Stellt ein Versicherter fest, dass im Hinblick auf die Verhütung von Arbeitsunfällen, Berufskrankheiten und arbeitsbedingten Gesundheitsgefahren – ein Arbeitsmittel oder eine sonstige Einrichtung einen Mangel aufweist, – Arbeitsstoffe nicht einwandfrei verpackt, gekennzeichnet oder beschaffen sind oder – ein Arbeitsverfahren oder Arbeitsabläufe Mängel aufweisen hat er, soweit dies zu seiner Aufgabe gehört und er über die notwendige Befähigung verfügt, den festgestellten Mangel unverzüglich zu beseitigen. Andernfalls hat er den Mangel dem Vorgesetzten unverzüglich zu melden (DGUV V 1 § 16).

7.4.2 Rechte der Beschäftigten

Die Beschäftigten sind berechtigt, dem Arbeitgeber Vorschläge zu allen Fragen der Sicherheit und des Gesundheitsschutzes bei der Arbeit zu machen. Für Beamtinnen und Beamte gilt das Gleiche. Hierbei ist der Dienstweg grundsätzlich einzuhalten. Beschwerden gegen unmittelbare Vorgesetzte, können bei nächsthöheren Vorgesetzten unmittelbar eingereicht werden (entspr. Bundesbeamtengesetz § 125). Sind Beschäftigte auf Grund konkreter Anhaltspunkte der Auffassung, dass die vom Arbeitgeber getroffenen Maßnahmen und bereitgestellten Mittel nicht ausreichen, um die Sicherheit und den Gesundheitsschutz bei der Arbeit zu gewährleisten, und hilft der Arbeitgeber darauf gerichteten Beschwerden von Beschäftigten nicht ab, können sich diese an die zuständige Behörde wenden. Hierdurch dürfen den Beschäftigten keine Nachteile entstehen (ArbSchG § 17).

7.5 Persönliche Schutzausrüstung (PSA-BV § 1)

Persönliche Schutzausrüstung (PSA) ist jede Ausrüstung, die dazu bestimmt ist, von den Beschäftigten benutzt oder getragen zu werden, um sich gegen eine Gefährdung für ihre Sicherheit und Gesundheit zu schützen, sowie jede mit demselben Ziel verwendete und mit der persönlichen Schutzausrüstung verbundene Zusatzausrüstung.

7.5.1 Bereitstellung (DGUV V 1 § 29)

Der Unternehmer hat den Versicherten geeignete persönliche Schutzausrüstungen bereitzustellen; vor der Bereitstellung hat er die Versicherten anzuhören. Der Unternehmer hat dafür zu sorgen, dass die persönlichen Schutzausrüstungen den Versicherten in ausreichender Anzahl *zur persönlichen Verwendung* für die Tätigkeit am Arbeitsplatz zur Verfügung gestellt werden.

7.5.2 Anforderungen an die Schutzausrüstung

Für die bereitgestellten persönlichen Schutzausrüstungen müssen EG-Konformitätserklärungen vorliegen. Das gilt nicht für Hautschutzmittel (DGUV V 1 § 29). Der Arbeitgeber darf nur persönliche Schutzausrüstungen auswählen und den Beschäftigten bereitstellen, die

- den Anforderungen der Verordnung über das Inverkehrbringen von persönlichen Schutzausrüstungen entsprechen,
- Schutz gegenüber der zu verhütenden Gefährdung bieten, ohne selbst eine größere Gefährdung mit sich zu bringen,
- für die am Arbeitsplatz gegebenen Bedingungen geeignet sind und
- den ergonomischen Anforderungen und den gesundheitlichen Erfordernissen der Beschäftigten

entsprechen PSA-BV § 2).

► Persönliche Schutzausrüstungen müssen den Beschäftigten individuell passen. Sie sind grundsätzlich für den Gebrauch durch eine Person bestimmt.

Durch Wartungs-, Reparatur- und Ersatzmaßnahmen sowie durch ordnungsgemäße Lagerung trägt der Arbeitgeber dafür Sorge, dass die persönlichen Schutzausrüstungen während der gesamten Benutzungsdauer gut funktionieren und sich in einem hygienisch einwandfreien Zustand befinden (PSA-BV § 2).

7.5.3 PSA für mehrere Personen (PSA-BV § 2)

Erfordern die Umstände eine Benutzung durch verschiedene Beschäftigte, hat der Arbeitgeber dafür zu sorgen, dass Gesundheitsgefahren oder hygienische Probleme nicht auftreten. Werden mehrere persönliche Schutzausrüstungen gleichzeitig von einer oder einem Beschäftigten benutzt, muss der Arbeitgeber diese Schutzausrüstungen so aufeinander abstimmen, dass die Schutzwirkung der einzelnen Ausrüstungen nicht beeinträchtigt wird.

7.5.4 Benutzung (DGUV V 1 § 30)

Der Unternehmer hat dafür zu sorgen, dass persönliche Schutzausrüstungen entsprechend bestehender Tragezeitbegrenzungen und Gebrauchsdauern bestimmungsgemäß benutzt werden. Die Versicherten haben die persönlichen Schutzausrüstungen bestimmungsgemäß zu benutzen, regelmäßig auf ihren ordnungsgemäßen Zustand zu prüfen und festgestellte Mängel dem Unternehmer unverzüglich zu melden.

7.5.5 Unterweisung (PSA-BV § 3)

Bei der Unterweisung hat der Arbeitgeber die Beschäftigten darin zu unterweisen, wie die persönlichen Schutzausrüstungen sicherheitsgerecht benutzt werden. Soweit erforderlich, führt er eine Schulung in der Benutzung durch. Für jede bereitgestellte persönliche Schutzausrüstung hat der Arbeitgeber erforderliche Informationen für die Benutzung in für die Beschäftigten verständlicher Form und Sprache bereitzuhalten.

7.5.6 Besondere Unterweisungen

Für persönliche Schutzausrüstungen, die gegen tödliche Gefahren oder bleibende Gesundheitsschäden schützen sollen, hat der Unternehmer die nach der PSA-Benutzungsverordnung bereitzuhaltende Benutzungsinformation den Versicherten im Rahmen von Unterweisungen mit Übungen zu vermitteln (DGUV V 1 § 31). *Zum Schutz vor Gefahrstoffen* hat der Arbeitgeber als zusätzliche Maßnahme auch persönliche Schutzausrüstungen zur Verfügung zu stellen (s. u.).

Hinweis
Verordnung zur arbeitsmedizinischen Vorsorge (ArbMedVV)
TRGS 504 „Tätigkeiten mit Exposition gegenüber A- und E-Staub“
TSG 900 „Arbeitsplatzgrenzwerte“
DGUV-Regel 112-190 „Benutzung von Atemschutzgeräten“
DIN EN 149 „Atemschutzgeräte – Filtrierende Halbmasken zum Schutz gegen Partikel“

7.6 Organisation des betrieblichen Arbeitsschutzes

Der betriebliche Arbeitsschutz besteht aus mehreren Personen; daher ist es wichtig, dass auch der Arbeitsschutz organisiert wird.

7.6.1 Betriebsärzte, Sicherheitsingenieure und Fachkräfte für Arbeitssicherheit

Die wichtigsten Personen des betrieblichen Arbeitsschutzes sind hier genannt.

7.6.1.1 Verbindung von Gesetz und Unfallverhütungsvorschrift

Die Vorschriften zu dem o. g. Personenkreis ergeben sich sowohl aus dem „Gesetz über Betriebsärzte, Sicherheitsingenieure und andere Fachkräfte für Arbeitssicherheit – Arbeitssicherheitsgesetz (ASiG)“ als auch aus der DGUV Vorschrift 2 (Betriebsärzte und Fachkräfte für Arbeitssicherheit). Das Gesetz trifft grundsätzliche Regelungen; die Unfallverhütungsvorschrift bestimmt näher die Maßnahmen, die der Unternehmer zur Erfüllung der sich aus dem ASiG ergebenden Pflichten zu treffen hat.

„Die DGUV Vorschrift 2 ist eine für Berufsgenossenschaften und Unfallkassen einheitliche und gleichlautende Vorgabe zur Konkretisierung des Arbeitssicherheitsgesetzes (ASiG). Die Vorschrift definiert die Pflichten von Unternehmerinnen und Unternehmern zur betrieblichen Betreuung durch Betriebsärztinnen und -ärzte sowie Fachkräfte für Arbeitssicherheit. Neben der erforderlichen Fachkunde der beiden Professionen werden vor allem die betriebsärztlichen und sicherheitstechnischen Aufgaben beschrieben“ (DGUV, DGUV Vorschrift 2). Mit der Vorschrift 2 des DGUV ist ein völlig anderes Konzept zur betriebsärztlichen und sicherheitstechnischen Betreuung in Kraft getreten: Abwasser-Betriebe (und alle anderen auch) werden bezüglich der Ausgestaltung der betriebsärztlichen und sicherheitstechnischen Betreuung stärker als bisher in die Verantwortung genommen, sich um Sicherheit und Gesundheitsschutz in ihrem Betrieb zu kümmern.

▶ Die Vorschrift verlangt eine aktive kontinuierliche Auseinandersetzung mit dem Thema Arbeitsschutz und zwar zwischen Betriebsarzt, Fachkraft für Arbeitssicherheit, dem Arbeitgeber und der Personalvertretung.

Betriebsärzte (BÄ) und Fachkräfte für Arbeitssicherheit (FaSi) sollen dabei grundsätzlich die Arbeitgeber beim Arbeitsschutz und der Unfallverhütung unterstützen. Dies liegt aber noch deutlich mehr im Interesse der Arbeitnehmer selbst, da die Arbeitgeber nur selten einen Arbeitsunfall haben, sondern viel eher die Mitarbeiter selbst verletzt werden. Die Betriebsärzte (BÄ) und Fachkräfte für Arbeitssicherheit (FaSi) müssen nicht mehr in einem gesetzlich vorgeschriebenen Umfang für jeden Betrieb tätig werden. Der Mindestumfang wurde dabei zwar reduziert, dafür ist jetzt die Ermittlung der tatsächlich notwendigen Einsatzzeiten deutlich aufwändiger und komplizierter geworden.

Die neue Vorschrift 2 wird im Folgenden speziell für Abwasserbetriebe aufbereitet und es wird eine Abschätzung vorgenommen, in welchem Umfang diese Fachleute nun für einen Betrieb mit mehr als 10 Beschäftigten tätig werden müssen und vor allem auch welche Aufgaben sie dabei zur Unterstützung des Betriebs übernehmen können und müssen. Auch die vielen kleinen Kommunen, die vielleicht weniger Beschäftigte im Bereich Abwasser haben, die dann aber in einem Bauhof mit mehr als 10 Beschäftigten organisiert sind, können von diesem Absatz profitieren.

7.6.1.2 Grundsatz und Ziele

Der Arbeitgeber hat Betriebsärzte und Fachkräfte für Arbeitssicherheit zur Wahrnehmung ihrer Aufgaben schriftlich zu bestellen. Diese Fachleute sollen ihn beim Arbeitsschutz und bei der Unfallverhütung unterstützen. Damit soll erreicht werden, dass

- die dem Arbeitsschutz und der Unfallverhütung dienenden *Vorschriften* den besonderen Betriebsverhältnissen entsprechend *angewandt* werden,
- gesicherte arbeitsmedizinische und sicherheitstechnische Erkenntnisse zur *Verbesserung des Arbeitsschutzes* und der Unfallverhütung verwirklicht werden können,
- die dem Arbeitsschutz und der Unfallverhütung dienenden *Maßnahmen einen möglichst hohen Wirkungsgrad* erreichen (ASiG § 1).

Der Unternehmer hat dem Unfallversicherungsträger auf Verlangen nachzuweisen, wie er diese Verpflichtung erfüllt hat (DGUV V 2 § 2).

7.6.1.3 Gemeinsame Aufgaben der Betriebsärzte und Fachkräfte für Arbeitssicherheit

Die Betriebsärzte und Fachkräfte für Arbeitssicherheit haben die gemeinsame Aufgabe, den Arbeitgeber beim Arbeitsschutz und bei der Unfallverhütung zu unterstützen. Sie müssen beratend mitwirken u. a. bei

- der Planung, Ausführung und Unterhaltung von Betriebsanlagen und von sozialen und sanitären Einrichtungen
- der Beschaffung von technischen Arbeitsmitteln und der Einführung von Arbeitsverfahren und Arbeitsstoffen,
- der Auswahl und Erprobung von Körperschutzmitteln,
- der Beurteilung der Arbeitsbedingungen

Das setzt umgekehrt aber auch eine rechtzeitige Beteiligung durch den Betrieb voraus. Zu den Aufgaben gehört auch die gelebte betriebliche Praxis zu beobachten und dazu die Arbeitsstätten in regelmäßigen Abständen zu begehen, dabei festgestellte Mängel dem Arbeitgeber mitzuteilen, Maßnahmen zur Beseitigung dieser Mängel vorzuschlagen und auf deren Durchführung hinzuwirken. Sie müssen auf die Benutzung der Körperschutzmittel achten. Auch sonst müssen sie darauf hinwirken, dass sich alle im Betrieb Beschäftigten den Anforderungen des Arbeitsschutzes und der Unfallverhütung entsprechend verhalten. Dazu müssen die Mitarbeiter über die Unfall- und Gesundheitsgefahren, denen sie bei der Arbeit ausgesetzt sind, aufgeklärt werden sowie über die möglichen

Einrichtungen und Maßnahmen zur Abwendung dieser Gefahren informiert werden. Somit sind FaSi und BÄ sowohl gegenüber der Betriebsleitung als auch gegenüber den Kollegen verantwortlich.

7.6.1.4 Unterschiedliche Betriebsgrößen und Gefährdungen

Die DGUV-Vorschrift 2 unterscheidet zwei unterschiedliche Betriebsgrößen: (Klein-)betriebe mit bis zu 10 Beschäftigten und größere Betriebe mit mehr als 10 Beschäftigten und macht dann Vorgaben für die jeweilige Regelbetreuung:

- Bei *Betrieben mit bis zu 10 Beschäftigten* richtet sich der Umfang der betriebsärztlichen und sicherheitstechnischen Betreuung nach DGUV Vorschrift 2, Anlage 1.
- Bei *Betrieben mit mehr als 10 Beschäftigten* gelten die Bestimmungen nach DGUV Vorschrift 2, Anlage 2.

Abweichend kann der Unternehmer ein alternatives Betreuungsmodell wählen, wenn er aktiv in das Betriebsgeschehen eingebunden ist und weitere andere Bedingungen erfüllt sind.

Anzahl der Beschäftigten (DGUV V 2 Anh 1) Bei der Berechnung der Zahl der Beschäftigten sind *jährliche Durchschnittszahlen der Vollbeschäftigten* zugrunde zu legen.

Bei der Feststellung der Zahl der Beschäftigten zur Zuordnung der Betreuungsmodelle sind Teilzeitbeschäftigte mit einer regelmäßigen wöchentlichen Arbeitszeit von nicht mehr als 20 Stunden mit 0,5 und nicht mehr als 30 Stunden mit 0,75 zu berücksichtigen.

Als Beschäftigte zählen auch Personen, die nach dem Arbeitnehmerüberlassungsgesetz im Betrieb tätig sind.

Betrieb (nach DGUV V 2) Ein Betrieb ist eine geschlossene Einheit, die durch organisatorische Eigenständigkeit mit eigener Entscheidungscharakteristik geprägt ist. Damit sind Entwässerungsbetriebe, wie Eigenbetriebe, AÖR oder Zweckverbände, sicher so ein Betrieb. Viele kleine Gemeindeverwaltungen haben mit ihrem Betriebshof, der für Kanal oder Klärwerk zuständig ist, demnach ebenfalls meist mehr als 10 Beschäftigte. Als *Betriebe* gelten für den Bereich des öffentlichen Dienstes die Dienststellen. Dienststellen sind die einzelnen Behörden, Verwaltungsstellen und Betriebe der Verwaltungen u. a. der Gemeinden und der sonstigen Körperschaften, Anstalten und Stiftungen des öffentlichen Rechts (ArbSchG § 2).

▶ Im Anhang 1 (zu § 2) der DGUV V 2 werden ***„Hinweise zur Bestellung und zum Tätigwerden der Betriebsärzte und Fachkräfte für Arbeitssicherheit"*** gegeben.
https://www.bghm.de/arbeitsschuetzer/gesetze-und-vorschriften/dguv-vorschriften/dguv-vorschrift-2-betriebsaerzte-und-fachkraefte-fuer-arbeitssicherheit/anhang-1/ Letzter Zugriff 29.03.2023

Bei der Eingruppierung eines Betriebes in eine Betreuungsgruppe ist dann aber der *Betriebszweck* und nicht eine einzelne Tätigkeit maßgebend. Eine Gemeindeverwaltung muss so in unterschiedliche Betriebsbereiche aufgeteilt werden z. B.: Verwaltung, Betriebshof, Kläranlage, Museum und Schwimmbad. Diesen Betriebsbereichen sind dann für die *Grundbetreuung* drei unterschiedliche Betreuungsgruppen zugeordnet.

Grundbetreuung abhängig von der Gefährdung In Abhängigkeit von der Gefährdung der Arbeitnehmer: hohe, mittlere oder geringe Gefährdung, beträgt die Grundbetreuung in Gruppe:

I. 2,5 Std. pro MA × a (z. B. Forstbereich, Tiefbau)
II. 1,5 Std. pro MA × a (z. B. Bauhof, Abwasserentsorgung)
III. 0,5 Std. pro MA × a (z. B. Verwaltung, Schwimmbad).

7.6.1.5 Aufgaben der Betriebsärzte und Fachkräfte für Arbeitssicherheit

Betriebsärzte und Arbeitgeber (ASiG § 2) Der Arbeitgeber hat Betriebsärzte schriftlich zu bestellen und ihnen die unten genannten Aufgaben zu übertragen. *Der Arbeitgeber hat dafür zu sorgen, dass die von ihm bestellten Betriebsärzte ihre Aufgaben erfüllen.* Er hat sie bei der Erfüllung ihrer Aufgaben zu *unterstützen*; insbesondere ist er verpflichtet, ihnen, soweit dies zur Erfüllung ihrer Aufgaben erforderlich ist, Hilfspersonal sowie Räume, Einrichtungen, Geräte und Mittel zur Verfügung zu stellen. Er hat sie über den Einsatz von Personen zu unterrichten, die mit einem befristeten Arbeitsvertrag beschäftigt oder ihm zur Arbeitsleistung überlassen sind. Der Arbeitgeber hat den Betriebsärzten die zur Erfüllung ihrer Aufgaben erforderliche Fortbildung unter Berücksichtigung der betrieblichen Belange zu ermöglichen.

Aufgaben der Betriebsärzte (BÄ) Die Betriebsärzte haben zusätzliche Aufgaben in ihrem speziellen Bereich des Gesundheitsschutzes. Sie haben insbesondere den Arbeitgeber zu beraten bei hygienischen Fragen oder der Arbeitszeit- und der Pausenregelungen. Hierunter fällt somit der Schichtbetrieb oder ein Bereitschaftsdienst an Wochenenden oder in der Nacht. Auch die weite Palette der Impfungen, des Umgangs mit Biostoffen usw. sind Aufgaben der Betriebsärzte in Abwasserbetrieben. Die Gestaltung der Arbeitsplätze, des Arbeitsablaufs und der Arbeitsumgebung muss aus arbeitsphysiologischer, arbeitspsychologischer und ergonomischer Sicht eines Arztes betrachtet werden. Bei der Organisation der „Ersten Hilfe" im Betrieb, bei der Einsatzplanung und Schulung der Helfer in „Erster Hilfe" und des medizinischen Hilfspersonals, der Ersthelfer, haben die BÄ mitzuwirken. Die Ärzte haben die Arbeitnehmer erstmalig und regelmäßig zu untersuchen, arbeitsmedizinisch zu beurteilen und sie zu beraten sowie die Untersuchungsergebnisse zu erfassen und auszuwerten. Ursachen von möglichen arbeitsbedingten Erkrankungen sind zu untersuchen, und Maßnahmen zur Verhütung dieser Erkrankungen vorzuschlagen. Bei Fragen des Arbeitsplatzwechsels sowie der Eingliederung von Behinderten oder der Wiedereingliederung von Erkrankten in den Arbeitsprozess sind die BÄ zu beteiligen, aber sie müssen die Durchführung des Arbeitsschutzes und der Unfallverhütung auch selbständig beobachten und bei Problemen tätig werden.

Aufgaben der Betriebsärzte im Einzelnen (ASiG § 3)
Die Betriebsärzte haben die Aufgabe, den Arbeitgeber beim Arbeitsschutz und bei der Unfallverhütung in allen Fragen des Gesundheitsschutzes zu unterstützen. Sie haben insbesondere

- *den Arbeitgeber und die sonst für den Arbeitsschutz und die Unfallverhütung verantwortlichen Personen zu beraten, insbesondere bei*
  - der Planung, Ausführung und Unterhaltung von Betriebsanlagen und von sozialen und sanitären Einrichtungen,
  - der Beschaffung von technischen Arbeitsmitteln und der Einführung von Arbeitsverfahren und Arbeitsstoffen,
  - der Auswahl und Erprobung von Körperschutzmitteln,
  - arbeitsphysiologischen, arbeitspsychologischen und sonstigen ergonomischen sowie arbeitshygienischen Fragen, insbesondere
  - des Arbeitsrhythmus, der Arbeitszeit und der Pausenregelung, der Gestaltung der Arbeitsplätze, des Arbeitsablaufs und der Arbeitsumgebung,
  - der Organisation der „Ersten Hilfe" im Betrieb,
  - Fragen des Arbeitsplatzwechsels sowie der Eingliederung und Wiedereingliederung Behinderter in den Arbeitsprozess,
  - der Beurteilung der Arbeitsbedingungen,
- *die Arbeitnehmer zu untersuchen, arbeitsmedizinisch zu beurteilen und zu beraten sowie die Untersuchungsergebnisse zu erfassen und auszuwerten,*
- *die Durchführung des Arbeitsschutzes und der Unfallverhütung zu beobachten* und im Zusammenhang damit
  - die *Arbeitsstätten in regelmäßigen Abständen zu begehen* und festgestellte Mängel dem Arbeitgeber oder der sonst für den Arbeitsschutz und die Unfallverhütung verantwortlichen Person mitzuteilen, Maßnahmen zur Beseitigung dieser Mängel vorzuschlagen und auf deren Durchführung hinzuwirken,
  - auf die Benutzung der Körperschutzmittel zu achten,
  - Ursachen von arbeitsbedingten Erkrankungen zu untersuchen, die Untersuchungsergebnisse zu erfassen und auszuwerten und dem Arbeitgeber Maßnahmen zur Verhütung dieser Erkrankungen vorzuschlagen,
- *darauf hinzuwirken, dass sich alle im Betrieb Beschäftigten den Anforderungen des Arbeitsschutzes und der Unfallverhütung entsprechend verhalten*, insbesondere sie über die Unfall- und Gesundheitsgefahren, denen sie bei der Arbeit ausgesetzt sind, sowie über die Einrichtungen und Maßnahmen zur Abwendung dieser Gefahren zu *belehren* und bei der Einsatzplanung und *Schulung der Helfer in „Erster Hilfe" und des medizinischen Hilfspersonals mitzuwirken.*

Zu den Aufgaben der Betriebsärzte gehört es *nicht*, Krankmeldungen der Arbeitnehmer auf ihre Berechtigung zu überprüfen.

Anforderungen an Betriebsärzte Der Arbeitgeber darf als Betriebsärzte nur Personen bestellen, die berechtigt sind, den ärztlichen Beruf auszuüben, und die über die zur Erfüllung der ihnen übertragenen Aufgaben erforderliche *arbeitsmedizinische Fachkunde* verfügen (ASiG § 4). Der Unternehmer kann die erforderliche *arbeitsmedizinische Fachkunde* als gegeben ansehen bei Ärzten, die nachweisen, dass sie berechtigt sind,

- die Gebietsbezeichnung „Arbeitsmedizin“ oder
- die Zusatzbezeichnung „Betriebsmedizin“

zu führen(DGUV V 2 § 3).

Fachkräfte für Arbeitssicherheit und Arbeitgeber (ASiG § 5) Der Arbeitgeber hat *Fachkräfte für Arbeitssicherheit (Sicherheitsingenieure, -techniker, -meister)* schriftlich zu bestellen und ihnen die unten genannten Aufgaben zu übertragen, soweit dies erforderlich ist im Hinblick auf

- die Betriebsart und die damit für die Arbeitnehmer verbundenen Unfall- und Gesundheitsgefahren,
- die Zahl der beschäftigten Arbeitnehmer und die Zusammensetzung der Arbeitnehmerschaft,
- die Betriebsorganisation, insbesondere im Hinblick auf die Zahl und Art der für den Arbeitsschutz und die Unfallverhütung verantwortlichen Personen,
- die Kenntnisse und die Schulung des Arbeitgebers oder der verantwortlichen Personen in Fragen des Arbeitsschutzes.

Der Arbeitgeber hat dafür zu sorgen, dass die von ihm bestellten Fachkräfte für Arbeitssicherheit ihre Aufgaben erfüllen. Er hat sie bei der Erfüllung ihrer Aufgaben zu *unterstützen*; insbesondere ist er verpflichtet, ihnen, soweit dies zur Erfüllung ihrer Aufgaben erforderlich ist, Hilfspersonal sowie Räume, Einrichtungen, Geräte und Mittel zur Verfügung zu stellen. Er hat sie über den Einsatz von Personen zu unterrichten, die mit einem befristeten Arbeitsvertrag beschäftigt oder ihm zur Arbeitsleistung überlassen sind. Der Arbeitgeber hat den Fachkräften für Arbeitssicherheit die zur Erfüllung ihrer Aufgaben erforderliche *Fortbildung* unter Berücksichtigung der betrieblichen Belange zu ermöglichen Ist die Fachkraft für Arbeitssicherheit als Arbeitnehmer eingestellt, so ist sie für die Zeit der Fortbildung unter Fortentrichtung der Arbeitsvergütung von der Arbeit freizustellen. Die Kosten der Fortbildung trägt der Arbeitgeber.

Besondere Aufgaben der Fachkräfte für Arbeitssicherheit (FaSi) (nach ASiG § 6) Die Fachkräfte für Arbeitssicherheit haben zusätzlich, zu den o. g. gemeinsamen, die Aufgabe, den Arbeitgeber bei der Gestaltung der Arbeitsplätze, des Arbeitsablaufs, der Arbeitsumgebung oder der Ergonomie zu beraten. Neue Betriebsanlagen und die technischen Arbeitsmittel sind vor der Inbetriebnahme und Arbeitsverfahren möglichst schon vor ihrer Einführung sicherheitstechnisch zu überprüfen. Aber auch im täglichen Betriebsablauf ist die Durchführung des Arbeitsschutzes und der Unfallverhütung durch die FaSi zu beobachten und Arbeitgeber und Kollegen sind in allen Fragen der Arbeitssicherheit einschließlich der menschengerechten Gestaltung der Arbeit zu unterstützen. Die Ursachen von Arbeitsunfällen sind von der FaSi zu untersuchen, die Untersuchungsergebnisse zu erfassen und auszuwerten und dem Arbeitgeber Maßnahmen zur künftigen Verhütung von Arbeitsunfällen vorzuschlagen. Auch bei der Schulung der Sicherheitsbeauftragten müssen FaSi mitwirken.

Aufgaben der Fachkräfte für Arbeitssicherheit im Einzelnen (ASiG § 6) Die Fachkräfte für Arbeitssicherheit haben die Aufgabe, den Arbeitgeber beim Arbeitsschutz und bei der Unfallverhütung in allen Fragen der Arbeitssicherheit einschließlich der menschengerechten Gestaltung der Arbeit zu unterstützen. Sie haben insbesondere

- *den Arbeitgeber und die sonst für den Arbeitsschutz und die Unfallverhütung verantwortlichen Personen zu beraten, insbesondere* bei
  - der Planung, Ausführung und Unterhaltung von Betriebsanlagen und von sozialen und sanitären Einrichtungen,
  - der Beschaffung von technischen Arbeitsmitteln und der Einführung von Arbeitsverfahren und Arbeitsstoffen,
  - der Auswahl und Erprobung von Körperschutzmitteln,
  - der Gestaltung der Arbeitsplätze, des Arbeitsablaufs, der Arbeitsumgebung und in sonstigen Fragen der Ergonomie,
  - der Beurteilung der Arbeitsbedingungen,
- *die Betriebsanlagen und die technischen Arbeitsmittel insbesondere vor der Inbetriebnahme und Arbeitsverfahren insbesondere vor ihrer Einführung sicherheitstechnisch zu überprüfen,*
- *die Durchführung des Arbeitsschutzes und der Unfallverhütung zu beobachten und im Zusammenhang damit*
  - die *Arbeitsstätten in regelmäßigen Abständen zu begehen* und festgestellte Mängel dem Arbeitgeber oder der sonst für den Arbeitsschutz und die Unfallverhütung verantwortlichen Person mitzuteilen, Maßnahmen zur Beseitigung dieser Mängel vorzuschlagen und auf deren Durchführung hinzuwirken,
  - auf die Benutzung der Körperschutzmittel zu achten,
  - Ursachen von Arbeitsunfällen zu untersuchen, die Untersuchungsergebnisse zu erfassen und auszuwerten und dem Arbeitgeber Maßnahmen zur Verhütung dieser Arbeitsunfälle vorzuschlagen,
- darauf *hinzuwirken, dass sich alle im Betrieb Beschäftigten den Anforderungen des Arbeitsschutzes und der Unfallverhütung entsprechend verhalten,* insbesondere sie über die Unfall- und Gesundheitsgefahren, denen sie bei der Arbeit ausgesetzt sind, sowie über die Einrichtungen und Maßnahmen zur Abwendung dieser Gefahren zu *belehren* und *bei der Schulung der Sicherheitsbeauftragten mitzuwirken.*

Anforderungen an Fachkräfte für Arbeitssicherheit Der Arbeitgeber darf als Fachkräfte für Arbeitssicherheit nur Personen bestellen, die den nachstehenden Anforderungen genügen:

- Der *Sicherheitsingenieur* muss berechtigt sein, die Berufsbezeichnung „Ingenieur" zu führen und über die zur Erfüllung der ihm übertragenen Aufgaben erforderliche sicherheitstechnische Fachkunde verfügen.
- Der *Sicherheitstechniker oder -meister* muss über die zur Erfüllung der ihm übertragenen Aufgaben erforderliche sicherheitstechnische Fachkunde verfügen (ASiG § 7).

Der Unternehmer kann die erforderliche *sicherheitstechnische Fachkunde* von Fachkräften für Arbeitssicherheit als nachgewiesen ansehen, wenn diese den folgenden Anforderungen genügen. **Sicherheitsingenieure** erfüllen die Anforderungen, wenn

- sie berechtigt sind, die Berufsbezeichnung Ingenieur zu führen oder einen Bachelor- oder Masterabschluss der Studienrichtung Ingenieurwissenschaften erworben haben,
- danach eine praktische Tätigkeit in diesem Beruf mindestens zwei Jahre lang ausgeübt haben und
- einen staatlichen oder von Unfallversicherungsträgern veranstalteten Ausbildungslehrgang oder
- einen staatlich oder von Unfallversicherungsträgern anerkannten Ausbildungslehrgang eines anderen Ausbildungsträgers mit Erfolg abgeschlossen haben.

Sicherheitsingenieure, die auf Grund ihrer Hochschul-/Fachhochschulausbildung berechtigt sind, die *Berufsbezeichnung „Sicherheitsingenieur"* zu führen und eine einjährige *praktische Tätigkeit* als Ingenieur ausgeübt haben, erfüllen ebenfalls die Anforderungen. In der Funktion als Sicherheitsingenieur können auch Personen tätig werden, die über gleichwertige Qualifikationen verfügen (DGUV V 2 § 4).

Sicherheitstechniker erfüllen die Anforderungen, wenn sie

- eine Prüfung als staatlich anerkannter Techniker erfolgreich abgelegt haben,
- danach eine praktische Tätigkeit als Techniker mindestens zwei Jahre lang ausgeübt haben und
- einen staatlichen oder von Unfallversicherungsträgern veranstalteten oder anerkannten Ausbildungslehrgang mit Erfolg abgeschlossen haben.

Die Anforderungen erfüllt auch, wer ohne Prüfung als staatlich anerkannter Techniker mindestens *vier Jahre* lang als Techniker *tätig* war und einen staatlichen oder von Unfallversicherungsträgern veranstalteten Ausbildungslehrgang oder einen staatlich oder anerkannten Ausbildungslehrgang mit Erfolg abgeschlossen hat (DGUV V 2 § 4).

Sicherheitsmeister erfüllen die Anforderungen, wenn sie

- die Meisterprüfung erfolgreich abgelegt haben,
- danach eine praktische Tätigkeit als Meister mindestens zwei Jahre lang ausgeübt haben und
- einen staatlichen oder von Unfallversicherungsträgern veranstalteten oder anerkannten Ausbildungslehrgang mit Erfolg abgeschlossen haben.

Die Anforderungen erfüllt auch, wer ohne Meisterprüfung mindestens vier Jahre lang als Meister oder in gleichwertiger Funktion tätig war und einen staatlichen oder von Unfallversicherungsträgern veranstalteten oder anerkannten Ausbildungslehrgang mit Erfolg abgeschlossen hat (DGUV V 2 § 4).

► Details der jeweiligen Ausbildung ergeben sich aus DGUV Vorschrift 2.

7.6.1.6 Gemeinsame Vorschriften

Unabhängigkeit bei der Anwendung der Fachkunde (ASiG § 8) Betriebsärzte und Fachkräfte für Arbeitssicherheit sind bei der Anwendung ihrer arbeitsmedizinischen und sicherheitstechnischen Fachkunde *weisungsfrei*. Sie dürfen wegen der Erfüllung der ihnen übertragenen Aufgaben nicht benachteiligt werden. Betriebsärzte sind nur ihrem ärztlichen Gewissen unterworfen und haben die Regeln der ärztlichen Schweigepflicht zu beachten.

Betriebsärzte und Fachkräfte für Arbeitssicherheit oder, wenn für einen Betrieb mehrere Betriebsärzte oder Fachkräfte für Arbeitssicherheit bestellt sind, der leitende Betriebsarzt und die leitende Fachkraft für Arbeitssicherheit, *unterstehen unmittelbar dem Leiter des Betriebs*. Können sich Betriebsärzte oder Fachkräfte für Arbeitssicherheit über eine von ihnen vorgeschlagene arbeitsmedizinische oder sicherheitstechnische Maßnahme mit dem *Leiter des Betriebs* nicht verständigen, so können sie ihren Vorschlag unmittelbar dem Arbeitgeber und, wenn dieser eine juristische Person ist, dem zuständigen *Mitglied des zur gesetzlichen Vertretung berufenen Organs* unterbreiten. Ist für einen Betrieb oder ein Unternehmen ein leitender Betriebsarzt oder eine leitende Fachkraft für Arbeitssicherheit bestellt, steht diesen das Vorschlagsrecht zu. Lehnt der Arbeitgeber oder das zuständige Mitglied des zur gesetzlichen Vertretung berufenen Organs den Vorschlag ab, so ist dies den Vorschlagenden schriftlich mitzuteilen und zu begründen; der Betriebsrat erhält eine Abschrift.

Bericht (DGUV V 2 § 5) Der Unternehmer hat die bestellten Betriebsärzte und Fachkräfte für Arbeitssicherheit zu verpflichten, über die Erfüllung der übertragenen Aufgaben regelmäßig schriftlich zu berichten. Die Berichte sollen auch über die Zusammenarbeit der Betriebsärzte und Fachkräfte für Arbeitssicherheit Auskunft geben.

Zusammenarbeit untereinander (ASiG § 10) Die Betriebsärzte und die Fachkräfte für Arbeitssicherheit haben bei der Erfüllung ihrer Aufgaben zusammenzuarbeiten. *Dazu gehört es insbesondere, gemeinsame Betriebsbegehungen vorzunehmen.* Die Betriebsärzte und die Fachkräfte für Arbeitssicherheit arbeiten bei der Erfüllung ihrer Aufgaben mit *den* *anderen im Betrieb für Angelegenheiten der technischen Sicherheit, des Gesundheits- und des Umweltschutzes beauftragten Personen zusammen.*

Zusammenarbeit mit dem Betriebsrat (ASiG § 9) Die Betriebsärzte und die Fachkräfte für Arbeitssicherheit haben bei der Erfüllung ihrer Aufgaben mit dem Betriebsrat zusammenzuarbeiten. Die Betriebsärzte und die Fachkräfte für Arbeitssicherheit haben den Betriebsrat über wichtige Angelegenheiten des Arbeitsschutzes und der Unfallverhütung zu unterrichten; sie haben ihm den Inhalt eines Vorschlags mitzuteilen, den sie dem Arbeitgeber machen. Sie haben den Betriebsrat auf sein Verlangen in Angelegenheiten des Arbeitsschutzes und der Unfallverhütung zu beraten. Die Betriebsärzte und Fachkräfte für Arbeitssicherheit sind mit Zustimmung des Betriebsrats zu bestellen und abzuberufen. Das gleiche gilt, wenn deren Aufgaben erweitert oder eingeschränkt werden sollen. Vor der Verpflichtung oder Entpflichtung eines freiberuflich tätigen Arztes, einer freiberuflich tätigen Fachkraft für Arbeitssicherheit oder eines überbetrieblichen Dienstes ist der Betriebsrat zu hören.

Arbeitsschutzausschuss (ASiG § 11) Grundsätzlich hat der Arbeitgeber in Betrieben mit mehr als *zwanzig Beschäftigten* einen Arbeitsschutzausschuss zu bilden; bei der Feststellung der Zahl der Beschäftigten sind Teilzeitbeschäftigte mit einer regelmäßigen wöchentlichen Arbeitszeit von nicht mehr als 20 Stunden mit 0,5 und nicht mehr als 30 Stunden mit 0,75 zu berücksichtigen. Dieser Ausschuss setzt sich zusammen aus:

- dem Arbeitgeber oder einem von ihm Beauftragten,
- zwei vom Betriebsrat bestimmten Betriebsratsmitgliedern,
- Betriebsärzten,
- Fachkräften für Arbeitssicherheit und
- Sicherheitsbeauftragten

Der Arbeitsschutzausschuss hat die Aufgabe, Anliegen des Arbeitsschutzes und der Unfallverhütung zu beraten. Der Arbeitsschutzausschuss tritt mindestens einmal *vierteljährlich* zusammen.

Überbetriebliche Dienste (ASiG § 19) Die Verpflichtung des Arbeitgebers, Betriebsärzte und Fachkräfte für Arbeitssicherheit zu bestellen, kann auch dadurch erfüllt werden, dass der Arbeitgeber einen überbetrieblichen Dienst von Betriebsärzten oder Fachkräften für Arbeitssicherheit zur Wahrnehmung der o. g. Aufgaben verpflichtet.

Öffentliche Verwaltung (ASiG § 16) In Verwaltungen und Betrieben der Gemeinden und der sonstigen Körperschaften, Anstalten und Stiftungen des öffentlichen Rechts ist ein gleichwertiger arbeitsmedizinischer und sicherheitstechnischer Arbeitsschutz zu gewährleisten.

7.6.1.7 Betreuungszeiten für einen Entwässerungs-Betrieb

Die Bereiche Abwasserentsorgung, Betriebshof, Abfallentsorgung usw. sind nach der Vorschrift der *mittleren Gefährdung* und somit einer *Grundbetreuung von 1,5 Std. pro MA und Jahr (a)* zugeordnet.

Grundlagen von Art und Umfang der betriebsärztlichen und sicherheitstechnischen Betreuung sind die im jeweiligen Betrieb vorliegenden Gefährdungen für Sicherheit und Gesundheit der Beschäftigten. Der Unternehmer hat sich durch Betriebsarzt und Fachkraft für Arbeitssicherheit bei der Festlegung der Grundbetreuung und des betriebsspezifischen Teils der Betreuung *beraten* zu lassen. Der Unternehmer hat die Aufgaben der *Betriebsärzte* und *Fachkräfte für Arbeitssicherheit* entsprechend den betrieblichen Erfordernissen unter Mitwirkung der betrieblichen Interessenvertretung zu ermitteln, aufzuteilen und mit ihnen *schriftlich zu vereinbaren. Arbeitsmedizinische Vorsorgeuntersuchungen* sind nicht auf die Einsatzzeiten der Grundbetreuung anzurechnen, sondern Bestandteil des betriebsspezifischen Teils der Betreuung. *Wegezeiten* können nicht als Einsatzzeiten angerechnet werden (DGUV V 2 Anh. 2). Da sehr viele Gemeindeverwaltungen oder Entwässerungsbetriebe mehr als 10 Beschäftigte haben, wird im Weiteren nur für diese Betriebsgröße das weitere Vorgehen beschrieben.

7.6.1.8 Betriebsärztliche und sicherheitstechnische Regelbetreuung in Betrieben mit mehr als 10 Beschäftigten

Gesamtbetreuungszeit Die betriebsärztliche und sicherheitstechnische Betreuung besteht aus der *Grundbetreuung* und dem *betriebsspezifischen Teil der Betreuung. Grundbetreuung* und *betriebsspezifische Betreuung* bilden zusammen die *Gesamtbetreuung*. Das Wort *Gesamtbetreuung* hat hier einen doppelten Sinn: es bedeutet auch die Betreuung durch BÄ und die Betreuung durch FaSi; das ist ebenfalls eine Gesamtbetreuung des Betriebes. Diese setzt sich also aus insgesamt vier Einzelanteilen zusammen (Abb. 7.1), der jeweiligen Grundbetreuung durch BA und FaSi sowie der betriebsspezifischen Betreuung durch BA und FaSi.

Grundbetreuung Diese weist, wie oben erläutert, drei Betreuungsgruppen (Gruppe I, Gruppe II, Gruppe III) auf, für die jeweils feste Einsatzzeiten als gemeinsamer Summenwert für Betriebsarzt und Fachkraft für Arbeitssicherheit gelten.

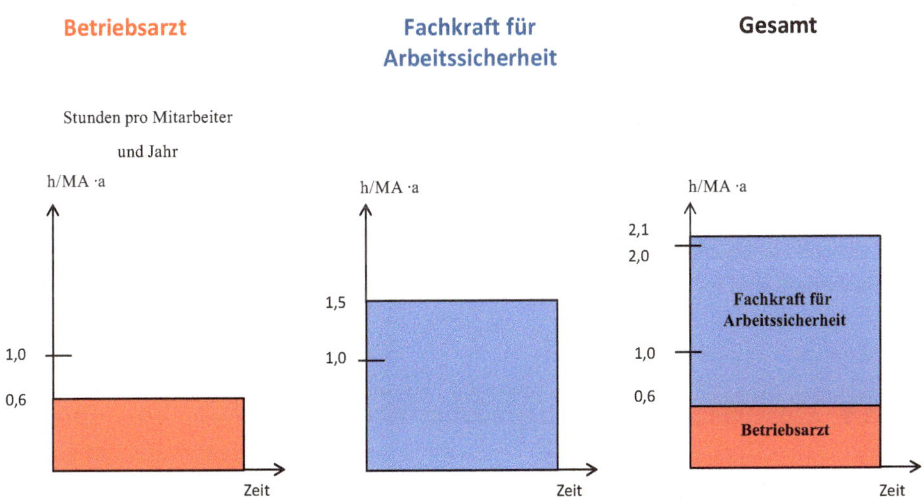

Abb. 7.1 Betreuung eines Abwasserbetriebes durch Betriebsarzt und Fachkraft für Arbeitssicherheit

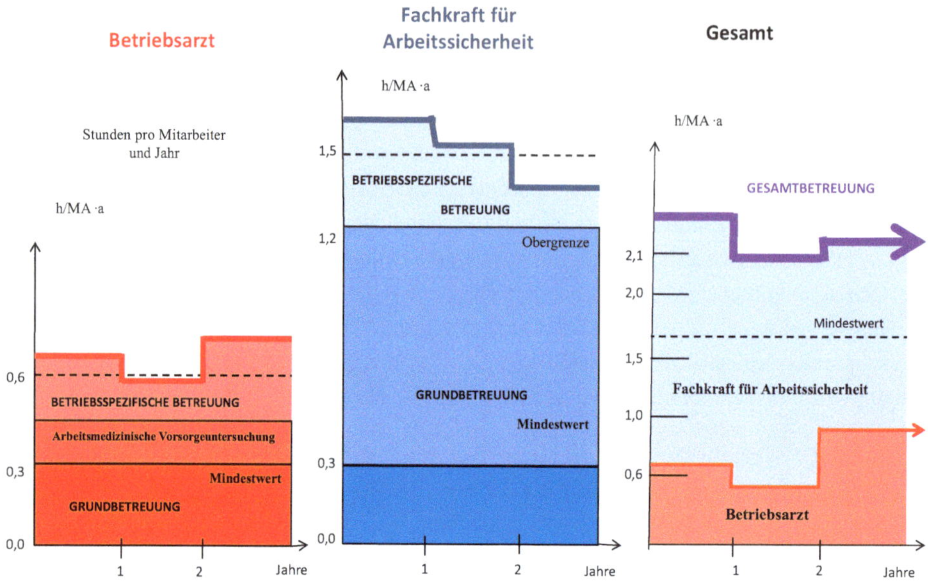

Abb. 7.2 Betreuung eines Abwasserbetriebes durch Betriebsarzt und Fachkraft für Arbeitssicherheit. (Nach DGUV V 2 (seit 2012))

Für die Grundbetreuung ist in Bauhöfen oder Abwasserbetrieben eine Einsatzzeit in Stunden pro Beschäftigtem/r und Jahr erforderlich: Einsatzzeit in Gruppe II: 1,5 Std./Jahr pro Beschäftigtem/r. Bei der *Aufteilung dieser Zeiten* auf Betriebsärzte und Fachkräfte für Arbeitssicherheit ist ein *Mindestanteil von 20 % der Grundbetreuung*, also 0,3 Std./Jahr pro Beschäftigtem/r, für jeden Leistungserbringer (BA und FaSi) anzusetzen. In Abb. 7.1 (s. u.) sind die Betreuungszeiten des Betriebsarztes (rot) und der Fachkraft für Arbeitssicherheit (blau) sowie Gesamt (rechts) nach der alten GUV-V A 6/7 dargestellt. Die Betreuungszeiten waren damals fest vorgegeben mit 0,6 bzw. 1,5 Stunden pro Mitarbeiter und Jahr (h/MA a).

Betriebsspezifische Betreuung Zweiter Bestandteil der Gesamtbetreuung ist der *betriebsspezifische Teil*, dessen Aufgaben im Folgenden näher erläutert werden. Relevanz und Umfang des betriebsspezifischen Teils der Betreuung müssen durch den Unternehmer ermittelt und regelmäßig überprüft werden. Die Regelungen der aktuellen DGUV V2 (Abb. 7.2) sind deutlich aufwändiger geregelt als in der alten UVV (Abb. 7.1). Die notwendigen Einsatzzeiten sind nur noch undeutlich geregelt: von den Betrieben wird so eine große Eigeninitiative erwartet, um die betriebsspezifische Betreuung gemeinsam zu ermitteln und dann zu vereinbaren.

7.6.1.9 Ermittlung der Gesamtbetreuungszeit für einen Entwässerungsbetrieb

Für den *Betriebsarzt* (Abb. 7.2, linke Darstellung/rot) liegt der Mindestwert der Grundbetreuung bei 0,3 h/MA a. Dazu kommen die notwendigen arbeitsmedizinischen Vorsorgeuntersuchungen, die nicht zur Grundbetreuung zählen, sowie die betriebsspezifische Betreuung. Im mittleren Block von Abb. 7.2. ist die *Betreuung durch die FaSi* in blau dargestellt. Die Untergrenze der Grundbetreuung liegt auch wieder bei 0,3 h/MA a. Die Obergrenze der *Grundbetreuung* liegt hier bei 1,2 h/MA a, da die gemeinsame Grundbetreuung von FaSi und BÄ bei 1,5 h/MA a liegt. Auch hier ist wieder eine bisher unbekannte betriebsspezifische Betreuung zu ermitteln und zu vereinbaren für z. B. jeweils 1 Jahr, daher die Sprünge in der oberen fetten Linie. In beiden Graphiken für BA und FaSi (links und Mitte) sind jeweils gestrichelt die Festwerte nach der alten GUV als Richtwert mit eingetragen.

In der *rechten Darstellung* sind nun, der neuen DGUV V 2 entsprechend, die Betreuung durch FaSi und BÄ als gemeinsame Gesamtbetreuung dargestellt. Der Mindestwert (gestrichelt) liegt hier oberhalb von 1,5 h/MA a, da wie oben erwähnt, die arbeitsmedizinischen Vorsorgeuntersuchungen zur Grundbetreuung als Pflicht hinzukommen. Die Gesamtbetreuung besteht nun aus der jeweiligen Grundbetreuung und der jeweiligen betriebsspezifischen Betreuung der Fachkräfte (FaSi) und des Betriebsarztes. Dieser Wert muss jeweils in einer Vereinbarung schriftlich festgelegt werden, aus praktischen Erwägungen z. B. für mindestens ein Jahr. In den jeweiligen Folgejahren können sich je nach den betrieblichen Erfordernissen unterschiedliche Anforderungen an den BA und die FaSi ergeben, daher verlaufen die rote und blaue fetten Linie nicht parallel. Der Wert der Gesamtbetreuung müsste jedenfalls um die 2,1 h/MA a schwanken. Wenn z. B. die Ex-Schutzdokumente oder Gefährdungsabschätzungen noch nicht vorliegen, müsste der Wert sicher deutlich höher liegen.

Einsatzzeiten der BÄ und FaSi (überschlägig ermittelt) Für eine überschlägige Ermittlung der Einsatzzeiten können folgende Werte verwendet werden (Meinung des Autors!): die im Einigungsvertrag genannten Werte, die identisch sind mit den Ansätzen, die sich aus der alten GUV-V A 6/7 (gültig bis 2011) ergeben.

Anhang EV Auszug aus EinigVtr Anlage I Kapitel VIII Sachgebiet B Abschnitt III (BGBl. II 1990, 889, 1029): Maßgaben für das beigetretene Gebiet (Art. 3 EinigVtr) – Abschnitt III: Bundesrecht tritt in dem in Artikel 3 des Vertrages genannten Gebiet mit folgenden Maßgaben in Kraft:

d) Für die Ermittlung der Einsatzzeit der *Betriebsärzte* sind folgende *Mindestwerte* zugrunde zu legen:
   bb) *0,6 Stunden/Beschäftigten × Jahr* für Betriebe, in denen eine arbeitsmedizinische Betreuung durchzuführen ist, weil besondere Arbeitserschwernisse vorliegen oder besonderen Berufskrankheiten vorzubeugen ist oder besondere arbeitsbedingte Gefährdungen für die Arbeitnehmer oder Dritte vorliegen,
e) Für die Ermittlung der Einsatzzeit der *Fachkräfte für Arbeitssicherheit* sind folgende *Mindestwerte* zugrunde zu legen:
   bb) *1,5 Stunden/Beschäftigten × Jahr* für Betriebe mit mittleren Gefährdungen

Hinweise

Zwei Hilfsmittel zur genauen Ermittlung der betriebsspezifischen Betreuungszeiten bietet die BGHW:

„Einsatzzeiten für die betriebsspezifische Betreuung abschätzen"

https://www.bghw.de/weiterbildung-services/fuer-sie-zusammengestellt/einsatzzeiten-von-betriebsarzt-und-sicherheitsfachkraft-ermitteln/betriebsspezifische-betreuung-ermitteln

„Hinweise zur Ermittlung der Einsatzzeit für Fachkraft für Arbeitssicherheit und Betriebsarzt"

https://www.bghw.de/weiterbildung-services/fuer-sie-zusammengestellt/einsatzzeiten-von-betriebsarzt-und-sicherheitsfachkraft-ermitteln

Letzter Zugriff jeweils 29.03.2023

Zusammenfassung der Berechnungsansätze der Einsatzzeiten

Die alten Zahlen als Anhaltswerte für Abwasserbetriebe sind:

FaSi 1,5 und BA 0,6 Stdn pro Beschäftigtem u. Jahr

Die aktuellen Zahlen sind als die *Mindestzeit für die Grundbetreuung*:

Einsatzzeit in Gruppe II: 1,5 Std./Jahr pro Beschäftigtem/r

Bei der *Aufteilung der Zeiten* auf Betriebsärzte und Fachkräfte für Arbeitssicherheit ist ein Mindestanteil von 20 % der Grundbetreuung, jedoch nicht weniger als 0,2 Std./Jahr pro Beschäftigtem/r, für jeden Leistungserbringer (BA und FaSi) anzusetzen (Anl 2).

Also beträgt die Grundbetreuung mindestens 0,3 h pro Beschäftigtem und Jahr für jeden Leistungserbringer (BA bzw. FaSi); das sind also mindestens 0,3 h für einen (z. B. Arzt) und damit dann bis zu 1,2 h für den anderen (z. B. FaSi). Das ergibt dann die notwendigen 1,5 Std./Jahr pro Beschäftigtem/r.

Versuche zur Ermittlung der Grundbetreuung

Versuch 1

Bei einem geschätzten Verhältnis von:
25 % für den Betriebsarzt und 75 % für die FaSi:
0,38 h BA + 1,13 h FaSi pro Beschäftigtem und Jahr als Mindestwert der Grundbetreuung

Versuch 2

Bei Aufteilung im alten Verhältnis 0,6/1,5 ergeben sich 29 % BA zu 71 % FaSi:
0,44 h BA + 1,07 h FaSi pro Beschäftigtem und Jahr als Mindestwert der Grundbetreuung

Zu der Grundbetreuung kommt für die betriebsspezifische Betreuung ein gesondert zu ermittelnder Wert dazu, so dass in der Summe die alten Zahlen (1,5 + 0,6 h/MA a) als Anhaltswerte dienen können.

Hinweise
1. DGUV Vorschrift 2, „Betriebsärzte und Fachkräfte für Arbeitssicherheit“
2. „Gesetz über Betriebsärzte, Sicherheitsingenieure und andere Fachkräfte für Arbeitssicherheit (ASIG)“

Link zu sehr hilfreichen Informationen des KUVB: https://kuvb.de//fileadmin/daten/dokumente/GBI/Vorschrift_2/FAQs-Vorschrift2.pdf
Letzter Zugriff 29.03.2023

7.6.1.10 Aufgabenfelder der Grundbetreuung (DGUV V2 Anh 3)

Die Aufgabenfelder der Grundbetreuung sind im Anhang 3 der DGUV V2 detailliert beschrieben. Hier sind nur einige wichtige erwähnt. *Die Grundbetreuung umfasst z. B. folgende Aufgabenfelder:*

1. Unterstützungsleistungen bei der Beurteilung der Arbeitsbedingungen und bei der *Durchführung der Gefährdungsbeurteilungen*
2. Unterstützung bei grundlegenden Maßnahmen der sog. *Verhältnis*prävention. Hier geht es um Gesundheitsvorbeugung im Hinblick auf die *Arbeitsplatzgestaltung*, der *Arbeitsstätte*, die *Arbeitsmittel* und die sonstige Arbeitsumwelt.
3. Unterstützung bei grundlegenden Maßnahmen der *Verhaltens*prävention. Hier geht es um das Verhalten der Beschäftigten, das durch Information und Aufklärung sowie *Unterweisungen, Betriebsanweisungen*, Qualifizierungsmaßnahmen verbessert werden soll.
4. Unterstützung bei der Schaffung einer geeigneten Organisation und Integration in die Führungstätigkeit
5. Untersuchung nach Ereignissen *Unfallschwerpunkten* sowie Schwerpunkten *arbeitsbedingter Erkrankungen* sollen ermittelt, Ursachen analysiert und ausgewertet werden
6. Allgemeine Beratung von Arbeitgebern und Führungskräften, betrieblichen Interessenvertretungen, Beschäftigten Beratung und Information zu Rechtsgrundlagen, Stand der Technik und der Arbeitsmedizin sowie zu wissenschaftlichen Erkenntnissen
7. Erstellung von Dokumentationen, Erfüllung von Meldepflichten
8. Mitwirken in *betrieblichen Besprechungen*
9. Selbstorganisation

7.6.1.11 Aufgabenfelder des Betriebsspezifischen Teils der Betreuung (DGUV V2 Anh 4)

Der Bedarf an betriebsspezifischer Betreuung wird vom Unternehmer in einem besonderen Verfahren ermittelt. Das Verfahren entsprechend Anhang 4 der DGUV V2 erfordert, dass der Unternehmer *alle (folgenden) Aufgabenfelder* hinsichtlich ihrer Relevanz für die betriebsärztliche und sicherheitstechnische Betreuung *regelmäßig*, insbesondere aber nach wesentlichen Änderungen, *prüft*.

Die vier großen *Aufgabenfelder* in der Übersicht sind:

1. **Regelmäßig vorliegende betriebsspezifische Unfall- und Gesundheitsgefahren, Erfordernisse zur menschengerechten Arbeitsgestaltung**
   1.1 Besondere Tätigkeiten
   1.2 Arbeitsplätze und Arbeitsstätten, die besondere Risiken aufweisen
   1.3 Arbeitsaufgaben und Arbeitsorganisation mit besonderen Risiken
   1.4 Erfordernis arbeitsmedizinischer Vorsorge
   1.5 Erfordernis besonderer betriebsspezifischer Anforderungen beim Personaleinsatz
   1.6 Sicherheit und Gesundheit unter den Bedingungen des demografischen Wandels
   1.7 Arbeitsgestaltung zur Vermeidung arbeitsbedingter Gesundheitsgefahren, Erhalt der individuellen gesundheitlichen Ressourcen im Zusammenhang mit der Arbeit
   1.8 Unterstützung bei der Weiterentwicklung eines Gesundheitsmanagements
2. **Betriebliche Veränderungen in den Arbeitsbedingungen und in der Organisation**
   2.1 Beschaffung von grundlegend neuartigen Maschinen, Geräten
   2.2 Grundlegende Veränderungen zur Errichtung neuer Arbeitsplätze bzw. der Arbeitsplatzausstattung;
   2.3 Planung, Neuerrichtung von Betriebsanlagen; Umbau, Neubaumaßnahmen
   2.4 Einführung völlig neuer Stoffe, Materialien
   2.5 Grundlegende Veränderung betrieblicher Abläufe und Prozesse; grundlegende Veränderung der Arbeitszeitgestaltung; grundlegende Änderung, Einführung neuer Arbeitsverfahren
   2.6 Spezifische Erfordernisse zur Schaffung einer geeigneten Organisation zur Durchführung der Maßnahmen des Arbeitsschutzes sowie der Integration in die Führungstätigkeit und zum Aufbau eines Systems der Gefährdungsbeurteilung
3. **Externe Entwicklung mit spezifischem Einfluss auf die betriebliche Situation**
   3.1 Neue Vorschriften, die für den Betrieb umfangreiche Änderungen nach sich ziehen
   3.2 Weiterentwicklung des für den Betrieb relevanten Stands der Technik und Arbeitsmedizin
4. **Betriebliche Aktionen, Programme und Maßnahmen**
   Schwerpunktprogramme, Kampagnen sowie Unterstützung von Aktionen zur Gesundheitsförderung

   Die unter Nr. 1 genannten Aufgabenfelder können in jedem Betrieb immer vorhanden sein und müssen daher regelmäßig geprüft werden, während die unter Nr. 2 bis 4 genannten Aufgabenfelder nur im jeweiligen Sonderfall zutreffend sind. Die Ermittlung von Dauer und Umfang der betriebsspezifischen Betreuung beinhaltet die Prüfung durch den Unternehmer, welche Aufgaben im Betrieb erforderlich sind und die Festlegung des entsprechenden Personalaufwandes für die Aufgabenerledigung. Er hat auf der Grundlage des ermittelten Personalaufwandes die Betreuungsleistung mit Betriebsarzt und Fachkraft für Arbeitssicherheit festzulegen und schriftlich zu vereinbaren (Anl 2).

Die o. g. Aufgabenfelder entspr. Anh. 4 im Einzelnen sind wie folgt erläutert (auszugsweise!)

1.1 Besondere Tätigkeiten sind z. B.:

a) Feuerarbeiten in brand- und explosionsgefährdeten Bereichen
b) Gefährliche Arbeiten an unter Druck stehenden Anlagen
c) Arbeiten in gasgefährdeten Bereichen
d) Andere gefährliche Arbeiten (Schweißen in engen Räumen, Sprengarbeiten, Fällen von Bäumen, …)
e) Arbeiten unter Infektionsgefahren
f) Umgang mit ionisierender Strahlung, Arbeiten im Bereich elektromagnetischer Felder
g) Alleinarbeit
h) Andere Tätigkeiten, die besondere Schutzmaßnahmen erfordern
i) Tätigkeiten, die nicht typisch für den Wirtschaftszweig bzw. für das Kerngeschäft des Betriebs sind

1.2 Arbeitsplätze und Arbeitsstätten, die besondere Risiken aufweisen sind z. B.:

a) Vielzahl von unterschiedlichen Quellen bzw. besondere gefahrbringende Bedingungen für spezifische Gefährdungen (z. B. Lärmquellen)
b) Vielzahl von unterschiedlichen Gefahrstoffen
c) Arbeitsplätze, die besondere Schutzmaßnahmen bei Tätigkeiten mit krebserzeugenden, erbgutverändernden und fruchtbarkeitsgefährdenden Gefahrstoffen gemäß Gefahrstoffverordnung erfordern
d) Arbeitsplätze, an denen mit biologischen Arbeitsstoffen der Risikogruppe 4 gem. Biostoffverordnung umgegangen wird
e) Gefährliche Arbeitsgegenstände (Abmessungen, Gewichte, Oberflächenbeschaffenheit, thermische Zustände, …) bzw. besondere gefahrbringende Bedingungen im Umgang
f) Arbeiten an hohen Masten, Türmen und an anderen hochgelegenen Arbeitsplätzen
g) Unübersichtliches Werksgelände mit innerbetrieblichem Transport und Verkehr
h) Arbeitsplätze, die besondere Schutzmaßnahmen erfordern
i) Arbeitsplätze mit speziellen Anforderungen an die Funktionsfähigkeit sowie an die Überprüfung der Wirksamkeit von Schutzmaßnahmen (Beispiel: Umfangreiche Prüfungen nach BetrSichV – beachte insbes. § 3 Abs. 3, sowie §§ 10 und 14 ff. BetrSichV)

1.3 Arbeitsaufgaben und Arbeitsorganisation mit besonderen Risiken sind z. B.:

a) Anforderungen aus der Arbeitsaufgabe (hohe Aufmerksamkeitsanforderungen, große Arbeitsmenge, besonderer Schwierigkeitsgrad, ...) mit Potenzialen psychischer Fehlbeanspruchungen
b) Anforderungen aus der Arbeitsorganisation (Arbeitsablauf, Störungshäufigkeiten, Art der Zusammenarbeit, ...) mit Potenzialen psychischer Fehlbeanspruchungen
c) Andere Anforderungen mit Potenzialen psychischer Fehlbeanspruchungen
d) Tätigkeiten mit Potenzialen physischer Fehlbeanspruchungen: Manuelle Handhabung von Lasten (Hohe Risikostufe gem. Leitmerkmalmethode)
e) Tätigkeiten mit Potenzialen physischer Fehlbeanspruchungen: Häufig wiederkehrende kurzzyklische Bewegung Kleiner Muskelgruppen
f) Tätigkeiten mit Potenzialen physischer Fehlbeanspruchungen: Arbeit in Zwangshaltungen
g) Tätigkeiten mit Potenzialen physischer Fehlbeanspruchungen: Statische Arbeit (z. B. Haltearbeit)
h) Schichtarbeit mit Nachtarbeitsanteilen
i) Einsatz von Fremdfirmen mit einem betriebs- bzw. tätigkeitsspezifischen Gefährdungspotenzial

1.4 Erfordernis arbeitsmedizinischer Vorsorge

a) Pflichtuntersuchungen erforderlich
b) Angebotsuntersuchungen erforderlich
c) Wunschuntersuchungen gefordert

1.5 Erfordernis besonderer betriebsspezifischer Anforderungen beim Personaleinsatz kann sein z. B.:

a) Anforderungen an die Qualifikation und andere personelle Voraussetzungen der Beschäftigten entsprechend Forderungen in speziellen Vorschriften
b) Qualifikationsanforderungen für Notfallsituationen
c) Personalentwicklungsmaßnahmen (PE) zum Arbeitsschutz
d) Besondere Personengruppen (Schwangere, Jugendliche, ...)
e) Einsatz von Zeitarbeitnehmern
f) Anforderungen an den Arbeitsprozess zur Teilhabe behinderter Menschen
g) Wiedereingliederung von Beschäftigten
h) Betriebsspezifischer Aufwand für die Gewährleistung von Sicherheit und Gesundheit verursacht durch Dritte (z. B. Kinder, Schüler, Studenten, Publikumsverkehr, Kunden, ...)

1.6 Sicherheit und Gesundheit unter den Bedingungen des demografischen Wandels

a) Hoher Anteil von älteren Beschäftigten
b) Divergenz zwischen Fähigkeitsprofil der Beschäftigten und Anforderungsprofil durch die Arbeitsaufgabe unter den Bedingungen alternder Belegschaften
c) Defizite in der altersadäquaten Arbeitsgestaltung
d) Entwicklung des Führungsverhaltens unter den Bedingungen älter werdender Belegschaften

1.7 Arbeitsgestaltung zur Vermeidung arbeitsbedingter Gesundheitsgefahren, Erhalt der individuellen gesundheitlichen Ressourcen im Zusammenhang mit der Arbeit

a) Überdurchschnittlich hoher Krankenstand (Vergleichswerte innerhalb des Unternehmens, vergleichbare Betriebe, Branchendurchschnitt)
b) Defizite in der menschen- und gesundheitsgerechten Gestaltung von Arbeitsaufgaben, Arbeitsorganisation und Arbeitsumgebung im Hinblick auf den Erhalt der gesundheitlichen Ressourcen
c) Nicht hinreichende Angebote zu betrieblichen Aktivitäten zum Erhalt der gesundheitlichen Ressourcen im Zusammenhang mit der Arbeit (Rückenschulen, Pausengymnastik, …)
d) Unzureichende Gesundheitskompetenz der Beschäftigten zum Erhalt der gesundheitlichen Ressourcen im Zusammenhang mit der Arbeit

1.8 Unterstützung bei der Weiterentwicklung eines Gesundheitsmanagements

a) Betriebliche Entscheidung für die Einführung eines Gesundheitsmanagements
b) Betreiben eines Gesundheitsmanagements

2.1 Beschaffung von grundlegend neuartigen Maschinen, Geräten

a) Für den Betrieb gegenüber der Grundbetreuung neuartige/neue Risiken sind zu erwarten
b) Neuartige Gefahrenquellen können auftreten
c) Grundlegend veränderte Wirkungen auf die Arbeitsumgebung
d) Bisherige Schutzmaßnahmen können nicht/nur bedingt übertragen werden
e) Es bestehen keine standardisierten Lösungen
f) Es sind grundlegend neuartige Anforderungen an die Qualifikation/das arbeitsschutzgerechte Verhalten zu erwarten
g) Es wird eine grundlegend veränderte Organisation erforderlich
h) Es entstehen andere/neue Schnittstellen zu bestehenden Arbeitssystemen

2.2 Grundlegende Veränderungen zur Errichtung neuer Arbeitsplätze bzw. der Arbeitsplatzausstattung;

a) Für den Betrieb gegenüber der Grundbetreuung neuartige/neue Risiken sind zu erwarten
b) Neuartige Gefahrenquellen können auftreten
c) Grundlegend veränderte Wirkungen auf die Arbeitsumgebung bzw. auf die Arbeitsplätze und Arbeitsabläufe
d) Bisherige Schutzmaßnahmen können nicht/nur bedingt übertragen werden
e) Es bestehen keine standardisierten Lösungen
f) Es sind grundlegend veränderte Anforderungen an die Qualifikation/das arbeitsschutzgerechte Verhalten zu erwarten
g) Es wird eine grundlegend veränderte Organisation erforderlich
h) Es entstehen andere/neue Schnittstellen zu bestehenden Arbeitssystemen
i) Es entstehen neue Zuständigkeiten/Verantwortlichkeiten

2.3 Einführung völlig neuer Stoffe, Materialien

a) Für den Betrieb gegenüber der Grundbetreuung andersartige/neue Risiken sind zu erwarten
b) Neuartige Gefahrenquellen können auftreten
c) Veränderte Wirkungen auf die Arbeitsumgebung bzw. auf die Arbeitsplätze und Arbeitsabläufe
d) Bisherige Schutzmaßnahmen können nicht/nur bedingt übertragen werden
e) Es bestehen keine standardisierten Lösungen
f) Es sind völlig veränderte Anforderungen an die Qualifikation/das arbeitsschutzgerechte Verhalten zu erwarten

2.4 Grundlegende Veränderung betrieblicher Abläufe und Prozesse; grundlegende Veränderung der Arbeitszeitgestaltung; grundlegende Änderung, Einführung neuer Arbeitsverfahren

a) bis f) wie bei 2.3
b) Es wird eine völlig veränderte Organisation erforderlich
c) Es entstehen andere/neue Schnittstellen zu bestehenden Arbeitssystemen
d) Es entstehen neue Zuständigkeiten/Verantwortlichkeiten

2.5 Spezifische Erfordernisse zur Schaffung einer geeigneten Organisation zur Durchführung der Maßnahmen des Arbeitsschutzes sowie der Integration in die Führungstätigkeit und zum Aufbau eines Systems der Gefährdungsbeurteilung

a) Erfordernisse zur Integration in die Führungstätigkeit und zum Aufbau einer geeigneten Organisation, soweit Bedarf über die Grundbetreuung hinaus besteht
b) Betriebsspezifische Erfordernisse zur Implementierung eines Gesamtsystems der Gefährdungsbeurteilung

c) Grundlegende Veränderungen zur Integration des Arbeitsschutzes in das Management
d) Einführung von Managementprinzipien und -systemen mit Relevanz zum Arbeitsschutz
e) Integration des Arbeitsschutzes in bestehende Managementsysteme
f) Aufbau eines Arbeitsschutzmanagementsystems

3.1 Neue Vorschriften, die für den Betrieb umfangreiche Änderungen nach sich ziehen
a) Fortschreiben der Gefährdungsbeurteilung ist erforderlich
b) Veränderungen in den bestehenden Arbeitssystemen sind erforderlich
c) Veränderungen in der Ausgestaltung einer geeigneten Organisation sind erforderlich

3.2 Weiterentwicklung des für den Betrieb relevanten Stands der Technik und Arbeitsmedizin
a) Grundlegend neue Erkenntnisse zu Gefährdungen
b) Auswertung überbetrieblich auftretender Ereignisse (Großbrände, Epidemien, …)
c) Neuartige Lösungskonzepte zur Vermeidung/Bekämpfung von Gefährdungen
d) Neuartige Ansätze zur Stärkung von Gesundheitsfaktoren

4. Schwerpunktprogramme, Kampagnen sowie Unterstützung von Aktionen zur Gesundheitsförderung
a) Initiative, Entscheidung des Arbeitgebers bzw. Erfordernis zu Schwerpunktprogrammen zur Bekämpfung von Gefährdungsschwerpunkten: Anzahl der Exponierten gegenüber speziellen Gefährdungen (getrennt zu betrachten nach den verschiedenen Gefährdungen), zeitliche Häufigkeit der Expositionen
b) Initiative, Entscheidung des Arbeitgebers bzw. Erfordernis zu Schwerpunktprogrammen zum sicherheits-/gesundheitsgerechten Verhalten; Aktionen zur Kompetenzentwicklung/Qualifizierung im Arbeitsschutz
c) Initiative, Entscheidung des Arbeitgebers bzw. Erfordernis zu Schwerpunktprogrammen nach besonders schwerwiegenden Unfällen
d) Initiative, Entscheidung des Arbeitgebers bzw. Erfordernis zu Schwerpunktprogrammen zur Gesundheitsförderung
e) Initiative, Entscheidung des Arbeitgebers bzw. Erfordernis zu Schwerpunktprogrammen zur Verbesserung der Arbeitskultur, des sozialen Umfeldes usw.
f) Programme, Strategien und Kampagnen zur Bewältigung von körperlichen Belastungen
g) Programme, Strategien und Kampagnen zur Bewältigung psychischer Belastungen

h) Verbesserungsbedarf der psychosozialen Belastungs-Beanspruchungs-Situation durch die sozialen Arbeitsbedingungen im Hinblick auf den Erhalt der gesundheitlichen Ressourcen (Soziale Arbeitsbedingungen betreffen vor allem: positive soziale Bindungen, gegenseitige Unterstützungsmöglichkeiten, Mitwirkungsmöglichkeiten am Arbeitsplatz, mitarbeiterorientierte Führungstätigkeit, Entwicklung der Unternehmenskultur)
i) Entwicklung eines betrieblichen Leitbildes zur Beschäftigung Älterer, einer entsprechenden Arbeitskultur

7.6.2 Beauftragung von Personen

7.6.2.1 Pflichtenübertragung

Der Unternehmer kann *zuverlässige und fachkundige Personen* schriftlich damit beauftragen, ihm nach Unfallverhütungsvorschriften obliegende Aufgaben in eigener Verantwortung wahrzunehmen. Die Beauftragung muss den Verantwortungsbereich und Befugnisse festlegen und ist vom Beauftragten zu unterzeichnen. Eine Ausfertigung der Beauftragung ist ihm auszuhändigen (DGUV V 1 § 13). Die Beauftragung eines Vorgesetzten mit Arbeitgeber-Pflichten könnte z. B. in seinem Arbeitsvertrag erfolgt sein. Durch die Annahme eines Auftrags verpflichtet sich der Beauftragte, ein ihm von dem Auftraggeber übertragenes Geschäft für diesen unentgeltlich zu besorgen (BGB § 662). Der Arbeitgeber muss zusätzlich die notwendigen organisatorischen Maßnahmen treffen, damit die Beauftragten ihren Aufgaben auch nachkommen können.

7.6.2.2 Bestellung von Fachkräften für Arbeitssicherheit und Betriebsärzten

Der Unternehmer hat Fachkräfte für Arbeitssicherheit und Betriebsärzte zu bestellen; der Unternehmer eines Abwasserbetriebs darf für die oben genannten Aufgaben nur entsprechend fachkundige Personen beauftragen und schriftlich bestellen (s. o.). Der Arbeitgeber hat sich auch davon zu überzeugen, dass sie ihre Aufgaben erfüllen und sie hierin zu unterstützen; er hat die Zusammenarbeit der Fachkräfte für Arbeitssicherheit und der Betriebsärzte zu fördern (DGUV V 1 § 19).

7.6.2.3 Überbetrieblicher arbeitsmedizinischer und sicherheitstechnischer Dienst (SGB VII § 24)

Unternehmer können verpflichtet werden, sich einem überbetrieblichen arbeitsmedizinischen und sicherheitstechnischen Dienst anzuschließen, wenn sie innerhalb einer vom Unfallversicherungsträger gesetzten angemessenen Frist keine oder nicht in ausreichendem Umfang Betriebsärzte und Fachkräfte für Arbeitssicherheit bestellen. Solche überbetrieblichen arbeitsmedizinischen und sicherheitstechnischen Dienste können von Unfallversicherungsträgern eingerichtet werden.

7.6.2.4 Sicherheitsbeauftragte

In Unternehmen mit regelmäßig *mehr als 20 Beschäftigten* hat der Unternehmer unter Beteiligung des Betriebsrates oder Personalrates Sicherheitsbeauftragte unter Berücksichtigung der im Unternehmen für die Beschäftigten bestehenden Unfall- und Gesundheitsgefahren und der Zahl der Beschäftigten zu bestellen. In Unternehmen mit besonderen Gefahren für Leben und Gesundheit kann der Unfallversicherungsträger anordnen, dass Sicherheitsbeauftragte auch dann zu bestellen sind, wenn die Mindestbeschäftigtenzahl nicht erreicht wird. Die Sicherheitsbeauftragten haben den Unternehmer bei der Durchführung der Maßnahmen zur Verhütung von Arbeitsunfällen und Berufskrankheiten und arbeitsbedingten Gesundheitsgefahren zu unterstützen, insbesondere sich von dem Vorhandensein und der ordnungsgemäßen Benutzung der vorgeschriebenen Schutzeinrichtungen und persönlichen Schutzausrüstungen zu überzeugen und auf Unfall- und Gesundheitsgefahren für die Versicherten aufmerksam zu machen (SGB VII § 22). Der Unternehmer hat Sicherheitsbeauftragte mindestens in der *Anzahl* nach DGUV V A1 zu bestellen (GUV-V A1 Anlage 2): z. B. für Betriebe oder örtlich selbstständige Betriebsteile, wie Bauhof oder Fuhrpark, bei 21 bis 150 Beschäftigten mind. 1 Sicherheitsbeauftragten und je angefangene weitere 250 Beschäftigte mind. 1 einen weiteren zusätzlich. Die Sicherheitsbeauftragten dürfen wegen der Erfüllung der ihnen übertragenen Aufgaben *nicht benachteiligt* werden (SGB VII § 22). Der Unternehmer hat den Sicherheitsbeauftragten Gelegenheit zu geben, ihre Aufgaben zu erfüllen, insbesondere in ihrem Bereich an den Betriebsbesichtigungen sowie den Untersuchungen von Unfällen und Berufskrankheiten durch die Aufsichtspersonen der Unfallversicherungsträger teilzunehmen; den Sicherheitsbeauftragten sind die hierbei erzielten Ergebnisse zur Kenntnis zu geben. Der Unternehmer hat sicherzustellen, dass die Fachkräfte für Arbeitssicherheit und Betriebsärzte mit den Sicherheitsbeauftragten *eng zusammenwirken*. Der Unternehmer hat den Sicherheitsbeauftragten Gelegenheit zu geben, an *Aus- und Fortbildungsmaßnahmen* des Unfallversicherungsträgers teilzunehmen, soweit dies im Hinblick auf die Betriebsart und die damit für die Versicherten verbundenen Unfall- und Gesundheitsgefahren sowie unter Berücksichtigung betrieblicher Belange erforderlich ist (DGUV V 1 § 20).

7.6.2.5 Aus- und Fortbildung von Beauftragten (SGB VII § 23)

Die *Unfallversicherungsträger* haben für die erforderliche Aus- und Fortbildung der Personen in den Unternehmen zu sorgen, die mit der Durchführung der Maßnahmen zur Verhütung von Arbeitsunfällen, Berufskrankheiten und arbeitsbedingten Gesundheitsgefahren sowie mit der Ersten Hilfe betraut sind. Die Unfallversicherungsträger haben Unternehmer und Versicherte zur Teilnahme an Aus- und Fortbildungslehrgängen anzuhalten. Die Unfallversicherungsträger haben die unmittelbaren Kosten ihrer Aus- und Fortbildungsmaßnahmen sowie die erforderlichen Fahr-, Verpflegungs- und Unterbringungskosten zu tragen. Bei Aus- und Fortbildungsmaßnahmen für Ersthelfer, die von Dritten durchgeführt werden, haben die Unfallversicherungsträger nur die Lehrgangsgebühren zu tragen. Für die Arbeitszeit, die wegen der Teilnahme an einem

Lehrgang ausgefallen ist, besteht gegen den Unternehmer ein Anspruch auf Fortzahlung des Arbeitsentgelts.

7.6.2.6 Besondere Beauftragung von Beschäftigten

Ist die Verwendung von *Arbeitsmitteln mit besonderen Gefährdungen* verbunden, hat der Arbeitgeber dafür zu sorgen, dass diese nur von hierzu beauftragten Beschäftigten verwendet werden (BetrSichV § 12). **Beispiele:** Häufig werden Mitarbeiter für die Prüfung von Leitern oder Ketten und Seilen oder ortsbeweglichen elektrischen Geräten beauftragt.

Gewässerschutz-, Abfall- und Gefahrgutbeauftragte werden in anderen Kapiteln im Text im Zusammenhang mit den Stoffen bzw. dem Transport separat erwähnt (Personen in Kap. 6, Stoffe in Kap. 4 und Transport in Kap. 8).

Hinweise
Technische Regeln für Betriebssicherheit, **TRBS 1203**
Zur Prüfung befähigte Personen

Technische Regeln für Betriebssicherheit, **TRBS 1201**
Prüfungen und Kontrollen von Arbeitsmitteln und überwachungsbedürftigen Anlagen

Befähigte Person zum Prüfen von Leitern
Durchführung der Prüfung nach **DGUV Informationen 208-016**
Die Verwendung von Leitern und Tritten

Befähigte Person zum Prüfen von Anschlag- und Lastaufnahmemitteln
Durchführung der Prüfung nach **DGUV Information 209-013**
Anschläger

Befähigte Person zum Prüfen von elektr. Betriebsmitteln
Durchführung der Prüfung nach § 5 **DGUV Vorschrift 3**
Elektrische Anlagen und Betriebsmittel

Beauftragungs-Formulare der GDA:
http://www.gda-orgacheck.de/daten/gda/check_11.htm
http://www.gda-orgacheck.de/daten/praxishilfen/gda_ph_pflichtenübertragung_2015_1302.pdf
Letzter Zugriff jeweils 29.03.2023

Beauftragte Personen in Kläranlagen
(Beckmann, Kopmann in KA Nr 03/2012, Seite 203 ff, mit Übersichts-Tabelle)

7.6.3 Arbeitsmedizinische Vorsorge (ArbMedVV § 2)

Arbeitsmedizinische Vorsorge

- ist Teil der arbeitsmedizinischen Präventionsmaßnahmen im Betrieb;
- dient der Beurteilung der individuellen Wechselwirkungen von Arbeit und physischer und psychischer Gesundheit und der Früherkennung arbeitsbedingter Gesundheitsstörungen sowie der Feststellung, ob bei Ausübung einer bestimmten Tätigkeit eine erhöhte gesundheitliche Gefährdung besteht;
- beinhaltet ein ärztliches Beratungsgespräch mit Anamnese einschließlich Arbeitsanamnese sowie körperliche oder klinische Untersuchungen, soweit diese für die individuelle Aufklärung und Beratung erforderlich sind und der oder die Beschäftigte diese Untersuchungen nicht ablehnt;
- umfasst die Nutzung von Erkenntnissen aus der Vorsorge für die Gefährdungsbeurteilung und für sonstige Maßnahmen des Arbeitsschutzes;
- *umfasst nicht den Nachweis der gesundheitlichen Eignung* für berufliche Anforderungen nach sonstigen Rechtsvorschriften oder individual- oder kollektivrechtlichen Vereinbarungen.
- kann auch weitere Maßnahmen der Gesundheitsvorsorge umfassen.

Es werden drei verschiedene Vorsorge-Typen unterschieden:

- ***Pflichtvorsorge*** ist arbeitsmedizinische Vorsorge, die bei *bestimmten besonders gefährdenden* Tätigkeiten veranlasst werden muss.
- ***Angebotsvorsorge*** ist arbeitsmedizinische Vorsorge, die bei *bestimmten gefährdenden* Tätigkeiten angeboten werden muss.
- ***Wunschvorsorge*** ist arbeitsmedizinische Vorsorge, die bei Tätigkeiten, bei denen ein Gesundheitsschaden nicht ausgeschlossen werden kann, auf Wunsch des oder der Beschäftigten ermöglicht werden muss.

7.6.3.1 Ziele der Vorsorge (ArbMedVV § 1)

Durch Maßnahmen der arbeitsmedizinischen Vorsorge sollen arbeitsbedingte Erkrankungen einschließlich Berufskrankheiten frühzeitig erkannt und verhütet werden (ArbMedVV). Arbeitsmedizinische Vorsorge soll zugleich einen Beitrag zum Erhalt der Beschäftigungsfähigkeit und zur Fortentwicklung des betrieblichen Gesundheitsschutzes leisten.

7.6.3.2 Pflichtvorsorge (ArbMedVV § 4)

Der Arbeitgeber hat bei bestimmten Tätigkeiten mit biologischen Arbeitsstoffen oder mit Gefahrstoffen sowie bei Tätigkeiten mit physikalischen Einwirkungen Pflichtvorsorge für die Beschäftigten zu veranlassen. Pflichtvorsorge muss vor Aufnahme einer solchen Tätigkeit und anschließend in regelmäßigen Abständen veranlasst werden. Der Arbeitgeber darf eine Tätigkeit nur ausüben lassen, wenn der oder die Beschäftigte an der Pflichtvorsorge teilgenommen hat.

7.6.3.3 Angebotsvorsorge (ArbMedVV § 5)

Der Arbeitgeber hat den Beschäftigten in verschiedenen Fällen *Angebotsvorsorge* anzubieten. Angebotsvorsorge muss vor Aufnahme der Tätigkeit und anschließend in regelmäßigen Abständen angeboten werden. Das Ausschlagen eines Angebots entbindet den Arbeitgeber nicht von der Verpflichtung, weiter regelmäßig Angebotsvorsorge anzubieten. Erhält der Arbeitgeber *Kenntnis von einer Erkrankung*, die im ursächlichen Zusammenhang mit der Tätigkeit des oder der Beschäftigten stehen kann, so hat er ihm oder ihr unverzüglich Angebotsvorsorge anzubieten. Dies gilt auch für Beschäftigte mit vergleichbaren Tätigkeiten, wenn Anhaltspunkte dafür bestehen, dass sie ebenfalls gefährdet sein können. Der Arbeitgeber hat Beschäftigten sowie ehemals Beschäftigten (nach ArbMedVV) nach Beendigung bestimmter Tätigkeiten, bei denen nach längeren Latenzzeiten Gesundheitsstörungen auftreten können, nachgehende Vorsorge anzubieten. Am Ende des Beschäftigungsverhältnisses überträgt der Arbeitgeber diese Verpflichtung auf den zuständigen gesetzlichen Unfallversicherungsträger und überlässt ihm die erforderlichen Unterlagen in Kopie, sofern der oder die Beschäftigte eingewilligt hat.

7.6.3.4 Wunsch-Vorsorge

Der Arbeitgeber hat den Beschäftigten auf ihren Wunsch unbeschadet der Pflichten aus Rechtsvorschriften zu ermöglichen, sich je nach den Gefahren für ihre Sicherheit und Gesundheit bei der Arbeit regelmäßig *arbeitsmedizinisch untersuchen* zu lassen, es sei denn, auf Grund der Beurteilung der Arbeitsbedingungen und der getroffenen Schutzmaßnahmen ist nicht mit einem Gesundheitsschaden zu rechnen (ArbMedVV § 5a). Die Arbeitsmedizinische Vorsorge entsprechend der BiostoffV wird beim Umgang mit Biostoffen auf Studierende ausgedehnt, sofern sie Tätigkeiten mit Biostoffen durchführen; also mit Abwasser zu tun haben.

7.6.3.5 Allgemeine Pflichten des Arbeitgebers (ArbMedVV § 3)

Der Arbeitgeber hat auf der Grundlage der Gefährdungsbeurteilung für eine angemessene arbeitsmedizinische Vorsorge zu sorgen. Dabei hat er die Vorschriften der ArbMedVV einschließlich der vom Ausschuss für Arbeitsmedizin ermittelten Regeln und Erkenntnisse zu beachten und zu berücksichtigen. Die **Arbeitsmedizinischen Regeln (AMR)** geben den Stand der Arbeitsmedizin und sonstige gesicherte arbeitsmedizinische Erkenntnisse wieder. Bei Einhaltung der AMR kann der Arbeitgeber davon ausgehen, dass die in der AMR konkretisierten Anforderungen der Verordnung zur arbeitsmedizinischen Vorsorge (ArbMedVV) erfüllt sind (Vermutungswirkung).

Der Arbeitgeber hat zur Durchführung der arbeitsmedizinischen Vorsorge einen Arzt oder eine Ärztin zu beauftragen, der/die berechtigt ist, die Gebietsbezeichnung „Arbeitsmedizin“ oder die Zusatzbezeichnung „Betriebsmedizin“ zu führen. Ist ein Betriebsarzt oder eine Betriebsärztin (ASiG) bestellt, soll der Arbeitgeber vorrangig diesen oder diese auch mit der arbeitsmedizinischen Vorsorge beauftragen. Dem Arzt oder der Ärztin sind alle erforderlichen Auskünfte über die Arbeitsplatzverhältnisse, insbesondere über den Anlass der arbeitsmedizinischen Vorsorge und die Ergebnisse der Gefährdungsbeurteilung, zu erteilen und die Begehung des Arbeitsplatzes zu ermöglichen. Ihm oder ihr ist auf Verlangen Einsicht in die u. g. Vorsorgekartei zu gewähren.

7.6.3.6 Anforderungen an den Arzt oder die Ärztin (ArbMedVV § 7)

In der Regel muss der Arzt oder die Ärztin berechtigt sein, die Gebietsbezeichnung „Arbeitsmedizin" oder die Zusatzbezeichnung „Betriebsmedizin" zu führen. Er oder sie darf selbst keine Arbeitgeberfunktion gegenüber dem oder der Beschäftigten ausüben. Verfügt der Arzt oder die Ärztin für bestimmte Untersuchungsmethoden nicht über die erforderlichen Fachkenntnisse oder die speziellen Anerkennungen oder Ausrüstungen, so hat er oder sie Ärzte oder Ärztinnen hinzuzuziehen, die diese Anforderungen erfüllen.

7.6.3.7 Zeitpunkt der Untersuchungen (ArbMedVV § 3)

Arbeitsmedizinische Vorsorge soll während der Arbeitszeit stattfinden. Sie soll *nicht* zusammen mit Untersuchungen, die dem *Nachweis der gesundheitlichen Eignung* für berufliche Anforderungen dienen, durchgeführt werden, es sei denn, betriebliche Gründe erfordern dies; in diesem Fall hat der Arbeitgeber den Arzt oder die Ärztin zu verpflichten, die unterschiedlichen Zwecke von arbeitsmedizinischer Vorsorge und Eignungsuntersuchung gegenüber dem oder der Beschäftigten offenzulegen.

7.6.3.8 Vorsorgekartei (ArbMedVV § 3)

Der Arbeitgeber hat eine *Vorsorgekartei* zu führen mit Angaben, dass, wann und aus welchen Anlässen arbeitsmedizinische Vorsorge stattgefunden hat; die Kartei kann automatisiert geführt werden. Die Angaben sind grundsätzlich bis zur Beendigung des Beschäftigungsverhältnisses aufzubewahren und anschließend zu löschen. Besondere Rechtsvorschriften oder die AMR können etwas Anderes bestimmen. Der Arbeitgeber hat der zuständigen Behörde auf Anordnung eine Kopie der Vorsorgekartei zu übermitteln.

Bei Beendigung des Beschäftigungsverhältnisses hat der Arbeitgeber der betroffenen Person eine Kopie der sie betreffenden Angaben auszuhändigen (Ausnahmen möglich!).

Beispiele für verschiedene Vorsorgeuntersuchungen (ArbMedVV Anhang)

Tätigkeiten mit Gefahrstoffen

- **Pflichtvorsorge**
  - bei Feuchtarbeit von regelmäßig vier Stunden oder mehr je Tag,
  - bei Schweißen und Trennen von Metallen bei Überschreitung einer Luftkonzentration von 3 Milligramm pro Kubikmeter Schweißrauch.
- **Angebotsvorsorge**
  - bei Schädlingsbekämpfung nach der Gefahrstoffverordnung,
  - bei Feuchtarbeit von regelmäßig mehr als zwei Stunden je Tag,
  - bei Schweißen und Trennen von Metallen bei Einhaltung einer Luftkonzentration von 3 Milligramm pro Kubikmeter Schweißrauch.

Tätigkeiten mit biologischen Arbeitsstoffen

- **Pflichtvorsorge**
  - in Kläranlagen oder in der Kanalisation: Tätigkeiten mit regelmäßigem Kontakt zu fäkalienhaltigen Abwässern oder mit fäkalienkontaminierten Gegenständen hinsichtlich Hepatitis-A-Virus (HAV);
  - auf Freiflächen, in Wäldern, Parks und Gartenanlagen, Tiergärten und Zoos: regelmäßige Tätigkeiten in niederer Vegetation
  - aa) Borrellia burgdorferi oder bb) in Endemiegebieten Frühsommermeningoenzephalitis-(FSME)Virus.
- **Angebotsvorsorge** am Ende einer o. g. Tätigkeit, bei der eine Pflichtvorsorge zu veranlassen war, hat der Arbeitgeber eine Angebotsvorsorge anzubieten.

Tätigkeiten mit physikalischen Einwirkungen

- **Pflichtvorsorge** bei Tätigkeiten mit *Lärmexposition*, wenn die oberen Auslösewerte von Lex,8h = 85 dB(A) beziehungsweise LpC,peak = 137 dB(C) erreicht oder überschritten werden. Bei der Anwendung der Auslösewerte wird die dämmende Wirkung eines persönlichen Gehörschutzes der Beschäftigten nicht berücksichtigt.
- **Angebotsvorsorge**
  - bei Tätigkeiten mit *Lärmexposition*, wenn die unteren Auslösewerte von Lex,8h = 80 dB(A) beziehungsweise LpC,peak = 135 dB(C) überschritten werden. Bei der Anwendung der Auslösewerte nach Satz 1 wird die dämmende Wirkung eines persönlichen Gehörschutzes der Beschäftigten nicht berücksichtigt;
  - bei Tätigkeiten mit *wesentlich erhöhten körperlichen Belastungen*, die mit Gesundheitsgefährdungen für das Muskel-Skelett-System verbunden sind durch Lastenhandhabung beim Heben, Halten, Tragen, Ziehen oder Schieben von Lasten,

Sonstige Tätigkeiten

- **Pflichtvorsorge** bei Tätigkeiten, die das Tragen von *Atemschutzgeräten* der Gruppen 2 und 3 erfordern;
- **Angebotsvorsorge**
  - bei Tätigkeiten an *Bildschirmgeräten*. Die Angebotsvorsorge enthält das Angebot auf eine angemessene Untersuchung der Augen und des Sehvermögens. Erweist sich auf Grund der Angebotsvorsorge eine augenärztliche Untersuchung als erforderlich, so ist diese zu ermöglichen. Das gilt entsprechend für Sehbeschwerden.
  - Den Beschäftigten sind im erforderlichen Umfang spezielle Sehhilfen für ihre Arbeit an Bildschirmgeräten zur Verfügung zu stellen, wenn Ergebnis der Angebotsvorsorge ist, dass spezielle Sehhilfen notwendig und normale Sehhilfen nicht geeignet sind;
  - bei Tätigkeiten, die das Tragen von Atemschutzgeräten der Gruppe 1 erfordern;
  - am Ende einer Tätigkeit, bei der eine Pflichtvorsorge zu veranlassen war (Tragen von Atemschutzgeräten der Gruppen 2 und 3), hat der Arbeitgeber eine Angebotsvorsorge anzubieten.

DGUV Empfehlungen für arbeitsmedizinische Beratungen und Untersuchungen

„Die erste Auflage der ‚DGUV Empfehlungen für arbeitsmedizinische Beratungen und Untersuchungen' ersetzt ab August 2022 die bisherigen seit 1971 fortlaufend weiterentwickelten ‚DGUV Grundsätze für arbeitsmedizinische Untersuchungen'"

(DGUV, DGUV Empfehlungen für arbeitsmedizinische Beratungen und Untersuchungen)

DGUV – Prävention – Themen A bis Z – Arbeitsmedizinische Vorsorge – DGUV Empfehlungen (https://www.dguv.de/de/praevention/themen-a-z/arb_vorsorge/dguv-empfehlungen/index.jsp)

Hier einige bisher eventuell relevante alte Grundsätze:

G 20 Lärm
G 24 Haut
G 25 Fahr-, Steuer- und Überwachungstätigkeiten
G 26 Atemschutzgeräte
G 37 Bildschirmarbeitsplätze
G 41 Arbeiten mit Absturzgefahr
G 42 Tätigkeiten mit Infektionsgefährdung
G 44 Hartholzstäube
G 46 Belastungen des Muskel- und Skelettsystems einschließlich Vibrationen

DGUV Information 250-011

Leitfaden für Betriebsärztinnen und -ärzte zur arbeitsmedizinischen Vorsorge und Eignung der Beschäftigten bei Tätigkeiten im Abwasserbereich

TRBA 220 (http://regelwerke.vbg.de/vbg_trba/trba220/trba220_1_.html)

Sicherheit und Gesundheit bei Tätigkeiten mit biologischen Arbeitsstoffen in abwassertechnischen Anlagen

Arbeitsmedizinische Regeln (AMR)

Arbeitsmedizinische Regeln (AMR) geben den Stand der Arbeitsmedizin und sonstige gesicherte arbeitsmedizinische Erkenntnisse wieder und konkretisieren die Anforderungen der ArbMedVV.

Bei Einhaltung der AMR kann der Arbeitgeber davon ausgehen, dass die in der AMR konkretisierten Anforderungen der Verordnung zur arbeitsmedizinischen Vorsorge (ArbMedVV) erfüllt sind (Vermutungswirkung) (AMR Nr 5.1).

https://www.baua.de/DE/Angebote/Rechtstexte-und-Technische-Regeln/Regelwerk/AMR/AMR.html

Folgende AMR könnten auch für Entwässerungsbetriebe relevant sein:

- AMR Nr. 2.1 Fristen für die Veranlassung/das Angebot arbeitsmedizinischer Vorsorge
- AMR Nr. 3.1 Erforderliche Auskünfte/Informationsbeschaffung über die Arbeitsplatzverhältnisse
- AMR Nr. 3.2 Arbeitsmedizinische Prävention
- AMR Nr. 3.3 Ganzheitliche arbeitsmedizinische Vorsorge unter Berücksichtigung aller Arbeitsbedingungen und arbeitsbedingten Gefährdungen
- AMR Nr. 5.1 Anforderungen an das Angebot arbeitsmedizinische Vorsorge
- AMR Nr. 6.1 Fristen für die Aufbewahrung ärztlicher Unterlagen
- AMR Nr. 6.5 Impfungen als Bestandteil der arbeitsmedizinischen Vorsorge bei Tätigkeiten mit biologischen Arbeitsstoffen
- AMR Nr. 13.2 Tätigkeiten mit wesentlich erhöhten körperlichen Belastungen mit Gesundheitsgefährdungen für das Muskel-Skelett-System
- AMR Nr. 14.2 Einteilung von Atemschutzgeräten in Gruppen

Arbeitsmedizinische Empfehlungen *(AME) beruhen auf gesicherten arbeitsmedizinischen Erkenntnissen.*
Im Gegensatz zu den Arbeitsmedizinischen Regeln (AMR) haben AME keine Vermutungswirkung sondern allein Empfehlungscharakter.
(BAuA, Arbeitsmedizinische Empfehlungen (AME))

Wunschvorsorge – Arbeitsmedizinische Empfehlung
https://www.bmas.de/DE/Service/Publikationen/Broschueren/a458-ame-wunschvorsorge.html
Letzter Zugriff 29.03.2023

7.6.4 Maßnahmen gegen besondere Gefahren

7.6.4.1 Allgemeine Pflichten des Unternehmers (ArbSchG § 9)

Der Arbeitgeber hat Maßnahmen zu treffen, damit *nur Beschäftigte Zugang zu besonders gefährlichen Arbeitsbereichen* haben, die zuvor *geeignete Anweisungen* erhalten haben. Der Arbeitgeber/Unternehmer hat Vorkehrungen zu treffen, dass alle Beschäftigten/Versicherten, die einer *unmittelbaren erheblichen Gefahr* ausgesetzt sind oder sein können, möglichst frühzeitig über diese Gefahr und die getroffenen oder zu treffenden Schutzmaßnahmen *unterrichtet* sind. Bei *unmittelbarer erheblicher Gefahr* für die eigene Sicherheit oder die Sicherheit anderer Personen müssen die Beschäftigten die geeigneten Maßnahmen zur Gefahrenabwehr und Schadensbegrenzung selbst treffen können, wenn der zuständige Vorgesetzte nicht erreichbar ist; dabei sind die Kenntnisse der Beschäftigten und die vorhandenen technischen Mittel zu berücksichtigen. Den Beschäftigten dürfen aus ihrem Handeln keine Nachteile entstehen, es sei denn, sie haben vorsätzlich oder grob fahrlässig ungeeignete Maßnahmen getroffen.

Der Arbeitgeber hat Maßnahmen zu treffen, die es den Beschäftigten bei *unmittelbarer erheblicher Gefahr* ermöglichen, sich durch *sofortiges Verlassen der Arbeitsplätze* in Sicherheit zu bringen. Den Beschäftigten dürfen hierdurch keine Nachteile entstehen. Hält die *unmittelbare erhebliche Gefahr* an, darf der Arbeitgeber die Beschäftigten nur in besonders begründeten Ausnahmefällen auffordern, ihre Tätigkeit wieder aufzunehmen. Gesetzliche Pflichten der Beschäftigten zur Abwehr von Gefahren für die öffentliche Sicherheit bleiben unberührt.

Definitionen der verschiedenen Gefahren finden sich im Abschn. 7.2.2.1.

7.6.4.2 Zusätzliche Maßnahmen zum Schutz vor Gefahrstoffen (GefStoffV § 9)

Sind die allgemeinen Schutzmaßnahmen nicht ausreichend, um Gefährdungen durch Einatmen, Aufnahme über die Haut oder Verschlucken entgegenzuwirken, hat der Arbeitgeber zusätzlich diejenigen Maßnahmen zu ergreifen, die auf Grund der Gefährdungsbeurteilung erforderlich sind. Dies gilt insbesondere, wenn

- Arbeitsplatzgrenzwerte oder biologische Grenzwerte überschritten werden,
- bei hautresorptiven oder haut- oder augenschädigenden Gefahrstoffen eine Gefährdung durch Haut- oder Augenkontakt besteht oder
- bei Gefahrstoffen ohne Arbeitsplatzgrenzwert und ohne biologischen Grenzwert eine Gefährdung auf Grund der ihnen zugeordneten Gefahrenklasse und der inhalativen Exposition angenommen werden kann.

Der Arbeitgeber hat sicherzustellen, dass Gefahrstoffe in einem *geschlossenen System* hergestellt und verwendet werden, wenn

- die Substitution der Gefahrstoffe durch solche Stoffe, Gemische, Erzeugnisse oder Verfahren, die bei ihrer Verwendung nicht oder weniger gefährlich für die Gesundheit und Sicherheit sind, technisch nicht möglich ist und
- eine erhöhte Gefährdung der Beschäftigten durch inhalative Exposition gegenüber diesen Gefahrstoffen besteht.

Ist die Anwendung eines geschlossenen Systems technisch nicht möglich, so hat der Arbeitgeber dafür zu sorgen, dass die Exposition der Beschäftigten nach dem Stand der Technik so weit wie möglich verringert wird.

Bei *Überschreitung eines Arbeitsplatzgrenzwerts* muss der Arbeitgeber unverzüglich die Gefährdungsbeurteilung erneut durchführen und geeignete zusätzliche Schutzmaßnahmen ergreifen, um den Arbeitsplatzgrenzwert einzuhalten. Wird trotz Ausschöpfung aller technischen und organisatorischen Schutzmaßnahmen der Arbeitsplatzgrenzwert nicht eingehalten, hat der Arbeitgeber unverzüglich persönliche Schutzausrüstung bereitzustellen. Dies gilt insbesondere für Abbruch-, Sanierungs- und Instandhaltungsarbeiten. Besteht trotz Ausschöpfung aller technischen und organisatorischen Schutzmaßnahmen bei hautresorptiven, haut- oder augenschädigenden Gefahrstoffen eine Gefährdung durch Haut- oder Augenkontakt, hat der Arbeitgeber unverzüglich persönliche Schutzausrüstung bereitzustellen.

Der Arbeitgeber hat getrennte Aufbewahrungsmöglichkeiten für die Arbeits- oder Schutzkleidung einerseits und die Straßenkleidung andererseits zur Verfügung zu stellen. Der Arbeitgeber hat die durch Gefahrstoffe verunreinigte Arbeitskleidung zu reinigen.

Der Arbeitgeber hat geeignete Maßnahmen zu ergreifen, die gewährleisten, dass Arbeitsbereiche, in denen eine erhöhte Gefährdung der Beschäftigten besteht, nur den Beschäftigten zugänglich sind, die sie zur Ausübung ihrer Arbeit oder zur Durchführung bestimmter Aufgaben betreten müssen.

Wenn Tätigkeiten mit Gefahrstoffen von einer oder einem Beschäftigten allein ausgeübt werden, hat der Arbeitgeber zusätzliche Schutzmaßnahmen zu ergreifen oder eine angemessene Aufsicht zu gewährleisten. Dies kann auch durch den Einsatz technischer Mittel sichergestellt werden.

7.6.4.3 Besondere Schutzmaßnahmen gegen physikalisch-chemische Einwirkungen, insbesondere gegen Brand- und Explosionsgefährdungen (GefStoffV § 11)

Der Arbeitgeber hat auf der Grundlage der Gefährdungsbeurteilung Maßnahmen zum Schutz der Beschäftigten und anderer Personen vor physikalisch-chemischen Einwirkungen zu ergreifen. Er hat die Maßnahmen so festzulegen, dass die Gefährdungen vermieden oder so weit wie möglich verringert werden.

7.6.5 Notfallmaßnahmen

Der Arbeitgeber hat entsprechend der Art der Arbeitsstätte und der Tätigkeiten sowie der Zahl der Beschäftigten die Maßnahmen zu treffen, die zur *Ersten Hilfe, Brandbekämpfung und Evakuierung* der Beschäftigten erforderlich sind. Der Unternehmer hat die Maßnahmen zu planen, zu treffen und zu überwachen, die insbesondere für den Fall des Entstehens von Bränden, von Explosionen, des unkontrollierten Austretens von Stoffen und von sonstigen gefährlichen Störungen des Betriebsablaufs geboten sind. Dabei hat er der Anwesenheit anderer Personen Rechnung zu tragen.

Der Arbeitgeber hat diejenigen *Beschäftigten zu benennen, die Aufgaben der Ersten Hilfe, Brandbekämpfung und Evakuierung der Beschäftigten übernehmen.* Anzahl, Ausbildung und Ausrüstung der benannten Beschäftigten müssen in einem angemessenen Verhältnis zur Zahl der Beschäftigten und zu den bestehenden besonderen Gefahren stehen (ArbSchG § 10). Vor der Benennung hat der Arbeitgeber den Betriebs- oder Personalrat zu hören. Weitergehende Beteiligungsrechte bleiben unberührt.

Er hat auch dafür zu sorgen, dass im *Notfall* die erforderlichen *Verbindungen zu außerbetrieblichen Stellen*, insbesondere in den Bereichen der *Ersten Hilfe, der medizinischen Notversorgung, der Bergung und der Brandbekämpfung* eingerichtet sind (ArbSchG § 10). Der Unternehmer hat eine ausreichende Anzahl von Versicherten durch Unterweisung und Übung im *Umgang mit Feuerlöscheinrichtungen* zur Bekämpfung von Entstehungsbränden vertraut zu machen (DGUV V 1 § 22).

U. a. die Betreiber einer großen Verkaufsstätte oder die Betreiber von Versammlungsstätten, wie z. B. von großen Schulen haben eine oder mehrere Personen als *Brandschutz-*

beauftragte zu bestellen. Diese *Brandschutzbeauftragten* haben darüber zu wachen, dass die Vorschriften über Einbauten oder Einrichtungen, Dekorationen oder Gegenstände, über Brandverhütung, über Türen im Verlauf von Rettungswegen sowie Brandschutztüren beachtet werden und dass die Selbsthilfe- und sicherheitstechnischen Anlagen und Einrichtungen betriebsbereit sind. Auch bei Sonderbauten kann die Bestellung von *Brandschutzbeauftragten* notwendig werden neben anderen betrieblichen und organisatorischen Maßnahmen zur Brandverhütung, Brandbekämpfung und Rettung von Menschen, wie Feuerwehrplan, Brandschutzordnung oder einem objektbezogenen Brandschutzkonzept (BayVkV § 26).

► **DGUV Information 205-003**
Aufgaben, Qualifikation, Ausbildung und Bestellung von Brandschutzbeauftragten

7.6.5.1 Besondere Betriebszustände, Betriebsstörungen und Unfälle mit Arbeitsmitteln (BetrSichV § 11)

Der Arbeitgeber hat Maßnahmen zu ergreifen, durch die unzulässige oder instabile Betriebszustände von *Arbeitsmitteln* verhindert werden. Können instabile Zustände nicht sicher verhindert werden, hat der Arbeitgeber Maßnahmen zu ihrer Beherrschung zu treffen. Das gilt insbesondere für An- und Abfahr- sowie Erprobungsvorgänge. Der Arbeitgeber hat dafür zu sorgen, dass Beschäftigte und andere Personen bei einem *Unfall oder bei einem Notfall* unverzüglich gerettet und ärztlich versorgt werden können. Dies schließt die Bereitstellung geeigneter Zugänge zu den Arbeitsmitteln und in diese sowie die Bereitstellung erforderlicher Befestigungsmöglichkeiten für Rettungseinrichtungen an und in den Arbeitsmitteln ein. Im Notfall müssen Zugangssperren gefahrlos selbsttätig in einen sicheren Bereich öffnen. Ist dies nicht möglich, müssen Zugangssperren über eine Notentriegelung leicht zu öffnen sein, wobei an der Notentriegelung und an der Zugangssperre auf die noch bestehenden Gefahren besonders hingewiesen werden muss. Besteht die Möglichkeit, in ein Arbeitsmittel eingezogen zu werden, muss die Rettung eingezogener Personen möglich sein. Der Arbeitgeber hat dafür zu sorgen, dass die notwendigen Informationen über Maßnahmen bei Notfällen zur Verfügung stehen. Die Informationen müssen auch Rettungsdiensten zur Verfügung stehen, soweit sie für Rettungseinsätze benötigt werden. Zu den Informationen zählen:

- eine Vorabmitteilung über einschlägige Gefährdungen bei der Arbeit, über Maßnahmen zur Feststellung von Gefährdungen sowie über Vorsichtsmaßregeln und Verfahren, damit die Rettungsdienste ihre eigenen Abhilfe- und Sicherheitsmaßnahmen vorbereiten können,
- Informationen über einschlägige und spezifische Gefährdungen, die bei einem Unfall oder Notfall auftreten können, einschließlich der Informationen über die vorgesehenen Notfall-Maßnahmen.

Treten durch besondere Betriebszustände oder Betriebsstörungen Gefährdungen auf, hat der Arbeitgeber dafür zu sorgen, dass dies durch Warneinrichtungen angezeigt wird. Werden bei Rüst-, Einrichtungs- und Erprobungsarbeiten oder vergleichbaren Arbeiten an Arbeitsmitteln die für den Normalbetrieb getroffenen technischen Schutzmaßnahmen ganz oder teilweise außer Betrieb gesetzt oder müssen solche Arbeiten unter Gefährdung durch Energie durchgeführt werden, so ist die Sicherheit der Beschäftigten während der Dauer dieser Arbeiten durch andere geeignete Maßnahmen zu gewährleisten. Solche Arbeiten dürfen nur von fachkundigen Personen durchgeführt werden. Insbesondere bei Rüst- und Einrichtungsarbeiten, der Erprobung und der Prüfung von Arbeitsmitteln sowie bei der Fehlersuche sind Gefahrenbereiche festzulegen. Ist ein Aufenthalt im Gefahrenbereich von Arbeitsmitteln erforderlich, sind auf der Grundlage der Gefährdungsbeurteilung weitere Maßnahmen zu treffen, welche die Sicherheit der Beschäftigten gewährleisten.

7.6.5.2 Betriebsstörungen, Unfälle und Notfälle mit Gefahrstoffen (GefStoffV § 13)

Um die Gesundheit und die Sicherheit der Beschäftigten bei Betriebsstörungen, Unfällen oder Notfällen zu schützen, hat der Arbeitgeber rechtzeitig die Notfallmaßnahmen festzulegen, die beim Eintreten eines derartigen Ereignisses zu ergreifen sind. Dies schließt die Bereitstellung angemessener Erste-Hilfe-Einrichtungen und die Durchführung von Sicherheitsübungen in regelmäßigen Abständen ein. Tritt solch ein Ereignis ein, so hat der Arbeitgeber unverzüglich die festgelegten Maßnahmen zu ergreifen, um

- betroffene Beschäftigte über die durch das Ereignis hervorgerufene Gefahrensituation im Betrieb zu informieren,
- die Auswirkungen des Ereignisses zu mindern und
- wieder einen normalen Betriebsablauf herbeizuführen.

Neben den Rettungskräften dürfen nur die Beschäftigten im Gefahrenbereich verbleiben, die Tätigkeiten zur Erreichung der o. g. Ziele ausüben. Der Arbeitgeber hat Beschäftigten, die im Gefahrenbereich tätig werden, vor Aufnahme ihrer Tätigkeit geeignete Schutzkleidung und persönliche Schutzausrüstung sowie gegebenenfalls erforderliche spezielle Sicherheitseinrichtungen und besondere Arbeitsmittel zur Verfügung zu stellen. Im Gefahrenbereich müssen die Beschäftigten die Schutzkleidung und die persönliche Schutzausrüstung für die Dauer des nicht bestimmungsgemäßen Betriebsablaufs verwenden. Die Verwendung belastender persönlicher Schutzausrüstung muss für die einzelnen Beschäftigten zeitlich begrenzt sein. Ungeschützte und unbefugte Personen dürfen sich nicht im festzulegenden Gefahrenbereich aufhalten. Der Arbeitgeber hat Warn- und sonstige Kommunikationssysteme, die eine erhöhte Gefährdung der Gesundheit und Sicherheit anzeigen, zur Verfügung zu stellen, so dass eine angemessene Reaktion möglich ist und unverzüglich Abhilfemaßnahmen sowie Hilfs-, Evakuierungs- und Rettungsmaßnahmen eingeleitet werden können. Der Arbeitgeber hat sicherzustellen, dass Informationen über Maßnahmen bei Notfällen mit Gefahrstoffen zur Verfügung stehen. Die zuständigen innerbetrieblichen und betriebsfremden Unfall- und Notfalldienste müssen Zugang zu diesen Informationen erhalten. Zu diesen Informationen zählen:

- eine Vorabmitteilung über einschlägige Gefahren bei der Arbeit, über Maßnahmen zur Feststellung von Gefahren sowie über Vorsichtsmaßregeln und Verfahren, damit die Notfalldienste ihre eigenen Abhilfe- und Sicherheitsmaßnahmen vorbereiten können,
- alle verfügbaren Informationen über spezifische Gefahren, die bei einem Unfall oder Notfall auftreten oder auftreten können.

7.6.5.3 Unfälle mit Biostoffen (BioStoffV § 13)

Der Arbeitgeber hat vor Aufnahme einer Tätigkeit der Schutzstufen 2 bis 4 die erforderlichen Maßnahmen festzulegen, die bei Betriebsstörungen oder Unfällen notwendig sind, um die Auswirkungen auf die Sicherheit und Gesundheit der Beschäftigten und anderer Personen zu minimieren und den normalen Betriebsablauf wiederherzustellen. Die Festlegungen sind ein Bestandteil der Betriebsanweisung. Grundsätzlich wäre das also auch empfehlenswert bei Tätigkeiten ohne Schutzstufe, wie beim Umgang mit Abwasser. Der Arbeitgeber hat die Beschäftigten über die festgelegten Maßnahmen und ihre Anwendung zu informieren. Tritt eine Betriebsstörung oder ein Unfall ein, so hat der Arbeitgeber unverzüglich die festgelegten Maßnahmen zu ergreifen. Dabei dürfen im Gefahrenbereich nur die Personen verbleiben, die erforderlich sind, um die in der Anweisung genannten Ziele zu erreichen. Der Arbeitgeber hat vor Aufnahme der Tätigkeiten ein Verfahren für Unfallmeldungen und -untersuchungen sowie die Vorgehensweise zur Unterrichtung der Beschäftigten und ihrer Vertretungen festzulegen. Das Verfahren ist so zu gestalten, dass bei schweren Unfällen sowie bei Nadelstichverletzungen mögliche organisatorische und technische Unfallursachen erkannt werden können und individuelle Schuldzuweisungen vermieden werden. Die Beschäftigten und ihre Vertretungen sind über Betriebsstörungen und Unfälle mit Biostoffen, die die Sicherheit oder Gesundheit der Beschäftigten gefährden können, unverzüglich zu unterrichten.

7.6.6 Erste Hilfe

7.6.6.1 Allgemeine Pflichten des Unternehmers (DGUV V 1 § 24)

Der Unternehmer hat dafür zu sorgen, dass zur Ersten Hilfe und zur Rettung aus Gefahr die erforderlichen Einrichtungen und Sachmittel sowie das erforderliche Personal zur Verfügung stehen.

Der Unternehmer hat dafür zu sorgen, dass nach einem Unfall unverzüglich Erste Hilfe geleistet und eine erforderliche ärztliche Versorgung veranlasst wird.

Der Unternehmer hat dafür zu sorgen, dass Verletzte sachkundig transportiert werden.

Der Unternehmer hat im Rahmen seiner Möglichkeiten darauf hinzuwirken, dass Versicherte

- einem Durchgangsarzt vorgestellt werden, es sei denn, dass der erstbehandelnde Arzt festgestellt hat, dass die Verletzung nicht über den Unfalltag hinaus zur Arbeitsunfähigkeit führt oder die Behandlungsbedürftigkeit voraussichtlich nicht mehr als eine Woche beträgt,
- bei einer schweren Verletzung einem der von den Unfallversicherungsträgern bezeichneten Krankenhäuser zugeführt werden,
- bei Vorliegen einer Augen- oder Hals-, Nasen-, Ohrenverletzung dem nächsterreichbaren Arzt des entsprechenden Fachgebiets zugeführt werden, es sei denn, dass sich die Vorstellung durch eine ärztliche Erstversorgung erübrigt hat.

Der Unternehmer hat dafür zu sorgen, dass den Versicherten durch Aushänge der Unfallversicherungsträger oder in anderer geeigneter schriftlicher Form Hinweise über die Erste Hilfe und Angaben über Notruf, Erste-Hilfe- und Rettungs-Einrichtungen, über das

Erste-Hilfe-Personal sowie über herbeizuziehende Ärzte und anzufahrende Krankenhäuser gemacht werden. Die Hinweise und die Angaben sind aktuell zu halten.

Der Unternehmer hat dafür zu sorgen, dass jede Erste-Hilfe-Leistung dokumentiert und diese Dokumentation fünf Jahre lang verfügbar gehalten wird.

Die Dokumente sind vertraulich zu behandeln.

7.6.6.2 Erforderliche Einrichtungen und Sachmittel (DGUV V 1 § 25)

Der Unternehmer hat unter Berücksichtigung der betrieblichen Verhältnisse durch Meldeeinrichtungen und organisatorische Maßnahmen dafür zu sorgen, dass unverzüglich die notwendige Hilfe herbeigerufen und an den Einsatzort geleitet werden kann.

Der Unternehmer hat dafür zu sorgen, dass das Erste-Hilfe-Material jederzeit schnell erreichbar und leicht zugänglich in geeigneten Behältnissen, gegen schädigende Einflüsse geschützt, in ausreichender Menge bereitgehalten sowie rechtzeitig ergänzt und erneuert wird.

Der Unternehmer hat dafür zu sorgen, dass unter Berücksichtigung der betrieblichen Verhältnisse Rettungsgeräte und Rettungstransportmittel bereitgehalten werden.

Der Unternehmer hat dafür zu sorgen, dass mindestens ein mit Rettungstransportmitteln leicht erreichbarer Sanitätsraum oder eine vergleichbare Einrichtung

- in einer Betriebsstätte mit mehr als 1000 dort beschäftigten Versicherten,
- in einer Betriebsstätte mit 1000 oder weniger, aber mehr als 100 dort beschäftigten Versicherten, wenn seine Art und das Unfallgeschehen nach Art, Schwere und Zahl der Unfälle einen gesonderten Raum für die Erste Hilfe erfordern,
- auf einer Baustelle mit mehr als 50 dort beschäftigten Versicherten

vorhanden ist.

7.6.6.3 Zahl und Ausbildung der Ersthelfer (DGUV V 1 § 26)

Der Unternehmer hat dafür zu sorgen, dass für die Erste-Hilfe-Leistung Ersthelfer mindestens in folgender Zahl zur Verfügung stehen:

- Bei 2 bis zu 20 anwesenden Versicherten ein Ersthelfer,
- bei mehr als 20 anwesenden Versicherten 10 %,

Von dieser Zahl der Ersthelfer kann im Einvernehmen mit dem Unfallversicherungsträger unter Berücksichtigung der Organisation des betrieblichen Rettungswesens und der Gefährdung abgewichen werden.

Der Unternehmer darf als Ersthelfer nur Personen einsetzen, die bei einer von dem Unfallversicherungsträger für die Ausbildung zur Ersten Hilfe ermächtigten Stelle ausgebildet worden sind.

Der Unternehmer hat dafür zu sorgen, dass die Ersthelfer in der Regel in Zeitabständen von 2 Jahren fortgebildet werden.

Ist nach Art des Betriebes, insbesondere auf Grund des Umganges mit Gefahrstoffen, damit zu rechnen, dass bei Unfällen Maßnahmen erforderlich werden, die nicht Gegenstand der allgemeinen Ausbildung zum Ersthelfer sind, hat der Unternehmer für die erforderliche zusätzliche Aus- und Fortbildung zu sorgen.

7.6.6.4 Zahl und Ausbildung der Betriebssanitäter (DGUV V 1 § 27)

Der Unternehmer hat dafür zu sorgen, dass mindestens ein Betriebssanitäter zur Verfügung steht, wenn

- in einer Betriebsstätte mehr als 1500 Beschäftigte anwesend sind,
- in einer Betriebsstätte 1500 oder weniger, aber mehr als 250 Versicherte anwesend sind und Art, Schwere und Zahl der Unfälle den Einsatz von Sanitätspersonal erfordern,
- auf einer Baustelle mehr als 100 Beschäftigte

anwesend sind.

Der Unternehmer darf als Betriebssanitäter nur Personen einsetzen, die von Stellen ausgebildet worden sind, welche von dem Unfallversicherungsträger in personeller, sachlicher und organisatorischer Hinsicht als geeignet beurteilt werden. Der Unternehmer darf als Betriebssanitäter nur Personen einsetzen, die

1. an einer Grundausbildung und
2. an dem Aufbaulehrgang

für den betrieblichen Sanitätsdienst teilgenommen haben.

Als Grundausbildung gilt auch eine mindestens gleichwertige Ausbildung oder eine die Sanitätsaufgaben einschließende Berufsausbildung. Für die Teilnahme an dem Aufbaulehrgang darf die Teilnahme an der Ausbildung nicht mehr als 2 Jahre zurückliegen; soweit auf Grund der Ausbildung eine entsprechende berufliche Tätigkeit ausgeübt wurde, ist die Beendigung derselben maßgebend.

Der Unternehmer hat dafür zu sorgen, dass die Betriebssanitäter regelmäßig innerhalb von 3 Jahren fortgebildet werden. Für die Fortbildung gilt das Obige entsprechend.

7.6.6.5 Unterstützungspflichten der Versicherten (DGUV V 1 § 28)

Im Rahmen ihrer Unterstützungspflichten haben sich Versicherte zum Ersthelfer ausbilden und in der Regel in Zeitabständen von 2 Jahren fortbilden zu lassen. Sie haben sich nach der Ausbildung für Erste-Hilfe-Leistungen zur Verfügung zu stellen. Die Versicherten brauchen den Verpflichtungen nicht nachzukommen, soweit persönliche Gründe entgegenstehen.

Versicherte haben unverzüglich jeden Unfall der zuständigen betrieblichen Stelle zu melden; sind sie hierzu nicht im Stande, liegt die Meldepflicht bei dem Betriebsangehörigen, der von dem Unfall zuerst erfährt.

7.7 Informations- und Anzeige-Pflichten des Arbeitgebers/Unternehmers

7.7.1 Mitteilungs- und Auskunftspflichten von Unternehmern und Bauherren (SGB VII §§ 191–192)

Die Unternehmer haben die zuständigen Unfallversicherungsträger bei der Durchführung der Unfallversicherung zu unterstützen.

Der Unternehmer hat dem Unfallversicherungsträger alle Informationen über die im Betrieb getroffenen Maßnahmen des Arbeitsschutzes auf Wunsch zur Kenntnis zu geben. Das Gleiche gilt auch für die Personen, die im Unternehmen zur Hilfe bei Unglücksfällen oder im Zivilschutz unentgeltlich tätig werden. Die Unternehmer haben Änderungen von

- Art und Gegenstand ihrer Unternehmen, die für die Prüfung der Zuständigkeit der Unfallversicherungsträger von Bedeutung sein können,
- Voraussetzungen für die Zuordnung zu den Gefahrklassen,
- sonstigen Grundlagen für die Berechnung der Beiträge

innerhalb von vier Wochen dem Unfallversicherungsträger mitzuteilen.

Den Wechsel von Personen der Bevollmächtigten haben die Unternehmer innerhalb von vier Wochen nach dem Wechsel mitzuteilen.

Bauherren sind verpflichtet, auf Verlangen des zuständigen Unfallversicherungsträgers die Auskünfte zu geben, die zur Erfüllung der gesetzlichen Aufgaben des Unfallversicherungsträgers erforderlich sind. Dazu gehören

- die Auskunft darüber, ob und welche nicht gewerbsmäßigen Bauarbeiten ausgeführt werden,
- die Auskunft darüber, welche Unternehmer mit der Ausführung der gewerbsmäßigen Bauarbeiten beauftragt sind.

7.7.2 Anzeige eines Versicherungsfalls (SGB VII § 193)

Die Unternehmer haben *Unfälle* von Versicherten in ihren Unternehmen dem Unfallversicherungsträger anzuzeigen, wenn Versicherte getötet oder so verletzt sind, dass sie mehr als drei Tage arbeitsunfähig werden.

Haben Unternehmer im Einzelfall Anhaltspunkte, dass bei Versicherten ihrer Unternehmen eine *Berufskrankheit* vorliegen könnte, haben sie diese dem Unfallversicherungsträger anzuzeigen. Die Anzeige ist binnen drei Tagen zu erstatten, nachdem die Unternehmer von dem Unfall oder von den Anhaltspunkten für eine Berufskrankheit Kenntnis erlangt haben.

Der Versicherte kann vom Unternehmer verlangen, dass ihm eine Kopie der Anzeige überlassen wird. Die Anzeige ist vom *Betriebs- oder Personalrat* mit zu unterzeichnen; bei Erstattung der Anzeige durch Datenübertragung ist anzugeben, welches Mitglied des Betriebs- oder Personalrats vor der Absendung von ihr Kenntnis genommen hat.

Der Unternehmer hat die *Sicherheitsfachkraft* und den *Betriebsarzt* über jede Unfall- oder Berufskrankheitenanzeige in Kenntnis zu setzen.

Verlangt der Unfallversicherungsträger zur Feststellung, ob eine Berufskrankheit vorliegt, Auskünfte über gefährdende Tätigkeiten von Versicherten, haben die Unternehmer den Betriebs- oder Personalrat über dieses Auskunftsersuchen unverzüglich zu unterrichten.

7.7.3 Mitteilungspflichten an Behörden (z. B. Gewerbeaufsicht)

7.7.3.1 Arbeitsmittel, wie z. B. überwachungsbedürftige Anlagen (BetrSichV § 19)

Der Arbeitgeber hat bei *bestimmten Arbeitsmitteln (u. a. überwachungsbedürftigen Anlagen)* der zuständigen Behörde folgende Ereignisse unverzüglich anzuzeigen:

- jeden Unfall, bei dem ein Mensch getötet oder erheblich verletzt worden ist, und
- jeden Schadensfall, bei dem Bauteile oder sicherheitstechnische Einrichtungen versagt haben.

Die zuständige Behörde kann bei *überwachungsbedürftigen Anlagen* vom Arbeitgeber verlangen, dass dieser das anzuzeigende Ereignis auf seine Kosten durch eine möglichst im gegenseitigen Einvernehmen bestimmte zugelassene Überwachungsstelle sicherheitstechnisch beurteilen lässt und ihr die Beurteilung schriftlich vorlegt.

Die sicherheitstechnische Beurteilung hat sich insbesondere auf die Feststellung zu erstrecken,

- worauf das Ereignis zurückzuführen ist,
- ob sich die überwachungsbedürftige Anlage in einem nicht sicheren Zustand befand und ob nach Behebung des Mangels eine Gefährdung nicht mehr besteht und
- ob neue Erkenntnisse gewonnen worden sind, die andere oder zusätzliche Schutzvorkehrungen erfordern.

7.7.3.2 Gefahrstoffe (GefStoffV § 18)

Der Arbeitgeber hat der zuständigen Behörde unverzüglich anzuzeigen

- jeden Unfall und jede Betriebsstörung, die bei *Tätigkeiten mit Gefahrstoffen* zu einer ernsten Gesundheitsschädigung von Beschäftigten geführt haben,
- Krankheits- und Todesfälle, bei denen konkrete Anhaltspunkte dafür bestehen, dass sie durch die Tätigkeit mit Gefahrstoffen verursacht worden sind, mit der genauen Angabe der Tätigkeit und der Gefährdungsbeurteilung.

Lassen sich die für die Anzeige erforderlichen Angaben gleichwertig aus Anzeigen nach anderen Rechtsvorschriften entnehmen, kann die Anzeigepflicht auch durch Übermittlung von Kopien dieser Anzeigen an die zuständige Behörde erfüllt werden. Der Arbeitgeber hat den betroffenen *Beschäftigten oder ihrer Vertretung* Kopien der Anzeigen zur Kenntnis zu geben.

7.7.3.3 Biostoffe (BioStoffV § 17)

Der Arbeitgeber hat die zuständige Behörde unverzüglich zu unterrichten über Krankheits- und Todesfälle Beschäftigter, die auf *Tätigkeiten mit Biostoffen* zurückzuführen sind, unter genauer Angabe der Tätigkeit.

7.8 Verantwortlichkeiten in einem Eigenbetrieb

Eigenbetriebe sind in den unterschiedlichen Bundesländern nicht genau gleich definiert und zusätzlich von der jeweiligen kommunalen Satzung abhängig. Daher kann die Frage der Verantwortlichkeit im Eigenbetrieb nicht ohne weitere Überprüfung des jeweiligen Einzelfalls beantwortet werden und es sind die folgenden Betrachtungen notwendig.

7.8.1 Zuständigkeit für den Arbeitsschutz

Der *Unternehmer* ist für die Durchführung der Maßnahmen zur Verhütung von Arbeitsunfällen und Berufskrankheiten, für die Verhütung von arbeitsbedingten Gesundheitsgefahren sowie für eine wirksame Erste Hilfe verantwortlich (SGB VII § 21).

Der *Arbeitgeber* ist verpflichtet, die erforderlichen Maßnahmen des Arbeitsschutzes zu treffen. Dabei hat der Arbeitgeber unter Berücksichtigung der Art der Tätigkeiten und der Zahl der Beschäftigten auch für eine geeignete Organisation zu sorgen und die erforderlichen Mittel bereitzustellen (ArbSchG § 3).

Der *Arbeitgeber* hat Betriebsärzte und Fachkräfte für Arbeitssicherheit zu bestellen (ASiG § 1).

7.8.2 Definitionen für Arbeitgeber und Unternehmer

Arbeitgeber sind u. a. juristische Personen, die u. a. folgende Personen beschäftigen (= Beschäftigte):

- Arbeitnehmerinnen und Arbeitnehmer,
- die zu ihrer Berufsbildung Beschäftigten,
- Beamtinnen und Beamte (ArbSchG § 2).

Nach BGB § 14 ist *Unternehmer* u. a. eine juristische Person, die bei Abschluss eines Rechtsgeschäfts in Ausübung ihrer gewerblichen oder *selbständigen* beruflichen Tätigkeit handelt.

Auch nach UStG § 2 ist *Unternehmer*, wer eine gewerbliche oder berufliche Tätigkeit *selbständig* ausübt. Das *Unternehmen* umfasst die gesamte gewerbliche oder berufliche Tätigkeit des Unternehmers.

Die gewerbliche oder berufliche Tätigkeit wird u. a. dann *nicht selbständig* ausgeübt, wenn eine juristische Person nach dem Gesamtbild der tatsächlichen Verhältnisse *finanziell, wirtschaftlich und organisatorisch* in das Unternehmen des Organträgers eingegliedert ist (Organschaft).

In § 136 SGB VII wird der Begriff des *Unternehmers* leicht anders (als oben) definiert. *Unternehmer* ist demnach die juristische Person, der das Ergebnis des Unternehmens *unmittelbar* zum Vor- oder Nachteil gereicht.

7.8.3 Arbeitsschutz in Gemeinden

In Verwaltungen und Betrieben der Gemeinden und der sonstigen Körperschaften, Anstalten und Stiftungen des öffentlichen Rechts ist ein den Grundsätzen des ASiG (§ 16) gleichwertiger arbeitsmedizinischer und sicherheitstechnischer Arbeitsschutz zu gewährleisten. Nach den o. g. Definitionen sind grundsätzlich die Gemeinden (Gemeinderat), als Arbeitgeber oder Unternehmer, vertreten durch Bürgermeister (und Personalamt), für die Arbeitssicherheit zuständig.

Bei den selbstständigen Unternehmen der Gemeinde (z. B. AöR, GmbH, Kommunalunternehmen) sind nicht mehr die Bürgermeister sondern die jeweiligen Betriebsleiter wie Vorstand oder Geschäftsführer für den Gesundheitsschutz zuständig (Bay GO Art 90).

Bei den Eigenbetrieben ist die Zuständigkeits-Frage grundsätzlich nicht eindeutig geklärt und daher im Einzelfall zu prüfen!

Arbeitgebergleiche Verwender von überwachungsbedürftigen Anlagen
Dem *Arbeitgeber* steht nach BetrSichV *gleich*, wer, ohne Arbeitgeber zu sein, zu gewerblichen oder wirtschaftlichen Zwecken eine *überwachungsbedürftige Anlage* verwendet; das sind u. a. Aufzugsanlagen, Druckanlagen und Anlagen in explosionsgefährdeten Bereichen (BetrSichV § 2).

Eine oder mehrere dieser Anlagen sind in den meisten Entwässerungsbetrieben vorhanden. Verwender dieser Anlagen sind die Betriebe. Demnach müsste die Betriebsleitung in diesem Fall mindestens eine arbeitgeber-gleiche Position haben; was dann bedeuten würde, dass eine Verantwortung für die Betriebssicherheit mindestens dieser Anlagen gegeben wäre.

7.8.4 Verantwortliche Personen

Verantwortlich für die Erfüllung der Pflichten aus den Arbeitsschutz-Vorschriften (ArbSchG § 13) sind *neben dem Arbeitgeber* (= Gemeinderat)

- das vertretungsberechtigte Organ einer juristischen Person (= Bürgermeister/OB bei einer Gemeinde/Stadt; Verbandsvorstand im Zweckverband)
- *Personen, die mit der Leitung eines Unternehmens oder eines Betriebes beauftragt sind, im Rahmen der ihnen übertragenen Aufgaben und Befugnisse.*

Verantwortlich wäre also, – ***bei entsprechender Beauftragung*** –, auch die Werkleitung eines Eigenbetriebes und ggf. weitere Personen mit Leitungsfunktion, wie z. B. Leiter Entwässerung, Leiter Klärwerk oder Leiter Kanal, oder ähnliche Funktionen.

Wenn der Bürgermeister im Regiebetrieb z. B. den Tiefbauamtsleiter beauftragt, ist dieser ebenfalls, – im beauftragten Umfang –, verantwortlich.

7.8.5 Betriebe

Als **Betriebe** im Sinne des ArbSchG gelten für den Bereich des öffentlichen Dienstes die Dienststellen. Dienststellen sind die einzelnen *Verwaltungsstellen und Betriebe* der Verwaltungen der Gemeinden und der sonstigen Körperschaften, Anstalten und Stiftungen des öffentlichen Rechts (ArbSchG § 2).

Sicher ist demnach wohl, dass sowohl ein Regiebetrieb als auch ein Eigenbetrieb tatsächlich ein *Betrieb* im o. g. Sinn sind.

7.8.6 Eigenbetrieb in Bayern

Eigenbetriebe sind nach Art. 88 der Bayerischen Gemeindeordnung:

- gemeindliche Unternehmen, die
- außerhalb der allgemeinen Verwaltung
- als Sondervermögen
- ohne eigene Rechtspersönlichkeit

geführt werden.

Für Eigenbetriebe bestellt der Gemeinderat eine Werkleitung und einen Werkausschuss.

Die Werkleitung führt die laufenden Geschäfte des Eigenbetriebs. Die Werkleitung ist *Dienstvorgesetzter der Beamten* im Eigenbetrieb und führt die Dienstaufsicht über sie und die im Eigenbetrieb tätigen Arbeitnehmer.

Beispiel für eine Eigenbetriebssatzung (in wesentlichen Teilen)

Gegenstand des Unternehmens

Aufgaben des Entwässerungsbetriebes der Gemeinde A einschließlich etwaiger Neben- und Hilfsbetriebe sind:

Die schadlose Ableitung und Behandlung von Abwässern einschließlich der Klärschlammverwertung und -beseitigung und alle den Betriebszweck fördernden Maßnahmen sowie Entsorgungsaufgaben, die dem Entwässerungsbetrieb der Gemeinde A auf Grund vertraglicher Vereinbarungen obliegen. Zum Aufgabenbereich gehören ferner hoheitliche Tätigkeiten im Rahmen der städtischen Satzungen, insbesondere der Vollzug der Entwässerungssatzung (EWS) und der Beitrags- u. Gebührensatzung zur Entwässerungssatzung.

Werkleitung

Zur Leitung des Eigenbetriebs werden gleichberechtigt ein kaufmännischer und ein technischer Werkleiter bestellt. Jedes Mitglied der Werkleitung handelt in seinem Aufgabengebiet grundsätzlich allein.

Der technische Werkleiter führt die weiteren laufenden Geschäfte des Betriebes.

Laufende Geschäfte sind insbesondere:

- *Die* ***selbständige, verantwortliche technische Leitung*** *des Entwässerungsbetriebes der Gemeinde A einschließlich Organisation und Geschäftsleitung,*
- *wiederkehrende Geschäfte, z. B. Werk- und Dienstverträge, Beschaffung von Roh-, Hilfs- und Betriebsstoffen sowie Investitionsgütern des laufenden Bedarfs, auch soweit die Gegenstände auf Lager genommen werden.*

Die Werkleitung ist Dienstvorgesetzter der Beamten im Eigenbetrieb und führt die ***Dienstaufsicht*** *über sie und die im Eigenbetrieb tätigen Angestellten und Arbeiter. Die Werkleitung ist auch* ***zuständig für den Personaleinsatz****.*

Die ***Werkleitung ist zuständig für Personalangelegenheiten****, die der Gemeinderat nach Art. 88 Abs. 3 Satz 4 in Verbindung mit Art. 43 Abs. 1 Satz 3 Halbsatz 1 und Abs. 2 Satz 1 GO auf die Werkleitung übertragen hat.*

Hier kommt es nun in jedem Einzelfall (Eigenbetrieb) darauf an, welche Personalangelegenheiten auf die Werkleitung übertragen worden sind.

Für Beamte der Gemeinde (in Bayern) bis zur Besoldungsgruppe A 8 und für Arbeitnehmer der Gemeinde bis zur Entgeltgruppe 8 des Tarifvertrags für den öffentlichen Dienst oder bis zu einem entsprechenden Entgelt obliegen die personalrechtlichen Befugnisse grundsätzlich dem ersten Bürgermeister.

In kreisfreien Gemeinden kann der Gemeinderat darüber hinaus die Befugnisse für Beamte bis zur Besoldungsgruppe A 14 und für Arbeitnehmer bis zur Entgeltgruppe 14 des Tarifvertrags für den öffentlichen Dienst oder mit einem entsprechenden Entgelt dem Oberbürgermeister übertragen.

Der erste Bürgermeister kann aber auch einzelne seiner Befugnisse den weiteren Bürgermeistern, nach deren Anhörung auch einem Gemeinderatsmitglied und in Angelegenheiten der laufenden Verwaltung einem Gemeindebediensteten (Werkleiter) übertragen. Diese Angelegenheiten könnten z. B. sein:

- die Beamten zu ernennen, zu befördern, abzuordnen oder zu versetzen, an eine Einrichtung zuzuweisen, in den Ruhestand zu versetzen und zu entlassen,
- die Arbeitnehmer der Gemeinde ab einer bestimmten Entgeltgruppe des Tarifvertrags für den öffentlichen Dienst oder ab einem entsprechenden Entgelt einzustellen, höherzugruppieren, abzuordnen oder zu versetzen, einem Dritten zuzuweisen, mittels Personalgestellung zu beschäftigen und zu entlassen.

Wenn solche Angelegenheiten wie z. B. die Einstellung von Arbeitnehmern übertragen wurden, dann ist der *Eigenbetrieb auch ein Arbeitgeber.*

Zusammenfassung

Eigenbetriebe werden sogar in der Gemeindeordnung als Unternehmen bezeichnet und sind ein Sondervermögen außerhalb der sonstigen Verwaltung.

Die Werkleitung hat i. d. R. besondere Rechte bezüglich des Personals und hat durch den eigenen Wirtschaftsplan auch die notwendigen Mittel, um Maßnahmen umsetzen zu können.

Die Betriebsleitung ist (in Bayern) Vorgesetzter der Beschäftigten des Eigenbetriebs. In dieser Funktion ist sie zur innerbetrieblichen Organisation befugt und kann den Beschäftigten fachliche Weisungen erteilen. Im Übrigen führt sie den Eigenbetrieb selbständig und entscheidet in vielen Angelegenheiten des Eigenbetriebs.

Wenn der Betriebsleitung auch die Einstellung, Entlassung und Umgruppierung des Personals bis einschließlich TVöD Entgeltgruppe … übertragen sind, dann ist der Eigenbetrieb auch Arbeitgeber.

- Somit sind in Bayern die Werkleitungen der Eigenbetriebe sehr oft auch ohne besondere Beauftragung für die Arbeitssicherheit zuständig.

7.8.7 Sonstige Fälle

In NRW z. B. sind Bürgermeister Dienstvorgesetzte der Bediensteten des Eigenbetriebs. Die Befugnis zur Einstellung, Ein- oder Höhergruppierung und Beendigung von Arbeitsverhältnissen von Arbeitnehmerinnen und Arbeitnehmern kann auf die Betriebsleitung übertragen werden (§ 6 EigVO NRW).

Auch soll in NRW der Betriebsleitung in den Angelegenheiten des Eigenbetriebes ausreichende Selbständigkeit der Entschließung eingeräumt werden (§ 114 GO NRW).

Ein Eigenbetrieb ist als nicht selbständiger Teil in die Gemeindeverwaltung eingegliedert. Finanziell, wirtschaftlich und organisatorisch unterscheidet sich ein Eigenbetrieb jedoch immer von der restlichen Gemeindeverwaltung (z. B. Regiebetrieb) und es muss hinterfragt werden, ob der Betrieb tatsächlich in das Unternehmen des Organträgers eingegliedert ist.

Die Werk- oder Betriebsleitung ist i. d. R. für die wirtschaftliche Führung des Eigenbetriebs verantwortlich und der Eigenbetrieb wird von der Betriebsleitung selbstständig geleitet.

Zusätzlich wird auch in verschiedenen Gemeindeordnungen anderer Bundesländer bei dem Eigenbetrieb von einem „Unternehmen" gesprochen.

Die Befugnis zur Einstellung, Ein- oder Höhergruppierung und Beendigung von Arbeitsverhältnissen von Arbeitnehmerinnen und Arbeitnehmern *kann* z. B. auch in NRW auf die Betriebsleitung übertragen werden. Damit wäre auch hier in dem Fall dann eine ***Arbeitgeberfunktion*** vorhanden.

Das Bundesarbeitsgericht hat in dem u. g. Urteil den Arbeitgeber wie folgt definiert:

*„**Arbeitgeber** ist derjenige Teil des Arbeitsverhältnisses, der die Dienstleistung vom Arbeitnehmer kraft des Arbeitsvertrags fordern kann und damit die wirtschaftliche und organisatorische Dispositionsbefugnis über die Arbeitsleistung des Arbeitnehmers und den Nutzen aus ihr hat. Insoweit kommt es auf den im Einzelfall erkennbaren Parteiwillen an"* (BAG, Urteil v. 27.09.2012, AZ.: 2 AZR 838/11).

Die wirtschaftliche und organisatorische Dispositionsbefugnis über die Arbeitsleistung der Arbeitnehmer würde wohl in einen Eigenbetrieb bei der Werk-/Betriebsleitung liegen; die wäre also Arbeitgeber!

7.8.7.1 Grundsätze der Prävention

Die DGUV V 2 verlangt die aktive kontinuierliche Auseinandersetzung mit dem Arbeitsschutz und zwar zwischen Betriebsarzt, Fachkraft für Arbeitssicherheit, dem *Arbeitgeber* und der Personalvertretung.

Im Eigenbetrieb wäre das am besten gewährleistet, wenn die jeweilige Werkleitung auch für den Einsatz und die Beschäftigung von Betriebsarzt und Fachkraft für Arbeitssicherheit zuständig wäre.

7.8.7.2 Vereinbarung der Aufgaben der Betriebsärzte und Fachkräfte für Arbeitssicherheit

Nach der einschlägigen DGUV V2, § 2(3) gelten bei Betrieben mit mehr als 10 Beschäftigten die folgenden Bestimmungen: Der Unternehmer hat die Aufgaben der Betriebsärzte und Fachkräfte für Arbeitssicherheit entsprechend den betrieblichen Erfordernissen unter Mitwirkung der betrieblichen Interessenvertretung zu ermitteln, aufzuteilen und mit ihnen schriftlich zu vereinbaren.

Im Falle eines Eigen*betriebes* müssten bei unklaren Verhältnissen die Werkleitung und der Bürgermeister (Personalamt) gemeinsam mit dem Betriebsrat des Eigen*betriebs* und dem Personalrat der Gemeindeverwaltung die Aufgaben entsprechend den verschiedenen betrieblichen Erfordernissen aufteilen.

Das wird noch komplizierter bei mehreren weiteren gemeindlichen Eigenbetrieben wie Krankenhaus, Schwimmbäder, Stadtwerke, usw. … Nicht nur die sehr unterschiedlichen Aufgaben dieser *Betriebe* sondern auch die jeweiligen unterschiedlichen betrieblichen Erfordernisse sowie die verschiedenen betrieblichen Interessenvertretungen machen die Sache relativ schwierig; und zwar nicht nur für die Gemeinde/den Bürgermeister sondern auch für die *Betriebs*ärzte und Fachkräfte für Arbeitssicherheit und die jeweiligen *Betriebs*leitungen.

Nach § 11 des ASiG hat der Arbeitgeber in *Betrieb*en mit mehr als zwanzig Beschäftigten einen Arbeitsschutzausschuss zu bilden. In diesem Ausschuss ist auch der Betriebsrat durch zwei vom Betriebsrat bestimmte Betriebsratsmitglieder vertreten.

Ein Eigenbetrieb (in Bayern) hat einen eigenen *Betriebs*rat.

Nach § 9(3) ASiG sind die Betriebsärzte und Fachkräfte für Arbeitssicherheit mit Zustimmung des Betriebsrats zu bestellen und abzuberufen. Das gleiche gilt, wenn deren Aufgaben erweitert oder eingeschränkt werden sollen. Vor der Verpflichtung oder Entpflichtung eines freiberuflich tätigen Arztes, einer freiberuflich tätigen Fachkraft für Arbeitssicherheit oder eines überbetrieblichen Dienstes ist der Betriebsrat zu hören.

Im Eigenbetrieb aber auch in einem größeren Regiebetrieb Entwässerung müssen also die Betriebsräte/Personalräte im Arbeitsschutzausschuss eng mit den bestellten Betriebsärzten und Fachkräften für Arbeitssicherheit zusammenarbeiten.

7.8.7.3 Zusammenfassung

Im Interesse der Organisationssicherheit sollten bei unklaren Zuständigkeiten oder geteilten Zuständigkeiten im Interesse der Betriebsleitungen und der Mitarbeitersicherheit klare Aufgabenverteilungen geschaffen werden. Dies könnte durch eine eindeutige Beauftragung der Betriebsleitung oder – bei vorhandenen überwachungsbedürftigen Anlagen – durch eindeutige Übernahme der Aufgaben durch den Bürgermeister erfolgen.

7.9 Überwachung des Arbeits- u. Gesundheitsschutzes

7.9.1 Überwachung durch Behörden

Die Überwachung des Arbeitsschutzes ist staatliche Aufgabe. Die zuständigen Behörden haben die Einhaltung der gesetzlichen Vorschriften zu überwachen und die Arbeitgeber bei der Erfüllung ihrer Pflichten zu beraten (ArbSchG § 21).

7.9.1.1 Befugnisse der zuständigen Behörden (ArbSchG § 22)

Die mit der Überwachung beauftragten Personen sind befugt, zu den Betriebs- und Arbeitszeiten Betriebsstätten, Geschäfts- und Betriebsräume zu betreten, zu besichtigen und zu prüfen sowie in die geschäftlichen Unterlagen der auskunftspflichtigen Person Einsicht zu nehmen, soweit dies zur Erfüllung ihrer Aufgaben erforderlich ist.

Außerdem sind sie befugt, Betriebsanlagen, Arbeitsmittel und persönliche Schutzausrüstungen zu *prüfen*, Arbeitsverfahren und Arbeitsabläufe zu *untersuchen*, Messungen vorzunehmen und insbesondere arbeitsbedingte Gesundheitsgefahren festzustellen und zu untersuchen, auf welche Ursachen ein Arbeitsunfall, eine arbeitsbedingte Erkrankung oder ein Schadensfall zurückzuführen ist.

Die Arbeitsstätten dürfen durch die Beauftragten der zuständigen Behörde außerhalb der üblichen Betriebs- und Arbeitszeit nur zur Verhütung von dringenden Gefahren für die öffentliche Sicherheit und Ordnung betreten und besichtigt werden. Das Grundrecht der Unverletzlichkeit der Wohnung (Artikel 13 des Grundgesetzes) wird insoweit eingeschränkt.

Sie sind berechtigt, die *Begleitung* durch den Arbeitgeber oder eine von ihm beauftragte Person zu verlangen. Der Arbeitgeber oder die verantwortlichen Personen haben die mit der Überwachung beauftragten Personen bei der Wahrnehmung ihrer Befugnisse zu unterstützen.

Die zuständige Behörde kann im Einzelfall anordnen,

- welche Maßnahmen der Arbeitgeber und die verantwortlichen Personen oder die Beschäftigten zur Erfüllung der gesetzlichen Pflichten zu treffen haben,
- *welche Maßnahmen der Arbeitgeber* und die verantwortlichen Personen zur Abwendung einer besonderen Gefahr für Leben und Gesundheit der Beschäftigten *zu treffen haben.*

7.9.1.2 Betriebliche Daten, Jahresbericht (ArbSchG § 23)

Der Arbeitgeber hat der zuständigen Behörde zu einem von ihr bestimmten Zeitpunkt Mitteilungen über

- die Zahl der Beschäftigten, aufgegliedert nach Geschlecht, Alter und Staatsangehörigkeit,
- den Namen oder die Bezeichnung und Anschrift des Betriebs, indem er sie beschäftigt,
- seinen Namen, seine Firma und seine Anschrift sowie
- den Wirtschaftszweig, dem sein Betrieb angehört,

zu machen.

7.9.2 Zusammenwirken der Behörden mit den Trägern der gesetzlichen Unfallversicherung (ArbSchG § 21)

Die Aufgaben und Befugnisse der Träger der gesetzlichen Unfallversicherung richten sich, nach den Vorschriften des Sozialgesetzbuchs. Soweit die Träger der gesetzlichen Unfallversicherung nach dem Sozialgesetzbuch im Rahmen ihres Präventionsauftrags auch Aufgaben zur Gewährleistung von Sicherheit und Gesundheitsschutz der Beschäftigten wahrnehmen, werden sie ausschließlich im Rahmen ihrer autonomen Befugnisse tätig.

7.9.3 Überwachung und Beratung durch Aufsichtspersonen

Die *Unfallversicherungsträger* haben die Durchführung der Maßnahmen zur Verhütung von Arbeitsunfällen, Berufskrankheiten, arbeitsbedingten Gesundheitsgefahren und für eine wirksame Erste Hilfe in den Unternehmen zu *überwachen* sowie die Unternehmer und die Versicherten zu *beraten (SGB VII § 17)*.

Die Unfallversicherungsträger sind verpflichtet, *Aufsichtspersonen* in der für eine wirksame Überwachung und Beratung erforderlichen Zahl zu beschäftigen.

Als Aufsichtsperson darf nur beschäftigt werden, wer seine Befähigung für diese Tätigkeit durch eine Prüfung nachgewiesen hat (SGB VII § 18).

7.9.4 Befugnisse der Aufsichtspersonen (SGB VII § 19)

Zur Überwachung der Maßnahmen zur Verhütung von Arbeitsunfällen, Berufskrankheiten, arbeitsbedingten Gesundheitsgefahren und für eine wirksame Erste Hilfe sind die Aufsichtspersonen insbesondere zu den folgenden Aufgaben befugt:

- *Erlass einer Anordnung*
  Die Aufsichtspersonen können im Einzelfall anordnen, welche Maßnahmen Unternehmerinnen und Unternehmer oder Versicherte zu treffen haben
  - zur Erfüllung ihrer Pflichten aufgrund der Unfallverhütungsvorschriften,
  - zur Abwendung besonderer Unfall- und Gesundheitsgefahren.

  Die Aufsichtspersonen sind berechtigt, bei Gefahr im Verzug sofort vollziehbare Anordnungen zur Abwendung von arbeitsbedingten Gefahren für Leben und Gesundheit zu treffen.
  Erlässt der Unfallversicherungsträger eine Anordnung und setzt er hierbei eine Frist, innerhalb der die verlangten Maßnahmen zu treffen sind, so hat der Unternehmer nach Ablauf der Frist unverzüglich mitzuteilen, ob er die verlangten Maßnahmen getroffen hat (DGUV V 1 § 10).
- *Besichtigung des Unternehmens*
  Zu den Betriebs- und Geschäftszeiten dürfen Grundstücke und Betriebsstätten betreten, besichtigt und geprüft werden.

Der Unternehmer hat der *Aufsichtsperson des Unfallversicherungsträgers* die Besichtigung seines Unternehmens zu ermöglichen und sie auf ihr Verlangen zu begleiten oder durch einen geeigneten Vertreter begleiten zu lassen.
Zur Verhütung dringender Gefahren können die Maßnahmen auch in Wohnräumen und zu jeder Tages- und Nachtzeit getroffen werden. Das Grundrecht der Unverletzlichkeit der Wohnung (Artikel 13 des Grundgesetzes) wird insoweit eingeschränkt. Die Eigentümer und Besitzer der Grundstücke, auf denen der Unternehmer tätig ist, haben das Betreten der Grundstücke zu gestatten.

7.9.5 Rechte und Pflichten der Unternehmer (SGB VII § 19)

Der Unternehmer hat den Aufsichtspersonen des Unfallversicherungsträgers und der zuständigen Behörde auf Verlangen die zur Durchführung ihrer Überwachungsaufgabe erforderlichen *Auskünfte* zu erteilen. Er hat die Aufsichtspersonen zu *unterstützen*, soweit dies zur Erfüllung ihrer Aufgaben erforderlich ist.

Die Aufsichtspersonen sind dazu befugt:

- geschäftliche und betriebliche Unterlagen des Unternehmers einzusehen, soweit es die Durchführung ihrer Überwachungsaufgabe erfordert,
- Arbeitsmittel und persönliche Schutzausrüstungen sowie ihre bestimmungsgemäße Verwendung zu prüfen,
- Arbeitsverfahren und Arbeitsabläufe zu untersuchen und insbesondere das Vorhandensein und die Konzentration gefährlicher Stoffe und Zubereitungen zu ermitteln oder, soweit die Aufsichtspersonen und der Unternehmer die erforderlichen Feststellungen nicht treffen können, auf Kosten des Unternehmers ermitteln zu lassen,
- gegen Empfangsbescheinigung Proben nach ihrer Wahl zu fordern oder zu entnehmen; soweit der Unternehmer nicht ausdrücklich darauf verzichtet, ist ein Teil der Proben amtlich verschlossen oder versiegelt zurückzulassen,
- zu untersuchen, ob und auf welche betrieblichen Ursachen ein Unfall, eine Erkrankung oder ein Schadensfall zurückzuführen ist,
- die Begleitung durch den Unternehmer oder eine von ihm beauftragte Person zu verlangen.

Der Unternehmer hat die o. g. Maßnahmen zu *dulden*.

Der Unternehmer kann die Auskunft auf solche Fragen verweigern, deren Beantwortung ihn selbst oder einen Angehörigen der Gefahr strafgerichtlicher Verfolgung oder eines Verfahrens nach dem Gesetz über Ordnungswidrigkeiten aussetzen würde.

7.9.6 Ausnahmen

7.9.6.1 Behördliche Ausnahmen (BetrSichV § 19)

Die zuständige Arbeitsschutzbehörde kann auf schriftlichen Antrag des Arbeitgebers Ausnahmen von bestimmten Vorschriften zulassen, wenn die Anwendung der gesetzlichen

Vorschriften für den Arbeitgeber im Einzelfall zu einer unverhältnismäßigen Härte führen würde, die Ausnahme sicherheitstechnisch vertretbar und mit dem Schutz der Beschäftigten und, soweit überwachungsbedürftige Anlagen betroffen sind, auch mit dem Schutz anderer Personen vereinbar ist.

7.9.6.2 Ausnahmen der Unfallversicherungsträger (DGUV V 1 § 14)

Der Unternehmer kann bei dem zuständigen Unfallversicherungsträger im Einzelfall Ausnahmen von Unfallverhütungsvorschriften schriftlich beantragen. Betrifft der Antrag Regelungen in Unfallverhütungsvorschriften, die zugleich Gegenstand staatlicher Arbeitsschutzvorschriften sind, hat der Unfallversicherungsträger eine Stellungnahme der für die Durchführung der staatlichen Arbeitsschutzvorschrift zuständigen staatlichen Arbeitsschutzbehörde einzuholen und zu berücksichtigen.

7.10 Gesetzliche Vorschriften

ArbMedVV Verordnung zur arbeitsmedizinischen Vorsorge (ArbMedVV)
Ausfertigungsdatum: 18.12.2008

ArbStättV Arbeitsstättenverordnung (ArbStättV), Verordnung über Arbeitsstätten (Arbeitsstättenverordnung ArbStättV), Ausfertigungsdatum: 12.08.2004

ASiG Gesetz über Betriebsärzte, Sicherheitsingenieure und andere Fachkräfte für Arbeitssicherheit
kurz: Arbeitssicherheitsgesetz (ASiG)
Ausfertigungsdatum: 12.12.1973

BaustellV Verordnung über Sicherheit und Gesundheitsschutz auf Baustellen (Baustellenverordnung – BaustellV), Ausfertigungsdatum: 10.06.1998

BetrSichV Verordnung über Sicherheit und Gesundheitsschutz bei der Verwendung von Arbeitsmitteln (Betriebssicherheitsverordnung – BetrSichV), Ausfertigungsdatum: 03.02.2015

BioStoffV Verordnung über Sicherheit und Gesundheitsschutz bei Tätigkeiten mit Biologischen Arbeitsstoffen (Biostoffverordnung – BioStoffV), Ausfertigungsdatum: 15.07.2013

DGUV Vorschriften = Unfallverhütungsvorschriften (UVVen) Deutsche Gesetzliche Unfallversicherung e. V. (DGUV), Berlin
https://www.dguv.de/de/praevention/vorschriften_regeln/vorschriften/index.jsp
Letzter Zugriff 26.09.2024

DGUV, DGUV Vorschrift 2
https://www.dguv.de/de/praevention/vorschriften_regeln/dguv-vorschrift_2/index.jsp
Letzter Zugriff 29.03.2023

EMFV Verordnung zum Schutz der Beschäftigten vor Gefährdungen durch elektromagnetische Felder (Arbeitsschutzverordnung zu elektromagnetischen Feldern – EMFV), Ausfertigungsdatum: 15.11.2016

GefStoffV Verordnung zum Schutz vor Gefahrstoffen (Gefahrstoffverordnung – GefStoffV) Ausfertigungsdatum: 26.11.2010

LärmVibrationsArbSchV Verordnung zum Schutz der Beschäftigten vor Gefährdungen durch Lärm und Vibrationen (Lärm- und Vibrations-Arbeitsschutzverordnung – LärmVibrationsArbSchV), Ausfertigungsdatum: 06.03.2007

LasthandhabV Verordnung über Sicherheit und Gesundheitsschutz bei der manuellen Handhabung von Lasten bei der Arbeit (Lastenhandhabungsverordnung – LasthandhabV) Ausfertigungsdatum: 04.12.1996

PSA-BV PSA-Benutzungsverordnung (PSA-BV) Verordnung über Sicherheit und Gesundheitsschutz bei der Benutzung persönlicher Schutzausrüstungen bei der Arbeit (PSA-Benutzungsverordnung – PSA-BV), Ausfertigungsdatum: 04.12.1996

SGB 7 Siebtes Buch Sozialgesetzbuch – Gesetzliche Unfallversicherung
Ausfertigungsdatum: 07.08.1996

TREMF Technische Regeln zur Arbeitsschutzverordnung zu elektromagnetischen Feldern (TREMF), Die BAuA, Bundesanstalt für Arbeitsschutz und Arbeitsmedizin
https://www.baua.de/DE/Angebote/Regelwerk/TREMF/TREMF#:~:text=Die%20Technischen%20Regeln%20zur%20Arbeitsschutzverordnung%20zu%20statischen%20und
Letzter Zugriff 26.09.2024

7.11 Literatur

BAG, Urteil vom 27. September 2012, AZ.: 2 AZR 838/11
https://www.bag-urteil.com/27-09-2012-2-azr-838-11/
Letzter Zugriff 29.03.2023

BAuA, TRBA 220, Dezember 2010, Nr. 4.2

BAuA, TRBS 1111, Ausgabe: März 2018

BAuA; Arbeitsmedizinische Empfehlungen (AME)
https://www.baua.de/DE/Aufgaben/Geschaeftsfuehrung-von-Ausschuessen/AfAMed/AME.html
Letzter Zugriff 29.03.2023

Berufsgenossenschaft Holz und Metall, DGUV V 1 § 8

BfGA – Beratungsgesellschaft für Arbeits- und Gesundheitsschutz, Gefahr Definition
https://www.bfga.de/arbeitsschutz-lexikon-von-a-bis-z/fachbegriffe-c-i/gefahr-fachbegriff/
Letzter Zugriff 28.03.2023

BfGA – Beratungsgesellschaft für Arbeits- und Gesundheitsschutz, Gefährdung Definition
https://www.bfga.de/arbeitsschutz-lexikon-von-a-bis-z/fachbegriffe-c-i/gefaehrdung-fachbegriff/
Letzter Zugriff 28.03.2023

Bundesanstalt für Arbeitsschutz und Arbeitsmedizin (BAuA), Berufsgenossenschaften und Unfallkassen
https://www.baua.de/DE/Angebote/Rechtstexte-und-Technische-Regeln/UVT-Recht/Autonomes-Recht-der-UVT_node.html
Letzter Zugriff 28.03.2023

Bundesanstalt für Arbeitsschutz und Arbeitsmedizin, Gemeinsame Arbeitsschutzregeln
https://www.baua.de/DE/Angebote/Rechtstexte-und-Technische-Regeln/Technischer-Arbeitsschutz/Technischer-Arbeitsschutz_node.html
Letzter Zugriff 28.03.2023

Bundesministerium für Arbeit und Soziales, Lastenhandhabung, 23.10.2015
https://www.bmas.de/DE/Arbeit/Arbeitsschutz/Gesundheit-am-Arbeitsplatz/lastenhandhabung.html
Letzter Zugriff 29.03.2023

Bundesministerium für Arbeit und Wirtschaft, Sektion Arbeitsrecht und Zentral-Arbeitsinspektorat, Wien, Alleinarbeitsplätze
https://www.arbeitsinspektion.gv.at/Arbeitsstaetten-_Arbeitsplaetze/Arbeitsplaetze/Alleinarbeitsplaetze.html
Letzter Zugriff 29.03.2023

Deutsche Gesetzliche Unfallversicherung (DGUV), Wir über uns
https://www.dguv.de/de/wir-ueber-uns/index.jsp
Letzter Zugriff 28.03.2023

DGUV, DGUV Empfehlungen für arbeitsmedizinische Beratungen und Untersuchungen
DGUV – Prävention – Themen A bis Z – Arbeitsmedizinische Vorsorge – DGUV Empfehlungen (https://www.dguv.de/de/praevention/themen-a-z/arb_vorsorge/dguv-empfehlungen/index.jsp)Link ergänzt
Letzter Zugriff 29.03.2023

DGUV, Sachgebiet Personen-Notsignal-Anlagen
https://www.dguv.de/fb-psa/sachgebiete/sachgebiet-personen-notsignal-anlagen/index.jsp
Letzter Zugriff 29.03.2023

Gemeinsame Deutsche Arbeitsschutzstrategie, Das Leitlinienpapier kompakt
https://www.gda-portal.de/DE/Downloads/pdf/Leitlinienpapier-kompakt.pdf?__blob=publicationFile&v=3
Letzter Zugriff 28.03.2023

Fahrten und Transporte

8

Wenn Post oder größere Gegenstände oder Mengen, wie Pumpen, Klärschlamm oder Rechengut, transportiert werden müssen, kann ein Entwässerungsbetrieb die *Fahrten* selbst übernehmen oder die *Transporte* durch spezialisierte Firmen ausführen lassen. Eigene Fahrten (z. B. Werkverkehr) und Transporte (z. B. gewerblichem Güterverkehr) unterscheiden sich durch den Zweck der Beförderung und vor allem die gesetzlichen Rahmenbedingungen.

8.1 Eigene Fahrten oder Transporte

Von ihrem Dienstsitz aus müssen Mitarbeiter losfahren, um in Sonderbauwerken zu arbeiten oder um mit Spülfahrzeugen das Kanalnetz zu inspizieren und zu unterhalten. Aus dienstlichen Gründen müssen auswärtig Gespräche geführt oder Fortbildungsveranstaltungen besucht werden. Materialien sollen von einem an einen anderen Ort befördert werden. Somit müssen im Entwässerungsbetrieb immer wieder Fahrten und Transporte mit eigenem Personal durchgeführt werden.

8.1.1 Fahrzeuge

Beförderung im Straßenverkehr jede ganz oder teilweise auf einer öffentlichen Straße durchgeführte Fahrt eines zur Personen- oder Güterbeförderung verwendeten leeren oder beladenen Fahrzeugs (VERORDNUNG (EG) Nr. 561/2006, Art 4).

Fahrzeug ein Kraftfahrzeug, eine Zugmaschine, einen Anhänger oder Sattelanhänger oder eine Kombination dieser Fahrzeuge.

A. Jessen, *Kommunaler Entwässerungsbetrieb*,
https://doi.org/10.1007/978-3-658-50966-8_8

Kraftfahrzeug jedes auf der Straße verkehrende Fahrzeug mit Eigenantrieb, das normalerweise zur Personen- oder Güterbeförderung verwendet wird, mit Ausnahme von dauerhaft auf Schienen verkehrenden Fahrzeugen.

Zugmaschine jedes auf der Straße verkehrende Fahrzeug mit Eigenantrieb, das speziell dafür ausgelegt ist, Anhänger, Sattelanhänger, Geräte oder Maschinen zu ziehen, zu schieben oder zu bewegen, mit Ausnahme von dauerhaft auf Schienen verkehrenden Fahrzeugen.

Anhänger jedes Fahrzeug, das dazu bestimmt ist, an ein Kraftfahrzeug oder eine Zugmaschine angehängt zu werden.

Sattelanhänger ein Anhänger ohne Vorderachse, der so angehängt wird, dass ein beträchtlicher Teil seines Eigengewichts und des Gewichts seiner Ladung von der Zugmaschine oder vom Kraftfahrzeug getragen wird (VERORDNUNG (EG) Nr. 561/2006, Art 4).

Selbstfahrende Arbeitsmaschinen Kraftfahrzeuge, die nach ihrer Bauart und ihren besonderen, mit dem Fahrzeug fest verbundenen Einrichtungen zur Verrichtung von Arbeiten, jedoch nicht zur Beförderung von Personen oder Gütern bestimmt und geeignet sind (FZV § 2).

Stapler Kraftfahrzeuge, die nach ihrer Bauart für das Aufnehmen, Heben, Bewegen und Positionieren von Lasten bestimmt und geeignet sind (FZV § 2).

8.1.1.1 Verkehrssicherheit der Fahrzeuge

Alle diese Fahrzeuge dürfen auf öffentlichen Straßen nur in Betrieb gesetzt werden, wenn sie zum Verkehr zugelassen sind. Zulassungsvoraussetzung ist eine entsprechende Haftpflichtversicherung. Die Zulassung selbst erfolgt durch Zuteilung eines Kennzeichens, Abstempelung der Kennzeichenschilder und Ausfertigung einer Zulassungsbescheinigung (FZV § 3). Ausgenommen davon sind u. a. selbstfahrende Arbeitsmaschinen und Stapler. Diese ausgenommenen Fahrzeuge und Arbeitsgeräte mit einer *zulässigen Gesamtmasse von mehr als 3 t* dürfen auf öffentlichen Straßen nur in Betrieb gesetzt werden, wenn sie einem genehmigten Typ entsprechen oder eine Einzelgenehmigung erteilt ist. Bei einer bauartbedingten Höchstgeschwindigkeit von *mehr als 20 km/h* müssen sie auf öffentlichen Straßen zudem ein Kennzeichen führen. Bei einer bauartbedingten Höchstgeschwindigkeit von *nicht mehr als 20 km/h* müssen die Fahrzeuge vom Halter zum Betrieb auf öffentlichen Straßen mit seinem Vornamen, Namen und Wohnort oder der Bezeichnung seiner Firma und deren Sitz gekennzeichnet werden; die Angaben sind dauerhaft und deutlich lesbar auf der linken Seite des Fahrzeugs anzubringen (FZV § 4).

Der *Fahrzeughalter* ist für den ordnungsgemäßen Zustand und für die ordnungsgemäße Ausrüstung und den Betrieb seines Fahrzeuges verantwortlich; aber auch wer ein Fahrzeug führt, hat dafür zu sorgen, dass das Fahrzeug und das Gespann vorschriftsmäßig sind (s. o.). Der *Fahrzeughalter* ist also grundsätzlich verantwortlich; er muss die Reparatur veranlassen und die Kosten tragen. Der *Fahrer* muss vor jeder Fahrt prüfen, ob das Fahrzeug noch betriebssicher ist; erst dann darf er losfahren (§ 29 StVZO).

Die Halter von zulassungspflichtigen Kraftfahrzeugen und Anhängern haben diese dazu in regelmäßigen Zeitabständen z. B. beim TÜV auf ordnungsgemäßen Zustand untersuchen zu lassen. Diese *Hauptuntersuchung* muss durch eine Prüfplakette auf dem Kennzeichen nachgewiesen werden; eine *Sicherheitsprüfung* durch eine Prüfmarke in Verbindung mit einem SP-Schild. Der Halter hat dafür zu sorgen, dass sich die angebrachte Prüfplakette oder die Prüfmarke und das SP-Schild in ordnungsgemäßem Zustand befinden; sie dürfen weder verdeckt noch verschmutzt sein (§ 29 StVZO).

Fahrzeuge müssen so gebaut und auch so ausgerüstet sein, dass ihr Betrieb niemanden schädigt oder mehr als unvermeidbar gefährdet, behindert oder belästigt. Am Umriss der Fahrzeuge dürfen keine Teile so hervorragen, dass sie den Verkehr gefährden.

Die Insassen müssen insbesondere bei Unfällen vor Verletzungen möglichst geschützt sein und das Ausmaß und die Folgen von Verletzungen sollen möglichst gering bleiben (§ 30 u 30c StVZO).

Die Überprüfung vom *Fahrzeuggewicht*, insbesondere die Einhaltung der für das Fahrzeug zugelassenen Achslasten und des Gesamtgewichts ist eine Aufgabe des Fahrzeugführers (StVZO § 31c).

Entsprechend § 32 StVZO sind auch bestimmte *maximale Abmessungen* von Fahrzeugen und Fahrzeugkombinationen einzuhalten: bei Kraftfahrzeugen und Anhängern einschließlich mitgeführter austauschbarer Ladungsträger oder Ausrüstungsteile darf in der Regel die höchstzulässige

- Breite über alles 2,55 m
- Höhe über alles 4,00 m
- Länge über alles 12,00 m

nicht überschreiten.

Kraftfahrzeuge müssen *zwei voneinander unabhängige Bremsanlagen* haben oder eine Bremsanlage mit zwei voneinander unabhängigen Bedienungseinrichtungen, von denen jede auch dann wirken kann, wenn die andere versagt (Fuß- u. Handbremse) (StVZO § 41).

Die *Lenkeinrichtung* muss leichtes und sicheres Lenken des Fahrzeugs gewährleisten (StVZO § 38).

Kraftfahrzeuge müssen 2 bis 3 *Spiegel* oder andere Einrichtungen für indirekte Sicht haben, die so beschaffen und angebracht sind, dass der Fahrzeugführer nach rückwärts, zur Seite und unmittelbar vor dem Fahrzeug – auch beim Mitführen von Anhängern – alle für ihn wesentlichen Verkehrsvorgänge beobachten kann (StVZO § 5).

An Kraftfahrzeugen und ihren Anhängern dürfen nur die vorgeschriebenen oder zulässigen lichttechnischen Einrichtungen angebracht sein; diese *lichttechnischen Einrichtungen* müssen vorschriftsmäßig und fest angebracht sowie ständig betriebsfertig sein. Dazu gehören u. a. Scheinwerfer für Fern- und Abblendlicht, Rückfahrscheinwerfer und auch Schlussleuchten, Bremsleuchten und Rückstrahler und Nebelschlussleuchten. Fahrzeuge, die mit Fahrtrichtungsanzeigern ausgerüstet sein müssen, müssen zusätzlich eine Warnblinkanlage haben (§ 49a StVZO).

Bei Glatteis, Schneeglätte, Schneematsch, Eis- oder Reifglätte darf ein Kraftfahrzeug nur mit zugelassener geeigneter Bereifung (*Winterreifen*, M+S-Reifen) gefahren werden. Kraftfahrzeuge der Klassen M2, M3, N2 und N3 dürfen bei solchen Wetterverhältnissen auch gefahren werden, wenn nur an den Rädern der Antriebsachsen M+S-Reifen angebracht sind (§ 2 StVO).

Mitzuführende Gegenstände (§ 31b StVZO) Führer von Fahrzeugen sind verpflichtet, zuständigen Personen auf Verlangen folgende ggf. mitzuführende Gegenstände vorzuzeigen und zur Prüfung des vorschriftsmäßigen Zustands auszuhändigen:

1. Feuerlöscher,
2. Erste-Hilfe-Material,
3. Unterlegkeile,
4. Warndreiecke und Warnleuchten und Warnweste,
5. tragbare Blinkleuchten und windsichere Handlampen,
6. Leuchten und Rückstrahler,

Bestimmte größere Kraftfahrzeuge und Anhänger müssen mit Unterlegkeilen ausgerüstet sein. Erforderlich sind z. B. mindestens ein Unterlegkeil bei Kraftfahrzeugen mit einem zulässigen Gesamtgewicht von mehr als 4 t und zwei Unterlegkeile bei drei- und mehrachsigen Fahrzeugen (§ 41 StVZO).

Anhänger Die o. g. Gegenstände müssen, abhängig vom Fahrzeug, teilweise mitgeführt werden. Fahrzeugführer sollten also vor der Fahrt die Vollständigkeit und Funktion der Teile prüfen. Hinter Kraftfahrzeugen darf auch nur ein *Anhänger*, jedoch nicht zur Personenbeförderung, mitgeführt werden (StVZO § 32a). Die gezogene Anhängelast darf in der Regel bei bestimmten Personen- und Lastkraftwagen weder das einfache bzw. das 1,5fache des zulässigen Gesamtgewichts des ziehenden Fahrzeugs noch einen vom Hersteller des ziehenden Fahrzeugs angegebenen oder amtlich als zulässig erklärten Wert übersteigen. Bei vielen Personenkraftwagen darf das tatsächliche Gesamtgewicht des Anhängers (Achslast zuzüglich Stützlast) jedoch in keinem Fall mehr als 3500 kg betragen (StVZO § 42).

Lkw-Anbaukrane Nach dem DGUV Grundsatz 309-001 „Prüfung von Kranen" sind die Prüfungen nach Einbau, Aufbau, wesentlichen Änderungen oder in wiederkehrenden Abständen vom Betreiber zu veranlassen. LKW-Anbaukrane sind nach alle vier Jahre durch einen Sachverständigen prüfen zu lassen.

8.1.1.2 Fahrzeug-Zulassung (FZV § 3)

Fahrzeuge dürfen auf öffentlichen Straßen nur in Betrieb gesetzt werden, wenn sie zum Verkehr zugelassen sind. Die Zulassung wird auf Antrag erteilt, wenn das Fahrzeug einem genehmigten Typ entspricht oder eine Einzelgenehmigung erteilt ist und eine dem Pflichtversicherungsgesetz entsprechende Kraftfahrzeug-Haftpflichtversicherung besteht. Die Zulassung erfolgt durch Zuteilung eines Kennzeichens, Abstempelung der Kennzeichenschilder und Ausfertigung einer Zulassungsbescheinigung.

Ausgenommen von den Vorschriften über das Zulassungsverfahren sind u. a. selbstfahrende Arbeitsmaschinen, Stapler und die Zulassung von Kraftfahrzeugen mit einer bauartbedingten Höchstgeschwindigkeit von mehr als 6 km/h und die Zulassung ihrer Anhänger.

8.1.1.3 Fahrtenschreiber und Kontrollgerät

Fahrtenschreiber oder Kontrollgerät ist das für den Einbau in Kraftfahrzeuge bestimmte Gerät zum vollautomatischen oder halbautomatischen Anzeigen, Aufzeichnen, Ausdrucken, Speichern und Ausgeben von Angaben über die Fahrten des Fahrzeugs, einschließlich seiner Fahrgeschwindigkeit, sowie von Angaben über bestimmte Tätigkeitszeiten der Fahrer (Verordnung (EU) Nr. 165/2014, Art 2).

Analoger Fahrtenschreiber ist ein Fahrtenschreiber, bei dem ein Schaublatt verwendet wird.

Digitaler Fahrtenschreiber ist ein Fahrtenschreiber, bei dem eine Fahrtenschreiberkarte verwendet wird (Verordnung (EU) Nr. 165/2014, Art 2).

Der Fahrtenschreiber ist in Fahrzeugen einzubauen und zu benutzen, die der Personen- oder Güterbeförderung im Straßenverkehr dienen und für die die Verordnung (EG) Nr. 561/2006 gilt (Verordnung (EU) Nr. 165/2014, Art 3).

Mit den Fahrtenschreibern werden nicht nur die Geschwindigkeit des Fahrzeugs, sondern auch die Lenk- u. Ruhezeiten der Fahrer erfasst.

Fahrzeuge, für die kein Fahrtenschreiber vorgeschrieben ist

Die Verordnung (EG) Nr. 561/2006 über Lenkzeiten, Fahrunterbrechungen und Ruhezeiten gilt nicht für Beförderungen im Straßenverkehr mit folgenden Fahrzeugen:

- Fahrzeuge oder Fahrzeugkombinationen mit einer zulässigen *Höchstmasse von nicht mehr als 7,5 Tonnen*, die
  - zur Beförderung von Material, Ausrüstungen oder Maschinen benutzt werden, die der Fahrer zur Ausübung seines Berufes benötigt, oder
  - zur Auslieferung von handwerklich hergestellten Gütern, ausschließlich in einem Umkreis von 100 km vom Standort des Unternehmens, und unter der Bedingung, dass das Lenken des Fahrzeugs für den Fahrer nicht die Haupttätigkeit darstellt und dass die Beförderung nicht gewerblich erfolgt;
- Fahrzeuge mit einer *zulässigen Höchstgeschwindigkeit von nicht mehr als 40* km/h; (Verordnung (EG) Nr. 561/2006, Art 3)

Anforderungen an Fahrtenschreiber und zu speichernde Daten (Verordnung (EU) Nr. 165/2014, Art 4)

Der Fahrtenschreiber und die Fahrtenschreiberkarten müssen u. a. die folgenden Anforderungen erfüllen:

- Aufzeichnung genauer und zuverlässiger Daten betreffend den Fahrer, die Tätigkeit des Fahrers und das Fahrzeug;
- Sicherheit, der aufgezeichneten und abgerufenen Daten;
- Ermöglichung einer wirksamen Überprüfung
- Benutzerfreundlichkeit.

Der digitale Fahrtenschreiber muss folgende Daten aufzeichnen:

a) zurückgelegte Wegstrecke und Geschwindigkeit des Fahrzeugs;
b) Zeitmessung;
c) Standorte
d) Identität des Fahrers;
e) Tätigkeit des Fahrers;
f) Kontroll-, Kalibrierungs- und Fahrtenschreiber-Reparaturdaten, einschließlich Angaben zur Werkstatt;
g) Ereignisse und Fehler.

Der analoge Fahrtenschreiber muss mindestens die in Buchstaben a, b und e genannten Daten aufzeichnen.

Funktionen des digitalen Fahrtenschreibers (Verordnung (EU) Nr. 165/2014, Art 5)
Der digitale Fahrtenschreiber muss folgende Funktionen gewährleisten:

- Geschwindigkeits- und Wegstreckenmessung;
- Überwachung der Fahrertätigkeiten und des Status der Fahrzeugführung;
- Überwachung des Einsteckens und Entnehmens von Fahrtenschreiberkarten;
- Aufzeichnung manueller Eingaben der Fahrer;
- Kalibrierung;
- automatische Aufzeichnung der Standorte
- Überwachung von Kontrollen;
- Feststellung und Aufzeichnung von Ereignissen und Störungen;
- Auslesen von Daten aus dem Massenspeicher und Aufzeichnung und Speicherung von Daten im Massenspeicher;
- Auslesen von Daten aus Fahrtenschreiberkarten und Aufzeichnung und Speicherung von Daten auf Fahrtenschreiberkarten;
- Datenanzeige, Warnsignale, Ausdrucken und Herunterladen von Daten auf externe Geräte;
- Zeiteinstellung und Zeitmessung;
- Fernkommunikation

8.1.1.4 Betriebssichere Verladung

Bei einem Transport-Fahrzeug im Frachtgeschäft (s. u.) ist der Fahrzeug-Halter auch der Frachtführer. Dieser hat für die *betriebssichere* Verladung zu sorgen (HGB § 412). Dazu gehört als Verpflichtung des Frachtführers in erster Linie die Gestellung eines geeigneten Fahrzeugs. Dieses muss in der Lage sein das Transportgut unter Beachtung der vorgeschriebenen Abmessungen, Gewichte und Achslasten verkehrssicher zu transportieren.

Betriebssichere Verladung bedeutet, dass durch die Ladung keine Beeinträchtigung der Betriebssicherheit des Fahrzeugs oder eine Gefährdung anderer Verkehrsteilnehmer erfolgen darf. Die Ladung einschließlich Geräte zur Ladungssicherung sowie Ladeeinrichtungen sind so zu verstauen und zu sichern, dass sie selbst bei Vollbremsung oder plötzlicher Ausweichbewegung nicht verrutschen, umfallen, hin- und herrollen, herabfallen oder vermeidbaren Lärm erzeugen können. Dabei sind die anerkannten Regeln der Technik zu beachten (§ 22 StVO).

Das BayObLG hat sich 2002 zur Ladungssicherung auf Straßenfahrzeugen geäußert (BayObLGSt 2002, 110): Demnach hat der Fahrzeug-Halter dafür Sorge zu tragen, dass die Ladung verkehrssicher verstaut und gegen Herabfallen besonders gesichert ist. Welche Sicherungsmaßnahmen im Einzelnen zu treffen sind, hängt von der Art der Ladung und des zu dem Transport verwendeten Fahrzeugs im Einzelfall ab. Unter sachgerechter Sicherung der Ladung ist ihr Verstauen nach den in der Praxis anerkannten Regeln des Speditions- und Fuhrbetriebs zu verstehen. Der Inhalt der VDI-Richtlinie 2700 „Ladungssicherung auf Straßenfahrzeugen" umfasst die gegenwärtig technisch anerkannten Beladungsregeln und ist deshalb allgemein zu beachten. Das bedeutet, dass der Fahrzeughalter u. a. dafür Sorge zu tragen hat, dass das Fahrzeug mit ausreichenden Ladungssicherungs-Hilfsmitteln entsprechend der VDI-Richtlinie 2700 ausgerüstet ist, damit die notwendige Ladungssicherung durch den Fahrer durchgeführt werden kann.

„In jedem Fall muss die Ladung so gesichert sein, dass außer den übrigen Verkehrsteilnehmern auch dem Verkehr benachbarte Personen und Gegenstände wie etwa Häuser, Brücken, Durchfahrten usw. durch die Beförderung der Ladung nicht gefährdet, verletzt oder beschädigt werden können. Die Sicherung der Ladung muss so beschaffen sein, dass die Ladung nicht nur bei üblichem Verkehrsbetrieb einschließlich Kurvendurchfahrten und normalem Bremsen, sondern auch bei einer erforderlich werdenden Notbremsung nicht umkippt, verrutscht oder herunterfällt" (OLG Düsseldorf, Beschluss vom 18.07.1989 – 5 Ss (OWi) 274/89 – (OWi) 111/89 I).

Zu den Pflichten des Frachtführers bei Ladungssicherung hat sich der BGH mit Urteil vom 24-09-1987 – I ZR 197/85 (Saarbrücken) wie folgt geäußert:

„Der Frachtführer ist nicht verpflichtet, über die Überprüfung der Verladung auf Betriebssicherheit hinaus auch die Beförderungssicherheit des Gutes (die Ladungssicherung) zu überprüfen. Jedoch trifft ihn die allgemeine Rechtspflicht, auf eine ordnungsgemäße, das Gut vor Schaden bewahrende Verladung hinzuwirken, wenn er – z. B. bei der Überprüfung der Betriebssicherheit des Fahrzeugs – erkennt, dass das Gut nicht beförderungssicher verladen ist, oder wenn die Gefahr eines Schadenseintritts nach den Umständen für ihn ohne weiteres ersichtlich ist."

Wartet der Frachtführer auf Grund vertraglicher Vereinbarung oder aus Gründen, die nicht seinem Risikobereich zuzurechnen sind, über die Lade- oder Entladezeit hinaus, so hat er Anspruch auf eine angemessene Vergütung (Standgeld) (HGB § 412). Der Fahrzeug-Halter ist bei Aufforderung durch die Zulassungsbehörde zur Vorlage der Zulassungsbescheinigung Teil II (Fahrzeugbrief) verpflichtet (FZV §§ 6 u 12).

8.1.1.5 Fahrtenbuch (StVZO § 31a)

Fahrzeughalter, die ein oder mehrere Fahrzeuge im Einsatz haben, die jeweils von mehreren Personen geführt werden können, sollten unbedingt die Führung eines *Fahrtenbuchs* anordnen, um die Feststellung eines Fahrzeugführers nach einer Zuwiderhandlung gegen Verkehrsvorschriften zu ermöglichen. Der Fahrzeughalter hat das Fahrtenbuch mindestens sechs Monate nach Abmeldung des Kfz aufzubewahren. Oft gibt es kommunale Vorschriften zur Benutzung von dienstlichen Fahrzeugen; diese sind zusätzlich zu beachten.

Der Fahrzeughalter oder sein beauftragter Fahrzeugführer hat in dem Fahrtenbuch für ein bestimmtes Fahrzeug und für jede einzelne Fahrt

1. vor deren Beginn
   a) Name, Vorname und Anschrift des Fahrzeugführers,
   b) amtliches Kennzeichen des Fahrzeugs,
   c) Datum und Uhrzeit des Beginns der Fahrt und
2. nach deren Beendigung unverzüglich Datum und Uhrzeit mit Unterschrift einzutragen.

8.1.2 Dienstfahrzeuge

Dienstfahrzeuge sind allgemein Fahrzeuge, die von einer Kommune/Verband beschafft und aus deren Haushaltsmitteln unterhalten werden. Die Gemeinden können ihre jeweiligen örtlichen Angelegenheiten im Rahmen der Gesetze ordnen und verwalten; so dass für die Fahrzeuge in jeder Gemeinde jeweils eigene Regelungen getroffen werden können. Diese sind daher ggf. zu beachten! Die Beschaffung, Benutzung und Haltung von *Dienstfahrzeugen* wird meist durch eine innerdienstliche Vorschrift wie eine Dienstanweisung geregelt. Privatfahrten mit Dienstkraftfahrzeugen, also alle Fahrten, die nicht der Erledigung von Dienstgeschäften der Gemeinde dienen, sind grundsätzlich untersagt. Aus versicherungstechnischen Gründen ist auch in der Regel die Mitnahme von Privatpersonen untersagt. Diese und sonstige sinnvolle und häufig anzutreffende Regelungen können der folgenden Dienstanweisung (Beispiel!) entnommen werden. Sollte es in der Gemeinde, für den Verband oder den Eigenbetrieb keine entsprechende Dienstanweisung geben, sollten die enthaltenen Regelungen für die örtliche Situation angepasst und in Kraft gesetzt werden.

Dienstanweisung für die Haltung und Benutzung von Dienst-Kraftfahrzeugen des Entwässerungsbetriebs

§ 1 Geltungsbereich
§ 2 Verwendung von Kraftfahrzeugen
§ 3 Begriff Dienst-Kraftfahrzeug
§ 4 Gemeinsame Nutzung von Dienstkraftfahrzeugen
§ 5 Beschaffung, Tausch und Verkauf von Dienst-Kraftfahrzeugen
§ 6 Betriebsmittel und Betankung
§ 7 Zulassung und Abmeldung
§ 8 Versicherung
§ 9 Kennzeichnung
§ 10 Abstellen der Dienstkraftfahrzeuge

§ 11 Genehmigung des Einsatzes von Dienstkraftfahrzeugen
§ 12 Fahrzeugakte
§ 13 Führen der Dienst-Kraftfahrzeuge
§ 14 Führerscheinkontrolle und Fahrberechtigungsausweis
§ 15 Transport von Gefahrgütern
§ 16 Fahrweise
§ 17 Fahrtenbuch
§ 18 Fahrzeugpapiere
§ 19 Verkehrssicherheit
§ 20 Verkehrsunfälle und sonstige Unfälle
§ 21 Fahrzeugrückgabe
§ 22 Haftung des Fahrers
§ 23 Verantwortlicher Mitarbeiter
§ 24 Privatfahrten und Mitnahme Dritter
§ 25 Wartung, Reparatur und Reinigung

§ 1 Geltungsbereich
Die Dienstanweisung gilt für alle Dienststellen/Bedienstete des Betriebs/des Zweckverbands …

§ 2 Verwendung von Kraftfahrzeugen
Die Verwendung von Kraftfahrzeugen wird bestimmt durch den Grundsatz der Sparsamkeit und Wirtschaftlichkeit und dient der rationellen Aufgabenerledigung. Soweit vertretbar, soll öffentlichen Verkehrsmitteln der Vorzug gegeben werden (ggf. Aussagen zu E-Fahrzeugen oder Fahrrädern).

§ 3 Begriff Dienst-Kraftfahrzeug
Als Dienst-Kraftfahrzeuge gelten alle für die Gemeindeverwaltung …/den Verband… zugelassenen Kraftfahrzeuge des Betriebes, einschließlich der Anhänger und selbstfahrenden Arbeitsmaschinen mit Fahrersitz (Fahrräder? – sind keine Kfz!).

§ 4 Gemeinsame Nutzung von Dienstkraftfahrzeugen
Vorhandene Personenkraftwagen stehen grundsätzlich allen Bediensteten einer Dienststelle zur Verfügung. Eine ständige Benutzung durch einzelne Beschäftigte ist nur in folgenden Fällen zulässig: …

Manche Aufgaben benötigen evtl. ein ständig zur Verfügung stehendes Fahrzeug, z. B. ein Kanalmeister, Grundstückskontrolle, Labor, …

Sofern ein Dienstkraftfahrzeug auf Dauer von mehreren Dienststellen gemeinsam genutzt wird, ist unbedingt eine Dienststelle als kraftfahrzeughaltende Dienststelle zu bestimmen. Dieser obliegt die Verantwortung für das Fahrzeug. Die Kosten sind in der Regel zwischen den Dienststellen aufzuteilen. Die Verteilung der Kosten richtet sich dann nach dem Umfang der jeweiligen Nutzung.

§ 5 Beschaffung, Tausch und Verkauf von Dienst-Kraftfahrzeugen

(1) *Zuständig für die Beschaffung, den Tausch, den Verkauf und die Versteigerung von ausgesonderten Dienst-Kraftfahrzeugen ist ...*

(2) *Bei der Beschaffung von Dienstkraftfahrzeugen sind die Vergaberichtlinien der Gemeinde ... in der jeweils gültigen Fassung zu beachten. Die Größenordnung der Dienstkraftfahrzeuge richtet sich im Rahmen der zur Verfügung stehenden Haushaltsmittel nach den dienstlichen Erfordernissen. (Die Größenordnung sollte sich unbedingt an der Fahrzeuggrößen der vorgesetzten Bürgermeister, Referenten, usw. orientieren und entsprechend bescheidener gewählt werden!)*

(3) *Die für die Ausschreibung erforderlichen Fahrzeugdaten sind durch die anfordernde Dienststelle zu ermitteln. Besondere Ausstattungsmerkmale sind zu begründen.*

(4) *Reparaturen, die unter die Gewährleistung oder Kulanz fallen, sind grundsätzlich der Lieferfirma zu übertragen und der zuständigen Vergabestelle zur Wahrung der Garantieansprüche zu melden.*
Ausnahmen sind nur im Benehmen mit der Vergabestelle möglich. Neubeschaffte Fahrzeuge sind vor Ablauf der jeweiligen Garantiefrist auf eventuelle Gewährleistungsmängel zu überprüfen.

§ 6 Betriebsmittel und Betankung

(1) *Die zum Betrieb der Dienstkraftfahrzeuge notwendigen Ersatz- und Zubehörteile, Reifen, Batterien, Gefrierschutz- und Pflegemittel, sowie Schmierstoffe werden auf Anforderung der kraftfahrzeughaltenden Dienststelle von der mit der laufenden Wartung beauftragten Werkstatt bezogen.*

(2) *Die Betankung der Dienstkraftfahrzeuge hat grundsätzlich bei den durch die Beschaffungsstelle unter Einholung von Vergleichsangeboten bestimmten Tankstellen zu erfolgen (ggf. betriebseigene Tankstelle?).*

§ 7 Zulassung und Abmeldung

Die Zulassung und Abmeldung von Dienstkraftfahrzeugen obliegen der jeweiligen kraftfahrzeughaltenden Dienststelle.

§ 8 Versicherung

Jedes Dienstkraftfahrzeug ist im Rahmen der Kraftfahrzeughaftpflichtversicherung mit unbegrenzter Deckung zu versichern. Eine Kasko-Versicherung wird nur in besonderen Fällen abgeschlossen. Für die Versicherungsangelegenheiten ist das Amt ... zuständig.

§ 9 Kennzeichnung

Dienstkraftfahrzeuge sind durch das Logo des Betriebs/der Gemeinde/des Verbandes (gemäß der Richtlinie zum Erscheinungsbild (Corporate Design)) zu kennzeichnen. Bei Personen- und Lastkraftwagen wird das Logo an den vorderen Einsteigtüren, bei allen anderen Kraftfahrzeugen an einer gut sichtbaren Stelle, angebracht.

§ 10 Abstellen der Dienstkraftfahrzeuge

(1) *Die jeweils kraftfahrzeughaltende Dienststelle hat für die ordnungsgemäße Unterbringung der Dienstkraftfahrzeuge zu sorgen.*

(2) *Die Unterbringung der Dienstkraftfahrzeuge hat nach Möglichkeit in verschließbaren Garagen oder Kraftwagenhallen zu erfolgen.*

(3) *Beim Abstellen der Dienstkraftfahrzeuge sind diese zu verschließen und die Fahrzeugpapiere aus dem Fahrzeug zu nehmen. Die Zündschlüssel, die Schlüssel für die Garagen oder Kraftwagenhallen sowie die Fahrzeugpapiere sind ... nach Dienstschluss/in den Diensträumen ... der kraftfahrzeughaltenden Dienststelle sicher zu verwahren.*

§ 11 Genehmigung des Einsatzes von Dienstkraftfahrzeugen

Fahrten mit Dienstkraftfahrzeugen außerhalb des Dienstorts (Dienstreisen) werden vom .../zuständigen Dienststellenleiter genehmigt. Keiner Einzelgenehmigung bedürfen Fahrten mit Sonderfahrzeugen und Kraftfahrzeugen für den laufenden Betriebseinsatz (die o. g. ständigen Fahrzeuge eines Aufgabenbereichs) am Dienstort/innerhalb des Zuständigkeitsgebiets ... (Verband).

§ 12 Fahrzeugakte

Die kraftfahrzeughaltende Dienststelle hat für jedes Dienst-Kraftfahrzeug eine Fahrzeugakte anzulegen. In diese Betriebsakte sind die Zulassungsbescheinigung Teil II (der Kraftfahrzeugbrief) und die mit der Beschaffung in Zusammenhang stehenden Dokumente aufzunehmen. Daneben sind auch die Nachweise über durchgeführte Wartungen sowie über Schäden und deren Behebung u. ä. zur Betriebsakte zu nehmen.

§ 13 Führen der Dienst-Kraftfahrzeuge

(1) *Fahrer von Dienstkraftfahrzeugen müssen in Besitz einer gültigen Fahrerlaubnis sein, die das Straßenverkehrsrecht für das zu führende Kraftfahrzeug vorschreibt. Weiterhin benötigen in einigen Gemeinden Fahrer eine gesonderte Genehmigung der Gemeinde, die in Form eines Fahrberechtigungsausweises erteilt wird.*

(2) *Inhaber eines Fahrberechtigungsausweises haben den Leiter ihrer Dienststelle umgehend zu informieren, wenn sie nicht mehr im Besitz einer gültigen Fahrerlaubnis sind oder ein vorübergehendes Fahrverbot behördlich ausgesprochen wurde. In beiden Fällen ist der Fahrberechtigungsausweis durch den Dienststellenleiter einzuziehen und an das Personal-/... amt zurückzugeben.*

(3) *Den Fahrern von Dienstkraftfahrzeugen ist es verboten unter der Wirkung von alkoholischen Getränken oder sonstigen berauschenden Mitteln den Fahrdienst anzutreten und während des Fahrdienstes oder in Fahrpausen alkoholische Getränke oder sonstige berauschende Mittel zu sich zu nehmen.*
Dieses Verbot gilt auch für Fahrer, die zu einer ständigen oder zeitlich begrenzten Fahrbereitschaft eingeteilt sind.

(4) *Eine Fahrt muss sofort unterbrochen werden, wenn der Fahrer aus besonderen Gründen im Interesse der Verkehrssicherheit die Fahrt nicht mehr fortsetzen kann.*

§ 14 Führerscheinkontrolle und Fahrberechtigungsausweis

(1) *Die Gemeinde ist verpflichtet, mindestens einmal im Jahr die Führerscheine derjenigen Mitarbeiter/innen zu kontrollieren, welche einen Fahrberechtigungsausweis besitzen. Der Fahrberechtigungsausweis ist daher maximal nur ein Jahr gültig. Die erfolgreiche Führerscheinkontrolle ist Voraussetzung für die Gültigkeit des Fahrberechtigungsausweises und des Versicherungsschutzes.*

(2) *Eine Fahrgenehmigung kann nur erteilt werden, wenn der Fuhrparkverwaltung/dem Personalamt, ..., mindestens jährlich/(halbjährlich: für ständige Besitzer von Dienst-Kfz) nachgewiesen wird, dass sich die Fahrerin/der Fahrer eines Dienstkraftfahrzeuges im Besitz einer gültigen Fahrerlaubnis (Führerschein) befindet.*

(3) *Fahrgenehmigungen sind daher maximal 1 Jahr gültig. Sie verlieren spätestens jeweils mit Ablauf des 31.12./(30.6.) ihre Gültigkeit. Die Fahrgenehmigungen für das Folgejahr werden bei Vorlage des Führerscheins durch entsprechende Aufkleber verlängert (z. B.!!).*

§ 15 Transport von Gefahrgütern

Der Transport von Gefahrgütern, die der Gefahrstoffverordnung unterliegen, ist im unbedingt notwendigen geringen Umfang grundsätzlich z. B. für Werkstattfahrzeuge oder das Labor erlaubt. Der/die Fahrer/in muss jedoch vor Antritt des Transportvorganges über die einschlägigen Bestimmungen eingewiesen worden sein.

§ 16 Fahrweise

(1) *Die Fahrer haben sich als Teilnehmer im Straßenverkehr stets einwandfrei zu verhalten. Auf eine wirtschaftliche und umweltschonende Fahrweise und schonende Behandlung der Dienstkraftfahrzeuge ist besonders zu achten.*

(2) *Wird gegen einen Fahrer ein Bußgeld- oder Strafverfahren wegen des Verstoßes gegen die Straßenverkehrsbestimmungen während einer Fahrt mit einem Dienstkraftfahrzeug eingeleitet, so hat er dies unverzüglich seinem Dienststellenleiter mitzuteilen.*

(3) *Bußgelder o. ä., die aufgrund der Fahrweise oder des Verhaltens des Fahrers verhängt wurden, hat dieser grundsätzlich selbst zu tragen.*

§ 17 Fahrtenbuch

(1) *Für jedes Dienstfahrzeug ist ein Fahrtenbuch gemäß ... dieser Dienstanweisung zu führen. Ein neues Fahrtenbuch ist bei ... erhältlich.*

Für jedes Fahrzeug werden jeweils ein Fahrtenbuch für gerade und ein Fahrtenbuch für ungerade Monate geführt. Am Monatsende ist das Fahrtenbuch der/dem Leiter/in der Organisationseinheit vorzulegen. Diese haben im Fahrtenbuch auf ordnungsgemäße Eintragung zu achten, den dienstlichen Zweck der Fahrten zu prüfen und dieses mit Stempel und Unterschrift zu bestätigen. Danach ist das Fahrtenbuch bis spätestens am 15. des nachfolgenden Monats an die/den zuständigen Sachbearbeiter/in ... weiterzuleiten.

(2) *Jede einzelne Fahrt ist vollständig in das Fahrtenbuch einzutragen. Pauschale Eintragungen (z. B. Stadtgebiet, Kanalnetz), Sammeleintragungen für verschiedene Fahrten*

sowie die Angabe der Dienstzeit anstelle der Fahrzeit sind unzulässig. Das Fahrtenbuch enthält folgende Informationen:
- *Datum, Uhrzeit und Kilometerstand zu Beginn und am Ende jeder einzelnen Auswärtstätigkeit*
- *Reiseziele und ggf. Reiseroute*
- *Reisezweck und aufgesuchte Dienststelle, Baustelle, Personen ...*

Die Ausfüllanweisung auf der Innenseite des Deckblattes vom Fahrtenbuch ist zu beachten. Das Fahrtenbuch ist nur mit Kugelschreiber oder Füllfederhalter lesbar und vollständig auszufüllen.

(3) *Die kraftfahrzeughaltende Dienststelle hat für eine laufende Kontrolle des Fahrtenbuches und der Kontrollgeräte bzw. Fahrtenschreiber zu sorgen.*

(4) *Fahrtenbücher sind für die Zeit von 5 Jahren ab dem Datum der letzten Eintragung von der kraftfahrzeughaltenden Dienststelle aufzubewahren.*

§ 18 Fahrzeugpapiere

Bei jeder Fahrt mit einem Dienstkraftfahrzeug sind immer alle durch Gesetz bzw. durch diese Dienstanweisung vorgeschriebenen Papiere (Führerschein, Zulassungsbescheinigung Teil I (Fahrzeugschein) und/oder ein Anhängerverzeichnis, Fahrtenbuch) nach ist vom jeweiligen Fahrer des Kraftfahrzeugs mitzuführen.

§ 19 Verkehrssicherheit

(1) *Der Fahrer hat sich vor Antritt der Fahrt davon zu überzeugen, dass das Dienstkraftfahrzeug keine offensichtlichen Mängel oder Beschädigungen aufweist. Eventuelle Feststellungen sind unverzüglich der kraftfahrzeughaltenden Dienststelle zu melden und vor Fahrtantritt im Fahrtenbuch unter „Bemerkungen" zu dokumentieren. Ist die Verkehrssicherheit infolge des festgestellten Mangels oder der festgestellten Beschädigung nicht mehr gegeben, darf das Dienstkraftfahrzeug erst wieder nach deren Beseitigung benutzt werden.*

(2) *Tritt während der Fahrt ein Mangel auf, durch den die Verkehrssicherheit des Dienstkraftfahrzeuges nicht mehr gewährleistet ist, ist die Fahrt zu unterbrechen, das Dienstkraftfahrzeug nach Möglichkeit außerhalb des Verkehrsraumes abzustellen und gegebenenfalls zu sichern. Der Fahrer hat die kraftfahrzeughaltende Dienststelle unverzüglich zu unterrichten. Sie entscheidet über das weitere Vorgehen. Kann eine Entscheidung der kraftfahrzeughaltenden Dienststelle nicht in nach den Umständen angemessener Zeit herbeigeführt werden (z. B. außerhalb der üblichen Dienstzeiten) und ist es nach den Umständen nicht möglich oder zweckmäßig das Kraftfahrzeug bis zu dem Zeitpunkt, zu dem eine Entscheidung der Dienststelle herbeigeführt werden kann, abzustellen (z. B. bei Fahrten außerhalb des Stadt- und Nahbereichs oder wenn das Fahrzeug eine Gefahr für andere Verkehrsteilnehmer darstellt), ist der Fahrer berechtigt, das Abschleppen des Kraftfahrzeuges und/oder kleinere Notreparaturen in Auftrag zu geben.*

§ 20 Verkehrsunfälle und sonstige Unfälle

(1) *Ein Verkehrsunfall liegt vor, wenn bei der Teilnahme eines Dienstkraftfahrzeuges am öffentlichen Straßenverkehr*

- *eine Person getötet, verletzt oder ihre Gesundheit beeinträchtigt und/oder*
- *eine Sache nicht völlig belanglos beschädigt wurde.*

Eine Teilnahme am öffentlichen Straßenverkehr liegt auch im ruhenden Verkehr vor, wenn das Dienstkraftfahrzeug auf einer öffentlichen Straße abgestellt ist oder in diesem Bereich die Fahrzeugtür geöffnet wird.

Verhaltensmaßnahmen bei einem Unfall mit einem Dienstfahrzeug an der Unfallstelle:

- *Warnweste anlegen.*
- *Unfallstelle so absichern, dass weitere Unfälle vermieden werden.*
- *Verletzten ist unter Beachtung des Eigenschutzes erste Hilfe zu leisten. Erforderlichenfalls ist so schnell wie möglich ein Arzt bzw. ein Rettungswagen herbeizurufen und die Polizei zu benachrichtigen.*
- *Name und Anschrift von Beteiligten und Zeugen sind zu notieren.*

(2) *Zur Schuldfrage darf nicht Stellung genommen werden. Es dürfen keine Zusagen über die Schadensregulierung oder ein Schuldanerkenntnis gemacht werden.*

Verkehrsunfälle sind grundsätzlich von der Polizei aufnehmen zu lassen, es sei denn ein gegnerischer Unfallbeteiligter sichert schriftlich zu, die Kosten des Unfalles vollständig zu übernehmen. Sind andere unfallbeteiligte Personen vorhanden, so ist darauf hinzuwirken, einen gemeinsamen Unfallbericht zu erstellen. Entsprechende Formulare sind stets im Dienstfahrzeug mitzuführen. Bei Unfällen mit Personenschäden (der Verdacht genügt) oder mit Schäden an fremdem Eigentum, dessen Eigentümer nicht sofort feststellbar ist, ist die Polizei auf jeden Fall zu verständigen.

(3) *Der Verkehrsunfall ist unverzüglich der kraftfahrzeughaltenden Dienststelle zu melden. Die Meldung soll eine kurze, aber genaue Darstellung des Geschehens enthalten. Eine Unfallskizze (Straßenverlauf, Markierungen, Beschilderung sowie Endstellung der Fahrzeuge) ist anzufertigen.*

Weitere wichtige Fakten: Name und Adresse des Unfallbeteiligten – amtl. Kennzeichen und Fabrikat des Fahrzeuges – Datum und Uhrzeit des Schadenseintrittes – Unfallstelle mit Ort, Straße und Hausnummer. Der Unfallbericht und die schriftliche Erklärung der Kostenübernahme durch den Unfallgegner sind, soweit vorhanden, der Meldung beizufügen. Ist der Verkehrsunfall durch die Polizei aufgenommen worden, so ist im Rahmen der Amtshilfe um einen Abdruck des Polizeiberichts zu ersuchen, der ebenfalls der Meldung beizufügen ist.

(4) *Die kraftfahrzeughaltende Dienststelle zeigt den Verkehrsunfall unverzüglich der Dienststelle für Rechtsangelegenheiten an. Sämtliche im Zusammenhang mit dem Unfall vorhandenen Unterlagen entspr. Abs. 3 sind an die juristische Dienststelle abzugeben. Von dort wird die Schadensregulierung vorgenommen. Schadenersatzansprüche, die von den Geschädigten, deren Krankenkasse oder sonstigen Versicherungsträgern an den städtischen Kraftfahrer gerichtet werden, sind ebenfalls sofort an die juristische Dienststelle weiterzuleiten. Ebenso ist diese sofort zu verständigen, wenn gegen den Fahrer wegen des Verkehrsunfalles zivilrechtliche Klage oder straf-*

rechtliche Anklage erhoben bzw. der Erlass eines Mahn- oder Vollstreckungsbescheides oder eines Bußgeldbescheides beantragt wurde.

§ 21 Fahrzeugrückgabe

Das Dienstkraftfahrzeug ist bei der Rückgabe in einen ordentlichen Zustand zu versetzen. Dies beinhaltet:

- *angemessene Reinigung des Fahrzeuginneren*
- *bei starker Verschmutzung: Reinigung des Fahrzeuges an Tankstellen oder Reinigungsanlage (ggf. mit Dampfstrahlern). Die Gemeinde stellt die erforderlichen Reinigungsgeräte zur Verfügung.*
- *sofern während der Fahrt Sicherheitseinrichtungen (Abschleppseil, Feuerlöscher, Schneeketten, usw.) verwendet worden sind, sind diese zu reinigen und in ordnungsgemäßem Zustand im Fahrzeug zu befestigen. Die Benutzung eines Feuerlöschers ist der Zentralen Technik anzuzeigen, damit die Wiederherstellung der Nutzbarkeit erfolgen kann*
- *nach Beendigung der Dienstfahrt ist das Fahrzeug zu betanken*

Sofern nach Beendigung der Fahrt Schäden festgestellt werden, die nicht im Fahrzeugübergabeprotokoll aufgeführt sind, wird davon ausgegangen, dass diese während der Fahrt entstanden sind. Eine Haftung des Fahrers wird geprüft.

Begründete Beanstandungen hinsichtlich des Reinheitszustandes des Fahrzeuges ziehen nach einmaliger Aufforderung zu unverzüglicher Reinigung eine Reinigung auf Kosten des Verursachers (letzter Fahrer) nach sich. Im Wiederholungsfall kann das Nutzungsrecht eingeschränkt werden.

§ 22 Haftung des Fahrers

Die/der Fahrer/in ist für den verkehrssicheren und sauberen Zustand des übernommenen Fahrzeuges verantwortlich. In einem solchen ist es grundsätzlich zurückzugeben.

Bußgelder, Punkte oder Strafen, die im Zusammenhang mit der Benutzung von Dienstfahrzeugen entstehen, gehen zu Lasten des/der Fahrers/in. (Gegenüber dem Fahrer werden Haftungsansprüche gemäß den jeweils gültigen gesetzlichen bzw. tarifvertraglichen Bestimmungen geltend gemacht.)

Um eventuelle Regressansprüche prüfen zu können, sind alle Verkehrsunfälle und sonstigen Unfälle der Dienststelle für Rechtsangelegenheiten anzuzeigen, die diese dem Personalamt/der Personalstelle zur Entscheidung vorlegt.

§ 23 Verantwortlicher Mitarbeiter

Die kraftfahrzeughaltende Dienststelle hat einen Mitarbeiter mit der Beaufsichtigung des wirtschaftlichen und technischen Betriebes der gehaltenen Dienst-Kraftfahrzeuge zu beauftragen.

Zu seinen Aufgaben zählen insbesondere

- *das Führen der Betriebsakte und*
- *die laufende Kontrolle der Fahrtenbücher und der Fahrtenschreiber sowie*

- *die Veranlassung der laufenden Wartung und Reinigung*
- *die Veranlassung der Reifenwechsel im Winter und Frühling.*

Dabei hat er auf einen möglichst sparsamen Einsatz der Betriebsmittel zu achten und dafür Sorge zu tragen, dass die Dienstkraftfahrzeuge schonend behandelt und gepflegt werden.

§ 24 Privatfahrten und Mitnahme Dritter

(1) *Die Mitnahme von Privat-Personen ist grundsätzlich verboten. Die nach Umständen gebotene Beförderung von Gästen und anderen kommunalen Beschäftigten zu Besprechungen usw. liegt im dienstlichen Interesse und ist als Dienstfahrt anzusehen.*

(2) *Fahrten zu privaten Zwecken und die Nutzung der Dienst-Kfz für (private) Fahrten zwischen Wohnung und Dienststelle sind grundsätzlich verboten. Bei längeren Dienstreisen mit Dienst-Kfz kann dies jedoch wirtschaftlich und im dienstlichen Interesse sinnvoll sein. Ausgenommen vom Verbot sind, mit Genehmigung der Dienstvorgesetzten, die im Kontroll-, Entstörungs-, Wach- und Bereitschaftsdienst eingesetzten Dienstkräfte.*

§ 25 Wartung, Reparatur und Reinigung

(1) *Die rechtzeitige Veranlassung der laufenden Wartung der Dienst-Kraftfahrzeuge obliegt der kraftfahrzeughaltenden Dienststelle/oder der Kfz-Verwaltung. Hierzu zählen insbesondere die fahrzeug- bzw. nutzungsbezogenen notwendigen Inspektionen sowie die gesetzlich zwingend vorgeschriebenen Inspektionen (Hauptuntersuchung, ASU, etc. evtl. Reifenwechsel (s. o.)).*

(2) *Unabhängig vom Vollzug des § 29 StVZO sind Dienstfahrzeuge, die nur alle zwei Jahre untersucht werden müssen, in Abständen von jeweils einem Jahr, gerechnet vom Termin nach § 29 StVZO, einer Inspektion zu unterziehen. Die Inspektion soll – soweit dies wirtschaftlich ist – die Merkmale einer Hauptuntersuchung umfassen.*
An nicht untersuchungspflichtigen Fahrzeugen (Anhänger, Arbeitsmaschinen, Flurförderfahrzeuge usw.) ist ebenfalls alljährlich eine Inspektion vorzunehmen.

(3) *Zur Sicherung der Wirtschaftlichkeit prüfen die Kfz-Werkstätten bei größeren Instandsetzungsarbeiten (im Einvernehmen mit der zuständigen Vergabestelle), ob die notwendigen Reparaturen, gemessen am derzeitigen Wert des Fahrzeugs, wirtschaftlich noch vertretbar sind.*
Die mit der laufenden Wartung und Reparaturen zu beauftragende Werkstatt ist grundsätzlich die jeweils beauftragte Kfz-Werkstätte/bzw. der kommunalen Kraftfahrzeugverwaltung.

8.1.3 Fahr-Personen

Fahrzeughalter Der Begriff des Fahrzeughalters wurde vom Bundesverwaltungsgericht (https://www.verkehrslexikon.de/Texte/Rspr3132.php) wie folgt festgelegt:

„Nach einhelliger Auffassung ist ***Halter*** *derjenige, der ein Kraftfahrzeug für eigene Rechnung in Gebrauch hat und die Verfügungsgewalt darüber besitzt, die ein solcher Gebrauch voraussetzt (...) dies können auch mehrere Personen zugleich sein (...). Dieser*

Halterbegriff (...) gilt vielmehr, wie der Senat (...) näher ausgeführt hat, einheitlich für alle straßenverkehrsrechtlichen Vorschriften, die diesen Begriff verwenden“ (Bundesverwaltungsgericht (Urteil vom 20.02.1987–7 C 14/84)).

Fahrzeughalter ist i. d. R. die Gemeinde oder der Zweckverband.

Fahrer (Verordnung (EG) Nr. 561/2006, Art 4) Fahrer ist jede Person, die das Fahrzeug, sei es auch nur kurze Zeit, selbst lenkt oder sich in einem Fahrzeug befindet, um es – als Bestandteil seiner Pflichten – gegebenenfalls lenken zu können.

Führer eines Kraftfahrzeugs Der Führer eines Kraftfahrzeugs (StVO § 2 und StGB § 316a) ist verantwortlich dafür, dass er die Regeln der Straßenverkehrsordnung einhält.

Verkehrsteilnehmer (StVO § 1) Die Teilnahme am Straßenverkehr erfordert ständige Vorsicht und gegenseitige Rücksicht. *Wer am Verkehr teilnimmt* hat sich so zu verhalten, dass kein Anderer geschädigt, gefährdet oder mehr, als nach den Umständen unvermeidbar, behindert oder belästigt wird.

8.1.3.1 Aufgaben des Fahrzeughalters bzw. des Frachtführers

Ein Entwässerungsbetrieb ist nicht nur Absender oder Empfänger von Frachten oder Post sondern auch Betreiber bzw. Halter von Fahrzeugen. Dies können Pkw aber auch Caddys, Lkw oder Arbeitsmaschinen sein, die sich im Straßenverkehr bewegen müssen und den Transport von Personen oder Material durchführen sollen.

Der Fahrzeughalter ist dabei für den ordnungsgemäßen Zustand und für die ordnungsgemäße Ausrüstung und den Betrieb seines Fahrzeuges verantwortlich. Er hat seine zulassungspflichtigen Fahrzeuge in regelmäßigen Zeitabständen untersuchen zu lassen (StVZO § 29).

Halter von Fahrzeugen, an denen zusätzlich Sicherheitsprüfungen durchzuführen sind (Lkw > 7,5 t), haben ab dem Tag der Zulassung Prüfbücher zu führen. Untersuchungsberichte und Prüfprotokolle müssen mindestens für die Dauer ihrer Aufbewahrungspflicht in den Prüfbüchern abgeheftet werden. Prüfbücher sind bis zur endgültigen Außerbetriebsetzung des jeweiligen Fahrzeugs von dem Halter des Fahrzeugs aufzubewahren. Der Halter hat den Untersuchungsbericht mindestens bis zur nächsten Hauptuntersuchung und das Prüfprotokoll mindestens bis zur nächsten Sicherheitsprüfung aufzubewahren. Halter, deren Kraftfahrzeuge mit einem Fahrtschreiber oder mit einem entsprechenden Kontrollgerät ausgerüstet sein müssen, haben auf ihre Kosten die Geräte darauf prüfen zu lassen, dass Einbau, Zustand, Messgenauigkeit und Arbeitsweise vorschriftsmäßig sind.

Der Halter hat dafür zu sorgen, dass das Einbauschild die vorgeschriebenen Angaben enthält, plombiert sowie vorschriftsmäßig angebracht und weder verdeckt noch verschmutzt ist (StVZO § 29). Der Halter darf die Inbetriebnahme u. a. dann nicht anordnen oder zulassen, wenn ihm bekannt ist oder bekannt sein muss, dass das Fahrzeug, der Zug, das Gespann oder die Ladung nicht vorschriftsmäßig ist oder dass die Verkehrssicherheit des Fahrzeugs durch die Ladung leidet (§ 31 StVZO).

Der Halter darf die Inbetriebnahme eines Fahrzeugs auf öffentlichen Straßen nicht anordnen oder zulassen, wenn das Fahrzeug ein Kennzeichen oder ein Versicherungskennzeichen nicht führt (FZV § 4).

8.1.3.2 Geeignete Fahrzeugführer

Wer ein Fahrzeug oder einen Zug miteinander verbundener Fahrzeuge führt, muss zur selbstständigen Leitung geeignet sein (§ 31 StVZO) und i. d. R. eine Fahrerlaubnis haben. Geeignet zum Führen von Kraftfahrzeugen ist, wer die notwendigen körperlichen und geistigen Anforderungen erfüllt und nicht erheblich oder nicht wiederholt gegen verkehrsrechtliche Vorschriften oder gegen Strafgesetze verstoßen hat (StVG § 2).

Führerscheininhaber müssen während der Fahrt die hierfür notwendigen *körperlichen und geistigen Anforderungen* erfüllen. Diese Anforderungen sind insbesondere *nicht erfüllt*, wenn eine Erkrankung oder ein Mangel vorliegt. Die Fahrerlaubnis-Verordnung (FeV) enthält eine Aufstellung häufiger vorkommende Erkrankungen und körperlicher Mängel, die die Eignung zum Führen von Kraftfahrzeugen längere Zeit beeinträchtigen oder aufheben können (FeV §§ 2–3 u. 11–14). Auch kurzzeitig andauernde Erkrankungen wie z. B. grippale Infekte, akute infektiöse Magen-/Darmstörungen, Migräne, Heuschnupfen, Asthma können die Fahrer-Eignung negativ beeinflussen. Grundlage für eine ggf. vorzunehmende Beurteilung, ob im Einzelfall Eignung oder bedingte Eignung vorliegt, ist in der Regel ein ärztliches Gutachten oder ein Gutachten eines amtlich anerkannten Sachverständigen.

Das *Mindestalter* für Fahrer und Beifahrer beträgt 18 Jahre. Die Mitgliedstaaten können jedoch das Mindestalter für Beifahrer auf 16 Jahre herabsetzen. Abhängig von der Qualifikation kann das Mindestalter in Deutschland für Berufskraftfahrer auch 21 oder sogar 23 Jahre betragen (siehe § 3 BKrFQG).

Mindestanforderungen an das Sehvermögen sind ebenfalls zu erfüllen.

Wer im Straßenverkehr ein Kraftfahrzeug führt, obwohl er

- 0,25 mg/l oder mehr Alkohol in der Atemluft oder
- 0,5 Promille oder mehr Alkohol im Blut oder
- eine Alkoholmenge im Körper hat, die zu einer solchen Atem- oder Blutalkoholkonzentration führt oder
- unter der Wirkung eines im Straßenverkehrsgesetz genannten berauschenden Mittels steht

handelt ordnungswidrig (StVG § 24a).

Außerdem dürfen die Fahrzeugführer nicht erheblich oder nicht wiederholt gegen verkehrsrechtliche Vorschriften oder Strafgesetze verstoßen haben, sodass dadurch die Eignung ausgeschlossen wird.

8.1.3.3 Führerschein

Wer auf öffentlichen Straßen ein Kraftfahrzeug führt, bedarf der *Fahrerlaubnis*. Die Fahrerlaubnis wird in bestimmten Klassen erteilt. Sie ist durch eine amtliche Bescheinigung (Führerschein) nachzuweisen. Die Fahrerlaubnis ist für die jeweilige Klasse zu erteilen, wenn der Bewerber

- seinen ordentlichen Wohnsitz im Inland hat,
- das erforderliche Mindestalter erreicht hat,
- zum Führen von Kraftfahrzeugen geeignet ist,

- zum Führen von Kraftfahrzeugen nach dem Fahrlehrergesetz und den auf ihm beruhenden Rechtsvorschriften ausgebildet worden ist,
- die Befähigung zum Führen von Kraftfahrzeugen in einer theoretischen und praktischen Prüfung nachgewiesen hat,
- Erste Hilfe leisten kann (StVG § 2).

Die *Fahrerlaubnis* ist durch eine *gültige amtliche Bescheinigung (Führerschein)* nachzuweisen. Der *Führerschein* ist beim Führen von Kraftfahrzeugen mitzuführen (§ 4 Fahrerlaubnis-Verordnung).

8.1.3.4 Fahren ohne Fahrerlaubnis (StVG § 21)

Mit einer Freiheitsstrafe bis zu einem Jahr oder mit Geldstrafe kann

- bestraft werden, wer ein Kraftfahrzeug führt, obwohl er die dazu erforderliche Fahrerlaubnis nicht hat oder ihm das Führen des Fahrzeugs nach den Gesetzen verboten ist, oder
- der Halter bestraft werden, wenn er anordnet oder auch nur zulässt, dass jemand ein Fahrzeug führt, der die dazu erforderliche Fahrerlaubnis nicht hat oder dem das Führen des Fahrzeugs nach den Gesetzen verboten ist.

8.1.3.5 Aufgaben des Fahrzeugführers

Die Aufgaben des Fahrzeugführers (Fahrers) sind in § 23 der Straßenverkehrs-Ordnung (StVO) geregelt:

- Wer ein Fahrzeug führt, ist dafür verantwortlich, dass seine *Sicht und das Gehör* nicht durch die Besetzung, die Ladung, Geräte oder den Zustand des Fahrzeugs beeinträchtigt werden.
- Wer ein Fahrzeug führt, hat zudem dafür zu sorgen, dass das *Fahrzeug*, das Gespann sowie die *Ladung und die Besetzung vorschriftsmäßig* sind und dass die Verkehrssicherheit des Fahrzeugs durch die Ladung oder die Besetzung nicht leidet.
- Ferner ist dafür zu sorgen, dass die vorgeschriebenen *Kennzeichen stets gut lesbar* sind.
- Vorgeschriebene *Beleuchtungseinrichtungen* müssen an Kraftfahrzeugen und ihren Anhängern … auch am Tage *vorhanden und betriebsbereit* sein, sonst jedoch nur, falls zu erwarten ist, dass sich das Fahrzeug noch im Verkehr befinden wird, wenn Beleuchtung nötig ist.
- Wer ein Fahrzeug führt, muss das Fahrzeug, den Zug oder das Gespann auf dem kürzesten Weg aus dem Verkehr ziehen, falls unterwegs auftretende Mängel, welche die Verkehrssicherheit wesentlich beeinträchtigen, nicht alsbald beseitigt werden.

Die Zulassungsbescheinigung Teil I (Fahrzeugschein) und/oder ein Anhängerverzeichnis nach ist vom jeweiligen Fahrer des Kraftfahrzeugs mitzuführen und zuständigen Personen auf Verlangen zur Prüfung auszuhändigen (§ 11 FZV).

Ein evtl. eingebauter *Fahrtschreiber* muss vom Beginn bis zum Ende jeder Fahrt ununterbrochen in Betrieb sein und auch die Haltezeiten aufzeichnen. Die Schaublätter – bei mehreren miteinander verbundenen Schaublättern (Schaublattbündel) das erste Blatt – sind vor Antritt der Fahrt mit dem Namen der Führer sowie dem Ausgangspunkt und Datum der ersten Fahrt zu bezeichnen; ferner ist der Stand des Wegstreckenzählers am Beginn und am Ende der Fahrt oder beim Einlegen und bei der Entnahme des Schaublatts vom Kraftfahrzeughalter oder dessen Beauftragten (wohl meist Fahrer) einzutragen. Auf jeder Fahrt muss mindestens ein Ersatzschaublatt mitgeführt werden. Dies gilt nicht, wenn das Fahrzeug an Stelle eines vorgeschriebenen Fahrtschreibers mit einem Kontrollgerät ausgerüstet ist. In diesem Fall ist das Kontrollgerät entsprechend zu betreiben (StVZO § 57a).

8.1.3.6 Sonstige Pflichten von Fahrzeugführenden (StVO § 23)

Wer ein Fahrzeug führt, darf ein elektronisches Gerät, das der Kommunikation, Information oder Organisation dient oder zu dienen bestimmt ist, nur benutzen, wenn

- hierfür das Gerät weder aufgenommen noch gehalten wird und
- entweder nur eine Sprachsteuerung und Vorlesefunktion genutzt wird oder zur Bedienung und Nutzung des Gerätes nur eine kurze, den Straßen-, Verkehrs-, Sicht- und Wetterverhältnissen angepasste Blickzuwendung zum Gerät bei gleichzeitig entsprechender Blickabwendung vom Verkehrsgeschehen erfolgt oder erforderlich ist.

Wer ein Fahrzeug führt, darf ein *technisches Gerät* nicht betreiben oder betriebsbereit mitführen, das dafür bestimmt ist, Verkehrsüberwachungsmaßnahmen anzuzeigen oder zu stören. Das gilt insbesondere für Geräte zur Störung oder Anzeige von Geschwindigkeitsmessungen (Radarwarn- oder Laserstörgeräte).

8.1.4 Kraftfahrer im Straßengüterverkehr (Fahrpersonal) (Verordnung (EG) Nr. 561/2006, Art 4)

Fahrtunterbrechung ist jeder Zeitraum, in dem der Fahrer keine Fahrtätigkeit ausüben und keine *anderen Arbeiten* ausführen darf und der ausschließlich zur Erholung genutzt wird.

Andere Arbeiten sind alle als „Arbeitszeit" definierten Tätigkeiten mit Ausnahme der Fahrtätigkeit sowie jegliche Arbeit für denselben oder einen anderen Arbeitgeber, sei es inner- oder außerhalb des Verkehrssektors.

Ruhepause ist jeder ununterbrochener Zeitraum, in dem ein Fahrer frei über seine Zeit verfügen kann.

Tägliche Ruhezeit ist der tägliche Zeitraum, in dem ein Fahrer frei über seine Zeit verfügen kann und der eine „regelmäßige tägliche Ruhezeit" und eine „reduzierte tägliche Ruhezeit" umfasst:

- **Regelmäßige tägliche Ruhezeit:** eine Ruhepause von mindestens 11 Stunden. Diese regelmäßige tägliche Ruhezeit kann auch in zwei Teilen genommen werden, wobei der erste Teil einen ununterbrochenen Zeitraum von mindestens 3 Stunden und der zweite Teil einen ununterbrochenen Zeitraum von mindestens 9 Stunden umfassen muss;
- **Reduzierte tägliche Ruhezeit:** eine Ruhepause von mindestens 9 Stunden, aber weniger als 11 Stunden;

Wöchentliche Ruhezeit ist der wöchentliche Zeitraum, in dem ein Fahrer frei über seine Zeit verfügen kann und der eine „regelmäßige wöchentliche Ruhezeit" und eine „reduzierte wöchentliche Ruhezeit" umfasst:

- **regelmäßige wöchentliche Ruhezeit:** eine Ruhepause von mindestens 45 Stunden
- **reduzierte wöchentliche Ruhezeit:** eine Ruhepause von weniger als 45 Stunden, die vorbehaltlich der Bedingungen des Artikels 8 Absatz 6 auf eine Mindestzeit von 24 aufeinander folgenden Stunden reduziert werden kann;

Woche ist der Zeitraum zwischen Montag 00:00 Uhr und Sonntag 24:00 Uhr.

Lenkzeit ist die Dauer der Lenktätigkeit, aufgezeichnet entweder vollautomatisch oder halbautomatisch durch Kontrollgeräte oder von Hand

- **Tägliche Lenkzeit:** die summierte Gesamtlenkzeit zwischen dem Ende einer täglichen Ruhezeit und dem Beginn der darauf folgenden täglichen Ruhezeit oder zwischen einer täglichen und einer wöchentlichen Ruhezeit;
- **Wöchentliche Lenkzeit:** die summierte Gesamtlenkzeit innerhalb einer Woche;

8.1.4.1 Lenkzeiten, Fahrtunterbrechungen und Ruhezeiten (EG Verordnung Nr. 561/2006)

Für Kraftfahrer im Straßengüterverkehr werden *Lenkzeiten, Fahrtunterbrechungen* und *Ruhezeiten* durch die EG Verordnung Nr. 561/2006 in der gesamten EU direkt geregelt. So sollen europaweit u. a. die Arbeitsbedingungen im Straßenverkehrsgewerbe angeglichen werden und die Straßenverkehrssicherheit verbessert werden. Die EG-VO gilt für Güterbeförderung mit Fahrzeugen, deren zulässige Höchstmasse einschließlich Anhänger oder Sattelanhänger *3,5 t* übersteigt.

Die Artikel 5 bis 9 befassen sich mit Fahrpersonal, Lenkzeiten, Fahrtunterbrechungen und Ruhezeiten.

Das Mindestalter für Fahrer und Beifahrer muss 18 Jahre betragen. Die Mitgliedstaaten können jedoch das Mindestalter für Beifahrer unter bestimmten Bedingungen auf 16 Jahre herabsetzen (dazu s. u.).

Die tägliche Lenkzeit wird ebenfalls geregelt und darf 9 Stunden nicht überschreiten. Weitere Regelungen betreffen Wochenarbeitszeit und Fahrtunterbrechungen.

Die Mitgliedstaaten können entspr. Artikel 13 Abs. 1 in ihrem Hoheitsgebiet *Ausnahmen* von dieser VO insbesondere für Spezialfahrzeuge zulassen. Relevant sind:

a) Fahrzeuge, die *Eigentum von Behörden* sind oder von diesen ohne Fahrer angemietet sind, um Beförderungen im Straßenverkehr durchzuführen, die nicht im Wettbewerb mit privatwirtschaftlichen Verkehrsunternehmen stehen; und

h) *Fahrzeuge, die von den zuständigen Stellen für Kanalisation, Hochwasserschutz, ... von den Straßenbauämtern, der Hausmüllabfuhr, ... eingesetzt werden.*

In Deutschland wurde von diesen Ausnahmemöglichkeiten Gebrauch gemacht (s. u.).

8.1.4.2 Fahrtenschreiber (Kontrollgerät)

Zur Kontrolle der Lenk- und Ruhezeiten und zur Aufzeichnung von Lenkzeitunterbrechungen, Fahrtgeschwindigkeit und gefahrener Kilometer gibt es eine weitere Regelung. Die EU VO Nr. 165/2014 enthält *Pflichten und Vorschriften* über die Bauart, den Einbau, die Benutzung, die Prüfung und die Kontrolle von *Fahrtenschreibern* im Straßenverkehr. Das Verkehrsunternehmen hat demnach dafür zu sorgen, dass seine Fahrer hinsichtlich des ordnungsgemäßen Funktionierens des Fahrtenschreibers angemessen geschult und unterwiesen werden, unabhängig davon, ob dieser digital oder analog ist; es muss regelmäßige Überprüfungen durchführen, um sicherzustellen, dass seine Fahrer den Fahrtenschreiber ordnungsgemäß verwenden (Art 33).

Deutschland hat dies mit der „Fahrpersonalverordnung" (s. u.) umgesetzt. Das zugehörige „Gesetz über das Fahrpersonal von Kraftfahrzeugen und Straßenbahnen (Fahrpersonalgesetz – FPersG)" gilt für die Beschäftigung und für die Tätigkeit des Fahrpersonals von Kraftfahrzeugen, soweit sie am Verkehr auf öffentlichen Straßen teilnehmen und ein zulässiges Gesamtgewicht *über 2,8 t* haben. Damit wird in Deutschland auch der Bereich unter 3,5 t aber über 2,8 t zulässiges Gesamtgewicht geregelt. Mitglieder des *Fahrpersonals sind Fahrer und Beifahrer* (FpersG § 1).

8.1.4.3 Ausnahmen der Fahrpersonalverordnung

Mit der *„Verordnung zur Durchführung des Fahrpersonalgesetzes (Fahrpersonalverordnung – FPersV)"* werden im nationalen Bereich die Lenk- und Ruhezeiten sowie die Kontrollgeräte für Güterfahrzeuge über 2,8 t eingeführt (die EU-VO gilt erst ab 3,5 t).

Verschiedene Fahrzeugkategorien im Geltungsbereich des Fahrpersonalgesetzes werden jedoch ausgenommen. Die hier relevanten Ausnahmen sind Fahrzeuge oder Fahrzeugkombination mit einer zulässigen Höchstmasse von *nicht mehr als 7,5 Tonnen*, die in einem Umkreis von 50 Kilometern vom Standort des Unternehmens zur Beförderung von Material, Ausrüstungen oder Maschinen, die der Fahrer zur Ausübung seiner beruflichen Tätigkeit benötigt, verwendet werden, *soweit das Lenken des Fahrzeugs nicht die Haupttätigkeit des Fahrers darstellt (FPersV § 18)*.

Ebenso ausgenommen sind nach § 18 FPersV:

- Fahrzeuge, die in Verbindung mit der Instandhaltung von ***Kanalisation***, *Hochwasserschutz, Straßenunterhaltung und -kontrolle oder Hausmüllabfuhr* eingesetzt werden und *Fahrzeuge, die im* ***Eigentum von Behörden*** stehen oder von diesen ohne Fahrer angemietet oder geleast sind, um Beförderungen im Straßenverkehr durchzuführen, die *nicht im Wettbewerb* mit privatwirtschaftlichen Verkehrsunternehmen stehen.

Im Geltungsbereich des Fahrpersonalgesetzes werden so die o. g. Fahrzeugkategorien von der Anwendung der Artikel 5 bis 9 der Verordnung (EG) Nr. 561/2006 und der Anwendung der Verordnung (EU) Nr. 165/2014 ausgenommen. Damit sind wohl fast alle im Entwässerungsbereich relevanten Fahrzeuge und deren Fahrer ausgenommen!

Abweichend von der Verordnung (EG) Nr. 561/2006 beträgt bei Beförderungen in einem Umkreis von 50 Kilometern vom Standort des Fahrzeugs das *Mindestalter der Beifahrer zum Zwecke der Berufsausbildung 16 Jahre* (FPersV § 18).

Hinweise
Wertvolle Hinweise zu Fahrpersonal-Vorschriften liefern die ***„Hinweise zu den Sozialvorschriften im Straßenverkehr (gemäß Verordnung (EG) Nr. 561/2006, Verordnung (EWG) Nr. 3821/85, Verordnung (EU) Nr. 165/2014, Fahrpersonalgesetz (FPersG) und Fahrpersonalverordnung (FPersV))"*** *abgestimmt zwischen den obersten für die Umsetzung der Sozialvorschriften im Straßenverkehr zuständigen Behörden des Bundes und der Länder.*

Z. B. unter Nr. 6.1:

„Wenn eine Ausnahme zutrifft, brauchen die Fahrer dieser Fahrzeuge keine Lenk- und Ruhezeiten einzuhalten und kein EG-Kontrollgerät zu verwenden. Ein vorhandenes digitales Kontrollgerät kann ‚out of scope' bzw. auf ‚out' gestellt werden ...

Die Regelungen des Arbeitszeitgesetzes ... sind jedoch zu beachten" (Bundesamt für Logistik und Mobilität).

8.1.4.4 Qualifikation und Weiterbildung der Fahrer

Die Verbesserung der Verkehrssicherheit und die bessere Qualifizierung von Fahrern, deren Hauptbeschäftigung das Führen von Kraftfahrzeugen mit Gütern ist, sind die Ziele der EU-Richtlinie 2003/59/EG und eines daraus folgenden Gesetzes.

Mit dem „Gesetz über die Grundqualifikation und Weiterbildung der Fahrer bestimmter Kraftfahrzeuge für den Güterkraft- oder Personenverkehr (Berufskraftfahrer-Qualifikations-Gesetz – BKrFQG)" wurden in der Bundesrepublik die Inhalte der Richtlinie in deutsches Recht überführt. Der Anwendungsbereich des Gesetzes erstreckt sich auf alle Fahrten mit Kraftfahrzeugen, für die eine Fahrerlaubnis der Klassen C1, C1E, C, CE (Lkw) erforderlich ist (BKrFQG § 1). So soll eine über die Fahrerlaubnis hinausgehende Vermittlung besonderer tätigkeitsbezogener Fertigkeiten und Kenntnisse durch Grundqualifikation und regelmäßige Weiterbildung der Fahrerinnen und Fahrer von Kraftfahrzeugen im Güterkraft- und Personenverkehr gewährleistet werden und es soll u. a. eine Verbesserung der Sicherheit des Straßen-Verkehrs erreicht werden.

Güterkraftverkehr ist die geschäftsmäßige oder entgeltliche Beförderung von Gütern mit Kraftfahrzeugen, die einschließlich Anhänger ein *höheres zulässiges Gesamtgewicht als 3,5 Tonnen* haben (§ 1 GüKG).

Der Begriff „**zu gewerblichen Zwecken**" umfasst alle Fahrten (Beförderungen) im Rahmen der Gewerbeausübung. Auch Fahrten von Personen, die im Rahmen eines Beschäftigungsverhältnisses mit einer Behörde oder sonstigen Einrichtung der Öffentlichen Hand zu *nicht gewerblichen Zwecken* durchgeführt werden, werden nicht ausgenommen.

8.1.4.5 Ausnahmen des Berufskraftfahrer-Qualifikations-Gesetzes

Das Gesetz gilt jedoch *nicht* für Fahrten mit Kraftfahrzeugen, deren zulässige *Höchstgeschwindigkeit 45 km/h* nicht überschreitet; davon gibt es in Entwässerungsbetrieben wohl eher wenige.

Fahrten mit *selbstfahrenden Arbeitsmaschinen* sind allerdings ebenfalls *nicht* vom Anwendungsbereich des BKrFQG erfasst, da es sich nicht um Kraftfahrzeuge für den Güter- und Personenkraftverkehr handelt.

Selbstfahrenden Arbeitsmaschinen (entsprechend § 2 Nr. 17 Fahrzeugzulassungs-Verordnung (FZV)) sind Kraftfahrzeuge, die nach ihrer Bauart und ihren besonderen, mit dem Fahrzeug fest verbundenen Einrichtungen zur Verrichtung von Arbeiten, *jedoch nicht zur Beförderung von Personen oder Gütern bestimmt und geeignet sind.* Bei Kanal-Saug- und Spülfahrzeugen, Kanalfernaugen, Kehrmaschinen oder Hubsteigern oder Winterdienstfahrzeugen handelt es sich um solche Fahrzeuge, wenn ein entsprechender Eintrag in der Zulassungsbescheinigung Teil I vorhanden ist.

Die Vorschriften des BKrFQG sind auch *nicht* anzuwenden auf Fahrten mit Kraftfahrzeugen zur *Beförderung von Material oder Ausrüstung*, das der Fahrer oder die Fahrerin zur Ausübung des Berufs verwendet, *sofern es sich beim Führen des Kraftfahrzeugs nicht um die Hauptbeschäftigung handelt* (§ 1 Abs. 2 Nr. 5). Bei dieser sogenannten „Handwerkerregelung" müssen aber sämtliche nachfolgende Tatbestandsmerkmale gemeinsam vorliegen (s. o.):

1. Es muss sich um eine Beförderung von Material oder Ausrüstung handeln.
2. Das beförderte Material muss der Fahrer zur Ausübung seines Berufes verwenden.
3. Beim Führen des Kraftfahrzeugs darf es sich nicht um die Hauptbeschäftigung des Fahrers handeln.

Wenn so ein Fall vorliegt, sind die im Netz verfügbaren **„Anwendungshinweise zum Berufskraftfahrerqualifikationsrecht"** wichtige Hilfe. Hier ist Folgendes zu entnehmen: Die Begriffe *„Material und Ausrüstung"* umfassen Gegenstände, die die Fahrer zur Ausübung ihres Berufes benötigen und sie hierfür zwischen einer Betriebsstätte und der jeweiligen Arbeitsstätte oder von einem Lieferanten zur Betriebs- oder Arbeitsstätte befördern. Dies können Werkzeuge, Ersatzteile, Bau- und Einkaufsmaterialien, Werkstoffe, Geräte und Maschinen sein sowie Waren, Material oder Geräte, die in einem Handwerksbetrieb hergestellt oder repariert werden.

Grundsätzlich erforderlich ist immer auch die *„Verwendung der beförderten Güter durch den Fahrer"* für die Ausübung seines Berufes. Die Beschäftigten müssen über den Transport hinaus mit der Be- oder Verarbeitung bzw. der Verwendung der beförderten Gegenstände befasst sein oder werden. Eine reine Anlieferung oder Abholung von Material sowie zugehörige Be- oder Entladetätigkeiten sind Beförderungen, und keine *Verwendung*, im Sinne des BKrFQG.

► Die Haupttätigkeit des Fahrers muss sich daher mit der Verwendung des transportierten Materials befassen und darf nicht die Beförderung sein.

„Bei der Beförderung von Werkzeugen und Baumaterialien durch Beschäftigte eines kommunalen Bauhofes muss bspw. nicht jeder transportierte Baustoff und jedes transportierte Werkzeug auch durch die Fahrerin oder den Fahrer selbst verwendet werden. Werden die beförderten Güter von mehreren Personen verwendet, verarbeitet, ein- oder ausgebaut, so

ist es ausreichend, dass die Fahrerin oder der Fahrer im Rahmen der Haupttätigkeit den beförderten Baustoff mit den beförderten Werkzeugen verarbeiten kann, auch wenn nicht alle beförderten Gegenstände von ihr oder ihm selbst verarbeitet werden.

Nicht von der Ausnahmeregelung umfasst sind somit reine Aus- und Anlieferungsfahrten von fertig gestellten Produkten, ohne dass die Fahrerin oder der Fahrer selbst an der Fertigstellung mitgewirkt hat. Die Fahrtätigkeit darf damit nicht die Haupttätigkeit der Beschäftigten sein. Ob es sich beim Führen eines Kraftfahrzeugs um die Haupttätigkeit handelt, ist unter Betrachtung aller Umstände des Einzelfalls zu ermitteln. Grundsätzlich ist darauf abzustellen, wie viel Zeit der Transport von Gütern neben den übrigen Aufgaben regelmäßig in Anspruch nimmt. Art und Inhalt des Arbeitsvertrags können als ein Hinweis für die Beurteilung der Haupttätigkeit herangezogen werden. Es kommt allerdings auf die tatsächlich durchgeführten Tätigkeiten an; ein weiterer wichtiger Gesichtspunkt ist dabei auch der erlernte (Handwerks-)Beruf.

Bspw. sind beim Transport von Baumaschinen (z. B. Radlader, Bagger, Raupen, Kräne) diese als Material zur Berufsausübung anzusehen, wenn die Fahrerin oder der Fahrer auch die Baumaschine selbst auf der Baustelle bedient, und diese nicht nur befördert.

Der Transport von Materialien zur Baustellenabsicherung (Baken, Verkehrszeichen, etc.) ist von der Ausnahme umfasst, falls diese durch Monteure erfolgt, deren Haupttätigkeit die Einrichtung der Baustelle und nicht die Fahrtätigkeit ist.

Bei der Straßen- und Stadtreinigung wird von einer Beförderung dann nicht ausgegangen, wenn das eingesetzte Kraftfahrzeug eine Arbeitsleistung erbringt, bei der die Ortsverlagerung von Gütern nicht im Vordergrund steht. Werden Fahrten durchgeführt, die der Reinigung von Straßen oder sonstigen Verkehrsflächen dienen, ohne hierbei eine Beförderung in vorgenanntem Sinne durchzuführen, unterliegen die Beschäftigten, die die Reinigungsfahrzeuge führen nicht dem Qualifizierungserfordernis nach dem BKrFQG. Hier ist zu klären, ob die Fahrzeuge selbstfahrende Arbeitsmaschinen sind (s. o.), was für Saugfahrzeuge zur Sinkkastenreinigung wohl in der Regel zutreffen wird.

Für Fahrten im Rahmen des Winterdienstes werden in der Regel Fahrzeuge eingesetzt, die mit speziellen Einrichtungen zur Verrichtung von Räum- und Streuarbeiten ausgestattet sind. Im Vordergrund bei derartigen Fahrzeugen steht grundsätzlich die Arbeitsleistung (Befreiung von Verkehrsflächen von Schnee und Eisglätte) wobei der Transport von Streugut für die Verrichtung der Arbeit (Ausstreuen von Taumitteln oder rutschhemmenden Mitteln) erforderlich ist. Insoweit handelt es sich bei Streugut um ein Betriebsmittel zur Verrichtung der Arbeitsleistung des Streufahrzeugs. Eine Beförderung im güterkraftverkehrsrechtlichen Sinne liegt nicht vor.

Hinsichtlich der Schneeräumung (Schnee wird lediglich von der Verkehrsfläche mittels Schneepflug/Schneeräumvorsatz auf angrenzende Flächen verschoben) steht ebenfalls die Arbeitsleistung des Kraftfahrzeugs im Vordergrund. Eine Beförderung im güterkraftverkehrsrechtlichen Sinne liegt ebenfalls nicht vor" (Bundesamt für Logistik und Mobilität, „Anwendungshinweise zum Berufskraftfahrerqualifikationsrecht", 2015).

Wenn also Personal aus dem Kanalbereich im Winter im Winterdienst eines Bauhofs eingesetzt wird, fällt das also ebenfalls nicht unter das BKrFQG.

8.1.4.6 Zusammenfassung

Die in Entwässerungsbetrieben oder Bauhöfen vorhandenen Fahrzeuge mit mehr als 3,5 t zul. Gesamtgewicht sind wohl hauptsächlich selbstfahrende Arbeitsmaschinen oder fallen unter die Handwerkerregelung. Gütertransport wird eher selten die Hauptbeschäftigung der Fahrer sein.

Die o. g. „Anwendungshinweise zum Berufskraftfahrerqualifikationsrecht" der obersten Behörden des Bundes und der Länder weisen aber darauf hin: *„die Ziele des BKrFQG und der Richtlinie 2003/59/EG sind die Verbesserung der Verkehrssicherheit und im Besonderen die bessere Qualifizierung von Fahrern, deren Hauptbeschäftigung das Führen von Kraftfahrzeugen mit Gütern oder Personen ist.*"

Eine Weiterbildung auf diesem Gebiet ist somit, wenn nicht ohnehin gesetzliche Pflicht, so doch sicher empfehlenswert, auch wenn die Hauptbeschäftigung der Fahrer in den meisten Fällen nicht das Führen von Kraftfahrzeugen ist.

Tab. 8.1 zeigt in der Zusammenschau die verschiedenen Vorschriften zum Kontrollgerät und zu Lenkzeiten, und zwar abhängig vom Fahrzeuggewicht von kleiner 2,8 t bis größer 7,5 t.

8.1.5 Dienstreisen und Dienstgänge (-fahrten)

8.1.5.1 Allgemeines und Begriffe

Dienstgänge sind Gänge oder Fahrten am Dienst- oder Wohnort zur Erledigung von Dienstgeschäften außerhalb der Dienststätte, die angeordnet oder genehmigt worden sind. Dem Wohnort steht ein dem vorübergehenden Aufenthalt dienender Ort gleich (BayRKG Art 2).

Dienstreisen und Dienstgänge umfassen das Dienstgeschäft und die zu seiner Erledigung notwendigen Fahrten und Gänge (VV-BayRKG, Nr. 2).

Dienstort ist die politische Gemeinde, in der sich die Dienststelle befindet, bei der Dienstreisende ständig oder überwiegend Dienst zu leisten haben.

Wohnort ist jede politische Gemeinde, in der Dienstreisende ihren (gegebenenfalls auch weiteren) Wohnsitz haben.

Geschäftsort ist die politische Gemeinde, in der das auswärtige Dienstgeschäft erledigt wird.

Dienstreisen und Dienstgänge müssen grundsätzlich vor dem Antritt durch die zuständige Stelle angeordnet oder genehmigt werden; bei Dienstgängen kann dies auch mündlich erfolgen (VV-BayRKG, Nr. 2).

Aus der Verwendung des Begriffes „Dienst" kann geschlossen werden, dass das folgende Kapitel die Belange u. a. der Beamten der Gemeinden, Gemeindeverbände und sonstigen unter der Aufsicht des Staates stehenden Körperschaften, Anstalten und Stiftungen des öffentlichen Rechts regelt. Durch den Tarifvertrag für den öffentlichen Dienst (TVöD) gilt aber für alle Beschäftigten, dass die für die Beamtinnen und Beamten geltenden Bestimmungen u. a. für die Erstattung von Reisekosten entsprechende Anwendung finden.

Tab. 8.1 Zusammenstellung der verschiedenen Vorschriften zum Kontrollgerät und zu Lenkzeiten abhängig vom Fahrzeuggewicht

Zul. Gesamt- Gewicht	Kontrollgerät	Lenkzeiten	Ausnahmen-Vorschrift	Ausnahmen
bis 2,8 t **Fahrpersonalgesetz -FPersG** § 1 Anwendungsbereich (2) Dieses Gesetz gilt **nicht** für die Mitglieder des Fahrpersonals 2. von Kraftfahrzeugen mit einem zulässigen Gesamtgewicht, einschließlich Anhänger oder Sattelanhänger, **bis zu 2,8 t**	Nicht erforderlich	Nicht erforderlich	**Gesetz über das Fahrpersonal von Kraftfahrzeugen … (Fahrpersonalgesetz - FPersG)** **§ 1 Anwendungsbereich** (1) Dieses Gesetz gilt für die Beschäftigung und für die Tätigkeit des Fahrpersonals von Kraftfahrzeugen …, soweit sie am Verkehr auf öffentlichen Straßen teilnehmen. Mitglieder des Fahrpersonals sind Fahrer, Beifahrer und…	
➢ **2,8 t bis 3,5 t** § 1 Fahrer von Fahrzeugen, die zur **Güterbeförderung** dienen und deren zulässige Höchstmasse einschließlich Anhänger oder Sattelanhänger mehr als 2,8 Tonnen und nicht mehr als 3,5 Tonnen beträgt, ….	§ 2 **Kontrollgerät** nach Anhang I B zur Verordnung (EWG) Nr. 3821/85 (1) Ein Fahrer, der ein Fahrzeug lenkt, das in den Anwendungsbereich der Verordnung (EG) Nr. 561/2006 fällt, oder der Lenk- oder Ruhezeiten nach § 1 dieser Verordnung einzuhalten hat und dabei ein Kontrollgerät … betreibt, hat das Kontrollgerät … zu bedienen … .	**Verordnung zur Durchführung des Fahrpersonalgesetzes (Fahrpersonalverordnung - FPersV)** …. haben Lenkzeiten, Fahrtunterbrechungen und Ruhezeiten …. einzuhalten.	§1 (2) FPersV: Absatz 1 findet <u>keine</u> Anwendung auf 1. Fahrzeuge, die in § 18 genannt sind, 3. Fahrzeuge, ………….>>>> 5. **selbstfahrende Arbeitsmaschinen** nach § 2 Nr. 17 der Fahrzeug-Zulassungsverordnung	Ausnahmen nach §18 siehe unten 3. Fahrzeuge, die zur Beförderung von Material, Ausrüstungen oder Maschinen, die der Fahrer zur Ausübung seiner beruflichen Tätigkeit benötigt, verwendet werden, soweit das Lenken des Fahrzeugs nicht die Haupttätigkeit des Fahrers darstellt,

Tab. 8.1 (Fortsetzung)

Zul. Gesamt- Gewicht	Kontrollgerät	Lenkzeiten	Ausnahmen-Vorschrift	Ausnahmen
➢ **3,5 t** Diese Verordnung gilt für folgende Beförderungen im Straßenverkehr: a) **Güterbeförderung** mit Fahrzeugen, deren zulässige Höchstmasse einschließlich Anhänger oder Sattelanhänger **3,5** t übersteigt, **Selbstfahrende Arbeitsmaschinen**: Kraftfahrzeuge, die nach ihrer Bauart und ihren besonderen, mit dem Fahrzeug fest verbundenen Einrichtungen zur Verrichtung von Arbeiten, jedoch **nicht zur Beförderung von ... Gütern bestimmt und geeignet sind**;	VERORDNUNG (EU) Nr. 165/2014 Diese Verordnung enthält die Pflichten und Vorschriften betreffend die Bauart, den Einbau, die Benutzung, die Prüfung und die Kontrolle von Fahrtenschreibern im Straßenverkehr	VERORDNUNG (EG) Nr. 561/2006 Durch diese Verordnung werden Vorschriften zu den Lenkzeiten, Fahrtunterbrechungen und Ruhezeiten für Kraftfahrer im Straßengüterverkehr festgelegt, um die Arbeitsbedingungen sowie die Straßenverkehrssicherheit zu verbessern.	Fahrpersonalverordnung – FpersV § 18 Abs. 1 Im Geltungsbereich des Fahrpersonalgesetzes werden folgende Fahrzeugkategorien... Ausgenommen ... : Nr. 8 und Nr. 1 **Selbstf. Arbeitsmaschinen** sind nicht zur Güterbeförderung bestimmt und fallen daher nicht in den Anwendungsbereich der EU-Verordnungen	Fahrzeuge, die in Verbindung mit der **Instandhaltung von Kanalisation**, Hochwasserschutz, ... Straßenunterhaltung und -kontrolle, Hausmüllabfuhr, ... eingesetzt werden, Fahrzeuge, die **im Eigentum von Behörden stehen** ..., um Beförderungen im Straßenverkehr durchzuführen, die nicht im Wettbewerb mit privatwirtschaftlichen Verkehrsunternehmen stehen,
➢ **7,5 t** Straßenverkehrs-Zulassungs-Ordnung (StVZO) § 57a Mit einem nach dem Mess- und Eichgesetz in Verkehr gebrachten Fahrtschreiber sind auszurüsten 1. Kraftfahrzeuge mit einem zulässigen **Gesamtgewicht von 7,5 t** und darüber	§ 72 Abs. 2 StVZO 6e. **§ 57a Absatz 1 (Fahrtschreiber) tritt außer Kraft am 1. Januar 2013 für erstmals in den Verkehr kommende Kraftfahrzeuge.**		Straßenverkehrs-Zulassungs-Ordnung (StVZO) § 57a, Abs. 1 Nr. 4 Das gilt nicht für: Fahrzeuge, die in § 18 Absatz 1 der Fahrpersonalverordnung.... genannt sind,	Fahrpersonalverordnung (FpersV) § 18 Abs. 1, Siehe oben

Ein Beschäftigter kann entweder in „dienstlichem“ oder in „privatem“ Interesse unterwegs sein. Je nachdem was davon zutrifft, gelten unterschiedliche Bedingungen. Wenn der Beschäftigte *dienstlich* unterwegs ist, läuft seine Arbeitszeit, er ist über die Behörde versichert und er kann hierfür ggf. Kosten geltend machen.

„Beginnt oder endet der Weg an einem anderen Ort als der Wohnung oder der Dienststelle, so geht der Gesetzgeber davon aus, dass dies durch private Interessen des Beamten veranlasst ist“ (BVerwG, Urteil vom 27.05.2004 – 2 C 29/03).

Dienststellen *„sind organisatorische Einheiten, welche einen selbständigen Aufgabenbereich haben und innerhalb der Verwaltungsorganisation verselbständigt sind, mögen sie hoheitliche Aufgaben wahrnehmen (Behörden), sonstige Verwaltungsaufgaben erfüllen (Verwaltungsstellen) oder mag ihnen im Rahmen der öffentlichen Versorgung die Befriedigung von Bedürfnissen der Allgemeinheit mit betrieblichen Arbeitsmitteln (Betriebe) übertragen sein“* (BVerwG, Beschluss vom 13.08.1986–6 P 7/85).

So sind einerseits oft mehrere *Dienststellen* desselben Arbeitgebers in einem Gebäude (verschiedene Ämter im Rathaus) untergebracht; andererseits ist es auch schon fast ein Regelfall, dass *Teile einer Dienststelle* räumlich weit voneinander entfernt liegen (z. B. Bauamt im Rathaus und Bauhof u. Kläranlage gehören zum Bauamt liegen aber entfernt).

Dienststätte (in NRW) ist die kleinste organisatorisch abgrenzbare Verwaltungseinheit einer *Dienststelle*, bei der die Dienstreisenden regelmäßig ihren Dienst zu versehen haben, beziehungsweise der Teil der Dienststelle, dem sie organisatorisch zugeordnet sind (Landesreisekostengesetz (LRKG) NRW).

Nach der obigen Definition sind Bauhof und Kläranlage *Dienststätten* der Dienststelle Bauamt.

Dienstreisen sind Reisen zur Erledigung von Dienstgeschäften außerhalb des Dienstorts. Die Begriffe sind im Bayerischen Reisekostengesetz definiert. Das Reisekostenrecht ist in Bund und Ländern für die Gemeinden nicht einheitlich geregelt. Unterschiede existieren aber insbesondere in der Höhe der Vergütung der Reisekosten. Aus dem allgemeinen Verständnis ergibt sich schon, dass eine Reise eine längere Dauer und Entfernung hat als ein Gang (oder eine Fahrt).

Dienstreisen und Dienstgänge müssen grundsätzlich vor dem Antritt durch die zuständige Stelle schriftlich oder elektronisch *angeordnet oder genehmigt* werden; bei Dienstgängen kann dies auch mündlich erfolgen. Ausnahmsweise kann in seltenen Fällen eine nachträgliche Genehmigung zulässig sein. In der Regel setzt die *Genehmigung* auch einen Antrag des Reisenden auf einem speziellen Formular voraus. Nachdem für den Vollzug des Gesetzes die jeweilige Beschäftigungsbehörde zuständig ist, muss das in der Gemeinde gültige Formular verwendet werden.

In Bayern gilt, dass die Anordnung oder *Genehmigung eines Dienstgangs* nicht erforderlich ist, wenn dies nach dem Wesen des Dienstgeschäfts nicht in Betracht kommt (BayRKG Art 2).

Bei einem Entwässerungsbetrieb finden solche Dienstgeschäfte wohl fast alle, insbesondere die regelmäßigen Aufgaben im gesamten Gemeindegebiet statt wie z. B. Kanalinspektion, Kontrolle von Grundstücks-Anlagen oder Besprechungen in anderen Dienststellen (Ämtern) der Gemeinde.

Eine gesonderte Anordnung oder Genehmigung ist auch nicht erforderlich, wenn angeordnete dienstliche Aufträge oder festgelegte Einsatzpläne eine Dienstreise oder einen Dienstgang erforderlich machen (BayRKG Art 2). Unter diesen zweiten Fall fallen vermutlich z. B. die Fahrten im Bereitschafts- oder Entstörungsdienst.

Nach dem LRKG NRW sollen im Hinblick auf die Wirtschaftlichkeit des Verwaltungshandelns für die Erledigung gleichartiger Dienstgeschäfte innerhalb eines zu bestimmenden räumlichen Bereichs *generelle Genehmigungen* von Dienstreisen oder Dienstgängen erteilt werden. In der *generellen Genehmigung* soll auch festgelegt werden, welches Beförderungsmittel grundsätzlich zu benutzen ist (NRW: VVzLRKG 2.4.2).

Diese Regelung ist für die betroffenen Bediensteten die klarere und rechtssicherere Variante und sollte auch in anderen Bundesländern bevorzugt gewählt werden.

8.1.5.2 Reisekostenvergütung (BayRKG)

Dienstreisende haben Anspruch auf *Reisekostenvergütung* zur Abgeltung der dienstlich veranlassten Mehraufwendungen. Art und Umfang bestimmen ausschließlich die im jeweiligen Bundesland einschlägigen Gesetze; hier Bayerisches Reisekostengesetz (Art 3). Die *Reisekostenvergütung* ist innerhalb einer Ausschlussfrist von einem halben Jahr bei der Beschäftigungsbehörde schriftlich oder elektronisch zu beantragen. Die Frist beginnt mit dem Tag nach Beendigung der Dienstreise oder des Dienstgangs (Art 3). Die Nachweise dieser Mehraufwendungen (Hotelrechnung, Fahrkarten, Park-Quittung, usw. …) sind also unbedingt aufzuheben und zu sammeln, denn sie können bis zum Ablauf eines halben Jahres nach Antragstellung von der für die Abrechnung zuständigen Stelle verlangt werden. Eine Vergütung der Reisekosten wird nur insoweit gewährt, als die Aufwendungen und die Dauer der Dienstreise oder des Dienstgangs zur Erledigung des Dienstgeschäfts notwendig waren (Art 3).

Die Dauer der Dienstreise richtet sich nach der Abreise und der Wieder-Ankunft an der Wohnung. Wird die Dienstreise an der Dienststelle angetreten oder beendet, so tritt diese an die Stelle der Wohnung (Art 7). Die Reisekostenvergütung kann umfassen:

- Fahrkostenerstattung
- Wegstrecken- und Mitnahmeentschädigung
- Tagegeld
- Übernachtungsgeld
- Erstattung der Auslagen bei längerem Aufenthalt am Geschäftsort
- Erstattung der Nebenkosten
- Erstattung der Auslagen bei Dienstreisen bis zu sechs Stunden Dauer und bei Dienstgängen
- Aufwandsvergütung
- Pauschalvergütung
- Erstattung der Auslagen für Reisevorbereitungen und bei vorzeitiger Beendigung des Dienstgeschäfts (Art 4)

▶ Die Details zu jedem Teil der Vergütung regeln die jeweiligen Landes-Gesetze.

Bei einer Dienstreise, die nicht mehr als einen vollen Kalendertag beansprucht, gibt es Regelungen für das Tagegeld in verschiedenen Stufen: < 6 h, 6–8 h, 8–12 h, > 12 h. Bei einer mehrtägigen Dienstreise wird das Tagegeld für jeden vollen Kalendertag gezahlt (Art 8). Das Tagegeld und die Vergütung werden allerdings gekürzt, wenn von dritter Seite Verpflegung bereitgestellt wird und/oder das Entgelt dafür in den erstattbaren Fahr- oder Nebenkosten enthalten ist (Art 11). Bei Reisen aus besonderem Anlass wird auch nur ein Teil des Tagegeldes gezahlt; in Bayern z. B. 75 %. Solche Reisen sind i. d. R. Reisen zum Zweck der *Aus- oder Fortbildung* (Art 24).

8.1.5.3 Fortbildungsreisen

Reisen zum Zwecke der Fortbildung sind Reisen, die Bedienstete nach Abschluss ihrer *Ausbildung* zur beruflichen Weiterbildung oder zur Erweiterung ihrer beruflichen Kenntnisse, Fähigkeiten und Erfahrungen, zur Anpassung an geänderte dienstliche Anforderungen oder zur Vorbereitung auf die Wahrnehmung neuer oder anderer Aufgaben unternehmen (Nr. 24.1.2 VV BayRKG).

Fortbildungsreisen dienen nicht unmittelbar sondern nur indirekt der Erledigung der übertragenen Dienstgeschäfte. Die Reise liegt aber im dienstlichen Interesse, weil sie geeignet ist, die Durchführung der Dienstaufgaben des Bediensteten zu fördern. Dies können sein z. B. Teilnahme an Messen, Kongressen, Fachtagungen, Fachseminaren und Vorträgen ohne aktive Teilnahme (nach FAU).

Der Begriff „Dienstgeschäft" knüpft an das einer Person übertragene „Amt" und seine Funktionen an. Als *Dienstgeschäfte* sind demnach die dem konkreten Amt zur unmittelbaren Erledigung übertragenen Dienstaufgaben anzusehen. Indizien für das Vorliegen einer *Dienstreise* ist also eine aktive Teilnahme des Dienstreisenden durch eigene Beiträge/Leistungen. Dienstgeschäfte können somit auch sein:

- Teilnahme an Besprechungen, die dienstlich erforderlich sind;
- Mitwirkung in Arbeitskreisen, soweit diese ins eigene Aufgabengebiet fallen

(nach BVerwG, Urteil vom 10. Dezember 2013 – 2 C 7/12).

8.2 Transport durch Dritte

Wenn Post oder Gegenstände wie Pumpen, Klärschlamm oder Rechengut *transportiert* werden müssen, kann ein Entwässerungsbetrieb diese Aufgaben selbst übernehmen oder durch Dritte ausführen lassen. Das ist meist dann der Fall, wenn es sich um größere Objekte oder Mengen handelt oder der Transport über eine lange Entfernung erfolgen muss. Daneben gibt es regelmäßig auch die umgekehrten Fälle, dass Post oder transportierte Güter wie Fällmittel, Labormaterial oder Heizöl in einem Betrieb *angeliefert* werden. Der Entwässerungsbetrieb ist in den o. g. Fällen also entweder *Absender oder Empfänger* dieser Transporte oder Auftraggeber der Transport- oder Speditionsleistung.

Letzteres ist dann ein Öffentlicher Auftrag im Sinne des § 103 des „Gesetz gegen Wettbewerbsbeschränkungen (GWB)“: entgeltlicher Vertrag zwischen öffentlichem Auftraggeber und Unternehmen über die Beschaffung von Leistungen, die die Erbringung von Dienstleistungen zum Gegenstand haben. Da der Schwellenwert i. d. R. wohl nicht erreicht wird, ist damit die UVgO für die Vergabe der öffentlichen Liefer- und Dienstleistungsaufträge einschlägig. Weiterhin sind die jeweiligen kommunalen Vergabe-Richtlinien zu beachten; in diesem Bereich oft praktizierte freihändige Vergaben sind danach meist nur in Ausnahmefällen zulässig.

8.2.1 Versenden von Post

Entsprechend dem Grundgesetz ist die Bundesrepublik Deutschland verpflichtet im Bereich des Postwesens flächendeckend angemessene und ausreichende Dienstleistungen zu gewährleisten (GG Art. 87f). Nach Umwandlung der Deutschen Bundespost sollen diese Dienstleistungen als privatwirtschaftliche Tätigkeiten durch verschiedene Unternehmen erbracht werden.

Postdienstleistungen nach dem Postgesetz (§ 4 PostG) sind u. a. folgende Leistungen:

- die Beförderung von Briefsendungen (adressierte schriftliche Mitteilungen),
- die Beförderung von adressierten Paketen, deren Einzelgewicht 20 Kilogramm nicht übersteigt.

Beförderung ist das Einsammeln, Weiterleiten oder Ausliefern der Briefe und Pakete an den Empfänger.

Die Bundesnetzagentur zählt in ihrem „Tätigkeitsbericht Post 2014/2015“ zu den nicht lizenzpflichtigen Postdienstleistungen hauptsächlich die gewerbliche *Beförderung von Kurier-, Express- und Paketsendungen (KEP)*. Daneben fällt in diesen Bereich die Beförderung von Briefsendungen über 1000 Gramm.

*„Besonderes Merkmal von **Kurierdiensten** ist, dass Sendungen – meist mit kleinem Gewicht und geringen Volumen – einzeln befördert und permanent persönlich begleitet werden. Hierdurch ist ein Zugriff auf die Sendungen jederzeit möglich. Die Zustellung erfolgt in der Regel per Direktfahrt. Kurierdienste sind meist Einzelunternehmer oder Vermittlungszentralen, die Aufträge an angeschlossene Einzelunternehmer vermitteln. Sie sind in der Regel regional tätig.*

*Bei **Expressdiensten** stehen eine garantierte Beförderungslaufzeit und teils ein festgelegter Liefertermin im Mittelpunkt der Dienstleistung. Dabei erfolgt die Beförderung charakteristisch über Umschlagzentren. Einige der in diesem Bereich tätigen Unternehmen verfügen über eigene globale Netze (z. B. DHL, FedEx, TNT und UPS). Daneben gibt es eine größere Anzahl national agierender Unternehmen, die für einen flächendeckenden Service miteinander kooperieren.*

***Paketdienste** sind geprägt durch einen sehr hohen Grad an Standardisierung und Automatisierung, die Sendungen sind dabei auf ein Maximalgewicht von 31,5 Kilogramm (teilweise auch 70 Kilogramm) beschränkt. Die Beförderungslaufzeiten betragen in der Regel 24 bis 72 Stunden, werden allerdings nicht garantiert. Am deutschen Markt sind hauptsäch-*

lich fünf Unternehmen mit eigenen flächendeckenden Netzen tätig (DHL, DPD, Hermes, GLS und UPS)" (Bundesnetzagentur, Tätigkeitsbericht Post 2014/2015).

Die o. g. Unternehmen haben dabei unterschiedliche *Gewichtsgrenzen* und maximale Abmessungen für zu versendenden Pakete festgelegt, z. B. in etwa:

- maximale Länge von 200 bis 270 cm
- maximales Gewicht bis zu 31,5 kg, teilweise bis zu 70 kg,
- Gurtumfang von insgesamt 360 bis 419 cm haben

Manchmal kommt es auch auf die *Geschwindigkeit* an mit der eine Sendung zugestellt werden soll; dann gilt: je schneller desto teurer!

Bei den Preisen kann eine Pauschale oder eine feine Staffelung der Preise von Vorteil sein. Bei wichtigen oder wertvollen Sendungen kann es auch auf die *Höhe der Versicherung* ankommen. Manche Pakete sind standardmäßig bis zu 750 € versichert; aber man kann Sendungen auch gesondert und höher versichern lassen. Einige der o. g. Dienstleister bieten einen besonderen Service über die Anzahl der Stellen, an denen Pakete abgeben werden können. Eine Poststelle gibt es fast noch in jeder kleineren Gemeinde; aber auch andere haben schon ein mehr oder weniger flächendeckendes Netz. Oft bieten Paketdienstleister *gewerblichen Kunden*, die viel zu verschicken haben, Sonderkonditionen an und holen ggf. die Pakete auch vom Absender ab. Je nach Wichtigkeit der o. g. Kriterien kann dann der jeweilige Dienstleister beauftragt werden. Örtliche Vergabevorschriften könnten vorher eine Ausschreibung oder mehrere Vergleichsangebote verlangen. Manche Kommunen haben sich durch eine Ausschreibung auch für einen bestimmten Zeitraum an einen Dienstleister mit bestimmten Konditionen vertraglich gebunden. Dies sollte vor einer Beauftragung geklärt werden.

8.2.2 Frachtgeschäft

Die o. g. *Post-, Kurier- und Expressdienste*, die die Abholung, Beförderung und Zustellung von Brief- und Paketpost leisten, werden durch die WZ 2008 unterschieden (Abt. 53) von z. B. der *Güterbeförderung im Straßenverkehr* (Abt. 49). Diese wird benötigt, wenn besonders große oder schwere Güter zu versenden sind, d. h. wenn die *o. g. Abmessungen oder Gewichte überschritten* werden. Das könnte z. B. für eine Generalüberholung von Pumpen oder Zentrifugen im Herstellerwerk in Frage kommen. Dann könnte ein sogenanntes *Frachtgeschäft* notwendig werden.

Bei Frachtgeschäften wird ein *Frachtvertrag* zwischen dem Absender (Entwässerungsbetrieb) und einer Firma geschlossen, die den Transport der Güter übernimmt. Durch den Frachtvertrag wird der sogenannte *Frachtführer (Transportunternehmer)* verpflichtet, das Gut zum Bestimmungsort zu befördern und dort an den *Empfänger* (z. B. Pumpenhersteller) abzuliefern. Der Absender wird verpflichtet, die vereinbarte Fracht zu zahlen (HGB ab § 407 ff).

Der Frachtführer ist also der Unternehmer, der gewerbsmäßig die tatsächliche Beförderung der Güter übernimmt.

8.2.3 Speditionsgeschäft

Frachtgeschäft oder Speditionsvertrag werden in der Regel fälschlicherweise für das Gleiche gehalten. Tatsächlich gibt es zwischen beiden jedoch Unterschiede, denn beide Verträge unterscheiden sich in ihrem Vertragsgegenstand nach HGB nicht unerheblich. Dem wesentlich umfangreicheren Speditionsgeschäft wird dort ein eigener Abschnitt (Fünfter, ab § 453 ff) gewidmet.

Durch einen **Speditionsvertrag** wird der *Spediteur* verpflichtet, die Versendung des Gutes zu besorgen. Damit ist die *gesamte Organisation der Beförderung* gemeint:

- die Bestimmung des Beförderungsmittels und des Beförderungsweges,
- die Auswahl ausführender Unternehmer (Frachtführer),
- den Abschluss evtl. erforderlicher Fracht-, Lager- und Speditionsverträge
- die Erteilung von Informationen und Weisungen an die ausführenden Unternehmer
- die Sicherung von Schadensersatzansprüchen des Versenders (HGB §§ 453–454).

Der *Spediteur* hat das Interesse des Versenders wahrzunehmen und dessen Weisungen zu befolgen. Falls das vereinbart ist, schuldet der Spediteur auch den Abschluss der erforderlichen Verträge, wie die Versicherung und Verpackung des Gutes, seine Kennzeichnung und die Zollbehandlung. Manchmal tritt der Spediteur selbst dabei auch als *Frachtführer* (s. o.) oder als *Lagerhalter* auf; häufig werden diese Aufgaben aber durch Dritte durchgeführt.

Der Versender ist verpflichtet, die vereinbarte Vergütung für die Leistungen des Spediteurs zu zahlen; dazu kommen ggf. Transport, Lager, Versicherung, usw. …

8.2.4 Abschluss eines Frachtvertrages oder Speditionsvertrages

Wie alle Verträge kommen sowohl der Frachtvertrag als auch der Speditionsauftrag durch zwei übereinstimmende Willenserklärungen zustande. Für einfache Transporte könnten die Verträge also auch in mündlicher Form geschlossen werden. Verträge mit kommunalen Auftraggebern unterliegen zwar immer der Schriftform, wenn sie Verpflichtungen für die öffentliche Hand begründen (Zahlung!). Das gilt aber nicht für ständig wiederkehrende Geschäfte des täglichen Lebens, die finanziell von unerheblicher Bedeutung sind (Art. 38 Abs. 2 Satz 1 der Bayerischen Gemeindeordnung). Ein einfacher Transport könnte also auch mündlich vereinbart werden, wenn die Vergabebestimmungen der Gemeinde dies ebenfalls zulassen. Einen *Frachtvertrag* schließt der *Absender* direkt mit dem *Frachtführer*, während ein *Speditionsvertrag* zwischen dem *Versender* und dem *Spediteur* geschlossen wird. Im letzteren Fall würde der Besitzer des Frachtguts zum Versender und der beauftragte Spediteur würde im Verhältnis zum Frachtführer dessen Absender. Beide im folgenden genanntem Muster-Vertragsbedingungen betreffen in etwa die gleiche Materie, werden aber von verschiedenen Verbänden unverbindlich zur Verwendung im Geschäftsverkehr mit ihren Auftraggebern/Auftragnehmern empfohlen. Welches Muster für die AG-Seite günstiger ist, konnte nicht geklärt werden.

Die „Allgemeinen Deutschen Spediteurbedingungen 2017 (ADSp 2017)“ werden ab dem 1. Januar 2017 vom Deutschen Speditions- und Logistikverband e. V. (DSLV) zur Anwendung empfohlen.

Der Bundesverband Güterkraftverkehr Logistik und Entsorgung (BGL) e. V. empfiehlt seinen Mitgliedsorganisationen die „Vertragsbedingungen für den Güterkraftverkehrs-, Speditions- und Logistikunternehmer – (VBGL)“ – in der Fassung vom 17. März 2015.

8.2.5 Frachtbrief

Der Frachtführer kann die Ausstellung eines Frachtbriefs u. a. mit folgenden Angaben verlangen

- Stelle und Tag der Übernahme des Gutes sowie die für die Ablieferung vorgesehene Stelle;
- Name und Anschrift des Empfängers und eine etwaige Meldeadresse;
- die übliche Bezeichnung der Art des Gutes und die Art der Verpackung, bei gefährlichen Gütern ihre nach den Gefahrgutvorschriften vorgesehene, sonst ihre allgemein anerkannte Bezeichnung;
- Anzahl, Zeichen und Nummern der Frachtstücke;
- das Rohgewicht oder die anders angegebene Menge des Gutes;
- die bei Ablieferung geschuldete Fracht und die bis zur Ablieferung anfallenden Kosten sowie einen Vermerk über die Frachtzahlung;
- eine Vereinbarung über die Beförderung in offenem, nicht mit Planen gedecktem Fahrzeug

In den Frachtbrief können auch weitere Angaben eingetragen werden, die die Parteien für zweckmäßig halten (§ 408 HGB): Es könnte z. B. erforderlich sein das Frachtgut gegen die Einwirkung von Hitze, Kälte, Temperaturschwankungen, Luftfeuchtigkeit, Erschütterungen oder ähnliche Einflüsse besonders zu schützen.

Der Frachtbrief wird in drei Originalausfertigungen ausgestellt, die vom Absender unterzeichnet werden. Der Absender kann verlangen, dass auch der Frachtführer den Frachtbrief unterzeichnet. Eine Ausfertigung ist für den Absender bestimmt, eine begleitet das Gut, eine behält der Frachtführer (§ 408 HGB): Ein von beiden Parteien unterzeichneter Frachtbrief dient als Nachweis für den Abschluss und Inhalt eines Frachtvertrages sowie für die Übernahme des Gutes durch den Frachtführer. Er begründet auch die Vermutung, dass das Gut und seine Verpackung bei der Übernahme durch den Frachtführer in äußerlich gutem Zustand waren und dass die Anzahl der Frachtstücke und ihre Zeichen und Nummern mit den Angaben im Frachtbrief übereinstimmen (HGB § 409). Im Interesse des Absenders liegen auf jeden Fall schriftliche Festlegungen mindestens über die o. g. Punkte.

8.2.6 Aufgaben des Absenders

Der Absender hat das Gut, falls es unter Berücksichtigung der vereinbarten Beförderungsart erforderlich ist, so zu verpacken, dass es vor Verlust und Beschädigung geschützt ist und dass auch dem Frachtführer keine Schäden entstehen. Soll das Gut in einem Container, auf einer Palette oder in oder auf einem sonstigen Lademittel, das zur Zusammenfassung von Frachtstücken verwendet wird, zur Beförderung übergeben werden, hat der Absender das Gut auch in oder auf dem Lademittel beförderungssicher zu stauen und zu sichern. Der Absender hat das Gut, soweit dessen vertragsgemäße Behandlung dies erfordert, auch entsprechend zu kennzeichnen (aufrecht stehen, zerbrechlich, ...) (HGB § 411).

Soll *gefährliches Gut* befördert werden, so hat der Absender dem Frachtführer rechtzeitig schriftlich die genaue Art der Gefahr und ggf. zu ergreifende Vorsichtsmaßnahmen mitzuteilen (HGB § 410). Soweit sich aus den Umständen oder der Verkehrssitte nicht etwas anderes ergibt, hat der *Absender* das Gut *beförderungssicher* zu laden, zu stauen und zu befestigen (verladen); dazu gehört das notwendige Stapeln, Verzurren, Verkeilen, Verspannen oder Sichern der Ladung (HGB § 412).

Die Ladung einschließlich Geräte zur Ladungssicherung sowie Ladeeinrichtungen sind so zu verstauen und zu sichern, dass sie selbst bei Vollbremsung oder plötzlicher Ausweichbewegung nicht verrutschen, umfallen, hin- und herrollen, herabfallen oder vermeidbaren Lärm erzeugen können (StVO § 22). Beförderungssichere Verladung bedeutet, dass das geladene Transportgut vor den Gefahren des Transportes während der Reise geschützt bzw. gesichert ist; im Fokus steht das transportierte Material. Eine beförderungssichere Verladung kann vertraglich vom Absender (gegen Vergütung) auch auf den Frachtführer übertragen werden.

Soweit sich aus den Umständen oder der Verkehrssitte nicht etwas anderes ergibt, hat der *Absender* das Gut auch zu entladen (HGB § 412). Dies ist also nicht Aufgabe des Empfängers! Im Fall des Versandes kann der Absender i. d. R. meist nicht dort sein, wohin das Gut versandt worden ist. Die Entladungs-Aufgabe des Absenders beim Empfang des transportierten Gutes wird also i. d. R. auf einen anderen übertragen werden müssen. Die Entladung durch den Frachtführer ist wie der Transport vergütungspflichtig (VBGL).

8.2.7 Container als Lademittel des Absenders

Austauschbare Kipp- und Absetzbehälter (Mulden) werden zum Transport von Rechengut, Sandfanggut oder Klärschlamm verwendet. Sie werden transportiert durch Fahrzeuge, die je nach Funktion als Absetzkipper, Abrollkipper, Abgleitkipper, Seitenlader oder Hubkipper bezeichnet werden.

„Die austauschbaren Kipp- und Absetzbehälter dürfen nicht über die zulässige Tragfähigkeit hinaus beladen werden" (GUV-R 186). Der Auftraggeber belädt den Behälter, daher benötigt er wichtige Informationen, z. B. über Tragfähigkeit des Behälters, der ihm zur Verfügung gestellt wird. Austauschbare Kipp- und Absetzbehälter müssen nach der DGUV Information 214-016 im *„Übrigen den allgemein anerkannten Regeln der Technik entsprechend beschaffen sein, betrieben und geprüft werden." „Die Werkstoffe für die verwendeten Behälter müssen so ausgewählt und verarbeitet sein, dass sie allen bei bestimmungsgemäßer Verwendung auftretenden Belastungen standhalten"* (GUV-R 186).

An austauschbaren Kipp- und Absetzbehältern müssen immer dauerhaft und deutlich erkennbar angegeben sein:

- *„Hersteller oder Lieferer,*
- *Baujahr,*
- *Typenbezeichnung,*
- *Seriennummer,*
- *Fassungsvermögen in m3,*
- *Leergewicht in kg,*
- *Tragfähigkeit (zulässiges Füllgewicht) in kg"* (DGUV I 214-016).

„Durch den Auftraggeber ist zu beachten, dass der Behälter nicht über den Rand hinaus beladen werden darf" sondern möglichst gleichmäßig. Wichtig sind ebenfalls der *Platzbedarf des Fahrzeugs und des Behälters* sowie ein *tragfähiger Untergrund am Entladeplatz und auf dem Weg* dahin.

8.2.8 Aufgaben des Empfängers (HGB § 421)

Nach Ankunft des Gutes an der Ablieferungsstelle ist der *Empfänger* berechtigt, vom Frachtführer zu verlangen, ihm das Gut gegen Erfüllung der Verpflichtungen aus dem Frachtvertrag abzuliefern. Die Entladung des Frachtguts ist grundsätzlich Aufgabe des *Absenders* (s. o.).

Der Zustand der Fracht ist sinnvollerweise durch den Empfänger zu begutachten und festzustellen. Ist das Gut beschädigt oder verspätet abgeliefert worden oder verlorengegangen, so kann der Empfänger die Ansprüche aus dem Frachtvertrag im eigenen Namen gegen den Frachtführer geltend machen; der Absender bleibt zur Geltendmachung dieser Ansprüche befugt. Der Empfänger, der dieses Recht geltend macht, hat eine noch geschuldete Fracht entsprechend Frachtbrief zu zahlen. Ist ein Frachtbrief nicht ausgestellt oder dem Empfänger nicht vorgelegt worden oder ergibt sich aus dem Frachtbrief nicht die Höhe der zu zahlenden Fracht, so hat der Empfänger die mit dem Absender vereinbarte Fracht zu zahlen, soweit diese nicht unangemessen ist.

8.3 Beförderung gefährlicher Güter (Gefahrgut)

In allen Entwässerungsbetrieben und zu ihnen hin oder von ihnen weg werden verschiedene Güter transportiert. Bei einem nicht geringen Anteil dieser Güter handelt es sich um gefährliche Güter, d. h. um Güter mit gefährlichen Eigenschaften für Mensch, Wasser, Tier oder Umwelt. Beispiele dieser mehr oder weniger gefährlichen Güter sind: Eisen-III für die Phosphat-Fällung, Flockungshilfsmittel zur Schlammeindickung, Ameisensäure für die Reinigung der Sauerstoffeintragseinrichtungen oder Heizöl zum Heizen der Gebäude oder Faultürme. Diese Stoffe werden in relativ *großen Mengen* verwendet.

Mittlere Mengen werden benötigt von Motoren-, Getriebe- oder Hydraulikölen für Turbos, Pumpen, Schieber oder Gasmaschinen im BHKW. Verschiedene Kraftstoffe werden gebraucht für Rasenmäher, Motorsägen, Hochdruckreiniger oder Teleskoplader. Wenn eigene Werkstätten vorhanden sind werden Gase zum Schweißen benötigt und dann Sauerstoff, Acetylen, Propan, Argon oder Gemische in Gasflaschen transportiert.

Aber auch *Kleingebinde* enthalten ggf. gefährliche Güter: CO_2-Patronen für Rettungswesten, Spraydosen, Farbdosen, Reinigungsmittel für viele Zwecke oder fast alle Leuchtstoffröhren. Noch geringere Mengen von vielen Stoffen werden im Labor benötigt. Als Reste sind gefährliche Stoffe auch in gebrauchten „leeren" Behältern und in Abfällen wie ölhaltigen Putztüchern.

8.3.1 Begriffe

Gefährliche Gütersind Stoffe und Gegenstände, von denen auf Grund ihrer Natur, ihrer Eigenschaften oder ihres Zustandes im Zusammenhang mit der Beförderung Gefahren für die öffentliche Sicherheit oder Ordnung, insbesondere für die Allgemeinheit, für wichtige Gemeingüter, für Leben und Gesundheit von Menschen sowie für Tiere und Sachen ausgehen können (GGBefG § 2).

Die **Beförderung** umfasst nicht nur den

- Vorgang der Ortsveränderung, sondern auch die
- Übernahme und die Ablieferung des Gutes sowie
- zeitweilige Aufenthalte im Verlauf der Beförderung,
- Vorbereitungs- und Abschlusshandlungen (Verpacken und Auspacken der Güter, Be- und Entladen),
- Herstellen, Einführen und Inverkehrbringen von Verpackungen, Beförderungsmitteln und Fahrzeugen für die Beförderung gefährlicher Güter, auch wenn diese Handlungen nicht vom Beförderer ausgeführt werden.

Wird die Sendung nicht nach der Anlieferung entladen, gilt das Bereitstellen der Ladung beim Empfänger zur Entladung als Ende der Beförderung (GGBefG § 2).
Verantwortlicher für die Beförderungist, wer als Unternehmer oder als Inhaber eines Betriebes gefährliche Güter verpackt, verlädt, versendet, befördert, entlädt, empfängt oder auspackt (GGBefG § 9).

An fast jedem der genannten Transport-Vorgänge kann ein Entwässerungsbetrieb also bei dem einen oder anderen der o. g. gefährlichen Stoffe und Güter beteiligt sein.

8.3.2 Rechtsgrundlagen

Über den *Transport gefährlicher Güter* wurden verschiedene europäische Verträge geschlossen, mit denen der sichere Transport dieser Güter grundsätzlich gewährleistet werden soll, und zwar auf den verschiedenen Transportwegen Straße, Schiene und Wasser. In diesem Zusammenhang ist das „Europäisches Übereinkommen über die internationale Beförderung gefährlicher Güter auf der Straße" **ADR** (**A**ccord européen relatif au transport international des marchandises **D**angereuses par **R**oute) wichtig.

Die internationalen Verträge werden zusätzlich durch nationale Regelungen ergänzt: u. a. das Gefahrgutbeförderungsgesetz – GGBefG und die Verordnung über die innerstaatliche und grenzüberschreitende Beförderung gefährlicher Güter auf der Straße, mit Eisenbahnen und auf Binnengewässern (Gefahrgutverordnung Straße, Eisenbahn und Binnenschifffahrt – GGVSEB) und die Gefahrgutbeauftragtenverordnung (GbV). Die Gesetze gelten zwar direkt, verweisen aber immer auch auf das o. g. ADR, so dass es sehr schwer ist, das umfangreiche Gesamtwerk zu verstehen.

8.3.3 Gefährliche Güter (Gefahrgut)

Gefährliche Güter im Sinne des Gefahrgutbeförderungsgesetzes – GGBefG sind Stoffe und Gegenstände, von denen auf Grund ihrer Natur, ihrer Eigenschaften oder ihres Zustandes *im Zusammenhang mit der Beförderung* Gefahren für die öffentliche Sicherheit oder Ordnung, insbesondere für die Allgemeinheit, für wichtige Gemeingüter, für Leben und Gesundheit von Menschen sowie für Tiere und Sachen ausgehen können (GGBefG § 2).

Ein **Gefahrgut** ist demnach auch jedes Gut, welches für sich genommen vielleicht ungefährlich wäre, aber aufgrund der Transportsituation gefährlich werden könnte.

Die Entscheidung, ob bestimmte Stoffe als Gefahrgut befördert werden müssen, entscheidet sich anhand von Gefährlichkeitsmerkmalen. Das ADR unterscheidet folgende Klassen gefährlicher Güter:

- Explosive Stoffe und Gegenstände mit Explosivstoff Klasse 1
- Gase Klasse 2 z. B. *Propangas, Wasserstoff, Kohlendioxid, Acetylen, Druckgaspackungen*
- Entzündbare flüssige Stoffe Klasse 3 z. B. *Benzin, Alkohol, Diesel*
- Entzündbare feste Stoffe, selbstzersetzliche Stoffe und desensibilisierte explosive feste Stoffe Klasse 4.1
- Selbstentzündliche Stoffe Klasse 4.2 z. B. *Kohle, Kohlestaub*
  Stoffe, die in Berührung mit Wasser entzündbare Gase entwickeln Klasse 4.3 z. B. *Natrium, Kalium*
- Entzündend (oxidierend) wirkende Stoffe Klasse 5.1 z. B. *Sauerstoff, Wasserstoffperoxid, Kaliumchlorat, Salpetersäure*
- Organische Peroxide Klasse 5.2
- Giftige Stoffe Klasse 6.1
- Ansteckungsgefährliche Stoffe Klasse 6.2
- Radioaktive Stoffe Klasse 7
- Ätzende Stoffe Klasse 8 z. B. *Schwefelsäure, Natronlauge, Salzsäure*
- Verschiedene gefährliche Stoffe und Gegenstände, Klasse 9 z. B. *flüssiger Stickstoff, sonstige wassergefährdende Stoffe* (ADR Anl A Teil 2)

Neben den Gefahrzetteln entspr. Abb. 8.1 gibt die ADR zusätzliche Hinweise für die Mitglieder der Fahrzeugbesatzung über die Gefahreneigenschaften von gefährlichen Gütern

Abb. 8.1 Gefahrzettel nach ADR 5-44 und 5-45

nach Klassen und über die in Abhängigkeit von den vorherrschenden Umständen zu ergreifenden Maßnahmen. Innerhalb der Gefahrgutklassen werden die gefährlichen Stoffe je nach Schwere der von ihnen ausgehenden Gefahr einer von *drei Verpackungsgruppen* zugeordnet. Von diesen hängen die Anforderungen an die Transportbedingungen, vor allem die jeweilige Verpackung, ab. Transportgüter mit mehreren gefährlichen Eigenschaften in mehreren Gefahrgutklassen, müssen sowohl gesondert gekennzeichnet als auch verpackt werden.

Die ADR enthält im Kap. 3.2 ein Verzeichnis der gefährlichen Güter. In der Tabelle A sind die Stoffe nach UN-Nummern sortiert. Die Tabelle enthält alles Wissenswerte im Zusammenhang mit einem dort gelisteten Stoff, u. a. die Klasse. Die Spalte 7a „Begrenzte Mengen" enthält die Höchstmenge des Stoffes je Innenverpackung oder Gegenstand für die Beförderung gefährlicher Güter in begrenzten Mengen; die Spalte 7b „Freigestellte Mengen". Auch die Vorschriften für die Verpackung sind u. a. enthalten.

Die Tabelle B enthält ein alphabetisches Verzeichnis der Stoffe und Gegenstände, die in der o. g. Tabelle A in UN-numerischer Reihenfolge dargestellt sind. Über diese Tabelle sollten sich die UN-Nummern finden lassen, um in der Tabelle A die wichtigen Informationen zu bekommen.

Die Bundesanstalt für Materialforschung und -prüfung (BAM) unterhält darüber hinaus die „Datenbank GEFAHRGUT": *„Das Fachinformationssystem Datenbank GEFAHRGUT ist Teil eines Gefahrstoff-/Gefahrgut-Informationssystems der Bundesrepublik Deutschland* *und liefert aufbereitete und komprimierte Informationen aus den einschlägigen Gefahrgutvorschriften, welche für einen sicheren Transport gefährlicher Güter benötigt werden. Dieser Service wendet sich an Unternehmen und Behörden, die Gefahrguttransporte planen, durchführen oder kontrollieren"* (Bundesanstalt für Materialforschung und -prüfung (BAM), Datenbank Gefahrgut).

8.3.4 Container und andere Verpackungen (ADR, Kap. 1.2)

Im Kap. 1.2 des ADR werden viele Begriffsbestimmungen und Maßeinheiten definiert, einige wichtige (vereinfacht) sind:

Container Ein Beförderungsgerät (Rahmenkonstruktion oder ähnliches Gerät), das von dauerhafter Beschaffenheit und deshalb genügend widerstandsfähig ist, um wiederholt verwendet werden zu können. Ein Container wurde besonders dafür gebaut ist, um die Beförderung von Gütern durch einen oder mehrere Verkehrsträger ohne Veränderung der Ladung zu erleichtern und wurde mit Vorrichtungen versehen ist, welche die Befestigung und die Handhabung insbesondere beim Übergang von einem Beförderungsmittel auf ein anderes erleichtern. Ein Container hat ein Innenvolumen von mindestens 1 m^3 und wurde so gebaut, dass die Befüllung und Entleerung erleichtert wird.

Druckgaspackung (Aerosol) Nicht nachfüllbares Gefäß, das aus Metall, Glas oder Kunststoff hergestellt ist, ein Gas mit oder ohne einem weiteren Stoff enthält und mit einer Entnahmeeinrichtung ausgerüstet ist, die ein Ausstoßen des Inhalts in Form einer Suspension von festen oder flüssigen Teilchen in einem Gas, in Form eines Schaums, einer Paste oder eines Pulvers oder in flüssigem oder gasförmigem Zustand ermöglicht.

Druckgefäß Ein Sammelbegriff für Flasche, Großflasche, Druckfass, verschlossener Kryo-Behälter; Metallhydrid-Speichersystem und Flaschenbündel.

Flasche Ortsbewegliches Druckgefäß mit einem Fassungsraum von höchstens 150 Liter.

Großpackmittel oder IBC (Intermediate Bulk Container) Starre oder flexible, transportable Verpackung, die je nach Stoff und Verpackungsgruppe einen Fassungsraum hat von höchstens 3,0 m^3, für mechanische Handhabung ausgelegt ist und den Beanspruchungen bei der Handhabung und Beförderung standhalten kann.

8.3.5 An der Beförderung Beteiligte (GGVSEB § 2 und ADR Kap. 1.2)

Die GGVSEB oder ADR definieren die Beteiligten (vereinfacht) wie folgt:

Absender ist das Unternehmen, das selbst oder für einen Dritten gefährliche Güter versendet. Erfolgt die Beförderung auf Grund eines Beförderungsvertrages, gilt als Absender der Absender nach diesem Vertrag.

Auftraggeber des Absenders ist das Unternehmen, das einen Absender beauftragt, als solcher aufzutreten und Gefahrgut selbst oder durch einen Dritten zu versenden.

Befüller ist das Unternehmen, das die gefährlichen Güter in einen Tank, Container oder ein Fahrzeug einfüllt. Befüller ist auch das Unternehmen, das als unmittelbarer Besitzer das gefährliche Gut dem Beförderer zur Beförderung übergibt oder selbst befördert.

Beförderer ist das Unternehmen, das die Beförderung mit oder ohne Beförderungsvertrag durchführt.

Empfänger ist der Empfänger gemäß Beförderungsvertrag. Bezeichnet der Empfänger gemäß den für den Beförderungsvertrag geltenden Bestimmungen einen Dritten, so gilt dieser als Empfänger im Sinne des ADR. Erfolgt die Beförderung ohne Beförderungsvertrag, so ist Empfänger das Unternehmen, welches die gefährlichen Güter bei der Ankunft übernimmt.

Entlader ist das Unternehmen, das

a) einen Container oder ortsbeweglichen Tank von einem Fahrzeug absetzt oder
b) verpackte gefährliche Güter, Kleincontainer oder ortsbewegliche Tanks aus oder von einem Fahrzeug oder Container entlädt oder
c) gefährliche Güter aus einem Tank oder aus einem Fahrzeug, Container für Güter in loser Schüttung oder einem Schüttgut-Container entleert.

Verlader ist das Unternehmen, das verpackte gefährliche Güter, Kleincontainer oder ortsbewegliche Tanks in oder auf ein Fahrzeug oder einen Container verlädt oder einen Container oder ortsbeweglichen Tank auf ein Fahrzeug verlädt. Verlader ist auch das Unternehmen, das als unmittelbarer Besitzer das gefährliche Gut dem Beförderer zur Beförderung übergibt oder selbst befördert.

Verpacker ist das Unternehmen, das die gefährlichen Güter in Verpackungen einschließlich Großverpackungen und IBC einfüllt oder die Versandstücke zur Beförderung vorbereitet. Verpacker ist auch das Unternehmen, das gefährliche Güter verpacken lässt oder das Versandstücke oder deren Kennzeichnung oder Bezettelung ändert oder ändern lässt.

8.3.6 Allgemeine Sicherheitspflichten

Die an der Beförderung gefährlicher Güter Beteiligten haben die nach Art und Ausmaß der vorhersehbaren Gefahren erforderlichen Vorkehrungen zu treffen, um Schadensfälle zu verhindern und bei Eintritt eines Schadens dessen Umfang so gering wie möglich zu halten. Sie haben jedenfalls die für sie jeweils geltenden Bestimmungen des ADR einzuhalten (GGVSEB § 4). In den §§ 17 bis 23a GGVSEB sind die jeweiligen Pflichten des Auftraggebers des Absenders, des Beförderers, Befüllers, Empfängers, Entladers, Verladers und des Verpackers beschrieben. Die häufigsten Pflichten eines Entwässerungsbetriebes sind:

8.3.6.1 Pflichten des Absenders (ADR 1.4.2.1)

Der Absender gefährlicher Güter ist verpflichtet, eine den Vorschriften des ADR entsprechende Sendung zur Beförderung zu übergeben. Er muss insbesondere:

a) sich zu vergewissern, dass die gefährlichen Güter gemäß ADR klassifiziert und zur Beförderung zugelassen sind;
b) dem Beförderer die erforderlichen Angaben und Informationen und gegebenenfalls die erforderlichen Beförderungspapiere und Begleitpapiere (Genehmigungen, Zulassungen, usw.) zu liefern;
c) nur Verpackungen, Großpackmittel (IBC) und Tanks usw. zu verwenden, die für die Beförderung der betreffenden Güter zugelassen und geeignet sowie mit den vorgeschriebenen Kennzeichnungen versehen sind;
d) die Vorschriften über die Versandart und die Versandbeschränkungen zu beachten;
e) dafür zu sorgen, dass auch ungereinigte und nicht entgaste leere Tanks u. ä. oder ungereinigte leere Fahrzeuge, Container usw. für Güter in loser Schüttung entsprechend gekennzeichnet und bezettelt werden und dass ungereinigte leere Tanks ebenso verschlossen und undurchlässig sind wie in gefülltem Zustand.

Nimmt der Absender die Dienste anderer Beteiligter (Verpacker, Verlader, Befüller usw.) in Anspruch, hat er geeignete Maßnahmen zu ergreifen, damit gewährleistet ist, dass die Sendung den Vorschriften des ADR entspricht.

8.3.6.2 Pflichten des Empfängers (GGVSEB § 20)

Der Empfänger ist verpflichtet, die Annahme des Gutes nicht ohne zwingenden Grund zu verzögern und nach dem Entladen zu prüfen, dass die ihn betreffenden Vorschriften des ADR eingehalten worden sind. Wenn diese Prüfung im Falle eines Containers einen Verstoß gegen die Vorschriften des ADR aufzeigt, darf der Empfänger dem Beförderer den Container erst dann zurückstellen, wenn der Verstoß behoben worden ist.

8.3.6.3 Pflichten des Fahrzeugführers (GGVSEB § 4)

Beim Feststellen eines Verstoßes, der die Sicherheit der Beförderung beeinträchtigen könnte, hat der Fahrzeugführer die Sendung möglichst rasch anzuhalten. Er darf die Beförderung erst fortsetzen, wenn die anzuwendenden Vorschriften erfüllt oder die Anweisungen oder Genehmigungen der zuständigen Behörden erteilt sind.

Bilden die beförderten gefährlichen Güter eine besondere Gefahr für andere, insbesondere soweit gefährliches Gut bei Unfällen oder Unregelmäßigkeiten austritt oder austreten kann, und kann diese nicht rasch beseitigt werden, hat der Fahrzeugführer die dem Ort des Gefahreneintritts nächstgelegenen zuständigen Behörden unverzüglich zu benachrichtigen und mit den notwendigen Informationen zu versehen (GGVSEB § 4).

8.3.6.4 Beispiel: Transport von Gefahrstoffen/Chemikalien

Werden Gefahrstoffe, z. B. Chemikalien (z. B. aus dem Labor) mit Dienstfahrzeugen transportiert, muss dieser Transport den Vorschriften der Gefahrgutverordnung-Straße- (GGVS) entsprechen. Der Fahrer eines entsprechenden Transportes muss vor Fahrtantritt durch den

Gefahrgutbeauftragten eingewiesen werden. Der Verantwortliche für die Bereitstellung des zu transportierenden Gefahrgutes ist der Erzeuger, Verlader und Verpacker im Einvernehmen mit dem Gefahrgutbeauftragten.

8.3.7 Unterweisung beteiligter Personen (ADR 1.3)

Entsprechend Ziffer 1.3 des „Europäisches Übereinkommen über die internationale Beförderung gefährlicher Güter auf der Straße (ADR)“ muss eine Unterweisung von allen Personen, die in ihrem Arbeitsbereich an der Beförderung gefährlicher Güter beteiligt sind, stattfinden.

Arbeitnehmer müssen vor der Übernahme von Pflichten unterwiesen sein und dürfen Aufgaben, für die eine erforderliche Unterweisung noch nicht stattgefunden hat, nur unter der direkten Überwachung einer unterwiesenen Person wahrnehmen. Die Ausbildung der Fahrzeugbesatzung ist dabei gesondert geregelt. Die Unterweisung muss vor der Übernahme von Pflichten betreffend die Beförderung gefährlicher Güter erfolgen. Das Personal muss über die von den gefährlichen Gütern ausgehenden Risiken und Gefahren unterwiesen sein; Ziel ist es, die sichere Handhabung und die Notfallmaßnahmen zu verdeutlichen. Die Unterweisung ist in regelmäßigen Abständen durch Auffrischungskurse zu ergänzen.

8.3.8 Gefahrgutbeauftragte

Sobald ein Unternehmen an der Beförderung gefährlicher Güter beteiligt ist, muss es mindestens einen Sicherheitsberater für die Beförderung gefährlicher Güter (Gefahrgutbeauftragten) schriftlich bestellen (Grundsatz!) (GbV § 3). Deren Aufgabe besteht darin, die Risiken verhüten zu helfen, die sich aus solchen Tätigkeiten für Personen, Sachen und die Umwelt ergeben.

Bei größeren Betrieben wird i. d. R. eine Bestellung notwendig, da die Mengen überschritten werden (s. u.); viele kleine Entwässerungsbetriebe dürften dagegen die Voraussetzungen nicht erreichen, die eine Bestellung erforderlich machen. Eine genaue Prüfung bleibt daher keinem Betrieb erspart.

▶ Bei dieser Prüfung ist Folgendes zu beachten: Die Pflicht zur Bestellung trifft ja nicht nur denjenigen Betrieb, der Gefahrgut unmittelbar befördert, sondern alle Beteiligten, was auch bei der Festlegung der jährlichen Gefahrgutmengen zu berücksichtigen ist (dazu unten). Die Beteiligung mit Pflichtenzuweisung nach dem GGVSE ist sehr weitgehend und erfasst neben dem eigentlichen Beförderer auch Auftraggeber, Empfänger, Entlader, Befüller, Verpacker und Versender (s. o.).

Vor diesem Hintergrund kommt für kleinere Betriebe den Ausnahmen bzw. Befreiungen der GbV eine erhebliche Bedeutung zu. Ausgenommen von der Bestellung eines Gefahrgutbeauftragten sind Betriebe nämlich dann,

- wenn sie ausschließlich als Auftraggeber des Absenders an der Beförderung von höchstens 50 Tonnen (netto) gefährlicher Güter pro Kalenderjahr beteiligt sind, oder
- wenn sie in einem Kalenderjahr an der Beförderung von höchstens 50 Tonnen (netto) gefährlicher Güter für den Eigenbedarf in Erfüllung betrieblicher Aufgaben beteiligt sind, oder

- deren Tätigkeiten sich auf freigestellte Beförderungen gefährlicher Güter beschränken, oder
- deren Tätigkeiten sich auf Beförderungen in begrenzten Mengen beziehen, oder
- wenn sie die gefährlichen Güter lediglich empfangen (eher unwahrscheinlich!) (GbV § 2).

Größere Entwässerungsbetriebe werden die erste 50 t Schwelle überschreiten und auch mehrere andere Beteiligungen beim Transport von Gefahrgut haben.

Die zweite Ausnahme ist eine Beteiligung an der Beförderung von max. 50 t pro Jahr „für den Eigenbedarf in Erfüllung betrieblicher Aufgaben"; z. B. der Transport von Gasflaschen für Schweißarbeiten an einem Sonderbauwerk.

Die Vorschriften der Gefahrgutbeauftragtenverordnung – GbV gelten auch nicht für Transporte unterhalb der so genannten 1000-Punkte-Grenze. Diese Regelung bedeutet, dass bestimmte Gefahrgüter in Mengen von bis zu 20 bzw. 333 bzw. 1000 Litern oder Kilogramm unter vereinfachten Randbedingungen befördert werden können. Diese Ausnahme trifft z. B. beim Transport eines einzelnen Altölfasses zu, wenn dies vom Abfallerzeuger selbst zu einer Sammelstelle oder einer Entsorgungsanlage transportiert wird.

▶ Im Zweifel sollte ein Gefahrgutbeauftragter bestellt werden, da ohnehin alle mit dem Umgang mit Gefahrgütern befassten Mitarbeiter entsprechend eingewiesen und geschult sein müssen (s. o.).

Beauftragte Personen müssen ausreichende Kenntnisse über die für ihren Aufgabenbereich maßgebenden Vorschriften über die Beförderung gefährlicher Güter haben. Als Gefahrgutbeauftragter darf nur bestellt werden, wer Inhaber eines Schulungsnachweises ist. Schulungsanforderungen, Pflichten des Gefahrgutbeauftragten und der Unternehmer müssen der GbV entnommen werden. Wenn eine Bestellung erforderlich ist, dann ist dort alles wichtig!

8.4 Gesetze

ArbZG Arbeitszeitgesetz (ArbZG), Ausfertigungsdatum: 06.06.1994

BetrSichV Verordnung über Sicherheit und Gesundheitsschutz bei der Verwendung von Arbeitsmitteln (Betriebssicherheitsverordnung – BetrSichV),
Ausfertigungsdatum: 03.02.2015

BKrFQG Gesetz über die Grundqualifikation und die Weiterbildung der Fahrer bestimmter Kraftfahrzeuge für den Güter- oder Personenkraftverkehr (Berufskraftfahrerqualifikationsgesetz – BKrFQG), Ausfertigungsdatum: 26.11.2020

FeV Verordnung über die Zulassung von Personen zum Straßenverkehr (Fahrerlaubnis-Verordnung – FeV), Ausfertigungsdatum: 13.12.2010

FPersG Gesetz über das Fahrpersonal von Kraftfahrzeugen und Straßenbahnen (Fahrpersonalgesetz – FPersG)
Ausfertigungsdatum: 30.03.1971, Neugefasst durch Bek. 19.02.1987

FPersV Verordnung zur Durchführung des Fahrpersonalgesetzes (Fahrpersonalverordnung – FPersV), Ausfertigungsdatum: 27.06.2005

FZV Verordnung über die Zulassung von Fahrzeugen zum Straßenverkehr (Fahrzeug-Zulassungsverordnung – FZV), Ausfertigungsdatum: 20.07.2023

GG Grundgesetz für die Bundesrepublik Deutschland, Ausfertigungsdatum: 23.05.1949 Stand: Zuletzt geändert durch Art. 1 G v. 19.12.2022 https://www.gesetze-im-internet.de/gg/BJNR000010949.html

GüKG Güterkraftverkehrsgesetz (GüKG), Ausfertigungsdatum: 22.06.1998

HGB Handelsgesetzbuch (HGB), Ausfertigungsdatum: 10.05.1897, Zuletzt geändert durch Art. 2 G v. 11.04.2024

PDLV Postdienstleistungsverordnung (PDLV) Vom 21. August 2001

PostG Postgesetz (PostG), Ausfertigungsdatum: 15.07.2024

StVG Straßenverkehrsgesetz (StVG), Ausfertigungsdatum: 03.05.1909, Neugefasst durch Bek. v. 05.03.2003

StVO Straßenverkehrs-Ordnung (StVO), Ausfertigungsdatum: 06.03.2013

StVZO Straßenverkehrs-Zulassungs-Ordnung (StVZO), Ausfertigungsdatum: 26.04.2012

Verordnung (EG) Nr. 561/2006 des Europäischen Parlaments und des Rates vom 15. März 2006 zur Harmonisierung bestimmter Sozialvorschriften im Straßenverkehr und zur Änderung der Verordnungen (EWG) Nr. 3821/85 und (EG) Nr. 2135/98 des Rates sowie zur Aufhebung der Verordnung (EWG) Nr. 3820/85 des Rates

Verordnung (EU) Nr. 165/2014 des Europäischen Parlaments und des Rates vom 4. Februar 2014 über Fahrtenschreiber im Straßenverkehr, zur Aufhebung der Verordnung (EWG) Nr. 3821/85 des Rates über das Kontrollgerät im Straßenverkehr und zur Änderung der Verordnung (EG) Nr. 561/2006 des Europäischen Parlaments und des Rates zur Harmonisierung bestimmter Sozialvorschriften im Straßenverkehr

ADR Europäisches Übereinkommen vom 30. September 1957 über die internationale Beförderung gefährlicher Güter auf der Straße (ADR) und seine Anlagen A und B Ausfertigungsdatum: 30.09.1957, Geändert durch Protokoll v. 13.05.2019

AVV Verordnung über das Europäische Abfallverzeichnis (Abfallverzeichnis-Verordnung – AVV), Ausfertigungsdatum: 10.12.2001

Bundesministerium für Verkehr Allgemeine Verwaltungsvorschrift zur Straßenverkehrs-Ordnung (VwV-StVO)
https://www.verwaltungsvorschriften-im-internet.de/bsvwvbund_26012001_S3236420014.htm

GbV Verordnung über die Bestellung von Gefahrgutbeauftragten in Unternehmen (Gefahrgutbeauftragtenverordnung – GbV)
Ausfertigungsdatum: 25.02.2011, Neugefasst durch Bek. v. 11.03.2019 I

GGBefG Gesetz über die Beförderung gefährlicher Güter (Gefahrgutbeförderungsgesetz – GGBefG), Ausfertigungsdatum: 06.08.1975, Neugefasst durch Bek. v. 07.07.2009

GGVSEB Richtlinien zur Durchführung der Gefahrgutverordnung Straße, Eisenbahn und Binnenschifffahrt (GGVSEB) und weiterer gefahrgutrechtlicher Verordnungen (Durchführungsrichtlinien-Gefahrgut) – RSEB –

Richtlinie 2008/68/EG des Europäischen Parlaments und des Rates vom 24. September 2008 über die Beförderung gefährlicher Güter im Binnenland

BayRKG Bayerisches Gesetz über die Reisekostenvergütung der Beamten und Richter (Bayerisches Reisekostengesetz – BayRKG), Vom 24. April 2001

LRKG Reisekostengesetz Nordrhein-Westfalen (Landesreisekostengesetz – LRKG) Vom 1. Dezember 2021

VV-BayRKG Allgemeine Verwaltungsvorschrift zum Bayerischen Reisekostengesetz (VV-BayRKG), Bekanntmachung des Bayerischen Staatsministeriums der Finanzen, für Landesentwicklung und Heimat vom 28. September 2017

8.5 Literatur

Anwendungshinweise zum Berufskraftfahrerqualifikationsrecht
(gemäß Richtlinie 2003/59/EG1, Berufskraftfahrerqualifikationsgesetz (BKrFQG) und Berufskraftfahrerqualifikationsverordnung (BKrFQV)) – abgestimmt zwischen Bund und Ländern, Bundesamt für Güterverkehr, Dritte Auflage – Stand: Oktober 2017
https://www.balm.bund.de/SharedDocs/Downloads/DE/Chefredaktion/Anwendungshinweise_Berufskraftfahrerqualifikationsrecht.pdf?__blob=publicationFile&v=1

BGH mit Urteil vom 24-09-1987 – I ZR 197/85 (Saarbrücken)

Bundesamt für Logistik und Mobilität,
„Anwendungshinweise zum Berufskraftfahrerqualifikationsrecht“ (gemäß Richtlinie 2003/59/EG, Berufskraftfahrer-Qualifikationsgesetz (BKrFQG) und Berufskraftfahrer-

Qualifikations-Verordnung (BKrFQV)) Abgestimmt zwischen den für die Umsetzung des Berufskraftfahrer-Qualifikationsrechts zuständigen obersten Behörden des Bundes und der Länder; Zweite Auflage – Stand: Juli 2015

Bundesamt für Logistik und Mobilität, Hinweise zu den Sozialvorschriften im Straßenverkehr (gemäß Verordnung (EG) Nr. 561/2006, Verordnung (EWG) Nr. 3821/85, Verordnung (EU) Nr. 165/2014, Fahrpersonalgesetz (FPersG) und Fahrpersonalverordnung (FPersV))
https://www.balm.bund.de/SharedDocs/Downloads/DE/Rechtsvorschriften/Merkblaetter/Leitfaden_Rechtsvorschriften_BLRB.html;jsessionid=F1052C969BAB3121404FD3AF100DB6E1.live11294?nn=3687682
Letzter Zugriff 28.03.2023

Bundesanstalt für Materialforschung und -prüfung (BAM), Datenbank Gefahrgut
https://tes.bam.de/TES/Navigation/DE/DGG/dgg-uebersicht.html
Letzter Zugriff 28.03.2023

Bundesnetzagentur, Tätigkeitsbericht Post 2014/2015
https://www.post-und-telekommunikation.de/PuT/1Fundus/Dokumente/Geschaeftsberichte/BNetzA/20151207-Taetigkeitsbericht-Post-2014-2015-TB_Post_2015.pdf
Letzter Zugriff 28.03.2023

Bundesverwaltungsgericht (Urteil vom 20.02.1987 – 7 C 14/84)

BVerwG, Beschluss vom 13.08.1986 – 6 P 7/85

BVerwG, Urteil vom 10. Dezember 2013 – 2 C 7/12

BVerwG, Urteil vom 27.05.2004 – 2 C 29/03

DGUV Information 214-016, Sicherer Einsatz von Absetzkippern, Februar 2017

Europäisches Übereinkommen über die internationale Beförderung gefährlicher Güter auf der Straße (ADR)
https://www.bgbl.de/xaver/bgbl/start.xav#__bgbl__%2F%2F*%5B%40attr_id%3D%27bgbl221024_Anlageband.pdf%27%5D__1673347682205

FAU, Portal der Friedrich-Alexander Universität Erlangen-Nürnberg, Dienstreisen und Fortbildungsreisen, Formulare/Rundschreiben, FAQ zu den Reisekosten, Aktuelles (Zugriff: 08.11.2016)

GUV-R 186 (bisher GUV 15.6), Regeln für Sicherheit und Gesundheitsschutz, Austauschbare Kipp und Absetzbehälter, Ausgabe Juli 1992

OLG Düsseldorf, Beschluss vom 18.07.1989 – 5 Ss (OWi) 274/89 – (OWi) 111/89 I

9 Energie

Ein Entwässerungsbetrieb mit eigener Abwasserreinigung ist einer der größten Energieverbraucher seiner Kommune. Die Kosten für die bezogene Energie sind in den letzten Jahren immer nur angestiegen. Nicht nur deshalb haben die Betriebe schon lange versucht, den Energieverbrauch zu reduzieren. Gleichzeitig laufen die Bemühungen eine eigene Energiegewinnung zu installieren und den Verbrauch und die Gewinnung zu optimieren.

9.1 Energieversorgung

Energie wird einem Entwässerungsbetrieb in vielfacher Form zugeführt: Strom, Gas, Nah- oder Fernwärme, feste oder flüssige Brennstoffe (z. B. Heizöl, Holz) und als Bioenergie im zufließenden Abwasser. Diese Energie wird überwiegend in den Kläranlagen und dort besonders als Strom verbraucht.

„Kläranlagen benötigen fast 4400 Gigawattstunden Strom pro Jahr. Anders ausgedrückt muss nur für die kommunalen Kläranlagen Strom in der Jahresleistung eines modernen Kohlekraftwerks erzeugt werden. …

Im Durchschnitt liegen die spezifischen Stromverbräuche nach unseren Informationen wie folgt bei:

Größenklasse 1	*< 1000 EW*	*75 kWh / EW × a*
Größenklasse 2	*> 1000–5000 EW*	*55 kWh / EW × a*
Größenklasse 3	*> 5000–10.000 EW*	*44 kWh / EW × a*
Größenklasse 4	*> 10.000–100.000 EW*	*35 kWh / EW × a*
Größenklasse 5	*> 100.000 EW*	*32 kWh / EW × a*

…

A. Jessen, *Kommunaler Entwässerungsbetrieb*,
https://doi.org/10.1007/978-3-658-50966-8_9

2.2 Energieeinsparung und -gewinnung bei der Klärschlammbehandlung
Im Jahr 2004 pumpten rund 1150 Kläranlagen (fast 100 Prozent der Größenklasse 5 und ca. 45 Prozent der Größenklasse 4 mit 76 Prozent der angeschlossenen Einwohnerwerte) den Klärschlamm (Überschussschlamm) in Faulbehälter zur Erzeugung von Faulgas. Das Beheizen der Faulbehälter auf 35 bis 38 °C sorgt dabei für eine optimale Faulgasausbeute. Die Beheizung benötigt 70 bis 80 Prozent des gesamten Wärmebedarfs der Kläranlage. ... Kommunale Kläranlagen erzeugten 684 Millionen m^3 Faulgas mit einem mittleren Methangehalt von 65 Prozent. Blockheizkraftwerke (BHKW) nutzten 68 Prozent des Faulgases und produzierten damit 864 GWh Strom, was dem Strombedarf von etwa 177.000 Vier-Personen-Haushalten entspricht" (Umweltbundesamt, Energieeffizienz kommunaler Kläranlagen).

Auch wenn die obigen Fakten schon etwas älter sind, stimmen sie grundsätzlich immer noch. Manche Kläranlagen nutzen das Klärgas zur Wärmeerzeugung oder betreiben Fahrzeuge damit, andere überlassen ihr Faulgas den örtlichen Gasversorgern. Zusätzliche regenerative Energien werden ebenfalls genutzt indem z. B. Windkraft-, Wasserkraft- oder Photovoltaik-Anlagen betrieben werden.

Nahezu alle Kläranlagen und Pumpwerke oder Sonderbauwerke im Kanalnetz werden jedoch an das örtliche Stromversorgungsnetz angeschlossen sein.

9.1.1 Energieanlagen

Energieanlagen sind Anlagen zur Erzeugung, Speicherung, Fortleitung oder Abgabe von Energie, dies schließt die Verteileranlagen der Letztverbraucher (z. B. in Kläranlage oder Pumpwerk) sowie bei der Gasversorgung auch die letzte Absperreinrichtung vor der Verbrauchsanlage ein (EnWG § 3).

Anforderungen an Energieanlagen (EnWG § 49)
Energieanlagen sind so zu errichten und zu betreiben, dass die technische Sicherheit gewährleistet ist. Dabei sind vorbehaltlich sonstiger Rechtsvorschriften die allgemein anerkannten Regeln der Technik zu beachten. Die Einhaltung der allgemein anerkannten Regeln der Technik wird vermutet, wenn bei Anlagen zur Erzeugung, Fortleitung und Abgabe von

- Elektrizität die technischen Regeln des Verbandes der Elektrotechnik Elektronik Informationstechnik e. V.,
- Gas die technischen Regeln der Deutschen Vereinigung des Gas- und Wasserfaches e. V.

eingehalten worden sind.

(Strom-)Erzeugungsanlagen
(Strom-)Erzeugungsanlagen sind Anlagen zur Erzeugung von elektrischer Energie, die in das deutsche Strom-Netz einspeisen. Die verschiedenen in Deutschland vorhandenen Stromerzeugungsanlagen ergeben sich aus der Liste der Bundesnetzagentur (Auszug).

Tab. 9.1 Auswertung Kraftwerksliste Bundesnetzagentur nach erneuerbaren Energieträgern (Ja/Nein) – ohne endgültig stillgelegte Anlagen. (Bundesnetzagentur, Kraftwerksliste; Stand 19.01.2021)

	Erneuerbarer Energieträger		
	Ja	*Nein*	*Summe*
Biomasse	*8610*	*0*	*8610*
Braunkohle	*0*	*20.254*	*20.254*
Erdgas	*0*	*30.502*	*30.502*
Kernenergie	*0*	*8114*	*8114*
Klärgas	***159***	*0*	*159*
Pumpspeicher	*0*	*9814*	*9814*
Solare Strahlungsenergie	*51.479*	*0*	*51.479*
Steinkohle	*0*	*23.705*	*23.705*
Windenergie (Onshore-Anlagen)	*53.733*	*0*	*53.733*
Gesamtergebnis	***127.714***	***101.456***	***229.170***

Die aufgeführten Zahlen sind jeweils die Summen der elektrischen Netto-Nennleistung in MW
Hinweis: In das deutsche Netz einspeisende Kraftwerksleistungen in Dänemark, Luxemburg, Schweiz und Österreich sind ebenfalls aufgeführt.* EEG-Anlagen ausgewertet zum 30.06.2020

Kohle- und Kernkraftwerke dienen der Erzeugung von elektrischer Energie, genauso wie die Windparks an Land oder an der Küste. Die jeweils erzeugte Wärme- oder Bewegungs-Energie wird dabei durch einen Generator in elektrische Energie umgewandelt. Über Transformatoren wird der Strom auf ein höheres Spannungsniveau gebracht, so dass er in das anschließende Hoch- oder Höchstspannungsnetz eingespeist werden und so besser transportiert werden kann. Ähnlich funktioniert das auch bei den übrigen Stromerzeugungsanlagen in der Tab. 9.1. Installierte Leistung verschiedener Kraftwerkstypen:

- Atomkraftwerk ca.: 800 bis 1600 Megawatt,
- Kohlekraftwerk: 100 Megawatt bis 1000 Megawatt
- Windkraftwerk: 0,2 bis ca. 5 MW
- BHKW einer Kläranlage: bis zu 2 MW, selten mehr

9.1.2 Messung von Strom

Erfassung der eingespeisten und der entnommenen Strommenge

Der Betreiber des Energieversorgungsnetzes, an das eine Kundenanlage oder eine Kundenanlage zur betrieblichen Eigenversorgung angeschlossen ist, hat den Zählpunkt zur Erfassung der durch die Kundenanlage aus dem Netz der allgemeinen Versorgung entnommenen und in das Netz der allgemeinen Versorgung eingespeisten Strommenge (Summenzähler) sowie alle Zählpunkte bereitzustellen, die für die Gewährung des Netzzugangs für Unterzähler innerhalb der Kundenanlage im Wege der Durchleitung (bilanzierungsrelevante Unterzähler) erforderlich sind(EnWG § 20, 1d).

Gesetz über den Messstellenbetrieb und die Datenkommunikation in intelligenten Energienetzen 1 (Messstellenbetriebsgesetz – MsbG)
Dieses Gesetz trifft Regelungen

- zur Ausstattung von Messstellen der leitungsgebundenen Energieversorgung mit modernen Messeinrichtungen und intelligenten Messsystemen,
- zur Ausgestaltung des Messstellenbetriebs und zur freien Wahl eines Messstellenbetreibers,
- zur Aufgabentrennung von Messstellenbetrieb und Netzbetrieb,
- zu technischen Mindestanforderungen an den Einsatz von intelligenten Messsystemen,
- zur energiewirtschaftlichen Datenkommunikation und zur allgemeinen Datenkommunikation mit Smart-Meter-Gateways,
- zur Verarbeitung von Messwerten und weiteren personenbezogenen Daten zur Erfüllung von vorvertraglichen Verpflichtungen, von Verträgen, rechtlichen Verpflichtungen und zur Erfüllung von Aufgaben im öffentlichen Interesse

Details über die Anforderungen an Messstellen müssen dort nachgelesen werden.

9.1.3 Übertragung (= Transport) von Strom

Strom wird von Kraftwerken über ein Stromtransportnetz und über nachgelagerte Verteilernetze von den Energieversorgungsunternehmen bis zu den Verbrauchern/Kunden geliefert. Der Transport erfolgt über Freileitungen und Erdkabel. Die Stromverteilung erfolgt von der höchsten Spannungsebene bis zur niedrigen.

Übertragung ist der Transport von Elektrizität über ein Höchstspannungs- und Hochspannungsverbundnetz einschließlich grenzüberschreitender Verbindungsleitungen zum Zwecke der Belieferung von Letztverbrauchern oder Verteilern, jedoch nicht die Belieferung der Kunden selbst. Jedes Übertragungsnetz heißt *Transportnetz*; der Betreiber eines Übertragungsnetzes Transportnetzbetreiber.

Elektrizitätsversorgungsnetze erstrecken sich über eine oder mehrere Spannungsebenen; Kundenanlagen gehören nicht dazu.

Übertragungsnetze Betreiber von **Übertragungsnetzen** haben die Systemverantwortung; das heißt, dass sofern die Sicherheit oder Zuverlässigkeit des Elektrizitätsversorgungssystems in der jeweiligen Regelzone gefährdet oder gestört ist, sind die Betreiber der Übertragungsnetze berechtigt und verpflichtet, die Gefährdung oder Störung zu beseitigen, insbesondere durch Netzschaltungen. Eine Gefährdung der Sicherheit oder Zuverlässigkeit des Elektrizitätsversorgungssystems in der jeweiligen Regelzone liegt vor, wenn örtliche Ausfälle des Übertragungsnetzes oder kurzfristige Netzengpässe zu besorgen sind oder zu besorgen ist, dass die Haltung von Frequenz, Spannung oder Stabilität durch die Betreiber von Übertragungsnetzen nicht im erforderlichen Maße gewährleistet werden kann (EnWG § 3).

In Deutschland gibt es derzeit vier Betreiber von Übertragungsnetzen **mit Regelzonenverantwortung** die die o. g. Aufgaben erfüllen: *Amprion, TransnetBW, TenneT TSO* und *50Hertz Transmission* (ehemals: Vattenfall, E.on, EnBW und RWE). Das von ihnen betriebene Höchstspannungs- und Hochspannungsverbundnetz hat eine Spannung von 110 kV bis 380 kV.

Verteilung ist der Transport von Elektrizität mit hoher, mittlerer oder niederer Spannung über Elektrizitätsverteilernetze, um die Versorgung von Kunden zu ermöglichen, jedoch nicht die Belieferung der Kunden selbst.

Elektrizitäts-Verteilernetze Die o. g. Aufgaben der Betreiber von Übertragungsnetzen gelten i. d. R. auch für die Betreiber von Elektrizitätsverteilernetzen. Zu den *Verteilernetzen* zählen auch Hochspannungsnetze mit einer Nennspannung von 110 Kilovolt.

Spannungsebenen Stromnetze werden je nach Funktion in verschiedener Betriebsspannung betrieben, bei der sie elektrische Energie übertragen sollen, um die Übertragungsverluste möglichst gering zu halten:

Höchstspannung: 220 kV oder 380 kV
Hochspannung: 110 kV (= 110.000 V)
Mittelspannung: 1 kV bis 50 kV
Niederspannung: 230 V/400 V

Die Verbindung von Stromnetzen mit diesen verschiedenen Spannungsebenen erfolgt über Transformatoren oder Umspann-Anlagen bzw. Umspann-Werke.

Netzebene heißen die Bereiche von Elektrizitätsversorgungsnetzen, in welchen elektrische Energie in Höchst-, Hoch-, Mittel- oder Niederspannung übertragen oder verteilt wird.

Das Niederspannungsnetz ist das jedem Haushalt bekannte Netz; die häuslichen Steckdosen werden üblicherweise mit einer Netzspannung von 230 V/400 V (Niederspannung) betrieben. Durch die vergleichsweise niedrige Spannung können die möglichen Gefahren durch Defekte oder Unfälle reduziert werden.

Nieder- und Mittelspannungsnetze Aus dem vorgelagerten *Mittelspannungsnetz* (z. B. 20 kV = 20.000 V) erfolgt die Stromverteilung an die einzelnen Regionen, Städte und Ortschaften. Die nachgelagerten *Niederspannungsnetze* werden dabei durch Transformatoren aus dem Mittelspannungsnetz gespeist. Niederspannungsnetze sind wegen der Leitungsverluste in ihrer räumlichen Ausdehnung beschränkt.

Netze in Kläranlagen In einer Kläranlage z. B. erfolgt die Versorgung der einzelnen Verbraucher über die Niederspannungs-Hauptverteilung. Von dort gehen die einzelnen Kabelstränge zu den Hebewerken, Pumpstationen, Rechen, Räumern, Sozialgebäude oder Labor. Dort erfolgt dann die weitere Unterverteilung auf die jeweils vorhandenen Motoren,

Geräte, Maschinen, Lampen oder Steckdosen. Größere Verbraucher wie Gebläsestationen oder Hochwasserpumpwerke, die evtl. auch noch in größerer Entfernung von der Hauptverteilung liegen, könnten auch über eigene Transformatorstationen direkt aus dem Mittelspannungsnetz mit Niederspannungsstrom versorgt werden.

Transformator Für eine möglichst verlustarme Übertragung elektrischer Leistung über größere Entfernungen ist eine niedrige Stromstärke und somit eine hohe Spannung erforderlich (z. B. Höchstspannungsnetz). Mit einem *Transformator* (Trafo) kann Strom von einer vorhandenen Spannungsebene in eine Stromleistung mit anderer Spannung transformiert (umwandelt) werden. Das Anwendungsgebiet von Transformatoren ist daher die Nutzung von Strom durch die Verringerung (oder die Erhöhung) der vorhandenen Spannungsebene. Hier geht es vorrangig um die Nutzung des im Mittelspannungsnetz bereitgestellten Stroms, der vor Ort in Niederspannung gebraucht wird.

Energieversorgungsnetze der allgemeinen Versorgung Energieversorgungsnetze, die der *Verteilung von Energie an Dritte* dienen und von ihrer Dimensionierung nicht von vornherein nur auf die Versorgung bestimmter, schon bei der Netzerrichtung feststehender oder bestimmbarer Letztverbraucher ausgelegt sind, sondern grundsätzlich für die Versorgung jedes Letztverbrauchers offenstehen. Diese Netze für die Letztverbraucher werden mit Niederspannung, also 400 V betrieben.

*„Nach diesen Maßgaben gehören zum **Netz der allgemeinen Versorgung** alle Anlagen, die für die Versorgung aller vorhandenen Netznutzer im Konzessionsgebiet notwendig sind. **Dazu gehören auch Mittelspannungsleitungen** jedenfalls dann, **wenn daran Letztverbraucher unmittelbar angeschlossen sind**, ohne dass es eine Rolle spielt, ob die Leitungen von einem vorgelagerten Netzbetreiber auch für andere Zwecke genutzt werden. Eine Beschränkung des Überlassungsanspruchs ... auf die Niederspannungsebene ... oder auf nur ausschließlich für die allgemeine Versorgung von Letztverbrauchern genutzten Leitungen einer höheren Spannungsebene kann daraus nicht hergeleitet werden"* (Bundesgerichtshof, Beschluss EnVR 10/13).

9.1.4 Energieversorgungsunternehmen

Energieversorungsunternehmen sind natürliche oder juristische Personen, die *Energie an andere liefern, ein Energieversorgungsnetz betreiben* oder an einem Energieversorgungsnetz als Eigentümer Verfügungsbefugnis besitzen. Die Stromnetze, die den Transport vom regionalen Netz bis zu den jeweiligen Haushalten/Kunden ermöglichen, sind im Nieder- und Mittelspannungsbereich angesiedelt (EnWG § 3).

- Der Betrieb einer Kundenanlage oder einer Kundenanlage zur betrieblichen Eigenversorgung macht den Betreiber nicht zum Energieversorgungsunternehmen; d. h., dass eine Kläranlage mit einem BHKW oder einer PV-Anlage noch nicht zu einem Energieversorger wird.

Ein vertikal integriertes Energieversorgungsunternehmen ist ein im Elektrizitäts- oder Gasbereich tätiges Unternehmen oder eine Gruppe von Elektrizitäts- oder Gasunternehmen, die miteinander verbunden sind, wobei das betreffende Unternehmen im Elektrizitätsbereich

- mindestens eine der Funktionen *Übertragung* oder *Verteilung* und
- mindestens eine der Funktionen *Erzeugung* oder *Vertrieb* von Elektrizität

wahrnimmt. Ähnliches gilt für den Gasbereich.

Die meisten Stadtwerke sind solche vertikal integrierten Energieversorger.

9.1.4.1 Aufgaben der Energieversorgungsunternehmen

Energieversorgungsunternehmen sind verpflichtet zu einer möglichst sicheren, preisgünstigen, verbraucherfreundlichen, effizienten und umweltverträglichen leitungsgebundenen *Versorgung der Allgemeinheit mit Elektrizität* und Gas, die zunehmend auf erneuerbaren Energien beruht (EnWG § 1).

Energieversorgungsunternehmen haben für Netzgebiete, in denen sie die *Grundversorgung von Haushaltskunden* durchführen, Allgemeine Bedingungen und Allgemeine Preise für die Versorgung in Niederspannung oder Niederdruck öffentlich bekannt zu geben und im Internet zu veröffentlichen und zu diesen Bedingungen und Preisen jeden Haushaltskunden zu versorgen (*Grundversorgungspflicht*, § 36 EnWG). Die örtlichen Grundversorger sind meist die jeweiligen Stadtwerke oder Überlandwerke, die die meisten Kunden in ihrem Gebiet versorgen; davon gibt es mittlerweile über 900 in Deutschland.

9.1.4.2 Betreiber von Elektrizitätsverteilernetzen

Betreiber von Elektrizitätsverteilernetzen sind natürliche oder juristische Personen oder rechtlich unselbständige Organisationseinheiten eines Energieversorgungsunternehmens, die die Aufgabe der Verteilung von Elektrizität wahrnehmen und verantwortlich sind für den Betrieb, die Wartung sowie erforderlichenfalls den Ausbau des Verteilernetzes in einem bestimmten Gebiet und gegebenenfalls der Verbindungsleitungen zu anderen Netzen (EnWG § 3). Ein Verteilnetzbetreiber kann also Stromnetze auf verschiedenen Netzebenen im Niederspannungs-, Mittelspannungs- oder auch im Hochspannungsbereich unterhalten und so die Verbindung zu anderen Stromnetzen herstellen. Verteilnetzbetreiber sind im Bereich eines Übertragungsnetzbetreibers für eine mehr regionale Stromversorgung zuständig (z. B. Stadtwerke).

9.1.4.3 Aufgaben der Betreiber von Elektrizitätsversorgungsnetzen

Betreiber von *Übertragungsnetzen* haben die Energieübertragung durch das Netz unter Berücksichtigung des Austauschs mit anderen Verbundnetzen zu regeln und mit der Bereitstellung und dem Betrieb ihrer Übertragungsnetze im nationalen und internationalen Verbund zu einem sicheren und zuverlässigen Elektrizitätsversorgungssystem in ihrer Regelzone und damit zu einer sicheren Energieversorgung beizutragen. Betreiber von *Übertragungsnetzen* und/oder von *Verteilernetzen* müssen der Regulierungsbehörde über die Sicherheit, Zuverlässigkeit und Leistungsfähigkeit ihres Energieversorgungsnetzes berichten (EnWG § 3).

- Unter anderem die *Betreiber von Erzeugungsanlagen* sowie *industrielle und gewerbliche Letztverbraucher* (beides können Entwässerungsbetriebe sein) müssen den Betreibern von Elektrizitätsversorgungsnetzen auf deren Verlangen unverzüglich die Informationen einschließlich etwaiger Betriebs- und Geschäftsgeheimnisse bereitstellen, die notwendig sind, damit die Elektrizitätsversorgungsnetze sicher und zuverlässig betrieben, gewartet und ausgebaut werden können (EnWG § 12).

Die Betreiber von Elektrizitätsversorgungsnetzen müssen sicherstellen, dass die Betriebs- und Geschäftsgeheimnisse, die ihnen zur Kenntnis gelangen, ausschließlich so zu den dort genannten Zwecken genutzt werden und dass deren unbefugte Offenbarung ausgeschlossen ist (EnWG § 12).

9.1.4.4 Stromlieferanten

Stromlieferanten sind natürliche und juristische Personen, deren Geschäftstätigkeit ganz oder teilweise auf den *Vertrieb von Elektrizität zum Zwecke der Belieferung von Letztverbrauchern* ausgerichtet ist (EnWG § 3).

Ein Entwässerungsbetrieb ist also i. d. R. *kein Stromlieferant*, auch wenn gelegentlich überschüssig produzierter Strom ins allgemeine Netz eingespeist werden sollte.

9.1.4.5 Unterscheidung von verschiedenen Energieversorgern

> **„Stromanbieter (= Stromlieferant)**
>
> *Der Stromanbieter, auch Energieversorgungsunternehmen oder Stromlieferant genannt, ist für die Belieferung seiner Kund:innen mit Strom verantwortlich. Dabei kann es sich um das Stadtwerk vor Ort oder ein regional bis bundesweit agierendes Unternehmen handeln. Egal ob Mieter:in oder Eigentümer:in: Jeder Haushalt kann einen eigenen Stromliefervertrag mit einem Anbieter seiner Wahl abschließen und beliebig häufig den Anbieter wechseln, um zum Beispiel günstigeren Strom zu beziehen.*
>
> ***Netzbetreiber***
>
> *Netzbetreiber koordinieren Transport und Verteilung des Stroms von den Kraftwerken zu den Verbrauchern. Während sogenannte Übertragungsnetzbetreiber die großen Stromtrassen bedienen, ist für jeden einzelnen Haushalt jeweils der örtliche Verteilnetzbetreiber zuständig. Mit diesem Unternehmen schließt der Gebäudeeigentümer einmalig einen Netzanschlussvertrag. Den Netzbetreiber können Sie nicht wechseln, da er ein zeitlich begrenztes, örtliches Monopol hat. Auch nach einem Stromanbieterwechsel bleibt er derselbe. ... Die Entgelte für die Netznutzung sind immer in Ihrem Strompreis enthalten. Dies ist zwischen Stromanbieter und Netzbetreiber vertraglich geregelt. Direkte Rechnungen für den Netzbetrieb bekommen Sie also nicht. Allerdings ist der Netzbetreiber oft auch Messstellenbetreiber (mehr dazu lesen Sie unten) – und in dieser Funktion kann er Ihnen unter Umständen eine Rechnung stellen.*

Darüber hinaus kann es Situationen geben, in denen der Netzbetreiber für Sie von Interesse oder direkter Ansprechpartner ist:

1. *Wenn Sie als Gebäudeeigentümer einen Netzanschlussvertrag schließen, ändern oder abmelden möchten.*
2. *Wenn Sie mit einer Strom erzeugenden Anlage, zum Beispiel einer Photovoltaikanlage, Strom ins allgemeine Netz einspeisen möchten. Denn der Netzbetreiber ist zuständig für Ihre Einspeisevergütung.*
3. *Wenn Sie eine Ladestation für ein Elektroauto, eine Wärmepumpe oder eine Elektrospeicherheizung installieren oder deinstallieren.*

In diesen Fällen sind immer Meldungen an den Netzbetreiber erforderlich.

Messstellenbetreiber

Der Messstellenbetreiber ist zuständig für Einbau, Betrieb, Ablesung und Wartung von Stromzählern sowie für die eigentliche Messung. Bis Herbst 2016 hat der örtliche Verteilnetzbetreiber ... diese Aufgaben übernommen. Nach neuer Rechtslage gilt: Solange bei Ihnen ein analoger Zähler verbaut ist, ist der Netzbetreiber auch weiterhin bei allen Zählerfragen für Sie zuständig. Wurde bei Ihnen bereits ein digitaler Zähler installiert, also eine moderne Messeinrichtung oder ein intelligentes Messsystem, ist der sogenannte grundzuständige Messstellenbetreiber für ihre Messstelle verantwortlich. Auch bei diesem handelt es sich in der Regel um den Netzbetreiber, da dieser in fast allen Netzgebieten die Aufgaben des grundzuständigen Messstellenbetreibers übernommen hat. ... Wenn die Messung Ihres Stromverbrauchs mit einer modernen Messeinrichtung und einem intelligenten Messsystem durchgeführt wird, haben Sie neben dem Vertrag mit dem Stromanbieter grundsätzlich auch einen Vertrag mit dem Messstellenbetreiber. In der Folge können Sie entweder eine gesonderte Rechnung vom Messstellenbetreiber erhalten oder die Kosten für den Messstellenbetrieb werden weiterhin auf Ihrer Stromrechnung ausgewiesen" (Verbraucherzentrale, Stromanbieter, Netzbetreiber, Messstellenbetreiber: Wer macht was?).

9.1.5 Redispatch 2.0

Die Strom-Übertragungsleitungen werden insbesondere während der Wintermonate besonders beansprucht. Aufgrund der meist stürmischen Wetterlage speisen die Windräder im Norden dann deutlich mehr Strom ein und gleichzeitig steigt besonders in Süddeutschland wegen der niedrigen Temperaturen der Energiebedarf. Um eine Überlastung der Leitungen und das automatische Abschalten der Leitungen zu verhindern, müssen die folgenden Maßnahmen durchgeführt werden: die Anlagen im Norden müssen ihre Einspeisung reduzieren und die Anlagen im Süden müssen hochgefahren werden.

„Der schrittweise Ausstieg aus der Kernenergie und die vermehrte Einspeisung von Strom aus erneuerbaren Energien wirken sich auf die Lastflüsse im Netz aus und führen dazu, dass Netzbetreiber häufiger als bisher Redispatch-Maßnahmen vornehmen müssen" (Bundesnetzagentur, Redispatch, Stand 11/2021).

Das Ziel dieser Maßnahmen ist die Erhaltung der Netz- und Systemstabilität und die Vermeidung von Netzunterbrechungen, um so die Versorgungssicherheit der Verbraucher gewährleisten zu können.

*„Unter **Redispatch** versteht man Eingriffe in die Erzeugungsleistung von Kraftwerken, um Leitungsabschnitte vor einer Überlastung zu schützen. Droht an einer bestimmten Stelle im Netz ein Engpass, werden Kraftwerke diesseits des Engpasses angewiesen, ihre Einspeisung zu drosseln, während Anlagen jenseits des Engpasses ihre Einspeiseleistung erhöhen müssen. Auf diese Weise wird ein Lastfluss erzeugt, der dem Engpass entgegenwirkt"* (Bundesnetzagentur, Redispatch, Stand 11/2021).

9.1.5.1 Systemverantwortung der Betreiber von Übertragungsnetzen (EnWG § 13)

Sofern die Sicherheit oder Zuverlässigkeit des Elektrizitätsversorgungssystems in der jeweiligen Regelzone gefährdet oder gestört ist, sind die Betreiber der Übertragungsnetze berechtigt und verpflichtet, die Gefährdung oder Störung zu beseitigen durch

- netzbezogene Maßnahmen, insbesondere durch Netzschaltungen,
- marktbezogene Maßnahmen, insbesondere durch den Einsatz von Regelenergie,
  - Maßnahmen zur Anpassung der Stromerzeugung
  - vertraglich vereinbarte abschaltbare und zuschaltbare Lasten,
  - Information über Engpässe und das Management von Engpässen

Seit Oktober 2021 sind alle konventionellen Anlagen und neu auch Anlagen der Erneuerbaren Energien und KWK-Anlagen ab 100 kW installierter Leistung sowie alle Verteilnetzbetreiber (VNB) verpflichtet, am *Redispatch* teilzunehmen.

Bei strom- und spannungsbedingten Anpassungen der Wirkleistungserzeugung oder des Wirkleistungsbezugs sind bei mehreren geeigneten Maßnahmen die Maßnahmen auszuwählen, die voraussichtlich insgesamt die geringsten Kosten verursachen. Maßnahmen gegenüber Anlagen zur Erzeugung von elektrischer Energie mit einer Nennleistung unter 100 Kilowatt, die durch einen Netzbetreiber jederzeit fernsteuerbar sind, dürfen die Betreiber von Übertragungsnetzen unabhängig von den Kosten nachrangig ergreifen. Im Rahmen der Auswahlentscheidung sind die Verpflichtungen des Erneuerbare-Energien-Gesetzes und des KWKG einzuhalten, indem für Maßnahmen zur Reduzierung der Wirkleistungserzeugung von EEG-Anlagen kalkulatorische Kosten anzusetzen sind. Der einheitliche kalkulatorische Preis ist so zu bestimmen, dass die Reduzierung der Wirkleistungserzeugung der EEG-Anlagen nur erfolgt, wenn dadurch in der Regel ein Vielfaches an Reduzierung von nicht vorrangberechtigter Erzeugung ersetzt werden kann (Mindestfaktor). Für die Reduzierung der Wirkleistungserzeugung von EEG-Anlagen wurde von der Bundesnetzagentur ein Mindestfaktor von 10 bestimmt. Für die Reduzierung der elektrischen Wirkleistungserzeugung von KWKG-Anlagen wurde ein Mindestfaktor von 5 bestimmt.

Lässt sich eine Gefährdung oder Störung der *Sicherheit oder Zuverlässigkeit des Elektrizitätsversorgungssystems* durch die o. g. Maßnahmen nicht oder nicht rechtzeitig beseitigen, so sind die Betreiber der Übertragungsnetze im Rahmen der Zusammenarbeit berechtigt und verpflichtet, sämtliche Stromerzeugung und Strombezüge in ihren Regelzonen den Erfordernissen eines sicheren und zuverlässigen Betriebs des Übertragungsnetzes anzupassen oder diese Anpassung zu verlangen. Eine Gefährdung der *Sicherheit oder Zuverlässigkeit des Elektrizitätsversorgungssystems* in der jeweiligen Regelzone liegt vor, wenn örtliche Ausfälle des Übertragungsnetzes oder kurzfristige Netzengpässe zu besorgen sind oder zu besorgen ist, dass die Haltung von Frequenz, Spannung oder Stabilität durch die Betreiber von Übertragungsnetzen nicht im erforderlichen Maße gewährleistet werden kann.

Im Falle einer Betriebs-Anpassung (s. o.) ruhen bis zur Beseitigung der Gefährdung oder Störung alle hiervon jeweils betroffenen Leistungspflichten. Soweit bei Vorliegen der Voraussetzungen Maßnahmen getroffen werden, ist insoweit die Haftung für Vermögensschäden ausgeschlossen.

9.1.5.2 Vertragliche Vereinbarungen (EnWG § 13)

Die Betreiber von Übertragungsnetzen können mit Betreibern von KWK-Anlagen *vertragliche Vereinbarungen* zur Reduzierung der Wirkleistungseinspeisung aus der KWK-Anlage und gleichzeitigen bilanziellen Lieferung von elektrischer Energie für die Aufrechterhaltung der Wärmeversorgung schließen, wenn die KWK-Anlage

- technisch unter Berücksichtigung ihrer Größe und Lage im Netz geeignet ist, zur Beseitigung von Gefährdungen oder Störungen der Sicherheit oder Zuverlässigkeit des Elektrizitätsversorgungssystems aufgrund von Netzengpässen im Höchstspannungsnetz effizient beizutragen,
- sich im Zeitpunkt des Vertragsabschlusses innerhalb der Bundesrepublik Deutschland, aber außerhalb der Südregion befindet,
- vor dem 14. August 2020 in Betrieb genommen worden ist *und*
- eine installierte elektrische Leistung von mehr als 500 Kilowatt hat.

9.1.5.3 Südregion

Die Südregion in Deutschland besteht aus einer Vielzahl von kreisfreien Städten, Stadtkreisen, Kreisen und Landkreisen (Tab. 9.2).

Die Grenze zur Nordregion verläuft etwa in Höhe der Linie Main–Mosel.

Die Betreiber der Übertragungsnetze müssen sich bei der Auswahl der KWK-Anlagen, mit denen vertragliche Vereinbarungen geschlossen werden, auf die KWK-Anlagen beschränken, die kostengünstig und effizient zur Beseitigung von Netzengpässen beitragen können. Über die

Tab. 9.2 Südregion, Anzahl der Stadt- u Landkreise in dieser Region

Baden-Württemberg	…	liegt komplett darin
Bayern	86	in Südbayern
Hessen	6	in Südhessen
Rheinland-Pfalz	27	im südlichen Rheinland-Pfalz
Saarland	…	liegt komplett darin

Gründe von durchgeführten Anpassungen und Maßnahmen sind die hiervon unmittelbar Betroffenen unverzüglich zu informieren. Auf Verlangen sind die vorgetragenen Gründe zu belegen.

9.1.5.4 Erzeugungsanpassung und ihr bilanzieller und finanzieller Ausgleich (EnWG § 13a)

Betreiber von Anlagen zur Erzeugung oder Speicherung von elektrischer Energie mit einer Nennleistung ab 100 Kilowatt sowie von Anlagen zur Erzeugung oder Speicherung von elektrischer Energie, die durch einen Netzbetreiber jederzeit fernsteuerbar sind, sind verpflichtet, auf Aufforderung durch Betreiber von Übertragungsnetzen die Wirkleistungs- oder Blindleistungserzeugung oder den Wirkleistungsbezug anzupassen oder die Anpassung zu dulden.

Eine Anpassung umfasst auch die Aufforderung einer Einspeisung oder eines Bezugs aus Anlagen, die

- derzeit keine elektrische Energie erzeugen oder beziehen und erforderlichenfalls erst betriebsbereit gemacht werden müssen oder
- zur Erfüllung der Anforderungen einer Erzeugung oder eines Bezugs eine geplante Revision verschieben müssen.

Eine solche vorgenommene Anpassung ist zwischen dem Betreiber des Übertragungsnetzes und dem Betreiber der Anlage zur Erzeugung oder Speicherung von elektrischer Energie angemessen finanziell auszugleichen.

Festlegung zur angemessenen Vergütung von Redispatch-Maßnahmen

„Im Mai 2021 erfolgte die Feststellung einer wirksamen Verfahrensregulierung der Kosten und Erlösen bzw. Erträgen aus der Beschaffung und Vergütung von Redispatch-Maßnahmen nach § 13 Abs. 1 Nr. 2 EnWG 2021: (BK8-18-0007-A Beschluss zur Festlegung)" (Bundesnetzagentur, Redispatch, Stand 11/2021).

Der finanzielle Ausgleich ist angemessen, wenn er den Betreiber der Anlage unter Anrechnung des bilanziellen Ausgleichs wirtschaftlich weder besser noch schlechter stellt, als er ohne die Maßnahme stünde. Ein angemessener finanzieller Ausgleich nach Satz 1 umfasst folgende Bestandteile, wenn und soweit diese durch die jeweilige Anpassung der Wirkleistungs- oder Blindleistungserzeugung oder des Wirkleistungsbezugs auf Anforderung des Betreibers eines Übertragungsnetzes verursacht worden sind:

- die notwendigen Auslagen für die tatsächlichen Anpassungen der Erzeugung (Erzeugungsauslagen) oder des Bezugs,
- den Werteverbrauch der Anlage für die tatsächlichen Anpassungen der Erzeugung oder des Bezugs (anteiligen Werteverbrauch),
- die nachgewiesenen entgangenen Erlösmöglichkeiten, wenn und soweit diese die Summe der o. g. zu erstattenden Kosten übersteigen,
- die notwendigen Auslagen für die Herstellung der Betriebsbereitschaft oder die Verschiebung einer geplanten Revision und
- im Fall der Reduzierung der Wirkleistungserzeugung aus EEG-Anlagen oder KWKG-Anlagen die entgangenen Einnahmen zuzüglich der zusätzlichen Aufwendungen.

Ersparte Aufwendungen erstattet der Anlagenbetreiber an den zuständigen Betreiber eines Übertragungsnetzes.

Grundlage für die Bestimmung des anteiligen Werteverbrauchs sind die handelsrechtlichen Restwerte und handelsrechtlichen Restnutzungsdauern in Jahren; für die Bestimmung des anteiligen Werteverbrauchs für die Anlage oder Anlagenteile ist als Schlüssel das Verhältnis aus den anrechenbaren Betriebsstunden im Rahmen von Anpassungs-Maßnahmen und den für die Anlage bei der Investitionsentscheidung betriebswirtschaftlich geplanten Betriebsstunden zugrunde zu legen. Weitergehende Kosten, die dem Anlagenbetreiber auch ohne die Anforderung entstehen, insbesondere Betriebsbereitschaftsauslagen und eine Verzinsung des gebundenen Kapitals, werden nicht erstattet.

9.1.5.5 Steuerbare Verbrauchseinrichtungen in Niederspannung (EnWG § 14a)

Betreiber von Elektrizitätsverteilernetzen haben denjenigen Lieferanten und Letztverbrauchern im Bereich der Niederspannung, mit denen sie Netznutzungsverträge abgeschlossen haben, ein *reduziertes Netzentgelt* zu berechnen, wenn mit ihnen im Gegenzug die netzdienliche Steuerung von steuerbaren Verbrauchseinrichtungen, die über einen separaten Zählpunkt verfügen, vereinbart wird.

9.1.5.6 Auswirkungen für KWK- und EEG-Anlagen

Auch EEG- und KWK-Anlagen Betreibende bleiben vom Redispatch 2.0 nicht unverschont. Derzeit muss eine Mitteilung der Stammdaten, Stammdatenänderungen und Nichtverfügbarkeiten der Anlage an den Netzbetreiber erfolgen. Damit soll die optimale Abschaltreihenfolge der betroffenen Anlagen festgelegt werden. Auf KWK-Anlagen wird erst dann zurückgegriffen, wenn ihre Regelung um den Faktor 5 günstiger ist als die Regelung einer konventionellen Anlage; auf EEG-Anlagen sogar erst dann, wenn ihre Regelung um den Faktor 10 günstiger ist.

„Anlagen

Anlage zur Erzeugung oder Speicherung von elektrischer Energie gemäß § 13a Abs. 1 S. 1 EnWG ab einer elektrischen Nennleistung von 100 kW.

Anlagenbetreiber

Betreiber einer technischen Ressource (BTR).

Einsatzverantwortliche (EIV)

Die Rolle des Einsatzverantwortlichen umfasst die Planung und Einsatzführung einer technischen Ressource und die Übermittlung der Fahrpläne. Die Rolle wird vom Anlagenbetreiber wahrgenommen, soweit dieser keinen Dritten mit der Wahrnehmung beauftragt“ (Bundesnetzagentur, Beschlusskammer 6, Festlegungsverfahren zur Informationsbereitstellung für Redispatch-Maßnahmen).

Direktvermarktung des KWK-Stroms (KWK-G § 4)

Betreiber von neuen KWK-Anlagen mit einer elektrischen KWK-Leistung von mehr als 100 Kilowatt müssen den erzeugten KWK-Strom direkt vermarkten oder selbst verbrauchen. Eine Direktvermarktung liegt vor, wenn der Strom an einen Dritten geliefert wird; dann wird der Strom direkt an der Strombörse gehandelt.

Virtuelles Kraftwerk
Dieser Dritte kann ein Dienstleister sein, der die Aufgabe für viele kleine Stromerzeuger übernimmt und diese zu einem virtuellen Kraftwerk zusammenschließt. Dadurch können Erzeugungskapazitäten realisiert werden, die denen realer größerer Kraftwerke entsprechen. Das virtuelle Kraftwerk wird in Abhängigkeit vom Bedarf im Stromnetz zentral von dem Dienstleister gesteuert und geregelt.

Bei der Direkt-Vermarktung des erzeugten Stroms handeln die Anbieter den Strom an der Energiebörse und speisen den Strom ins Netz ein. Dadurch können auch kleine dezentrale auf erneuerbaren Energien basierende Anlagen wettbewerbsfähig werden.

Betreiber einer technischen Ressource (BTR) (= Anlagenbetreiber) müssen einen Einsatzverantwortlichen benennen, der die Planung und Einsatzführung ihrer Energieerzeugungsanlage und die Übermittlung der Fahrpläne übernimmt (s. o.). Diese Verantwortung als Einsatzverantwortlicher kann auf das Virtuelle Kraftwerk übertragen werden. Der Dienstleister muss dann auch die notwendigen Daten an den zuständigen Netzbetreiber in elektronischer Form zu übermitteln.

9.1.5.7 Festlegungsverfahren zur Informationsbereitstellung für Redispatch-Maßnahmen

Die Bundesnetzagentur hat die „Informationsbereitstellung für Redispatch-Maßnahmen" geregelt. Dort sind die Datenbedarfe, die Anlagenbetreiber für Redispatch-Maßnahmen an den Anschlussnetzbetreiber zu übermitteln haben, festgelegt:

- Stammdaten
- Planungsdaten
- *Nichtbeanspruchbarkeiten*
- Echtzeitdaten

Insbesondere können u. a. Daten eingegeben werden zu Nichtbeanspruchbarkeiten:

► *„Beschreibung:*

a. Die Nichtbeanspruchbarkeit beschreibt die Leistungseinschränkung an der technischen Ressource durch technische Gründe (z. B. Wartung) und/oder Außeneinflüsse (z. B. Umweltauflagen), sowie
b. Selbstversorgung mit EE- und KWK-Strom"

(Bundesnetzagentur, Beschlusskammer 6, Festlegungsverfahren zur Informationsbereitstellung für Redispatch-Maßnahmen (BK6-20-061), Anlage).

Das Objekt, die KWK-Anlage, ist eine *dargebotsabhängige steuerbare Ressource*. Für den sicheren Klärwerksbetrieb ist es notwendig eine *Nicht-Verfügbarkeit* für Redispatch-Leistung fest anzugeben:

- Im Fall von Strombedarf im Netz könnte das BHKW, abhängig vom Klärgasspeicher, eine gewisse Zeit auf Maximalleistung gehen; überschüssige Wärme geht dann in die Umwelt?
- Im Fall von zu viel Strom im Netz könnte das BHKW abgeschaltet werden und der gesamte in der KA benötigte Strom (teuer?) aus dem Netz bezogen werden. Der Wärmebedarf auf der Kläranlage muss dann jedoch anderweitig gedeckt werden; auch die Gasspeicher werden in dem Fall voller und anschließendes Abfackeln von Gas kann nicht gewünscht sein!

9.1.6 Stromkunden oder -verbraucher

Kunden sind Großhändler, Letztverbraucher und Unternehmen, die Energie kaufen. Letztverbrauchersind natürliche oder juristische Personen, die Energie für den eigenen Verbrauch kaufen (EnWG § 3).

Netznutzer sind natürliche oder juristische Personen, die Energie in ein Elektrizitätsversorgungsnetz einspeisen oder daraus beziehen (EnWG § 3).

Zur Ausgestaltung des Rechts auf Zugang zu Elektrizitätsversorgungsnetzen haben Letztverbraucher von Elektrizität oder Lieferanten *Verträge* mit denjenigen Energieversorgungsunternehmen abzuschließen, aus deren Netzen die Entnahme und in deren Netze die Einspeisung von Elektrizität erfolgen soll (**Netznutzungsvertrag**) (EnWG § 20).

Abnahmestelle ist die Summe aller räumlich und physikalisch zusammenhängenden elektrischen Einrichtungen eines Letztverbrauchers, die sich auf einem in sich abgeschlossenen Betriebsgelände befinden und über einen oder mehrere Entnahmepunkte mit dem Netz des Netzbetreibers verbunden sind;(StromNEV § 2).

Haushaltskunden sind Letztverbraucher, die Energie überwiegend für den Eigenverbrauch im Haushalt oder für den einen *Jahresverbrauch von 10.000 Kilowattstunden* nicht übersteigenden Eigenverbrauch für berufliche, landwirtschaftliche oder gewerbliche Zwecke kaufen (EnWG § 3) (Kläranlagen verbrauchen i. d. R. mehr Strom, sind dann also keine Haushaltskunden).

Die ***Stromgrundversorgungsverordnung (StromGVV)*** regelt die Allgemeinen Bedingungen, zu denen Elektrizitätsversorgungsunternehmen *Haushaltskunden* in Niederspannung im Rahmen der Grundversorgung zu Allgemeinen Preisen mit Elektrizität zu beliefern haben (§ 1).

9.1.6.1 Stromverbrauch von Kläranlagen

„Die Kläranlagen sind mit durchschnittlich 20 Prozent Anteil in der Regel die größten Stromverbraucher im kommunalen Bereich und verbrauchen mehr Strom als Schulen,

Krankenhäuser, Verwaltungsgebäude oder andere kommunale Einrichtungen" (Energieeffizienz kommunaler Kläranlagen, UBA, Oktober 2009).

„Die Belüftung erfordert in der Regel den mit Abstand größten Energieaufwand von allen Verfahrensschritten einer kommunalen Abwasserbehandlungsanlage ... Weitere Verbraucher mit hohem Stromverbrauch sind die kontinuierlich laufenden Pumpen (Zulauf, Zwischenhebewerke, Rückführung des Rücklaufschlamms, interne Kreislaufführung, Faulschlammumwälzung im Faulturm). Die drittgrößte Verbrauchergruppe bilden in der Regel die kontinuierlich laufenden Rührwerke, z. B. für die Denitrifikation und im Faulturm. Diese drei Hauptkomponenten verbrauchen in normal geführten Anlagen über 80 Prozent des Stroms" (Umweltbundesamt, Energieeffizienz kommunaler Kläranlagen).

Im Sinne des Gesetzes über die Elektrizitäts- und Gasversorgung (Energiewirtschaftsgesetz – EnWG) ist eine Kläranlage oder ein Pumpwerk im Kanalnetz ein *Letztverbraucher*, nämlich eine juristische Person (ein Teil der Gemeinde), die Energie für den eigenen Verbrauch kauft. Der Strom muss bei einem *Betreiber von Elektrizitätsverteilernetzen* eingekauft werden. Diese natürlichen oder juristischen Personen oder rechtlich unselbständige Organisationseinheiten eines Energieversorgungsunternehmens, die die Aufgabe der Verteilung von Elektrizität wahrnehmen, sind verantwortlich für den Betrieb, die Wartung sowie den Ausbau des Verteilernetzes in einem bestimmten Gebiet. Gegenüber diesen Unternehmen ist die Kläranlage *(Groß-)Kunde* und *Netznutzer*.

9.1.6.2 Auftragsvergabe

Der **Kauf** ist ein öffentlicher Auftrag, der im Wettbewerb und im Wege transparenter Verfahren vergeben werden muss (§ 97 GWB). Da der Auftragswert der Stromlieferung meist den maßgeblichen EU-Schwellenwert übersteigt, kann die „Arbeitshilfe für eine europaweite Ausschreibung der Lieferung von Ökostrom im offenen Verfahren" des UBA hilfreich sein: https://www.umweltbundesamt.de/sites/default/files/medien/479/publikationen/cc_37-2022_arbeitshilfe_fuer_eine_europaweite_ausschreibung_der_lieferung_von_oekostrom_im_offenen_verfahren.pdf (Letzter Zugriff 26.04.2023).

In größeren Kommunen mit eigenen Stadtwerken zur Energieversorgung liegt meist eine „In-House-Vergabe" vor. Das Gesetz gegen Wettbewerbsbeschränkungen (GWB) spricht hier von „öffentlich-öffentlicher Zusammenarbeit". Die Ausnahmen von der Ausschreibungspflicht sind in § 108 geregelt. Demnach kann der Entwässerungsbetrieb (öffentlichen Auftraggeber) den öffentlichen Auftrag über die Stromlieferung ohne Ausschreibung an eine juristische Person des öffentlichen oder privaten Rechts (örtl. Stadtwerke – Energieversorger) vergeben, wenn

- der öffentliche Auftraggeber (Gemeinde) über die juristische Person eine ähnliche Kontrolle wie über seine eigenen Dienststellen ausübt,
- mehr als 80 Prozent der Tätigkeiten der juristischen Person der Ausführung von Aufgaben dienen, mit denen sie von dem öffentlichen Auftraggeber oder von einer anderen juristischen Person, die von diesem kontrolliert wird, betraut wurde, und
- an der juristischen Person keine direkte private Kapitalbeteiligung besteht, mit Ausnahme nicht beherrschender Formen der privaten Kapitalbeteiligung und Formen der

privaten Kapitalbeteiligung ohne Sperrminorität, die durch gesetzliche Bestimmungen vorgeschrieben sind und die keinen maßgeblichen Einfluss auf die kontrollierte juristische Person vermitteln (GWB § 10).

Im Anschluss an die Vergabe wird ein *Energieversorgungsvertrag*, ein Vertrag über die Lieferung von Elektrizität oder Gas, geschlossen.

9.1.6.3 Beziehungen zwischen Stromversorger und -kunde

Die Bundesnetzagentur hat die Begriffe Netzanschluss, Stromnetznutzung und Netzzugang wie folgt erläutert:

„Netzanschluss

Die rein physikalisch technische Anbindung an das Energieversorgungsnetz wird über das Netzanschlussverhältnis zwischen Anschlussnehmer und Netzbetreiber geregelt. Die Betreiber von Energieversorgungsnetzen sind nach dem EnWG verpflichtet, Letztverbraucher, gleich- oder nachgelagerte Energieversorgungsnetze sowie Erzeugungs- und Speicheranlagen zu angemessenen, diskriminierungsfreien und transparenten Bedingungen an ihr Netz anzuschließen. Der Netzanschluss und dessen Nutzung ist eine Voraussetzung für den Netzzugang, der die Transportdienstleistung des Netzbetreibers ermöglicht.

Netzzugang

Netznutzer haben einen Anspruch auf den Abschluss eines Netznutzungsvertrags. In diesem Vertrag wird u. a. die Bereitstellung von Übertragungs- und Verteilungskapazität sowie die Erbringung von Systemdienstleistungen durch den Netzbetreiber geregelt.

Stromnetznutzung

Jeder, der das Stromnetz zur Entnahme von Elektrizität nutzen möchte, ist verpflichtet, mit dem Netzbetreiber einen Netznutzungsvertrag abzuschließen. Es besteht Kontrahierungszwang" (Bundesnetzagentur, Netzzugang).

9.1.7 Netzanschluss (NAV § 5)

Der Netzanschluss verbindet das Elektrizitätsversorgungsnetz der allgemeinen Versorgung mit der elektrischen Anlage des Anschlussnehmers. Er beginnt an der Abzweigstelle des Niederspannungsnetzes und endet mit der Hausanschlusssicherung.

9.1.7.1 Umfassendere Netzanschlusspflicht (EnWG § 17)

Eine grundsätzlichere und umfassendere Netzanschlusspflicht ist für Entwässerungsbetriebe mit eigener Energiegewinnung relevant!

Betreiber von Energieversorgungsnetzen haben *Letztverbraucher* und *Erzeugungsanlagen* zu technischen und wirtschaftlichen Bedingungen an ihr Netz anzuschließen. Die Bedingungen müssen angemessen, diskriminierungsfrei, transparent und nicht ungünstiger sein, als sie von den Betreibern der Energieversorgungsnetze in vergleichbaren Fällen für

Leistungen innerhalb ihres Unternehmens oder gegenüber verbundenen oder assoziierten Unternehmen angewendet werden.

Betreiber von Energieversorgungsnetzen können einen solchen Netzanschluss verweigern, soweit sie nachweisen, dass ihnen die Gewährung des Netzanschlusses aus betriebsbedingten oder sonstigen wirtschaftlichen oder technischen Gründen nicht möglich oder nicht zumutbar ist. Die Ablehnung ist in Textform zu begründen.

9.1.7.2 Allgemeine Anschlusspflicht für Entwässerungsbetriebe ohne eigene Energiegewinnung! (EnWG § 18)

Abweichend von dem oben festgestellten haben Betreiber von Energieversorgungsnetzen für Gemeindegebiete, in denen sie *Energieversorgungsnetze der allgemeinen Versorgung* von Letztverbrauchern betreiben, allgemeine Bedingungen für den *Netzanschluss von Letztverbrauchern in Niederspannung* ... und für die Anschlussnutzung durch Letztverbraucher zu veröffentlichen sowie zu diesen Bedingungen jedermann an ihr Energieversorgungsnetz anzuschließen und die Nutzung des Anschlusses zur Entnahme von Energie zu gestatten. Diese Pflichten bestehen nicht, wenn der Anschluss oder die Anschlussnutzung für den Betreiber des Energieversorgungsnetzes aus wirtschaftlichen Gründen nicht zumutbar ist.

Wer zur Deckung des Eigenbedarfs

- eine *Anlage zur Erzeugung von Elektrizität* betreibt
  oder
- sich von einem Dritten an das Energieversorgungsnetz anschließen lässt,

kann sich *nicht* auf diese Allgemeine Anschlusspflicht berufen.

Er kann aber einen Netzanschluss unter den Voraussetzungen des § 17 verlangen. Wenn der allgemeine Anschluss in Frage kommt, ist die NAV einschlägig.

9.1.7.3 Vorschriften (für den „allgemeinen" Netzanschluss) (EnWG § 19)

Betreiber von Elektrizitätsversorgungsnetzen sind verpflichtet, unter Berücksichtigung der nach § 17 EnWG festgelegten Bedingungen und der allgemeinen technischen Mindestanforderungen u. a. für den

- Netzanschluss von Erzeugungsanlagen,
- Anlagen direkt angeschlossener Kunden,
- Verbindungsleitungen und Direktleitungen

technische Mindestanforderungen an deren Auslegung und deren Betrieb festzulegen und im Internet zu veröffentlichen. Die technischen Mindestanforderungen müssen sachlich gerechtfertigt und nichtdiskriminierend sein.

Die Betreiber von Elektrizitätsversorgungsnetzen erstellen gemeinsam allgemeine technische Mindestanforderungen. Der Verband der Elektrotechnik Elektronik Informationstechnik e. V. wird als beauftragte Stelle bestimmt, um die allgemeinen technischen Mindestanforderungen zu verabschieden u. a. zur Festlegung eines Netzkodex mit Netzanschlussbestimmungen für Stromerzeuger.

Niederspannungsanschlussverordnung – NAV Die *NAV* regelt die Allgemeinen Bedingungen, zu denen Netzbetreiber nach § 18 EnWG jedermann an ihr *Niederspannungsnetz* anzuschließen und den Anschluss zur Entnahme von Elektrizität zur Verfügung zu stellen haben. Diese sind Bestandteil der Rechtsverhältnisse über den Netzanschluss an das Elektrizitätsversorgungsnetz der allgemeinen Versorgung (Netzanschluss) und die Anschlussnutzung, soweit sie sich nicht ausdrücklich allein auf eines dieser Rechtsverhältnisse beziehen. Sie gilt nicht für den Netzanschluss von Anlagen zur Erzeugung von Strom aus Erneuerbaren Energien und aus Grubengas.

Anschlussnehmer ist jedermann, in dessen Auftrag ein Grundstück oder Gebäude an das Niederspannungsnetz angeschlossen wird. *Netzbetreiber* im Sinne dieser Verordnung ist der Betreiber eines Elektrizitätsversorgungsnetzes der *allgemeinen Versorgung* (§ 1).

> Das Folgende bzw. die NAV (bis „9.1.8 Netzzugang“) gilt also nur für *Anschlüsse in Niederspannung* und für *Kläranlagen ohne BHKW oder sonstige Anlagen zur Stromerzeugung*!

Netzanschlussverhältnis: Netz-Anschluss-Vertrag (NAV § 2) Das Netzanschlussverhältnis umfasst den Anschluss der elektrischen Anlage über den Netzanschluss und dessen weiteren Betrieb. Es besteht zwischen dem Anschlussnehmer und dem Netzbetreiber. Das Netzanschlussverhältnis entsteht durch Vertrag erstmalig mit dem Anschlussnehmer, der die Herstellung des Netzanschlusses in Auftrag gibt. Bei Herstellung eines Netzanschlusses ist der Netzanschlussvertrag in Textform abzuschließen.

Anschlussnutzungsverhältnis (NAV § 3) Inhalt der Anschlussnutzung ist das Recht zur Nutzung des Netzanschlusses zur Entnahme von Elektrizität. Die *Anschlussnutzung* umfasst weder die *Belieferung* des Anschlussnutzers mit Elektrizität noch den *Zugang* zu den Elektrizitätsversorgungsnetzen. Das Anschlussnutzungsverhältnis besteht zwischen dem jeweiligen Anschlussnutzer und dem Netzbetreiber. Das Anschlussnutzungsverhältnis kommt dadurch zustande, dass über den Netzanschluss Elektrizität aus dem Verteilernetz entnommen wird. Der Anschlussnutzer ist verpflichtet, dem Netzbetreiber die Aufnahme der Nutzung des Netzanschlusses zur Entnahme von Elektrizität unverzüglich mitzuteilen.

Inhalt des Vertrages und der Bestätigung des Netzbetreibers (NAV § 4) Der *Netzanschlussvertrag* und die Bestätigung des Netzbetreibers in Textform sollen eine zusammenhängende Aufstellung aller für den Vertragsschluss oder die Anschlussnutzung notwendigen Angaben enthalten, insbesondere

- Angaben zum Anschlussnehmer oder -nutzer (Firma, Registergericht, Registernummer, Familienname, Vorname, Geburtstag, Adresse, Kundennummer),
- Anlagenadresse und Bezeichnung des Zählers oder des Aufstellungsorts des Zählers,
- Angaben zum Netzbetreiber (Firma, Registergericht, Registernummer und Adresse) und gegenüber dem Anschlussnehmer auch die am Ende des Netzanschlusses vorzuhaltende Leistung.

Soweit diese Angaben nicht vorliegen, ist der Anschlussnehmer oder -nutzer verpflichtet, diese dem Netzbetreiber auf Anforderung mitzuteilen. Der Netzbetreiber ist verpflichtet, jedem Neukunden bei Entstehen des Netzanschlussverhältnisses oder des Anschlussnutzungsverhältnisses und auf Verlangen den übrigen Kunden die Allgemeinen Bedingungen unentgeltlich in Textform zur Verfügung zu stellen. Er hat die Allgemeinen Bedingungen auf seiner Internetseite zu veröffentlichen.

Herstellung des Netzanschlusses (NAV § 6) Netzanschlüsse werden durch den Netzbetreiber hergestellt. Die Herstellung des Netzanschlusses soll vom Anschlussnehmer in Textform in Auftrag gegeben werden. Art, Zahl und Lage der Netzanschlüsse werden nach Beteiligung des Anschlussnehmers und unter Wahrung seiner berechtigten Interessen vom Netzbetreiber nach den anerkannten Regeln der Technik bestimmt. Der Anschlussnehmer ist berechtigt, die für die Herstellung des Netzanschlusses erforderlichen Erdarbeiten auf seinem Grundstück im Rahmen des technisch Möglichen und nach den Vorgaben des Netzbetreibers durchzuführen oder durchführen zu lassen. Der Anschlussnehmer hat die baulichen Voraussetzungen für die sichere Errichtung des Netzanschlusses zu schaffen; für den Hausanschlusskasten oder die Hauptverteiler ist ein nach den anerkannten Regeln der Technik geeigneter Platz zur Verfügung zu stellen.

Art des Netzanschlusses (NAV § 7) Die Spannung beträgt am Ende des Netzanschlusses bei Drehstrom etwa 400 oder 230 Volt und bei Wechselstrom etwa 230 Volt. Die Frequenz beträgt etwa 50 Hertz. Welche Stromart und Spannung für das Vertragsverhältnis maßgebend sein sollen, ergibt sich daraus, an welche Stromart und Spannung die Anlage des Anschlussnehmers angeschlossen ist oder angeschlossen werden soll. Bei der Wahl der Stromart sind die Belange des Anschlussnehmers im Rahmen der jeweiligen technischen Möglichkeiten angemessen zu berücksichtigen.

Betrieb des Netzanschlusses (NAV § 8) Netzanschlüsse gehören zu den Betriebsanlagen des Netzbetreibers. Er hat sicherzustellen, dass sie in seinem Eigentum stehen oder ihm zur wirtschaftlichen Nutzung überlassen werden; soweit erforderlich, ist der Anschlussnehmer insoweit zur Mitwirkung verpflichtet. *Netzanschlüsse werden ausschließlich von dem Netzbetreiber unterhalten, erneuert, geändert, abgetrennt und beseitigt.* Sie müssen zugänglich und vor Beschädigungen geschützt sein. Der Anschlussnehmer darf keine Einwirkungen auf den Netzanschluss vornehmen oder vornehmen lassen. Jede Beschädigung des Netzanschlusses, insbesondere ein Schaden an der Hausanschlusssicherung oder das Fehlen von Plomben, ist dem Netzbetreiber unverzüglich mitzuteilen. Änderungen des Netzanschlusses werden nach Anhörung des Anschlussnehmers und unter Wahrung seiner berechtigten Interessen vom Netzbetreiber bestimmt.

Kostenerstattung für die Herstellung oder Änderung des Netzanschlusses (NAV § 9) Der Netzbetreiber ist berechtigt, vom Anschlussnehmer die Erstattung der bei wirtschaftlich effizienter Betriebsführung notwendigen Kosten für

- die Herstellung des Netzanschlusses,
- die Änderungen des Netzanschlusses, die durch eine Änderung oder Erweiterung der Kundenanlage erforderlich oder aus anderen Gründen vom Anschlussnehmer veranlasst werden,

zu verlangen. Die Kosten können auf der Grundlage der durchschnittlich für vergleichbare Fälle entstehenden Kosten pauschal berechnet werden. Im Falle einer pauschalierten Kostenberechnung sind Eigenleistungen des Anschlussnehmers angemessen zu berücksichtigen. Die Netzanschlusskosten sind so darzustellen, dass der Anschlussnehmer die Anwendung des pauschalierten Berechnungsverfahrens einfach nachvollziehen kann; wesentliche Berechnungsbestandteile sind auszuweisen.

Transformatorenanlage (NAV § 10) Muss zum Netzanschluss eines Grundstücks eine besondere Transformatorenanlage aufgestellt werden, so kann der Netzbetreiber verlangen, dass der Anschlussnehmer einen geeigneten Raum oder Platz unentgeltlich für die Dauer des Netzanschlussverhältnisses zur Verfügung stellt. Der Netzbetreiber darf die Transformatorenanlage auch für andere Zwecke benutzen, soweit dies für den Anschlussnehmer zumutbar ist.

Wird das Netzanschlussverhältnis für das Grundstück beendet, so hat der Anschlussnehmer die Transformatorenanlage noch drei Jahre unentgeltlich zu dulden, es sei denn, dass ihm dies nicht zugemutet werden kann.

Der Anschlussnehmer kann die Verlegung der Einrichtungen an eine andere geeignete Stelle verlangen, wenn ihm ihr Verbleiben an der bisherigen Stelle nicht mehr zugemutet werden kann. Die Kosten der Verlegung hat der Netzbetreiber zu tragen; dies gilt nicht, soweit die Anlage ausschließlich dem Netzanschluss des Grundstücks dient.

Baukostenzuschüsse (NAV § 11) Der Netzbetreiber kann von dem Anschlussnehmer einen angemessenen Baukostenzuschuss zur teilweisen Deckung der bei wirtschaftlich effizienter Betriebsführung notwendigen Kosten für die Erstellung oder Verstärkung der örtlichen Verteileranlagen des Niederspannungsnetzes einschließlich Transformatorenstationen verlangen.

Grundstücksbenutzung (NAV § 12) Anschlussnehmer, die Grundstückseigentümer sind, haben für Zwecke der örtlichen Versorgung (Niederspannungs- und Mittelspannungsnetz) das Anbringen und Verlegen von Leitungen zur Zu- und Fortleitung von Elektrizität über ihre im Gebiet des Elektrizitätsversorgungsnetzes der allgemeinen Versorgung liegenden Grundstücke, ferner das Anbringen von Leitungsträgern und sonstigen Einrichtungen sowie erforderliche Schutzmaßnahmen unentgeltlich zuzulassen. Diese Pflicht betrifft nur Grundstücke,

- die an das Elektrizitätsversorgungsnetz angeschlossen sind,
- die vom Eigentümer in wirtschaftlichem Zusammenhang mit einem an das Netz angeschlossenen Grundstück genutzt werden oder
- für die die Möglichkeit des Netzanschlusses sonst wirtschaftlich vorteilhaft ist.

Sie besteht nicht, wenn die Inanspruchnahme der Grundstücke den Eigentümer mehr als notwendig oder in unzumutbarer Weise belasten würde; insbesondere ist die Inanspruchnahme des Grundstücks zwecks Anschlusses eines anderen Grundstücks an das Elektrizitätsversorgungsnetz grundsätzlich verwehrt, wenn der Anschluss über das eigene Grundstück des anderen Anschlussnehmers möglich und dem Netzbetreiber zumutbar ist. Der Anschlussnehmer ist rechtzeitig über Art und Umfang der beabsichtigten Inanspruchnahme des Grundstücks zu benachrichtigen. Der Grundstückseigentümer kann die Verlegung der Einrichtungen verlangen, wenn sie an der bisherigen Stelle für ihn nicht mehr zumutbar sind. Die Kosten der Verlegung hat der Netzbetreiber zu tragen; dies gilt nicht, soweit die Einrichtungen ausschließlich dem Anschluss des Grundstücks dienen. Wird die Anschlussnutzung eingestellt, so hat der Eigentümer die auf seinen Grundstücken befindlichen Einrichtungen noch drei Jahre unentgeltlich zu dulden, es sei denn, dass ihm dies nicht zugemutet werden kann.

Elektrische Anlage hinter der Hausanschlusssicherung (NAV § 13) Für die ordnungsgemäße Errichtung, Erweiterung, Änderung und Instandhaltung der elektrischen Anlage hinter der Hausanschlusssicherung ist der Anschlussnehmer gegenüber dem Netzbetreiber verantwortlich. Das gilt nicht für die Messeinrichtungen, die nicht im Eigentum des Anschlussnehmers stehen. Hat der Anschlussnehmer die Anlage ganz oder teilweise einem Dritten vermietet oder sonst zur Benutzung überlassen, so bleibt er verantwortlich. Unzulässige Rückwirkungen der Anlage sind auszuschließen. Um dies zu gewährleisten, darf die Anlage nur nach den Vorschriften der anzuwendenden Rechtsvorschriften sowie nach den allgemein anerkannten Regeln der Technik errichtet, erweitert, geändert und instand gehalten werden. Die Arbeiten dürfen außer durch den Netzbetreiber nur durch ein in ein Installateurverzeichnis eines Netzbetreibers eingetragenes Installationsunternehmen durchgeführt werden; im Interesse des Anschlussnehmers darf der Netzbetreiber eine Eintragung in das Installateurverzeichnis nur von dem Nachweis einer ausreichenden fachlichen Qualifikation für die Durchführung der jeweiligen Arbeiten abhängig machen. Das gilt nicht für Instandhaltungsarbeiten, mit Ausnahme des Abschnitts zwischen Hausanschlusssicherung und Messeinrichtung einschließlich der Messeinrichtung.

Es dürfen nur Materialien und Geräte verwendet werden, die unter Beachtung der allgemein anerkannten Regeln der Technik hergestellt wurden. Das wird vermutet, wenn die vorgeschriebene CE-Kennzeichnung vorhanden ist. Sofern die CE-Kennzeichnung nicht vorgeschrieben ist, wird dies auch vermutet, wenn die Materialien oder Geräte das Zeichen einer akkreditierten Stelle tragen, insbesondere das VDE-Zeichen oder das GS-Zeichen. Der Netzbetreiber ist berechtigt, die Ausführung der Arbeiten zu überwachen. Anlagenteile, in denen nicht gemessene elektrische Energie fließt, können vom Netzbetreiber plombiert werden. Die dafür erforderliche Ausstattung der Anlage ist nach den Angaben des Netzbetreibers vom Anschlussnehmer zu veranlassen. In den Leitungen zwischen dem Ende des Hausanschlusses und dem Zähler darf der Spannungsfall unter Zugrundelegung der Nennstromstärke der vorgeschalteten Sicherung nicht mehr als 0,5 vom Hundert betragen.

Inbetriebsetzung der elektrischen Anlage (NAV § 14) Der Netzbetreiber oder dessen Beauftragter hat die Anlage über den Netzanschluss an das Verteilernetz anzuschließen und den Netzanschluss in Betrieb zu nehmen. Die Anlage hinter dem Netzanschluss bis zu der in den Technischen Anschlussbedingungen definierten Trennvorrichtung für die Inbetriebsetzung der nachfolgenden Anlage, anderenfalls bis zu den Haupt- oder Verteilungssicherungen, darf nur durch den Netzbetreiber oder mit seiner Zustimmung durch das zugelassene Installationsunternehmen in Betrieb genommen werden. Die Anlage hinter dieser Trennvorrichtung darf nur durch das Installationsunternehmen in Betrieb gesetzt werden. Jede Inbetriebsetzung, die von dem Netzbetreiber vorgenommen werden soll, ist bei ihm von dem Unternehmen, das die Arbeiten an der Anlage ausgeführt hat, in Auftrag zu geben. Auf Verlangen des Netzbetreibers ist ein von diesem zur Verfügung gestellter Vordruck zu verwenden. Der Netzbetreiber kann für die Inbetriebsetzung vom Anschlussnehmer Kostenerstattung verlangen; die Kosten können auf der Grundlage der durchschnittlich für vergleichbare Fälle entstehenden Kosten pauschal berechnet werden. Die Kosten sind so darzustellen, dass der Anschlussnehmer die Anwendung des pauschalierten Berechnungsverfahrens einfach nachvollziehen kann.

Überprüfung der elektrischen Anlage (NAV § 15) Der Netzbetreiber ist berechtigt, die Anlage vor und, um unzulässige Rückwirkungen auf Einrichtungen des Netzbetreibers oder Dritter auszuschließen, auch nach ihrer Inbetriebsetzung zu überprüfen.

Nutzung des Anschlusses (NAV § 16) Der Netzbetreiber ist bei Bestehen eines Anschlussnutzungsverhältnisses verpflichtet, dem Anschlussnutzer in dem im Netzanschlussverhältnis vorgesehenen Umfang die Nutzung des Netzanschlusses jederzeit zu ermöglichen. Dies gilt nicht, soweit und solange der Netzbetreiber hieran durch höhere Gewalt oder sonstige Umstände, deren Beseitigung ihm aus wirtschaftlichen Gründen nicht zugemutet werden kann, gehindert ist.

Die Anschlussnutzung hat zur Voraussetzung, dass der Gebrauch der Elektrizität mit einem Verschiebungsfaktor zwischen cos Phi = 0,9 kapazitiv und 0,9 induktiv erfolgt. Anderenfalls kann der Netzbetreiber den Einbau ausreichender Kompensationseinrichtungen verlangen. Der Netzbetreiber hat Spannung und Frequenz möglichst gleichbleibend zu halten. Allgemein übliche Verbrauchsgeräte und Stromerzeugungsanlagen müssen einwandfrei betrieben werden können.

Unterbrechung der Anschlussnutzung (NAV § 17) Die Anschlussnutzung kann unterbrochen werden, soweit dies zur Vornahme betriebsnotwendiger Arbeiten oder zur Vermeidung eines drohenden Netzzusammenbruchs erforderlich ist. *Der Netzbetreiber hat jede Unterbrechung oder Unregelmäßigkeit unverzüglich zu beheben.* Eine notwendige Unterbrechung wegen eines vom Anschlussnutzer veranlassten Austauschs der Messeinrichtung durch einen Messstellenbetreiber nach den Vorschriften des Messstellenbetriebsgesetzes hat der Netzbetreiber nicht zu vertreten. Der Netzbetreiber hat die Anschlussnutzer bei einer beabsichtigten Unterbrechung der Anschlussnutzung rechtzeitig in geeigneter Weise zu unterrichten.

Betrieb von elektrischen Anlagen, Verbrauchsgeräten und Ladeeinrichtungen, Eigenanlagen (NAV § 19) Anlage und Verbrauchsgeräte sind vom Anschlussnehmer oder -nutzer so zu betreiben, dass Störungen anderer Anschlussnehmer oder -nutzer und störende Rückwirkungen auf Einrichtungen des Netzbetreibers oder Dritter ausgeschlossen sind. Erweiterungen und *Änderungen von Anlagen sowie die Verwendung zusätzlicher Verbrauchsgeräte* sind dem Netzbetreiber mitzuteilen, soweit sich dadurch die vorzuhaltende Leistung erhöht oder mit Netzrückwirkungen zu rechnen ist. Auch *Ladeeinrichtungen für Elektrofahrzeuge* sind dem Netzbetreiber vor deren Inbetriebnahme mitzuteilen. Deren Inbetriebnahme bedarf darüber hinaus der vorherigen Zustimmung des Netzbetreibers, sofern ihre Summen-Bemessungsleistung 12 Kilovoltampere je elektrischer Anlage überschreitet; der Netzbetreiber ist in diesem Fall verpflichtet, sich innerhalb von zwei Monaten nach Eingang der Mitteilung zu äußern. Stimmt der Netzbetreiber nicht zu, hat er den Hinderungsgrund, mögliche Abhilfemaßnahmen des Netzbetreibers und des Anschlussnehmers oder -nutzers sowie einen hierfür beim Netzbetreiber erforderlichen Zeitbedarf darzulegen. Einzelheiten über den Inhalt und die Form der Mitteilungen kann der Netzbetreiber regeln. Vor der *Errichtung einer Eigenanlage* hat der Anschlussnehmer oder -nutzer dem Netzbetreiber Mitteilung zu machen. Der Anschlussnehmer oder -nutzer hat durch geeignete Maßnahmen sicherzustellen, dass von seiner Eigenanlage keine schädlichen Rückwirkungen in das Elektrizitätsversorgungsnetz möglich sind. *Der Anschluss von Eigenanlagen ist mit dem Netzbetreiber abzustimmen.* Dieser kann den Anschluss von der Einhaltung der von ihm festzulegenden Maßnahmen zum Schutz vor Rückspannungen abhängig machen.

Technische Anschlussbedingungen (NAV § 20) Der Netzbetreiber ist berechtigt, in Form von Technischen Anschlussbedingungen weitere technische Anforderungen an den Netzanschluss und andere Anlagenteile sowie an den Betrieb der Anlage einschließlich der Eigenanlage festzulegen.

Mess- und Steuereinrichtungen (NAV § 22) Für Mess- und Steuereinrichtungen hat der Anschlussnehmer Zählerplätze nach den anerkannten Regeln der Technik unter Beachtung der technischen Anforderungen vorzusehen. Der Netzbetreiber bestimmt den Anbringungsort von Mess- und Steuereinrichtungen. Bei der Wahl des Aufstellungsorts ist die Möglichkeit der Ausstattung mit einem intelligenten Messsystem nach dem Messstellenbetriebsgesetz zu berücksichtigen.

Messstellenbetreiber-Rahmenvertrag
„Der Messstellenbetreiber-Rahmenvertrag (MSB-RV) regelt die Durchführung des Messstellenbetriebs an den Messlokationen von Letztverbrauchern und Anlagenbetreibern, für die nicht der Netzbetreiber als grundzuständiger Messstellenbetreiber zuständig ist. Der MSB-RV betrifft dabei sowohl konventionelle Messtechnik als auch moderne Messeinrichtungen und intelligente Messsysteme" (Bundesnetzagentur – Messstellenbetreiber-Rahmenvertrag).
Hier findet sich auch der aktuelle Messstellenbetreiberrahmenvertrag Strom.

9.1.8 Netzzugang

9.1.8.1 Zugang zu den Energieversorgungsnetzen (EnWG § 20)

Betreiber von Energieversorgungsnetzen haben *jedermann* nach sachlich gerechtfertigten Kriterien diskriminierungsfrei Netzzugang zu gewähren sowie die Bedingungen, einschließlich möglichst *bundesweit einheitlicher Musterverträge*, Konzessionsabgaben und *Entgelte für diesen Netzzugang* im Internet zu veröffentlichen. Sie haben ferner den Netznutzern die für einen effizienten Netzzugang erforderlichen Informationen zur Verfügung zu stellen. Zur Ausgestaltung dieses Rechts auf Zugang zu Elektrizitätsversorgungsnetzen haben *Letztverbraucher* von Elektrizität oder Lieferanten Verträge mit denjenigen Energieversorgungsunternehmen abzuschließen, *aus deren Netzen die Entnahme und in deren Netze die Einspeisung von Elektrizität erfolgen soll (Netznutzungsvertrag)*.

Netznutzungsvertrag oder Lieferantenrahmenvertrag vermitteln den Zugang zum gesamten Elektrizitätsversorgungsnetz.

Der Betreiber des Energieversorgungsnetzes, an das eine Kundenanlage oder eine *Kundenanlage zur betrieblichen Eigenversorgung* angeschlossen ist, hat den Zählpunkt zur Erfassung der durch die Kundenanlage aus dem Netz der allgemeinen Versorgung entnommenen und in das Netz der allgemeinen Versorgung eingespeisten Strommenge (*Summenzähler*) sowie alle Zählpunkte bereitzustellen, die für die Gewährung des Netzzugangs für Unterzähler innerhalb der Kundenanlage im Wege der Durchleitung (bilanzierungsrelevante Unterzähler) erforderlich sind.

9.1.8.2 Bedingungen und Entgelte für den Netzzugang

Grundlagen des Netzzugangs (EnWG § 21) Die Bedingungen und Entgelte für den Netzzugang müssen angemessen, diskriminierungsfrei, transparent und dürfen nicht ungünstiger sein, als sie von den Betreibern der Energieversorgungsnetze in vergleichbaren Fällen für Leistungen innerhalb ihres Unternehmens oder gegenüber verbundenen oder assoziierten Unternehmen angewendet und tatsächlich oder kalkulatorisch in Rechnung gestellt werden. Die Entgelte werden auf der Grundlage der Kosten einer Betriebsführung, die denen eines effizienten und strukturell vergleichbaren Netzbetreibers entsprechen müssen, unter Berücksichtigung von Anreizen für eine effiziente Leistungserbringung und einer angemessenen, wettbewerbsfähigen und risikoangepassten Verzinsung des eingesetzten Kapitals gebildet. Soweit die Entgelte kostenorientiert gebildet werden, dürfen Kosten und Kostenbestandteile, die sich ihrem Umfang nach im Wettbewerb nicht einstellen würden, nicht berücksichtigt werden.

Vertragliche Ausgestaltung des Netzzugangs (StromNZV § 23) Der *Netzzugangsberechtigte* fordert spätestens durch Anmeldung der ersten Kundenentnahmestelle zur Netznutzung ein verbindliches *Angebot zum Abschluss* eines Lieferantenrahmenvertrages oder *Netznutzungsvertrages* beim Betreiber eines Elektrizitätsversorgungsnetzes an. Dieser ist verpflichtet, innerhalb einer Frist von sieben Arbeitstagen nach Eingang der Anforderung ein vollständiges und bindendes Angebot abzugeben. Die Betreiber von Elektrizitätsversorgungsnetzen sind berechtigt, die von ihnen geschlossenen Verträge aus wichtigem Grund fristlos zu kündigen. Sie können in begründeten Fällen vom Netznutzer eine Sicherheitsleistung verlangen.

Netznutzungsvertrag (EnWG § 20) *Netznutzungsvertrag* oder Lieferantenrahmenvertrag vermitteln den Zugang zum gesamten Elektrizitätsversorgungsnetz. Der Anspruch auf Netznutzung wird begrenzt durch die jeweiligen Kapazitäten der Elektrizitätsversorgungsnetze. Die Netznutzung durch die Letztverbraucher und Lieferanten setzt voraus, dass der Bilanzkreis in ein vertraglich begründetes Bilanzkreissystem einbezogen ist.

Betreiber von Elektrizitätsversorgungsnetzen werden durch Netznutzungsverträge nicht gehindert, Änderungen an der Ausgestaltung ihrer Netze vorzunehmen.

Inhalt des Netznutzungsvertrags (StromNZV § 24) Netznutzer haben einen *Anspruch* auf Abschluss eines Netznutzungsvertrages. Wird der Netznutzungsvertrag von einem Lieferanten abgeschlossen, so darf der Betreiber von Elektrizitätsversorgungsnetzen den Netzzugang nicht von dem gleichzeitigen Abschluss eines Netznutzungsvertrages zwischen ihm und dem Letztverbraucher abhängig machen. Der Vertrag muss mindestens Regelungen zu folgenden Gegenständen enthalten:

- Vertragsgegenstand
- Voraussetzungen der Netznutzung
- Leistungsmessung, Zählerstandsgangmessung und Lastprofilverfahren
- Zuordnung von Einspeise- oder Entnahmestellen zu Bilanzkreisen
- Abrechnung
- Datenverarbeitung
- Haftungsbestimmungen
- Voraussetzungen für die Erhebung einer Sicherheitsleistung in begründeten Fällen
- Kündigungsrechte

„Der Netznutzungsvertrag/Lieferantenrahmenvertrag (NNV/LRV) regelt die Verpflichtung des Netzbetreibers, dem Netznutzer das Netz diskriminierungsfrei zur Entnahme

oder Einspeisung von Elektrizität gegen ein vom Netznutzer zu zahlendes Entgelt zur Verfügung zu stellen. Der NNV/LRV regelt die Rechtsbeziehungen zwischen einem Netzbetreiber und einem Netznutzer. Der Netznutzer ist dabei üblicherweise ein Lieferant, kann aber auch jeder Letztverbraucher sein – insbesondere große Unternehmen. Haushaltskunden schließen in aller Regel keinen eigenen Netznutzungsvertrag. Sie stehen über den Energieliefervertrag mit ihrem Lieferanten, der die Netznutzung für seine Kunden über den Lieferantenrahmenvertrag mit dem Netzbetreiber abwickelt, in einem sog. All-inclusive-Vertragsverhältnis" (Bundesnetzagentur – Lieferantenrahmenvertrag/Netznutzungsvertrag).

Die aktuell gültige Fassung eines solchen *Muster-Vertrages* ist dort zu finden.

Stromnetzzugangsverordnung (StromNZV) Diese Verordnung regelt die *Bedingungen für Einspeisungen* von elektrischer Energie in Einspeisestellen der Elektrizitätsversorgungsnetze, also den *Netzzugang*, und die damit verbundene *zeitgleiche Entnahme von elektrischer Energie* an räumlich davon entfernt liegenden Entnahmestellen der Elektrizitätsversorgungsnetze (§ 1). Sie enthält auch die o. g. Regelungen zum Netznutzungsvertrag.

Variable Tarife mit Zählerstandsgangmessung (StromNZV § 12) Soweit es für die Umsetzung eines variablen Tarifs erforderlich ist, haben Netzbetreiber Netznutzern einen Tarif anzubieten, der einen Anreiz zu Energieeinsparung oder Steuerung des Energieverbrauchs setzt. Solche lastvariablen oder tageszeitabhängigen Tarife setzen eine Bilanzierung und Abrechnung auf Basis von Zählerstandsgängen für diejenigen Einspeise- und Entnahmestellen voraus, deren Einspeise- und Entnahmeverhalten mit intelligenten Messsystemen ermittelt wird.

Erbringung von Regelleistung durch Letztverbraucher (StromNZV § 26a) Betreiber von Übertragungsnetzen stellen sicher, dass einem Letztverbraucher mit Zählerstandsgangmessung oder viertelstündiger registrierender Lastgangmessung auf sein Verlangen hin die Erbringung von Minutenreserve oder Sekundärregelung über einen anderen Bilanzkreis gegen angemessenes Entgelt ermöglicht wird. Hierzu sind Regelungen über den Austausch der erforderlichen Informationen zwischen den Beteiligten sowie die Bilanzierung der Energiemengen zu treffen. Das Entgelt nach Absatz 1 ist angemessen, wenn es den Lieferanten und den Bilanzkreisverantwortlichen, dessen Bilanzkreis der Letztverbraucher zugeordnet ist, wirtschaftlich so stellt, wie sie ohne die Erbringung von Regelleistung durch den Letztverbraucher stünden.

9.1.9 Energielieferung an Letztverbraucher

Lieferantist ein Unternehmen, dessen Geschäftstätigkeit auf den Vertrieb von Elektrizität gerichtet ist d. h. *ein Entwässerungsbetrieb ist trotz evtl. Einspeisung von Strom kein Lieferant.*

9.1.9.1 Grundsätze des Strommarktes (EnWG § 1a)

Der Preis für Elektrizität bildet sich nach wettbewerblichen Grundsätzen frei am Markt. Die Höhe der Preise für Elektrizität am Großhandelsmarkt wird regulatorisch nicht beschränkt.

Hinweis

Die Bundesnetzagentur hat verschiedene Vertragsfragen aufgelistet: In Deutschland gibt es verschiedene Belieferungsverhältnisse: Grundversorgung, Ersatzversorgung oder individuelle Energielieferverträge „außerhalb der Grundversorgung". Für die verschiedenen Verträge gibt die Bundesnetzagentur konkrete Erläuterungen. Bundesnetzagentur, Arten der Energiebelieferung (https://www.bundesnetzagentur.de/DE/Vportal/Energie/Vertragsarten/start.html Letzter Zugriff 26.04.2023)

9.1.9.2 Energielieferverträge mit Letztverbrauchern (EnWG § 41)

Verträge über die Belieferung von Letztverbrauchern mit Energie müssen einfach und verständlich sein. Die Verträge müssen insbesondere Angaben enthalten über

- den Namen und die Anschrift des Energielieferanten,
- die belieferte Verbrauchsstelle des Letztverbrauchers einschließlich der zur Bezeichnung der Entnahmestelle verwendeten Identifikationsnummer,
- den Vertragsbeginn, die Vertragsdauer sowie die Bedingungen für eine Verlängerung und Beendigung des Vertrags,
- zu erbringende Leistungen einschließlich damit gebündelter Produkte oder Leistungen sowie angebotener Wartungsdienste, wobei insbesondere anzugeben ist, ob der Messstellenbetrieb und hierfür anfallende Entgelte von den vertraglichen Leistungen umfasst sind,
- die Preise, Preisanpassung, Kündigungstermine und Kündigungsfristen sowie das Rücktrittsrecht des Kunden,
- die einschlägige Tarif- bzw. Produktbezeichnung sowie den Hinweis, ob die Belieferung im Rahmen der Grundversorgung oder außerhalb der Grundversorgung erfolgt ist,
- den Zeitpunkt der Abrechnungen und die Zahlungsweise,
- Haftungs- und Entschädigungsregelungen bei Nichteinhaltung vertraglich vereinbarter Leistungen, wozu auch ungenaue oder verspätete Abrechnungen zählen,
- den unentgeltlichen und zügigen Lieferantenwechsel,
- die Art und Weise, wie aktuelle Informationen über die geltenden Tarife, Wartungsentgelte und gebündelte Produkte oder Leistungen erhältlich sind,
- Informationen über die Rechte der Letztverbraucher im Hinblick auf Verbraucherbeschwerden und Streitbeilegungsverfahren, die ihnen im Streitfall zur Verfügung stehen, einschließlich der für Verbraucherbeschwerden eingerichteten Schlichtungsstelle mit

deren Anschrift und Webseite, und Informationen über die Verpflichtung des Energielieferanten zur Teilnahme am Schlichtungsverfahren sowie
- die Kontaktdaten des Verbraucherservice der Bundesnetzagentur für den Bereich Elektrizität und Gas.

Die Informationspflichten nach den Artikeln 246 und 246a des Einführungsgesetzes zum Bürgerlichen Gesetzbuche gelten zusätzlich.

Den Letztverbrauchern sind vor Vertragsschluss verschiedene Zahlungsmöglichkeiten anzubieten. Unterschiede bei Zahlungsarten oder Vorauszahlungssystemen müssen objektiv, diskriminierungsfrei und verhältnismäßig sein. Letztverbrauchern in Rechnung gestellte Kosten für die Nutzung der unterschiedlichen Zahlungsarten oder Vorauszahlungssysteme dürfen die unmittelbaren Kosten, die dem Zahlungsempfänger für die Nutzung der jeweiligen Zahlungsart oder eines Vorauszahlungssystems entstehen, nicht übersteigen.

Energielieferanten sind verpflichtet, in an Letztverbraucher gerichtetem Werbematerial sowie auf ihrer Internetseite allgemeine Informationen zu den o. g. Bestimmungen anzugeben.

Den Letztverbrauchern ist innerhalb einer angemessenen Frist nach dem Vertragsschluss eine knappe, leicht verständliche und klar gekennzeichnete Zusammenfassung der wichtigsten Vertragsbedingungen zur Verfügung zu stellen. Die Zusammenfassung hat insbesondere zu enthalten

- die Kontaktdaten des Energielieferanten,
- die Verbrauchsstelle,
- geltende Preise,
- den voraussichtlichen Belieferungsbeginn,
- die Kündigungsfrist sowie
- etwaige Bonusvereinbarungen und Mindestvertragslaufzeiten.

Energielieferanten, die sich im Vertrag das Recht vorbehalten haben, die Vertragsbedingungen einseitig zu ändern, haben Letztverbraucher rechtzeitig, in jedem Fall vor Ablauf einer Abrechnungsperiode, auf einfache und verständliche Weise über die beabsichtigte Ausübung eines Rechts auf Änderung der Preise oder sonstiger Vertragsbedingungen und über die Rechte der Letztverbraucher zur Vertragsbeendigung zu unterrichten.

Über Preisänderungen ist spätestens zwei Wochen vor Eintritt der beabsichtigten Änderung zu unterrichten. Die Unterrichtung hat unmittelbar zu erfolgen sowie auf verständliche und einfache Weise unter Hinweis auf Anlass, Voraussetzungen und Umfang der Preisänderungen. Übt der Energielieferant ein Recht zur Änderung der Preise oder sonstigen Vertragsbedingungen aus, kann der Letztverbraucher den Vertrag ohne Einhaltung einer Frist zum Zeitpunkt des Wirksamwerdens der Änderungen kündigen, ohne dass vom Energielieferanten hierfür ein gesondertes Entgelt verlangt werden darf. Eine Änderung der Vertragsbedingungen liegt auch bei einer Anpassung der vertraglichen Leistungen vor.

9.1.9.3 Liefer- und Vertragsverhältnisse der Beteiligten

Abb. 9.1 und 9.2 versuchen, die Lieferung von Strom (braun) und die verschiedenen notwendigen Verträge (gelb) zwischen den beteiligten Stellen darzustellen.

9.1.10 Ermittlung der Netzentgelte (StromNEV § 17)

Die *von Netznutzern zu entrichtenden Netzentgelte* sind ihrer Höhe nach unabhängig von der räumlichen Entfernung zwischen dem Ort der Einspeisung elektrischer Energie und dem Ort der Entnahme. Die Netzentgelte richten sich nach der Anschlussnetzebene der Entnahmestelle, den jeweils vorhandenen Messvorrichtungen an der Entnahmestelle sowie der jeweiligen Benutzungsstundenzahl der Entnahmestelle. Das Netzentgelt pro Entnahme-

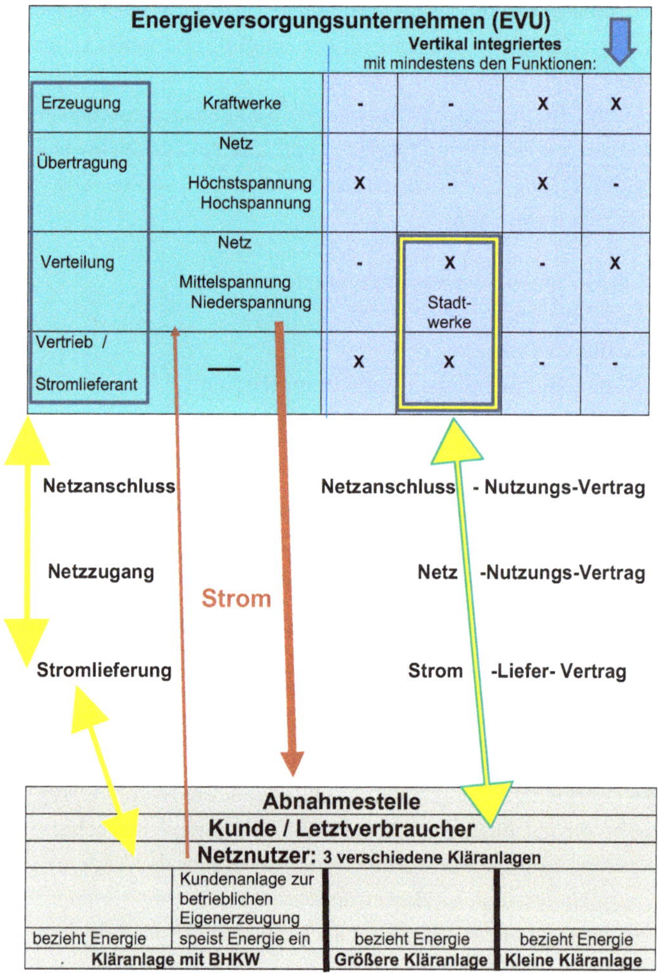

Abb. 9.1 Liefer- und Vertragsverhältnisse der Beteiligten

Kläranlagen / Tatbestände	Kleine Kläranlage	Größere Kläranlage	Kläranlage mit Blockheizkraftwerk = Kundenanlage zur betrieblichen Eigenerzeugung	
	bezieht Energie nur in Niederspannung	bezieht Energie in Nieder- u. evtl. in Mittelspannung	bezieht Energie in Nieder- u. evtl. in Mittelspannung	speist Energie in das Stromnetz ein
Anschluss an das örtliche Stromnetz Örtliches Stromnetz – Verteilernetz	**Netzanschluss- (u-Nutzungs-) Vertrag** entsprechend ***Niederspannungs-anschluss-verordnung* – *NAV*** gilt	**Netzanschluss- (u-Nutzungs-) Vertrag** NAV nicht gültig bei Mittelspannung, Anlehnung an NAV	**Netzanschluss- (u-Nutzungs-) Vertrag** NAV nicht direkt gültig Anlehnung an NAV	**Netzanschluss- (u-Nutzungs-) Vertrag** NAV nicht direkt gültig Anlehnung an NAV
Zugang zu den Stromnetzen: Übertragungs- und Verteilernetze	Evtl. kein gesonderter Vertrag erforderlich, im Strom-Liefer-Vertrag enthalten (i.d.R.)	**Netz-Nutzungs-Vertrag** für Übertragungs- und Verteilernetze	**Netz-Nutzungs-Vertrag** für Übertragungs- und Verteilernetze	**Netz-Nutzungs-Vertrag** Stromnetz-zugangs-verordnung (StromNZV)
Bezug von Strom in Anlehnung an Stromgrund-versorgungs-verordnung	**All-inclusive-Vertrag** mit örtl. Versorger, sonst separater Netz-Nutzungs-Vertrag	**Strom-Liefer-Vertrag** mit beliebigem Energielieferanten	**Strom-Liefer-Vertrag** mit beliebigem Energielieferanten	**Strom-Liefer-Vertrag** mit beliebigem Energielieferanten, Einspeisevertrag für im BHKW erzeugten Strom

Abb. 9.2 Notwendige Verträge mit Energieversorgungsunternehmen

stelle besteht aus einem Jahresleistungspreis in Euro pro Kilowatt und einem Arbeitspreis in Cent pro Kilowattstunde. Das Jahresleistungsentgelt ist das Produkt aus dem jeweiligen Jahresleistungspreis und der Jahreshöchstleistung in Kilowatt der jeweiligen Entnahme im Abrechnungsjahr. Das Arbeitsentgelt ist das Produkt aus dem jeweiligen Arbeitspreis und der im Abrechnungsjahr jeweils entnommenen elektrischen Arbeit in Kilowattstunden.

9.1.10.1 Stromnetzentgeltverordnung – (StromNEV § 1)

Die Stromnetzentgeltverordnung – StromNEV (Verordnung über die Entgelte für den Zugang zu Elektrizitätsversorgungsnetzen) regelt die Festlegung der Methode zur Bestimmung der *Entgelte für den Zugang zu den Elektrizitätsübertragungs- und Elektrizitätsverteilernetzen (Netzentgelte)* einschließlich der Ermittlung der *Entgelte für dezentrale Einspeisungen.*

9.1.10.2 Entgelt für dezentrale Einspeisung (StromNEV § 18)

Betreiber von dezentralen Erzeugungsanlagen, die vor dem 1. Januar 2023 in Betrieb genommen worden sind, erhalten vom Betreiber des Elektrizitätsverteilernetzes, in dessen Netz sie einspeisen, grundsätzlich ein Entgelt.

Das Entgelt wird jedoch in verschiedenen Fällen nicht gewährt,

- wenn die Stromeinspeisung nach Erneuerbare-Energien-Gesetz gefördert wird oder
- nach Kraft-Wärme-Kopplungsgesetz vergütet wird und in dieser Vergütung vermiedene Netzentgelte enthalten sind.

Betreiber dezentraler Erzeugungsanlagen, die in ein vorgelagertes Netz einspeisen, vermeiden dort Netzentgelte in weiter vorgelagerten Netzebenen.

9.1.11 Strompreis (EnWG § 40)

Energielieferanten sind verpflichtet, in den Rechnungen folgende Belastungen gesondert auszuweisen, soweit sie Kalkulationsbestandteile der in die Rechnung einfließenden Preise sind:

- die Stromsteuer oder die Energiesteuer
- die Konzessionsabgabe
- jeweils gesondert die Umlagen und Aufschläge nach Energiefinanzierungsgesetz, der Stromnetzentgeltverordnung und der Verordnung zu abschaltbaren Lasten
- jeweils gesondert die Netzentgelte und, soweit sie Gegenstand des Liefervertrages sind, die Entgelte des Messstellenbetreibers oder des Betreibers von Energieversorgungsnetzen für den Messstellenbetrieb und die Messung

Energielieferanten haben für Letztverbraucher die für die Forderungen maßgeblichen Berechnungsfaktoren in Rechnungen vollständig und in allgemein verständlicher Form unter Verwendung standardisierter Begriffe und Definitionen auszuweisen.

9.1.12 Grundversorgungspflicht (EnWG § 36)

Energieversorgungsunternehmen haben für Netzgebiete, in denen sie die *Grundversorgung von Haushaltskunden* durchführen, Allgemeine Bedingungen und Allgemeine Preise für die Versorgung in Niederspannung oder Niederdruck öffentlich bekannt zu geben und im Internet zu veröffentlichen und zu diesen Bedingungen und Preisen jeden Haushaltskunden zu versorgen.

Grundversorger ist jeweils das Energieversorgungsunternehmen, das die meisten Haushaltskunden in einem Netzgebiet der allgemeinen Versorgung beliefert.

9.1.13 Ausnahmen von der Grundversorgungspflicht (EnWG § 37)

Wer zur Deckung des Eigenbedarfs eine Anlage zur Erzeugung von Energie betreibt oder sich von einem Dritten versorgen lässt, hat keinen Anspruch auf eine Grundversorgung zu dem Allgemeinen Preis. Er kann aber eine Grundversorgung durch eine Zusatz- und Reserveversorgung in dem Umfang und zu den Bedingungen verlangen, die für den Grundversorger wirtschaftlich zumutbar sind.

Eigenanlagen, die ausschließlich der Sicherstellung des Energiebedarfs bei Aussetzen der öffentlichen Energieversorgung dienen (Notstromaggregate), haben Anspruch auf Grundversorgung zum Allgemeinen Preis, wenn sie außerhalb ihrer eigentlichen Bestimmung nicht mehr als 15 Stunden monatlich zur Erprobung betrieben werden.

Wichtige Stelle zur Klärung von Rechtsfragen
*„**Clearingstelle EEG|KWKG** – neutrale Einrichtung zur Klärung von Streitigkeiten und Anwendungsfragen des EEG und des KWKG, betrieben im Auftrag des Bundesministeriums für Wirtschaft und Klimaschutz. ... Die Clearingstelle EEG|KWKG klärt Streitigkeiten und Anwendungsfragen im Bereich des Erneuerbare-Energien-Gesetzes (EEG), Kraft-Wärme-Kopplungsgesetzes (KWKG) und Messstellenbetriebsgesetzes (MsbG). ... Unter dem Punkt Datenbank können Sie unsere Datenbank zur Recherche nutzen. Hier finden Sie Informationen zu unseren abgeschlossenen und laufenden Verfahren und Gesetze und Gesetzgebungsmaterialien, Rechtsprechungen, Technische Normen und viele weitere Materialien zu Recht und Technik der erneuerbaren Energien und der Kraft-Wärme-Kopplung“* (Clearingstelle EEG|KWKG).

Hinweise
Staatlich veranlasste Bestandteile des Strompreises:
https://www.bmwi.de/Redaktion/DE/Textsammlungen/Energie/strompreise.html
Ausführliche Informationen des Bundesministers für Wirtschaft und Energie

Verbraucherpreise:
https://www.verivox.de/strom/themen/stromnev/
https://www.energie.web.de/ratgeber/strom-faq/strompreis-pro-kwh/
Letzter Zugriff jeweils 26.04.2023

9.1.14 Regelungen zu den Netzzugangsbedingungen, Entgelten für den Netzzugang sowie zur Erbringung und Beschaffung von Ausgleichsleistungen; Verordnungsermächtigung (EnWG § 24)

Die Bundesregierung wurde im EnWG § 24 ermächtigt, durch Rechtsverordnung die Bedingungen für den Netzzugang einschließlich der Beschaffung und Erbringung von Ausgleichsleistungen oder Methoden zur Bestimmung dieser Bedingungen sowie Methoden zur Bestimmung der Entgelte für den Netzzugang festzulegen.

Insbesondere können durch Rechtsverordnungen

- die Rechte der Verbraucher bei der Abwicklung eines Anbieterwechsels festgelegt werden,
- die Art sowie die Ausgestaltung des Netzzugangs und der Beschaffung und Erbringung von Ausgleichsleistungen einschließlich der hierfür erforderlichen Verträge und Rechtsverhältnisse und des Ausschreibungsverfahrens festgelegt werden,
- die Bestimmungen der Verträge und die Ausgestaltung der Rechtsverhältnisse einheitlich festgelegt werden sowie Regelungen über das Zustandekommen, den Inhalt und die

Beendigung der Verträge und Rechtsverhältnisse getroffen werden, wobei insbesondere auch Vorgaben für die Verträge und Rechtsverhältnisse zwischen Letztverbrauchern, Lieferanten und beteiligten Bilanzkreisverantwortlichen bei der Erbringung von Regelleistung gemacht werden können,
- Regelungen zur Ermittlung der Entgelte für den Netzzugang getroffen werden,

Der o. g. § 24 EnWG galt bis Ende 2023. Mittlerweile sind die dort genannten Regelungen in den §§ 24neu, 24a u. 24b getroffen worden.

Wichtige Regeln der Technik
- DIN EN 61140 (VDE 0140-1) Schutz gegen elektrischen Schlag – Gemeinsame Anforderungen für Anlagen und Betriebsmittel
- DIN VDE 0100-410: Errichten von Niederspannungsanlagen – Teil 4-41: Schutzmaßnahmen – Schutz gegen elektrischen Schlag
- DIN VDE 0105-100: Betrieb von elektrischen Anlagen – Teil 100: Allgemeine Festlegungen
- DIN VDE 0100-100: Errichten von Niederspannungsanlagen – Teil 1: Allgemeine Grundsätze, Bestimmungen allgemeiner Merkmale, Begriffe
- DIN VDE 0100-540 Errichten von Niederspannungsanlagen – Teil 5-54: Auswahl und Errichtung elektrischer Betriebsmittel – Erdungsanlagen und Schutzleiter
- DIN EN 50310 VDE 0800-2-310 Telekommunikationstechnische Potentialausgleichsanlagen für Gebäude und andere Strukturen
- DIN VDE 0100-550: Errichten von Starkstromanlagen mit Nennspannungen bis 1000 V; Auswahl und Errichtung elektrischer Betriebsmittel; Steckvorrichtungen, Schalter und Installationsgeräte
- DIN VDE 0100-600 Errichten von Niederspannungsanlagen – Teil 6: Prüfungen
- DIN VDE 0100-704: Errichten von Niederspannungsanlagen – Teil 7-704: Anforderungen für Betriebsstätten, Räume und Anlagen besonderer Art – Baustellen
- DIN VDE 0141; Erdungen für spezielle Starkstromanlagen mit Nennspannungen über 1 kV
- DIN VDE 0701-0702: Prüfung nach Instandsetzung, Änderung elektrischer Geräte – Wiederholungsprüfung elektrischer Geräte – Allgemeine Anforderungen für die elektrische Sicherheit
- DIN EN 61936-1 (VDE 0101-1) Starkstromanlagen mit Nennwechselspannungen über 1 kV – Teil 1: Allgemeine Bestimmungen
- DIN EN 50191 (VDE 0104): Errichten und Betreiben elektrischer Prüfanlagen
- DIN EN 50174-2; VDE 0800-174-2: Informationstechnik – Installation von Kommunikationsverkabelung – Teil 2: Installationsplanung und Installationspraktiken in Gebäuden;
- DIN EN 60079-14 VDE 0165-1: Explosionsgefährdete Bereiche

- DIN EN 60204-1 (VDE 0113-1) Sicherheit von Maschinen – Elektrische Ausrüstung von Maschinen – Teil 1: Allgemeine Anforderungen
- DIN EN 50110-1 VDE 0105-1; Betrieb von elektrischen Anlagen,

Teil 1: Allgemeine Anforderungen;
- DIN EN 61310-3 VDE 0113-103: Sicherheit von Maschinen – Anzeigen, Kennzeichen und Bedienen, Teil 3: Anforderungen an die Anordnung und den Betrieb von Bedienteilen (Stellteilen)
- DIN EN 62305-3/VDE 0185-305-3, Blitzschutz

Regeln zur Arbeitssicherheit
Die Unfallverhütungsvorschrift **DGUV Vorschrift 3**, „Elektrische Anlagen und Betriebsmittel" (mit den Durchführungsanweisungen der Berufsgenossenschaft Holz und Metall) ist unbedingt zu beachten!
https://www.bghm.de/fileadmin/user_upload/Arbeitsschuetzer/Gesetze_Vorschriften/Vorschriften/DGUV-Vorschrift-3.pdf
Letzter Zugriff 26.04.2023

Die Informationsschriften der DGUV:
- BGI/GUV-I 8524 – „Prüfung ortsveränderlicher elektrischer Betriebsmittel, Praxis((Tip))s für Betriebe"
- BGI/GUV-I 5190 – „Wiederkehrende Prüfungen ortsveränderlicher elektrischer Arbeitsmittel Organisation durch den Unternehmer"

sollten ebenfalls beachtet werden.

Weitere Hinweise zu Prüffristen sind in den Technischen Regel für Betriebssicherheit "Prüfungen und Kontrollen von Arbeitsmitteln und überwachungsbedürftigen Anlagen" – TRBS 1201 zu finden.

Strombörse
„Die Strombörse in Deutschland – noch gar nicht so alt
Unter einer Strombörse versteht man einen Handelsplatz, an dem Strom angekauft und verkauft wird, ganz ähnlich einer Wertpapierbörse. Über die Energiebörse in Leipzig, auch EEX (European Energy Exchange) genannt, wird letztlich der Preis bestimmt, den Verbraucher für ihren Strom zahlen. Die Preise ergeben sich, wie immer in der freien Marktwirtschaft, aus dem Zusammenspiel von Nachfrage und Angebot. Mehrere hundert Handelsteilnehmer aus über 30 Ländern kaufen und ver-

kaufen in Leipzig Strom, Erdgas und weitere Produkte. Dadurch, dass ausschließlich Energie gehandelt wird, bestehen bessere Vergleichsmöglichkeiten zwischen einzelnen Produkten.“
https://www.kwh-preis.de/strom/ratgeber/stromboerse
Letzter Zugriff 26.11.2024

Bundesnetzagentur für Elektrizität, Gas, Telekommunikation, Post und Eisenbahnen
Leitfaden zur Eigenversorgung, Juli 2016
https://www.bundesnetzagentur.de/SharedDocs/Downloads/DE/Sachgebiete/Energie/Unternehmen_Institutionen/ErneuerbareEnergien/Eigenversorgung/Finaler_Leitfaden.pdf?__blob=publicationFile&v=2

9.2 Energiegewinnung

Alle Entwässerungsbetriebe versuchen, Energie und damit Geld zu sparen. Viele gehen einen Schritt weiter und gewinnen zusätzlich Energie, hauptsächlich indem sie das Abwasser als Energiequelle nutzen. Weitere Möglichkeiten sind PV-Anlagen, Windräder oder kleine Turbinen; oft wird auch das zufließende warme Abwasser schon im Kanal als Wärmequelle genutzt.

9.2.1 Technik der Faulgasnutzung

Die am weitesten verbreitete Energiegewinnung ist die Nutzung des im Faulbehälter anfallenden Gases. Auf diese Technik wird in diesem Abschnitt eingegangen.

9.2.1.1 Begriffe

Insbesondere um Verwechselungen mit den Anlagen der Landwirtschaft zu vermeiden, müssen die folgenden Begriffe erläutert werden.

Erneuerbare Energie „Energie aus erneuerbaren Quellen“ oder „erneuerbare Energie“ wird definiert als:

- Energie aus erneuerbaren, nichtfossilen Energiequellen, das sind Wind, Sonne (Solarthermie und Photovoltaik), geothermische Energie, Umgebungsenergie, Gezeiten-, Wellen- und sonstige Meeresenergie, Wasserkraft, und
- Energie aus Biomasse einschließlich Biogas, Biomethan, Deponiegas und *Klärgas* sowie aus dem biologisch abbaubaren Anteil von Abfällen aus Haushalten und Industrie

Vorsicht! Verwechselungen möglich:

Biogas jedes Gas, das durch anaerobe Vergärung von Biomasse gewonnen wird.
Biomethan jedes Biogas oder sonstige gasförmige Biomasse, das oder die aufbereitet und in das Erdgasnetz eingespeist worden ist.
Biomasseanlage jede Anlage zur Erzeugung von Strom aus Biomasse (EEG 2023 § 3) Die *Verordnung über die Erzeugung von Strom aus Biomasse (Biomasseverordnung – BiomasseV)* regelt für den Anwendungsbereich des Erneuerbare-Energien-Gesetzes, welche Stoffe als *Biomasse* gelten und welche technischen Verfahren zur Stromerzeugung aus Biomasse in den Anwendungsbereich des Gesetzes fallen (§ 1).
Biomasse im Sinne dieser Verordnung sind Energieträger aus Phyto- und Zoomasse (BiomasseV § 2).

► *Nicht* als Biomasse im Sinne dieser Verordnung und damit des EEG gelten u. a. Klärschlämme (im Sinne der Klärschlammverordnung) und Klärgas (BiomasseV § 3).

Klärgas als Energieerzeugnis
*„**Die Kombinierte Nomenklatur (KN)** ist ein EU-einheitliches Warenverzeichnis, bestehend aus jeweils achtstelligen Warennummern"* (Generalzolldirektion, Kombinierte Nomenklatur).

Energieerzeugnisse sind u. a. auch Waren der Position 2711 der *Kombinierten Nomenklatur*; unter der Position 2711 findet sich Erdgas und **andere gasförmige Kohlenwasserstoffe**. Zu der Unterposition 2711 29 00 *Andere* gehören Kohlenwasserstoffe in gasförmigem Zustand, anderweitig nicht genannte (a. n. g.) (ausg. Erdgas).

„Dieses Gas entsteht durch Fermentation des biologisch abbaubaren Teils von Klärschlamm aus Abwasserbehandlungsanlagen, des biologisch abbaubaren Anteils von land- und forstwirtschaftlichen Abfällen und Rückständen, von Abfällen und Rückständen der Agrar- und Nahrungsmittelindustrie und von anderen ähnlichen pflanzlichen und tierischen Rohstoffen aus Biomasse.

Das Gas besteht überwiegend aus Methan sowie im Allgemeinen aus Kohlendioxid und, in geringerem Maße, aus Schwefelwasserstoff, Wasserstoff, Stickstoff und Sauerstoff" (Erläuterungen zur Kombinierten Nomenklatur der Europäischen Union, Amtsblatt der Europäischen Union C 119) (http://publications.europa.eu/resource/cellar/68d47143-51ee-11e9-a8ed-01aa75ed71a1.0004.01/DOC_1).

Klärgas besteht zu ca. 60–70 % aus Methan, 30–40 % aus Kohlendioxid, sowie geringe Anteile von sonstigen Stoffen.

9.2.1.2 Blockheizkraftwerke (BHKW) in Kläranlagen

„Im Jahr 2019 wurden in Deutschland 1515 Gigawattstunden Strom aus Klärgas in Kläranlagen erzeugt. Gegenüber 2018 war das ein Plus von 1,6 %. Mit dieser Strommenge könnte zum Beispiel eine Großstadt wie Frankfurt am Main bei einem durchschnittlichen Pro-Kopf-Stromverbrauch von rund 1900 Kilowattstunden ein Jahr lang mit Strom versorgt werden. Wie das Statistische Bundesamt (DESTATIS) weiter mitteilt, hatte Klärgas im Jahr 2019 einen Anteil von 0,3 % an der gesamten Strombereitstellung aus erneuerbaren Energien.

Klärgasgewinnung gegenüber 2018 um 2 % gesunken Insgesamt wurden im Jahr 2019 in Kläranlagen rund 22.234 Terajoule Klärgas gewonnen. Das waren 2,0 % weniger als 2018.

Klärgas fällt bei Anlagen mit Klärschlammfaulung an und besteht zu rund zwei Dritteln aus Methan. Von den deutschlandweit über 9000 Kläranlagen im Jahr 2019 erzeugten 1271 Anlagen Klärgas, davon 88 % mit Stromgewinnung. Im Jahr 1998 – dem ersten Jahr, in dem die Stromerzeugung in Kläranlagen erfasst wurde – gab es 1114 Anlagen mit Klärgasgewinnung, von denen nur rund die Hälfte daraus Strom erzeugte. Neben der Stromerzeugung wird das Gas zur Wärmeerzeugung eingesetzt oder an Dritte abgegeben.

Strom und Wärme aus Klärgas überwiegend von Kläranlagen selbst genutzt Strom und Wärme aus Klärgas werden heute meist vor Ort in Blockheizkraftwerken erzeugt, wobei der überwiegende Teil des Stromes innerhalb der Kläranlagen verbraucht wird: Im Jahr 2019 waren es 93 %. Auch die dabei anfallende Abwärme wird in den meisten Fällen selbst genutzt, beispielsweise zur Beheizung der Faultürme" (DESTATIS, Pressemitteilung Nr. 310 vom 14. August 2020).

Kundenanlagen zur betrieblichen Eigenversorgung (EnWG § 3) Hierunter versteht man Energieanlagen zur Abgabe von Energie,

- die sich auf *einem räumlich zusammengehörenden Betriebsgebiet* befinden,
- mit einem Energieversorgungsnetz oder mit einer Erzeugungsanlage verbunden sind,
- fast ausschließlich dem *betriebsnotwendigen Transport von Energie innerhalb des eigenen Unternehmens* oder zu verbundenen Unternehmen oder fast ausschließlich dem der Bestimmung des Betriebs geschuldeten Abtransport in ein Energieversorgungsnetz dienen und

jedermann zum Zwecke der Belieferung der an sie angeschlossenen Letztverbraucher im Wege der Durchleitung unabhängig von der Wahl des Energielieferanten diskriminierungsfrei und unentgeltlich zur Verfügung gestellt werden.

Eigenanlagen (EnWG § 3): Anlagen zur Erzeugung von Elektrizität zur Deckung des Eigenbedarfs, die nicht von Energieversorgungsunternehmen betrieben werden.

9.2.1.3 Anschluss, Abnahme, Übertragung und Verteilung

Anschluss- und Abnahmepflicht (KWKG 2023 § 3) Netzbetreiber müssen unabhängig von der Pflicht zur Zahlung von Zuschlägen

- hocheffiziente KWK-Anlagen an ihr Netz unverzüglich vorrangig anschließen und
- den in diesen Anlagen erzeugten KWK-Strom unverzüglich vorrangig physikalisch abnehmen, übertragen und verteilen.

Ausnahmen sind entspr. Gesetz möglich.

Vorrangiger Anschluss (EEG 2023 § 8) Netzbetreiber müssen Anlagen zur Erzeugung von Strom aus erneuerbaren Energien *unverzüglich vorrangig* an der Stelle an ihr Netz anschließen, die im Hinblick auf die Spannungsebene geeignet ist und die in der Luftlinie kürzeste Entfernung zum Standort der Anlage aufweist, wenn nicht dieses oder ein anderes Netz einen technisch und wirtschaftlich günstigeren Verknüpfungspunkt aufweist; bei der Prüfung des wirtschaftlich günstigeren Verknüpfungspunkts sind die unmittelbar durch den Netzanschluss entstehenden Kosten zu berücksichtigen. Anlagenbetreiber dürfen einen anderen Verknüpfungspunkt dieses oder eines anderen im Hinblick auf die Spannungsebene geeigneten Netzes wählen, es sei denn, die daraus resultierenden Mehrkosten des Netzbetreibers sind nicht unerheblich.

Der Netzbetreiber darf davon abweichend der Anlage einen anderen Verknüpfungspunkt zuweisen, es sei denn, die Abnahme des Stroms aus der betroffenen Anlage wäre an diesem Verknüpfungspunkt nicht sichergestellt: der Strom muss auch dort unverzüglich vorrangig physikalisch abgenommen, übertragen und verteilen werden können.

Die Pflicht zum Netzanschluss besteht auch dann, wenn die Abnahme des Stroms erst durch die Optimierung, die Verstärkung oder den Ausbau des Netzes möglich wird.

Netzbetreiber müssen Anschlussbegehrenden nach Eingang eines Netzanschlussbegehrens unverzüglich einen genauen Zeitplan für die Bearbeitung des Netzanschlussbegehrens übermitteln. In diesem Zeitplan ist anzugeben,

- in welchen Arbeitsschritten das Netzanschlussbegehren bearbeitet wird und
- welche Informationen die Anschlussbegehrenden aus ihrem Verantwortungsbereich den Netzbetreibern übermitteln müssen, damit die Netzbetreiber den Verknüpfungspunkt ermitteln oder ihre Planungen durchführen können.

Netzbetreiber müssen Anschlussbegehrenden nach Eingang der erforderlichen Informationen unverzüglich, spätestens aber innerhalb von acht Wochen, Folgendes übermitteln:

- einen Zeitplan für die unverzügliche Herstellung des Netzanschlusses mit allen erforderlichen Arbeitsschritten,
- alle Informationen, die Anschlussbegehrende für die Prüfung des Verknüpfungspunktes benötigen, sowie auf Antrag die für eine Netzverträglichkeitsprüfung erforderlichen Netzdaten,
- einen nachvollziehbaren und detaillierten Voranschlag der Kosten, die den Anlagenbetreibern durch den Netzanschluss entstehen; dieser Kostenvoranschlag umfasst nur die Kosten, die durch die technische Herstellung des Netzanschlusses entstehen, und insbesondere nicht die Kosten für die Gestattung der Nutzung fremder Grundstücke für die Verlegung der Netzanschlussleitung,
- die zur Erfüllung der Pflichten erforderlichen Informationen.

Technische Vorgaben (EEG 2023 § 9) Vorbehaltlich abweichender Vorgaben müssen

- Betreiber von Anlagen und KWK-Anlagen mit einer installierten Leistung von mehr als 25 Kilowatt und
- Betreiber von Anlagen, die hinter einem Netzanschluss betrieben werden, hinter dem auch mindestens eine steuerbare Verbrauchseinrichtung betrieben wird,

ab dem Zeitpunkt, zu dem das Bundesamt für Sicherheit in der Informationstechnik die technische Möglichkeit feststellt, *ihre ab diesem Zeitpunkt in Betrieb genommenen Anlagen* mit technischen Einrichtungen ausstatten, die notwendig sind, damit über ein Smart-Meter-Gateway Netzbetreiber oder andere Berechtigte jederzeit entsprechend der Vorgaben in Schutzprofilen und Technischen Richtlinien nach dem Messstellenbetriebsgesetz die Ist-Einspeisung abrufen können und die Einspeiseleistung stufenweise oder, sobald die technische Möglichkeit besteht, stufenlos ferngesteuert regeln können. Bis zum Einbau eines intelligenten Messsystems und unbeschadet weiterer Vorgaben im Zusammenhang mit steuerbaren Verbrauchseinrichtungen müssen Betreiber von Anlagen und KWK-Anlagen mit einer installierten Leistung von mehr als 25 Kilowatt, *die bis zu dem Zeitpunkt*, zu dem das Bundesamt für Sicherheit in der Informationstechnik die technische Möglichkeit feststellt, *in Betrieb genommen werden*, ihre Anlagen mit technischen Einrichtungen ausstatten, mit denen der Netzbetreiber jederzeit die *Einspeiseleistung* ganz oder teilweise zumindest bei Netzüberlastung ferngesteuert reduzieren kann.

Ausführung und Nutzung des Anschlusses (EEG 2023 § 10) Anlagenbetreiber dürfen den Anschluss der Anlagen von dem Netzbetreiber oder einer fachkundigen dritten Person vornehmen lassen. Die Ausführung des Anschlusses und die übrigen für die Sicherheit des Netzes notwendigen Einrichtungen müssen den im Einzelfall notwendigen technischen Anforderungen des Netzbetreibers entsprechen. Darüber hinaus sind Energieanlagen so zu errichten und zu betreiben, dass die technische Sicherheit gewährleistet ist. Dabei sind vorbehaltlich sonstiger Rechtsvorschriften die allgemein anerkannten Regeln der Technik zu beachten. Bei der Einspeisung von Strom aus erneuerbaren Energien ist bei weder vorsätzlich noch grob fahrlässig verursachten Sachschäden die Haftung des Anlagenbetreibers begrenzt.

Abnahme, Übertragung und Verteilung des Stroms (EEG 2023 § 11)

- Netzbetreiber müssen den gesamten Strom aus erneuerbaren Energien unverzüglich vorrangig physikalisch abnehmen, übertragen und verteilen.

Soweit Strom aus einer Anlage, die an das Netz des Anlagenbetreibers oder einer dritten Person, die nicht Netzbetreiber ist, angeschlossen ist, mittels kaufmännisch-bilanzieller Weitergabe in ein Netz angeboten wird, ist das o. g. entsprechend anzuwenden, und der Strom ist für die Zwecke des EEG so zu behandeln, als wäre er in das Netz eingespeist worden Die Pflichten zur vorrangigen Abnahme, Übertragung und Verteilung treffen im Verhältnis zum aufnehmenden Netzbetreiber, der nicht Übertragungsnetzbetreiber ist, den vorgelagerten Übertragungsnetzbetreiber.

9.2.1.4 Entstehung und Nutzung von Klär- oder Faulgas

Entstehung des Klär- oder Faulgases

„1. Allgemeine Darstellung des Herstellungsprozesses von Klär- oder Faulgasen

Um Abwässer zu reinigen, wird in der Regel ein kombiniertes mechanisches, biologisches und chemisches Verfahren eingesetzt. Nicht in allen diesen Verfahren werden jedoch Ener-

gieerzeugnisse in Form von Klär- oder Faulgasen im Sinne des Energiesteuergesetzes gewonnen.

Aus den zu reinigenden Abwässern werden zunächst grobe Bestandteile herausgesiebt und danach die feinen Bestandteile wie Sand, Glas, kleine Steine etc. entfernt.

Anschließend wird das zu reinigende Abwasser zunächst in ein Vorklärbecken geleitet, danach in ein Belebungsbecken und zuletzt in ein Nachklärbecken. In allen drei Becken setzen sich noch ungelöste Stoffe bzw. Schwebstoffe auf den Boden ab.

Die nun folgende Behandlung der Schlämme aus dem Vorklär-, Belebungs- und Nachklärbecken erfolgt in der Regel nach einem von zwei Verfahren:

1.1 *Die Schlämme werden in einen Faulturm geleitet, in dem die Inhaltsstoffe des Klärschlamms unter sauerstofffreien Bedingungen unter Wärmezufuhr u. a. in Faulgas (gasförmige Kohlenwasserstoffe) umgewandelt werden;*
1.2 *Die Klärschlämme werden nicht in einen Faulturm geleitet, sondern gepresst, zentrifugiert, getrocknet und einer thermischen Verwertung zugeführt"* (Generalzolldirektion, 2018).

Für die weiteren Betrachtungen ist nur das erste der beiden Verfahren relevant. In dem unter 1.2 genannten Verfahren entsteht zwar auch Klär- oder Faulgas; dieses entweicht aber ungenutzt.

Nutzungsmöglichkeiten der erzeugten Klär- oder Faulgase
„2.1 Verwendung von erzeugten Klär- oder Faulgasen …
Klär- oder Faulgase, die bei dem Faulprozess anfallen, … werden entweder

- *direkt am Ort der Gewinnung in eine Stromerzeugungsanlage …*
  (in den meisten Fällen in einer Anlage zur gekoppelten Erzeugung von Strom und Wärme für den Faulungsprozess*) verwendet …*
- *auf dem Betriebsgelände zur Herstellung der gasförmigen Kohlenwasserstoffe verwendet …*
- *außerhalb des Faulprozesses verheizt, um z. B. behandelten Klärschlamm zu trocknen …*
- *sowohl zur Herstellung von Klär- oder Faulgasen als auch zur Stromerzeugung und zum Verheizen verwendet …*
- *in Kraft-Wärme-Kopplungsanlagen … verwendet, mit denen Turboverdichter angetrieben werden, um Druckluft für die Belebungsbecken zu erzeugen … oder*
- *gereinigt in ein Erdgasnetz eingespeist"* (Generalzolldirektion, 2018)

9.2.1.5 Anlagen zur gekoppelten Erzeugung von Strom und Wärme

Anlage *Anlage* ist hier eine Einrichtung zur Erzeugung von Strom aus erneuerbaren Energien (EEG2023 § 3).

Installierte Leistung ist die elektrische Wirkleistung, die eine Anlage bei bestimmungsgemäßem Betrieb ohne zeitliche Einschränkungen unbeschadet kurzfristiger geringfügiger Abweichungen technisch erbringen kann.

Inbetriebnahme ist die erstmalige Inbetriebsetzung der Anlage ausschließlich mit erneuerbaren Energien nach Herstellung der technischen Betriebsbereitschaft der Anlage; die **technische Betriebsbereitschaft** setzt voraus, dass die Anlage fest an dem für den dauerhaften Betrieb vorgesehenen Ort und dauerhaft mit dem für die Erzeugung von Wechselstrom erforderlichen Zubehör installiert wurde; der Austausch des Generators oder sonstiger technischer oder baulicher Teile nach der erstmaligen Inbetriebnahme führt nicht zu einer Änderung des Zeitpunkts der Inbetriebnahme (EEG2023 § 3).

Anlagenteile sind die betriebsnotwendigen Komponenten einer Anlage (KWKG 2023 § 2).

Anzahl der Vollbenutzungsstundender Quotient aus der jährlichen zuschlagberechtigten KWK-Nettostromerzeugung und der maximalen KWK-Nettostromerzeugung im Auslegungszustand während einer Betriebsstunde unter normalen Einsatzbedingungen.

Baubeginn ist die erste Handlung, die unmittelbar der Verwirklichung des Vorhabens auf dem jeweiligen Baugrundstück dient.

Betreiber von KWK-Anlagen sind diejenigen, die den KWK-Strom erzeugen und das wirtschaftliche Risiko für den Betrieb der KWK-Anlagen tragen (KWKG 2023 § 2).

9.2.1.6 KWK-Anlage (KWKG 2023 § 2)

Kraft-Wärme-Kopplung (KWK) ist die gleichzeitige Umwandlung von eingesetzter Energie in elektrische Energie und in Nutzwärme in einer *ortsfesten* technischen Anlage. Anlagen, die zur Erzielung einer höheren Auslastung für eine abwechselnde Nutzung an zwei Standorten betrieben werden, gelten als *ortsfest*.

KWK-Anlagen sind Anlagen, in denen Strom und Nutzwärme erzeugt werden; *mehrere KWK-Anlagen an einem Standort* gelten in Bezug auf die Leistungsgrenzen für den jeweils zuletzt in Betrieb genommenen Generator als eine KWK-Anlage, soweit sie innerhalb von zwölf aufeinanderfolgenden Kalendermonaten in Dauerbetrieb genommen worden sind; zu KWK-Anlagen gehören u. a.:

- Verbrennungsmotoren-Anlagen (sind am verbreitetsten)
- Stirling-Motoren,
- Organic-Rankine-Cycle-Anlagen

KWK-Strom das rechnerische Produkt aus Nutzwärme und Stromkennzahl der KWK-Anlage; bei Anlagen, die nicht über Vorrichtungen zur Abwärmeabfuhr verfügen, ist die gesamte Nettostromerzeugung KWK-Strom.

Innovative KWK-Systeme sind besonders energieeffiziente und treibhausgasarme Systeme, in denen KWK-Anlagen in Verbindung mit hohen Anteilen von Wärme aus erneuerbaren Energien oder aus dem gereinigten Wasser von Kläranlagen KWK-Strom und Wärme bedarfsgerecht erzeugen oder umwandeln.

Neue KWK-Anlagen sind Anlagen mit fabrikneuen Anlagenteilen.

Modernisierte KWK-Anlagen sind KWK-Anlagen, bei denen wesentliche – die Effizienz bestimmende Anlagenteile – erneuert worden sind und die Modernisierung eine Effizienzsteigerung bewirkt.

Nachgerüstete KWK-Anlagen Anlagen der ungekoppelten Strom- oder Wärmeerzeugung, bei denen

- fabrikneue Anlagenteile zur Strom- oder Wärmeauskopplung nachgerüstet worden sind und
- die Kosten der Nachrüstung mindestens 10 Prozent der Kosten betragen, welche die Neuerrichtung einer KWK-Anlage mit gleicher Leistung nach aktuellem Stand der Technik gekostet hätte

Hocheffizienz Als *hocheffizient* gilt eine KWK-Anlage sofern sie den Vorgaben der Richtlinie 2012/27/EU des Europäischen Parlaments und des Rates vom 25. Oktober 2012 zur Energieeffizienz entspricht (§ 53a Abs. 6 Satz 3 Nr. 2 EnergieStG).

„*Hocheffizienznachweis Zur Nachweisung der Hocheffizienz seiner KWK-Anlage kann der Antragsteller folgende (alternative) Unterlagen vorlegen:*

Vorlage von Gutachten, Herstellernachweisen oder Selbstberechnungen nach den allgemein anerkannten Regeln der Technik, die den Rechenweg erkennen lassen und von einem sachverständigen Dritten nachvollzogen werden können bei Anlagen von 50 kW bis 2 MW elektrischer Nennleistung der jeweilige Zulassungsbescheid des BAFA“ (Generalzolldirektion, Steuerentlastungsvoraussetzungen).

9.2.2 Blockheizkraftwerke (BHKW)

„*Das Blockheizkraftwerk besteht (einfach ausgedrückt) aus einem Motor, einem Synchrongenerator und einem Wärmetauscher. Anders als andere Heizungsanlagen dienen BHKW der Gewinnung von Wärme und elektrischer Energie, also Strom. Diese gleichzeitige Gewinnung wird ‚Kraft-Wärme-Kopplung‘ genannt. …*

Dezentrale Technologie Wie der Name sagt, besteht ein Blockheizkraftwerk aus mehreren Komponenten: Der Begriff ‚Block‘ steht für das Gehäuse, ‚Heiz‘ für die Wärmegewinnung und ‚Kraftwerk‘ für die Stromversorgung. Da es am Ort des Wärmeverbrauchs betrieben wird, ist das BHKW eine dezentrale Technologie. Als Antrieb dienen Verbrennungsmotoren, aber auch Gasturbinen und Stirlingmotoren. Neben fossilen Brennstoffen können erneuerbare Kraftstoffe wie Biomethan oder Holzpellets eingesetzt werden. …

Ein Blockheizkraftwerk funktioniert nach dem Prinzip der Kraft-Wärme-Kopplung (KWK). Das meint die gleichzeitige Umwandlung von eingesetzter Energie in elektrische Energie und in Nutzwärme. Dadurch lassen sich sogenannte Gesamtwirkungsgrade von bis zu 90 Prozent erzielen. Zum Vergleich: Technologien, die allein der Stromerzeugung dienen, erreichen 30

Abb. 9.3 Gasmaschine, Bestandteil eines BHKW

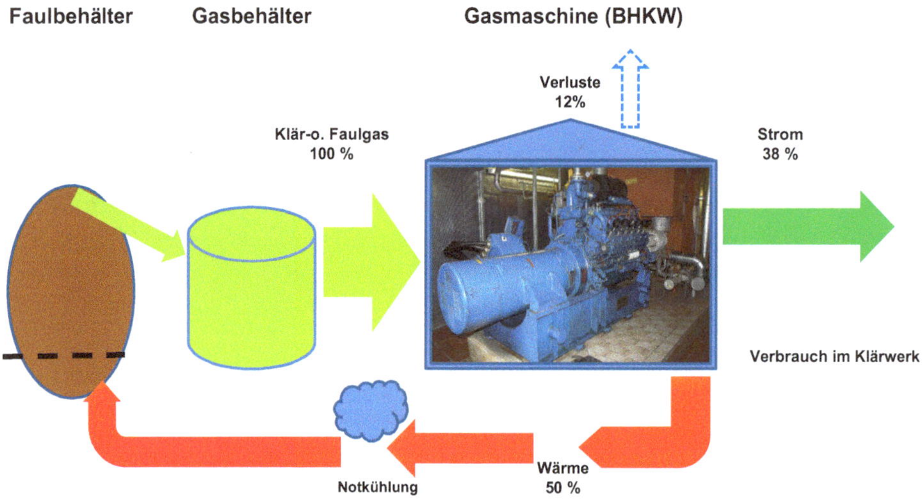

Abb. 9.4 Schemabild eines BHKW

bis maximal 60 Prozent. Der CO2-Ausstoß ist bei der KWK rund ein Drittel niedriger als bei getrennter Strom- und Wärmegewinnung" (Vattenfall Europe Sales GmbH, Was sind Blockheizkraftwerke?).

In den meisten Kläranlagen mit BHKW funktioniert das wie folgt: Ein Gasmotor, eine mit Gas betriebene Verbrennungskraftmaschine (Abb. 9.3), dient als Antrieb. Als Brennstoff dafür wird Klärgas, also eine erneuerbare Energiequelle eingesetzt. Bei einem günstigen Wirkungsgrad können etwa 38 % der Energie als Strom und 50 % als Wärme genutzt werden, bei einem Verlust von nur 12 %. In Abb. 9.4 ist das schematisch dargestellt.

*„5.5.1 **Klär-, Deponie-, Grubengas***
In den Anwendungsbereich des EEG fallen auch Deponie-, Klär- und Grubengasanlagen bis zu einer Leistungsgröße von 5 MW. Strom aus Anlagen bis zu einer Leistung von 500 kW wird mit 7,67 €-Ct/kWh vergütet. Bei größeren Anlagen gilt dies nur für den Anteil des eingespeisten Stroms, der dem Verhältnis von 500 kW zur Leistung der Anlage entspricht; der Vergütungssatz für den darüber hinaus erzeugten Strom beträgt 6,65 Cent/kWh. Schätzungen des Umweltbundesamtes zufolge ist das Potenzial von Klär- und Deponiegasanlagen bereits zu 70 % erschlossen. Nach Angaben des IÖW hat das EEG in den beiden vergangenen Jahren kaum zum Neuzubau von Anlagen geführt, doch zur Sicherung bestehender Anlagen beigetragen. Die Anlagen werden überwiegend in Kraft-Wärme-Kopplung betrieben, ein kleiner Teil nutzt das Gas nur zur Stromerzeugung. Die elektrische Leistung der Anlagen liegt zwischen 50 und 6400 kWel. Sie befinden sich überwiegend in kommunalem Besitz" (Deutscher Bundestag Drucksache 14/9807).

9.2.2.1 Verwendung der Energie aus dem BHKW bzw. der KWK-Anlage

Strom-Abnahmestelle die Summe aller räumlich und physikalisch zusammenhängenden elektrischen Einrichtungen eines Letztverbrauchers, die sich auf einem in sich abgeschlossenen Betriebsgelände befinden und über einen oder mehrere Entnahmepunkte mit dem Netz des Netzbetreibers verbunden sind, sie muss über eigene Stromzähler an allen Entnahmepunkten und Eigenversorgungsanlagen verfügen (KWKG 2023 § 2).

Nettostromerzeugung die an den Generatorklemmen gemessene Stromerzeugung einer Anlage abzüglich des für ihren Betrieb erforderlichen Eigenverbrauchs.

Stromkennzahl das Verhältnis der KWK-Nettostromerzeugung zur KWK-Nutzwärmeerzeugung in einem bestimmten Zeitraum; die KWK-Nettostromerzeugung entspricht dabei dem Teil der Nettostromerzeugung, der physikalisch unmittelbar mit der Erzeugung der Nutzwärme gekoppelt ist (KWKG 2023 § 2).

Strom-Generator jede technische Einrichtung, die mechanische, chemische, thermische oder elektromagnetische Energie direkt in elektrische Energie umwandelt(EEG 2023 § 3).

Stromerzeugungsanlage jede technische Einrichtung, die unabhängig vom eingesetzten Energieträger direkt Strom erzeugt (StromPBG § 2).

Strom aus Kraft-Wärme-Kopplung KWK-Strom ist das rechnerische Produkt aus Nutzwärme und Stromkennzahl der KWK-Anlage; bei Anlagen, die nicht über Vorrichtungen zur Abwärmeabfuhr verfügen, ist die gesamte Nettostromerzeugung KWK-Strom (KWKG 2020 § 2).

Bemessungsleistung der Quotient aus der Summe der in dem jeweiligen Kalenderjahr erzeugten Kilowattstunden und der Summe der vollen Zeitstunden des jeweiligen Kalenderjahres abzüglich der vollen Stunden vor der erstmaligen Erzeugung von Strom aus erneuerbaren Energien durch eine Anlage und nach endgültiger Stilllegung dieser Anlage (EEG 2023 § 3).

Strom-Netz die Gesamtheit der miteinander verbundenen technischen Einrichtungen zur Abnahme, Übertragung und Verteilung von *Elektrizität für die allgemeine Versorgung* (das interne Netz einer Kläranlage ist also nicht so ein Netz) (EEG 2023 § 3).

► Leitfaden zum Einspeisemanagement: Bundesnetzagentur, Version 3.0, Juni 2018: EinsMan-Leitfaden BNetzA (bundesnetzagentur.de) – (Letzter Zugriff 26.04.2023)

Wärme (KWKG 2023 § 2)
Nutzwärme die aus einem KWK-Prozess ausgekoppelte Wärme, die außerhalb der KWK-Anlage für die Raumheizung, die Warmwasserbereitung, die Kälteerzeugung oder als Prozesswärme verwendet wird.

Vorrichtungen zur Abwärmeabfuhr Kondensations-, Kühl- oder Bypass-Einrichtungen, in denen die Strom- und Nutzwärmeerzeugung entkoppelt werden kann.

Wärmenetze Einrichtungen zur leitungsgebundenen Versorgung mit Wärme,
- die eine horizontale Ausdehnung *über die Grundstücksgrenze des Standorts der einspeisenden KWK-Anlage hinaus haben*,
- an die als öffentliches Netz eine unbestimmte Anzahl von Abnehmenden angeschlossen werden kann und
- an die mindestens ein Abnehmender angeschlossen ist, der nicht Eigentümer, Miteigentümer oder Betreiber der in das Wärmenetz einspeisenden KWK-Anlage ist.

9.2.2.2 Stromgeführtes Blockheizkraftwerk

Je nach Einsatzzweck kann ein BHKW *wärmegeführt* oder *stromgeführt* ausgelegt werden. In Kläranlagen wird das BHKW in der Regel so ausgelegt, dass möglichst wenig Strom vom Netzbetreiber zugekauft werden muss; dies ist eine *stromgeführte* Betriebsweise. Neben verschiedenen Industriebetrieben wird diese Betriebsweise auch häufig in Krankenhäusern eingesetzt. Für den Klärwerksbetrieb hat das BHKW auch den Vorteil, dass es als Netzersatzanlage bzw. Notstromaggregat eingesetzt werden kann. Abhängig vom Gasanfall, vom Füllstand der Gasbehälter und vom Strombedarf der gerade aktiv arbeitenden Maschinen (Drucklufterzeugung, Rührwerke, Pumpen, usw.) müssen die Gasmaschinen arbeiten. Da sowohl der Strombedarf der Kläranlage als auch die zur Verfügung stehende Gasmenge ständigen Schwankungen unterlegen sind, muss der Betrieb des Blockheizkraftwerks über eine intelligente Steuerung an diese Schwankungen angepasst werden. Trotzdem wird es immer dazu führen, dass entweder die Gasmaschinen zu viel Strom produzieren oder aber Strom zugekauft werden muss. Für Kläranlagen ist es nicht attraktiv über den eigenen Bedarf hinaus Strom zu erzeugen und einzuspeisen, da die Vergütung des eingespeisten Stroms deutlich hinter den Kosten des zugekauften Stroms zurückbleibt.

Stadtwerke betreiben oft *wärmegeführte* BHKW; diese arbeiten nach dem Wärmebedarf der angeschlossenen Gebäude und erzeugen den Strom als Nebenprodukt.

9.2.2.3 Wichtige Begriffe für Betreiber eines stromgeführten Blockheizkraftwerks

Anlagenbetreiber wer unabhängig vom Eigentum die Anlage für die Erzeugung von Strom aus erneuerbaren Energien nutzt (EEG 2017 § 3).

Letztverbraucher jede natürliche oder juristische Person, die Strom verbraucht.

Eigenversorgung der Verbrauch von Strom, den eine natürliche oder juristische Person im unmittelbaren räumlichen Zusammenhang mit der Stromerzeugungsanlage selbst verbraucht, wenn der Strom nicht durch ein Netz durchgeleitet wird und diese Person die Stromerzeugungsanlage selbst betreibt.

Netzbetreiber jeder Betreiber eines Netzes für die *allgemeine Versorgung* mit Elektrizität, unabhängig von der Spannungsebene, (der Entwässerungsbetrieb ist also kein Netzbetreiber!) (EEG 2017 § 3).

Stromlieferanten sind natürliche und juristische Personen, deren Geschäftstätigkeit ganz oder teilweise auf den Vertrieb von Elektrizität zum Zwecke der Belieferung von Letztverbrauchern ausgerichtet ist (EnWG § 3).

Der Entwässerungs-Betrieb mit BHKW ist also kein Stromlieferant!

9.2.2.4 Nutzung der Wärmeenergie

Bei der *stromgeführten* Betriebsweise des BHKW ist die erzeugte Wärmeenergie das Nebenprodukt. Sowohl aus ökologischen als auch aus wirtschaftlichen Gründen ist eine möglichst effiziente Nutzung der gewonnenen Wärmeenergie anzustreben. Durch die Verwendung der Abwärme aus dem Motor mit einer Temperatur von 70 bis 90 °C wird die Ausbeute des Stroms nicht beeinflusst. Im Vordergrund der Nutzung werden die Beheizung der Faulbehälter und der Sozialgebäude oder Labore stehen. Besonders in der warmen Jahreszeit kann ein Überangebot an Wärme vorliegen; diese könnte zur Beheizung von Belebungsbecken oder zur Schlammtrocknung genutzt oder zu Kühlzwecken umgewandelt werden.

Notkühler sind zwar ebenfalls eine Möglichkeit überschüssige Wärme abzugeben; allerdings wird dann die Wärmeenergie nicht genutzt, was den Wirkungsgrad der BHKW-Anlage und die Anzahl ihrer Vollbenutzungsstunden verringert.

9.2.3 Einnahmen und Ausgaben durch Strom aus dem BHKW

9.2.3.1 Kosten des Netzanschlusses (EEG 2023 § 16)

Die notwendigen Kosten des Anschlusses von Anlagen zur Erzeugung von Strom aus erneuerbaren Energien an den Verknüpfungspunkt (s. o.) sowie der notwendigen Messeinrichtungen zur Erfassung des gelieferten und des bezogenen Stroms trägt der Anlagenbetreiber. Weist der Netzbetreiber den Anlagen einen anderen Verknüpfungspunkt zu, muss er die daraus resultierenden Mehrkosten tragen.

9.2.3.2 Abnahme, Übertragung und Verteilung des Stroms (KWKG 2023 § 3)

Netzbetreiber müssen den gesamten Strom aus erneuerbaren Energien unverzüglich vorrangig physikalisch abnehmen, übertragen und verteilen. Macht der Anlagenbetreiber den Zahlungsanspruch auf Einspeisevergütung geltend, umfassen diese Pflichten auch die kaufmännische Abnahme. Die o. g. Pflichten sowie die Pflichten nach dem Kraft-Wärme-Kopplungsgesetz sind gleichrangig.

Soweit Strom aus einer Anlage, die an das Netz des Anlagenbetreibers angeschlossen ist, mittels kaufmännisch-bilanzieller Weitergabe in ein Netz angeboten wird, ist der Strom für die Zwecke des EEG so zu behandeln, als wäre er in das Netz eingespeist worden.

9.2.3.3 Vergütung der Netz-Einspeisung

Da Klärgas zu den erneuerbaren Energien zählt, *kann* die ins öffentliche Stromnetz eingespeiste Strommenge *alternativ* aufgrund des Erneuerbare-Energien-Gesetzes (EEG) oder auch aufgrund des Kraft-Wärme-Kopplungsgesetzes (KWKG) vergütet werden. KWK-Strom, der z. B. schon nach dem EE-Gesetz finanziell gefördert wird, fällt dann nicht in den Anwendungsbereich des KWK-Gesetzes.

Früher war es sinnvoll die Vergütung nach KWKG in Anspruch zu nehmen, weil auch der nicht eingespeiste Strom vergütet wurde. Das ist im Moment nicht mehr der Fall.

9.2.3.4 Kraft-Wärme-Kopplungsgesetz – KWKG 2020

Das Kraft-Wärme-Kopplungsgesetz (KWKG – Gesetz für die Erhaltung, die Modernisierung und den Ausbau der Kraft-Wärme-Kopplung) dient der Erhöhung der Nettostromerzeugung aus Kraft-Wärme-Kopplungsanlagen im Interesse der Energieeinsparung sowie des Umwelt- und Klimaschutzes. Das Gesetz regelt u. a.:

- die Abnahme von KWK-Strom aus KWK-Anlagen, der auf Basis von gasförmigen Brennstoffen gewonnen wird,
- die Zahlung von *Zuschlägen* durch die Netzbetreiber, *sowie die Vergütung* für KWK-Strom aus *neuen, modernisierten und nachgerüsteten* KWK-Anlagen, der auf Basis von gasförmigen Brennstoffen gewonnen wird,
- die Zahlung von Zuschlägen durch die Netzbetreiber für KWK-Strom aus *bestehenden* KWK-Anlagen, der auf Basis von gasförmigen Brennstoffen gewonnen wird,
- die *Umlage der Kosten* (§ 1)

► KWK-Strom, der nach dem Erneuerbare-Energien-Gesetz finanziell gefördert wird, fällt nicht in den Anwendungsbereich dieses Gesetzes (§ 1).

Die Vergütung des in das öffentliche Netz eingespeisten KWK-Stroms besteht aus zwei Komponenten. Dabei handelt es sich einerseits um die variable *Einspeisevergütung*, die zwischen dem Betreiber der KWK-Anlage und dem Netzbetreiber vereinbart wird, und andererseits um die gesetzlich vorgeschriebene *Zuschlagszahlung* nach dem KWK-Gesetz.

▶ Die Gesetze EEG und KWKG wurden häufig geändert. Mittlerweile gelten die Fassungen von 2023(EEG) und 2025(KWKG).

9.2.3.5 Kaufmännisch-bilanzielle Weiterleitung

Durch das EEG 2004 wurde der Begriff der *kaufmännisch-bilanziellen Durchleitung* geschaffen. Der so theoretisch durchgeleitete Strom ist zu unterscheiden von dem tatsächlich physikalisch entnommenem Strom (Nettostrom).

„Was ist die kaufmännisch-bilanzielle Weitergabe? Für Anlagen mit Eigenverbrauch kann es sinnvoll sein, die sogenannte kaufmännisch-bilanzielle Weitergabe nach § 11 Abs. 2 EEG 2017 zu nutzen. Dabei wird so getan, als werde der erzeugte Strom in das öffentliche Netz des Netzbetreibers eingespeist und gleichzeitig wieder daraus entnommen. Physikalisch erreicht der Strom das öffentliche Netz nicht oder nur teilweise, sondern wird vorher ganz oder teilweise selbst verbraucht. Dieses Abrechnungsverfahren bietet den Vorteil, dass eine Einspeisevergütung gezahlt wird, ein zusätzlicher separater Netzanschluss jedoch nicht notwendig ist" (Bayernwerk Netz, EEG 2017: Doppelförderungsverbot bei Stromsteuerbefreiung).

Hinweis zur kaufmännisch-bilanziellen Einspeisung
Hinweis 2021/2 der Bundesnetzagentur vom 31. März 2021
https://www.bundesnetzagentur.de/SharedDocs/Downloads/DE/Sachgebiete/Energie/Unternehmen_Institutionen/ErneuerbareEnergien/Hinweispapiere/Hinweis_kaufmannische.pdf?__blob=publicationFile&v=4
Letzter Zugriff 26.04.2023

Abb. 9.5 zeigt den Abwägungsprozess zum Umgang mit dem erzeugten Strom. Der Betreiber sollte eine Prüfung durchführen, ob sich eine Einspeisung ins öffentliche Stromnetz nach KWKG oder EEG insgesamt als wirtschaftlich erweist!

Hinweise
Leitfaden zur Eigenversorgung – Bundesnetzagentur, Juli 2016: Vorlage für einen Bericht (bundesnetzagentur.de) (https://www.bundesnetzagentur.de/SharedDocs/Downloads/DE/Sachgebiete/Energie/Unternehmen_Institutionen/ErneuerbareEnergien/Eigenversorgung/Finaler_Leitfaden.pdf?__blob=publicationFile&v=2)
ASUE, Arbeitsgemeinschaft für sparsamen und umweltfreundlichen Energieverbrauch e. V.: https://asue.de/blockheizkraftwerke – Die Arbeitsgemeinschaft hat mehrere Broschüren herausgebracht, z. B.:

Das KWK-Gesetz 2017: https://asue.de/sites/default/files/asue/themen/blockheizkraftwerke/2017/broschueren/asue_kwk_gesetz2017_309860.pdf

ASUE wird Teil des DVGW: *Der Deutsche Verein des Gas- und Wasserfaches (DVGW) und die Arbeitsgemeinschaft für sparsamen und umweltfreundlichen Energieverbrauch (ASUE) haben am 26. August 2021 in Berlin die Integration der ASUE in den DVGW vertraglich besiegelt.* https://asue.de/aktuelles_presse/die_asue_wird_teil_des_dvgw
(Letzter Zugriff jeweils 26.04.2023)

Schemabild Jenbacher Gasmaschinen (innio): https://www.jenbacher.com/de/energieloesungen/energietraeger/klaergas (Letzter Zugriff 26.04.2023)

Bundesgerichtshof Urteil vom 11. April 2018, VIII ZR 197/16

Direktvermarktung des KWK-Stroms, Vergütung für nicht direkt vermarktete KWK-Anlagen (KWKG 2025 § 4) Betreiber von KWK-Anlagen mit einer elektrischen KWK-Leistung von *mehr als 100 Kilowatt* müssen den erzeugten KWK-Strom direkt vermarkten oder selbst verbrauchen. Eine Direktvermarktung liegt vor, wenn der Strom an einen Dritten geliefert wird.

Für den *kaufmännisch-bilanziell abgenommenen KWK-Strom* ist zusätzlich zu Zuschlagzahlungen der *übliche Preis* zu entrichten. Der *übliche Preis* ist der durchschnittliche Preis für Grundlaststrom an der Strombörse European Energy Exchange (EEX) in Leipzig im jeweils vorangegangenen Quartal. Weist der Betreiber der KWK-Anlage dem Netzbetreiber einen Dritten nach, der bereit ist, den eingespeisten KWK-Strom zu kaufen, so ist der Netzbetreiber verpflichtet, den KWK-Strom vom Betreiber der KWK-Anlage zu dem vom Dritten angebotenen Strompreis abzunehmen.

Hinweis
Die Stellungnahme des BDEW zum Empfehlungsverfahren 2019/8 der Clearingstelle EEG/KWKG – **„Kaufmännisch-bilanzielle Weitergabe beim KWK-Gesetz, 2019“**: https://www.clearingstelle-eeg-kwkg.de/sites/default/files/Stellungnahme_BDEW_190522.pdf
(Letzter Zugriff 26.04.2023)

ist auch wichtig zum Verständnis der unterschiedlichen Behandlung von KWK-Anlagen in den sich ständig ändernden rechtlichen Grundlagen.

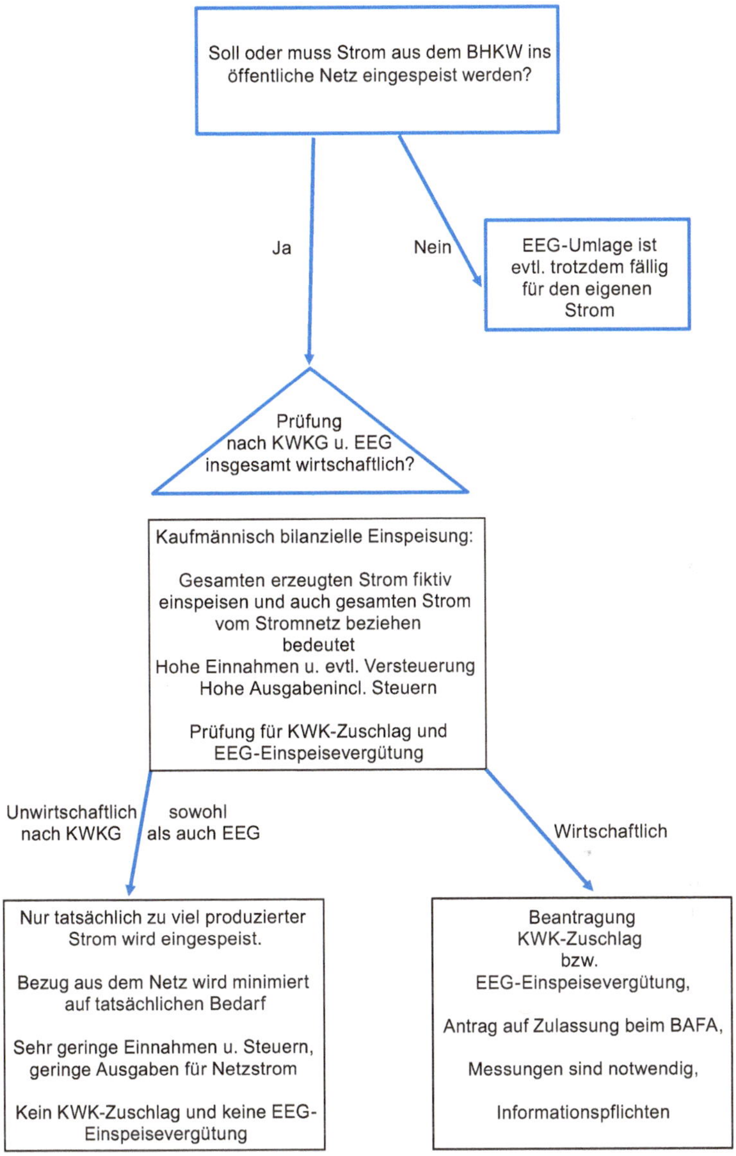

Abb. 9.5 Flussdiagramm Umgang mit dem erzeugten Strom

9.2.3.6 Zuschlagzahlungen für KWK-Strom

Anspruch auf Zuschlagzahlung für KWK-Anlagen und Förderung innovativer KWK-Systeme (KWKG 2025 § 5)Der Anspruch auf Zuschlagzahlung besteht für KWK-Strom aus

- *neuen* KWK-Anlagen mit einer elektrischen Leistung bis einschließlich 500 kW oder mehr als 50 Megawatt,
- *modernisierten* KWK-Anlagen mit einer elektr. Leistung bis einschließlich 500 kW oder mehr als 50 Megawatt oder
  (also für neue und modernisierte kleine oder sehr große Anlagen)
- *nachgerüsteten* KWK-Anlagen,
- *neuen* KWK-Anlagen mit einer elektrischen Leistung *von mehr als 500 kW bis einschließlich 50 Megawatt* oder
- *modernisierten* KWK-Anlagen mit einer elektrischen Leistung von *mehr als 500 kW Megawatt bis einschließlich 50 Megawatt*, wenn
  - die Kosten der Modernisierung mindestens 50 Prozent der Kosten betragen, welche die Neuerrichtung einer KWK-Anlage mit gleicher Leistung nach aktuellem Stand der Technik gekostet hätte, und
  - die Modernisierung frühestens zehn Jahre nach der erstmaligen Aufnahme des Dauerbetriebs der KWK-Anlage oder nach der Wiederaufnahme des Dauerbetriebs einer bereits modernisierten KWK-Anlage erfolgt.

Innovative KWK-Systeme haben Anspruch auf eine zusätzliche finanzielle Förderung.

Zuschlagberechtigte neue, modernisierte oder nachgerüstete KWK-Anlagen (KWKG 2020 §§ 5–6) Betreiber von *neuen, modernisierten oder nachgerüsteten* KWK-Anlagen haben gegenüber dem Netzbetreiber, mit dessen Netz ihre KWK-Anlage unmittelbar oder mittelbar verbunden ist, einen Anspruch auf Zahlung eines Zuschlags für KWK-Strom, u. a. wenn

- die Anlagen *bis zum 31. Dezember 2029 in Dauerbetrieb* genommen wurden,
- die Anlagen Strom *auf Basis von gasförmigen Brennstoffen* gewinnen,
- die Anlagen *hocheffizient* sind,
- die Anlagen keine bestehende Fernwärmeversorgung aus KWK-Anlagen verdrängen, ***und***
- eine Zulassung von dem Bundesamt für Wirtschaft und Ausfuhrkontrolle erteilt wurde.

KWK-Anlagen mit einer elektrischen Leistung bis einschließlich 50 Megawatt, die bis zum 31. Dezember 2026 in Dauerbetrieb genommen worden sind, haben ggf. keine Ansprüche soweit im Rahmen der Evaluierung des Kraft-Wärme-Kopplungsgesetzes im Jahr 2022 festgestellt werden sollte, dass von diesen Anlagen unter den geltenden Förderbedingungen kein die Förderung rechtfertigender Nutzen für die Erreichung der Ziele nach § 1 Absatz 1 für den Zeitraum nach dem 31. Dezember 2025 mehr ausgehen und der Bundestag insoweit mit Wirkung zum 1. Januar 2026 Änderungen an den Förderbedingungen für diese Anlagen beschließen sollte.

Mit dem Zuschlag zahlt der Netzbetreiber für einige kleine oder modernisierte Anlagen zusätzlich das Entgelt für die dezentrale Einspeisung nach § 18 der Stromnetzentgeltverordnung an den Betreiber der KWK-Anlage.

Höhe des Zuschlags für KWK-Strom aus neuen, modernisierten oder nachgerüsteten KWK-Anlagen Die Zuschläge für KWK-Strom, der in ein Netz der allgemeinen Versorgung eingespeist wird und die Zuschläge für KWK-Strom, der *nicht* in ein Netz der allgemeinen Versorgung eingespeist wird sind in den letzten Jahren oft geändert worden und müssen für jede Anlage je nach Größe und Baujahr ermittelt werden.

> **Hinweis**
> Das BAFA hat das übersichtlich aufgelistet: https://www.bafa.de/DE/Energie/Energieeffizienz/Kraft_Waerme_Kopplung/KWK_Anlagen/kwk_anlagen_node.html (Letzter Zugriff 26.04.2023)

Dauer der Zuschlagzahlung für neue, modernisierte oder nachgerüstete KWK-Anlagen (§ 8 KWKG 2020) Für *neue* KWK-Anlagen wird der Zuschlag ab Aufnahme des Dauerbetriebs der Anlage für 30.000 Vollbenutzungsstunden gezahlt. Für *modernisierte oder nachgerüstete* KWK-Anlagen wird der Zuschlag ab Wiederaufnahme des Dauerbetriebs gezahlt für 6000 bis zu 30.000 Vollbenutzungsstunden je nach Kosten und Zeitpunkt der Modernisierung bzw. Nachrüstung.

▶ Die Gesetze zum EEG und KWKG wurden aus politischen Gründen häufig geändert und damit auch die Randbedingungen für die Zahlungen. Mittlerweile gelten die Fassungen von 2023 bzw. 2025.

9.2.3.7 Kosten aus dem Ausgleichsmechanismus

EEG-Umlage

„Der Ausbau der erneuerbaren Energien wird durch die EEG-Umlage finanziert. Erneuerbare-Energien-Anlagen, die Strom in das Netz der öffentlichen Versorgung einspeisen, erhalten dafür eine bestimmte Vergütung. Die Übertragungsnetzbetreiber (ÜNB) verkaufen den eingespeisten Strom an der Strombörse. Sofern die Preise, die an der Börse erzielt werden, unter den zugestandenen Vergütungssätzen liegen, wird den ÜNB der Differenzbetrag erstattet. Alternativ kann der Anlagenbetreiber den produzierten EE-Strom direkt vermarkten. Über das Marktprämienmodell wird der Unterschied des an der Börse erzielten Preises und der Einspeisevergütung durch eine Marktprämie ausgeglichen.

Die Auszahlungen an die EE-Anlagenbetreiber übersteigen regelmäßig die Einnahmen aus dem Verkauf der produzierten Strommengen. Der sich ergebende Differenzbetrag wird durch die EEG-Umlage auf alle Stromverbraucher umgelegt. Sie wird in Eurocent je Kilowattstunde ausgewiesen, ist aber nicht für alle Stromverbraucher gleich hoch. Denn es bestehen verschiedene Sonderregelungen, beispielsweise für stromkostenintensive Unternehmen und für die Eigenversorgung" (Bundesnetzagentur, EEG-Umlage, Stand: 27.05.2019).

► Bundesnetzagentur, EEG-Umlage beträgt 3,723 ct/kWh: https://www.bundesnetzagentur.de/SharedDocs/Pressemitteilungen/DE/2021/20211015_EEGUmlage.html (Letzter Zugriff 26.04.2023)

EEG-Umlage für Letztverbraucher und Eigenversorger (EEG 2021 § 61)
Die Netzbetreiber sind berechtigt und verpflichtet, die EEG-Umlage von *Letztverbrauchern* zu verlangen

- für die *Eigenversorgung* und
- den sonstigen Verbrauch von Strom, der nicht von einem Elektrizitätsversorgungsunternehmen geliefert wird.

Dieser Anspruch der Netzbetreiber kann entfallen oder verringert sich in mehreren Fällen (s. u.):

- Entfallen der EEG-Umlage
- Verringerung der EEG-Umlage bei Anlagen Verringerung der EEG-Umlage bei hocheffizienten KWK-Anlagen
- Verringerung der EEG-Umlage bei hocheffizienten neueren KWK-Anlagen
- Verringerung der EEG-Umlage bei Bestandsanlagen
- Verringerung der EEG-Umlage bei älteren Bestandsanlagen
- Verringerung der EEG-Umlage bei Ersetzung von Bestandsanlagen
- Ausnahmen von der Pflicht zur Zahlung der EEG-Umlage

Die Betreiber von KWK-Anlagen und innovativen KWK-Systemen, die Zuschlagzahlungen jeweils nach einer Ausschreibung erhalten haben, müssen nach der Beendigung ihres Anspruchs für den in ihrer Anlage oder ihrem KWK-System erzeugten Strom, den sie selbst verbrauchen, die EEG-Umlage bezahlen. Bei Verstoß gegen Mitteilungspflichten entfällt die Verringerung der EEG-Umlage ggf. ganz; d. h. sie ist dann ggf. vollständig zu zahlen.

Verringerung der EEG-Umlage bei Anlagen
Der o. g. Anspruch der Netzbetreiber verringert sich in einem Kalenderjahr auf 40 Prozent der EEG-Umlage für Strom, der zur Eigenversorgung genutzt wird, wenn *in dem Kalenderjahr in der Anlage ausschließlich erneuerbare Energien eingesetzt* worden sind.

Verringerung der EEG-Umlage bei hocheffizienten KWK-Anlagen (EEG 2021 § 61c)
Der Anspruch der Netzbetreiber verringert sich für Strom, der nach dem 31. Dezember 2017 ausgeleiert wird, *bei einer Eigenversorgung* auf 40 Prozent der EEG-Umlage, wenn der Strom in einer hocheffizienten KWK-Anlage erzeugt worden ist, die

- ausschließlich Strom auf Basis von gasförmigen Brennstoffen erzeugt und
- folgende Nutzungsgrade erreicht hat:
  - in dem Kalenderjahr, für das die Verringerung der EEG-Umlage in Anspruch genommen werden soll, einen Jahresnutzungsgrad von mindestens 70 Prozent (8760 Jahresstd. × 0,7 = 6132 Jahresstd.) oder
  - in dem Kalendermonat, für den die Verringerung der EEG-Umlage in Anspruch genommen werden soll, einen Monatsnutzungsgrad von mindestens 70 Prozent

Das ist nicht anzuwenden auf hocheffiziente KWK-Anlagen, die von dem Letztverbraucher erstmals nach dem 31. Juli 2014, aber vor dem 1. Januar 2018 zur Eigenversorgung genutzt wurden.

Für Strom aus hocheffizienten KWK-Anlagen mit einer installierten Leistung von mehr als 1 Megawatt und bis einschließlich 10 Megawatt entfällt die Privilegierung, soweit die KWK-Anlagen in einem Kalenderjahr eine *Auslastung von mehr als 3500 Vollbenutzungsstunden zur Eigenversorgung* aufweisen (maximal sind 8760 Jahresstunden möglich). In diesen Fällen entfällt die Privilegierung auch für die ersten 3500 Vollbenutzungsstunden zur Eigenversorgung eines Kalenderjahres in dem Umfang, in dem die Auslastung der KWK-Anlage den Wert von 3500 Vollbenutzungsstunden in diesem Kalenderjahr übersteigt.

Verringerung der EEG-Umlage bei Bestandsanlagen (= Entfallen der Umlage) (EEG 2021 § 61e)

Der Anspruch der Netzbetreiber verringert sich auf *null Prozent* der EEG-Umlage für Strom aus Bestandsanlagen,

- wenn der Letztverbraucher die Stromerzeugungsanlage als Eigenerzeuger betreibt,
- soweit der Letztverbraucher den Strom selbst verbraucht und
- soweit der Strom nicht durch ein Netz durchgeleitet wird, es sei denn, der Strom wird im räumlichen Zusammenhang zu der Stromerzeugungsanlage verbraucht.

Bestandsanlagen sind Stromerzeugungsanlagen, die

- der Letztverbraucher vor dem 1. August 2014 als Eigenerzeuger unter Einhaltung der o. g. Voraussetzungen betrieben hat,
- vor dem 23. Januar 2014 nach dem Bundes-Immissionsschutzgesetz genehmigt oder nach einer anderen Bestimmung des Bundesrechts zugelassen worden sind, nach dem 1. August 2014 erstmals Strom erzeugt haben und vor dem 1. Januar 2015 unter Einhaltung der o. g. Anforderungen genutzt worden sind oder
- vor dem 1. Januar 2018 eine o. g. Stromerzeugungsanlage an demselben Standort erneuert, erweitert oder ersetzt haben, es sei denn, die installierte Leistung ist durch die Erneuerung, Erweiterung oder Ersetzung um mehr als 30 Prozent erhöht worden, und
- nicht nach dem 31. Dezember 2017 erneuert, erweitert oder ersetzt worden sind.

Verringerung der EEG-Umlage bei älteren Bestandsanlagen (= Entfallen der Umlage) (EEG 2021 § 61f)
Der Anspruch der Netzbetreiber verringert sich bei *älteren Bestandsanlagen* auch dann auf *null Prozent* der EEG-Umlage,

- wenn der Letztverbraucher die Stromerzeugungsanlage als Eigenerzeuger betreibt und
- soweit der Letztverbraucher den Strom selbst verbraucht.

Ältere Bestandsanlagen sind Stromerzeugungsanlagen, die

- der Letztverbraucher vor dem 1. September 2011 als Eigenerzeuger unter Einhaltung der Anforderungen des Absatzes 1 betrieben hat und
- nicht nach dem 31. Juli 2014 erneuert, erweitert oder ersetzt worden sind.

Ältere Bestandsanlagen sind ferner Stromerzeugungsanlagen, die nach dem 31. Juli 2014, aber vor dem 1. Januar 2018 eine Stromerzeugungsanlage, die der Letztverbraucher vor dem 1. September 2011 als Eigenerzeuger unter Einhaltung der Anforderungen betrieben hat, an demselben Standort erneuert, erweitert oder ersetzt haben, es sei denn, die installierte Leistung ist durch die Erneuerung, Erweiterung oder Ersetzung um mehr als 30 Prozent erhöht worden. Bei diesen älteren Bestandsanlagen ist Absatz 1 nur anzuwenden,

- soweit der Strom *nicht* durch ein Netz durchgeleitet wird,
- soweit der Strom im räumlichen Zusammenhang zu der Stromerzeugungsanlage verbraucht wird oder
- wenn die gesamte Stromerzeugungsanlage schon vor dem 1. Januar 2011 im Eigentum des Letztverbrauchers stand, der die Verringerung nach Absatz 1 in Anspruch nimmt, und auf dem Betriebsgrundstück des Letztverbrauchers errichtet wurde

Verringerung der EEG-Umlage bei Ersetzung von Bestandsanlagen (EEG 2021 § 61g)
Der Anspruch der Netzbetreiber verringert sich auf 20 Prozent der EEG-Umlage, wenn eine Bestandsanlage oder eine nach diesem Absatz erneuerte oder ersetzte Bestandsanlage an *demselben Standort ohne Erweiterung der installierten Leistung* nach dem 31. Dezember 2017 erneuert oder ersetzt wird und soweit derselbe Letztverbraucher die Stromerzeugungsanlage entsprechend den Voraussetzungen nutzt:

- wenn der Letztverbraucher die Stromerzeugungsanlage als Eigenerzeuger betreibt,
- soweit der Letztverbraucher den Strom selbst verbraucht und
- soweit der Strom nicht durch ein Netz durchgeleitet wird, es sei denn, der Strom wird im räumlichen Zusammenhang zu der Stromerzeugungsanlage verbraucht

Der Anspruch der Netzbetreiber verringert sich ferner auf 20 Prozent der EEG-Umlage, wenn eine ältere Bestandsanlage oder eine erneuerte oder ersetzte ältere Bestandsanlage an *demselben Standort ohne Erweiterung der installierten Leistung* nach dem 31. Dezember

2017 erneuert oder ersetzt wird und soweit derselbe Letztverbraucher die Stromerzeugungsanlage entsprechend den Voraussetzungen nutzt:

- wenn der Letztverbraucher die Stromerzeugungsanlage als Eigenerzeuger betreibt und
- soweit der Letztverbraucher den Strom selbst verbraucht.

Abweichend verringert sich der Anspruch der Netzbetreiber bei Erneuerungen oder Ersetzungen auf 0 Prozent der EEG-Umlage, solange

- die Bestandsanlage oder die ältere Bestandsanlage, die erneuert oder ersetzt worden ist, noch unterlegen hätte
  - der handelsrechtlichen Abschreibung oder
  - der Förderung nach diesem Gesetz (EEG) oder
- die Stromerzeugungsanlage, die die Bestandsanlage oder die ältere Bestandsanlage erneuert oder ersetzt, nicht vollständig handelsrechtlich abgeschrieben worden ist, wenn durch die Erneuerung oder Ersetzung die Erzeugung von Strom auf Basis von Stein- oder Braunkohle zugunsten einer Erzeugung von Strom auf Basis von Gas oder erneuerbaren Energien an demselben Standort abgelöst wird.

Entfallen der EEG-Umlage in besonderen Fällen (EEG 2021 § 61a)
Die folgenden Fälle sind eher nicht zutreffend, sollen aber der Vollständigkeit halber aufgeführt werden.

Der o. g. Anspruch der Netzbetreiber entfällt bei Eigenversorgungen,

- soweit der Strom in der Stromerzeugungsanlage oder in deren Neben- und Hilfsanlagen zur Erzeugung von Strom im technischen Sinn verbraucht wird (Kraftwerkseigenverbrauch),
- wenn die Stromerzeugungsanlage des Eigenversorgers weder unmittelbar noch mittelbar an ein Netz angeschlossen ist,
- wenn sich der Eigenversorger selbst *vollständig* mit Strom aus erneuerbaren Energien versorgt und für den Strom aus seiner Anlage, den er nicht selbst verbraucht, keine Zahlung in Anspruch nimmt.

Vollständiger Entfall der EEG-Umlage
„Stromkunden werden entlastet. Stromkunden müssen bereits ab dem 1. Juli 2022 keine EEG-Umlage mehr zahlen. Das Gesetz zur Absenkung der Kostenbelastung durch die EEG-Umlage hat abschließend den Bundesrat passiert und ist in Kraft getreten. Die Stromanbieter müssen die Absenkung in vollem Umfang an die Endverbraucher weitergeben" (Die Bundesregierung, EEG-Umlage fällt weg).

9.2.3.8 Regelungen zur Umlage der Kosten aus dem KWKG

KWKG-Umlage (KWKG 2023 § 26)
Die Netzbetreiber sind berechtigt, die Kosten für die erforderlichen Ausgaben bei der Berechnung der Netzentgelte als Aufschlag in Ansatz zu bringen (KWKG-Umlage). Werden

die Netzentgelte nicht gesondert in Rechnung gestellt, können die Kosten bei dem Gesamtpreis für den Strombezug entsprechend in Ansatz gebracht werden.

Schrittweiser Abbau der Entgelte für dezentrale Einspeisung (ENWG § 120)
Bei Einspeisungen von Elektrizität aus dezentralen Erzeugungsanlagen darf für Erzeugungsanlagen, die ab dem 1. Januar 2023 in Betrieb genommen worden sind, keine Erstattung eingesparter Entgelte für den Netzzugang vorgesehen werden. Wird eine Erzeugungsanlage nach dem genannten Zeitpunkt an eine Netz- oder Umspannebene angeschlossen, die ihrer bisherigen Anschlussebene nachgelagert ist, *erhält sie keine Entgelte für dezentrale Einspeisung* mehr.

Veröffentlichung der KWKG-Umlage (KWKG 2023 § 26b)
Die Übertragungsnetzbetreiber veröffentlichen bis zum 25. Oktober eines Kalenderjahres die KWKG-Umlage für das folgende Kalenderjahr auf ihren Internetseiten. Die Angaben müssen einen sachkundigen Dritten in die Lage versetzen, ohne weitere Informationen die Ermittlung der KWKG-Umlage vollständig nachzuvollziehen.

KWKG-Umlage 2023
„Auf Basis von den unterlagerten Netzbetreibern sowie vom Bundesamt für Wirtschaft und Ausfuhrkontrolle (BAFA) gemeldeten Prognosewerten wurden die zu erwartenden Belastungen gemäß dem aktuellen KWKG und EnFG identifiziert und die für Letztverbräuche bundesweit anwendbare KWKG-Umlage ermittelt und ... veröffentlicht“ (NETZTRANSPARENZ.DE).

„Auf Basis der Mitte Oktober 2022 bei den ÜNB vorliegenden Prognosedaten über die Höhe der für 2023 erwarteten förderfähigen KWK-Strommengen und der Höhe des gesamten zu erwartenden Fördervolumens ergibt sich für das Jahr 2023 eine KWKG-Umlage als Aufschlag auf die Netzentgelte für alle nichtprivilegierten Letztverbräuche in Höhe von rd. 0,398 ct/kWh“ (NETZTRANSPARENZ.DE, Informationsplattform der vier deutschen Übertragungsnetzbetreiber, Umlage nach §§ 26 und 26a KWKG 2020 ab 1. Januar 2023 (KWKG-Umlage 2023)).

9.2.4 Zulassung von KWK-Anlagen

9.2.4.1 Zulassung von neuen, modernisierten oder nachgerüsteten KWK-Anlagen (KWKG 2023 § 10)

Voraussetzung für den Anspruch auf Zahlung des Zuschlags ist die Zulassung der KWK-Anlage durch das *Bundesamt für Wirtschaft und Ausfuhrkontrolle (BAFA)*. Die Zulassung ist bei dem Bundesamt für Wirtschaft und Ausfuhrkontrolle zu beantragen. Das Bundesamt für Wirtschaft und Ausfuhrkontrolle erteilt die Zulassung, wenn die KWK-Anlage die Voraussetzungen erfüllt.

Der Antrag auf Zulassung muss u. a. enthalten:

- Name und Anschrift des Anlagenbetreibers,
- die Angabe, ob der Anlagenbetreiber ein Unternehmen Kleinstunternehmen oder ein kleines oder mittleres Unternehmen ist, siehe dazu: http://publications.europa.eu/resource/

cellar/79c0ce87-f4dc-11e6-8a35-01aa75ed71a1.0004.01/DOC_1#:~:text=Die%20Empfehlung%202003%2F361%2FEG%20der%20Kommission%20%28ver%C3%B6ffentlicht%20im%20Amtsblatt,der%20Bestimmung%20der%20Voraussetzungen%20f%C3%BCr%20die%20Erf%C3%BCllung%20der (letzter Zugriff 26.04.2023)

- die Gebietseinheit der NUTS-Ebene 2, in der der Anlagenbetreiber seinen Sitz hat, siehe dazu:
  https://www.destatis.de/Europa/DE/Methoden-Metadaten/Klassifikationen/Uebersicht-Klassifikationen_NUTS.html (letzter Zugriff 26.04.2023)
- den Hauptwirtschaftszweig, in dem der Anlagenbetreiber tätig ist, entspr. Aufstellung der statistischen Systematik der Wirtschaftszweige, NACE Revision 2:
  O Erbringung von sonstigen öffentlichen und persönlichen Dienstleistungen
  90.01 Abwasserbeseitigung
  90.01.1 Kläranlagen
  Diese Unterklasse umfasst:
  – Behandlung von Abwasser aus Haushalten, Industrie und sonstigen Einrichtungen nach mechanischen, biologischen und weitergehenden (z. B. Nitrifikation, Denitrifikation, Fällung, Filtration) Verfahren, einschließlich Klärschlammbehandlung
  90.01.2 Sammelkanalisation
  Diese Unterklasse umfasst:
  – Sammlung und Ableitung von Abwässern (einschließlich Fremd- und Niederschlagwasser) aus Haushalten, Industrie und sonstigen Einrichtungen im Trenn- oder Mischverfahren, auch durch Tankwagen
  – Betrieb von Regenentlastungsbauwerken
  – Ableitung von Abwässern über Kleinkläranlagen
  – Wartung und Reinigung von Abwasserkanälen
  – Leeren und Reinigen von Senkgruben, Faulbecken und Sickergruben, Wartung chemischer Toiletten
- Angaben und Nachweise über den Zeitpunkt der Aufnahme des Dauerbetriebs sowie über die sonstigen Voraussetzungen für eine Zulassung,
- Angaben zum Anschluss an das Netz der allgemeinen Versorgung
- ein nach den allgemein anerkannten Regeln der Technik erstelltes Sachverständigengutachten über die Eigenschaften der KWK-Anlage, die für die Feststellung des Vergütungsanspruchs relevant sind,

Für *serienmäßig hergestellte KWK-Anlagen mit einer elektrischen KWK-Leistung von bis zu 2 Megawatt* können anstelle des Gutachtens geeignete Unterlagen des Herstellers vorgelegt werden, welche die folgenden Angaben enthalten müssen:

- die thermische und die elektrische KWK-Leistung,
- die Stromkennzahl und
- die Brennstoffart und den Brennstoffeinsatz.

▶ BAFA, Zulassung von KWK-Anlagen: https://www.bafa.de/DE/Energie/Energieeffizienz/Kraft_Waerme_Kopplung/KWK_Anlagen/kwk_anlagen_node.html (Letzter Zugriff 26.04.2023)

9.2.4.2 Mögliche Überprüfungen durch das BAFA (KWKG 2023 § 11)

Soweit es für die Überprüfung der Zulassungsvoraussetzungen erforderlich ist, sind die von dem Bundesamt für Wirtschaft und Ausfuhrkontrolle beauftragten Personen berechtigt,

- während der üblichen Geschäftszeiten Betriebsgrundstücke, Geschäftsräume und Einrichtungen des Betreibers der KWK-Anlage zu betreten,
- dort Prüfungen vorzunehmen und
- die betrieblichen Unterlagen des Betreibers der KWK-Anlage einzusehen.

Der Netzbetreiber kann von dem Betreiber der KWK-Anlage Einsicht in die Zulassung und in die entsprechenden Antragsunterlagen verlangen, wenn dies für die Prüfung der Ansprüche des Betreibers der KWK-Anlage gegenüber dem Netzbetreiber erforderlich ist (KWKG 2023 § 11).

9.2.4.3 Wirkung und Erlöschen der Zulassung (KWKG 2023 § 11)

Die Zulassung wird mit Wirkung zum Zeitpunkt der Aufnahme des Dauerbetriebs der Anlage erteilt, wenn der Antrag bis zum 31. Dezember des Kalenderjahres gestellt wird, das auf die Aufnahme des Dauerbetriebs der Anlage folgt. Wird der Antrag später gestellt, so wird die Zulassung rückwirkend zum 1. Januar des Kalenderjahres erteilt, in dem der Antrag gestellt worden ist. Bei Wiederaufnahme des Dauerbetriebs der Anlage nach Modernisierung oder Nachrüstung gilt das entsprechend. Bei Änderung von Eigenschaften der KWK-Anlage erlischt die Zulassung rückwirkend zum Zeitpunkt der Änderung. Das gilt nicht, wenn der Betreiber der KWK-Anlage eine Änderung der Zulassung bis zum Ablauf des auf die Änderung folgenden Kalenderjahres bei dem Bundesamt für Wirtschaft und Ausfuhrkontrolle beantragt. Der Netzbetreiber, an dessen Netz die Anlage direkt oder mittelbar angeschlossen ist, ist über die Änderung in Kenntnis zu setzen.

9.2.5 Messungen von Strom und Wärme

9.2.5.1 Messung des KWK-Stroms (KWKG 2023 § 14)

Der Netzbetreiber ist verpflichtet, die für den Nachweis *des in der KWK-Anlage erzeugten und des* in das Netz der allgemeinen Versorgung *eingespeisten KWK-Stroms* relevanten Messstellen auf Kosten des Betreibers der KWK-Anlage zu betreiben, soweit nicht eine anderweitige Vereinbarung getroffen worden ist. Für den Messstellenbetrieb zur Erfassung der erzeugten und in das Netz eingespeisten Strommenge sind die Vorschriften des Messstellenbetriebsgesetzes anzuwenden. Anstelle der Beauftragung eines Dritten kann der Betreiber einer KWK-Anlage den Messstellenbetrieb auch selbst übernehmen; für ihn gelten dann alle gesetzlichen Anforderungen, die das Messstellenbetriebsgesetz an einen Dritten als Messstellenbetreiber stellt. Wer den Messstellenbetrieb übernimmt, ist verpflichtet, die abrechnungsrelevanten Messdaten an den Netzbetreiber und an den Anlagenbetreiber zu übermitteln.

9.2.5.2 Messung von abgegebener Nutzwärme (KWKG 2023 § 14)

Zur Feststellung der abgegebenen Nutzwärmemenge hat der Betreiber der KWK-Anlage oder ein von ihm beauftragter fachkundiger Dritter den Messstellenbetrieb und die Messung der aus der KWK-Anlage abgegebenen Nutzwärmemenge mit einer Messeinrichtung vorzunehmen, die den eichrechtlichen Vorschriften entspricht. Betreiber von KWK-Anlagen haben Beauftragten des Netzbetreibers und des Messstellenbetreibers auf Verlangen Zutritt zu den Messeinrichtungen zu gewähren.

Betreiber von KWK-Anlagen mit einer elektrischen KWK-Leistung von bis zu 2 Megawatt, die nicht über Vorrichtungen zur Abwärmeabfuhr verfügen, sind von der Pflicht zur Messung der abgegebenen Nutzwärme befreit.

Hinweise
Die Einhaltung der allgemein anerkannten Regeln der Technik wird vermutet, wenn die Berechnung nach den Grundlagen und Rechenmethoden der Nummern 4 bis 6 sowie 8 des Arbeitsblattes FW 308 „Zertifizierung von KWK-Anlagen – Ermittlung des KWK-Stromes" des Energieeffizienzverbandes für Wärme, Kälte und KWK e. V. AGFW erstellt wurde. – https://www.agfw.de/energiewirtschaft-recht-politik/energiewende-politik/effizienz-kwk/fw-308-kwk-prozess/

Messeinrichtungen/Intelligente Messsysteme: https://www.bundesnetzagentur.de/DE/Vportal/Energie/Metering/start.html
(Letzter Zugriff jeweils 26.04.2023)

9.2.6 Mitteilungs- und Veröffentlichungspflichten

9.2.6.1 Grundsatz (EEG 2017 § 70)

Anlagenbetreiber, Betreiber von Stromerzeugungsanlagen, Netzbetreiber, Letztverbraucher und Elektrizitätsversorgungsunternehmen müssen einander die für den bundesweiten Ausgleich jeweils erforderlichen Daten, insbesondere die unten genannten Daten, unverzüglich zur Verfügung stellen.

9.2.6.2 Anlagenbetreiber (EEG 2023 § 71)

Anlagenbetreiber müssen dem Netzbetreiber

- bis zum 28. Februar eines Jahres alle für die Endabrechnung des jeweils vorangegangenen Kalenderjahres erforderlichen Daten anlagenscharf zur Verfügung stellen,
- mitteilen, wenn und in welchem Umfang im vorangegangenen Kalenderjahr für den in der Anlage erzeugten und durch ein Netz durchgeleiteten Strom eine Stromsteuerbefreiung vorgelegen hat, und den Netzbetreiber über entsprechende Änderungen informieren.

9.2.6.3 Letztverbraucher und Eigenversorger (EEG 2023 § 74a)

Letztverbraucher und Eigenversorger, die Strom verbrauchen, der ihnen nicht von einem Elektrizitätsversorgungsunternehmen geliefert worden ist, müssen dem Netzbetreiber, an dessen Netz die Stromerzeugungsanlage angeschlossen ist, unverzüglich folgende Angaben übermitteln:

- die Angabe, ob und ab wann ein Verbrauch von Strom vorlag, der nicht von einem Elektrizitätsversorgungsunternehmen geliefert wird
- die installierte Leistung der selbst betriebenen Stromerzeugungsanlagen,
- die Angabe, ob und auf welcher Grundlage die EEG-Umlage sich verringert oder entfällt, und
- Änderungen, die für die Beurteilung, ob die Voraussetzungen eines Entfallens oder einer Verringerung der EEG-Umlage weiterhin vorliegen, relevant sind oder sein können, sowie den Zeitpunkt, zu dem die Änderungen eingetreten sind.

Letztverbraucher und Eigenversorger, die Strom verbrauchen, der ihnen nicht von einem Elektrizitätsversorgungsunternehmen geliefert worden ist und der der Pflicht zur Zahlung der vollen oder anteiligen EEG-Umlage unterliegt oder von der EEG-Umlage befreit ist, müssen dem Netzbetreiber, der zur Erhebung der EEG-Umlage berechtigt ist, alle Angaben zur Verfügung stellen, die für die Endabrechnung der EEG-Umlage für das vorangegangene Kalenderjahr erforderlich sind. Dies umfasst insbesondere die Angabe der umlagepflichtigen oder von der EEG-Umlage befreiten Strommengen, wobei, soweit eine Bilanzierung der Strommengen erfolgt, die Strommengen bilanzkreisscharf mitgeteilt werden müssen. Die Meldung muss bis zum 28. Februar eines Jahres erfolgen.

9.2.6.4 Mitteilungs- und Vorlagepflichten des Betreibers einer KWK-Anlage (KWKG 2023 § 15)

Der Betreiber einer KWK-Anlage oder ein von ihm beauftragter Dritter informiert das Bundesamt für Wirtschaft und Ausfuhrkontrolle und den Netzbetreiber während der Dauer der Zuschlagzahlung *monatlich* über die Menge des erzeugten KWK-Stroms, und zwar unter Angabe der Mengen, die nicht in das Netz der allgemeinen Versorgung eingespeist wurden.

Der Betreiber einer KWK-Anlage mit einer *elektrischen KWK-Leistung von bis zu 2 Megawatt*, die nicht über Vorrichtungen zur Abwärmeabfuhr verfügt, ist von der monatlichen Mitteilungspflicht befreit.

Der Betreiber einer KWK-Anlage mit einer *elektrischen KWK-Leistung von mehr als 2 Megawatt* oder ein von ihm beauftragter Dritter legt während der Dauer der Zuschlagzahlung dem Bundesamt für Wirtschaft und Ausfuhrkontrolle und dem Netzbetreiber jeweils bis zum 31. März eines jeden Jahres eine nach den allgemein anerkannten Regeln der Technik erstellte Abrechnung für das vorangegangene Kalenderjahr vor.

Der Betreiber einer KWK-Anlage mit einer *elektrischen KWK-Leistung von bis zu 2 Megawatt* oder ein von ihm beauftragter Dritter legt während der Dauer der Zuschlagzahlung dem Bundesamt für Wirtschaft und Ausfuhrkontrolle und dem Netzbetreiber jeweils bis zum 31. März eines jeden Jahres Angaben vor

- zum erzeugten KWK-Strom unter Angabe der Mengen, die nicht in das Netz der allgemeinen Versorgung eingespeist wurden,
- zur Menge der KWK-Nettostromerzeugung,
- zur Menge der KWK-Nutzwärmeerzeugung,
- zu Brennstoffart und Brennstoffeinsatz,
- zu der seit Aufnahme des Dauerbetriebs erreichten Anzahl an Vollbenutzungsstunden,
- ggf. ein Nachweis über eine entrichtete EEG-Umlage,

Die Einhaltung der allgemein anerkannten Regeln der Technik wird vermutet, wenn die Berechnung nach den Grundlagen und Rechenmethoden der Nummern 4 bis 6 sowie 8 des Arbeitsblattes FW 308 „Zertifizierung von KWK-Anlagen – Ermittlung des KWK-Stromes" des Energieeffizienzverbandes für Wärme, Kälte und KWK e. V. AGFW (Bundesanzeiger vom 19. Oktober 2015, nichtamtlicher Teil, Institutionelle Veröffentlichungen) erstellt wurde.

Wenn in einem Kalendermonat die Voraussetzungen mindestens einmal erfüllt sind, legen die Betreiber von KWK-Anlagen mit der Abrechnung Angaben zur Strommenge vor, die sie in dem Zeitraum erzeugt haben, in dem der Spotmarktpreis null oder negativ gewesen ist. Andernfalls verringert sich der Anspruch in diesem Kalendermonat um 5 Prozent pro Kalendertag, in dem dieser Zeitraum ganz oder teilweise liegt. Dies ist nicht anzuwenden auf KWK-Anlagen mit einer elektrischen Leistung von bis zu 50 Kilowatt.

Betreiber von KWK-Anlagen nach Absatz 3, die nicht über Vorrichtungen zur Abwärmeabfuhr verfügen, sind von der Pflicht zur Mitteilung der Menge der KWK-Nutzwärmeerzeugung und zur Messung der abgegebenen Menge der KWK-Nutzwärme befreit.

Betreiber von KWK-Anlagen mit einer elektrischen KWK-Leistung von bis zu 50 Kilowatt sind gegenüber dem Bundesamt für Wirtschaft und Ausfuhrkontrolle von den in Absatz 3 genannten Mitteilungspflichten befreit.

Betreiber von KWK-Anlagen können unter bestimmten Umständen monatliche Abschlagszahlungen vom Netzbetreiber verlangen, wenn die Anlage zugelassen ist oder der Antrag auf Zulassung gestellt worden ist.

9.2.6.5 Geringfügige Stromverbräuche Dritter und deren Schätzung (EEG 2023 § 62a)

Stromverbräuche einer anderen Person sind den Stromverbräuchen des Letztverbrauchers zuzurechnen, wenn sie

- geringfügig sind,
- üblicherweise und im konkreten Fall nicht gesondert abgerechnet werden *und*
- verbraucht werden
  - in den Räumlichkeiten, auf dem Grundstück oder dem Betriebsgelände des Letztverbrauchers *und*
  - im Fall einer gewerblichen Nutzung zur Erbringung einer Leistung der anderen Person gegenüber dem Letztverbraucher oder des Letztverbrauchers gegenüber der anderen Person.

Messung und Schätzung (EEG 2023 § 62b) Strommengen, für die die volle oder anteilige EEG-Umlage zu zahlen ist, sind durch mess- und eichrechtskonforme Messeinrichtungen zu erfassen. Sofern für Strommengen nur eine anteilige oder keine EEG-Umlage zu zahlen ist oder die Zahlung verweigert werden kann, sind diese Strommengen von Strommengen, die einer Pflicht zur Zahlung der EEG-Umlage in anderer Höhe unterliegen, durch mess- und eichrechtskonforme Messeinrichtungen abzugrenzen. In diesem Fall sind die jeweiligen Strommengen durch eine *Schätzung* abzugrenzen. Diese Schätzung hat in sachgerechter und in einer für einen nicht sachverständigen Dritten jederzeit nachvollziehbaren und nachprüfbaren Weise zu erfolgen. Bei der Schätzung muss sichergestellt werden, dass auf die gesamte Strommenge nicht weniger KWK- oder EEG-Umlage gezahlt wird als im Fall einer Abgrenzung durch mess- und eichrechtskonforme Messeinrichtungen.

9.2.6.6 Zusatzinformationen

Üblicher Preis – Höhe der Stromvergütung für eingespeisten KWK-Strom

*„Eine wichtige Frage für die Wirtschaftlichkeit einer KWK-Anlage stellt sich hinsichtlich des finanziellen Wertes für den Überschussstrom, der in das öffentliche Netz eingespeist wird (**Üblicher Preis**). Neben einem ausgehandelten Strompreis im Rahmen einer Direktvermarktung kann die Bewertung des Strompreises für den eingespeisten Strom aus KWK-Anlagen auch mittels einem ‚**üblichen Preis**' erfolgen. Dabei orientiert sich dieser übliche Preis, der auch als **KWK-Index** bezeichnet wird, an dem jeweils durchschnittlichen Quartalspreis für die Strompreisvergütung des jeweils vorangegangenen Quartals.*

Der Betreiber eines Blockheizkraftwerks (https://www.bhkw-infozentrum.de/?p=23769) *(BHKW) erhält demnach von Januar bis März den durchschnittlichen Quartalspreis für das vierte Quartal des (vorangegangenen) Jahres (Oktober bis Dezember)"* (BHKW-Infozentrum GbR, Rastatt, Üblicher Preis – Höhe der Stromvergütung für eingespeisten KWK-Strom).

Üblicher Preis im KWK-Gesetz: *Der übliche Preis* ist der durchschnittliche Preis für Grundlaststrom an der Strombörse European Energy Exchange (EEX) in Leipzig im jeweils vorangegangenen Quartal. Der aktuelle Quartalspreis ist bei der Leipziger Strombörse (http://www.eex.de/) EEX in einer EXEL-Tabelle als KWK-Index zu finden:

Hinweise

European Energy Exchange (EEX): https://www.eex.com/de/marktdaten/strom/indizes

Der Durchschnittspreis im Quartal 4 des Jahres 2023 betrug z. B. 82,27 €/MWh.

BHKW-Infozentrum GbR, Üblicher Preis – Höhe der Stromvergütung für eingespeisten KWK-Strom: https://www.bhkw-infozentrum.de/wirtschaftlichkeit-bhkw-kwk/ueblicher_preis_bhkw.html

Vergütung für Strom aus KWK-Anlagen

„Die Vergütung für Strom aus KWK-Anlagen setzt sich aus drei Komponenten zusammen: dem KWK-Zuschlag, dem üblichen Preis und den vermiedenen Nutzungsentgelten für den eingespeisten Strom.

Die Höhe und Dauer des KWK-Zuschlages ist im § 7 KWK-G geregelt. Für Anlagen mit einer elektrischen Leistung bis 50 kWel beträgt der Zuschlag für den in unser Netz eingespeisten Strom 16 ct/kWh und 8 ct/kWh für den im Objekt verbrauchten Strom für eine Dauer von 30.000 Vollbenutzungsstunden (VBh). Anlagen mit einer höheren elektrischen Leistung erhalten eine gestaffelte Vergütung für 30.000 VBh. KWK-Anlagen mit einer elektrischen Leistung bis 2 kWel haben zusätzlich die Wahlmöglichkeit einer pauschalen Einmalzahlung des KWK-Zuschlages.

Der übliche Preis ist der tatsächliche Wert des Stroms und wird quartalsweise an der Strombörse festgelegt“ (enercity Netz GmbH, Wie wird meine KWK-Einspeisung vergütet?).

„Die Vergütung der eingespeisten bzw. nicht eingespeisten Energiemengen erfolgt auf Grundlage des Kraft-Wärme-Kopplungsgesetzes (KWKG). Die Höhe der jeweiligen Vergütung ist insbesondere abhängig von:

- *der Leistung der Erzeugungsanlage*
- *dem Inbetriebnahmedatum der Erzeugungsanlage*
- *der Modernisierung der Erzeugungsanlage*
- *dem Datum des Antrags und der Zulassung der Erzeugungsanlage (BAFA-Zulassung)*

Die Vergütung der eingespeisten Energiemengen aus Erzeugungsanlagen nach dem KWKG erfolgt nach der von MITNETZ STROM veröffentlichten Preisregelung für Einspeisungen nach KWK-Gesetz (https://www.mitnetz-strom.de/netzanschluss/anschlussnutzung/anschlussnutzungsverh%C3%A4ltnis) *zuzüglich des KWK-Zuschlags nach dem KWKG.*

Die Vergütung setzt sich aus folgenden Komponenten zusammen:

- *üblicher Preis für Baseload-Strom an der EEX* (http://www.bhkw-infozentrum.de/statement/ueblicher_preis_bhkw.html) *in Leipzig (installierte Leistung bis 100 kW)*
- *KWK-Zuschlag* (http://www.gesetze-im-internet.de/kwkg_2016/index.html) *nach KWKG*
- *Vergütung für vermiedene Netzentgelte* (https://www.mitnetz-strom.de/netzanschluss/stromerzeugung/betrieb/stromverg%C3%BCtung/verg%C3%BCtung-vermiedener-netzentgelte) *der MITNETZ STROM*

Für Anlagen mit einer Leistung von mehr als 1 MW bis einschließlich 50 MW wird der KWK-Zuschlag durch Ausschreibung bestimmt. Für Anlagen mit einer installierten Leistung von mehr als 100 kW besteht die Pflicht zur Direktvermarktung“ (Mitteldeutsche Netzgesellschaft Strom mbH, Vergütung nach KWK-Gesetz).

9.2.7 Erneuerbare-Energien-Gesetz (EEG)

Das Gesetz für den Ausbau erneuerbarer Energien (Erneuerbare-Energien-Gesetz – EEG 2023) hat sich seit 2000 nach mehreren Überarbeitungen und Reformen ständig geändert und wird aus politischen Gründen wohl auch weiterhin geändert werden.

9.2.7.1 Allgemeine Bestimmungen

Zweck und Ziel des Erneuerbare-Energien-Gesetzes – EEG 2021 ist es, insbesondere im Interesse des Klima- und Umweltschutzes u. a. eine nachhaltige Entwicklung der Energieversorgung zu ermöglichen, fossile Energieressourcen zu schonen und die Weiterentwicklung von Technologien zur Erzeugung von Strom aus erneuerbaren Energien zu fördern.

„Das EEG verpflichtet die Stromnetzbetreiber zur Abnahme regenerativ erzeugten Stroms und zur Zahlung von Mindestvergütungen an die Erzeuger.

Die Vergütungshöhe orientiert sich an den Kosten, die bei der Gewinnung regenerativen Stroms entstehen, um den wirtschaftlichen Betrieb von Anlagen, mittels derer Strom aus regenerativen Energieträgern gewonnen wird, zu ermöglichen. Die Mindestvergütungen hängen ab von der Art des Energieträgers und teilweise von der elektrischen Leistung der Anlage. ... Das EEG sieht ... einen bundesweiten Ausgleich der sich aus dem Einspeise- und Vergütungssystem des EEG ergebenden Kosten zwischen den Netzbetreibern und damit eine gleichmäßige Verteilung der Kosten für die eingespeisten Strommengen auf den gesamten Stromverbrauch vor. ...

Das EEG begründet privatrechtliche Ansprüche der begünstigten Anlagenbetreiber auf Einspeisung und Vergütung des in den Anwendungsbereich des Gesetzes fallenden regenerativ erzeugten Stroms“ (Deutscher Bundestag, Drucksache 14/9807).

9.2.7.2 Zahlung der Einspeisevergütung

Veräußerungsform Einspeisevergütung

Anlagenbetreiber müssen jede Anlage einer Veräußerungsform zuordnen; für Klärgas-Anlagen mit einer installierten Leistung von mehr als 100 Kilowatt kommt allerdings nur die *Einspeisevergütung* in Frage. Für ausgeförderte Anlagen verringert sich der Anspruch (s. u.) (EEG 2023 § 21b).

Zahlungsanspruch (EEG 2023 § 19)

Betreiber von Anlagen, in denen ausschließlich erneuerbare Energien eingesetzt werden, haben für den in diesen Anlagen erzeugten Strom gegen den Netzbetreiber einen Anspruch auf eine Einspeisevergütung. Der Anspruch besteht nur, soweit der Anlagenbetreiber für den Strom *kein vermiedenes Netzentgelt* nach der Stromnetzentgeltverordnung in Anspruch nimmt.

Schrittweiser Abbau der Entgelte für dezentrale Einspeisung (EnWG § 120)

Bei Einspeisungen von Elektrizität aus dezentralen Erzeugungsanlagen darf keine Erstattung *eingesparter Entgelte für den Netzzugang (= vermiedenes Netzentgelt)* vorgesehen werden für Erzeugungsanlagen, die ab dem 1. Januar 2023 in Betrieb genommen worden sind. Wird eine Erzeugungsanlage nach dem genannten Zeitpunkt an eine Netz- oder Umspannebene angeschlossen, die ihrer bisherigen Anschlussebene nachgelagert ist, erhält sie keine Entgelte für dezentrale Einspeisung mehr.

Einspeisevergütung (EEG 2023 § 21)
Der Anspruch auf die Zahlung der Einspeisevergütung besteht nur für Kalendermonate, in denen der Anlagenbetreiber den Strom in ein Netz einspeist und dem Netzbetreiber zur Verfügung stellt, und zwar für Strom aus Anlagen mit einer installierten Leistung von mehr als 100 Kilowatt

- für eine Dauer von bis zu drei aufeinanderfolgenden Kalendermonaten und
- insgesamt bis zu sechs Kalendermonaten pro Kalenderjahr (Ausfallvergütung),

dabei verringert sich der Anspruch in bestimmten Fällen.

Anlagenbetreiber, die die Einspeisevergütung in Anspruch nehmen,

- müssen dem Netzbetreiber den gesamten in dieser Anlage erzeugten Strom zur Verfügung stellen, der
  - nicht in unmittelbarer räumlicher Nähe zur Anlage verbraucht wird und
  - durch ein Netz durchgeleitet wird, *und*
- dürfen mit dieser Anlage nicht am Regelenergiemarkt teilnehmen.

Verringerung der Einspeisevergütung (EEG 2023 § 53)
Die Höhe des Anspruchs auf die Einspeisevergütung berechnet sich aus den anzulegenden Werten, wobei von den anzulegenden Werten 0,2 Cent pro Kilowattstunde für Strom aus Anlagen zur Erzeugung von Strom aus Klärgas abzuziehen sind.

Zahlungen bei Pflichtverstößen
Anlagenbetreiber müssen an den Netzbetreiber, an dessen Netz die Anlage angeschlossen ist, in verschiedenen Fällen eine Zahlung leisten (EEG 2023 § 52).

9.2.7.3 Allgemeine Bestimmungen zur Zahlung

Allgemeine Bestimmungen zur Höhe der Zahlung (EEG 2023 § 23)
Die Höhe des Anspruchs nach bestimmt sich nach den hierfür als Berechnungsgrundlage *anzulegenden Werten* für Strom aus erneuerbaren Energien. In den anzulegenden Werten ist die Umsatzsteuer nicht enthalten. Die Höhe des Anspruchs verringert sich nach Berücksichtigung verschiedener Bestimmungen, wobei der Anspruch keinen negativen Wert annehmen kann.

Zahlungsansprüche für Strom aus mehreren Anlagen (EEG 2023 § 24)
Mehrere Anlagen sind zum Zweck der Ermittlung des Zahlungs-Anspruchs und zur Bestimmung der Größe der Anlage für den jeweils zuletzt in Betrieb gesetzten Generator als eine Anlage anzusehen, wenn

- sie sich auf demselben Grundstück, demselben Gebäude, demselben Betriebsgelände oder sonst in unmittelbarer räumlicher Nähe befinden,
- sie Strom aus gleichartigen erneuerbaren Energien erzeugen,
- für den in ihnen erzeugten Strom der Zahlungs-Anspruch in Abhängigkeit von der Bemessungsleistung oder der installierten Leistung besteht und
- sie innerhalb von zwölf aufeinanderfolgenden Kalendermonaten in Betrieb genommen worden sind.

Beginn, Dauer und Beendigung des Anspruchs (EEG 2023 § 25)
Einspeisevergütungen sind jeweils für die Dauer von 20 Jahren zu zahlen, soweit sich aus den Bestimmungen dieses Gesetzes nichts anderes ergibt. Bei Anlagen, deren anzulegender Wert gesetzlich bestimmt wird, verlängert sich dieser Zeitraum bis zum 31. Dezember des zwanzigsten Jahres der Zahlung. Beginn der Frist ist der Zeitpunkt der Inbetriebnahme der Anlage. Abweichend davon ist die Einspeisevergütung bei ausgeförderten Anlagen bis zum 31. Dezember 2027 zu zahlen.

Gesetzliche Bestimmung der Zahlung: Anzulegende Werte (EEG 2023 § 41)
Anzulegender Wert ist nach dem EEG ein Wert, der u. a. gesetzlich bestimmt ist und der u. a. die Grundlage für die Berechnung der Einspeisevergütung nach EEG ist. Für *Strom aus Klärgas* ist der *anzulegende Wert* gesetzlich festgelegt und beträgt

- bis einschließlich einer Bemessungsleistung von 500 Kilowatt
  5,93 Cent pro Kilowattstunde und
- bis einschließlich einer Bemessungsleistung von 5 Megawatt
  5,17 Cent pro Kilowattstunde.

Die *anzulegenden Werte* verringern sich ab dem 1. Januar 2024 jährlich jeweils für die nach diesem Zeitpunkt in Betrieb genommenen Anlagen um 1,5 Prozent gegenüber den im jeweils vorangegangenen Kalenderjahr geltenden anzulegenden Werten und werden auf zwei Stellen nach dem Komma gerundet. Für die Berechnung der Höhe der anzulegenden Werte aufgrund einer solchen erneuten Anpassung sind die ungerundeten Werte zugrunde zu legen.

Verringerung der Einspeisevergütung (EEG 2023 § 53)
Die Höhe des Anspruchs auf die Einspeisevergütung berechnet sich aus den anzulegenden Werten, wobei von den anzulegenden Werten 0,2 Cent pro Kilowattstunde für Strom aus Anlagen zur Erzeugung von Strom aus Klärgas abzuziehen sind. Abweichend davon verringert sich der anzulegende Wert um 20 Prozent, wobei das Ergebnis auf zwei Stellen nach dem Komma gerundet wird, solange die *Ausfallvergütung* in Anspruch genommen wird. Für Strom aus ausgeförderten Anlagen, für die ein Anspruch auf Einspeisevergütung geltend gemacht wird, ist abweichend davon von dem anzulegenden Wert der Wert abzuziehen, den die Übertragungsnetzbetreiber auf ihrer Internetseite veröffentlicht haben. Dieser Wert verringert sich um die Hälfte für Strom aus ausgeförderten Anlagen, die mit einem intelligenten Messsystem ausgestattet sind.

Verringerung des Zahlungsanspruchs bei einer Stromsteuerbefreiung (EEG 2023 § 53c)
Der anzulegende Wert verringert sich für Strom, der durch ein Netz durchgeleitet wird und der von der Stromsteuer nach dem Stromsteuergesetz befreit ist, um die Höhe der pro Kilowattstunde gewährten Stromsteuerbefreiung.

9.3 Gesetzliche Regelungen

EEG 2023 Gesetz für den Ausbau erneuerbarer Energien (Erneuerbare-Energien-Gesetz – EEG 2023), Ausfertigungsdatum: 21.07.2014

EnWG Gesetz über die Elektrizitäts- und Gasversorgung (Energiewirtschaftsgesetz – EnWG) Ausfertigungsdatum: 07.07.2005

KWKG 2023 Gesetz für die Erhaltung, die Modernisierung und den Ausbau der Kraft-Wärme-Kopplung (Kraft-Wärme-Kopplungsgesetz – KWKG 2023) Ausfertigungsdatum: 21.12.2015

NAV Verordnung über Allgemeine Bedingungen für den Netzanschluss und dessen Nutzung für die Elektrizitätsversorgung in Niederspannung (Niederspannungsanschlussverordnung – NAV), Ausfertigungsdatum: 01.11.2006

StromGVV Verordnung über Allgemeine Bedingungen für die Grundversorgung von Haushaltskunden und die Ersatzversorgung mit Elektrizität aus dem Niederspannungsnetz (Stromgrundversorgungsverordnung – StromGVV) Ausfertigungsdatum: 26.10.2006

StromNEV Verordnung über die Entgelte für den Zugang zu Elektrizitätsversorgungsnetzen (Stromnetzentgeltverordnung – StromNEV), Ausfertigungsdatum: 25.07.2005

StromNZV Verordnung über den Zugang zu Elektrizitätsversorgungsnetzen (Stromnetzzugangsverordnung – StromNZV), Ausfertigungsdatum: 25.07.2005

9.4 Literatur

Amtsblatt der Europäischen Union C 119, 62. Jahrgang, 29. März 2019
http://publications.europa.eu/resource/cellar/68d47143-51ee-11e9-a8ed-01aa75ed71a1.0004.01/DOC_1

ASUE; Deutscher Verein des Gas- und Wasserfaches e. V.
https://asue.de/sites/default/files/asue/themen/blockheizkraftwerke/2002/broschueren/05_12_02_kwk_gesetz.pdf
Letzter Zugriff 26.04.2023

Bayernwerk Netz, EEG 2017: Doppelförderungsverbot bei Stromsteuerbefreiung
https://www.bayernwerk-netz.de/content/dam/revu-global/bayernwerk-netz/files/netz/stromeinspeisung/20170701_Bayernwerk_Netz_Infoblatt_zur_Stromsteuerbefreiung.pdf#:~:text=F%C3%BCr%20Anlagen%20mit%20Eigenverbrauch%20kann%20es%20sinnvoll%20sein%2C,ein%20zus%C3%A4tzlicher%20separater%20Netzanschluss%20jedoch%20nicht%20notwendig%20is
Letzter Zugriff 26.04.2023

BHKW-Infozentrum GbR, Üblicher Preis – Höhe der Stromvergütung für eingespeisten KWK-Strom
https://www.bhkw-infozentrum.de/wirtschaftlichkeit-bhkw-kwk/ueblicher_preis_bhkw.html
Letzter Zugriff 26.04.2023

Bundesgerichtshof, Beschluss EnVR 10/13 vom 3. Juni 2014, RNr 36
https://juris.bundesgerichtshof.de/cgi-bin/rechtsprechung/document.py?Gericht=bgh&Art=en&Datum=2014-6-3&client=1&nr=68600&pos=12&anz=25
Letzter Zugriff 26.04.2023

Bundesministerium für Wirtschaft und Energie
Der Strompreis
https://www.bmwi.de/Redaktion/DE/Artikel/Energie/strompreise-bestandteile.html

Bundesnetzagentur – Lieferantenrahmenvertrag/Netznutzungsvertrag
https://www.bundesnetzagentur.de/DE/Beschlusskammern/BK06/BK6_83_Zug_Mess/836_lrv_nnv/BK6_LRV_NNV_node_neu.html
Letzter Zugriff 26.04.2023

Bundesnetzagentur – Messstellenbetreiber-Rahmenvertag
https://www.bundesnetzagentur.de/DE/Beschlusskammern/BK06/BK6_83_Zug_Mess/837_msb_rahmenvertrag/msb_rv_node.html
Letzter Zugriff 26.04.2023

Bundesnetzagentur, Beschlusskammer 6, Festlegungsverfahren zur Informationsbereitstellung für Redispatch-Maßnahmen
https://www.bundesnetzagentur.de/DE/Beschlusskammern/1_GZ/BK6-GZ/2020/BK6-20-061/BK6-20-061_anlage_zum_beschluss.pdf?__blob=publicationFile&v=2
Letzter Zugriff 26.04.2023

Bundesnetzagentur, BK6-20-061
https://www.bundesnetzagentur.de/DE/Beschlusskammern/1_GZ/BK6-GZ/2020/BK6-20-061/BK6-20-061_beschluss.html?nn=869698
Letzter Zugriff 26.04.2023

Bundesnetzagentur, EEG-Umlage, Stand: 27.05.2019
https://www.bundesnetzagentur.de/DE/Beschlusskammern/BK04/BK4_72_EEG/BK4_EEG.html

Bundesnetzagentur, Kraftwerksliste, Auswertung nach erneuerbaren Energieträgern – ohne endgültig stillgelegte Anlagen, Stand 19.01.2021;
https://www.bundesnetzagentur.de/DE/Sachgebiete/ElektrizitaetundGas/Unternehmen_Institutionen/Versorgungssicherheit/Erzeugungskapazitaeten/Kraftwerksliste/kraftwerksliste-node.html
Letzter Zugriff 26.04.2023

Bundesnetzagentur, Netzzugang
https://www.bundesnetzagentur.de/DE/Fachthemen/ElektrizitaetundGas/NetzzugangMesswesen/Netzzugang/start.html
Letzter Zugriff 02.01.2023

Bundesnetzagentur, Redispatch, Stand 11/2021
https://www.bundesnetzagentur.de/DE/Fachthemen/ElektrizitaetundGas/Versorgungssicherheit/Netzengpassmanagement/Engpassmanagement/Redispatch/start.html
Letzter Zugriff 26.04.2023

Clearingstelle EEG/KWKG
https://www.clearingstelle-eeg-kwkg.de/haeufige-rechtsfragen
Letzter Zugriff 02.01.2023

DESTATIS, Pressemitteilung Nr. 310 vom 14. August 2020
https://www.destatis.de/DE/Presse/Pressemitteilungen/2020/08/PD20_310_433.html

Deutscher Bundestag Drucksache 14/9807 https://dserver.bundestag.de/btd/14/098/1409807.pdf

Die Bundesregierung, EEG-Umlage fällt weg
https://www.bundesregierung.de/breg-de/aktuelles/eeg-umlage-faellt-weg-2011728
Letzter Zugriff 26.04.2023

enercity Netz GmbH,
Wie wird meine KWK-Einspeisung vergütet?
https://www.enercity-netz.de/einspeisen
Letzter Zugriff 26.04.2023

Generalzolldirektion, GZ V 8230-2018.00008-DIV.A.32 (201800169961)
Steuerliche Verwendung von gasförmigen Kohlenwasserstoffen, die bei der Abwasserreinigung oder bei der Lagerung von Abfällen gewonnen wurden, nach den §§ 26 und 28 EnergieStG, Stand 2018

Generalzolldirektion, Kombinierte Nomenklatur
https://www.zoll.de/SharedDocs/Glossareintraege/DE/K/kombinierte_nomenklatur.html
Letzter Zugriff 26.04.2023

Generalzolldirektion, Steuerentlastungsvoraussetzungen
https://www.zoll.de/DE/Fachthemen/Steuern/Verbrauchsteuern/Energie/Steuerbeguenstigung/Steuerentlastung/KWK-Anlagen/Vollstaendige-Steuerentlastung/Steuerentlastungsvoraussetzungen/steuerentlastungsvoraussetzungen_node.html;jsessionid=EDED1C5D56EDFCB7EDA7B9CE470D6BC9.internet401#doc291702bodyText2
Letzter Zugriff 26.04.2023

Informationsplattform der vier deutschen Übertragungsnetzbetreiber,
Umlage nach §§ 26 und 26a KWKG 2020 ab 1. Januar 2023 (KWKG-Umlage 2023)
https://www.netztransparenz.de/KWKG/KWKG-Umlagen-Uebersicht/KWKG-Umlage-2023
Letzter Zugriff 26.04.2023

Mitteldeutsche Netzgesellschaft Strom mbH, Vergütung nach KWK-Gesetz
https://www.mitnetz-strom.de/netzanschluss/stromerzeugung/betrieb/stromverg%C3%BCtung/verg%C3%BCtung-nach-kwk-gesetz
Letzter Zugriff 26.04.2023

Umweltbundesamt, Energieeffizienz kommunaler Kläranlagen, Stand: Oktober 2009
https://www.umweltbundesamt.de/sites/default/files/medien/publikation/long/3855.pdf
Letzter Zugriff 26.04.2023

Vattenfall Europe Sales GmbH, Was sind Blockheizkraftwerke?
https://www.vattenfall.de/infowelt-energie/blockheizkraftwerk-aufbau-und-funktion#:~:text=Das%20Blockheizkraftwerk%20besteht%20%28einfach%20ausgedr%C3%BCckt%29%20aus%20einem%20Motor%2C,Gewinnung%20von%20W%C3%A4rme%20und%20elektrischer%20Energie%2C%20also%20Strom.
Letzter Zugriff 26.04.2023

Verbraucherzentrale, Wer macht was: Stromanbieter, Netzbetreiber, Messstellenbetreiber |
https://www.verbraucherzentrale.de/wissen/energie/preise-tarife-anbieterwechsel/wer-macht-was-stromanbieter-netzbetreiber-messstellenbetreiber-38444
Letzter Zugriff 26.04.2023

10 Steuern im Entwässerungsbetrieb

Jeder Entwässerungsbetrieb hat neben dem Abwasser auch mit der dem technischen Personal vollkommen fremden Materie der Steuern zu tun. Meist sind nicht unerhebliche Beträge aus den Gebühreneinnahmen an die Steuerbehörden zu zahlen. Gleichzeitig sind in dem Zusammenhang zahlreiche Registrier- und Meldepflichten zu beachten.

10.1 Steuern – ein Überblick

Steuern sind Geldleistungen, die nicht eine Gegenleistung für eine besondere Leistung darstellen und von einem öffentlich-rechtlichen Gemeinwesen zur Erzielung von Einnahmen allen auferlegt werden, bei denen der Tatbestand zutrifft, an den das Gesetz die Leistungspflicht knüpft; die Erzielung von Einnahmen kann Nebenzweck sein (AO § 3).

Die vielen verschiedenen Steuerarten machen das Steuersystem sehr unübersichtlich. Für jede Steuer regelt ein separates Gesetz, wer wofür und in welcher Höhe Steuern zahlen muss.

In Tab. 10.1 ist eine kleine Übersicht verschiedener Steuergruppen und einzelner relevanter Steuerarten dargestellt.

Hinweis
Einen Überblick über die Steuerarten, die in Deutschland erhoben werden, gibt eine Broschüre des Bundesfinanzministeriums; dort sind in übersichtlicher Form Informationen zum Thema Steuern zu finden.
Steuern von A bis Z, Ausgabe 2023 (Bundesministerium der Finanzen, August 2023)

Aus dieser Broschüre folgen einige Zitate.

A. Jessen, *Kommunaler Entwässerungsbetrieb*,
https://doi.org/10.1007/978-3-658-50966-8_10

Tab. 10.1 Kleine Übersicht verschiedener Steuergruppen und einzelner relevanter Steuerarten

Besitzsteuern	Verbrauchsteuern	Verkehrssteuern	Örtliche Steuern
Vom Einkommen:	Alkoholsteuer	***Umsatzsteuer***	Hundesteuer
Einkommensteuer	Biersteuer	Grunderwerbsteuer	Jagd- und
Körperschaftsteuer	***Energiesteuer***	Kraftfahrzeugsteuer	Fischereisteuer
Solidaritätszuschlag	Kaffeesteuer	Luftverkehrsteuer	Vergnügungssteuer
Gewerbesteuer	Schaumweinsteuer	Rennwett- und	
Kirchensteuer (teilweise)	***Stromsteuer***	Lotteriesteuer	
Vom Vermögen:	Tabaksteuer	Versicherungssteuer	
Erbschaftssteuer		Feuerschutzsteuer	
Grundsteuer			
Kirchensteuer (teilweise)			

10.1.1 Energiesteuer

„Die Energiesteuer ist eine bundesgesetzlich geregelte Verbrauchsteuer. Besteuert wird grundsätzlich nur der Verbrauch von Energieerzeugnissen (v. a. Mineralöle, Erdgas und Kohle) zu energetischen Zwecken. ...

Kraft-Wärme-Kopplungsanlagen

Gasturbinen- und verbrennungsmotorbetriebene Kraft-Wärme-Kopplungsanlagen (KWK-Anlagen), deren mechanische Energie ausschließlich der Stromerzeugung dient, werden durch ermäßigte Steuertarife (Heizstoffsteuersätze) energiesteuerlich begünstigt. Alle diejenigen KWK-Anlagen, die einen Monats- oder Jahresnutzungsgrad von mindestens 70 Prozent erreichen, werden von den Heizstoffsteuersätzen herunter bis auf die Mindeststeuersätze der EU-Energiesteuerrichtlinie entlastet. Sind die KWK-Anlagen darüber hinaus im Sinne der EU-Energieeffizienzrichtlinie hocheffizient und noch nicht abgeschrieben, werden sie – soweit keine einschlägigen Investitionsbeihilfen gegenzurechnen sind – vollständig von der Energiesteuer befreit“ (Bundesministerium der Finanzen, 2023).

10.1.2 Stromsteuer

„Die Stromsteuer ist eine bundesgesetzlich geregelte Verbrauchsteuer auf elektrischen Strom. Mit ihr wird der Verbrauch von elektrischem Strom innerhalb des deutschen Steuergebiets ... besteuert ... Die Stromsteuer entsteht dadurch, dass Strom im Steuergebiet aus dem Versorgungsnetz entnommen wird. Die Stromsteuer wird im Regelfall beim Versorger als Steuerschuldner erhoben, der sie anschließend über den Strompreis an die Verbraucher weitergeben kann. Als Verbrauchsteuer ist die Stromsteuer so angelegt, dass sie wirtschaftlich vom Verbraucher getragen wird. ... Weiterer Steuerschuldner ist, wer als Eigenerzeuger Strom zum Selbstverbrauch erzeugt. Steuerpflichtig ist die Entnahme von

Strom zum Selbstverbrauch durch den Eigenerzeuger" (Bundesministerium der Finanzen, 2013).

Steuerbegünstigungen
„Nachfolgend werden einige Steuerbegünstigungen näher dargestellt. Es handelt sich dabei nicht um eine abschließende Aufzählung. …

UMWELTFREUNDLICH ERZEUGTER UND DEZENTRAL GENUTZTER STROM

Die sogenannte ‚Kleinanlagenregelung' in § 9 Absatz 1 Nummer 3 StromStG befreit Strom aus erneuerbaren Energieträgern oder Strom, der in hocheffizienten KWK-Anlagen erzeugt wurde von Stromsteuer. Dies ist immer dann der Fall, wenn der Anlagenbetreiber eine Stromerzeugungsanlage mit einer Größe von bis zu 2 Megawatt (2000 Kilowatt) betreibt und diesen Strom entweder selbst verbraucht oder ihn an Letztverbraucher im räumlichen Zusammenhang von 4,5 km um die Anlage direkt an Letztverbraucher leistet" (Bundesministerium der Finanzen, 2023).

10.1.3 Körperschaftsteuer

„Die Körperschaftsteuer ist eine besondere Art der Einkommensteuer für juristische Personen. ... Besteuerungsgrundlage ist ... das Einkommen, das die Körperschaft innerhalb des Kalenderjahrs bezogen hat. ... Zusätzlich müssen dabei aber besondere Vorschriften des KStG beachtet werden. Wie die Einkommensteuer gehört die Körperschaftsteuer zu den direkten Steuern und ist eine Personensteuer, die nicht vom Einkommen abgezogen werden kann. Körperschaftsteuer und Einkommensteuer bestehen nebeneinander. ... Die juristischen Personen des öffentlichen Rechts sind nur Steuersubjekt, soweit sie einen Betrieb gewerblicher Art unterhalten, also nur soweit sie sich privatwirtschaftlich betätigen" (Bundesministerium der Finanzen, 2023).

Die *Körperschaftssteuer*pflicht erstreckt sich auf sämtliche Einkünfte und bemisst sich nach dem zu versteuernden Einkommen.

10.1.4 Umsatzsteuer

„Die Umsatzsteuer (auch Mehrwertsteuer genannt), die systematisch den Besitz- und Verkehrssteuern zugerechnet wird, ... ist in ihrer wirtschaftlichen Wirkung eine allgemeine Verbrauchsteuer, mit der grundsätzlich der gesamte private und öffentliche Verbrauch (d. h. vom Endverbraucher erworbene Güter und in Anspruch genommene Dienstleistungen) belastet wird" (Bundesministerium der Finanzen, 2023).

Der Umsatzsteuer unterliegen u. a. die Lieferungen und sonstigen Leistungen, die ein *Unternehmer* gegen Entgelt im Rahmen seines Unternehmens ausführt. Die Steuerbarkeit entfällt nicht, wenn der Umsatz auf Grund gesetzlicher oder behördlicher Anordnung ausgeführt wird (UstG § 1).

10.1.5 Gewerbesteuer

„*Steuergegenstand der Gewerbesteuer ist der Gewerbebetrieb mit seiner objektiven Ertragskraft. ... Unter Gewerbebetrieb ist ein gewerbliches Unternehmen im Sinne des Einkommensteuerrechts zu verstehen, z. B. ein gewerblich tätiges Einzelunternehmen*" (Bundesministerium der Finanzen, 2023).

10.2 Finanzbehörden (AO § 6)

Finanzbehörden sind u. a. die folgenden Bundes- und Landesfinanzbehörden:

- das Bundesministerium der Finanzen und die für die Finanzverwaltung zuständigen obersten Landesbehörden als oberste Behörden (z. B. Bayer. Finanzministerium),
- das Bundeszentralamt für Steuern und die Generalzolldirektion als Bundesoberbehörden,
- die Oberfinanzdirektionen als Mittelbehörden,
- die Hauptzollämter und die Finanzämter

Aufgaben der Hauptzollämter
Die Hauptzollämter sind als örtliche Bundesbehörden u. a. für die Verwaltung der Zölle, der bundesgesetzlich geregelten *Verbrauchsteuern* (Tab. 10.1) einschließlich der Biersteuer und der *Kraftfahrzeugsteuer*, für die zollamtliche Überwachung des Warenverkehrs über die Grenze und für die Bekämpfung der Schwarzarbeit und der illegalen Beschäftigung zuständig (FVG § 12). Für die Durchführung der Verbrauchsteuergesetze ist das Hauptzollamt örtlich zuständig, von dessen Bezirk aus der Entwässerungsbetrieb sein Unternehmen betreibt (EnergieStV § 1a).

Die Finanzämter sind als örtliche Landesbehörden im Wesentlichen für die Verwaltung der übrigen Steuern (mit Ausnahme der o. g. genannten) zuständig.

10.3 Wirtschaftliche oder hoheitliche Tätigkeit

Eine Unterscheidung zwischen wirtschaftlicher und hoheitlicher Tätigkeit ist notwendig, um zu bestimmen, welche Regeln und Gesetze auf eine bestimmte Aktivität angewendet werden müssen. Eine *wirtschaftliche* Tätigkeit liegt dann vor, wenn eine Einheit Waren oder Dienstleistungen auf einem bestimmten Markt anbietet. Dabei spielt es keine Rolle, ob die Einheit einen Erwerbszweck verfolgt oder nicht. Eine *hoheitliche* Tätigkeit hingegen wird von öffentlichen Stellen in Erfüllung ihrer staatlichen Aufgaben ausgeübt. Diese Tätigkeiten sind der öffentlichen Hand vorbehalten und umfassen Aufgaben, die im öffentlichen Interesse liegen.

10.3.1 Gewerbesteuer

Die Gemeinden erheben eine Gewerbesteuer als Gemeindesteuer. Der Gewerbesteuer unterliegt jeder stehende Gewerbebetrieb. Steuerschuldner ist der *Unternehmer* (GewStG §§ 1,2,5).

10.3.2 Unternehmer

Unternehmer ist, wer eine gewerbliche oder berufliche Tätigkeit *selbständig* ausübt. Das Unternehmen umfasst die gesamte gewerbliche oder berufliche Tätigkeit des Unternehmers.

Gewerblich oder beruflich ist jede nachhaltige Tätigkeit zur Erzielung von Einnahmen, auch wenn die Absicht, Gewinn zu erzielen, fehlt (hier: Entwässerungsgebühren).

Die gewerbliche oder berufliche Tätigkeit wird *nicht selbständig* ausgeübt, wenn eine juristische Person nach dem Gesamtbild der tatsächlichen Verhältnisse finanziell, wirtschaftlich und organisatorisch in das Unternehmen des Organträgers eingegliedert ist (Organschaft) (UstG § 2). Das trifft bei Gemeinden für deren Regiebetriebe, Eigenbetriebe oder Anstalten öffentlichen Rechts zu; nicht mehr eingegliedert ist z. B. eine GmbH (viele Stadtwerke).

▶ Fast alle juristischen Personen des öffentlichen Rechts gelten nicht als Unternehmer, soweit sie Tätigkeiten ausüben, die ihnen im Rahmen der öffentlichen Gewalt (= hoheitlich) obliegen, auch wenn sie im Zusammenhang mit diesen Tätigkeiten Gebühren, Beiträge oder sonstige Abgaben erheben (nach BMF, Amtliche Umsatzsteuer-Handausgabe 2021).

Das gilt nicht, sofern eine Behandlung als Nichtunternehmer zu größeren Wettbewerbsverzerrungen führen würde.

10.3.3 Wettbewerbsverzerrungen

Größere Wettbewerbsverzerrungen liegen aus Sicht der Finanzbehörden insbesondere *nicht* vor, wenn der von einer juristischen Person des öffentlichen Rechts im Kalenderjahr aus gleichartigen Tätigkeiten erzielte Umsatz voraussichtlich 17.500 Euro jeweils nicht übersteigen wird (UstG § 2b).

Sofern eine Leistung an eine andere juristische Person des öffentlichen Rechts ausgeführt wird, liegen *größere Wettbewerbsverzerrungen* insbesondere *nicht* vor, wenn

- die Leistungen aufgrund gesetzlicher Bestimmungen nur von juristischen Personen des öffentlichen Rechts erbracht werden dürfen oder
- die Zusammenarbeit durch gemeinsame spezifische öffentliche Interessen bestimmt wird.

Dies ist regelmäßig der Fall, wenn

- die Leistungen auf langfristigen öffentlich-rechtlichen Vereinbarungen beruhen,
- die Leistungen dem Erhalt der öffentlichen Infrastruktur und der Wahrnehmung einer allen Beteiligten obliegenden öffentlichen Aufgabe dienen,
- die Leistungen ausschließlich gegen Kostenerstattung erbracht werden und
- der Leistende gleichartige Leistungen im Wesentlichen an andere juristische Personen des öffentlichen Rechts erbringt (UstG § 2b).

Die Ausführung solcher Leistungen betrifft z. B. Verträge wie Zweckvereinbarungen, die eine Gemeinde mit einer anderen schließt, um das Abwasser zu reinigen. Aufgrund dieser Vorschrift wird jedoch viel diskutiert, ob Gemeinden, die ihr Abwasser zur Kläranlage einer anderen Gemeinde pumpen, umsatzsteuerpflichtig wären.

Juristische Personen des öffentlichen Rechts gelten jedoch nicht als Unternehmer sofern eine Behandlung als Nichtunternehmer zu größeren Wettbewerbsverzerrungen führen würde: Der Transport von gemeindlichem Abwasser zu einer Kläranlage ist wegen der großen Menge nur leitungsgebunden wirtschaftlich. Aufgrund der Lage von Kläranlagen an Gewässern kommt hier auch nur die nächstgelegene Anlage in Betracht. Hierfür gibt es daher weder theoretisch noch praktisch einen Wettbewerb, erst recht keinen *größeren Wettbewerb*!

10.4 Körperschaftsteuergesetz (KStG)

Das Körperschaftsteuergesetz (KStG) regelt die Besteuerung des Einkommens verschiedener Körperschaften und legt einen dezidierten Steuersatz fest. Es ist vergleichbar mit der Einkommensteuer für natürliche Personen. Das Gesetz betrifft z. B. Kapitalgesellschaften, Vereine, Stiftungen und juristische Personen.

10.4.1 Steuerpflicht

Unbeschränkt körperschaftsteuerpflichtig sind u. a. Betriebe gewerblicher Art von juristischen Personen des öffentlichen Rechts (KStG § 1).

10.4.2 Betriebe gewerblicher Art von juristischen Personen des öffentlichen Rechts (KStG § 4)

Betriebe gewerblicher Art von juristischen Personen des öffentlichen Rechts sind, *mit Ausnahme der Hoheitsbetriebe*, alle Einrichtungen, die einer nachhaltigen wirtschaftlichen Tätigkeit zur Erzielung von Einnahmen dienen und die sich innerhalb der Gesamtbetätigung der juristischen Person wirtschaftlich herausheben. Die Absicht, Gewinn zu erzielen, und die Beteiligung am allgemeinen wirtschaftlichen Verkehr sind nicht erforderlich.

Ein *Betrieb gewerblicher Art (BgA)* ist auch unbeschränkt steuerpflichtig, wenn er selbst eine juristische Person des öffentlichen Rechts ist. Zu diesen Betrieben gewerblicher Art gehören z. B. auch Betriebe, die der Versorgung der Bevölkerung mit Wasser, Gas, Elektrizität oder Wärme dienen.

► Zu den *Betrieben gewerblicher Art* gehören *nicht* Betriebe, die überwiegend der Ausübung der öffentlichen Gewalt dienen (Hoheitsbetriebe).

Der Bundesfinanzhof hat in seinem Urteil vom 29.10.2008 nähere Ausführungen zum Hoheitsbetrieb gemacht:

„Zu den BgA gehören ... jedoch nicht Betriebe, die überwiegend der Ausübung öffentlicher Gewalt dienen (Hoheitsbetriebe). Unter Ausübung öffentlicher Gewalt sind Tätigkeiten zu verstehen, die der juristischen Person des öffentlichen Rechts eigentümlich und vorbehalten sind. Kennzeichnend dafür ist die Erfüllung spezifisch öffentlich-rechtlicher Aufgaben, die aus der Staatsgewalt abgeleitet sind, staatlichen Zwecken dienen und zu deren Annahme der Leistungsempfänger aufgrund gesetzlicher oder behördlicher Anordnung verpflichtet ist" (BFH, Urteil vom 29.10.2008 – I R 51/07).

Ein Betrieb gewerblicher Art kann nicht mit einem Hoheitsbetrieb zusammengefasst werden.

10.4.3 Hoheitsbetrieb

Hoheitsbetriebe sind gleichbedeutend mit Betrieben, die überwiegend der Ausübung der öffentlichen Gewalt dienen!

Ausübung öffentlicher Gewalt *„Ausübung öffentlicher Gewalt ist eine Tätigkeit, die der öffentlich-rechtlichen Körperschaft eigentümlich und vorbehalten ist. Kennzeichnend für die Ausübung öffentlicher Gewalt ist die Erfüllung öffentlich-rechtlicher Aufgaben, die aus der Staatsgewalt abgeleitet sind und staatlichen Zwecken dienen. ... Eine Ausübung der öffentlichen Gewalt kann insbesondere anzunehmen sein, wenn es sich um Leistungen handelt, zu deren Annahme der Leistungsempfänger aufgrund gesetzlicher oder behördlicher Anordnung verpflichtet ist.*

Zu den Hoheitsbetrieben können z. B. gehören: ... Anstalten zur Abführung von Abwässern" (Bundesministerium der Finanzen, Amtliches Körperschaftssteuer-Handbuch).

10.4.4 Hoheitsbetrieb Entwässerung

Die Pflicht zur Abwasserbeseitigung ergibt sich aus dem Wasserhaushaltsgesetz (WHG) und den Landeswassergesetzen und ist somit eine sog. „Hoheitliche Aufgabe": Abwasser ist von den juristischen Personen des öffentlichen Rechts zu beseitigen, die nach Landesrecht hierzu verpflichtet sind (= Abwasserbeseitigungspflichtige). Die Landeswassergesetze verpflichten dazu i. d. R. die Gemeinden.

Abwasserbeseitigung durch die Gemeinden

Das *Bayerische* Wassergesetz bestimmt im Art. 34 die zur Abwasserbeseitigung verpflichteten Personen: *„Zur Abwasserbeseitigung sind die Gemeinden verpflichtet, ... Sie wird von den Gemeinden im eigenen Wirkungskreis wahrgenommen."*

Das Wassergesetz für das Land *Nordrhein-Westfalen* regelt im § 46 Pflicht und Umfang der gemeindlichen Abwasserbeseitigung: *„Die Gemeinden haben das auf ihrem Gebiet anfallende Abwasser gemäß § 56 des Wasserhaushaltsgesetzes zu beseitigen."*

Eine Ausübung der öffentlichen Gewalt liegt hier also vor, da es sich um Leistungen handelt, zu deren Annahme der Leistungsempfänger (Bürger, Grundstücksbesitzer) aufgrund der Wassergesetze verpflichtet ist: die Grundstückseigentümer sind als Abwassererzeuger nach den kommunalen Satzungen i. d. R. zur Benutzung der Entwässerungsanlagen verpflichtet.

10.4.5 Hilfsgeschäfte

„In den Rahmen des Unternehmens fallen nicht nur die Grundgeschäfte, die den eigentlichen Gegenstand der geschäftlichen Betätigung bilden, sondern auch die Hilfsgeschäfte. Zu den Hilfsgeschäften gehört jede Tätigkeit, die die Haupttätigkeit mit sich bringt" (Bundesfinanzministerium, Umsatzsteuer-Anwendungserlass).

„Die Verwertung bzw. Veräußerung von Material oder Gegenständen aus dem hoheitlichen Bereich einer jPöR (sog. Hilfsgeschäfte) ist dem hoheitlichen Bereich zuzuordnen. Das gilt z. B. für den An- und Verkauf von Dienstkraftfahrzeugen auch dann, wenn die Veräußerung regelmäßig vor Ablauf der wirtschaftlichen Nutzungsdauer erfolgt. Die Anzahl der von der Beschaffungsstelle vorgenommenen An- und Verkäufe ist dabei unbeachtlich" (Bundesministerium der Finanzen, Amtliches Körperschaftssteuer-Handbuch).

„Die Einnahmen aus der Veräußerung von materiellen oder immateriellen Wirtschaftsgütern aus dem hoheitlichen Bereich einer jPdöR werden, unabhängig davon, ob diese verbraucht oder nicht verbraucht sind, vollständig dem nicht steuerpflichtigen hoheitlichen Bereich zugeordnet" (Oberfinanzdirektion NRW, Arbeitshilfe, Besteuerung der juristischen Personen des öffentlichen Rechts).

10.4.5.1 Abgrenzung in Einzelfällen (Beispiel)

„Die Verwertung und Beseitigung von in ihrem Gebiet anfallenden und überlassenen Abfällen aus privaten Haushaltungen durch öffentlich-rechtliche Entsorgungsträger ... (Abfallentsorgung) ist eine hoheitliche Tätigkeit. Für Abfälle aus anderen Herkunftsbereichen als privaten Haushaltungen (sog. Gewerbemüll) gilt dies nur, soweit es sich um Abfälle zur Beseitigung handelt. Deshalb ist auch die entgeltliche Abgabe dieser Abfälle selbst oder der aus diesen Abfällen gewonnenen Stoffe oder Energie steuerlich dem hoheitlichen Bereich zuzuordnen und als ***hoheitliches Hilfsgeschäft*** *anzusehen. ... Das getrennte Einsammeln wiederverwertbarer Abfälle und die entgeltliche Veräußerung dieser Abfälle oder der aus den Abfällen gewonnenen Stoffe oder Energie durch die auf Grund von Vorgaben*

aus Abfallverordnungen entsorgungspflichtige Körperschaft ist steuerlich ebenfalls als hoheitliche Tätigkeit anzusehen" (Bundesministerium der Finanzen, Amtliches Körperschaftssteuer-Handbuch).

10.4.5.2 Hilfsgeschäft im Entwässerungsbetrieb

Ein solches mit dem obigen Beispiel vergleichbares Hilfsgeschäft wird in größeren EW-Betrieben z. B. mit Blockheizkraftwerken ausgeführt: die Verwertung des anfallenden Klärgases bzw. die anschließende Einspeisung und Veräußerung von Strom aus dem hoheitlichen Bereich ist somit meist dem hoheitlichen Bereich zuzuordnen.

10.5 Umsatzsteuergesetz (UStG)

Das Umsatzsteuergesetz (UStG) regelt die Besteuerung des Austauschs von Gütern und Dienstleistungen und legt dabei einen dezidierten Normalsteuersatz (derzeit 19 %), bzw. einen ermäßigten Satz (derzeit 7 %) für bestimmte Waren und Leistungen fest. Es handelt sich um eine indirekte Steuer, sie wird letztlich vom Endverbraucher getragen.

10.5.1 Steuerbare Umsätze (UstG § 1)

Der Umsatzsteuer unterliegen u. a. die folgenden Umsätze:

- die Lieferungen und sonstigen Leistungen, die *ein Unternehmer gegen Entgelt* im Rahmen seines Unternehmens ausführt.
  Die Steuerbarkeit entfällt nicht, wenn der Umsatz auf Grund gesetzlicher oder behördlicher Anordnung ausgeführt wird oder nach gesetzlicher Vorschrift als ausgeführt gilt.
- *der innergemeinschaftliche Erwerb im Inland gegen Entgelt.*

10.5.2 Juristische Personen des öffentlichen Rechts (UstG § 2b)

Juristische Personen des öffentlichen Rechts (jPdöR) gelten nicht als Unternehmer, soweit sie Tätigkeiten ausüben, die ihnen im Rahmen der öffentlichen Gewalt obliegen, auch wenn sie im Zusammenhang mit diesen Tätigkeiten Gebühren, Beiträge oder sonstige Abgaben erheben. Das gilt nicht, sofern eine Behandlung als Nichtunternehmer zu größeren Wettbewerbsverzerrungen führen würde.

Größere Wettbewerbsverzerrungen: siehe Ausführungen zu 10.3.3.

10.5.3 Lieferungen (UstG § 3)

Lieferungen eines Unternehmers sind Leistungen, durch die er oder in seinem Auftrag ein Dritter den Abnehmer oder in dessen Auftrag einen Dritten befähigt, im eigenen Namen über einen Gegenstand zu verfügen (Verschaffung der Verfügungsmacht).

Hat der Unternehmer die Bearbeitung oder Verarbeitung eines Gegenstands übernommen und verwendet er hierbei Stoffe, die er selbst beschafft, so ist die Leistung als Lieferung anzusehen (Werklieferung), wenn es sich bei den Stoffen nicht nur um Zutaten oder sonstige Nebensachen handelt.

10.5.4 Entwässerungsbetrieb und Umsatzsteuer

Die *Lieferungen und sonstigen Leistungen*, die der Entwässerungsbetrieb gegen Entgelt (Gebühren) im Rahmen seines Unternehmens ausführt, sind die Übernahme des Abwassers und dessen Reinigung. Die eingenommenen Gebühren sind jedoch in der Regel nicht zu versteuern, da juristische Personen des öffentlichen Rechts nicht als Unternehmer gelten, soweit sie Tätigkeiten ausüben, die ihnen im Rahmen der öffentlichen Gewalt obliegen. Das ist der Fall, da die Aufgabe im WHG und den Landeswassergesetzen den Gemeinden zugewiesen wurde.

Die Übernahme von Abwasser von anderen Gemeinden im Rahmen einer Zweckvereinbarung sind Leistungen an eine andere juristische Person des öffentlichen Rechts, wo die Zusammenarbeit durch gemeinsame spezifische öffentliche Interessen bestimmt wird (s. o.). Dabei liegen i. d. R. keine größeren Wettbewerbsverzerrungen vor; somit entfällt auch hier die Umsatzsteuer.

Der Erwerb von Gegenständen oder Stoffen, die ein Entwässerungsbetrieb benötigt (z. B. Baustoffe, Betriebsmittel, Werkzeug, usw.), gegen Entgelt (Umsätze) unterliegt jedoch der Umsatzsteuer.

10.6 Verbrauchsteuern

*„Als Einnahmeverwaltung des Bundes nimmt der **Zoll sämtliche** durch Bundesgesetze geregelten **Verbrauchsteuern** ein. Die Verbrauchsteuern sind die bedeutendsten Einnahmen der Zollverwaltung. Mit einem Aufkommen von mehr als 62 Milliarden Euro jährlich stellen sie einen wichtigen Beitrag zum Staatshaushalt dar. Verbrauchsteuern sind Abgaben, die den Verbrauch oder Gebrauch bestimmter Waren belasten. Die Verbrauchsteuern werden beim Hersteller oder beim Händler erhoben, der diese über den Kaufpreis auf den Verbraucher umlegen kann"* (Bundesfinanzministerium, Verbrauchsteuern).

Zu diesen Verbrauchsteuern gehören die Energiesteuer und die Stromsteuer.

10.6.1 Energiesteuer

Energiesteuer wird auf den Verbrauch von Energieerzeugnissen wie Kraftstoffen und Heizstoffen erhoben wird. Sie dient sowohl der Finanzierung des Staatshaushalts als auch, über das Element Verbrauchssteuer, der Förderung von Energiesparmaßnahmen.

10.6.1.1 Energieerzeugnisse

Energieerzeugnisse unterliegen der Energiesteuer.

Energieerzeugnisse sind u. a. auch Waren der *Position 2711 der Kombinierten Nomenklatur*. Unter der Position 2711 findet sich Erdgas und *andere gasförmige Kohlenwasserstoffe*. Zu der *Unterposition 2711 29 00 Andere* gehört Gas (in gasförmigem Zustand) aus Biomasse.

„Dieses Gas entsteht durch Fermentation des biologisch abbaubaren Teils ... von Klärschlamm aus Abwasserbehandlungsanlagen, des biologisch abbaubaren Anteils von land- und forstwirtschaftlichen Abfällen und Rückständen, von Abfällen ... und von anderen ähnlichen pflanzlichen und tierischen Rohstoffen aus Biomasse. Das Gas besteht überwiegend aus Methan sowie im Allgemeinen aus Kohlendioxid und, in geringerem Maße, aus Schwefelwasserstoff, Wasserstoff, Stickstoff und Sauerstoff" (Amtsblatt der Europäischen Union C 119/1).

Klärgas ist so ein Gas: ca. 60–70 % Methan, 30–40 % Kohlendioxid, übrige.

Als Energieerzeugnisse gelten auch Waren, ganz oder teilweise aus Kohlenwasserstoffen, die zur Verwendung als **Heizstoff** bestimmt sind oder als solche zum Verkauf angeboten oder verwendet werden.

10.6.1.2 Grundsätze der Besteuerung

„Das Energiesteuergesetz enthält verschiedene Steuersätze, zum einen da Energieerzeugnisse abhängig von ihrer Verwendung besteuert werden und zum anderen durch die Förderung von erneuerbaren Energieträgern" (Generalzolldirektion, Energiesteuer).

10.6.1.3 Steuerbegünstigungen und -ersparnisse

Steuerbegünstigung

„Das Energiesteuergesetz (EnergieStG) hält spezielle steuerliche Ausnahmeregelungen bereit, die zu einer Befreiung oder zu einer Entlastung von der Energiesteuer führen. Das Energiesteuergesetz kennt darüber hinaus eine Vielzahl von Verwendungen, bei denen Energieerzeugnisse steuerermäßigt eingesetzt werden können. Das Unionsrecht enthält jedoch Regelungen, die diese Steuerbegünstigungen einschränken, soweit diese staatliche Beihilfen im Sinn des Unionsrechts sind" (Generalzolldirektion, Energie, Steuerbegünstigung).

Steueraussetzung

Die Steuer ist ausgesetzt (Steueraussetzungsverfahren) für bestimmte Energieerzeugnisse, die sich in einem *Steuerlager* befinden.

Steuerlager

sind Herstellungsbetriebe für Energieerzeugnisse und Lager für Energieerzeugnisse (EnergieStG § 5).

► Einige Energieerzeugnisse unterliegen nicht dem Steueraussetzungsverfahren, u. a. Waren der Unterpositionen 2711 29 der Kombinierten Nomenklatur, also Klärgas.

Herstellungsbetriebe sind Betriebe, in denen bestimmte Energieerzeugnisse unter Steueraussetzung hergestellt werden; Klärgas gehört nicht dazu.

Steuerbefreiungen (EnergieStG § 24)
Verfahren der Steuerbefreiung sind die steuerfreie Verwendung und die steuerfreie Verteilung. Wer Energieerzeugnisse steuerfrei verwenden will, bedarf der Erlaubnis als Verwender.

Steuerentlastung (EnergieStG § 45)
Die Steuerentlastung im Sinne dieses Gesetzes umfasst den Erlass, die Erstattung und die Vergütung einer entstandenen Steuer.

10.6.1.4 (Steuer-)Begünstigte Anlagen (EnergieStG § 3)

Begünstigte Anlagen sind u. a. ortsfeste Anlagen,

- deren mechanische Energie ausschließlich der Stromerzeugung dient,
  Bei diesen Anlagen ist es unerheblich, ob die bei der Stromerzeugung anfallende thermische Energie genutzt wird.
- die ausschließlich der gekoppelten Erzeugung von Kraft und Wärme dienen und einen Jahresnutzungsgrad von mindestens 60 Prozent erreichen.
  Bei diesen Anlagen dient deren mechanische Energie ganz oder teilweise anderen Zwecken als nur der Stromerzeugung.
- die ausschließlich dem leitungsgebundenen Gastransport oder der Gasspeicherung dienen.

Anlagenbegriff (EnergieStV § 9)
Als *Anlage* gilt hier ein Verbund aus technischen Komponenten, mit dem der Energiegehalt von Energieerzeugnissen in Zielenergie umgewandelt wird. Zielenergie ist die Energieform, die aus einem Energieumwandlungsprozess entstehen soll. Als Anlage gelten insbesondere

- KWK-Einheiten,
- Stromerzeugungseinheiten,
- mehrere an einem Standort unmittelbar miteinander verbundene KWK-Einheiten, Stromerzeugungseinheiten oder KWK- und Stromerzeugungseinheiten. Als unmittelbar miteinander verbunden gelten insbesondere Erzeugungseinheiten in Modulbauweise, die sich im selben baulichen Objekt befinden.

Werden zu einer Anlage später weitere Einheiten hinzugefügt und mit dieser unmittelbar verbunden (Zubau), gelten sie als Bestandteil dieser Anlage.

Ortsfestigkeit (EnergieStG § 3)
Ortsfest sind Anlagen, die während des Betriebs ausschließlich an ihrem geografischen Standort verbleiben und nicht auch dem Antrieb von Fahrzeugen dienen. Der geografische Standort ist ein durch geografische Koordinaten bestimmter Punkt.

Nutzungsgrad (EnergieStG § 3)
Jahresnutzungsgrad ist der Quotient aus der Summe der genutzten erzeugten mechanischen und thermischen Energie in einem Kalenderjahr und der Summe der zugeführten

Energie aus Energieerzeugnissen und der Hilfsenergie in derselben Berichtszeitspanne. Für die Berechnung des Monatsnutzungsgrads gilt das sinngemäß. Zur Berechnung der Nutzungsgrade ist die als Brennstoffwärme verwendete Energie aus Energieerzeugnissen heranzuziehen, die vor der Erzeugung mechanischer Energie zugeführt wird. Dabei ist auf den Heizwert (H_i) abzustellen.

Der Berechnung des Nutzungsgrads von Anlagen zur gekoppelten Erzeugung von Kraft und Wärme wird der Kraft-Wärme-Kopplungsprozess zugrunde gelegt, der alle Wärmekraftmaschinen einschließt, die an einem Standort in Kraft-Wärme-Kopplung (KWK) betrieben werden und miteinander verbunden sind. Zum Kraft-Wärme-Kopplungsprozess gehören insbesondere nicht:

- Dampfturbinen, die im Kondensationsbetrieb gefahren werden,
- nachgeschaltete Dampferzeuger, die hinter der KWK-Kraftmaschine Dampf direkt in ein mit der KWK-Anlage gemeinsam genutztes Netz einspeisen,
- *nachgeschaltete Abluftbehandlungsanlagen.* Solche Abluftbehandlungsanlagen sind insbesondere Rauchgasentschwefelungsanlagen, Rauchgasentstickungsanlagen sowie Kombinationen davon.
- Zusatzfeuerungen, soweit die damit erzeugte thermische Energie nicht in mechanische Energie umgewandelt wird, sondern vor der Wärmekraftmaschine, insbesondere einer Dampfturbine oder einem Stirlingmotor, ausgekoppelt wird,
- Zusatzfeuerungen, soweit die damit erzeugte thermische Energie zwar in mechanische Energie umgewandelt wird, aber keine Nutzung der dabei anfallenden Restwärme stattfindet, und
- Hilfskessel, die die Dampfversorgung beim Ausfall einer Kraftmaschine (Motor oder Gasturbine) sicherstellen.

Wer KWK-Anlagen, deren mechanische Energie ganz oder teilweise anderen Zwecken als nur der Stromerzeugung dient, betreiben will, hat sie vor der erstmaligen Inbetriebnahme dem zuständigen Hauptzollamt anzumelden.

Nutzungsgradermittlung (EnergieStV § 10)
Zur Ermittlung des Nutzungsgrads sind zu messen:

- die Mengen der eingesetzten Energieerzeugnisse,
- die Mengen weiterer eingesetzter Brennstoffe,
- die Mengen der eingesetzten Hilfsenergie und
- *die Mengen der genutzten erzeugten thermischen und mechanischen oder* elektrischen Energie.

Das zuständige Hauptzollamt kann auf Antrag andere Ermittlungsmethoden zulassen, wenn steuerliche Belange nicht beeinträchtigt werden. Unabhängige technische Gutachten über die individuellen Anlageneigenschaften können zur Bestimmung des Nutzungsgrads herangezogen werden.

Erzeugte thermische Energie gilt dann als genutzt, wenn sie außerhalb des Kraft-Wärme-Kopplungsprozesses verwendet wird, insbesondere für die Raumheizung, Warmwasserbereitung, Kälteerzeugung oder als Prozesswärme (oder auch zur Faulturmbeheizung).

Abwärme gilt nicht als genutzte thermische Energie. Abwärme ist insbesondere thermische Energie in Form von Strahlungswärme, die ungenutzt an die Umgebung abgegeben wird.

10.6.1.5 Pflichten des Anlagenbetreibers (EnergieStV § 11)

Der Betreiber einer Anlage hat den Jahresnutzungsgrad der Anlage jährlich bis zum 31. März für das vorangegangene Kalenderjahr nachzuweisen. Der Nachweis ist dem zuständigen Hauptzollamt vorzulegen. Die Anmeldung von KWK-Anlagen, deren mechanische Energie ganz oder teilweise anderen Zwecken als der Stromerzeugung dient, ist nach amtlich vorgeschriebenem Vordruck vor der erstmaligen Inbetriebnahme bei dem zuständigen Hauptzollamt abzugeben.

10.6.1.6 Nachweis der Hocheffizienz (EnergieStV § 99b)

Als Nachweis für die Hocheffizienz werden anerkannt:

- ein Gutachten, das von einem unabhängigen Sachverständigen nach den allgemein anerkannten Regeln der Technik erstellt wurde,
- für Anlagen mit einer elektrischen Nennleistung von mehr als 50 Kilowatt bis 2 Megawatt: eine Kopie des jeweiligen Zulassungsbescheides des Bundesamtes für Wirtschaft und Ausfuhrkontrolle.

Der Antragsteller kann den Nachweis der Hocheffizienz insbesondere durch die Vorlage von Herstellernachweisen führen, wenn die Angaben von einem sachverständigen Dritten in angemessener Zeit nachvollzogen werden können und die steuerlichen Belange dadurch nicht beeinträchtigt werden.

Differenzversteuerung (= Höhe der Steuer) (EnergieStG § 20)

Werden *versteuerte* Flüssiggase *vermischt* mit anderen Energieerzeugnissen abgegeben oder verwendet, entsteht die Steuer in Höhe der Differenz zum zutreffenden Steuersatz. Die Steuer entsteht nicht, wenn die Energieerzeugnisse untergegangen sind (z. B. durch die Gasfackel). Schwund steht dem Untergang gleich.

10.6.1.7 Steuerbefreiung für den Eigenverbrauch (EnergieStG § 26)

Der Inhaber eines Betriebs, der *andere Energieerzeugnisse* (wie z. B. Klärgas) herstellt, darf Energieerzeugnisse innerhalb des Betriebsgeländes steuerfrei verwenden (sogenanntes Herstellerprivileg), wenn sie

- innerhalb des Betriebsgeländes selbst hergestellt worden sind und
- im Zusammenhang mit der Herstellung von Energieerzeugnissen verwendet werden;
- sie dürfen insbesondere nicht für den Antrieb von Fahrzeugen verwendet werden.

Das Mischen von fremdbezogenen Energieerzeugnissen mit innerhalb des Betriebsgeländes selbst hergestellten Energieerzeugnissen gilt nicht als Herstellung.

Eigenverbrauch (EnergieStV § 59)
Teile des Herstellungs-, Gasgewinnungs- oder sonstigen Betriebs, in denen Energieerzeugnisse *steuerfrei verwendet* werden können, sind

- Anlagen zur Gewinnung oder Bearbeitung von Energieerzeugnissen,
- Anlagen zur Erzeugung von Hilfsstoffen für die Energieerzeugnisherstellung, die mit den Anlagen räumlich zusammenhängen, soweit die Hilfsstoffe für die Herstellung von Energieerzeugnissen im Betrieb verwendet werden,
- Lagerstätten für die hergestellten Energieerzeugnisse und für die Roh- und Hilfsstoffe, Zwischen- und Nebenerzeugnisse der Energieerzeugnisherstellung
- Rohrleitungen, Pump-, Transport- und Beheizungsanlagen, die mit den Anlagen räumlich zusammenhängen und die dem Entladen und Verladen der hergestellten Energieerzeugnisse und von Roh- und Hilfsstoffen, Zwischen- und Nebenerzeugnissen der Energieerzeugnisherstellung oder zu deren Beförderung zu den oder innerhalb der bezeichneten Anlagen dienen,
- zum Betrieb gehörige Anlagen zur Energiegewinnung, die mit den Anlagen räumlich zusammenhängen, soweit sie Energie zum Verbrauch im Betrieb abgeben; wird in den Anlagen Energie aus Energieerzeugnissen und anderen Stoffen gewonnen und den Verbrauchsstellen über ein einheitliches Leitungssystem zugeleitet, gilt die Energie aus Energieerzeugnissen als zum Verbrauch im Betrieb abgegeben.

Die in den Betriebsteilen verwendeten Energieerzeugnisse sind nur insoweit von der Steuer befreit, als sie innerhalb des Betriebsgeländes selbst hergestellt worden sind und im Zusammenhang mit der Herstellung von Energieerzeugnissen verwendet werden.

10.6.1.8 Steuerbefreiung für gasförmige Energieerzeugnisse (EnergieStG § 28)

Gasförmige Kohlenwasserstoffe, die aus dem biologisch abbaubaren Anteil von Abfällen (= Klärschlamm) gewonnen werden und bei der Abwasserreinigung anfallen, dürfen u. a. steuerfrei verwendet werden, wenn sie in begünstigten Anlagen verwendet werden und zwar

- zum Verheizen oder zum Antrieb von Gasturbinen und Verbrennungsmotoren verwendet oder zu diesen Zwecken abgegeben werden, und
- in ortsfesten Anlagen, deren mechanische Energie ausschließlich der Stromerzeugung dient, verwendet werden,

Die Steuerbefreiung wird gewährt nach Maßgabe und bis zum Auslaufen der hierfür erforderlichen beihilferechtlichen Genehmigung der Europäischen Kommission. Das Auslaufen der Genehmigung ist vom Bundesministerium der Finanzen im Bundesgesetzblatt gesondert bekannt zu geben.

► Detaillierte Regelungen zum Energiesteuergesetz sind in der Verordnung zur Durchführung des Energiesteuergesetzes (Energiesteuer-Durchführungsverordnung – EnergieStV) zu finden.

Gasfackel (EnergieStV § 1b)
Eine Verwendung von Energieerzeugnissen zum *Verheizen* liegt nicht vor, wenn das Energieerzeugnis ausschließlich zur Beseitigung seines Schadstoffpotenzials oder aus Sicherheitsgründen verbrannt wird oder wenn Energieerzeugnisse ausschließlich aus Sicherheitsgründen zum Betrieb von Zünd- oder Lockflammen verwendet werden, – also das Abfackeln von überschüssigem Gas.

10.6.1.9 Mögliche Entstehung der Steuer für Klärgas

Für sonstige Energieerzeugnisse, wie Klärgas, entsteht die Steuer dadurch, dass sie

- erstmals als Kraft- oder Heizstoff oder als Zusatz oder Verlängerungsmittel von Kraft- oder Heizstoffen abgegeben werden,
- als Kraft- oder *Heizstoff* verwendet werden (EnergieStG § 23).

Verheizen ist das Verbrennen von Energieerzeugnissen zur Erzeugung von Wärme (EnergieStG § 1a). Das passiert in Kläranlagen eher selten!

Bei der Steuerentstehung sind nachweisliche Vorversteuerungen anzurechnen (EnergieStG § 23). Die Steuer entsteht nicht, wenn die Voraussetzungen eines Verfahrens der Steuerbefreiung vorliegen. Steuerschuldner ist

- der die Energieerzeugnisse abgibt, andernfalls der Empfänger,
- im Übrigen derjenige, der eine der genannten Handlungen vornimmt.

Wer solche Energieerzeugnisse abgeben, beziehen oder verwenden will, hat dies dem zuständigen Hauptzollamt vorher anzuzeigen.

Der Steuerschuldner hat für Energieerzeugnisse, für die in einem Monat die Steuer entstanden ist, eine Steuererklärung abzugeben und darin die Steuer selbst zu berechnen (Steueranmeldung) (EnergieStG § 23).

10.6.1.10 Verfahren der Steuerbefreiung mit Erlaubnis (EnergieStG § 24)

Verfahren der Steuerbefreiung sind die steuerfreie Verwendung und die steuerfreie Verteilung.

Energieerzeugnisse, die steuerfrei verwendet werden dürfen, können zu diesen Zwecken steuerfrei abgegeben werden. Wer Energieerzeugnisse steuerfrei verwenden oder abgeben will, bedarf der Erlaubnis als Verwender bzw. als Verteiler. Die Energieerzeugnisse dürfen nur zu dem in der Erlaubnis genannten Zweck verwendet oder abgegeben werden.

Antrag auf Erlaubnis als Verwender oder Verteiler (EnergieStV § 52)
Die Erlaubnis als Verwender und die Erlaubnis als Verteiler sind, soweit sie nicht allgemein erteilt sind, bei dem für den Verwender bzw. Verteiler zuständigen Hauptzollamt schriftlich zu beantragen. In dem Antrag sind die Art der Energieerzeugnisse und der Verwendungszweck anzugeben; dabei ist auch anzugeben, ob gleichartige versteuerte Energieerzeugnisse gehandelt, gelagert oder verwendet werden. Dem Antrag sind beizufügen:

- eine Beschreibung der Betriebs- und Lagerräume und der mit ihnen in Verbindung stehenden oder an sie angrenzenden Räume sowie in zweifacher Ausfertigung ein Plan der Betriebsanlage, in dem die Lagerstätte für die Energieerzeugnisse kenntlich gemacht ist,
- eine Betriebserklärung, in der die Verwendung der Energieerzeugnisse genau beschrieben ist; darin ist anzugeben, ob und wie bei der Verwendung nicht aufgebrauchte Energieerzeugnisse weiter verwendet werden sollen sowie ob bei der Verwendung Energieerzeugnisse gewonnen oder wiedergewonnen werden und wie sie verwendet werden sollen,
- eine Darstellung der Buchführung über die Verwendung oder Verteilung der steuerfreien Energieerzeugnisse,

Der Antragsteller hat auf Verlangen des Hauptzollamts weitere Angaben zu machen, wenn sie für die Steueraufsicht erforderlich erscheinen.

Erteilung der Erlaubnis (EnergieStV § 14)
Das Hauptzollamt erteilt schriftlich oder elektronisch die Erlaubnis (förmliche Einzelerlaubnis) und stellt einen Erlaubnisschein als Nachweis der Bezugsberechtigung aus. Die Erlaubnis kann mit Nebenbestimmungen verbunden werden.

10.6.1.11 Steuerentlastung für bestimmte Prozesse und Verfahren (EnergieStG § 51)

Eine Steuerentlastung wird auf Antrag gewährt für Energieerzeugnisse, die nachweislich versteuert worden sind und für die thermische Abfall- oder Abluftbehandlung verheizt worden sind (*z. B. Faulturmheizung mit Heizöl!*).

10.6.2 Stromsteuer

Die Stromsteuer ist eine Verbrauchssteuer auf elektrischen Strom. Als Verbrauchssteuer soll sie u. a. Anreize zum Energiesparen schaffen.

10.6.2.1 Entstehung der Steuer, Steuerschuldner (nach StromStG § 5)

Die Steuer entsteht dadurch, dass vom Versorger geleisteter Strom durch Letztverbraucher aus dem Versorgungsnetz entnommen wird. Steuerschuldner ist in der Versorger.

Bei Eigenerzeugern entsteht die Steuer mit der Entnahme von Strom zum Selbstverbrauch. Steuerschuldner ist diesem Fall der Eigenerzeuger.

Die Steuer entsteht *nicht*, wenn Strom von der Steuer befreit ist.

10.6.2.2 Steuertarif

Die Steuer beträgt 20,50 Euro für eine Megawattstunde. Die Steueranmeldung ist nach amtlich vorgeschriebenem Vordruck abzugeben (StromStG § 3).

10.6.2.3 Steuergegenstand

Elektrischer Strom (Strom) der Position 2716 der „Kombinierten Nomenklatur" (Warennomenklatur der EU) unterliegt im Steuergebiet der Stromsteuer (StromStG). Die Stromsteuer ist eine *Verbrauchsteuer* im Sinne der Abgabenordnung (StromStG § 1).

10.6.2.4 Grundsätze der Besteuerung

„Steuergegenstand

Das Gesetz bestimmt den Steuergegenstand ‚Elektrischer Strom' unter Bezug auf die Position 2716 der Kombinierten Nomenklatur.

Steuerhöhe

Die Stromsteuer wird anhand der Einheit Megawattstunden bemessen. Das Stromsteuerrecht sieht für bestimmte Tatbestände ermäßigte Steuersätze vor.

Steuerentstehung und Steuerschuldner

Die Steuer entsteht durch die Entnahme von Strom aus dem Versorgungsnetz (meist durch sogenannte Letztverbraucher) zum Verbrauch oder durch den Verbrauch selbst erzeugten Stroms.

Steueranmeldung

Ist die Stromsteuer entstanden, hat der Steuerschuldner diese anzumelden, indem er eine Steuererklärung nach amtlich vorgeschriebenem Vordruck bei dem zuständigen Hauptzollamt abgibt.

Fälligkeit

Der Zeitpunkt bis zu dem der Steuerschuldner die Stromsteuer bei dem zuständigen Hauptzollamt zu entrichten hat, wird ‚Fälligkeit' genannt. Die näheren Einzelheiten hierzu regelt das Stromsteuergesetz" (Generalzolldirektion, Strom, Grundsätze der Besteuerung).

Vorschriften

„Die Rechtsgrundlagen für die Erhebung der Stromsteuer sind das Stromsteuergesetz und die Stromsteuer-Durchführungsverordnung.

- ***Grundsätze der Besteuerung*** *Die Stromsteuer wird in der Regel beim Versorger erhoben und über den Strompreis auf die Verbraucher abgewälzt. Es handelt sich um eine Selbstveranlagungssteuer, d. h. der Steuerschuldner hat eine Steuererklärung abzugeben und darin die Steuer selbst zu berechnen. Die Stromsteuer beträgt derzeit 20,50 Euro/MWh.*
- ***Steuerbegünstigung*** *Es gibt verschiedene Verfahren für eine Begünstigung. Das Stromsteuerrecht beinhaltet sowohl Steuerbefreiungen, Steuerermäßigungen als auch Steuerentlastungen.*
- ***Erlaubnis für Versorger, Eigenerzeuger und Letztverbraucher*** *Im Stromsteuerrecht benötigt derjenige eine Erlaubnis, der … als Eigenerzeuger Strom zum Selbstverbrauch entnehmen will. …*
- ***Beihilferechtliche Vorgaben*** *Für stromsteuerrechtliche Regelungen sind Rechtsvorschriften der Europäischen Union einschlägig, da eine Vielzahl von Steuerbegünstigungen des Stromsteuerrechts als staatliche Beihilfen zu bewerten sind"* (Generalzolldirektion, Stromsteuer).

10.6.2.5 Begriffe der Stromsteuer

Unternehmen des Produzierenden Gewerbes (StromStG § 2)
sind die Unternehmen, die den Abschnitten

- C (Bergbau und Gewinnung von Steine und Erden),
- D (Verarbeitendes Gewerbe),
- E (Energie- und Wasserversorgung) oder
- F (Baugewerbe)

der Klassifikation der Wirtschaftszweige (Ausgabe 2003) zuzuordnen sind.

Klassifikation der Wirtschaftszweige
Die „Klassifikation der Wirtschaftszweige", Ausgabe 2003 (WZ 2003) wurde vom Statistischen Bundesamt in Wiesbaden herausgegeben.

Nach der „Klassifikation der Wirtschaftszweige", Ausgabe 2003 findet sich im

- Abschnitt O
- Erbringung von sonstigen öffentlichen und persönlichen Dienstleistungen
- Nr. 90 Abwasser- und Abfallbeseitigung und sonstige Entsorgung

Ein Entwässerungsbetrieb ist hier also *kein* Unternehmen des Produzierenden Gewerbes (s. o.)!

▶ Beachte: Nach der neueren Klassifikation der Wirtschaftszweige, Ausgabe 2008 (WZ 2008) befindet sich die Entwässerung nicht mehr im Abschnitt O, sondern im Abschnitt E Wasserversorgung; Abwasser- und Abfallentsorgung und Beseitigung von Umweltverschmutzungen, Nr. 37 Abwasserentsorgung (und wäre somit produzierendes Gewerbe).

Unternehmen (StromStG § 2)
Kleinste rechtlich selbständige Einheit sowie kommunale Eigenbetriebe, die auf Grundlage der Eigenbetriebsgesetze oder Eigenbetriebsverordnungen der Länder geführt werden.

Eigenerzeuger ist derjenige, der Strom zum Selbstverbrauch erzeugt (StromStG § 2).

Wer Strom in Anlagen mit einer elektrischen Nennleistung von bis zu zwei Megawatt erzeugt und ausschließlich diesen Strom leistet, ist nur dann Versorger, wenn er den Strom an Letztverbraucher leistet.

Wer ausschließlich zu versteuernden Strom bezieht und diesen ausschließlich innerhalb einer Kundenanlage leistet, gilt nicht als Versorger, sondern als Letztverbraucher (StromStV § 1a).

Strom aus erneuerbaren Energieträgern
Hierbei handelt es sich um Strom, der ausschließlich aus Wasserkraft, Windkraft, Sonnenenergie, Erdwärme, Deponiegas, *Klärgas* oder aus Biomasse erzeugt wird. Soweit eine Stromerzeugung aus Klärgas nur durch eine Zünd- oder Stützfeuerung mit anderen Stoffen

technisch möglich ist, gilt auch dieser noch als Strom aus erneuerbaren Energieträgern (StromStV § 1b).

Hocheffiziente KWK-Anlagen
Eine ortsfeste Anlage zur Kraft-Wärme-Kopplung ist hocheffizient, wenn sie bestimmte Kriterien erfüllt, die im § 53a Abs 6 EnergieStG beschrieben sind.

*„Die **Hocheffizienz** wird definiert als Umfang der Energieeinsparungen bei einer kombinierten Produktion von Wärme und Strom im Vergleich zum Energieeinsatz bei einer getrennten Produktion von Wärme und Strom (= Primärenergieeinsparung)"* (Generalzolldirektion, Hocheffizienz).

Netz der allgemeinen Versorgung mit Strom (StromStG § 2)
Hierbei handelt es sich um ein Netz, das der Verteilung von Strom an Dritte dient und von seiner Dimensionierung nicht von vornherein nur auf die Versorgung bestimmter, schon bei der Netzerrichtung feststehender oder bestimmbarer Personen ausgelegt ist, sondern grundsätzlich jedermann für die Versorgung offensteht.

10.6.3 Erlaubnis oder nicht

10.6.3.1 Erlaubnis für Stromentnahme

Wer als Eigenerzeuger Strom zum Selbstverbrauch entnehmen will, bedarf der Erlaubnis.

Einer Erlaubnis **als Eigenerzeuger** bedarf es **nicht**, wenn … der Eigenerzeuger Strom zum Selbstverbrauch entnimmt, der … von der Steuer befreit ist (StromStG § 4).

Von der Steuer ist befreit ist Strom, der in Anlagen mit einer elektrischen Nennleistung von bis zu zwei Megawatt aus erneuerbaren Energieträgern oder in hocheffizienten KWK-Anlagen mit einer elektrischen Nennleistung von bis zu zwei Megawatt erzeugt wird und der vom Betreiber der Anlage als Eigenerzeuger im räumlichen Zusammenhang zu der Anlage zum Selbstverbrauch entnommen wird (StromStG § 9).

Der Antrag auf Erlaubnis ist beim Hauptzollamt zu stellen (StromStV § 2). Die Erlaubnis wird auf Antrag unter Widerrufsvorbehalt Personen erteilt, gegen deren steuerliche Zuverlässigkeit keine Bedenken bestehen (StromStG § 4). Der Erlaubnisinhaber darf den steuerbegünstigt bezogenen Strom nur zu dem in der Erlaubnis genannten Zweck entnehmen. Strom, der zu anderen als in der Erlaubnis genannten Zwecken entnommen wird, wird steuerpflichtig. Steuerschuldner ist der Erlaubnisinhaber (StromStG § 9).

10.6.3.2 Erlaubnisfreie Stromentnahme

Einer Erlaubnis als Eigenerzeuger bedarf es *nicht*, soweit der Eigenerzeuger Strom zum Selbstverbrauch entnimmt, der *von der Steuer befreit* ist (StromStG § 4). Erläuterungen zur Steuerbefreiung finden sich weiter unten!

10.6.3.3 Allgemeine Erlaubnis für kleinere Anlagen (StromStV § 10)

Die Entnahme von Strom ist (unter Verzicht auf die förmliche Einzelerlaubnis) allgemein erlaubt, wenn der Strom in Anlagen aus erneuerbaren Energieträgern mit einer elektrischen Nennleistung von bis zu 1 Megawatt erzeugt wird (StromStV § 10).

10.6.4 Pflichten der Stromerzeuger

10.6.4.1 Strom-Messungen (StromStV § 11a)

Zur Sicherstellung der Zeitgleichheit zwischen der Erzeugung und der Entnahme der steuerfreien Strommenge ist die erzeugte und die entnommene Strommenge in geeigneter Form zu messen, es sei denn, es kann auf andere Weise nachgewiesen werden, dass Erzeugung und Entnahme des Stroms zeitgleich erfolgen.

10.6.4.2 Aufzeichnungen zur Steuerberechnung (StromStV § 4)

Die u. g. Pflichten der Versorger gelten sinngemäß für Eigenerzeuger und Letztverbraucher.

Der Versorger hat ein Belegheft zu führen. Der Versorger hat zur Ermittlung der Steuer und der Grundlagen ihrer Berechnung für den Veranlagungszeitraum Aufzeichnungen nach amtlich vorgeschriebenem Vordruck zu führen. Aus den Aufzeichnungen müssen insbesondere u. a. ersichtlich sein:

- der geleistete, durch Letztverbraucher entnommene Strom, getrennt nach dem Steuertarif und den jeweiligen Steuerbegünstigungen des Gesetzes sowie getrennt nach den jeweiligen Letztverbrauchern
- die in § 8 Absatz 4a des Gesetzes näher bezeichneten Strommengen und Steuerbeträge: Wird die Leistung von Strom oder die Entnahme von Strom zum Selbstverbrauch nach Ablesezeiträumen abgerechnet oder ermittelt, die mehrere Veranlagungsmonate oder mehrere Veranlagungsjahre betreffen, ist insoweit eine sachgerechte, von einem Dritten nachvollziehbare Schätzung zur Aufteilung der im gesamten Ablesezeitraum entnommenen Menge auf die betroffenen Veranlagungszeiträume zulässig.
- die Entnahmen von Strom zum Selbstverbrauch getrennt nach den Steuersätzen und den jeweiligen Steuerbegünstigungen
- der Betrag der anzumeldenden und zu entrichtenden Steuer.

Das zuständige Hauptzollamt kann Anordnungen zu den Aufzeichnungen treffen. Die Aufzeichnungen und der belegmäßige Nachweis müssen so beschaffen sein, dass es einem sachverständigen Dritten innerhalb einer angemessenen Frist möglich ist, die Grundlagen für die Steuerberechnung festzustellen.

10.6.4.3 Mehrere unmittelbar miteinander verbundene Stromerzeugungseinheiten (StromStV § 12b)

Mehrere Stromerzeugungseinheiten *an einem Standort* gelten als eine Anlage zur Stromerzeugung. Als unmittelbar miteinander verbunden gelten insbesondere auch Anlagen in Modulbauweise, die sich im selben baulichen Objekt befinden.

Stromerzeugungseinheiten an *unterschiedlichen Standorten* gelten als eine Anlage zur Stromerzeugung, sofern

- die einzelnen Stromerzeugungseinheiten zum Zweck der Stromerzeugung zentral gesteuert werden; dies ist insbesondere der Fall, wenn die einzelnen Stromerzeugungsanlagen fernsteuerbar sind, und
- der erzeugte Strom zumindest teilweise in das Versorgungsnetz eingespeist werden soll.

Die Summe der elektrischen Nennleistungen der einzelnen Stromerzeugungseinheiten gilt dann als elektrische Nennleistung.

Eine Leistung von Strom an Letztverbraucher durch denjenigen, der die Anlage betreibt oder betreiben lässt, liegt nur dann vor, wenn an den Leistungsbeziehungen über den in der Anlage erzeugten Strom keine weiteren Personen beteiligt sind.

Wird der erzeugte Strom zunächst an einen Netzbetreiber geleistet und sogleich zurückerworben, ist dies für die Steuerbefreiung unschädlich, wenn die Leistung an den Netzbetreiber ausschließlich erfolgt, um einen Zuschlag nach dem Kraft-Wärme-Kopplungsgesetz zu erhalten.

Der räumliche Zusammenhang umfasst Entnahmestellen in einem Radius von bis zu 4,5 Kilometern um die jeweilige Stromerzeugungseinheit.

10.6.5 Steuerbefreiungen u. -ermäßigungen

10.6.5.1 Steuerbefreiungen (StromStG § 9)

Der Hauptzweck von Steuerbefreiungen ist es, bestimmte wirtschaftliche, soziale oder kulturelle Ziele zu fördern.

Von der Steuer ist befreit ist u. a.:

- Strom, der zur Stromerzeugung entnommen wird (– wohl eher ein seltener Anwendungsfall)
- Strom, der in Anlagen mit einer elektrischen Nennleistung von bis zu zwei Megawatt aus erneuerbaren Energieträgern oder in hocheffizienten KWK-Anlagen mit einer elektrischen Nennleistung von bis zu zwei Megawatt erzeugt wird und der
  - vom Betreiber der Anlage als Eigenerzeuger im räumlichen Zusammenhang zu der Anlage zum Selbstverbrauch entnommen wird
  - von demjenigen, der die Anlage betreibt oder betreiben lässt, an Letztverbraucher geleistet wird, die den Strom im räumlichen Zusammenhang zu der Anlage entnehmen (z. B. Handwerksfirmen, Baufirmen auf der Kläranlage)
- Strom, der in Anlagen erzeugt wird, soweit diese der vorübergehenden Stromversorgung im Falle des Ausfalls oder der Störung der sonst üblichen Stromversorgung dienen (Notstromanlagen).

Von der Steuer ist befreit ist auch: Strom, der in Anlagen mit einer *elektrischen Nennleistung von mehr als zwei Megawatt* aus erneuerbaren Energieträgern erzeugt und vom Betreiber der Anlage am Ort der Erzeugung zum *Selbstverbrauch* entnommen wird (Größere BHKW).

Dieser Strom ist jedoch *nicht von der Steuer befreit*, wenn er in ein Netz der allgemeinen Versorgung mit Strom eingespeist wird. Ein Einspeisen liegt auch dann vor, wenn Strom lediglich kaufmännisch-bilanziell weitergegeben und infolge dessen als eingespeist behandelt wird.

Die Steuerbefreiungen werden gewährt nach Maßgabe und bis zum Auslaufen der hierfür erforderlichen Freistellungsanzeigen bei der Europäischen Kommission nach der Verordnung (EU) Nr. 651/2014. Das Auslaufen der Freistellungsanzeigen ist vom Bundesministerium der Finanzen im Bundesgesetzblatt gesondert bekannt zu geben (StromStG § 9).

10.6.5.2 Steuervergünstigungen für Unternehmen des Produzierenden Gewerbes

Eine Steuerentlastung wird auf Antrag gewährt für nachweislich versteuerten Strom, den ein Unternehmen des Produzierenden Gewerbes für betriebliche Zwecke entnommen hat und der nicht von der Steuer befreit ist (StromStG § 9b) – Allerdings ist ein Entwässerungsbetrieb zwar hier ein *Unternehmen*, aber *kein* Unternehmen *des Produzierenden Gewerbes*.

10.6.5.3 Steuerentlastung für versteuerten Strom aus erneuerbaren Energieträgern (StromStV § 12c)

Auf Antrag wird eine *Steuerentlastung für nachweislich versteuerten Strom* gewährt, der aus erneuerbaren Energieträgern erzeugt unter folgenden Voraussetzungen entnommen wurde:

- Strom, der in Anlagen mit einer elektrischen Nennleistung von mehr als zwei Megawatt aus erneuerbaren Energieträgern erzeugt und vom Betreiber der Anlage am Ort der Erzeugung zum Selbstverbrauch entnommen wird
- Strom, der zur Stromerzeugung entnommen wird
- Strom, der in Anlagen mit einer elektrischen Nennleistung von bis zu zwei Megawatt aus erneuerbaren Energieträgern und
  - vom Betreiber der Anlage
  - am Ort der Erzeugung bzw. im räumlichen Zusammenhang zu der Anlage
  - zum Selbstverbrauch entnommen.

Entlastungsberechtigt ist derjenige, der den Strom entnommen hat. Die Steuerentlastung ist bei dem zuständigen Hauptzollamt zu beantragen. Der Antragsteller hat in der Anmeldung alle Angaben zu machen, die für die Bemessung der Steuerentlastung erforderlich sind, und die Steuerentlastung selbst zu berechnen. Der Antragsteller hat einen buchmäßigen Nachweis zu führen, aus dem sich für den Entlastungsabschnitt die Menge und der genaue Verwendungszweck des Stroms ergeben müssen. Die Steuerentlastung wird nur gewährt, wenn der Antrag spätestens bis zum 31. Dezember des Jahres, das auf das Kalenderjahr folgt, in dem der Strom entnommen wurde, beim Hauptzollamt gestellt wird.

10.6.5.4 Steuerentlastung für versteuerten Strom aus hocheffizienten KWK-Anlagen (StromStV § 12d)

Auf Antrag wird auch eine Steuerentlastung für nachweislich versteuerten Strom gewährt, der vom Betreiber einer hocheffizienten KWK-Anlage mit einer elektrischen Nennleistung von bis zu zwei Megawatt als Eigenerzeuger im räumlichen Zusammenhang zu der Anlage zum Selbstverbrauch entnommen wird.

10.7 Klärgas-Verwendung und Energie-Steuer

In der Grundsatzverfügung v. 22. August 2018 beschreibt die Generalzolldirektion verschiedene Fälle der Klärgasverwendung und deren steuerliche Auswirkungen: „Steuerliche Verwendung von gasförmigen Kohlenwasserstoffen, die bei der Abwasserreinigung oder bei der Lagerung von Abfällen gewonnen wurden, nach den §§ 26 und 28 EnergieStG, GZ: V 8230-2018.00008-DIV.A.32 (201800169961)".

Hier soll besonders der Fall im größeren Entwässerungsbetrieb dargestellt werden: das Klärgas wird in einem BHKW verstromt; die anfallende Wärme innerhalb der KA genutzt:

„Durch die Faulung von Rückständen aus der Abwasserreinigung werden Klär- oder Faulgase gewonnen, die als gasförmige Kohlenwasserstoffe der UPos. 2711 29 der KN (§ 1a Nummer 16 EnergieStG) Energieerzeugnisse nach § 1 Absatz 2 Nummer 2 EnergieStG sind. ...

Klär- oder Faulgase, die bei dem Faulprozess anfallen, sind Energieerzeugnisse nach § 1 Absatz 2 Nummer 2 EnergieStG und werden entweder

- *direkt am Ort der Gewinnung in einer Stromerzeugungsanlage nach § 3 Absatz 1 Satz 1 Nummer 1 EnergieStG (in den meisten Fällen in einer Anlage zur gekoppelten Erzeugung von Strom und Wärme für den Faulungsprozess) verwendet ..."* (Generalzolldirektion, 2018, s. o.)

Im o. g. Schreiben der Generalzolldirektion werden noch einige weitere Fälle der Verwendung von Klärgas genannt, die jedoch wesentlich seltener und daher hier nicht weiter verfolgt werden.

Entstehung der Steuer für sonstige Energieerzeugnisse

„Sonstige Energieerzeugnisse" sind andere als in § 4 genannte Energieerzeugnisse; Klärgas gehört dazu. Für diese „Sonstigen Energieerzeugnisse" (s. o.) entsteht die Steuer dadurch, dass sie

- erstmals im Steuergebiet als Kraft- oder Heizstoff abgegeben werden,
- im Steuergebiet *als Kraft- oder Heizstoff verwendet* werden (EnergieStG § 23).

Erlaubnis (EnergieStG § 24)

Wer Energieerzeugnisse steuerfrei verwenden will, bedarf der *Erlaubnis als Verwender*. Wer Energieerzeugnisse steuerfrei abgeben will, bedarf der Erlaubnis als Verteiler (EnergieStG § 24).

Steuerbefreiung für den Eigenverbrauch (EnergieStG § 26)

Der Inhaber eines Betriebs darf Energieerzeugnisse innerhalb des Betriebsgeländes *steuerfrei* verwenden, wenn sie

- innerhalb des Betriebsgeländes selbst hergestellt worden sind *und*
- im Zusammenhang mit der Herstellung von Energieerzeugnissen verwendet werden; sie dürfen insbesondere *nicht für den Antrieb von Fahrzeugen verwendet* werden.

Die Energiesteuer entsteht grundsätzlich für Klärgas, wenn es als Kraft- oder Heizstoff abgegeben oder verwendet wird oder für den Antrieb von Fahrzeugen verwendet wird. Die Verwendung oder Verteilung bedarf der Erlaubnis. Im Zusammenhang mit der Herstellung von Energieerzeugnissen (Strom) darf es steuerfrei verwendet werden, wenn es im eigenen BHKW (vor Ort) verstromt wird.

10.8 Stromerzeugung im BHKW eines Hoheitsbetriebs

Der Umsatzsteuer unterliegen die Lieferungen und sonstigen Leistungen, die ein Unternehmer gegen Entgelt im Rahmen seines Unternehmens ausführt (UstG § 1). Blockheizkraftwerke erzeugen sowohl elektrische als auch thermische Energie. Somit könnten diese Leistungen ggf. der Umsatzsteuer unterliegen und deren Erzeuger (Entwässerungsbetrieb) zum Unternehmer werden. Der Entwässerungsbetrieb muss daher anhand der von der OFD Karlsruhe ausgeführten Erläuterungen prüfen, ob er durch die Leistungen des BHKW zum Unternehmer und damit steuerpflichtig wird:

„Wird die durch die Anlage erzeugte Elektrizität zumindest teilweise und nicht nur gelegentlich entgeltlich in das allgemeine Stromnetz eingespeist, würde damit grundsätzlich die Unternehmereigenschaft des Betreibers begründet. Die Erzielung eines bestimmten Mindestumsatzes ist für die Annahme der Unternehmereigenschaft nicht erforderlich. Bei Blockheizkraftwerken von juristischen Personen des öffentlichen Rechts [Zweckverbände, Gemeinde] ist zu prüfen, ob solche Anlagen im Rahmen eines Betriebs gewerblicher Art (§ 2 Abs. 3 UStG) betrieben werden.

Sind klärgasbefeuerte Blockheizkraftwerke von Abwasserbeseitigungsanlagen als Hoheitsbetriebe zu behandeln, fällt der Verkauf von Strom und Wärme in den Bereich der hoheitlichen Tätigkeit. ... Verwenden Blockheizkraftwerke bei der hoheitlichen Abwasserbeseitigung anfallendes Klärgas zur Strom- und Wärmeerzeugung, ist ein Betrieb gewerblicher Art erst dann gegeben, wenn der Brennwert zugekaufter Brennstoffe höher ist als der Brennwert der Faulgase“ (Nach OFD Karlsruhe v. 31.01.2017 – S 7104 I).

Der gelegentliche Verkauf von Strom aus dem BHKW ist ein hoheitliches *Hilfsgeschäft*.

▶ **Leitfäden und Hinweise zur EEG/KWKG/EnFG-Aufsicht**
Die Bundesnetzagentur stellt im Rahmen ihrer Aufsichtsbefugnisse nach dem EEG, dem KWKG und dem EnFG folgende Leitfäden und Hinweispapiere bereit.
https://www.bundesnetzagentur.de/DE/Fachthemen/ElektrizitaetundGas/ErneuerbareEnergien/Leitfaeden_Hinweise/start.html

Das Strom- und Energiesteuerrecht unterliegt leider ständigen Änderungen, die die jeweils aktuellen Regierungen immer wieder vornehmen oder vorgenommen haben!

10.9 Gesetze

EnergieStG Energiesteuergesetz (EnergieStG), Ausfertigungsdatum: 15.07.2006

EnergieStV Verordnung zur Durchführung des Energiesteuergesetzes (Energiesteuer-Durchführungsverordnung – EnergieStV), Ausfertigungsdatum: 31.07.2006

GewStG Gewerbesteuergesetz (GewStG)
Ausfertigungsdatum: 01.12.1936
Neugefasst durch Bek. v. 15.10.2002
zuletzt geändert 28.02.2025

KStG Körperschaftsteuergesetz (KStG)
Ausfertigungsdatum: 31.08.1976, Neugefasst durch Bek. v. 15.10.2002

StromStG Stromsteuergesetz (StromStG), Ausfertigungsdatum: 24.03.1999

StromStV Verordnung zur Durchführung des Stromsteuergesetzes (Stromsteuer-Durchführungsverordnung – StromStV), Ausfertigungsdatum: 31.05.2000

UStG Umsatzsteuergesetz (UStG)
Ausfertigungsdatum: 26.11.1979, Neugefasst durch Bek. v. 21.02.2005

10.10 Literatur

Amtsblatt der Europäischen Union C 119/1, ERLÄUTERUNGEN ZUR KOMBINIERTEN NOMENKLATUR DER EUROPÄISCHEN UNION (2019/C 119/01) auf der Grundlage des Artikels 9 Absatz 1 der Verordnung (EWG) Nr. 2658/87 des Rates vom 23. Juli 1987 über die zolltarifliche und statistische Nomenklatur sowie den Gemeinsamen Zolltarif
https://eur-lex.europa.eu/legal-content/DE/TXT/HTML/?uri=OJ:C:2019:119:FULL

Bundesfinanzministerium, Umsatzsteuer-Anwendungserlass, 2.7. Unternehmen
https://www.bundesfinanzministerium.de/Content/DE/Downloads/BMF_Schreiben/Steuerarten/Umsatzsteuer/Umsatzsteuer-Anwendungserlass/Umsatzsteuer-Anwendungserlass-aktuell.pdf?__blob=publicationFile&v=81
Letzter Zugriff 27.03.2023

Bundesfinanzministerium, Verbrauchsteuern
https://www.bundesfinanzministerium.de/Content/DE/Standardartikel/Themen/Zoll/Erhebung-Steuern-Zoelle/verbrauchsteuern.html
Letzter Zugriff 27.03.2023

Bundesministerium der Finanzen, Amtliche Umsatzsteuer-Handausgabe 2021
https://ao.bundesfinanzministerium.de/usth/2021/home.html
Letzter Zugriff 02.12.2024

Bundesministerium der Finanzen, Amtliches Körperschaftssteuer-Handbuch
https://ksth.bundesfinanzministerium.de/ksth/2015/A-Koerperschaftsteuergesetz/I-Steuerpflicht/Paragraf-4/inhalt.html#anchor80bd1f7c-f880-4e47-89a0-962416bbc50c
Letzter Zugriff 27.03.2023

Bundesministerium der Finanzen, Steuern von A–Z, Ausgabe 2023
https://www.bundesfinanzministerium.de/Content/DE/Downloads/Broschueren_Bestellservice/steuern-von-a-z-2023.pdf?__blob=publicationFile&v=4
Letzter Zugriff 02.12.2024

Generalzolldirektion, Energie, Steuerbegünstigung
https://www.zoll.de/DE/Fachthemen/Steuern/Verbrauchsteuern/Energie/Steuerbeguenstigung/steuerbeguenstigung_node.html;jsessionid=9AE33EF27AC807F61EA53F62649C3F37.internet402, Letzter Zugriff 27.03.2023

Generalzolldirektion, Energiesteuer
https://www.zoll.de/DE/Fachthemen/Steuern/Verbrauchsteuern/Energie/energie_node.html
Letzter Zugriff 27.03.2023

Generalzolldirektion, Hocheffizienz
https://www.zoll.de/DE/Fachthemen/Steuern/Verbrauchsteuern/Energie/Steuerbeguenstigung/Steuerentlastung/KWK-Anlagen/Vollstaendige-Steuerentlastung/Steuerentlastungstatbestand/steuerentlastungstatbestand_node.html;jsessionid=7640565D0FCAB51E935122D6F3CF1E6D.internet402#doc291712bodyText4
Letzter Zugriff 27.03.2023

Generalzolldirektion, Schreiben vom 22. August 2018, Steuerliche Verwendung von gasförmigen Kohlenwasserstoffen, die bei der Abwasserreinigung oder bei der Lagerung von Abfällen gewonnen wurden, nach den §§ 26 und 28 EnergieStG
GZ: V 8230-2018.00008-DIV.A.32 (201800169961)
https://www.vku.de/fileadmin/user_upload/Verbandsseite/Themen/Finanzen_und_Steuern/Schreiben_GzD.pdf
Letzter Zugriff 27.03.2023

Generalzolldirektion, Strom, Grundsätze der Besteuerung
https://www.zoll.de/DE/Fachthemen/Steuern/Verbrauchsteuern/Strom/Grundsaetz-der-Besteuerung/grundsaetz-der-besteuerung_node.html
Letzter Zugriff 27.03.2023

Generalzolldirektion, Stromsteuer
https://www.zoll.de/DE/Fachthemen/Steuern/Verbrauchsteuern/Strom/strom_node.html
Letzter Zugriff 27.03.2023

Oberfinanzdirektion NRW, Arbeitshilfe, Besteuerung der juristischen Personen des öffentlichen Rechts,
https://www.finanzverwaltung.nrw.de/system/files/media/document/file/2022-07-11_Besteuerung%20der%20juristischen%20Personen%20des%20%C3%B6ffentlichen%20Rechts_Internetversion_PDF.pdf
Letzter Zugriff 27.03.2023

OFD Karlsruhe v. 31.01.2017 – S 7104 I
Unternehmereigenschaft, Vorsteuerabzug und Bemessungsgrundlage bei Blockheizkraftwerken (Kraft-Wärme-Kopplung)
https://datenbank.nwb.de/Dokument/757071/

11 Pflanzen und Tiere

Abwasseranlagen liegen wegen möglicher Geruchs- oder Lärmemissionen oft außerhalb der besiedelten Gebiete. Damit grenzen sie an land- oder forstwirtschaftlich genutzte Flächen und an die freie Natur und Landschaft an. So ist es selbst in größeren Stadtgebieten nicht verwunderlich, dass auch auf den Abwasseranlagen viele Tiere und Pflanzen zu finden sind.

11.1 Schutzvorschriften

11.1.1 Schutz von Natur und Landschaft

Natur und Landschaft sind auf Grund des Bundesnaturschutzgesetzes als Grundlage für Leben und Gesundheit des Menschen sowohl im besiedelten als auch im unbesiedelten Bereich zu schützen und dürfen nicht mehr als nach den Umständen unvermeidbar beeinträchtigt werden (BNatSchG § 1). Bei der Bewirtschaftung von Grundflächen im Eigentum der öffentlichen Hand sollen die Ziele des Naturschutzes und der Landschaftspflege sogar in besonderer Weise berücksichtigt werden (BNatSchG § 2).

Alle Veränderungen der Gestalt oder Nutzung von Grundflächen, die die Leistungs- und Funktionsfähigkeit des Naturhaushalts oder das Landschaftsbild erheblich beeinträchtigen können, sind *Eingriffe* in Natur und Landschaft (BNatSchG § 14).

11.1.2 Funktionssicherung bei Flächen für öffentliche Zwecke

Durch den § 4 BNatSchG erfolgt jedoch bei bestimmten Flächen für öffentliche Zwecke eine Sicherung ihrer Funktion: auf Flächen, die ausschließlich oder überwiegend u. a. der Entsorgung dienen oder auch in einem verbindlichen Plan (B-Plan z. B.) für diese

A. Jessen, *Kommunaler Entwässerungsbetrieb*,
https://doi.org/10.1007/978-3-658-50966-8_11

Zwecke ausgewiesen sind, ist diese bestimmungsgemäße Nutzung, hier also „Abwasserbeseitigung", zu gewährleisten. Die Ziele des Naturschutzes und der Landschaftspflege sind allerdings auch zu berücksichtigen.

In Bayern ist Naturschutz sogar verpflichtende Aufgabe: Gemeinden sind verpflichtet, ihre Grundstücke im Sinn der Ziele und Grundsätze des Naturschutzes und der Landschaftspflege zu bewirtschaften. Die jeweilige Zweckbestimmung eines Grundstücks bleibt jedoch auch hier unberührt (Art 1 Bayerisches Naturschutzgesetz).

▶ Da es im Naturschutzrecht eine konkurrierende Gesetzgebung gibt, muss sowohl das Bundesgesetz als auch das Naturschutzgesetz des jeweiligen Bundeslandes beachtet werden.

11.1.3 Landschafts- und Grünordnungspläne

Die Ziele des Naturschutzes und der Landschaftspflege werden im Rahmen der sogenannten Landschaftsplanung konkretisiert (BNatSchG § 8). Die für die örtliche Ebene konkretisierten Ziele, Erfordernisse und Maßnahmen des Naturschutzes und der Landschaftspflege werden für die Gebiete der Gemeinden in Landschaftsplänen und für Teile eines Gemeindegebiets in Grünordnungsplänen (als Teil eines Bebauungsplans) dargestellt (BNatSchG § 11).

In den Verwaltungsverfahren zur Aufstellung bzw. Änderung dieser Pläne muss ein Entwässerungsbetrieb daher ein besonderes Augenmerk auf die Einbindung der für Kläranlagen, Pumpwerke oder Sonderbauwerke wichtigen Grundstücke und deren dauerhafte Sicherung in diesen Plänen haben.

11.1.4 Verursacherpflichten bei Eingriffen

Neu- oder Umbaumaßnahmen an Abwasseranlagen sind fast immer mit Veränderungen der Gestalt oder Nutzung von Grundflächen verbunden und könnten damit auch *Eingriffe* in Natur und Landschaft sein.

Eingriffe in Natur und Landschaft sind Veränderungen der Gestalt oder Nutzung von Grundflächen oder Veränderungen des mit der belebten Bodenschicht in Verbindung stehenden Grundwasserspiegels, die die Leistungs- und Funktionsfähigkeit des Naturhaushalts oder das Landschaftsbild *erheblich beeinträchtigen* können. Solche erheblichen Beeinträchtigungen von Natur und Landschaft sind vom Verursacher vorrangig zu vermeiden. Nicht vermeidbare erhebliche Beeinträchtigungen sind durch *Ausgleichs- oder Ersatzmaßnahmen* oder, soweit dies nicht möglich ist, durch einen Ersatz in Geld zu kompensieren (BNatSchG §§ 13–14).

Beeinträchtigungen sind dann vermeidbar, wenn zumutbare Alternativen, den mit dem Eingriff verfolgten Zweck am gleichen Ort ohne oder mit geringeren Beeinträchtigungen von Natur und Landschaft zu erreichen, gegeben sind. Soweit Beeinträchtigungen nicht vermieden werden können, ist dies zu begründen und durch Maßnahmen des Naturschutzes und der Landschaftspflege auszugleichen (*Ausgleichsmaßnahmen*) oder zu ersetzen (*Ersatzmaßnahmen*) (BNatSchG § 15).

Ausgeglichen ist eine Beeinträchtigung, wenn und sobald die beeinträchtigten Funktionen des Naturhaushalts in gleichartiger Weise wiederhergestellt sind und das Landschaftsbild landschaftsgerecht wiederhergestellt oder neu gestaltet ist.

Ersetzt ist eine Beeinträchtigung, wenn und sobald die beeinträchtigten Funktionen des Naturhaushalts in dem betroffenen Naturraum in gleichwertiger Weise hergestellt sind und das Landschaftsbild landschaftsgerecht neu gestaltet ist.

Ausgleichs- und Ersatzmaßnahmen (oft Ersatzpflanzungen) sind im jeweils erforderlichen Zeitraum zu unterhalten und rechtlich zu sichern. Der *Unterhaltungszeitraum* wird durch die Naturschutz-Behörde im Zulassungsbescheid festgesetzt. Insbesondere größere neu gepflanzte Bäume müssen oft mehrere Vegetationsperioden lang betreut werden. Verantwortlich für Ausführung, Unterhaltung und Sicherung der Ausgleichs- und Ersatzmaßnahmen ist der Verursacher des Eingriffs (BNatSchG § 15).

11.1.5 Schutz der wild lebenden Tiere und Pflanzen

Zum Schutz der belebten Natur gehört der Schutz der wild lebenden Tier- und Pflanzenarten, ihrer Lebensstätten und Biotope. Mit Tieren, Pflanzen oder Biotopen haben fast alle Abwasseranlagen mehr oder weniger oft zu tun, leider fast immer in eher negativer Weise; wie z. B.:

- Möwen, Krähen oder Tauben sammeln Futter aus Vor- oder Nachklärbecken und verunreinigen das gereinigte Abwasser oder Gebäude und Wege.
- Kaninchen, Wühlmäuse oder Maulwürfe unterhöhlen das Gelände und hinterlassen Stolperfallen für Mitarbeiter.
- Unkräuter oder andere Pflanzen heben Pflastersteine und stören das Erscheinungsbild.

Zum Schutz der Tiere und Pflanzen ist es aber verboten,

- wild lebende Tiere mutwillig zu beunruhigen oder *ohne vernünftigen Grund* zu fangen, zu verletzen oder zu töten,
- wild lebende Pflanzen *ohne vernünftigen Grund* von ihrem Standort zu entnehmen oder zu nutzen oder ihre Bestände niederzuschlagen oder auf sonstige Weise zu verwüsten,
- Lebensstätten wild lebender Tiere und Pflanzen *ohne vernünftigen Grund* zu beeinträchtigen oder zu zerstören (BNatSchG § 39).

Die Vorschriften des Pflanzenschutzrechts, des Tierschutzrechts, des Infektionsschutzrechts sowie des Forst-, Jagd- und Fischereirechts bleiben aber von einem Teil dieser Vorschriften des Bundesnaturschutzgesetzes unberührt und gelten somit ebenfalls (BNatSchG § 37).

Hier gilt es nun zu prüfen, ob für die o. g. Handlungen ein nachvollziehbarer vernünftiger Grund vorliegt bei dem Versuch die oben geschilderten Probleme mit den Tieren oder Pflanzen zu lösen.

Über die o. g. Verbote hinaus gibt es auch *besonders geschützte* und *streng geschützte* Tier- und Pflanzenarten. Hier greifen strengere Vorschriften. In der „Verordnung zum Schutz wild lebender Tier- und Pflanzenarten“ (Bundesartenschutzverordnung – BArtSchV) sind diese Arten gelistet. Grundlegend ist dabei, dass die *streng* geschützten Arten nur eine noch stärker geschützte Teilmenge der ohnehin schon besonders geschützten Arten sind.

Von den Geboten und Verboten der Naturschutzgesetze kann in einigen Fällen aber auch auf Antrag Befreiung gewährt werden, wenn dies aus Gründen des überwiegenden öffentlichen Interesses, einschließlich solcher sozialer und wirtschaftlicher Art, notwendig ist oder die Durchführung der Vorschriften im Einzelfall zu einer unzumutbaren Belastung führen würde (BNatSchG § 67).

11.2 Tiere

Vögel nutzen die freien Wasserflächen von Becken und Teichen als Rast- und Futterplätze. Nager und andere Säugetiere leben auf und in den Grün- oder Buschflächen oder im Kanalnetz. Fische werden teilweise gehalten oder durch Vögel eingeschleppt. Meist sind alle diese Tiere auf den technischen Anlagen nicht besonders gerne gesehen.

Tiere sind als Mitgeschöpfe des Menschen in ihrem Leben und Wohlbefinden zu schützen. Niemand darf einem Tier *ohne vernünftigen Grund* Schmerzen, Leiden oder Schäden zufügen (TierSchG § 1).

11.2.1 Jagdbare Tiere

Vorbehaltlich jagd- oder fischereirechtlicher Bestimmungen ist es auch zusätzlich verboten besonders bestimmte wild lebende Tiere und Pflanzen aus der Natur zu entnehmen. Dieser Vorbehalt im Entnahmeverbot zielt hauptsächlich auf die mit der Jagd verbundene Nutzung der Beute, die in dem Fall erlaubt ist (BNatSchG § 39).

Die Richtlinie 92/43/EWG zur „Erhaltung der natürlichen Lebensräume sowie der wildlebenden Tiere und Pflanzen“ wird umgangssprachlich auch Fauna-Flora-Habitat-Richtlinie (kurz FFH-Richtlinie) genannt. Nach dieser Richtlinie müssen u. a. die notwendigen Maßnahmen getroffen werden, damit eine solche Entnahme aus der Natur von Exemplaren der wildlebenden Tier- und Pflanzenarten mit der Aufrechterhaltung eines günstigen Erhaltungszustands vereinbar sind. Wenn das gewährleistet ist, dürfen diese Tiere bejagt werden; sie sind im Bundesjagdgesetz aufgelistet (Art 14 FFH-Richtlinie).

Das **Jagdrecht** ist die Befugnis, auf einem bestimmten Gebiet wildlebende Tiere, die dem Jagdrecht unterliegen (Wild), zu bejagen und sie sich anzueignen. Die Jagdausübung erstreckt sich auf das Aufsuchen, Nachstellen, Erlegen und Fangen von Wild (BJagdG § 1).

Tierarten, die dem Jagdrecht unterliegen, werden in *Haarwild und Federwild* unterschieden. Einige der im Bundesjagdgesetz aufgelisteten Tierarten sind:

1. **Haarwild**: Schwarzwild, Feldhase, Schneehase, Wildkaninchen, Fuchs, Steinmarder, Baummarder, Iltis, Hermelin, Mauswiesel, Dachs oder Fischotter.
2. **Federwild**: Rebhuhn, Fasan, Wildtauben, Wildgänse, Möwen oder Graureiher.

Die Bundesländer können weitere Tierarten bestimmen, die dem Jagdrecht unterliegen. Über die Landesgesetzgebung unterliegt z. B. die Rabenkrähe in NRW oder Bayern auch dem Jagdrecht und gehört in Nordrhein-Westfalen zu den meist geschossenen Arten. In vielen Bundesländern sind Aaskrähe, Elster und Eichelhäher inzwischen nach jeweiligem Landesrecht ebenfalls dem Jagdrecht unterstellt (BJagdG § 2).

Der Eigentümer eines Grundstückes ist berechtigt zur Verhütung von Wildschäden das Wild von seinen Grundstücken abzuhalten oder zu verscheuchen; dabei darf das Wild aber weder gefährdet noch verletzt werden (BJagdG § 26).

Auf Grundflächen, die zu keinem Jagdbezirk gehören, und in *befriedeten Bezirken* ruht die Jagd grundsätzlich; eine beschränkte Ausübung der Jagd kann aber gestattet werden (BJagdG § 6).

Befriedete Bezirke werden in den Landesjagdgesetzen unterschiedlich definiert. In Bayern oder NRW sind das: Gebäude, die zum Aufenthalt von Menschen dienen, und Gebäude, die mit solchen Gebäuden räumlich zusammenhängen sowie Hofräume und Hausgärten, die unmittelbar an eine solche Behausung anschließen und *durch eine Umfriedung begrenzt* sind (BayJG Art 6). – Das trifft somit auf Kläranlagen eigentlich immer zu.

Viele Tiere lassen sich durch eine Umzäunung jedoch weder von Kläranlagen abhalten noch einfach verscheuchen. Daher bleibt oft die Bejagung in dem befriedeten Bezirk als letztes Mittel übrig.

Das Jagdrecht steht dem Eigentümer auf seinem Grund und Boden zu; es ist mit dem Eigentum am Grund und Boden verbunden. Wer die Jagd ausübt, muss jedoch einen auf seinen Namen lautenden Jagdschein besitzen. Die Erteilung eines Jagdscheines wiederum ist von einer bestandenen Jägerprüfung abhängig (BJagdG § 3).

In befriedeten Bezirken kann die Jagdbehörde dem Eigentümer oder deren Beauftragten bestimmte Jagdhandlungen auf bestimmte Wildarten und auf eine bestimmte Zeit gestatten. Jagdhandlungen mit der Schusswaffe dürfen dem Eigentümer oder einem Beauftragten nur gestattet werden, wenn diese im Besitz eines gültigen Jagdscheins oder ausreichend versichert sind (Bayern JG Art 6, NRW LJG § 4).

Der Antrag bei der Jagdbehörde, deren Gestattung sowie die Beauftragung eines Jägers sind also das Mittel der Wahl, wenn jagdbare Tiere in einem Gelände Überhand nehmen und Schäden oder Gefahren verursachen.

11.2.2 Nicht jagdbare Tiere

Wesentlich schwieriger für den Entwässerungsbetrieb verhält es sich, wenn es Probleme mit nicht jagdbaren Tieren gibt. Es ist verboten den wild lebenden Tieren der besonders geschützten Arten nachzustellen, sie zu fangen, zu verletzen oder zu töten oder ihre Entwicklungsformen aus der Natur zu entnehmen, zu beschädigen oder zu zerstören. Die Fortpflanzungs- oder Ruhestätten der wild lebenden Tiere der besonders geschützten Arten dürfen nicht aus der Natur entnommen, beschädigt oder zerstört werden (BNatSchG § 44).

Besonders geschützte Tierarten sind in der Bundesartenschutzverordnung (BArtSchV Anl 1) genannt. Mindestens besonders geschützte Tierarten sind danach z. B. **fast alle heimischen Säugetierarten**.

Ausnahmen bei den Säugetieren sind: Schermaus, Rötelmaus, Erdmaus, Feldmaus, Hausmaus, Amerikanischer Nerz, Nutria, Bisam, Waschbär, Wanderratte und Hausratte.

Weitere in der BArtSchV im Einzelnen aufgeführte Tierarten sind sogar *streng geschützt*. Nach § 4 dieser Verordnung sind verschiedene Handlungen, Verfahren und Geräte verboten. Es ist verboten, wild lebenden Tieren der *besonders geschützten* Arten und der nicht besonders geschützten *Wirbeltierarten, die nicht dem Jagd- oder Fischereirecht* unterliegen, u. a. in folgender Weise nachzustellen, sie anzulocken, zu fangen oder zu töten:

1. mit Schlingen, Netzen, Fallen, Haken, Leim und sonstigen Klebstoffen,
2. unter Benutzung von lebenden Tieren als Lockmittel,
3. mit Armbrüsten,
4. mit künstlichen Lichtquellen, Spiegeln oder anderen beleuchtenden oder blendenden Vorrichtungen,
5. mit akustischen, elektrischen oder elektronischen Geräten,
6. durch Begasen oder Ausräuchern oder unter Verwendung von Giftstoffen, vergifteten oder betäubenden Ködern oder sonstigen betäubenden Mitteln (BArtSchV § 4).

Über die oben genannten Verbote hinaus ist verboten wild lebende Tiere der *streng geschützten* Arten und der europäischen Vogelarten während der Fortpflanzungs-, Aufzucht-, Mauser-, Überwinterungs- und Wanderungszeiten erheblich zu stören.

► Die nach Landesrecht zuständige Behörde kann im Einzelfall Ausnahmen von den Verboten zulassen, soweit dies zur Abwendung erheblicher gemeinwirtschaftlicher Schäden erforderlich ist.

11.2.3 Töten von Tieren (TierSchG § 4)

Im § 4 des Tierschutzgesetzes (TierSchG) ist das *Töten von Tieren* geregelt: Ist die Tötung eines Wirbeltieres ohne Betäubung im Rahmen weidgerechter Ausübung der Jagd oder auf Grund anderer Rechtsvorschriften zulässig oder erfolgt sie im Rahmen zulässiger Schädlingsbekämpfungsmaßnahmen, so darf die Tötung nur vorgenommen werden, wenn hierbei nicht mehr als unvermeidbare Schmerzen entstehen.

Ein Wirbeltier darf auch nur töten, wer die dazu notwendigen Kenntnisse und Fähigkeiten hat. Personen, die berufs- oder gewerbsmäßig regelmäßig Wirbeltiere zum Zweck des Tötens betäuben oder töten, haben einen Sachkundenachweis zu erbringen. Werden im Rahmen einer o. g. Tätigkeit Fische in Anwesenheit einer Aufsichtsperson zum Zweck des Tötens betäubt oder getötet, so genügt es, wenn diese den Sachkundenachweis erbringt.

11.2.3.1 Ratten

Ratten stellen ein hohes Gesundheitsrisiko für den Menschen dar.

„In Mitteleuropa werden zwei Arten von Ratten angetroffen. In Berlin kommt hauptsächlich die Wanderratte vor. Die Hausratte trifft man in Städten selten an" (Landesamt für Gesundheit und Soziales, Berlin, Ratten).

„Ratten im Kanalsystem ernähren sich von Speiseresten, die über die Toilette entsorgt werden. Dies sollte daher unbedingt vermieden werden. ...

Alternative Bekämpfungsmaßnahmen Wanderratten lassen sich nur sehr schwer mit mechanischen Fallen fangen. Zudem ist bei der Anwendung dieser Fallen Vorsicht geboten, da je nach Fallentyp aufgrund der hohen Schlagkraft eine Verletzungsgefahr für den Anwender, aber auch für Kinder und Haustiere besteht. Als Köder für Fallen ist beispielsweise Erdnussbutter oder Nuss-Nougat-Creme geeignet. Treten Ratten gehäuft auf, lassen sie sich meist nur mit Giftködern bekämpfen. ...

Verhalten *... Wanderratten sind in der Regel scheu und meistens im Dunkeln aktiv. Sie sind selten auf offenen Plätzen zu finden, und bewegen sich oft entlang von Mauern und Wänden. Häufig benutzen Ratten immer wieder dieselben Laufwege (Wechsel). Wanderratten sind Fluchttiere. Wenn sie in die Enge getrieben werden, können sie jedoch ausgesprochen aggressiv reagieren, beißen und bis zu 1,5 m hoch springen. Wanderratten sind in der Lage zu schwimmen und stellen ausgezeichnete Kletterer dar. ...*

Gesundheitsrisiken für den Menschen Wanderratten können über 100 verschiedene Krankheiten auf den Menschen übertragen. Darüber hinaus spielen Wanderratten eine bedeutende Rolle als Überträger von Tierseuchen. Ratten können Lebens- und Futtermittel durch ihren Kot und Urin verunreinigen, da diese oftmals Krankheitskeime enthalten und daher eine Gefahr für die Gesundheit des Menschen und seiner Haustiere darstellen" (Umweltbundesamt, Wanderratte, 2019).

Ein Gesundheitsschädling ist nach dem „Gesetz zur Verhütung und Bekämpfung von Infektionskrankheiten beim Menschen (Infektionsschutzgesetz – IfSG § 2)" ein Tier, durch das Krankheitserreger auf Menschen übertragen werden können. Zweck des Gesetzes ist es, übertragbaren Krankheiten beim Menschen vorzubeugen, Infektionen frühzeitig zu erkennen und ihre Weiterverbreitung zu verhindern (§ 1).

Wenn in bestimmten Gemeinde-Bereichen vermehrt Ratten, also Gesundheitsschädlinge, festgestellt werden und so die Gefahr begründet ist, dass durch sie Krankheitserreger verbreitet werden, dann hat die zuständige Behörde die zur Ratten-Bekämpfung erforderlichen Maßnahmen anzuordnen (§ 17 IfSG).

Die Unfallverhütungsvorschrift „Abwassertechnische Anlagen" (DGUV Vorschrift 21, bisher BGV C5) gilt nur für abwassertechnische Anlagen (Kanalisation) und dient dem Schutz der dort tätigen Personen. In der UVV gibt es den § 28 Rattenbekämpfung, der besagt: „Der Unternehmer hat dafür zu sorgen, dass in abwassertechnischen Anlagen Ratten bekämpft werden." Ein Grund dafür dürfte die Gefahr der Übertragung von Krankheiten durch Ratten auf die Mitarbeiter sein (s. o.). Besondere Bedeutung hat z. B. die Weil'sche Krankheit, die auch Kanalarbeiterkrankheit genannt wird.

Jede Bekämpfung von Ratten – Schädlingsbekämpfung –, fällt, wegen der beabsichtigten Tötung, unter das Tierschutzgesetz. Nach § 4 (1) TierSchG darf ein Wirbeltier nur töten, wer die dazu notwendigen Kenntnisse und Fähigkeiten hat. Personen, die berufs- oder gewerbsmäßig regelmäßig Wirbeltiere töten, haben gegenüber der zuständigen Behörde einen *Sachkundenachweis* zu erbringen.

Die bei der Rattenbekämpfung verwendeten Rodentizide sind heute in der Regel Biozide und keine Pflanzenschutzmittel. Damit fallen sie unter die Regelungen der Gefahrstoffverordnung und der TRGS 523. Zum Schutz der Menschen und der Umwelt vor stoffbedingten Schädigungen sind dabei verschiedene Regeln zu beachten. Entsprechend Anhang 1, Nr. 3.4 Abs. (6) der GefStoffV muss jeder, der mit den Gefahrstoffen umgeht sachkundig sein und sich regelmäßig fortbilden.

▶ Hintergrundpapier des UBA vom September 2018:
Nagetierbekämpfung mit Antikoagulanzien, Antworten auf häufig gestellte Fragen (https://www.umweltbundesamt.de/sites/default/files/medien/421/publikationen/180919_uba_hg_nagetierefaq_bf_small.pdf letzter Zugriff 31.03.2023)

11.2.3.2 Karpfen

In Bayern ist auf großen Kläranlagen die Haltung von Karpfen vorgeschrieben. Das Merkblatt Nr. 4.7/4 des Bayerisches Landesamt für Umwelt „Bioakkumulation bei Abwasseranlagen für biologisch abbaubares Abwasser“:

„Die Bioakkumulation stellt ... einen wichtigen Baustein eines zeitgemäßen Monitoringsystems dar, das es erlaubt, den Anforderungen der EU-Wasserrahmenrichtlinie nachzukommen. Im gereinigten Abwasser lassen sich häufig gewässerrelevante Stoffe aufgrund der niedrigen Konzentration oder zeitlichen Schwankungen nur schwer nachweisen. Durch die Bioakkumulation können Hinweise auf diese Schadstoffe sowie auch Anhaltspunkte für mögliche Einflüsse des gereinigten Abwassers auf Gewässerorganismen erhalten werden. ... Fische reichern als Endglieder der aquatischen Nahrungskette Schadstoffe aus dem Wasser und aus ihrer Nahrung, wie Algen, Kleinkrebse etc. an (Bioakkumulation). Nach der Eigenüberwachungsverordnung (EÜV) ist die Errichtung und der Betrieb von Teichen zur Bioakkumulation für alle Abwasseranlagen zur Behandlung von biologisch abbaubarem Abwasser mit einer Ausbaugröße von 100.000 EW und größer (BSB_5 ≥6000 kg/d) vorgeschrieben. ...

Für die Durchführung der Bioakkumulation in Teichen auf kommunalen Kläranlagen haben sich die relativ unempfindlichen, schnellwüchsigen Karpfen als geeignete Testorganismen bewährt. ... Für das fachgerechte Entnehmen und Töten der Fische ist ein Sachkundenachweis (z. B. Fischereischein – mögliche Ansprechpartner sind örtliche Fischereivereine) gemäß Tierschutzgesetz § 4, Absatz 1a, Satz 3 erforderlich“ (Bayerisches Landesamt für Umwelt, 2012).

Das Merkblatt 4.7/4 des LfU – Bioakkumulation bei Abwasseranlagen für biologisch abbaubares Abwasser wurde mittlerweile ersatzlos gestrichen (06/2024).

https://www.lfu.bayern.de/wasser/kommunale_klaeranlagen/abgeschlossene_projekte/bioakkumulation/index.htm (letzter Zugriff 14.07.2025).

Damit entfällt die Haltung und Tötung von Karpfen auf bayerischen Kläranlagen.

11.3 Pflanzen

Bäume, Büsche, Hecken und Grün- bzw. Rasenflächen sind wohl auf dem Gelände von fast allen Abwasseranlagen zu finden. Zusätzlich gibt es auch auf den meisten befestigten Flächen eher unerwünschte Grünpflanzen, die die Optik stören oder anfangen mit ihrem Wurzelwerk die Befestigung nach und nach zu beeinträchtigen. Auch beim Umgang mit den Pflanzen sind einige Regeln zu beachten.

11.3.1 Naturschutzgesetze

Es ist auch verboten wild lebende *Pflanzen der besonders geschützten Arten* oder ihre Entwicklungsformen aus der Natur zu entnehmen, sie oder ihre Standorte zu beschädigen oder zu zerstören (BNatSchG § 44). Diese werden auf dem Gelände von Abwasseranlagen eher selten zu finden sein.

Aber auch für die häufig vorkommenden Pflanzen sind einige Regeln zu beachten: Es ist verboten, Bäume, Hecken, lebende Zäune, Gebüsche und andere Gehölze in der Zeit vom 1. März bis zum 30. September abzuschneiden oder auf den Stock zu setzen. Zulässig sind jedoch schonende Form- und Pflegeschnitte zur Beseitigung des Zuwachses der Pflanzen oder zur Gesunderhaltung von Bäumen (§ 39 Abs. 5 BNatSchG). Auch Röhrichte, die an Gewässern häufig vorkommen, dürfen in der Zeit vom 1. März bis zum 30. September zurückgeschnitten werden; außerhalb dieser Zeiten dürfen Röhrichte nur in Abschnitten zurückgeschnitten werden. Von bestimmten Verboten sind Ausnahmegenehmigungen möglich u. a. wenn

- Maßnahmen im öffentlichen Interesse nicht auf andere Weise oder zu anderer Zeit durchgeführt werden können, wenn sie behördlich zugelassen sind oder der Gewährleistung der Verkehrssicherheit dienen oder wenn
- bei zulässigen Bauvorhaben nur geringfügiger Gehölzbewuchs zur Verwirklichung der Baumaßnahmen beseitigt werden muss (§ 39 Abs. 5 BNatSchG).

11.3.2 Baumschutzverordnung

In einigen Gemeinden gibt es Verordnungen zum Schutz des Baumbestandes. Hier könnte sowohl zum Schutz und zur Pflege eines durchgrünten Stadtbildes als auch zur Erhaltung der urbanen Lebensqualität oder auch aus klimatischen und stadtökologischen Gründen der Bestand an Bäumen innerhalb eines *besonders beschriebenen Schutzgebietes* geschützt werden.

In Bayern sind für den Erlass von Rechtsverordnungen die Gemeinden zuständig zum Schutz des Bestands von Bäumen und Sträuchern ganz oder teilweise innerhalb der im Zusammenhang bebauten Ortsteile (BayNatSchG Art 51). Geschützt werden könnten z. B. alle Bäume mit einem Stammumfang von mehr als 60 cm sowie mehrstämmige Bäume, wenn ein Stamm mehr als 40 cm aufweist. Gemessen wird jeweils 100 cm über dem Erdboden.

In der Baumschutz-Satzung oder Verordnung ist z. B. verboten solche geschützten Bäume und Ersatzpflanzungen sowie Teile von ihnen ohne Ausnahmegenehmigung

1. zu entfernen, insbesondere zu fällen, abzuschneiden, abzubrennen oder zu entwurzeln,
2. zu zerstören, insbesondere Maßnahmen vorzunehmen oder dadurch bewirkte Zustände aufrechtzuerhalten, die zum Absterben von Bäumen führen,
3. zu verändern, insbesondere an Bäumen Eingriffe vorzunehmen, die das charakteristische Aussehen nachhaltig verändern oder das weitere Wachstum dauerhaft verhindern,
4. zu beschädigen oder in ihrem Weiterbestand zu beeinträchtigen.

Zusätzlich ist meist verboten die Baumkrone oder den Wurzelbereich (Bodenfläche unter der Baumkrone zuzüglich ein bestimmtes Maß nach außen gemessen) zu stören durch

a) Abgrabungen, Ausschachtungen oder Aufschüttungen,
b) das Ablagern und Abstellen von schwerem Baumaterial, schweren Arbeitsgeräten oder schweren Fahrzeugen,
c) das Befahren mit schweren Arbeitsgeräten oder schweren Fahrzeugen,
d) das Befestigen oder Verdichten der Bodenfläche

(z. B.: „Verordnung zum Schutz des Baumbestandes innerhalb der Stadt Bamberg (Baumschutzverordnung)").

Diese baumgefährdenden Aktionen kommen häufig bei (Kanal-)Baumaßnahmen vor. Hier hat es sich bewährt, die unvermeidbar notwendigen Wurzelschutzmaßnahmen oder einen Rückschnitt der Baumkrone durch die fachlich hierfür qualifizierten Kollegen z. B. des gemeindlichen Gartenamtes durchführen zu lassen.

11.3.3 Wildkräuter/Unkraut/unerwünschte Vegetation

In Kläranlagen oder Sonderbauwerken kommen auf befestigten Flächen um Becken und Gebäude sowie auf Wegen besonders an wenig befahrenen oder begangenen Stellen immer wieder unerwünschte Pflanzen zutage. Diese wachsen, sprengen mit ihren Wurzeln die Oberflächen, dehnen sich immer weiter aus und vermehren sich auch noch immer weiter, wenn man nicht dagegen vorgeht.

„Auf gepflasterten Flächen, wassergebundenen Decken oder anderen befestigten Flächen siedeln sich im Laufe der Zeit diverse Pflanzen an. Häufige Vertreter sind Einjährige Rispe, Wegerich, Löwenzahn und kriechende Knötericharten. Auf Gehwegen und Verkehrsflächen kann dieser unerwünschte Pflanzenbewuchs zu Verkehrssicherheitsproblemen führen, so dass eine Beseitigung dieser speziellen Fugen- und Ritzenvegetation erforderlich sein kann. Auch in Fugen von Mauerwerk oder am Gebäudesockel wurzeln Sämlinge von Weide, Birke und Esche, die durch ihr Dickenwachstum innerhalb

weniger Jahre zu Schäden an der Bausubstanz führen können" (Regierungspräsidium Gießen).

Wenn es aus Gründen der Verkehrssicherheit, der Arbeitssicherheit oder des Bauwerksschutzes erforderlich ist, unerwünschte Vegetation an einigen Stellen gezielt zu beseitigen, stehen hierfür vier grundsätzliche Methoden zur Verfügung:

- Biologische Verfahren
- Chemische Verfahren
- Mechanische Verfahren
- Thermische Verfahren

Der Einsatz von Schafen, Ziegen oder anderen Tieren ist vermutlich eher selten. Sie können die Grünflächen zwar kurz halten, kümmern sich aber eher nicht um die befestigten Flächen.

Pflanzenschutzmittel dienen hauptsächlich zum Schutz der Kulturpflanzen. Durch die Anwendung von Pflanzenschutzmitteln oder durch andere Maßnahmen des Pflanzenschutzes entstehen Gefahren für die Gesundheit von Mensch und Tier und für den Naturhaushalt (PflSchG § 1). Diese chemischen Mittel dürfen nicht

- auf befestigten Freilandflächen
- auf sonstigen Freilandflächen, die weder landwirtschaftlich noch forstwirtschaftlich oder gärtnerisch genutzt werden (wie Grünflächen in Abwasseranlagen)
- nicht in oder unmittelbar an oberirdischen Gewässern

angewandt werden (PflSchG § 12).

Es verbleiben zur Unkrautbekämpfung auf befestigten Flächen die mechanischen und die thermischen Verfahren: z. B. Stahlbürsten, Fugenkratzer, Drahtbesen oder Wildkrautbürsten als mechanische Methoden und heißes Wasser, heißer Dampf, Heißluftverfahren und Hochdruckreiniger als Kombination oder auch Abflammen.

Wenn der angestrebte Zweck „Unkrautvernichtung" vordringlich ist und mit zumutbarem Aufwand auf andere Art (mechanisch, thermisch) nicht erzielt werden kann, und überwiegende öffentliche Interessen, insbesondere der Schutz der Gesundheit von Mensch und Tier oder des Naturhaushaltes, nicht entgegenstehen, können Ausnahmen für die Anwendung *zugelassener* Pflanzenschutzmittel genehmigt werden (PflSchG § 12). Allerdings dürfen Pflanzenschutzmittel auch nur von Personen angewendet werden, die über einen entsprechenden Sachkundenachweis verfügen.

Eine Zulassung ist nicht erforderlich für die Anwendung von Stoffen oder Gemischen, die ausschließlich genehmigte Grundstoffe enthalten (z. B. Salz?).

Pflanzenschutzmittel, für die eine Genehmigung erteilt worden ist, dürfen nur nach den in der Genehmigung festgesetzten Anwendungsbestimmungen und Anwendungsgebieten angewandt werden (PflSchG § 12).

11.4 Gesetze

BArtSchV Verordnung zum Schutz wild lebender Tier- und Pflanzenarten (Bundesartenschutzverordnung – BArtSchV), Ausfertigungsdatum: 16.02.2005

BayJG Bayerisches Jagdgesetz (BayJG), Vom 13. Oktober 1978

BayNatSchG Gesetz über den Schutz der Natur, die Pflege der Landschaft und die Erholung in der freien Natur (Bayerisches Naturschutzgesetz – BayNatSchG)
Vom 23. Februar 2011

BJagdG Bundesjagdgesetz
Ausfertigungsdatum: 29.11.1952, Neugefasst durch Bek. v. 29.09.1976

BNatSchG Gesetz über Naturschutz und Landschaftspflege
(Bundesnaturschutzgesetz – BNatSchG), Ausfertigungsdatum: 29.07.2009

DGUV Vorschrift 21, Abwassertechnische Anlagen Ausgabedatum: 1995.10, aktualisierte Fassung: 1997.01, Herausgeber: DGUV, (bisher BGV C5)

IfSG Gesetz zur Verhütung und Bekämpfung von Infektionskrankheiten beim Menschen (Infektionsschutzgesetz – IfSG), Ausfertigungsdatum: 20.07.2000

LJG-NRW Bekanntmachung der Neufassung des Landesjagdgesetzes
Nordrhein-Westfalen (LJG-NRW), Vom 7. Dezember 1994

PflSchG Gesetz zum Schutz der Kulturpflanzen (Pflanzenschutzgesetz – PflSchG)
Ausfertigungsdatum: 06.02.2012

Richtlinie 92/43/EWG des Rates vom 21. Mai 1992 zur „Erhaltung der natürlichen Lebensräume sowie der wildlebenden Tiere und Pflanzen" = (Fauna-Flora-Habitat-Richtlinie – FFH-Richtlinie)

TierSchG Tierschutzgesetz
Ausfertigungsdatum: 24.07.1972, Neugefasst durch Bek. v. 18.05.2006

11.5 Literatur

Bamberger Stadtrecht, Verordnung zum Schutz des Baumbestandes innerhalb der Stadt Bamberg (Baumschutzverordnung)
https://www.stadt.bamberg.de/media/custom/332_39_1.PDF?1467026342

Landesamt für Gesundheit und Soziales, Berlin, Ratten, Stand August 2014
file:///C:/Users/49176/Downloads/gesundheitsschutz-ratten__infoblattbarrierefrei.pdf
Letzter Zugriff 31.03.2023

Merkblatt Nr. 4.7/4 des Bayerisches Landesamt für Umwelt „Bioakkumulation bei Abwasseranlagen für biologisch abbaubares Abwasser", Stand 06. März 2012
https://www.lfu.bayern.de/wasser/merkblattsammlung/teil4_oberirdische_gewaesser/doc/nr_474.pdf
Letzter Zugriff 31.03.2023

Regierungspräsidium Gießen, Pflanzenschutzinfothek Öffentliches Grün, Beseitigung unerwünschter Vegetation auf Wegen und Plätzen
http://pflanzenschutzdienst.rp-giessen.de/oeffentliches-gruen/unkrautbekaempfung/wege-und-plaetze-nichtkulturland/
Letzter Zugriff 31.03.2023

Umweltbundesamt, Wanderratte, Stand 2019
https://www.umweltbundesamt.de/wanderratte#lebensraum-vorkommen
Letzter Zugriff 31.03.2023

12 Anhang 1: Aufgaben von Arbeitsplätzen in der Entwässerung (insbesondere zu Kap. 6.9.6.7)

12.1 Betriebsleitung des Eigenbetriebs

Die Betriebsleitung leitet den Eigenbetrieb aufgrund der Beschlüsse des Stadtrats/Stadtverordnetenversammlung und der Werkleitung/Betriebskommission in eigener Zuständigkeit und Verantwortung nach der Geschäftsordnung (Eigenbetriebsgesetz Hessen § 4).

Der/Die Betriebsleiter/innen hat/haben bei der Erledigung seiner/ihrer Aufgaben insbesondere die Grundsätze der Wirtschaftlichkeit und Sparsamkeit zu beachten und durch Qualitätssicherungsmaßnahmen auf Dauer zu sichern. Sie trägt die Verantwortung für den wirtschaftlichen und ordnungsgemäßen Betrieb und Einsatz der Mitarbeiter, der Anlagen, der Betriebsmittel, der Werkstätten sowie der Fahrzeuge.

Die Betriebsleitung ist sowohl für den technischen als auch für den kaufmännischen Aufgabenbereich des Eigenbetriebes verantwortlich (Geschäftsordnung für die Betriebsleitung des Eigenbetriebes Die Stadtreiniger Kassel).

Sie errichtet und betreibt sach- und ordnungsgemäß leistungsfähige Einrichtungen und Abwasseranlagen und überwacht die Durchführung aufsichtsbehördlicher Anordnungen.

Sie beschäftigt ausreichendes und qualifiziertes Personal und übt die Dienst- und Fachaufsicht über die Mitarbeiter aus. Sie arbeitet vertrauensvoll mit dem Personalrat, der Frauenbeauftragten und der Schwerbehindertenvertretung zusammen.

Durch eine sozialkompetente und weitsichtige Führung trägt sie zu einer ständigen Weiterentwicklung des Entwässerungsbetriebes und erledigt Erweiterungen oder Änderungen der Betriebs-Aufgaben.

Angelegenheiten der Arbeitssicherheit im technischen Bereich, im Fall einer wirksamen Aufgabenübertragung durch Gemeinderat und Bürgermeister.

Die Aufgabe „Leitung des Eigenbetriebs“ fällt natürlich nur an, wenn die Entwässerung ein separater Eigenbetrieb ist. Es könnte aber auch ein Leiter EW aufsteigen zum Betriebs-

A. Jessen, *Kommunaler Entwässerungsbetrieb*,
https://doi.org/10.1007/978-3-658-50966-8_12

leiter in einem gemeinschaftlichen Eigenbetrieb oder als Amtsleiter z. B. in einem Tiefbauamt. Dann kann dieser Absatz trotzdem wichtig sein. Auch die Amtsleitung in einem Regiebetrieb (z. B. Tiefbauamt) hat einen Teil der o. g. Aufgaben.

12.2 Aufgaben der Leitung Entwässerung

Vertretung von Vorgesetzten z. B. des Technischen Werkleiters/Bauamtsleiter
Leitung der Abteilung „Entwässerung"

- Leitung, Überwachung, Optimierung des ordnungsgemäßen Dienstbetriebs
- Überwachung der wirtschaftlichen Betriebsführung
- Dienstaufsicht über alle Bediensteten
- Vertretung des Betriebes nach Außen
- Zusammenarbeit mit anderen gemeindlichen Dienststellen
- Zusammenarbeit mit externen Behörden
- Klärung von Grundsatzfragen
- Umweltschutz im Bereich der Abwasserwirtschaft,
- Ordnung im Betriebsgelände und im Bereich technischer Anlagen,
- Entwicklung von zukunftsorientierten Konzepten
- Betrieb und Unterhaltung der Anlagen sowie sonstige technische Bereiche einschl. Erhalt und Verbesserung der Wirtschaftlichkeit des technischen Gesamtbetriebes,
- Festlegung u. Umsetzung von strategischen u. operativen Zielen
- Minimierung der Schadstoffbelastungen von Wasser, Luft u. Boden durch den Betrieb
- sämtliche Personal- und Raumangelegenheiten
- Zeichnungsbefugnisse (Schreiben, Verfügungen, Richtigkeit; …)
- Anordnungsbefugnisse (Ausgaben, Dienstreisen, …)

Sicherstellung einer geeigneten Organisation

- Leitung, Überwachung, Optimierung des ordnungsgemäßen Ablaufs der gesamten Abteilung
- Vorgabe und Definition von Zielen (in Absprache mit Werkleitung)
- Ordnung der Geschäftsverteilung der EW, Aufstellung von allgemeinen Dienst- und Betriebsanweisungen, Aufstellung und Fortführung von Arbeits- und Dienstverteilungsplänen für die einzelnen Bereiche
- Maßnahmen für den Gesundheits- und Arbeitsschutz, die Unfallverhütung und den Brand- und Katastrophenschutz
- Einführung u. Fortführung eines integrierten Managementsystems
- Wirtschaftliche, rechtssichere und umweltgerechte Betriebssteuerung
  - Ermittlung u. Fortschreibung von Kennzahlen zur Betriebssteuerung
  - Berichte zur Erfolgskontrolle und wirtschaftlichen Betriebssteuerung
  - Teilnahme an Benchmarking Projekten

Personalangelegenheiten

- Vorsorgen, dass ausreichend Personal mit geeigneter Ausbildung und Alter beschäftigt wird
- Beschreibung neuer Arbeitsplätze
- Erstellung von Arbeitsplatzbeschreibungen und Ausschreibungstexten für das Personal,
- Organisation und Durchführung des Regelbetriebs sowie des Wochenend- u. Bereitschaftsdienstes
- Einstellung von Mitarbeiterinnen und Mitarbeitern
- Mitarbeiterführung, Mitarbeitergespräche usw.
- Einsatz der Beschäftigten nach ihrer Ausbildung, ihren persönlichen Fähigkeiten, ihrem Leistungsvermögen und entsprechend den sachlichen Bedürfnissen
- Schulung von Mitarbeitern, Weiterbildungskonzept
- Mitwirkung bei Neueinstellungen, Kündigungen, Abmahnungen usw.
- Beurteilung von Beamten, Leistungsbeurteilung von Angestellten
- Arbeitsrechtliche sowie lohn- und tarifrechtliche Angelegenheiten
- Aus- und Fortbildung aller Mitarbeiterinnen und Mitarbeiter
- Koordination und Kontrolle der Arbeiten in der Abteilung
- Koordination der Betriebsbereiche und Sicherstellung ihrer Zusammenarbeit
- Verantwortung für die rechtzeitige, sachgerechte und wirtschaftliche Erfüllung der Aufgaben
- Festlegung von besonderer Aufgabenerledigung durch Mitarbeiter
- Organisieren und Durchführen von Unterweisungen
- Sicherstellung des Informationsflusses in die Teilbereiche sowie untereinander
- Regelmäßige Dienst- und Koordinationsbesprechungen
- Regelung von Raumverteilungsfragen
- Genehmigung von Urlaub, Zeitausgleich
- (Teil-)Delegation von eigenen Befugnissen
- Bewirtschaftung des Stellenplans für die Entwässerung
- Fürsorge für die Beschäftigten.
- Anordnung von Überstunden
- Abmahnungen, Ahndung von Pflichtverletzungen,
- Bewilligung der privaten Nutzung von Arbeitsmitteln durch Mitarbeiter
- Schaffung angemessener Arbeitsbedingungen
- Ausgestaltung des Arbeitsplatzes mit privaten Gegenständen
- Abwesenheit vom Arbeitsplatz, Raucherpausen
- Gesprächspartner der Personalvertretung
- Dienstreisen, Dienstgänge
- Nutzung von Rechnern oder Telefon
- Nutzung von Dienstfahrzeugen

Aufgaben der Entwässerung, auch entsprechend der Betriebssatzung im Eigenbetrieb oder der Geschäftsverteilung der Gemeinde

- Ordnungsgemäße Beseitigung des Abwassers
- Generalentwässerungsplanung für das Stadtgebiet
- Ausbau, Anpassung und Betrieb des Kanalnetzes und der Sonderbauwerke
- Anpassung, Ausbau und Betrieb der Kläranlage
- Sicherstellung der Klärschlamm-Entsorgung
- Entscheidungen zur Annahme von Sonder-Abwässern und Klärschlammen Dritter
- Notfallplanung und -vorsorge
- Eigenüberwachung der Abwasseranlagen
- die Sicherung der Aufzeichnungen und der Dokumentation aller technischen und umweltrelevanten Daten

Eventuelle Zusatzaufgaben:

- Pflege-, Entwicklungs- und Ausbau-Maßnahmen zum Gewässerunterhalt der Gew. III (Pflegepläne, Baumschnitt, Mahd usw.)
- Ausbau, Betrieb und Unterhalt der Hochwasserschutzmaßnahmen an Gew. III
- Unterhalt der Gew. I – Abschnitte im Stadtgebiet

Satzungsangelegenheiten (Gemeindliche Gesetze)

- Erstellung von Satzungsentwürfen/Änderungen für die Entwässerungssatzung, die Fäkalschlammsatzung sowie die jeweilige Beitrags- u. Gebührensatzung
- Fortschreibung und Anpassung der Entwässerungssatzung und FES
- Vollzug der EWS und FES (Mitarbeiter) wie Einleiterüberwachung, Anschluss u. Benutzungsrechte u. -pflichten, …
- Mitwirkung beim Vollzug der GS-EWS und bei den übrigen Satzungen der Stadt (z. B. Abfallsatzung, Bebauungs- u. Flächennutzungspläne)
- Prüfung der nicht eingeleiteten Wassermengen bei Betrieben
- Ermittlung der versiegelten Flächen bei Gesplitteter Gebühr

Bauherren-Funktion für die Gemeinde bei Planungs- u. Bauaufgaben

- Planungen und Ausführung von Neu-, Erweiterungs- und Umbauten sowie Sanierungen, Nutzungsänderungen im betrieblichen Bereich
- Auswahl von geeigneten Planungsbüros, Statikern, Baugrundsachverständigen, Sachverständigen für Beweissicherung, usw.
- Abstimmung der Planungen mit den Belangen des Betriebes
- Beschaffung, Bereitstellung, Verwendung und Instandhaltung von Betriebsmitteln und Betriebsstoffen (Fahrzeuge, Werkzeuge, Mess- und Prüfmittel, persönlicher Schutzausrüstung etc.), Materialwirtschaft,

- Durchführung von Vergabeverfahren und Beschaffungen, Vergabe von Liefer- und Dienstleistungsaufträgen bis zu den in der Betriebssatzung festgesetzten Beträgen
- Planungs- und Bau-Verträge mit Ing.-Büros und Baufirmen
- Abwicklung von Bau- und Sanierungsmaßnahmen
- Vorbereitung der Vergaben in den städt. Gremien

Finanzielle Abwicklung der Planungs- u. Bauaufgaben

- Bedarfsermittlung der erforderlichen Haushaltsmittel für die Bau- u. Betriebsaufgaben sowie für die unterstellten Mitarbeiter
- Beantragung von Haushaltsmitteln/Finanzmitteln
- Beantragung von staatl. Fördermitteln
- Anordnung von Zahlungen entspr. Anordnungsbefugnis
- Abwicklung der Zahlungen
- Abwicklung von Zuwendungsverfahren bei Fördermitteln (Anträge, Verwendungsnachweise, usw.)

Wahrnehmung der Aufgaben der Stadt/Entwässerung als Träger öffentlicher Belange in sämtlichen Verwaltungsverfahren und als Beteiligter in öffentlich-rechtlichen Verfahren, sowie bei privaten Verträgen der Stadt mit Dritten

- Beantragung von wasserrechtlichen Erlaubnissen, Erwirkung der notwendigen Genehmigungen (Vertretung der Interessen der Entwässerung in den notwendigen Genehmigungs-Verfahren für das Klärwerk sowie für das Kanalnetz)
- Einhaltung der wasserrechtlichen Anforderungen der Bescheide und Verträge
- Stellungnahmen im Baugenehmigungsverfahren
- Stellungnahmen als TÖB in
  - Bauleitplanverfahren,
  - Planfeststellungen (Straßen, Wasserstraßen, Schiene, Gewässer),
  - BImSchG-Verfahren,
  - Erschließungsverträgen, usw.

  bezüglich Entwässerung (und evtl. Gewässer III. O.)
- Verlängerung und Neubeantragung von Nutzungsverträgen mit den Bundeswasserstraßen und von strompolizeilichen Genehmigungen,
- Verträge mit angeschlossenen Gemeinden
- Verträge mit privaten Erschließungsträgern wegen Kanalrechten usw.

Betreiber-Funktion für die vorhandenen Anlagen

- Wahrnehmung der Interessen der Entwässerungsabteilung im innerdienstlichen Geschäftsverkehr der Gemeinde
- Verhandlungen und Zusammenarbeit mit Aufsichtsbehörden, Fachbehörden und sonstigen Dienststellen (Regierung, Landesamt, Wasserwirtschaft, Wasser- u. Schifffahrtsamt, Gewerbeaufsicht, Gemeindeunfallversicherung, usw.)

- Vertrags- und Rechtsangelegenheiten, insbesondere mit angeschlossenen Gemeinden, mit privaten Erschließungsträgern, US-Dienststellen, Privaten wegen Kanalrechten oder Schlammübernahmen, usw.
- Kontakte und Erfahrungsaustausch mit Entwässerungsbetrieben anderer Städte und Gemeinden sowie mit Landesamt, Regierung und Ministerium
- Erstellung von statistischen Berichten für staatl. und städt. Stellen, Erhebungen mit Auskunftspflichten
- Abwasserabgaben-Erklärungen und -Verrechnungen
- Mitwirkung bei der öffentlichen Darstellung der Arbeit der Entwässerung
- Beschaffung, Auswertung und Vorhaltung von Fachzeitschriften, Gesetzesblättern Vorschriften, Richtlinien, sonstigen wichtigen Veröffentlichungen und Erfahrungen des Betriebes

Erstellen von Berichten für städtische/gemeindliche Gremien und Senate sowie Erwirkung der notwendigen Beschlüsse und deren Ausführung

- Information des Bgm. und Gemeinderats über wichtige Angelegenheiten
- Beantwortung von Fragen und Anträgen der Stadtratsfraktionen
- Erstellen von Senatsvorlagen zur Beschlussfassung und Erwirken der Beschlüsse
- Vorträge in städtischen Senaten mit Erläuterung der Beschlussvorlagen und Berichte

Ansprechpartner für Gemeinderäte und Bürger

- Beantwortung von Bürger-Anfragen,
- Behandlung von Bürger-Beschwerden Beschwerdemanagement
- Durchführung von Bürgerversammlungen z. B. bei Baustellen
- Bürgerinfo schriftlich sowie mündlich in Bürger-Versammlungen

Gemeinsame Aufgaben mit Bürgermeister, Referenten etc.

Die folgenden Aufgaben können/müssen entweder selbständig oder in Absprache mit anderen Stellen erledigt werden. Der genaue Umfang ist von der speziellen Pflichten-Übertragung abhängig!

- Arbeits- u. Gesundheitsschutz, Unfallverhütung, Gesundheitsvorsorge
- Beratung des Bgm. oder eigene Entscheidungen in organisatorischen und personellen Belangen
- Festlegung der Arbeits- und Öffnungszeiten
- Festlegung des Organisationsplanes
- Änderung von Satzungen
- Hausrecht in Gebäuden
- Vorbereitung der Entscheidung zur Führung von Rechtsstreitigkeiten

- Bearbeitung von Anfragen und Beschwerden von übergreifender Bedeutung (Gemeinderat, Bürgermeister, …)
- Innerstädtische Regelungen mit Personal-, Finanz-, EDV/IT-, Rechnungsprüfungs- und Straßenbaubereichen über gegenseitige Dienstleistungen und deren Verrechnung
- Verkehrssicherungspflichten
- Einhaltung der Vorschriften über den Arbeitsschutz, die allgemeine Gleichbehandlung, den Mutterschutz, den Jugendarbeitsschutz, die Schwerbehindertenfürsorge und den Datenschutz
- Pressemitteilungen, Öffentlichkeitsarbeit (Mitwirkung bei der öffentlichen Darstellung der Arbeit der Entwässerung)

12.3 Aufgaben der MA im Sachgebiet Grundstücksentwässerung

Technische Bearbeitung

- Bearbeitung von Entwässerungsanträgen bei Gebäude-Neu- und Umbauten nach
  - den gültigen DIN- und EN-Normen,
  - der Hydraulik der öffentlichen Kanäle,
  - der Entwässerungssatzung der Stadt/Gemeinde und
  - den rechtsgültigen Bebauungsplänen
- Genehmigungen von vorübergehenden Abwassereinleitungen/Bauwasserhaltungen
- Prüfung von Fett- und Leichtflüssigkeitsabscheidern (für beide: ist die erforderliche Sachkundeprüfung vorhanden?)
- Bearbeitung von Stellungsnahmeersuchen des Bauordnungsamtes hinsichtlich Erschließung durch gesonderte Auflagen und Hinweise
- Prüfung der EWS-Anträge hinsichtlich Versickerung/Wasserrecht und Weiterleitung bzw. Koordinierung der Anträge mit dem Umweltamt der Stadt
- Führen von Beratungsgesprächen mit Bauherrn, Planern und Architekten (telefonisch bzw. persönlich) hinsichtlich der Art der Durchführung ihrer Bauprojekte, Vorstellung von unterschiedlichen Projektvarianten und -alternativen
- Beratung von Grundstückeigentümern bei Problemen (Verstopfungen, Rückstauprobleme, usw.) mit ihrer Grundstücksentwässerungsanlage, ggf. Vorort Ansicht und Unterbreitung von Lösungen
- Sachbearbeitung von eingehenden Widersprüchen und Unterstützung der entspr. Stelle in ihrer Tätigkeit der Bescheiderstellung bzw. Widerspruchsbearbeitung
- Überprüfen und Beratung bei der Erstellung von technischen Stellungnahmen
- Erstellen von Kanalauskünften digital aus dem Kanalkataster der Gemeinde oder aus den alten Bestandsunterlagen, Planauskünfte
- Zusammenarbeit mit verschiedenen Dienststellen bei Entwässerungsanträgen oder Planungen: Kämmereiamt (bebaute und befestigte Flächen), Amt für Wirtschaft (Interessen-

konflikte zwischen Wirtschaft und Auflagen der EWS-Bescheide, Findung wirtschaftlicher Lösungskonzepte, Liegenschaftsangelegenheiten), Umweltamt (Mithilfe bei Wasserrechtsbescheide, Informationsaustausch), Zentralregistratur (Einsicht nehmen und Hausbauakten-Informationsfindung), Bauordnungsamt (Informationsaustausch, Baueinstellung, Besprechungen bei Widersprüchen), Verkehrsaufsichtsamt (Aufbruchgenehmigungen)

Fachliche und technische Überprüfung bzw. Unterstützung
der Außendienstkontrolleure für die bebauten und versiegelten Flächen bei Unstimmigkeiten mit der Entwässerung bzw. Grundstückseigentümern.

Prüfen von Bauvoranfragen und Bauanträgen **in entwässerungstechnischer Hinsicht** nach DIN 1986 und Entwässerungssatzung (EWS), hier insbesondere

- ist eine einfache Rückstaumaßnahme in Gebäuden ausreichend, oder muss rückstaugefährdete Leitung in besondere Rückstausicherung einbezogen werden
- ist Hebeanlage für Kellerentwässerung erforderlich
- liegt Trennsystem vor und muss Regen- und Schmutzwasser getrennt zum öffentlichen Kanal geleitet werden
- wird event. Fremdwasser dem öffentlichen Kanal zugeleitet (nicht zulässig) wegen Undichtigkeiten oder Verwurzelungen in Kanälen
- Korrekte und eindeutige zeichnerische Darstellung in den Unterlagen?

Prüfen von Bauvoranfragen und Bauanträgen **hinsichtlich Versickerung des Regenwassers** im Erdreich nach DWA-Merkblatt 138, hier insbesondere

- Versickerung fordern, wenn öffentlicher Kanal (Regenwasserkanal oder Mischsystem) nicht ausreichend dimensioniert und damit überlastet ist
- Versickerung fordern, wenn Erdreich versickerungsfähig ist, ggfs. Prüfbericht über die Versickerungsfähigkeit des Erdreiches anfordern
- Sickerschächte oder -mulden für einzelne Garagen oder Schuppen berechnen

Prüfen von Bauvoranfragen und Bauanträgen **hinsichtlich einer Regenwassernutzung**, hier insbesondere

- Anfragen von Bauherren und Architekten nach der Größe der regenwasserspeichernden Zisterne beantworten (Grundlage für die Berechnung: Dachfläche, Jahresniederschlag, Abflussbeiwert)
- überprüfen der im Bauplan eingezeichnete Wassernutzungsanlage (Regenwasserzuleitung, Grobfilter, Einleitung in Zisterne, Wasserentnahme, Überlauf zum städt. Kanal oder auf Grundstück zur Versickerung oder befüllen eines Deiches)
- überprüfen des Entwässerungssystems, so dass wirklich nur Regenwasser gespeichert oder eingeleitet werden kann

Prüfen von Bauvoranfragen und Bauanträgen von **Gewerbebetrieben (Kfz.-Waschhallen, Tankstellen, Gaststätten, Kantinen usw.)** in entwässerungstechnischer Hinsicht nach DIN und EWS, hier insbesondere bei

- Kfz-Waschhallen: Überprüfen der Berechnung zur Größe des Schlammfangs und des Benzinabscheiders (= abhängig von Fläche, Zapfstellen oder Hochdruckspüler, Leichtöldichte und Fahrzeugart)
- Ölbelasteten Flächen: Tankbereichsgröße, Überprüfen der Schlammfanggröße und des Benzinabscheiders (= abhängig von Fläche und Niederschlag)
- Gaststätten und Kantinen: Überprüfen der Fettabscheidergröße mit dem entsprechendem Schlammfang (= abhängig von der Anzahl der Tage und der verkauften Essensportionen)
- Anlagen regelmäßig geleert (Nachweise!)? und gewartet
- Anlagen regelmäßig geprüft durch Sachverständige (Generalinspektion)?

Außendienst-MA
- Überprüfung der betrieblichen Eigenkontrolle, s. o.
- Prüfung von Fett- und Leichtflüssigkeitsabscheidern (für beide: ist die erforderliche Sachkundeprüfung vorhanden?)
- Beratung von Grundstückseigentümern bei Problemen (Verstopfungen, Rückstauprobleme, usw.) mit ihrer Grundstücksentwässerungsanlage, ggf. Vorort Ansicht und Unterbreitung von Lösungen
- Durchführen von Farbproben (Fehlanschlüsse, Angabenüberprüfung, Einleitverhalten)
- Abstimmung, Betreuung und Baustellenkontrolle der genehmigten Bauvorhaben während und nach Herstellung der Bauvorhaben (Übereinstimmung vor Ort mit genehmigten Plänen?)

Führung eines Abwasserkatasters/Einleiterkatasters
Das Abwasserkataster muss Informationen über die Einleiter und Analysedaten der durchgeführten Abwasseruntersuchungen sowie Protokolle der Betriebsbegehungen enthalten. Wichtig sind insbesondere: Einleiter von großen Abwasser-Mengen oder starken Abwasser-Verschmutzungen, Fett-, Benzin- u. Öl-Abscheider, Abwasserbehandlungsanlagen, usw.

Prüfung der Gartenwasserzähler und der Brunnenwasserzähler
Die Zähler müssen korrekt eingebaut und geeicht sein und abgelesen werden. Der gemeldete Verbrauch muss abgeglichen werden mit dem abgelesenen.

Prüfung von privaten Messeinrichtungen zur Erfassung von eingeleiteten Abwassermengen
Die Zähler müssen korrekt eingebaut und geeicht sein und abgelesen werden. Der gemeldete Verbrauch muss abgeglichen werden mit dem abgelesenen.

Erstellung und Verwaltung eines evtl. vorh. Baugrundkatasters
Bei allen Tiefbaumaßnahmen der Entwässerung und anderer Ämter und Dienststellen fallen Baugrundaufschlüsse an. Eine systematische Sammlung und Dokumentation von Bohrprofilen und Bodenaufschlüssen erleichtert und beschleunigt Aussagen zu neuen Baumaßnahmen. Es handelt sich hier um eine freiwillige Aufgabe, die jedoch oft nur von größeren Städten durchgeführt wird.

Grundwasser-Pegelmessungen (nur falls vorhanden)
Bei vielen Tiefbaumaßnahmen der Entwässerung und anderer Ämter und Dienststellen werden Grundwasseraufschlüsse und Wasserstandsmessungen gemacht. Es hat sich als sinnvoll erwiesen, vorhandene Pegelstellen dauerhaft zu erhalten und in regelmäßigen zeitlichen Abständen den Grundwasserstand zu messen. Dadurch lassen sich Rückschlüsse auf den Fremdwasseranfall treffen und für künftige Baumaßnahmen die Wasserhaltungskosten abzuschätzen.

Flächenermittlungen für Niederschlagswassergebühren
Vorbereitung und Durchführung der Ausschreibung der Befliegung

- Grundlagenermittlung, Vorbereitung der Vergabe, Anfertigen der Leistungsbeschreibung, Mitwirken bei der Vergabe, Vorbereitung von Vergabevorschlägen durch Prüfung und Wertung der eingereichten Angebote,
- Anfertigen von Ausschussunterlagen, Erstellung von Präsentationen für den Werksenat, Presse und Stadt,
- Koordinierung der gesamten Aktion, Leistungsfeststellung und Rechnungsprüfung, Überwachung der Mängelbeseitigung, Bürgerkontakt bei der Durchführung,
- Kostenkontrolle der Gesamtmaßnahme,
- Verhandlungen mit Firmen hinsichtlich Durchführung, Vertragsverhandlungen (Auswertung von Luftbilder, Erstellung einer funktionierenden Datenbank, Selbstauskunftverfahren, Update- und Servicevertrag),
- Auskünfte an Bürger hinsichtlich versiegelter Flächen anhand des GIS-Programms,
- Koordinierung (bzw. Erstellung von Arbeitsanweisungen) der Nacharbeiten und laufenden Arbeiten mit der Datenbank hinsichtlich Arbeitsvorgängen → Außendienstmitarbeiter,
- Einarbeitung der Ergebnisse,
- Weitergabe der Daten an die Kämmerei oder Gebührenabteilung zur Bescheiderstellung
- Vorbereitung, Durchführung und Aktualisierung der Bemessungsgrundlage für die Niederschlagswassergebühr

Flächenermittlung bei von Überfliegung betroffenen Grundstücken

- Ausdrucken der aus der Bürgerbefragung resultierenden digitalen Erfassungsblätter, die in der Differenzliste aufgeführt sind
- Terminabsprachen mit den Eigentümern zur Klärung der Sachlage vor Ort
- Ausmessen der bebauten und befestigte Flächen vor Ort
- Einsichtnahme in Hausbauakten, die in der Registratur der Stadt abgelegt sind

- ggf. Entwässerungspläne prüfen
- Farbprobe mit Spülwagen vor Ort zur Klärung der tatsächlichen Entwässerungssituation
- Berichtigen des Erfassungsbogens und Weitergabe zum Steueramt
- Ermitteln von digitalen Flächen in entsprechender Software
- Scannen und digital Speichern der berichtigten und vom Steueramt gebuchten Erfassungsbögen mit entsprechender Software

Systematische Überprüfung der an das Kanalnetz angeschlossenen befestigten Flächen durch Innen- u. Außendienst Komplettaufnahme bei bereits bebauten Flächen (Bestand):

- Terminabsprachen mit den Eigentümern zur Klärung der Sachlage vor Ort
- Ausmessen der bebauten und befestigte Flächen vor Ort
- Einsichtnahme in Hausbauakten, die in der Registratur der Stadt abgelegt sind
- ggf. Entwässerungspläne prüfen
- Farbprobe mit Spülwagen vor Ort zur Klärung der tatsächlichen Entwässerungssituation
- Prüfung der nicht eingeleiteten Wassermengen bei Nutzung oder Versickerung
- Berichtigen des Erfassungsbogens und Weitergabe zum Steueramt

Flächenermittlung bei Neu- und Umbauvorhaben

- Ausfüllen eines Erfassungsblatts des Steueramts mit Angaben zum Bauablauf und mit aktuellen Flächenprüfungen, die sich aus Bauanträgen und Neuanschlüssen an das Entwässerungsnetz ergeben
- Akteneinsicht vor der Vorortüberprüfung zur Einschätzung der Entwässerungssituation
- Entwässerungsplaneinsicht und ggf. Absprache mit Architekten/Bauherren
- Vorortüberprüfung hinsichtlich der Übereinstimmung von Entwässerungsplan und tatsächlichen Entwässerungs- bzw. Versickerungsflächen
- Ausmessen der bebauten und befestigten Flächen vor Ort
- Maßstabsgetreues Einzeichnen der Dach- und befestigten Flächen im entsprechenden Ausdruck
- Eintragen der Flächengrößen im Erfassungsblatt des Steueramtes und Weiterleitung an Steueramt, gemeinsam mit dem Flächenplan
- Erstellen von Kopien und Ablage in Bauunterlagen
- Flächenermittlung zur Bearbeitung von Nachfragen im Falle von Wiedervorlage/Überwachungen und Änderungen

Mitwirkung bei der Bearbeitung von Widersprüchen gegen Grundabgabenbescheid beim Steueramt/Kämmerei bzw. der Gebührenabteilung

- Terminabsprachen mit den Eigentümern zur Klärung des Widerspruchs und Feststellung der Entwässerungssituation
- Überprüfen und Feststellen der an das Kanalnetz angeschlossenen bebauten und befestigten Flächen vor Ort

- Ggf. Erstellung von Digitalfotos oder Aktennotiz, Ablage bei EBB-Bauunterlagen und digital
- Eintragen der Flächengrößen im Erfassungsblatt des Steueramtes und Weiterleitung an Steueramt, gemeinsam mit dem Flächenplan

Rechtliche Bearbeitung durch Verwaltungskräfte
(z. B. Beamte des gehobenen Dienstes)

- Sachbearbeitung für den technischen Bereich der Grundstücksentwässerung (Stammdatenerfassung, Überwachung der Wiedervorlagen und Koordination, insbesondere wöchentliche Auswertung der erteilten Baugenehmigungen im Bauordnungsamt mit Festlegung der weiteren Vorgehensweise im Rahmen der EWS, Ausdruck der erforderlichen Bearbeitungsblätter)
- Erstellen von Bescheiden über die Zustimmung zum Bau/zur Änderung von Grundstückentwässerungsanlagen (Zustimmungen) und Bescheiden über die Befreiung vom Anschluss- und Benutzungszwang (Befreiungen)
- Verfahrenseinstellung durch Bescheid bei Antragsrücknahme
- rechtliche Bearbeitung von Klageverfahren gegen Zustimmungen/Befreiungen/Verfahrenseinstellungen (Vorbereitung)
- Erlass von kostenpflichtigen Bescheiden zur Durchsetzung von Auflagen, die in Zustimmungen oder Befreiungen festgesetzt wurden, unter Androhung von Zwangsgeldern mit Festsetzung von Verwaltungsgebühren
- Einleitung von Informationsverfahren bezüglich der Herstellung/Änderung von Grundstücksentwässerungsanlagen (Stammdatenerfassung, Informationsschreiben, Überwachung der Wiedervorlagen im Hinblick auf Baubeginn der erteilten Baugenehmigung) mit der Aufforderung zur Antragstellung (Grundlage: Trennung von Bau- und EWS-Genehmigung)
- Einleitung von Anordnungsverfahren bei Baubeginn ohne erteilte Zustimmung/Befreiung nach der EWS (Anhörung, Erlass Zwangsgeldbedrohter Anordnungen, Fälligkeitsmitteilungen mit erneuter Zwangsgeldandrohung)
- Einleitung von Anordnungsverfahren zur Vorlage von Dichtheitsprüfungen (Anhörung, Erlass Zwangsgeldbedrohter Anordnungen, Fälligkeitsmitteilungen mit erneuter Zwangsgeldandrohung)
- Einleitung von Verfahren nach der EWS bei Falscheinleitung (Anhörung, Erlass Zwangsgeldbedrohter Anordnungen, Fälligkeitsmitteilungen mit erneuter Zwangsgeldandrohung)
- Überwachung der Fristen für die Mängelbeseitigung
- Überwachung der Umsetzung Zwangsgeldbedrohter Anordnungen durch Führung eines Fristenbuches, ggf. Überwachung der Beitreibung des Zwangsgeldes
- Aufbau eines EDV-gestützten Grundstückskatasters zur Fristenüberwachung für die nach DIN und EWS vorgeschriebenen wiederkehrenden Untersuchungen von Grundstücksentwässerungsanlagen (Dichtheitsprüfungen)
- Prüfung der regelmäßigen Entleerung von abflusslosen Gruben (und Kleinkläranlagen?)
- Ermittlung der Grundlagen für die Erhebung der Abwasserabgabe für Kleineinleiter (Feststellung der gemeldeten Einwohner und Anschreiben aller Eigentümer abflussloser

Gruben sowie Meldung aller Einwohner, für die eine Kleineinleiterabgabe anfällt, an das Umweltamt)
- Vorbereitung von Anliegerinformationen im Vorfeld von Stadtsanierungsmaßnahmen (Feststellung der Eigentumsverhältnisse, Erstellung von Serienbriefen)

Bereich Indirekteinleiterkontrolle
- Ausbau und Führung des Indirekteinleiterkatasters, auch für den Bereich „Abscheider“ (z. B. Leichtflüssigkeitsabscheider an Tankstellen, Fettabscheider in Gaststätten etc.)
- Zustellen der Messprotokolle an die überwachten Firmen
- Ausfertigung und Zustellung von Prüfgebührenbescheiden bei Grenzwertüberschreitungen
- Aufbau und Führung eines Fristenbuches für die nach DIN und EWS vorgeschriebenen Wiederholungsprüfungen von Abscheidern und der zugehörigen Leitungen

Bereich Flächenermittlung
- Abgleich der ermittelten versiegelten Flächen bzw. Flächen, deren Niederschlagswasser zur Versickerung gebracht wird mit den genehmigten Daten im PC vor Meldung an das Kämmereiamt
- Einleitung von Anordnungsverfahren (Anhörung, Erlass Zwangsgeldbedrohter Anordnungen, Fälligkeitsmitteilungen mit erneuter Zwangsgeldandrohung) bei Feststellung von nicht genehmigten Versickerungen

Sonstiges
- Aufbau und Führung eines Grundwasserstandskatasters; falls GW-Messstellen vorhanden sind und überwacht werden
- Überprüfung und Vorschläge zur Aktualisierung und Verbesserung der städtischen Entwässerungssatzung (EWS), der zugehörigen Beitrags- und Gebührensatzung (BGS/EWS) und der Fäkalschlamm-Entsorgungs-Satzung (FES)

12.4 Aufgaben der MA im Kanal-Betrieb

Kanalbetrieb Sachgebietsleitung

Sachgebietsleitungsaufgaben
- Bestimmung von Grundsätzen, Richtlinien und Anweisungen für die Sachbearbeitung der dem Sachgebiet zugewiesenen Aufgaben in formeller und materieller Hinsicht
- Aufgabengliederung, Zuständigkeitsregelung und Personaleinsatz im Sachgebiet Kanalnetz und Gewässer
- Anordnung der zur Erfüllung der zugewiesenen Aufgaben erforderlichen Maßnahmen und Einsatz der zugewiesenen Dienstkräfte und Arbeitsmittel im Rahmen der festgesetzten Regelungen
- Koordinierung der Tätigkeiten der unmittelbar nachgeordneten Dienstkräfte des Sachgebiets durch Hinweise, Rücksprachen und Besprechungen, Kontrolle der Ergebnisse

- Entscheidungen in grundsätzlichen, fachlichen, personellen, organisatorischen und finanziellen Angelegenheiten, soweit sie nicht dem Abteilungsleiter Entwässerung oder Weiterentwicklung obliegen
- Führung der Hälfte der Mitarbeitergespräche der Abteilung in Vertretung des Abteilungsleiters
- Monatsgespräche für den Bereich Kanalnetz und Grundstücke
- Koordinierung der bereichsübergreifenden Tätigkeiten der Mitarbeiter (Bereich i. d. S. sind Kanalunterhalt, Grundstücksentwässerung, Flächenermittelung, Indirekteinleiterkontrolle, Kläranlage)
- Beobachtung der Entwicklung des Fachgebiets und des Schrifttums
- Mitarbeit bei der Aktualisierung und Änderung der Entwässerungssatzung der Stadt im Arbeitskreis aus Mitarbeitern der Entwässerung, des Tiefbauamtes, des Umweltamtes und des Bereichs Recht
- Öffentlichkeitsarbeit und Darstellung der Entwässerung, z. B. durch Organisation bzw. Mitarbeit bei der Organisation von Sonderveranstaltungen, z. B. Tag des Wassers der Vereinten Nationen
- Ausbildungsmesse mit dem Personalamt zur Nachwuchsrekrutierung
- Vorträge über die Arbeit des Kanalunterhaltes der Gemeinde auf Fachtagungen, beim Güteschutz Kanalbau oder beim DWA-Erfahrungsaustausch
- Sicherheitsunterweisung der Mitarbeiter, Überwachung der Umsetzung der UVV
- Haushaltsplanung: Mittelbeantragung für die zu bewirtschaftenden Haushaltsstellen zur Aufstellung des Haushalts/ggf. Nachtragshaushalts
- Einsatzbesprechungen

Kanalunterhalt

- Unterhaltung und Betrieb der städt. Entwässerungsanlagen incl. Bauwerke im Kanalnetz (Pumpwerke und Rückhaltebecken etc.)
- Regelmäßige Reinigung aller Kanalanlagen (Kanäle, Sonderbauwerke, usw.)
- Untersuchungen mit Kanalfernsehauge mit nachträglicher Auswertung
- Stichprobenweise Kontrolle der Sonderbauwerke nach der Reinigung durch den Kanalunterhalt
- Kontrolle der Bauwerke auf ihren bautechnischen Zustand entspr. DIN 1076
- Sicherstellung der Umsetzung von Unfallverhütungsvorschriften
- Ausarbeitung von Dienstanweisungen für den technischen Bereich
- Ausarbeitung von Formblättern und Vordrucken für den technischen Bereich
- Erstellung des Jahresberichtes Kanalunterhalt
- Haushaltsplanung Kanalunterhalt
- Vorgaben für die Planung von Sonderbauwerken bzgl. Künftigem Unterhalt
- Mitwirkung in der Detailplanung von Bauwerken
- Absprachen mit dem Sicherheitsingenieur der Gemeinde und dem GUVV
- Abnahme/Gewährleistungsabnahme von Bauwerken im Bereich Kanalisation

- Erstellung bzw. Prüfung von Vergabevorschlägen (VOL) bei der Beschaffung von Fahrzeugen, Betriebsmitteln, Arbeitsmaschinen (Sauger, Spüler, Kamerafahrzeug) etc.
- Mitwirkung bei Bürgerinformationen und Infoschriften
- Einweisung der Feuerwehr im Bereich Kanalisation und Sonderbauwerke, Rettungsübungen für Notfalleinsätze
- Stellungnahme zu Prüfungsberichten des Rechnungsprüfungsamts der Stadt
- Bearbeitung von Unterlagen für die Befreiung von der Niederschlagswasserabgabe und Abstimmung mit der Wasserbehörde
- Erstellung der Explosionsschutzdokumente für den Bereich Kanal
- Koordinierung des Betriebs von Niederschlagsmessstellen im Stadtgebiet

Kanalsanierung

- Sanierung/Reparatur von Kanalschäden sowie Abnahme von neuerstellten Kanalstrecken und Abnahme von straßenbaulichen Maßnahmen
- Abstimmung der Sanierungsbereiche mit dem Tiefbaubereich/Straße, Auswahl geeigneter Sanierungsverfahren
- Auswahl von Firmen nach Durchführung des Teilnahmewettbewerbs
- Ausschreibung, Vergabe und Koordinierung von Arbeiten im Kanalnetz (z. B. Dichtigkeitsprüfungen, Einmessungen, TV-Untersuchungen, ggf. Spülungen)
- Vergabe und Abrechnung von Sofortmaßnahmen
- Durchführung von Vergabegesprächen
- Abstimmung der Baustellenkontrollen mit dem Güteschutz Kanalbau
- Besprechung von Problemen bei der Bauausführung mit dem Güteschutz Kanalbau
- Klärung strittiger Sachverhalte mit den an der Sanierung beteiligten Büros/Sanierungsfirmen

Gesamtentwässerungsplanung

- Koordinierung der Fortschreibung der hydraulischen Berechnung der Kanalisation mit dem hydrodynamischen Kanalnetzberechnungsmodell (z. B. HYSTEN EXTRAN)
- Prüfung der Berechnungsergebnisse mit Beobachtungen
- Betreuung der Neuberechnung der Schmutzfrachtberechnung: Vorbereitung der Vergabe von Ingenieurleistungen und Bearbeitung des Vergabevorschlages für Ingenieurleistungen
- Betreuung der Grundlagenermittlung für Varianten aus der Schmutzfrachtberechnungen, Vorbereitung der Vergabe von Ingenieurleistungen und Bearbeitung des Vergabevorschlages für Ingenieurleistungen
- Fortschreibung und Umsetzung des Wasserrechtsbescheids für das Kanalnetz
- Stellungnahmen/Mitwirkung bei Stellungnahmen zu Bebauungsplänen des Planungsamtes als Träger öffentlicher Belange
- Ermittlung der Möglichkeiten zur entwässerungstechnischen Erschließung von geplanten/zur Erschließung vorgesehenen Baugebieten

- Abstimmung von Entwässerungsplanungen mit Straßenbauprojekten des Straßenbaus und Ausbau-Projekten der Sparten Gas, Wasser, Strom, usw. …
- Prüfung der von den planenden Ingenieurbüros vorgelegten Unterlagen/Entwürfe auf Übereinstimmung mit dem GEP
- Weiterentwicklung der vorliegenden Planungsgrundlagen (z. B. Hydraulik) zur Optimierung des Kanalunterhaltes und zur Reduzierung der noch erforderlichen Investitionskosten

Grundstücksentwässerung
- Mitarbeit in schwierigen Fällen und solchen von grundsätzlicher Bedeutung, insbesondere z. B. bei Widersprüchen im Satzungsvollzug
- Entscheidungen in schwierigen Einzelfällen/in politisch relevanten Fragen
- Aufbau und Pflege des Abwasserentsorgungskonzepts (Kleinkläranlagen, abflusslose Gruben, künftige Anschlüsse)
- Erstellung der Statistik für den Bereich Grundstücksentwässerung
- Prüfung von Brunnenwasserzählern, Prüfung der tatsächlich eingeleiteten Wassermengen
- Kontrolle von Grundstücksentwässerungsanlagen auf Fehleinleitungen
- Prüfung von Grundstücksentwässerungsanlagen bei Wassereinbruch/durchnässten Kellern
- Prüfung von bzw. Mitwirkung bei schwierigen Entwässerungsgenehmigungen (Bescheidserteilung)
- Mitwirkung bei der Neufassung der Entwässerungssatzung aufgrund von möglichen Vollzugsproblemen

Flächenermittlung (angeschlossene versiegelte) bei gesplitteter Abwassergebühr
- Allgemeine Organisation des Bereichs Flächenermittlung
- Überwachung der durchgeführten Arbeiten
- Absprachen mit dem Kämmereiamt über die Grundlagenermittlung
- Festlegung der Gebührengrundlagen
- Beratung über Gartenwasserzähler

Indirekteinleiterkontrolle
- Planung der Beprobung von Industriellen und gewerblichen Betrieben und Kontrolle der Umsetzung
- Abstimmung mit der Aufsichtsbehörde (Wasserbehörde, Umweltamt)
- Organisation des Aufbaus des Indirekteinleiterkatasters
- Verhandlungen mit Betriebsleitungen schwieriger Einleiter (z. B. Brauereien, Schlachthof, Großbetriebe wie z. B. Bosch etc.)
- Prüfung schwieriger betrieblicher Entwässerungskonzepte

Gewässerschutzbeauftragter, ggf.
- Erstellung der Jahresberichte
- Überprüfung der Investitionen der Abteilung Entwässerung
- Überprüfung der Erfüllung der behördlichen Anforderungen

Vertretung des Betriebsleiters Klärwerk im Urlaubs-/Krankheitsfall, ggf.

- Kontrolle der Tätigkeitsberichte
- Erledigung des Tagesgeschäftes der Kläranlage, soweit es zeitlich möglich bzw. für den ordnungsgemäßen Betrieb der Kläranlage erforderlich ist
- Koordinierung des Meistereinsatzes

Kanaldatenbank (KDB)
Verwaltung und Fortführung der Kanaldatenbank (KDB)

- Beschaffung, Installation und Pflege der Software-Module der Kanaldatenbank und der betriebseigenen Kamerafahrzeuge
- Abschluss von Wartungsverträgen
- Fortführung und Pflege der Datenbank durch ständiges Einlesen oder Eingaben von Daten aus den Bereichen Kanalsanierung, Kanalunterhalt und Kanalneubau (Schachtkoordinaten, Sohltiefe, Materialien, Baujahre, Deckelhöhen, Kanallänge, -innendurchmesser, Einmündungen, Misch, SW, RW, usw.)
- Berichtigen des Zustandes der Kanäle und Schächte in der Kanaldatenbank aufgrund der Kanalreinigung oder Arbeiten durch Fremdfirmen
- Zustands- und Schadensklassifizierung der Kanalhaltungen und Schächte entsprechend DWA-Richtlinien
- Aufsicht und überwachen der Vermessungsarbeiten und der TV-Kanalinspektion
- Betreuen und Überwachen der Leistungen der Ing.-Büros für die Kanalbestandsvermessung und die Kanalfernaugenuntersuchungen
- Koordinieren der einzelnen Leistungen, Bauoberleitung für diese Leistungen
- Ergebnisse der Vermessung des Kanalbestandes, sowie der Kanalfernaugeuntersuchungen vergleichen, nachrechnen und prüfen, sowie Plausibilitätskontrollen durchführen und Weiterbearbeitung im graphisch technischen Informationssystem (Kanaldatenbank)
- Kanalspezifische Bestandsunterlagen prüfen und überwachen bei der Einarbeitung in die KDB, Auswerten und selektieren in der KDB (Schadensklassifizierungen, Reporte, Statistiken, usw.) Fortführung und Pflege der digitalen Flurkarte
- Erstellung von Abfragen, Plänen und Statistiken
- Stellungnahmen zu Pacht- und Gestattungsverträgen
- Stellungnahmen zum Verkauf von Grundstücken
- Kanalauskünfte und Beratung von Bauherren und Architekten
- Besuch von Fortbildungsmaßnahmen

Kanalmeister für Kanalunterhalt und -betrieb

- Abnahme der Neuanschlüsse von Grundstücksentwässerungsanlagen an den öffentlichen Kanal
- Leeren von Senkgruben und Kleinkläranlagen im Gemeindegebiet sowie Beseitigen von Entwässerungsmissständen
- Starkregen-, Hochwasser- und Katastropheneinsätze

- Arbeitseinteilung und Beaufsichtigung des unterstellten Personal beim Kanalunterhalt (Sauger, Spüler, Kamerafahrzeug, Kanalmaurer)
- Führen der täglichen Arbeitszettel und Lohnstundennachweise
- Verwaltung der Geräte, Werkzeuge und Sicherheitseinrichtungen im Kanalbereich
- Sachliche Überprüfung der Rechnungen und Ersatzteilbeschaffungen
- Neu- und Ersatzbeschaffung von Fahrzeugen und Arbeitsmaterial
- Unterhaltung und Betrieb der städt. Entwässerungsanlagen incl. Bauwerke am Kanalnetz (Pumpwerke und Rückhaltebecken etc.)
- Untersuchungen mit Kanalfernsehauge mit nachträglicher Auswertung (Eigenüberwachung der Kanäle, Schächte, Sonderbauwerke, Düker, Pumpwerke, usw. …)
- Wiederherstellen von Kanalschäden sowie Abnahme von neuerstellten Kanalstrecken und
- Abnahme von straßenbaulichen Maßnahmen (Regeneinläufe, Deckelhöhen, usw.)
- Suche von Falschanschlüssen durch Drahtnetze im Regenkanal oder Vernebelungen im Schmutzkanal

Reinigungsfahrzeuge (Sauger, Spüler, Klein-Lkw)
- Koordinierung und Einsatz der Kanalreinigungsfahrzeuge;
- Disposition: Erstellen von Unterlagen für den Kanalbetrieb, Einteilung der Mitarbeiter und Fahrzeuge (Tagesberichte, Planunterlagen usw.), Auswerten der Unterlagen,

Kamerafahrzeug
- Koordinierung und Einsatz der Kamerafahrzeuges und der vorausfahrenden Kanalreinigungsfahrzeuge;
- **Eingehende Sichtprüfung** des Kanalnetzes durch Kamerabefahrung zur Erfüllung der behördlichen Auflagen (EÜV), Kontrolle der Schadensvideos mit Auswertung
- Beschaffung und Unterhalt des Kamerafahrzeuges (VOL); Beobachtung von Tendenzen im Bereich Untersuchungstechnik und Umsetzung im erforderlichen Umfang;

Mitarbeiter Kanalbetrieb
- Führen der täglichen Arbeitszettel und Lohnstundennachweise
  - Erstellung von Unterlagen für den Kanalbetrieb (Tagesberichte, Planunterlagen usw.)
  - Auswertung der o. g. Unterlagen
  - Einsatz der Arbeitskräfte, Überprüfung der Arbeitsleistung und nach Bedarf Veranlassung der Verrechnung für Dritte
  - Führen der Stundenzettel (Zuschläge) für die Arbeiter;
  - Führen von Anwesenheits-, Überstunden- und Urlaubslisten;
  - Überwachen und Kontrolle des eigenen Arbeiterpersonals
  - Überwachen und Kontrolle der Leistungen der Fremdfirmen (Kamera, Spülen, usw.)
  - Sachliche Prüfung der Rechnungen von Fremdfirmen

- Weiterbildung der Mitarbeiter im Kanalbetrieb, z. B. geprüfte Kanalreiniger, Besuch von Fortbildungsmaßnahmen
- Arbeitssicherheit
  - Sicherheitsunterweisung, -übung (Netz und Kläranlage)
  - Prüfen der persönlichen Schutzausrüstung (Sachkundiger)

Betrieb der städtischen Entwässerungsanlagen

Unterhalt u. Sanierung des Kanalnetzes inklusive Bauwerke am Kanalnetz (Pumpwerke und Rückhaltebecken)

- Festlegen der Reparatur- bzw. Sanierungsart der Kanalschäden
- kleine Baumaßnahmen: Mitwirkung bei der Vergabe von Ing.-Verträgen, Überwachung und Abrechnung der Verträge (HOAI); Überprüfen der Leistungsverzeichnisse (VOB); Ausschreibung der Baumaßnahmen und Mitwirkung bei der Vergabe (VOB); Abnahme und Abrechnung der Bauleistungen (VOB); Durchführung von Gewährleistungsabnahmen (VOL, VOB)
- Abnahme von Bauleistungen zur Übernahme in den Kanalunterhalt durch Kamerabefahrung und/oder Abnahme vor Ort
- Vergabe von Lieferungen und Leistungen je nach Wert durch Angebotseinholung oder Ausschreibung, Erstellung von Leistungsverzeichnissen, Prüfung, Wertung und Vergabe bzw. Vorbereitung der Vergabe, Prüfung der gelieferten Leistungen und Rechnungen
- Mitwirken beim Erstellen der Haushaltsansätze für den Erfolgs- und Vermögensplan, Überwachung der Ausgabe der veranschlagten Mittel

Eigenüberwachung Kanalnetzbestand

- Erstellen und Koordinieren von Bauablaufplänen für die Auftragnehmer
- Ausschreibung und Beauftragung von Kanal-TV und Reinigungsleistungen
- Ausschreibung und Beauftragung von Druckprüfungen, Muffenprüfungen und Inspektionsarbeiten an Großprofilen
- Ausschreibung und Beauftragung der Vermessungsleistungen und der Sanierungsarbeiten
- Betreuen und Überwachen der Ing.-Büros für die Kanalbestandsvermessung und die Kanalfernaugenuntersuchungen
- Koordinieren und Bauoberleitung für diese Leistungen
- Mitwirken bei der Prüfung und Abrechnung der Fremdleistungen

Beseitigung und Verwertung von Fäkalien

- Regelmäßiges Leeren von Senkgruben und Kleinkläranlagen im Gemeindegebiet
- Entgegenahme der Fremdaufträge für die Kanalreinigungen auf nicht-öffentlichen Grundstücken (abflusslose Gruben, Kleinkläranlagen)
- Erfassen der Auftragsunterlagen für die Verrechnung der Fremdaufträge
- Abgleich der gereinigten Anlagen mit der Gesamtzahl der gemeindlichen Anlagen

Abnahme der Neuanschlüsse von Grundstücksentwässerunganlagen an den öffentlichen Kanal

Überprüfung und Abnahme der privaten Grundstücks-Anschlusskanäle an das öffentliche Kanalnetz entsprechend Entwässerungssatzung. Die Maßnahmen erfolgen vor einer Wiederverfüllung der Baugrube und der Abdeckung der Kanäle mit Boden.

Schädlingsbekämpfung

- Regelmäßig, bei Bedarf oder auf Anforderung der Ordnungsbehörde
- Beratung der Bürger zum Thema Schädlingsbekämpfung

Hard- u. Software/IT für den Kanalbereich

- Aufbau der EDV für den Kanalunterhalt
- Erstellen von Plan-/Arbeitsunterlagen für die Kanalreinigung
- Auswerten der abgearbeiteten Arbeitsunterlagen aus der Kanalreinigung mit dem EDV-Programm
- Beschaffung von Smartphones, Tablets, usw. für Mitarbeiter und Fahrzeuge
- Beschaffung und Überwachung der Wartungsverträge für Sicherheitsausrüstungen (Gaswarngeräte, Selbstretter, elektrische Geräte)
- Verwaltung der Geräte, Werkzeuge und Sicherheitseinrichtungen

Sonstiges

- Beratung von Bürgern bei Hauskanalverstopfungen, -sanierungen und Problemen, die er in Verbindung zur öffentlichen Kanalisation bringt (feuchte Hauswände, Rückstau);
- Erstellen von Unfallberichten bei Beteiligung von Fahrzeugen der Abteilung Kanalunterhaltung;
- Führen von Statistiken
- Beseitigen von Entwässerungsmissständen
- Weiterbildung der Kamerafahrzeugbesatzungen und Saug- u. Spülfahrzeugbesatzungen
- Organisation und Überwachung der Ersthelferausbildung der Kanalarbeiter
- Erstellen von Präsentationen und Halten von Vorträgen;
- Mitwirkung bei Abnahme von straßenbaulichen Maßnahmen
- Reinigung der Straßensinkkästen im Auftrag des Straßenbaulastträgers (evtl.)
- Bessere Auslastung der Saugfahrzeuge zum Leeren der Gruben und Kleinkläranlagen im Gemeindegebiet
- Evtl. Mitwirkung im Winterdienst (ggf. Winterdienst statt Kanalbetrieb) mit Bereitschaft je nach Witterung und notwendigen Einsatzstunden außerhalb der normalen Dienstzeit inklusive Wochenende, verantwortlich für den Einsatz der nach Winterdienstplan eingeteilten Kraftfahrer und der sonstigen gewerblichen Mitarbeiter
- Veranlassung der Reinigung der öffentlichen Brunnenanlagen im Stadtgebiet (evtl.)

Kanalsanierung

- Erstellen von Sanierungskonzepten und -prioritäten mit Hilfe der KDB, in Abhängigkeit vom baulichen Zustand, der hydraulischen Auslastung und der Umgebungsbedingungen der Kanäle (Grundwasserstände, usw.) sowie von Erkenntnissen aus dem Kanalbetrieb (DWA-Richtlinien)
- Koordinieren der Sanierungsmaßnahmen mit Neubaumaßnahmen
- Sanierungsmaßnahmen:
  - Mitwirkung bei der Vergabe von Ing.-Verträgen (HOAI);
  - Koordinierung, Überwachung und Abrechnung der Verträge (HOAI);
  - Mithilfe bei der Ausschreibung und Bauleitung der Kanalsanierungen, sowie Abrechnung der Maßnahmen;
  - Festlegen des Sanierungsumfangs;
  - Überprüfen der Leistungsverzeichnisse und Festlegung der Sanierungsverfahren (VOB, DIN-Normen, RSV-Merkblätter, ATV-Richtlinien);
  - Ausschreibung der Baumaßnahmen und Mitwirkung bei der Vergabe (VOB, Finanzbestimmungen der Gemeinde, Vergabehandbuch);
  - Überwachung der Baustellen zusätzlich zur Bauleitung durch das Ingenieurbüro, Teilnahme an Jour-fixe-Terminen;
  - Abnahme und Abrechnung der Bauleistungen (VOB); Durchführung von Gewährleistungsabnahmen durch Kamerabefahrung, Druckprüfung und Materialprüfung (VOL, VOB, DIN-Normen)
  - Aufbau und Durchführung der Qualitätssicherung in den Bereichen Ingenieurleistungen und Bauausführung (ATV-Richtlinien, RSV-Merkblätter)
- Besuch von Fortbildungsmaßnahmen
- Beobachtung der ständig wachsenden Zahl von Sanierungsverfahren in Bezug auf
  - Anwendbarkeit
  - Qualität des „Endproduktes“ (Material, eingesetztes Equipment, Bedienungspersonal)
  - Langzeiterfahrung

Eventuelle sonstige Aufgaben des Kanalbetriebs, die ggf. anfallen können

- Mitwirkung bei Abnahme von straßenbaulichen Maßnahmen
- Reinigung der Straßensinkkästen im Auftrag des Straßenbaulastträgers (evtl.)
  - Bessere Auslastung der Saugfahrzeuge zum Leeren der Gruben und Kleinkläranlagen im Gemeindegebiet
- Winterdienst (evtl.)
  - Evtl. Mitwirkung im Winterdienst (ggf. Winterdienst statt Kanalbetrieb) mit Bereitschaft je nach Witterung und notwendigen Einsatzstunden außerhalb der normalen Dienstzeit inklusive Wochenende, verantwortlich für den Einsatz der nach Winterdienstplan eingeteilten Kraftfahrer und der sonstigen gewerblichen Mitarbeiter
- Veranlassung der Reinigung der öffentlichen Brunnenanlagen im Stadtgebiet (evtl.)

Aufgaben der Fahrzeugbesatzungen im Kanalbetrieb (Funktionsbeschreibungen)

Fahren des Saugwagens (Sonderfahrzeuge > 7,5 t mit Sonderaufbauten)

- Kontrolle, Pflege, Wartung und Instandhaltung von Fahrzeug und Ausrüstung
- Erstellen der Tagesberichte über Einsatzorte, Zeiten und eingesetztes Personal
- Pflege und Wartung der mitgeführten Rettungsausrüstung
- Aufrüstung des Fahrzeugs nach Dispositionen
- Einrichtung von Baustellen, Verkehrssicherung
- Sichtprüfung von begehbaren Kanälen
- Spülen und Reinigen von Schächten sowie begehbaren und nicht begehbaren Kanälen
- Entleerung des Kanalräumguts
- Kanalreinigung durch Schwallspülung und ggf. Direktentnahme Wasser aus Gewässern
- alle im Kanalunterhalt üblicherweise anfallenden Tätigkeiten
- Pumpenkontrolle bei Sonderbauwerken (Hebewerken)
- Beseitigung von mechan. Störungen bei Hebewerken (nicht elektrisch)
- Unterhalt und Wartung von Pumpwerken
- Reinigung von Sonderbauwerken (Mess- und Auslassbauwerke, Regenüberläufe, Regenüberlaufbecken, Regenrückhaltebecken)
- Beseitigung von Störungen bei Sonderbauwerken (Mess- und Auslassbauwerke)
- Mithilfe im Kläranlagenbetrieb
- Kontrolle der Grundstücksentwässerung (Farbproben)

Sonstige Tätigkeiten

- z. B. Öffentlichkeitsarbeit
- Unterhaltsarbeiten im Bauhof
- Unterweisungen (betriebl. Tätigkeiten, Arbeits- u. Gesundheitsschutz)
- Mitarbeit bei Ehrenämtern (z. B. Wahlhelfer)
- Waschen; Zeiten berücksichtigen (Hygienevorschriften § 27 BGV C5)

Arbeiten im Bedarfsfall, je nach Aufgabenbereich der EW

- Reinigung der Regeneinläufe in Straßen (Gullys) je nach Zugangsmöglichkeit
- Reinigung der Brückenabläufe
- Entleeren von Fäkaliengruben (abflusslose Gruben)
- Reinigung der Sandfänge und Gräben
- Reinigung und Wartung der städtischen Brunnen
- Unterhaltsarbeiten an Gewässern
- Winterdienst

Fahren des Spülwagens (Sonderfahrzeuge > 7,5 t mit Sonderaufbauten)

- Kontrolle, Pflege, Wartung und Instandhaltung von Fahrzeug und Ausrüstung
- Erstellen der Tagesberichte über Einsatzorte, Zeiten und eingesetztes Personal
- Pflege und Wartung der mitgeführten Rettungsausrüstung
- Aufrüstung des Fahrzeugs nach Dispositionen

- Einrichtung von Baustellen, Verkehrssicherung
- Sichtprüfung von begehbaren Kanälen
- Spülen und Reinigen von Schächten sowie begehbaren und nicht begehbaren Kanälen
- alle im Kanalunterhalt üblicherweise anfallenden Tätigkeiten
- Pumpenkontrolle bei Sonderbauwerken (Hebewerken)
- Beseitigung von mechan. Störungen bei Hebewerken (nicht elektrisch)
- Unterhalt und Wartung von Pumpwerken
- Reinigung von Sonderbauwerken (Mess- und Auslassbauwerke, Regenüberläufe, Regenüberlaufbecken, Regenrückhaltebecken)
- Beseitigung von Störungen bei Sonderbauwerken (Mess- und Auslassbauwerke)
- Mithilfe im Kläranlagenbetrieb
- Schädlingsbekämpfung unter Anleitung des Sachkundigen
- Kontrolle der Grundstücksentwässerung (Farbproben)

Sonstige Tätigkeiten:
- z. B. Öffentlichkeitsarbeit
- Unterhaltsarbeiten im Bauhof
- Unterweisungen (betriebl. Tätigkeiten, Arbeits- u. Gesundheitsschutz)
- Mitarbeit bei Ehrenämtern (z. B. Wahlhelfer)
- Waschen; Zeiten berücksichtigen (Hygienevorschriften § 27 BGV C5)

Arbeiten im Bedarfsfall, je nach Aufgabenbereich der EW
- Reinigung der Regeneinläufe in Straßen (Gullys) je nach Zugangsmöglichkeit
- Reinigung der Dehnungsfugen und Brückenabläufe
- Reinigung und Wartung der städtischen Brunnen
- Unterhaltsarbeiten an Gewässern
- Winterdienst

Beifahrer auf Saug- und Spülwagen im Kanalunterhalt Im Wesentlichen fallen die gleichen Arbeiten an wie bei den Fahrern der Saug- oder Spülfahrzeuge; Beifahrer sind aber nicht verantwortlich. Mitarbeit erfolgt in diesen Bereichen unter Führung des Fahrzeugfahrers.

Betrieb des Kamerafahrzeugs Große Städte haben ggf. mehrere Fahrzeuge; kleinere Gemeinden haben ggf. kein eigenes Kamera-Fahrzeug.

Kanalnetzbefahrung nach Eigenüberwachungsverordnung (= eingehende Sichtprüfung), zur Neubauabnahme oder vor Ablauf der Gewährleistung

a) Vorbereitung auf die Befahrung
   - Aufrüsten des Fahrzeugs
   - Betankung des Aggregats
   - Prüfung der Kamera auf Dichtheit
   - Pflege und Wartung des Fahrzeugs und der Kamera

b) Befahrung und Dokumentation der Kanäle nach europäischer Norm, z. B.
   - Feststellen von Schäden
   - Schadensbeschreibung mittels Spezialsoftware zur Erstellung von Haltungsgrafiken
   - Sicherung der erfassten Daten (DVD, Video)
   - Übergabe der Dokumentation an den Kanalmeister

Mitarbeit bei Saug- und Spülfahrzeugen

- Aufrüstung des Fahrzeugs nach Disposition
- Einrichtung von Baustellen, Verkehrssicherung
- Spülen und Reinigen von Schächten sowie begehbaren und nicht begehbaren Kanälen
- Sichtprüfung von begehbaren Kanälen
- Entleerung des Kanalräumguts
- Pumpenkontrollen bei Sonderbauwerken (Hebewerken)
- Beseitigung von Störungen bei Hebewerken (nicht elektrisch)
- Unterhalt und Wartung von Pumpwerken
- Reinigung der Brückenabläufe und Dehnungsfugen
- Reinigung von Sonderbauwerken (Mess- und Auslassbauwerke, Regenüberläufe, Regenüberlaufbecken, Regenrückhaltebecken)
- Beseitigung von Störungen bei Sonderbauwerken (Mess- und Auslassbauwerke)
- Reinigung und Wartung der städtischen Brunnen
- Mithilfe im Kläranlagenbetrieb
- Unterhaltsarbeiten an Gew. III Ordnung
- Kontrolle der Grundstücksentwässerung (Farbproben)
- Pflege, Wartung und Instandhaltung von Fahrzeug und Ausrüstung
- Pflege und Wartung der mitgeführten Rettungsausrüstung
- Gullyreinigung je nach Zugangsmöglichkeit
- Entleeren Fäkaliengruben (abflusslose Gruben)
- Reinigung der Sandfänge und Gräben
- Kanalreinigung durch Schwallspülung, Direktentnahme von Wasser aus Gewässern
- Schädlingsbekämpfung unter Anleitung des Sachkundigen
- alle im Kanalunterhalt üblicherweise anfallenden Tätigkeiten

Durchführung der Spülung mit Flusswasser bzw. gestautem Kanalwasser in evtl. geeigneten Gebieten Zur Einsparung von Frischwasser bei der Kanal-Spülung mit Spülfahrzeugen hat es sich bewährt Flusswasser zu nutzen oder Kanäle durch Schieber nachts aufzustauen und früh morgens dann eine Schwallwelle durch die anschließenden Kanäle laufen zu lassen, um so die Ablagerungen zu lösen.

Winterdienst Mitarbeiter im Kanaldienst könnten bei Eis und Schnee ohnehin nur eingeschränkt am Kanalnetz arbeiten, daher ist es sinnvoll, diese Mitarbeiter im Winterdienst einzusetzen. Auf diese Weise wird der Gebührenhaushalt durch die Verrechnung der Leistungen entlastet und die restliche Gemeindeverwaltung hat die notwendigen Arbeitskräfte für den Winterdienst.

Sonstige Tätigkeiten

- z. B. Öffentlichkeitsarbeit
- Unterhaltsarbeiten im Bauhof
- Unterweisungen
- Mitarbeit bei Ehrenämtern (z. B. Wahlhelfer)
- Waschen; Zeiten berücksichtigen (Hygienevorschriften § 27 BGV C5)

Maurer im Kanalbetrieb

Mittlere und größere Städte beschäftigen eigene Mitarbeiter (Maurer) für die ständigen Reparaturarbeiten am Kanalnetz.

Tätigkeiten der Maurerkolonne

- Instandsetzungsarbeiten nach Vorgaben der Disposition
- Aufrüsten des Fahrzeuges mit Geräten und Material nach Erfordernissen der Baustelle
- Sicherung der Baustelle
- Aufbau von Verkehrsregelungen nach Vorgaben des Straßenverkehrsaufsichtsamtes für die Einrichtung der Baustelle
- Erneuerung und/oder Nachrüstung von Steigeisen
- Reparatur von Kanaleinbrüchen
- Beseitigung von Verwurzelungen
- Angleichung von Schachtdeckeln an die Fahrbahnhöhe (Anheben oder Absenken)
- Neubau, Erneuerung und Instandsetzung von Straßeneinläufen (sog. Gullys)
- Asphaltierungsarbeiten
- Betonsanierung in Schächten und Sonderbauwerken
- Instandsetzung von Sohlgerinnen
- Sanierung des Mauerwerks in begehbaren gemauerten Kanälen
- Reinigung und Pflege des Maurerfahrzeugs und der Maschinen und Werkzeuge

Mitarbeit bei Saug- und Spülfahrzeugen

- Aufrüstung des Fahrzeugs nach Disposition
- Einrichtung von Baustellen, Verkehrssicherung
- Spülen und Reinigen von Schächten sowie begehbaren und nicht begehbaren Kanälen
- Sichtprüfung von begehbaren Kanälen
- Entleerung des Kanalräumguts
- Pumpenkontrollen bei Sonderbauwerken (Hebewerken)
- Beseitigung von Störungen bei Hebewerken (nicht elektrisch)

- Unterhalt und Wartung von Pumpwerken
- Reinigung der Brückenabläufe und Dehnungsfugen
- Reinigung von Sonderbauwerken (Mess- und Auslassbauwerke, Regenüberläufe, Regenüberlaufbecken, Regenrückhaltebecken)
- Beseitigung von Störungen bei Sonderbauwerken (Mess- und Auslassbauwerke)
- Reinigung und Wartung der städtischen Brunnen
- Mithilfe im Kläranlagenbetrieb
- Unterhaltsarbeiten an Gew. III Ordnung
- Kontrolle der Grundstücksentwässerung (Farbproben)
- Pflege, Wartung und Instandhaltung von Fahrzeug und Ausrüstung
- Pflege und Wartung der mitgeführten Rettungsausrüstung
- Gullyreinigung je nach Zugangsmöglichkeit
- Entleeren Fäkaliengruben (abflusslose Gruben)
- Reinigung der Sandfänge und Gräben
- Kanalreinigung durch Schwallspülung, Direktentnahme von Wasser aus Gewässern
- Schädlingsbekämpfung unter Anleitung des Sachkundigen
- alle im Kanalunterhalt üblicherweise anfallenden Tätigkeiten

Winterdienst siehe Abschn. Winterdienst auf S. 890

Sonstige Tätigkeiten
- z. B. Öffentlichkeitsarbeit
- Unterhaltsarbeiten im Bauhof
- Unterweisungen
- Mitarbeit bei Ehrenämtern (z. B. Wahlhelfer)
- Waschen; Zeiten berücksichtigen (Hygienevorschriften § 27 BGV C5)

Kanalbetrieb, Maurerhelfer
Mittlere und größere Städte beschäftigen eigene Mitarbeiter (Maurerhelfer) für die ständigen Reparaturarbeiten am Kanalnetz.

Tätigkeiten auf Anweisung, zur Unterstützung bzw. in Vertretung des Maurers, z. B.
- Instandsetzungsarbeiten nach Vorgaben der Disposition
- Aufrüsten des Fahrzeuges mit Geräten und Material nach Erfordernis der Baustelle
- Sicherung der Baustelle
- Aufbau von Verkehrsregelungen nach Vorgaben des Straßenverkehrsaufsichtsamtes für die Einrichtung der Baustelle
- Erneuerung und/oder Nachrüstung von Steigeisen
- Reparatur von Kanaleinbrüchen
- Beseitigung von Verwurzelungen
- Angleichung von Schachtdeckeln an die Fahrbahnhöhe (Anheben oder Absenken)

- Neubau, Erneuerung und Instandsetzung von Straßeneinläufen (sog. Gullys)
- Asphaltierungsarbeiten
- Betonsanierung in Schächten und Sonderbauwerken
- Instandsetzung von Sohlgerinnen
- Sanierung des Mauerwerks in begehbaren gemauerten Kanälen
- Reinigung und Pflege des Maurerfahrzeugs und der Maschinen und Werkzeuge

Mitarbeit bei Saug- und Spülfahrzeugen
- Aufrüstung des Fahrzeugs nach Disposition
- Einrichtung von Baustellen, Verkehrssicherung
- Spülen und Reinigen von Schächten sowie begehbaren und nicht begehbaren Kanälen
- Sichtprüfung von begehbaren Kanälen
- Entleerung des Kanalräumguts
- Pumpenkontrollen bei Sonderbauwerken (Hebewerken)
- Beseitigung von Störungen bei Hebewerken (nicht elektrisch)
- Unterhalt und Wartung von Pumpwerken
- Reinigung der Brückenabläufe und Dehnungsfugen
- Reinigung von Sonderbauwerken (Mess- und Auslassbauwerke, Regenüberläufe, Regenüberlaufbecken, Regenrückhaltebecken)
- Beseitigung von Störungen bei Sonderbauwerken (Mess- und Auslassbauwerke)
- Reinigung und Wartung der städtischen Brunnen
- Mithilfe im Kläranlagenbetrieb
- Unterhaltsarbeiten an Gew. III Ordnung
- Kontrolle der Grundstücksentwässerung (Farbproben)
- Pflege, Wartung und Instandhaltung von Fahrzeug und Ausrüstung
- Pflege und Wartung der mitgeführten Rettungsausrüstung
- Gullyreinigung je nach Zugangsmöglichkeit
- Entleeren Fäkaliengruben (abflusslose Gruben)
- Reinigung der Sandfänge und Gräben
- Kanalreinigung durch Schwallspülung, Direktentnahme von Wasser aus Gewässern
- Schädlingsbekämpfung unter Anleitung des Sachkundigen
- alle im Kanalunterhalt üblicherweise anfallenden Tätigkeiten

Winterdienst siehe Abschn. Winterdienst auf S. 890

Sonstige Tätigkeiten
- z. B. Öffentlichkeitsarbeit
- Unterhaltsarbeiten im Bauhof
- Unterweisungen
- Mitarbeit bei Ehrenämtern (z. B. Wahlhelfer)
- Waschen; Zeiten berücksichtigen (Hygienevorschriften § 27 BGV C5)

12.5 Aufgaben der MA von Kläranlagen

Leitung der Kläranlage/n
Mit der verantwortlichen Betriebsführung des Klärwerks ist meist verbunden die Unterhalt und Wartung der Technik der Kanalsonderbauwerke (Pumpwerke, Messanlagen).

Leitung des Betriebs der Kläranlage

- Leitung und Überwachung des Anlagenbetriebs, der Instandhaltungs- und Instandsetzungsarbeiten
  Führung des Personals in Übereinstimmung von betriebstechnischen Notwendigkeiten und arbeitsschutzrechtlichen Vorgaben
- Überwachung und Einhaltung Abwassereinleitungswerte
  Überwachung der Einhaltung der wasser- und immissionsschutzrechtlichen Auflagen
  Kontrolle der Funktionsfähigkeit der angewandten Behandlungsmethoden
  - Betrieb und Unterhalt der Sonderbauwerke im Kanalnetz (M- und E-Technik)
  - Anpassung und Ausbau der Kläranlage
  - Führung des-Abwasserkatasters
  - Prüfung und Beeinflussung der Verbrauchswerte und der Kostenentwicklungen
  - Veranlassung und Überwachung von Neu- und Umbaumaßnahmen sowie Ersatzbauten/-Beschaffungen
- Sicherstellung des ordnungsgemäßen Zustandes aller auf dem Betriebsgelände vorhandenen Gebäude, Anlagen und der Straßen und Wege sowie der Grünflächen (Unterhaltung, Instandsetzung und Betrieb)
- Beauftragung von Reinigung, Winterdienst, Grünschnitt, usw. …
- Überprüfung der Arbeitsschutztechnik
- Laborleitung

Vertretung, z. B. für den SGL Kanalunterhalt In allen Betrieben sollten unbedingt Vertretungsregelungen getroffen werden für Krankheits- und Urlaubszeiten eines Stelleninhabers. In mittelgroßen Entwässerungsbetrieben könnte der Leiter der Kläranlage z. B. den Leiter des Kanalunterhalts vertreten.

Planung

- Verfolgung der Entwicklung rechtlicher Auflagen und Hinwirkung auf entsprechende Planungen zur Anwendung geeigneter Verfahrensschritte
- Vorlagen zur Festlegung der Prioritäten und zur Finanzplanung

Bauleitung

- Wahrnehmung der Betreiberinteressen bei der Abwicklung neuer Maßnahmen zur Erweiterung, Verbesserung der Betriebsabläufe und Arbeitsbereiche

Anlagen-Abnahmen,

- Mitwirkung bei der Abnahme und Übernahme von Anlagen

Die drei vorgenannten Aufgaben gelten für die Bereiche Abwasserbehandlung, Reststoffentsorgung, Eigenstromerzeugung und techn. Betriebspunkte des Kanalnetzes.

Erörterung sachgebietsspezifischer Angelegenheiten gegenüber Dritten Gemeint sind hier u. a. Bauleitplanverfahren, Planfeststellungsverfahren, Grundstücksangelegenheiten, usw.

Mitwirkung bei und/oder Erstellung von

- Prüfberichten
- Stellungnahmen
- Statistiken
- Dienstvereinbarungen
- Formblätter/Vordrucke
- Wirtschaftsplan für Sachgebiet
- Verträgen

Abwasserabgaben-Erklärungen und -Verrechnungen In den Verfahren zur Abwasserabgabe können die Leitungen der Kläranlage am besten beurteilen, welche Werte zu erklären sind oder welche Baumaßnahmen ggf. verrechnet werden können.

Zusammenarbeit mit IT Betriebsleitsystem, eigene Rechner, IT-Sicherheit, Beschaffung von Soft- u. Hardware.

Bearbeitung von täglichen Vorgängen, wie

- Post
- Besucherbetreuung, Klärwerksführungen, Infotafeln
- Fachinformationen

Gewässerschutzbeauftragter, für das Klärwerk in Bayern In Bayern ist geregelt, dass die für die Abwasseranlagen zuständigen Betriebsleiter (oder sonstige Beauftragte) die zuständigen Gewässerschutzbeauftragten sind.

Verwaltungsmitarbeiter der Leitung

Verwaltungstätigkeiten

- Posteingang, Warenannahme, Torbetreuung, Telefonumleitungen, Anmeldung, Vorzimmer, Sekretariatsarbeiten, Ordnerverwaltung, Registratur, Terminüberwachung
- Anwesenheitsliste, Urlaubsliste, Urlaubsbeantragungen, Zeitgutschriften, Überstunden, Krank-/Gesundmeldungen, Unfallmeldungen, Nachprüfen der täglichen Stundenzettel
- Listen für Aufträge, Fortbildungen, Abwesenheit während Dienstzeit aus nichtbetrieblichen Gründen, Zusatzqualifikationen, Sicherheitsbelehrungen, Erste-Hilfe-Ausbildung
  - Dienstreiseanträge und Reisekosten-Abrechnung
  - Paket- und Palettenversand, Adressverwaltung, Fahrtenbuch,
  - Beschaffung von Büromaterial sowie Literatur (Angebotseinholungen, Angebotsgegenüberstellungen, Aufträge)
  - Emailabruf für Kläranlage, Kopieren, Faxen

- Personalordner – Verwaltung
- Gebäudebetreuung – Kopierer, Fax
- Umgang mit Softwareprogrammen

Tätigkeit für den Bereich Kläranlage und Sonderbauwerke

- Zuarbeit für Betriebsleiter, dessen Stellenvertreter und für Meister (Betrieb, Elektroabteilung, Schlosserei, Labor)
- Schriftverkehr für Kläranlage und Pumpwerke/Sonderbauwerke – eigenständig, nach Stichwortangabe, Stenoprogramm, Konzept (Briefe, Aufträge, Vermerke, Besprechungen, Bereitschaftsplanerstellung, E-Mail-Verwaltung etc.)
- Literaturbestellungen und Abrechnungen, Öffentlichkeitsarbeit – Liste Führungen – Termine
- Fäkalien-, Klärschlammannahme sowie sonstige Abwässer von Fremdfirmen, Gemeinden und privaten Dritten
- Lieferscheine, Rechnungen, Monatslisten, Jahreslisten erstellen
- Rechen- und Sandfanggut – Lieferscheine, Prüfen von Rechnungen, Mengenlisten (Monats- und Jahreslisten)
- Mischwassermengenmeldungen monatlich (umliegender Gemeinden)
- Klärschlammmeldung für Behandlung und Verbrennung durch MHKW und Rechnungsprüfung
- Stromabrechnungen – Einkauf, Verkauf (Klärwerk, Pumpwerke), Stromjahresmeldungen und Abrechnung (für Sonderbauwerke) sowie Wasserabrechnungen (STBA)
- Betriebsbücher – vierteljährliche Kontrolle, Neuanfertigung und Ausstellung von Büchern
- Zählerstände monatlich für Klärwerk und Pumpwerk – Wasser und Strom, Eintragungen, Liste führen
- Fahrzeuge und Geräte (Teleskoplader, Traktor, Kleingeräte) – Tankabrechnungen, Unfallmeldungen, etc., Führerscheinvorlagen, Steuern, Versicherungen, Fahrtenbücher (prüfen, abrechnen)
- Eisen III, Ausschreibungen, Angebotsgegenüberstellung, Einzel-Bestellungen nach Bedarf, Lieferungen, Rechnung prüfen
- Azubi-Mitbetreuung, Auswertungen, Einladungen, Prüfungsanmeldungen, Berufsschulanmeldungen, Blockpläne, Praktika außer Haus – Versicherungen bei Dritten, sonstiger Schriftverkehr (2 bis 3 Auszubildende)
- Praktikantenmitbetreuung – bei Arbeitnehmerüberlassungen Schriftverkehr und Abrechnungen mit der Zeitarbeitsfirma
- Gewährleistungs- und Bürgschaftsurkundenverwaltung
- Schließanlage – Schlüsselverwaltung für Klärwerk und Pumpwerke, Spindausgabe, Toröffner
- Führen der Liste „Wiederkehrende Termine Kläranlage", Liste Freistellungsbescheinigungen, Listen für monatliche Betriebsdaten (Entschwefelung, Faulung, Heizung, Langsandfang, Maschinenhaus, Ölverbrauchsmengen, Rechengebäude, Rohwasserpumpwerk, Schlammdesintegration, Zentralwarte, Gebläsestation)

Abwasser-Meister

Betrieb Kläranlage

- Überwachung der baulichen Anlagen und Außenanlagen
- Planung, Überwachung und Regelung der Prozesse im Hinblick auf die Einhaltung der Ablaufwerte der Kläranlage (z. B. Prüfung der Messwerte auf Vollständigkeit und Plausibilität, Datenerfassung, Betriebsmitteleinsatz, Sauerstoffbedarf, Fremdwasserermittlung, Wartungserfordernisse, Unterhaltsaufwand, Störungssuche und Reparaturbedarfsfeststellung)
- Abstimmung mit Kraftwerk zur Klärschlammverbrennung
- Konzepterarbeitung und/oder Planung von Anlagenteilen bzw. deren Umrüstung
- Optimierung der Abwasserreinigung
- Unterhalt des Betriebsgeländes
- Störungssuche und Störungsbeseitigung
- Führung des Betriebstagebuchs
- Informationsaustausch mit anderen Kläranlagen und mit Kläranlagenachbarschaften

Überwachung der klärtechnischen Einrichtungen Überwachung der Funktion der Nachklärbecken, der Vorklärbecken, der Belebung, der Faulanlagen usw.

Überwachung der maschinentechnischen Einrichtungen Überwachung der Funktion der BHKW, der Räumer, Zentrifugen, Pumpen, usw.

Betrieb Sonderbauwerke

- Planung und Überwachung der Prozesse nach Vorgabe Wasserrechtsbescheid (z. B. Prüfung der Messwerte auf Vollständigkeit und Plausibilität)
- Störungsbeseitigung

Arbeitsplanung/Betriebsführung

- Regelmäßige Dienst- und Koordinationsbesprechungen
- Planung von Instandsetzungsarbeiten, Umbauten, Verbesserungen und Neuanfertigungen im Bereich der Abwassertechnik
- Planung betrieblicher Abläufe während Instandsetzungs- und Wartungsarbeiten
- Planung der wiederkehrenden Prüfung von Anlagenteilen
- Vorausschauende Betriebsoptimierung Bereich Betrieb (Beobachtung von Entwicklungen und Tendenzen aus Forschung und Praxis (Fachliteratur, Internet, Firmenkontakte etc.))
- Arbeitsvorbereitung
- Materialplanung (Vorbereitung von Instandsetzungs- und Wartungsarbeiten, Lagerhaltung)
- Planung Personaleinsatz (eigene MA/Fremdfirmen)
- Anleiten und Beaufsichtigen des Personals bei der Ausführung der Arbeiten
- Führung der Arbeitszettel, Stundennachweise zur Betriebsabrechnung

Mitarbeiterführung

- Erteilung von Arbeitsaufträgen (Festlegung der Prioritäten und Abläufe, Kontrolle der qualitativen Umsetzung, Kontrolle d. Wirtschaftlichkeit (Kosten und Zeitmanagement))
- Zeiterfassung (z. B. Urlaub, Zeitausgleich, Rufbereitschaft)
- Mitarbeiterbeurteilungen
- Sicherheitsunterweisung im Fachbereich (UVV, Arbeitsmethoden, neue Verfahren und Techniken)
- Beschaffung und Einsatz der persönlichen Schutzausrüstung
- Einweisungen in neuen Anlagenteilen oder Bauwerken
- Planung der internen und externen Mitarbeiterweiterbildung

Einsatz Fremdfirmen

- Vorbereitung der Vergabe
- Vergabe unter Beachtung haushaltsrechtlicher Vorgaben
- Firmen einweisen und koordinieren
- Bauzeitkontrolle
- Prüfung der Ausführung der Leistungen
- Kostenkontrolle
- Überwachung der Arbeitssicherheit
- Abnahmen bzw. Gewährleistungsabnahmen

Prozessbegleitende Maßnahmen

- Planung der fernwirktechnischen Anbindung von Sonderbauwerken an die Kläranlage (z. B. Planung der LWL-Trasse, Abstimmung mit Stadtwerken, Einbindung der Kanalnetzsteuerung)
- Weiterbildung (Besuch von Kursen, Schulungen, Seminaren und Fachmessen, interkommunaler Austausch)

Überwachung der baulichen Anlagen und Außenanlagen zur Feststellung von Wartungserfordernissen, Unterhaltsaufwand, Reparaturen.

Baumaßnahmen

- Planung von Baumaßnahmen (Planung der Maßnahme, Ausschreibung und Vergabe von Leistungen, Betreuung von Ingenieurbüros)
- Zusammenarbeit mit Planern und Firmen
- Einwirkung auf die Planung/Verbesserung von neuen Anlagenteilen
- LV's vor Ausschreibung überarbeiten, Änderungen und Verbesserungen einbringen
- LV's mit erstellen
- Freigabe der Ausführungsplanung
- Bauüberwachung und Kontrolle der Ausführung (Wahrnehmung der Bauherrenfunktion)
- Überprüfung der Anlagendokumentation und Ergänzung
- Mitwirkung bei Abnahme bzw. Gewährleistungsabnahme

Ausbildung

- Planung des Ausbildungsablaufs (Auswahlverfahren)
- Erstellung von Ausbildungsplänen
- Betreuung der Auszubildenden
- Betreuung von Praktikanten

Öffentlichkeitsarbeit

- Führungen auf der Kläranlage (VHS-Führungen, Schulen)
- Ausbildungsmesse
- Informationsaustausch, z. B. mit den Kläranlagenachbarschaften

Klärwärter

- Rundgang
- Abendrundgang im Bereitschaftsdienst
- Kontrollen der Gebäude
- Routinemäßige Wartungen
- Ölwechsel, Schmiermittel
- Reinigungsarbeiten, Grundstückspflege, Schwimmschlamm, Winterdienst
- Hilfestellung, Unterstützung
- E-Technik, Schlosserei, Teleskoplader und andere Fahrzeuge fahren, Proben holen, Kettensägearbeiten, Maurerarbeiten etc.
- Umgang mit Gefahrstoffen
- Störungsbehebung
- Waschen; Zeiten berücksichtigen (Hygienevorschriften § 27 BGV C5)
- Sonstiges
- Einsätze an Sonderbauwerken (z. B. Pflege der Außenanlagen)
- Kernbohrungen in der Kläranlage und in Sonderbauwerken
- Sicherheitsunterweisung
- Schulung (z. B. Ersthelfer)

Kläranlagenbetrieb Helfer

- Pflege der Außenanlagen
- Mitarbeit in der Verfahrenstechnik
- Mitarbeit im Gebäudeunterhalt
- Sonstiges
- Einsätze an Sonderbauwerken (z. B. Pflege der Außenanlagen)
- Mitarbeit im Bereich Gewässer III. Ordnung
- Winterdienst in der Kläranlage
- Sicherheitsunterweisungen
- Schulung (z. B. Ersthelfer, Stapler)
- Waschen; Zeiten berücksichtigen (Hygienevorschriften § 27 BGV C5)

Leiter der E-Technik (z. B. Elektromeister)

Betrieb Kläranlage

- Planung und Überwachung der Wartung und Instandsetzung der elektrotechnischen Ausrüstung (z. B. Betreuung der EDV der Kläranlage, Schaltanlagen)
- Betreuung, Überwachung und Optimierung der Automatisierungstechnik und der Prozessleittechnik (Mess- u. Regeltechnik)
- Erstellen und Ändern von Automatisierungsprogrammen (SPS-Programme) (Speicher-Programmierbare-Steuerung = SPS)
- Betreuung von Anlagenteilen älterer Bauart
  Aggregate und elektrische Komponenten, die in alter Bauart ausgeführt sind, auf Speicher-Programmierbare-Steuerung umrüsten und an das zentrale Prozessleitsystem anbinden
- Optimierung der Energie- und Betriebstechnik
- Betreuung der Betriebsführungssoftware
- Störungsbeseitigung

Betrieb Sonderbauwerke

- Planung und Überwachung der Wartung und Instandsetzung der elektrotechnischen Ausrüstung (z. B. Betreuung der EDV, Schaltanlagen)
- Betreuung, Überwachung und Optimierung der Automatisierungstechnik und der Prozessleittechnik
- Erstellen und Ändern von Automatisierungsprogrammen (SPS-Programme)
- Störungsbeseitigung

verantwortliche Elektrofachkraft Nach DIN VDE 1000-10 hat die verantwortliche Elektrofachkraft die Aufgaben der Leitung und Überwachung der im Elektrobereich arbeitenden Elektrofachkräfte.

Betreuung der Eigenstromerzeugungsanlagen

- Betreuung der E-Seite von den Gasmotoren inklusive der Hauptverteilung mit all ihren Versorgungspunkten für die Versorgung der einzelnen Bauwerke in der Kläranlage.
- Wirtschaftlichkeitsberechnungen für Strombezug-, Stromabgabe und der Kompensation (Blindleistung)

Betreuung der Fernwirkanlage

- Betreuung aller PW (Pumpwerke) und RÜB (Regenrückhaltebecken) im Stadtgebiet steuerungsmäßig und fernwirkmäßig. Die Kommunikation zwischen den einzelnen Stationen und der Kläranlage finden z. B. über Postmodems statt. Die Daten werden in einer eigenen Fernwirkzentrale (Prozessrechneranlage) verarbeitet
- Behebung der gemeldeten Störungen:
  a) von außenliegender Station PW/RÜB software-hardwaremäßig
  b) der Fernwirkzentrale Kläranlage softwaremäßig

Arbeitsplanung/Betriebsführung

- Regelmäßige Dienst- und Koordinationsbesprechungen
- Leitung der Elektro-Werkstatt
- Planung von Instandsetzungsarbeiten, Umbauten, Verbesserungen und Neuanfertigungen im Bereich der E-Technik
- Planung betrieblicher Abläufe während Instandsetzungs- und Wartungsarbeiten
- Erstellung von Plänen zur wiederkehrenden Prüfung von Betriebsmitteln lt. BetriebssicherheitsVO
- Vorausschauende Betriebsoptimierung Bereich E-Technik (Beobachtung von Entwicklungen und Tendenzen aus Forschung und Praxis (Fachliteratur, Internet, Firmenkontakte etc.))
- Arbeitsvorbereitung
- Materialplanung (Vorbereitung von Instandsetzungs- und Wartungsarbeiten, Lagerhaltung)
- Planung Personaleinsatz (eigene MA/Fremdfirmen)

Wartung von Elektroanlagen

- Wartungsplan erstellen
- Wartungsobjekt in Kartei aufnehmen
- Wartungsstammdaten in Prozessleitrechner einrichten
- Wartung nach Unterlagen ausführen lassen und überwachen

Betreuung des zentralen Prozessrechners

- Einrichten und ändern des Berichtswesen nach Tag, Monat, Jahr
- Erstellen von Verfahrensbildern und Ganglinien in der Semigrafik; Programme für unterschiedliche Ganglinien der einzelnen Benutzer am Prozessleitrechner und für die Ausgabe am Plotter vorbereiten
- Einrichten von Datenpunkten im Prozessleitrechner um vom Bildschirm aus über Tastatur die Anlage zu steuern und zu bedienen
- Programme für neue Funktionsabläufe erstellen und in Betrieb nehmen
- Fehleranalyse betreiben, um Störungen schon im Vorfeld abzufangen

Störungen nach Priorität auf Alarm-Telenotanlage schalten.

Mitarbeiterführung

- Erteilung von Arbeitsaufträgen (Festlegung der Prioritäten und Abläufe, Kontrolle der qualitativen Umsetzung, Kontrolle d. Wirtschaftlichkeit (Kosten und Zeitmanagement))
- Zeiterfassung (z. B. Urlaub, Zeitausgleich, Rufbereitschaft)
- Mitarbeiterbeurteilungen
- Sicherheitsunterweisung im Fachbereich (UVV, Arbeitsmethoden, neue Verfahren und Techniken)
- Beschaffung und Einsatz der persönlichen Schutzausrüstung
- Einweisungen in neuen Anlagenteilen oder Bauwerken
- Planung der internen und externen Mitarbeiterweiterbildung

Einsatz Fremdfirmen
- Vorbereitung der Vergabe
- Vergabe unter Beachtung haushaltsrechtlicher Vorgaben
- Firmen einweisen und koordinieren
- Bauzeitkontrolle
- Prüfung der Ausführung der Leistungen
- Kostenkontrolle
- Überwachung der Arbeitssicherheit
- Abnahmen bzw. Gewährleistungsabnahmen

Prozessbegleitende Maßnahmen
- Sicherstellung des ordnungsgemäßen Betriebes aller elektrotechnischen Betriebsmittel
- CAD-unterstützter Aufbau des Schaltplanarchives und Betreuung des Systems
- Weiterbildung (Besuch von Kursen, Schulungen, Seminaren und Fachmessen, interkommunaler Austausch)

Baumaßnahmen
- Planung von Baumaßnahmen von neuen elektrischen Anlagen (Planung der Maßnahme, Ausschreibung und Vergabe von Leistungen, Betreuung von Ingenieurbüros)
- Zusammenarbeit mit Planern und Firmen
- Einwirkung auf die Planung/Verbesserung von neuen elektrotechnischen Anlagen
- LV's vor Ausschreibung überarbeiten, Änderungen und Verbesserungen einbringen
- LV's erstellen – Mitarbeit
- Freigabe der Schaltungsunterlagen
- Bauüberwachung und Kontrolle der elektrotechnischen Ausführung (Wahrnehmung der Bauherrenfunktion)
- Überprüfung der elektrotechnischen Anlagendokumentation und Ergänzung
- Mitwirkung bei Abnahme bzw. Gewährleistungsabnahme

Ausbildung
- Planung des Ausbildungsablaufs (Auswahlverfahren)
- Erstellung von Ausbildungsplänen
- Betreuung der Auszubildenden
- Betreuung von Praktikanten

Allgemeine Verwaltungstätigkeiten
- Bestellen von Material und Ersatzteilhaltung
- Arbeiten den Facharbeitern zuweisen, überwachen und Abnahme durchführen
- Neuesten Stand der E-Vorschriften und Unfallvorschriften einarbeiten
- Planrevision: Verwalten der Pläne und Beschreibungen der E-Seite von der Kläranlage und PW – RÜB

- Besuch von Kursen und Schulungen
- Informationsaustausch mit E-Meistern von anderen Kläranlagen

Öffentlichkeitsarbeit
- Führungen auf der Kläranlage (VHS-Führungen, Schulen)
- Ausbildungsmesse

Facharbeiter (Elektrofachkraft, Elektroniker, u. Ä.)
Wartung, Inspektion und Schadensbehebung von und an elektrischen Betriebsmitteln der Kläranlage, z. B.
- elektrische Aggregate
- Freischaltung nach VDE (Abschaltung und Wiederinbetriebnahme)
- Online-Messanlagen
- Ex-Installationen im Bereich von gefährlicher, explosibler Atmosphäre
- Lüftungs- und Klimaanlagen
- Lichtwellenleiter (LWL) und Kommunikationseinrichtungen.
- Erkennen der Ursachen von Störungen, Störungsbehebungen.
- Ausführung von Elektroarbeiten in anderen Betriebsteilen des EBB.

Wartung, Inspektion und Schadensbehebung von und an elektrischen Betriebsmitteln in Sonderbauwerken, z. B.
- elektrische Aggregate
- Freischaltung nach VDE (Abschaltung und Wiederinbetriebnahme)
- Online-Messanlagen
- Ex-Installationen im Bereich von gefährlicher, explosibler Atmosphäre
- Lüftungs- und Klimaanlagen
- Lichtwellenleiter (LWL) und Kommunikationseinrichtungen.
- Erkennen der Ursachen von Störungen, Störungsbehebungen.

Betrieb und Wartung von Automatisierungsanlagen (SPS, PLS), z. B.
- Fehlersuche und Störungsbeseitigung
- Programmänderung nach Anweisung
- Protokollierungen anpassen (z. B. Ganglinien, Tages-, Wochen-, Monats-, Jahresberichte)
- Prozessbilder nach Anweisung aktualisieren
- Prüfung von Signal- und Messwerten

Neubau, Änderung, Erweiterung von Elektroschaltanlagen und Installationen, z. B.
- Kabelverlegearbeiten
- Neuinstallation von Messungen, Motoren (Betriebsmittel)
- Beleuchtungsanlagen
- Gaswarnanlagen
- Erdungs- und Blitzschutzanlagen nach gültigen Normen

Notstromversorgung der technischen Anlagen
- Wartung, Inspektion und Schadensbehebung von und an Batterieanlagen
- Betrieb von Notstromaggregaten (Testbetrieb, Wartung, Pflege)

Dokumentation
- Pflege von Schaltplänen im CAD-System
- Aktualisierung von Dokumentationsunterlagen

Prüfungen gem. VDE, z. B.
- ortsfeste elektrische Geräte
- ortsveränderliche elektrische Geräte
- Schaltschränke
- Stromsäulen
- Überprüfung der Sicherheitseinrichtungen (z. B. Not-Aus, FI-Schutzschalter, Sicherungen)

Elektrofachkraft für festgelegte Tätigkeiten eigenverantwortliche Tätigkeiten, je nach Festlegung

Betreuung von Auszubildenden, Praktikanten, Schüler einschl. Führungen

Sonstige Tätigkeiten
- Teilnahme an Einweisungen auf Sonderbauwerken
- Teilnahme an Sicherheitsunterweisungen
- Teilnahme an Rufbereitschaftsdienstbesprechungen
- Berufliche Information (z. B. IFAT, Messen, Fachmesse SPS-Drive)
- Weiterbildung
- Mitarbeit bei Inventuren
- Waschen; Zeiten berücksichtigen (Hygienevorschriften § 27 BGV C5)

Meister oder Techniker im Bereich der Maschinentechnik
Betrieb Kläranlage
- Planung und Überwachung der Wartung und Instandsetzung der maschinentechnischen Ausrüstung, z. B. Betrieb der Gasmaschinen zur Stromerzeugung (z. B. Wartung und Instandhaltung, Vergabe der externen Arbeiten nach Wartungsintervallen, Datenerfassung, Betriebsmitteleinsatz, Wartungserfordernisse, Unterhaltsaufwand, Störungssuche und Reparaturbedarfsfeststellung)
- Optimierung der Betriebs- und Maschinentechnik
- Störungsbeseitigung

Betrieb Sonderbauwerke
- Planung und Überwachung der Wartung und Instandsetzung der technischen Ausrüstung
- Störungsbeseitigung

Arbeitsplanung/Betriebsführung

- Regelmäßige Dienst- und Koordinationsbesprechungen
  Leitung der Schlosser- bzw. Maschinen-Werkstatt
- Planung und Koordination von Instandsetzungsarbeiten, Umbauten, Verbesserungen und Neuanfertigungen im Bereich der M-Technik
- Planung betrieblicher Abläufe während Instandsetzungs- und Wartungsarbeiten
- Erstellung von Wartungsplänen lt. BetriebssicherheitsVO (z. B. für Krane, Tore, Aufzug etc.)
- Vorausschauende Betriebsoptimierung Bereich M-Technik (Beobachtung von Entwicklungen und Tendenzen aus Forschung und Praxis (Fachliteratur, Internet, Firmenkontakte etc.))
- Arbeitsvorbereitung
- Materialplanung (Vorbereitung von Instandsetzungs- und Wartungsarbeiten, Lagerhaltung)
- Planung Personaleinsatz (eigene MA/Fremdfirmen)

Mitarbeiterführung

- Erteilung von Arbeitsaufträgen (Festlegung der Prioritäten und Abläufe, Kontrolle der qualitativen Umsetzung, Kontrolle d. Wirtschaftlichkeit (Kosten und Zeitmanagement))
- Zeiterfassung (z. B. Urlaub, Zeitausgleich, Rufbereitschaft)
- Mitarbeiterbeurteilungen
- Sicherheitsunterweisung im Fachbereich (UVV, Arbeitsmethoden, neue Verfahren und Techniken)
- Beschaffung und Einsatz der persönlichen Schutzausrüstung
- Einweisungen in neuen Anlagenteilen oder Bauwerken
- Planung der internen und externen Mitarbeiterweiterbildung

Einsatz Fremdfirmen

- Vorbereitung der Vergabe
- Vergabe unter Beachtung haushaltsrechtlicher Vorgaben
- Firmen einweisen und koordinieren
- Bauzeitkontrolle
- Prüfung der Ausführung der Leistungen
- Kostenkontrolle
- Überwachung der Arbeitssicherheit
- Abnahmen bzw. Gewährleistungsabnahmen

Prozessbegleitende Maßnahmen

- Sicherstellung des ordnungsgemäßen Betriebes aller maschinentechnischen Betriebsmittel
- Sicherstellung des ordnungsgemäßen Zustandes aller selbstfahrenden Arbeitsmaschinen, Kfz und Anhänger
- Weiterbildung (Besuch von Kursen, Schulungen, Seminaren und Fachmessen)
- interkommunaler Austausch

Facharbeiter (Schlosser, Industriemechaniker, o. Ä.)
Wartung, Reparatur, Instandhaltung und ggf. Optimierung von Bauteilen und Maschinen der Kläranlage (z. B. Pumpen, Getriebe, Motoren, Hydraulik- und Pneumatikanlagen, Gasmotoren, Strom- und Notstromaggregate)

- Erkennen der Ursachen von Störungen
- Störungsbehebung

Wartung, Reparatur, Instandhaltung und ggf. Optimierung von Bauteilen und Maschinen der Sonderbauwerke im Kanalnetz (z. B. Pumpen, Getriebe, Motoren, Hydraulik- und Pneumatikanlagen, Stromaggregate)

- Erkennen der Ursachen von Störungen
- Störungsbehebung

Wartung und Ausbau des betriebseigenen Ver- und Entsorgungsnetzes, z. B.
- Neu- und Umbau des Betriebswassernetzes
- Schlamm- und Abwasserleitungen im Tief- und Hochbau
- eigene Nahwärmeversorgung

Inbetriebnahme von Anlagen(teilen) nach Neu- oder Umbauten (Eigenerstellung und Maßnahmen von Fremdfirmen).

Prozessbegleitende Tätigkeiten, z. B.
- Bedienung von Teleskopladern, Krananlagen und Motorsägen
- Pflege und Wartung des Fahrzeug- und Maschinenparks
- Drehen, Fräsen, Schweißen (WIG, MAG, E-Hand, Gasschweißen – ohne eigene Prüfung)
- Änderung und Neuanfertigung von Werkstücken aus verschiedenen Materialien

Betreuung und Ausbildung von Auszubildenden und Schülern

Sonstige prozessbegleitende Tätigkeiten
- Einweisungen auf Sonderbauwerken
- Sicherheitsunterweisungen
- Berufliche Information (z. B. auf Messen)
- Weiterbildung
- Beschilderung und Dokumentation der Überprüfung von Feuerlöschern
- Überprüfung und Dokumentation von Arbeitsmitteln (Hebezeuge)
- Mitarbeit bei Inventur
  Waschen; Zeiten berücksichtigen (Hygienevorschriften § 27 BGV C5)

Facharbeiter E-Technik oder Schlosserei

- Zustandskontrolle durch Auswertung Prozessleitsystem (PLS)
- Kontrolle der Anlage
- Abendrundgang (Schichtdienst) entsprechend Meldungen des PLS
- Routinemäßige Wartung
- Ölwechsel, Schmiermittel
- Reinigungsarbeiten, Grundstückspflege, Schwimmschlamm, Winterdienst
- Online Messtechnik
- Hilfestellung, Unterstützung
- „E-Technik, Schlosserei, Teleskoplader fahren, Proben holen, Kettensägearbeiten, Maurerarbeiten etc."
- Umgang mit Gefahrstoffen
- Störungsbehebung
- Außerbetriebnahmen, Inbetriebnahmen, Umstellungen, Straßen entleeren,
- Belüfterkerzen wechseln
- Optimierung Kläranlagentechnik
- Hilfestellung bei Fremdfirmen, Ingenieurbüros
- Betreuung Ausbildung, Praktikanten, Schüler einschl. Führungen
- Sonstiges
- Schlammannahme
- Wochenbesprechung (Bereitschaftsdienstbesprechung)
- Einweisungen auf Sonderbauwerken
- KA-Nachbarschaft
- Sicherheitsunterweisungen
- Berufliche Information
- Weiterbildung
- Waschen; Zeiten berücksichtigen (Hygienevorschriften § 27 BGV C5)

12.6 Aufgaben des (Klärwerks-)Labors

In größeren Entwässerungsbetrieben gibt es ein Labor, um Abwasser und Schlamm ständig überwachen zu können. Dazu wird i. d. R. auch das Kanalnetz und die größeren bzw. die kritischen Einleiter ins Netz überwacht und deren Eigenüberwachung überprüft.

Das Labor ist meist auf der Kläranlage angesiedelt.

Die Aufgaben eines Labors im Einzelnen
Biologische Überwachung von Abwasser und Schlamm

- tägliches Erstellen und Dokumentieren des mikroskopischen Bildes der Belebungsanlage und der verschiedenen Schlämme
- Erstellen von Monats- u. Jahresübersichten

Chemische Überwachung von Abwasser und Schlamm

- Durchführung und Auswertung einfacher Untersuchungen der einzelnen Reinigungsstufen
- Durchführung und Auswertung einfacher Untersuchungen im Rahmen der Eigenkontrollverordnung
- Eigenständige Durchführung von Messreihen zur Berechnung der Reinigungs- und Abbauleistung
- Vorbereitung und Durchführung der Probenahme
- Konservierung der Proben
- Untersuchungen, Auswertung und Dokumentation der Messergebnisse
- Plausibilitätsprüfung der Messergebnisse

Laufende Untersuchung des Abwassers im Rahmen der Eigenkontrollverordnung

- Eigenständige Vorbereitung und Durchführung der Probenahme Untersuchung,
- Auswertung und Dokumentation der Messergebnisse
- Plausibilitätsprüfung der Messergebnisse

Laborleitung und Laborbetrieb

- Chemikalien- und Verbrauchsmaterialbestellung für die fortlaufenden Untersuchungen
- Ersatzteilbeschaffung und -haltung für die einzelnen Messgeräte im Labor und im Betrieb
- Arbeitseinteilung und Überwachung der Tätigkeiten im Labor
- Überwachung der Unfallverhütungs- und der Sicherheitsvorschriften im Labor
- Mitarbeit bei der Unfallverhütung im Bereich der Kläranlage
- Labor-Haushaltsmittelverwaltung
- Beschaffung von neuen Messgeräten sowie Ersatzteilbeschaffungen für ältere Messgeräte
- Reinigungsarbeiten im Labor von Geräten und Gläsern der verschiedensten Formen

Messstationen

- Kontrolle, Wartung und Reinigung der Messgeräte
- Herstellen von Lösungen für den Messbetrieb und die Reinigung
- Datenauswertung zur verfahrenstechnischen Steuerung der Reinigungsprozesse u. a. der Nitrifikation und P-Eliminierung
- Ermittlung des Schlammalters der Belebung

Fällmittelstation für die chemische P-Eliminierung

- Einstellen der notwendigen Fällmitteldosierung zur Einhaltung der Ablaufgrenzwerte
- Kontrolle der täglichen verbrauchten Fällmittelmenge
- rechtzeitige Bestellung des Fällmittels
- Überwachung der Anlieferung neuen Fällmittels

Flockungsmittelstation

- Kontrolle und Überprüfung der Flockungsmitteldosierung zur Überschussschlammeindickung
- Berechnung und Dokumentation des Verbrauchs an Flockungsmittel

Überwachung der Einleitungsstellen in die Vorfluter

- Eigenständige Vorbereitung und Durchführung der Probenahme
- Untersuchung, Auswertung und Dokumentation der Messergebnisse
- Plausibilitätsprüfung der Messergebnisse

Labortechnische Mithilfe zum Betrieb des Klärwerkes

- bei auftretenden Abwasserproblemen im Einzugsbereich der Kläranlage
- bei der chemischen und biologischen Reinigung des Abwassers
- und bei der Schlammfaulung

Eigenüberwachung des Kanalnetzes

- Untersuchung des Abwassers im Ablauf verschiedener Gewerbebetriebe
- Vergleiche mit staatl. Überwachungsergebnissen der Indirekteinleiterkontrolle
- Prüfungen anhand von Sielhaut- und Abwasserproben
- Suchen von Fehlanschlüssen im Regennetz, Abwasserproben

Berichtswesen, Weiterbildung

- Erstellen von Monats- und Jahresberichten
- Erstellen von Berichten zur Weitergabe an andere Dienststellen und Behörden
- Dokumentieren der Überwachungstätigkeit übergeordneter Behörden und Fortschreibung der Messergebnisse
- Langzeitkontrolle der Abwasser- und Klärschlammverunreinigung
- Weiterbildung durch Besuch von Kursen und Schulungen
- Informationsaustausch mit Chemotechnikern anderer Klärwerke

Ausbildung

- Ausbildung von Labormitarbeitern (z. B. Chemielaborant)
- Einweisung von Praktikanten und Laborkräften

Leitung des Labors (z. B. Chemieingenieur, Chemotechniker, Verfahrenstechniker, Biologe)

Laborarbeiten

- Einteilung der Labormitarbeiter für die anfallenden Analysen
- Geräteverantwortlicher für die analytischen Systeme im Labor, Führen der Gerätebücher

- Erarbeitung des Gerätekonzepts für das Labor, mit anschließender Auswertung der Angebote
- Ausarbeiten (Validieren), Modifizieren und Optimieren von Laboranalysevorschriften für die UV/VIS Photometrie, IR Spektroskopie, IC, HPLC, GC, AFS, ICP, AAS, CFA, TOC und Mikroskop mit anschließender Bewertung der Daten, Genanalysen
- Durchführung von schwierigen bzw. anspruchsvollen Analysen. Überprüfung der Messeinrichtung nach der analytischen Qualitätssicherung und eigenständige Erkennung und Abstellen von Fehlern und Mängeln (AQS)
- Dokumentation der Prüfergebnisse und statistische Auswertung. Erstellen der Analyseprotokolle, Rohdatenarchivierung
- Eigenständige Beurteilung der Messergebnisse und daraus resultierende weitere Vorgehensweise (teilw. abgestimmt mit dem AL) veranlassen
- Korrelation der unterschiedlichen Parameter aufstellen

Organisation und Durchführung von Probennahmen in der Kläranlage und im Kanalnetz

- Einteilung der Labormitarbeiter für die anfallenden Probennahmen
- Prüfung aller Reinigungsschritte in der Kläranlage an Zulauf und Ablauf
- Prüfung der Schlammseite
- Bestimmung des Zeitpunktes und Umfang der Probennahme bei Dritten/Indirekteinleitern und der zu untersuchenden Inhaltsstoffe (Parameter) und Koordination mit anderen Sachgebieten und Ämtern, Erstellung des Probenahmeplans
- Kontrolle der betrieblichen Abwasserbehandlungsanlagen
- Überwachung und Zustandsbeurteilung von Abscheideanlagen und sonstigen Abwasserbehandlungsanlagen
- Erstellung und Pflege des Indirekteinleiterkatasters
- Mitwirkung bei der Behandlung umweltschädigender Unfälle
- Überwachung der Direkteinleiter und der Direktanlieferer am Klärwerk, z. B. von Sickerwasser der Deponien, Chemietoiletten, Abwassergruben

Beratende Tätigkeiten

- Verantwortlicher für die Kontrolle der Sicherheitseinrichtungen im Labor
- Beratung der Vorgesetzten und des Abwassermeisters und bei den gewonnenen Labordaten
- Ausarbeitung von Gesetzen, Verordnungen und Normen für Analytik und Abwasserrecht für das Sachgebiet
- Eigenständige Kommunikation mit anderen Dienststellen bei besonderen Vorkommnissen und Fragestellungen
- Ansprechpartner für Industriebetriebe bei Laborfragen, Vorschläge zur Mängelbeseitigung
- Umsetzung der Sicherheitsblätter

Ausbildung

- Betreuung von Azubis und Umschülern bzw. Praktikanten in den Labortätigkeiten
- Schulung der Labormitarbeiter in Software (Unterweisung)
- Verantwortlicher Ausbilder (Ausbildereignung)

Online Messgeräte
- Kontrolle und -Wartung der mobilen Messgeräte

Kaufmännische Aufgaben
- Bearbeitung der Rechnungen
- Budgetplanung für das Labor

Laborbetrieb (chemisch oder biologisch Laborant oder -technische/r Assistent)
Abwasserarbeiten
- Niedrigerklärung nach Vollzug der Abwasserabgabengesetze § 4 Abs. 5 AbwAG, Art. 5 BayAbwAG
- Ansprechpartner bei den Kontrollen des Wasserwirtschaftsamtes und Umweltamtes
- Erstellung der Jahresberichte der Kläranlage mit sämtlichen Daten und Diagrammen für das Wasserwirtschaftsamt und Umweltamt
- Teilnahme an Meisterbesprechungen, Kläranlagenbesprechungen und Bereitschaftsbesprechungen
- Kontrolle der einzuhaltenden Werte laut Abwasserbescheid und Niedererklärung
- Annahme von Fäkalien- und Problemabwässern von privaten Dritten
- Ausbildung von Praktikanten z. B. Klärwärter-Grundkurs und Auszubildende für den Beruf: Fachkraft für Abwassertechnik
- Kläranlagenführungen für Schulen, Bio-Leistungskurse und sonstige Besuchergruppen

Laborarbeiten als o. g. Laborant oder technischer Assistent
- Erstellung Probennahmepläne für die Kläranlage (Abwasser/Schlamm)
- Überwachung, Pflege, Wartung und Bedienung von Online-Messgeräten und Probenehmern (stationär und mobil)
- Eintragen (und Überprüfen) der Laborwerte in das Prozessleitsystem und in das Hirthhammer Programm. Weitergabe der Daten an den Abteilungsleiter der Entwässerungen, an den Gewässerschutzbeauftragten, den Betriebsleiter der Kläranlage und den Abwassermeister
- Probennahme Industrieüberwachung und Kanalnetz (teilweise mit mobilen Probennehmer)
- Aufnahme von Firmen, die laut Abwasserabgabegesetz ihr Abwasser in den Kanal einleiten und überwachungspflichtig sind

Sonstige Arbeiten
- Eigenverantwortlich Bestellungen vornehmen
- Aufträge und Rechnungen bearbeiten
- Angebote erstellen lassen und auswerten
- Anlegen und Bearbeiten von Tabellen und Diagrammen
- Geräteverantwortlicher für Gaswarngeräte und Online Gasmessung Faulanlage
- Ein-/Unterweisungen, Sicherheitsbelehrungen, Gefahrstoffe

Hilfskraft im Laborbetrieb

Analyse von Wasser und Schlamm

- Durchführung und Auswertung einfacher Analysen mit Betriebsmethoden
- Anfertigung des mikroskopischen Bilds

Durchführung von Probennahmen

- Probennahme in der Kläranlage und im Kanalnetz nach Probenplan oder Anweisung
- Probenhomogenisierung nach DIN
- Konservieren nach DIN
- Aufteilung und Lagerung der Proben nach DIN
- Einstellen des automatischen Probennehmers

Reinigungsarbeiten im Labor

- Reinigungsaufgaben, u. a. mit Desinfektionsmittel
- Bedienen der Spülmaschine und Wechseln der Regenerierpatrone für destilliertes Wasser
- Annahme und Verräumen von gelieferten Paketen, Zurücksenden von gebrauchten Küvettentests
- Herstellen von Reinigungslösungen nach Anweisung
- Funktionsprüfung der Körperduschen

12.7 Aufgaben von MA im Bereich Neubau (Kanal, Kläranlage, usw.)

Diese Aufgaben werden von Bauingenieuren oder Technikern ausgeführt. Die jeweiligen Ingenieure vertreten sich gegenseitig bei den verschiedenen Baumaßnahmen. Sie haben ggf. Mitarbeiter aus dem Bereich Zeichner, Techniker, Meister.

Bauherren-Funktion bei Planungs- u. Bauaufgaben

- Schaffung der privatrechtlichen und genehmigungsrechtlichen Voraussetzungen für die künftigen Baugrundstücke
- Beantragung von Genehmigungen, von wasserrechtlichen Erlaubnissen, Planfeststellungen an Gewässern, Nutzungsverträgen mit staatl. Gewässern u. Bundeswasserstraßen, strompolizeilichen Genehmigungen, Baugenehmigungen usw. für die neuen Anlagen/Bauten
- Aufstellen und Überwachung eines Projektzeitplanes
- Vollzug des Generalentwässerungsplans durch den Bau neuer, leistungsfähiger Kanäle, Regenrückhaltebecken und -einrichtungen und durch Ersatz von vorhandenen Anlagen
- Abwassertechnische Erschließung von neuen Baugebieten sowie Anschluss von bisher nicht erschlossenen Anwesen

Koordinationen

- Koordination innerhalb der Stadt mit Naturschutz, Denkmalbehörden, Grünflächenamt, Verkehrsplanung, Tiefbauamt, Verkehrsbehörde, Pressestelle, Bauordnungsamt, City-manager, Stadtwerke, usw.
- mit sonstigen Dienststellen wie Wasserwirtschaftsamt, Landesamt für Wasserwirtschaft, Wasser- u. Schifffahrtsbehörde, überörtl. Strom- u. Gasversorger, usw.

Durchführung von Bürgerversammlungen zur Info bei Baustellen,

- Bürgerinfo mündlich und schriftlich, auch in Bürger-Vereins-Versammlungen;
- Mitwirkung bei der öffentlichen Darstellung der Arbeit der Entwässerung
- Öffentlichkeitsarbeit, Bürgerinformationen, Bearbeitung von Sitzungsvorlagen

Bauvorbereitung bei eigener Planung, ggf.

- Grundlagenermittlung auf Basis Generalentwässerungsplanung
- Planung von Baumaßnahmen entspr. Leistungsbildern HOAI, Lph 1–7,
- Koordinierung der TÖB, Sachverständigenleistungen und Anforderungen des Betriebes
- Anfertigen von Entwurfs- und Ausführungsplanungen einschließlich der erforderlichen Massen und Kostenberechnungen
- Kostenermittlungen

Verträge mit Ingenieurbüros und Sachverständigen
(Planungsbüros, Statiker, Baugrundsachverständigen, Sachverständige für Beweissicherung, Erschütterungen, Schall, Bodendenkmäler, Denkmäler, usw.).

Vorbereitungen

- Bedarfsermittlung
- Europaweite Ausschreibung und Vergabe, falls erf.
- Vorbereitung der Vertragsentwürfe
- Sachliche und rechnerische Überprüfung der angebotenen Ingenieurverträge
- Kontrolle der Übereinstimmung mit der HOAI sowie den Vorgaben des Auftraggebers
- Vorbereitung der Vergaben in den städt. Gremien
- Abschluss der Ingenieurverträge

Prüfen von Entwürfen

- Prüfen von Entwurfs- und Ausführungsplanungen einschließlich

der erforderlichen Massen und Kostenberechnungen

- Kontrolle der Übereinstimmung der Planungen mit der HOAI sowie den Vorgaben der Stadt
- Planungsabstimmungen und Koordinierung von Planungsleistungen unterschiedlicher Ing.-Büros und Sachverständigenleistungen

Überwachen der Ingenieurbüros bei der Bauleitung (Bauherrenfunktion/Bauoberleitung)
- Mitwirken bei der Bauleitung und Überprüfen der Ingenieurbüros und Baufirmen
- Kontrolle der technischen Bauabrechnungen
- Teilabnahme der versch. Leistungsphasen der Büros

Prüfen der Honorarabrechnung
- Sachliche und rechnerische Prüfung von Honorarabrechnung der Ingenieurbüros
- Veranlassung der Abschlags- u. Schlusszahlungen

Durchführung der Baumaßnahmen
Vergabe von Bauleistungen und Lieferungen

Ausschreibung und Vergabe von Bauleistungen oder Lieferungen, i. d. R. in Zusammenarbeit mit beauftragten Ingenieurbüros, Veröffentlichungen, zum Teil nach EG-Richtlinien.

Prüfen und Werten von Angeboten nach der Submission
- Kontrollieren der angebotenen Amtsvorschläge auf Vollständigkeit
- Prüfen der Nebenangebote und Sondervorschläge auf Plausibilität, technische und wirtschaftliche Machbarkeit und Auswirkungen

Auswerten von Submissionsergebnissen
- Rechnerische Prüfung der eingegangenen und gewerteten Angebote und Sondervorschläge
- Zusammenfassen der Ergebnisse in Preisspiegeln
- Feststellen des mindestnehmenden Anbieters

Mitwirkungen bei den Vergaben

Baudurchführung
- Vertretung des Bauherren auf der Baustelle
- Prüfung der sachlichen und rechnerischen Richtigkeit von Abschlags- und Schlussrechnungen
- Bauoberleitung und Bauüberwachung entsprechend Leistungsbild HOAI, Lph. 8 u. 9 und örtliche Bauüberwachung, u. a. Nachtragsmanagement, Kostenkontrolle, Mitwirkung bei örtlichem Aufmaß und Bauabnahmen, Rechnungsprüfung
- Betreuung der Bürger im Zusammenhang mit Behinderungen durch Bautätigkeit
- Bearbeitung der Bürgerbeschwerden
- Zusammenarbeit mit städtischen und übergeordneten Dienststellen bei der Durchführung städtischer Baumaßnahmen
- Koordinierung von Baumaßnahmen mit Belangen des laufenden Betriebes (Kanalunterhalt und Klärwerksbetrieb)

Abnahmen und Übernahmen

- Mitwirkung bei örtlichem Aufmaß, bei Abnahmen und Übernahmen
- Objektbetreuung und Dokumentation entsprechend HOAI, Lph 9, u. a. Zusammenstellung von Bedienungs- und Wartungsvorschriften für Neubauobjekte,
- Mitwirkung bei Abnahmen und Gewährleistungsabnahmen
- Gewährleistungsangelegenheiten, Nachverfolgung von Gewährleistungsansprüchen
- Auszahlung von Bürgschaften
- Vertretung des Bauherren bei Rechtsstreitigkeiten z. B. mit Anliegern oder Firmen

Nachtragsmanagement Firmen stellen häufig Nachtragsforderungen zu ihren vertraglichen Leistungen. Diese müssen bearbeitet werden.

Finanzielle Abwicklung der Planungs- u. Bauaufgaben

- Bedarfsermittlung der erforderlichen Haushaltsmittel
- Anforderung und Bewirtschaftung von Finanzmitteln im Rahmen des Vermögens- und Erfolgsplanes
- Beantragung von staatl. Fördermitteln entspr. Zuwendungs-Richtlinien
- Verwendung der HH-Mittel und staatl. Mittel für die bewilligten Zwecke
- Einstellung der erforderlichen Haushaltsmittel für Ing.-Verträge und Baumaßnahmen
- Überwachung der korrekten Einhaltung der Haushaltsrichtlinien
- Begründungen gegenüber den städt. Gremien bei Kostenüberschreitungen
- Stellungnahmen zu Prüfbemerkungen des Rechnungsprüfungsamtes
- Reduzierung der Abwasserabgaben bei Verrechnungsmöglichkeiten nach AbwAG
- Beantragung von Zuwendungen und ggf. von vorzeitigen Baufreigaben zu den Baumaßnahmen
- Veranlassung bzw. Erstellung der Verwendungsnachweise
- versicherungstechnische Absicherung des Bauherren-Risikos z. B. gegen Hochwasser
- Kostenkontrolle

Mitarbeit im Neubau

Den Ingenieuren (oder Technikern) zugeordnet sollten mindestens ein weiterer MA sein. Dies können techn. Zeichner, Bautechniker oder andere im Bau erfahrene Mitarbeiter sein. Die Aufgaben sind im Folgenden beschrieben:

- Bestandspflege
- selbständige Verwaltung und Fortführung der Kanaldatenbank und der Kabeldatenbank
- Koordinierung von Straßenaufbrüchen (Kanal- und Kabelauskünfte)
- Betreuung und Beratung von Bauherren und Architekten
- Betreuung von Grundwasser- und Regendatenmessstellen
- Mitwirkung bei der Vermögensbewertung der Anlagen
- Prüfen der Vermessungsarbeiten

- Beauftragung und Überwachung von Vermessungsarbeiten
- Bauvorbereitung
  - Koordinierung mit TÖB und Sachverständigenleistungen, Grundlagenermittlung
  - Planung kleinerer Baumaßnahmen entsprechend Leistungsbild HOAI, Lph 3–5, incl. Kostenermittlung
  - Ausschreibung kleinerer Baumaßnahmen entspr. Leistungsbild HOAI, Lph 6 + 7
  - Wahrnehmung von Aufgaben im Zusammenhang mit der Beauftragung von Sachverständigen, Ingenieurbüros und Baufirmen (VOF, VOB)
  - Öffentlichkeitsarbeit: Veröffentlichungen Staatsanzeiger, Anliegerinformationen, Pressemitteilungen
- Bauabwicklung, örtl. Bauüberwachung,
- Mengen-, Kosten- u. Zeitkontrollen,
- Erarbeitung von Verwendungsnachweisen u. ä.

12.8 Verwaltung

Kaufmännischer Aufgabenbereich (gegebenenfalls)
Dieser Bereich umfasst den gebührenrechtlichen Teil: Kostenrechnung und Gebührenerhebung, Personalverwaltung, und ggf. Schriftgutverwaltung.

Siehe dazu Kap. 7. Diese Verwaltungsbereiche können im Eigenbetrieb oder im Regiebetrieb angesiedelt sein oder aber in der restlichen Gemeindeverwaltung. Ein Teil der Aufgaben verbleibt aber meist trotzdem bei der Entwässerung.

Hier arbeiten im Bereich Verwaltung oder Betriebswirtschaft ausgebildete MA.

Personalverwaltung (gegebenenfalls)
Dieser Bereich umfasst den gesamten Aufgabenbereich einer Personalverwaltung:

das Personalmanagement ist verantwortlich dafür, dass in der Entwässerung ausreichend qualifiziertes Personal vorhanden ist. Dazu zählen unter anderem die Einstellung, Beförderung, Versetzung, Entlassung der Mitarbeiter. Auch die Lohn- und Gehaltsabrechnung, das Führen der Personalakten oder die Durchführung von disziplinarischen Maßnahmen gehören dazu. Siehe dazu Kap. 6.

Auch diese Verwaltungsbereiche können im Eigenbetrieb oder im Regiebetrieb angesiedelt sein oder aber in der restlichen Gemeindeverwaltung. Ein Teil der Aufgaben verbleibt aber meist trotzdem bei der Entwässerung.

Hier arbeiten i. d. R. im Bereich Verwaltung ausgebildete MA.

13 Anhang 2: Lehrgangsinhalte für Fachpersonal (zum Kapitel 6.7.5.2)

Die Lehrgänge sollten in Anlehnung an die EfbV Anlage 1 Kenntnisse insbesondere über folgende Bereiche vermitteln:

1. das Wasserhaushaltsgesetz, insbesondere
   a) den Entwässerungsbereich,
   b) die wichtigsten Begriffsbestimmungen,
   c) die Abwasserentsorgung und die Abwasseranlagen
   d) die Grundpflichten (Vermeiden, Verwerten und Beseitigen von Abwasser),
   e) die Getrenntableitungspflichten und Vermischungsverbote,
   f) die Überlassungspflichten,
   h) die Rechte und Pflichten der öffentlich-rechtlichen Entwässerungsbetriebe,
   i) die Beauftragung Dritter,
   j) die Produktverantwortung,
   k) die Bedeutung von Generalentwässerungsplänen und Abwasserbeseitigungskonzepten,
   l) die Selbst-Überwachung der Abwasseranlagen,
   m) die Statistik-, Register- und Nachweispflichten,
   q) die Anforderungen an Gewässerschutzbeauftragte sowie ihre Rechte und Pflichten sowie
   r) die Bußgeldvorschriften,
2. die auf Grund der Wassergesetze ergangenen Rechtsverordnungen, wie Abwasserverordnung, VAwS, WPBV, NWFreiV, …
3. die weiteren Gesetze, insbesondere
   a) das Landeswassergesetz
   b) das Abwasser-Abgaben-Gesetz und

A. Jessen, *Kommunaler Entwässerungsbetrieb*,
https://doi.org/10.1007/978-3-658-50966-8_13

4. das Abfallrecht und die Klärschlamm-Verordnung
5. die für die Wasserwirtschaft einschlägigen EU-rechtlichen Grundlagen (REACH, Wasserrahmen-Richtlinie, Kommunalabwasser-Richtlinie, …)
6. die für die Wasserwirtschaft einschlägigen inter- und supranationalen Übereinkommen (CDNI, ADR, …)
7. die für die Wasserwirtschaft sonstigen einschlägigen landesrechtlichen Grundlagen,
8. das für die Wasserwirtschaft einschlägige kommunale Satzungsrecht,
9. die für die Wasserwirtschaft einschlägigen
   a) amtlich veröffentlichten Verwaltungsvorschriften (VVWas, VVAbwAG, …)
   b) Vollzugshilfen, insbesondere der Bund/Länder-Arbeitsgemeinschaft (LAWA, LAGA, LASI) und
   c) technischen Anleitungen, Merkblätter und Regeln (insbesondere zum Stand der Technik und zur besten verfügbaren Technik),
10. das Verhältnis des Wasserrechts zu anderen Rechtsbereichen, insbesondere zum
    a) Baurecht,
    b) Immissionsschutzrecht,
    c) Chemikalienrecht,
    d) Abfallrechts,
    e) Bodenschutzrecht, und
    f) Seuchen- und Hygienerecht,
    g) Straßenrecht
    h) Wasserstraßenrecht
11. die Vorschriften des Arbeitsschutzes,
    a) Arbeitsschutzgesetz
    b) Arbeitssicherheitsgesetz
    c) Betriebssicherheitsverordnung
    d) DGUV-Regeln
    e) Arbeitsstättenverordnung
    f) … usw.
12. schädliche Umwelteinwirkungen und sonstige Gefahren, erhebliche Nachteile und erhebliche Belästigungen, die von Abwasseranlagen ausgehen können, und Maßnahmen zu ihrer Verhinderung oder Beseitigung,
13. die Vorschriften der betrieblichen Haftung,
14. Art und Beschaffenheit von gefährlichen Stoffen, Biostoffen und Abfällen,
15. die betrieblichen Risiken und die einschlägigen Versicherungen sowie
16. die Bezüge zum Transport- und Gefahrgutrecht und zur Beförderung gefährlicher Güter auf der Straße

MIX
Papier | Fördert gute Waldnutzung
FSC® C083411

Zeitfracht Medien GmbH
Ferdinand-Jühlke-Straße 7
99095 Erfurt, Deutschland
produktsicherheit@kolibri360.de